에듀윌과 함께 시작하면,
당신도 합격할 수 있습니다!

대학 졸업 후 안전관리자로 진로를 정하고
건설안전기사 시험을 준비하는 취준생

산업안전기사 자격증을 취득한 후
더 많은 기회를 얻기 위해 건설안전기사에 도전하는 수험생

오랜 시간 동안 건설현장에서 근로자로 일하면서
더 나은 미래를 위해 건설안전기사에 도전하는 주경야독 직장인

누구나 합격할 수 있습니다.
시작하겠다는 '다짐' 하나면 충분합니다.

마지막 페이지를 덮으면,

에듀윌과 함께
건설안전기사 합격이 시작됩니다.

eduwill

꿈을 실현하는 에듀윌
Real 합격 스토리

김○○ 60대 직장인

환갑에 건설안전기사 합격!

앞으로 유망한 자격이라 생각되어 건설안전기사에 도전했습니다. 주로 주말을 이용하여 주경야독 했습니다. 어렵고 힘든 시기도 있었지만 할 수 있다는 각오와 열정으로 5개월 공부하여 합격했습니다. 내년에는 산업안전기사에도 도전할 겁니다.

원○○ 30대 직장인

직장 다니면서도 할 수 있습니다!

각 잡고 공부할 시간이 없어 출퇴근길에 에듀윌 교재를 들고 다니며 틈틈이 7개년 기출문제를 눈으로 2회독 했습니다. 4, 5과목이 공부하는데 어려웠지만 다른 과목에서 높은 점수를 받아 거뜬하게 합격했습니다. 건설안전기사는 기출문제만 공부해도 합격할 수 있어 에듀윌 교재 추천합니다.

이○○ 50대 비전공자

건설안전기사에 이어서 산업안전기사, 위험물산업기사까지!

에듀윌 강의와 교재로 건설안전기사를 공부하여 한번에 합격하였습니다. 산업안전기사도 에듀윌로 선택하니 한번에 합격했습니다. 산업안전기사, 건설안전기사 외에도 자격시험을 준비하는 모든 사람들에게 에듀윌 적극 추천합니다! 저도 에듀윌로 위험물산업기사 준비할 생각입니다.

다음 합격의 주인공은 당신입니다!

더 많은
합격 비법

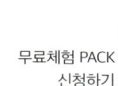

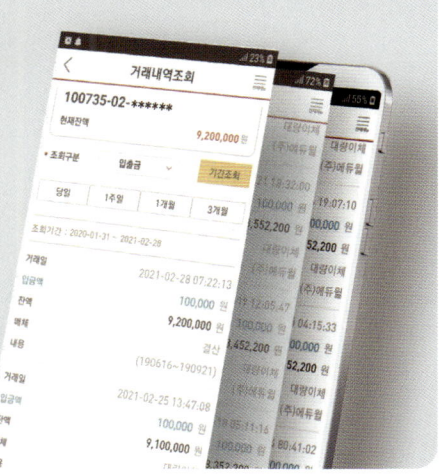

2주/4주 합격 플래너

나에게 맞는 최적 학습법

2주 합격 플랜

▶ 하루 6시간 이상 학습
▶ 관련 분야 종사자, 전공자 추천

WEEK	DAY	학습내용	완료
WEEK 1	DAY 01	기초용어집+무료특강	☐
	DAY 02	2025년 CBT 복원문제	☐
	DAY 03	2024년 CBT 복원문제	☐
	DAY 04	2023년 CBT 복원문제	☐
	DAY 05	핵심이론	☐
	DAY 06	2022~2021년 기출문제	☐
	DAY 07	2020~2019년 기출문제 1회독	☐
WEEK 2	DAY 08	2025~2024년 CBT 복원문제	☐
	DAY 09	2023년 CBT 복원문제+3개년 복습	☐
	DAY 10	2022~2021년 기출문제	☐
	DAY 11	2020~2019년 기출문제 2회독	☐
	DAY 12	2025~2023년 CBT 복원문제	☐
	DAY 13	2022~2019년 기출문제 3회독	☐
	DAY 14	CBT 모의고사	☐

4주 합격 플랜

▶ 하루 3시간 이상 학습
▶ 초시생, 비전공자 추천

WEEK	DAY	학습내용	완료
WEEK 1	DAY 01	기초용어집+무료특강	☐
	DAY 02	2025년 1회 CBT 복원문제	☐
	DAY 03	2025년 2회 CBT 복원문제	☐
	DAY 04	2025년 3회 CBT 복원문제	☐
	DAY 05	2024년 1회 CBT 복원문제	☐
	DAY 06	2024년 2회 CBT 복원문제	☐
	DAY 07	2024년 3회 CBT 복원문제	☐
WEEK 2	DAY 08	2023년 1회 CBT 복원문제	☐
	DAY 09	2023년 2회 CBT 복원문제	☐
	DAY 10	2023년 4회 CBT 복원문제	☐
	DAY 11	핵심이론	☐
	DAY 12	핵심이론	☐
	DAY 13	2022년 기출문제	☐
	DAY 14	2021년 기출문제	☐
WEEK 3	DAY 15	2020년 기출문제	☐
	DAY 16	2019년 기출문제 1회독	☐
	DAY 17	2025년 CBT 복원문제	☐
	DAY 18	2024년 CBT 복원문제	☐
	DAY 19	2023년 CBT 복원문제	☐
	DAY 20	2022년 기출문제	☐
	DAY 21	2021년 기출문제	☐
WEEK 4	DAY 22	2020년 기출문제	☐
	DAY 23	2019년 기출문제 2회독	☐
	DAY 24	2025~2024년 CBT 복원문제	☐
	DAY 25	2023년 CBT 복원문제+3개년 복습	☐
	DAY 26	2022~2021년 기출문제	☐
	DAY 27	2020~2019년 기출문제 3회독	☐
	DAY 28	CBT 모의고사	☐

처음에는 당신이 원하는 곳으로
갈 수는 없겠지만,
당신이 지금 있는 곳에서
출발할 수는 있을 것이다.

– 작자 미상

에듀윌 건설안전기사

필기 3개년 기출+핵심이론

건설안전기사, 에듀윌과 함께할 이유는?

2026년 시험부터 개편되는 출제기준

2026~2030년 출제기준	2016~2025년 출제기준
• 산업재해 예방 및 안전보건교육	• 산업안전관리론 • 인간공학 및 시스템안전공학
• 인간공학 및 위험성	• 산업심리 및 교육
• 건설시공	• 건설시공학
• 건설재료	• 건설재료학
• 건설공사 안전관리	• 건설안전기술

❖ 출제기준, 어떻게 달라졌을까?

과목은 6과목에서 5과목으로 개편되었고, 위험성 평가, 안전보건예산, 유해·위험요인 관리 등 현장 실무 중심의 내용이 강화되었습니다.

❖ 출제기준 개편에 대비할 학습방법은?

출제기준이 달라졌다고 해서 과거 기출문제가 의미를 잃는 것은 아닙니다. 안전관리의 기본 개념과 문제 유형은 크게 변하지 않기 때문에, 기출문제를 통해 기본기를 다지는 것이 여전히 가장 중요한 학습 방법입니다.

새롭게 제공되는 핵심이론+[新 출제기준] 완벽 반영

❖ 2026년 건설안전기사 필기, 에듀윌과 함께할 이유는?

「2026 에듀윌 건설안전기사 필기 기출문제집」은 기출문제집임에도 불구하고 새 출제기준 대비를 위한 이론을 함께 제공합니다. 방대한 내용을 모두 담기보다, 과거 기출에서 반복 출제된 핵심 개념만을 선별해 효율적으로 정리하였습니다. 특히 2026년부터 적용되는 출제기준 개편에 따라 새롭게 추가된 내용은 [新 출제기준]으로 표기하여 수험생이 한눈에 확인할 수 있도록 하였습니다.

따라서 기출문제 학습과 함께 본 교재의 핵심이론을 활용한다면, 핵심 개념을 빠르게 정리하면서도 변화된 시험에 완벽하게 대비할 수 있습니다.

더 가볍게, 더 효율적으로! 새로워진 분권 구성

 +

1권 3개년 기출＋핵심이론   **2권** 4개년 기출

「2026 에듀윌 건설안전기사 필기 기출문제집」은 학습자의 편의를 위해 2권 분권으로 구성하였습니다. 휴대성과 활용도를 높이기 위해, 1권에는 최근 3개년 기출문제와 핵심이론을, 2권에는 4개년 기출문제를 수록하였습니다. 필요에 따라 원하는 권만 들고 다니며 학습할 수 있어, 시간과 장소에 구애받지 않고 더욱 효율적인 학습이 가능합니다.

최신 법령·규칙 완벽 반영, 2026년 시험 대비 최적화

건설안전기사 필기시험은 산업안전보건법령을 비롯해 다양한 법령과 행정규칙, 시방서에 근거하여 출제됩니다. 「2026 에듀윌 건설안전기사 필기 기출문제집」은 출간 시점 기준으로 가장 최신의 법령과 행정규칙을 충실히 반영하였기 때문에 변화된 제도와 시험 흐름에 맞춘 학습이 가능합니다. 따라서 본 교재는 2026년 시험 대비에 최적화된 수험서입니다.

3개년 기출 &
핵심이론
+
4개년 기출
+
최신 법령 &
새 출제기준
=
합격

학습 후, 실전처럼 완벽 대비! CBT 모의고사 3회 제공

건설안전기사 필기시험은 2022년 4회부터 CBT(Computer Based Testing) 방식으로 시행되었습니다. 에듀윌은 학습자가 새로운 시험 환경에 완벽히 적응할 수 있도록 실제 시험 환경과 유사한 CBT 모의고사를 3회분 제공합니다. 아래 제시된 QR코드 또는 링크를 통해 모바일·PC에서 언제든 응시할 수 있으며, 실제 시험과 동일한 시간 제한, 자동 채점, 성적 확인 기능을 갖춰 학습 마무리 후 실전 감각을 완벽히 점검할 수 있습니다.

※ 아래 그림은 예시 화면으로, 실제 시험 화면과 다를 수 있습니다.

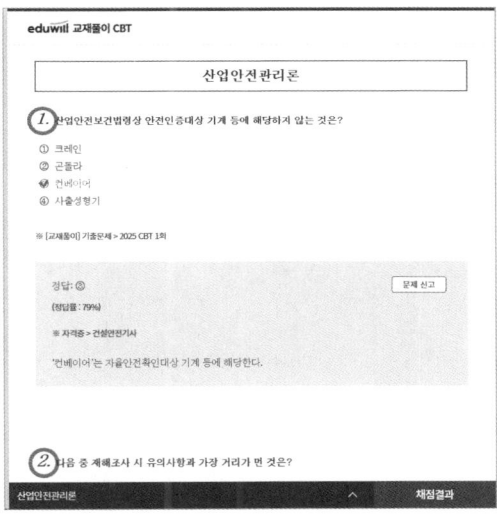

CBT 모의고사 응시하기

모의고사 1회

http://eduwill.kr/Pkdp

모의고사 2회

http://eduwill.kr/ukdp

모의고사 3회

http://eduwill.kr/mkdp

※ CBT 모의고사는 2026년 1회차 시험 한 달 전 제공됩니다. (2026년 1월 예정)
이 모의고사의 유효기간은 2027년 2월 28일까지이며, 이후 서비스 제공이 중단될 수 있습니다.

2026 에듀윌 건설안전기사 필기
교재 구성 & 학습 방법 안내

최신 · 핵심 · 완성, 합격으로 이어지는 에듀윌의 3STEP 전략

STEP 1	▶	STEP 2	▶	STEP 3
3개년 기출 (2025 ~ 2023)		핵심이론		4개년 기출 (2022 ~ 2019)

최신 기출로 시작해, 핵심이론으로 다지고, 과거 기출로 완성합니다.

STEP 1 | 최신 출제 경향을 담고 있는 3개년 기출

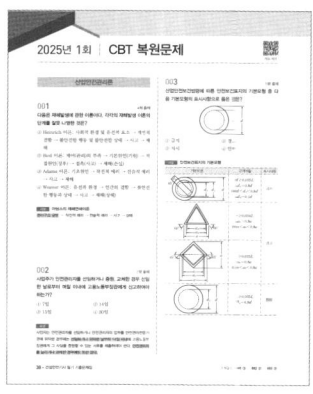

최신 3개년 기출문제는 가장 높은 적중률을 가진 자료로, 자주 다루는 주제와 최신 출제 경향이 응축되어 있습니다. 따라서 최신 3개년 기출문제를 풀고 해설을 통해 개념을 확인하는 과정을 반복하는 것이 좋습니다.

- 2025년 1, 2, 3회 CBT 복원문제를 완벽 복원하여 제공함으로써 최신 경향을 한눈에 파악할 수 있습니다.
- 최신 3개년 기출 학습으로 핵심&빈출 유형을 익힐 수 있습니다.
- 회차별 자동채점 QR과 성적 분석으로 약점을 바로 확인할 수 있습니다.

STEP 2 　빈출 유형만 모아 복습하는 핵심이론

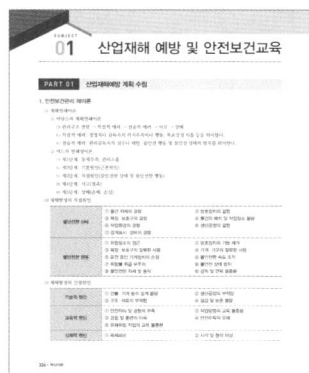

핵심이론으로 핵심&빈출 유형의 복습과 출제기준 개편에 따른 신규 이론 학습을 보완한다면 효율적으로 합격에 다가갈 수 있습니다.

- 7개년 기출문제를 완벽 분석하여 핵심&빈출 유형만 압축 수록하였습니다.
- **新 출제기준** 표시로 개편된 출제기준이 반영된 이론을 한눈에 확인할 수 있습니다.
- 개편 출제기준 순서에 따른 PART 구성으로 빠른 복습 및 2026년 시험대비가 가능합니다.

STEP 3 　합격을 완성하는 4개년 기출

고득점으로 안전하게 합격하길 원한다면, 4개년을 추가로 학습해 기본 개념을 더욱 확고히 하고 변형 문제에도 대응할 수 있도록 하는 것이 좋습니다.

- 최신 기출만으로는 놓칠 수 있는 과거 출제 경향과 변별 포인트를 파악합니다.
- 4개년 기출 학습을 통해 반복, 축적된 출제 패턴을 익혀 시험장에서 흔들림 없이 대응할 수 있습니다.

합격의 첫걸음
건설안전기사 시험정보

건설안전기사란?

건설안전기사 시험은 건설업에서 안전관리자로 선임되기 위한 필수조건인 안전관리자 자격을 취득하기 위한 시험입니다.

건설업 안전관리자는 건설현장을 순회하며 근로자가 안전하게 작업할 수 있도록 점검하고, 사업장의 안전교육계획을 수립하는 등 건설현장에서 산업재해가 발생하는 것을 방지하기 위한 업무를 수행합니다.

시험일정 & 합격자 발표시기

구분	필기시험	필기합격(예정자)발표	실기시험	최종합격자 발표일
1회	2월 ~ 3월	3월	4월 ~ 5월	6월
2회	5월	6월	7월 ~ 8월	9월
3회	8월 ~ 9월	9월	11월	12월

※ 정확한 시험일정은 한국산업인력공단(Q-net) 참고

응시자격

① 산업기사 등급 이상의 자격을 취득한 후 응시하려는 종목에 속하는 동일 및 유사 직무분야에서 1년 이상 실무에 종사한 사람

② 기능사 자격을 취득한 후 응시하려는 종목에 속하는 동일 및 유사 직무분야에서 3년 이상 실무에 종사한 사람

③ 산업안전공학, 건설안전공학, 토목공학, 건축공학 등 관련학과 졸업자 또는 졸업예정자

※ 정확한 경력 인정범위, 전공 등은 한국산업인력공단에 별도 문의해야 함

필기시험 세부 출제항목 및 문항 수

과목명	주요항목	문항 수
산업재해 예방 및 안전보건교육	• 산업재해예방 계획 수립 • 안전보호구 관리 • 산업안전심리, 인간의 행동과학 • 안전보건교육의 내용 및 방법 • 산업안전관계법규	20문항
인간공학 및 위험성 평가 · 관리	• 안전과 인간공학 • 위험성 파악 · 결정, 위험성 감소대책 수립 · 실행 • 근골격계질환 예방관리 • 유해요인 관리, 작업환경 관리	20문항
건설시공	• 시공일반 • 가설공사, 토공사, 기초공사 • 철근콘크리트공사, 철골공사 • 해체공사	20문항
건설재료	• 건설재료 일반 • 각종 건설재료의 특성, 용도, 규격에 관한 사항	20문항
건설공사 안전관리	• 건설공사 특성분석 • 건설공사 위험성 • 건설업, 건설현장 안전시설 관리 • 비계 · 거푸집 가시설 위험방지 • 공사 및 작업 종류별 안전	20문항

필기시험시간 & 합격기준

시험시간	총 2시간 30분(과목당 30분)
합격기준	• 100점을 만점으로 하여 전과목 평균 60점 이상 • 평균 60점이 넘어도 한 과목이라도 40점 미만이면 과락으로 불합격

차례

2권	4개년 기출

4개년 기출

예비 안전관리자들이 모이는 곳,
에듀윌 건설안전기사

기초를 잡으면 합격이 빨라진다!

건설 3과목
기초용어집

- 건설공사 안전관리, 건설시공, 건설재료 과목에 대한 기초용어집입니다.
- 용어의 빈출도에 따라 ★～★★★로 표기하였습니다.
- 무료특강과 함께 학습하시면 효과적입니다.

건설공사 안전관리

추락 **(떨어짐)** ★★☆	사람이나 물체가 중간 단계의 접촉없이 낙하하는 것이다. 건설재해 중 가장 많은 재해의 원인이다. **예** 계단, 사다리에서 떨어짐, 지붕에서 떨어짐, 비계 등 가설구조물에서 떨어짐
붕괴 · 도괴 **(무너짐)** ★★☆	토사 적재물, 구조물, 건축물, 가설물 등이 전체적으로 허물어져 내리거나 주요 부분이 꺾어져 무너지는 경우이다. **예** 적재물 등이 무너짐, 절취사면 등이 무너짐
전도 **(넘어짐)** ★★☆	사람이 미끄러져 넘어지거나 물체가 쓰러지거나 뒤집히는 것이다. **예** 계단에서 넘어짐, 바닥의 돌출물 등에서 넘어짐, 쓰러지는 물체에 깔림
낙하 · 비래 **(맞음)** ★★☆	날아오거나 떨어진 물체에 맞는 것이다. **예** 떨어진 물체에 맞음, 날아온 물체에 맞음
추락방지망 ★★★	건설현장 등의 고소작업 장소에서 추락으로 인하여 근로자에게 위험을 끼칠 우려가 있는 장소에 수평으로 설치하는 그물망 모양의 망을 말한다.
표준안전난간 ★★☆	개구부, 작업발판, 가설계단의 통로 등에서의 추락사고를 방지하기 위해 설치하는 가시설물이다. 난간기둥, 상부난간대, 중간난간대, 발끝막이판으로 구성되어 있다.
안전대부착설비 ★☆☆	안전대를 걸 수 있는 비계, 구명줄, 건립 중인 구조체, 전용철물 등의 부착설비를 말하며 안전대를 착용한 근로자가 추락할 경우 추락을 저지시키는 기능을 한다.
낙하물방지망 ★★★	건설공사 현장에서 고소작업 시 재료나 공구 등의 낙하로 인한 피해를 방지하기 위해 벽체 및 비계 외부에 설치하는 망을 말한다.
수직보호망 ★★★	건축공사 등의 현장에서 비계 등 가설구조물의 외측면에 수직으로 설치하여 작업장소에서 비래, 낙하물 등에 의한 재해를 방지하기 위해 설치하는 보호망을 말하며 추락방지용으로는 사용할 수 없다.
양중기 ★★★	동력을 사용하여 화물, 사람 등을 운반하는 기계, 설비를 말하며 크레인, 리프트, 곤돌라, 승강기로 분류할 수 있다.
크레인 ★★★	동력을 사용하여 중량물을 매달아 상하 및 좌우로 운반하는 것을 목적으로 하는 기계 또는 기계장치이며 고정식과 이동식으로 나눌 수 있다.
리프트 ★★★	동력을 사용하여 화물을 운반하는 것을 목적으로 하는 기계설비를 말하며 건설용 리프트와 간이리프트로 나눌 수 있다.

곤돌라 ★★★	와이어로프 또는 달기강선에 의하여 달기발판 또는 케이지가 전용의 승강장치에 의하여 상승 또는 하강하는 설비를 말한다.
승강기 ★★★	동력을 사용하여 운반하는 것으로 가이드레일을 따라 승강하는 운반구 또는 카에 사람이나 화물을 상하 또는 좌우로 이동운반하기 위하여 제작된 기계설비로서 탑승장을 가진 것을 말한다.
차량계 하역운반기계 ★★☆	동력원에 의하여 특정되지 아니한 장소로 스스로 이동할 수 있는 기계이다.
슬링 ★★☆	화물에 직접 접촉하거나 단말 가공 후 훅 등의 보조기구에 매달려 운반, 권상, 권하 등의 줄걸이 작업 시 사용하는 와이어로 와이어로프, 섬유로프 및 기타 벨트류를 말한다.
와이어로프 ★★★	양질의 고탄소강에서 인발한 소선을 꼬아서 가닥을 만들어 이 가닥을 심 주위에 일정한 피치로 감아서 제작된 로프이다.
건설기계 ★★☆	건설공사를 목적으로 사용하는 모든 기계의 총칭으로 기계적인 동력을 활용하여 굴착, 운반, 견인 등에 사용하는 건설기계이다.
정격하중 ★★★	양중기의 권상하중(들어 올릴 수 있는 최대하중)에서 훅, 크래브 또는 버킷 등의 달기기구의 중량에 상당하는 하중을 뺀 하중이다.
적재하중 ★★★	사람과 화물을 포함하여 작업대에 적재할 수 있는 최대의 하중이다.
철골 ★★☆	전체가 조립되고 모든 접합 부위에 시공이 완료된 후 구조체가 완성되는 것으로 대규모의 초고층 건축물부터 소규모의 저층 사무소나 공장, 창고까지 광범위하게 사용된다.
용접 ★★☆	금속의 접합부를 열로 녹여 일체가 되도록 결합시키는 것을 말하며 철골공사에서 일반적으로 많이 사용하는 방법은 융접(가열-녹인 후 이어붙이기)이다. 용접을 할 수 있는 재료는 철강 · 스테인리스강 · 내열합금 · 주철 · 알루미늄합금 등의 대부분의 금속재료 외에 세라믹 · 플라스틱 등의 비금속 재료에까지 이르고 있다.
해체 ★★☆	기존 구조물을 철거하는 공사를 말하며 이러한 해체공사 시에는 효율적이고 합리적인 해체공법의 선정과 해체공사에 따른 소음, 진동, 분진 등의 공해방지 및 안전관리를 철저히 해야 한다.
절단톱 공법 ★★☆	해체공사 시 회전날 끝에 다이아몬드 입자를 혼합 · 경화하여 제조된 절단톱으로 기둥, 보, 바닥, 벽체를 적당한 크기로 절단하여 해체하는 공법을 말한다.
발파식 해체공법 ★☆☆	구조물의 지지점마다 폭약을 설치하고 지발뇌관을 사용하여 순간적인 폭발로 파쇄물을 정확한 붕괴 방향으로 유도하여 해체하는 공법이다.
터널 ★★★	철도, 도로, 용수로, 하수도 등을 통과시키기 위한 통로이며 터널 공사 시 지형, 지질, 시공성, 터널의 길이 등을 고려하여 안전하고 경제적인 공법을 선정하여야 한다.

NATM ★★☆	NATM(New Austrian Tunneling Method)는 오스트리아에서 개발된 터널굴착공법으로 원지반 자체를 주지보재로 사용하여 스틸리브, 숏크리트, 락볼트 등의 지보공으로 이완된 지반의 하중을 지반 자체에 전달하게 하여 지반 자체의 지보능력을 최대로 발휘할 수 있도록 하는 공법이다.
용수 ★★☆	자연상태에서 터파기면, 지표면, 지하부분에서 솟아나오는 물을 말하며 터널의 굴착작업 시 용수의 발생은 굴착작업을 어렵게 할 뿐 아니라 숏크리트의 부착력을 저하시키며 리바운드량을 증가시킨다.
숏크리트 ★☆☆	컴프레셔, 펌프를 이용하여 노즐 위치까지 호스 속으로 운반한 콘크리트를 압축공기에 의해 시공면에서 뿜어서 만든 콘크리트이다.
록볼트 ★★☆	긴 볼트를 암반 중에 정착하여 지반을 일체화 또는 보강하는 목적으로 사용하는 막대모양의 부재로 터널 굴착 후 시급히 암반을 천공하여 그 속에 볼트를 삽입하고 너트를 죈 다음 접착 등에 의해 터널의 지보공으로 사용하는 볼트이다.
가설공사 ★★★	본 공사를 일시적으로 행하여지는 시설 및 설비로 공사가 완료되면 해체, 철거, 정리되는 임시적인 공사이다.
비계 ★★★	부재를 설치하거나 해체, 도장, 용접 등의 작업을 할 수 있도록 설치하는 가설물이다.
강관비계 ★★★	고소작업을 위하여 외벽을 따라 설치한 가설물을 말하며 하나하나의 강관을 현장에서 긴결철물이나 이음철물에 의하여 조립하는 비계이다.
강관틀비계 ★★★	강관 등의 금속재료를 미리 공장에서 생산하고 이것을 현장에서 사용목적에 맞게 조립, 사용하는 비계로 조립·해체가 신속 용이하다.
달비계 ★★★	와이어로프, 체인, 강재, 철선 등의 재료로 상부지점에 작업용 널판을 매다는 형식의 비계이다.
달대비계 ★★★	철골에 달아매어 작업발판을 만드는 형태로 비계를 상하로 이동할 수 없으며 철골공사에 많이 사용한다.
말비계 ★★★	비교적 천장 높이가 낮은 실내에서 보통 마무리 작업에 사용되는 것으로 각립비계와 안장비계로 나뉜다.
이동식비계 ★★★	작업장소 전체에 비계를 설치하기에는 비경제적이고 일시적인 작업을 할 때 비계틀을 만들어 하부에 바퀴구름장치를 달아 이동하면서 작업할 수 있는 비계를 말한다.
가설통로 ★★★	작업장으로 통하는 장소 또는 작업장 내의 근로자가 사용하기 위한 통로이며 통로의 주요부분에는 통로표시를 하고 근로자가 안전하게 통행할 수 있어야 한다.
사다리식 통로 ★★☆	경사 60도 이상의 통로형태로 75도가 가장 적당하며 움직임이 없이 견고하게 설치하여 사용하여야 한다.

경사로 ★★☆	건설현장에서 상부 또는 하부로 재료운반이나 작업원이 이동할 수 있도록 설치된 통로이다. 통로의 경사가 30도 이내일 때 사용한다.
작업발판 ★★★	근로자 및 건설자재의 지지를 위한 작업대와 자재운반 및 통행을 위한 통로를 확보하기 위하여 설치하는 것으로 추락의 위험이 있는 곳에는 표준안전난간이나 철책을 설치하여야 한다.
가설계단 ★★★	작업장에서 근로자가 사용하기 위한 계단식 통로로 근로자가 이동 시 안전하게 통행할 수 있도록 하여야 하며 계단의 각도는 35도가 적당하다.
승강로 ★★☆	작업 시에 근로자가 수직 방향으로 이동하기 위하여 설치하는 가설통로이다.
가설도로 ★★☆	공사를 목적으로 건설현장에 진입도로 및 건설현장 내에 가설하는 도로이다. 가설도로 설치 시에는 준수사항을 준수하여 장비 및 차량이 안전하게 운행할 수 있도록 하여야 한다.
가설울타리 ★★☆	공사현장과 외부를 구분 짓는 칸막이로 교통차단, 내외의 안전, 도난방지 등을 위해 공사현장 주변에 설치하는 울타리이다.
좌굴 ★★★	기둥의 길이가 그 횡단면의 치수에 비해 클 때 기둥의 양단에 압축하중이 가해졌을 경우 하중이 어느 크기에 이르면 기둥이 갑자기 휘는 현상이다.
작업대 ★★☆	비계용 강관에 설치할 수 있는 걸침고리가 용접 또는 리벳에 의하여 발판에 일체화되어 제작된 작업발판이다.
클램프 ★★☆	비계용 강관, 동바리 등을 조립·설치하기 위하여 강관과 강관, 형강의 체결에 사용하는 조임철물이다.
받침철물 ★★★	비계 및 동바리 기둥의 상하부에 설치하여 미끄러짐이나 침하를 방지하고 항상 수평 및 수직을 유지하도록 하는 데 사용하는 철물이다.
지반조사 ★★☆	지반을 구성하는 지층의 분포, 흙의 성질, 지하수의 상태 등을 밝혀 구조물의 설계, 시공에 필요한 기초적인 자료를 구하는 조사이다.
지하탐사법 ★☆☆	지층의 토질, 지하수의 존재, 지층의 구조 등을 조사하는 지반조사의 방법으로 지하탐사법의 종류에는 터파보기, 짚어보기, 물리적 탐사 등이 있다.
사운딩 ★★☆	원위치 시험의 일종으로 로드선단에 콘, 샘플러, 저항날개 등의 저항체를 부착하여 관입, 회전 또는 인발하여 지하층의 저항을 탐사하는 방법이다.
표준관입시험 ★★★	현 위치에서 직접적으로 흙의 다짐상태를 알아보기 위해 63.5kg의 해머를 75cm 높이에서 자유낙하시켜 샘플러를 30cm 관입시키는 데 필요한 해머의 타격횟수 N치를 구하는 시험이다.

보링 ★★☆	지층의 토질분포, 토층의 구성 등을 알기 위해 지중을 천공하여 그 안의 토사를 채취하여 조사하는 방법으로 평판재하시험, 베인테스트, 시료채취 등과 같은 다른 조사법과 병행하기도 한다.
시료채취 ★★☆	흙이 가지고 있는 물리적, 역학적 성질을 규명하기 위하여 시료를 채취하는 것으로 채취방법에는 교란의 정도에 따라 교란 시료채취와 불교란 시료채취로 나눌 수 있다.
토질시험 ★★☆	흙의 물리적 성질과 역학적 성질을 알기 위하여 주로 실내에서 행하는 시험으로 크게 물리적 시험과 역학적 시험으로 나눌 수 있다.
재하시험 ★★☆	지반, 말뚝 등에 실제의 하중을 가하여 지지력을 측정하는 시험으로 기초설계 및 말뚝설계를 하기 위하여 실시한다.
평판재하시험 ★★☆	지반의 현 위치에서 평평한 재하판을 사용하여 지반에 하중을 가하고 침하량과 하중의 관계에서 기초지반, 성토지반의 지지력이나 지반계수를 구하는 시험이다.
굴착공사 ★☆☆	사람 또는 굴착기계 등의 장비를 이용하여 공사를 하기 위해 지반을 파는 공사이다.
사면 ★★★	지표면의 경사를 말하며 자연사면과 인공사면으로 나눌 수 있다. 자연사면의 붕괴현상으로는 산사태가 있으며 인공사면의 붕괴현상으로는 사면파괴가 있다.
산사태 ★★☆	자연흙의 사면이 30도 이상의 급경사인 경우 호우나 지진 등에 의해 발생하며 중력의 작용에 의하여 흙이 낮은 곳으로 이동하는 것이다. 산사태 발생 시 흙의 이동속도가 대단히 빠르고 순간적이다.
계측 ★☆☆	계측기를 사용하여 측정, 기록, 계산하며 그 기구를 이용하여 제어하는 것이다.
지하연속벽공법 ★★★	지중에 콘크리트를 타설한 패널이나 현장타설 콘크리트 말뚝을 연속적으로 연결하여 지하벽을 만드는 공법을 말한다.
Top-Down공법 ★★★	흙막이 벽으로 설치한 벽식 지하연속벽을 본구조체의 벽체로 이용하여 기둥과 보를 정위치에 구축하고 1층 부분의 바닥을 설치한 후 지하터파기를 병행하면서 지상구조물로 축조해가는 공법이다.
히빙현상 ★★★	연약한 점토지반을 구축할 때 흙막이벽 배면 흙의 중량이 굴착저면 이하의 흙보다 중량이 클 경우 굴착저면 이하의 지지력보다 크게 되어 흙막이 배면에 있는 흙이 안으로 밀려들어 굴착저면이 부풀어오르는 현상이다.
보일링현상 ★★★	흙막이 저면의 투수성 좋은 사질지반에서 흙막이벽 배면의 지하수위가 굴착저면보다 높을 때 굴착저면 위로 모래와 지하수가 부풀어오르는 현상이다.
옹벽 ★☆☆	토사가 무너지는 것을 방지하기 위하여 설치하는 토압에 저항하는 구조물이다.

기초 ★☆☆	구조물로부터 하중을 지반에 전달시키는 부분으로 얕은 기초와 깊은 기초로 나눌 수 있다.
치환공법 ★☆☆	연약층을 제거하고 양질의 흙으로 바꿔 지반을 개량하는 공법이다.
진동다짐공법 ★★★	인위적인 외력을 가해 층의 간극비를 적게 하여 밀도를 증가시키고 투수성을 감소시켜 흙의 내부 마찰각과 지내력을 향상시키는 공법이다. ※ 간극비: 흙 입자 내 물과 공기의 부피의 비율이다. ※ 투수성: 일명 물빠짐이다. ※ 지내력: 지반 자체가 구조물 압력에 버티는 힘, 외부 힘에 대응하는 지반의 힘이다.
다짐 ★★☆	사질지반에 하중에 의한 응력이 작용할 때 간극 내 공기가 제거되면서 사질층이 수축하는 현상이다.
흙막이벽 ★★★	지반 굴착 시 붕괴 및 인접 지반의 침하 등을 방지하기 위해 설치하는 구조물이다.
띠장 ★★☆	흙막이벽에 작용하는 토압에 의한 휨모멘트와 전단력에 저항하도록 비계기둥에 수평으로 설치하는 부재이다.
버팀대 ★★☆	흙막이벽에 작용하는 수평력을 지지하기 위해 경사 또는 수평으로 설치하는 부재이다.
오픈–컷공법 ★★☆	굴착부지의 여유가 있는 경우 흙막이벽체와 지보공 없이 안정된 사면을 유지하며 굴착하는 공법으로 비교적 굴착심도가 작은 경우에 사용이 가능하다.
말뚝 ★★★	땅속에 박아 넣는 기둥으로 지지말뚝과 마찰말뚝으로 나뉜다. 지지말뚝은 말뚝의 선단이 단단한 지반까지 지지되는 것이고 마찰말뚝은 주위의 지반과 말뚝과 마찰력에 의해 하중을 지탱하는 것이다.
소단 ★★☆	사면의 안정성을 높이기 위해 사면 중간에 설치된 수평면이다.
거푸집 ★★★	콘크리트의 타설부터 콘크리트가 강도를 발현하여 자립할 시기까지 굳지 않은 콘크리트를 지지하는 가설구조물이다.
슬립폼 ★★☆	콘크리트를 부어가면서 경화 정도에 따라 거푸집을 요크로 끌어올리며 연속적으로 타설이 가능한 거푸집이다.
거푸집동바리 ★★★	거푸집 장선, 멍에를 소정의 위치에 유지시키고 수평부재가 받는 하중을 하부구조에 전달하는 수직부재이다.
측압 ★★★	콘크리트 타설 시 기둥, 벽체의 거푸집에 가해지는 수평 방향의 압력이다.
물–시멘트비 ★★★	시멘트의 중량에 대한 유효수량의 중량비로 보통 백분율 단위로 나타내며 콘크리트의 압축강도에 영향을 미치는 가장 중요한 요인이다.

슬럼프 ★★★	슬럼프콘에 굳지 않은 콘크리트를 충전하고 탈형했을 때 자중에 의해 밑으로 내려 앉는 하강량을 cm로 측정한 값이다.
재료분리 ★★★	균질하게 비벼진 콘크리트는 어느 부분의 콘크리트를 채취해도 시멘트, 골재, 물의 구성비율이 동일하나 콘크리트가 균질성을 소실하여 굵은 골재가 국부적으로 집중하거나 콘크리트가 윗면으로 모이는 현상이다.
블리딩 ★★★	콘크리트 타설 후 비교적 무거운 골재나 시멘트는 침하하고 가벼운 물이나 미세한 물질이 분리상승하여 콘크리트 표면에 떠오르는 현상이다.
레이턴스 ★★★	블리딩에 의하여 콘크리트 표면에 떠올라 침전한 미세한 물질이다.
콜드조인트 ★★☆	콘크리트 타설시간의 지연으로 응결하기 시작한 콘크리트에 이어치기를 한 경우 발생하는 줄눈이다.
콘크리트양생 ★★☆	타설 후 콘크리트가 저온, 건조, 급격한 기온 변화에 의한 유해한 영향을 받지 않도록 하고 경화 중에 진동, 충격, 무리한 하중을 받지 않도록 보호하는 것이다.
콘크리트 강도 ★★☆	굳은 콘크리트 성질로서 압축력을 받았을 때 최대응력도를 말하며 압축강도 저하는 콘크리트의 내구성을 저하시켜 콘크리트 수명을 단축시킨다.
콘크리트 중성화 ★★★	공기 중의 탄산가스의 작용을 받아 콘크리트 중의 수산화칼슘이 서서히 탄산칼슘으로 되어 콘크리트가 알칼리성을 상실하는 현상이다.
레디믹스트 콘크리트 ★☆☆	콘크리트 제조공장에서 주문자가 요구하는 품질의 콘크리트를 특수한 운반차를 이용하여 현장까지 공급하는 굳지 않은 콘크리트를 말하며 일명 레미콘이라고 한다.
한중콘크리트 ★★★	콘크리트 타설 후의 양생기간 중에 콘크리트가 동결할 염려가 있는 시기나 장소에서 사용하는 콘크리트이다.
서중콘크리트 ★★★	기온이 높아서 콘크리트 운반 중에 슬럼프 저하, 콜드조인트 발생, 콘크리트 표면수분의 급격한 증발 등의 염려가 있는 시기에 타설되는 콘크리트이다.
파이프서포트 ★★★	건설공사에서 타설된 콘크리트가 소정의 강도를 얻기까지 거푸집을 지지하기 위하여 설치하는 동바리 및 부재이다.
동바리 ★★★	바닥 거푸집의 자중, 콘크리트 중량, 작업하중을 지지하는 가설구조물이다.
멍에 ★★☆	장선과 직각 방향으로 설치하여 장선을 지지하며 거푸집 긴결재나 동바리로 하중을 전달하는 부재이다.
PC (Precast Concrete) ★★★	공기단축 등을 도모하기 위해 공장이나 건설현장 내에서 제작된 기둥, 보, 슬래브, 벽 등의 부재를 운반 후 콘크리트에 의한 충진, 기타 접합방식으로 조립하여 구조체를 만드는 공법이다.

| 건설시공 ★☆☆ | 설계도서에 따라 구조물을 세우기 위해 구조, 재료, 공법 등에 관한 기술과 노임, 물가 및 건설관련 법규 등의 지식을 종합적으로 운용하여 일정기간에 완성하는 활동이다. | |

공사입찰방식 ★★☆	입찰방식	① 수의계약(특명입찰) ② 경쟁입찰: 지명경쟁입찰, 공개경쟁입찰 ③ 부대입찰
	입찰순서	입찰공고 → 현장설명 → 견적 → 입찰 → 개찰 → 낙찰 → 계약

계약제도 ★☆☆	직영공사	도급업자에게 위탁하지 않고 건축주 자신이 직접 시공하는 것이다.
	도급공사	도급자가 공사를 완공하는 것을 약속하고 건축주가 공사비를 지급하는 것이다.

| 시공계획 우선순위 ★★★ | ① 현장원의 편성: 가장 우선은 현장조직원 구성 ② 공정표의 작성 ③ 실행예산 편성 ④ 하도급업체 선정⑤ 자재, 설비, 가설물의 설치계획 ⑥ 노무, 인력 및 조달계획 ⑦ 재해방지 대책 | |

| 품질관리 7도구 ★★★ | ① 파레토도: 크기 순으로 막대그래프와 누적량을 절선그래프로 표기 ② 특성요인도: 결과에 대해 원인이 어떻게 관계되는지 생선뼈 모양으로 표기 ③ 히스토그램: 무게, 길이 등의 계량치의 데이터 분포를 판단하는 기둥그래프 ④ 산점도: 대응되는 2개의 짝으로 된 데이터를 그래프에 점으로 표기(분포도) ⑤ 체크시트: 계수치의 데이터가 어디에 집중되는가를 표기(집중도) ⑥ 그래프(관리도): 꺾은선이나 막대그래프를 이용하여 한눈에 파악 가능 ⑦ 층별: 집단을 구성하는 데이터의 특징에 따라 부분집합으로 나눈 것(부분집단도) | |

| 공정표 ★★☆ | 공사를 소정의 공기 내에 원활히 수행하여 완료시킬 목적으로 공사의 진행상태를 표에 나타내고 실시상황에 따라 추적하여 가는 것이다. | |

| 토공사 ★★☆ | 절토(터깎기), 굴토(터파기), 성토(흙 돋우기), 매토(흙 되메우기), 다지기, 잔토처리, 흙막이벽 설치, 기초파기, 흙막이공사 등을 지칭하는 것이다. | |

흙의 성질 ★★★	① 흙의 전단강도: 흙의 점성과 입자 간의 마찰각에 의한 힘 ② 흙의 다짐과 압밀: 짧은 시간에 외부의 힘에 다짐, 오랜 시간에 물이 빠져 조밀해지는 것 ③ 예민비: 흙이 이겨진 상태와 원래 있는 상태의 강도비 ④ 흙의 소성한계: 흙 속의 수분의 변화에 따라 액성 → 소성 → 반고체 → 고체로 변하는 것 ⑤ 흙의 투수성: 공극 사이에 물이 흐르는 정도 ⑥ 흙의 간극비, 함수비, 포화도: 토립자 중의 간극, 물의 용적
히빙 ★★★	연약한 점토질 지반에서 흙막이 뒤쪽 흙의 중량이 굴착 측의 바닥의 지지력보다 크게 되어 굴착저면이 솟아오르는 현상이다.
보일링 ★★★	지하수위가 높은 사질토 지반을 굴착 시 수두차에 의한 침투압이 생겨 흙막이 근입부분이 침식되어 지지력이 상실되며 흙막이벽이 붕괴하는 현상이다.
파이핑 ★★☆	수두차가 있는 지반에서 파이프 형태의 수맥이 생겨 사질토층의 물이 배출되는 현상이다.
굴착공법의 종류 ★☆☆	① 굴착모양에 의한 분류: 구덩이 파기, 줄기초 파기, 온통파기 ② 굴착형식에 의한 분류: Open Cut 공법, 아일랜드컷 공법, 트랜치 컷 공법, 톱다운 공법
흙막이공법 ★★★	기초파기 공사를 할 때에 기초파기 측면을 보호하여 토사의 유출과 붕괴를 방지하기 위하여 행하는 것으로 버팀대와 널말뚝으로 이루어진다.
흙막이공법 **(버팀대식)** ★★★	굴착하고자 하는 부지의 외곽에 말뚝을 박고 굴착하면서 무너지지 않도록 수평버팀대 또는 경사버팀대를 설치하는 것이다.
흙막이공법 **(어스앵커)** ★★★	버팀대 대신 흙막이 윗면에 앵커체를 형성시켜 토압을 지지하여 무너짐을 방지하는 것이다. 앵커는 인장재를 써서 지반 또는 암반 속에 정착시키는 구조이다.
지하연속벽 공법 ★★★	지하수 분출이 아주 많은 곳에 대규모의 깊은 지하층 설치 시 사용되며 종류로는 이코스공법, 소일시멘트공법, 격막벽공법, Top Down(역타공법) 등이 있다.
슬러리월 ★★☆	흙막이 공사의 단점인 공사 시 소음 및 진동에 의한 공사공해의 문제점을 보완한 공법으로 지중에 일정 폭과 깊이로 굴착하고 철근망을 연속시공하여 굴착공사의 토류벽 또는 지하구조물로 이용하는 것이다.
역타공법 ★★★	지하구조물의 시공순서를 지상에서부터 시작하여 점차 깊은 지하로 진행하여 완성하는 흙막이 공법이다. 시공비가 고가이나 공기가 대단히 단축된다.
토공기계 ★★☆	① 파워셔블: 지면보다 높은 곳을 굴착한다. ② 드래그셔블: 지면보다 낮은 지하층, 기초지반, 경질지반을 굴착한다. ③ 드래그라인: 지면보다 낮은 연약한 지반을 굴착한다.

지정 ★☆☆	건축물과 같은 구조체를 지지하기 위한 기초 슬래브의 저면보다 아랫부분을 지칭한다.
보통지정 ★★☆	① 모래지정: 건물의 무게가 가볍고, 지반이 연약하고 그 하부 2m 이내에 굳은 지층이 있을 때 전부를 파내고 모래를 넣어 물다짐을 하는 것이다. ② 자갈지정: 비교적 굳은 지반에 자갈을 크기 45mm 내외로 까는 것이다. ③ 잡석지정: 지름 10~25cm 정도 호박돌을 옆세워 깔고, 그 틈을 자갈사춤(30%)한다. ④ 밑창콘크리트: 철근배근 용이, 먹매김, 거푸집 설치, 바깥방수를 목적으로 설계기준강도(150kg/cm2) 정도의 콘크리트를 타설하는 것이다. ⑤ 긴주춧돌 지정: 긴주춧돌을 세우고 묻는 것이다.
강재말뚝지정 ★★★	① H형말뚝과 강관말뚝이 있는데 강관말뚝이 많이 사용된다. ② 강관말뚝은 해안매립지 및 양질지반이 상당히 깊이 있을 때 이용된다. ③ 길이의 조절이 용이하고, 경량이기 때문에 운반취급이 간단하다. ④ 부식에 의한 내구성 저하가 우려된다. ⑤ 강한 타격에도 견디며, 다져진 중간지층의 관통도 가능하다. ⑥ 재료비가 고가이다. ⑦ 기성콘크리트말뚝에 비해 가볍다.
기성콘크리트 말뚝지정 ★★★	원심력을 이용하여 제조한 원심력콘크리트 기초말뚝이 대표적이다. 기성콘크리트 말뚝의 결점은 자중이 크고 견고한 지층에 박을 때 타격력에 의한 말뚝머리, 말뚝자체를 파손시킬 염려가 있으며, 안전한 이음시공이 곤란하다는 점이다.
말뚝의 시공법 ★★☆	① 프리보링공법: 천공기로 파일구멍을 선굴착 후, 말뚝을 타입하고, 모르타르를 주입한다. ② 수사식공법: 물을 고속으로 분사시키면서 타입하는 방식이다. ③ 중굴공법: 말뚝의 중공부에 삽입 후 굴착하는 것으로 개방형 말뚝에 주로 사용한다. ④ 압입공법: 유압 잭(Jack)을 이용하여 회전압입하는 방식이다. ⑤ 진동공법: 바이브로해머를 이용하여 진동압입하는 방식이다. ⑥ 타격공법(타입공법): 드롭해머, 디젤해머를 이용하여 타입하는 방식으로 진동, 소음이 크다.
토질에 따른 지반개량 공법 ★★★	① 사질토지반 개량공법: 다짐말뚝공법, 다짐모래말뚝공법, 바이브로플로테이션 공법, 폭파다짐공법, 그라우팅공법(약액주입), 전기충격공법, 웰포인트공법 ② 점성토지반 개량공법: 치환공법, 압성토공법, 생석회말뚝공법, 침투압공법, 여성토공법, 샌드드레인공법, 페이퍼드레인공법, 전기침투공법, 전기화학적 고결공법
웰포인트공법 ★★★	지중에 웰포인트라 불리우는 지름 5cm, 길이 1m 정도의 필터가 달린 흡수기를 1~2m 간격으로 설치하여 지하수를 빨아 올림으로써 지하수를 낮추는 공법이다.
샌드드레인공법 ★★★	점토가 함수량의 감소에 의하여 전단강도가 커지는 성질을 이용한 지반개량 공법이다. 점토지반에 모래를 깔고 그 위에 성토를 하여 하중을 가하면 장기간에 걸쳐 점토층 물이 샌드파일을 통하여 지상에 배수되어 지반이 압밀, 강화되는 것이다.

약액주입공법 ★★☆	지반 내에 주입관을 삽입한 후 화학약액을 지중으로 압송하여 흙입자 간의 공극을 충진하는 것이다. 특히 사질지반에 유효하다.
언더피닝공법 ★★☆	기존에 있는 건물의 가까운 곳에서 건축공사를 할 때 또는 그 하부에 또 다른 지하층을 시공할 때 기존의 구조물을 옮기는 공법이다.
콘크리트 공사 ★★☆	시멘트, 골재, 물을 이용하여 만든 복합재료를 거푸집에 넣어 모양을 만든 다음 거푸집을 제거하여 구조체를 만드는 것이다.
시멘트 ★★☆	콘크리트에서 골재를 결합시켜 단단하게 하는 역할을 하며 콘크리트 구성재료 중 가장 중요한 것이다.
골재 ★★★	① 강도는 콘크리트 중의 경화한 페이스트의 강도 이상의 것으로 한다. ② 편평하고 가는 것은 아니되고 구에 가까울수록 좋다. ③ 깬 자갈일 경우는 둔각, 실적률이 55% 이상인 것이 좋다.(강자갈: 60% 이상) ④ 흡수율은 잔골재에서 1~3%, 굵은 골재에서 0.5~1.5% 정도이다. ⑤ 잔골재 중량의 0.04% 이상의 염분($NaCl$)을 포함하지 않는 것으로 한다.
골재의 함수량 ★★★	① 함수량: 골재 입자 안팎에 들어 있는 모든 물의 양 ② 흡수량: 절건상태에서 표면건조포화상태로 되기까지의 흡수된 물의 양 ③ 유효흡수량: 공기 중 건조상태인 골재의 입자가 표면건조포화상태로 되기까지 흡수한 물의 양이다. ④ 표면수량: 골재 입자의 표면에 묻어 있는 물의 양이다.
혼화재 ★★☆	시멘트 중량의 5% 이상, 25% 이하 사용(배합설계에 고려)
혼화제 ★★☆	시멘트 중량의 5% 이내, 소량(배합설계에 고려 안 함)
AE제 ★★★	콘크리트에 미세한 기포를 생성하여 콘크리트의 워커빌리티와 내구성을 향상시키는 것이다.

콘크리트의 시험 ★★☆		
	경량골재	실적률, 비중, 압축강도, 단위용적중량, 함수율, 흡수율, 표면수율, 유기불순물
	보통골재	입도, 비중, 실적률, 함수율, 흡수율, 표면수율, 씻기시험, 염분, 유기불순물
	시멘트	안전성, 분말도, 이상응결, 강도
	콘크리트	슬럼프, 압축강도, 공기량, 블리딩시험

슬럼프시험 ★★☆	콘크리트의 워커빌리티를 판단하기 위해 콘시스턴시(Consistency) 판단기준의 하나인 슬럼프값을 이용한 시험이다.

워커빌리티 ★★☆	① 분말도가 적절한 시멘트일수록 워커빌리티가 좋다. ② 부배합의 경우가 빈배합보다 워커빌리티가 좋다. ③ 공기량을 증가시키면 워커빌리티가 좋아진다. ④ 비빔을 충분히 잘하면 워커빌리티가 좋아진다. ⑥ 둥근 강자갈을 사용하면 워커빌리티가 좋아진다. ⑦ 비빔온도가 높을수록 워커빌리티가 저하된다. ⑧ 깬자갈을 사용하면 워커빌리티가 저하된다. ⑨ 단위수량이 많아지면 워커빌리티가 저하된다.
콘크리트의 건조수축이 커지는 조건 ★★☆	① 습도가 낮을수록 ② 단위시멘트량이 많을수록 ③ 온도가 높을수록 ④ 흡수량이 많은 골재일수록 ⑤ 단위수량이 많을수록(건조수축에 가장 큰 영향을 끼치는 것)
콘크리트의 중성화 ★★★	콘크리트가 공기 중의 탄산가스 작용을 받아 콘크리트에 함유되어 있는 수산화칼슘이 탄산칼슘으로 변해가며 알칼리성을 상실해 가는 것이다.
콘크리트의 타설방법 ★★★	① 콘크리트는 먼 곳에서부터 가까운 곳으로 부어 넣는다. ② 낮은 곳에서 높은 곳으로 타설한다.(기초−기둥−벽−보−슬래브의 순서) ③ 콘크리트는 휴식시간 없이 연속적으로 부어 넣어야 한다. ④ 낙하높이(거리)는 보통 1.5m, 최대 2m 이내로 한다.(낙하높이는 작게 함) ⑤ 기둥, 벽은 다지면서 수평지게 부어넣고, 1시간에 2m 이하로 한다. ⑥ 블리딩현상을 방지하기 위해 높은 벽이나 기둥의 상부에는 된비빔, 하부는 묽은비빔을 한다. ⑦ 진동기는 철근이나 거푸집에 닿지 않도록 한다. ⑧ 보는 바닥에서 윗면까지 연속으로 부어 넣고, 양단에서 중앙으로 부어 넣는다. ⑨ 예정구획 내에서는 표면이 수평지게 연속타설을 해야 한다.
블리딩 ★★★	굳지 않은 콘크리트에서 골재, 시멘트가 침강하여 혼합수의 일부가 상승하는 현상이다.
레이턴스 ★★★	콘크리트 타설 후 블리딩 현상으로 콘크리트 표면에 물과 함께 떠오르는 물질이다.
한중콘크리트 ★★★	일평균기온이 4℃ 이하의 동결위험이 있는 기간 내에 시공하는 콘크리트이다.
서중콘크리트 ★★★	일평균기온이 25℃를 초과하거나 일최고온도가 30℃를 초과할 경우 시공하는 콘크리트이다.
매스콘크리트 ★★★	평판구조의 경우 두께가 80cm 이상, 하단이 구속된 벽체의 경우 50cm 이상에 적용되는 콘크리트로 내부 최고온도와 외기 온도차가 25℃ 이상으로 예상되는 콘크리트이다.
철근의 조립순서 ★★★	기초철근 → 기둥철근 → 대근(Hoop) → 벽철근 → 보철근 → 바닥철근 → 계단철근

철근의 정착위치 ★★★	① 기둥의 주근은 기초에 정착한다. ② 보의 주근은 기둥에 정착한다. ③ 작은 보의 주근은 큰 보에 정착한다. ④ 바닥철근은 보 또는 벽체에 정착한다. ⑤ 지중보 철근은 기초 또는 기둥에 정착한다. ⑥ 벽철근은 보, 기둥, 바닥판 또는 기초에 정착한다.
거푸집의 역할 ★★★	① 콘크리트가 응결·경화하는 동안 일정한 형상과 치수 유지 ② 콘크리트의 경화에 필요한 수분의 누출 방지 ③ 양생을 위한 외기의 영향 방지
갱폼 ★★☆	거푸집을 사용할 때마다 부재의 조립, 분해를 반복하지 않고 대형화, 단순화하여 한번에 설치하고 해체가 가능하게 만든 것이다.
거푸집 설계 시 수직하중 ★★★	① 고정하중: 거푸집 자체의 중량을 말한다. ② 충격하중: 콘크리트 타설 시나 중기작업 시 생기는 하중으로 산정되는 적재하중의 50%를 적용한다. ③ 작업하중: 작업 시의 근로자와 소도구의 하중을 의미한다. ④ 적재하중: 타설되는 콘크리트, 철근의 중량에 특별히 중량의 기계, 차량 및 도구가 적재되는 경우에 이러한 하중을 합한 것이다.
콘크리트의 측압 ★★★	액상의 굳지 않은 콘크리트를 타설하는 순간 거푸집 측면에 가해지는 압력이다.
철골공사 ★★☆	철골 부재를 공장에서 가공제작하고 현장에서 조립하는 공사로 대규모의 초고층 건축물에서부터 소규모의 공장, 창고까지 광범위하게 사용되는 공사방법이다.
철골 세우기용 기계 ★★☆	① 크레인: 타워크레인, 소형 지브크레인 ② 이동식 크레인: 휠크레인, 트럭크레인, 크롤러크레인 ③ 데릭: 삼각데릭, 진폴데릭, 가이데릭
앵커볼트 매입공법 ★★☆	주각부와 기둥밑판을 연결하는 부재로 철골구조의 시공정밀도가 요구되는 공법이다. 앵커볼트를 설치하고 기초상부를 마무리한 후 경화된 다음 기둥세우기 하여야 한다.
기초상부 고름질 ★★☆	기둥밑판을 완전히 수평으로 밀착시키기 위해 양질의 모르타르를 채우는 것이다.
내화피복 공법 ★★☆	철골 구조는 화재에 의한 피해가 크므로 내화구조로 하기 위하여 표면을 내화성능을 가진 재료로 감싸는 것이다.
용접검사항목 ★☆☆	금속의 접합부를 열로 녹여 일체가 되도록 결합시키는 것이다. 용접은 단시간에 고열을 수반하는 접합으로 용접재료, 방법, 기술수준에 따라 용접결함이 발생된다.

용접의 결함 ★★★	① 슬래그 섞임: 모재와 용접봉의 피복재가 섞이는 것
	② 언더컷: 모재가 녹아서 용착금속이 채워지지 않고 홈으로 남게 된 부분
	③ 오버랩: 용접금속과 모재가 융합되지 않고 겹쳐지는 것
	④ 블로우홀: 작은 틈이나 기포가 발생하는 현상
	⑤ 크랙: 용착금속과 모재에 생기는 균열
	⑥ 피트(Pit): 용접부 표면에 생기는 작은 구멍
	⑦ 크레이터: 용접 시 끝부분이 항아리 모양으로 패이는 것
	⑧ 용입불량: 용입이 충분하지 않은 상태

재료의 역학적 성질 ★★★	① 강도: 재료가 외력에 저항할 수 있는 힘 ② 강성: 재료가 외력을 받아도 잘 변형되지 않는 성질 ③ 탄성: 외력을 받아 변형한 재료가 외력을 제거 시 원형으로 되돌아가는 성질 ④ 소성: 외력을 제거해도 변형 그대로 남아 원형으로 되돌아오지 못하는 성질 ⑤ 인성: 재료가 외력을 받아 변형을 나타내면서도 파괴되지 않는 성질 ⑥ 취성: 재료가 외력을 받아 약간의 변형과 함께 파괴되는 성질 ⑦ 경도: 재료의 단단한 정도, 자국, 마모 등에 대한 저항성
크리프 ★★☆	물체에 일정온도 하에서 일정응력 혹은 일정하중이 작용할 때 변형이 시간과 함께 증가하는 현상이다.
목재의 조직 ★★★	① 나이테: 춘재부에서 다음 추재부까지 횡단면상에 원형모양으로 나타나는 것이다. ② 수심: 목재의 횡단면에서 대략 중심부를 수심이라 하며, 강도는 가장 약하다. ③ 심재: 수심과 가까운 중앙부로 수지 등이 고화되어 강도가 크고 내구성이 좋다. ④ 변재: 수피에 가까운 재료로 수분이 많아 부패, 변형의 우려가 있어 목재의 가치는 심재보다 못하다.
목재의 함수율과 수축 ★★★	① 생목이나 젖은 목재를 건조하면 점차 가볍게 됨과 동시에 수축한다. ② 수축의 정도는 활엽수가 침엽수보다 크다. ③ 비중이 크면 건조수축이 크다. ④ 전수축률은 생목의 길이에 대하여 백분율로 표시하며 기건까지의 수축률은 대략 전수축률의 1/2 정도이다. ⑤ 목재의 수축팽창은 어떤 목재에서도 그 함수율이 섬유포화점인 30% 이상의 범위에서는 증감이 없으나 그 이하로 될수록 직선적으로 감소한다.
목재의 방식법 중 표면처리법 ★★★	① 표면탄화법: 가장 간단한 방법으로 목재의 표면을 구워 탄화시키는 방법이다. ② 약제도포법: 페인트, 와니스, 크레오소트유, 타르, 아스팔트 등을 도포하는 방법이다.
목재의 방식법 중 약액주입법 ★★★	약재는 보통 크레오소트유를 사용하며 목재방부법 중 가장 공업적이고 효과도 완전한 방법이다. 조작 방법에 따라 상압, 가압 주입법으로 분류한다.
목재의 결함 ★★☆	① 절(옹이): 가지가 붙은 흔적이 목재 표면에 나타난 것이다. ② 파열: 목재의 갈라짐으로 심재파열, 변재파열 등이 있다. ③ 혹: 세균류에 의해서 나이테의 일부가 표면에 융기한 것이다. ④ 입피: 성장도중 나이테 또는 수피로 일부가 내부로 말려 들어간 것이다. ⑤ 지선, 송진구멍: 나이테 사이 등 수목의 일부에 수지(송진)가 선상으로 고인 것이다.
합판 ★★★	접착이 잘된 것은 원목보다 강하고 균열, 찢어짐, 변형 등에 대한 저항이 크다. 함수율 변화에 의한 신축변형이 적고 방향성이 없으며, 두께에 비해 강도도 크다.

집성목재 ★★★	큰 목재를 얻기 위해서는 긴 세월이 요구되고 결점이 없는 큰 목재를 얻기란 거의 불가능하다. 접착기술의 발달로 각 재를 집성, 접착하여 기둥, 아치, 트러스트 등의 구조재료로 사용하는 것이다.
굳지 않는 **콘크리트의 성질** ★★☆	① 워커빌리티: 반죽질기 여하에 따르는 작업의 난이도 정도 및 재료분리에 저항하는 정도이다. ② 컨시스턴시: 주로 수량의 다소에 따르는 반죽의 되고 진 정도이다. ③ 플라스티시티: 거푸집에 쉽게 다져 넣을 수 있고, 거푸집을 제거하면 천천히 변하는 성질이다. ④ 피니셔빌리티: 마무리하기 쉬운 성질이다.
시멘트의 분말도 ★★☆	시멘트의 분말도는 가는 것일수록(높을수록) ① 비표면적이 커서 물에 접촉하는 면적이 크므로 수화작용이 빠르다. ② 콘크리트의 초기강도가 높고 그 후의 강도의 증진도 크다. ③ 골재와의 접착력도 크므로 내구적인 콘크리트를 만드는데 적당하다. ④ 화학성분이 같을 때 조기강도를 증진하려면 분말도에 의존할 수밖에 없다.
콘크리트의 중성화 ★★☆	콘크리트가 알칼리성을 점차 잃어가는 과정이다. 콘크리트의 pH가 11보다 낮아지면 철근에 녹이 발생하고, 철근의 약 2.5배까지 팽창한다.
중용열포틀랜드 **시멘트** ★★☆	시멘트 원료 중의 석회, 알루미나, 마그네시아의 양을 적게 하고 실리카와 산화철을 많이 넣은 것으로 수화열이 낮다.
플라이애쉬 ★★☆	화력발전소 등에서 미분탄을 연소시킬 때 발생하는 폐가스에 포함된 석탄재이다.
고로슬래그 ★☆☆	용광로에서 선철을 제조할 때 부산물로 나오는 용융 상태의 고로 슬래그를 물에 급랭시킨 것을 고로 수쇄 슬래그라고 하는데, 고로 슬래브 미분말은 고로 수쇄 슬래그를 건조 분쇄해서 제조한다.
혼화재의 사용목적 ★☆☆	① 시멘트의 사용량을 절약하고 재료의 분리를 방지한다. ② 워커빌리티가 개선되고 단위수량이 감소된다. ③ 응결 및 경화의 지연 또는 촉진과 초기강도를 증진시킨다. ④ 내구성, 내동해성, 수밀성 및 화학적 저항성을 증가시킨다. ⑤ 철근의 부식방지 및 부착력을 증진시킨다. ⑥ 작업의 용이 및 양질의 콘크리트를 만든다.
시멘트의 풍화도 ★☆☆	풍화의 정도를 나타내는 척도로서는 풍화된 시멘트의 강열감량(Ignition Loss)을 측정하여 사용하는데 강도감량의 증가는 강열감량이 많을수록 대략 이에 정비례하여 강도가 저하된다.

콘크리트의 폭렬 ★☆☆	고온에 노출된 콘크리트의 표면이 박리되거나 비산되어 단면결손이 발생하는 것이다.
석재, 암석 ★★☆	토목, 건축공사에서 구조용 또는 장식용 돌쌓기, 돌붙이기, 사석, 포장 등에 널리 사용되어 왔으나 최근 콘크리트 제품의 제조기술이 급진전하여 석재보다 저렴하게 다량으로 생산되어 석재의 용도는 차츰 감소하는 경향이 있다.
화성암 ★★★	마그마가 지표 또는 지표 근처에서 냉각 고화되어 만들어진 것이다. 용도는 주로 구조용, 장식용이다. 화산암의 조암광물은 불에 대하여 비교적 강하나 자연 절리가 많아 대재를 얻기 힘들고 갈아도 광택이 잘 나지 않는다.
수성암 ★★★	지표에 노출된 암석, 화산 분출물 등 즉 기존의 쇄석 또는 수중에 용해된 암석성분이 환경변화 즉 물, 바람 등에 의해 지중, 바다, 하천, 호수 밑이나 지표에 침전, 퇴적한 후 압력이나 온도의 작용을 받아서 고화한 것이다.
변성암 ★★★	화성암이나 수성암이 지각의 변동, 지열의 작용, 액체 또는 가스의 화학작용을 받아서 지각 내부에서 조직이 변질되어 결정화한 것이다.
인조석재 **(테라조 및 의석)** ★★★	대리석의 쇄석과 백색 포틀랜드시멘트에 안료를 섞어 된비빔하여 콘크리트판의 편면에 치어 부은 후 바이브레이터로 다져 성형한 다음 경화된 후에 가공연마하여 대리석과 같이 미려한 광택을 갖도록 마감한 인조석이다. 대리석 이외의 종석으로 성형한 것을 의석이라고 한다.
인조석재 **(수지계 인조석)** ★★☆	시멘트 대신에 폴리에스테르 수지나 에폭시수지 등을 결합재로 사용하여 테라조나 의석을 만드는데 이들 수지는 열경화성이기 때문에 급속한 경화로 단기간에 높은 압축강도가 얻어지고 균열이 적으며 수밀성이 양호하고 방수성, 내마모성, 내산성이 있다. 그러나 내열성 및 내화성이 약한 단점도 있어 보완이 요구된다.
석재제품 **(암면)** ★★☆	현무암, 안산암, 사문암, 광재 등의 원료를 고열로 용용시켜 세공으로 분출 시키면서 고압공기로 불어 날려 면상으로 만들고 이를 냉수, 압축공기로 냉각시켜 만든 것이다. 단열, 보온, 흡음력이 우수하고 내화성도 있어 단열재, 보온재, 흡음재로 쓰인다.
석재제품 **(질석)** ★★☆	질석은 운모계 광석으로 800~1,000℃로 가열 팽창시켜 체적을 5~6배로 늘린 다공질 경석이다. 경량재, 보온, 방음, 결로방지 등의 목적으로 시멘트와 배합하여 사용한다.
석재제품 **(펄라이트)** ★★☆	진주암(Perlite), 흑요석(Obsidian) 등을 분쇄하여 입상으로 된 것을 소성, 팽창시킨 경골재로 이용 용도는 질석과 거의 같다.
금속재 ★★☆	금속재료가 건설공사 재료로서 중요한 위치를 차지한 이유는 여러 가지 있으나 그 중에서도 인장, 압축, 휨, 비틀림 등의 외력에 대하여 높은 강도를 가지고 있기 때문이다.
탄소함량에 따른 **철의 분류** ★★☆	① 연철: 0.03% 이하(800~1,000℃ 내외에서 가단성이 크고 연질임) ② 탄소강: 0.03~1.70%(가단성, 주공성, 담금질 효과가 큼) ③ 주철: 1.70% 이상(주공성이 크고 취성이 큼)

강재의 열처리 ★★★	소준 (불림)	강을 800~1,000℃로 가열하여 그 온도에서 수십 분간 보존한 후에 공기 중 냉각하면 조직이 정상화, 부서지기 쉬운 것이 강하게 된다.
	소둔 (풀림)	가열한 후 이것을 노 속에서 서서히 냉각하면 인장강도는 저하하나 균질하고 연질의 것으로 된다.
	소입 (담금질)	냉수, 온수 또는 기름에 급냉시키면 늘음(신율)이 감소하고, 잘 깨어지는 취성이 증가하나 강도 및 경도가 증대하여 마모가 적게 된다.
	소태 (뜨임)	담금질한 강은 부서지기 쉬워서 사용에 부적당한 경우가 많다. 이것을 다시 200~600℃로 가열, 공기 중에서 냉각하면 취성이 현저하게 작아진다.
동 ★★★		상온에서 전연성이 풍부하여 가공성이 우수하고 인성이 크다. 열과 전기의 양도체로서 열과 전기전도율이 좋으며, 대기 중이나 흙 속에서는 철보다 내식성이 있다. 그러나 알칼리에 약하므로 시멘트, 콘크리트에 접하는 경우에는 빨리 부식된다.
알루미늄 ★★★		사용하는 금속재료 중에서 가장 가볍다. 대기 중에서는 쉽사리 부식하지 않고 담수 중에서도 침식을 받는 일이 적으나 해수 중에서는 부식하기 쉽다.
미장재료 ★★☆		건축물의 바닥, 내외벽, 천장 등에 적당한 두께로 발라 마무리하는 재료이다. 미장재료는 굳는 방식에 따라 기경성과 수경성으로 구분된다.
마그네시아석회 ★★☆		가소(하소)한 돌로마이트는 물을 가하면 소화(수화)할 때 발열이 완만하므로 건식소화법을 쓴다. 마그네시아석회는 일반석회보다 비중이 크고 굳으며 강도도 크며, 점성이 높아 가소성이 좋아 해초풀을 넣지 않아도 잘 발라진다. 풀을 넣지 않아 냄새, 곰팡이가 없고 변색될 염려도 없다.
석고플라스터 ★★☆		소석고의 일종으로 결정수가 3% 정도 포함한 것을 말한다. 혼화재로 석회, 소석회, 돌로마이트 석회, 점토, 모래 등을 적당히 가하여 물반죽하여 바른다. 석고 플라스터는 점성이 큰 재료이므로 원칙적으로 여물이나 풀을 필요로 하지 않는다.
무수석고 (킨즈시멘트) ★★☆		킨즈시멘트는 혼합석고(혼합 플라스터)보다 경도가 높고 경화되면 경석고플라스터가 된다. 킨즈시멘트는 강도가 크며, 응결, 경화에 수축이 거의 없다.
천연아스팔트 ★★☆		지중에서 천연적으로 산출되는 아스팔트이다. 아스팔타이트, 암석아스팔트, 호산아스팔트, 사암아스팔트 등이 있다.
스트레이트 아스팔트 ★★☆		아스팔트 성분을 될 수 있는 대로 분해, 변화되지 않도록 만든 것이다. 점성, 연성, 침투성 등은 크나 증발성분이 많고, 온도에 의한 강도, 점성, 연성의 변화가 크다.

블로운아스팔트 ★★☆	저온 증류탑에서 뜨거운 공기(230~270℃)를 불어넣어 산화, 탈수소, 중축합등의 반응을 통해 만든 것으로 직류 아스팔트보다 경질이다.
열가소성수지 ★★☆	고상의 것에 열을 가하면 연화 또는 점성이 생기고, 냉각하면 다시 고상으로 되는 성질을 가진 것으로 중합반응에 의해 만들어 진다.
열경화성수지 ★★☆	고상의 것에 열을 가해도 연화되지 않는 것으로 안전성이 크며, 축합반응에 의해 만들어진다.
강화유리 ★★☆	판유리를 720℃까지 가열 후 급냉한 것이다. 압축응력이 일반유리보다 약 4~5배 정도 크고, 파손 시 알갱이가 된다.
배강도유리 ★★☆	판유리를 600℃ 가열 후 급냉한다. 일반유리보다 약 2~3배 압축응력이 크고, 파손 시 유리이탈이 적다.
복층유리 ★★☆	둘 이상의 원판 사이에 비어 있는 중공층을 두고 고정한 유리이다. 단열효과가 증대된다.
로이유리 ★★☆	저방사 유리이다. 가시광선을 투과하고 실내의 원적외선을 반사하며 따뜻한 공기가 외부에 새어나가는 것을 최소화한다.

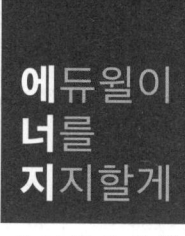

에듀윌이
너를
지지할게
ENERGY

겨울이 오면, 봄이 멀 수 있으랴!

— 퍼시 비시 셸리(Percy Bysshe Shelley), '서풍에 부치는 노래'

최신
3개년 기출

최신기출 위주로
실속있게 공부하자

건설안전기사 필기시험 개편 안내 (2026년 시행)

2026년부터 건설안전기사 필기시험의 출제기준이 새롭게 개편됩니다. 기존에는 '산업안전관리론, 산업심리 및 교육, 인간공학 및 시스템안전공학, 건설시공학, 건설재료학, 건설안전기술' 6개 과목에서 총 120문항이 출제되었으나, 개편 이후에는 '산업재해 예방 및 안전보건교육, 인간공학 및 위험성 평가 · 관리, 건설시공, 건설재료, 건설공사 안전관리' 5개 과목에서 총 100문항이 출제됩니다.

과목수와 명칭은 변경되었지만, 세부 학습내용은 기존 출제 범위와 큰 차이가 없습니다. 또한 CBT(Computer Based Test) 방식의 특성상 핵심 기출문제의 반복 출제 경향은 지속될 것으로 예상됩니다. 따라서 본 교재를 통해 개편 내용에 흔들림 없이 효율적인 시험 대비를 이어가시기 바랍니다.

산업안전관리론

001

4회 출제

다음은 재해발생에 관한 이론이다. 각각의 재해발생 이론의 단계를 잘못 나열한 것은?

① Heinrich 이론: 사회적 환경 및 유전적 요소 → 개인적 결함 → 불안전한 행동 및 불안전한 상태 → 사고 → 재해

② Bird 이론: 제어(관리)의 부족 → 기본원인(기원) → 직접원인(징후) → 접촉(사고) → 재해(손실)

③ Adams 이론: 기초원인 → 작전적 에러 → 전술적 에러 → 사고 → 재해

④ Weaver 이론: 유전과 환경 → 인간의 결함 → 불안전한 행동과 상태 → 사고 → 재해(상해)

> **해설** **아담스의 재해연쇄이론**
> 관리구조 결함 → 작전적 에러 → 전술적 에러 → 사고 → 상해

002

2회 출제

사업주가 안전관리자를 선임하거나 증원, 교체한 경우 선임한 날로부터 며칠 이내에 고용노동부장관에게 신고하여야 하는가?

① 7일
② 14일
③ 15일
④ 30일

> **해설**
> 사업자는 안전관리자를 선임하거나 안전관리자의 업무를 안전관리전문기관에 위탁한 경우에는 선임하거나 위탁한 날부터 14일 이내에 고용노동부장관에게 그 사실을 증명할 수 있는 서류를 제출하여야 한다. 안전관리자를 늘리거나 교체한 경우에도 또한 같다.

003

5회 출제

산업안전보건법령에 따른 안전보건표지의 기본모형 중 다음 기본모형의 표시사항으로 옳은 것은?

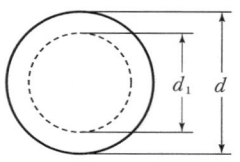

① 금지
② 경고
③ 지시
④ 안내

> **해설** **안전보건표지의 기본모형**

기본모형	규격비율	표시사항
(45°, d_3, d_2, d_1, d)	$d \geq 0.025L$ $d_1 = 0.8d$ $0.7d < d_2 < 0.8d$ $d_3 = 0.1d$	금지
(60°, 60°, a_2, a_1, a)	$a \geq 0.034L$ $a_1 = 0.8a$ $0.7a < a_2 < 0.8a$	경고
(45°, 45°, a, a_2, a_1, a)	$a \geq 0.025L$ $a_1 = 0.8a$ $0.7a < a_2 < 0.8a$	
(d_1, d)	$d \geq 0.025L$ $d_1 = 0.8d$	지시

004

6회 출제

재해사례연구의 진행단계로 옳은 것은?

> ㉠ 사실의 확인   ㉡ 대책의 수립
> ㉢ 문제점의 발견   ㉣ 문제점의 결정
> ㉤ 재해 상황의 파악

① ㉢ → ㉤ → ㉠ → ㉣ → ㉡
② ㉢ → ㉤ → ㉣ → ㉠ → ㉡
③ ㉤ → ㉢ → ㉠ → ㉣ → ㉡
④ ㉤ → ㉠ → ㉢ → ㉣ → ㉡

해설 **재해사례 연구순서**
- 전제조건: 재해 상황의 파악
- 제1단계: 사실의 확인
- 제2단계: 문제점 발견
- 제3단계: 근본적 문제점 결정
- 제4단계: 대책수립

005

2회 출제

산업안전보건법령상 안전보건표지의 종류 중 안내표지에 해당되지 않는 것은?

① 금연   ② 들것
③ 세안장치   ④ 비상용기구

해설
'금연표지'는 금지표지에 해당한다.

관련개념 **안내표지**

녹십자표지   응급구호표지   들것

세안장치   비상용기구   비상구

006

3회 출제

산업안전보건법령에 따른 안전인증기준에 적합한지를 확인하기 위하여 안전인증기관이 하는 심사의 종류가 아닌 것은?

① 서면심사   ② 예비심사
③ 제품심사   ④ 완성심사

해설 **안전인증 심사의 종류**

예비심사	기계 및 방호장치·보호구가 유해·위험기계 등인지를 확인하는 심사
서면심사	유해·위험기계 등의 종류별 또는 형식별로 설계도면 등 유해·위험기계 등의 제품기술과 관련된 문서가 안전인증기준에 적합한지에 대한 심사
기술능력 및 생산체계 심사	유해·위험기계 등의 안전성능을 지속적으로 유지·보증하기 위하여 사업장에서 갖추어야 할 기술능력과 생산체계가 안전인증기준에 적합한지에 대한 심사
제품심사	유해·위험기계 등이 서면심사 내용과 일치하는지와 유해·위험기계 등의 안전에 관한 성능이 안전인증기준에 적합한지에 대한 심사

007

3회 출제

시설물의 안전 및 유지관리에 관한 특별법에서 규정된 안전점검에 해당하지 않는 것은?

① 긴급안전점검   ② 특별안전점검
③ 정밀안전점검   ④ 정기안전점검

해설 **시설물의 안전 및 유지관리에 관한 특별법상 안전점검**

정기 안전점검	시설물의 상태를 판단하고 시설물이 점검 당시의 사용요건을 만족시키고 있는지 확인할 수 있는 수준의 외관조사를 실시하는 안전점검
정밀 안전점검	시설물의 상태를 판단하고 시설물이 점검 당시의 사용요건을 만족시키고 있는지 확인하며 시설물 주요부재의 상태를 확인할 수 있는 수준의 외관조사 및 측정·시험장비를 이용한 조사를 실시하는 안전점검
긴급 안전점검	시설물의 붕괴·전도 등으로 인한 재난 또는 재해가 발생할 우려가 있는 경우에 시설물의 물리적·기능적 결함을 신속하게 발견하기 위하여 실시하는 점검

008

사업장의 안전 및 보건에 관한 중요 사항을 심의·의결하기 위하여 사업장에 근로자위원과 사용자위원이 같은 수로 구성되는 것은?

① 산업안전보건위원회
② 안전보건심의위원회
③ 노동조합
④ 노사협의체

해설

사업장의 안전 및 보건에 관한 중요 사항을 심의·의결하기 위하여 사업장에 근로자위원과 사용자위원이 같은 수로 구성되는 산업안전보건위원회를 구성·운영하여야 한다.

009

산업안전보건법상 산업안전보건위원회의 심의·의결사항이 아닌 것은?

① 산업재해 예방계획의 스립에 관한 사항
② 근로자의 건강진단 등 건강관리에 관한 사항
③ 중대재해로 분류되는 산업재해의 원인 조사 및 재발 방지대책의 수립에 관한 사항
④ 안전장치 및 보호구 구입 시 적격품 여부 확인에 관한 사항

해설

'안전장치 및 보호구 구입 시 적격품 여부 확인에 관한 사항'은 안전보건관리책임자가 총괄하여 관리하는 업무이다.

관련개념 산업안전보건위원회의 심의·의결사항

• 사업장의 산업재해 예방계획의 수립에 관한 사항
• 안전보건관리규정의 작성 및 변경에 관한 사항
• 안전보건교육에 관한 사항
• 작업환경측정 등 작업환경의 점검 및 개선에 관한 사항
• 근로자의 건강진단 등 건강관리에 관한 사항
• 산업재해에 관한 통계의 기록 및 유지에 관한 사항
• 중대재해의 원인 조사 및 재발 방지대책 수립에 관한 사항
• 유해하거나 위험한 기계·기구 설비를 도입한 경우 안전 및 보건 관련 조치에 관한 사항
• 그 밖에 해당 사업장 근로자의 안전 및 보건을 유지·증진시키기 위하여 필요한 사항

010

사고예방대책의 기본원리 5단계 중 3단계의 분석·평가에 관한 내용으로 옳은 것은?

① 현장조사
② 교육 및 훈련의 개선
③ 기술의 개선 및 인사조정
④ 사고 및 안전활동 기록 검토

해설 하인리히의 재해예방 5단계(사고예방의 기본원리)

단계	진행과정	필요조치
제1단계	조직 (안전관리조직)	• 경영자의 안전목표 설정 • 안전관리자 등의 선임 • 안전관리조직(라인·스태프 등) 구성 • 안전활동 방침 및 계획수립 • 안전관리조직의 안전활동 전개
제2단계	사실의 발견 (현상파악)	• 사고 및 안전활동 기록의 검토 • 작업분석 • 안전점검, 검사 및 조사 • 사고조사 • 안전토의 및 회의 • 근로자의 건의 및 여론조사 • 관찰 및 보고서의 연구로 불안전요소 발견
제3단계	분석·평가 (원인규명)	• 사고보고서 및 현장조사 • 인적·물적·환경조건의 분석 • 작업공정 및 작업형태의 분석 • 교육 및 훈련의 분석 • 안전수칙 및 안전기준의 분석 • 현장조사 결과의 분석 • 불안전요소의 분석
제4단계	시정책의 선정	• 기술적인 개선 • 인사(배치)조정 • 교육 및 훈련의 개선 • 안전행정의 개선 • 규정 및 수칙의 개선 • 이행독려와 통제체제 강화
제5단계	시정책의 적용	• 목표설정 • 3E(기술적, 교육적, 관리적)의 적용 • 실시결과 재평가 및 개선

011

근로자수가 400명, 주당 45시간씩 연간 50주를 근무하였고, 연간재해건수는 210건으로 근로손실일수가 800일이었다. 이 사업장의 강도율은 약 얼마인가? (단, 근로자의 출근율은 95[%]로 계산한다.)

① 0.42 ② 0.52
③ 0.88 ④ 0.94

해설

$$강도율 = \frac{총 요양 근로손실일수}{연 근로시간 수} \times 1,000$$

$$= \frac{800}{400 \times (45 \times 50) \times 0.95} \times 1,000 = 0.94$$

※ 문제에서 근로자의 출근율이 95[%]라고 했으므로 연 근로시간 수에 0.95를 곱해야 한다.

관련개념 강도율(SR; Severity Rate of Injury)

근로시간 합계 1,000시간당 재해로 인한 근로손실일수이다.

$$강도율 = \frac{총 요양 근로손실일수}{연 근로시간 수} \times 1,000$$

012

다음과 같은 재해가 발생하였을 경우 재해의 원인 분석으로 옳은 것은?

> 근로자가 바닥에 놓여있던 상자를 들어 올리던 중 상자를 손에서 놓쳐 발등 위로 떨어져 부상을 입었다.

① 기인물: 바닥, 가해물: 상자
② 기인물: 손, 가해물: 상자
③ 기인물: 상자, 가해물: 상자
④ 기인물: 발등, 가해물: 상자

해설

재해발생의 주 원인은 상자(기인물)이고, 직접적인 피해를 준 물체도 상자(가해물)이다.

관련개념 기인물과 가해물

- 기인물: 재해발생의 주 원인이며 재해를 가져오게 한 근원이 되는 기계, 장치, 물질 또는 환경 등(불안전한 상태)
- 가해물: 직접 사람에게 접촉하여 피해를 주는 기계, 장치, 물질 또는 환경 등

013

시몬즈(Simonds)의 재해손실비의 평가방식 중 비보험 코스트의 산정 항목에 해당하지 않는 것은?

① 중대사고건수 ② 통원상해건수
③ 응급조치건수 ④ 무상해사고건수

해설 시몬즈(Simonds) 재해손실비 평가방식

총 재해 비용 = 보험 Cost + 비보험 Cost

= 산재보험료 + A × 휴업상해건수 + B × **통원상해건수**

+ C × **응급조치건수** + D × **무상해사고건수**

※ A, B, C, D는 상해정도별 재해에 대한 비보험 Cost의 평균액이다.

관련개념 상해의 종류

분류	내용
휴업상해	영구부분노동불능, 일시전노동불능
통원상해	일시부분노동불능, 의사의 조치를 요하는 통원상해
응급조치상해	응급조치가 필요한 상해 또는 8시간 미만의 휴업의료조치 상해
무상해사고	의료조치를 필요로 하지 않는 경미한 상해 사고

014

100인 이하의 소규모 사업장에 적합한 안전보건관리조직의 형태는?

① 라인(Line)형
② 스태프(Staff)형
③ 라운드(Round)형
④ 라인 – 스태프(Line – Staff)의 복합형

해설 라인형(직계식) 조직의 특징

- 안전에 관한 명령, 지시 및 조치가 각 부문의 직계를 통하여 생산업무와 함께 시행되므로 철저하고 실시도 빠르다.
- 명령과 보고가 상하관계뿐이므로 간단 명료하다.
- 생산라인(Production Line)의 각급 관리감독자는 일상의 생산업무에 쫓겨 안전에 대한 전문지식이나 정보를 몸에 익힐 수 없다는 단점이 있다.
- **100명 이하의 소규모 사업장에 적합하다.**

015

보호구 안전인증 고시에 따른 안전모의 시험성능기준에서 AE, ABE종 안전모의 내수성은 질량증가율이 몇 [%] 이내 이어야 하는가?

① 0.5[%]
② 1[%]
③ 1.5[%]
④ 2[%]

해설 안전인증대상 안전모의 시험성능기준

항목	시험성능기준
내관통성	AE, ABE종 안전모는 관통거리가 9.5[mm] 이하이고, AB종 안전모는 관통거리가 11.1[mm] 이하이어야 한다.
충격흡수성	최고전달충격력이 4,450[N]를 초과해서는 안 되며, 모체와 착장체의 기능이 상실되지 않아야 한다.
내전압성	AE, ABE종 안전모는 교류 20[kV]에서 1분간 절연파괴 없이 견뎌야 하고, 이때 누설되는 충전전류는 10[mA] 이하이어야 한다.
내수성	AE, ABE종 안전모는 질량증가율이 1[%] 미만이어야 한다.
난연성	모체가 불꽃을 내며 5초 이상 연소되지 않아야 한다.
턱끈풀림	150[N] 이상 250[N] 이하에서 턱끈이 풀려야 한다.

016

500명의 상시 근로자가 있는 사업장에서 1년간 발생한 근로손실일수가 1,200일이고, 이 사업장의 도수율이 9일 때, 종합재해지수(FSI)는 얼마인가? (단, 근로자는 1일 8시간씩 연간 300일을 근무하였다.)

① 2.0
② 2.5
③ 2.7
④ 3.0

해설
- 도수율 = 9
- 강도율 = $\dfrac{\text{총 요양 근로손실일수}}{\text{연 근로시간 수}} \times 1,000$

  $= \dfrac{1,200}{500 \times (8 \times 300)} \times 1,000 = 1$
- 종합재해지수 = $\sqrt{\text{도수율} \times \text{강도율}} = \sqrt{9 \times 1} = 3.0$

관련개념 종합재해지수(FSI; Frequency Severity Indicator)
재해 빈도의 다소와 상해 정도의 강약을 종합하여 나타내는 방식으로 직장과 기업의 성적지표로 사용한다.
종합재해지수(FSI) = $\sqrt{\text{도수율(FR)} \times \text{강도율(SR)}}$

017

다음에서 설명하는 무재해운동 추진 기법으로 옳은 것은?

> 작업현장에서 그때 그 장소의 상황에 즉응하여 실시하는 위험예지활동으로, 작업 전 2분 이내의 짧은 시간에 구두로 진행한다.

① 원포인트 위험예지훈련
② 삼각 위험예지훈련
③ 자문자답카드 위험예지훈련
④ 터치 앤 콜(Touch and Call)

해설

원포인트 위험예지훈련	위험예지훈련 4R 중에서 1R를 제외한 2R, 3R, 4R를 원포인트로 요약하여 실시하는 기법으로, 2~3분 내에 실시하는 현장 활동용 훈련이다.
삼각 위험예지훈련	쓰는 것이나 말하는 것이 미숙한 작업자를 대상으로 실시하는 기법으로, 현상파악과 위험의 포인트를 △형으로 표시하여 팀의 합의를 이끌어내는 기법이다.
자문자답 카드기법	카드에 있는 체크리스트를 큰 소리로 자문자답하면서 위험요인을 발견하고 파악하여 행동목표를 정하는 기법이다.
터치 앤 콜	위험요소에 대한 강한 인식과 더불어 사고예방을 위해 서로 피부를 맞대고 구호를 제창하는 기법으로 진한 동료애를 느끼고 안전에 동참하는 참여정신을 높일 수 있다.

018

전년도 A건설기업의 재해발생으로 인한 산업재해보상보험금의 보상비용이 5천만 원이었다. 하인리히 방식을 적용하여 재해손실비용을 산정할 경우 총 재해손실비용은 얼마인가?

① 2억 원
② 2억 5천만 원
③ 3억 원
④ 3억 5천만 원

해설 하인리히의 재해손실비율
- 직접손실비용 : 간접손실비용 = 1 : 4(1대 4의 경험법칙)
- 재해손실비용 = 직접비(1)＋간접비(4) = 직접비×5배
따라서 산업재해보상보험금(직접비)이 5천만 원이므로
총 재해손실비용 = 5천 만×5 = 2억 5천만 원이다.

019

산소가 결핍되어 있는 장소에서 사용하는 마스크는?

① 방진마스크   ② 송기마스크

③ 방독마스크   ④ 특급 방진마스크

해설 마스크의 용도

방진마스크	분진, 미스트 또는 흄이 호흡기를 통하여 인체에 유입되는 것을 방지하기 위하여 사용한다.
방독마스크	유해가스, 증기 등이 호흡기를 통하여 인체에 유입되는 것을 방지하기 위하여 사용한다.
송기마스크	산소결핍으로 인한 위험을 방지하기 위하여 사용한다.

020

산업안전보건법령에 따른 안전보건표지의 종류별 해당 색채기준 중 틀린 것은?

① 금연: 바탕은 흰색, 기본모형은 검은색, 관련 부호 및 그림은 빨간색

② 인화성물질 경고: 바탕은 무색, 기본모형은 빨간색(검은색도 가능)

③ 보안경 착용: 바탕은 파란색, 관련 그림은 흰색

④ 고압전기 경고: 바탕은 노란색, 기본모형, 관련 부호 및 그림은 검은색

해설

'금연표지'는 금지표지에 해당한다. 금지표지는 흰색 바탕에 빨간색을 기본모형으로 사용하며 관련 부호 및 그림은 검은색이다.

관련개념 안전보건표지의 종류별 색채

분류	색채
금지표지	바탕은 흰색, 기본모형은 빨간색, 관련 부호 및 그림은 검은색
경고표지	바탕은 노란색, 기본모형, 관련 부호 및 그림은 검은색. 다만, 인화성물질 경고, 산화성물질 경고, 폭발성물질 경고, 급성독성물질 경고, 부식성물질 경고 및 발암성·변이원성·생식독성·전신독성·호흡기 과민성물질 경고의 경우 바탕은 무색, 기본모형은 빨간색(검은색도 가능)
지시표지	바탕은 파란색, 관련 그림은 흰색
안내표지	바탕은 흰색, 기본모형 및 관련 부호는 녹색 또는 바탕은 녹색, 관련 부호 및 그림은 흰색
출입금지표지	바탕은 흰색, 글자는 흑색. 다만 'ㅇㅇㅇ제조/사용/보관 중', '석면취급/해체 중', '발암물질 취급 중' 글자는 적색

산업심리 및 교육

021

에너지대사율(RMR)에 따른 작업의 분류에 따라 중(보통)작업의 RMR 범위는?

① 0~2   ② 2~4

③ 4~7   ④ 7~9

해설 에너지대사율(RMR; Relative Metabolic Rate)

$$RMR = \frac{\text{작업대사량}}{\text{기초대사량}} = \frac{\text{작업 시 소비에너지} - \text{안정 시 소비에너지}}{\text{기초대사 시 소비에너지}}$$

작업구분	RMR	작업 종류 등
초중(超重)작업	7 이상	과격한 전신작업
중(重)작업	4~7	• 일반적인 전신작업 • 힘·동작속도가 큰 작업
중(中)작업	2~4	힘·동작속도가 작은 작업
경(輕)작업	0~2	• 사무실 작업 • 손가락이나 팔로 하는 가벼운 작업

022

비공식 집단의 활동 및 특성을 가장 잘 설명하고 있는 것은?

① 대체로 규모가 크다.

② 관리자에 의해 주도된다.

③ 항상 태업이나 생산저하를 조장시킨다.

④ 직접적이고 빈번한 개인 간의 접촉을 필요로 한다.

해설

비공식 집단은 규모가 작고 집단의 구성원 스스로 주도하며, 태업이나 생산저하를 조장시키지 않는다.

관련개념 비공식 집단

• 비공식 집단은 조직구성원의 태도, 행동 및 생산성에 지대한 영향력을 행사한다.

• 가장 응집력이 강하고 우세한 비공식 집단은 수평적 동료집단이다.

• 혼합적 혹은 우선적 동료집단은 각기 상이한 부서에 근무하는 직위가 다른 성원들로 구성된다.

• 비공식 집단은 관리영역 밖에 존재하고 조직도상에 나타나지 않는다.

023

5회 출제

관리 그리드(Managerial Grid)에서 인간에 대한 관심보다 업무에 대한 관심이 매우 높은 유형은?

① 인기형
② 타협형
③ 이상형
④ 과업형

해설

과업형(9, 1)은 업무 또는 과업에 대한 관심은 크지만 인간관계에 대해서는 관심이 없는 유형이다.

관련개념 관리 그리드(Managerial Grid)

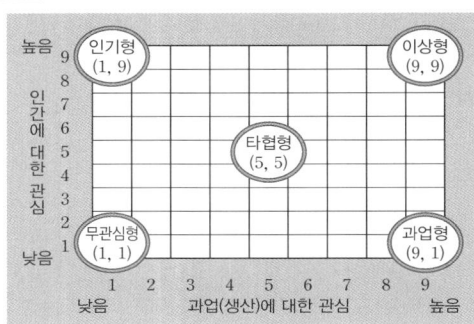

024

11회 출제

재해 빈발자 중 기능의 부족이나 환경에 익숙하지 못하기 때문에 재해가 자주 발생되는 사람을 의미하는 것은?

① 상황성 누발자
② 습관성 누발자
③ 소질성 누발자
④ 미숙성 누발자

해설 재해빈발자 유형

상황성 누발자	작업이 어렵거나 설비의 결함, 심신의 근심 때문에 재해가 자주 발생되는 사람
습관성 누발자	경험에 의하여 겁을 심하게 먹거나 신경과민으로 재해가 자주 발생되는 사람
소질성 누발자	개인적 잠재요인이나 개인의 특수한 성격으로 인해 재해가 자주 발생되는 사람
미숙성 누발자	기능의 부족이나 환경에 익숙하지 않아 재해가 자주 발생되는 사람

025

12회 출제

매슬로우(Maslow)의 욕구 5단계를 낮은 단계에서 높은 단계의 순서대로 나열한 것은?

① 생리적 욕구 → 안전 욕구 → 사회적 욕구 → 자아실현의 욕구 → 인정의 욕구
② 생리적 욕구 → 안전 욕구 → 사회적 욕구 → 인정의 욕구 → 자아실현의 욕구
③ 안전 욕구 → 생리적 욕구 → 사회적 욕구 → 자아실현의 욕구 → 인정의 욕구
④ 안전 욕구 → 생리적 욕구 → 사회적 욕구 → 인정의 욕구 → 자아실현의 욕구

해설 매슬로우(Maslow)의 욕구이론

• 인간의 욕구는 생리적 욕구 → 안전의 욕구 → 사회적 욕구 → 존경(인정)의 욕구 → 자아실현의 욕구 순으로 발생한다.
• 인간은 가장 기본적인 욕구에서 시작하여 상위 욕구로 올라가면서 자신의 욕구를 체계적으로 충족시킨다.

026

5회 출제

산업안전보건법령상 2[m] 이상인 구축물을 콘크리트 파쇄기를 사용하여 파쇄작업을 하는 경우 특별교육의 내용이 아닌 것은? (단, 그 밖에 안전·보건관리에 필요한 사항은 제외한다.)

① 작업안전조치 및 안전기준에 관한 사항
② 비계의 조립방법 및 작업 절차에 관한 사항
③ 콘크리트 해체 요령과 방호거리에 관한 사항
④ 파쇄기의 조작 및 공통작업 신호에 관한 사항

해설 콘크리트 파쇄기를 사용하여 하는 파쇄작업(2[m] 이상인 구축물의 파쇄작업만 해당)의 특별교육내용

• 콘크리트 해체 요령과 방호거리에 관한 사항
• 작업안전조치 및 안전기준에 관한 사항
• 파쇄기의 조작 및 공통작업 신호에 관한 사항
• 보호구 및 방호장비 등에 관한 사항
• 그 밖에 안전·보건관리에 필요한 사항

027

산업안전보건법령상 근로자 안전보건교육의 교육과정 중 건설 일용근로자의 건설업 기초안전·보건교육 교육시간 기준으로 옳은 것은?

① 1시간 이상
② 2시간 이상
③ 3시간 이상
④ 4시간 이상

해설 근로자 안전보건교육 교육과정별 교육시간

교육과정	교육대상		교육시간
정기교육	사무직 종사 근로자		매반기 6시간 이상
	그 밖의 근로자	판매업무에 직접 종사하는 근로자	매반기 6시간 이상
		판매업무에 직접 종사하는 근로자 외의 근로자	매반기 12시간 이상
채용 시 교육	일용근로자 및 근로계약기간이 1주일 이하인 기간제근로자		1시간 이상
	근로계약기간이 1주일 초과 1개월 이하인 기간제근로자		4시간 이상
	그 밖의 근로자		8시간 이상
작업내용 변경 시 교육	일용근로자 및 근로계약기간이 1주일 이하인 기간제근로자		1시간 이상
	그 밖의 근로자		2시간 이상
특별교육	일용근로자 및 근로계약기간이 1주일 이하인 기간제근로자 (타워크레인 신호작업 종사자 제외)		2시간 이상
	타워크레인 신호작업에 종사하는 일용근로자 및 근로계약기간이 1주일 이하인 기간제근로자		8시간 이상
	그 밖의 근로자		16시간 이상
			단기간 또는 간헐적 작업인 경우 2시간 이상
건설업 기초안전· 보건교육	건설 일용근로자		4시간 이상

028

파악하고자 하는 연구과제에 대해 언어를 매개로 구조화된 질의응답을 통하여 교육하는 기법은?

① 면접(Interview)
② 카운슬링(Counseling)
③ CCS(Civil Communication Section)
④ ATT(American Telephone&Telegraph Co.)

해설 면접(Interview)

- 파악하고자 하는 연구과제에 대해 언어를 매개로 구조화된 질의응답을 통하여 교육하는 기법이다.
- 업무에 대한 이해도가 높은 작업자와 면담하는 방법으로, 자료의 수집에 많은 시간과 노력이 들고 정량화된 정보를 얻기가 힘든 단점이 있다.

관련개념
- 카운슬링: 의식의 우회에서 오는 부주의를 최소화하기 위한 방법이다.
- CCS: 최고경영자를 위한 교육으로, 정책의 수립, 조직, 통제 및 운영 등의 교육내용을 다룬다.
- ATT: 대상 계층이 한정되지 않은 정형교육으로, 하루 8시간씩 2주간 실시하는 토의식 교육이다.

029

대상물에 대해 지름길을 사용하여 판단할 때 발생하는 지각의 오류가 아닌 것은?

① 후광효과
② 최근효과
③ 결론효과
④ 초두효과

해설 인간의 경향성(지각의 오류)

후광효과	한 가지 특성에 기초하여 그 사람의 모든 측면을 긍정적 또는 부정적으로 판단하는 경향성
엄격화효과	피평가자의 실제 업적이나 능력을 낮게 평가하는 경향성
중앙집중효과	피평가자들을 모두 중간점수로 평가하려는 경향성
관대화효과	타인을 평가함에 있어 관대하게 평가하려는 경향성
최신효과	가장 최근의 인상으로 판단하는 경향성
단순노출효과	지속적인 만남을 통해서 호감을 갖게 되는 경향성
초두효과	첫인상을 가장 중요하게 판단하는 경향성

030
6회 출제

맥그리거(McGregor)의 X · Y 이론에 있어 X 이론의 관리 처방으로 적절하지 않은 것은?

① 자체평가제도의 활성화
② 경제적 보상체제의 강화
③ 권위주의적 리더십의 확립
④ 면밀한 감독과 엄격한 통제

해설 맥그리거의 X, Y 이론

X 이론	• 인간의 본성은 일을 싫어하고 무관심하며 책임을 회피한다. • 관리처방 방안으로는 경제적 보상체제 강화, 권위주의적 리더십 확립, 엄격한 관리 및 통제, 상부책임 강화 등이 필요하다.
Y 이론	• 인간의 본성은 일을 좋아하고 책임감이 강하여 자율적, 민주적으로 성과를 얻는다. • 관리처방 방안으로는 권한을 위임하고 목표에 의한 관리와 인간관계 관리방식 등이 필요하다.

031
4회 출제

기업 내 정형교육 가운데 작업의 개선방법 및 사람을 다루는 방법, 작업을 가르치는 방법 등을 교육내용으로 하는 것은?

① CCS(Civil communication section)
② MTP(Management training program)
③ TWI(Training within industry)
④ ATT(American telephone & telegraph co)

해설 TWI(Training Within Industry for Supervisor)
• 인간관계를 개선하고 생산성을 향상시키기 위해 일선 관리감독자를 대상으로 하는 훈련법이다.
• 작업지도(Job Instruction), 작업방법(개선)(Job Method), 인간관계(Job Relation), 작업안전(Job Safety)을 훈련한다.

032
7회 출제

짧은 시간 내에 많은 내용을 다수에게 교육시키기에 적합한 방법은?

① 강의법
② 사례연구법
③ 세미나법
④ 감수성 훈련

해설 강의법의 특징
• 전체적인 교육내용을 제시하거나, 새로운 과업 및 작업단위의 도입단계에 유효하다.
• 짧은 시간 내에 많은 내용을 다수의 대상에게 교육시킬 수 있다.
• 교육 시간에 대한 조정이 용이하다.
• 피드백이 부족하다.
• 난해한 문제에 대하여 평이하게 설명이 가능하다.
• 교육 집단 내 수준차로 인해 교육의 효과가 감소할 수 있다.

033
4회 출제

안드라고지 모델에 기초한 학습자로서의 성인의 특징과 가장 거리가 먼 것은?

① 성인들은 타인 주도적 학습을 선호한다.
② 성인들은 과제 중심적으로 학습하고자 한다.
③ 성인들은 다양한 경험을 가지고 학습에 참여한다.
④ 성인들은 왜 배워야 하는지에 대해 알고자 하는 욕구를 가지고 있다.

해설 안드라고지 모델에 기초한 성인 학습자의 특징
• 성인들은 자기 주도적으로 학습하고자 한다.
• 성인들은 과제 중심적(문제 중심적)으로 학습하고자 한다.
• 성인들은 무엇을, 왜 배워야 하는지에 대해 알고자 하는 욕구를 가지고 있다.
• 성인들은 학습에 대한 강력한 내 · 외적 동기를 가지고 있다.

관련개념 안드라고지(Andragogy)
그리스어의 'Andros(사람)'와 'Agein(이끌다)'에서 유래된 용어로 성인을 가르치는 과학 또는 기술을 의미한다.

034

스트레스에 대한 설명으로 틀린 것은?

① 사람이 스트레스를 받게 되면 감각기관과 신경이 예민해진다.
② 스트레스 수준이 증가할수록 수행성과는 일정하게 감소한다.
③ 스트레스는 환경의 요구가 지나쳐 개인의 능력한계를 벗어날 때 발생한다.
④ 스트레스 요인에는 소음, 진동, 열 등과 같은 환경영향뿐만 아니라 개인적인 심리적 요인들도 포함된다.

해설 **스트레스의 특징**
• 스트레스를 받게 되면 감각기관과 신경이 예민해진다.
• 일정한 스트레스는 수행성과를 향상시키고, 과도한 스트레스는 수행성과에 악영향을 끼칠 수 있다.
• 스트레스는 환경의 요구가 지나쳐 개인의 능력한계를 벗어날 때 발생한다.
• 스트레스 요인에는 소음, 진동, 열 등과 같은 환경영향뿐만 아니라 개인적인 심리적 요인들도 포함된다.

035

상황성 누발자의 재해유발 원인으로 가장 적절한 것은?

① 소심한 성격
② 주의력의 산만
③ 기계설비의 결함
④ 침착성 및 도덕성의 결여

해설 **상황성 누발자의 재해유발 원인**
• 작업이 어려운 경우
• 기계설비에 결함이 있는 경우
• 심신에 근심이 있는 경우
• 환경 상 주의력의 집중이 곤란한 경우

036

안전교육방법 중 Off JT(Off the Job Training) 교육의 특징이 아닌 것은?

① 훈련에만 전념하게 된다.
② 전문가를 강사로 활용할 수 있다.
③ 개개인에게 적절한 지도훈련이 가능하다.
④ 다수의 근로자에게 조직적 훈련이 가능하다.

해설
③은 OJT의 특징이다.

관련개념 **Off JT(Off the Job Training)의 특징**

장점	• 업무와 훈련이 동시에 진행되지 않으므로 훈련에만 전념하게 된다. • 외부의 우수한 전문가를 강사로 활용할 수 있다. • 다수의 근로자를 대상으로 일괄적, 조직적, 체계적인 훈련이 가능하다. • 교재, 시설 등을 효과적으로 이용할 수 있다. • 교육생 간 혹은 타 직장의 근로자와 지식이나 경험을 교류할 수 있다.
단점	• 개인의 안전지도 방법으로는 부적당하다. • 교육으로 인해 업무가 중단되는 손실이 발생한다.

037

시행착오설에 의한 학습법칙에 해당하지 않는 것은?

① 효과의 법칙
② 일관성의 법칙
③ 연습의 법칙
④ 준비성의 법칙

해설 **시행착오설에 의한 학습법칙**
• 효과의 법칙: 학습의 과정과 결과가 만족스러우면 자극과 반응의 결합이 강화되어 조건화가 잘 이루어진다.
• 연습의 법칙: 자극과 반응의 결합이 빈번히 되풀이되면 그 결합이 강화된다.
• 준비성의 법칙: 새로운 사실과 지식을 습득하기 위한 준비가 잘 되어 있을수록 결합이 용이하다.

관련개념 **손다이크(Thorndike)의 시행착오설**
• 학습을 자극에 의한 반응으로 파악한다.
• 맹목적 시행을 반복하는 가운데 자극과 반응이 결합하여 행동한다고 주장한다.

038

심리학에서 사용하는 용어로 측정하고자 하는 것을 실제로 적절히, 정확히 측정하는지의 여부를 판별하는 것은?

① 표준화   ② 신뢰성

③ 객관성   ④ 타당성

> **해설**   **심리검사의 구비요건**
> - **타당성**: 측정하고자 하는 것을 실제로 잘 측정했는지의 여부를 판별하는 것이다.
> - **신뢰성**: 측정하고자 하는 것을 얼마나 일관성 있게 측정하는지의 정도이다.

039

피로의 측정 방법 중 생리학적 측정에 해당하는 것은?

① 혈액농도   ② 동작분석

③ 대뇌활동   ④ 연속반응시간

> **해설**   **피로의 측정법**
> - **생리학적 방법**: 근전도(EMG), **뇌전도(EEG)**, 심전도(ECG), 점멸융합주파수 등
> - **심리학적 방법**: 피부저항(GSR), 전신지각증상, 동작분석, 연속반응시간 등
> - **생화학적 방법**: 혈액검사, 혈색소농도, 혈액수분 등

040

인간관계를 효과적으로 맺기 위한 원칙과 가장 거리가 먼 것은?

① 상대방을 있는 그대로 인정한다.

② 상대방에게 지속적인 관심을 보인다.

③ 취미나 오락 등 같거나 유사한 활동에 참여한다.

④ 상대방으로 하여금 당신이 그를 좋아한다는 것을 숨긴다.

> **해설**
> 상대방을 좋아한다는 것을 숨기는 것은 상대방에게 불신과 불안감을 줄 수 있으며, 원활한 인간관계 형성에 도움이 되지 않는다.

인간공학 및 시스템안전공학

041

인간공학에 대한 설명으로 틀린 것은?

① 인간 – 기계 시스템의 안전성, 편리성, 효율성을 높인다.

② 인간을 작업과 기계에 맞추는 설계 철학이 바탕이 된다.

③ 인간이 사용하는 물건, 설비, 환경의 설계에 적용된다.

④ 인간의 생리적, 심리적인 면에서의 특성이나 한계점을 고려한다.

> **해설**
> 인간공학의 설계 철학은 시스템을 인간에 맞추는 것이며 인간을 시스템에 맞추는 것이 아니다.

042

결함수분석(FTA)에 의한 재해사례의 연구순서로 옳은 것은?

> ㉠ FT(Fault Tree)도 작성
> ㉡ 개선안 실시계획
> ㉢ 톱 사상의 선정
> ㉣ 사상마다 재해원인 및 요인 규명
> ㉤ 개선계획 작성

① ㉡ → ㉣ → ㉢ → ㉤ → ㉠

② ㉢ → ㉣ → ㉠ → ㉤ → ㉡

③ ㉣ → ㉤ → ㉢ → ㉠ → ㉡

④ ㉤ → ㉢ → ㉡ → ㉠ → ㉣

> **해설**   **결함수분석(FTA)에 의한 재해사례 연구순서**
>
> | 1단계 | 정상(Top)사상의 선정 |
> | --- | --- |
> | 2단계 | 사상마다 재해원인 및 요인 규명 |
> | 3단계 | FT(Fault Tree)도 작성 |
> | 4단계 | 개선계획의 작성 |
> | 5단계 | 개선안 실시계획 |

043

1회 출제

4개의 바퀴가 달린 자동차의 각 바퀴가 고장날 확률이 0.01일 때 이 자동차의 신뢰성을 구하시오. (단, 1개의 바퀴라도 고장나면 자동차는 운행할 수 없고, 바퀴 이외의 부품은 무시한다.)

① 0.99 ② 0.96
③ 0.90 ④ 0.01

해설

1개의 바퀴라도 고장나면 자동차는 운행할 수 없으므로 바퀴 4개는 각각 직렬로 연결된 구조이다.
바퀴 1개의 신뢰도 $= 1 - 0.01 = 0.99$
자동차의 신뢰도 $= 0.99 \times 0.99 \times 0.99 \times 0.99 = 0.96$

044

2회 출제

다음 중 청력손실이 가장 심한 소리의 주파수 영역은?

① 500~1,000[Hz] ② 3,000~4,000[Hz]
③ 6,000~8,000[Hz] ④ 10,000~12,000[Hz]

해설

소음에 의한 청력손실이 가장 크게 나타나는 주파수는 4,000[Hz]이다.

045

8회 출제

화학설비에 대한 안전성 평가 중 설계관계 항목에 해당하지 않는 것은?

① 입지조건 ② 공장 내 배치
③ 원재료 및 용량 ④ 건조물

해설 정성적 평가와 정량적 평가 항목

정성적 평가	설계관계 항목	**입지조건**, **공장 내 배치**, **건조물**, 소방설비 등
	운전관계 항목	원재료, 중간제품, 공정 및 공정기기, 수송, 저장 등
정량적 평가		• 수치값으로 표현 가능한 항목 대상 • 온도, 취급물질, 화학설비용량, 압력, 조작 등

046

4회 출제

암호체계 사용 시 고려사항으로 옳지 않은 것은?

① 검출성 ② 표준화
③ 변별성 ④ 단일성

해설

암호체계 사용 시 두 가지 이상의 암호 차원을 조합하는 것이 좋다.

관련개념 암호화(Coding)

• 본래의 신호 정보를 새로운 형태로 변화시켜 표시하는 것이다.
• 형상, 크기, 색채, 촉감, 위치, 레벨, 조작방법 등 작업자가 기계 및 기구를 식별하기 용이하게 암호화한다.
• 암호체계 사용 시 고려사항

검출성	감지가 쉽도록 한다.
표준화	표준화되어야 한다.
부호의 의미	사용자가 그 의미를 확실하게 알 수 있어야 한다.
다차원의 암호 사용가능	두 가지 이상의 암호 차원을 조합해서 이용하면 정보전달이 촉진된다.

047

9회 출제

상황에 대한 해석은 옳게 하였지만 행동이 의도한 것과 다르게 나타나는 오류는 무엇인가?

① 착오(Mistake) ② 착각(Illusion)
③ 실수(Slip) ④ 위반(Violation)

해설 인간의 오류모형

착오(Mistake)	상황해석을 잘못하거나 목표를 잘못 이해하고 착각하여 행하는 인간의 실수로 위치, 순서, 패턴, 형상, 기억오류 등 외부적 요인에 의해 나타나는 오류
착각(Illusion)	감각적으로 물리현상을 왜곡하는 지각 오류
실수(Slip)	의도는 올바른 것이었지만, 행동이 의도한 것과는 다르게 나타나는 오류
건망증(Lapse)	일련의 과정에서 일부를 빠뜨리거나 기억의 실패에 의해 발생하는 오류
위반(Violation)	정해진 규칙을 알고 있음에도 의도적으로 따르지 않거나 무시한 경우에 발생하는 오류

048

자동차를 생산하는 공장의 어떤 근로자가 95[dB(A)]의 소음수준에서 하루 8시간 작업하며 매 시간 조용한 휴게실에서 20분씩 휴식을 취한다고 가정하였을 때, 8시간 시간가중평균(TWA)은? (단, 소음은 누적소음노출량측정기로 측정하였으며, OSHA에서 정한 95[dB(A)]의 허용시간은 4시간이라 가정한다.)

① 약 91[dB(A)] ② 약 92[dB(A)]
③ 약 93[dB(A)] ④ 약 94[dB(A)]

해설 시간가중평균 노출기준(TWA)

1일 8시간 작업을 기준으로 유해인자의 측정치에 발생시간을 곱하여 8로 나눈 값으로, 누적소음노출량측정기로 TWA를 계산할 때는 다음 식을 이용한다.

$$TWA[dB(A)] = 16.61 \times \log \frac{D}{100} + 90$$

여기서, D: 누적소음노출량[%]

누적소음노출량 D는 다음 식으로 구한다.

$$D = \left(\frac{C_1}{T_1} + \frac{C_2}{T_2} + \frac{C_3}{T_3} + \cdots + \frac{C_n}{T_n} \right) \times 100$$

여기서, C_n: 해당 소음수준에 노출된 시간[min]

T_n: 해당 소음수준에서 허용 노출시간[min]

근로자는 8×60=480분 근무 중 휴식시간 20×8=160분을 제외한 나머지 시간 동안 소음에 노출되었으므로

노출시간 C=480－160=320[min],

95[dB(A)]에서의 허용 노출시간=4×60=240[min]이다.

누적소음노출량 $D = \frac{320}{240} \times 100 = 133.33[\%]$이므로

$$TWA[dB(A)] = 16.61 \times \log \frac{133.33}{100} + 90 = 92[dB(A)]$$

※ 소음수준의 평가에 관한 사항은 「작업환경측정 및 정도관리 등에 관한 고시」 제36조에 자세히 규정되어 있습니다.

049

어떤 결함수를 분석하여 Minimal Cut Set을 구한 결과 다음과 같았다. 각 기본사상의 발생확률을 q_i, i = 1, 2, 3이라 할 때 정상사상의 발생확률함수로 옳은 것은?

$$K_1 = [1, 2], K_2 = [1, 3], K_3 = [2, 3]$$

① $q_1 q_2 + q_1 q_2 - q_2 q_3$
② $q_1 q_2 + q_1 q_3 - q_2 q_3$
③ $q_1 q_2 + q_1 q_3 + q_2 q_3 - q_1 q_2 q_3$
④ $q_1 q_2 + q_1 q_3 + q_2 q_3 - 2 q_1 q_2 q_3$

해설 최소 컷셋을 대입한 FT도

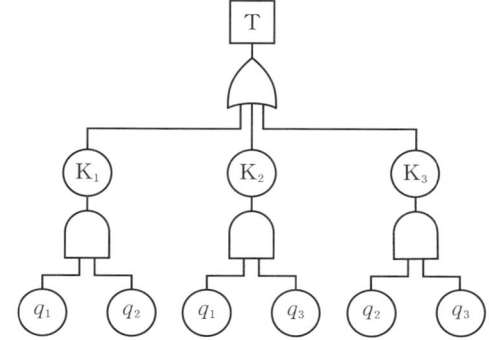

$K_1 = q_1 q_2$, $K_2 = q_1 q_3$, $K_3 = q_2 q_3$

T는 K_1, K_2, K_3의 OR 게이트이므로

$T = 1 - (1 - P(K_1)) \times (1 - P(K_2)) \times (1 - P(K_3))$

$= 1 - (1 - q_1 q_2) \times (1 - q_1 q_3) \times (1 - q_2 q_3)$

이때 $(1 - q_1 q_2) \times (1 - q_1 q_3) = 1 - q_1 q_3 - q_1 q_2 + q_1 q_2 q_3$이므로

$(1 - q_1 q_2) \times (1 - q_1 q_3) \times (1 - q_2 q_3)$

$= (1 - q_1 q_3 - q_1 q_2 + q_1 q_2 q_3) \times (1 - q_2 q_3)$

$= 1 - q_2 q_3 - q_1 q_3 + q_1 q_2 q_3 - q_1 q_2 + q_1 q_2 q_3 + q_1 q_2 q_3 - q_1 q_2 q_3$

$= 1 - q_2 q_3 - q_1 q_3 - q_1 q_2 + 2 q_1 q_2 q_3$

$\therefore T = 1 - (1 - q_2 q_3 - q_1 q_3 - q_1 q_2 + 2 q_1 q_2 q_3)$

$= q_2 q_3 + q_1 q_3 + q_1 q_2 - 2 q_1 q_2 q_3$

050

4회 출제

A작업의 평균 에너지 소비량이 다음과 같을 때, 60분간의 총 작업시간 내에 포함되어야 하는 휴식시간(분)은?

- 휴식 중 에너지 소비량: 1.5[kcal/min]
- A작업 시 평균 에너지 소비량: 6[kcal/min]
- 기초대사를 포함한 작업에 대한 평균 에너지 소비량 상한: 5[kcal/min]

① 10.3   ② 11.3

③ 12.3   ④ 13.3

해설 **작업시간에 포함되어야 할 휴식시간 산출**

휴식시간(R) = 작업시간$\times\dfrac{E-5}{E-1.5}=60\times\dfrac{6-5}{6-1.5}=13.3$[min]

이때, E: 작업 시 평균 에너지 소비량[kcal/min]

5: 작업 시 분당 평균 에너지 소비량 상한[kcal/min]

1.5: 휴식 중 에너지 소비량[kcal/min]

051

2회 출제

다음에서 설명하는 용어는?

유해·위험요인을 파악하고 해당 유해·위험요인에 의한 부상 또는 질병의 발생 가능성(빈도)과 중대성(강도)을 추정·결정하고 감소대책을 수립하여 실행하는 일련의 과정을 말한다.

① 위험성 결정

② 위험성평가

③ 위험빈도 추정

④ 유해·위험요인 파악

해설 **위험성평가**

사업주가 사업장의 유해·위험요인을 파악하고 해당 유해·위험요인에 의한 부상 또는 질병의 발생 가능성(빈도)과 중대성(강도)을 추정, 결정하며 감소대책을 수립하여 실행하는 일련의 과정을 말한다.

052

4회 출제

다음 중 작업개선의 원칙인 ECRS에 대한 설명으로 옳지 않은 것은?

① E: Eliminate   ② C: Combine

③ R: Rearrange   ④ S: Safety

해설 **작업방법 개선의 ECRS**

E	제거(Eliminate)
C	결합(Combine)
R	재조정, 재배열(Rearrange)
S	단순화(Simplify)

053

6회 출제

인간-기계 시스템에서 시스템의 설계를 다음과 같이 구분할 때 제3단계인 기본설계에 해당되지 않는 것은?

1단계: 시스템의 목표와 성능 명세 결정
2단계: 시스템의 정의
3단계: 기본설계
4단계: 인터페이스 설계
5단계: 보조물 설계
6단계: 시험 및 평가

① 화면설계   ② 작업설계

③ 직무분석   ④ 기능할당

해설

'화면설계'는 제4단계인 인터페이스 설계에 해당된다.

관련개념 **인간-기계 시스템의 설계과정**

1단계	시스템의 목표와 성능 명세 결정	목적 및 존재 이유에 대한 결정
2단계	시스템의 정의	목표 달성을 위해 필요한 기능의 결정
3단계	기본설계	기능의 할당, 작업설계, 인간성능 요건 명세, 직무분석
4단계	인터페이스 설계	작업공간, 화면설계, 표시 및 조종장치
5단계	촉진물(보조물) 설계	성능보조자료, 훈련도구 등 보조물 설계
6단계	시험 및 평가	시스템 개발과 관련된 평가와 인간적인 요소 평가

054

시스템 내의 위험요소가 얼마나 위험상태에 있는가를 평가하는 시스템 안전 프로그램에서 최초단계의 분석 방식은?

① 결함위험분석(FHA)

② 시스템위험분석(SHA)

③ 예비위험분석(PHA)

④ 운용위험분석(OHA)

해설 예비위험분석(PHA; Preliminary Hazard Analysis)

시스템 내의 위험요소가 얼마나 위험상태에 있는가를 평가하는 시스템 안전 프로그램에서 최초단계(시스템 구상단계)의 분석 방식(정성적)이다.

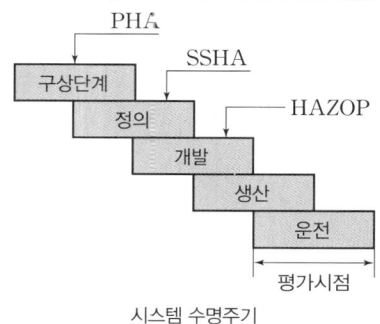

시스템 수명주기

055

NIOSH Lifting Guideline에서 권장무게한계(RWL) 산출에 사용되는 계수가 아닌 것은?

① 휴식 계수　　② 수평 계수

③ 수직 계수　　④ 비대칭 계수

해설

휴식 계수는 NIOSH의 권장 평균 에너지소비량과 관련된 지수이다.

관련개념 NIOSH 들기지수

· NIOSH의 중량물 취급지수를 말한다.

· 물체의 무게[kg]/RWL[kg]로 구하며, RWL은 추천 중량한계(들기 편한 정도의 값)이다.

· RWL=23[kg]×HM×VM×DM×AM×FM×CM

　여기서, HM: 수평 계수, VM: 수직 계수, DM: 거리 계수

　　　　AM: 비대칭성 계수, FM: 빈도 계수, CM: 결합 계수

056

언어를 사용한 의사소통, 문화적 관습이 해당하는 양립성 종류는?

① 공간 양립성　　② 운동 양립성

③ 양식 양립성　　④ 감성 양립성

해설 양립성의 종류

공간 양립성	· 표시장치와 조종장치의 위치가 인간의 기대에 모순되지 않는 것 · 왼쪽 표시장치의 조종장치는 왼쪽에, 오른쪽 표시장치의 조종장치는 오른쪽에 위치하는 것
양식 양립성	· 문화적 관습으로 생기는 양립성 · 청각적 자극에 음성응답을 하게 되는 것
운동 양립성	조종장치의 조작방향에 따라 기계장치나 자동차 등이 움직이는 것
개념 양립성	· 인간의 개념과 일치하게 하는 것 · 적색 수도전은 온수, 청색 수도전은 냉수를 의미하는 것 · 위험신호는 빨간색, 주의신호는 노란색, 안전신호는 파란색으로 표시하는 것

057

수공구 설계의 원리로 틀린 것은?

① 양손잡이를 모두 고려하여 설계한다.

② 손바닥 부위에 압박을 주는 손잡이 형태로 설계한다.

③ 손잡이의 길이는 95[%] 남성의 손 폭을 기준으로 한다.

④ 동력공구 손잡이는 최소 두 손가락 이상으로 작동하도록 설계한다.

해설 수공구의 설계원칙

· 손목은 곧게 유지되도록 설계한다.

· 손잡이는 접촉면을 가능하면 크게 한다.

· 반복적인 손가락 동작을 피하도록 설계한다.

· 조직에 가해지는 압력을 피하도록 설계한다.

· 정밀 작업용 수공구의 손잡이는 직경 5~12[mm]가 적당하다.

· 공구의 무게를 줄이고 사용 시 무게 균형이 유지되도록 한다.

· 힘을 요하는 수공구의 손잡이는 직경 50~60[mm]가 적당하다.

· 일반적으로 손잡이의 길이는 95[%] 남성의 손 폭을 기준으로 한다.

· 동력공구 손잡이는 두 손가락 이상으로 작동하도록 한다.

058
3회 출제

결함수분석(FTA)의 특징으로 볼 수 없는 것은?

① Top Down 형식
② 특정 사상에 대한 해석
③ 정성적 해석의 불가능
④ 논리기호를 사용한 해석

해설 결함수분석(FTA)
• 연역적 방법이다.
• 재해의 정량적 예측이 가능한 분석방법이다.
• 하향식(Top-down) 방법을 사용한다.
• 특정 사상에 대해 짧은 시간에 해석이 가능하다.
• 복잡하고 대형화된 시스템을 논리기호를 사용하여 해석한다.
• 간단한 FT도의 작성으로 정성적 해석이 가능하여 비전문가도 잠재위험을 효율적으로 분석할 수 있다.
• 정성적 평가 후 정량적 평가를 실시하며, 정량적으로 재해발생확률을 구할 수 있다.

059
2회 출제

FMEA에서 고장 평점을 결정하는 5가지 평가요소에 해당하지 않는 것은?

① 생산능력의 범위
② 고장발생의 빈도
③ 고장방지의 가능성
④ 영향을 미치는 시스템의 범위

해설 FMEA의 고장 평점 평가요소
• 고장발생의 빈도
• 영향을 미치는 시스템의 범위
• 기능적 고장 영향의 중요도
• 고장방지의 가능성
• 신규 설계의 정도

060
4회 출제

정량적 표시장치에 관한 설명으로 맞는 것은?

① 정확한 값을 읽어야 하는 경우 일반적으로 디지털보다 아날로그 표시장치가 유리하다.
② 동목(Moving Scale)형 아날로그 표시장치는 표시장치의 면적을 최소화할 수 있는 장점이 있다.
③ 연속적으로 변화하는 양을 나타내는 데에는 일반적으로 아날로그보다 디지털 표시장치가 유리하다.
④ 동침(Moving Pointer)형 아날로그 표시장치는 바늘의 진행 방향과 증감속도에 대한 인식적인 암시 신호를 얻는 것이 불가능한 단점이 있다.

해설
① 정확한 값을 읽어야 하는 경우 디지털(계수형) 표시장치가 아날로그 표시장치보다 유리하다.
③ 연속적으로 변화하는 양은 아날로그 표시장치가 디지털 표시장치보다 유리하다.
④ 동침형은 측정값의 변화방향이나 변화속도를 나타내는 데 유리한 표시장치이다.

건설시공학

061

6회 출제

다음 중 푸팅기초에 해당하지 않는 것은?

① 독립기초
② 연속기초
③ 복합기초
④ 온통기초

해설 **푸팅기초**

상부 구조물을 발(Foot)의 모양으로 지반에서 확대한 모양의 기초이다.

- 독립기초: 하나의 독립된 푸팅으로 단일 기둥이 하중을 지지하는 형식으로 양질지반에 건립하며, 비교적 낮은 3~4층 정도의 건물, 창고, 공장 등 긴 스팬의 건물 등에 많이 이용된다.
- 연속기초: 보통 기둥간격이 짧은 경우 허용지내력도가 작아 독립푸팅으로 하는 경우에 푸팅이 너무 접근하거나 겹칠 때 사용되는 것으로 일련의 기둥 또는 벽에서의 하중을 푸팅으로 지지하는 형식의 기초이다.
- 복합기초: 허용지내력도가 작은 경우에 채용되는 방식으로 2개 혹은 그 이상의 기둥의 하중을 합하여 하나의 푸팅으로 지지하는 형식의 기초이다.

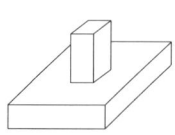 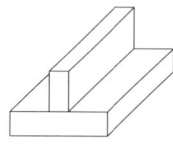 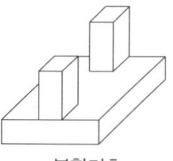

독립기초   연속기초(줄기초)   복합기초

관련개념 **온통(전체)기초**

지반의 국부적인 차이에 따르는 부동침하의 영향이 비교적 적으므로 일반적으로 푸팅기초에 비해 훨씬 큰 침하가 허용되며, 전체의 주하중을 하나의 기초 슬래브로 지지하는 형식의 기초이다.

062

5회 출제

조적조 백화현상의 방지법으로 옳지 않은 것은?

① 물-시멘트비를 증가시킨다.
② 흡수율이 작은 소성이 잘 된 벽돌을 사용한다.
③ 줄눈 모르타르에 방수제를 혼합한다.
④ 벽면의 돌출 부분에 차양, 루버 등을 설치한다.

해설

물-시멘트비(W/C), 즉 물의 양을 증가시키면 백화현상이 더 많이 발생한다.

관련개념 **백화현상**

시멘트의 주성분이라고 할 수 있는 생석회와 물이 만나서 수산화칼슘을 형성하게 되는데, 이 수산화칼슘이 공기 중 이산화탄소와 반응해 탄산칼슘과 물이 생성된다. 이때 물이 증발하고 남은 탄산칼슘이 흰색 결정 형태로 표면에 침착되는데, 이를 백화현상이라 한다.

063

3회 출제

직영공사에 관한 설명으로 옳은 것은?

① 직영으로 운영하므로 공사비가 감소된다.
② 의사소통이 원활하므로 공사기간이 단축된다.
③ 특수한 상황에 비교적 신속하게 대처할 수 있다.
④ 입찰이나 계약 등 복잡한 수속이 필요하다.

해설 **직영공사의 장단점**

장점	단점
• 확실한 공사 수행	• 예산의 차질, 공사비 증대
• 입찰 및 계약의 간편함	• 재료의 낭비, 장비의 비효율성
• 덤핑 등의 피해 경감	• 공사기일 연장
• 감독의 불필요	• 시공관리 능력 부족

관련개념 **직영공사를 채택하는 경우**

- 소주택 등 공사가 간단하고 시공과정이 용이한 공사
- 공사 진행 중 설계변경이 빈번한 공사
- 재해의 응급복구 등 부득이한 공사
- 풍부한 노동력을 보유하고 재료의 구입이 편리한 공사
- 군기밀상 부득이한 공사
- 확실한 견적이 곤란한 경우의 공사

064

다음 중 작업공간이 협소한 고층건물 공사에 적합한 건설기계는?

① 가이데릭
② 스티프레그 데릭
③ 러핑형 타워크레인
④ 드래그라인

해설 **러핑형 타워크레인**

붐의 각도를 상하로 조절할 수 있어 협소한 공간에서도 작업이 가능하다. 도심지의 초고층 아파트, 빌딩, 복합단지 공사 등에 주로 사용된다.

065

철근콘크리트에서 염해로 인한 철근의 부식방지대책으로 옳지 않은 것은?

① 콘크리트 중의 염소 이온량을 적게 한다.
② 에폭시 수지 도장 철근을 사용한다.
③ 방청제 투입을 고려한다.
④ 물-시멘트비를 크게 한다.

해설

물-시멘트비를 크게 하면 수밀성 등이 작게 되고, 밀실도가 작아 염해에 의한 열화가 촉진된다.

관련개념 **철근콘크리트 공사의 염해 방지대책**

염분관리 철저		• 0.3[kg/m³] 이하, 승인 시 0.6[kg/m³] 이하 • 잔골재의 경우: 절건 중량의 0.04[%] 이하 • 상수도, 물의 경우: 염화물 이온량 0.04[kg/m³] 이하
철근 부식 방지법		방청제, 도금강재, 방식성 강재
시공 관리	재료	• 시멘트: 중용열 PC • 골재: 염분함량 허용치 내 • 물: 청정수 사용 • 혼화재: 방청제 사용
	배합	• W/C 비 작게, Slump 감소 • Gmax 크게, S/A감소
	시공	• 밀실한 콘크리트 시공 • Cold Joint 방지 • 피복 두께 유지 • 콘크리트 양생 철저

066

다음 조건에 따른 백호우의 단위시간당 추정 굴착량으로 옳은 것은?

> 버켓용량: 0.5[m³], 사이클타임: 20초, 작업효율: 0.9,
> 굴착계수: 0.7, 굴착토의 용적변화계수: 1.25

① 94.5[m³]
② 80.5[m³]
③ 76.3[m³]
④ 70.9[m³]

해설 **굴착토량 산출식**

셔블계 굴착기의 시간당 굴착토량 산정식은 다음과 같다.

$$V = Q \times \frac{3,600}{C_m} \times E \times K \times f = 0.5 \times \frac{3,600}{20} \times 0.9 \times 0.7 \times 1.25 = 70.9[m³]$$

여기서, V: 굴착토량[m³]

Q: 버켓용량[m³]

C_m: 사이클타임[sec]

E: 작업효율

K: 굴착계수

f: 용적변화계수

※ 단위시간 1시간은 $60 \times 60 = 3,600$초이다.

067

공사용 표준시방서에 기재하는 사항으로 거리가 먼 것은?

① 재료의 종류, 품질 및 사용처에 관한 사항
② 검사 및 시험에 관한 사항
③ 공정에 따른 공사비 사용에 관한 사항
④ 보양 및 시공상 주의사항

해설

공사비에 대한 사항은 계약서에 작성한다.

관련개념 **시방서 작성(기재) 내용**

• 각 부위별 시공방법(준비사항, 시공정밀도, 사용장비, 공법의 주의사항 등)
• 각 부위별 사용재료(품질, 종류, 수량, 저장법, 검사, 시험방법 등)
• 시방서의 적용 범위 및 공통 주의사항
• 공사 전체의 개요
• 기타 보충사항 및 특기사항

068

4회 출제

조적식구조에서 조적식구조인 내력벽으로 둘러싸인 부분의 최대 바닥면적은 얼마인가?

① 60[m²]　　　　② 80[m²]

③ 100[m²]　　　　④ 120[m²]

해설 소규모건축구조기준 조적식구조
- 건축물의 한 층에서 조적식 내력벽으로 둘러싸인 한 개 실의 바닥면적은 80[m²] 이하로 하여야 한다.
- 내력벽의 길이는 10[m] 이하로 하여야 한다.
- 모든 내력벽의 두께는 190[mm] 이상으로 하여야 한다.
- 비내력벽은 90[mm]로 시공할 수 있으나 벽량계산에서는 제외한다.

069

6회 출제

지하연속벽 공법에 관한 설명으로 옳지 않은 것은?

① 흙막이벽의 강성이 적어 보강재를 필요로 한다.

② 차수벽의 기능도 갖고 있다.

③ 인접건물의 경계선까지 시공이 가능하다.

④ 암반을 포함한 대부분의 지반에 시공이 가능하다.

해설 슬러리 월(Slurry Wall) 공법(지하연속벽 공법)
굴착면을 보호하기 위해 벤토나이트 등의 안정액을 사용하여 소요단면을 사전 굴착한 후 철근망을 넣어 콘크리트를 타설함으로써 지하구조물을 연속적으로 형성하는 공법이다.

장점	단점
• 지반조건에 좌우되지 않는다.	• 기술적 시공이 요구된다.
• 저소음, 저진동이다.	• 시공비가 많이 소요된다.
• 근접건물에 영향을 주지 않는다.	• 굴착토의 처리문제가 발생한다.
• 강성이 높아 휘어지지 않는다.	• 굴착 도랑의 붕괴 및 안정액(벤토나이트)의 배수가 곤란하다.
• 소요내력을 정할 수 있다.	
• 지반보강 및 차수효과가 확실하다.	• 기계 및 부대 설비가 대형이다.
• 길이 및 깊이 등 차수조정이 자유롭다.	• 소규모 현장의 시공은 불가능하다.

070

4회 출제

다음 중 콘크리트의 타설 순서로 옳은 것은?

① 기초–기둥–벽–계단–보–바닥

② 기초–기둥–벽–보–계단–바닥

③ 기둥–기초–벽–계단–보–바닥

④ 기둥–기초–벽–보–계단–바닥

해설
콘크리트는 낮은 곳에서 높은 곳으로 타설하며(기초→기둥→벽→보), 계단은 보의 하부 구조에 연결되므로 보보다 먼저, 바닥은 마감층으로 가장 마지막에 타설한다.

관련개념 콘크리트 타설 시 유의사항
- 콘크리트는 먼 곳에서 가까운 곳으로 부어 넣는다.
- 낮은 곳에서 높은 곳으로 타설한다.(기초–기둥–벽–보–슬래브의 순서)
- 콘크리트는 휴식시간 없이 연속적으로 부어 넣어야 한다.
- 낙하높이는 보통 1.5[m], 최대 2[m] 이내로 한다.(낙하높이는 작게 한다.)
- 기둥, 벽은 다지면서 수평으로 부어넣고, 1시간에 2[m] 이하로 한다.
- 블리딩 현상을 방지하기 위하여 높은 벽이나 기둥의 상부에는 된비빔, 하부는 묽은비빔으로 타설한다.
- 진동기는 철근이나 거푸집에 닿지 않도록 하고, 붓기를 끝낸 콘크리트는 진동을 주지 말아야 한다.
- 보는 바닥에서 윗면까지 연속으로 부어 넣고, 양단에서 중앙으로 부어 넣는다.

071

5회 출제

다음 중 콘크리트에 AE제를 넣어주는 가장 큰 목적은?

① 압축강도 증진　　　　② 부착강도 증진

③ 워커빌리티 증진　　　　④ 내화성 증진

해설 AE제(공기연행제)
콘크리트 내부에 미세한 독립기포(직경 25~250[μm])를 발생시켜 콘크리트의 작업성(워커빌리티) 및 동결융해 저항성을 향상시키는 혼화제이다.

관련개념 AE제(공기연행제)의 특징
- 볼베어링 역할로 워커빌리티 개선, 단위수량 감소
  → 블리딩 및 재료분리를 줄임, 동결융해 저항성 향상
- 공기량 1[%] 증가
  → 동일 물시멘트비의 경우 압축강도 4~6[%] 감소
- 최적 공기량 3~5[%]
- 공기량 6[%] 이상이면 압축강도 급격히 저하
- 감수율 6~8[%]

072

가스압접에 관한 설명 중 옳지 않은 것은?

① 접합온도는 대략 1,200~1,300[℃]이다.
② 압접 작업은 철근을 완전히 조립하기 전에 행한다.
③ 철근의 지름이나 종류가 다른 것을 압접하는 것이 좋다.
④ 기둥, 보 등의 압접 위치는 한 곳에 집중되지 않게 한다.

해설 가스압접

- 접착면을 1,200~1,300[℃]로 가열하면서 특수 가압기로 2.5~3[kg/mm²]의 압력을 가해 접합하여야 한다.
- 화구는 철근지름에 적합한 8구 이상의 것을 사용하여야 한다.
- 압접기는 편심, 휨이 생기지 않도록 충분한 지지능력이 요구된다.
- 30[MPa] 이상의 압력이 유지되어야 한다.
- 철근의 지름의 차이는 7[mm] 이하이어야 한다.
- 이음 부위의 성능은 설계 기준 항복강도의 125[%] 이상이어야 한다.
- 가열 중 불꽃이 꺼지는 경우 압접부를 잘라내고 재압접하여야 한다.

073

콘크리트 공사 시 콘크리트를 2층 이상으로 나누어 타설할 경우 허용 이어치기 시간간격의 표준으로 옳은 것은? (단, 외기온도가 25[℃] 이하일 경우이며, 허용 이어치기 시간 간격은 하층 콘크리트 비비기 시작에서부터 콘크리트 타설 완료한 후, 상층 콘크리트가 타설되기까지의 시간을 의미한다.)

① 2.0시간
② 2.5시간
③ 3.0시간
④ 3.5시간

해설 허용 이어치기 시간간격의 표준

- 외기온도가 25[℃] 초과일 때: 2.0시간
- 외기온도가 25[℃] 이하일 때: 2.5시간

관련개념 콘크리트 비비기로부터 타설이 끝날 때까지의 최대 시간

- 외기온도가 25[℃] 이상일 때: 1.5시간
- 외기온도가 25[℃] 미만일 때: 2.0시간

074

지반개량공법 중 배수공법이 아닌 것은?

① 집수정공법
② 동결공법
③ 웰포인트공법
④ 깊은우물공법

해설

동결공법은 배수공법이 아닌 응결(고결)공법이다.

관련개념 배수공법의 구분

- 중력배수공법: 표면배수공법, 집수정공법
- 강제배수공법: 웰포인트공법, Deep Well 공법, 전기침투공법

075

거푸집 설치와 관련하여 다음 설명에 해당하는 것으로 옳은 것은?

> 보, 슬래브 및 트러스 등에서 그의 정상적 위치 또는 형상으로부터 처짐을 고려하여 상향으로 들어올리는 것 또는 들어 올린 크기

① 폼타이
② 캠버
③ 동바리
④ 턴버클

해설 캠버(Camber)

콘크리트 타설 전 보나 슬래브의 수평부재가 콘크리트의 하중에 의해서 처지는 것을 방지하기 위해 미리 위로 솟음을 주는 것이다. 또는 거푸집의 지주 밑을 괴는 쐐기를 지칭하기도 한다.

관련개념

- 폼타이: 콘크리트를 부어 넣을 때 기둥과 보거푸집이 벌어지는 것을 막기 위한 부속재료이다.
- 동바리: 타설된 콘크리트가 소정의 강도를 얻기까지 고정하중 및 시공하중 등을 지지하기 위하여 설치하는 가설 부재를 말한다.
- 턴버클: 로프, 케이블 등의 길이나 당기는 힘을 조절하는 기구이다.

076

3회 출제

철근콘크리트 말뚝머리와 기초와의 접합에 관한 설명으로 옳지 않은 것은?

① 두부를 커팅기계로 정리할 경우 본체에 균열이 생기므로 응력손실이 발생하여 설계내력을 상실하게 된다.
② 말뚝머리 길이가 짧은 경우는 기초저면까지 보강하여 시공한다.
③ 말뚝머리 철근은 기초에 30[cm] 이상의 길이로 정착한다.
④ 말뚝머리와 기초와의 확실한 정착을 위해 파일앵커링을 시공한다.

> **해설**
> 말뚝을 다이아몬드 커터 방식으로 커팅기계를 사용해 절단할 경우 말뚝 본체에 균열이 생기지 않는다.

077

6회 출제

철근콘크리트 보에 사용된 굵은골재의 최대치수가 25[mm]일 때, D22철근(동일 평면에서 평행한 철근)의 수평 순간격으로 옳은 것은? (단, 콘크리트를 공극없이 칠 수 있는 다짐방법을 사용할 경우에는 제외)

① 22.2[mm]   ② 25[mm]
③ 31.25[mm]   ④ 33.3[mm]

> **해설**
> - 굵은골재 최대치수의 $\frac{4}{3}$배 이상: 25[mm]×$\frac{4}{3}$=33.3[mm] 이상
> - 25[mm] 이상
> - 철근공칭지름 이상: 22[mm] 이상
> 위의 기준 중 가장 큰 값인 33.3[mm]를 수평 순간격으로 한다.
>
> **관련개념 보와 기둥에서의 철근 순간격**
>
> | 보 | 기둥 | 비고 |
> |---|---|---|
> | 굵은골재 최대치수의 $\frac{4}{3}$ | 굵은골재 최대치수의 $\frac{4}{3}$ | 세 수치 중 가장 큰 값 |
> | 25[mm] | 40[mm] | |
> | 철근공칭지름 | 철근공칭지름의 1.5배 | |

078

2회 출제

모래지반 흙막이 공사에서 널말뚝의 틈새로 물과 토사가 유실되어 지반이 파괴되는 현상은?

① 히빙(Heaving) 현상
② 파이핑(Piping) 현상
③ 액상화(Liquefaction) 현상
④ 보일링(Boiling) 현상

> **해설 파이핑(Piping)**
> - 흙막이배면의 틈, 균열 등으로 수압에 의해 수로가 형성되면서 지하수가 배출되는 현상이다.
> - 방지대책
>   - 지하수위 저하
>   - 차수성(수밀성)이 좋은 흙막이 공법 선정
>   - 흙막이벽이 밀실이 되도록 시공

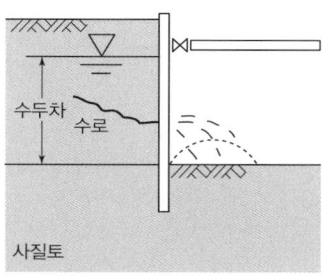

파이핑(Piping)

079

2회 출제

흙막이 공법과 관련된 내용의 연결이 옳지 않은 것은?

① 버팀대공법 – 띠장, 지지말뚝
② 지하연속벽 – 안정액, 트레미관
③ 자립식공법 – 안내벽, 인터록킹 파이프
④ 어스앵커공법 – 인장재, 그라우팅

> **해설**
> 안내벽, 인터록킹 파이프는 지하연속벽 공법과 관련이 있다.
>
> **관련개념 자립식공법**
> 엄지말뚝의 근입깊이와 강성 또는 프리스트레스를 이용한 흙막이 공법이다.

080

4회 출제

통상적으로 스팬이 큰 보 및 바닥판의 거푸집을 걸 때에 스팬의 캠버(Camber)값으로 옳은 것은?

① $\dfrac{1}{300} \sim \dfrac{1}{500}$ ② $\dfrac{1}{200} \sim \dfrac{1}{350}$

③ $\dfrac{1}{150} \sim \dfrac{1}{250}$ ④ $\dfrac{1}{100} \sim \dfrac{1}{300}$

해설 **거푸집 시공 시 유의사항**

- 비계나 가설물에는 연결하지 않는다.
- 바닥, 보의 중앙부는 $\dfrac{1}{300} \sim \dfrac{1}{500}$ 정도 치켜올려서 시공한다.
- 재료의 허용응력도는 장기허용응력도의 1.2배 정도로 한다.
- 부재 간 강성차이가 커서 부재 간 강성차이가 많은 것과는 조합을 피한다.
- 거푸집 합판패널은 표면 나무결에 수직으로 하여 띠장을 단다.
- 콘크리트 표면에 타일붙임 등의 마감을 할 경우에는 표면을 거칠게 한 거푸집이 필요하다.
- 거푸집은 콘크리트의 타입 시 변형, 파열 또는 도괴하지 않도록 충분한 강성 및 강도가 필요하다.
- 지주를 바꾸어 세울 동안에는 상부의 작업을 제한하여 적재하중을 작게 하고, 집중하중을 받는 부분의 지주는 그대로 둔다.
- 진동, 충격 등을 주지 않고 콘크리트가 손상되지 않도록 순서에 맞춰 제거한다.
- 제거한 거푸집은 재사용 할 수 있도록 적당한 장소에 정리하여 둔다.
- 구조물의 손상을 고려하여 제거 시 찢어져 남은 거푸집쪽널은 깨끗이 치우고 미장공사를 한다.

건설재료학

081

5회 출제

시멘트의 분말도에 관한 설명으로 옳지 않은 것은?

① 분말도가 클수록 수화반응이 촉진된다.
② 분말도가 클수록 초기강도는 작으나 장기강도는 크다.
③ 분말도가 클수록 시멘트 분말이 미세하다.
④ 분말도가 너무 크면 풍화되기 쉽다.

해설 **시멘트의 분말도**

- 분말도가 클수록 비표면적이 커서 물에 접촉하는 면적이 크므로 수화작용이 빨라서 콘크리트의 초기강도가 높고 그 후의 강도의 증진도 크며 골재와의 접착력도 크므로 내구적인 콘크리트를 만드는 데 적당하다.
- 분말도가 너무 크면 풍화되기 쉽다.
- 화학성분이 같을 때 조기강도를 증진하려고 하면 분말도에 의존할 수밖에 없다.
- 분말도가 너무 큰 시멘트는 블리딩(Bleeding)이 적고, 워커빌리티가 좋으나 수축이 커질 염려가 있고, 발열량이 많아 콘크리트에 균열이 발생하기 쉬우며 수밀성, 내구성의 면에서도 좋지 못하다.

082

5회 출제

어떤 재료의 초기 탄성변형량이 2.0[cm]이고, 크리프(Creep)변형량이 4.0[cm]라면 이 재료의 크리프 계수는 얼마인가?

① 0.5   ② 1.0

③ 2.0   ④ 4.0

해설

$$\text{크리프 계수} = \frac{\text{크리프변형량}}{\text{탄성변형량}} = \frac{4.0}{2.0} = 2.0$$

관련개념 **크리프 계수**

크리프변형이 거의 일정한 값으로 수렴했을 때의 크리프변형과 탄성변형의 비율이다.

$$\text{크리프 계수} = \frac{\text{크리프변형량}}{\text{탄성변형량}}$$

083

펄프를 접착체로 제판하여 양면을 열압, 건조시킨 재료는?

① 연질섬유판　　　　　② 경질섬유판
③ 소프트텍스　　　　　④ 파키트리 보드

해설　경질섬유판(Hard Fiber Board)
- 펄프화한 목재 섬유(폐목재, 톱밥 등)에 접착제를 혼합하여 고온·고압으로 열압, 건조해 만든 섬유판으로 비중은 약 0.8~1.0이다.
- 벽판, 가구 뒷판, 도어 보강재, 강화마루 기판 등으로 사용된다.

관련개념　연질섬유판(Soft Fiber Board)
- 펄프화한 목재 섬유를 저온·저압에서 건조해 만든 섬유판으로, 압축 정도가 낮아 비중이 약 0.2~0.4이다.
- 흡음재, 단열재, 방음벽 등으로 주로 사용된다.

084

내열성, 내수성, 기계적 강도가 뛰어나고 본래의 색은 투명하여 창, 배관 등에 사용하는 수지는?

① 폴리에스테르 수지　　② 멜라민 수지
③ 실리콘 수지　　　　　④ 페놀 수지

해설　멜라민 수지
- 멜라민과 포르말린을 축합중합시켜 얻는다.
- 내열성, 내수성, 내약품성, 기계적 강도가 우수하다.
- 투명하거나 반투명한 성질을 가질 수 있어 창, 배관 등에 활용 가능하다.

관련개념　합성수지의 종류

폴리에스테르 수지	• 포화 폴리에스테르 수지와 불포화 폴리에스테르 수지가 있다. • 다가알코올(글리세린 등)과 다염기산(무수프탈레인 등)의 축합으로 만들어진다. • 내열성, 내약품성, 전기적 절연성이 우수하여 항공기 및 차량구조재, 건축창호재, 칸막이벽 등에 사용된다.
실리콘 수지	• 규소-산소 결합을 주체로 하는 고분자 물질이다. • 내수성이 특히 우수하여 방수제로 사용된다. • 내약품성, 내결성, 내연성, 내후성, 전기적 절연성이 우수하다. • 유리섬유판, 텍스, 피혁류 등 다양한 재료와의 접착성이 뛰어나다.
페놀 수지	• 내열성, 내화학성이 우수해 고온에서도 안정적으로 사용이 가능하다. • 강도 및 경도가 우수하며, 소음 차단 성능이 우수하다.

085

점토제품 중 소성온도가 가장 고온이고 흡수성이 매우 작으며 모자이크 타일, 위생도기 등에 주로 쓰이는 것은?

① 토기　　　　　　　　② 도기
③ 석기　　　　　　　　④ 자기

해설　점토제품의 종류

종류	소성온도[℃]	흡수율[%]	재료	비고
토기	790~1,000	20 이상	기와, 벽돌, 토관	최저급 원료(전답토)
도기	1,100~1,230	10	타일, 테라코타, 위생도기	다공질로 흡수성 유약 사용. 두드리면 탁음
석기	1,160~1,350	3~10	마루 타일, 클링커 타일	유약 대신 식염유 사용
자기	1,230~1,460	0~1	자기질, 모자이크 타일, 위생도기	양질의 도토 또는 장석분을 원료로 함

086

블로운 아스팔트(Blown Asphalt)를 휘발성 용제에 녹이고 광물분말 등을 가하여 만든 것으로 방수, 접합부 충전 등에 쓰이는 아스팔트 제품은?

① 아스팔트 코팅(Asphalt Coating)
② 아스팔트 그라우트(Asphalt Grout)
③ 아스팔트 시멘트(Asphalt Cement)
④ 아스팔트 콘크리트(Asphalt Concrete)

해설　아스팔트 코팅
블로운 아스팔트를 휘발성 용제에 녹이고 석면, 광물분말 등을 가하여 만든 것으로 방수층 단부나 배수관 둘레의 실링재 등에 사용된다.

관련개념　아스팔트 혼합물

구분	내용
아스팔트 그라우트	• 원유로부터 아스팔트 성분을 가능한 한 변화시키지 않고 추출한 스트레이트 아스팔트와 돌가루, 모래를 가열·혼합한 물질 • 유동성을 이용하여 석재의 고착·충전 등에 사용
아스팔트 시멘트	고형 상태의 아스팔트를 과열되지 않도록 인화점 이하에서 화기와 충분히 혼합하여 적당하게 물러진 액상으로 만든 것
아스팔트 콘크리트	• 아스팔트를 녹여서 자갈, 쇄석 등의 골재를 섞은 것 • 도로포장에 쓰임

087

목재의 강도에 관한 설명으로 옳지 않은 것은?

① 함수율이 섬유포화점 이상에서는 함수율이 증가하더라도 강도는 일정하다.

② 함수율이 섬유포화점 이하에서는 함수율이 감소할수록 강도가 증가한다.

③ 목재의 비중과 강도는 대체로 비례한다.

④ 전단강도의 크기가 인장강도 등 다른 강도에 비하여 크다.

해설 목재의 강도

인장강도 > 휨강도 > 압축강도 > 전단강도

목재의 강도 중 전단강도가 가장 작다.

관련개념 목재의 전단강도

부재의 축에 수직 또는 직각 방향으로 작용하여 절단하거나 변형시키려는 힘, 즉 전단력에 대한 저항강도를 말한다. 전단강도는 재료에 가할 수 있는 최대의 전단력을 원래의 단면적으로 나눈 값으로 나타내며, 목재의 여러 강도 항목 중에서 가장 낮은 값을 갖는다.

088

점토의 성질에 관한 설명으로 옳지 않은 것은?

① 사질점토는 적갈색으로 내화성이 좋다.

② 자토는 순백색이며 내화성이 우수하나 가소성은 부족하다.

③ 석기점토는 유색의 견고치밀한 구조로 내화도가 높고 가소성이 있다.

④ 석회질점토는 백색으로 용해되기 쉽다.

해설 점토의 이용목적에 따른 분류

- 자토(磁土): 90[%] 이상이 규산알루미늄으로 된 순수 백색토로 내화성은 있지만 가소성이 부족하다. 도자기의 원료이다.
- 석기점토: 회색·청회색 등 유색을 띠며, 실리카 함량이 높고 치밀한 구조로 되어 있어 내화도가 비교적 높고, 가소성도 중간 정도이다. 주로 석기류, 내화벽돌, 타일 원료로 사용한다.
- 석회질점토: 탄산칼슘 등 석회분이 많이 섞여 있어 백색을 띠며 용융점이 낮아 내화성이 약하다. 대신 가소성이 좋아 도자기나 타일용 원료로 쓰인다.
- 사질점토: 가는 모래가 많이 섞여 있고, 내화성이 약하다. 보통 벽돌, 기와, 토관 등의 원료이다.

089

건축재료 중 마감재료의 요구성능으로 거리가 먼 것은?

① 화학적 성능　　　　② 역학적 성능

③ 내구성능　　　　　④ 방화·내화 성능

해설

마감재료는 건축물의 바닥, 내외벽, 천장 등에 적당한 두께로 발라 마무리하는 재료이기 때문에 역학적 성능은 필요성이 가장 적다.

090

목재의 결점 중 벌채 시의 충격이나 그 밖의 생리적 원인으로 인하여 세로축에 직각으로 섬유가 절단된 형태를 의미하는 것은?

① 수지낭　　　　　　② 미숙재

③ 컴프레션페일러　　④ 옹이

해설 컴프레션페일러

벌채나 운반·가공 과정에서의 충격으로 인해 직각으로 섬유가 절단된 형태를 말한다. 이러한 결점은 목재의 강도와 탄성을 크게 저하시켜 구조적 활용이 어렵다.

관련개념 목재의 결점

수지낭	• 목재 내부에 수지(송진)가 주머니 모양으로 고여 생긴 결점이다. • 건조·가공 과정에서 수지가 흘러나와 목재 표면에 얼룩을 남기거나 강도를 약화시킨다.
미숙재 (Juvenile Wood)	• 수목의 일생 동안 수간의 중심부, 즉 수(Pith) 주위에 발달되는 2차목부 조직으로 세포 길이가 안정되어 있지 못하고 매년 1[%] 이상의 신장률을 나타내는 목재를 일컫는다. • 미숙재의 세포 길이는 성숙재(Mature Wood)의 것보다 짧다.
옹이	• 가지가 붙은 흔적이 목재 표면에 나타난 것으로 생절과 사절이 있다. • 생절은 붉은 빛깔이고 수지가 많지만 가공이 쉽고, 사절은 죽은 가지의 흔적으로 흑갈색을 나타내고 이것이 빠져나간 것을 발절, 그 부분이 썩은 것을 부절이라 한다.

091
6회 출제

다음 중 공기 중 이산화탄소에 의해 경화되는 재료는?

① 석고 플라스터
② 시멘트 모르타르
③ 돌로마이트 플라스터
④ 테라조

해설

돌로마이트 플라스터는 기경성 재료로 공기 중 이산화탄소와 반응하여 경화된다. 반면 석고 플라스터, 시멘트 모르타르, 테라조는 수경성 재료로 물과의 수화 반응에 의해 경화된다.

092
4회 출제

콘크리트 바탕에 이음새 없는 방수 피막을 형성하는 공법으로, 도료상태의 방수제를 여러 번 칠하여 방수막을 형성하는 방수공법은?

① 아스팔트 루핑방수
② 합성고분자 도막방수
③ 시멘트 모르타르방수
④ 규산질 침투성 도포방수

해설 **도막방수**

- 콘크리트 등의 바탕면에 여러 차례 우레탄, 아크릴(에멀션), 고무아스팔트와 같은 방수제를 칠하여 두께가 일정한 방수막을 만들어 우수 등을 차단하는 방수공법이다.
- 롤러, 스프레이, 붓 등으로 칠할 수 있으므로 굴곡이 심하고 구조가 복잡한 곳에 시공 가능하다.
- 에폭시계를 제외한 대부분의 도막방수재는 신장률이 크므로 균열이 예상되는 곳이나 조인트 등에도 많이 사용된다.
- 건물외벽, 지붕, 옥상, 스포츠경기장 바닥 등에도 많이 사용된다.

관련개념 **방수공법**

루핑방수	아스팔트 같은 방수재를 종이·펠트 등에 스며들게 한 루핑지를 여러 겹 겹쳐 붙여 방수층을 형성시키는 공법
침투성 도포방수	규산질계 분말에 액상의 방수제를 일정 비율로 혼합한 후 습윤처리된 구조체에 도포하여 불용성 결정체를 생성하여 방수층을 형성시키는 공법
시멘트 모르타르 방수	방수 모르타르를 지정 배합비로 충분히 반죽하여 쇠흙손으로 두께가 일정하고 평탄하게 눌러 바르는 공법으로, 바름 두께는 도면상에 명기가 없을 경우 바닥 10[mm], 벽 6[mm]로 함

093
2회 출제

건축용 접착제로서 요구되는 성능에 해당되지 않는 것은?

① 진동, 충격의 반복에 잘 견딜 것
② 취급이 용이하고 독성이 없을 것
③ 장기부하에 의한 크리프가 클 것
④ 고화 시 체적수축 등에 의한 내부변형을 일으키지 않을 것

해설

건축용 접착제는 크리프가 작아야 한다.

관련개념 **크리프(Creep)**

응력이 일정하게 작용하여 크기의 변화가 없더라도 변형률이 시간 경과에 따라 증가하는 현상을 말한다.

094
9회 출제

골재의 함수상태에서 유효흡수량의 정의로 옳은 것은?

① 습윤상태와 절대건조상태의 수량의 차이
② 표면건조포화상태와 기건상태의 수량의 차이
③ 기건상태와 절대건조상태의 수량의 차이
④ 습윤상태와 표면건조포화상태의 수량의 차이

해설 **골재의 유효흡수량**

공기 중 건조상태에서 골재의 입자가 표면건조포화상태로 되기까지 흡수된 수량이다.

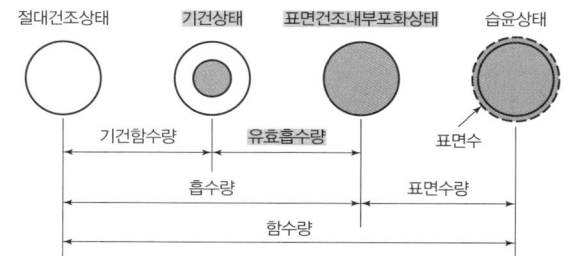

095
2회 출제

도장재료 중 물이 증발하여 수지입자가 굳는 융착건조경화를 하는 것은?

① 알키드 수지 도료
② 에폭시 수지 도료
③ 불소 수지 도료
④ 합성 수지 에멀션 페인트

해설 에멀션 도료

· 용제를 사용하지 않아 냄새가 없고, 화재 및 위생상의 염려가 적다.
· 붓 작업이 쉽고, 건조가 빠르다.
· 수분이 증발하는 것과 동시에 수지 입자가 접근하여 입자의 보호 콜로이드막이 파괴되며 연속된 막이 형성되고 안료는 그 안에 포함되어 피막이 된다.

096
8회 출제

일반 콘크리트 대비 ALC의 우수한 물리적 성질로서 옳지 않은 것은?

① 경량성　　　　② 단열성
③ 흡음 · 차음성　④ 수밀성, 방수성

해설

ALC는 수밀성, 방수성이 부족하여 습기에 취약하며 곰팡이 등이 발생한다.

관련개념 ALC의 특징

장점	· 내화성, 단열성이 좋다. · 경량이고, 차음성이 좋다. · 시공성이 우수하다. · 친환경성이다.
단점	· 수분을 흡수하는 성질이 있다. · 중성화가 빠르다. · 방수성이 없다.

097
3회 출제

미장바탕의 일반적인 성능조건과 가장 거리가 먼 것은?

① 미장층보다 강도가 클 것
② 미장층과 유효한 접착강도를 얻을 수 있을 것
③ 미장층보다 강성이 작을 것
④ 미장층의 경화, 건조에 지장을 주지 않을 것

해설 미장바탕에 요구되는 일반적인 성질

· 바름 재료가 접착하기 쉬워야 한다.
· 변형되지 않아야 한다.(강성이 있어야 한다.)
· 온 · 습도에 의한 팽창, 수축이 적어야 한다.
· 평탄해야 한다.(요철이 적어야 한다.)
· 내구성이 강해야 한다.
· 바름 재료에 따라 내약품성, 특히 내알칼리성이 강해야 한다.

098
2회 출제

다음의 미장재료 중 균열저항성이 가장 큰 것은?

① 회반죽 바름
② 소석고 플라스터
③ 경석고 플라스터
④ 돌로마이트 플라스터

해설 미장재료

· 경석고 플라스터: 응결 · 경화 시 수축이 거의 없어 청정가능한 벽면(욕실, 주방 등)에 사용한다.
· 회반죽 바름: 소석회를 주원료로 모래, 여물, 해초풀을 혼합하여 사용한다. 여물은 건조수축에 의한 균열을 방지하기 위해 사용한다.
· 소석고 플라스터: 경화속도가 빠르며, 균열이 발생한다.
· 돌로마이트 플라스터: 경화가 늦고, 건조수축이 커서 균열 발생이 크고, 밑바름 두께와 그 건조도의 영향이 크며, 물에 약하다.

099

절대건조밀도가 2.6[g/cm³]이고, 단위용적질량이 1,750[kg/m³]인 굵은 골재의 공극률은?

① 30.5[%] ② 32.6[%]
③ 34.7[%] ④ 36.2[%]

해설 골재의 공극률

$$공극률 = \frac{절대건조밀도[g/cm^3] \times 0.999 - 단위용적질량[g/cm^3]}{절대건조밀도[g/cm^3] \times 0.999} \times 100$$

$1[kg/m^3] = 10^{-3}[g/cm^3]$이므로 $1,750[kg/m^3] = 1.75[g/cm^3]$

$$공극률 = \frac{2.6 \times 0.999 - 1.75}{2.6 \times 0.999} \times 100 = 32.6[\%]$$

100

플라이애시시멘트에 대한 설명으로 옳은 것은?

① 수화할 때 불용성 규산칼슘 수화물을 생성한다.
② 화력발전소 등에서 완전 연소한 미분탄의 회분과 포틀랜드시멘트를 혼합한 것이다.
③ 재령 1~2시간 안에 콘크리트 압축강도가 20[MPa]에 도달할 수 있다.
④ 용광로의 선철제작 부산물을 급랭시키고 파쇄하여 시멘트와 혼합한 것이다.

해설 플라이애시시멘트
- 화력발전소에서 완전 연소한 미분탄의 회분(Ash)을 집진기로 채취한 미립자 및 포틀랜드시멘트와 혼합한 것이다.
- 수화열이 적고 조기강도가 작으나 장기강도는 크다.
- 콘크리트의 워커빌리티(시공성)가 좋고 수밀성이 크며, 단위수량을 감소시킬 수 있어 매스 콘크리트, 댐 공사에 사용된다.

오답해설
①, ④ 고로슬래그시멘트에 대한 설명이다.
③ 초속경시멘트에 대한 설명이다.

건설안전기술

101

추락재해방지를 위하여 사용되는 방망의 그물코의 크기는 최대 몇 [cm] 이하이어야 하는가?

① 30[cm] ② 20[cm]
③ 10[cm] ④ 5[cm]

해설 방망의 구조
- 소재: 합성섬유 또는 그 이상의 물리적 성질을 갖는 것이어야 한다.
- 그물코: 사각 또는 마름모로서 그 크기는 10[cm] 이하이어야 한다.
- 방망의 종류: 매듭방망으로서 매듭은 원칙적으로 단매듭을 한다.
- 테두리로프와 방망의 재봉: 테두리로프는 각 그물코를 관통시키고 서로 중복됨이 없이 재봉사로 결속한다.

102

건립 중 강풍에 의한 풍압 등 외압에 대한 내력이 설계에 고려되었는지 확인하여야 하는 철골구조물에 해당하지 않는 것은?

① 이음부가 현장용접인 건물
② 높이 15[m]인 건물
③ 기둥이 타이플레이트(tie plate)형인 구조물
④ 구조물의 폭과 높이의 비가 1:5인 건물

해설 외압에 대한 내력이 설계에 고려되었는지 확인하여야 하는 철골구조물
- 높이 20[m] 이상의 구조물
- 구조물의 폭과 높이의 비가 1:4 이상인 구조물
- 단면구조에 현저한 차이가 있는 구조물
- 연면적당 철골량이 50[kg/m²] 이하인 구조물
- 기둥이 타이플레이트형인 구조물
- 이음부가 현장용접인 구조물

103

다음 중 유해위험방지계획서 제출 대상 공사가 아닌 것은?

① 지상높이가 30[m]인 건축물 건설공사
② 최대 지간길이가 50[m]인 교량 건설공사
③ 터널 건설공사
④ 깊이가 11[m]인 굴착공사

해설 유해위험방지계획서 제출 대상 건설공사

- 다음의 어느 하나에 해당하는 건축물 또는 시설 등의 건설·개조 또는 해체(건설 등) 공사
  - **지상높이가 31[m] 이상인 건축물** 또는 인공구조물
  - 연면적 30,000[m²] 이상인 건축물
  - 연면적 5,000[m²] 이상의 문화 및 집회시설(전시장 및 동물원·식물원 제외), 판매시설, 운수시설(고속철도의 역사 및 집배송시설 제외), 종교시설, 의료시설 중 종합병원, 숙박시설 중 관광숙박시설, 지하도상가, 냉동·냉장 창고시설
- 연면적 5,000[m²] 이상인 냉동·냉장 창고시설의 설비공사 및 단열공사
- 최대 지간길이가 50[m] 이상인 다리의 건설 등 공사
- 터널의 건설 등 공사
- 다목적댐, 발전용댐, 저수용량 2천만 톤 이상의 용수 전용 댐 및 지방상수도 전용 댐의 건설 등 공사
- 깊이 10[m] 이상인 굴착공사

104

산업안전보건법령에 따른 양중기의 종류에 해당하지 않는 것은?

① 곤돌라
② 리프트
③ 클램쉘
④ 크레인

해설 클램쉘(Clamshell)

좁은 곳의 수직굴착, 자갈 등의 적재, 연약한 지반이나 수중굴착 등에 쓰이는 셔블계 굴착기계이다.

관련개념 양중기의 종류

- **크레인**(호이스트 포함)
- 이동식 크레인
- **리프트**(이삿짐운반용 리프트는 적재하중이 0.1톤 이상인 것으로 한정)
- **곤돌라**
- 승강기

105

건설업의 공사금액이 850억 원일 경우 산업안전보건법령에 따른 안전관리자의 수로 옳은 것은? (단, 전체 공사기간을 100으로 할 때 공사 전·후 15[%]에 해당하는 경우는 고려하지 않는다.)

① 1명 이상
② 2명 이상
③ 3명 이상
④ 4명 이상

해설 안전관리자를 두어야 할 사업의 종류 및 규모

사업의 종류	상시근로자 수 또는 공사금액	안전관리자의 수
토사석 광업 식료품 제조업, 음료 제조업 목재 및 나무제품 제조업(가구 제외) 펄프, 종이 및 종이제품 제조업 코크스, 연탄 및 석유정제품 제조업 발전업 운수 및 창고업	50명 이상 500명 미만	1명 이상
	500명 이상	2명 이상
농업, 임업 및 어업 전기, 가스, 증기 및 공기조절 공급업 방송업 우편 및 통신업	50명 이상 1,000명 미만	1명 이상
	1,000명 이상	2명 이상
건설업	50억 원 이상 800억 원 미만	1명 이상
	800억 원 이상 1,500억 원 미만	2명 이상
	1,500억 원 이상 2,200억 원 미만	3명 이상
	2,200억 원 이상 3,000억 원 미만	4명 이상

106

7회 출제

단관비계를 조립하는 경우 벽이음 및 버팀을 설치할 때의 수평방향 조립간격 기준으로 옳은 것은?

① 3[m]
② 5[m]
③ 6[m]
④ 8[m]

해설 강관비계의 조립간격

강관비계의 종류	조립간격[m]	
	수직방향	수평방향
단관비계	5	5
틀비계(높이 5[m] 미만인 것 제외)	6	8

107

1회 출제

개구부로서 근로자가 추락할 위험이 있는 장소에 설치하여야 할 방호조치로 적절하지 않은 것은?

① 안전난간
② 울타리
③ 차단벽
④ 덮개

해설 개구부 등의 방호 조치

사업주는 작업발판 및 통로의 끝이나 개구부로서 근로자가 추락할 위험이 있는 장소에는 안전난간, 울타리, 수직형 추락방망 또는 덮개 등의 방호 조치를 충분한 강도를 가진 구조로 튼튼하게 설치하여야 하며, 덮개를 설치하는 경우에는 뒤집히거나 떨어지지 않도록 설치하여야 한다.

108

3회 출제

건설업 산업안전보건관리비 계상 및 사용기준을 산업안전보건법의 적용을 받는 건설공사 중 총 공사금액이 얼마 이상인 공사에 적용하는가?

① 4천만 원
② 3천만 원
③ 2천만 원
④ 1천만 원

해설

건설업 산업안전보건관리비 계상 및 사용기준은 산업안전보건법의 건설공사 중 총 공사금액 2천만 원 이상인 공사에 적용한다.

109

8회 출제

연약지반의 이상현상 중 하나인 히빙(Heaving)현상에 대한 안전대책이 아닌 것은?

① 흙막이벽의 관입깊이를 깊게 한다.
② 굴착 저면에 토사 등으로 하중을 가한다.
③ 흙막이 배면의 표토를 제거하여 토압을 경감한다.
④ 주변 수위를 높인다.

해설 히빙(Heaving) 예방대책

• 흙막이벽의 말뚝 깊이를 설계지반까지 시공
• 굴착부 저면 하중 가함
• 소단굴착 시공
• 흙막이 배면토압 경감조치
• 지하수위 저하
• 그라우팅 등 보강공법 시행

관련개념 히빙(Heaving)

굴착이 진행됨에 따라 흙막이벽 뒤쪽 흙의 중량이 굴착부 바닥의 지지력 이상이 되면 흙막이벽 근입부분의 지반 이동이 발생하여 굴착부 저면이 솟아오르는 현상이다. 이 현상이 발생하면 흙막이벽의 근입부분이 파괴되면서 흙막이벽 전체가 붕괴하는 경우가 많다.

110

2회 출제

항타기 또는 항발기의 권상용 와이어로프는 추 또는 해머가 최저의 위치에 있을 때 또는 널말뚝을 빼어내기 시작한 때를 기준으로 하여 권상장치의 드럼에 최소한 몇 회 감기고 남을 수 있는 길이여야 하는가?

① 1회
② 2회
③ 3회
④ 4회

해설

항타기 또는 항발기에 권상용 와이어로프를 사용하는 경우에 권상용 와이어로프는 추 또는 해머의 위치가 최저의 위치에 있을 때 또는 널말뚝을 빼내기 시작할 때를 기준으로 권상장치의 드럼에 적어도 2회 감기고 남을 수 있는 충분한 길이여야 한다.

111
8회 출제

거푸집의 설치·해체, 철근 조립, 콘크리트 타설, 콘크리트 면처리 작업 등을 위하여 거푸집을 작업발판과 일체로 제작하여 사용하는 거푸집이 아닌 것은?

① 갱 폼(gang form)
② 유로 폼(euro form)
③ 슬립 폼(slip form)
④ 클라이밍 폼(climbing form)

해설 **작업발판 일체형 거푸집**

작업발판 일체형 거푸집이란 거푸집의 설치·해체, 철근 조립, 콘크리트 타설, 콘크리트 면처리 작업 등을 위하여 거푸집을 작업발판과 일체로 제작하여 사용하는 거푸집으로서 다음의 거푸집을 말한다.

- 갱 폼(Gang Form)
- 슬립 폼(Slip Form)
- 클라이밍 폼(Climbing Form)
- 터널 라이닝 폼(Tunnel Lining Form)
- 그 밖에 거푸집과 작업발판이 일체로 제작된 거푸집 등

관련개념 **유로 폼(Euro Form)**

일정한 규격으로 미리 합판 등의 뒷면에 강재틀을 붙인 거푸집 패널로 여러 장을 조립하여 사용한다.

112

양중기에 사용하는 와이어로프 중 화물의 하중을 직접 지지하는 달기와이어로프 또는 달기체인의 안전계수 기준은?

① 3 이상   ② 4 이상
③ 5 이상   ④ 10 이상

해설 **달기구의 안전계수**

- 근로자가 탑승하는 운반구를 지지하는 달기와이어로프 및 달기체인: 10 이상
- 화물의 하중을 직접 지지하는 달기와이어로프 또는 달기체인: 5 이상
- 훅, 샤클, 클램프, 리프팅 빔: 3 이상
- 그 밖의 경우: 4 이상

113

건설현장에 설치하는 사다리식 통로의 설치기준으로 옳지 않은 것은?

① 발판과 벽과의 사이는 15[cm] 이상의 간격을 유지할 것
② 발판의 간격은 일정하게 할 것
③ 사다리의 상단은 걸쳐놓은 지점으로부터 60[cm] 이상 올라가도록 할 것
④ 사다리식 통로의 길이가 10[m] 이상인 경우에는 3[m] 이내마다 계단참을 설치할 것

해설 **사다리식 통로의 구조**

- 견고한 구조로 할 것
- 심한 손상·부식 등이 없는 재료를 사용할 것
- 발판의 간격은 일정하게 할 것
- 발판과 벽과의 사이는 15[cm] 이상의 간격을 유지할 것
- 폭은 30[cm] 이상으로 할 것
- 사다리가 넘어지거나 미끄러지는 것을 방지하기 위한 조치를 할 것
- 사다리의 상단은 걸쳐놓은 지점으로부터 60[cm] 이상 올라가도록 할 것
- 사다리식 통로의 길이가 10[m] 이상인 경우에는 5[m] 이내마다 계단참을 설치할 것
- 사다리식 통로의 기울기는 75° 이하로 할 것. 다만, 고정식 사다리식 통로의 기울기는 90° 이하로 하고, 그 높이가 7[m] 이상인 경우에는 다음의 구분에 따른 조치를 할 것
  - 등받이울이 있어도 근로자 이동에 지장이 없는 경우: 바닥으로부터 높이가 2.5[m] 되는 지점부터 등받이울을 설치할 것
  - 등받이울이 있으면 근로자가 이동이 곤란한 경우: 한국산업표준에서 정하는 기준에 적합한 개인용 추락 방지 시스템을 설치하고 근로자로 하여금 한국산업표준에서 정하는 기준에 적합한 전신안전대를 사용하도록 할 것
- 접이식 사다리 기둥은 사용 시 접혀지거나 펼쳐지지 않도록 철물 등을 사용하여 견고하게 조치할 것

114

4회 출제

옥외에 설치되어 있는 주행 크레인에 대하여 이탈방지장치를 작동시키는 등 그 이탈을 방지하기 위한 조치를 하여야 하는 순간풍속에 대한 기준으로 옳은 것은?

① 순간풍속이 초당 10[m]를 초과할 때
② 순간풍속이 초당 20[m]를 초과할 때
③ 순간풍속이 초당 30[m]를 초과할 때
④ 순간풍속이 초당 40[m]를 초과할 때

해설

순간풍속이 초당 30[m]를 초과하는 바람이 불어올 우려가 있는 경우 옥외에 설치되어 있는 주행 크레인에 대하여 이탈방지장치를 작동시키는 등 이탈방지를 위한 조치를 하여야 한다.

관련개념 악천후 시 순간풍속에 따른 안전조치

순간풍속	시기	조치사항
10[m/s] 초과	–	타워크레인의 설치·수리·점검 또는 해체 작업 중지
15[m/s] 초과	–	타워크레인의 운전작업 중지
30[m/s] 초과	바람이 불어올 우려가 있는 경우	옥외 주행 크레인의 이탈방지장치 작동 등 이탈방지 조치
	바람이 불거나 중진 이상 진도의 지진	옥외 양중기의 이상 점검
35[m/s] 초과	바람이 불어올 우려가 있는 경우	• 건설용 리프트의 받침수 증가 등 붕괴방지 조치 • 옥외용 승강기의 받침수 증가 등 붕괴방지 조치

115

4회 출제

물체가 떨어지거나 날아올 위험을 방지하기 위한 낙하물 방지망 또는 방호선반을 설치할 때 수평면과의 적정한 각도는?

① 10° ~ 20°
② 20° ~ 30°
③ 30° ~ 40°
④ 40° ~ 45°

해설 낙하물 방지망 또는 방호선반의 설치 시 준수사항

• 높이 10[m] 이내마다 설치하고, 내민 길이는 벽면으로부터 2[m] 이상으로 할 것
• 수평면과의 각도는 20° 이상 30° 이하를 유지할 것

116

3회 출제

다음 중 이동식 크레인을 사용하여 작업을 할 때 작업시작 전 점검사항에 해당하지 않는 것은?

① 권과방지장치나 그 밖의 경보장치의 기능
② 브레이크·클러치 및 조정장치의 기능
③ 바퀴의 이상 유무
④ 와이어로프가 통하고 있는 곳 및 작업장소의 지반상태

해설

'바퀴의 이상 유무'는 지게차, 구내운반차, 화물자동차를 사용하여 작업을 할 때의 작업시작 전 점검사항이다.

관련개념 이동식 크레인을 사용하여 작업할 때 작업시작 전 점검사항
• 권과방지장치나 그 밖의 경보장치의 기능
• 브레이크·클러치 및 조정장치의 기능
• 와이어로프가 통하고 있는 곳 및 작업장소의 지반상태

117

6회 출제

사질지반 굴착 시 굴착부와 지하수위차가 있을 때 수두차에 의하여 삼투압이 생겨 흙막이벽 근입부분을 침식하는 동시에 모래가 액상화되어 솟아오르는 현상은?

① 동상 현상
② 연화 현상
③ 보일링 현상
④ 히빙 현상

해설 보일링(Boiling)

사질토 지반에서 굴착저면과 흙막이 배면의 수위차로 인해 굴착저면의 흙과 물이 함께 위로 솟아오르는 현상이다.

관련개념 보일링의 원인
• 흙막이벽이 지지력을 상실할 때
• 지하수위가 높은 지반을 굴착할 때
• 흙막이벽의 근입장 깊이가 부족할 때
• 사질토 지반에 수위차가 있을 때

118

사다리식 통로 등을 설치하는 경우 고정식 사다리식 통로의 기울기는 최대 몇 도 이하로 하여야 하는가?

① 60도

② 75도

③ 80도

④ 90도

해설 **사다리식 통로의 구조**

- 견고한 구조로 할 것
- 심한 손상·부식 등이 없는 재료를 사용할 것
- 발판의 간격은 일정하게 할 것
- 발판과 벽과의 사이는 15[cm] 이상의 간격을 유지할 것
- 폭은 30[cm] 이상으로 할 것
- 사다리가 넘어지거나 미끄러지는 것을 방지하기 위한 조치를 할 것
- 사다리의 상단은 걸쳐놓은 지점으로부터 60[cm] 이상 올라가도록 할 것
- 사다리식 통로의 길이가 10[m] 이상인 경우에는 5[m] 이내마다 계단참을 설치할 것
- 사다리식 통로의 기울기는 75° 이하로 할 것. 다만, 고정식 사다리식 통로의 기울기는 90° 이하로 하고, 그 높이가 7[m] 이상인 경우에는 다음의 구분에 따른 조치를 할 것
  - 등받이울이 있어도 근로자 이동에 지장이 없는 경우: 바닥으로부터 높이가 2.5[m] 되는 지점부터 등받이울을 설치할 것
  - 등받이울이 있으면 근로자가 이동이 곤란한 경우: 한국산업표준에서 정하는 기준에 적합한 개인용 추락 방지 시스템을 설치하고 근로자로 하여금 한국산업표준에서 정하는 기준에 적합한 전신안전대를 사용하도록 할 것
- 접이식 사다리 기둥은 사용 시 접혀지거나 펼쳐지지 않도록 철물 등을 사용하여 견고하게 조치할 것

119

철골작업 시 철골부재에서 근로자가 수직방향으로 이동하는 경우에 설치하여야 하는 고정된 승강로의 최대 답단 간격은 얼마 이내인가?

① 20[cm]

② 25[cm]

③ 30[cm]

④ 40[cm]

해설 **승강로의 설치**

근로자가 수직방향으로 이동하는 철골부재에는 답단 간격이 30[cm] 이내인 고정된 승강로를 설치하여야 하며, 수평방향 철골과 수직방향 철골이 연결되는 부분에는 연결작업을 위하여 작업발판 등을 설치하여야 한다.

120

콘크리트 타설작업을 하는 경우 안전대책으로 옳지 않은 것은?

① 당일의 작업을 시작하기 전에 해당 작업에 관한 거푸집 및 동바리의 변형·변위 및 지반의 침하 유무 등을 점검하고 이상이 있으면 보수할 것

② 작업 중에는 감시자를 배치하는 등의 방법으로 거푸집 및 동바리의 변형·변위 및 침하 유무 등을 확인하여야 하며 이상이 있으면 작업을 중지하고 근로자를 대피시킬 것

③ 설계도서 상의 콘크리트 양생기간을 준수하여 거푸집 및 동바리를 해체할 것

④ 슬래브의 경우 한쪽부터 순차적으로 콘크리트를 타설하는 등 편심을 유발하여 빠른 시간 내 타설이 완료되도록 할 것

해설 **콘크리트 타설작업 시 준수사항**

- 당일의 작업을 시작하기 전에 해당 작업에 관한 거푸집 및 동바리의 변형·변위 및 지반의 침하 유무 등을 점검하고 이상이 있으면 보수할 것
- 작업 중에는 감시자를 배치하는 등의 방법으로 거푸집 및 동바리의 변형·변위 및 침하 유무 등을 확인하여야 하며, 이상이 있으면 작업을 중지하고 근로자를 대피시킬 것
- 콘크리트 타설작업 시 거푸집 붕괴의 위험이 발생할 우려가 있으면 충분한 보강조치를 할 것
- 설계도서 상의 콘크리트 양생기간을 준수하여 거푸집 및 동바리를 해체할 것
- 콘크리트를 타설하는 경우에는 편심이 발생하지 않도록 골고루 분산하여 타설할 것

산업안전관리론

001
5회 출제

산업안전보건법령상 안전인증대상 기계 등에 해당하지 않는 것은?

① 크레인
② 곤돌라
③ 컨베이어
④ 사출성형기

해설

'컨베이어'는 자율안전확인대상 기계 등에 해당한다.

관련개념 안전인증대상 기계 또는 설비

• 프레스
• 전단기 및 절곡기
• **크레인**
• 리프트
• 압력용기
• 롤러기
• **사출성형기**
• 고소작업대
• **곤돌라**

002
11회 출제

하인리히의 재해손실비 평가방식에서 간접비에 속하지 않는 것은?

① 요양급여
② 시설복구비
③ 교육훈련비
④ 생산손실비

해설 직접손실비용과 간접손실비용

직접비 (법적으로 지급되는 산재보상비)		간접비 (직접비를 제외한 모든 비용)	
• **요양급여**	• 휴업급여	• 인적손실	• 물적손실
• 장해급여	• 간병급여	• 생산손실	• 임금손실
• 유족급여	• 상병보상연금	• 시간손실	• 기타손실 등
• 장례비	• 직업재활급여		

003
2회 출제

산업안전보건법령상 관리감독자가 수행하는 안전 및 보건에 관한 업무에 속하지 않는 것은?

① 해당작업의 작업장 정리·정돈 및 통로 확보에 대한 확인·감독
② 해당작업에서 발생한 산업재해에 관한 보고 및 이에 대한 응급조치
③ 해당 사업장 안전교육계획의 수립 및 안전교육 실시에 관한 보좌 및 지도·조언
④ 관리감독자에게 소속된 근로자의 작업복·보호구 및 방호장치의 점검과 그 착용·사용에 관한 교육·지도

해설

'해당 사업장 안전교육계획의 수립 및 안전교육 실시에 관한 보좌 및 지도·조언'은 안전관리자의 업무에 해당한다.

관련개념 관리감독자의 업무

• 사업장 내 관리감독자가 지휘·감독하는 작업(해당작업)과 관련된 기계·기구 또는 설비의 안전·보건 점검 및 이상 유무의 확인
• 관리감독자에게 소속된 근로자의 작업복·보호구 및 방호장치의 점검과 그 착용·사용에 관한 교육·지도
• 해당작업에서 발생한 산업재해에 관한 보고 및 이에 대한 응급조치
• 해당작업의 작업장 정리·정돈 및 통로 확보에 대한 확인·감독
• 사업장의 안전관리자, 보건관리자, 안전보건관리담당자, 산업보건의에 해당하는 사람의 지도·조언에 대한 협조
• 위험성 평가에 관한 유해·위험요인의 파악 및 개선조치의 시행에 대한 참여

004

5회 출제

버드(Bird)의 재해구성비율 이론상 경상이 10건일 때 중상에 해당하는 사고 건수는?

① 1
② 30
③ 300
④ 600

해설 버드의 재해발생비율

1 : 10 : 30 : 600 = 중상 : 경상(물적, 인적 손실) : 무상해 사고(물적 손실) : 무상해, 무사고

따라서 경상이 10건일 때 중상은 1건 발생한다.

005

3회 출제

산소결핍이라 함은 공기 중 산소농도가 몇 [%] 미만일 때를 의미하는가?

① 20[%]
② 18[%]
③ 15[%]
④ 10[%]

해설

'산소결핍'이란 공기 중의 산소농도가 18[%] 미만인 상태를 말한다.

006

4회 출제

다음 중 하베이(Harvey)가 제창한 '3E'에 해당하지 않는 것은?

① Education
② Enforcement
③ Engineering
④ Environment

해설 하베이(J · H. Harvey)의 안전관리 이론

• 안전사고를 예방하기 위해서는 3E의 조치가 균형을 이루어 안전관리에 적용되어야 한다고 주장했다.
• 3E
 – 안전교육(Education)
 – 안전기술(Engineering)
 – 안전관리(Enforcement): 강제, 관리, 규제, 감독 필요

007

9회 출제

기계, 기구, 설비의 신설, 변경 내지 고장수리 시 실시하는 안전점검의 종류로 옳은 것은?

① 특별점검
② 수시점검
③ 정기점검
④ 임시점검

해설 실시시기에 따른 안전점검의 종류

일상(수시)점검	매일 일의 시작이나 종료 시 또는 작업 중에 계속해서 실시하는 점검
정기(계획)점검	주기적으로 일정한 시설이나 물건, 기계 등에 대하여 점검하는 방법
특별점검	신설, 변경 내지는 고장수리 등을 할 경우에 행하는 부정기 점검
임시점검	이상징후 예건 시 임시로 실시하는 점검

008

5회 출제

다음 중 불안전한 상태(물적 원인)가 아닌 것은?

① 물건 자체의 결함
② 작업환경의 결함
③ 안전장치의 기능 제거
④ 생산공정의 결함

해설

'안전장치의 기능 제거'는 재해의 원인 중 불안전한 행동(인적 원인)에 해당한다.

관련개념 재해의 직접원인

불안전한 상태	• 물건 자체의 결함 • 방호장치의 결함 • 복장 · 보호구의 결함 • 물건의 배치 및 작업장소 불량 • 작업환경의 결함 • 생산공정의 결함 • 경계표시 · 설비의 결함
불안전한 행동	• 위험장소의 접근 • 방호장치의 기능 제거 • 복장 · 보호구의 잘못된 사용 • 기계 · 기구의 잘못된 사용 • 운전 중인 기계장치의 손질 • 불안전한 속도 조작 • 위험물 취급 부주의 • 불안전 상태 방치 • 불안전한 자세 및 동작 • 감독 및 연락 불충분

009
8회 출제

산업안전보건법령상 산업안전보건위원회 사용자위원의 구성기준으로 틀린 것은? (단, 상시 근로자 100명 이상을 사용하는 사업장이다.)

① 안전관리자 1명
② 명예산업안전감독관 1명
③ 해당 사업의 대표자
④ 해당 사업의 대표자가 지명하는 9명 이내의 해당 사업장 부서의 장

해설 **산업안전보건위원회의 구성**

근로자 위원	• 근로자대표 • 명예산업안전감독관이 위촉되어 있는 사업장의 경우 근로자대표가 지명하는 1명 이상의 명예산업안전감독관 • 근로자대표가 지명하는 9명 이내의 해당 사업장의 근로자
사용자 위원	• 해당 사업의 대표자 • 안전관리자 1명(안전관리자의 업무를 안전관리전문기관에 위탁한 경우 그 기관의 해당 사업장 담당자) • 보건관리자 1명(보건관리자의 업무를 보건관리전문기관에 위탁한 경우 그 기관의 해당 사업장 담당자) • 산업보건의 • 해당 사업의 대표자가 지명하는 9명 이내의 해당 사업장 부서의 장

010
2회 출제

재해사례연구를 할 때 유의해야 될 사항으로 틀린 것은?

① 과학적이어야 한다.
② 논리적인 분석이 가능해야 한다.
③ 주관적이고 정확성이 있어야 한다.
④ 신뢰성이 있는 자료수집이 있어야 한다.

해설

재해사례연구를 할 때에는 객관적인 자료에 근거하여 실시하여야 한다.

011
14회 출제

위험예지훈련의 4라운드 기법에서 문제점을 발견하고 중요 문제를 결정하는 단계는?

① 현상파악
② 본질추구
③ 목표설정
④ 대책수립

해설 **위험예지훈련 4라운드**

1라운드	현상파악	위험요인을 식별하는 단계
2라운드	본질추구	위험요인·문제점 발견 및 위험의 포인트를 결정하고 지적 확인하는 단계
3라운드	대책수립	위험요인을 극복하기 위한 대안 제시 단계
4라운드	목표설정	행동목표를 설정하는 단계

012
4회 출제

시설물의 안전 및 유지관리에 관한 특별법령상 안전등급별 정기안전점검 및 정밀안전진단 실시시기에 관한 사항으로 (   )에 알맞은 기준은?

안전등급	정기안전점검	정밀안전진단
A등급	(㉠)에 1회 이상	(㉡)에 1회 이상

① ㉠: 반기, ㉡: 4년
② ㉠: 반기, ㉡: 6년
③ ㉠: 1년, ㉡: 4년
④ ㉠: 1년, ㉡: 6년

해설 **안전점검, 정밀안전진단 및 성능평가의 실시시기**

안전등급	정기안전 점검	정밀안전점검		정밀안전 진단	성능평가
		건축물	그 외 시설물		
A등급	반기에 1회 이상	4년에 1회 이상	3년에 1회 이상	6년에 1회 이상	
B·C 등급		3년에 1회 이상	2년에 1회 이상	5년에 1회 이상	5년에 1회 이상
D·E 등급	1년에 3회 이상	2년에 1회 이상	1년에 1회 이상	4년에 1회 이상	

013
4회 출제

보호구 안전인증 고시상 안전인증을 받은 보호구의 표시사항이 아닌 것은?

① 제조자명
② 사용 유효기간
③ 안전인증 번호
④ 규격 또는 등급

해설 보호구 안전인증제품의 표시사항
- 형식 또는 모델명
- 규격 또는 등급 등
- 제조자명
- 제조번호 및 제조연월
- 안전인증 번호

014
6회 출제

하인리히의 재해발생 빈도 법칙에 따라 중상 재해가 10회 발생했다면, 무상해사고는 몇 회 발생되겠는가?

① 29
② 290
③ 300
④ 3,000

해설 하인리히의 법칙(1:29:300의 법칙)
330번의 사고가 발생한다면 그 중에 중상해가 1건, 경상해가 29건, 무상해사고가 300건 발생한다는 법칙이다.
중상해가 10회 발생했으므로 무상해사고는 10×300＝3,000회 발생한다.

015
5회 출제

산업안전보건법상 안전보건관리규정을 작성해야 할 사업의 사업주는 안전보건관리규정을 작성해야 할 사유가 발생한 날부터 며칠 이내에 작성해야 하는가?

① 15일
② 30일
③ 60일
④ 90일

해설
안전보건관리규정을 작성하여야 할 사업의 사업주는 안전보건관리규정을 작성하여야 할 사유가 발생한 날부터 30일 이내에 안전보건관리규정의 세부내용을 포함한 안전보건관리규정을 작성하여야 한다.

016
8회 출제

재해예방의 4원칙에 해당하지 않는 것은?

① 손실적용의 원칙
② 원인연계의 원칙
③ 대책선정의 원칙
④ 예방가능의 원칙

해설 재해예방의 4원칙

손실우연의 원칙	사고에 의해서 생기는 상해의 종류 및 정도는 우연적이라는 원칙
예방가능의 원칙	재해는 원칙적으로 예방이 가능하다는 원칙
원인계기의 원칙 (원인연계의 원칙)	재해의 발생은 직접원인으로만 일어나는 것이 아니라 간접원인이 연계되어 일어난다는 원칙
대책선정의 원칙	원인의 정확한 분석에 의해 가장 타당한 재해예방 대책이 선정되어야 한다는 원칙

017
3회 출제

안전표지 종류 중 금지표지에 대한 설명으로 옳은 것은?

① 바탕은 노란색, 기본모양은 흰색, 관련 부호 및 그림은 파란색
② 바탕은 노란색, 기본모양은 흰색, 관련 부호 및 그림은 검은색
③ 바탕은 흰색, 기본모양은 빨간색, 관련 부호 및 그림은 파란색
④ 바탕은 흰색, 기본모양은 빨간색, 관련 부호 및 그림은 검은색

해설 안전보건표지의 종류별 색채

분류	색채
금지표지	바탕은 흰색, 기본모형은 빨간색, 관련 부호 및 그림은 검은색
경고표지	바탕은 노란색, 기본모형, 관련 부호 및 그림은 검은색. 다만, 인화성물질 경고, 산화성물질 경고, 폭발성물질 경고, 급성독성물질 경고, 부식성물질 경고 및 발암성·변이원성·생식독성·전신독성·호흡기 과민성물질 경고의 경우 바탕은 무색, 기본모형은 빨간색(검은색도 가능)
지시표지	바탕은 파란색, 관련 그림은 흰색
안내표지	바탕은 흰색, 기본모형 및 관련 부호는 녹색 또는 바탕은 녹색, 관련 부호 및 그림은 흰색
출입금지표지	바탕은 흰색, 글자는 흑색. 다만, 'ㅇㅇㅇ제조/사용/보관 중', '석면취급/해체 중', '발암물질 취급 중' 글자는 적색

018

직계(Line)형 안전조직에 관한 설명으로 옳지 않은 것은?

① 명령과 보고가 간단명료하다.
② 안전정보의 수집이 빠르고 전문적이다.
③ 안전업무가 생산현장 라인을 통하여 시행된다.
④ 각종 지시 및 조치사항이 신속하게 이루어진다.

해설

②는 스태프형 조직의 특징이다.

관련개념 라인형(직계식) 조직의 특징

• 안전에 관한 명령, 지시 및 조치가 각 부문의 직계를 통하여 생산업무와 함께 시행되므로 철저하고 실시도 빠르다.
• 명령과 보고가 상하관계뿐이므로 간단 명료하다.
• 생산라인(Production Line)의 각급 관리감독자는 일상의 생산업무에 쫓겨 안전에 대한 전문지식이나 정보를 몸에 익힐 수 없다는 단점이 있다.
• 100명 이하의 소규모 사업장에 적합하다.

019

재해원인분석에 사용되는 통계적 원인분석 기법의 하나로, 사고의 유형이나 기인물 등의 분류항목을 큰 순서대로 도표화하는 기법은?

① 관리도
② 파레토도
③ 특성요인도
④ 크로즈분석도

해설 통계에 의한 재해원인 분석방법

파레토도	사고의 유형, 기인물 등 분류항목을 큰 순서대로 도표화하는 방법
특성요인도	특성과 요인관계를 도표로 하여 어골상으로 세분하는 방법
크로스도	2개 이상의 문제 관계를 분석하는 데 사용하는 것으로, 데이터를 집계하고 표로 표시하여 요인별 결과 내역을 교차한 크로스 그림을 작성하여 분석하는 방법
관리도	재해 발생 건수 등의 추이를 파악하여 목표 관리를 행하는 데 필요한 월별 재해 발생수를 그래프화하여 관리선을 설정·관리하는 방법

020

연평균 200명의 근로자가 작업하는 사업장에서 연간 2건의 재해가 발생하여 사망이 2명, 50일의 휴업일수가 발생했을 때, 이 사업장의 강도율은? (단, 근로자 1명당 연간근로시간은 2,400시간으로 한다.)

① 약 15.7
② 약 31.3
③ 약 65.5
④ 약 74.3

해설

$$강도율 = \frac{총\ 요양\ 근로손실일수}{연\ 근로시간\ 수} \times 1,000$$

$$= \frac{7,500 \times 2 + 50 \times \frac{300}{365}}{200 \times 2,400} \times 1,000 = 31.3$$

※ 근로손실일수 산정 방법

• 사망은 1건당 7,500일로 근로손실일수를 산정한다.
• 휴업일수가 발생한 경우 휴업일수 $\times \frac{연\ 근로일수}{365}$ 로 근로손실일수를 산정한다. 이 문제의 경우 연 근로일수는 제시되어 있지 않으나 연간 근로시간이 2,400시간이므로 1일 8시간 근무로 연 근로일수는 300일로 산정할 수 있다.

관련개념 강도율(SR; Severity Rate of Injury)

근로시간 합계 1,000시간당 재해로 인한 근로손실일수이다.

$$강도율 = \frac{총\ 요양\ 근로손실일수}{연\ 근로시간\ 수} \times 1,000$$

산업심리 및 교육

021

교육방법 중 OJT(On the Job Training)에 속하지 않는 교육방법은?

① 코칭
② 강의법
③ 직무순환
④ 멘토링

해설

강의법은 Off JT의 가장 대표적인 교육방법이다.

관련개념 OJT(On the Job Training)의 특징

장점	• 개개인에게 적절한 지도훈련이 가능하다. • 직장의 실정에 맞게 실제적 훈련이 가능하다. • 교육을 통한 훈련효과에 의해 상호 신뢰 및 이해도가 높아진다. • 대상자의 개인별 능력에 따라 훈련의 진도를 조정하기 쉽다. • 교육효과가 업무에 신속히 반영된다. • 훈련에 필요한 업무의 계속성이 끊어지지 않는다. • 동기부여가 쉽다.
단점	• 다수의 대상을 한 번에 통일적인 내용 및 수준으로 교육시킬 수 없다. • 전문적인 지식 및 기능을 교육하기 힘들다. • 업무와 교육이 병행되므로 훈련에만 전념할 수 없다.

022

교육의 본질적 측면에서 본 교육의 기능과 관련이 없는 것은?

① 사회적 기능
② 보수적 기능
③ 개인 완성으로서의 기능
④ 문화전달과 창조적 기능

해설 교육의 본질적 기능

• 사회적 기능
• 가치형성의 기능
• 개인 완성으로서의 기능
• 문화전달과 창조적 기능

023

에너지대사율(RMR)에 따른 작업의 분류에 따라 중(보통)작업의 RMR 범위는?

① 0~2
② 2~4
③ 4~7
④ 7~9

해설 에너지대사율(RMR; Relative Metabolic Rate)

$$RMR = \frac{작업대사량}{기초대사량} = \frac{작업 \ 시 \ 소비에너지 - 안정 \ 시 \ 소비에너지}{기초대사 \ 시 \ 소비에너지}$$

작업구분	RMR	작업 종류 등
초중(超重)작업	7 이상	과격한 전신작업
중(重)작업	4~7	• 일반적인 전신작업 • 힘·동작속도가 큰 작업
중(中)작업	2~4	힘·동작속도가 작은 작업
경(輕)작업	0~2	• 사무실 작업 • 손가락이나 팔로 하는 가벼운 작업

024

다음 중 구체적 사물을 제시하거나 경험시킴으로써 효과를 보게 되는 학습지도의 원리는?

① 개별화의 원리
② 사회화의 원리
③ 직관의 원리
④ 통합의 원리

해설 학습지도의 원리

개별화	학습자의 요구와 성향, 소질에 적합한 학습의 기회를 부여한다는 원리
통합	학습자의 모든 능력을 조화롭게 발달시키는 생활중심의 통합교육을 원칙으로 한다는 원리
사회화	공동학습과 같은 협동을 통해서 학습자의 사회화를 도와주는 원리
자기활동 (자발성)	학습지도는 내적동기를 유발시켜야 효과적이라는 원리
직관	구체적 사물을 제시하거나 경험시킴으로써 학습효과를 거둘 수 있다는 원리
목적	학습자에게 학습목표가 분명히 인식되었을 경우 자발적이고 적극적인 학습을 기대할 수 있다는 원리

025
4회 출제

헤드십의 특성에 관한 설명 중 맞는 것은?

① 민주적 리더십을 발휘하기 쉽다.
② 책임귀속이 상사와 부하 모두에게 있다.
③ 권한 근거가 공식적인 법과 규정에 의한 것이다.
④ 구성원의 동의를 통하여 발휘하는 리더십이다.

해설 헤드십(Headship)
• 선출된 지도자가 아니라 조직에 의해 임명된 지도자가 행하는 권한 행사이다.
• 권한의 근거는 공식적인 법과 규정에 의한다.
• 지휘의 형태는 권위적이다.
• 상사와 부하의 관계는 지배적이고 사회적 간격이 넓다.
• 책임은 부하에게 있지 않고 상사에게 있다.

026
8회 출제

다음은 리더가 가지고 있는 어떤 권력의 예시에 해당하는가?

> 종업원의 바람직하지 않은 행동들에 대해 해고, 임금삭감, 견책 등을 사용하여 처벌한다.

① 보상권력
② 강압권력
③ 합법권력
④ 전문권력

해설 리더십 권한
• 조직이 리더에게 부여한 권한

합법적 권한	군대, 정부기관 등 합법적 권력이 가지는 권한
강압적 권한	부하의 처벌, 봉급의 인상 거부 등 강압적인 힘을 갖는 권한
보상적 권한	승진, 봉급 인상 등 역할에 대한 보상을 부여하는 권한

• 지도자 자신에 의해 자발적으로 생성되는 권한

| 위임된 권한 | 부하 직원들이 상사를 존경하여 함께 일하고자 할 때 상사에게 부여되는 권한, 혹은 지도자 자신이 자신에게 부여한 권한 |
| 전문성의 권한 | 전문적 지식을 가진 리더를 부하들이 스스로 따르는 것으로 지도자 자신의 능력에 의해 생성되는 권한 |

027
12회 출제

매슬로우(Maslow)의 욕구 5단계 이론 중 존중의 욕구는 몇 단계에 해당되는가?

① 1단계
② 2단계
③ 3단계
④ 4단계

해설 매슬로우(Maslow)의 욕구이론
• 인간의 욕구는 생리적 욕구 → 안전의 욕구 → 사회적 욕구 → 존경(인정)의 욕구 → 자아실현의 욕구 순으로 발생한다.
• 인간은 가장 기본적인 욕구에서 시작하여 상위 욕구로 올라가면서 자신의 욕구를 체계적으로 충족시킨다.

028
8회 출제

착각현상 중에서 실제로는 움직이지 않는데 움직이는 것처럼 느껴지는 심리적인 현상은?

① 잔상
② 원근 착시
③ 가현운동
④ 기하학적 착시

해설 운동의 착각현상
• 자동운동: 암실 내의 정지된 소광점을 응시하고 있으면 그 광점이 움직이는 것처럼 보이는 현상이다.
• 유도운동: 실제로 움직이지 않는 것이 어느 기준의 이동에 의하여 움직이는 것처럼 느껴지는 현상이다.
• 가현운동: 실제로는 움직이지 않는데 움직이는 것처럼 느껴지는 심리적인 현상이다.

029
3회 출제

에빙하우스(Ebbinghaus)의 연구결과에 따른 망각률이 50[%]를 초과하게 되는 최초의 경과시간은 얼마인가?

① 30분
② 1시간
③ 1일
④ 2일

해설 에빙하우스의 망각률
• 1시간 경과: 56[%] 망각
• 24시간 경과: 67[%] 망각
• 48시간 경과: 72[%] 망각

030

몹시 피로하거나 단조로운 작업으로 인하여 의식이 뚜렷하지 않은 상태의 의식수준으로 옳은 것은?

① Phase Ⅰ 이하
② Phase Ⅱ
③ Phase Ⅲ
④ Phase Ⅳ 이상

해설 인간의 의식레벨

단계	의식수준	생리적 상태
Phase 0	무의식, 실신상태	뇌발작, 수면
Phase Ⅰ	이상, 피로 및 단조로움	피로, 단조로움, 졸음
Phase Ⅱ	정상, 이완상태	휴식 시, 정례작업 시
Phase Ⅲ	정상, 명쾌	적극 활동 시
Phase Ⅳ	과긴장	패닉, 긴급방위반응

031

참가자 앞에서 소수의 전문가들이 과제에 관한 견해를 발표하고 토론한 뒤 참가자 전원이 참가하여 사회자의 사회에 따라 토의하는 방법은?

① 포럼
② 심포지엄
③ 패널 디스커션
④ 버즈세션

해설 토의법의 종류

포럼 (Forum)	새로운 자료나 교재를 제시하고 문제점을 피교육자로 하여금 제기하게 하거나 피교육자의 의견을 다양한 방법으로 발표하게 하여 청중과 토론자 간 의견교환으로 합의를 도출해내는 방법
패널 디스커션 (Panel Discussion)	참가자 앞에서 소수의 전문가들이 과제에 관한 견해를 발표하고 토론한 뒤 참가자 전원이 참가하여 사회자의 사회에 따라 토의하는 방법
심포지엄 (Symposium)	몇 사람의 전문가에 의하여 과제에 관한 견해를 발표한 뒤에 참가자로 하여금 의견이나 질문을 하게 하여 토의하는 방법
버즈세션 (Buzz Session)	6명씩 소집단으로 구분하고, 집단별로 각각의 사회자를 선발하여 6분씩 자유토의를 행한 후 의견을 종합하는 방법으로 6–6회의라고도 함

032

직무에 적합한 근로자를 위한 심리검사는 합리적 타당성을 갖추어야 한다. 이러한 합리적 타당성을 얻는 방법으로만 나열된 것은?

① 구인 타당도, 공인 타당도
② 구인 타당도, 내용 타당도
③ 예언적 타당도, 공인 타당도
④ 예언적 타당도, 안면 타당도

해설 심리검사의 타당도

• 준거 관련 타당도(경험 타당도)
 – 예측변인이 준거와 얼마나 관련되어 있느냐를 나타낸 타당도이다.
 – 시간간격의 유무에 따라 공인 타당도와 예언 타당도로 구분된다.
• 합리적 타당도
 – 내용 타당도와 구인 타당도로 구분된다.
 – 내용 타당도는 검사문항에 대한 전문가의 판단을 구비한 타당도이며, 구인 타당도는 기존 검사와 새로 만든 검사의 상관관계를 측정한 타당도이다.

033

이용 가능한 정보나 기술에 관한 정보원으로서의 역할을 수행하는 리더의 유형에 해당하는 것은?

① 집행자로서의 리더
② 전문가로서의 리더
③ 집단대표로서의 리더
④ 개개인의 책임대행자로서의 리더

해설 리더의 유형

• 집단대표로서의 리더: 집단을 대표하여 집단의 요구와 외부의 요구를 절충하는 역할 수행
• 집행자로서의 리더: 집단에서 최고의 결정 및 실행자로서의 역할 수행
• 전문가로서의 리더: 이용 가능한 정보나 기술에 관한 정보원으로서의 역할 수행
• 개개인의 책임대행자로서의 리더: 집단 구성원 각자의 행동이나 결정에 대한 책임을 지는 역할 수행

034

어떤 과업을 성취할 수 있는 자신의 능력에 대한 스스로의 믿음을 무엇이라 하는가?

① 자기통제(Self-control)
② 자아존중감(Self-esteem)
③ 자기효능감(Self-efficacy)
④ 통제소재(Locus of Control)

해설 자기효능감(Self-efficacy)

자신에게 부여된 과제를 성공적으로 수행하거나 어려운 상황을 극복할 수 있다는 기대(신념)이다.

035

학습평가 도구의 기준 중 "측정의 결과에 대해 누가 보아도 일치되는 의견이 나올 수 있는 성질"은 어떤 특성에 관한 설명인가?

① 타당성   ② 신뢰성
③ 객관성   ④ 실용성

해설 학습평가의 기본 기준

타당도	평가하고자 하는 것을 얼마나 충실하게 반영하였는가의 정도
신뢰도	얼마나 정확하게 평가하였는가의 정도
실용도	경비, 시간, 노력 등을 적게 들이고 목적을 달성할 수 있는가의 정도
객관도	얼마나 객관적으로 공정하게 평가하였는가의 정도

036

다음 중 생체리듬(Biorhythm)의 종류에 해당하지 않는 것은?

① 지적 리듬   ② 신체 리듬
③ 감성 리듬   ④ 신경 리듬

해설 생체리듬(바이오리듬)의 분류

육체적(신체적) 리듬 (P, Physical)	신체의 물리적인 상태를 나타내는 리듬으로, 청색 실선으로 표시하며 23일의 주기이다.
감성적 리듬 (S, Sensitivity)	기분이나 신경계통의 상태를 나타내는 리듬으로, 적색 점선으로 표시하며 28일의 주기이다.
지성적 리듬 (I, Intellectual)	기억력, 인지력, 판단력 등을 나타내는 리듬으로, 녹색 일점쇄선으로 표시하며 33일의 주기이다.

037

교육심리학에 있어 일반적으로 기억과정의 순서를 나열한 것으로 맞는 것은?

① 파지 → 재생 → 재인 → 기명
② 파지 → 재생 → 기명 → 재인
③ 기명 → 파지 → 재생 → 재인
④ 기명 → 파지 → 재인 → 재생

해설 기억과정

기억은 **기명 → 파지 → 재생 → 재인**의 과정을 거친다.
• 기명: 사물, 현상, 정보 등이 간직되는 것이다.
• 파지: 사물, 현상, 정보 등이 현재와 미래에 지속되는 것이다.
• 재생: 보존된 인상이 다시 기억으로 떠오르는 것이다.
• 재인: 과거에 경험하였던 것과 비슷한 상태에 부딪혔을 때 기억이 떠오르는 것이다.

038

신호등이 녹색에서 적색으로 바뀌어도 차가 움직이기까지 아직 시간이 있다고 생각하여 건널목을 건넜을 경우 이는 어떠한 부주의에 속하는가?

① 억측판단   ② 의식의 우회
③ 생략행위   ④ 의식수준의 저하

해설 억측판단

업무수행 중 규정대로 수행하지 않아도 괜찮다고 생각하여 자기 주관대로 추측하고 행동한 결과 재해가 발생한 경우이다.

관련개념 부주의 관련 개념

• 의식의 우회: 업무수행 중 걱정, 고뇌, 욕구불만 등에 의해서 발생되는 부주의 현상이다.
• 생략행위: 규정된 절차나 점검을 생략하거나 무시하여 발생하는 부주의 현상이다.
• 의식수준의 저하: 피로, 졸음, 건강 악화 등으로 주의집중 능력이 떨어져 발생하는 부주의 현상이다.

039

안전관리의 목적과 가장 거리가 먼 것은?

① 환경의 안전화
② 경험의 안전화
③ 인간정신의 안전화
④ 설비와 물자의 안전화

해설 안전관리의 목적

· 작업환경의 안전화
· 인간정신(의식)의 안전화
· 행동(동작)의 안전화
· 설비와 물자의 안전화

040

다음 중 성실하며 성공적인 지도자(leader)의 공통적인 소유 속성과 가장 거리가 먼 것은?

① 강력한 조직능력
② 실패에 대한 자신감
③ 뛰어난 업무수행능력
④ 자신 및 상사에 대한 긍정적인 태도

해설

성공적인 리더는 실패에 대한 자신감보다는 실패를 인정하고, 그 경험을 통해 배우며 성장하고자 한다. 또한 실패를 예방하고 대비하기 위한 위험관리 능력을 갖추는 것이 중요하다.

인간공학 및 시스템안전공학

041

근골격계부담작업의 범위 및 유해요인조사방법에 관한 고시상 근골격계부담작업에 해당하지 않는 것은? (단, 상시작업을 기준으로 한다.)

① 하루에 10회 이상 25[kg] 이상의 물체를 드는 작업
② 하루에 총 2시간 이상 쪼그리고 앉거나 무릎을 굽힌 자세에서 이루어지는 작업
③ 하루에 총 2시간 이상 시간당 5회 이상 손 또는 무릎을 사용하여 반복적으로 충격을 가하는 작업
④ 하루에 4시간 이상 집중적으로 자료입력 등을 위해 키보드 또는 마우스를 조작하는 작업

해설 근골격계부담작업

· 하루에 4시간 이상 집중적으로 자료입력 등을 위해 키보드 또는 마우스를 조작하는 작업
· 하루에 총 2시간 이상 목, 어깨, 팔꿈치, 손목 또는 손을 사용하여 같은 동작을 반복하는 작업
· 하루에 총 2시간 이상 머리 위에 손이 있거나, 팔꿈치가 어깨 위에 있거나, 팔꿈치를 몸통으로부터 들거나, 팔꿈치를 몸통뒤쪽에 위치하도록 하는 상태에서 이루어지는 작업
· 지지되지 않은 상태이거나 임의로 자세를 바꿀 수 없는 조건에서, 하루에 총 2시간 이상 목이나 허리를 구부리거나 트는 상태에서 이루어지는 작업
· 하루에 총 2시간 이상 쪼그리고 앉거나 무릎을 굽힌 자세에서 이루어지는 작업
· 하루에 총 2시간 이상 지지되지 않은 상태에서 1[kg] 이상의 물건을 한 손의 손가락으로 집어 옮기거나, 2[kg] 이상에 상응하는 힘을 가하여 한 손의 손가락으로 물건을 쥐는 작업
· 하루에 총 2시간 이상 지지되지 않은 상태에서 4.5[kg] 이상의 물건을 한 손으로 들거나 동일한 힘으로 쥐는 작업
· 하루에 10회 이상 25[kg] 이상의 물체를 드는 작업
· 하루에 25회 이상 10[kg] 이상의 물체를 무릎 아래에서 들거나, 어깨 위에서 들거나, 팔을 뻗은 상태에서 드는 작업
· 하루에 총 2시간 이상, 분당 2회 이상 4.5[kg] 이상의 물체를 드는 작업
· 하루에 총 2시간 이상 시간당 10회 이상 손 또는 무릎을 사용하여 반복적으로 충격을 가하는 작업

042

4회 출제

경계 및 경보신호의 설계지침으로 틀린 것은?

① 주의를 환기시키기 위하여 변조된 신호를 사용한다.

② 배경소음의 진동수와 다른 진동수의 신호를 사용한다.

③ 귀는 중음역에 민감하므로 500~3,000[Hz]의 진동수를 사용한다.

④ 300[m] 이상의 장거리용으로는 1,000[Hz]를 초과하는 진동수를 사용한다.

해설 **청각적 표시장치의 설계기준**

• 신호는 배경소음의 주파수와 다른 주파수를 이용한다.

• 귀는 중음역에 가장 민감하므로 500~3,000[Hz]의 진동수를 사용한다.

• 칸막이를 통과하는 신호는 500[Hz] 이하의 진동수를 사용한다.

• 300[m] 이상 장거리용 신호는 1,000[Hz] 이하의 낮은 주파수를 사용한다.

043

4회 출제

정량적 표시장치에 관한 설명으로 맞는 것은?

① 정확한 값을 읽어야 하는 경우 일반적으로 디지털보다 아날로그 표시장치가 유리하다.

② 동목(Moving Scale)형 아날로그 표시장치는 표시장치의 면적을 최소화할 수 있는 장점이 있다.

③ 연속적으로 변화하는 양을 나타내는 데에는 일반적으로 아날로그보다 디지털 표시장치가 유리하다.

④ 동침(Moving Pointer)형 아날로그 표시장치는 바늘의 진행 방향과 증감속도에 대한 인식적인 암시 신호를 얻는 것이 불가능한 단점이 있다.

해설

① 정확한 값을 읽어야 하는 경우 디지털(계수형) 표시장치가 아날로그 표시장치보다 유리하다.

③ 연속적으로 변화하는 양은 아날로그 표시장치가 디지털 표시장치보다 유리하다.

④ 동침형은 측정값의 변화방향이나 변화속도를 나타내는 데 유리한 표시장치이다.

044

8회 출제

사무실 의자나 책상에 적용할 인체 측정 자료의 설계 원칙으로 가장 적합한 것은?

① 평균치 설계

② 조절식 설계

③ 최대치 설계

④ 최소치 설계

해설 **인체 측정 자료의 응용원칙**

최소치수를 이용한 설계	선반의 높이, 조종장치까지의 거리, 비상벨의 위치 등
최대치수를 이용한 설계	출입문의 높이, 좌석 간의 거리, 통로의 폭, 와이어로프의 사용중량, 위험구역 울타리 등
평균치를 이용한 설계	전동차의 손잡이 높이, 안내데스크 높이, 은행의 접수대 높이, 공원의 벤치 높이, 계산대 높이 등
조절식 설계	의자의 위치 및 높이, 자동차 운전석 의자의 위치와 높이 등

045

12회 출제

다음 그림과 같은 시스템의 신뢰도는 얼마인가? (단, 숫자는 해당 부품의 신뢰도이다.)

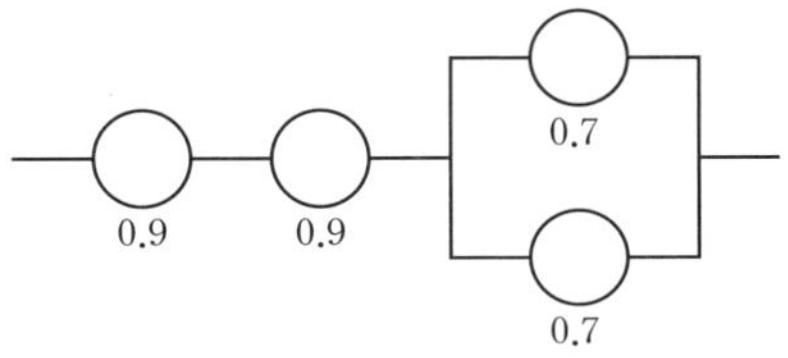

① 0.5670

② 0.6422

③ 0.7371

④ 0.8582

해설

• 신뢰도가 R_1, R_2인 부품이 병렬로 연결되어 있을 때의 신뢰도:

$1-(1-R_1) \times (1-R_2)$

병렬로 연결된 부품의 신뢰도 = $1-(1-0.7) \times (1-0.7) = 0.91$

• 신뢰도가 R_1, R_2인 부품이 직렬로 연결되어 있을 때의 신뢰도: $R_1 \times R_2$

직렬로 연결된 시스템 전체 신뢰도 = $0.9 \times 0.9 \times 0.91 = 0.7371$

046

6회 출제

다음 중 인간의 과오(Human error)를 정량적으로 평가하고 분석하는 데 사용하는 기법으로 가장 적절한 것은?

① THERP ② FMEA

③ CA ④ MORT

해설 THERP(Technique for Human Error Rate Prediction)

· 인간실수(과오)확률에 대한 추정과 휴먼 에러를 정량적으로 평가하기 위한 기법이다.
· 사고원인 가운데 인간의 과오로부터 기인된 원인을 분석하고 확률을 계산하여 제품의 결함을 감소시키고 인간공학적 대책을 수립하는 데 활용된다.
· 가지처럼 갈라지는 형태의 논리구조와 나무 형태의 그래프를 이용한다.

047

4회 출제

적절한 온도의 작업환경에서 추운 환경으로 온도가 변할 때 우리의 신체가 수행하는 조절작용이 아닌 것은?

① 발한(發汗)이 시작된다.
② 피부의 온도가 내려간다.
③ 직장(直腸)온도가 약간 올라간다.
④ 혈액의 많은 양이 몸의 중심부를 위주로 순환한다.

해설
발한(發汗)은 작업환경이 더운 환경으로 변했을 때 나타나는 조절작용이다.

관련개념 추운 환경으로 변화 시 나타나는 신체 조절작용
· 직장의 온도가 올라간다.
· 피부의 온도가 내려간다.
· 몸이 떨리고 소름이 돋는다.
· 피부를 경유하는 혈액 순환량이 감소하고, 많은 양의 혈액이 주로 몸의 중심부를 순환한다.

048

1회 출제

반사율이 60[%]인 작업 대상물에 대하여 근로자가 검사작업을 수행할 때 휘도(Luminance)가 90[fL]이라면 이 작업에서의 소요조명[fc]은 얼마인가?

① 75 ② 150

③ 200 ④ 300

해설

$$소요조명[fc] = \frac{소요휘도[fL]}{반사율[\%]} \times 100 = \frac{90}{60} \times 100 = 150$$

049

7회 출제

그림과 같이 FT도에서 활용하는 논리게이트의 명칭으로 옳은 것은?

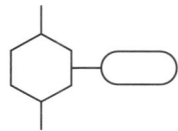

① 억제 게이트 ② 제어 게이트

③ 배타적 OR 게이트 ④ 우선적 AND 게이트

해설 억제 게이트(Inhibit Gate)

한 개의 입력사상에 의해 출력사상이 발생하며, 출력사상이 발생되기 전에 입력사상이 특정 조건을 만족하여야 한다.

050

1회 출제

신뢰성과 보전성 개선을 목적으로 한 효과적인 보전기록 자료에 해당하는 것은?

① 자재관리표 ② 주유지시서

③ 재고관리표 ④ MTBF분석표

해설 신뢰성과 보전성 개선을 목적으로 한 보전기록 자료

MTBF분석표	설비의 고장건수, 고장정지시간, 보전내역 등을 기록
설비이력카드	설비 및 설비와 관련한 물품과 정비일자 등 이력내용을 기록
고장원인대책표	설비의 고장과 원인, 고장 발생 시 대처방법을 기록

051

기계설비 고장 유형 중 기계의 초기결함을 찾아내 고장률을 안정시키는 기간은?

① 마모고장 기간
② 우발고장 기간
③ 에이징(Aging) 기간
④ 디버깅(Debugging) 기간

> **해설** **고장률의 유형**
> • 초기고장(감소형): 제조가 불량하거나 생산과정에서 품질관리가 안 되어서 생기는 고장이다.
>   – 디버깅(Debugging) 기간: 초기고장의 결함을 찾아내어 고장률을 안정시키는 기간이다.
>   – 번인(Burn-in) 기간: 초기에 장시간 움직여보고 그동안에 고장난 것을 Screening하여 제거시키는 기간이다.
> • 우발고장(일정형): 실제 사용하는 상태에서 발생하는 고장으로 예측할 수 없는 랜덤의 간격으로 생기는 고장이다.
> • 마모고장(증가형): 설비 또는 장치가 수명을 다하여 생기는 고장으로 이 시기의 예방대책은 예방보전(PM)이다.

052

결함수분석의 기대효과와 가장 관계가 먼 것은?

① 시스템의 결함 진단
② 시간에 따른 원인 분석
③ 사고원인 규명의 간편화
④ 사고원인 분석의 정량화

> **해설** **결함수분석법(FTA) 기대효과**
> • 시스템의 결함 진단
> • 사고원인 규명의 간편화
> • 사고원인 분석의 정량화
> • 노력 시간의 절감

053

인간공학에 대한 설명으로 틀린 것은?

① 인간 – 기계 시스템의 안전성, 편리성, 효율성을 높인다.
② 인간을 작업과 기계에 맞추는 설계 철학이 바탕이 된다.
③ 인간이 사용하는 물건, 설비, 환경의 설계에 적용된다.
④ 인간의 생리적, 심리적인 면에서의 특성이나 한계점을 고려한다.

> **해설**
> 인간공학의 설계 철학은 시스템을 인간에 맞추는 것이며 인간을 시스템에 맞추는 것이 아니다.

054

다음 중 청각적 표시의 원리를 설명한 것으로 틀린 것은?

① 양립성(Compatibility)이란 가능한 한 사용자가 알고 있거나 자연스러운 신호차원과 코드를 선택하는 것을 말한다.
② 근사성(Approximation)이란 복잡한 정보를 나타내고자 할 때 2단계 신호를 고려하는 것을 말한다.
③ 분리성(Dissociability)이란 주의신호와 지정신호를 분리하여 나타낸 것을 말한다.
④ 검약성(Parsimony)이란 조작자에 대한 입력신호는 꼭 필요한 정보만을 제공하는 것을 말한다.

> **해설** **청각적 표시장치의 설계 원리**
> • 양립성(Compatibility): 가능한 한 사용자가 알고 있거나 자연스러운 신호차원과 코드를 선택하는 것을 말한다.
> • 근사성(Approximation): 복잡한 정보를 나타내고자 할 때 2단계 신호(주의신호, 지정신호)를 고려하는 것이다.
> • 분리성(Dissociability): 청각적 신호는 주변의 소리나 소음과 쉽게 식별되도록 하는 것으로 두 가지 이상의 채널을 듣고 있다면 각 채널의 주파수가 분리되어야 한다.
> • 검약성(Parsimony): 조작자(사용자)에 대한 입력신호는 꼭 필요한 정보만을 제공하는 것을 말한다.
> • 불변성(Invariance): 동일한 신호는 지속적으로 동일한 정보를 지정하도록 하는 것을 말한다.

055

Rasmussen은 행동을 세 가지로 분류하였는데, 그 분류에 해당하지 않는 것은?

① 숙련기반행동(Skill-based behavior)
② 지식기반행동(Knowledge-based behavior)
③ 경험기반행동(Experience-based behavior)
④ 규칙기반행동(Rule-based behavior)

해설 **Rasmussen의 정보처리모형**

숙련기반행동 (Skill-based Behavior)	반복적이고 자동화된 습관적인 행동으로, 별도의 의식적 노력 없이 수행되는 수준의 행동
지식기반행동 (Knowledge-based Behavior)	새로운 상황이나 경험이 부족한 상황에서 보유한 지식과 추론을 바탕으로 문제를 해결하려는 행동
규칙기반행동 (Rule-based Behavior)	이전의 경험이나 규칙·절차에 따라 상황을 인식하고 행동하는 수준의 행동

056

다음 중 실효온도(Effective Temperature)에 관한 설명으로 틀린 것은?

① 체온계로 입안의 온도를 측정한 값을 기준으로 한다.
② 실제로 감각되는 온도로서 실감온도라고 한다.
③ 온도, 습도 및 공기 유동이 인체에 미치는 열효과를 나타낸 것이다.
④ 상대습도 100[%]일 때의 건구온도에서 느끼는 것과 동일한 온감이다.

해설

체온계로 측정하는 입안 체온은 실효온도와 관련이 없다. 실효온도는 온도, 습도, 기류를 고려하여 인체가 실제로 느끼는 주관적인 열감각을 나타낸다.

관련개념 **실효온도(Effective Temperature)**

· 온도, 습도, 기류 등의 조건에 따라 인간의 감각을 통해 느껴지는 온도이다.
· 상대습도 100[%], 풍속 0[m/sec]일 때에 느껴지는 온도감각이다.

057

인체 계측 중 운전 또는 워드 작업과 같이 인체의 각 부분이 서로 조화를 이루며 움직이는 자세에서의 인체치수를 측정하는 것을 무엇이라 하는가?

① 구조적 치수   ② 정적 치수
③ 외곽 치수   ④ 기능적 치수

해설 **인체의 측정**

일반적으로 몸의 측정 치수는 구조적 치수(Structural Dimension)와 기능적 치수(Functional Dimension)로 나누어진다.
· 구조적 인체치수: 활동이 없는 고정된 자세에서 마틴(Martin)식 인체측정기 등으로 측정하는 인체치수로 정적측정에 해당한다.
· 기능적 인체치수: 공간이나 제품의 설계 시 움직이는 몸의 자세를 고려하기 위해 사용되는 인체치수로 동적측정에 해당한다.

058

시스템의 수명 및 신뢰성에 관한 설명으로 틀린 것은?

① 병렬설계 및 디레이팅 기술로 시스템의 신뢰성을 증가시킬 수 있다.
② 직렬시스템에서는 부품들 중 최소 수명을 갖는 부품에 의해 시스템 수명이 정해진다.
③ 수리가 가능한 시스템의 평균 수명(MTBF)은 평균 고장률(λ)과 정비례 관계가 성립한다.
④ 수리가 불가능한 구성요소로 병렬구조를 갖는 설비는 중복도가 늘어날수록 시스템 수명이 길어진다.

해설 **시스템의 수명 및 신뢰성**

· 병렬설계 및 디레이팅 기술로 시스템의 신뢰성을 증가시킬 수 있다.
· 병렬시스템에서는 부품들 중 최대 수명을 갖는 부품에 의해 시스템 수명이 결정된다.
· 직렬시스템에서는 부품들 중 최소 수명을 갖는 부품에 의해 시스템 수명이 결정된다.
· 수리가 가능한 시스템의 평균 수명(MTBF)은 평균 고장률(λ)과 반비례 관계가 성립한다.
· 수리가 불가능한 구성요소로 병렬구조를 갖는 설비는 중복도가 늘어날수록 시스템 수명이 길어진다.

059

주어진 자극에 대해 인간이 갖는 변화감지역을 표현하는 데에는 웨버(Weber)의 법칙을 이용한다. 이때 웨버(Weber)비의 관계식으로 옳은 것은? (단, 변화감지역을 △I, 표준자극을 I라 한다.)

① 웨버(Weber) 비 $= \dfrac{\triangle I}{I}$

② 웨버(Weber) 비 $= \dfrac{I}{\triangle I}$

③ 웨버(Weber) 비 $= \triangle I \times I$

④ 웨버(Weber) 비 $= \dfrac{\triangle I - I}{\triangle I}$

해설 **웨버(Weber)의 법칙**
- 인간이 감지할 수 있는 외부의 물리적 자극 변화의 최소범위는 기준이 되는 자극의 크기에 비례하는 현상을 설명한 이론이다.
- 웨버(Weber)의 비 $= \dfrac{\triangle I}{I}$

  여기서, $\triangle I$: 변화감지역, I: 표준자극
- Weber의 비가 작을수록 분별력이 좋다.

060

다음 중 인간공학에 있어서 일반적인 인간-기계 체계(Man-Machine System)의 구분으로 가장 적합한 것은?

① 인간 체계, 기계 체계, 전기 체계
② 전기 체계, 유압 체계, 내연기관 체계
③ 수동 체계, 반기계 체계, 반자동 체계
④ 자동화 체계, 기계화 체계, 수동 체계

해설 **인간-기계 시스템(체계)**

수동 체계	자신의 신체적인 힘을 동력원으로 사용하여 작업을 통제하는 인간 사용자와 결합(수공구 또는 그 밖의 보조물 사용)
기계화 체계 (반자동 체계)	운전자가 조종장치를 사용하여 통제하며 동력은 전형적으로 기계가 제공
자동화 체계	기계가 감지, 정보처리, 의사결정 등 행동을 포함한 모든 임무를 수행하고 인간은 감시, 프로그래밍, 정비유지 등의 기능을 수행

건설시공학

061

기초의 종류에 관한 설명으로 옳은 것은?

① 온통기초 - 기둥하나에 기초판이 하나인 기초
② 복합기초 - 2개 이상의 기둥을 1개의 기초판으로 받치게 한 기초
③ 독립기초 - 조적조의 벽기초, 철근콘크리트의 연결기초
④ 연속기초 - 건물 하부 전체 또는 지하실 전체를 기초판으로 구성한 기초

해설 **푸팅기초**
상부 구조물을 발(Foot)의 모양으로 지반에서 확대한 모양의 기초이다.
- 독립기초: 하나의 독립된 푸팅으로 단일 기둥이 하중을 지지하는 형식으로 양질지반에 건립하며, 비교적 낮은 3~4층 정도의 건물, 창고, 공장 등 긴 스팬의 건물 등에 많이 이용된다.
- 연속기초: 보통 기둥간격이 짧은 경우 허용지내력도가 작아 독립푸팅으로 하는 경우에 푸팅이 너무 접근하거나 겹칠 때 사용되는 것으로 일련의 기둥 또는 벽에서의 하중을 푸팅으로 지지하는 형식의 기초이다.
- 복합기초: 허용지내력도가 작은 경우에 채용되는 방식으로 2개 혹은 그 이상의 기둥의 하중을 합하여 하나의 푸팅으로 지지하는 형식의 기초이다.

관련개념 **온통(전체)기초**
지반의 국부적인 차이에 따르는 부동침하의 영향이 비교적 적으므로 일반적으로 푸팅기초에 비해 훨씬 큰 침하가 허용되며, 전체의 주하중을 하나의 기초 슬래브로 지지하는 형식의 기초이다.

062

공동도급방식의 장점에 관한 설명으로 옳지 않은 것은?

① 각 회사의 상호신뢰와 협조로 긍정적인 효과를 거둘 수 있다.
② 공사의 진행이 수월하며 위험부담이 분산된다.
③ 기술의 확충, 강화 및 경험의 증대 효과를 얻을 수 있다.
④ 시공이 우수하고 공사비를 절약할 수 있다.

해설

공동도급방식을 사용하면 공사비용이 증가되어 이윤이 감소할 수 있다.

관련개념 공동도급(Joint Venture Contract)

1개 회사가 단독으로 도급을 수행하기 어려운 대규모 공사 또는 복수공사의 경우, 2개 이상의 회사가 임시로 결합하여 연대책임으로 공사 완료 후 해산하는 방식이다. 이 방식은 포장공사나 맞춤공사 등에 효과적이지만, 긴급공사에서는 신속성이 떨어져 잘 채택되지 않는다.

장점	단점
• 시공의 확실성 보장 • 위험의 분산 • 공사도급 경쟁완화 • 자본력과 신용도 증대 • 기술확충, 경험의 증대로 우량시공 가능	• 이해충돌, 책임회피 우려 • 현장관리 및 업무혼란 우려 • 단일회사 도급보다 비용증가 가능성 • 하자책임 불분명 • 경영방식 차이에 따른 능률저하

063

강재말뚝공법의 장점으로 옳지 않은 것은?

① 지지층에 깊이 박을 수 있다.
② 휨모멘트에 대한 저항이 크다.
③ 중량이 가볍고, 단면적이 작다.
④ 부식에 따른 내구성이 우수하다.

해설 강재말뚝

• 길이의 조절이 용이하고, 경량이기 때문에 운반 및 취급이 간단하다.
• 상부구조와의 결합이 용이하고, 현장접합도 가능하다.
• 재료비가 고가이다.
• 부식에 의한 내구성 저하가 우려된다.
• 강한 타격에도 견디며, 다져진 중간지층의 관통도 가능하다.
• 지지력이 크고, 이음이 안전하고 강하므로 장척말뚝에 적당하다.
• 타설할 때 중심간격은 말뚝머리 지름의 2.0배 이상, 70[cm] 이상으로 한다.

064

거푸집 공사에 적용되는 슬라이딩 폼 공법에 관한 설명으로 옳지 않은 것은?

① 형상 및 치수가 정확하며 시공오차가 적다.
② 마감작업이 동시에 진행되므로 공정이 단순화된다.
③ 1일 5~10[m] 정도 수직시공이 가능하다.
④ 일반적으로 돌출물이 있는 건축물에 많이 적용된다.

해설

슬라이딩 폼(Sliding Form)은 돌출물이 없는 균일한 형상의 건축물 공사에 적합하다.

관련개념 슬라이딩 폼(Sliding Form)

• 수평적 또는 수직적으로 반복된 구조물을 시공이음이 없이 균일한 형상으로 시공하기 위하여 거푸집을 연속적으로 이동시키면서 콘크리트를 타설하여 시공한다.
• 주로 사일로(Silo), 전단벽 건물, 유틸리티 코어 등에 사용된다.
• 특징
  – 복잡한 내·외부 비계가설이 필요없다.
  – 공기가 $\frac{1}{3}$ 정도 단축된다.
  – 구조체가 일체로 될 수 있다.
  – 요크(Yoke)로 벽거푸집을 상향 이동시킨다.
  – 거푸집 조립, 제거에 소요되는 노력이 절약된다.

065

철골세우기용 기계설비가 아닌 것은?

① 가이데릭　　② 스티프레그데릭
③ 진폴　　　　④ 드래그라인

해설

드래그라인은 지반면보다 낮은 곳의 굴착, 연약한 지반의 깊은 곳의 굴착 등에 쓰인다.

관련개념 철골세우기용 건설기계

• 크레인: 타워크레인, 지브크레인
• 이동식 크레인: 휠크레인, 트럭크레인, 크롤러크레인
• 데릭: 삼각데릭(스티프레그데릭), 진폴데릭, 가이데릭

066

철근 콘크리트에 관한 설명 중 옳은 것은?

① 철근과 콘크리트는 선팽창 계수가 거의 같다.
② 형태의 변경이나 파괴, 철거가 용이하다.
③ 콘크리트는 산성으로 알칼리성인 철근의 부식을 방지한다.
④ 철근은 압축력을, 콘크리트는 인장력을 부담한다.

해설

철근과 콘크리트의 선팽창 계수는 거의 같다. (콘크리트: $10 \sim 15 \times 10^{-6}$, 철근: 12×10^{-6})

오답해설

② 철근 콘크리트의 구조변경은 어려운 편이다. 또한 철거 시 폐기물이 많이 발생하여 파괴, 철거가 곤란하다.
③ 콘크리트는 알칼리성으로 철근의 부식을 방지한다.
④ 콘크리트는 압축력에 강하고, 철근은 인장력에 강하다.

관련개념 철근 콘크리트

콘크리트 보의 인장 측에 철근을 넣어 인장 저항능력을 향상시킨 부재를 철근 콘크리트 부재라 하고, 이 재료를 철근 콘크리트라 한다.

067

철근콘크리트공사에서 철근과 철근의 순간격은 굵은골재 최대치수에 최소 몇 배 이상으로 하여야 하는가?

① 1배
② $\frac{4}{3}$배
③ $\frac{5}{3}$배
④ 2배

해설 철근의 순간격

· 철근 표면 간의 최단거리이며, 철근 간의 마디, 리브 등이 가장 근접하는 경우의 치수이다.
· 철근과 철근의 순간격은 굵은골재 최대치수의 $\frac{4}{3}$배 이상으로 한다.

관련개념 보와 기둥에서의 철근 순간격

보	기둥	비고
굵은골재 최대치수의 $\frac{4}{3}$	굵은골재 최대치수의 $\frac{4}{3}$	세 수치 중 가장 큰 값
25mm	40mm	
철근공칭지름	철근공칭지름의 1.5배	

068

건설공사의 시공계획 수립 시 작성할 필요가 없는 것은?

① 현치도
② 공정표
③ 실행예산의 편성 및 조정
④ 재해방지계획

해설

현치도는 비정형의 곡면 구조물이나 법선 제작 등 특수한 구조물의 치수를 실제 크기로 전개하여 제작하기 위한 도면으로, 일반적인 시공계획 수립 단계에서 작성이 필수적이지 않다.

관련개념 시공계획 순서

현장조직원의 편성 → 공정표의 작성 → 실행예산의 편성 → 하도급업체 선정 → 설비 및 자재의 설치계획(가설물 계획) → 노무 및 자재 조달계획 → 재해방지대책

069

매스 콘크리트(Mass concrete) 시공에 관한 설명으로 옳지 않은 것은?

① 매스 콘크리트의 타설온도는 온도균열을 제어하기 위한 관점에서 가능한 한 낮게 한다.
② 매스 콘크리트 타설 시 기온이 높을 경우에는 콜드조인트가 생기기 쉬우므로 응결촉진제를 사용한다.
③ 매스 콘크리트 타설 시 침하발생으로 인한 침하균열을 예방하기 위해 재진동 다짐 등을 실시한다.
④ 매스 콘크리트 타설 후 거푸집 탈형 시 콘크리트 표면의 급랭을 방지하기 위해 콘크리트 표면을 소정의 기간 동안 보온해주어야 한다.

해설

응결촉진제는 콘크리트의 온도를 상승시켜 온도균열이 증대된다. 콘크리트 타설 시 기온이 높은 경우에는 이어치기 시간이 짧아지므로 응결지연제를 사용한다.

070

7회 출제

철근의 정착위치에 관한 설명 중 옳지 않은 것은?

① 바닥철근은 보에만 정착해야 한다.
② 지중보 철근은 기초 또는 기둥에 정착한다.
③ 큰 보의 주근은 기둥에 정착한다.
④ 직교하는 단부 보의 밑에 기둥이 없을 때는 상호 간에 정착한다.

해설 철근의 정착위치
- 기둥의 주근은 기초에 정착한다.
- 큰 보의 주근은 기둥에 정착한다.
- 직교하는 단부 보의 밑에 기둥이 없을 때는 보 상호 간에 정착한다.
- 작은 보의 주근은 큰 보에 정착한다.
- 바닥철근은 보 또는 벽체에 정착한다.
- 지중보 철근은 기초 또는 기둥에 정착한다.
- 벽철근은 보, 기둥, 바닥판 또는 기초에 정착한다.

관련개념 철근의 정착 목적
철근에 작용하는 인장력 또는 압축력을 부재에 효과적으로 전달하려면, 철근을 단면 속에 충분히 고정하여야 한다. 이를 위해 묻힘길이, 갈고리, 기계적 정착 또는 이들의 조합으로 정착한다.

071

8회 출제

철근의 피복두께를 유지하는 목적이 아닌 것은?

① 부재의 소요 구조 내력 확보
② 부재의 내화성 유지
③ 콘크리트의 강도 증대
④ 부재의 내구성 유지

해설
피복두께로 콘크리트의 강도를 확보할 수는 있으나, 강도 증대는 시멘트, 혼화 재료, 골재 등의 배합 설계의 영향이 크다.

관련개념 피복두께 확보의 목적
- 철근의 부식방지를 통한 구조물의 내구성 확보(물과 이산화탄소의 침투 방지)
- 골재의 유동성 확보
- 철근과 콘크리트의 부착강도 확보
- 화재 시 내화성 확보

072

3회 출제

기초굴착 방법 중 굴착공에 철근망을 삽입하고 콘크리트를 타설하여 말뚝을 형성하는 공법이며, 안정액으로 벤토나이트 용액을 사용하고 표층부에서만 케이싱을 사용하는 것은?

① 리버스 서큘레이션 공법
② 베노토공법
③ 심초공법
④ 어스드릴공법

해설 어스드릴공법
회전식 드릴링 버켓을 이용하여 지반을 굴착하고 철근망을 삽입하여 콘크리트를 타설하는 공법이다. 표층부에 가이드파이프를 설치하고 굴착공의 공벽유지는 벤토나이트 용액을 이용한다.

관련개념 어스드릴공법의 특징
- 저소음, 저진동 공법이다.
- 비교적 소형으로 기계 설치가 간단하며 이동이 쉽다.
- 안정액 관리가 어렵고, 굴착 시 연약층에 대한 공벽유지가 어렵다.
- 굴착공의 연직도 유지가 곤란하나, 경사시공이 가능하다.
- 토사층, 풍화암층에 적용하는 경우가 일반적이며, 연질지반에 적합하다.
- 지중에 12[cm] 이상의 전석, 호박돌층이 있는 경우 시공이 곤란하다.
- 견고한 암반 굴착이 어렵다.
- 말뚝 직경은 보통 800~1,200[mm]이다.
- 기존구조물에 근접시공이 가능하다.

073

3회 출제

다음 설명에 해당하는 공정표의 종류로 옳은 것은?

> 한 공종의 작업이 하나의 숫자로 표기되고 컴퓨터에 적용하기 용이한 이점 때문에 많이 사용되고 있다. 각 작업은 node로 표기하고 더미의 사용이 불필요하며 화살표는 단순히 작업의 선후관계만을 나타낸다.

① 횡선식 공정표 ② CPM

③ PDM ④ LOB

해설 PDM(Precedence Diagram Method)

- 선후행도형법으로 AON(Activity On Node)을 사용한다.
- 연결점에 직접 작업을 표시하는 방법이다.
- 더미가 필요없다.
- 작업 간의 관계를 화살표로 표현한다.

관련개념 공정표의 유형

- 횡선식 공정표(막대기식, 간트식): 공사현장에 가장 널리 보급된 간단한 공정표로 기간을 가로축에, 작업진척 상황을 세로축에 취하여 공정을 막대그래프로 표시한 것이다.
- CPM(임계경로법, Critical Path Method): 네트워크 공정표 기법의 하나로, 전체 공정 중 가장 긴 경로(주경로)를 찾아 공사기간을 관리하는 기법이다.
- LOB(Line of Balance): 반복작업에서 각 작업조의 생산성을 유지시키면서 그 생산성을 기울기로 하는 직선으로 각 반복작업의 진행을 표시하여 전체공사를 도식화하는 기법이다.

074

3회 출제

콘크리트 구조물의 품질관리에서 활용되는 비파괴 시험(검사) 방법으로 경화된 콘크리트 표면의 반발경도를 측정하는 것은?

① 슈미트 해머 시험 ② 방사선투과 시험

③ 자기분말탐상 시험 ④ 침투탐상 시험

해설 슈미트 해머(Schmidt Hammer) 시험

경화된 콘크리트면에 슈미트 해머로 타격에너지를 가하여 콘크리트면의 경도에 따라 반발경도를 측정하고, 이 반발경도와 콘크리트의 압축강도와의 상관관계를 도출시킴으로써 콘크리트 압축강도를 측정한다.

관련개념 콘크리트의 시험방법

반발경도시험	콘크리트의 반발경도를 측정하여 콘크리트의 압축강도를 추정하는 데 사용한다.
초음파법	초음파를 이용하여 콘크리트 내부의 결함, 균열깊이, 강도 및 품질상태를 검사한다.
자기법	자기법은 주로 철근의 피복두께, 위치 및 직경 확인에 사용한다.
레이더법	레이더파를 이용하여 콘크리트 구조물의 공동 및 매설물 등을 발견하기 위해 사용한다.
방사선법	감마광선은 콘크리트를 투과할 수 있으므로 필름을 방사선에 노출되게 함으로써 콘크리트를 검사하는 방법이다.

075

3회 출제

자연상태로서의 흙의 강도가 1[MPa]이고, 이긴상태로의 강도는 0.2[MPa]라면 이 흙의 예민비는?

① 0.2 ② 2

③ 5 ④ 10

해설 예민비

흙의 함수량의 변화 없이 비빔(이김)에 의해 약해지는 정도를 말한다.

$$예민비 = \frac{자연상태의 강도}{이겨진 상태의 강도} = \frac{1}{0.2} = 5$$

076

거푸집공사(Form work)에 관한 설명으로 옳지 않은 것은?

① 거푸집널은 콘크리트의 구조체를 형성하는 역할을 한다.
② 콘크리트 표면에 모르타르, 플라스터 또는 타일붙임 등의 마감을 할 경우에는 평활하고 광택있는 면이 얻어질 수 있도록 철제 거푸집(Metal form)을 사용하는 것이 좋다.
③ 거푸집공사비는 건축공사비에서의 비중이 높으므로, 설계단계부터 거푸집 공사의 개선과 합리화 방안을 연구하는 것이 바람직하다.
④ 폼타이(Form tie)는 콘크리트를 타설할 때 거푸집이 벌어지거나 우그러들지 않게 연결, 고정하는 긴결재이다.

해설 **거푸집 시공 시 유의사항**

• 비계나 가설물에는 연결하지 않는다.
• 바닥, 보의 중앙부는 $\frac{1}{300} \sim \frac{1}{500}$ 정도 치켜올려서 시공한다.
• 재료의 허용응력도는 장기허용응력도의 1.2배 정도로 한다.
• 부재 간 강성차이가 커서 부재 간 강성차이가 많은 것과는 조합을 피한다.
• 거푸집 합판패널은 표면 나무결에 수직으로 하여 띠장을 단다.
• 콘크리트 표면에 타일붙임 등의 마감을 할 경우에는 표면을 거칠게 한 거푸집이 필요하다.
• 거푸집은 콘크리트의 타입 시 변형, 파열 또는 도괴하지 않도록 충분한 강성 및 강도가 필요하다.
• 지주를 바꾸어 세울 동안에는 상부의 작업을 제한하여 적재하중을 작게 하고, 집중하중을 받는 부분의 지주는 그대로 둔다.
• 진동, 충격 등을 주지 않고 콘크리트가 손상되지 않도록 순서에 맞춰 제거한다.
• 제거한 거푸집은 재사용 할 수 있도록 적당한 장소에 정리하여 둔다.
• 구조물의 손상을 고려하여 제거 시 찢어져 남은 거푸집쪽널은 깨끗이 치우고 미장공사를 한다.

077

철골공사에서 철골 세우기 순서가 옳게 연결된 것은?

> A. 기초 볼트 위치 재점검
> B. 기둥 중심선 먹매김
> C. 기둥 세우기
> D. 주각부 모르타르 채움
> E. Base Plate의 높이 조정용 Plate 고정

① A → B → C → D → E
② B → A → E → C → D
③ B → A → C → D → E
④ E → D → B → A → C

해설 **철골기둥 세우기 시공순서(주각부 모르타르 나중 채워넣는 방식의 시공순서)**

㉠ 기둥 중심선 먹매김
㉡ 기초 볼트 위치 재점검
㉢ Base Plate의 높이 조정용 Liner Plate 고정
㉣ 기둥 세우기
㉤ 주각부 모르타르 채움

078

당해 공사의 특수한 조건에 따라 표준시방서에 대하여 추가, 변경, 삭제를 규정한 시방서는?

① 안내시방서 ② 특기시방서
③ 자료시방서 ④ 공사시방서

해설 **시방서의 종류**

• 안내시방서: 공사시방서를 작성할 때 지침이나 참고가 되는 시방서
• 일반시방서: 비기술적인 사항을 표기한 시방서
• 공사시방서: 특정공사를 위하여 작성된 시방서로, 실시 설계도면과 더불어 공사의 내용을 보여줌
• 표준시방서: 국토교통부가 제정한 공사 전반의 제반 규정에 대하여 작성된 시방서
• 특기시방서: 표준시방서 이외의 특기사항에 대하여 작성한 시방서

079

강구조부재의 내화피복공법이 아닌 것은?

① 조적공법
② 세라믹울 피복공법
③ 타설공법
④ 메탈라스 공법

해설

'메탈라스(Metal Lath)'는 벽을 칠 때 쓰는 성긴 철망을 말한다.

관련개념 철골의 내화피복공법의 종류

도장공법		팽창성 내화도료 도포
습식공법	타설공법	강재 주위에 콘크리트, 경량콘크리트 타설
	조적공법	콘크리트블록, 경량콘크리트블록, 돌, 벽돌 등을 쌓음
	미장공법	모르타르, 펄라이트 등으로 바름
	뿜칠공법	내화 피복재를 피복
건식공법	성형판 붙임	ALC판, 석고보드, 석면시멘트판, 콘크리트판 등을 붙임
	세라믹피복	세라믹섬유블랭킷 위에 세라믹도료를 도포
합성공법		천정판, PC판 등 마감재와 동시에 피복

080

철골공사의 용접접합에서 플럭스(Flux)를 옳게 설명한 것은?

① 용접 시 용접봉의 피복재 역할을 하는 분말상의 재료
② 압연강판의 층 사이에 균열이 생기는 현상
③ 용접작업의 종단부에 임시로 붙이는 보조판
④ 용접부에 생기는 미세한 구멍

해설 플럭스(Flux)

자동용접 시 용접봉의 피복재 역할로 쓰이는 분말상의 재료를 말한다.

관련개념

• 라멜라티어링(Lamellar Tearing): 압연강판의 층 사이에 계단 모양의 균열이 생기는 현상을 말한다.
• 엔드탭(End Tab): 용접작업의 종단부에 임시로 붙이는 보조판을 말한다.
• 블로우 홀(Blow Hole): 용접부 내에 갇혀 있는 미세한 구멍을 말한다.
• 피트(Pit): 외부표면에 생기는 구멍을 말한다.

건설재료학

081

목재를 작은 조각으로 하여 충분히 건조시킨 후 합성 수지와 같은 유기질의 접착제를 첨가하여 열압 제판한 목재 가공품은?

① 섬유판(Fiber Board)
② 파티클 보드(Particle Board)
③ 코르크판(Cork Board)
④ 집성목재(Glulam)

해설 파티클 보드(Particle Board)

섬유질의 삭편(Particle), 즉 절삭편 또는 파쇄편 등을 주재료로 하여 합성 수지 접착제를 첨가하여 성형, 열압시킨 것이다.

관련개념 목재 가공품

섬유판	목재, 짚 등의 각종 식물섬유를 판자 모양으로 접착, 제판한 인공재료
코르크판	코르크나무의 껍질에서 채취한 재료와 톱밥, 접착제 등을 혼합, 열압하여 만든 것
집성목재	• 대재를 집성, 접착하여 기둥, 아치, 트러스트 등의 구조재료로 사용하는 것 • 판의 섬유방향을 거의 평행으로 접착시킴

082

철골부재 절단방법 중 가장 정밀한 절단방법으로 앵글커터(Angle Cutter) 등으로 작업하는 것은?

① 가스절단
② 전단절단
③ 톱절단
④ 전기절단

해설 절단방법의 종류 및 특징

• 전단절단: 대형 절단기로 눌러 절단하므로 절단면이 변형된다.
• 톱절단: 톱날을 이용하여 절단선을 따라 절단하므로 가장 정밀하게 절단된다. Angle Cutter, Hack Saw, Friction Saw 등으로 작업한다.
• 가스절단: 가스를 이용하여 절단하므로 열의 세기변화에 따라 절단면이 매끄럽지 못하고 변형된다.
• 정밀도 순서: 톱절단>전단절단>가스절단

083

내구성 및 강도가 크고 외관이 수려하나 함유광물의 열팽창 계수가 달라 내화성이 약한 석재로 외장, 내장, 구조재, 도로포장재, 콘크리트 골재 등에 사용되는 것은?

① 응회암 ② 화강암

③ 화산암 ④ 대리석

해설 화강암(Granite)

• 구조재로 쓰이며, 바탕색과 반점이 미려하여 외관이 수려하므로 내외장 재로도 쓰인다.
• 압축강도, 내마모성이 우수하다.
• 통행량이 많은 건축물의 출입문 주위나 복도, 계단 등에 많이 쓰인다.

관련개념

응회암	• 화산에서 분출된 화산재, 모래, 자갈 등이 굳어서 형성된 암석으로 다공질이다. • 경량골재, 내화재 또는 모양에 따라 특수장식재로 사용된다.
화산암	• 담홍색이고 비중이 0.7~0.8로 작아 경량골재나 내화재로 사용된다. • 공극률이 높아 내화성이 크다.
대리석	• 견고하며 내수성이 있다. • 색채와 반점이 아름다우며 연마하면 광택이 난다. • 내마모성이 부족하고 풍화되기 쉬우므로 공업도시나 강우량이 많은 지방에서는 옥외용으로 적합하지 않고, 실내 장식재, 조각재로 적당하다.

084

다음 중 도료의 건조제로 사용되지 않는 것은?

① 리사지 ② 나프타

③ 연단 ④ 이산화망간

해설

도료의 건조제는 도료의 건조를 촉진시키기 위하여 사용하며, 일반적으로 연, 망간, 코발트의 산화물이나 염류 등이 사용된다.
나프타는 도료의 희석제로 사용된다.

085

목재의 역학적 성질에 대한 설명으로 옳지 않은 것은?

① 목재 섬유 평행방향에 대한 인장강도가 다른 여러 강도 중 가장 크다.
② 목재의 압축강도는 옹이가 있으면 증가한다.
③ 목재를 휨부재로 사용하여 외력에 저항할 때는 압축, 인장, 전단력이 동시에 일어난다.
④ 목재의 전단강도는 섬유 간의 부착력, 섬유의 굴음, 수선의 유무 등에 의해 결정된다.

해설

옹이가 클수록 압축강도는 감소한다.

086

점토의 성질에 관한 설명으로 옳지 않은 것은?

① 사질점토는 적갈색으로 내화성이 좋다.
② 자토는 순백색이며 내화성이 우수하나 가소성은 부족하다.
③ 석기점토는 유색의 견고치밀한 구조로 내화도가 높고 가소성이 있다.
④ 석회질점토는 백색으로 용해되기 쉽다.

해설 점토의 이용목적에 따른 분류

• 자토(磁土): 90[%] 이상이 규산알루미늄으로 된 순수 백색토로 내화성 은 있지만 가소성이 부족하다. 도자기의 원료이다.
• 석기점토: 회색 · 청회색 등 유색을 띠며, 실리카 함량이 높고 치밀한 구조로 되어 있어 내화도가 비교적 높고, 가소성도 중간 정도이다. 주로 석기류, 내화벽돌, 타일 원료로 사용한다.
• 석회질점토: 탄산칼슘 등 석회분이 많이 섞여 있어 백색을 띠며 용용점이 낮아 내화성이 약하다. 대신 가소성이 좋아 도자기나 타일용 원료로 쓰인다.
• 사질점토: 가는 모래가 많이 섞여 있고, 내화성이 약하다. 보통 벽돌, 기와, 토관 등의 원료이다.

087

4회 출제

다음 중 열전도율이 가장 낮은 것은?

① 콘크리트   ② 코르크판

③ 알루미늄   ④ 주철

해설 **열전도율 순서**

코르크판(0.05[W/mK])<콘크리트(0.8~1.4[W/mK])<주철(48[W/mK])
<알루미늄(204[W/mK]) 순으로 열전도율이 낮다.

관련개념 **열전도율**

열이 한쪽에서 다른 한쪽으로 전달되는 정도의 차이를 말한다.

088

5회 출제

수성페인트에 대한 설명으로 옳지 않은 것은?

① 수성페인트의 일종인 에멀션 페인트는 수성페인트에 합성 수지와 유화제를 섞은 것이다.

② 수성페인트를 칠한 면은 외관은 온화하지만 독성 및 화재발생의 위험이 있다.

③ 수성페인트의 재료로 아교·전분·카세인 등이 활용된다.

④ 광택이 없으며 회반죽면 또는 모르타르면의 칠에 적당하다.

해설

수성페인트는 물로 희석하여 사용하기 때문에 화재발생 위험이 없다.

관련개념 **수성페인트의 특징**

장점	• 건조시간이 빠르다. • 냄새가 적고, 건강에 해롭지 않다. • 굳어버리기 전에는 물로 세척이 가능하다.
단점	• 내수성이 약해 물이 고이는 곳에 사용하기 어렵다. • 도막의 내구성이 약하다.

089

7회 출제

합성 수지의 종류 중 열가소성 수지가 아닌 것은?

① 염화비닐 수지   ② 멜라민 수지

③ 폴리프로필렌 수지   ④ 폴리에틸렌 수지

해설 **열가소성 수지와 열경화성 수지의 종류**

열가소성 수지	열경화성 수지
염화비닐 수지	페놀 수지
초산비닐 수지	요소 수지
ABS 수지	멜라민 수지
아크릴 수지	알키드 수지
불소 수지	우레탄 수지
폴리아미드 수지	에폭시 수지
폴리프로필렌 수지	실리콘 수지
폴리스티렌 수지	푸란 수지
폴리에틸렌 수지	불포화 폴리에스테르 수지

관련개념 **열가소성 수지와 열경화성 수지**

• 열가소성 수지: 가열하면 연화 또는 융해하고, 냉각하면 경화된다.

• 열경화성 수지: 가열하면 경화되어 더 이상 가열·냉각해도 연화되거나 융해되지 않는다.

090

4회 출제

고로시멘트의 특성에 관한 설명으로 옳지 않은 것은?

① 수화열이 낮고 수축률이 적어 댐이나 항만공사 등에 적합하다.

② 보통포틀랜드시멘트에 비하여 비중이 크고 풍화에 대한 저항성이 뛰어나다.

③ 응결시간이 느리기 때문에 특히 겨울철 공사에 주의를 요한다.

④ 다량으로 사용하게 되면 콘크리트의 화학저항성 및 수밀성, 알칼리 골재반응 억제 등에 효과적이다.

해설 **고로슬래그 시멘트**

• 포틀랜드시멘트 클링커와 슬래그(Slag)에 적당량의 석고를 가하여 분말로 한 것이다.

• **보통포틀랜드시멘트보다 응결이 늦고 비중이 작다.**

• 수화열이 작아서 균열발생이 적다.

• 조기강도가 낮고 화학작용에 대한 저항성, 수밀성이 크다.

• 시멘트 중의 알칼리 성분이 적어 알칼리 골재반응 억제효과가 크다.

• 해수의 작용을 받는 곳이나 하수의 수로에 적합하다.

091

4회 출제

깬자갈을 사용한 콘크리트가 동일한 시공연도의 보통 콘크리트보다 유리한 점은?

① 시멘트 페이스트와의 부착력 증가

② 단위수량 감소

③ 수밀성 증가

④ 내구성 증가

해설

깬자갈(쇄석)을 사용하면 접촉 단면적이 커서 부착력이 증가한다.

092

4회 출제

목재 제품 중 합판에 관한 설명으로 옳지 않은 것은?

① 방향에 따른 강도차가 작다.

② 곡면가공을 하여도 균열이 생기지 않는다.

③ 여러 가지 아름다운 무늬를 얻을 수 있다.

④ 함수율 변화에 의한 신축변형이 크다.

해설 합판의 특성

- 강도: 교착이 잘된 것은 원목보다 강하고 균열, 찢어짐, 변형 등에 대한 저항이 크다.
- 안정도: 함수율 변화에 의한 신축변형이 적고 방향성이 없으며, 두께에 비해 강도도 크다.
- 못박기: 보통판에 비해 못의 지보력이 크다.
- 경제성: 비교적 작은 직경의 모재에서도 넓은 판을 얻을 수 있으며, 곡면 가공을 하여도 균열이 생기지 않고 무늬도 일정하다.

093

5회 출제

슬럼프 시험에 대한 설명으로 옳지 않은 것은?

① 슬럼프 시험 시 각 층을 50회 다진다.

② 콘크리트의 시공성을 측정하기 위하여 행한다.

③ 슬럼프콘에 콘크리트를 3층으로 분할하여 채운다.

④ 슬럼프값이 높을 경우 콘크리트는 묽은 비빔이다.

해설 콘크리트 슬럼프 시험(Slump Test)

1. 평평한 바닥에 강제평판을 놓는다.
2. 슬럼프콘을 그 위에 올린다.
3. 믹스트럭에서 레미콘을 받아 슬럼프콘 안에 3층으로 나눠서 채운다.
4. **각 층은 약 25회씩 다짐봉으로 고르게 다진다.**
5. 다질 때 재료분리가 나올 염려가 있을 때는 다짐수를 줄인다.
6. 각 층을 다질 때 다짐봉의 다짐 깊이는 그 앞 층에 거의 도달할 정도로 한다.
7. 슬럼프콘 상단을 고르게 한다.
8. 슬럼프콘을 천천히 연직으로 들어올린다.
9. 콘크리트의 중앙부에서 슬럼프콘 상단까지와 높이 차를 5[mm] 단위로 측정한다.

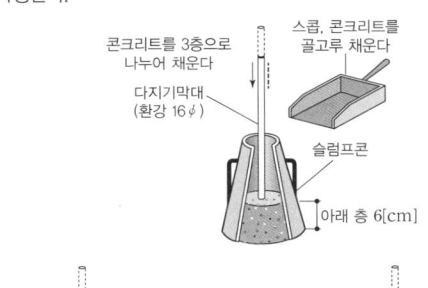

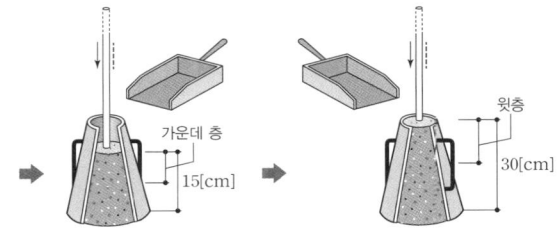

콘크리트를 채우는 법

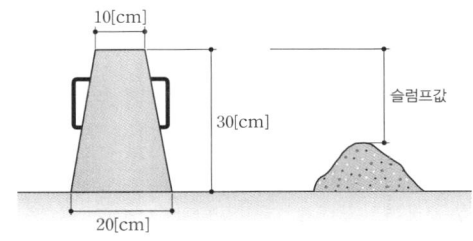

슬럼프 시험

094

콘크리트의 혼화재료 중 혼화제에 속하는 것은?

① 플라이애시
② 실리카흄
③ 고로슬래그 미분말
④ 고성능 감수제

해설 **혼화재와 혼화제**
- 혼화재: 사용량이 시멘트 무게의 5[%] 정도 이상의 것
  - 플라이애시, 실리카흄, 고로슬래그·규산질 미분말, 고강도형 혼화재, 증량재
- 혼화제: 사용량이 시멘트 무게의 1[%] 정도 이하의 것
  - AE제, 감수제, 유동화제, 급결제, 지연제, 방수제, 방청제

095

골재의 실적률에 관한 설명으로 옳지 않은 것은?

① 실적률은 골재 입형의 양부를 평가하는 지표이다.
② 부순 자갈의 실적률은 그 입형 때문에 강자갈의 실적률보다 적다.
③ 실적률 산정 시 골재의 밀도는 절대건조 상태의 밀도를 말한다.
④ 골재의 단위용적질량이 동일하면 골재의 비중이 클수록 실적률도 크다.

해설
골재의 단위용적질량이 동일하면 골재비중이 클수록 실적률은 작아진다.

관련개념 **골재의 실적률**

개념	골재의 단위용적 중 골재 사이의 공극을 제외한 골재의 실질 부분의 비율을 골재의 실적률이라고 한다.
실적률이 클 경우	• 시멘트풀의 양을 줄일 수 있어 경제적이다. • 단위 시멘트량이 적어 수화열이 적다. • 건조수축이 작고, 균열이 줄어든다. • 강도, 수밀성, 내구성, 내마모성 등이 커진다.

096

고강도 강선을 사용하여 인장응력을 미리 부여함으로써 큰 응력을 받을 수 있도록 제작된 것은?

① 매스 콘크리트
② 프리플레이스트 콘크리트
③ 프리스트레스트 콘크리트
④ AE 콘크리트

해설 **프리스트레스트 콘크리트(PS 콘크리트)**
콘크리트의 인장력이 생기는 부분에 고강도 강선(PS 강재)을 긴장시켜 프리스트레스를 부여함으로써 콘크리트에 미리 압축력을 주어 인장강도를 증가시켜 휨저항을 크게 한 것이다.

관련개념
- 매스 콘크리트: 대용적의 콘크리트로, 수화열이 커서 댐이나 교대 등 대형 구조물에 사용한다.
- 프리플레이스트 콘크리트: 거푸집에 미리 채워 넣은 굵은골재 사이로 관을 통하여 모르타르를 주입하는 콘크리트로, 수중콘크리트, 보수공사, 기초파일, 차수벽 등에 사용한다.
- AE 콘크리트: AE제 사용으로 시공연도를 증진시키고 단위수량을 감소시키며, 수밀성이 향상된 것이다.

097

통풍이 잘 되지 않는 지하실의 미장재료로서 가장 적합하지 않은 것은?

① 시멘트 모르타르
② 석고 플라스터
③ 킨즈 시멘트
④ 돌로마이트 플라스터

해설
통풍이 좋지 않은 지하실의 미장재료는 수경성 재료가 적합하다. 돌로마이트 플라스터는 기경성 재료로 지하실에는 부적합하다.

098

타일 및 위생도기에 사용하는 점토제품으로 흡수성이 아주 작고 소성온도가 가장 높은 것은?

① 토기
② 도기
③ 자기
④ 석기

해설 **점토제품의 종류**

종류	소성온도[℃]	흡수율[%]	재료	비고
토기	790~1,000	20 이상	기와, 벽돌, 토관	최저급 원료 (전답토)
도기	1,100~1,230	10	타일, 테라코타, 위생도기	다공질로 흡수성 유약 사용. 두드리면 탁음
석기	1,160~1,350	3~10	마루 타일, 클링커 타일	유약 대신 식염유 사용
자기	1,230~1,460	0~1	자기질 타일, 모자이크 타일, 위생도기	양질의 도토 또는 장석분을 원료로 함

099

금속의 부식방지를 위한 관리대책으로 옳지 않은 것은?

① 부분적으로 녹이 발생하면 즉시 제거할 것
② 큰 변형을 준 것은 가능한 한 풀림하여 사용할 것
③ 가능한 한 이종 금속을 인접 또는 접촉시켜 사용할 것
④ 표면을 평활하고 깨끗이 하며, 가능한 한 건조상태로 유지할 것

해설 **금속부식대책 표면방식법**

• 수분과 습기에 접촉하지 않게 한다.
• 표면을 청결하게 하고 기름칠하여 녹이 발생하지 않게 한다.
• 서로 다른(이종) 금속은 접촉하지 않도록 한다.
• 불균질한 철재는 풀림을 통해 균질화하여 사용하도록 한다.

100

다음 중 시멘트에 대한 설명으로 맞는 것은?

① 시멘트가 풍화하면 응결이 빨라지지만, 경화 후의 강도가 저하된다.
② 시멘트 응결은 첨가된 석고의 질과 양에 큰 영향을 받지 않는다.
③ 시멘트의 분말도가 크고 온도가 높을수록 응결이 늦어진다.
④ 시멘트의 수화열은 시멘트의 종류, 화학조성, 물시멘트비, 분말도 등에 의해서 달라진다.

해설

① 시멘트가 풍화되면 응결이 늦어지고 강도저하를 가져 온다.
② 시멘트의 응결은 첨가된 석고의 질과 양에 큰 영향을 받는다.
③ 분말도가 큰 시멘트는 응결이 빠르다.

관련개념 **시멘트의 풍화**

• 시멘트를 공기 중에 방치하거나 통기성이 있는 곳에 장기저장 시 공기 중의 수분이나 이산화탄소와 반응하여 품질이 저하된다.
• 풍화된 시멘트의 성질
  – 밀도가 작아진다.
  – 응결이 늦어진다.(이상응결을 일으킨다.)
  – 강도발현이 늦어지고, 초기강도, 압축강도가 작다.
  – 블리딩이 증가하고, 건조수축 및 균열이 크다.
  – 강열감량(시멘트를 가열했을 때의 질량 감소율)이 커진다.

건설안전기술

101

말비계를 조립하여 사용하는 경우 지주부재와 수평면의 기울기는 얼마 이하로 하여야 하는가?

① 65°   ② 70°
③ 75°   ④ 80°

해설 **말비계 사용 시 준수사항**
• 지주부재의 하단에는 미끄럼방지장치를 하고, 근로자가 양측 끝부분에 올라서서 작업하지 않도록 할 것
• 지주부재와 수평면의 기울기는 75° 이하로 하고, 지주부재와 지주부재 사이를 고정시키는 보조부재를 설치할 것
• 말비계의 높이가 2[m]를 초과하는 경우에는 작업발판의 폭을 40[cm] 이상으로 할 것

102

추락 재해방지 설비 중 근로자의 추락재해를 방지할 수 있는 설비로 작업발판 설치가 곤란한 경우에 필요한 설비는?

① 경사로   ② 추락방호망
③ 고정사다리   ④ 달비계

해설
작업발판을 설치하기 곤란한 경우 기준에 맞는 추락방호망을 설치하여야 한다.

관련개념 **추락방호망 설치기준**
• 추락방호망의 설치위치는 가능하면 작업면으로부터 가까운 지점에 설치하여야 하며, 작업면으로부터 망의 설치지점까지의 수직거리는 10[m]를 초과하지 아니할 것
• 추락방호망은 수평으로 설치하고, 망의 처짐은 짧은 변 길이의 12[%] 이상이 되도록 할 것
• 건축물 등의 바깥쪽으로 설치하는 경우 추락방호망의 내민 길이는 벽면으로부터 3[m] 이상 되도록 할 것

103

비계의 높이가 2[m] 이상인 작업장소에 작업발판을 설치할 경우 준수하여야 할 기준으로 옳지 않은 것은?

① 작업발판의 폭은 30[cm] 이상으로 한다.
② 발판재료 간의 틈은 3[cm] 이하로 한다.
③ 추락의 위험성이 있는 장소에는 안전난간을 설치한다.
④ 발판재료는 뒤집히거나 떨어지지 않도록 2개 이상의 지지물에 연결하거나 고정시킨다.

해설 **작업발판의 구조(비계의 높이가 2[m] 이상인 작업장소)**
• 발판재료는 작업할 때의 하중을 견딜 수 있도록 견고한 것으로 할 것
• 작업발판의 폭은 40[cm] 이상으로 하고, 발판재료 간의 틈은 3[cm] 이하로 할 것
• 선박 및 보트 건조작업의 경우 선박블록 또는 엔진실 등의 좁은 작업공간에 작업발판을 설치하기 위하여 필요하면 작업발판의 폭을 30[cm] 이상으로 할 수 있고, 걸침비계의 경우 강관기둥 때문에 발판재료 간의 틈을 3[cm] 이하로 유지하기 곤란하면 5[cm] 이하로 할 수 있다.
• 추락의 위험이 있는 장소에는 안전난간을 설치할 것. 다만, 추락위험 방지 조치를 한 경우에는 그러하지 아니하다.
• 작업발판의 지지물은 하중에 의하여 파괴될 우려가 없는 것을 사용할 것
• 작업발판재료는 뒤집히거나 떨어지지 않도록 둘 이상의 지지물에 연결하거나 고정시킬 것
• 작업발판을 작업에 따라 이동시킬 경우에는 위험 방지에 필요한 조치를 할 것

104

굴착과 싣기를 동시에 할 수 있는 토공기계가 아닌 것은?

① 트랙터 셔블(Tractor Shovel)
② 백호우(Backhoe)
③ 파워 셔블(Power Shovel)
④ 모터 그레이더(Motor Grader)

해설 **모터 그레이더(Motor Grader)**
토공판을 유압펌프로 작동시켜 땅을 반반하게 고르는 작업에 사용되는 정지용 토목 건설기계이다.

105

건축공사로서 대상액이 5억 원 이상 50억 원 미만인 경우에 산업안전보건관리비의 비율(가) 및 기초액(나)으로 옳은 것은?

① (가): 2.28[%], (나): 4,325,000원
② (가): 2.53[%], (나): 3,300,000원
③ (가): 3.05[%], (나): 2,975,000원
④ (가): 1.59[%], (나): 2,450,000원

해설 공사종류 및 규모별 산업안전보건관리비 계상기준표

구분 / 공사종류	대상액 5억 원 미만	대상액 5억 원 이상 50억 원 미만		대상액 50억 원 이상	보건관리자 선임 대상 건설공사
		비율	기초액		
건축공사	3.11[%]	2.28[%]	4,325,000원	2.37[%]	2.64[%]
토목공사	3.15[%]	2.53[%]	3,300,000원	2.60[%]	2.73[%]
중건설공사	3.64[%]	3.05[%]	2,975,000원	3.11[%]	3.39[%]
특수건설공사	2.07[%]	1.59[%]	2,450,000원	1.64[%]	1.78[%]

106

산업안전보건법령에 따른 작업발판 일체형 거푸집에 해당되지 않는 것은?

① 갱 폼(Gang Form)
② 슬립 폼(Slip Form)
③ 유로 폼(Euro Form)
④ 클라이밍 폼(Climbing Form)

해설 작업발판 일체형 거푸집
• 갱 폼(Gang Form)
• 슬립 폼(Slip Form)
• 클라이밍 폼(Climbing Form)
• 터널 라이닝 폼(Tunnel Lining Form)
• 그 밖에 거푸집과 작업발판이 일체로 제작된 거푸집 등

관련개념 유로 폼(Euro Form)
일정한 규격으로 미리 합판 등의 뒷면에 강재틀을 붙인 거푸집 패널로 여러 장을 조립하여 사용한다.

107

크레인 등 건설장비의 가공전선로 접근 시 안전대책으로 옳지 않은 것은?

① 안전 이격거리를 유지하고 작업한다.
② 장비를 가공전선로 밑에 보관한다.
③ 장비의 조립, 준비 시부터 가공전선로에 대한 감전 방지 수단을 강구한다.
④ 장비 사용현장의 장애물, 위험물 등을 점검 후 작업계획을 수립한다.

해설

가공전선로 밑에 건설장비를 보관하면 감전의 우려가 있으므로 위험하다.

108

다음은 가설통로를 설치하는 경우의 준수사항이다. ㉠, ㉡에 알맞은 것을 고르면?

> • 수직갱에 가설된 통로의 길이가 15[m] 이상인 경우에는 (㉠)[m] 이내마다 계단참을 설치할 것
> • 건설공사에 사용하는 높이 8[m] 이상인 비계다리에는 (㉡)[m] 이내마다 계단참을 설치할 것

① ㉠: 5, ㉡: 5   ② ㉠: 5, ㉡: 7
③ ㉠: 10, ㉡: 5   ④ ㉠: 10, ㉡: 7

해설 가설통로의 구조
• 견고한 구조로 할 것
• 경사는 30° 이하로 할 것. 다만, 계단을 설치하거나 높이 2[m] 미만의 가설통로로서 튼튼한 손잡이를 설치한 경우에는 그러하지 아니하다.
• 경사가 15°를 초과하는 경우에는 미끄러지지 아니하는 구조로 할 것
• 추락할 위험이 있는 장소에는 안전난간을 설치할 것. 다만, 작업상 부득이한 경우에는 필요한 부분만 임시로 해체할 수 있다.
• 수직갱에 가설된 통로의 길이가 15[m] 이상인 경우에는 10[m] 이내마다 계단참을 설치할 것
• 건설공사에 사용하는 높이 8[m] 이상인 비계다리에는 7[m] 이내마다 계단참을 설치할 것

109

본 터널(Main Tunnel)을 시공하기 전에 터널에서 약간 떨어진 곳에 지질조사, 환기, 배수, 운반 등의 상태를 알아보기 위하여 설치하는 터널은?

① 프리패브(Prefab) 터널   ② 사이드(Side) 터널

③ 쉴드(Shield) 터널   ④ 파일럿(Pilot) 터널

해설 **파일럿(Pilot) 터널**

본 터널(Main Tunnel)을 시공하기 전에 터널에서 약간 떨어진 곳에서 지질조사, 환기, 배수, 운반 등의 상태를 알아보기 위하여 설치하는 터널이다.

110

작업장에 계단 및 계단참을 설치하는 경우 매 [m²]당 최소 몇 [kg] 이상의 하중에 견딜 수 있는 강도를 가진 구조로 설치하여야 하는가?

① 300[kg]   ② 400[kg]

③ 500[kg]   ④ 600[kg]

해설 **계단의 강도**

사업주는 계단 및 계단참을 설치하는 경우 500[kg/m²] 이상의 하중에 견딜 수 있는 강도를 가진 구조로 설치하여야 하며, 안전율은 4 이상으로 하여야 한다.

111

와이어로프의 절단하중이 200[ton]일 때 최대허용하중은 얼마인가? (단, 와이어로프의 안전계수는 5이다.)

① 40[ton]   ② 100[ton]

③ 200[ton]   ④ 1,000[ton]

해설

안전계수 $=\dfrac{절단하중}{최대허용하중}$ 이므로 최대허용하중 $=\dfrac{절단하중}{안전계수}=\dfrac{200}{5}=40[ton]$

112

콘크리트 타설 시 거푸집이 받는 측압에 관한 설명으로 옳지 않은 것은?

① 대기의 온도가 높을수록 크다.

② 슬럼프(Slump)가 클수록 크다.

③ 타설속도가 빠를수록 크다.

④ 거푸집의 강성이 클수록 크다.

해설 **콘크리트 측압이 커지는 요인**

• 거푸집 부재의 단면이 큰 경우
• 거푸집의 수밀성이 큰 경우
• 거푸집의 강성이 큰 경우
• 거푸집의 표면이 평활할 경우
• 콘크리트가 묽은 경우
• 철골이나 철근량이 적은 경우
• 외기온도가 낮은 경우
• 타설속도가 빠른 경우
• 콘크리트의 다짐이 좋은 경우
• 콘크리트의 슬럼프가 큰 경우
• 콘크리트의 비중이 큰 경우
• 습도가 높은 경우
• 벽 두께가 두꺼운 경우

113

크레인의 운전실 또는 운전대를 통하는 통로의 끝과 건설물 등의 벽체의 간격은 최대 얼마 이하로 하여야 하는가?

① 0.2[m]   ② 0.3[m]

③ 0.4[m]   ④ 0.5[m]

해설 **건설물 등의 벽체와 통로의 간격**

사업주는 다음의 간격을 0.3[m] 이하로 하여야 한다.

• 크레인의 운전실 또는 운전대를 통하는 통로의 끝과 건설물 등의 벽체의 간격
• 크레인 거더(Girder)의 통로 끝과 크레인 거더의 간격
• 크레인 거더의 통로로 통하는 통로의 끝과 건설물 등의 벽체의 간격

114

다음은 산업안전보건법령에 따른 시스템 비계의 구조에 관한 사항이다. ( ) 안에 들어갈 내용으로 옳은 것은?

> 비계 밑단의 수직재와 받침철물은 밀착되도록 설치하고, 수직재와 받침철물의 연결부의 겹침길이는 받침철물 전체길이의 ( ) 이상이 되도록 할 것

① 2분의 1
② 3분의 1
③ 4분의 1
④ 5분의 1

해설 **시스템 비계의 구조**
- 수직재 · 수평재 · 가새재를 견고하게 연결하는 구조가 되도록 할 것
- 비계 밑단의 수직재와 받침철물은 밀착되도록 설치하고, 수직재와 받침철물의 연결부의 겹침길이는 받침철물 전체길이의 $\frac{1}{3}$ 이상이 되도록 할 것
- 수평재는 수직재와 직각으로 설치하여야 하며, 체결 후 흔들림이 없도록 견고하게 설치할 것
- 수직재와 수직재의 연결철물은 이탈되지 않도록 견고한 구조로 할 것
- 벽 연결재의 설치간격은 제조사가 정한 기준에 따라 설치할 것

115

다음 보기의 ( ) 안에 알맞은 내용은?

> 동바리로 사용하는 파이프 서포트의 높이가 ( )[m]를 초과하는 경우에는 높이 2[m] 이내마다 수평연결재를 2개 방향으로 만들고 수평연결재의 변위를 방지할 것

① 3
② 3.5
③ 4
④ 4.5

해설 **동바리로 사용하는 파이프 서포트 조립 시 준수사항**
- 파이프 서포트를 3개 이상 이어서 사용하지 않도록 할 것
- 파이프 서포트를 이어서 사용하는 경우에는 4개 이상의 볼트 또는 전용 철물을 사용하여 이을 것
- 높이가 3.5[m]를 초과하는 경우에는 높이 2[m] 이내마다 수평연결재를 2개 방향으로 만들고 수평연결재의 변위를 방지할 것

116

산업안전보건법령에 따른 건설업 중 유해위험방지계획서를 작성하여 고용노동부장관에게 제출하여야 하는 공사의 기준 중 틀린 것은?

① 연면적 5,000[m²] 이상의 냉동 · 냉장 창고시설의 설비공사 및 단열공사
② 깊이 10[m] 이상인 굴착공사
③ 저수용량 2,000만 톤 이상의 용수 전용 댐 공사
④ 최대 지간길이가 31[m] 이상인 교량 건설공사

해설 **유해위험방지계획서 제출 대상 건설공사**
- 다음의 어느 하나에 해당하는 건축물 또는 시설 등의 건설 · 개조 또는 해체(건설 등) 공사
  - 지상높이가 31[m] 이상인 건축물 또는 인공구조물
  - 연면적 30,000[m²] 이상인 건축물
  - 연면적 5,000[m²] 이상의 문화 및 집회시설(전시장 및 동물원 · 식물원 제외), 판매시설, 운수시설(고속철도의 역사 및 집배송시설 제외), 종교시설, 의료시설 중 종합병원, 숙박시설 중 관광숙박시설, 지하도상가, 냉동 · 냉장 창고시설
- 연면적 5,000[m²] 이상인 냉동 · 냉장 창고시설의 설비공사 및 단열공사
- 최대 지간길이가 50[m] 이상인 다리의 건설 등 공사
- 터널의 건설 등 공사
- 다목적댐, 발전용댐, 저수용량 2천만 톤 이상의 용수 전용 댐 및 지방상수도 전용 댐의 건설 등 공사
- 깊이 10[m] 이상인 굴착공사

117

롤러의 표면에 돌기를 만들어 부착한 것으로 돌기가 전압층에 매입되어 풍화암을 파쇄하고 흙 속의 간극수압을 제거하는 롤러는?

① 머캐덤롤러
② 탠덤롤러
③ 탬핑롤러
④ 진동롤러

해설 **탬핑롤러(Tamping Roller)**
롤러의 표면에 돌기를 부착한 것으로 돌기가 전압층에 매입되어 풍화암을 파쇄하여 흙 속의 간극수압을 제거하는 롤러이다. 점토질에 적당하고, 유효깊이가 크다.

118

3회 출제

기계를 설치한 지반보다 낮은 장소, 넓은 범위의 굴착이 가능하며 주로 수로, 골재채취용으로 많이 사용되는 토공사용 굴착기계는?

① 모터 그레이더   ② 파워셔블

③ 클램쉘   ④ 드래그라인

해설

드래그라인은 지반면보다 낮은 곳의 굴착, 연약한 지반의 깊은 곳의 굴착 등에 쓰인다.

관련개념 굴착용 기계

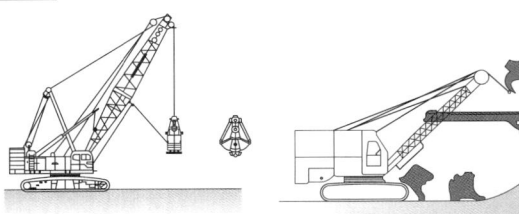

클램쉘   파워셔블

드래그셔블   드래그라인

119

3회 출제

다음 중 토사붕괴의 내적 원인인 것은?

① 절토 및 성토 높이 증가

② 사면, 법면의 기울기 증가

③ 토석의 강도 저하

④ 공사에 의한 진동 및 반복 하중 증가

해설 토석붕괴의 원인

구분	원인
외적 원인	• 사면, 법면의 경사 및 기울기의 증가 • 절토 및 성토 높이의 증가 • 공사에 의한 진동 및 반복 하중의 증가 • 지표수 및 지하수의 침투에 의한 토사 중량의 증가 • 지진, 차량, 구조물의 하중작용 • 토사 및 암석의 혼합층두께
내적 원인	• 절토 사면의 토질·암질 • 성토 사면의 토질구성 및 분포 • 토석의 강도 저하

120

8회 출제

연약지반의 이상현상 중 하나인 히빙(Heaving)현상에 대한 안전대책이 아닌 것은?

① 흙막이벽의 관입깊이를 깊게 한다.

② 굴착 저면에 토사 등으로 하중을 가한다.

③ 흙막이 배면의 표토를 제거하여 토압을 경감한다.

④ 주변 수위를 높인다.

해설 히빙(Heaving) 예방대책

• 흙막이벽의 말뚝 깊이를 설계지반까지 시공

• 굴착부 저면 하중 가함

• 소단굴착 시공

• 흙막이 배면토압 경감조치

• 지하수위 저하

• 그라우팅 등 보강공법 시행

관련개념 히빙(Heaving)

굴착이 진행됨에 따라 흙막이벽 뒤쪽 흙의 중량이 굴착부 바닥의 지지력 이상이 되면 흙막이벽 근입부분의 지반 이동이 발생하여 굴착부 저면이 솟아오르는 현상이다. 이 현상이 발생하면 흙막이벽의 근입부분이 파괴되면서 흙막이벽 전체가 붕괴하는 경우가 많다.

산업안전관리론

001
11회 출제

재해손실 산정 방법 중 하인리히 방식에 있어 직접비에 해당하지 않는 것은?

① 장해급여
② 직업재활급여
③ 장례비
④ 신규채용 교육훈련비

해설 **직접손실비용과 간접손실비용**

직접비 (법적으로 지급되는 산재보상비)		간접비 (직접비를 제외한 모든 비용)	
• 요양급여	• 휴업급여	• 인적손실	• 물적손실
• **장해급여**	• 간병급여	• 생산손실	• 임금손실
• 유족급여	• 상병보상연금	• 시간손실	• 기타손실 등
• **장례비**	• **직업재활급여**		

002
9회 출제

기계, 기구, 설비의 신설, 변경 내지 고장수리 시 실시하는 안전점검의 종류로 옳은 것은?

① 특별점검
② 수시점검
③ 정기점검
④ 임시점검

해설 **실시시기에 따른 안전점검의 종류**

일상(수시)점검	매일 일의 시작이나 종료 시 또는 작업 중에 계속해서 실시하는 점검
정기(계획)점검	주기적으로 일정한 시설이나 물건, 기계 등에 대하여 점검하는 방법
특별점검	**신설, 변경 내지는 고장수리 등을 할 경우에 행하는 부정기 점검**
임시점검	이상징후 예견 시 임시로 실시하는 점검

003
3회 출제

산업안전보건법령상 안전인증대상 방호장치에 해당하는 것은?

① 교류 아크용접기용 자동전격방지기
② 동력식 수동대패용 칼날 접촉 방지장치
③ 절연용 방호구 및 활선작업용 기구
④ 아세틸렌 용접장치용 또는 가스집합 용접장치용 안전기

해설
①, ②, ④는 자율안전확인대상 방호장치이다.

관련개념 **안전인증대상 방호장치**
• 프레스 및 전단기 방호장치
• 양중기용 과부하방지장치
• 보일러 압력방출용 안전밸브
• 압력용기 압력방출용 안전밸브
• 압력용기 압력방출용 파열판
• **절연용 방호구 및 활선작업용 기구**
• 방폭구조 전기기계 · 기구 및 부품

004
14회 출제

위험예지훈련의 4라운드 기법에서 문제점을 발견하고 중요문제를 결정하는 단계는?

① 현상파악
② 본질추구
③ 목표설정
④ 대책수립

해설 **위험예지훈련 4라운드**

1라운드	현상파악	위험요인을 식별하는 단계
2라운드	**본질추구**	위험요인 · 문제점 발견 및 위험의 포인트를 결정하고 지적 확인하는 단계
3라운드	대책수립	위험요인을 극복하기 위한 대안 제시 단계
4라운드	목표설정	행동목표를 설정하는 단계

005

다음 재해사례의 분석 내용으로 옳은 것은?

> 작업자가 벽돌을 손으로 운반하던 중 벽돌을 떨어뜨려 발등을 다쳤다.

① 사고유형: 떨어짐, 가해물: 벽돌
② 사고유형: 맞음, 가해물: 벽돌
③ 사고유형: 넘어짐, 가해물: 벽돌
④ 사고유형: 끼임, 가해물: 벽돌

해설

근로자의 신체에 직접적인 피해를 준 물질은 벽돌(가해물)이고, 사고유형은 맞음(날아오거나 떨어진 물체에 맞음)이다.

관련개념 기인물과 가해물

• 기인물: 재해발생의 주 원인이며 재해를 가져오게 한 근원이 되는 기계, 장치, 물질 또는 환경 등(불안전한 상태)
• 가해물: 직접 사람에게 접촉하여 피해를 주는 기계, 장치, 물질 또는 환경 등

006

재해조사 시 유의사항으로 틀린 것은?

① 피해자에 대한 구급 조치를 우선으로 한다.
② 재해조사 시 2차 재해 예방을 위해 보호구를 착용한다.
③ 재해조사는 재해자의 치료가 끝난 뒤 실시한다.
④ 책임추궁보다는 재발방지를 우선하는 기본 태도를 가진다.

해설 재해조사 시 유의사항

• 사실을 수집한다.
• 목격자가 발언하는 사실 이외의 추측의 말은 참고만 한다.
• **조사는 신속히 행하고** 2차 재해의 방지를 도모한다.
• 사람, 설비, 환경의 측면에서 재해요인을 도출한다.
• 제3자의 입장에서 공정하게 조사하며 조사는 2인 이상이 한다.
• 책임추궁보다 재발방지를 우선하는 기본 태도를 가진다.

007

산업안전보건법령상 산업안전보건위원회 사용자위원의 구성기준으로 틀린 것은? (단, 상시 근로자 100명 이상을 사용하는 사업장이다.)

① 안전관리자 1명
② 명예산업안전감독관 1명
③ 해당 사업의 대표자
④ 해당 사업의 대표자가 지명하는 9명 이내의 해당 사업장 부서의 장

해설 산업안전보건위원회의 구성

근로자 위원	• 근로자대표 • 명예산업안전감독관이 위촉되어 있는 사업장의 경우 근로자대표가 지명하는 1명 이상의 명예산업안전감독관 • 근로자대표가 지명하는 9명 이내의 해당 사업장의 근로자
사용자 위원	• 해당 사업의 대표자 • 안전관리자 1명(안전관리자의 업무를 안전관리전문기관에 위탁한 경우 그 기관의 해당 사업장 담당자) • 보건관리자 1명(보건관리자의 업무를 보건관리전문기관에 위탁한 경우 그 기관의 해당 사업장 담당자) • 산업보건의 • 해당 사업의 대표자가 지명하는 9명 이내의 해당 사업장 부서의 장

008

안전관리에 있어 5C 운동(안전행동 실천운동)에 속하지 않는 것은?

① 전심전력(Concentration)
② 청소청결(Cleaning)
③ 정리정돈(Clearance)
④ 통제관리(Control)

해설 5C 운동(안전행동 실천운동)

• 복장단정(Correctness)
• **청소청결(Cleaning)**
• **전심전력(Concentration)**
• **정리정돈(Clearance)**
• 점검확인(Checking)

009

100인 이하의 소규모 사업장에 적합한 안전보건관리조직의 형태는?

① 라인(Line)형

② 스태프(Staff)형

③ 라운드(Round)형

④ 라인 – 스태프(Line – Staff)의 복합형

해설 **라인형(직계식) 조직의 특징**

· 안전에 관한 명령, 지시 및 조치가 각 부문의 직계를 통하여 생산업무와 함께 시행되므로 철저하고 실시도 빠르다.

· 명령과 보고가 상하관계뿐이므로 간단 명료하다.

· 생산라인(Production Line)의 각급 관리감독자는 일상의 생산업무에 쫓겨 안전에 대한 전문지식이나 정보를 몸에 익힐 수 없다는 단점이 있다.

· **100명 이하의 소규모 사업장에 적합하다.**

010

산업안전보건법령상 해당 사업장의 연간 재해율이 같은 업종의 평균재해율의 2배 이상인 경우 사업주에게 안전관리자를 정수 이상으로 증원하게 하거나 교체하여 임명할 것을 명할 수 있는 자는?

① 시 · 도지사

② 고용노동부장관

③ 국토교통부장관

④ 지방고용노동관서의 장

해설

지방고용노동관서의 장은 사업주에게 안전관리자를 정수 이상으로 증원하게 하거나 교체하여 임명할 것을 명할 수 있다.

관련개념 **안전관리자 등의 증원 · 교체임명 명령 사유**

· 해당 사업장의 연간재해율이 같은 업종의 평균재해율의 2배 이상인 경우

· 중대재해가 연간 2건 이상 발생한 경우

· 관리자가 질병이나 그 밖의 사유로 3개월 이상 직무를 수행할 수 없게 된 경우

· 화학적 인자로 인한 직업성 질병자가 연간 3명 이상 발생한 경우

011

시설물의 안전 및 유지관리에 관한 특별법상 다음 용어에 대한 설명으로 옳은 것은?

① 시설물: 제1종시설물과 제2종시설물을 말한다.

② 관리주체: 관계 법령에 따라 해당 시설물의 관리자로 규정된 자만을 말하며 공공관리주체와 민간관리주체로 구분한다.

③ 안전점검: 경험과 기술을 갖춘 자가 육안이나 점검기구 등으로 검사하여 시설물에 내재되어 있는 위험요인을 조사하는 행위를 말한다.

④ 제3종시설물: 제1종시설물 및 제2종시설물 외에 안전관리가 필요한 대규모 시설을 말한다.

해설 **시설물의 안전 및 유지관리에 관한 특별법상 안전점검**

경험과 기술을 갖춘 자가 육안이나 점검기구 등으로 검사하여 시설물에 내재되어 있는 위험요인을 조사하는 행위를 말하며, 점검목적 및 점검수준을 고려하여 국토교통부령으로 정하는 바에 따라 정기안전점검 및 정밀안전점검으로 구분한다.

관련개념 **시설물 및 관리주체**

· 시설물: 건설공사를 통하여 만들어진 교량 · 터널 · 항만 · 댐 · 건축물 등 구조물과 그 부대시설로서 제1종시설물, 제2종시설물 및 제3종시설물을 말한다.

· 관리주체: 관계 법령에 따라 해당 시설물의 관리자로 규정된 자나 해당 시설물의 소유자를 말한다. 이 경우 해당 시설물의 소유자와의 관리계약 등에 따라 시설물의 관리책임을 진 자는 관리주체로 보며, 관리주체는 공공관리주체와 민간관리주체로 구분한다.

· 제3종시설물: 제1종시설물 및 제2종시설물 외에 안전관리가 필요한 소규모 시설을 말한다.

012

다음 중 관련 규정에 따른 안전대의 일반구조로 적합하지 않은 것은?

① 안전대에 사용하는 죔줄은 충격흡수장치가 부착될 것
② 벨트 또는 안전그네에 버클과의 부착은 벨트 또는 안전그네의 한쪽 끝을 꺾어 돌려 버클을 꺾어 돌린 부분을 봉합사로 견고하게 봉합할 것
③ 벨트의 조임 및 조절 부품은 일정 이상의 힘을 받을 경우 저절로 풀리거나 열리도록 되어 있을 것
④ 안전그네는 골반 부분과 어깨에 위치하는 띠를 가져야 하고, 사용자에게 잘 맞게 조절할 수 있을 것

해설
벨트의 조임 및 조절 부품은 저절로 풀리거나 열리지 않아야 한다.

관련개념 안전대의 일반구조
• 벨트 또는 지탱벨트에 D링 또는 각 링과의 부착은 벨트 또는 지탱벨트와 같은 재료를 사용하여 견고하게 봉합할 것(U자걸이 안전대에 한함)
• 벨트 또는 안전그네에 버클과의 부착은 벨트 또는 안전그네의 한쪽 끝을 꺾어 돌려 버클을 꺾어 돌린 부분을 봉합사로 견고하게 봉합할 것
• 죔줄 또는 보조죔줄 및 수직구명줄에 D링 등과의 부착은 죔줄 또는 보조죔줄 및 수직구명줄을 D링 등에 통과시켜 꺾어 돌린 후 그 끝을 3회 이상 얽어매는 방법(풀림방지장치의 일종) 또는 이와 동등 이상의 확실한 방법으로 할 것
• D링 등의 부착은 벨트 또는 지탱벨트 및 죔줄, 수직구명줄 또는 보조죔줄에 씸블(thimble) 등의 마모방지장치가 되어 있을 것
• 죔줄의 모든 금속 구성품은 내식성을 갖거나 부식방지 처리를 할 것
• 벨트의 조임 및 조절 부품은 저절로 풀리거나 열리지 않을 것
• 안전그네는 골반 부분과 어깨에 위치하는 띠를 가져야 하고, 사용자에게 잘 맞게 조절할 수 있을 것
• 안전대에 사용하는 죔줄은 충격흡수장치가 부착될 것. 다만, U자걸이, 추락방지대 및 안전블록에는 해당하지 않는다.

013

산업재해의 기본원인으로 볼 수 있는 4M으로 옳은 것은?

① Man, Machine, Maker, Media
② Man, Management, Machine, Media
③ Man, Machine, Maker, Management
④ Man, Management, Machine, Material

해설 4M(산업재해의 기본원인)
• 인적(Man) 요인
• 기계적(Machine) 요인
• 환경적(Media) 요인
• 관리적(Management) 요인

014

다음 중 하인리히의 도미노 이론을 바르게 나열한 것은?

① 개인적 결함 → 사회적 환경 및 유전적 요소 → 불안전한 행동 및 불안전한 상태 → 사고 → 재해
② 사회적 환경 및 유전적 요소 → 개인적 결함 → 불안전한 행동 및 불안전한 상태 → 사고 → 재해
③ 개인적 결함 → 통제의 부족 → 불안전한 행동 및 불안전한 상태 → 사고 → 재해
④ 통제의 부족 → 개인적 결함 → 불안전한 행동 및 불안전한 상태 → 사고 → 재해

해설 하인리히의 도미노 이론(사고발생의 연쇄성)
재해가 발생하기 전 여러 단계의 사건이 순차적으로 발생한다는 이론으로 다음과 같이 전개된다.
• 1단계: 사회적 환경과 유전적 요소(선천적 결함)
• 2단계: 개인적 결함
• 3단계: 불안전 상태 및 불안전 행동
• 4단계: 사고
• 5단계: 재해

015

4회 출제

산업안전보건법령상 안전보건진단을 받아 안전보건개선계획을 수립·제출하도록 명할 수 있는 사업장이 아닌 것은?

① 직업병에 걸린 사람이 연간 2명 이상(상시 근로자 1천명 이상 사업장의 경우 3명 이상) 발생한 사업장

② 산업재해율이 같은 업종 평균 산업재해율의 2배 이상인 사업장

③ 작업환경 불량, 화재·폭발 또는 누출사고 등으로 사업장 주변까지 피해가 확산된 사업장으로서 고용노동부령으로 정하는 사업장

④ 근로자가 안전수칙을 준수하지 않아 16주 이상의 치료를 요하는 재해가 발생한 사업장

해설 안전보건진단을 받아 안전보건개선계획을 수립할 대상

- 산업재해율이 같은 업종 평균 산업재해율의 2배 이상인 사업장
- 사업주가 필요한 안전조치 또는 보건조치를 이행하지 아니하여 중대재해가 발생한 사업장
- 직업성 질병자가 연간 2명 이상(상시근로자 1천 명 이상 사업장의 경우 3명 이상) 발생한 사업장
- 그 밖에 작업환경 불량, 화재·폭발 또는 누출 사고 등으로 사업장 주변까지 피해가 확산된 사업장으로서 고용노동부령으로 정하는 사업장

016

5회 출제

산업안전보건법령상 다음 (   ) 안에 알맞은 내용은?

> 안전보건관리규정의 작성대상 사업의 사업주는 안전보건관리규정을 작성해야 할 사유가 발생한 날부터 (   ) 이내에 안전보건관리규정의 세부내용을 포함한 안전보건관리규정을 작성해야 한다.

① 10일   ② 15일
③ 20일   ④ 30일

해설

안전보건관리규정을 작성하여야 할 사업의 사업주는 안전보건관리규정을 작성하여야 할 사유가 발생한 날부터 30일 이내에 안전보건관리규정의 세부내용을 포함한 안전보건관리규정을 작성하여야 한다.

017

5회 출제

산업안전보건법령에 따른 안전보건표지의 기본모형 중 다음 기본모형의 표시사항으로 옳은 것은? (단, 색도기준은 2.5PB 4/10이다.)

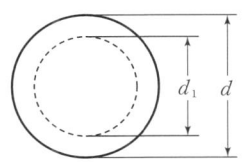

① 금지   ② 경고
③ 지시   ④ 안내

해설 안전보건표지의 기본모형

기본모형	규격비율	표시사항
45° d_3 d_2 d_1 d	$d \geq 0.025L$ $d_1 = 0.8d$ $0.7d < d_2 < 0.8d$ $d_3 = 0.1d$	금지
60° a_2 a_1 a 60°	$a \geq 0.034L$ $a_1 = 0.8a$ $0.7a < a_2 < 0.8a$	경고
45° a_2 a_1 a 45°	$a \geq 0.025L$ $a_1 = 0.8a$ $0.7a < a_2 < 0.8a$	
d_1 d	$d \geq 0.025L$ $d_1 = 0.8d$	지시

018

8회 출제

재해예방의 4원칙에 해당하지 않는 것은?

① 손실적용의 원칙　　② 원인연계의 원칙

③ 대책선정의 원칙　　④ 예방가능의 원칙

해설 재해예방의 4원칙

손실우연의 원칙	사고에 의해서 생기는 상해의 종류 및 정도는 우연적이라는 원칙
예방가능의 원칙	재해는 원칙적으로 예방이 가능하다는 원칙
원인계기의 원칙 (원인연계의 원칙)	재해의 발생은 직접원인으로만 일어나는 것이 아니라 간접원인이 연계되어 일어난다는 원칙
대책선정의 원칙	원인의 정확한 분석에 의해 가장 타당한 재해예방 대책이 선정되어야 한다는 원칙

019

5회 출제

연평균 근로자수가 400명인 사업장에서 연간 2건의 재해로 인하여 4명의 사상자가 발생하였다. 근로자가 1일 8시간씩 연간 300일을 근무하였을 때 이 사업장의 연천인율은?

① 1.85　　　　　　② 4.4

③ 5　　　　　　　　④ 10

해설 연천인율

근로자 1,000명당 연간 발생하는 재해자수이다.

$$연천인율 = \frac{연간재해자수}{연평균\ 근로자수} \times 1,000 = \frac{4}{400} \times 1,000 = 10$$

020

7회 출제

산업안전보건법령상 중대재해가 아닌 것은?

① 사망자가 1명 발생한 재해

② 부상자가 동시에 10명 발생한 재해

③ 직업성 질병자가 동시에 10명 발생한 재해

④ 1개월의 요양이 필요한 부상자가 동시에 2명 발생한 재해

해설 중대재해의 범위

• 사망자가 1명 이상 발생한 재해

• **3개월 이상의 요양**이 필요한 부상자가 동시에 2명 이상 발생한 재해

• 부상자 또는 직업성 질병자가 동시에 10명 이상 발생한 재해

산업심리 및 교육

021

11회 출제

작업의 어려움, 기계설비의 결함 및 환경에 대한 주의력의 집중혼란, 심신의 근심 등으로 인하여 재해를 많이 일으키는 사람을 지칭하는 것은?

① 미숙성 누발자　　② 상황성 누발자

③ 습관성 누발자　　④ 소질성 누발자

해설 상황성 누발자의 재해유발 원인

• 작업이 어려운 경우

• 기계설비에 결함이 있는 경우

• 심신에 근심이 있는 경우

• 환경 상 주의력의 집중이 곤란한 경우

관련개념 재해빈발자 유형

상황성 누발자	작업이 어렵거나 설비의 결함, 심신의 근심 때문에 재해가 자주 발생되는 사람
습관성 누발자	경험에 의하여 겁을 심하게 먹거나 신경과민으로 재해가 자주 발생되는 사람
소질성 누발자	개인적 잠재요인이나 개인의 특수한 성격으로 인해 재해가 자주 발생되는 사람
미숙성 누발자	기능의 부족이나 환경에 익숙하지 않아 재해가 자주 발생되는 사람

022

3회 출제

레윈의 3단계 조직변화모델에 해당되지 않는 것은?

① 해빙단계　　　　② 체험단계

③ 변화단계　　　　④ 재동결단계

해설

레윈은 어떠한 조직이 변화를 성공적으로 수용하려면 해빙, 변화, 재동결의 과정을 거쳐야 한다고 주장하였다.

관련개념 레윈(Lewin)의 3단계 조직변화모델

• 1단계: 해빙 – 현재 상태의 해빙

• 2단계: 변화 – 원하는 상태로의 변화

• 3단계: 재동결 – 새로운 변화를 위한 재동결

023

새로운 자료나 교재를 제시하고 거기에서의 문제점을 피교육자로 하여금 제기하게 하거나 의견을 여러 가지 방법으로 발표하게 하고, 다시 깊게 파고들어서 토의하는 방법은?

① 포럼(Forum)
② 심포지엄(Symposium)
③ 버즈세션(Buzz Session)
④ 패널 디스커션(Panel Discussion)

해설 **토의법의 종류**

포럼 (Forum)	새로운 자료나 교재를 제시하고 문제점을 피교육자로 하여금 제기하게 하거나 피교육자의 의견을 다양한 방법으로 발표하게 하여 청중과 토론자 간 의견교환으로 합의를 도출해내는 방법
패널 디스커션 (Panel Discussion)	참가자 앞에서 소수의 전문가들이 과제에 관한 견해를 발표하고 토론한 뒤 참가자 전원이 참가하여 사회자의 사회에 따라 토의하는 방법
심포지엄 (Symposium)	몇 사람의 전문가에 의하여 과제에 관한 견해를 발표한 뒤에 참가자로 하여금 의견이나 질문을 하게 하여 토의하는 방법
버즈세션 (Buzz Session)	6명씩 소집단으로 구분하고, 집단별로 각각의 사회자를 선발하여 6분씩 자유토의를 행한 후 의견을 종합하는 방법으로 6-6회의라고도 함

024

산업안전보건법령상 2[m] 이상인 구축물을 콘크리트 파쇄기를 사용하여 파쇄작업을 하는 경우 특별교육의 내용이 아닌 것은? (단, 그 밖에 안전·보건관리에 필요한 사항은 제외한다.)

① 작업안전조치 및 안전기준에 관한 사항
② 비계의 조립방법 및 작업 절차에 관한 사항
③ 콘크리트 해체 요령과 방호거리에 관한 사항
④ 파쇄기의 조작 및 공통작업 신호에 관한 사항

해설 **콘크리트 파쇄기를 사용하여 하는 파쇄작업(2[m] 이상인 구축물의 파쇄작업만 해당)의 특별교육내용**

- 콘크리트 해체 요령과 방호거리에 관한 사항
- 작업안전조치 및 안전기준에 관한 사항
- 파쇄기의 조작 및 공통작업 신호에 관한 사항
- 보호구 및 방호장비 등에 관한 사항
- 그 밖에 안전·보건관리에 필요한 사항

025

자동차 액셀러레이터와 브레이크 간 간격, 브레이크 폭, 소프트웨어 상에서 메뉴나 버튼의 크기 등을 결정하는 데 사용할 수 있는 인간공학 법칙은?

① Fitts의 법칙
② Hick의 법칙
③ Weber의 법칙
④ 양립성 법칙

해설 **Fitts의 법칙**

- 인간의 조정 및 제어능력을 나타내는 법칙으로, 인간의 손이나 발을 이동시켜 조작장치를 조작하는 데 걸리는 시간을 표적까지의 거리와 표적 크기의 함수로 나타낸 이론이다.
- 표적이 작고 이동거리가 길수록 이동시간이 증가한다.
- 자동차 브레이크 페달과 가속 페달 간의 간격, 브레이크 폭 등을 결정하는 데 사용할 수 있는 이론이다.

관련개념
- Hick-Hyman 법칙: 신호를 보고 어떤 장치를 조작해야 할지를 선택하기까지 걸리는 시간을 예측할 수 있다.
- 웨버(Weber) 법칙: 인간이 감지할 수 있는 외부의 물리적 자극 변화의 최소범위는 기준이 되는 자극의 크기에 비례한다.
- 양립성 법칙: 인간의 기대와 자극 또는 반응들이 일치한다.

026

다른 사람의 행동 양식이나 태도를 자기에게 투입시키거나 그와 반대로 다른 사람 가운데서 자기의 행동 양식이나 태도와 비슷한 것을 발견하는 것을 무엇이라 하는가?

① Suggestion
② Imitation
③ Projection
④ Identification

해설 **인간관계 메커니즘**

모방 (Imitation)	남의 행동이나 판단을 표본으로 하여 그것과 같거나 그것에 가까운 행동 또는 판단을 취하려는 행위
투사 (Projection)	자신의 불만을 해소하기 위해 남에게 뒤집어 씌우는 행위
암시 (Suggestion)	다른 사람의 판단이나 행동을 무비판적으로 받아들이는 행위
동일화 (Identification)	다른 사람의 행동 양식이나 태도를 자신에게 투입하거나 다른 사람에게서 자신의 행동 양식이나 태도와 비슷한 것을 발견하는 행위

027

다음 중 안전교육의 필요성과 거리가 가장 먼 것은?

① 재해현상은 무상해사고를 제외하고, 대부분이 물건과 사람과의 접촉점에서 일어난다.

② 재해는 물건의 불안전한 상태에서 의해서 일어날 뿐만 아니라 사람의 불안전한 행동에 의해서도 일어날 수 있다.

③ 현실적으로 생긴 재해는 그 원인 관련요소가 매우 많아 반복적 실험을 통하여 재해환경을 복원하는 것이 가능하다.

④ 재해의 발생을 보다 많이 방지하기 위해서는 인간의 지식이나 행동을 변화시킬 필요가 있다.

> **해설**
>
> 현실적으로 생긴 재해의 발생 원인은 복합적으로, 반복적 실험을 통해 현장을 복원하는 것은 매우 어렵거나 불가능하다.
>
> **관련개념 안전교육의 필요성**
> • 재해는 대부분 사람과 물체의 접촉점에서 발생하므로, 사고 예방을 위한 위험 포인트 설정의 기준이 된다.
> • 재해는 불안전한 상태(물적 요인)뿐만 아니라 불안전한 행동(인적 요인)으로도 발생하므로, 이 둘을 동시에 고려하여야 한다.
> • 안전교육의 궁극적 목적은 작업자의 지식, 인식, 행동의 변화를 유도함으로써 재해를 사전에 방지하는 데 있다.

028

레윈(Lewin)이 제시한 인간의 행동특성에 관한 법칙에서 인간의 행동(B)은 개체(P)와 환경(E)의 함수관계를 가진다고 하였다. 다음 중 개체(P)에 해당하는 요소가 아닌 것은?

① 연령   ② 지능

③ 경험   ④ 인간관계

> **해설 레윈(Lewin, K.)의 법칙**
> 인간의 행동은 개인과 환경의 상호 함수관계에 있다는 법칙이다.
> $B = f(P \cdot E)$
> • B(Behavior): 인간의 행동
> • f(Function): 동기부여를 포함한 함수
> • P(Person): 개체(연령, 지능, 경험 등)
> • E(Environment): 환경(인간관계, 작업환경 등)

029

안전교육의 종류 중 태도교육의 내용과 거리가 먼 것은?

① 안전 작업에 대한 몸가짐을 갖춘다.

② 직장규율, 안전규율을 몸에 익힌다.

③ 기계장치의 조작방법을 몸에 익힌다.

④ 작업에 의욕을 갖도록 한다.

> **해설**
>
> '기계장치의 조작방법을 몸에 익히는 것'은 기능교육에 해당되는 내용이다.
>
> **관련개념 태도교육(안전교육의 제3단계)**
> • 생활지도, 작업동작지도 등을 통한 안전의 습관화를 위한 교육이다.
> • 안전한 방법을 알고는 있으나 시행하지 않는 사람에게 직장규율, 안전규율 등을 익히게 한다.

030

다음 중 OJT(On the Job Training)의 장점이 아닌 것은?

① 개개인에게 적절한 지도훈련이 가능하다.

② 직장의 실정에 맞게 실제적 훈련이 가능하다.

③ 훈련에 필요한 업무의 계속성이 끊어지지 않는다.

④ 각 직장의 근로자가 지식이나 경험을 교류할 수 있다.

> **해설**
>
> ④는 Off JT의 장점에 해당한다.
>
> **관련개념 OJT(On the Job Training)의 특징**

장점	• 개개인에게 적절한 지도훈련이 가능하다. • 직장의 실정에 맞게 실제적 훈련이 가능하다. • 교육을 통한 훈련효과에 의해 상호신뢰 및 이해도가 높아진다. • 대상자의 개인별 능력에 따라 훈련의 진도를 조정하기 쉽다. • 교육효과가 업무에 신속히 반영된다. • 훈련에 필요한 업무의 계속성이 끊어지지 않는다. • 동기부여가 쉽다.
단점	• 다수의 대상을 한 번에 통일적인 내용 및 수준으로 교육시킬 수 없다. • 전문적인 지식 및 기능을 교육하기 힘들다. • 업무와 교육이 병행되므로 훈련에만 전념할 수 없다.

031
11회 출제

산업안전보건법령상 일용근로자의 작업내용 변경 시 교육시간의 기준은?

① 1시간 이상
② 2시간 이상
③ 3시간 이상
④ 4시간 이상

해설 근로자 안전보건교육 교육과정별 교육시간

교육과정	교육대상		교육시간
정기교육	사무직 종사 근로자		매반기 6시간 이상
	그 밖의 근로자	판매업무에 직접 종사하는 근로자	매반기 6시간 이상
		판매업무에 직접 종사하는 근로자 외의 근로자	매반기 12시간 이상
채용 시 교육	일용근로자 및 근로계약기간이 1주일 이하인 기간제근로자		1시간 이상
	근로계약기간이 1주일 초과 1개월 이하인 기간제근로자		4시간 이상
	그 밖의 근로자		8시간 이상
작업내용 변경 시 교육	일용근로자 및 근로계약기간이 1주일 이하인 기간제근로자		1시간 이상
	그 밖의 근로자		2시간 이상
특별교육	일용근로자 및 근로계약기간이 1주일 이하인 기간제근로자 (타워크레인 신호작업 종사자 제외)		2시간 이상
	타워크레인 신호작업에 종사하는 일용근로자 및 근로계약기간이 1주일 이하인 기간제근로자		8시간 이상
	그 밖의 근로자		16시간 이상
			단기간 또는 간헐적 작업인 경우 2시간 이상
건설업 기초안전·보건교육	건설 일용근로자		4시간 이상

032
3회 출제

스트레스에 대하여 반응하는 데 있어서 개인 차이의 이유로 적합하지 않은 것은?

① 성(性)의 차이
② 강인성의 차이
③ 작업시간의 차이
④ 자기존중감의 차이

해설 스트레스 반응의 개인 차이
• 심리상태
• 개인의 능력
• 신체적 조건
• 자기존중감의 차이
• 성(性)의 차이
• 강인성의 차이

033
1회 출제

피로의 증상과 가장 거리가 먼 것은?

① 식욕의 증대
② 불쾌감의 증가
③ 흥미의 상실
④ 작업 능률의 감퇴

해설 피로의 증상
• 식욕의 감소
• 흥미의 상실
• 불쾌감의 증가
• 작업 능률의 감퇴

034
2회 출제

교육심리학의 연구방법 중 인간의 내면에서 일어나고 있는 심리적 사고에 대하여 사물을 이용하여 인간의 성격을 알아보는 방법은?

① 투사법
② 면접법
③ 실험법
④ 질문지법

해설 투사법
인간의 내면에서 일어나고 있는 심리적 사고에 대하여 사물을 이용하여 인간의 성격을 알아보는 기법이다.

035

6회 출제

프로그램 학습법(Programmed self-instruction method)의 장점이 아닌 것은?

① 학습자의 사회성을 높이는 데 유리하다.
② 한 강사가 많은 수의 학습자를 지도할 수 있다.
③ 지능, 학습적성, 학습속도 등 개인차를 충분히 고려할 수 있다.
④ 매 반응마다 피드백이 주어지기 때문에 학습자가 흥미를 갖는다.

해설 프로그램 학습법(Programmed Self-instruction Method)

장점	• 학습자의 학습내용 습득여부를 즉각적으로 피드백 받을 수 있다. • 많은 수의 학습자를 지도할 수 있다. • 학습속도, 지능, 학습적성 등 개인차를 충분히 고려할 수 있다. • 매 반응마다 피드백이 주어지기 때문에 학습자가 흥미를 갖는다.
단점	• 수강생의 사회성이 결여되기 쉽다. • 교재개발에 많은 시간과 노력이 든다.

036

11회 출제

상황성 누발자의 재해유발 원인과 가장 거리가 먼 것은?

① 기능 미숙 때문에
② 작업이 어렵기 때문에
③ 기계설비에 결함이 있기 때문에
④ 환경 상 주의력의 집중이 혼란되기 때문에

해설

'기능 미숙'은 미숙성 누발자의 재해유발 원인이다.

관련개념 상황성 누발자의 재해유발 원인

• 작업이 어려운 경우
• 기계설비에 결함이 있는 경우
• 심신에 근심이 있는 경우
• 환경 상 주의력의 집중이 곤란한 경우

037

8회 출제

리더십의 권한 역할 중 부하를 처벌할 수 있는 권한에 해당하는 것은?

① 위임된 권한
② 합법적 권한
③ 강압적 권한
④ 보상적 권한

해설 리더십 권한

• 조직이 리더에게 부여한 권한

합법적 권한	군대, 정부기관 등 합법적 권력이 가지는 권한
강압적 권한	부하의 처벌, 봉급의 인상 거부 등 강압적인 힘을 갖는 권한
보상적 권한	승진, 봉급 인상 등 역할에 대한 보상을 부여하는 권한

• 지도자 자신에 의해 자발적으로 생성되는 권한

위임된 권한	부하 직원들이 상사를 존경하여 함께 일하고자 할 때 상사에게 부여되는 권한, 혹은 지도자 자신이 자신에게 부여한 권한
전문성의 권한	전문적 지식을 가진 리더를 부하들이 스스로 따르는 것으로 지도자 자신의 능력에 의해 생성되는 권한

038

7회 출제

안전사고와 관련있는 인간의 심리적인 5대 요소가 아닌 것은?

① 지능
② 동기
③ 감정
④ 습성

해설 산업안전심리의 5요소

동기(Motive)	감각에 의한 자극에서 일어난 사고의 결과로서 사람의 마음을 움직이는 원동력이 된다.
기질(Temper)	감정적인 경향이나 반응과 관계되는 성격의 한 측면이다.
감정(Emotion)	어떤 행동을 할 때 생기는 주관적인 동요를 뜻한다.
습성(Habits)	일정한 생활양식으로 본능, 학습, 조건반사 등에 따라 형성된다.
습관(Custom)	성장과정을 통해 개인에게 형성된 특성 등이 무의식 중에 나타나는 규칙적인 행동이다.

039

3회 출제

다음 중 비공식 집단에 관한 설명으로 가장 거리가 먼 것은?

① 비공식 집단은 조직구성원의 태도, 행동 및 생산성에 지대한 영향력을 행사한다.
② 가장 응집력이 강하고 우세한 비공식 집단은 수직적 동료집단이다.
③ 혼합적 혹은 우선적 동료집단은 각기 상이한 부서에 근무하는 직위가 다른 성원들로 구성된다.
④ 비공식 집단은 관리영역 밖에 존재하고 조직표에 나타나지 않는다.

해설 **비공식 집단**
• 비공식 집단은 조직구성원의 태도, 행동 및 생산성에 지대한 영향력을 행사한다.
• 가장 응집력이 강하고 우세한 비공식 집단은 수평적 동료집단이다.
• 혼합적 혹은 우선적 동료집단은 각기 상이한 부서에 근무하는 직위가 다른 성원들로 구성된다.
• 비공식 집단은 관리영역 밖에 존재하고 조직도상에 나타나지 않는다.

040

1회 출제

다음 중 슈퍼(Super. D.E)의 역할이론에 해당하지 않는 것은?

① 역할 연기(Role playing)
② 역할 기대(Role expectation)
③ 역할 적응(Role adaptation)
④ 역할 갈등(Role conflict)

해설 **슈퍼(Super)의 역할이론**
• **역할 갈등(Role Conflict)**: 작업 중에 상반된 역할이 기대되는 경우가 있으며, 그럴 때 갈등이 생긴다.
• **역할 기대(Role Expectation)**: 자기의 역할을 기대하고 감수하는 수단이다.
• **역할 조성(Role Shaping)**: 개인에게 여러 개의 역할 기대가 있을 경우 불응, 거부할 수도 있으며 혹은 다른 역할을 해내기 위해 다른 일을 구할 수도 있다.
• **역할 연기(Role Playing)**: 자아탐색인 동시에 자아실현의 수단이다.

2025년 3회

인간공학 및 시스템안전공학

041

4회 출제

결함수분석법에서 Path Set에 관한 설명으로 맞는 것은?

① 시스템의 약점을 표현한 것이다.
② Top 사상을 발생시키는 조합이다.
③ 시스템이 고장 나지 않도록 하는 사상의 조합이다.
④ 시스템 고장을 유발시키는 필요불가결한 기본사상들의 집합이다.

해설 **패스셋(Path Set)**
• 기본사상들이 모두 발생하지 않으면 정상사상(Top Event)이 발생되지 않는 조합이다.
• 시스템이 고장 나지 않도록 하는 사상이며, 시스템의 기능을 유지하는 데 필요한 최소 요인의 집합이다.

042

9회 출제

시스템 안전분석 기법 중 시스템 디자인 단계에서 처음으로 사용되는 것은?

① FTA
② FHA
③ PHA
④ OHA

해설 **예비위험분석(PHA; Preliminary Hazard Analysis)**
시스템 내의 위험요소가 얼마나 위험상태에 있는가를 평가하는 시스템 안전 프로그램에서 **최초단계(시스템 구상단계)의 분석 방식**(정성적)이다.

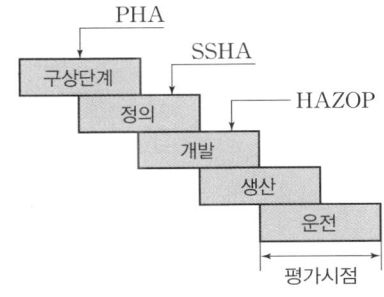

시스템 수명주기

043

7회 출제

다음 그림의 결함수에서 최소 패스셋(Minimal Path Sets)과 그 신뢰도 R(t)는? (단, 각각의 부품 신뢰도는 0.9이다.)

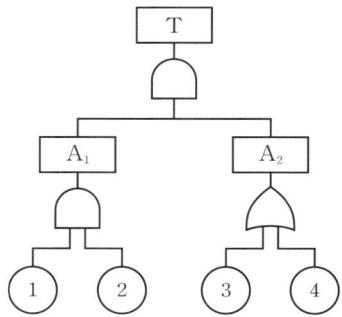

① 최소 패스셋: {1}, {2}, {3, 4}, R(t)=0.9081
② 최소 패스셋: {1}, {2}, {3, 4}, R(t)=0.9981
③ 최소 패스셋: {1, 2, 3}, {1, 2, 4}, R(t)=0.9081
④ 최소 패스셋: {1, 2, 3}, {1, 2, 4}, R(t)=0.9981

해설

• 최소 패스셋 계산

FT도에서 최소 패스셋을 구할 때 AND 게이트와 OR 게이트를 반대로 나타내고 최소 컷셋을 구하면 된다.

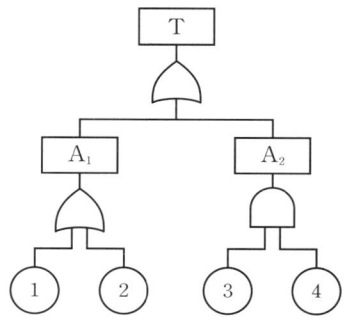

$$T=\begin{pmatrix} A_1 \\ A_2 \end{pmatrix}=\begin{pmatrix} 1 \\ 2 \\ 3\ 4 \end{pmatrix}$$

따라서 최소 패스셋은 (1), (2), (3 4)이다.

• 신뢰도 계산

A_1의 고장발생확률=0.1×0.1=0.01

A_2의 고장발생확률=1-(1-0.1)×(1-0.1)=0.19

T의 고장발생확률=A_1×A_2=0.01×0.19=0.0019

신뢰도=1-고장발생확률=1-0.0019=0.9981

044

4회 출제

다음 중 부품배치의 원칙에 해당하지 않는 것은?

① 희소성의 원칙
② 사용 빈도의 원칙
③ 기능별 배치의 원칙
④ 사용 순서의 원칙

해설 **부품배치의 원칙**

• 중요성의 원칙: 목표달성에 중요한 정도에 따라 부품을 배치한다.
• 사용 빈도의 원칙: 자주 사용하는 부품을 가까이에 배치한다.
• 기능별 배치의 원칙: 기능이 유사한 부품끼리 배치한다.
• 사용 순서의 원칙: 사용 순서에 따라 부품을 배치한다.

045

3회 출제

설비의 고장과 같이 발생확률이 낮은 사건의 특정시간 또는 구간에서의 발생횟수를 측정하는 데 가장 적합한 확률분포는?

① 와이블분포(Weibull Distribution)
② 푸아송분포(Poisson Distribution)
③ 지수분포(Exponential Distribution)
④ 이항분포(Binomial Distribution)

해설 **Poisson 과정**

• 단위시간 안에 어떤 사건이 몇 번 발생할 것인지를 표현하는 분포가 푸아송분포로 나타나는 과정이다.
• 설비의 고장과 같이 특정시간(구간)에 사건의 발생확률이 적은 경우 그 사건의 발생횟수를 측정하는 데 적합하다.

관련개념 **확률분포의 종류**

• 와이블분포: 재료의 파괴강도를 분석하면서 고안한 확률분포로, 기계부품의 수명분포를 표현하는 데 적합하다.
• 지수분포: 설비의 고장률이 설비의 사용기간에 영향을 미치지 않는 일정한 수명분포로, 시간당 고장률이 일정한 설비의 고장 간격을 측정할 때 사용한다.
• 이항분포: 연속된 n번의 독립적 시행에서 각 시행이 확률 P를 가질 때의 이산확률분포이다.

046

5회 출제

태양광선이 내리쬐는 옥외장소의 자연습구온도 23[℃], 흑구온도 20[℃], 건구온도 30[℃]일 때 습구흑구온도지수 (WBGT)는?

① 22.1[℃]

② 23.1[℃]

③ 25.3[℃]

④ 27.3[℃]

해설 태양광선이 내리쬐는 옥외장소의 습구흑구온도지수

WBGT=0.7 × 자연습구온도+0.2 × 흑구온도+0.1 × 건구온도

$\quad$ =0.7×23+0.2×20+0.1×30=23.1[℃]

관련개념 습구흑구온도지수(WBGT ; Wet Bulb Globe Temperature)

· 옥외 WBGT[℃]=0.7×NWB+0.2×GT+0.1×NDB

· 실내 WBGT[℃]=0.7×NWB+0.3×GT

· NWB(자연습구온도 ; Natural Wet Bulb Temperature)

· GT(흑구온도 ; Globe Temperature)

· NDB(건구온도 ; Natural Dry Bulb Temperature)

047

3회 출제

FTA에서 사용하는 다음 사상기호에 대한 설명으로 맞는 것은?

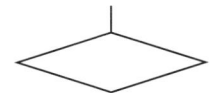

① 시스템 분석에서 좀 더 발전시켜야 하는 사상

② 시스템의 정상적인 가동상태에서 일어날 것이 기대되는 사상

③ 불충분한 자료로 결론을 내릴 수 없어 더 이상 전개할 수 없는 사상

④ 주어진 시스템의 기본사상으로 고장원인이 분석되었기 때문에 더 이상 분석할 필요가 없는 사상

해설

기호	명칭	설명
◇	생략사상 (최후사상)	정보부족, 해석기술 불충분으로 더 이상 전개할 수 없는 사상

048

4회 출제

화학설비에 대한 안전성 평가 6단계 중 4단계에 해당하는 것은?

① 안전대책수립

② 정량적 평가

③ 재평가

④ 정성적 평가

해설 화학설비의 안전성 평가 6단계

1단계	관계자료의 작성 준비
2단계	· 정성적 평가 · 설계(공장의 입지조건, 공장 내 배치)와 운전관계에 대한 평가
3단계	· 정량적 평가 · 취급물질, 용량, 온도, 압력 및 조작을 통한 위험도 평가
4단계	· 안전대책수립 · 설비대책과 관리적 대책
5단계	재해 정보에 의한 재평가
6단계	FTA에 의한 재평가

049

3회 출제

NIOSH Lifting Guideline에서 권장무게한계(RWL) 산출에 사용되는 계수가 아닌 것은?

① 휴식 계수

② 수평 계수

③ 수직 계수

④ 비대칭 계수

해설

휴식 계수는 NIOSH의 권장 평균 에너지소비량과 관련된 지수이다.

관련개념 NIOSH 들기지수

· NIOSH의 중량물 취급지수를 말한다.

· 물체의 무게[kg]/RWL[kg]로 구하며, RWL은 추천 중량한계(들기 편한 정도의 값)이다.

· RWL=23[kg]×HM×VM×DM×AM×FM×CM

여기서, HM: 수평 계수, VM: 수직 계수, DM: 거리 계수

$\quad$ AM: 비대칭성 계수, FM: 빈도 계수, CM: 결합 계수

050

4회 출제

서브시스템, 구성요소, 기능 등의 잠재적 고장형태에 따른 시스템의 위험을 파악하는 위험분석기법으로 옳은 것은?

① ETA(Event Tree Analysis)
② HEA(Human Error Analysis)
③ PHA(Preliminary Hazard Analysis)
④ FMEA(Failure Mode and Effect Analysis)

해설 고장형태와 영향분석법(FMEA; Failure Mode and Effect Analysis)

시스템 위험을 정성적, 귀납적으로 분석하는 기법으로, 시스템에 영향을 미치는 모든 요소의 고장을 형태별로 분석하여 그 영향을 검토하는 분석기법이다.

051

9회 출제

동작경제의 원칙 중 작업장 배치에 관한 원칙에 해당하는 것은?

① 공구의 기능을 결합하여 사용하도록 한다.
② 두 팔의 동작은 동시에 서로 반대방향으로 대칭적으로 움직이도록 한다.
③ 가능하다면 쉽고도 자연스러운 리듬이 작업동작에 생기도록 작업을 배치한다.
④ 공구나 재료는 작업동작이 원활하게 수행하도록 그 위치를 정해준다.

해설

①은 공구 및 설비 디자인, ②, ③은 신체 사용에 관한 원칙에 해당한다.

관련개념 동작경제의 원칙

신체 사용의 원칙	• 두 손의 동작은 동시에 시작해서 동시에 끝나야 한다. • 휴식시간을 제외하고는 양손을 같이 쉬게 해서는 안 된다. • 손의 동작은 유연하고 연속적이어야 한다. • 동작이 급작스럽게 바뀌는 직선 동작은 피해야 한다. • 두 팔의 동작은 동시에 서로 반대방향으로 대칭적으로 움직이도록 한다.
작업장 배치의 원칙	• 공구, 재료 및 제어장치는 사용하기 가까운 곳에 배치해야 한다. • 공구나 재료는 작업동작이 원활하게 수행되도록 그 위치를 정해준다.
공구 및 설비 디자인의 원칙	• 서로 다른 공구의 기능을 결합하여 사용하도록 한다. • 치구나 족답장치를 이용하여 양손이 다른 일을 할 수 있도록 한다.

052

2회 출제

국제표준화기구(ISO)의 수직진동에 대한 피로−저감숙달경계(Fatigue−Decreased Proficiency Boundary) 표준 중 내구수준이 가장 낮은 범위로 옳은 것은?

① 1~3[Hz]
② 4~8[Hz]
③ 9~13[Hz]
④ 14~18[Hz]

해설

국제표준화기구(ISO)는 수직진동에 대한 피로−저감숙달경계 표준으로 4~8[Hz] 범위대에서 인체의 내구수준이 가장 저하되는 것으로 지정하였다.

053

2회 출제

경보사이렌으로부터 10[m] 떨어진 곳에서 음압수준이 140[dB]이면 100[m] 떨어진 곳에서 음의 강도는 얼마인가?

① 100[dB]
② 110[dB]
③ 120[dB]
④ 140[dB]

해설 두 거리에 따른 음의 변화

$$dB_2 = dB_1 - 20\log\frac{d_2}{d_1} = 140 - 20\log\frac{100}{10} = 120[dB]$$

여기서, d: 거리

054

1회 출제

작업만족도(Job Satisfaction)는 작업설계(Job Design)를 함에 있어 철학적으로 고려해야 할 사항이다. 다음 중 작업만족도를 얻기 위한 수단으로 볼 수 없는 것은?

① 작업확대(Job Enlargement)
② 작업윤택화(Job Enrichment)
③ 작업감소(Job Reduce)
④ 작업순환(Job Rotation)

해설 작업만족도(Job Satisfaction)를 위한 고려사항

• 작업순환(Job Rotation)
• 작업확대(Job Enlargement)
• 작업윤택화(Job Enrichment)

055

다음 중 시스템 신뢰도에 관한 설명으로 옳지 않은 것은?

① 시스템의 성공적 퍼포먼스를 확률로 나타낸 것이다.
② 각 부품이 동일한 신뢰도를 가질 경우 직렬구조의 신뢰도는 병렬구조에 비해 신뢰도가 낮다.
③ 병렬구조는 시스템의 어느 한 부품이 고장나면 시스템이 고장나는 구조이다.
④ n중 k구조는 n개의 부품으로 구성된 시스템에서 k개 이상의 부품이 작동하면 시스템이 정상적으로 가동되는 구조이다.

해설 **시스템의 수명 및 신뢰성**

- 병렬설계 및 디레이팅 기술로 시스템의 신뢰성을 증가시킬 수 있다.
- 병렬시스템에서는 부품들 중 최대 수명을 갖는 부품에 의해 시스템 수명이 결정된다.
- 직렬시스템에서는 부품들 중 최소 수명을 갖는 부품에 의해 시스템 수명이 결정된다.
- 수리가 가능한 시스템의 평균 수명(MTBF)은 평균 고장률(λ)과 반비례 관계가 성립한다.
- 수리가 불가능한 구성요소로 병렬구조를 갖는 설비는 중복도가 늘어날수록 시스템 수명이 길어진다.

056

다음 FT도에서 최소 컷셋을 올바르게 구한 것은?

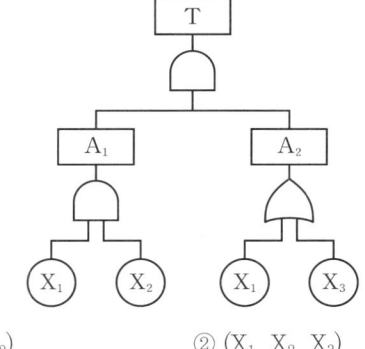

① (X_1, X_2)　　　　② (X_1, X_2, X_3)
③ (X_1, X_3)　　　　④ (X_2, X_3)

해설

$T = A_1 \cdot A_2 = (X_1 \ X_2) \cdot \begin{pmatrix} X_1 \\ X_3 \end{pmatrix} = \begin{pmatrix} X_1 \ X_2 \ X_1 \\ X_1 \ X_2 \ X_3 \end{pmatrix} = \begin{pmatrix} X_1 \ X_2 \\ X_1 \ X_2 \ X_3 \end{pmatrix}$

컷셋은 $(X_1 \ X_2)$, $(X_1 \ X_2 \ X_3)$이므로 최소 컷셋은 $(X_1 \ X_2)$이다.

057

청각적 표시장치와 시각적 표지장치 중 시각적 표시장치를 사용하는 것이 더 유리한 경우는?

① 정보가 간단할 때
② 직무상 수신자가 자주 움직일 때
③ 정보가 일정시간 경과 후 재참조될 때
④ 정보전달이 즉각적인 행동을 요구할 때

해설 **시각적 표시장치와 청각적 표시장치의 비교**

시각적 표시장치	・수신 장소의 소음이 심한 경우 ・정보가 공간적인 위치를 다룬 경우 ・정보의 내용이 복잡하고 긴 경우 ・직무상 수신자가 한 곳에 머무르는 경우 ・메시지를 추후 참고할 필요가 있는 경우 ・정보의 내용이 즉각적인 행동을 요구하지 않는 경우
청각적 표시장치	・수신 장소가 너무 밝거나 암순응이 요구되는 경우 ・정보의 내용이 시간적인 사건을 다루는 경우 ・정보의 내용이 간단한 경우 ・직무상 수신자가 자주 움직이는 경우 ・정보의 내용이 후에 재참조되지 않는 경우 ・메시지가 즉각적인 행동을 요구하는 경우

058

산업안전보건법령상 해당 사업주가 유해위험방지계획서를 작성하여 제출해야 하는 대상은?

① 시・도지사　　　　② 관할 구청장
③ 고용노동부장관　　④ 행정안전부장관

해설

사업주는 유해위험방지계획서를 작성하여 고용노동부령으로 정하는 바에 따라 고용노동부장관에게 제출하고 심사를 받아야 한다.

059

5회 출제

각각 1.2×10^4시간의 수명을 가진 요소 4개가 병렬계를 이룰 때 이 계의 수명은 얼마인가?

① 3.0×10^3시간

② 1.2×10^4시간

③ 2.5×10^4시간

④ 4.8×10^4시간

해설

평균수명이 1.2×10^4시간인 부품 4개를 병렬로 구성하였을 때 기대수명은 $\left(1 + \frac{1}{2} + \frac{1}{3} + \frac{1}{4}\right) \times (1.2 \times 10^4) = 2.5 \times 10^4$시간이다.

관련개념 n개의 요소를 갖는 지수분포를 따르는 부품의 기대수명

• 평균수명이 t인 부품 n개를 직렬로 구성하였을 때 기대수명은 $\frac{t}{n}$이다.

• 평균수명이 t인 부품 n개를 병렬로 구성하였을 때 기대수명은 $\left(1 + \frac{1}{2} + \cdots + \frac{1}{n}\right) \times t$이다.

060

2회 출제

다음 중 인간의 눈이 일반적으로 완전 암조응에 걸리는 데 소요되는 시간은?

① 5~10분

② 10~20분

③ 30~40분

④ 50~60분

해설 **순응(조응)**

갑자기 어두운 곳에 들어가면 보이지 않거나 갑자기 밝은 곳에 노출되면 눈이 부시지만 시간이 지나면서 점차 사물의 형상을 알 수 있는데, 이러한 광도 수준에 대한 적응을 순응(Adaption) 또는 조응이라고 한다.

• **암순응(암조응)**: 우리 눈이 어둠에 적응하는 과정으로 로돕신 (Rhodopsin)이 증가하여 간상세포의 감도가 높아진다.(약 30~40분 정도 소요)

• **명순응(명조응)**: 우리 눈이 밝음에 적응하는 과정으로 로돕신이 감소하여 원추세포가 기능한다.(약 수초 내지 1~2분 소요)

건설시공학

061

7회 출제

강말뚝의 특징에 관한 설명으로 옳지 않은 것은?

① 휨강성이 크고 자중이 철근콘크리트말뚝보다 가벼워 운반취급이 용이하다.

② 강재이기 때문에 균질한 재료로서 대량생산이 가능하고 재질에 대한 신뢰성이 크다.

③ 표준관입시험 N값 50 정도의 경질지반에도 사용이 가능하다.

④ 지중에서 부식되지 않으며 타 말뚝에 비하여 재료비가 저렴한 편이다.

해설

강말뚝은 지반환경에 따라서 연간 0.05~0.1[mm] 정도 부식된다.

관련개념 **강재말뚝**

• 길이의 조절이 용이하고, 경량이기 때문에 운반 및 취급이 간단하다.

• 상부구조와의 결합이 용이하고, 현장접합도 가능하다.

• 재료비가 고가이다.

• 부식에 의한 내구성 저하가 우려된다.

• 강한 타격에도 견디며, 다져진 중간지층의 관통도 가능하다.

• 지지력이 크고, 이음이 안전하고 강하므로 장척말뚝에 적당하다.

• 타설할 때 중심간격은 말뚝머리 지름의 2.0배 이상, 75[cm] 이상으로 한다.

062

건물의 중앙부만 남겨두고, 주위 부분에 먼저 흙막이를 설치하고 굴착하여 기초부와 주위벽체, 바닥판 등을 구축하고 난 다음 중앙부를 시공하는 터파기 공법은?

① 아일랜드 컷 공법　　　② 지멘스 웰 공법
③ 트렌치 컷 공법　　　　④ 복수공법

해설 **트렌치 컷 공법**

㉠ 중앙부를 남기고 주변부를 먼저 굴착한다.
㉡ 주변부의 흙막이를 가시설 하여 구조체를 완성한다.
㉢ 완성된 구조체를 흙막이 벽체로 하여 중앙부 구조체를 완성한다.

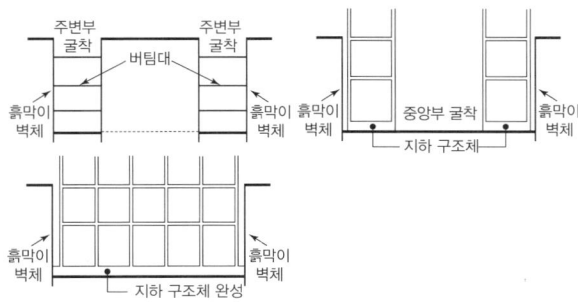

관련개념

아일랜드 컷 공법

㉠ 중앙부를 굴착한 후 중앙부 구조체를 시공한다.
㉡ 중앙부 구조체를 흙막이 벽체 버팀대로 지지하며 굴착한다.
㉢ 나머지 지하구조체를 시공한다.

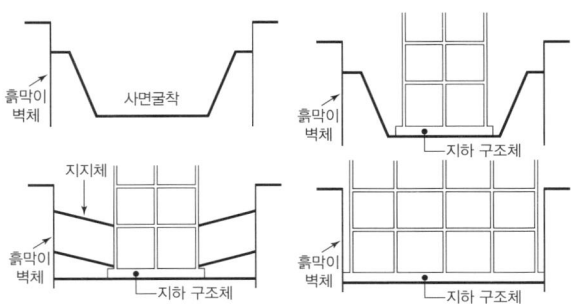

지멘스 웰 공법

지반 개량공법으로 땅 속에 집수정을 만들어 지하수를 탈수시켜 지반강도를 증대시키는 공법이다.

복수공법

사질지반의 압축침하, 점토지반의 압밀침하 등을 방지하기 위해 굴착주변 지반에 일정량의 물을 주수하여 흙의 함수량 변화를 적게 하면서 주변지반의 악영향을 막는 공법이다.

063

불량품, 결점, 고장 등의 발생건수를 현상과 원인별로 분류하고, 여러 가지 데이터를 항목별로 분류해서 문제의 크기 순서로 나열하여 그 크기를 막대그래프로 표기한 품질관리 도구는?

① 파레토그램　　　　　② 특성요인도
③ 히스토그램　　　　　④ 체크시트

해설 **품질관리(TQC)의 7대 도구**

구분	내용
파레토도 (영향도)	불량품, 고장, 결점 등의 발생건수를 원인과 현상별로 분류하고, 문제의 크기 순서로 나열하여 그 크기를 막대그래프로 표기하며, 크기를 순차적으로 누적하여 절선그래프로 나타낸 것
특성요인도 (원인결과도)	결과에 대하여 원인이 어떻게 관계하고 있는지 한눈에 알아 볼 수 있도록 작성한 생선뼈 모양의 그림
히스토그램 (분포도)	무게, 강도, 길이 등과 같이 계량치의 데이터가 어떠한 분포를 나타내고 있는지를 판단하기 위하여 작성하는 기둥그래프
산점도 (분포도)	대응되는 2개의 짝으로 된 데이터를 그래프 용지 위에 점으로 나타낸 것
체크시트 (집중도)	계수치의 데이터가 분류 항목 중 어디에 집중되어 있는가를 알아보기 쉽게 표로 나타낸 것
관리도	한눈에 파악되도록 꺾은선이나 막대를 이용하여 나타낸 것
층별	집단을 구성하고 있는 데이터를 특성에 따라 부분집단으로 나누는 것

064

조적식구조에서 조적식구조인 내력벽으로 둘러싸인 부분의 최대 바닥면적은 얼마인가?

① 60[m²]　　　　　　　② 80[m²]
③ 100[m²]　　　　　　④ 120[m²]

해설 **소규모건축구조기준 조적식구조**

· 건축물의 한 층에서 조적식 내력벽으로 둘러싸인 한 개 실의 바닥면적은 80[m²] 이하로 하여야 한다.
· 내력벽의 길이는 10[m] 이하로 하여야 한다.
· 모든 내력벽의 두께는 190[mm] 이상으로 하여야 한다.
· 비내력벽은 90[mm]로 시공할 수 있으나 벽량계산에서는 제외한다.

065

철골공사에서 철골 세우기 순서가 옳게 연결된 것은?

> A. 기초 볼트 위치 재점검
> B. 기둥 중심선 먹매김
> C. 기둥 세우기
> D. 주각부 모르타르 채움
> E. Base Plate의 높이 조정용 Plate 고정

① A → B → C → D → E
② B → A → E → C → D
③ B → A → C → D → E
④ E → D → B → A → C

해설 **철골기둥 세우기 시공순서(주각부 모르타르 나중 채워넣는 방식의 시공순서)**
㉠ 기둥 중심선 먹매김
㉡ 기초 볼트 위치 재점검
㉢ Base Plate의 높이 조정용 Liner Plate 고정
㉣ 기둥 세우기
㉤ 주각부 모르타르 채움

066

기초의 종류 중 지정형식에 따른 분류에 속하지 않는 것은?

① 직접기초
② 피어기초
③ 복합기초
④ 잠함기초

해설
복합기초는 기초판의 형식에 의한 분류에 해당한다. 지정형식에 의한 분류는 얕은 기초(직접기초)와 깊은 기초로 구분된다.

관련개념 **기초의 분류**

구분	분류
기초판(슬래브)의 형식	• 푸팅기초(독립기초, 복합기초, 연속기초) • 온통(전체)기초
지정의 형식	• 얕은 기초(전체기초, 프로팅기초, 지반개량) • 깊은 기초(말뚝기초, 피어기초, 잠함기초)

067

콘크리트는 신속하게 운반하여 즉시 타설하고, 충분히 다져야 하는데 비비기로부터 타설이 끝날 때까지의 시간은 원칙적으로 얼마를 넘어서면 안 되는가? (단, 외기온도가 25[℃] 이상일 경우이다.)

① 1.5시간
② 2시간
③ 2.5시간
④ 3시간

해설
콘크리트는 신속하게 운반하여 즉시 타설하고, 충분히 다져야 한다. 비비기로부터 타설이 끝날 때까지의 시간은 원칙적으로 외기온도가 25[℃] 이상일 때는 1.5시간, 25[℃] 미만일 때에는 2시간을 넘어서는 안 된다. 다만, 양질의 지연제 등을 사용하여 응결을 지연시키는 등의 특별한 조치를 강구한 경우에는 콘크리트의 품질변동이 없는 범위 내에서 책임기술자의 승인을 받아 이 시간제한을 변경할 수 있다.

068

철근이음에 관한 설명으로 옳지 않은 것은?

① 철근의 이음부는 구조내력상 취약점이 되는 곳이다.
② 이음위치는 되도록 응력이 큰 곳을 피하도록 한다.
③ 이음이 한 곳에 집중되지 않도록 엇갈리게 교대로 분산시켜야 한다.
④ 응력 전달이 원활하도록 한 곳에서 철근 수의 반 이상을 이어야 한다.

해설 **철근의 이음위치**
• 철근의 이음을 한 곳에서 철근 수의 반 이상을 이어서는 안 된다.
• 철근의 이음위치는 인장력이 큰 곳은 피한다.
• 이음이 한 곳에 집중되지 않도록 이음위치를 엇갈리게 분산시킨다.
• 보의 주근이음에서는 하부근은 단부에, 상부근은 중앙에, 굽힘근은 굽힘부에 이음위치를 둔다.

069

실비에 제한을 붙이고 시공자에게 제한된 금액 이내에 공사를 완성할 책임을 주는 공사방식은?

① 실비 비율 보수가산식
② 실비 정액 보수가산식
③ 실비 한정비율 보수가산식
④ 실비 준동률 보수가산식

해설 **실비 한정비율 보수가산식 도급**

실비에 제한을 두고 시공자에게 제한된 금액 내에서 공사를 완성할 책임을 주는 방식이다.

관련개념 **보수가산 방식의 종류**
- 실비 비율 보수가산식: 공사의 진척에 따라 정해진 실비와 이 실비에 미리 정한 비율을 곱한 금액을 지불하는 방식이다.
- 실비 정액 보수가산식: 실비여하를 막론하고 미리 정한 일정액의 보수만을 지불하는 방식이다.
- 실비 준동률 보수가산식: 실비에 제한을 두고, 시공자에게 제한된 금액 내에서 변환비율로 보수를 지급하는 방식이다.

070

공사계약 중 재계약 조건이 아닌 것은?

① 설계도면 및 시방서(Specification)의 중대결함 및 오류에 기인한 경우
② 계약상 현장조건 및 시공조건이 상이(Difference)한 경우
③ 계약사항에 중대한 변경이 있는 경우
④ 정당한 이유 없이 공사를 착수하지 않은 경우

해설

'정당한 이유 없이 공사를 착수하지 않은 경우'는 계약 불이행 지체상금 부담, 계약파기 조건에 해당한다.

관련개념 **공사계약의 재계약 조건**
- 설계서의 내용이 불분명하거나 누락, 오류 또는 상호모순되는 점이 있는 경우
- 지질, 용수 등 공사현장의 상태가 설계서와 다를 경우
- 새로운 기술, 공법 사용으로 공사비의 절감 및 시공기간의 단축 등의 효과가 현저할 경우
- 기타 발주기관이 설계서를 변경할 필요가 있다고 인정하는 경우

071

블록의 하루 쌓기 높이는 최대 얼마를 표준으로 하는가?

① 1.5[m] 이내　　　② 1.7[m] 이내
③ 1.9[m] 이내　　　④ 2.1[m] 이내

해설 **쌓기의 일반사항**
- 가로 및 세로줄눈의 너비는 도면 또는 공사시방서에 정한 바가 없을 때에는 10[mm]를 표준으로 한다. 세로줄눈은 통줄눈이 되지 않도록 하고, 수직 일직선상에 오도록 벽돌 나누기를 한다.
- 벽돌쌓기는 도면 또는 공사시방서에 정한 바가 없을 때에는 영식쌓기 또는 화란식쌓기로 한다.
- 가로줄눈의 바탕 모르타르는 일정한 두께로 평평히 펴 바르고, 벽돌을 내리누르듯 규준틀과 벽돌 나누기에 따라 정확히 쌓는다.
- 벽돌은 각부를 가급적 동일한 높이로 쌓아 올라가고, 벽면의 일부 또는 국부적으로 높게 쌓지 않는다.
- 하루의 쌓기 높이는 1.2[m](18켜 정도)를 표준으로 하고, 최대 1.5[m](22켜 정도) 이하로 한다.
- 연속되는 벽면의 일부를 트이게 하여 나중쌓기로 할 때에는 그 부분을 층단 들여쌓기로 한다.
- 벽돌벽이 블록벽과 서로 직각으로 만날 때에는 연결철물을 만들어 블록 3단마다 보강하여 쌓는다.

072

콘크리트 타설과 관련하여 거푸집 붕괴사고 방지를 위하여 우선적으로 검토·확인하여야 할 사항 중 가장 거리가 먼 것은?

① 콘크리트 측압 확인
② 조임철물 배치간격 검토
③ 콘크리트의 단기 집중타설 여부 검토
④ 콘크리트의 강도 측정

해설

콘크리트 강도는 타설 후 양생과정을 거쳐야 측정할 수 있다.

관련개념 **거푸집의 붕괴방지를 위한 조치**
- 거푸집 동바리의 구조검토
  - 조립상태, 간격, 긴결정도, 조임철물의 간격
  - 거푸집 동바리의 간격, 수직도, 수평재, 가새 설치
  - 미검정, 미등록의 불량재 사용금지
- 측압 및 수직하중 검토
- 콘크리트 타설 시 균등 박층 타설

073

1회 출제

해체 및 이동에 편리하도록 제작된 수평활동 시스템 거푸집으로서 터널, 교량, 지하철 등에 주로 적용되는 거푸집은?

① 유로 폼(Euro Form)
② 트래블링 폼(Traveling Form)
③ 워플 폼(Waffle Form)
④ 갱 폼(Gang Form)

해설 **트래블링 폼(Traveling Form)**

동바리, 멍에, 장선 등을 일체로 유니트화한 대형, 수평이동 거푸집으로, 터널, 교량, 지하철, 옹벽 등 토목구조물에 주로 사용한다.

관련개념

• 유로 폼(Euro Form): 일정한 규격으로 미리 합판 등의 뒷면에 강재틀을 붙인 거푸집 패널로 여러 장을 조립하여 사용한다.
• 워플 폼(Waffle Form): 장선슬래브의 장선(Joist)을 직교하여 만든 우물반자 형태의 기성재 거푸집으로, 장스팬의 구조물, 무량판 및 평판구조로 할 때 쓰이는 상자형 거푸집이다.
• 갱 폼(Gang Form): 거푸집을 사용할 때마다 작은 부재의 조립, 분해를 반복하지 않고 대형화, 단순화하여 한 번에 설치하고 해체하는 거푸집으로, 주로 콘도미니엄, 병원, 사무소 같은 벽식구조 건물에 사용된다.

074

3회 출제

어스앵커공법에 관한 설명 중 옳지 않은 것은?

① 인근구조물이나 지중매설물에 관계없이 시공이 가능하다.
② 앵커체가 각각의 구조체이므로 적용성이 좋다.
③ 앵커에 프리스트레스를 주기 때문에 흙막이벽의 변형을 방지하고 주변 지반의 침하를 최소한으로 억제할 수 있다.
④ 본 구조물의 바닥과 기둥의 위치에 관계없이 앵커를 설치할 수도 있다.

해설 **어스앵커공법의 장단점**

장점	단점
• 버팀대가 없기 때문에 대형 장비의 반입 및 작업이 가능하다. • 버팀대가 없기 때문에 굴착 및 구조물작업이 편리하다. • 공기가 단축될 수 있다. • 작업공간이 넓지 않아도 시공이 가능하다. • 지하경사지의 흙막이가 가능하다. • 지반조건에 변화가 있어도 앵커의 설계변경이 용이하다.	• 시공비가 많이 소요된다. • 인접대지에 장착해야 하는 경우, 법적·경제적인 문제가 발생할 수 있다.

관련개념 **어스앵커공법(Earth Anchor Method)**

• 어스드릴로 흙막이벽을 뚫고 그 속에 철근이나 PC 강선을 넣은 후, 여기에 모르타르로 그라우팅(Grouting)하여 경화시킨 뒤 흙막이벽을 수평력에 저항시키는 공법이다.
• 어스앵커는 주변 기구조물 하부에 천공하여 정착되므로 구조물이나 지중매설물을 고려해야 한다.
• 어스앵커는 자유장, 정착장, 인장재로 구성되어 있다.

075

3회 출제

석공사에서 대리석 붙이기에 관한 내용으로 틀린 것은?

① 대리석은 실내보다는 주로 외장용으로 많이 사용한다.

② 대리석 붙이기 연결철물은 10#~20#의 황동쇠선을 사용한다.

③ 대리석 붙이기 최하단은 충격에 쉽게 파손되므로 충진재를 넣는다.

④ 대리석은 시멘트 모르타르로 붙이면 알칼리성분에 의하여 변색·오염될 수 있다.

해설 대리석

• 견고하며 내수성이 있다.

• 색채와 반점이 아름다우며 연마하면 광택이 난다.

• 내마모성이 부족하고 풍화되기 쉬우므로 공업도시나 강우량이 많은 지방에서는 옥외용으로 적합하지 않고 실내 장식재, 조각재로 적당하다.

076

2회 출제

지반조사 시 시추주상도 보고서에서 확인사항과 거리가 먼 것은?

① 지층의 확인 ② Slime의 두께 확인

③ 지하수위 확인 ④ N값의 확인

해설 시추주상도 보고서 확인사항

• **지층의 확인** – 표고, 심도, 층후

• **지하수위 확인**

• **지층별 N치의 확인** – 사질토의 상대밀도, 점성토의 전단강도 확인

• 시료채취 – 채취된 시료로 실내토질시험(흙의 물리적, 역학적 성질확인)

• 투수계수 – 시추공 내 물을 뽑아 투수계수 산정

• 타격횟수 – 63.5[kg]의 해머를 762[mm] 높이에서 자유낙하

• 암반의 절리간격을 스케치

• TCR, RQD

077

4회 출제

속빈 콘크리트블록의 규격 중 기본 블록 치수가 아닌 것은?

① 390×190×190 ② 390×190×150

③ 390×190×100 ④ 390×190×80

해설 속빈 콘크리트블록의 규격(KS F 4002)

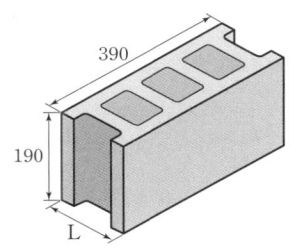

형상	치수[mm]			허용차[mm]
	길이	높이	두께	
기본 블록	390	190	190 150 100	±2
이형 블록	가로근용 블록, 모서리용 블록과 같이 기본 블록과 동일한 크기인 것의 치수 및 허용차는 기본 블록에 준한다. 다만, 그 외의 경우에는 당사자 사이의 협의에 따른다.			

속빈 콘크리트블록의 치수＝길이×높이×두께

이때 길이와 높이는 고정된 규격이고, 두께는 100[mm](4인치), 150[mm](6인치), 190[mm](8인치)의 3가지 종류이다.

078

2회 출제

당해 공사의 특수한 조건에 따라 표준시방서에 대하여 추가, 변경, 삭제를 규정한 시방서는?

① 안내시방서 ② 특기시방서

③ 자료시방서 ④ 공사시방서

해설 시방서의 종류

• 안내시방서: 공사시방서를 작성할 때 지침이나 참고가 되는 시방서

• 일반시방서: 비기술적인 사항을 표기한 시방서

• 공사시방서: 특정공사를 위하여 작성된 시방서로, 실시 설계도면과 더불어 공사의 내용을 보여줌

• 표준시방서: 국토교통부가 제정한 공사 전반의 제반 규정에 대하여 작성된 시방서

• **특기시방서**: 표준시방서 이외의 특기사항에 대하여 작성한 시방서

079

용접불량의 일종으로 용접의 끝부분에서 용착금속이 채워지지 않고 홈처럼 오목하게 남아 있는 부분을 무엇이라 하는가?

① 언더컷　　　　　　　② 오버랩
③ 크레이터　　　　　　④ 크랙

해설 용접결함의 종류

슬래그 섞임	모재와 용접봉의 피복재 심선이 변하여 생긴 회분이 용착금속 내에 섞이는 것으로 과소전류, 운봉조작 불완전 등이 발생원인이다.
언더컷(Under Cut)	모재가 녹아서 **용착금속이 채워지지 않고 홈으로 남게 된 부분**으로 원인은 과대전류 또는 부적당한 용접봉 사용이다.
오버랩(Overlap)	용접금속과 모재가 융합되지 않고 겹쳐지는 것으로 원인은 약한 전류이다.
블로우홀 (기공, Blow Hole)	금속이 녹아들 때 생기는 작은 틈이나 기포가 발생하는 것으로 모재에 가스(황)잔류, 아크길이 및 전류 부적당의 원인으로 발생한다.
크랙(균열, Crack)	용접 후 냉각 시에 생기는 균열을 말하며, 과대전류 및 모재불량의 원인으로 발생한다.
피트(Pit)	용접부에 생기는 녹이나 미세한 흠이다.
크레이터(Crater)	아크용접 시 끝부분이 항아리 모양으로 파이는 현상으로 과대전류 및 부적합한 운봉의 원인으로 발생한다.
용입불량	용입길이가 충분하지 않은 것으로 과소전류, 운봉속도의 부적당 등이 발생원인이다.

080

지반개량공법 중 강제압밀 또는 강제압밀탈수공법에 해당하지 않는 것은?

① 프리로딩공법　　　　② 페이퍼드레인공법
③ 고결공법　　　　　　④ 샌드드레인공법

해설

고결공법은 지반을 약액이나 여러 방법으로 굳혀 개량하는 약액주입법이다.

관련개념 지반개량공법의 종류

공법	내용
치환법	연약토를 양질토로 치환하여 양질의 지지층을 만드는 공법이다.
탈수법	지반 중의 수분을 탈수시킴으로써 지반의 밀도를 높이는 공법이다. • 사질토의 경우: 웰포인트공법 • 점성토의 경우: 샌드드레인공법
다짐법	주로 사질지반에 적용하는 공법으로 다짐기계를 이용한다. • 진동법: 바이브로플로테이션공법 • 치환·압축법: 샌드컴팩션파일공법
약액주입법	방수효과를 높이는 것과 연약지반을 고결시켜 지내력을 증강시키는 목적으로 이용되는데, 주입제로는 벤토나이트, 시멘트, 점토, 약액, 아스팔트 등이 있다.

건설재료학

081
5회 출제

굳지 않은 콘크리트의 성질을 표시한 용어가 아닌 것은?

① 워커빌리티(Workability)
② 펌퍼빌리티(Pumpability)
③ 플라스티시티(Plasticity)
④ 크리프(Creep)

해설 **굳지 않은 콘크리트의 성질**

워커빌리티 (Workability)	반죽질기에 따른 작업의 난이도 정도 및 재료분리에 저항하는 정도를 나타내는 굳지 않은 콘크리트의 성질
펌퍼빌리티 (Pumpability)	펌프에 의해 운반을 실시하는 경우 콘크리트의 압송성
플라스티시티 (Plasticity)	거푸집에 쉽게 다져 넣을 수 있고, 거푸집을 제거하면 천천히 변하는 굳지 않은 콘크리트의 성질
컨시스턴시 (Consistency)	주로 수량의 다소에 의한 부드러운 정도를 나타내는 것으로, 콘크리트를 타설할 때의 유동성에 영향을 미치고 일반적으로 슬럼프의 값으로 측정함
피니셔빌리티 (Finishability)	굵은 골재의 최대치수, 잔골재율, 잔골재의 입도 등에 의한 마무리의 용역도를 나타냄

관련개념 **크리프(Creep)**
응력이 일정하게 작용하여 크기의 변화가 없더라도 변형률이 시간 경과에 따라 증가하는 현상을 말한다.

082
2회 출제

평판성형되어 유리의 대체재로서 사용되는 것으로 유기질 유리라고 불리우는 것은?

① 아크릴 수지
② 페놀 수지
③ 폴리에틸렌 수지
④ 요소 수지

해설 **아크릴 수지**
• 열가소성 수지로 유기질 유리라고도 한다.
• 무색투명한 판은 광선 및 자외선의 투과성이 크고, 내약품성, 전기절연성이 크며, 내충격강도는 무기재료보다 10배 정도 더 크다.
• 항공기나 자동차의 방풍유리, 조명기구, 렌즈 등으로 쓰인다.

083
2회 출제

목재의 심재와 변재를 비교한 설명 중 옳지 않은 것은?

① 심재가 변재보다 다량의 수액을 포함하고 있어 비중이 작다.
② 심재가 변재보다 신축이 적다.
③ 심재가 변재보다 내후성, 내구성이 크다.
④ 일반적으로 심재가 변재보다 강도가 크다.

해설
심재는 목재의 중앙부로, 수지 등이 고결되어 비중이 크다.

관련개념 **목재의 심재와 변재**

심재	• 목재 단면의 수심과 가까운 중앙부이다. • 수심과 변재 사이의 재료이다. • 세포가 죽어서 고화되고 수지, 색소, 광물질 등이 고결되어 강도가 크게 되고, 수분이 적고 단단하여 잘 부패되지 않는다. • 암갈색으로 진하게 착색된다.
변재	• 보통 백태라고도 하며 목재 단면의 수심에서 볼 때 수피쪽에 가까운 재료이다. • 양분을 저장하는 역할을 하므로 수액이 많이 포함되어 있고 유연하며 대부분의 세포가 살아있다. • 수분이 많아 부패, 변형의 우려가 많고 강도가 작아 목재로서의 가치가 심재보다 못하다.

084
5회 출제

역청재료의 침입도 시험에서 질량 100[g]의 표준침이 5초 동안에 10[mm] 관입했다면 이 재료의 침입도는 얼마인가?

① 1
② 10
③ 100
④ 1,000

해설 **역청재료의 침입도 계산**

$$침입도 = \frac{5초\ 동안\ 관입깊이}{0.1[mm]} = \frac{10[mm]}{0.1[mm]} = 100$$

관련개념 **침입도**
• 물질의 점조도나 경도 등을 나타내는 척도의 일종으로 어떤 물질 속에 일정한 모양의 침(바늘)이 일정온도에서, 일정시간에 관입되는 깊이이다.
• 아스팔트의 침입도는 25[℃], 100[g], 5초가 표준으로 바늘이 관입한 깊이를 0.1[mm] 단위로 표기한다.
• 스트레이트 아스팔트의 침입도는 0~300 정도이고, 블로운 아스팔트의 침입도는 0~40 정도이다.

085

표면건조포화상태의 잔골재 500[g]을 건조시켜 기건상태에서 측정한 결과 460[g], 절대건조상태에서 측정한 결과가 440[g]이었다. 흡수율[%]은?

① 8[%]
② 8.7[%]
③ 12[%]
④ 13.6[%]

해설 **골재의 흡수율**

수분이 전혀 없는 골재가 수분을 흡수할 수 있는 수분량의 비이다.

$$흡수율 = \frac{표면건조포화상태\ 질량 - 절대건조상태\ 질량}{절대건조상태\ 질량} \times 100$$

$$= \frac{500 - 440}{440} \times 100 = 13.6[\%]$$

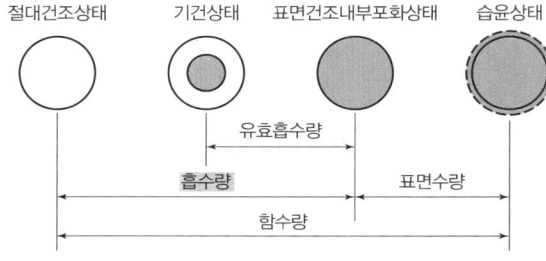

086

건축재료의 성질을 물리적 성질과 역학적 성질로 구분할 때 물체의 운동에 관한 성질인 역학적 성질에 속하지 않는 항목은?

① 비중
② 탄성
③ 강성
④ 소성

해설 **역학적 성질과 물리적 성질**

역학적 성질	물리적 성질
• 응력과 하중 • 강성 • 탄성과 소성 • 응력변형도 곡선 • 탄성계수 • 강도 • 인성과 취성 • 연성과 전성 • 경도	• 비중 • 함수율 • 흡수와 투수 • 열적 성질 　– 열전도율 　– 열용량 　– 열팽창과 수축 　– 열에 의한 연화 　– 용융 • 빛에 대한 성질 • 음에 대한 성질

087

블로운 아스팔트(Blown Asphalt)를 휘발성 용제에 녹이고 광물분말 등을 가하여 만든 것으로 방수, 접합부 충전 등에 쓰이는 아스팔트 제품은?

① 아스팔트 코팅(Asphalt Coating)
② 아스팔트 그라우트(Asphalt Grout)
③ 아스팔트 시멘트(Asphalt Cement)
④ 아스팔트 콘크리트(Asphalt Concrete)

해설 **아스팔트 코팅**

블로운 아스팔트를 휘발성 용제에 녹이고 석면, 광물분말 등을 가하여 만든 것으로 방수층 단부나 배수관 둘레의 실링재 등에 사용된다.

관련개념 **아스팔트 혼합물**

구분	내용
아스팔트 그라우트	• 원유로부터 아스팔트 성분을 가능한 한 변화시키지 않고 추출한 스트레이트 아스팔트와 돌가루, 모래를 가열·혼합한 물질 • 유동성을 이용하여 석재의 고착·충전 등에 사용
아스팔트 시멘트	고형 상태의 아스팔트를 과열되지 않도록 인화점 이하에서 화기와 충분히 혼합하여 적당하게 물러진 액상으로 만든 것
아스팔트 콘크리트	• 아스팔트를 녹여서 자갈, 쇄석 등의 골재를 섞은 것 • 도로포장에 쓰임

088

각 석재별 주용도를 표기한 것으로 옳지 않은 것은?

① 화강암: 외장재
② 석회암: 구조재
③ 대리석: 내장재
④ 점판암: 지붕재

해설 **석회암**

• 화성암 중의 석회분이 물에 녹아 바다 속에 침전되어 퇴적, 응고한 것으로 주성분은 탄산석회($CaCO_3$), 즉 방해석으로 백색, 회색이며 암질은 연하고 경도 3~3.5로 가공이 쉽다.
• 내수성이 크고 대재를 얻을 수 있으며 우리나라에는 매장량이 아주 많아서 시멘트원료로 쓰이고, 석재로서는 도로 포장용 자갈(부순돌)로 쓸 정도이다.
• 석회암은 내화성, 내산성이 부족하여 구조재로 사용하기에는 적절하지 않다.

089

각 창호철물에 관한 설명으로 옳지 않은 것은?

① 피벗힌지(Pivot Hinge): 경첩 대신 축을 사용하여 여 닫이문을 회전시킨다.

② 나이트래치(Night Latch): 외부에서는 열쇠, 내부에서는 작은 손잡이를 틀어 열 수 있는 실린더장치로 된 것이다.

③ 크레센트(Crescent): 여닫이문의 상하단에 붙여 경첩 과 같은 역할을 한다.

④ 래버터리 힌지(Lavatory Hinge): 스프링 힌지의 일종 으로 공중화장실 등에 사용된다.

해설

크레센트는 창문잠금고리로 미닫이문에 적합하다.

피벗힌지

나이트래치

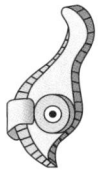
크레센트

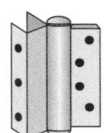
래버터리 힌지

090

다음 미장재료 중 수경성 재료인 것은?

① 회반죽

② 회사벽

③ 석고 플라스터

④ 돌로마이트 플라스터

해설 미장재 분류

기경성 ─ 진흙질 ─ 진흙질 – 진흙(모래), 짚여물의 물반죽

　　　　　　　　　 새벽 – 새벽흙, 모래, 마분여물의 물반죽

　　　　 석회질 ─ 회반죽 – 소석회(모래), 여물, 해초풀 반죽

　　　　　　　　 회사벽 – 핀강회(모래), 여물의 물반죽

　　　　　　　 돌로마이트 플라스터 – 돌로마이트 석회, 모래, 여물의 물반죽

수경성 ─ 석고질 ─ 석고 플라스터 ─ 순석고 플라스터

　　　　　　　　　　　　　　　 배합석고 플라스터

　　　　　　 무수(경)석고 플라스터 – 무수석고, 모래, 여물의 물반죽

　　　　　 시멘트질(모르타르) – 시멘트, 모래(안료, 돌가루)의 물반죽

　　　 테라조 현장바름(인조석바름)

091

에폭시 수지에 관한 설명으로 옳지 않은 것은?

① 에폭시 수지 접착제는 급경성으로 내알칼리성 등의 내 화학성이나 접착력이 크다.

② 에폭시 수지 접착제는 금속, 석재, 도자기, 글라스, 콘 크리트, 플라스틱재 등의 접착에 모두 사용된다.

③ 에폭시 수지 도료는 충격 및 마모에 약해 내부 방청용 으로 사용된다.

④ 경화 시 휘발성이 없으므로 용적의 감소가 극히 적다.

해설

에폭시 수지는 접착성, 경도, 탄력성, 내약품성 등의 성질이 다른 도료에 비해 월등하게 우수하다.

관련개념 에폭시 수지 접착제

• 내수성, 내산성, 내알칼리성, 내용제성, 전기절연성이 우수하다.

• 피막이 단단하고, 유연성이 부족하다.

• 접착력이 강해 합성 수지, 유리, 목재, 천, 콘크리트 및 항공기 기계부품 등의 금속접착제로 쓰인다.

092

2회 출제

비닐벽지에 관한 설명으로 옳지 않은 것은?

① 시공이 용이하다.

② 오염이 되더라도 청소가 용이하다.

③ 통기성 부족으로 결로의 우려가 있다.

④ 타 벽지에 비해 경제 적으로 가격이 비싸다.

> **해설**
>
> 비닐벽지는 다른 벽지에 비해 가격이 저렴하다.

관련개념 벽지의 종류

구분	내용
종이벽지	단순히 종이 두 장을 합하여 배면지와 인쇄디자인면으로 나눈 것으로 자연적 은-각 및 방음효과가 우수하다고 보기 어렵다.
직물벽지	섬유이기 때문에 부드럽고 고급스러운 분위기가 있으며 방음, 보온에 효과적이지만 오염에 약하고 관리가 어려우며 가격이 비싸다.
초경벽지	다년생 식물의 한 부분을 그대로 건조시키고 가공하여 옷감을 짜듯 직조한 후 원지에 붙인 것으로 자연스러운 색상과 외관을 표현한 친환경 제품으로 오염을 제거하기 힘들다.
비닐벽지	시공이 용이하며 물청소가 가능해 청소가 용이하다. 색상과 디자인이 다양하고 가격이 저렴하지만 통기성이 부족해서 결로의 우려가 있다.

093

5회 출제

어떤 재료의 초기 탄성변형량이 2.0[cm]이고 크리프(Creep)변형량이 4.0[cm]라면 이 재료의 크리프 계수는 얼마인가?

① 0.5

② 1.0

③ 2.0

④ 4.0

> **해설**
>
> $$\text{크리프 계수} = \frac{\text{크리프변형량}}{\text{탄성변형량}} = \frac{4.0}{2.0} = 2.0$$

관련개념 크리프 계수

크리프변형이 거의 일정한 값으로 수렴했을 때의 크리프변형과 탄성변형의 비율이다.

$$\text{크리프 계수} = \frac{\text{크리프변형량}}{\text{탄성변형량}}$$

094

2회 출제

적외선을 반사하는 도막을 코팅하여 방사율을 낮춘 고단열 유리로 일반적으로 복층유리로 제조되는 것은?

① 로이(Low−E)유리

② 망입유리

③ 강화유리

④ 배강도유리

> **해설** 로이(Low−E)유리
>
> • 유리 표면에 금속 또는 금속산화물을 얇게 코팅함으로써 열의 이동을 최소화한 에너지 절약형 유리이다.
>
> • 유리 표면에 은이나 금속을 코팅해서 가시광선을 투과시켜 실내를 밝게 유지하는 반면, 적외선 영역의 복사선을 차단해 겨울에는 난방열이 빠져 나가지 않게 하며 여름에는 바깥의 열기를 차단하는 효과가 있다.

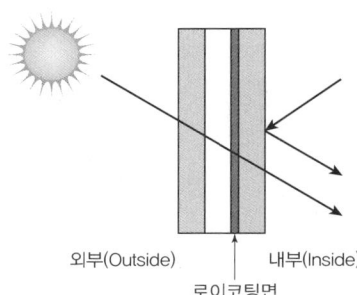

외부(Outside)　　　내부(Inside)

로이코팅면

관련개념

• 망입유리: 두꺼운 판유리에 망 구조물을 넣어 만든 유리로, 주로 철 또는 알루미늄 망이 사용되고, 충격으로 파손될 경우에도 파편이 흩어지지 않으며 화재 및 도난 방지용으로 사용된다.

• 강화유리

  − 판유리를 720[℃]까지 가열 후 급랭한다.

  − 압축응력이 일반유리보다 4~5배 크다.

  − 파손 시 알갱이가 된다.

• 반강화유리(배강도유리)

  − 판유리를 600[℃]까지 가열 후 급랭한다.

  − 압축응력이 일반유리보다 2~3배 크다.

  − 파손 시 유리이탈이 적다.

095

내화벽돌의 내화도는 어느 정도인가?

① 500~1,000[℃]
② 1,500~2,000[℃]
③ 2,500~3,000[℃]
④ 3,500~4,000[℃]

해설 **내화벽돌**

• 높은 온도에서 용해하거나 변형이 일어나지 않는 무기재료로 된 벽돌로, 내화도와 열충격성, 강도가 크다.
• 내화벽돌의 주원료는 규사, 납석, 흑연, 고알루미나, 돌로마이트 등이 있다.
• 보일러 · 용광로 · 유리용해로 · 시멘트소성가마 · 가열로 · 비철금속제련로 등 높은 온도의 열처리장소에 사용된다.
• 내화온도는 1,500~2,000[℃]이다.

096

콘크리트 배합 시 시멘트 1[m³], 물 2,000[L]인 경우 물시멘트비로 가장 적당한 것은? (단, 시멘트의 비중은 3.15이다.)

① 약 15.7[%]
② 약 20.5[%]
③ 약 50.4[%]
④ 약 63.5[%]

해설

체적 1[m³]에 대한 물의 양과 시멘트의 양을 중량으로 환산시켜 W/C비를 계산한다.

• 물의 중량=1[kg/L]×2,000[L]=2,000[kg]
• 시멘트의 중량=3.15[kg/L]×1,000[L]=3,150[kg]
• 물시멘트비(W/C)=$\dfrac{물의 중량}{시멘트의 중량}$×100

$$=\dfrac{2,000}{3,150}×100=63.5[\%]$$

097

비중이 크고 연하면서 연성이 크며, 방사선실의 방사선 차폐용으로 사용되는 금속재료는?

① 주석
② 납
③ 철
④ 크롬

해설 **연(납, Pb)의 성질**

• 비중이 11.34으로 비교적 크다.
• 주조, 가공성 및 단조성이 풍부하다.
• 열전도율은 작으나, 온도 변화에 따른 신축이 크다.
• 알칼리에 침식된다.
• X-선실, 방사선 차단에 사용된다.

098

금속재료의 특성에 대한 설명 중 틀린 것은?

① 주철: 탄소량은 2.5~5[%]이고 주조성이 매우 양호하여 복잡한 형상도 쉽게 성형할 수 있다.
② 납: 비중이 아주 크고 연질이며 전연성, 가공성이 풍부하다.
③ 동: 전기전도율과 열전도율이 매우 높으며 산이나 암모니아에 침식되지 않는 재료이다.
④ 알루미늄: 콘크리트에 접하거나 흙 중에 매몰된 경우에는 부식되기 쉽다.

해설

동은 건조한 공기 중에서는 산화하지 않으나, 습기, 이산화탄소, 암모니아, 산 등에 노출되면 부식되기 쉽다.

관련개념 **동의 성질**

• 가공성이 우수하고 인성이 크다.
• 열 및 전기전도성이 크다.
• 대기 중 또는 흙 속에서는 철보다 내식성이 있다.
• 알칼리에 약하므로 시멘트, 콘크리트에 접하는 경우에는 빨리 부식된다.

099

4회 출제

다음 중 열전도율이 가장 낮은 것은?

① 콘크리트   ② 코르크판
③ 알루미늄   ④ 주철

해설 **열전도율 순서**

코르크판(0.05[W/mK])<콘크리트(0.8~1.4[W/mK])<주철(48[W/mK])
<알루미늄(204[W/mK]) 순으로 열전도율이 낮다.

관련개념 **열전도율**

열이 한쪽에서 다른 한쪽으로 전달되는 정도의 차이를 말한다.

100

5회 출제

콘크리트에 AE제를 첨가했을 경우 공기량 증감에 큰 영향을 주지 않는 것은?

① 혼합시간   ② 시멘트의 사용량
③ 주위온도   ④ 양생방법

해설 **AE제(공기연행제)**

콘크리트 내부에 미세한 독립기포(직경 25~250[μm])를 발생시켜 콘크리트의 작업성 및 동결융해 저항성을 향상시키는 혼화제로 양생방법과는 관계가 없다.

관련개념 **AE제(공기연행제)의 특징**

• 볼베어링 역할로 워커빌리티 개선, 단위수량 감소
  → 블리딩 및 재료분리를 줄임, 동결융해 저항성 향상
• 공기량 1[%] 증가
  → 동일 물시멘트비의 경우 압축강도 4~6[%] 감소
• 최적 공기량 3~5[%]
• 공기량 6[%] 이상이면 압축강도 급격히 저하
• 감수율 6~8[%]

101

6회 출제

건설업 산업안전보건관리비 계상 및 사용기준에 따른 특수건설공사의 계상기준으로 옳은 것은? (단, 대상액이 5억 원 미만이다.)

① 2.07[%]   ② 3.11[%]
③ 3.15[%]   ④ 3.64[%]

해설 **공사종류 및 규모별 산업안전보건관리비 계상기준표**

공사종류 \ 구분	대상액 5억 원 미만	대상액 5억 원 이상 50억 원 미만		대상액 50억 원 이상	보건관리자 선임 대상 건설공사
		비율	기초액		
건축공사	3.11[%]	2.28[%]	4,325,000원	2.37[%]	2.64[%]
토목공사	3.15[%]	2.53[%]	3,300,000원	2.60[%]	2.73[%]
중건설공사	3.64[%]	3.05[%]	2,975,000원	3.11[%]	3.39[%]
특수건설공사	2.07[%]	1.59[%]	2,450,000원	1.64[%]	1.78[%]

102

6회 출제

다음은 산업안전보건법령에 따른 시스템 비계의 구조에 관한 사항이다. ( ) 안에 들어갈 내용으로 옳은 것은?

> 비계 밑단의 수직재와 받침철물은 밀착되도록 설치하고, 수직재와 받침철물의 연결부의 겹침길이는 받침철물 전체길이의 ( ) 이상이 되도록 할 것

① 2분의 1   ② 3분의 1
③ 4분의 1   ④ 5분의 1

해설 **시스템 비계의 구조**

• 수직재·수평재·가새재를 견고하게 연결하는 구조가 되도록 할 것
• 비계 밑단의 수직재와 받침철물은 밀착되도록 설치하고, 수직재와 받침철물의 연결부의 겹침길이는 받침철물 전체길이의 $\frac{1}{3}$ 이상이 되도록 할 것
• 수평재는 수직재와 직각으로 설치하여야 하며, 체결 후 흔들림이 없도록 견고하게 설치할 것
• 수직재와 수직재의 연결철물은 이탈되지 않도록 견고한 구조로 할 것
• 벽 연결재의 설치간격은 제조사가 정한 기준에 따라 설치할 것

103

달비계를 설치할 때 작업발판의 폭은 최소 얼마 이상으로 하여야 하는가?

① 30[cm]   ② 40[cm]

③ 50[cm]   ④ 60[cm]

해설 **달비계의 구조**

- 작업발판은 폭을 40[cm] 이상으로 하고 틈새가 없도록 할 것
- 작업발판의 재료는 뒤집히거나 떨어지지 않도록 비계의 보 등에 연결하거나 고정시킬 것
- 비계가 흔들리거나 뒤집히는 것을 방지하기 위하여 비계의 보 · 작업발판 등에 버팀을 설치하는 등 필요한 조치를 할 것

104

산업안전보건법령에 따른 건설업 중 유해위험방지계획서를 작성하여 고용노동부장관에게 제출하여야 하는 공사의 기준 중 틀린 것은?

① 연면적 5,000[m²] 이상의 냉동 · 냉장 창고시설의 설비 공사 및 단열공사

② 깊이 10[m] 이상인 굴착공사

③ 저수용량 2,000만 톤 이상의 용수 전용 댐 공사

④ 최대 지간길이가 31[m] 이상인 교량 건설공사

해설 **유해위험방지계획서 제출 대상 건설공사**

- 다음의 어느 하나에 해당하는 건축물 또는 시설 등의 건설 · 개조 또는 해체(건설 등) 공사
  - 지상높이가 31[m] 이상인 건축물 또는 인공구조물
  - 연면적 30,000[m²] 이상인 건축물
  - 연면적 5,000[m²] 이상의 문화 및 집회시설(전시장 및 동물원 · 식물원 제외), 판매시설, 운수시설(고속철도의 역사 및 집배송시설 제외), 종교시설, 의료시설 중 종합병원, 숙박시설 중 관광숙박시설, 지하도상가, 냉동 · 냉장 창고시설
- 연면적 5,000[m²] 이상인 냉동 · 냉장 창고시설의 설비공사 및 단열공사
- 최대 지간길이가 50[m] 이상인 다리의 건설 등 공사
- 터널의 건설 등 공사
- 다목적댐, 발전용댐, 저수용량 2천만 톤 이상의 용수 전용 댐 및 지방상수도 전용 댐의 건설 등 공사
- 깊이 10[m] 이상인 굴착공사

105

거푸집의 설치 · 해체, 철근 조립, 콘크리트 타설, 콘크리트 면처리 작업 등을 위하여 거푸집을 작업발판과 일체로 제작하여 사용하는 거푸집이 아닌 것은?

① 갱 폼(gang form)

② 유로 폼(euro form)

③ 슬립 폼(slip form)

④ 클라이밍 폼(climbing form)

해설 **작업발판 일체형 거푸집**

- 갱 폼(Gang Form)
- 슬립 폼(Slip Form)
- 클라이밍 폼(Climbing Form)
- 터널 라이닝 폼(Tunnel Lining Form)
- 그 밖에 거푸집과 작업발판이 일체로 제작된 거푸집 등

관련개념 **유로 폼(Euro Form)**

일정한 규격으로 미리 합판 등의 뒷면에 강재틀을 붙인 거푸집 패널로 여러 장을 조립하여 사용한다.

106

크레인 등 건설장비의 가공전선로 접근 시 안전대책으로 거리가 먼 것은?

① 안전 이격거리를 유지하고 작업한다.

② 장비의 조립, 준비 시부터 가공전선로에 대한 감전 방지 수단을 강구한다.

③ 장비 사용 현장의 장애물, 위험물 등을 점검 후 작업계획을 수립한다.

④ 장비를 가공전선로 밑에 보관한다.

해설

가공전선로 밑에 건설장비를 보관하면 감전의 우려가 있으므로 위험하다.

107

9회 출제

거푸집의 측압에 영향을 주는 요인을 설명한 것이다. 옳지 않은 것은?

① 콘크리트의 타설속도가 빠를수록 측압은 커진다.

② 콘크리트의 슬럼프치가 크면 클수록 측압은 커진다.

③ 콘크리트의 타설 온도가 높을수록 측압은 커진다.

④ 기둥이 가장 크고, 그 다음은 벽이다.

해설 **콘크리트 측압이 커지는 요인**

• 거푸집 부재의 단면이 큰 경우
• 거푸집의 수밀성이 큰 경우
• 거푸집의 강성이 큰 경우
• 거푸집의 표면이 평활할 경우
• 콘크리트가 묽은 경우
• 철골이나 철근량이 적은 경우
• 외기온도가 낮은 경우
• 타설속도가 빠른 경우
• 콘크리트의 다짐이 좋은 경우
• 콘크리트의 슬럼프가 큰 경우
• 콘크리트의 비중이 큰 경우
• 습도가 높은 경우
• 벽 두께가 두꺼운 경우

108

5회 출제

말비계를 조립하여 사용하는 경우 지주부재와 수평면의 기울기는 얼마 이하로 하여야 하는가?

① 65° ② 70°
③ 75° ④ 80°

해설 **말비계 사용 시 준수사항**

• 지주부재의 하단에는 미끄럼방지장치를 하고, 근로자가 양측 끝부분에 올라서서 작업하지 않도록 할 것
• 지주부재와 수평면의 기울기는 75° 이하로 하고, 지주부재와 지주부재 사이를 고정시키는 보조부재를 설치할 것
• 말비계의 높이가 2[m]를 초과하는 경우에는 작업발판의 폭을 40[cm] 이상으로 할 것

109

4회 출제

본 터널(Main Tunnel)을 시공하기 전에 터널에서 약간 떨어진 곳에 지질조사, 환기, 배수, 운반 등의 상태를 알아보기 위하여 설치하는 터널은?

① 프리패브(Prefab) 터널 ② 사이드(Side) 터널
③ 쉴드(Shield) 터널 ④ 파일럿(Pilot) 터널

해설 **파일럿(Pilot) 터널**

본 터널(Main Tunnel)을 시공하기 전에 터널에서 약간 떨어진 곳에서 지질조사, 환기, 배수, 운반 등의 상태를 알아보기 위하여 설치하는 터널이다.

110

11회 출제

거푸집 및 동바리를 조립하는 경우에 준수하여야 할 사항으로 옳지 않은 것은?

① 거푸집이 곡면의 경우에는 버팀대의 부착 등 그 거푸집의 부상(浮上)을 방지하기 위한 조치를 할 것

② 동바리의 이음은 같은 품질의 재료를 사용할 것

③ 동바리로 사용하는 파이프 서포트의 높이가 3.5[m]를 초과하는 경우에는 높이 2[m] 이내마다 수평연결재를 4개 방향으로 만들고 수평연결재의 변위를 방지할 것

④ 동바리로 사용하는 파이프 서포트는 3개 이상 이어서 사용하지 않도록 할 것

해설 **동바리로 사용하는 파이프 서포트 조립 시 준수사항**

• 파이프 서포트를 3개 이상 이어서 사용하지 않도록 할 것
• 파이프 서포트를 이어서 사용하는 경우에는 4개 이상의 볼트 또는 전용 철물을 사용하여 이을 것
• 높이가 3.5[m]를 초과하는 경우에는 높이 2[m] 이내마다 수평연결재를 2개 방향으로 만들고 수평연결재의 변위를 방지할 것

관련개념 **거푸집 조립 시의 안전조치**

• 거푸집을 조립하는 경우에는 거푸집이 콘크리트 하중이나 그 밖의 외력에 견딜 수 있거나, 넘어지지 않도록 견고한 구조의 긴결재, 버팀대 또는 지지대를 설치하는 등 필요한 조치를 할 것
• 거푸집이 곡면인 경우에는 버팀대의 부착 등 그 거푸집의 부상을 방지하기 위한 조치를 할 것

111

다음은 가설통로를 설치하는 경우의 준수사항이다. ㉠, ㉡에 알맞은 것을 고르면?

> • 수직갱에 가설된 통로의 길이가 15[m] 이상인 경우에는 (㉠)[m] 이내마다 계단참을 설치할 것
> • 건설공사에 사용하는 높이 8[m] 이상인 비계다리에는 (㉡)[m] 이내마다 계단참을 설치할 것

① ㉠: 5, ㉡: 5   ② ㉠: 5, ㉡: 7

③ ㉠: 10, ㉡: 5   ④ ㉠: 10, ㉡: 7

해설 **가설통로의 구조**

• 견고한 구조로 할 것
• 경사는 30° 이하로 할 것. 다만, 계단을 설치하거나 높이 2[m] 미만의 가설통로로서 튼튼한 손잡이를 설치한 경우에는 그러하지 아니하다.
• 경사가 15°를 초과하는 경우에는 미끄러지지 아니하는 구조로 할 것
• 추락할 위험이 있는 장소에는 안전난간을 설치할 것. 다만, 작업상 부득이한 경우에는 필요한 부분만 임시로 해체할 수 있다.
• 수직갱에 가설된 통로의 길이가 15[m] 이상인 경우에는 10[m] 이내마다 계단참을 설치할 것
• 건설공사에 사용하는 높이 8[m] 이상인 비계다리에는 7[m] 이내마다 계단참을 설치할 것

112

강관틀비계(높이 5[m] 이상)의 넘어짐을 방지하기 위하여 사용하는 벽이음 및 버팀의 설치간격 기준으로 옳은 것은?

① 수직방향 5[m], 수평방향 5[m]
② 수직방향 6[m], 수평방향 7[m]
③ 수직방향 6[m], 수평방향 8[m]
④ 수직방향 7[m], 수평방향 8[m]

해설 **강관비계의 조립간격**

강관비계의 종류	조립간격[m]	
	수직방향	수평방향
단관비계	5	5
틀비계(높이 5[m] 미만인 것 제외)	6	8

113

안전계수가 4이고 2,000[MPa]의 인장강도를 갖는 강선의 최대허용응력은?

① 500[MPa]   ② 1,000[MPa]

③ 1,500[MPa]   ④ 2,000[MPa]

해설

$$최대허용응력 = \frac{인장강도}{안전계수} = \frac{2,000}{4} = 500[MPa]$$

114

굴착과 싣기를 동시에 할 수 있는 토공기계가 아닌 것은?

① 트랙터 셔블(Tractor Shovel)
② 백호우(Backhoe)
③ 파워 셔블(Power Shovel)
④ 모터 그레이더(Motor Grader)

해설 **모터 그레이더(Motor Grader)**

토공판을 유압펌프로 작동시켜 땅을 반반하게 고르는 작업에 사용되는 정지용 토목 건설기계이다.

115

건설공사의 산업안전보건관리비 계상 시 대상액이 구분되어 있지 않은 공사는 도급계약 또는 자체사업계획상의 총 공사금액 중 얼마를 대상액으로 하는가?

① 50[%]   ② 60[%]

③ 70[%]   ④ 80[%]

해설

대상액이 명확하지 않은 경우 도급계약 또는 자체사업계획상 책정된 총 공사금액의 10분의 7에 해당하는 금액을 대상액으로 한다.

116

강관을 사용하여 비계를 구성하는 경우 준수해야 할 사항으로 옳지 않은 것은?

① 비계기둥의 간격은 띠장 방향에서는 1.85[m] 이하, 장선(長線) 방향에서는 1.5[m] 이하로 할 것
② 띠장 간격은 2[m] 이하로 할 것
③ 비계기둥의 제일 윗부분으로부터 31[m] 되는 지점 밑부분의 비계기둥은 3개의 강관으로 묶어 세울 것
④ 비계기둥 간의 적재하중은 400[kg]을 초과하지 않도록 할 것

해설 **강관비계의 구조**
• 비계기둥의 간격은 띠장 방향에서는 1.85[m] 이하, 장선 방향에서는 1.5[m] 이하로 할 것
• 띠장 간격은 2[m] 이하로 할 것
• 비계기둥의 제일 윗부분으로부터 31[m] 되는 지점 밑부분의 비계기둥은 2개의 강관으로 묶어 세울 것
• 비계기둥 간의 적재하중은 400[kg]을 초과하지 않도록 할 것

117

콘크리트 타설 시 안전수칙으로 옳지 않은 것은?

① 타설순서는 계획에 의하여 실시하여야 한다.
② 진동기는 최대한 많이 사용하여야 한다.
③ 콘크리트를 치는 도중에는 거푸집, 지보공 등의 이상유무를 확인하여야 한다.
④ 손수레로 콘크리트를 운반할 때에는 손수레를 타설하는 위치까지 천천히 운반하여 거푸집에 충격을 주지 아니하도록 타설하여야 한다.

해설
진동기를 많이 사용할수록 측압이 증가하고 재료분리 등을 가중하여 품질 결함의 원인이 되므로 적당히 사용하여야 한다.

118

흙막이 가시설 공사 중 발생할 수 있는 보일링(Boiling) 현상에 관한 설명으로 옳지 않은 것은?

① 이 현상이 발생하면 흙막이 벽의 지지력이 상실된다.
② 지하수위가 높은 지반을 굴착할 때 주로 발생된다.
③ 흙막이벽의 근입장 깊이가 부족할 경우 발생한다.
④ 연약한 점토지반에서 굴착면의 융기로 발생한다.

해설
연약한 점토지반에서 굴착면의 융기로 발생하는 현상은 히빙 현상이다.

관련개념 **보일링(Boiling)**
사질토 지반에서 굴착저면과 흙막이 배면의 수위차로 인해 굴착저면의 흙과 물이 함께 위로 솟아 오르는 현상이다.

• 보일링 현상의 원인
 − 흙막이벽이 지지력을 상실할 때
 − 지하수위가 높은 지반을 굴착할 때
 − 흙막이벽의 근입장 깊이가 부족할 때
 − 사질토 지반에 수위차가 있을 때
• 보일링 방지대책
 − 지하수위 저하를 위한 배수조치
 − 지하수의 흐름 변경
 − 흙막이벽의 근입장 깊이 연장
 − 대체공법 적용[슬러리월(Slurry Wall), 시트파일(Sheet Pile) 등]
 − 작업을 중지하고, 지반을 복구하기 위한 압성토 시행

119

이동식비계를 조립하여 작업을 하는 경우에 준수하여야 할 기준으로 옳지 않은 것은?

① 승강용사다리는 견고하게 설치할 것
② 비계의 최상부에서 작업을 하는 경우에는 안전난간을 설치할 것
③ 작업발판의 최대적재하중은 400[kg]을 초과하지 않도록 할 것
④ 작업발판은 항상 수평을 유지하고 작업발판 위에서 안전난간을 딛고 작업을 하거나 받침대 또는 사다리를 사용하여 작업하지 않도록 할 것

해설 이동식비계 작업 시 준수사항

• 이동식비계의 바퀴에는 뜻밖의 갑작스러운 이동 또는 전도를 방지하기 위하여 브레이크·쐐기 등으로 바퀴를 고정시킨 다음 비계의 일부를 견고한 시설물에 고정하거나 아웃트리거를 설치하는 등 필요한 조치를 할 것
• 승강용사다리는 견고하게 설치할 것
• 비계의 최상부에서 작업을 하는 경우에는 안전난간을 설치할 것
• 작업발판은 항상 수평을 유지하고 작업발판 위에서 안전난간을 딛고 작업을 하거나 받침대 또는 사다리를 사용하여 작업하지 않도록 할 것
• 작업발판의 최대적재하중은 250[kg]을 초과하지 않도록 할 것

120

건설현장에 설치하는 사다리식 통로의 설치기준으로 옳지 않은 것은?

① 발판과 벽과의 사이는 15[cm] 이상의 간격을 유지할 것
② 발판의 간격은 일정하게 할 것
③ 사다리의 상단은 걸쳐놓은 지점으로부터 60[cm] 이상 올라가도록 할 것
④ 사다리식 통로의 길이가 10[m] 이상인 경우에는 3[m] 이내마다 계단참을 설치할 것

해설 사다리식 통로의 구조

• 견고한 구조로 할 것
• 심한 손상·부식 등이 없는 재료를 사용할 것
• 발판의 간격은 일정하게 할 것
• 발판과 벽과의 사이는 15[cm] 이상의 간격을 유지할 것
• 폭은 30[cm] 이상으로 할 것
• 사다리가 넘어지거나 미끄러지는 것을 방지하기 위한 조치를 할 것
• 사다리의 상단은 걸쳐놓은 지점으로부터 60[cm] 이상 올라가도록 할 것
• 사다리식 통로의 길이가 10[m] 이상인 경우에는 5[m] 이내마다 계단참을 설치할 것
• 사다리식 통로의 기울기는 75° 이하로 할 것. 다만, 고정식 사다리식 통로의 기울기는 90° 이하로 하고, 그 높이가 7[m] 이상인 경우에는 다음의 구분에 따른 조치를 할 것
　－ 등받이울이 있어도 근로자 이동에 지장이 없는 경우: 바닥으로부터 높이가 2.5[m] 되는 지점부터 등받이울을 설치할 것
　－ 등받이울이 있으면 근로자가 이동이 곤란한 경우: 한국산업표준에서 정하는 기준에 적합한 개인용 추락 방지 시스템을 설치하고 근로자로 하여금 한국산업표준에서 정하는 기준에 적합한 전신안전대를 사용하도록 할 것
• 접이식 사다리 기둥은 사용 시 접혀지거나 펼쳐지지 않도록 철물 등을 사용하여 견고하게 조치할 것

산업안전관리론

001
5회 출제

산업재해의 발생빈도를 나타내는 것으로 연간 총 근로시간 합계 100만 시간당 재해발생건수에 해당하는 것은?

① 도수율
② 강도율
③ 연천인율
④ 종합재해지수

해설 도수율, 빈도율(FR; Frequency Rate of Injury)
연 근로시간 합계 100만 시간당 재해발생건수이다.

관련개념
강도율(SR; Severity Rate of Injury)
근로시간 합계 1,000시간당 재해로 인한 근로손실일수이다.
연천인율
근로자 1,000명당 연간 발생하는 재해자수이다.
종합재해지수(FSI; Frequency Severity Indicator)
재해 빈도의 다소와 상해 정도의 강약을 종합하여 나타내는 방식으로 직장과 기업의 성적지표로 사용한다.

002
5회 출제

산업안전보건법령상 안전인증대상 기계 등에 해당하지 않는 것은?

① 크레인
② 곤돌라
③ 컨베이어
④ 사출성형기

해설
'컨베이어'는 자율안전확인대상 기계 등에 해당한다.

관련개념 안전인증대상 기계 또는 설비
• 프레스
• 전단기 및 절곡기
• **크레인**
• 리프트
• 압력용기
• 롤러기
• **사출성형기**
• 고소작업대
• **곤돌라**

003
4회 출제

무재해운동 기본이념의 3원칙이 아닌 것은?

① 무의 원칙
② 상황의 원칙
③ 참가의 원칙
④ 선취의 원칙

해설 무재해운동의 3원칙

무의 원칙	잠재위험요인을 사전에 발견, 파악, 제거함으로써 근원적으로 산업재해를 없애는 것(사망, 휴업재해만 없으면 된다는 소극적 사고가 아니라 불휴재해는 물론 잠재 위험요인이 없어야 한다는 적극적인 자세)
선취(해결)의 원칙	궁극적인 목표인 무재해, 무질병을 실현하기 위해 모든 잠재위험 요인을 행동하기 전에 발견, 파악, 제거함으로써 재해의 발생을 사전에 예방하거나 방지하는 것
(전원)참가의 원칙	잠재적 위험요인을 제거하기 위해 노사 전원이 참가하여 각자의 입장에서 적극적으로 스스로의 책무를 수행함과 동시에 문제해결 운동을 실천하는 것

004
5회 출제

근로자 150명이 작업하는 공장에서 50건의 재해가 발생했고, 총 근로손실일수가 120일일 때의 도수율은 약 얼마인가? (단, 하루 8시간씩 연간 300일을 근무한다.)

① 0.01
② 0.3
③ 138.9
④ 333.3

해설

$$도수율 = \frac{재해건수}{연\ 근로시간\ 수} \times 1,000,000$$

$$= \frac{50}{150 \times (8 \times 300)} \times 1,000,000 = 138.9$$

관련개념 도수율, 빈도율(FR; Frequency Rate of Injury)
연 근로시간 합계 100만 시간당 재해발생건수이다.

$$도수율 = \frac{재해건수}{연\ 근로시간\ 수} \times 1,000,000$$

005

산업안전보건법령상 산업안전보건위원회의 심의 · 의결을 거쳐야 하는 사항이 아닌 것은? (단, 그 밖에 필요한 사항은 제외한다.)

① 작업환경측정 등 작업환경의 점검 및 개선에 관한 사항
② 산업재해에 관한 통계의 기록 및 유지에 관한 사항
③ 안전장치 및 보호구 구입 시 적격품 여부 확인에 관한 사항
④ 사업장의 산업재해 예방계획의 수립에 관한 사항

해설

'안전장치 및 보호구 구입 시 적격품 여부 확인에 관한 사항'은 안전보건관리책임자가 총괄하여 관리하는 업무이다.

관련개념 산업안전보건위원회의 심의 · 의결사항

- 사업장의 산업재해 예방계획의 수립에 관한 사항
- 안전보건관리규정의 작성 및 변경에 관한 사항
- 안전보건교육에 관한 사항
- 작업환경측정 등 작업환경의 점검 및 개선에 관한 사항
- 근로자의 건강진단 등 건강관리에 관한 사항
- 산업재해에 관한 통계의 기록 및 유지에 관한 사항
- 중대재해의 원인 조사 및 재발 방지대책 수립에 관한 사항
- 유해하거나 위험한 기계 · 기구 · 설비를 도입한 경우 안전 및 보건 관련 조치에 관한 사항
- 그 밖에 해당 사업장 근로자의 안전 및 보건을 유지 · 증진시키기 위하여 필요한 사항

006

건설기술진흥법령상 안전점검의 시기 · 방법에 관한 사항으로 (   ) 안에 알맞은 내용은?

> 정기안전점검 결과 건설공사의 물리적 · 기능적 결함 등이 발견되어 보수 · 보강 등의 조치를 위하여 필요한 경우에는 (   )을 할 것

① 긴급점검
② 정기점검
③ 특별점검
④ 정밀안전점검

해설

정기안전점검 결과 건설공사의 물리적 · 기능적 결함 등이 발견되어 보수 · 보강 등의 조치를 위하여 필요한 경우에는 정밀안전점검을 하여야 한다.

007

보행 중 작업자가 바닥에 미끄러지면서 주변의 상자와 머리가 부딪침으로써 머리에 상처를 입은 경우 이 사고의 기인물은?

① 바닥
② 상자
③ 머리
④ 바닥과 상자

해설

재해발생의 주 원인은 바닥(기인물)이고, 직접적인 피해를 준 물체는 상자(가해물)이다.

관련개념 기인물과 가해물

- 기인물: 재해발생의 주 원인이며 재해를 가져오게 한 근원이 되는 기계, 장치, 물질 또는 환경 등(불안전한 상태)
- 가해물: 직접 사람에게 접촉하여 피해를 주는 기계, 장치, 물질 또는 환경 등

008
6회 출제

다음 중 재해조사 시 유의사항과 가장 거리가 먼 것은?

① 사실을 수집한다.
② 증언하는 사실 이외의 추측의 말은 참고만 한다.
③ 타인의 의견은 혼란을 초래함으로 조사는 1인으로 한다.
④ 조사는 신속하게 행하고, 긴급 조치하여 2차 재해의 방지를 도모한다.

해설 재해조사 시 유의사항

• 사실을 수집한다.
• 목격자가 발언하는 사실 이외의 추측의 말은 참고만 한다.
• 조사는 신속히 행하고 2차 재해의 방지를 도모한다.
• 사람, 설비, 환경의 측면에서 재해요인을 도출한다.
• 제3자의 입장에서 공정하게 조사하며 조사는 2인 이상이 한다.
• 책임추궁보다 재발방지를 우선하는 기본 태도를 갖는다.

009
4회 출제

보호구 안전인증 고시에 따른 추락 및 감전 위험방지용 안전모의 성능시험 대상에 속하지 않는 것은?

① 내유성
② 내수성
③ 내관통성
④ 턱끈풀림

해설 안전인증대상 안전모의 시험성능기준

항목	시험성능기준
내관통성	AE, ABE종 안전모는 관통거리가 9.5[mm] 이하이고, AB종 안전모는 관통거리가 11.1[mm] 이하이어야 한다.
충격흡수성	최고전달충격력이 4,450[N]를 초과해서는 안 되며, 모체와 착장체의 기능이 상실되지 않아야 한다.
내전압성	AE, ABE종 안전모는 교류 20[kV]에서 1분간 절연파괴 없이 견뎌야 하고, 이때 누설되는 충전전류는 10[mA] 이하이어야 한다.
내수성	AE, ABE종 안전모는 질량증가율이 1[%] 미만이어야 한다.
난연성	모체가 불꽃을 내며 5초 이상 연소되지 않아야 한다.
턱끈풀림	150[N] 이상 250[N] 이하에서 턱끈이 풀려야 한다.

010
11회 출제

재해손실 산정 방법 중 하인리히 방식에 있어 직접비에 해당하지 않는 것은?

① 장해급여
② 직업재활급여
③ 장례비
④ 신규채용 교육훈련비

해설 직접손실비용과 간접손실비용

직접비 (법적으로 지급되는 산재보상비)		간접비 (직접비를 제외한 모든 비용)	
• 요양급여	• 휴업급여	• 인적손실	• 물적손실
• 장해급여	• 간병급여	• 생산손실	• 임금손실
• 유족급여	• 상병보상연금	• 시간손실	• 기타손실 등
• 장례비	• 직업재활급여		

011
4회 출제

산업안전보건법령에 따른 안전보건표지 중 금지표지의 종류에 해당하지 않는 것은?

① 접근금지
② 차량통행금지
③ 사용금지
④ 탑승금지

해설 금지표지

출입금지   보행금지   차량통행금지   사용금지   탑승금지

금연   화기금지   물체이동금지

012

산업안전보건법령상 건설업 중 고용노동부령으로 정하는 자격을 갖춘 자의 의견을 들은 후 유해위험방지계획서를 작성하여 고용노동부장관에게 제출하여야 하는 대상 사업장의 기준 중 다음 (　　) 안에 알맞은 것은?

> 연면적 (　　)[m²] 이상의 냉동·냉장 창고시설의 설비공사 및 단열공사

① 3,000　　　　　　　② 5,000
③ 7,000　　　　　　　④ 10,000

해설 유해위험방지계획서 제출 대상 건설공사
- 다음의 어느 하나에 해당하는 건축물 또는 시설 등의 건설·개조 또는 해체(건설 등) 공사
  - 지상높이가 31[m] 이상인 건축물 또는 인공구조물
  - 연면적 30,000[m²] 이상인 건축물
  - 연면적 5,000[m²] 이상의 문화 및 집회시설(전시장 및 동물원·식물원 제외), 판매시설, 운수시설(고속철도의 역사 및 집배송시설 제외), 종교시설, 의료시설 중 종합병원, 숙박시설 중 관광숙박시설, 지하도상가, 냉동·냉장 창고시설
- 연면적 5,000[m²] 이상인 냉동·냉장 창고시설의 설비공사 및 단열공사
- 최대 지간길이가 50[m] 이상인 다리의 건설 등 공사
- 터널의 건설 등 공사
- 다목적댐, 발전용댐, 저수용량 2천만 톤 이상의 용수 전용 댐 및 지방상수도 전용 댐의 건설 등 공사
- 깊이 10[m] 이상인 굴착공사

013

「산업안전보건법령」상의 안전보건표지 중 지시표지의 종류가 아닌 것은?

① 안전대 착용　　　② 귀마개 착용
③ 안전복 착용　　　④ 안전장갑 착용

해설 지시표지
보안경, 안전장갑, 안전복, 보안면, 안전화, 귀마개, 안전모, 방독마스크, 방진마스크 착용 등

014

다음 중 산업안전보건법상 사업주의 의무와 가장 거리가 먼 것은?

① 관련 법과 법에 따른 명령에서 정하는 산업재해 예방을 위한 기준을 지켜야 한다.
② 해당 사업장의 안전·보건에 관한 정보를 근로자에게 제공하여야 한다.
③ 근로조건을 개선하여 적절한 작업환경을 조성하여야 한다.
④ 산업 안전 및 보건정책의 수립 및 집행을 하여야 한다.

해설
'산업 안전 및 보건정책의 수립 및 집행'은 정부의 의무(책무)에 해당된다.

관련개념 사업주 등의 의무
- 산업안전보건법과 법에 따른 명령으로 정하는 산업재해 예방을 위한 기준 준수
- 근로자의 신체적 피로와 정신적 스트레스 등을 줄일 수 있는 쾌적한 작업환경의 조성 및 근로조건 개선
- 해당 사업장의 안전 및 보건에 관한 정보를 근로자에게 제공

015

재해의 원인 중 불안전한 상태에 속하지 않는 것은?

① 위험장소 접근　　　② 작업환경의 결함
③ 방호장치의 결함　　　④ 물적 자체의 결함

해설 재해의 직접원인

불안전한 상태	• 물건 자체의 결함 • 방호장치의 결함 • 복장·보호구의 결함 • 물건의 배치 및 작업장소 불량 • 작업환경의 결함 • 생산공정의 결함 • 경계표시·설비의 결함
불안전한 행동	• 위험장소의 접근 • 방호장치의 기능 제거 • 복장·보호구의 잘못된 사용 • 기계·기구의 잘못된 사용 • 운전 중인 기계장치의 손질 • 불안전한 속도 조작 • 위험물 취급 부주의 • 불안전 상태 방치 • 불안전한 자세 및 동작 • 감독 및 연락 불충분

016

아담스(Adams)의 재해 발생과정 이론의 단계별 순서로 옳은 것은?

① 관리구조 결함 → 전술적 에러 → 작전적 에러 → 사고 → 재해

② 관리구조 결함 → 작전적 에러 → 전술적 에러 → 사고 → 재해

③ 전술적 에러 → 관리구조 결함 → 작전적 에러 → 사고 → 재해

④ 작전적 에러 → 관리구조 결함 → 전술적 에러 → 사고 → 재해

해설 **아담스의 재해연쇄이론**

• 관리구조 결함 → 작전적 에러 → 전술적 에러 → 사고 → 상해

• 작전적 에러: 경영자나 감독자의 의지부족이나 행동, 목표설정 미흡 등을 의미한다.

• 전술적 에러: 관리감독자의 실수나 태만, 불안전 행동 및 불안전 상태의 방치를 의미한다.

017

보호구 안전인증 고시상 저음부터 고음까지 차음하는 방음용 귀마개의 기호는?

① EM ② EP-1

③ EP-2 ④ EP-3

해설 **방음용 보호구의 종류 및 등급**

종류	등급	기호	성능
귀마개	1종	EP-1	저음부터 고음까지 차음하는 것
	2종	EP-2	주로 고음을 차음하고 저음(회화음 영역)은 차음하지 않는 것
귀덮개	−	EM	

018

시몬즈(Simonds)의 재해손실비의 평가방식 중 비보험 코스트의 산정 항목에 해당하지 않는 것은?

① 사망사고건수 ② 통원상해건수

③ 응급조치건수 ④ 무상해사고건수

해설 **시몬즈(Simonds) 재해손실비 평가방식**

총 재해 비용=보험 Cost+비보험 Cost

=산재보험료+A×휴업상해건수+B×통원상해건수

+C×응급조치건수+D×무상해사고건수

※ A, B, C, D는 상해정도별 재해에 대한 비보험 Cost의 평균액이다.

관련개념 **상해의 종류**

분류	내용
휴업상해	영구부분노동불능, 일시전노동불능
통원상해	일시부분노동불능, 의사의 조치를 요하는 통원상해
응급조치상해	응급조치가 필요한 상해 또는 8시간 미만의 휴업의료조치 상해
무상해사고	의료조치를 필요로 하지 않는 경미한 상해 사고

019

안전보건관리조직 중 라인·스태프(Line·Staff)의 복합형 조직의 특징으로 옳은 것은?

① 명령계통과 조언의 권고적 참여가 혼동되기 쉽다.

② 생산부분은 안전에 대한 책임과 권한이 없다.

③ 안전에 대한 정보가 불충분하다.

④ 안전과 생산을 별도로 취급하기 쉽다.

해설

②, ④는 스태프형 조직, ③은 라인형 조직의 특징이다.

관련개념 **라인-스태프(Line-Staff)형 조직의 특징**

• 명령계통과 조언의 권고적 참여가 혼동되기 쉽다.

• 안전보건업무를 전담하는 스태프를 두고 생산라인의 부서의 장으로 하여금 안전보건을 담당하게 한다. (안전보건대책은 스태프에서 수립 → 라인을 통하여 실천)

• 라인에는 생산과 안전에 관한 책임과 권한이 동시에 부여된다. (안전보건 업무와 생산 업무의 균형 유지)

• 근로자 1,000명 이상의 대규모 사업장에 적합하다.

• 안전과 생산이 유리될 우려가 없어 운용이 적절하면 이상적인 조직이다.

020

건설기술 진흥법령상 안전관리계획을 수립해야 하는 건설 공사에 해당하지 않는 것은?

① 높이 31[m] 이상인 비계의 건설공사
② 지하 10[m] 이상을 굴착하는 건설공사
③ 항타 및 항발기가 사용되는 건설공사
④ 20층인 건축물의 건설공사

해설

건설기술 진흥법령상 10층 이상 16층 미만의 건축물의 건설공사가 안전관리계획 수립 대상에 해당하므로 20층 이상인 건축물의 건설공사는 해당하지 않는다.

관련개념 건설기술 진흥법령상 안전관리계획 수립 대상 건설공사

- 시설물의 안전 및 유지관리에 관한 특별법에 따른 1종시설물 및 2종시설물의 건설공사
- 지하 10[m] 이상을 굴착하는 건설공사
- 폭발물을 사용하는 건설공사로서 20[m] 안에 시설물이 있거나 100[m] 안에 사육하는 가축이 있어 해당 건설공사로 인한 영향을 받을 것이 예상되는 건설공사
- 10층 이상 16층 미만인 건축물의 건설공사
- 10층 이상인 건축물의 리모델링 또는 해체공사
- 주택법에 따른 수직증축형 리모델링
- 건설기계관리법에 따라 등록된 천공기(높이 10[m] 이상), 항타 및 항발기, 타워크레인이 사용되는 건설공사
- 다음의 가설구조물을 사용하는 건설공사
  - 높이 31[m] 이상인 비계, 브라켓 비계
  - 작업발판 일체형 거푸집 또는 높이가 5[m] 이상인 거푸집 및 동바리
  - 터널의 지보공 또는 높이가 2[m] 이상인 흙막이 지보공
  - 동력을 이용하여 움직이는 가설구조물, 높이 10[m] 이상에서 외부작업을 하기 위하여 작업발판 및 안전시설물을 일체화하여 설치하는 가설구조물, 공사현장에서 제작하여 조립·설치하는 복합형 가설구조물
  - 그 밖에 발주자 또는 인·허가기관의 장이 필요하다고 인정하는 가설구조물

산업심리 및 교육

021

직무에 적합한 근로자를 위한 심리검사는 합리적 타당성을 갖추어야 한다. 이러한 합리적 타당성을 얻는 방법으로만 나열된 것은?

① 구인 타당도, 공인 타당도
② 구인 타당도, 내용 타당도
③ 예언적 타당도, 공인 타당도
④ 예언적 타당도, 안면 타당도

해설 심리검사의 타당도

- 준거 관련 타당도(경험 타당도)
  - 예측변인이 준거와 얼마나 관련되어 있느냐를 나타낸 타당도이다.
  - 시간간격의 유무에 따라 공인 타당도와 예언 타당도로 구분된다.
- 합리적 타당도
  - 내용 타당도와 구인 타당도로 구분된다.
  - 내용 타당도는 검사문항에 대한 전문가의 판단을 구비한 타당도이며, 구인 타당도는 기존 검사와 새로 만든 검사의 상관관계를 측정한 타당도이다.

022

교육의 본질적 측면에서 본 교육의 기능과 관련이 없는 것은?

① 사회적 기능
② 보수적 기능
③ 개인 완성으로서의 기능
④ 문화전달과 창조적 기능

해설 교육의 본질적 기능

- 사회적 기능
- 가치형성의 기능
- 개인 완성으로서의 기능
- 문화전달과 창조적 기능

023

6회 출제

프로그램 학습법(Programmed self-instruction method)의 장점이 아닌 것은?

① 학습자의 사회성을 높이는 데 유리하다.
② 한 강사가 많은 수의 학습자를 지도할 수 있다.
③ 지능, 학습적성, 학습속도 등 개인차를 충분히 고려할 수 있다.
④ 매 반응마다 피드백이 주어지기 때문에 학습자가 흥미를 갖는다.

해설 프로그램 학습법(Programmed Self-instruction Method)

장점	• 학습자의 학습내용 습득여부를 즉각적으로 피드백 받을 수 있다. • 많은 수의 학습자를 지도할 수 있다. • 학습속도, 지능, 학습적성 등 개인차를 충분히 고려할 수 있다. • 매 반응마다 피드백이 주어지기 때문에 학습자가 흥미를 갖는다.
단점	• 수강생의 사회성이 결여되기 쉽다. • 교재개발에 많은 시간과 노력이 든다.

024

7회 출제

몹시 피로하거나 단조로운 작업으로 인하여 의식이 뚜렷하지 않은 상태의 의식수준으로 옳은 것은?

① Phase Ⅰ 이하
② Phase Ⅱ
③ Phase Ⅲ
④ Phase Ⅳ 이상

해설 인간의 의식레벨

단계	의식수준	생리적 상태
Phase 0	무의식, 실신상태	뇌발작, 수면
Phase Ⅰ	이상, 피로 및 단조로움	피로, 단조로움, 졸음
Phase Ⅱ	정상, 이완상태	휴식 시, 정례작업 시
Phase Ⅲ	정상, 명쾌	적극 활동 시
Phase Ⅳ	과긴장	패닉, 긴급방위반응

025

10회 출제

참가자 앞에서 소수의 전문가들이 과제에 관한 견해를 발표하고 토론한 뒤 참가자 전원이 참가하여 사회자의 사회에 따라 토의하는 방법은?

① 포럼
② 심포지엄
③ 패널 디스커션
④ 버즈세션

해설 토의법의 종류

포럼 (Forum)	새로운 자료나 교재를 제시하고 문제점을 피교육자로 하여금 제기하게 하거나 피교육자의 의견을 다양한 방법으로 발표하게 하여 청중과 토론자 간 의견교환으로 합의를 도출해내는 방법
패널 디스커션 (Panel Discussion)	참가자 앞에서 소수의 전문가들이 과제에 관한 견해를 발표하고 토론한 뒤 참가자 전원이 참가하여 사회자의 사회에 따라 토의하는 방법
심포지엄 (Symposium)	몇 사람의 전문가에 의하여 과제에 관한 견해를 발표한 뒤에 참가자로 하여금 의견이나 질문을 하게 하여 토의하는 방법
버즈세션 (Buzz Session)	6명씩 소집단으로 구분하고, 집단별로 각각의 사회자를 선발하여 6분씩 자유토의를 행한 후 의견을 종합하는 방법으로 6-6회의라고도 함

026

8회 출제

착각현상 중에서 실제로는 움직이지 않는데 움직이는 것처럼 느껴지는 심리적인 현상은?

① 잔상
② 원근 착시
③ 가현운동
④ 기하학적 착시

해설 운동의 착각현상

• 자동운동 : 암실 내의 정지된 소광점을 응시하고 있으면 그 광점이 움직이는 것처럼 보이는 현상이다.
• 유도운동 : 실제로 움직이지 않는 것이 어느 기준의 이동에 의하여 움직이는 것처럼 느껴지는 현상이다.
• 가현운동 : 실제로는 움직이지 않는데 움직이는 것처럼 느껴지는 심리적인 현상이다.

027

에너지대사율(RMR)에 따른 작업의 분류에 따라 중(보통)작업의 RMR 범위는?

① 0~2 ② 2~4
③ 4~7 ④ 7~9

해설 에너지대사율(RMR; Relative Metabolic Rate)

$$RMR = \frac{\text{작업대사량}}{\text{기초대사량}} = \frac{\text{작업 시 소비에너지}-\text{안정 시 소비에너지}}{\text{기초대사 시 소비에너지}}$$

작업구분	RMR	작업 종류 등
초중(超重)작업	7 이상	과격한 전신작업
중(重)작업	4~7	• 일반적인 전신작업 • 힘·동작속도가 큰 작업
중(中)작업	2~4	힘·동작속도가 작은 작업
경(輕)작업	0~2	• 사무실 작업 • 손가락이나 팔로 하는 가벼운 작업

028

안드라고지(Andragogy) 모델에 기초한 학습자로서의 성인의 특징과 가장 거리가 먼 것은?

① 성인들은 타인 주도적 학습을 선호한다.
② 성인들은 과제 중심적으로 학습하고자 한다.
③ 성인들은 다양한 경험을 가지고 학습에 참여한다.
④ 성인들은 왜 배워야 하는지에 대해 알고자 하는 욕구를 가지고 있다.

해설 안드라고지 모델에 기초한 성인 학습자의 특징
• 성인들은 자기 주도적으로 학습하고자 한다.
• 성인들은 과제 중심적(문제 중심적)으로 학습하고자 한다.
• 성인들은 무엇을, 왜 배워야 하는지에 대해 알고자 하는 욕구를 가지고 있다.
• 성인들은 학습에 대한 강력한 내·외적 동기를 가지고 있다.

관련개념 안드라고지(Andragogy)
그리스어의 'Andros(사람)'와 'Agein(이끌다)'에서 유래한 용어로 성인을 가르치는 과학 또는 기술을 의미한다.

029

다음 중 집단역학에서 소시오메트리(Sociometry)에 관한 설명으로 틀린 것은?

① 구성원 상호 간의 선호도를 기초로 집단 내부의 동태적 상호관계를 분석하는 기법이다.
② 소시오그램은 집단 내의 하위집단들과 내부의 세부집단과 비세력집단을 구분할 수 없다.
③ 소시오메트리 연구조사에서 수집된 자료들은 소시오그램과 소시오매트릭스 등으로 분석한다.
④ 소시오매트릭스는 소시오그램에서 나타나는 집단 구성원들 간의 관계를 수치에 의하여 계량적으로 분석할 수 있다.

해설 소시오메트리(Sociometry)
• 구성원 상호 간의 선호도를 기초로 집단 내부의 동태적 상호관계를 분석하는 기법이다.
• 소시오메트리 연구조사에서 수집된 자료들은 소시오그램과 소시오매트릭스 등으로 분석한다.
• 소시오매트릭스는 소시오그램에서 나타나는 집단 구성원들 간의 관계를 수치에 의하여 정량적으로 분석할 수 있다.
• 소시오그램은 집단 내의 하위 집단들과 내부의 세력집단·비세력집단을 구분할 수 있고, 집단의 실질적인 리더를 발견할 수 있다.

030

에빙하우스(Ebbinghaus)의 연구결과에 따른 망각률이 50[%]를 초과하게 되는 최초의 경과시간은 얼마인가?

① 30분 ② 1시간
③ 1일 ④ 2일

해설 에빙하우스의 망각률
• 1시간 경과: 56[%] 망각
• 24시간 경과: 67[%] 망각
• 48시간 경과: 72[%] 망각

031

다른 사람의 행동 양식이나 태도를 자기에게 투입하거나 그와 반대로 다른 사람 가운데서 자기의 행동양식이나 태도와 비슷한 것을 발견하는 것을 무엇이라 하는가?

① 모방(Imitation)
② 투사(Projection)
③ 암시(Suggestion)
④ 동일시(Identification)

해설 인간관계 메커니즘

모방 (Imitation)	남의 행동이나 판단을 표본으로 하여 그것과 같거나 그것에 가까운 행동 또는 판단을 취하려는 행위
투사 (Projection)	자신의 불만을 해소하기 위해 남에게 뒤집어 씌우는 행위
암시 (Suggestion)	다른 사람의 판단이나 행동을 무비판적으로 받아들이는 행위
동일화 (Identification)	다른 사람의 행동 양식이나 태도를 자신에게 투입하거나 다른 사람에게서 자신의 행동양식이나 태도와 비슷한 것을 발견하는 행위

032

교육훈련 평가의 목적과 관계가 가장 먼 것은?

① 문제해결을 위하여
② 작업자의 적성배치를 위하여
③ 지도 방법 개선을 위하여
④ 학습지도를 효과적으로 하기 위하여

해설

교육훈련 평가는 작업자의 적정배치 및 지도 방법을 개선하고, 학습지도를 효과적으로 수행함을 목적으로 한다.

관련개념 교육훈련의 평가 단계

교육훈련 평가는 반응단계 → 학습단계 → 행동단계 → 결과단계 순으로 진행한다.

033

다음 중 구체적 사물을 제시하거나 경험시킴으로써 효과를 보게 되는 학습지도의 원리는?

① 개별화의 원리
② 사회화의 원리
③ 직관의 원리
④ 통합의 원리

해설 학습지도의 원리

개별화	학습자의 요구와 성향, 소질에 적합한 학습의 기회를 부여한다는 원리
통합	학습자의 모든 능력을 조화롭게 발달시키는 생활중심의 통합 교육을 원칙으로 한다는 원리
사회화	공동학습과 같은 협동을 통해서 학습자의 사회화를 도와주는 원리
자기활동 (자발성)	학습지도는 내적동기를 유발시켜야 효과적이라는 원리
직관	구체적 사물을 제시하거나 경험시킴으로써 학습효과를 거둘 수 있다는 원리
목적	학습자에게 학습목표가 분명히 인식되었을 경우 자발적이고 적극적인 학습을 기대할 수 있다는 원리

034

다음 중 직무분석 방법으로 적당하지 않은 것은?

① 면접법
② 관찰법
③ 설문지법
④ 실험법

해설 직무분석(Job Analysis)의 방법

면접법	업무에 대한 이해도가 높은 작업자와의 면담을 통하여 직무를 분석하는 방법으로 자료의 수집에 많은 시간과 노력이 들고, 정량화된 정보를 얻기 힘들다.
관찰법	근로자의 작업수행 과정을 상세하게 관찰하는 방법으로 자료의 수집에 많은 시간과 노력이 들고, 정량화된 정보를 얻기가 힘들어 많은 시간이 소요되는 직무에는 적용이 곤란하다.
설문지법	많은 사람들로부터 짧은 시간 내에 정보를 얻을 수 있고, 양적인 정보를 얻을 수 있다.
중요사건법	직무행동 가운데 효과적인 행동과 비효과적인 행동을 구분하여 사례를 수집한 후 효과적인 행동패턴을 추출하는 방법이다.
일지작성법	작업수행 내역을 일정한 형식으로 기록하여 이를 분석하는 방법이다.
직무수행법	직무분석자가 직접 해당 직무를 수행하며 정보를 수집하는 방법으로 실무 기반 정보 수집에 유리하나 전문성과 긴 시간이 요구된다.

035

산업안전보건법령상 2[m] 이상인 구축물을 콘크리트 파쇄기를 사용하여 파쇄작업을 하는 경우 특별교육의 내용이 아닌 것은? (단, 그 밖에 안전·보건관리에 필요한 사항은 제외한다.)

① 작업안전조치 및 안전기준에 관한 사항
② 비계의 조립방법 및 작업 절차에 관한 사항
③ 콘크리트 해체 요령과 방호거리에 관한 사항
④ 파쇄기의 조작 및 공통작업 신호에 관한 사항

> **해설** 콘크리트 파쇄기를 사용하여 하는 파쇄작업(2[m] 이상인 구축물의 파쇄작업만 해당)의 특별교육내용
> • 콘크리트 해체 요령과 방호거리에 관한 사항
> • 작업안전조치 및 안전기준에 관한 사항
> • 파쇄기의 조작 및 공통작업 신호에 관한 사항
> • 보호구 및 방호장비 등에 관한 사항
> • 그 밖에 안전·보건관리에 필요한 사항

036

헤드십의 특성에 관한 설명 중 맞는 것은?

① 민주적 리더십을 발휘하기 쉽다.
② 책임귀속이 상사와 부하 모두에게 있다.
③ 권한 근거가 공식적인 법과 규정에 의한 것이다.
④ 구성원의 동의를 통하여 발휘하는 리더십이다.

> **해설** 헤드십(Headship)
> • 선출된 지도자가 아니라 조직에 의해 임명된 지도자가 행하는 권한 행사이다.
> • 권한의 근거는 공식적인 법과 규정에 의한다.
> • 지휘의 형태는 권위적이다.
> • 상사와 부하의 관계는 지배적이고 사회적 간격이 넓다.
> • 책임은 부하에게 있지 않고 상사에게 있다.

037

다음 중 집단(group)의 특성에 대하여 올바르게 설명한 것은?

① 1차 집단(primary group) – 사교집단과 같이 일상생활에서 임시적으로 접촉하는 집단
② 공식집단(formal group) – 회사나 군대처럼 의도적으로 설립되어 능률성과 과학적 합리성을 강조하는 집단
③ 성원집단(membership group) – 특정 개인이 어떤 상태의 지위나 조직 내 신분을 원하는데 아직 그 위치에 있지 않은 사람들의 집단
④ 세력집단 – 혈연이나 지연과 같이 장기간 육체적, 정서적으로 매우 밀접한 집단

> **해설** 집단의 종류와 특성
> • 1차 집단: 혈연이나 지연과 같이 장기간 육체적, 정서적으로 매우 밀접한 집단
> • 공식집단: 회사나 군대처럼 의도적으로 설립되어 능률성과 과학적 합리성을 강조하는 집단
> • 성원집단: 특정한 기준에 따라 구성되며 공동의 목표나 가치를 구성원이 공유하는 집단
> • 세력집단: 집단을 유지하는 데 중요한 역할을 하는 핵심성원들의 집단

038

맥그리거(Douglas McGregor)의 X·Y 이론에서 Y 이론에 관한 설명으로 틀린 것은?

① 인간은 서로 신뢰하는 관계를 가지고 있다.
② 인간은 문제해결에 많은 상상력과 재능이 있다.
③ 인간은 스스로의 일을 책임 하에 자주적으로 행한다.
④ 인간은 원래부터 강제로 통제하고 방향을 제시할 때 적절한 노력을 한다.

> **해설** 맥그리거의 X, Y 이론

X 이론	• 인간의 본성은 일을 싫어하고 무관심하며 책임을 회피한다. • 관리처방 방안으로는 경제적 보상체제 강화, 권위주의적 리더십 확립, 엄격한 관리 및 통제, 상부책임 강화 등이 필요하다.
Y 이론	• 인간의 본성은 일을 좋아하고 책임감이 강하여 자율적, 민주적으로 성과를 얻는다. • 관리처방 방안으로는 권한을 위임하고 목표에 의한 관리와 인간관계 관리방식 등이 필요하다.

039

다음 중 능률과 안전을 위한 기계의 통제수단이 될 수 없는 것은?

① 반응에 의한 통제
② 개폐에 의한 통제
③ 양의 조절에 의한 통제
④ 생산 원가에 의한 통제

해설

생산 원가는 기계의 종류와 용도, 생산량, 노동력, 원자재 가격과 연관이 있으며 능률과 안전을 위한 기계의 통제수단이 될 수 없다.

관련개념 기계의 통제수단

• 반응에 의한 통제: 기계의 작동 상태를 감지하여 이를 조절하는 것
• 개폐에 의한 통제: 기계의 개폐 상태를 조절하는 것
• 양의 조절에 의한 통제: 기계의 생산량이나 에너지 소비량 등을 조절하는 것

040

다음 설명에 해당하는 주의의 특성은?

공간적으로 보면 시선의 주시점만 인지하는 기능으로 한 지점에 주의를 집중하면 다른 곳의 주의는 약해진다.

① 선택성
② 방향성
③ 변동성
④ 일점집중

해설 주의(Attention)의 특징

• 선택성: 여러 종류의 자극 중 특정한 것을 선택하여 주의가 집중된다.
• 방향성: 한 지점에 주의를 집중하면 다른 곳의 주의가 약해진다.
• 변동성: 주의가 유지되지 않고 일정한 주기로 부주의하게 된다.

인간공학 및 시스템안전공학

041

설비보전에서 평균수리시간의 의미로 맞는 것은?

① MTTR
② MTBF
③ MTTF
④ MTBP

해설 평균수리시간(MTTR; Mean Time To Repair)

고장이 발생한 후부터 정상작동까지 걸리는 시간의 평균을 의미한다.

$$MTTR = \frac{전체\ 수리시간}{고장건수}[시간/회]$$

관련개념

• MTBF(Mean Time Between Failures): 고장과 고장 사이의 평균 가동시간을 의미한다.
• MTTF(Mean Time To Failure): 한 번 고장이 발생할 때까지 걸리는 평균 시간을 의미한다. 주로 수리가 불가능한 제품에 적용한다.

042

결함수분석법에서 Path Set에 관한 설명으로 맞는 것은?

① 시스템의 약점을 표현한 것이다.
② Top 사상을 발생시키는 조합이다.
③ 시스템이 고장 나지 않도록 하는 사상의 조합이다.
④ 시스템 고장을 유발시키는 필요불가결한 기본사상들의 집합이다.

해설 패스셋(Path Set)

• 기본사상들이 모두 발생하지 않으면 정상사상(Top Event)이 발생되지 않는 조합이다.
• 시스템이 고장 나지 않도록 하는 사상이며, 시스템의 기능을 유지하는 데 필요한 최소 요인의 집합이다.

043

다음 중 사고원인 가운데 인간의 과오에 기인된 원인 분석, 확률을 계산함으로써 제품의 결함을 감소시키고, 인간공학적 대책을 수립하는 데 사용되는 분석기법은?

① CA
② FMEA
③ THERP
④ MORT

해설 THERP(Technique for Human Error Rate Prediction)
- 인간실수(과오)확률에 대한 추정과 휴먼 에러를 정량적으로 평가하기 위한 기법이다.
- 사고원인 가운데 인간의 과오로부터 기인된 원인을 분석하고 확률을 계산하여 제품의 결함을 감소시키고 인간공학적 대책을 수립하는 데 활용된다.
- 가지처럼 갈라지는 형태의 논리구조와 나무 형태의 그래프를 이용한다.

044

FTA에서 사용되는 사상기호 중 '통상사상'을 나타내는 것은?

①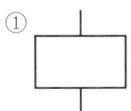
②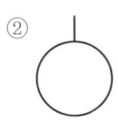
③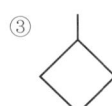
④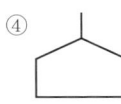

해설
① 결함사상: 개별적인 결함사상
② 기본사상: 더 이상 전개되지 않는 기본사상
③ 생략사상: 정보부족, 해석기술 불충분으로 더 이상 전개할 수 없는 사상
④ **통상사상: 통상 발생이 예상되는 사상**

045

PCB 납땜작업을 하는 작업자가 8시간 근무시간을 기준으로 수행하고 있고, 대사량을 측정한 결과 분당 산소소비량이 1.3[L/min]으로 측정되었다. Murrell 방식을 적용하여 이 작업자의 노동활동에 대한 설명으로 틀린 것은?

① 납땜작업의 분당 에너지소비량은 6.5[kcal/min]이다.
② 작업자는 NIOSH가 권장하는 평균에너지소비량을 따른다.
③ 작업자는 8시간의 작업시간 중 이론적으로 144분의 휴식시간이 필요하다.
④ 납땜작업을 시작할 때 발생한 작업자의 산소결핍은 작업이 끝나야 해소된다.

해설
- 분당 에너지소비량 및 NIOSH 권장치
  NIOSH가 권장하는 평균 에너지소비량은 1일 8시간 작업 시 남자는 5[kcal/min], 여자는 3.5[kcal/min]을 초과하지 않는 것이다.
  산소 1[L]당 에너지소비량은 5[kcal/L], 분당 산소소비량은 1.3[L/min]이므로 분당 에너지소비량은 1.3×5=6.5[kcal/min]이다.
  작업자가 6.5[kcal/min]의 에너지를 소비하고 있으므로 권장치를 초과하여 작업하고 있다.
  ※ 성별이 주어지지 않았을 경우 성인 남성을 기준으로 계산한다.
- 8시간 작업시간에 포함되어야 할 휴식시간 산출

  $$휴식시간(R) = 작업시간 \times \frac{E-5}{E-1.5} = (60 \times 8) \times \frac{6.5-5}{6.5-1.5} = 144[min]$$

  이때, E: 작업 시 평균 에너지 소비량[kcal/min]
  　　　5: 작업 시 분당 평균 에너지 소비량 상한[kcal/min]
  　　　1.5: 휴식 중 에너지 소비량[kcal/min]
  ※ 문제에서 작업 시 분당 평균 에너지 소비량 상한이 주어지지 않은 경우에는 5[kcal/min]을 적용한다. (Murrell 공식 적용)

046

12회 출제

다음 그림과 같은 시스템의 신뢰도는 얼마인가? (단, 숫자는 해당 부품의 신뢰도이다.)

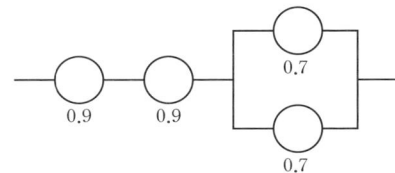

① 0.5670 ② 0.6422
③ 0.7371 ④ 0.8582

해설

- 신뢰도가 R_1, R_2인 부품이 병렬로 연결되어 있을 때의 신뢰도: $1-(1-R_1)\times(1-R_2)$
  병렬로 연결된 부품의 신뢰도 $= 1-(1-0.7)\times(1-0.7)=0.91$
- 신뢰도가 R_1, R_2인 부품이 직렬로 연결되어 있을 때의 신뢰도: $R_1\times R_2$
  직렬로 연결된 시스템 전체 신뢰도 $= 0.9\times0.9\times0.91=0.7371$

047

3회 출제

FTA 결과 다음과 같은 패스셋을 구하였다. 최소 패스셋으로 옳은 것은?

| $\{X_2, X_3, X_4\}$ |
| $\{X_1, X_3, X_4\}$ |
| $\{X_3, X_4\}$ |

① $\{X_3, X_4\}$
② $\{X_1, X_3, X_4\}$
③ $\{X_2, X_3, X_4\}$
④ $\{X_2, X_3, X_4\}$와 $\{X_3, X_4\}$

해설

패스셋은 그 속에 포함되어 있는 기본사상이 일어나지 않을 때 처음으로 정상사상이 일어나지 않는 기본사상의 집합으로 최소(미니멀) 패스셋은 패스셋 중 다른 패스셋을 포함하고 있는 것을 제외한 패스셋을 말한다. 보기의 패스셋에서 다른 패스셋을 포함하고 있는 것을 제외한 패스셋, 즉 최소 패스셋은 $\{X_3, X_4\}$이다.

048

2회 출제

다음 중 위험 조정기술의 4가지 방법에 해당하지 않는 것은?

① 위험회피 ② 위험감축
③ 위험경고 ④ 위험전가

해설 **위험처리기술**

- 위험회피(Avoidance) · 위험감축(경감)(Reduction)
- 위험보유(Retention) · 위험전가(Transfer)

049

3회 출제

반사율이 85[%], 글자의 밝기가 400[cd/m²]인 VDT 화면에 350[lx]의 조명이 있다면 대비는 약 얼마인가?

① −2.8 ② −4.2
③ −5.0 ④ −6.0

해설

- 배경의 밝기 $L_b = \dfrac{\text{반사율}\times\text{조도}}{\pi} = \dfrac{0.85\times350}{\pi}=94.70$
- 글자의 밝기 $L_t = \text{글자의 자체 밝기}+L_b=400+94.70=494.70$
- 대비 $= \dfrac{L_b-L_t}{L_b} = \dfrac{94.70-494.70}{94.70} = -4.2$

050

3회 출제

다음 중 신체 동작의 유형에 관한 설명으로 틀린 것은?

① 내선(medial rotation) : 몸의 중심선으로의 회전
② 외전(abduction) : 몸의 중심으로의 회전
③ 굴곡(flexion) : 신체 부위 간의 각도가 감소
④ 신전(extension) : 신체 부위 간의 각도가 증가

해설 **신체부위 운동 유형**

굴곡(Flexion)	신체 부위 간의 각도가 감소하는 관절동작
신전(Extension)	신체 부위 간의 각도가 증가하는 관절동작
내전(Adduction)	신체의 외부에서 중심선으로 이동하는 신체의 움직임
외전(Abduction)	신체 중심선부터 밖으로 이동하는 신체의 움직임
내선(Medial Rotation)	신체의 외부에서 중심선으로 회전하는 신체의 움직임
외선(Lateral Rotation)	신체의 중심선부터 회전하는 신체의 움직임

051

9회 출제

의도는 올바른 것이었지만, 행동이 의도한 것과는 다르게 나타나는 오류를 무엇이라 하는가?

① 착오(Mistake) 　② 착각(Illusion)

③ 실수(Slip) 　④ 위반(Violation)

해설 인간의 오류모형

착오(Mistake)	상황해석을 잘못하거나 목표를 잘못 이해하고 착각하여 행하는 인간의 실수로 위치, 순서, 패턴, 형상, 기억오류 등 외부적 요인에 의해 나타나는 오류
착각(Illusion)	감각적으로 물리현상을 왜곡하는 지각 오류
실수(Slip)	의도는 올바른 것이었지만, 행동이 의도한 것과는 다르게 나타나는 오류
건망증(Lapse)	일련의 과정에서 일부를 빠뜨리거나 기억의 실패에 의해 발생하는 오류
위반(Violation)	정해진 규칙을 알고 있음에도 의도적으로 따르지 않거나 무시한 경우에 발생하는 오류

052

6회 출제

인간-기계 시스템에서 시스템의 설계를 다음과 같이 구분할 때 제3단계인 기본설계에 해당되지 않는 것은?

> 1단계: 시스템의 목표와 성능 명세 결정
> 2단계: 시스템의 정의
> 3단계: 기본설계
> 4단계: 인터페이스 설계
> 5단계: 보조물 설계
> 6단계: 시험 및 평가

① 화면설계 　② 작업설계

③ 직무분석 　④ 기능할당

해설 인간-기계 시스템의 설계과정

1단계	시스템의 목표와 성능 명세 결정	목적 및 존재 이유에 대한 결정
2단계	시스템의 정의	목표 달성을 위해 필요한 기능의 결정
3단계	기본설계	기능의 할당, 작업설계, 인간성능 요건 명세, 직무분석
4단계	인터페이스 설계	작업공간, 화면설계, 표시 및 조종장치
5단계	촉진물(보조물) 설계	성능보조자료, 훈련도구 등 보조물 설계
6단계	시험 및 평가	시스템 개발과 관련된 평가와 인간적인 요소 평가

053

6회 출제

인간공학에 대한 설명으로 틀린 것은?

① 인간-기계 시스템의 안전성, 편리성, 효율성을 높인다.

② 인간을 작업과 기계에 맞추는 설계 철학이 바탕이 된다.

③ 인간이 사용하는 물건, 설비, 환경의 설계에 적용된다.

④ 인간의 생리적, 심리적인 면에서의 특성이나 한계점을 고려한다.

해설

인간공학의 설계 철학은 시스템을 인간에 맞추는 것이며 인간을 시스템에 맞추는 것이 아니다.

054

9회 출제

다음 중 동작경제의 원칙과 가장 거리가 먼 것은?

① 두 팔의 동작은 동시에 같은 방향으로 움직일 것

② 두 손의 동작은 같이 시작하고 같이 끝나도록 할 것

③ 급작스런 방향의 전환은 피하도록 할 것

④ 가능한 한 관성을 이용하여 작업하도록 할 것

해설 동작경제의 원칙

신체 사용의 원칙	• 두 손의 동작은 동시에 시작해서 동시에 끝나야 한다. • 휴식시간을 제외하고는 양손을 같이 쉬게 해서는 안 된다. • 손의 동작은 유연하고 연속적이어야 한다. • 동작이 급작스럽게 바뀌는 직선 동작은 피해야 한다. • 두 팔의 동작은 동시에 서로 반대방향으로 대칭적으로 움직이도록 한다.
작업장 배치의 원칙	• 공구, 재료 및 제어장치는 사용하기 가까운 곳에 배치해야 한다. • 공구나 재료는 작업동작이 원활하게 수행되도록 그 위치를 정해준다.
공구 및 설비 디자인의 원칙	• 서로 다른 공구의 기능을 결합하여 사용하도록 한다. • 치구나 족답장치를 이용하여 양손이 다른 일을 할 수 있도록 한다.

055

경계 및 경보신호의 설계지침으로 틀린 것은?

① 주의를 환기시키기 위하여 변조된 신호를 사용한다.

② 배경소음의 진동수와 다른 진동수의 신호를 사용한다.

③ 귀는 중음역에 민감하므로 500~3,000[Hz]의 진동수를 사용한다.

④ 300[m] 이상의 장거리용으로는 1,000[Hz]를 초과하는 진동수를 사용한다.

해설 **청각적 표시장치의 설계기준**

• 신호는 배경소음의 주파수와 다른 주파수를 이용한다.

• 귀는 중음역에 가장 민감하므로 500~3,000[Hz]의 진동수를 사용한다.

• 칸막이를 통과하는 신호는 500[Hz] 이하의 진동수를 사용한다.

• 300[m] 이상 장거리용 신호는 1,000[Hz] 이하의 낮은 주파수를 사용한다.

056

시각적 표시장치보다 청각적 표시장치를 사용하는 것이 더 유리한 경우는?

① 정보의 내용이 복잡하고 긴 경우

② 정보가 공간적인 위치를 다룬 경우

③ 직무상 수신자가 한 곳에 머무르는 경우

④ 수신 장소가 너무 밝거나 암순응이 요구될 경우

해설 **시각적 표시장치와 청각적 표시장치의 비교**

시각적 표시장치	• 수신 장소의 소음이 심한 경우 • 정보가 공간적인 위치를 다룬 경우 • 정보의 내용이 복잡하고 긴 경우 • 직무상 수신자가 한 곳에 머무르는 경우 • 메시지를 차후 참고할 필요가 있는 경우 • 정보의 내용이 즉각적인 행동을 요구하지 않는 경우
청각적 표시장치	• 수신 장소가 너무 밝거나 암순응이 요구되는 경우 • 정보의 내용이 시간적인 사건을 다루는 경우 • 정보의 내용이 간단한 경우 • 직무상 수신자가 자주 움직이는 경우 • 정보의 내용이 후에 재참조되지 않는 경우 • 메시지가 즉각적인 행동을 요구하는 경우

057

25[cm] 거리에서 글자를 식별하기 위하여 2디옵터 (Diopter) 안경이 필요하였다. 동일한 사람이 1[m]의 거리에서 글자를 식별하기 위하여는 몇 디옵터의 안경이 필요하겠는가?

① 3   ② 4

③ 5   ④ 6

해설

• 거리에 따른 필요굴절률
  =명시거리(0.25[m])의 굴절률−1[m] 거리에서의 굴절률
  $=\dfrac{1}{0.25}-\dfrac{1}{1}=3$

• 1[m] 거리에서의 안경 디옵터
  =명시거리(0.25[m])에서의 안경 디옵터+거리에 따른 필요굴절률
  =2+3=5디옵터

관련개념 **디옵터(Diopter)**

굴절률을 나타내는 단위로 물체의 거리(초점거리)를 [m]로 나타낸 수치의 역수이다.

058

다음 중 인간과 주위의 열교환 과정을 나타내는 열균형 방정식에 적용되는 요소가 아닌 것은?

① 대류   ② 복사

③ 증발   ④ 반사

해설 **인체의 열교환**

$S=(M-W)\pm R\pm C-E$

여기서, S: 인체의 열축적 또는 열손실

　　　　M: 대사량

　　　　W: 작업자가 수행한 일량

　　　　R: 복사에 의한 열교환

　　　　C: 대류에 의한 열교환

　　　　E: 증발에 의한 열손실

※ S의 부호가 (+)이면 열축적, (−)이면 열손실을 의미한다.

059

다음 중 1[sone]에 대한 설명으로 가장 적절한 것은?

① 1[dB]의 1,000[Hz] 순음의 크기
② 1[dB]의 4,000[Hz] 순음의 크기
③ 40[dB]의 1,000[Hz] 순음의 크기
④ 40[dB]의 4,000[Hz] 순음의 크기

해설 **sone 값**

• 인간이 청각으로 느끼는 소리의 크기를 측정하는 척도이다.
• 1[sone]은 40[dB]의 1,000[Hz] 순음의 크기로 40[phon]의 값을 의미한다.
• phon의 값이 주어질 때 $sone = 2^{\frac{phon-40}{10}}$ 으로 구한다.

060

인간의 위치 동작에 있어 눈으로 보지 않고 손을 수평면상에서 움직이는 경우 짧은 거리는 지나치고, 긴 거리는 못 미치는 경향이 있는데 이를 무엇이라고 하는가?

① 사정효과(Range Effect)
② 반응효과(Reaction Effect)
③ 간격효과(Distance Effect)
④ 손동작효과(Hand Action Effect)

해설 **사정효과(Range Effect)**

인간의 위치 동작에 있어 눈으로 보지 않고 손을 수평면상에서 움직이는 경우 짧은 거리는 지나치고, 긴 거리는 못 미치는 경향으로 작은 오차에는 과잉반응, 큰 오차에는 과소반응하는 인간(조작자)의 행동을 말한다.

건설시공학

061

기초의 종류에 관한 설명으로 옳은 것은?

① 온통기초 – 기둥하나에 기초판이 하나인 기초
② 복합기초 – 2개 이상의 기둥을 1개의 기초판으로 받치게 한 기초
③ 독립기초 – 조적조의 벽기초, 철근콘크리트의 연결기초
④ 연속기초 – 건물 하부 전체 또는 지하실 전체를 기초판으로 구성한 기초

해설 **푸팅기초**

상부 구조물을 발(Foot)의 모양으로 지반에서 확대한 모양의 기초이다.

• 독립기초: 하나의 독립된 푸팅으로 단일 기둥이 하중을 지지하는 형식으로 양질지반에 건립하며, 비교적 낮은 3~4층 정도의 건물, 창고, 공장 등 긴 스팬의 건물 등에 많이 이용된다.
• 연속기초: 보통 기둥간격이 짧은 경우 허용지내력도가 작아 독립푸팅으로 하는 경우에 푸팅이 너무 접근하거나 겹칠 때 사용되는 것으로 일련의 기둥 또는 벽에서의 하중을 푸팅으로 지지하는 형식의 기초이다.
• 복합기초: 허용지내력도가 작은 경우에 채용되는 방식으로 2개 혹은 그 이상의 기둥의 하중을 합하여 하나의 푸팅으로 지지하는 형식의 기초이다.

관련개념 **온통(전체)기초**

지반의 국부적인 차이에 따르는 부동침하의 영향이 비교적 적으므로 일반적으로 푸팅기초에 비해 훨씬 큰 침하가 허용되며, 전체의 주하중을 하나의 기초 슬래브로 지지하는 형식의 기초이다.

062

기계를 설치한 지반보다 낮은 장소, 넓은 범위의 굴착이 가능하며 주로 수로, 골재채취용으로 많이 사용되는 토공사용 굴착기계는?

① 모터 그레이더
② 파워셔블
③ 클램쉘
④ 드래그라인

해설

드래그라인은 지반면보다 낮은 곳의 굴착, 연약한 지반의 깊은 곳의 굴착 등에 쓰인다.

063

4회 출제

거푸집 구조설계 시 상대적으로 고려하지 않아도 되는 연직하중 요소는?

① 작업하중
② 거푸집 중량
③ 콘크리트 자중
④ 충격하중

해설

거푸집 중량은 약 40[kg/m²] 정도로 다른 하중의 10[%]도 채 되지 않아 작업하중, 콘크리트 자중, 충격하중과 비교하여 상대적으로 고려하지 않아도 된다.

관련개념 거푸집 및 동바리 구조검토 시 고려하여야 할 하중

연직하중	• 거푸집, 지보공(동바리), 콘크리트, 철근, 작업원, 타설용 기계기구, 가설설비 등의 중량 및 충격하중 • 연직하중＝고정하중＋작업하중 　　　　　＝(콘크리트 무게＋거푸집 무게) 　　　　　＋(충격하중＋작업하중)
횡하중	작업할 때의 진동, 충격, 시공오차 등에 기인되는 횡방향 하중 이외의 풍압, 유수압, 지진 등
콘크리트 측압	굳지 않은 콘크리트의 측압
특수하중	시공 중에 예상되는 특수한 하중(콘크리트 편심하중 등)

064

7회 출제

콘크리트 공사 시 철근의 정착위치에 관한 설명으로 옳지 않은 것은?

① 작은 보의 주근은 벽체에 정착한다.
② 큰 보의 주근은 기둥에 정착한다.
③ 기둥의 주근은 기초에 정착한다.
④ 지중보의 주근은 기초 또는 기둥에 정착한다.

해설 철근의 정착위치

• 기둥의 주근은 기초에 정착한다.
• 큰 보의 주근은 기둥에 정착한다.
• 직교하는 단부 보의 밑에 기둥이 없을 때는 보 상호 간에 정착한다.
• **작은 보의 주근은 큰 보에 정착한다.**
• 바닥철근은 보 또는 벽체에 정착한다.
• 지중보 철근은 기초 또는 기둥에 정착한다.
• 벽철근은 보, 기둥, 바닥판 또는 기초에 정착한다.

065

7회 출제

철골공사에서 용접 시 튀어나온 슬래그가 굳은 현상을 의미하는 것은?

① 슬래그(Slag) 감싸기
② 오버랩(Overlap)
③ 피트(Pit)
④ 스패터(Spatter)

해설 스패터(Spatter)

용접 시 튀어나온 슬래그가 굳은 현상이다.

관련개념 용접결함의 종류

슬래그 섞임	모재와 용접봉의 피복재 심선이 변하여 생긴 회분이 용착금속 내에 섞이는 것으로 과소전류, 운봉조작 불완전 등이 발생원인이다.
언더컷(Under Cut)	모재가 녹아서 용착금속이 채워지지 않고 홈으로 남게 된 부분으로 원인은 과대전류 또는 부적당한 용접봉 사용이다.
오버랩(Overlap)	용접금속과 모재가 융합되지 않고 겹쳐지는 것으로 원인은 약한 전류이다.
블로우홀 (기공, Blow Hole)	금속이 녹아들 때 생기는 작은 틈이나 기포가 발생하는 것으로 모재에 가스(황)잔류, 아크길이 및 전류 부적당의 원인으로 발생한다.
크랙(균열, Crack)	용접 후 냉각 시에 생기는 균열을 말하며, 과대전류 및 모재불량의 원인으로 발생한다.
피트(Pit)	용접부에 생기는 녹이나 미세한 흠이다.
크레이터(Crater)	아크용접 시 끝부분이 항아리 모양으로 파이는 현상으로 과대전류 및 부적합한 운봉의 원인으로 발생한다.
용입불량	용입길이가 충분하지 않은 것으로 과소전류, 운봉속도의 부적당 등이 발생원인이다.

066

2회 출제

콘크리트공사 표준시방서에 따른 거푸집널의 해체시기로 옳은 것은? (단, 콘크리트의 압축강도를 시험하지 않을 경우, 기둥으로서 평균기온이 20[℃] 이상이며 조강 포틀랜드시멘트를 사용한다.)

① 1일
② 2일
③ 3일
④ 4일

해설 콘크리트의 압축강도를 시험하지 않을 경우 거푸집널의 해체시기(기초, 보, 기둥 및 벽의 측면)

시멘트의 종류 ＼ 평균기온	조강 포틀랜드 시멘트	보통포틀랜드시멘트 고로슬래그시멘트 (1종) 포틀랜드포졸란시멘트 (1종) 플라이애시시멘트 (1종)	고로슬래그시멘트 (2종) 포틀랜드포졸란시멘트 (2종) 플라이애시시멘트 (2종)
20[℃] 이상	2일	4일	5일
20[℃] 미만 10[℃] 이상	3일	6일	8일

067

6회 출제

공동도급방식의 장점에 관한 설명으로 옳지 않은 것은?

① 각 회사의 상호신뢰와 협조로 긍정적인 효과를 거둘 수 있다.
② 공사의 진행이 수월하며 위험부담이 분산된다.
③ 기술의 확충, 강화 및 경험의 증대 효과를 얻을 수 있다.
④ 시공이 우수하고 공사비를 절약할 수 있다.

해설
공동도급방식을 사용하면 공사비용이 증가되어 이윤이 감소할 수 있다.

관련개념 **공동도급(Joint Venture Contract)의 장단점**

장점	단점
• 시공의 확실성 보장 • 위험의 분산 • 공사도급 경쟁완화 • 자본력과 신용도 증대 • 기술확충, 경험의 증대로 우량시공 가능	• 이해충돌, 책임회피 우려 • 현장관리 및 업무혼란 우려 • 단일회사 도급보다 비용증가 가능성 • 하자책임 불분명 • 경영방식 차이에 따른 능률저하

068

1회 출제

포화된 느슨한 모래가 진동과 같은 동하중을 받으면 부피가 감소되어 간극수압이 상승하여 유효응력이 감소하는 것을 무엇이라 하는가?

① 액상화 현상
② 원형 Slip
③ 부동침하 현상
④ Negative friction

해설 **액상화 현상**
느슨하고 포화된 모래(사질)지반에서 진동, 충격, 지진 등의 동하중을 받으면 간극수압이 상승하고, 유효응력이 감소하면서 전단저항이 상실되어 지반이 액체처럼 반응한다.

관련개념
• 원형 Slip: 풍화 또는 파쇄가 심한 암반이 원호의 형태로 파괴되는 현상을 말한다. 불연속면이 불규칙하게 많이 발달되어 구조적 특징이 뚜렷하지 않다.
• 부동침하 현상: 구조물 등의 기초 침하가 동일하지 않게 일어나는 현상을 말한다.
• 부마찰력(Negative Friction): 지반에 작용하고 있는 말뚝의 지지력이 시간이 경과함에 따라 점차 감소하면서 마찰력이 아래쪽으로 침하작용하는 것을 말한다.

069

3회 출제

다음 중 철근공사의 배근순서로 옳은 것은?

① 벽 → 기둥 → 슬래브 → 보
② 슬래브 → 보 → 벽 → 기둥
③ 벽 → 기둥 → 보 → 슬래브
④ 기둥 → 벽 → 보 → 슬래브

해설 **철근의 조립순서**
철근조립 및 배근순서는 대체로 거푸집 조립순서에 따라 행하여진다.
기초철근 → 기둥철근 → 벽철근 → 보철근 → 바닥(슬래브)철근 → 계단철근

070

어스앵커공법에 관한 설명 중 옳지 않은 것은?

① 인근구조물이나 지중매설물에 관계없이 시공이 가능하다.

② 앵커체가 각각의 구조체이므로 적용성이 좋다.

③ 앵커에 프리스트레스를 주기 때문에 흙막이벽의 변형을 방지하고 주변 지반의 침하를 최소한으로 억제할 수 있다.

④ 본 구조물의 바닥과 기둥의 위치에 관계없이 앵커를 설치할 수도 있다.

해설 **어스앵커공법의 장단점**

장점	단점
• 버팀대가 없기 때문에 대형 장비의 반입 및 작업이 가능하다. • 버팀대가 없기 때문에 굴착 및 구조물작업이 편리하다. • 공기가 단축될 수 있다. • 작업공간이 넓지 않아도 시공이 가능하다. • 지하경사지의 흙막이가 가능하다. • 지반조건에 변화가 있어도 앵커의 설계변경이 용이하다.	• 시공비가 많이 소요된다. • 인접대지에 장착해야 하는 경우, 법적·경제적인 문제가 발생할 수 있다.

관련개념 **어스앵커공법(Earth Anchor Method)**

• 어스드릴로 흙막이벽을 뚫고 그 속에 철근이나 PC 강선을 넣은 후, 여기에 모르타르로 그라우팅(Grouting)하여 경화시킨 뒤 흙막이벽을 수평력에 저항시키는 공법이다.

• 어스앵커는 주변 기구조물 하부에 천공하여 정착되므로 구조물이나 지중매설물을 고려해야 한다.

• 어스앵커는 자유장, 정착장, 인장재로 구성되어 있다.

071

콘크리트 타설 후 진동다짐에 관한 설명으로 옳지 않은 것은?

① 진동기는 하층 콘크리트에 10[cm] 정도 삽입하여 상하층 콘크리트를 일체화시킨다.

② 진동기는 가능한 한 연직방향으로 찔러 넣는다.

③ 진동기를 빼낼 때는 서서히 뽑아 구멍이 남지 않도록 한다.

④ 된비빔 콘크리트의 경우 구조체의 철근에 진동을 주어 진동효과를 좋게 한다.

해설 **다짐 및 진동기 사용 시 유의사항**

• 철근, 매설물과 콘크리트를 밀착시키고 기포를 방지하며 균질한 콘크리트를 만들기 위하여 다지기를 한다.

• 슬럼프 15[cm] 이하의 된비빔 콘크리트에 사용함을 원칙으로 한다.

• 1회 부어넣는 깊이는 30~60[cm]를 표준으로 하고, 진동봉의 길이는 60~80[cm] 이하로 한다.

• 진동기의 운행(삽입)간격은 60[cm] 이하로 한다.

• 진동시간은 페이스트가 윗면에 떠오를 정도의 시간인 30~40초가 적당하다.(최소: 15초, 최대: 1분)

• 진동기는 콘크리트에 구멍이 남지 않도록 서서히 꽂고 서서히 뽑는다.

• 굳기 시작한 콘크리트에는 진동기를 사용하지 않는다.

• 진동기는 수직으로 꽂고 전층에 약간 들어갈 정도로 꽂는다.

• 철근, 거푸집에는 직접 닿지 않도록 한다.

• 예비진동기는 주진동기 3대에 1대 꼴로 준비한다.

072

조적식구조에서 조적식구조인 내력벽으로 둘러싸인 부분의 최대 바닥면적은 얼마인가?

① 60[m^2]　　　　② 80[m^2]

③ 100[m^2]　　　　④ 120[m^2]

해설 **소규모건축구조기준 조적식구조**

• 건축물의 한 층에서 조적식 내력벽으로 둘러싸인 한 개 실의 바닥면적은 80[m^2] 이하로 하여야 한다.

• 내력벽의 길이는 10[m] 이하로 하여야 한다.

• 모든 내력벽의 두께는 190[mm] 이상으로 하여야 한다.

• 비내력벽은 90[mm]로 시공할 수 있으나 벽량계산에서는 제외한다.

073

철골부재조립 시 구멍의 위치가 다소 다를 때 구멍을 맞추기 위한 작업은?

① 송곳뚫기(Drilling)
② 리이밍(Reaming)
③ 펀칭(Punching)
④ 리벳치기(Riveting)

[해설] 리이밍(Reaming)

구멍을 넓히거나 불량부분을 제거하는 작업이다. 리머(Reamer)를 사용하여 구멍가심을 하고, 수정 최대 편심거리는 1.5[mm] 이하이다.

[관련개념]

- 송곳뚫기(Drilling): 13[mm]를 초과하는 철판에 사용되고, 수밀성이 요구되거나 정밀 가공 시 사용한다.
- 펀칭(Punching): 13[mm] 이하의 얇은 철판이나 리벳 지름이 9[mm] 이하일 때 사용한다.
- 리벳치기(Riveting): 공장 리벳치기와 현장 리벳치기가 있다.

074

주변 건물이나 옹벽, 철탑 등 터파기 주위의 주요 구조물에 설치하여 구조물의 경사 변형상태를 측정하는 장비는?

① 간극수압계
② 경사계
③ 하중계
④ 변형률계

[해설] 경사계(Tilt Meter)

구조물의 경사, 기울기 등 변위량을 측정하는 장비이다.

[관련개념] 흙막이 가시설 계측기의 종류

구분	목적
지표침하계	흙막이벽 배면에 설치하여 지표면의 침하량 측정
지중경사계	흙막이벽 배면에 설치하여 인접지반의 수평 변위량 측정
하중계	스트러트 및 어스앵커에 설치하여 축하중 측정. 부재의 안정성 여부 판단
간극수압계	굴착 및 성토에 의한 간극수압의 변화 측정
변형률계	스트러트, 띠장 등에 부착하여 굴착 시 구조물의 변형률 측정
지하수위계	굴착에 따른 지하수위의 변동 측정
지중침하계	토류벽 배면에 설치하여 지층의 침하상태 파악, 보강 대상과 범위의 침하량 예측

075

다음 중 언더피닝 공법에 대한 설명으로 옳은 것은?

① 인접건축물 기초의 침하의 우려에 대비한 공법이다.
② 터파기 공법의 일종이다.
③ 용수량이 많은 깊은 기초의 축조에 사용하는 공법이다.
④ 지하연속벽 공법이라고도 한다.

[해설] 언더피닝(Under Pinning) 공법

기존 구조물의 기초하부를 보강하거나, 인접하여 구조물을 증축 또는 구축하는 경우 기존 구조물을 보호하거나 구조물 하부를 보강하여 지지력 등을 증대하는 공법이다.

076

거푸집 공사에 적용되는 슬라이딩 폼 공법에 관한 설명으로 옳지 않은 것은?

① 형상 및 치수가 정확하며 시공오차가 적다.
② 마감작업이 동시에 진행되므로 공정이 단순화된다.
③ 1일 5~10[m] 정도 수직시공이 가능하다.
④ 일반적으로 돌출물이 있는 건축물에 많이 적용된다.

[해설]

슬라이딩 폼(Sliding Form)은 돌출물이 없는 균일한 형상의 건축물 공사에 적합하다.

[관련개념] 슬라이딩 폼(Sliding Form)

- 수평적 또는 수직적으로 반복된 구조물을 시공이음이 없이 균일한 형상으로 시공하기 위하여 거푸집을 연속적으로 이동시키면서 콘크리트를 타설하여 시공한다.
- 주로 사일로(Silo), 전단벽 건물, 유틸리티 코어 등에 사용된다.
- 특징
  - 복잡한 내·외부 비계가설이 필요없다.
  - 공기가 $\frac{1}{3}$ 정도 단축된다.
  - 구조체가 일체로 될 수 있다.
  - 요크(Yoke)로 벽거푸집을 상향 이동시킨다.
  - 거푸집 조립, 제거에 소요되는 노력이 절약된다.

077

철근의 이음 방법에 해당되지 않는 것은?

① 겹침이음　　　　② 병렬이음
③ 기계식이음　　　④ 용접이음

해설 철근의 이음 방법
· 겹침이음　　　　　　· 가스압접이음
· 용접이음　　　　　　· 기계식이음
· 나사식이음　　　　　· 강관압착이음
· 충전식이음　　　　　· 병용이음
· 편체식이음

078

네트워크 공정표의 주공정(Critical Path)에 관한 설명으로 옳지 않은 것은?

① TF가 0(Zero)인 작업을 주공정작업이라 한다.
② 총 공기는 공사착수에서부터 공사완공까지의 소요시간의 합계이며, 최장시간이 소요되는 경로이다.
③ 주공정은 고정적이거나 절대적인 것이 아니고 가변적이다.
④ 주공정에 대한 공기단축은 불가능하다.

해설
네트워크 공정표는 주공정을 파악하여 공기관리 및 공기단축이 가능하다.

관련개념 네트워크 공정표의 장단점

장점	단점
· 각 작업 상호간의 관련성을 표시할 수 있다. · 공사전체의 파악이 용이하다. · 계획단계에서 공정상의 문제점을 도출할 수 있으므로 작업 전에 적절히 수정할 수 있다. · 작업수속이 과학적이며 신뢰성이 높다. · 여유있는 작업과 여유없는 작업을 구분할 수 있다.	· 네트워크기법에 대한 습득이 어렵다. · 공정계획의 작성에 많은 시간이 소요된다. · 표시상의 제약 때문에 작업의 세분화 정도에 한계가 있다. · 공정표를 수정하기가 대단히 어렵다. · 공정표가 복잡하여 경험이 적은 사람은 이용이 곤란하다.

079

지반 굴착 시 안정액을 사용하여 지반의 붕괴를 방지하면서 굴착하고 그 속에 철근망을 넣고 콘크리트를 타설하여 연속으로 콘크리트 흙막이벽을 설치하는 공법은?

① 슬러리 월 공법　　② 이코스 공법
③ CIP 공법　　　　　④ PIP 공법

해설 슬러리 월(Slurry Wall) 공법(지하연속벽 공법)
굴착면을 보호하기 위해 벤토나이트 등의 안정액을 사용하여 소요단면을 사전 굴착한 후 철근망을 넣어 콘크리트를 타설함으로써 지하구조물을 연속적으로 형성하는 공법이다.

관련개념
· 이코스(Icos Pile) 공법
일정한 액압이 있는 벤토나이트 용액을 굴착하는 갱내에 넣어 외부와 균형을 유지하게 하고, 주위에 내수성의 지층을 만드는 복합작용을 하게 함으로써 공벽의 붕괴를 방지하며, 지중에 깊은 구멍을 뚫고 그 내부에 콘크리트를 채우는 방법이다.
· CIP(Cast In Place Pile) 공법
지하수가 없는 비교적 경질인 지층에서 어스 오거로 구멍을 뚫고 그 내부에 자갈과 철근을 채운 후, 미리 삽입해 둔 파이프를 통해 저면에서부터 모르타르를 채워 올라오게 하는 공법이다.
· PIP(Pacted In Place Pile) 공법
어스 오거로 소정의 깊이까지 뚫은 다음, 흙과 오거를 함께 끌어올리면서 그 밑 공간은 파이프 선단을 통하여 유출되는 모르타르로 채워 흙과 치환하여 모르타르 말뚝을 형성하는 공법이다.

080

9회 출제

콘크리트 타설 시 거푸집이 받는 측압에 관한 설명으로 옳지 않은 것은?

① 대기의 온도가 높을수록 크다.
② 슬럼프(Slump)가 클수록 크다.
③ 타설속도가 빠를수록 크다.
④ 거푸집의 강성이 클수록 크다.

해설 **콘크리트 측압이 커지는 요인**
• 거푸집 부재의 단면이 큰 경우
• 거푸집의 수밀성이 큰 경우
• 거푸집의 강성이 큰 경우
• 거푸집의 표면이 평활할 경우
• 콘크리트가 묽은 경우
• 철골이나 철근량이 적은 경우
• 외기온도가 낮은 경우
• 타설속도가 빠른 경우
• 콘크리트의 다짐이 좋은 경우
• 콘크리트의 슬럼프가 큰 경우
• 콘크리트의 비중이 큰 경우
• 습도가 높은 경우
• 벽 두께가 두꺼운 경우

건설재료학

081

5회 출제

굳지 않은 콘크리트의 성질을 표시한 용어가 아닌 것은?

① 워커빌리티(Workability)
② 펌퍼빌리티(Pumpability)
③ 플라스티시티(Plasticity)
④ 크리프(Creep)

해설 **굳지 않은 콘크리트의 성질**

워커빌리티 (Workability)	반죽질기에 따른 작업의 난이도 정도 및 재료분리에 저항하는 정도를 나타내는 굳지 않은 콘크리트의 성질
펌퍼빌리티 (Pumpability)	펌프에 의해 운반을 실시하는 경우 콘크리트의 압송성
플라스티시티 (Plasticity)	거푸집에 쉽게 다져 넣을 수 있고, 거푸집을 제거하면 천천히 변하는 굳지 않은 콘크리트의 성질
컨시스턴시 (Consistency)	주로 수량의 다소에 의한 부드러운 정도를 나타내는 것으로, 콘크리트를 타설할 때의 유동성에 영향을 미치고 일반적으로 슬럼프의 값으로 측정함
피니셔빌리티 (Finishability)	굵은 골재의 최대치수, 잔골재율, 잔골재의 입도 등에 의한 마무리의 용역도를 나타냄

관련개념 **크리프(Creep)**
응력이 일정하게 작용하여 크기의 변화가 없더라도 변형률이 시간 경과에 따라 증가하는 현상을 말한다.

082

목재의 심재와 변재를 비교한 설명 중 옳지 않은 것은?

① 심재가 변재보다 다량의 수액을 포함하고 있어 비중이 작다.

② 심재가 변재보다 신축이 적다.

③ 심재가 변재보다 내후성, 내구성이 크다.

④ 일반적으로 심재가 변재보다 강도가 크다.

해설

심재는 목재의 중앙부로, 수지 등이 고결되어 비중이 크다.

관련개념 **목재의 심재와 변재**

심재	• 목재 단면의 수심과 가까운 중앙부이다. • 수심과 변재 사이의 재료이다. • 세포가 죽어서 고화되고 수지, 색소, 광물질 등이 고결되어 강도가 크게 되고, 수분이 적고 단단하여 잘 부패되지 않는다. • 암갈색으로 진하게 착색된다.
변재	• 보통 백태라고도 하며 목재 단면의 수심에서 볼 때 수피쪽에 가까운 재료이다. • 양분을 저장하는 역할을 하므로 수액이 많이 포함되어 있고 유연하며 대부분의 세포가 살아있다. • 수분이 많아 부패, 변형의 우려가 많고 강도가 작아 목재로서의 가치가 심재보다 못하다.

083

비중이 크고 연하면서 연성이 크며, 방사선실의 방사선 차폐용으로 사용되는 금속재료는?

① 주석

② 납

③ 철

④ 크롬

해설 **납(연, Pb)의 성질**

• 비중이 11.34로 비교적 크다.

• 주조, 가공성 및 단조성이 풍부하다.

• 열전도율은 작으나, 온도 변화에 따른 신축이 크다.

• 알칼리에 침식된다.

• X-선실, 방사선 차단에 사용된다.

084

표면건조포화상태의 잔골재 500[g]을 건조시켜 기건상태에서 측정한 결과 460[g], 절대건조상태에서 측정한 결과가 440[g]이었다. 흡수율[%]은?

① 8[%]

② 8.7[%]

③ 12[%]

④ 13.6[%]

해설 **골재의 흡수율**

수분이 전혀 없는 골재가 수분을 흡수할 수 있는 수분량의 비이다.

$$흡수율 = \frac{표면건조포화상태\ 질량 - 절대건조상태\ 질량}{절대건조상태\ 질량} \times 100$$

$$= \frac{500 - 440}{440} \times 100 = 13.6[\%]$$

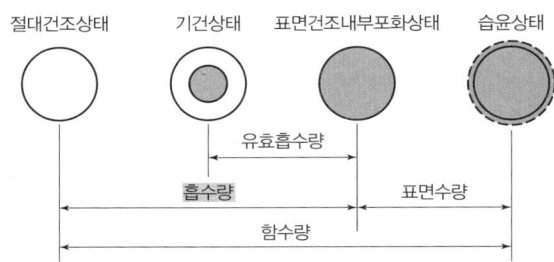

085

타일 및 위생도기에 사용하는 점토제품으로 흡수성이 아주 작고 소성온도가 가장 높은 것은?

① 토기

② 도기

③ 자기

④ 석기

해설 **점토제품의 종류**

종류	소성온도[℃]	흡수율[%]	재료	비고
토기	790~1,000	20 이상	기와, 벽돌, 토관	최저급 원료 (전답토)
도기	1,100~1,230	10	타일, 테라코타, 위생도기	다공질로 흡수성 유약 사용, 두드리면 탁음
석기	1,160~1,350	3~10	마루 타일, 클링커 타일	유약 대신 식염유 사용
자기	1,230~1,460	0~1	자기질 타일, 모자이크 타일, 위생도기	양질의 도토 또는 장석분을 원료로 함

086

4회 출제

재료의 단단한 정도를 나타내는 용어는?

① 연성
② 인성
③ 취성
④ 경도

해설

재료의 단단한 정도를 나타내는 용어는 '경도'이다.
경도는 어떤 재료를 긁을 때 자국, 절단, 마모 등에 대한 저항성으로 금속재료에서는 그 기계적 성질을 알고자 할 때 경도를 가장 중요하게 고려한다.

관련개념

• 연성: 재료가 탄성한계 이상의 힘을 받아도 파괴되지 않고 가늘고 길게 늘어나는 성질이다.
• 인성: 재료가 외력을 받아 변형을 나타내면서도 파괴되지 않고 견딜 수 있는 성질이다.
• 취성: 재료가 외력을 받아도 변형되지 않거나 약간의 극미한 변형만을 수반하고 파괴되는 성질이다.

087

4회 출제

블로운 아스팔트(Blown Asphalt)를 휘발성 용제에 녹이고 광물분말 등을 가하여 만든 것으로 방수, 접합부 충전 등에 쓰이는 아스팔트 제품은?

① 아스팔트 코팅(Asphalt Coating)
② 아스팔트 그라우트(Asphalt Grout)
③ 아스팔트 시멘트(Asphalt Cement)
④ 아스팔트 콘크리트(Asphalt Concrete)

해설 아스팔트 코팅

블로운 아스팔트를 휘발성 용제에 녹이고 석면, 광물분말 등을 가하여 만든 것으로 방수층 단부나 배수관 둘레의 실링재 등에 사용된다.

관련개념 아스팔트 혼합물

구분	내용
아스팔트 그라우트	• 원유로부터 아스팔트 성분을 가능한 한 변화시키지 않고 추출한 스트레이트 아스팔트와 돌가루, 모래를 가열·혼합한 물질 • 유동성을 이용하여 석재의 고착·충전 등에 사용
아스팔트 시멘트	고형 상태의 아스팔트를 과열되지 않도록 인화점 이하에서 화기와 충분히 혼합하여 적당하게 물러진 액상으로 만든 것
아스팔트 콘크리트	• 아스팔트를 녹여서 자갈, 쇄석 등의 골재를 섞은 것 • 도로포장에 쓰임

088

9회 출제

골재의 함수상태에서 유효흡수량의 정의로 옳은 것은?

① 습윤상태와 절대건조상태의 수량의 차이
② 표면건조포화상태와 기건상태의 수량의 차이
③ 기건상태와 절대건조상태의 수량의 차이
④ 습윤상태와 표면건조포화상태의 수량의 차이

해설 골재의 유효흡수량

공기 중 건조상태에서 골재의 입자가 표면건조포화상태로 되기까지 흡수된 수량이다.

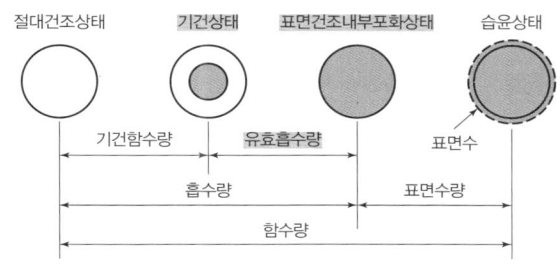

089

2회 출제

기둥, 벽 등의 모서리를 보호하기 위하여 미장바름질 할 때 붙이는 보호용 철물은?

① 코너비드
② 미끄럼막이
③ 인서트
④ 줄눈대

해설 코너비드(Corner Bead)

기둥이나 모서리를 보호하기 위해 밀착시켜 붙이는 철물이다.

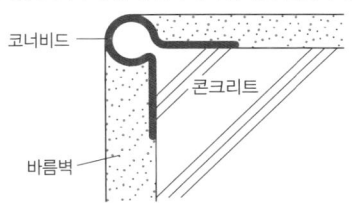

090

각 창호철물에 관한 설명으로 옳지 않은 것은?

① 피벗힌지(Pivot Hinge): 경첩 대신 촉을 사용하여 여닫이문을 회전시킨다.

② 나이트래치(Night Latch): 외부에서는 열쇠, 내부에서는 작은 손잡이를 틀어 열 수 있는 실린더장치로 된 것이다.

③ 크레센트(Crescent): 여닫이문의 상하단에 붙여 경첩과 같은 역할을 한다.

④ 래버터리 힌지(Lavatory Hinge): 스프링 힌지의 일종으로 공중화장실 등에 사용된다.

해설

크레센트는 창문잠금고리로 미닫이문에 적합하다.

피벗힌지　　　　　나이트래치

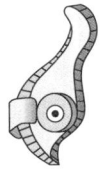
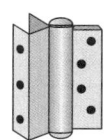

크레센트　　　　　래버터리 힌지

091

저급점토, 목탄가루, 톱밥 등을 혼합하여 성형 후 소성한 것으로 단열과 방음성이 우수한 벽돌은?

① 내화벽돌　　　　② 보통벽돌
③ 중량벽돌　　　　④ 경량벽돌

해설 경량벽돌

분탄과 톱밥을 점토와 혼합해 성형한 후 소성가공한 벽돌이다. 소성과정에서 열에 의해 분탄과 톱밥이 소각되면서 내부에 구멍이 많이 만들어져 다공벽돌이라고도 불린다. 주로 칸막이가 필요한 벽이나 치장재의 용도로 사용된다.

관련개념

• 내화벽돌: 높은 온도에서 용해하거나 변형이 일어나지 않는 무기재료로 된 벽돌로, 내화도와 열충격성, 강도가 크다.

• 보통벽돌: 진흙을 반죽해 말린 후 구워서 만들며 치장이나 장식보다는 조적의 재료로 많이 사용된다.

• 중량벽돌: 골재의 비중이 큰 골재(비중 2.7 이상)를 가용하여 만든 벽돌이다.

092

비중이 2.6이고 단위용적중량이 1,750[kg/m³]인 굵은골재의 공극률은?

① 32.7[%]　　　　② 31.2[%]
③ 33.7[%]　　　　④ 33.2[%]

해설 골재의 공극률

$$공극률 = \frac{절대건조밀도[g/cm^3] \times 0.999 - 단위용적질량[g/cm^3]}{절대건조밀도[g/cm^3] \times 0.999} \times 100$$

$1[kg/m^3] = 10^{-3}[g/cm^3]$이므로 $1,750[kg/m^3] = 1.75[g/cm^3]$

$$공극률 = \frac{2.6 \times 0.999 - 1.75}{2.6 \times 0.999} \times 100 = 32.7[\%]$$

※ 물의 밀도는 1[g/cm³]이므로, 비중 2.6은 밀도 2.6[g/cm³]와 수치상 동일하다.

093

다음 중 시멘트에 대한 설명으로 맞는 것은?

① 시멘트가 풍화하면 응결이 빨라지지만, 경화 후의 강도가 저하된다.
② 시멘트 응결은 첨가된 석고의 질과 양에 큰 영향을 받지 않는다.
③ 시멘트의 분말도가 크고 온도가 높을수록 응결이 늦어진다.
④ 시멘트의 수화열은 시멘트의 종류, 화학조성, 물시멘트비, 분말도 등에 의해서 달라진다.

해설
① 시멘트가 풍화되면 응결이 늦어지고 강도저하를 가져 온다.
② 시멘트의 응결은 첨가된 석고의 질과 양에 큰 영향을 받는다.
③ 분말도가 큰 시멘트는 응결이 빠르다.

관련개념 시멘트의 풍화
• 시멘트를 공기 중에 방치하거나 통기성이 있는 곳에 장기저장 시 공기 중의 수분이나 이산화탄소와 반응하여 품질이 저하된다.
• 풍화된 시멘트의 성질
  − 밀도가 작아진다.
  − 응결이 늦어진다.(이상응결을 일으킨다.)
  − 강도발현이 늦어지고, 초기강도, 압축강도가 작다.
  − 블리딩이 증가하고, 건조수축 및 균열이 크다.
  − 강열감량(시멘트를 가열했을 때의 질량 감소율)이 커진다.

094

역청재료의 침입도 시험에서 질량 100[g]의 표준침이 5초 동안에 10[mm] 관입했다면 이 재료의 침입도는 얼마인가?

① 1
② 10
③ 100
④ 1,000

해설 역청재료의 침입도 계산

$$침입도 = \frac{5초\ 동안\ 관입깊이}{0.1[mm]} = \frac{10[mm]}{0.1[mm]} = 100$$

관련개념 침입도
• 물질의 점조도나 경도 등을 나타내는 척도의 일종으로 어떤 물질 속에 일정한 모양의 침(바늘)이 일정온도에서, 일정시간에 관입되는 깊이이다.
• 아스팔트의 침입도는 25[℃], 100[g], 5초가 표준으로 바늘이 관입한 깊이를 0.1[mm] 단위로 표기한다.
• 스트레이트 아스팔트의 침입도는 0~300 정도이고, 블로운 아스팔트의 침입도는 0~40 정도이다.

095

다음의 회반죽에 대한 설명 중 (　　) 안에 들어갈 말로 알맞은 것은?

> 회반죽은 소석회에 (㉠), (㉡), (㉢) 등을 혼합하여 바르는 미장재료로서, 콘크리트 블록 및 벽돌 바탕 등에 바른다.

① ㉠ 석고, ㉡ 모래, ㉢ 해초풀
② ㉠ 시멘트, ㉡ 모래, ㉢ 해초풀
③ ㉠ 석고, ㉡ 돌로마이트, ㉢ 여물
④ ㉠ 모래, ㉡ 해초풀, ㉢ 여물

해설 회반죽의 바름 특성
• 소석회를 주원료로 모래, 여물, 해초풀을 혼합하여 사용한다.
• 여물은 건조수축에 의한 균열을 방지하기 위해 사용한다.
• 해초풀은 점성력, 부착력을 증대한다.
• 해초풀을 끓인 다음 1일 이상 방치하게 될 때에는 표면에 소량의 석회를 뿌려서 부패를 방지하며, 사용 시에는 표층부분을 제거한 후 사용한다.

096

시멘트의 분말도에 관한 설명으로 옳지 않은 것은?

① 분말도가 클수록 수화반응이 촉진된다.

② 분말도가 클수록 초기강도는 작으나 장기강도는 크다.

③ 분말도가 클수록 시멘트 분말이 미세하다.

④ 분말도가 너무 크면 풍화되기 쉽다.

해설 **시멘트의 분말도**

• 분말도가 클수록 비표면적이 커서 물에 접촉하는 면적이 크므로 수화작용이 빨라서 콘크리트의 초기강도가 높고 그 후의 강도의 증진도 크며 골재와의 접착력도 크므로 내구적인 콘크리트를 만드는 데 적당하다.

• 분말도가 너무 크면 풍화되기 쉽다.

• 화학성분이 같을 때 조기강도를 증진하려고 하면 분말도에 의존할 수밖에 없다.

• 분말도가 너무 큰 시멘트는 블리딩(Bleeding)이 적고, 워커빌리티가 좋으나 수축이 커질 염려가 있고, 발열량이 많아 콘크리트에 균열이 발생하기 쉬우며 수밀성, 내구성의 면에서도 좋지 못하다.

097

목재의 주요 방부처리법에 해당되지 않는 것은?

① 훈연법　　　　　② 침지법

③ 도포법　　　　　④ 생리적 주입법

해설

훈연법은 일시적인 해충 제거에 사용되며, 목재 방부처리의 주요 방법으로는 인정되지 않는다.

관련개념 **목재의 방부처리법**

종류	방법
도포법	목재의 표면에 페인트, 바니쉬(Vanish), 크레오소트유(Creosote), 타르(Tar), 아스팔트(Asphalt) 등을 도포하는 방법이다.
표면탄화법	• 목재의 표면을 태워서 탄화시키는 방법이다. • 주로 말뚝 등에 쓰이며, 영속성이 적으므로 일반적으로 방부제를 사용한다.
침지법	목재를 방부액이나 물에 담가 산소공급을 차단하는 방법이다.
약액주입법	• 약재는 보통 크레오소트유를 사용하며 목재방부법 중 가장 공업적이고 효과도 완전한 방법이다. • 조작방법에 따라 상압, 가압주입법으로 분류한다.

098

콘크리트용 골재의 품질요건에 관한 설명으로 옳지 않은 것은?

① 골재는 청정 · 견경해야 한다.

② 골재는 소요의 내화성과 내구성을 가져야 한다.

③ 골재는 표면이 매끄럽지 않으며, 예각으로 된 것이 좋다.

④ 골재는 밀실한 콘크리트를 만들 수 있는 입형과 입도를 갖는 것이 좋다.

해설 **콘크리트용 골재의 구비조건**

• 골재의 강도는 콘크리트 중의 경화한 페이스트의 강도 이상의 것으로 한다.

• 골재는 서로 섞이지 않아야 하고 톱밥, 흙, 쓰레기 등이 섞이지 않아야 한다.

• 유해한 성분을 포함하지 않아야 한다.

• 물리적, 화학적으로 안정하고 내구성이 커야 한다.

• 단단하고 강하며 내마모성이 있어야 한다.

• 모양이 입방체 또는 구형에 가깝고 부착이 좋은 표면조직을 가져야 한다.

• 골재는 콘크리트 용적의 66~78[%]를 차지한다.

• 골재는 입도가 좋은 것, 견고한 것, 내화성 및 내구성이 있는 것으로 한다.

099

수성페인트에 대한 설명으로 옳지 않은 것은?

① 수성페인트의 일종인 에멀션 페인트는 수성페인트에 합성 수지와 유화제를 섞은 것이다.

② 수성페인트를 칠한 면은 외관은 온화하지만 독성 및 화재발생의 위험이 있다.

③ 수성페인트의 재료로 아교·전분·카세인 등이 활용된다.

④ 광택이 없으며 회반죽면 또는 모르타르면의 칠에 적당하다.

해설

수성페인트는 물로 희석하여 사용하기 때문에 화재발생 위험이 없다.

관련개념 수성페인트의 특징

장점	• 건조시간이 빠르다. • 냄새가 적고, 건강에 해롭지 않다. • 굳어버리기 전에는 물로 세척이 가능하다.
단점	• 내수성이 약해 물이 고이는 곳에 사용하기 어렵다. • 도막의 내구성이 약하다.

100

시멘트 모르타르나 석회 또는 석고 등을 흙손을 사용하여 바를 경우의 주의사항 중 옳지 않은 것은?

① 바탕조정은 아주 중요한 작업이므로 가능한 한 바탕면이 유리면처럼 될 수 있도록 조정하여 둔다.

② 재료배합은 원칙적으로 바탕에 가까운 바름층일수록 부배합, 정벌바름에 가까울수록 빈배합으로 한다.

③ 재료의 비빔에는 기계비빔과 손비빔이 있으며 균일할 때까지 충분하게 섞는다.

④ 바름면의 흙손작업은 갈라지거나 들뜨는 것을 방지하기 위하여 바름층이 굳기 전에 끝낸다.

해설 바탕처리

바탕면이 지나치게 평활할 때에는 거칠게 처리하고, 바탕면의 이물질을 제거하여 미장바름의 부착이 양호하도록 표면을 처리한다.

건설안전기술

101

건설업 산업안전보건관리비 계상 및 사용기준에 따른 특수건설공사의 계상기준으로 옳은 것은? (단, 대상액이 5억 원 미만이다.)

① 2.07[%]　　　　② 3.11[%]

③ 3.15[%]　　　　④ 3.64[%]

해설 공사종류 및 규모별 산업안전보건관리비 계상기준표

공사종류 \ 구분	대상액 5억 원 미만	대상액 5억 원 이상 50억 원 미만		대상액 50억 원 이상	보건관리자 선임 대상 건설공사
		비율	기초액		
건축공사	3.11[%]	2.28[%]	4,325,000원	2.37[%]	2.64[%]
토목공사	3.15[%]	2.53[%]	3,300,000원	2.60[%]	2.73[%]
중건설공사	3.64[%]	3.05[%]	2,975,000원	3.11[%]	3.39[%]
특수건설공사	2.07[%]	1.59[%]	2,450,000원	1.64[%]	1.78[%]

102

달비계를 설치할 때 작업발판의 폭은 최소 얼마 이상으로 하여야 하는가?

① 30[cm]　　　　② 40[cm]

③ 50[cm]　　　　④ 60[cm]

해설 달비계의 구조

• 작업발판은 폭을 40[cm] 이상으로 하고 틈새가 없도록 할 것

• 작업발판의 재료는 뒤집히거나 떨어지지 않도록 비계의 보 등에 연결하거나 고정시킬 것

• 비계가 흔들리거나 뒤집히는 것을 방지하기 위하여 비계의 보·작업발판 등에 버팀을 설치하는 등 필요한 조치를 할 것

103

2회 출제

다음 중 차량계 건설기계에 속하지 않는 것은?

① 앵글도저　　　　② 모터그레이더
③ 콘크리트 펌프카　④ 지게차

해설

지게차는 차량계 하역운반기계에 해당한다.

관련개념 **차량계 건설기계**

• 도저형 건설기계(불도저, 스트레이트도저, 틸트도저, 앵글도저, 버킷도저)
• **모터그레이더**
• 스크레이퍼
• 굴착기
• 항타기 및 항발기
• 천공용 건설기계(어스드릴, 어스오거, 크롤러드릴, 점보드릴)
• 지반다짐용 건설기계(타이어롤러, 매커덤롤러, 탠덤롤러)
• **콘크리트 펌프카**

104

4회 출제

양중기에 사용하는 와이어로프 중 근로자가 탑승하는 운반구를 지지하는 달기와이어로프 또는 달기체인의 안전계수 기준은?

① 3 이상　　　　② 4 이상
③ 5 이상　　　　④ 10 이상

해설 **달기구의 안전계수**

• 근로자가 탑승하는 운반구를 지지하는 달기와이어로프 및 달기체인: 10 이상
• 화물의 하중을 직접 지지하는 달기와이어로프 또는 달기체인: 5 이상
• 훅, 샤클, 클램프, 리프팅 빔: 3 이상
• 그 밖의 경우: 4 이상

105

6회 출제

타워크레인을 자립고(自立高) 이상의 높이로 설치할 때 지지벽체가 없어 와이어로프로 지지하는 경우의 준수사항으로 옳지 않은 것은?

① 와이어로프를 고정하기 위한 전용 지지프레임을 사용할 것
② 와이어로프 설치각도는 수평면에서 60° 이내로 하되, 지지점은 4개소 이상으로 하고, 같은 각도로 설치할 것
③ 와이어로프와 그 고정부위는 충분한 장력을 갖도록 설치하되, 와이어로프를 클립·샤클(Shackle) 등의 기구를 사용하여 고정하지 않도록 유의할 것
④ 와이어로프가 가공전선(架空電線)에 근접하지 않도록 할 것

해설 **타워크레인을 와이어로프로 지지할 때 준수사항**

• 와이어로프를 고정하기 위한 전용 지지프레임을 사용할 것
• 와이어로프 설치각도는 수평면에서 60° 이내로 하되, 지지점은 4개소 이상으로 하고, 같은 각도로 설치할 것
• 와이어로프와 그 고정부위는 충분한 강도와 장력을 갖도록 설치하고, 와이어로프를 클립·샤클(Shackle) 등의 고정기구를 사용하여 견고하게 고정시켜 풀리지 않도록 하며, 사용 중에는 충분한 강도와 장력을 유지하도록 할 것
• 와이어로프가 가공전선에 근접하지 않도록 할 것

106

1회 출제

비계에서 벽 고정을 하고 기둥과 기둥을 수평재나 가새로 연결하는 가장 큰 이유는?

① 작업자의 추락재해를 방지하기 위해
② 인장파괴를 방지하기 위해
③ 좌굴을 방지하기 위해
④ 해체를 용이하게 하기 위해

해설

가새는 비계기둥의 상부와 다른 비계기둥 하부를 대각선으로 잇는 부재로 지진, 태풍 등의 수평외력에 견디고 변형되지 않도록 하며, 수직방향으로 휘는 좌굴을 방지하기 위해 설치한다.

107
1회 출제

유해·위험 방지를 위한 방호조치를 하지 아니하고는 양도, 대여, 설치 또는 사용에 제공하거나, 양도·대여를 목적으로 진열해서는 아니 되는 기계·기구에 해당하지 않는 것은?

① 지게차
② 공기압축기
③ 원심기
④ 덤프트럭

해설 유해·위험 방지를 위한 방호조치가 필요한 기계·기구

- 예초기
- 원심기
- 공기압축기
- 금속절단기
- 지게차
- 포장기계(진공포장기, 래핑기로 한정)

108
3회 출제

건설작업용 타워크레인의 안전장치로 옳지 않은 것은?

① 권과방지장치
② 과부하방지장치
③ 비상정지장치
④ 호이스트 스위치

해설 양중기의 방호장치

- 과부하방지장치
- 권과방지장치
- 비상정지장치
- 제동장치

109
5회 출제

다음의 철골작업에서의 승강로 설치기준 중 (   ) 안에 알맞은 숫자는?

> 사업주는 근로자가 수직방향으로 이동하는 철골부재에는 답단 간격이 (   )[cm] 이내인 고정된 승강로를 설치하여야 한다.

① 20
② 30
③ 40
④ 50

해설 승강로의 설치

근로자가 수직방향으로 이동하는 철골부재에는 답단 간격이 30[cm] 이내인 고정된 승강로를 설치하여야 하며, 수평방향 철골과 수직방향 철골이 연결되는 부분에는 연결작업을 위하여 작업발판 등을 설치하여야 한다.

110
3회 출제

추락재해방지를 위하여 사용되는 방망의 그물코의 크기는 최대 몇 [cm] 이하이어야 하는가?

① 30[cm]
② 20[cm]
③ 10[cm]
④ 5[cm]

해설 방망의 구조

- 소재: 합성섬유 또는 그 이상의 물리적 성질을 갖는 것이어야 한다.
- 그물코: 사각 또는 마름모로서 그 크기는 10[cm] 이하이어야 한다.
- 방망의 종류: 매듭방망으로서 매듭은 원칙적으로 단매듭을 한다.
- 테두리로프와 방망의 재봉: 테두리로프는 각 그물코를 관통시키고 서로 중복됨이 없이 재봉사로 결속한다.

111
3회 출제

다음 중 추락재해를 방지하기 위한 고소작업 감소대책으로 옳은 것은?

① 방망 설치
② 철골기둥과 빔을 일체 구조화
③ 안전대 사용
④ 비계 등에 의한 작업대 설치

해설

추락재해 방지를 위한 대책으로 방망 설치, 안전대 사용, 작업대 설치 등의 조치 또한 필요하나 철골기둥, 빔 및 트러스 등의 철골구조물을 일체화하거나 지상에서 조립하면 고소작업이 근원적으로 제거되어 추락재해를 감소시킬 수 있다.

112
1회 출제

온도가 하강함에 따라 토중수가 얼어 부피가 약 9[%] 정도 증대하게 됨으로써 지표면이 부풀어오르는 현상은?

① 동상현상
② 연화현상
③ 리칭현상
④ 액상화현상

해설 동상현상

대기의 온도가 0[℃] 이하로 내려가면 흙 속의 공극수가 동결하여 흙 속에 얼음층(Ice Lens)이 형성되고 체적이 팽창하여 지표면이 부풀어오르는 현상이다.

113

다음 중 운반작업 시 주의사항으로 옳지 않은 것은?

① 단독으로 긴 물건을 어깨에 메고 운반할 때에는 뒤쪽을 위로 올린 상태로 운반한다.

② 운반 시의 시선은 진행방향을 향하고 뒷걸음 운반을 하여서는 안된다.

③ 무거운 물건을 운반할 때 무게 중심이 높은 하물은 인력으로 운반하지 않는다.

④ 어깨높이보다 높은 위치에서 하물을 들고 운반하여서는 안된다.

> **해설**
> 길이가 긴 장척물을 운반할 때에는 하물 앞부분 끝을 근로자 신장보다 약간 높게 하여 모서리, 곡선 등에 충돌하지 않도록 주의하여야 한다.

114

다음은 산업안전보건법령에 따른 시스템 비계의 구조에 관한 사항이다. (   ) 안에 들어갈 내용으로 옳은 것은?

> 비계 밑단의 수직재와 받침철물은 밀착되도록 설치하고, 수직재와 받침철물의 연결부의 겹침길이는 받침철물 전체길이의 (   ) 이상이 되도록 할 것

① 2분의 1 ② 3분의 1
③ 4분의 1 ④ 5분의 1

> **해설** **시스템 비계의 구조**
> • 수직재 · 수평재 · 가새재를 견고하게 연결하는 구조가 되도록 할 것
> • 비계 밑단의 수직재와 받침철물은 밀착되도록 설치하고, 수직재와 받침철물의 연결부의 겹침길이는 받침철물 전체길이의 $\frac{1}{3}$ 이상이 되도록 할 것
> • 수평재는 수직재와 직각으로 설치하여야 하며, 체결 후 흔들림이 없도록 견고하게 설치할 것
> • 수직재와 수직재의 연결철물은 이탈되지 않도록 견고한 구조로 할 것
> • 벽 연결재의 설치간격은 제조사가 정한 기준에 따라 설치할 것

115

높이 또는 깊이 2[m] 이상의 추락할 위험이 있는 장소에서 작업을 할 때의 필수 착용 보호구는?

① 보안경 ② 방진마스크
③ 방열복 ④ 안전대

> **해설** **산업안전보건기준에 관한 규칙 제32조(보호구의 지급 등)**
> • 물체가 떨어지거나 날아올 위험 또는 근로자가 추락할 위험이 있는 작업: 안전모
> • 높이 또는 깊이 2[m] 이상의 추락할 위험이 있는 장소에서 하는 작업: 안전대
> • 물체의 낙하 · 충격, 물체에의 끼임, 감전 또는 정전기의 대전에 의한 위험이 있는 작업: 안전화
> • 물체가 흩날릴 위험이 있는 작업: 보안경
> • 용접 시 불꽃이나 물체가 흩날릴 위험이 있는 작업: 보안면
> • 감전의 위험이 있는 작업: 절연용 보호구
> • 고열에 의한 화상 등의 위험이 있는 작업: 방열복

116

잠함 또는 우물통의 내부에서 굴착작업을 하는 경우에 잠함 또는 우물통의 급격한 침하에 의한 위험방지를 위해 바닥으로부터 천장 또는 보까지의 높이는 최소 얼마 이상으로 하여야 하는가?

① 1.8[m] ② 2[m]
③ 2.5[m] ④ 3[m]

> **해설** **급격한 침하로 인한 위험 방지**
> 잠함 또는 우물통의 내부에서 근로자가 굴착작업을 하는 경우에 잠함 또는 우물통의 급격한 침하에 의한 위험을 방지하기 위하여 다음의 사항을 준수하여야 한다.
> • 침하관계도에 따라 굴착방법 및 재하량 등을 정할 것
> • 바닥으로부터 천장 또는 보까지의 높이는 1.8[m] 이상으로 할 것

117

굴착공사에 있어서 비탈면 붕괴를 방지하기 위하여 실시하는 대책으로 옳지 않은 것은?

① 지표수의 침투를 막기 위해 표면배수공을 한다.
② 지하수위를 내리기 위해 수평배수공을 설치한다.
③ 비탈면 하단을 성토한다.
④ 비탈면 상부에 토사를 적재한다.

해설

비탈면 상부에 토사를 적재하면 붕괴를 가중시킨다.

118

산업안전보건법령에 따른 건설업 중 유해위험방지계획서를 작성하여 고용노동부장관에게 제출하여야 하는 공사의 기준 중 틀린 것은?

① 연면적 5,000[m²] 이상의 냉동·냉장 창고시설의 설비공사 및 단열공사
② 깊이 10[m] 이상인 굴착공사
③ 저수용량 2,000만 톤 이상의 용수 전용 댐 공사
④ 최대 지간길이가 31[m] 이상인 교량 건설공사

해설 유해위험방지계획서 제출 대상 건설공사

• 다음의 어느 하나에 해당하는 건축물 또는 시설 등의 건설·개조 또는 해체(건설 등) 공사
  – 지상높이가 31[m] 이상인 건축물 또는 인공구조물
  – 연면적 30,000[m²] 이상인 건축물
  – 연면적 5,000[m²] 이상의 문화 및 집회시설(전시장 및 동물원·식물원 제외), 판매시설, 운수시설(고속철도의 역사 및 집배송시설 제외), 종교시설, 의료시설 중 종합병원, 숙박시설 중 관광숙박시설, 지하도상가, 냉동·냉장 창고시설
• 연면적 5,000[m²] 이상인 냉동·냉장 창고시설의 설비공사 및 단열공사
• 최대 지간길이가 50[m] 이상인 다리의 건설 등 공사
• 터널의 건설 등 공사
• 다목적댐, 발전용댐, 저수용량 2천만 톤 이상의 용수 전용 댐 및 지방상수도 전용 댐의 건설 등 공사
• 깊이 10[m] 이상인 굴착공사

119

철골조립작업에서 안전한 작업발판과 안전난간을 설치하기가 곤란한 경우 작업원에 대한 안전대책으로 가장 알맞은 것은?

① 안전대 및 구명로프 사용
② 안전모 및 안전화 사용
③ 출입금지 조치
④ 작업중지 조치

해설 추락의 방지

• 근로자가 추락하거나 넘어질 위험이 있는 장소 또는 기계·설비·선박블록 등에서 작업을 할 때에 근로자가 위험해질 우려가 있는 경우 비계를 조립하는 등의 방법으로 작업발판을 설치하여야 한다.
• 작업발판을 설치하기 곤란한 경우 추락방호망을 설치하여야 한다. 다만, 추락방호망을 설치하기 곤란한 경우에는 근로자에게 안전대를 착용하도록 하는 등 추락위험을 방지하기 위해 필요한 조치를 하여야 한다.

120

앵글도저보다 큰 각으로 움직일 수 있어 흙을 깎아 옆으로 밀어내면서 전진하므로 제설, 제토작업 및 다량의 흙을 전방으로 밀어 가는 데 적합한 불도저는?

① 스트레이트 도저　② 틸트 도저
③ 레이크 도저　④ 힌지 도저

해설 도저의 종류

스트레이트 도저 (Straight dozer)	트랙터 앞쪽에 블레이드를 90°로 설치하여 상하로 조정하며 흙을 깎고 밀어내는 형식의 도저
앵글 도저 (Angle dozer)	블레이드를 좌우 20°~30° 정도로 각을 세울 수 있어 토사를 한쪽 방향으로 밀어내는 형식의 도저
틸트 도저 (Tilt dozer)	수평면을 기준으로 블레이드를 좌우로 15[cm] 정도 기울일 수 있어 V-형 측구 등을 굴착하는 도저
레이크 도저 (Rake dozer)	블레이드 대신 갈퀴 형식의 레이크를 부착하여 흙 속의 나무뿌리나 잡목 등을 제거하는 도저
힌지 도저 (Hinge dozer)	앵글도저보다 각을 크게 하여 제설, 제토작업에 적합한 도저

산업안전관리론

001

4회 출제

다음 중 하베이(Harvey)가 제창한 '3E'에 해당하지 않는 것은?

① Education
② Enforcement
③ Engineering
④ Environment

> **해설** **하베이(J · H. Harvey)의 안전관리 이론**
> • 안전사고를 예방하기 위해서는 3E의 조치가 균형을 이루어 안전관리에 적용되어야 한다고 주장했다.
> • 3E
> – 안전교육(Education)
> – 안전기술(Engineering)
> – 안전관리(Enforcement): 강제, 관리, 규제, 감독 필요

002

9회 출제

기계, 기구, 설비의 신설, 변경 내지 고장수리 시 실시하는 안전점검의 종류로 옳은 것은?

① 특별점검
② 수시점검
③ 정기점검
④ 임시점검

> **해설** **실시시기에 따른 안전점검의 종류**
>
> | 일상(수시)점검 | 매일 일의 시작이나 종료 시 또는 작업 중에 계속해서 실시하는 점검 |
> | --- | --- |
> | 정기(계획)점검 | 주기적으로 일정한 시설이나 물건, 기계 등에 대하여 점검하는 방법 |
> | 특별점검 | 신설, 변경 내지는 고장수리 등을 할 경우에 행하는 부정기 점검 |
> | 임시점검 | 이상징후 예견 시 임시로 실시하는 점검 |

003

3회 출제

산업안전보건법령상 안전인증대상 방호장치에 해당하는 것은?

① 교류 아크용접기용 자동전격방지기
② 동력식 수동대패용 칼날 접촉 방지장치
③ 절연용 방호구 및 활선작업용 기구
④ 아세틸렌 용접장치용 또는 가스집합 용접장치용 안전기

> **해설**
> ①, ②, ④는 자율안전확인대상 방호장치이다.
>
> **관련개념** **안전인증대상 방호장치**
> • 프레스 및 전단기 방호장치
> • 양중기용 과부하방지장치
> • 보일러 압력방출용 안전밸브
> • 압력용기 압력방출용 안전밸브
> • 압력용기 압력방출용 파열판
> • 절연용 방호구 및 활선작업용 기구
> • 방폭구조 전기기계 · 기구 및 부품

004

3회 출제

다음 중 하인리히(H. W. Heinrich)의 재해코스트 산정방법에서 직접손실비와 간접손실비의 비율로 옳은 것은? (단, 비율은 "직접손실비 : 간접손실비"로 표현한다.)

① 1 : 2
② 1 : 4
③ 1 : 8
④ 1 : 10

> **해설** **하인리히의 재해손실비율**
> • 직접손실비용 : 간접손실비용 = 1 : 4(1대 4의 경험법칙)
> • 재해손실비용 = 직접비(1) + 간접비(4) = 직접비 × 5배

005

산업안전보건법령상 산업안전보건관리비 사용명세서의 공사 종료 후 보존기간은?

① 6개월간   ② 1년간

③ 2년간   ④ 3년간

해설

건설공사도급인은 산업안전보건관리비를 사용하는 해당 건설공사의 금액이 4천만 원 이상인 때에는 매월 사용명세서를 작성하고, 건설공사 종료 후 1년 동안 보존하여야 한다.

006

다음 재해사례의 분석 내용으로 옳은 것은?

> 작업자가 벽돌을 손으로 운반하던 중 벽돌을 떨어뜨려 발등을 다쳤다.

① 사고유형: 떨어짐, 가해물: 벽돌

② 사고유형: 맞음, 가해물: 벽돌

③ 사고유형: 넘어짐, 가해물: 벽돌

④ 사고유형: 끼임, 가해물: 벽돌

해설

근로자의 신체에 직접적인 피해를 준 물체는 벽돌(가해물)이고, 사고유형은 맞음(날아오거나 떨어진 물체에 맞음)이다.

관련개념 기인물과 가해물

• 기인물: 재해발생의 주 원인이며 재해를 가져오게 한 근원이 되는 기계, 장치, 물질 또는 환경 등(불안전한 상태)

• 가해물: 직접 사람에게 접촉하여 피해를 주는 기계, 장치, 물질 또는 환경 등

007

재해 발생 건수 등의 추이를 파악하여 목표 관리를 행하는 데 필요한 월별 재해 발생건수를 그래프화하여 관리선을 설정·관리하는 통계분석방법은?

① 파레토도   ② 특성요인도

③ 크로스도   ④ 관리도

해설 통계에 의한 재해원인 분석방법

파레토도	사고의 유형, 기인물 등 분류항목을 큰 순서대로 도표화하는 방법
특성요인도	특성과 요인관계를 도표로 하여 어골상으로 세분하는 방법
크로스도	2개 이상의 문제 관계를 분석하는 데 사용하는 것으로, 데이터를 집계하고 표로 표시하여 요인별 결과 내역을 교차한 크로스 그림을 작성하여 분석하는 방법
관리도	재해 발생 건수 등의 추이를 파악하여 목표 관리를 행하는 데 필요한 월별 재해 발생수를 그래프화하여 관리선을 설정·관리하는 방법

008

산소가 결핍되어 있는 장소에서 사용하는 마스크는?

① 방진마스크   ② 송기마스크

③ 방독마스크   ④ 특급 방진마스크

해설 마스크의 용도

방진마스크	분진, 미스트 또는 흄이 호흡기를 통하여 인체에 유입되는 것을 방지하기 위하여 사용한다.
방독마스크	유해가스, 증기 등이 호흡기를 통하여 인체에 유입되는 것을 방지하기 위하여 사용한다.
송기마스크	산소결핍으로 인한 위험을 방지하기 위하여 사용한다.

009

산업안전보건법령상 사업장에서 산업재해가 발생한 경우 재해율 또는 그 순위를 공표할 수 있는 공표대상 사업장의 기준 중 틀린 것은? (단, 고용노동부장관이 산업재해를 예방하기 위하여 필요하다고 인정할 때이다.)

① 산업재해로 인한 사망자가 연간 1명 이상 발생한 재해
② 사망만인율이 규모별 같은 업종의 평균 사망만인율 이상인 사업장
③ 산업재해 발생 사실을 은폐한 사업장
④ 산업재해의 발생에 관한 보고를 최근 3년 이내 2회 이상 하지 않은 사업장

해설 **산업재해 발생건수 공표대상 사업장**

· 산업재해로 인한 사망자가 연간 2명 이상 발생한 사업장
· 사망만인율이 규모별 같은 업종의 평균 사망만인율 이상인 사업장
· 중대산업사고가 발생한 사업장
· 산업재해 발생 사실을 은폐한 사업장
· 산업재해의 발생에 관한 보고를 최근 3년 이내 2회 이상 하지 않은 사업장

010

어느 사업장에서 해당 연도에 3건의 사망사고가 발생하였다. 하인리히의 재해발생비율 법칙에 따라 해당 연도에 발생한 무상해사고는 몇 건인가?

① 29건
② 900건
③ 87건
④ 100건

해설 **하인리히의 법칙(1 : 29 : 300의 법칙)**

330번의 사고가 발생한다면 그 중에 중상해가 1건, 경상해가 29건, 무상해사고가 300건 발생한다는 법칙이다.
사망사고(중상해)가 3건 발생했으므로 무상해사고는 30×300=900건 발생한다.

011

산업안전보건법령상 안전보건표지의 색채와 그 사용 예가 바르게 짝지어지지 않은 것은?

① 빨간색 – 정지신호, 소화설비 및 그 장소, 유해행위의 금지
② 노란색 – 화학물질 취급장소에서의 유해·위험 경고
③ 파란색 – 특정 행위의 지시 및 사실의 고지
④ 녹색 – 비상구 및 피난소, 사람 또는 차량의 통행표지

해설 **안전보건표지의 색도기준 및 용도**

색채	색도기준	용도	사용 예
빨간색	7.5R 4/14	금지	정지신호, 소화설비 및 그 장소, 유해행위의 금지
		경고	화학물질 취급장소에서의 유해·위험 경고
노란색	5Y 8.5/12	경고	화학물질 취급장소에서의 유해·위험 경고 이외의 위험경고, 주의표지 또는 기계방호물
파란색	2.5PB 4/10	지시	특정 행위의 지시 및 사실의 고지
녹색	2.5G 4/10	안내	비상구 및 피난소, 사람 또는 차량의 통행표지
흰색	N9.5		파란색 또는 녹색에 대한 보조색
검은색	N0.5		문자 및 빨간색 또는 노란색에 대한 보조색

012

크레인(이동식은 제외)은 사업장에 설치한 날로부터 몇 년 이내에 최초 안전검사를 실시하여야 하는가?

① 1년
② 2년
③ 3년
④ 5년

해설 **안전검사의 주기**

구분	주기
크레인(이동식 크레인 제외), 리프트(이삿짐운반용 리프트 제외), 곤돌라	· 설치가 끝난 날부터 3년 이내 최초 안전검사 실시 · 최초 안전검사 실시 이후 2년마다 실시 ※ 건설현장에 사용하는 것은 최초 설치한 날부터 6개월마다 실시
이동식 크레인, 이삿짐운반용 리프트, 고소작업대	· 자동차관리법에 따른 신규등록 이후 3년 이내 최초 안전검사 실시 · 최초 안전검사 실시 이후 2년마다 실시
프레스, 전단기, 압력용기, 국소배기장치, 원심기, 롤러기, 사출성형기, 컨베이어, 산업용 로봇	· 설치가 끝난 날부터 3년 이내 최초 안전검사 실시 · 최초 안전검사 실시 이후 2년마다 실시 ※ 공정안전보고서를 제출하여 확인을 받은 압력용기는 4년마다 실시

013

산업안전보건법령상 다음 중 50명 이상 500명 미만인 사업에 대하여 안전관리자를 선임하여야 하는 경우가 아닌 것은?

① 운수 및 창고업
② 건설업
③ 식료품 제조업
④ 목재 및 나무제품 제조업

해설

건설업은 총 공사금액이 50억 원 이상인 공사에 대하여 공사금액에 따라 안전관리자를 선임하여야 한다.

관련개념 안전관리자를 두어야 할 사업의 종류 및 규모

사업의 종류	상시근로자 수 또는 공사금액	안전관리자의 수
토사석 광업 식료품 제조업, 음료 제조업 목재 및 나무제품 제조업(가구 제외) 펄프, 종이 및 종이제품 제조업	50명 이상 500명 미만	1명 이상
코크스, 연탄 및 석유정제품 제조업 발전업 운수 및 창고업	500명 이상	2명 이상
농업, 임업 및 어업 전기, 가스, 증기 및 공기조절 공급업	50명 이상 1,000명 미만	1명 이상
방송업 우편 및 통신업	1,000명 이상	2명 이상
건설업	50억 원 이상 800억 원 미만	1명 이상
	800억 원 이상 1,500억 원 미만	2명 이상
	1,500억 원 이상 2,200억 원 미만	3명 이상
	2,200억 원 이상 3,000억 원 미만	4명 이상

014

다음 중 불안전한 상태(물적 원인)가 아닌 것은?

① 물건 자체의 결함
② 작업환경의 결함
③ 안전장치의 기능 제거
④ 생산공정의 결함

해설

'안전장치의 기능 제거'는 재해의 원인 중 불안전한 행동(인적 원인)에 해당한다.

관련개념 재해의 직접원인

불안전한 상태	• 물건 자체의 결함 • 방호장치의 결함 • 복장 · 보호구의 결함 • 물건의 배치 및 작업장소 불량 • 작업환경의 결함 • 생산공정의 결함 • 경계표시 · 설비의 결함
불안전한 행동	• 위험장소의 접근 • 방호장치의 기능 제거 • 복장 · 보호구의 잘못된 사용 • 기계 · 기구의 잘못된 사용 • 운전 중인 기계장치의 손질 • 불안전한 속도 조작 • 위험물 취급 부주의 • 불안전 상태 방치 • 불안전한 자세 및 동작 • 감독 및 연락 불충분

015

2회 출제

다음 중 산업안전보건법에서 정의한 용어에 대한 설명으로 틀린 것은?

① "사업주"란 근로자를 사용하여 사업을 하는 자를 말한다.

② "작업환경측정"이란 작업환경 실태를 파악하기 위하여 해당 근로자 또는 작업장에 대하여 사업주가 유해인자에 대한 측정계획을 수립한 후 시료를 채취하고 분석·평가하는 것을 말한다.

③ "근로자대표"란 근로자의 과반수로 조직된 노동조합이 있는 경우에는 그 노동조합을, 노동조합이 없는 경우에는 근로자의 과반수를 대표하는 자를 말한다.

④ "수급인"이란 물건의 제조·건설·수리 또는 서비스의 제공, 그 밖의 업무를 도급하는 사업주를 말한다.

해설

"수급인"이란 도급인으로부터 물건의 제조·건설·수리 또는 서비스의 제공, 그 밖의 업무를 도급받은 사업주를 말한다.

관련개념

"도급인"이란 물건의 제조·건설·수리 또는 서비스의 제공, 그 밖의 업무를 도급하는 사업주를 말한다. 다만, 건설공사발주자는 제외한다.

016

8회 출제

산업안전보건법령상 산업안전보건위원회 사용자위원의 구성기준으로 틀린 것은? (단, 상시 근로자 100명 이상을 사용하는 사업장이다.)

① 안전관리자 1명

② 명예산업안전감독관 1명

③ 해당 사업의 대표자

④ 해당 사업의 대표자가 지명하는 9명 이내의 해당 사업장 부서의 장

해설 산업안전보건위원회의 구성

근로자 위원	• 근로자대표 • 명예산업안전감독관이 위촉되어 있는 사업장의 경우 근로자대표가 지명하는 1명 이상의 명예산업안전감독관 • 근로자대표가 지명하는 9명 이내의 해당 사업장의 근로자
사용자 위원	• 해당 사업의 대표자 • 안전관리자 1명(안전관리자의 업무를 안전관리전문기관에 위탁한 경우 그 기관의 해당 사업장 담당자) • 보건관리자 1명(보건관리자의 업무를 보건관리전문기관에 위탁한 경우 그 기관의 해당 사업장 담당자) • 산업보건의 • 해당 사업의 대표자가 지명하는 9명 이내의 해당 사업장 부서의 장

017

1회 출제

중대재해 발생사실을 알게 된 경우 지체없이 관할 지방고용노동관서의 장에게 보고해야 하는 사항이 아닌 것은? (단, 천재지변 등 부득이한 사유가 발생한 경우는 제외한다.)

① 발생개요   ② 피해 상황

③ 조치 및 전망   ④ 재해손실비용

해설 중대재해 발생 시 보고

사업주는 중대재해가 발생한 사실을 알게 된 경우에는 지체 없이 다음의 사항을 사업장 소재지를 관할하는 지방고용노동관서의 장에게 전화·팩스 또는 그 밖의 적절한 방법으로 보고하여야 한다.

• 발생개요 및 피해 상황

• 조치 및 전망

• 그 밖의 중요한 사항

018

A 건설의 도수율이 11이고, 강도율이 2.2일 때 한 근로자가 이 사업장에서 평생 근로할 경우 예상되는 재해건수와 근로손실일수는 약 얼마인가?(단, 평생 근로시간은 10만 시간이다.)

① 재해건수: 0.11건, 근로손실일수: 105일
② 재해건수: 1.1건, 근로손실일수: 220일
③ 재해건수: 1.1건, 근로손실일수: 105일
④ 재해건수: 11건, 근로손실일수: 221일

해설

- 평생재해건수=도수율$\times\dfrac{\text{평생 근로시간}}{1{,}000{,}000}=11\times\dfrac{100{,}000}{1{,}000{,}000}=1.1$건

- 평생근로손실일수=강도율$\times\dfrac{\text{평생 근로시간}}{1{,}000}=2.2\times\dfrac{100{,}000}{1{,}000}=220$일

관련개념

환산도수율

- 근로자가 입사해서 퇴직할 때까지(40년=10만 시간) 당할 수 있는 재해건수를 말한다.
- 이 문제는 평생 근로시간이 10만 시간으로 제시되었으므로 환산도수율 공식을 바로 적용해도 된다.

  환산도수율=$\dfrac{\text{도수율}}{10}$

환산강도율

- 근로자가 입사해서 퇴직할 때까지(40년=10만 시간) 잃을 수 있는 근로손실일수를 말한다.
- 이 문제는 평생 근로시간이 10만 시간으로 제시되었으므로 환산강도율 공식을 바로 적용해도 된다.

  환산강도율=강도율$\times100$

019

사업주는 사업장의 안전·보건을 유지하기 위하여 안전보건관리규정을 작성하여 게시 또는 비치하고 이를 근로자에게 알려야 하는데 이 규정 내에 반드시 포함되어야 할 사항과 거리가 먼 것은?

① 산업재해 사례 및 대책에 관한 사항
② 안전 및 보건에 관한 관리조직과 그 직무에 관한 사항
③ 사고 조사 및 대책 수립에 관한 사항
④ 작업장의 안전 및 보건 관리에 관한 사항

해설 **안전보건관리규정의 포함사항**

- 안전 및 보건에 관한 관리조직과 그 직무에 관한 사항
- 안전보건교육에 관한 사항
- 작업장의 안전 및 보건 관리에 관한 사항
- 사고 조사 및 대책 수립에 관한 사항
- 그 밖에 안전 및 보건에 관한 사항

020

위험예지훈련 4R 방식 중 위험의 포인트를 결정하여 지적 확인하는 단계로 옳은 것은?

① 1라운드(현상파악)　　② 2라운드(본질추구)
③ 3라운드(대책수립)　　④ 4라운드(목표설정)

해설 **위험예지훈련 4라운드**

1라운드	현상파악	위험요인을 식별하는 단계
2라운드	본질추구	위험요인·문제점 발견 및 위험의 포인트를 결정하고 지적 확인하는 단계
3라운드	대책수립	위험요인을 극복하기 위한 대안 제시 단계
4라운드	목표설정	행동목표를 설정하는 단계

산업심리 및 교육

021
8회 출제

인간의 착각현상 중 실제로 움직이지 않지만 어느 기준의 이동에 의하여 움직이는 것처럼 느껴지는 착각현상의 명칭으로 적합한 것은?

① 자동운동
② 잔상현상
③ 유도운동
④ 착시현상

해설 **운동의 착각현상**
• 자동운동: 암실 내의 정지된 소광점을 응시하고 있으면 그 광점이 움직이는 것처럼 보이는 현상이다.
• 유도운동: 실제로 움직이지 않는 것이 어느 기준의 이동에 의하여 움직이는 것처럼 느껴지는 현상이다.
• 가현운동: 실제로는 움직이지 않는데 움직이는 것처럼 느껴지는 심리적인 현상이다.

022
11회 출제

작업의 어려움, 기계설비의 결함 및 환경에 대한 주의력의 집중혼란, 심신의 근심 등으로 인하여 재해를 많이 일으키는 사람을 지칭하는 것은?

① 미숙성 누발자
② 상황성 누발자
③ 습관성 누발자
④ 소질성 누발자

해설 **상황성 누발자의 재해유발 원인**
• 작업이 어려운 경우
• 기계설비에 결함이 있는 경우
• 심신에 근심이 있는 경우
• 환경 상 주의력의 집중이 곤란한 경우

관련개념 **재해빈발자 유형**

상황성 누발자	작업이 어렵거나 설비의 결함, 심신의 근심 때문에 재해가 자주 발생되는 사람
습관성 누발자	경험에 의하여 겁을 심하게 먹거나 신경과민으로 재해가 자주 발생되는 사람
소질성 누발자	개인적 잠재요인이나 개인의 특수한 성격으로 인해 재해가 자주 발생되는 사람
미숙성 누발자	기능의 부족이나 환경에 익숙하지 않아 재해가 자주 발생되는 사람

023
11회 출제

에너지대사율(RMR)에 따른 작업의 분류에 따라 중(보통)작업의 RMR 범위는?

① 0~2
② 2~4
③ 4~7
④ 7~9

해설 **에너지대사율(RMR; Relative Metabolic Rate)**

$$RMR = \frac{작업대사량}{기초대사량} = \frac{작업 시 소비에너지 - 안정 시 소비에너지}{기초대사 시 소비에너지}$$

작업구분	RMR	작업 종류 등
초중(超重)작업	7 이상	과격한 전신작업
중(重)작업	4~7	• 일반적인 전신작업 • 힘·동작속도가 큰 작업
중(中)작업	2~4	힘·동작속도가 작은 작업
경(輕)작업	0~2	• 사무실 작업 • 손가락이나 팔로 하는 가벼운 작업

024
3회 출제

기술교육의 진행방법 중 존 듀이(John Dewey)의 5단계 사고 과정에 속하지 않는 것은?

① 응용시킨다.(Application)
② 시사를 받는다.(Suggestion)
③ 가설을 설정한다.(Hypothesis)
④ 머리로 생각한다.(Intellectualization)

해설 **존 듀이(John Dewey)의 5단계 사고과정**
• 1단계: 시사를 받는다.
• 2단계: 지식화 또는 머리로 생각한다.
• 3단계: 가설을 설정한다.
• 4단계: 추론한다.
• 5단계: 행동에 의하여 가설을 검토한다.

025

산업안전보건법령상 사업 내 안전보건교육 중 관리감독자의 지위에 있는 사람을 대상으로 실시하여야 할 정기교육의 교육시간으로 맞는 것은?

① 연간 1시간 이상
② 매반기 6시간 이상
③ 연간 16시간 이상
④ 매반기 12시간 이상

해설 **관리감독자 안전보건교육 교육과정별 교육시간**

교육과정	교육시간
정기교육	연간 16시간 이상
채용 시 교육	8시간 이상
작업내용 변경 시 교육	2시간 이상
특별교육	16시간 이상
	단기간 또는 간헐적 작업인 경우 2시간 이상

026

Off JT의 특징이 아닌 것은?

① 우수한 강사를 확보할 수 있다.
② 교재, 시설 등을 효과적으로 이용할 수 있다.
③ 개개인의 능력 및 적성에 적합한 세부 교육이 가능하다.
④ 다수의 대상자를 일괄적, 체계적으로 교육을 시킬 수 있다.

해설

③은 OJT의 특징이다.

관련개념 **Off JT(Off the Job Training)의 특징**

장점	• 업무와 훈련이 동시에 진행되지 않으므로 훈련에만 전념하게 된다. • 외부의 우수한 전문가를 강사로 활용할 수 있다. • 다수의 근로자를 대상으로 일괄적, 조직적, 체계적인 훈련이 가능하다. • 교재, 시설 등을 효과적으로 이용할 수 있다. • 교육생 간 혹은 타 직장의 근로자와 지식이나 경험을 교류할 수 있다.
단점	• 개인의 안전지도 방법으로는 부적당하다. • 교육으로 인해 업무가 중단되는 손실이 발생한다.

027

새로운 자료나 교재를 제시하고 거기에서의 문제점을 피교육자로 하여금 제기하게 하거나 의견을 여러 가지 방법으로 발표하게 하고, 다시 깊게 파고들어서 토의하는 방법은?

① 포럼(Forum)
② 심포지엄(Symposium)
③ 버즈세션(Buzz Session)
④ 패널 디스커션(Panel Discussion)

해설 **토의법의 종류**

포럼 (Forum)	새로운 자료나 교재를 제시하고 문제점을 피교육자로 하여금 제기하게 하거나 피교육자의 의견을 다양한 방법으로 발표하게 하여 청중과 토론자 간 의견교환으로 합의를 도출해내는 방법
패널 디스커션 (Panel Discussion)	참가자 앞에서 소수의 전문가들이 과제에 관한 견해를 발표하고 토론한 뒤 참가자 전원이 참가하여 사회자의 사회에 따라 토의하는 방법
심포지엄 (Symposium)	몇 사람의 전문가에 의하여 과제에 관한 견해를 발표한 뒤에 참가자로 하여금 의견이나 질문을 하게 하여 토의하는 방법
버즈세션 (Buzz Session)	6명씩 소집단으로 구분하고, 집단별로 각각의 사회자를 선발하여 6분씩 자유토의를 행한 후 의견을 종합하는 방법으로 6-6회의라고도 함

028

상황성 누발자의 재해유발 원인으로 가장 적절한 것은?

① 소심한 성격
② 주의력의 산만
③ 기계설비의 결함
④ 침착성 및 도덕성의 결여

해설 **상황성 누발자의 재해유발 원인**

• 작업이 어려운 경우
• 기계설비에 결함이 있는 경우
• 심신에 근심이 있는 경우
• 환경 상 주의력의 집중이 곤란한 경우

029

6회 출제

다음 중 주의의 특성으로 볼 수 없는 것은?

① 변동성
② 선택성
③ 방향성
④ 타당성

해설 **주의(Attention)의 특징**
• 선택성: 여러 종류의 자극 중 특정한 것을 선택하여 주의가 집중된다.
• 방향성: 한 지점에 주의를 집중하면 다른 곳의 주의가 약해진다.
• 변동성: 주의가 유지되지 않고 일정한 주기로 부주의하게 된다.

030

2회 출제

조직에 있어 구성원들의 역할에 대한 기대와 행동은 항상 일치하지는 않는다. 역할 기대와 실제 역할 행동 간에 차이가 생기면 역할 갈등이 발생하는데, 역할 갈등의 원인으로 가장 거리가 먼 것은?

① 역할 마찰
② 역할 민첩성
③ 역할 부적합
④ 역할 모호성

해설
역할 갈등은 작업과 상반된 역할이 기대되는 경우에 발생하며 원인으로는 역할 부적합, 역할 마찰, 역할 모호성 등이 있다.

관련개념 **슈퍼(Super)의 역할이론**
• 역할 갈등(Role Conflict): 작업 중에 상반된 역할이 기대되는 경우가 있으며, 그럴 때 갈등이 생긴다.
• 역할 기대(Role Expectation): 자기의 역할을 기대하고 감수하는 수단이다.
• 역할 조성(Role Shaping): 개인에게 여러 개의 역할 기대가 있을 경우 불응, 거부할 수도 있으며 혹은 다른 역할을 해내기 위해 다른 일을 구할 수도 있다.
• 역할 연기(Role Playing): 자아탐색인 동시에 자아실현의 수단이다.

031

4회 출제

다음 중 인사선발을 위한 심리검사에서 갖추어야 할 요건으로만 나열된 것은?

① 신뢰도, 대표성
② 대표성, 타당도
③ 신뢰도, 타당도
④ 대표성, 규모성

해설 **심리검사의 구비요건**
• 타당성: 측정하고자 하는 것을 실제로 잘 측정했는지의 여부를 판별하는 것이다.
• 신뢰성: 측정하고자 하는 것을 얼마나 일관성 있게 측정하는지의 정도이다.

032

12회 출제

Maslow(매슬로우)는 인간의 욕구를 5단계로 분류하였다. 그중 안전의 욕구는 몇 단계에 해당되는가?

① 1단계
② 2단계
③ 3단계
④ 4단계

해설 **매슬로우(Maslow)의 욕구이론**
• 인간의 욕구는 생리적 욕구 → 안전의 욕구 → 사회적 욕구 → 존경(인정)의 욕구 → 자아실현의 욕구 순으로 발생한다.
• 인간은 가장 기본적인 욕구에서 시작하여 상위 욕구로 올라가면서 자신의 욕구를 체계적으로 충족시킨다.

033

5회 출제

안전교육의 종류 중 태도교육의 내용과 거리가 먼 것은?

① 안전 작업에 대한 몸가짐을 갖춘다.
② 직장규율, 안전규율을 몸에 익힌다.
③ 기계장치의 조작방법을 몸에 익힌다.
④ 작업에 의욕을 갖도록 한다.

해설
'기계장치의 조작방법을 몸에 익히는 것'은 기능교육에 해당되는 내용이다.

관련개념 **태도교육(안전교육의 제3단계)**
• 생활지도, 작업동작지도 등을 통한 안전의 습관화를 위한 교육이다.
• 안전한 방법을 알고 있으나 시행하지 않는 사람에게 직장규율, 안전규율 등을 익히게 한다.

034

의사소통의 심리구조를 4영역으로 나누어 설명한 조하리의 창(Johari's Windows)에서 '나는 모르지만 다른 사람은 알고 있는 영역'을 무엇이라 하는가?

① Blind Area
② Hidden Area
③ Open Area
④ Unknown Area

해설 조하리의 창(Johari's Windows)

구분	자신이 아는 부분	자신이 모르는 부분
타인이 아는 부분	열린 창 (Open Area)	보이지 않는 창 (Blind Area)
타인이 모르는 부분	숨겨진 창 (Hidden Area)	미지의 창 (Unknown Area)

035

피로 단계 중 이상발한, 구갈, 두통, 탈력감이 있고, 특히 관절통이나 근육통이 수반되어 신체를 움직이기 귀찮아지는 단계는?

① 잠재기
② 현재기
③ 진행기
④ 축적피로기

해설 피로의 단계

잠재기 → 현재기 → 진행기 → 축적피로기 순으로 진행된다.

잠재기	외관상 작업능률의 저하가 관측되는 시기로 지각적으로 느끼기 힘든 단계
현재기	이상발한, 구갈, 두통, 탈력감이 있고, 특히 관절이나 근육통이 수반되어 신체를 움직이기 귀찮아지는 단계
진행기	현재기의 피로 증상이 있음에도 불구하고 휴식 없이 작업을 계속할 경우 진행되는 회복이 힘든 단계
축적피로기	반복되는 피로의 진행으로 피로가 만성적으로 축적되어 질병이 되는 단계

036

산업안전보건법령상 사업 내 안전보건교육에 있어 건설 일용근로자의 건설업 기초안전·보건교육의 교육시간으로 맞는 것은?

① 1시간 이상
② 2시간 이상
③ 4시간 이상
④ 8시간 이상

해설 근로자 안전보건교육 교육과정별 교육시간

교육과정	교육대상		교육시간
정기교육	사무직 종사 근로자		매반기 6시간 이상
	그 밖의 근로자	판매업무에 직접 종사하는 근로자	매반기 6시간 이상
		판매업무에 직접 종사하는 근로자 외의 근로자	매반기 12시간 이상
채용 시 교육	일용근로자 및 근로계약기간이 1주일 이하인 기간제근로자		1시간 이상
	근로계약기간이 1주일 초과 1개월 이하인 기간제근로자		4시간 이상
	그 밖의 근로자		8시간 이상
작업내용 변경 시 교육	일용근로자 및 근로계약기간이 1주일 이하인 기간제근로자		1시간 이상
	그 밖의 근로자		2시간 이상
특별교육	일용근로자 및 근로계약기간이 1주일 이하인 기간제근로자 (타워크레인 신호작업 종사자 제외)		2시간 이상
	타워크레인 신호작업에 종사하는 일용근로자 및 근로계약기간이 1주일 이하인 기간제근로자		8시간 이상
	그 밖의 근로자		16시간 이상
			단기간 또는 간헐적 작업인 경우 2시간 이상
건설업 기초안전·보건교육	건설 일용근로자		4시간 이상

037

6회 출제

인간관계 메커니즘 중에서 남의 행동이나 판단을 표본으로 하여 그것과 같거나 또는 그것에 가까운 행동 또는 판단을 취하려는 것을 무엇이라 하는가?

① 투사(Projection)
② 암시(Suggestion)
③ 모방(Imitation)
④ 동일화(Identification)

해설 인간관계 메커니즘

모방 (Imitation)	남의 행동이나 판단을 표본으로 하여 그것과 같거나 그것에 가까운 행동 또는 판단을 취하려는 행위
투사 (Projection)	자신의 불만을 해소하기 위해 남에게 뒤집어 씌우는 행위
암시 (Suggestion)	다른 사람의 판단이나 행동을 무비판적으로 받아들이는 행위
동일화 (Identification)	다른 사람의 행동 양식이나 태도를 자신에게 투입하거나 다른 사람에서 자신의 행동양식이나 태도와 비슷한 것을 발견하는 행위

038

8회 출제

지도자가 부하의 능력에 따라 차별적으로 성과급을 지급하고자 하는 리더십의 권한은?

① 전문성 권한
② 보상적 권한
③ 합법적 권한
④ 위임된 권한

해설 리더십 권한

• 조직이 리더에게 부여한 권한

합법적 권한	군대, 정부기관 등 합법적 권력이 가지는 권한
강압적 권한	부하의 처벌, 봉급의 인상 거부 등 강압적인 힘을 갖는 권한
보상적 권한	승진, 봉급 인상 등 역할에 대한 보상을 부여하는 권한

• 지도자 자신에 의해 자발적으로 생성되는 권한

위임된 권한	부하 직원들이 상사를 존경하여 함께 일하고자 할 때 상사에게 부여되는 권한, 혹은 지도자 자신이 자신에게 부여한 권한
전문성의 권한	전문적 지식을 가진 리더를 부하들이 스스로 따르는 것으로 지도자 자신의 능력에 의해 생성되는 권한

039

4회 출제

스트레스(Stress)에 영향을 주는 요인 중 환경이나 외적요인에 해당하지 않는 것은?

① 경제적 어려움
② 자존심의 손상
③ 대인관계 갈등
④ 질병

해설 스트레스의 내 · 외적요인

내적요인	• 자존심의 손상 • 현실에의 부적응 • 도전의 좌절과 자만심의 상충 • 지나친 경쟁심과 출세욕
외적요인	• 직장에서의 대인관계 갈등과 대립 • 경제적 어려움 • 죽음, 질병

040

2회 출제

인간의 착각현상 가운데 암실 내에서 하나의 광점을 보고 있으면 그 광점이 움직이는 것처럼 보이는 것을 자동운동이라 하는데, 다음 중 자동운동이 생기기 쉬운 조건이 아닌 것은?

① 광점이 작을 것
② 대상이 단순할 것
③ 광의 강도가 클 것
④ 시야의 다른 부분이 어두울 것

해설 자동운동이 생기기 쉬운 조건

• 광점이 작을수록
• 대상이 단순할수록
• 광의 강도가 약할수록
• 시야의 다른 부분이 어두울수록

인간공학 및 시스템안전공학

041

화학설비에 대한 안전성 평가 중 정성적 평가방법의 주요 진단 항목으로 볼 수 없는 것은?

① 건조물
② 취급물질
③ 입지조건
④ 공장 내 배치

해설 정성적 평가와 정량적 평가 항목

정성적 평가	설계관계 항목	**입지조건, 공장 내 배치, 건조물**, 소방설비 등
	운전관계 항목	원재료, 중간제품, 공정 및 공정기기, 수송, 저장 등
정량적 평가	• 수치값으로 표현 가능한 항목 대상 • 온도, 취급물질, 화학설비용량, 압력, 조작 등	

042

다음 중 강한 음영 때문에 근로자의 눈 피로도가 큰 조명 방법은?

① 간접조명
② 반간접조명
③ 직접조명
④ 전반조명

해설 직접조명

빛을 직접 작업 공간마다 대상에 비추는 조명으로 밝기는 높지만 강한 음영이 발생하여 눈 피로도가 큰 편이다.

관련개념 조명의 종류

간접조명	• 천장 또는 벽면에 빛을 투사하고 반사시켜 작업 공간 전체를 밝히는 조명이다. • 음영이 부드럽고 눈에 자극이 적어 눈 피로도가 적은 편이다.
반간접조명	• 천장에 빛을 투사하고 반사시켜 얻는 조명과 직접 조명을 함께 사용한다. • 간접조명의 장점과 직접조명의 밝기를 이용하여 눈 피로도가 적은 편이다.
전반조명	• 작업 공간 전체를 균일하게 밝히는 조명이다. • 일정한 높이와 간격으로 배치한다.

043

다음 FT도에서 최소 컷셋(Minimal cut set)으로만 올바르게 나열한 것은?

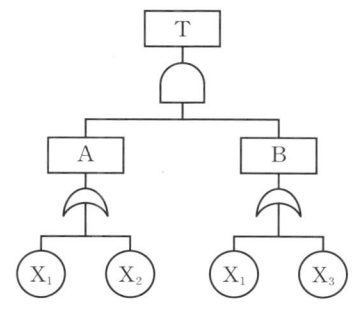

① (X_1, X_2)
② $(X_1, X_2) (X_1, X_3)$
③ $(X_1) (X_2, X_3)$
④ (X_1, X_2, X_3)

해설

$$T = A \cdot B = \begin{pmatrix} X_1 \\ X_2 \end{pmatrix} \cdot \begin{pmatrix} X_1 \\ X_3 \end{pmatrix}$$

컷셋은 (X_1), $(X_1 X_3)$, $(X_1 X_2)$, $(X_2 X_3)$이므로 최소 컷셋은 (X_1), $(X_2 X_3)$이다.

관련개념 최소 컷셋

• 시스템의 약점을 나타낸다.
• 컷셋 중에 다른 컷셋을 포함하고 있는 것을 제외한 컷셋이다.
• 정상사상(Top 사상)을 일으키는 최소한의 집합이다.
• 시스템에서 최소 컷셋의 개수가 증가하면 위험수준이 높아진다.
• 일반적으로 Fussell Algorithm을 이용한다.

044

A 제지회사의 유아용 화장지 생산공정에서 작업자의 불안전한 행동을 유발하는 상황이 자주 발생하고 있다. 이를 해결하기 위한 개선의 ECRS에 해당하지 않는 것은?

① Combine
② Standard
③ Eliminate
④ Rearrange

해설 작업방법 개선의 ECRS

E	제거(Eliminate)
C	결합(Combine)
R	재조정, 재배열(Rearrange)
S	단순화(Simplify)

045

그림과 같은 시스템의 전체 신뢰도는 약 얼마인가? (단, 네모 안의 수치는 각 구성요소의 신뢰도이다.)

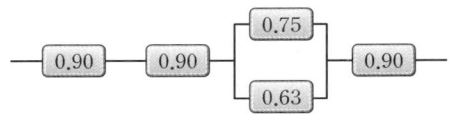

① 0.5275
② 0.6616
③ 0.7575
④ 0.8516

해설

- 신뢰도가 R_1, R_2인 부품이 병렬로 연결되어 있을 때 신뢰도:
  $1-(1-R_1)\times(1-R_2)$
  병렬로 연결된 부품의 신뢰도
  $= 1-(1-0.75)\times(1-0.63) = 0.9075$
- 신뢰도가 R_1, R_2인 부품이 직렬로 연결되어 있을 때 신뢰도: $R_1 \times R_2$
  직렬로 연결된 시스템 전체 신뢰도
  $= 0.90 \times 0.90 \times 0.9075 \times 0.90 = 0.6616$

046

다음 중 의자 설계의 일반 원리로 가장 적합하지 않은 것은?

① 디스크 압력을 줄인다.
② 등근육의 정적 부하를 줄인다.
③ 자세고정을 줄인다.
④ 요부측만을 촉진한다.

해설 인간공학적 의자 설계 원칙

- 요부전만을 유지한다.
- 조절식 설계원칙을 적용하도록 한다.
- 자세와 동작에 따라 고려해야 할 인체측정 치수가 달라진다.
- 여러 사람이 사용하는 의자의 경우 좌면 높이는 오금보다 약간 낮게 (5[%] 오금높이) 유지한다.
- 추간판(디스크)의 압력과 등근육의 정적부하를 줄인다.
- 자세 고정을 줄인다.

047

통제기기를 5[cm] 이동시켰더니 표시계기의 지침이 30[cm] 움직였다면 이 계기의 통제표시비는 얼마인가?

① 15
② 6
③ 1/3
④ 1/6

해설

통제표시비(C/D비) $= \dfrac{5}{30} = \dfrac{1}{6}$

관련개념 조정-반응 비율(통제표시비, C/D비)

조정-반응 비율 $= \dfrac{\text{통제기기의 변위량}}{\text{표시계기지침의 변위량}}$

048

다음 중 시스템의 수명곡선(욕조곡선)에서 마모고장 구간의 고장 형태로 옳은 것은?

① 감소형
② 증가형
③ 일정형
④ 지그재그형

해설 마모고장 구간

시스템의 수명곡선(욕조곡선)에서 고장률이 증가하는 구간에 해당한다.

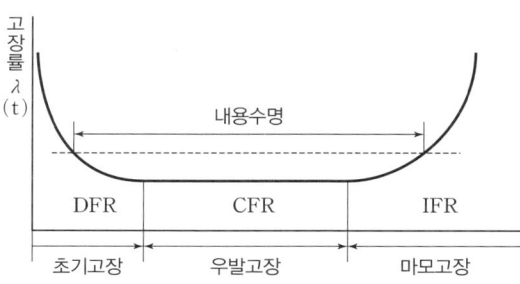

기계의 고장률(욕조곡선, Bathtub Curve)

049

4회 출제

정량적 표시장치에 관한 설명으로 맞는 것은?

① 정확한 값을 읽어야 하는 경우 일반적으로 디지털보다 아날로그 표시장치가 유리하다.
② 동목(Moving Scale)형 아날로그 표시장치는 표시장치의 면적을 최소화할 수 있는 장점이 있다.
③ 연속적으로 변화하는 양을 나타내는 데에는 일반적으로 아날로그보다 디지털 표시장치가 유리하다.
④ 동침(Moving Pointer)형 아날로그 표시장치는 바늘의 진행 방향과 증감속도에 대한 인식적인 암시 신호를 얻는 것이 불가능한 단점이 있다.

해설

① 정확한 값을 읽어야 하는 경우 디지털(계수형) 표시장치가 아날로그 표시장치보다 유리하다.
③ 연속적으로 변화하는 양은 아날로그 표시장치가 디지털 표시장치보다 유리하다.
④ 동침형은 측정값의 변화방향이나 변화속도를 나타내는 데 유리한 표시장치이다.

050

4회 출제

적절한 온도의 작업환경에서 추운 환경으로 온도가 변할 때 우리의 신체가 수행하는 조절작용이 아닌 것은?

① 발한(發汗)이 시작된다.
② 피부의 온도가 내려간다.
③ 직장(直腸)온도가 약간 올라간다.
④ 혈액의 많은 양이 몸의 중심부를 위주로 순환한다.

해설

발한(發汗)은 작업환경이 더운 환경으로 변했을 때 나타나는 조절작용이다.

관련개념 추운 환경으로 변화 시 나타나는 신체 조절작용

• 직장의 온도가 올라간다.
• 피부의 온도가 내려간다.
• 몸이 떨리고 소름이 돋는다.
• 피부를 경유하는 혈액 순환량이 감소하고, 많은 양의 혈액이 주로 몸의 중심부를 순환한다.

051

3회 출제

FTA에서 사용되는 최소 컷셋에 관한 설명으로 옳지 않은 것은?

① 일반적으로 Fussell Algorithm을 이용한다.
② 정상사상(Top Event)을 일으키는 최소한의 집합이다.
③ 반복되는 사건이 많은 경우 Limnios와 Ziani Algorithm을 이용하는 것이 유리하다.
④ 시스템에 고장이 발생하지 않도록 하는 모든 사상의 집합이다.

해설

최소 컷셋은 정상사상(고장)을 일으키는 최소한의 집합이다.

관련개념 **최소 컷셋**

• 시스템의 약점을 나타낸다.
• 컷셋 중에 다른 컷셋을 포함하고 있는 것을 제외한 컷셋이다.
• 정상사상(Top 사상)을 일으키는 최소한의 집합이다.
• 시스템에서 최소 컷셋의 개수가 증가하면 위험수준이 높아진다.
• 일반적으로 Fussell Algorithm을 이용한다.

052

4회 출제

Chapanis가 정의한 위험의 확률수준과 그에 따른 위험발생률로 옳은 것은?

① 전혀 발생하지 않는(Impossible) 발생빈도: 10^{-8}/day
② 극히 발생할 것 같지 않는(Extremely Unlikely) 발생빈도: 10^{-7}/day
③ 거의 발생하지 않는(Remote) 발생빈도: 10^{-6}/day
④ 가끔 발생하는(Occasional) 발생빈도: 10^{-5}/day

해설 **차파니스의 위험평점척도법**

빈도	평점	확률 및 내용
자주	6	$>10^{-2}$/day, 때때로 일어남
보통	5	$>10^{-3}$/day, 한 항목의 수명 중 수회 일어남
가끔	4	$>10^{-4}$/day, 한 항목의 수명 중 드물게 일어남
거의 발생하지 않는	3	$>10^{-5}$/day, 그리 일어날 것 같지 않음
극히 발생할 것 같지 않는	2	$>10^{-6}$/day, 발생확률이 0에 가까움
전혀 발생하지 않는	1	$>10^{-8}$/day, 물리적으로 발생 불가능

053

욕조곡선에서의 고장 형태에서 일정한 형태의 고장률이 나타나는 구간은?

① 초기고장 구간
② 마모고장 구간
③ 피로고장 구간
④ 우발고장 구간

해설 우발고장 구간

시스템의 수명곡선(욕조곡선)에서 고장률이 일정한 구간에 해당한다.

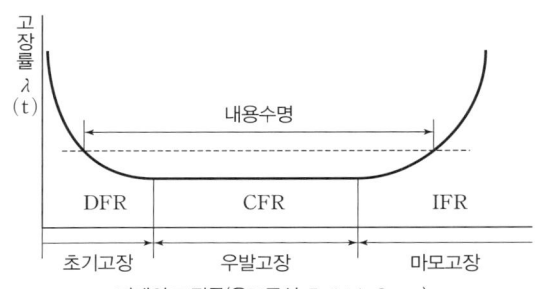

기계의 고장률(욕조곡선, Bathtub Curve)

054

다음 중 인간의 과오(Human error)를 정량적으로 평가하고 분석하는 데 사용하는 기법으로 가장 적절한 것은?

① THERP
② FMEA
③ CA
④ MORT

해설 THERP(Technique for Human Error Rate Prediction)

• 인간실수(과오)확률에 대한 추정과 휴먼 에러를 정량적으로 평가하기 위한 기법이다.
• 사고원인 가운데 인간의 과오로부터 기인된 원인을 분석하고 확률을 계산하여 제품의 결함을 감소시키고 인간공학적 대책을 수립하는 데 활용된다.
• 가지처럼 갈라지는 형태의 논리구조와 나무 형태의 그래프를 이용한다.

055

다음 중 고온에서의 생리적 반응으로 볼 수 없는 것은?

① 근육의 이완
② 체표면적의 증가
③ 피부혈관의 확장
④ 화학적 대사작용의 증가

해설

'화학적 대사작용이 증가'는 저온에서 나타나는 대표적인 생리적 반응이다. 고온에서는 오히려 대사작용을 줄여 체온 상승을 억제하고자 한다.

관련개념 고온에서의 생리적 반응

• 근육 이완
• 체표면적 증가
• 피부혈관 확장
• 발한
• 호흡 증가

056

좋은 코딩 시스템의 요건에 해당하지 않는 것은?

① 코드의 검출성
② 코드의 식별성
③ 코드의 표준화
④ 단순차원 코드의 사용

해설

암호체계 사용 시 두 가지 이상의 암호 차원을 조합하는 것이 좋다.

관련개념 암호화(Coding)

• 본래의 신호 정보를 새로운 형태로 변화시켜 표시하는 것이다.
• 형상, 크기, 색채, 촉감, 위치, 레벨, 조작방법 등 작업자가 기계 및 기구를 식별하기 용이하게 암호화한다.
• 암호체계 사용 시 고려사항

검출성	감지가 쉽도록 한다.
표준화	표준화되어야 한다.
부호의 의미	사용자가 그 의미를 확실하게 알 수 있어야 한다.
다차원의 암호 사용가능	두 가지 이상의 암호 차원을 조합해서 이용하면 정보전달이 촉진된다.

057

화학설비의 안전성 평가 단계 중 '관계 자료의 작성 준비'에 있어 관계 자료의 조사항목과 가장 관계가 먼 것은?

① 온도, 압력
② 화학반응
③ 화학설비 배치도
④ 공정계통도

해설

'온도, 압력'은 안전성 평가 3단계인 '정량적 평가' 항목에 해당한다.

관련개념 관계 자료의 조사항목

- 입지조건
- 화학설비 배치도
- 건조물 · 기계실 · 전기실의 평면도, 단면도 및 입면도
- 제조공정 개요
- 공정계통도
- 운전요령, 요원배치 계획
- 배관이나 계장 등의 계통도
- 안전설비의 종류와 설치장소
- 화학반응

058

단순반복 작업으로 인하여 발생되는 건강장애 즉, CTDs의 발생요인이 아닌 것은?

① 긴 작업주기
② 과도한 힘의 요구
③ 장시간의 진동
④ 부적합한 작업자세

해설 누적손상장애(CTDs)

- 작업의 반복 동작과 연계되어 신체의 일부가 무리하여 발생되는 만성적 근골격계 질환이다.
- 진동공구의 장시간 사용, 과도한 힘의 사용, 부적절한 자세로 장시간 작업 시 발생한다.

059

다음 중 결함수분석(FTA)에 관한 설명으로 틀린 것은?

① 연역적 방법이다.
② 바텀-업(Bottom-Up) 방식이다.
③ 기능적 결함의 원인을 분석하는 데 용이하다.
④ 계량적 데이터가 축적되면 정량적 분석이 가능하다.

해설 결함수분석(FTA)

- 연역적 방법이다.
- 재해의 정량적 예측이 가능한 분석방법이다.
- 하향식(Top-down) 방법을 사용한다.
- 특정 사상에 대해 짧은 시간에 해석이 가능하다.
- 복잡하고 대형화된 시스템을 논리기호를 사용하여 해석한다.
- 간단한 FT도의 작성으로 정성적 해석이 가능하여 비전문가도 잠재위험을 효율적으로 분석할 수 있다.
- 정성적 평가 후 정량적 평가를 실시하며, 정량적으로 재해발생확률을 구할 수 있다.

060

인간의 위치 동작에 있어 눈으로 보지 않고 손을 수평면상에서 움직이는 경우 짧은 거리는 지나치고, 긴 거리는 못 미치는 경향이 있는데 이를 무엇이라고 하는가?

① 사정효과(Range Effect)
② 반응효과(Reaction Effect)
③ 간격효과(Distance Effect)
④ 손동작효과(Hand Action Effect)

해설 사정효과(Range Effect)

인간의 위치 동작에 있어 눈으로 보지 않고 손을 수평면상에서 움직이는 경우 짧은 거리는 지나치고, 긴 거리는 못 미치는 경향으로 작은 오차에는 과잉반응, 큰 오차에는 과소반응하는 인간(조작자)의 행동을 말한다.

건설시공학

061

3회 출제

철골작업 중 녹막이칠을 피해야 할 부위에 해당하지 않는 것은?

① 콘크리트에 매립되는 부분
② 현장에서 깎기 마무리가 필요한 부분
③ 현장용접 예정부위에 인접하는 양측 50[cm] 이내
④ 고력볼트 마찰접합부의 마찰면

해설 **녹막이칠(페인트칠)**

철골의 공장가공 공정 중 마지막 단계에서 행하는 것으로 녹막이칠을 하지 않는 부분은 다음과 같다.

• 조립에 의하여 맞닿는 면
• 고장력볼트 마찰접합부의 마찰면
• 콘크리트에 밀착 또는 매입되는 부분
• 폐쇄형 단면을 한 부재의 밀폐되는 면
• 기계깎기로 마무리한 면
• 현장용접하는 부분 및 인접하는 양측 10[cm] 이내
• 회전면 등 절삭가공한 부분과 핀, 롤러 등 밀착부분

062

5회 출제

조적조 백화현상의 방지법으로 옳지 않은 것은?

① 물-시멘트비를 증가시킨다.
② 흡수율이 작은 소성이 잘 된 벽돌을 사용한다.
③ 줄눈 모르타르에 방수제를 혼합한다.
④ 벽면의 돌출 부분에 차양, 루버 등을 설치한다.

해설

물－시멘트비(W/C), 즉 물의 양을 증가시키면 백화현상이 더 많이 발생한다.

관련개념 **백화현상 방지대책**

• 잘 구워진(소성이 잘 된) 벽돌을 사용한다.
• 빗물의 침투를 방지하기 위한 비막이, 물흘림 등을 설치한다.
• 표면에 파라핀 도료같은 발수제를 바르거나 실리콘을 뿜칠한다.

063

1회 출제

벽돌 벽면 중간에 내쌓기를 할 경우 1켜씩 어느 정도 내쌓기 하는가?

① 1/8B   ② 1/4B
③ 1/3B   ④ 1/2B

해설

내쌓기를 할 경우 벽면에서 한 켜씩 내쌓을 때는 1/8B, 두 켜씩 내쌓을 때는 1/4B 정도 내어 쌓는다.

관련개념 **내쌓기**

벽돌을 벽면에서 부분적으로 내쌓는 방식으로 방화벽이나 마루를 설치할 목적으로 벽돌을 내밀어 쌓는 방식이다.

064

2회 출제

철근 콘크리트에 관한 설명 중 옳은 것은?

① 철근과 콘크리트는 선팽창 계수가 거의 같다.
② 형태의 변경이나 파괴, 철거가 용이하다.
③ 콘크리트는 산성으로 알칼리성인 철근의 부식을 방지한다.
④ 철근은 압축력을, 콘크리트는 인장력을 부담한다.

해설

철근과 콘크리트의 선팽창 계수는 거의 같다. (콘크리트: $10 \sim 15 \times 10^{-6}$, 철근: 12×10^{-6})

오답해설

② 철근 콘크리트의 구조변경은 어려운 편이다. 또한 철거 시 폐기물이 많이 발생하여 파괴, 철거가 곤란하다.
③ 콘크리트는 알칼리성으로 철근의 부식을 방지한다.
④ 콘크리트는 압축력에 강하고, 철근은 인장력에 강하다.

관련개념 **철근 콘크리트**

콘크리트 보의 인장 측에 철근을 넣어 인장 저항능력을 향상시킨 부재를 철근 콘크리트 부재라 하고, 이 재료를 철근 콘크리트라 한다.

065
3회 출제

직영공사에 관한 설명으로 옳은 것은?

① 직영으로 운영하므로 공사비가 감소된다.
② 의사소통이 원활하므로 공사기간이 단축된다.
③ 특수한 상황에 비교적 신속하게 대처할 수 있다.
④ 입찰이나 계약 등 복잡한 수속이 필요하다.

해설 **직영공사의 장단점**

장점	단점
• 확실한 공사 수행	• 예산의 차질, 공사비 증대
• 입찰 및 계약의 간편함	• 재료의 낭비, 장비의 비효율성
• 덤핑 등의 피해 경감	• 공사기일 연장
• 감독의 불필요	• 시공관리 능력 부족

관련개념 **직영공사를 채택하는 경우**
• 소주택 등 공사가 간단하고 시공과정이 용이한 공사
• 공사 진행 중 설계변경이 빈번한 공사
• 재해의 응급복구 등 부득이한 공사
• 풍부한 노동력을 보유하고 재료의 구입이 편리한 공사
• 군기밀상 부득이한 공사
• 확실한 견적이 곤란한 경우의 공사

066
1회 출제

콘크리트의 배합설계에 있어 구조물의 종류가 무근콘크리트인 경우 굵은 골재의 최대치수로 옳은 것은?

① 20[mm], 부재 최소치수의 1/4을 초과해서는 안 됨
② 40[mm], 부재 최소치수의 1/3을 초과해서는 안 됨
③ 25[mm], 부재 최소치수의 1/2을 초과해서는 안 됨
④ 40[mm], 부재 최소치수의 1/4을 초과해서는 안 됨

해설 **굵은 골재의 최대치수**

구조물의 종류	굵은 골재의 최대치수[mm]
일반적인 경우	20 또는 25
단면이 큰 경우	40
무근콘크리트	40 (부재 최소치수의 $\frac{1}{4}$을 초과해서는 안 됨)

067
1회 출제

주거지역 근처의 공장에서 주간 및 야간의 소음기준을 각각 바르게 짝지은 것은?

① 주간: 50[dB] 이하, 야간: 45[dB] 이하
② 주간: 55[dB] 이하, 야간: 45[dB] 이하
③ 주간: 55[dB] 이하, 야간: 50[dB] 이하
④ 주간: 60[dB] 이하, 야간: 50[dB] 이하

해설 **생활소음 규제기준**
주거지역, 녹지지역, 관리지역 중 취락지구 · 주거개발진흥지구 및 관광 · 휴양개발진흥지구, 자연환경보전지역, 그 밖의 지역에 있는 학교 · 종합병원 · 공공도서관의 생활소음 규제기준은 아래와 같다.

단위: [dB(A)]

소음원	시간대별	아침, 저녁	주간	야간
확성기	옥외설치	60 이하	65 이하	60 이하
	옥내에서 옥외로 소음이 나오는 경우	50 이하	55 이하	45 이하
공장		50 이하	55 이하	45 이하
사업장	동일 건물	45 이하	50 이하	40 이하
	기타	50 이하	55 이하	45 이하
공사장		60 이하	65 이하	50 이하

068
7회 출제

강재말뚝공법의 장점으로 옳지 않은 것은?

① 지지층에 깊이 박을 수 있다.
② 휨모멘트에 대한 저항이 크다.
③ 중량이 가볍고, 단면적이 작다.
④ 부식에 따른 내구성이 우수하다.

해설 **강재말뚝**
• 길이의 조절이 용이하고, 경량이기 때문에 운반 및 취급이 간단하다.
• 상부구조와의 결합이 용이하고, 현장접합도 가능하다.
• 재료비가 고가이다.
• 부식에 의한 내구성 저하가 우려된다.
• 강한 타격에도 견디며, 다져진 중간지층의 관통도 가능하다.
• 지지력이 크고, 이음이 안전하고 강하므로 장척말뚝에 적당하다.
• 타설할 때 중심간격은 말뚝머리 지름의 2.0배 이상, 70[cm] 이상으로 한다.

2024년 2회

069

철근콘크리트 구조의 철근 선조립 공법 순서로 옳은 것은?

① 시공도 – 공장절단 – 가공 – 이음, 조립 – 운반 – 현장부재양중 – 이음, 조립
② 공장절단 – 시공도 – 가공 – 이음, 조립 – 이음, 설치 – 운반 – 현장부재양중
③ 시공도 – 가공 – 공장절단 – 운반 – 이음, 조립 – 현장부재양중 – 이음, 설치
④ 공장절단 – 시공도 – 운반 – 가공 – 이음, 조립 – 현장부재양중 – 이음, 설치

해설 철근 선조립 공법 순서
철근 시공상세도 작성 → 공장제작(절단, 가공, 이음, 조립) → 현장으로 운반 → 양중 → 이음·조립

070

흙막이 공법 중 슬러리 월(Slurry Wall) 공법에 관한 설명으로 옳지 않은 것은?

① 진동, 소음이 적다.
② 인접건물의 경계선까지 시공이 가능하다.
③ 차수효과가 양호하다.
④ 기계, 부대설비가 소형이어서 소규모 현장의 시공에 적당하다.

해설 슬러리 월(Slurry Wall) 공법(지하연속법 공법)
굴착면을 보호하기 위해 벤토나이트 등의 안정액을 사용하여 소요단면을 사전 굴착한 후 철근망을 넣어 콘크리트를 타설함으로써 지하구조물을 연속적으로 형성하는 공법이다.

장점	단점
• 지반조건에 좌우되지 않는다.	• 기술적 시공이 요구된다.
• 저소음, 저진동이다.	• 시공비가 많이 소요된다.
• 근접건물에 영향을 주지 않는다.	• 굴착토의 처리문제가 발생한다.
• 강성이 높아 휘어지지 않는다.	• 굴착 도랑의 붕괴 및 안정액(벤토나이트)의 배수가 곤란하다.
• 소요내력을 정할 수 있다.	
• 지반보강 및 차수효과가 확실하다.	• 기계 및 부대 설비가 대형이다.
• 길이 및 깊이 등 차수조정이 자유롭다.	• 소규모 현장의 시공은 불가능하다.

071

철골세우기용 기계설비가 아닌 것은?

① 가이데릭   ② 스티프레그데릭
③ 진폴   ④ 드래그라인

해설
드래그라인은 지반면보다 낮은 곳의 굴착, 연약한 지반의 깊은 곳의 굴착 등에 쓰인다.

관련개념 철골세우기용 건설기계
• 크레인: 타워크레인, 지브크레인
• 이동식 크레인: 휠크레인, 트럭크레인, 크롤러크레인
• 데릭: 삼각데릭(스티프레그데릭), 진폴데릭, 가이데릭

072

철근의 정착에 대한 설명 중 틀린 것은?

① 철근을 정착하지 않으면 구조체가 큰 외력을 받을 때 철근과 콘크리트가 분리될 수 있다.
② 큰 인장력을 받는 곳일수록 철근의 정착길이는 길다.
③ 후크의 길이는 정착길이에 포함하여 산정한다.
④ 철근의 정착은 기둥이나 보의 중심을 벗어난 위치에 둔다.

해설 철근의 정착
• 큰 인장력을 받는 곳의 정착길이는 철근 지름의 40배 이상, 압축철근 및 작은 인장력을 받는 곳의 정착길이는 철근 지름의 25배 이상으로 한다.
• 정착길이는 후크(hook)의 중심 간의 거리로 하며, 후크의 길이는 정착길이에 포함하지 않는다.
• 철근의 정착은 기둥이나 보의 중심을 벗어난 위치에 둔다.

073
3회 출제

철근콘크리트 말뚝머리와 기초와의 접합에 관한 설명으로 옳지 않은 것은?

① 두부를 커팅기계로 정리할 경우 본체에 균열이 생기므로 응력손실이 발생하여 설계내력을 상실하게 된다.
② 말뚝머리 길이가 짧은 경우는 기초저면까지 보강하여 시공한다.
③ 말뚝머리 철근은 기초에 30[cm] 이상의 길이로 정착한다.
④ 말뚝머리와 기초와의 확실한 정착을 위해 파일앵커링을 시공한다.

해설

말뚝을 다이아몬드 커터 방식으로 커팅기계를 사용해 절단할 경우 말뚝 본체에 균열이 생기지 않는다.

074
3회 출제

공사관리계약 방식 중 대리인형의 특징이 아닌 것은?

① 공사비와 품질에 직접적인 책임을 진다.
② 발주자가 직접 시공사와 계약관계를 갖는다.
③ 회사는 설계나 시공업무를 직접 수행하지 않는다.
④ 프로젝트 전반에 걸쳐 발주자의 컨설턴트 역할을 한다.

해설

대리인형 CM(CM for Fee)방식은 프로젝트 전반에 걸쳐서 발주자의 컨설턴트 역할만 담당하고 결과에는 책임이 없는 형태이다.

관련개념 대리인형과 시공사 책임형

대리인형 (CM for Fee)	• 사업자(발주자)가 직접 시공사와 계약관계를 가지며, CM회사는 발주자의 대리인으로 공사를 관리한다. • 발주자, 설계자, CM회사, 시공사가 하나의 팀으로 공사를 수행하나, CM회사는 설계나 시공업무를 직접 수행하지 않고 오직 발주자의 대리인으로 발주자의 이익창출을 위해 CM업무를 수행한다.
시공사 책임형 (CM at Risk)	• CM회사가 시공자의 역할을 겸하는 계약형태를 가지며, 시공 및 공사관리의 일부 또는 전부를 시행한다. • 시공과 CM을 동시에 수행함으로써 공사비와 공사기간 등에 대한 책임과 위험을 부담한다. • 일반적으로 최대공사비 보증가격(GMP; Guaranteed Maximum Price)을 확정한 상태에서 계약 및 공사를 집행하게 되며 GMP를 초과하는 공사비에 대해서는 CM회사가 부담을 하고, GMP 이하에서 공사가 완료되면 이익금을 발주자와의 계약에 따라 일부 또는 전부를 CM회사에서 가지게 된다.

075
2회 출제

기성콘크리트 말뚝에 표기된 PHC-A·450-12의 각 기호에 대한 설명으로 옳지 않은 것은?

① PHC – 원심력 고강도 프리스트레스트 콘크리트말뚝
② A – A종
③ 450 – 말뚝바깥지름
④ 12 – 말뚝삽입 간격

해설

12는 파일의 길이를 나타낸다.

관련개념 PHC 파일(종류 – Type · 구경 – 길이)
• 종류: 일반 PHC 파일, 초고강도 UHC 파일, 대구경 PHC 파일
　　　(D = 700[mm] 이상)
• Type: A종, B종, C종
• 구경: 400, 450, 500, 600, 700, …
• 길이: 12[m]

076
2회 출제

건축물의 지하공사에서 계측관리에 관한 설명으로 틀린 것은?

① 계측관리의 목적은 위험의 징후를 발견하는 것이다.
② 계측관리의 중점관리사항으로는 흙막이 변위에 따른 배면지반의 침하가 있다.
③ 계측관리는 인적이 뜸하고 위험이 적은 안전한 곳에 설치하여 주기적으로 실시한다.
④ 일일점검항목으로는 흙막이벽체, 주변지반, 지하수위 및 배수량 등이 있다.

해설

계측은 구조상 위험이 발생할 수 있는 대표단면을 설정하고, 계측값을 상대비교 할 수 있는 위치로 정한다.

077

공사비 총액을 일정한 금액으로 정하여 계약을 체결하는 도급방식은?

① 공동도급　　　　　② 단가도급

③ 정액도급　　　　　④ 일식도급

해설 도급방식

구분	특징
공동도급	규모가 클 경우 2개 이상의 회사가 임의로 결합, 연대책임으로 공사를 하고, 공사완료 후 해산하는 방식이다.
단가도급	노무단가, 재료단가 또는 노무 및 재료를 합한 단가를 체적 또는 면적단가만으로 결정하여 공사를 도급주는 방식으로 긴급공사 및 단순공사에 주로 채택된다.
분할도급	도급공사에서 분할하여 직접 전문업자에게 도급을 주는 방식이다.
실비정산 보수가산식도급	건축주, 시공자, 건축사 3자 입회 하에 공사에 필요한 실비 또는 이에 대한 보수를 미리 협의하여 정하고, 이를 시공자에게 지불하는 제도이다. 설계도와 시방서가 명확하지 않거나 설계는 명확하지만 공사비 총액을 산출하기 곤란할 때 채택된다.
일식도급	공사의 전체를 한 사람의 도급자에게 주는 방식이다.
정액도급	공사비 총액을 일정한 금액으로 정하여 계약을 체결하는 도급방식이다.
턴키도급	건축을 위해 필요한 모든 요소를 포괄적으로 계약하는 방식으로 건설업자가 금융, 토지조달, 설계, 시공, 시운전, 기계·기구 설치까지 조달해 주는 것으로 일괄수주 방식이라고도 한다.

078

거푸집의 강도 및 강성에 대한 구조계산 시 고려할 사항과 가장 거리가 먼 것은?

① 동바리 자중　　　　② 작업하중

③ 콘크리트 측압　　　④ 콘크리트 자중

해설 거푸집 및 동바리 구조검토 시 고려하여야 할 하중

연직하중	• 거푸집, 지보공(동바리), 콘크리트, 철근, 작업원, 타설용 기계기구, 가설설비 등의 중량 및 충격하중 • 연직하중 = 고정하중 + 작업하중 　　　　　 = (콘크리트 무게 + 거푸집 무게) 　　　　　　 + (충격하중 + 작업하중)
횡하중	작업할 때의 진동, 충격, 시공오차 등에 기인되는 횡방향 하중 이외의 풍압, 유수압, 지진 등
콘크리트 측압	굳지 않은 콘크리트의 측압
특수하중	시공 중에 예상되는 특수한 하중(콘크리트 편심하중 등)

079

공사계약 중 재계약 조건이 아닌 것은?

① 설계도면 및 시방서(Specification)의 중대결함 및 오류에 기인한 경우

② 계약상 현장조건 및 시공조건이 상이(Difference)한 경우

③ 계약사항에 중대한 변경이 있는 경우

④ 정당한 이유 없이 공사를 착수하지 않은 경우

해설

'정당한 이유 없이 공사를 착수하지 않은 경우'는 계약 불이행 지체상금 부담, 계약파기 조건에 해당한다.

관련개념 공사계약의 재계약 조건

• 설계서의 내용이 불분명하거나 누락, 오류 또는 상호모순되는 점이 있는 경우

• 지질, 용수 등 공사현장의 상태가 설계서와 다를 경우

• 새로운 기술, 공법 사용으로 공사비의 절감 및 시공기간의 단축 등의 효과가 현저할 경우

• 기타 발주기관이 설계서를 변경할 필요가 있다고 인정하는 경우

080

거푸집 공사에 적용되는 슬라이딩 폼 공법에 관한 설명으로 옳지 않은 것은?

① 형상 및 치수가 정확하며 시공오차가 적다.

② 마감작업이 동시에 진행되므로 공정이 단순화된다.

③ 1일 5~10[m] 정도 수직시공이 가능하다.

④ 일반적으로 돌출물이 있는 건축물에 많이 적용된다.

해설

슬라이딩 폼(Sliding Form)은 돌출물이 없는 균일한 형상의 건축물 공사에 적합하다.

관련개념 슬라이딩 폼(Sliding Form)

• 수평적 또는 수직적으로 반복된 구조물을 시공이음이 없이 균일한 형상으로 시공하기 위하여 거푸집을 연속적으로 이동시키면서 콘크리트를 타설하여 시공한다.

• 주로 사일로(Silo), 전단벽 건물, 유틸리티 코어 등에 사용된다.

• 특징

　– 복잡한 내·외부 비계가설이 필요없다.

　– 공기가 $\frac{1}{3}$ 정도 단축된다.

　– 구조체가 일체로 될 수 있다.

　– 요크(Yoke)로 벽거푸집을 상향 이동시킨다.

　– 거푸집 조립, 제거에 소요되는 노력이 절약된다.

건설재료학

081

식염유를 바른 진한 다갈색 타일로서 다른 타일에 비해 두께가 두껍고 홈줄을 넣은 외부 바닥용 특수 타일은?

① 스크래치 타일
② 보더 타일
③ 아란덤 타일
④ 클링커 타일

해설 **클링커 타일**

석기질 타일의 일종으로 소성 시 식염을 칠하고, 그 표면에 갈색 규산나트륨의 유리질 피막을 형성한 것이다.

082

스팬드럴 유리에 대한 설명으로 옳지 않은 것은?

① 건축물의 외벽 층간이나 내·외부 장식용 유리로 사용한다.
② 판유리 한쪽 면에 세라믹질의 도료를 도장한 후 고온에서 융착, 반강화한 것으로 내구성이 뛰어나다.
③ 색상이 다양하고 중후한 질감을 갖고 있으며 건축물의 모양에 따라 선택의 폭이 넓다.
④ 열깨짐의 위험이 있으므로 유리표면에 페인트도장을 하거나 종이, 테이프 등을 부착하지 않는다.

해설

스팬드럴 유리는 본래 안쪽 면에 세라믹 페인트를 고온 융착한 장식용 유리이다.

관련개념 **스팬드럴 유리**

강화공정에서 열처리작업을 한 유리로 일반유리에 비하여 내구성과 강도가 높다. 또한 다양한 컬러를 나타낼 수 있어 각종 인테리어에 활용할 수 있다.

083

아스팔트 제품에 관한 설명으로 옳지 않은 것은?

① 아스팔트 프라이머 – 블로운 아스팔트를 용제에 녹인 것으로 아스팔트 방수, 아스팔트 타일의 바탕처리재로 사용된다.
② 아스팔트 유제 – 블로운 아스팔트를 용제에 녹여 석면, 광물질분말, 안정제를 가하여 혼합한 것으로 점도가 높다.
③ 아스팔트 블록 – 아스팔트 모르타르를 벽돌형으로 만든 것으로 화학공장의 내약품 바닥마감재로 이용된다.
④ 아스팔트 펠트 – 유기천연섬유 또는 석면섬유를 결합한 원지에 연질의 스트레이트 아스팔트를 침투시킨 것이다.

해설 **아스팔트 유제**

• 타르나 아스팔트의 고운 분말에 에멀션화제나 안정제를 사용하여 물에 $1 \sim 5[\mu m]$ 정도의 작은 입자로 분산시켜 만든 갈색의 유제이다.
• 타르 유제보다 아스팔트 유제가 주로 간이 포장재로 사용된다.
• 유제를 뿌리면 아스팔트는 물에 녹지 않으므로 수분은 증발하고 골재의 표면에는 점착력 있는 아스팔트 피막이 형성되어 골재를 결합시킨다.

084

다음 중 이온화 경향이 가장 큰 금속은?

① Mg
② Al
③ Fe
④ Cu

해설 **금속의 이온화 경향**

금속이 전자를 잃고 양이온으로 되려는 경향을 이온화 경향이라고 한다.
K의 이온화 경향이 크고, Au의 이온화 경향이 작다.
K>Ca>Na>Mg>Al>Zn>Fe>Ni>Sn>Pb>(H)>Cu>Ag>Hg>Pt>Au
따라서 보기 중 Mg의 이온화 경향이 가장 크다.

085

통풍이 좋지 않은 지하실에 사용하는 데 가장 적합한 미장 재료는?

① 시멘트 모르타르
② 회사벽
③ 회반죽
④ 돌로마이트 플라스터

해설

통풍이 좋지 않은 지하실의 미장재료는 시멘트 모르타르와 같은 수경성 재료가 적합하다.

086

석재 시공 시 유의하여야 할 사항으로 옳지 않은 것은?

① 외벽 특히 콘크리트 표면 첨부용 석재는 연석을 사용하여야 한다.
② 동일 건축물에는 동일 석재로 시공하도록 한다.
③ 석재를 구조재로 사용할 경우 직압력재로 사용하여야 한다.
④ 중량이 큰 것은 높은 곳에 사용하지 않도록 한다.

해설

석재 시공 시 외벽 첨부용 석재는 주로 경석을 사용하고, 석재의 색상, 석질, 가공형상, 마감 정도, 물리적 성질 등이 동일한 것으로 한다.

087

ALC블록(Autoclaved Lightweight Concrete Block) 0.5품의 절건비중으로 알맞은 것은?

① 0.45 이상 0.55 미만
② 1.05 이상 1.15 미만
③ 1.5 이상 1.6 미만
④ 1.95 이상 2.05 미만

해설 **ALC의 절건비중 및 압축강도**

구분	0.5품	0.6품	0.7품
절건비중	0.45 이상 0.55 미만	0.55 이상 0.65 미만	0.65 이상 0.75 미만

088

재료의 단단한 정도를 나타내는 용어는?

① 연성
② 인성
③ 취성
④ 경도

해설

재료의 단단한 정도를 나타내는 용어는 '경도'이다.
경도는 어떤 재료를 긁을 때 자국, 절단, 마모 등에 대한 저항성으로 금속재료에서는 그 기계적 성질을 알고자 할 때 경도를 가장 중요하게 고려한다.

관련개념
• 연성: 재료가 탄성한계 이상의 힘을 받아도 파괴되지 않고 가늘고 길게 늘어나는 성질이다.
• 인성: 재료가 외력을 받아 변형을 나타내면서도 파괴되지 않고 견딜 수 있는 성질이다.
• 취성: 재료가 외력을 받아도 변형되지 않거나 약간의 극미한 변형만을 수반하고 파괴되는 성질이다.

089

경질섬유판(Hard Fiber Board)에 관한 설명으로 옳은 것은?

① 밀도가 $0.3[g/cm^3]$ 정도이다.
② 소프트텍스라고도 불리며 수장판으로 사용된다.
③ 소판이나 소각재의 부산물 등을 이용하여 접착, 접합에 의해 소요 형상의 인공목재를 제조할 수 있다.
④ 펄프를 접착제로 제판하여 양면을 열압 건조시킨 것이다.

해설 **경질섬유판(Hard Fiber Board)**

• 펄프화한 목재 섬유(폐목재, 톱밥 등)에 접착제를 혼합하여 고온·고압으로 열압, 건조해 만든 섬유판으로 비중은 약 0.8~1.0이다.
• 벽판, 가구 뒷판, 도어 보강재, 강화마루 기판 등으로 사용된다.

오답해설
② 소프트텍스는 일종의 목 베개이다.
③ 소판이나 소각재의 부산물을 접착하여 만든 것은 파티클 보드이다.

090

경량 기포콘크리트(Autoclaved lightweight concrete)에 관한 설명 중 옳은 것은?

① 중량이다.
② 인장강도에 비해 압축강도가 약하다.
③ 보통콘크리트에 비해 중성화의 우려가 낮다.
④ 다공성이라 흡수성이 높다.

해설 **ALC의 특징**

장점	• 내화성, 단열성이 좋다. • 경량이고, 차음성이 좋다. • 시공이 우수하다. • 친환경성이다.
단점	• 수분을 흡수하는 성질이 있다. • 중성화가 빠르다. • 방수성이 없다.

091

다음 중 건축용 단열재와 거리가 먼 것은?

① 유리면(Glass Wool)
② 암면(Rock Wool)
③ 테라코타
④ 펄라이트판

해설

테라코타는 점토제품으로 화강암보다 내화력이 강하고 대리석보다 풍화에 강하므로 외장재료에 적당하다.

관련개념

• 유리면: 유리 섬유로 만든 솜 모양의 물질로 방화복이나 단열 및 전기절연 등을 위한 재료로 쓰인다.
• 암면: 높은 열에 잘 견디는 인조광물성 섬유로 소리를 잘 흡수하고, 쉽게 변질되지 않는다.
• 펄라이트: 주성분은 화산작용으로 생긴 진주암(Perlite)으로 단열성, 불연성이 있고, 친환경자재로 유독가스가 나오지 않는다.

092

석고보드에 관한 설명으로 옳지 않은 것은?

① 부식이 잘 되고 충해를 받기 쉽다.
② 단열성, 차음성이 우수하다.
③ 시공이 용이하여 천장, 칸막이 등에 주로 사용된다.
④ 내수성, 탄력성이 부족하다.

해설 **석고보드**

소석고를 주원료로 하여 톱밥·섬유·펄라이트 등을 혼합하고, 경우에 따라서는 발포제를 첨가하고 물로 반죽하여 두 장의 시트 사이에 부어서 판상으로 굳힌 것이다.

단열성	열전도율이 0.14[kcal/m²]로 낮고, 공기를 차단한다.
차음성	동 중량의 다른 자재에 비해 소음 차단효과가 우수하다.
방화성	자체 중량에 12[%]의 결정수가 함유되어 초기화재 억제효과가 있다.
방충성	바퀴벌레, 쥐, 개미 등이 싫어하는 황산칼슘이 주성분으로 해충의 서식을 막고, 곰팡이를 억제한다.
치수안정성	온도 변화에 대한 안정성이 있고 뒤틀림, 처짐, 신축변형이 없다.

093

금속재료의 일반적 성질에 대한 설명으로 옳지 않은 것은?

① 강도와 탄성계수가 크다.
② 경도 및 내마모성이 크다.
③ 열전도율이 작고 부식성이 크다.
④ 비중이 큰 편이다.

해설

금속재료는 열전도율과 부식성이 큰 편이다.

관련개념 **금속재료의 장점과 단점**

장점	• 열전도율이 크다. • 경도, 강도, 내마모성이 크다. • 금속 특유의 광택이 있다.
단점	• 비중이 크다. • 부식성이 크다. • 색채가 단조롭다. • 가공하는 데 비용이 많이 든다.

094

1회 출제

보통 콘크리트와 비교한 AE 콘크리트의 성질에 관한 설명으로 옳지 않은 것은?

① 콘크리트의 워커빌리티가 양호하다.
② 동일 물시멘트비인 경우 압축강도가 높다.
③ 동결 융해에 대한 저항성이 크다.
④ 블리딩 등의 재료분리가 적다.

해설

AE 콘크리트는 동일 물시멘트비 조건에서 공기량 증가로 인해 압축강도가 저하된다.

관련개념 AE 콘크리트

AE제 사용으로 시공연도를 증진시키고 단위수량을 감소시키며, 수밀성이 향상된 것이다.

095

1회 출제

목재의 열적 성질에 관한 설명 중 옳지 않은 것은?

① 겉보기비중이 작을수록 열전도율이 낮다.
② 섬유에 평행한 방향의 열전도율이 직각방향의 열전도율보다 낮다.
③ 불에 타는 단점이 있으나 열전도율이 낮아 여러 가지 용도로 사용되고 있다.
④ 가벼운 목재일수록 착화되기 쉽다.

해설 목재의 열적 성질

• 목재의 열전도율은 함수율과 비중이 증가할수록 커진다.
  – 건조목재: 세포 내 많은 공기를 갖고 있어 열전도율이 작다.
  – 생목재: 세포 내 전도성 물질인 물이 많아 열전도율이 크다.
• 목재의 열전도율은 섬유에 평행한 방향의 경우에는 엇결 방향의 1.5배, 섬유 직각방향의 2배 정도 크다.
• 목재는 금속이나 콘크리트에 비하여 열전도율이 극히 작다. 다공질의 목재, 가벼운 목재일수록 열전도율이 낮아 보온재로 쓰이기도 한다.
• 가벼운 목재는 건조목재로 착화되기 쉽다.

관련개념 열전도율

열이 한쪽에서 다른 한쪽으로 전달되는 정도의 차이로 미송의 경우 0.08, 콘크리트 12, 철 312 정도이다.

096

5회 출제

굳지 않은 콘크리트의 성질을 표시하는 용어 중 컨시스턴시에 의한 부어넣기의 난이도 정도 및 재료분리에 저항하는 정도를 나타내는 것은?

① 플라스티시티
② 피니셔빌리티
③ 펌퍼빌리티
④ 워커빌리티

해설 굳지 않은 콘크리트의 성질

워커빌리티 (Workability)	반죽질기에 따른 작업의 난이도 정도 및 재료분리에 저항하는 정도를 나타내는 굳지 않은 콘크리트의 성질
펌퍼빌리티 (Pumpability)	펌프에 의해 운반을 실시하는 경우 콘크리트의 압송성
플라스티시티 (Plasticity)	거푸집에 쉽게 다져 넣을 수 있고, 거푸집을 제거하면 천천히 변하는 굳지 않은 콘크리트의 성질
컨시스턴시 (Consistency)	주로 수량의 다소에 의한 부드러운 정도를 나타내는 것으로, 콘크리트를 타설할 때의 유동성에 영향을 미치고 일반적으로 슬럼프의 값으로 측정함
피니셔빌리티 (Finishability)	굵은 골재의 최대치수, 잔골재율, 잔골재의 입도 등에 의한 마무리의 용역도를 나타냄

097

7회 출제

점토에 관한 설명 중 틀린 것은?

① 점토의 색상은 철산화물 또는 석회물질에 의해 나타난다.
② 점토의 가소성은 점토입자가 미세할수록 좋다.
③ 압축강도와 인장강도는 거의 비슷하다.
④ 소성수축은 점토 내 휘발분의 양, 조직, 용융도 등이 영향을 준다.

해설 점토의 성질

• 점토의 압축강도는 인장강도의 약 5배이다.
• 점토를 소성하면 용적, 비중 등의 변화가 일어나며 강도가 증대된다.
• 세립분이 50[%] 이상으로 모래 성분이 상당히 포함되어 있다.
• 공극률은 입자의 형상, 크기에 관계한다.
• 순수한 점토일수록 비중과 강도가 크다.
• 불순물이 많은 점토일수록 비중이 작고 강도가 떨어진다.
• 주성분은 실리카(SiO_2)와 알루미나(AlO_3)이다.
• 점토의 가소성은 점토의 질, 입자의 크기, 함수량, 비비기 정도, 시간, 온도에 영향을 많이 받는다.
• 알루미나(AlO_3)가 많은 점토는 가소성이 우수하다.
• 점토의 가소성은 입자가 작을수록 좋다.
• 물과 결합하여 가소성을 가지고, 열과 반응하여 화학적 변화를 일으킨다.
• 철산화물이 많을수록 적색을 띠고, 석회물질이 많을수록 황색을 띤다.

098
2회 출제

미장용 혼화재료 중 착색을 목적으로 하는 착색재에 속하지 않는 것은?

① 염화칼슘
② 합성산화철
③ 카본블랙
④ 이산화망간

해설
미장용 혼화재료는 내알칼리성 무기질을 주재료로 하고, 직사광이나 100[℃] 이하의 온도에 의해서 변색되지 않으며 금속을 부식시키지 않는 것으로 한다. 염화칼슘은 부식을 발생시키므로 착색재로 적절하지 않다.

099
4회 출제

일반적으로 단열재에 습기나 물기가 침투하면 어떤 현상이 발생하는가?

① 열전도율이 높아져 단열성능이 좋아진다.
② 열전도율이 높아져 단열성능이 나빠진다.
③ 열전도율이 낮아져 단열성능이 좋아진다.
④ 열전도율이 낮아져 단열성능이 나빠진다.

해설
단열재에 물이 침투하면 열전도율이 높아져 단열성능이 나빠진다.

100
3회 출제

미장바탕이 갖추어야 할 조건에 관한 설명으로 옳지 않은 것은?

① 미장층보다 강도, 강성이 작을 것
② 미장층과 유효한 접착강도를 얻을 수 있을 것
③ 미장층의 경화, 건조에 지장을 주지 않을 것
④ 미장층과 유해한 화학반응을 하지 않을 것

해설 미장바탕에 요구되는 일반적인 성질
• 바름 재료가 접착하기 쉬워야 한다.
• 변형되지 않아야 한다.(강성이 있어야 한다.)
• 온·습도에 의한 팽창, 수축이 적어야 한다.
• 평탄해야 한다.(요철이 적어야 한다.)
• 내구성이 강해야 한다.
• 바름 재료에 따라 내약품성, 특히 내알칼리성이 강해야 한다.

건설안전기술

101
3회 출제

건립 중 강풍에 의한 풍압 등 외압에 대한 내력이 설계에 고려되었는지 확인하여야 하는 철골구조물에 해당하지 않는 것은?

① 이음부가 현장용접인 건물
② 높이 15[m]인 건물
③ 기둥이 타이플레이트(tie plate)형인 구조물
④ 구조물의 폭과 높이의 비가 1:5인 건물

해설 외압에 대한 내력이 설계에 고려되었는지 확인하여야 하는 철골구조물
• 높이 20[m] 이상의 구조물
• 구조물의 폭과 높이의 비가 1:4 이상인 구조물
• 단면구조에 현저한 차이가 있는 구조물
• 연면적당 철골량이 50[kg/m²] 이하인 구조물
• 기둥이 타이플레이트형인 구조물
• 이음부가 현장용접인 구조물

102
17회 출제

다음 중 유해위험방지계획서 제출 대상 공사가 아닌 것은?

① 지상높이가 30[m]인 건축물 건설공사
② 최대 지간길이가 50[m]인 교량 건설공사
③ 터널 건설공사
④ 깊이가 11[m]인 굴착공사

해설 유해위험방지계획서 제출 대상 건설공사
• 다음의 어느 하나에 해당하는 건축물 또는 시설 등의 건설·개조 또는 해체(건설 등) 공사
  – 지상높이가 31[m] 이상인 건축물 또는 인공구조물
  – 연면적 30,000[m²] 이상인 건축물
  – 연면적 5,000[m²] 이상의 문화 및 집회시설(전시장 및 동물원·식물원 제외), 판매시설, 운수시설(고속철도의 역사 및 집배송시설 제외), 종교시설, 의료시설 중 종합병원, 숙박시설 중 관광숙박시설, 지하도상가, 냉동·냉장 창고시설
• 연면적 5,000[m²] 이상인 냉동·냉장 창고시설의 설비공사 및 단열공사
• 최대 지간길이가 50[m] 이상인 다리의 건설 등 공사
• 터널의 건설 등 공사
• 다목적댐, 발전용댐, 저수용량 2천만 톤 이상의 용수 전용 댐 및 지방상수도 전용 댐의 건설 등 공사
• 깊이 10[m] 이상인 굴착공사

103

추락재해방지를 위하여 사용되는 방망의 그물코의 크기는 최대 몇 [cm] 이하이어야 하는가?

① 30[cm]　　　　　② 20[cm]
③ 10[cm]　　　　　④ 5[cm]

해설 **방망의 구조**
• 소재: 합성섬유 또는 그 이상의 물리적 성질을 갖는 것이어야 한다.
• 그물코: 사각 또는 마름모로서 그 크기는 10[cm] 이하이어야 한다.
• 방망의 종류: 매듭방망으로서 매듭은 원칙적으로 단매듭을 한다.
• 테두리로프와 방망의 재봉: 테두리로프는 각 그물코를 관통시키고 서로 중복됨이 없이 재봉사로 결속한다.

104

건설업의 공사금액이 850억 원일 경우 산업안전보건법령에 따른 안전관리자의 수로 옳은 것은? (단, 전체 공사기간을 100으로 할 때 공사 전·후 15[%]에 해당하는 경우는 고려하지 않는다.)

① 1명 이상　　　　② 2명 이상
③ 3명 이상　　　　④ 4명 이상

해설 **안전관리자를 두어야 할 사업의 종류 및 규모**

사업의 종류	상시근로자 수 또는 공사금액	안전관리자의 수
토사석 광업 식료품 제조업, 음료 제조업 목재 및 나무제품 제조업(가구 제외)	50명 이상 500명 미만	1명 이상
펄프, 종이 및 종이제품 제조업 코크스, 연탄 및 석유정제품 제조업 발전업 운수 및 창고업	500명 이상	2명 이상
농업, 임업 및 어업 전기, 가스, 증기 및 공기조절 공급업	50명 이상 1,000명 미만	1명 이상
방송업 우편 및 통신업	1,000명 이상	2명 이상
건설업	50억 원 이상 800억 원 미만	1명 이상
	800억 원 이상 1,500억 원 미만	2명 이상
	1,500억 원 이상 2,200억 원 미만	3명 이상
	2,200억 원 이상 3,000억 원 미만	4명 이상

105

단관비계를 조립하는 경우 벽이음 및 버팀을 설치할 때의 수평방향 조립간격 기준으로 옳은 것은?

① 3[m]　　　　　② 5[m]
③ 6[m]　　　　　④ 8[m]

해설 **강관비계의 조립간격**

강관비계의 종류	조립간격[m]	
	수직방향	수평방향
단관비계	5	5
틀비계(높이 5[m] 미만인 것 제외)	6	8

106

다음 중 차량계 건설기계에 속하지 않는 것은?

① 불도저　　　　　② 스크레이퍼
③ 타워크레인　　　④ 항타기

해설
타워크레인은 산업안전보건법령상 양중기에 해당한다.

관련개념 **차량계 건설기계**
• 도저형 건설기계(불도저, 스트레이트도저, 틸트도저, 앵글도저, 버킷도저)
• 모터그레이더
• 스크레이퍼
• 굴착기
• 항타기 및 항발기
• 천공용 건설기계(어스드릴, 어스오거, 크롤러드릴, 점보드릴)
• 지반다짐용 건설기계(타이어롤러, 매커덤롤러, 탠덤롤러)
• 콘크리트 펌프카

107

동바리의 침하를 방지하기 위한 직접적인 조치와 가장 거리가 먼 것은?

① 깔판의 사용　　　② 수평연결재 사용
③ 콘크리트의 타설　④ 말뚝박기

해설
동바리 조립 시 받침목이나 깔판의 사용, 콘크리트 타설, 말뚝박기 등 동바리의 침하를 방지하기 위한 조치를 하여야 한다.
수평연결재는 기둥부재의 상호 간을 연결하여 수직도를 유지하고 좌굴 등을 예방하기 위한 재료로 침하방지를 위한 직접적인 조치와는 무관하다.

108

거푸집의 설치·해체, 철근 조립, 콘크리트 타설, 콘크리트 면처리 작업 등을 위하여 거푸집을 작업발판과 일체로 제작하여 사용하는 거푸집이 아닌 것은?

① 갱 폼(gang form)
② 유로 폼(euro form)
③ 슬립 폼(slip form)
④ 클라이밍 폼(climbing form)

해설 **작업발판 일체형 거푸집**
• 갱 폼(Gang Form)
• 슬립 폼(Slip Form)
• 클라이밍 폼(Climbing Form)
• 터널 라이닝 폼(Tunnel Lining Form)
• 그 밖에 거푸집과 작업발판이 일체로 제작된 거푸집 등

관련개념 **유로 폼(Euro Form)**
일정한 규격으로 미리 합판 등의 뒷면에 강재틀을 붙인 거푸집 패널로 여러 장을 조립하여 사용한다.

109

터널 굴착공사에서 뿜어 붙이기 콘크리트의 효과를 설명한 것으로 옳지 않은 것은?

① 암반의 크랙(crack)을 보강한다.
② 굴착면의 요철을 늘리고 응력집중을 최대한 증대시킨다.
③ 록볼트의 힘을 지반에 분산시켜 전달한다.
④ 굴착면을 덮음으로써 지반의 침식을 방지한다.

해설 **뿜어 붙이기 콘크리트(숏크리트)의 역할**
• 암반의 크랙을 보강하여 크랙 확대를 방지한다.
• 굴착면의 요철을 줄여 응력집중을 최소화한다.
• 록볼트와 함께 지반아치를 형성하여 힘을 분산시킨다.
• 암반표면을 보호하고, 침식, 이완을 방지한다.

110

사다리식 통로의 길이가 10[m] 이상일 때 얼마 이내마다 계단참을 설치하여야 하는가?

① 3[m] 이내마다
② 4[m] 이내마다
③ 5[m] 이내마다
④ 6[m] 이내마다

해설 **사다리식 통로의 구조**
• 견고한 구조로 할 것
• 심한 손상·부식 등이 없는 재료를 사용할 것
• 발판의 간격은 일정하게 할 것
• 발판과 벽과의 사이는 15[cm] 이상의 간격을 유지할 것
• 폭은 30[cm] 이상으로 할 것
• 사다리가 넘어지거나 미끄러지는 것을 방지하기 위한 조치를 할 것
• 사다리의 상단은 걸쳐놓은 지점으로부터 60[cm] 이상 올라가도록 할 것
• 사다리식 통로의 길이가 10[m] 이상인 경우에는 5[m] 이내마다 계단참을 설치할 것
• 사다리식 통로의 기울기는 75° 이하로 할 것. 다만, 고정식 사다리식 통로의 기울기는 90° 이하로 하고, 그 높이가 7[m] 이상인 경우에는 다음의 구분에 따른 조치를 할 것
 - 등받이울이 있어도 근로자 이동에 지장이 없는 경우: 바닥으로부터 높이가 2.5[m] 되는 지점부터 등받이울을 설치할 것
 - 등받이울이 있으면 근로자가 이동이 곤란한 경우: 한국산업표준에서 정하는 기준에 적합한 개인용 추락 방지 시스템을 설치하고 근로자로 하여금 한국산업표준에서 정하는 기준에 적합한 전신안전대를 사용하도록 할 것
• 접이식 사다리 기둥은 사용 시 접혀지거나 펼쳐지지 않도록 철물 등을 사용하여 견고하게 조치할 것

111

작업 중이던 미장공이 상부에서 떨어지는 공구에 의해 상해를 입었다면 어느 부분에 대한 결함이 있었겠는가?

① 작업대 설치
② 작업방법
③ 낙하물 방지시설 설치
④ 비계설치

해설
떨어지는 낙하물에 의해 상해를 입었을 경우 낙하물 방지시설의 결함에 의한 재해로, 낙하방지용 시설물 설치 상태 등에 대한 적정 설치여부를 점검하여야 한다.

112

3회 출제

수중굴착 공사에 가장 적합한 건설기계는?

① 스크레이퍼
② 불도저
③ 파워셔블
④ 클램쉘

해설 **클램쉘(Clamshell)**

좁은 곳의 수직굴착, 자갈 등의 적재, 연약한 지반이나 수중굴착 등에 쓰인다.

관련개념

- 스크레이퍼: 굴착, 운반, 상차, 하역 등 4가지 작업수행이 가능한 토공기계이다.
- 불도저: 직선 송토작업, 단단한 지반과 암석작업 등에 널리 쓰인다. 배토판은 상하로만 움직인다.
- 파워셔블: 지반면보다 높은 곳의 굴착, 쇄석 옮겨쌓기, 토사의 처리 등에 널리 쓰인다.

113

4회 출제

콘크리트 타설작업 시 안전에 대한 유의사항으로 옳지 않은 것은?

① 콘크리트를 치는 도중에는 지보공·거푸집 등의 이상 유무를 확인한다.
② 높은 곳으로부터 콘크리트를 타설할 때는 호퍼로 받아 거푸집 내에 꽂아 넣는 슈트를 통해서 부어 넣어야 한다.
③ 진동기를 가능한 한 많이 사용할수록 거푸집에 작용하는 측압상 안전하다.
④ 콘크리트를 한곳에만 치우쳐서 타설하지 않도록 주의한다.

해설

진동기를 많이 사용할수록 측압이 증가하고 재료분리 등을 가중하여 품질 결함의 원인이 되므로 적당히 사용하여야 한다.

114

2회 출제

차량계 하역운반기계에 화물을 적재할 때 준수사항으로 옳지 않은 것은?

① 하중이 한쪽으로 치우치지 않도록 적재할 것
② 운전자의 시야를 가리지 않도록 화물을 적재할 것
③ 구내운반차의 경우 화물의 붕괴 또는 낙하에 의한 위험을 방지하기 위하여 화물에 로프를 거는 등 필요한 조치를 할 것
④ 바퀴의 이상 유무를 점검할 것

해설

'바퀴의 이상 유무 점검'은 지게차의 작업시작 전 점검사항에 해당된다.

관련개념 **차량계 하역운반기계 등에 화물 적재 시 준수사항**

- 하중이 한쪽으로 치우치지 않도록 적재할 것
- 구내운반차 또는 화물자동차의 경우 화물의 붕괴 또는 낙하에 의한 위험을 방지하기 위하여 화물에 로프를 거는 등 필요한 조치를 할 것
- 운전자의 시야를 가리지 않도록 화물을 적재할 것
- 최대적재량을 초과하지 아니할 것

115

8회 출제

연약지반의 이상현상 중 하나인 히빙(Heaving)현상에 대한 안전대책이 아닌 것은?

① 흙막이벽의 관입깊이를 깊게 한다.
② 굴착 저면에 토사 등으로 하중을 가한다.
③ 흙막이 배면의 표토를 제거하여 토압을 경감한다.
④ 주변 수위를 높인다.

해설 **히빙(Heaving) 예방대책**

- 흙막이벽의 말뚝 깊이를 설계지반까지 시공
- 굴착부 저면 하중 가함
- 소단굴착 시공
- 흙막이 배면토압 경감조치
- 지하수위 저하
- 그라우팅 등 보강공법 시행

관련개념 **히빙(Heaving)**

굴착이 진행됨에 따라 흙막이벽 뒤쪽 흙의 중량이 굴착부 바닥의 지지력 이상이 되면 흙막이벽 근입부분의 지반 이동이 발생하여 굴착부 저면이 솟아오르는 현상이다. 이 현상이 발생하면 흙막이벽의 근입부분이 파괴되면서 흙막이벽 전체가 붕괴하는 경우가 많다.

116

3회 출제

건설업 산업안전보건관리비 계상 및 사용기준을 산업안전보건법의 적용을 받는 건설공사 중 총 공사금액이 얼마 이상인 공사에 적용하는가?

① 4천만 원 ② 3천만 원
③ 2천만 원 ④ 1천만 원

해설

건설업 산업안전보건관리비 계상 및 사용기준은 산업안전보건법의 건설공사 중 총 공사금액 2천만 원 이상인 공사에 적용한다.

117

4회 출제

양중기에 사용하는 와이어로프 중 화물의 하중을 직접 지지하는 달기와이어로프 또는 달기체인의 안전계수 기준은?

① 3 이상 ② 4 이상
③ 5 이상 ④ 10 이상

해설 달기구의 안전계수

• 근로자가 탑승하는 운반구를 지지하는 달기와이어로프 및 달기체인: 10 이상
• 화물의 하중을 직접 지지하는 달기와이어로프 또는 달기체인: 5 이상
• 훅, 샤클, 클램프, 리프팅 빔: 3 이상
• 그 밖의 경우: 4 이상

118

2회 출제

항타기 또는 항발기의 권상용 와이어로프는 추 또는 해머가 최저의 위치에 있을 때 또는 널말뚝을 빼어내기 시작한 때를 기준으로 하여 권상장치의 드럼에 최소한 몇 회 감기고 남을 수 있는 길이여야 하는가?

① 1회 ② 2회
③ 3회 ④ 4회

해설

항타기 또는 항발기에 권상용 와이어로프를 사용하는 경우에 권상용 와이어로프는 추 또는 해머의 위치가 최저의 위치에 있을 때 또는 널말뚝을 빼내기 시작할 때를 기준으로 권상장치의 드럼에 적어도 2회 감기고 남을 수 있는 충분한 길이여야 한다.

119

3회 출제

추락재해는 고소작업을 줄이는 방법이 가장 이상적이다. 이에 해당되는 것은?

① 방망 설치
② 철골기둥과 빔의 일체 구조화
③ 안전대 사용
④ 비계 등 작업대 설치

해설

추락재해 방지를 위한 대책으로 방망 설치, 안전대 사용, 작업대 설치 등의 조치 또한 필요하나 철골기둥, 빔 및 트러스 등의 철골구조물을 일체화하거나 지상에서 조립하면 고소작업이 근원적으로 제거되어 추락재해를 감소시킬 수 있다.

120

4회 출제

인력운반 작업에 대한 안전 준수사항으로 옳지 않은 것은?

① 보조기구를 효과적으로 사용한다.
② 긴 물건은 뒤쪽을 높이고 원통인 물건은 굴려서 운반한다.
③ 물건을 들어 올릴 때에는 팔과 무릎을 이용하며 척추는 곧게 한다.
④ 무거운 물건은 공동작업으로 실시한다.

해설

길이가 긴 장척물을 운반할 때에는 하물 앞부분 끝을 근로자 신장보다 약간 높게 하여 모서리, 곡선 등에 충돌하지 않도록 주의하여야 한다.

관련개념 철근인력운반 시 준수사항

• 1인당 무게는 25[kg] 정도가 적절하며, 무리한 운반을 삼가하여야 한다.
• 2인 이상이 1조가 되어 어깨메기로 하여 운반하는 등 안전을 도모하여야 한다.
• 긴 철근을 한 사람이 운반할 때에는 한쪽을 어깨에 메고 한쪽 끝을 땅에 끌면서 운반하여야 한다.
• 내려 놓을 때는 천천히 내려놓고 던지지 않아야 한다.
• 공동 작업을 할 때에는 신호에 따라 작업을 하여야 한다.

산업안전관리론

001
4회 출제

안전관리에 있어 5C 운동(안전행동 실천운동)에 속하지 않는 것은?

① 전심전력(Concentration)
② 청소청결(Cleaning)
③ 정리정돈(Clearance)
④ 통제관리(Control)

해설 5C 운동(안전행동 실천운동)
• 복장단정(Correctness)
• 청소청결(Cleaning)
• 전심전력(Concentration)
• 정리정돈(Clearance)
• 점검확인(Checking)

002
6회 출제

재해조사 시 유의사항으로 틀린 것은?

① 피해자에 대한 구급 조치를 우선으로 한다.
② 재해조사 시 2차 재해 예방을 위해 보호구를 착용한다.
③ 재해조사는 재해자의 치료가 끝난 뒤 실시한다.
④ 책임추궁보다는 재발방지를 우선하는 기본 태도를 가진다.

해설 재해조사 시 유의사항
• 사실을 수집한다.
• 목격자가 발언하는 사실 이외의 추측의 말은 참고만 한다.
• 조사는 신속히 행하고 2차 재해의 방지를 도모한다.
• 사람, 설비, 환경의 측면에서 재해요인을 도출한다.
• 제3자의 입장에서 공정하게 조사하며 조사는 2인 이상이 한다.
• 책임추궁보다 재발방지를 우선하는 기본 태도를 갖는다.

003
6회 출제

재해사례연구의 진행단계로 옳은 것은?

> ㄱ. 대책수립   ㄴ. 사실의 확인
> ㄷ. 문제점의 발견   ㄹ. 재해 상황의 파악
> ㅁ. 근본적 문제점의 결정

① ㄷ → ㄹ → ㄴ → ㅁ → ㄱ
② ㄷ → ㄹ → ㅁ → ㄴ → ㄱ
③ ㄹ → ㄴ → ㄷ → ㅁ → ㄱ
④ ㄹ → ㄷ → ㅁ → ㄴ → ㄱ

해설 재해사례 연구순서
• 전제조건: 재해 상황의 파악
• 제1단계: 사실의 확인
• 제2단계: 문제점 발견
• 제3단계: 근본적 문제점 결정
• 제4단계: 대책수립

004
13회 출제

100인 이하의 소규모 사업장에 적합한 안전보건관리조직의 형태는?

① 라인(Line)형
② 스태프(Staff)형
③ 라운드(Round)형
④ 라인 - 스태프(Line - Staff)의 복합형

해설 라인형(직계식) 조직의 특징
• 안전에 관한 명령, 지시 및 조치가 각 부문의 직계를 통하여 생산업무와 함께 시행되므로 철저하고 실시도 빠르다.
• 명령과 보고가 상하관계뿐이므로 간단 명료하다.
• 생산라인(Production Line)의 각급 관리감독자는 일상의 생산업무에 쫓겨 안전에 대한 전문지식이나 정보를 몸에 익힐 수 없다는 단점이 있다.
• 100명 이하의 소규모 사업장에 적합하다.

005

2회 출제

시설물의 안전 및 유지관리에 관한 특별법상 다음 용어에 대한 설명으로 옳은 것은?

① 시설물: 제1종시설물과 제2종시설물을 말한다.
② 관리주체: 관계 법령에 따라 해당 시설물의 관리자로 규정된 자만을 말하며 공공관리주체와 민간관리주체로 구분한다.
③ 안전점검: 경험과 기술을 갖춘 자가 육안이나 점검기구 등으로 검사하여 시설물에 내재되어 있는 위험요인을 조사하는 행위를 말한다.
④ 제3종시설물: 제1종시설물 및 제2종시설물 외에 안전관리가 필요한 대규모 시설을 말한다.

해설 **시설물의 안전 및 유지관리에 관한 특별법상 안전점검**
경험과 기술을 갖춘 자가 육안이나 점검기구 등으로 검사하여 시설물에 내재되어 있는 위험요인을 조사하는 행위를 말하며, 점검목적 및 점검수준을 고려하여 국토교통부령으로 정하는 바에 따라 정기안전점검 및 정밀안전점검으로 구분한다.

관련개념 **시설물 및 관리주체**
• 시설물: 건설공사를 통하여 만들어진 교량·터널·항만·댐·건축물 등 구조물과 그 부대시설로서 제1종시설물, 제2종시설물 및 제3종시설물을 말한다.
• 관리주체: 관계 법령에 따라 해당 시설물의 관리자로 규정된 자나 해당 시설물의 소유자를 말한다. 이 경우 해당 시설물의 소유자와의 관리계약 등에 따라 시설물의 관리책임을 진 자는 관리주체로 보며, 관리주체는 공공관리주체와 민간관리주체로 구분한다.
• 제3종시설물: 제1종시설물 및 제2종시설물 외에 안전관리가 필요한 소규모 시설을 말한다.

006

5회 출제

산업안전보건법령에 따른 안전보건표지의 기본모형 중 다음 기본모형의 표시사항으로 옳은 것은?

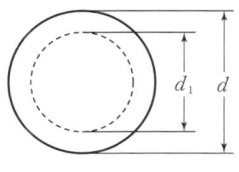

① 금지　　　　② 경고
③ 지시　　　　④ 안내

해설 **안전보건표지의 기본모형**

기본모형	규격비율	표시사항
45° 원에 대각선이 그어진 도형 (d_2, d_1, d)	$d \geq 0.025L$ $d_1 = 0.8d$ $0.7d < d_2 < 0.8d$ $d_3 = 0.1d$	금지
삼각형 도형 ($60°$, $60°$, a_2, a_1, a)	$a \geq 0.034L$ $a_1 = 0.8a$ $0.7a < a_2 < 0.8a$	경고
마름모 도형 ($45°$, $45°$, a, a_2, a_1, a)	$a \geq 0.025L$ $a_1 = 0.8a$ $0.7a < a_2 < 0.8a$	
원 도형 (d_1, d)	$d \geq 0.025L$ $d_1 = 0.8d$	지시

007

다음 중 「산업안전보건법령」에 따라 지방고용노동관서의 장이 안전관리자를 정수 이상 증원하거나 교체하여 임명할 것을 명할 수 있는 사유가 아닌 것은?

① 중대재해가 연간 1건 이상 발생한 경우
② 해당 사업장의 연간재해율의 같은 업종의 연간재해율의 2배 이상인 경우
③ 유해인자로 직업성 질병자가 연간 3명 이상 발생한 경우
④ 관리자가 질병으로 3개월 이상 직무를 수행할 수 없게 된 경우

해설 **안전관리자 등의 증원·교체임명 명령 사유**
• 해당 사업장의 연간재해율이 같은 업종의 평균재해율의 2배 이상인 경우
• **중대재해가 연간 2건 이상 발생한 경우**
• 관리자가 질병이나 그 밖의 사유로 3개월 이상 직무를 수행할 수 없게 된 경우
• 화학적 인자로 인한 직업성 질병자가 연간 3명 이상 발생한 경우

008

재해손실 산정 방법 중 하인리히 방식에 있어 직접비에 해당하지 않는 것은?

① 장해급여　　　② 직업재활급여
③ 장례비　　　　④ 신규채용 지원급여

해설 **직접손실비용과 간접손실비용**

직접비 (법적으로 지급되는 산재보상비)		간접비 (직접비를 제외한 모든 비용)	
• 요양급여	• 휴업급여	• 인적손실	• 물적손실
• 장해급여	• 간병급여	• 생산손실	• 임금손실
• 유족급여	• 상병보상연금	• 시간손실	• 기타손실 등
• 장례비	• 직업재활급여		

009

다음 중 관련 규정에 따른 안전대의 일반구조로 적합하지 않은 것은?

① 안전대에 사용하는 죔줄은 충격흡수장치가 부착될 것
② 벨트 또는 안전그네에 버클과의 부착은 벨트 또는 안전그네의 한쪽 끝을 꺾어 돌려 버클을 꺾어 돌린 부분을 봉합사로 견고하게 봉합할 것
③ 벨트의 조임 및 조절 부품은 일정 이상의 힘을 받을 경우 저절로 풀리거나 열리도록 되어 있을 것
④ 안전그네는 골반 부분과 어깨에 위치하는 띠를 가져야 하고, 사용자에게 잘 맞게 조절할 수 있을 것

해설
벨트의 조임 및 조절 부품은 저절로 풀리거나 열리지 않아야 한다.

관련개념 **안전대의 일반구조**
• 벨트 또는 지탱벨트에 D링 또는 각 링과의 부착은 벨트 또는 지탱벨트와 같은 재료를 사용하여 견고하게 봉합할 것(U자걸이 안전대에 한함)
• 벨트 또는 안전그네에 버클과의 부착은 벨트 또는 안전그네의 한쪽 끝을 꺾어 돌려 버클을 꺾어 돌린 부분을 봉합사로 견고하게 봉합할 것
• 죔줄 또는 보조죔줄 및 수직구명줄에 D링 등과의 부착은 죔줄 또는 보조죔줄 및 수직구명줄을 D링 등에 통과시켜 꺾어 돌린 후 그 끝을 3회 이상 얽어매는 방법(풀림방지장치의 일종) 또는 이와 동등 이상의 확실한 방법으로 할 것
• D링 등의 부착은 벨트 또는 지탱벨트 및 죔줄, 수직구명줄 또는 보조죔줄에 씸블(thimble) 등의 마모방지장치가 되어 있을 것
• 죔줄의 모든 금속 구성품은 내식성을 갖거나 부식방지 처리를 할 것
• **벨트의 조임 및 조절 부품은 저절로 풀리거나 열리지 않을 것**
• 안전그네는 골반 부분과 어깨에 위치하는 띠를 가져야 하고, 사용자에게 잘 맞게 조절할 수 있을 것
• 안전대에 사용하는 죔줄은 충격흡수장치가 부착될 것. 다만, U자걸이, 추락방지대 및 안전블록에는 해당하지 않는다.

010

기계, 기구, 설비의 신설, 변경 내지 고장수리 시 실시하는 안전점검의 종류로 옳은 것은?

① 정기점검
② 수시점검
③ 특별점검
④ 임시점검

해설 실시시기에 따른 안전점검의 종류

일상(수시)점검	매일 일의 시작이나 종료 시 또는 작업 중에 계속해서 실시하는 점검
정기(계획)점검	주기적으로 일정한 시설이나 물건, 기계 등에 대하여 점검하는 방법
특별점검	신설, 변경 내지는 고장수리 등을 할 경우에 행하는 부정기 점검
임시점검	이상징후 예견 시 임시로 실시하는 점검

011

재해율을 산출하는 식으로 옳은 것은?

① $재해율 = \dfrac{재해자\ 수}{사업장\ 근로자\ 수} \times 100$

② $재해율 = \dfrac{재해자\ 수}{산재보험적용\ 근로자\ 수} \times 100$

③ $재해율 = \dfrac{사망자\ 수}{사업장\ 근로자\ 수} \times 100$

④ $재해율 = \dfrac{사망자\ 수}{산재보험적용\ 근로자\ 수} \times 100$

해설 **재해율**

산재보험적용 근로자 수 100명당 발생하는 재해자 수의 비율을 말한다.

$재해율 = \dfrac{재해자\ 수}{산재보험적용\ 근로자\ 수} \times 100$

관련개념 **사망만인율**

산재보험적용 근로자 수 10,000명당 발생하는 업무상사고 사망자 수의 비율을 말한다.

$사망만인율 = \dfrac{사망자\ 수}{산재보험적용\ 근로자\ 수} \times 10,000$

012

근로자가 벽돌을 손수레에 운반 중 벽돌이 떨어져 발을 다쳤다. 이때 사고유형과 가해물로 옳은 것은?

① 사고유형: 떨어짐, 가해물: 벽돌
② 사고유형: 맞음, 가해물: 벽돌
③ 사고유형: 떨어짐, 가해물: 손수레
④ 사고유형: 맞음, 가해물: 손수레

해설

근로자의 신체에 직접적인 피해를 준 물체는 벽돌(가해물)이고, 사고유형은 맞음(날아오거나 떨어진 물체에 맞음)이다.

관련개념 **기인물과 가해물**

- 기인물: 재해발생의 주 원인이며 재해를 가져오게 한 근원이 되는 기계, 장치, 물질 또는 환경 등(불안전한 상태)
- 가해물: 직접 사람에게 접촉하여 피해를 주는 기계, 장치, 물질 또는 환경 등

013

다음 중 하인리히의 도미노 이론을 바르게 나열한 것은?

① 개인적 결함 → 사회적 환경 및 유전적 요소 → 불안전한 행동 및 불안전한 상태 → 사고 → 재해
② 사회적 환경 및 유전적 요소 → 개인적 결함 → 불안전한 행동 및 불안전한 상태 → 사고 → 재해
③ 개인적 결함 → 통제의 부족 → 불안전한 행동 및 불안전한 상태 → 사고 → 재해
④ 통제의 부족 → 개인적 결함 → 불안전한 행동 및 불안전한 상태 → 사고 → 재해

해설 **하인리히의 도미노 이론(사고발생의 연쇄성)**

재해가 발생하기 전 여러 단계의 사건이 순차적으로 발생한다는 이론으로 다음과 같이 전개된다.

- 1단계: 사회적 환경과 유전적 요소(선천적 결함)
- 2단계: 개인적 결함
- 3단계: 불안전 상태 및 불안전 행동
- 4단계: 사고
- 5단계: 재해

014

산업안전보건법령상 안전보건진단을 받아 안전보건개선계획을 수립·제출하도록 명할 수 있는 사업장이 아닌 것은?

① 직업병에 걸린 사람이 연간 2명 이상(상시 근로자 1천 명 이상 사업장의 경우 3명 이상) 발생한 사업장

② 산업재해율이 같은 업종 평균 산업재해율의 2배 이상인 사업장

③ 작업환경 불량, 화재·폭발 또는 누출사고 등으로 사업장 주변까지 피해가 확산된 사업장으로서 고용노동부령으로 정하는 사업장

④ 근로자가 안전수칙을 준수하지 않아 16주 이상의 치료를 요하는 재해가 발생한 사업장

해설 안전보건진단을 받아 안전보건개선계획을 수립할 대상
- 산업재해율이 같은 업종 평균 산업재해율의 2배 이상인 사업장
- 사업주가 필요한 안전조치 또는 보건조치를 이행하지 아니하여 중대재해가 발생한 사업장
- 직업성 질병자가 연간 2명 이상(상시근로자 1천 명 이상 사업장의 경우 3명 이상) 발생한 사업장
- 그 밖에 작업환경 불량, 화재·폭발 또는 누출 사고 등으로 사업장 주변까지 피해가 확산된 사업장으로서 고용노동부령으로 정하는 사업장

015

산업재해의 기본원인으로 볼 수 있는 4M으로 옳은 것은?

① Man, Machine, Maker, Media
② Man, Management, Machine, Media
③ Man, Machine, Maker, Management
④ Man, Management, Machine, Material

해설 4M(산업재해의 기본원인)
- 인적(Man) 요인
- 기계적(Machine) 요인
- 환경적(Media) 요인
- 관리적(Management) 요인

016

위험예지훈련의 4라운드 기법에서 문제점을 발견하고 중요 문제를 결정하는 단계는?

① 현상파악
② 본질추구
③ 목표설정
④ 대책수립

해설 위험예지훈련 4라운드

1라운드	현상파악	위험요인을 식별하는 단계
2라운드	본질추구	위험요인·문제점 발견 및 위험의 포인트를 결정하고 지적 확인하는 단계
3라운드	대책수립	위험요인을 극복하기 위한 대안 제시 단계
4라운드	목표설정	행동목표를 설정하는 단계

017

산업안전보건법령상 안전인증대상 방호장치에 해당하는 것은?

① 교류 아크용접기용 자동전격방지기
② 동력식 수동대패용 칼날 접촉 방지장치
③ 절연용 방호구 및 활선작업용 기구
④ 아세틸렌 용접장치용 또는 가스집합 용접장치용 안전기

해설
①, ②, ④는 자율안전확인대상 방호장치이다.

관련개념 안전인증대상 방호장치
- 프레스 및 전단기 방호장치
- 양중기용 과부하방지장치
- 보일러 압력방출용 안전밸브
- 압력용기 압력방출용 안전밸브
- 압력용기 압력방출용 파열판
- 절연용 방호구 및 활선작업용 기구
- 방폭구조 전기기계·기구 및 부품

018

에너지 접촉형태로 분류한 사고유형 중 에너지가 폭주하여 일어나는 유형에 해당하는 것은?

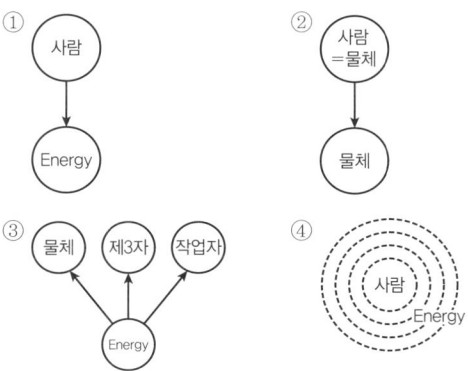

해설

① 에너지의 활동영역에 사람이 침범한 유형이다.
② 사람과 물체, 물체와 물체가 충돌한 유형이다.
③ 에너지가 폭주하여 사고가 일어나는 유형이다.
④ 대기 중의 에너지에 사람이 노출된 유형이다.

019

산업안전보건법령상 해당 사업장의 연간 재해율이 같은 업종의 평균재해율의 2배 이상인 경우 사업주에게 안전관리자를 정수 이상으로 증원하게 하거나 교체하여 임명할 것을 명할 수 있는 자는?

① 시·도지사
② 고용노동부장관
③ 국토교통부장관
④ 지방고용노동관서의 장

해설

지방고용노동관서의 장은 사업주에게 안전관리자를 정수 이상으로 증원하게 하거나 교체하여 임명할 것을 명할 수 있다.

관련개념 안전관리자 등의 증원·교체임명 명령 사유

- 해당 사업장의 연간재해율이 같은 업종의 평균재해율의 2배 이상인 경우
- 중대재해가 연간 2건 이상 발생한 경우
- 관리자가 질병이나 그 밖의 사유로 3개월 이상 직무를 수행할 수 없게 된 경우
- 화학적 인자로 인한 직업성 질병자가 연간 3명 이상 발생한 경우

020

산업안전보건법령상 산업안전보건위원회 사용자위원의 구성기준으로 틀린 것은? (단, 상시 근로자 100명 이상을 사용하는 사업장이다.)

① 안전관리자 1명
② 명예산업안전감독관 1명
③ 해당 사업의 대표자
④ 해당 사업의 대표자가 지명하는 9명 이내의 해당 사업장 부서의 장

해설 산업안전보건위원회의 구성

근로자 위원	• 근로자대표 • 명예산업안전감독관이 위촉되어 있는 사업장의 경우 근로자대표가 지명하는 1명 이상의 명예산업안전감독관 • 근로자대표가 지명하는 9명 이내의 해당 사업장의 근로자
사용자 위원	• 해당 사업의 대표자 • 안전관리자 1명(안전관리자의 업무를 안전관리전문기관에 위탁한 경우 그 기관의 해당 사업장 담당자) • 보건관리자 1명(보건관리자의 업무를 보건관리전문기관에 위탁한 경우 그 기관의 해당 사업장 담당자) • 산업보건의 • 해당 사업의 대표자가 지명하는 9명 이내의 해당 사업장 부서의 장

산업심리 및 교육

021

7회 출제

안전교육방법 중 수업의 도입이나 초기단계에 적용하며, 다수의 인원에 대하여 단시간에 많은 내용을 동시 교육하는 경우에 사용되는 방법으로 가장 적절한 것은?

① 시범
② 반복법
③ 토의법
④ 강의법

해설 **강의법의 특징**
- 전체적인 교육내용을 제시하거나, 새로운 과업 및 작업단위의 도입단계에 유효하다.
- 짧은 시간 내에 많은 내용을 다수의 대상에게 교육시킬 수 있다.
- 교육 시간에 대한 조정이 용이하다.
- 피드백이 부족하다.
- 난해한 문제에 대하여 평이하게 설명이 가능하다.
- 교육 집단 내 수준차로 인해 교육의 효과가 감소할 수 있다.

022

11회 출제

상황성 누발자의 재해유발 원인으로 가장 적절한 것은?

① 소심한 성격
② 주의력의 산만
③ 기계설비의 결함
④ 침착성 및 도덕성의 결여

해설 **상황성 누발자의 재해유발 원인**
- 작업이 어려운 경우
- 기계설비에 결함이 있는 경우
- 심신에 근심이 있는 경우
- 환경 상 주의력의 집중이 곤란한 경우

023

16회 출제

교육방법 중 OJT(On the Job Training)에 속하지 않는 교육방법은?

① 코칭
② 강의법
③ 직무순환
④ 멘토링

해설

강의법은 Off JT의 가장 대표적인 교육방법이다.

관련개념 **OJT(On the Job Training)의 특징**

장점	• 개개인에게 적절한 지도훈련이 가능하다. • 직장의 실정에 맞게 실제적 훈련이 가능하다. • 교육을 통한 훈련효과에 의해 상호 신뢰 및 이해도가 높아진다. • 대상자의 개인별 능력에 따라 훈련의 진도를 조정하기 쉽다. • 교육효과가 업무에 신속히 반영된다. • 훈련에 필요한 업무의 계속성이 끊어지지 않는다. • 동기부여가 쉽다.
단점	• 다수의 대상을 한 번에 통일적인 내용 및 수준으로 교육시킬 수 없다. • 전문적인 지식 및 기능을 교육하기 힘들다. • 업무와 교육이 병행되므로 훈련에만 전념할 수 없다.

024

3회 출제

파악하고자 하는 연구과제에 대해 언어를 매개로 구조화된 질의응답을 통하여 교육하는 기법은?

① 카운슬링(Counseling)
② 면접(Interview)
③ CCS(Civil Communication Section)
④ ATT(American Telephone&Telegraph Co.)

해설 **면접(Interview)**
- 파악하고자 하는 연구과제에 대해 언어를 매개로 구조화된 질의응답을 통하여 교육하는 기법이다.
- 업무에 대한 이해도가 높은 작업자와 면담하는 방법으로, 자료의 수집에 많은 시간과 노력이 들고 정량화된 정보를 얻기가 힘든 단점이 있다.

관련개념
- 카운슬링: 의식의 우회에서 오는 부주의를 최소화하기 위한 방법이다.
- CCS: 최고경영자를 위한 교육으로, 정책의 수립, 조직, 통제 및 운영 등의 교육내용을 다룬다.
- ATT: 대상 계층이 한정되지 않은 정형교육으로, 하루 8시간씩 2주간 실시하는 토의식 교육이다.

025
11회 출제

산업안전보건법령상 사업 내 안전보건교육에 있어 건설 일용근로자의 건설업 기초안전·보건교육의 교육시간으로 맞는 것은?

① 1시간 이상   ② 2시간 이상

③ 4시간 이상   ④ 8시간 이상

해설 **근로자 안전보건교육 교육과정별 교육시간**

교육과정	교육대상		교육시간
정기교육	사무직 종사 근로자		매반기 6시간 이상
	그 밖의 근로자	판매업무에 직접 종사하는 근로자	매반기 6시간 이상
		판매업무에 직접 종사하는 근로자 외의 근로자	매반기 12시간 이상
채용 시 교육	일용근로자 및 근로계약기간이 1주일 이하인 기간제근로자		1시간 이상
	근로계약기간이 1주일 초과 1개월 이하인 기간제근로자		4시간 이상
	그 밖의 근로자		8시간 이상
작업내용 변경 시 교육	일용근로자 및 근로계약기간이 1주일 이하인 기간제근로자		1시간 이상
	그 밖의 근로자		2시간 이상
특별교육	일용근로자 및 근로계약기간이 1주일 이하인 기간제근로자 (타워크레인 신호작업 종사자 제외)		2시간 이상
	타워크레인 신호작업에 종사하는 일용근로자 및 근로계약기간이 1주일 이하인 기간제근로자		8시간 이상
	그 밖의 근로자		16시간 이상
			단기간 또는 간헐적 작업인 경우 2시간 이상
건설업 기초안전·보건교육	건설 일용근로자		4시간 이상

026
11회 출제

에너지대사율(RMR)에 따른 작업의 분류에 따라 중(보통)작업의 RMR 범위는?

① 0~2   ② 2~4

③ 4~7   ④ 7~9

해설 **에너지대사율(RMR; Relative Metabolic Rate)**

$$RMR = \frac{작업대사량}{기초대사량} = \frac{작업 시 소비에너지 - 안정 시 소비에너지}{기초대사 시 소비에너지}$$

작업구분	RMR	작업 종류 등
초중(超重)작업	7 이상	과격한 전신작업
중(重)작업	4~7	• 일반적인 전신작업 • 힘·동작속도가 큰 작업
중(中)작업	2~4	힘·동작속도가 작은 작업
경(輕)작업	0~2	• 사무실 작업 • 손가락이나 팔로 하는 가벼운 작업

027
2회 출제

다음 중 부주의에 의한 사고방지 대책 중 기능 및 작업 측면의 대책에 해당하는 것은?

① 적성 배치   ② 안전의식의 제고

③ 주의력 집중훈련   ④ 표준작업 제도 도입

해설

②, ③은 정신적 측면, ④는 설비 및 환경적 측면의 대책에 해당한다.

관련개념 **기능 및 작업적 측면의 부주의에 의한 사고방지 대책**

• 적성 배치

• 안전작업 방법 습득

• 표준작업 동작의 습관화

• 적응력 향상 훈련

028

관리 그리드(Managerial Grid)에서 인간에 대한 관심보다 업무에 대한 관심이 매우 높은 유형은?

① 인기형
② 타협형
③ 이상형
④ 과업형

해설

과업형(9, 1)은 업무 또는 과업에 대한 관심은 크지만 인간관계에 대해서는 관심이 없는 유형이다.

관련개념 관리 그리드(Managerial Grid)

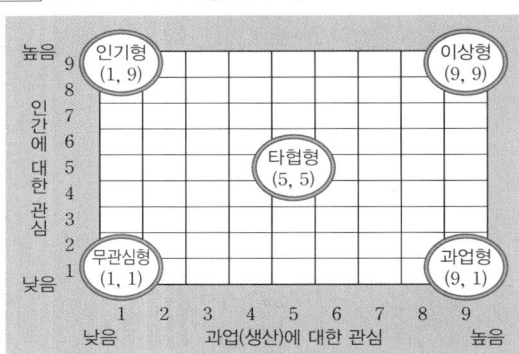

029

학습지도의 원리와 거리가 가장 먼 것은?

① 감각의 원리
② 통합의 원리
③ 자발성의 원리
④ 사회화의 원리

해설 학습지도의 원리

개별화	학습자의 요구와 성향, 소질에 적합한 학습의 기회를 부여한다는 원리
통합	학습자의 모든 능력을 조화롭게 발달시키는 생활중심의 통합 교육을 원칙으로 한다는 원리
사회화	공동학습과 같은 협동을 통해서 학습자의 사회화를 도와주는 원리
자기활동 (자발성)	학습지도는 내적동기를 유발시켜야 효과적이라는 원리
직관	구체적 사물을 제시하거나 경험시킴으로써 학습효과를 거둘 수 있다는 원리
목적	학습자에게 학습목표가 분명히 인식되었을 경우 자발적이고 적극적인 학습을 기대할 수 있다는 원리

030

비공식 집단의 활동 및 특성을 가장 잘 설명하고 있는 것은?

① 대체로 규모가 크다.
② 관리자에 의해 주도된다.
③ 항상 태업이나 생산저하를 조장시킨다.
④ 직접적이고 빈번한 개인 간의 접촉을 필요로 한다.

해설

비공식 집단은 규모가 작고 집단의 구성원 스스로 주도하며, 태업이나 생산저하를 조장시키지 않는다.

관련개념 비공식 집단

• 비공식 집단은 조직구성원의 태도, 행동 및 생산성에 지대한 영향력을 행사한다.
• 가장 응집력이 강하고 우세한 비공식 집단은 수평적 동료집단이다.
• 혼합적 혹은 우선적 동료집단은 각기 상이한 부서에 근무하는 직위가 다른 성원들로 구성된다.
• 비공식 집단은 관리영역 밖에 존재하고 조직도상에 나타나지 않는다.

031

착오의 원인에 있어 인지과정의 착오에 속하는 것은?

① 합리화의 부족
② 환경조건 불비
③ 작업자의 기능 미숙
④ 생리적 · 심리적 능력의 부족

해설 착오의 원인별 분류

판단과정의 착오	• 능력부족 • 정보부족 • 자기합리화
인지과정의 착오	• 생리적 · 심리적 능력의 부족 • 감각차단현상 • 정서불안정 • 정보량 저장의 한계
조작과정의 착오	• 작업경험부족 • 기술부족 • 잘못된 정보

032

1회 출제

동기유발(Motivation) 방법이 아닌 것은?

① 결과의 지식을 알려준다.

② 안전의 참 가치를 인식시킨다.

③ 상벌제도를 효과적으로 활용한다.

④ 동기유발의 수준을 최대로 높인다.

해설 **안전에 대한 동기유발 방법**
- 안전의 근본이념을 인식시킨다.
- 상과 벌을 준다.
- 동기유발의 최적수준을 유지한다.
- 목표를 설정하고 호기심을 자극한다.
- 경쟁과 협동을 유발시킨다.

033

5회 출제

산업안전보건법령상 2[m] 이상인 구축물을 콘크리트 파쇄기를 사용하여 파쇄작업을 하는 경우 특별교육의 내용이 아닌 것은? (단, 그 밖에 안전·보건관리에 필요한 사항은 제외한다.)

① 작업안전조치 및 안전기준에 관한 사항

② 비계의 조립방법 및 작업 절차에 관한 사항

③ 콘크리트 해체 요령과 방호거리에 관한 사항

④ 파쇄기의 조작 및 공통작업 신호에 관한 사항

해설 **콘크리트 파쇄기를 사용하여 하는 파쇄작업(2[m] 이상인 구축물의 파쇄작업만 해당)의 특별교육내용**
- 콘크리트 해체 요령과 방호거리에 관한 사항
- 작업안전조치 및 안전기준에 관한 사항
- 파쇄기의 조작 및 공통작업 신호에 관한 사항
- 보호구 및 방호장비 등에 관한 사항
- 그 밖에 안전·보건관리에 필요한 사항

034

3회 출제

스트레스에 대하여 반응하는 데 있어서 개인 차이의 이유로 적합하지 않은 것은?

① 성(性)의 차이　　② 강인성의 차이

③ 작업시간의 차이　④ 자기존중감의 차이

해설 **스트레스 반응의 개인 차이**
- 심리상태
- 개인의 능력
- 신체적 조건
- 자기존중감의 차이
- 성(性)의 차이
- 강인성의 차이

035

2회 출제

안전태도교육의 기본과정으로 볼 수 없는 것은?

① 강요한다.　　　② 모범을 보인다.

③ 평가를 한다.　　④ 이해·납득시킨다.

해설 **태도교육의 단계**
- 1단계: 청취한다.
- 2단계: 이해·납득시킨다.
- 3단계: 모범(시범)을 보인다.
- 4단계: 권장(평가)한다.
- 5단계: 칭찬 또는 벌을 준다.

관련개념 **태도교육(안전교육의 제3단계)**
- 생활지도, 작업동작지도 등을 통한 안전의 습관화를 위한 교육이다.
- 안전한 방법을 알고 있으나 시행하지 않는 사람에게 직장규율, 안전규율 등을 익히게 한다.

036

일반적으로 야간에 상승하는 생체리듬은?

① 혈압
② 염분량
③ 맥박수
④ 체중

해설 **생체리듬의 특징**
- 체온 · 혈압 · 맥박수는 주간에 상승하고 야간에 감소한다.
- 혈액의 수분과 염분량은 주간에 감소하고 야간에 증가한다.
- 체중은 주간작업보다 야간작업일 때 더 많이 감소한다.
- 피로의 자각증상은 주간보다 야간에 더 두드러진다.

037

몹시 피로하거나 단조로운 작업으로 인하여 의식이 뚜렷하지 않은 상태의 의식수준으로 옳은 것은?

① Phase Ⅰ
② Phase Ⅱ
③ Phase Ⅲ
④ Phase Ⅳ

해설 **인간의 의식레벨**

단계	의식수준	생리적 상태
Phase 0	무의식, 실신상태	뇌발작, 수면
Phase Ⅰ	이상, 피로 및 단조로움	피로, 단조로움, 졸음
Phase Ⅱ	정상, 이완상태	휴식 시, 정례작업 시
Phase Ⅲ	정상, 명쾌	적극 활동 시
Phase Ⅳ	과긴장	패닉, 긴급방위반응

038

허츠버그(Herzberg)의 2요인 이론 중 동기요인(Motivator)에 해당하지 않는 것은?

① 성취
② 작업 조건
③ 인정
④ 작업 자체

해설 **허츠버그(Herzberg)의 2요인(위생 · 동기) 이론**
- 위생요인: 작업환경, 승진, 임금수준, 지위, 감독형태, 관리규칙 등
- 동기요인: 자기발전, 책임감, 성취감, 존경, 인정, 자율성과 권한의 위임, 작업 그 자체, 일의 내용 등

039

억측판단이 발생하는 배경으로 볼 수 없는 것은?

① 희망적 관측
② 과거의 성공한 경험
③ 타인의 의견
④ 불확실한 정보

해설 **억측판단의 발생 배경**
- 희망적 관측: '이전에도 그랬으니까 괜찮을 것이다'하는 추측
- 불확실한 정보나 지식: 위험에 대한 불확실한 정보 및 지식의 부족
- 과거에 성공한 경험: 과거에 그 행위로 성공한 경험의 선입관
- 초조한 심정: 일을 빨리 끝내고 싶은 초조하고 급한 심정

관련개념 **억측판단**
업무수행 중 규정대로 수행하지 않아도 괜찮다고 생각하여 자기 주관대로 추측하고 행동한 결과 재해가 발생한 경우이다.

040

프로그램 학습법(Programmed self−instruction method)의 장점이 아닌 것은?

① 학습자의 사회성을 높이는 데 유리하다.
② 한 강사가 많은 수의 학습자를 지도할 수 있다.
③ 지능, 학습적성, 학습속도 등 개인차를 충분히 고려할 수 있다.
④ 매 반응마다 피드백이 주어지기 때문에 학습자가 흥미를 갖는다.

해설 **프로그램 학습법(Programmed Self-instruction Method)**

장점	• 학습자의 학습내용 습득여부를 즉각적으로 피드백 받을 수 있다. • 많은 수의 학습자를 지도할 수 있다. • 학습속도, 지능, 학습적성 등 개인차를 충분히 고려할 수 있다. • 매 반응마다 피드백이 주어지기 때문에 학습자가 흥미를 갖는다.
단점	• 수강생의 사회성이 결여되기 쉽다. • 교재개발에 많은 시간과 노력이 든다.

인간공학 및 시스템안전공학

041

8회 출제

정보를 전송하기 위해 청각적 표시장치보다 시각적 표시장치를 사용하는 것이 더 효과적인 경우는?

① 정보의 내용이 간단한 경우
② 정보가 후에 재참조되는 경우
③ 정보가 즉각적인 행동을 요구하는 경우
④ 정보의 내용이 시간적인 사건을 다루는 경우

> **해설** 시각적 표시장치와 청각적 표시장치의 비교

시각적 표시장치	• 수신 장소의 소음이 심한 경우 • 정보가 공간적인 위치를 다룬 경우 • 정보의 내용이 복잡하고 긴 경우 • 직무상 수신자가 한 곳에 머무르는 경우 • 메시지를 추후 참고할 필요가 있는 경우 • 정보의 내용이 즉각적인 행동을 요구하지 않는 경우
청각적 표시장치	• 수신 장소가 너무 밝거나 암순응이 요구되는 경우 • 정보의 내용이 시간적인 사건을 다루는 경우 • 정보의 내용이 간단한 경우 • 직무상 수신자가 자주 움직이는 경우 • 정보의 내용이 후에 재참조되지 않는 경우 • 메시지가 즉각적인 행동을 요구하는 경우

042

8회 출제

일반적으로 은행의 접수대 높이나 공원의 벤치를 설계할 때 가장 적합한 인체 측정 자료의 응용원칙은?

① 조절식 설계
② 평균치를 이용한 설계
③ 최대치수를 이용한 설계
④ 최소치수를 이용한 설계

> **해설** 인체 측정 자료의 응용원칙

최소치수를 이용한 설계	선반의 높이, 조종장치까지의 거리, 비상벨의 위치 등
최대치수를 이용한 설계	출입문의 높이, 좌석 간의 거리, 통로의 폭, 와이어로프의 사용중량, 위험구역 울타리 등
평균치를 이용한 설계	전동차의 손잡이 높이, 안내데스크 높이, 은행의 접수대 높이, 공원의 벤치 높이, 계산대 높이 등
조절식 설계	의자의 위치 및 높이, 자동차 운전석 의자의 위치와 높이 등

043

1회 출제

인간과 기계(환경) 체계에서 인간과 기계의 조화성은 3가지 차원에서 고려되는데 이에 해당하지 않는 것은?

① 신체적 조화성
② 지적 조화성
③ 감성적 조화성
④ 감각적 조화성

> **해설**

인간과 기계(환경) 체계에서 인간과 기계의 조화성은 인간과 기계의 인터페이스(계면)설계와 동일하며 신체적, 지적(인지적), 감성적 조화성을 고려하게 된다.

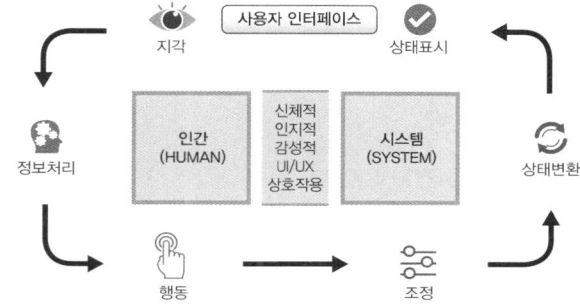

044

9회 출제

시스템 수명주기에 있어서 예비위험분석(PHA)이 이루어지는 단계에 해당하는 것은?

① 구상단계
② 점검단계
③ 운전단계
④ 생산단계

> **해설** 예비위험분석(PHA; Preliminary Hazard Analysis)

시스템 내의 위험요소가 얼마나 위험상태에 있는가를 평가하는 시스템 안전 프로그램에서 최초단계(시스템 구상단계)의 분석 방식(정성적)이다.

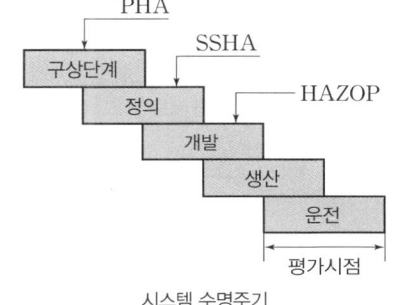

시스템 수명주기

045

6회 출제

인간공학에 대한 설명으로 틀린 것은?

① 인간이 사용하는 물건, 설비, 환경의 설계에 적용된다.

② 인간의 생리적, 심리적인 면에서 특성이나 한계점을 고려한다.

③ 인간 – 기계 시스템의 안전성과 편리성, 효율성을 높인다.

④ 인간을 작업과 기계에 맞추는 설계 철학이 바탕이 된다.

해설

인간공학의 설계 철학은 시스템을 인간에 맞추는 것이며 인간을 시스템에 맞추는 것이 아니다.

046

2회 출제

위험상황을 해결하기 위한 위험처리기술에 해당하는 것은?

① Combine(결합)

② Reduction(위험감축)

③ Simplify(작업의 단순화)

④ Rearrange(작업순서의 변경 및 재배열)

해설 **위험처리기술**

- 위험회피(Avoidance)
- 위험보유(Retention)
- 위험감축(경감)(Reduction)
- 위험전가(Transfer)

관련개념 **작업방법 개선의 ECRS**

E	제거(Eliminate)
C	결합(Combine)
R	재조정, 재배열(Rearrange)
S	단순화(Simplify)

047

12회 출제

그림과 같은 압력탱크 용기에 연결된 두 개의 안전밸브의 신뢰도를 구하고자 한다. 2개의 밸브 중 하나만 작동되어도 안전하다고 하고, 안전밸브 하나의 신뢰도를 r이라 할 때 안전밸브 전체의 신뢰도는?

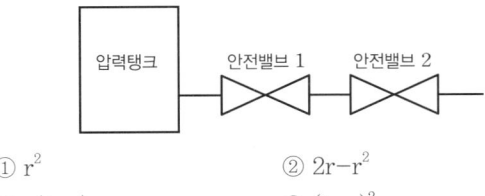

① r^2

② $2r-r^2$

③ $r(1-r)$

④ $(1-r)^2$

해설

두 개의 밸브 중 하나만 작동되어도 안전하다고 하였으므로 안전밸브 1과 2의 합산 신뢰도는 병렬연결 공식을 사용하여 계산한다.

전체 신뢰도 $R_s = 1 - (1-r) \times (1-r) = 1 - (1-r)^2 = 1 - (1-2r+r^2) = 2r-r^2$

048

1회 출제

다음 상황에서 발생하는 휴먼에러는?

> 작업을 위한 정보, 재료 등이 공급되지 않아 작업자가 작업을 하고 싶어도 할 수 없는 상태

① Commission Error

② Timing Error

③ Omission Error

④ Command Error

해설 **원인 레벨(Level)적 휴먼에러의 분류**

1차 실수 (Primary Error, 주과오)	작업자 자신으로부터 발생한 에러(안전교육을 통하여 제거 가능)
2차 실수 (Secondary Error, 2차 과오)	작업형태나 작업조건 중에서 다른 문제가 생겨 그 때문에 필요한 사항을 실행할 수 없는 오류나 어떤 결함으로부터 파생하여 발생하는 에러
지시과오 (Command Error)	요구되는 것을 실행하고자 하여도 필요한 정보, 에너지 등이 공급되지 않아 작업자가 움직이려 해도 움직이지 않는 에러

049

자극과 반응의 실험에서 자극 A가 나타날 경우 1로 반응하고 자극 B가 나타날 경우 2로 반응하는 것으로 하고, 100회 반복하여 표와 같은 결과를 얻었다. 제대로 전달된 정보량을 계산하면 약 얼마인가?

반응 자극	1	2
A	50	−
B	10	40

① 0.610
② 0.871
③ 1.000
④ 1.361

해설

반응 자극	1	2	계
A	50	−	50
B	10	40	50
계	60	40	

- 자극 정보량: $H(x) = 0.5 \log_2 \dfrac{1}{0.5} + 0.5 \log_2 \dfrac{1}{0.5} = 1.0$
- 반응 정보량: $H(y) = 0.6 \log_2 \dfrac{1}{0.6} + 0.4 \log_2 \dfrac{1}{0.4} = 0.9709$
- 총 정보량: $H(x, y) = 0.5 \log_2 \dfrac{1}{0.5} + 0.1 \log_2 \dfrac{1}{0.1} + 0.4 \log_2 \dfrac{1}{0.4}$
  $= 1.3609$
- 제대로 전달된 정보량: $T(x, y) = H(x) + H(y) - H(x, y) = 0.610$

관련개념 **정보량**

- 대안이 n개인 경우의 정보량: $\log_2 n = \log_2 \dfrac{1}{P(\text{확률})}$
- 여러 대안이 발생할 경우 총 정보량: Σ(개별 확률×개별 정보량)

050

입식작업 시 작업대의 높이를 팔꿈치 높이보다 약간 높게 설치하여야 하는 작업의 종류는?

① 정밀작업
② 보통작업
③ 경작업
④ 중작업

해설 **입식 작업대 높이(팔꿈치 높이 기준)**

- 정밀작업: 팔꿈치 높이보다 5~10[cm] 높게 설계
- 일반작업: 팔꿈치 높이보다 5~10[cm] 낮게 설계
- 힘든작업(重작업): 팔꿈치 높이보다 10~20[cm] 낮게 설계

051

암호체계 사용 시 고려사항으로 옳지 않은 것은?

① 검출성
② 표준화
③ 변별성
④ 단일성

해설

암호체계 사용 시 두 가지 이상의 암호 차원을 조합하는 것이 좋다.

관련개념 **암호화(Coding)**

- 본래의 신호 정보를 새로운 형태로 변화시켜 표시하는 것이다.
- 형상, 크기, 색채, 촉감, 위치, 레벨, 조작방법 등 작업자가 기계 및 기구를 식별하기 용이하게 암호화한다.
- 암호체계 사용 시 고려사항

검출성	감지가 쉽도록 한다.
표준화	표준화되어야 한다.
부호의 의미	사용자가 그 의미를 확실하게 알 수 있어야 한다.
다차원의 암호 사용가능	두 가지 이상의 암호 차원을 조합해서 이용하면 정보전달이 촉진된다.

052

FTA에서 시스템의 기능을 살리는 데 필요한 최소 요인의 집합을 무엇이라 하는가?

① Critical Set
② Minimal Gate
③ Minimal Path Set
④ Minimal Cut Set

해설 **최소 패스셋(Minimal Path Set)**

정상사상이 일어나지 않는(시스템의 기능을 살리는) 최소한의 패스셋을 말한다. 시스템의 신뢰성을 나타낸다.

053

컴퓨터 스크린 상에 있는 버튼을 선택하기 위해 커서를 이동시키는 데 걸리는 시간을 예측하는 데 가장 적합한 법칙은?

① Fitts의 법칙 ② Weber의 법칙
③ Lewin의 법칙 ④ Hick의 법칙

> **해설** **Fitts의 법칙**
> • 인간의 조정 및 제어능력을 나타내는 법칙으로, 인간의 손이나 발을 이동시켜 조작장치를 조작하는 데 걸리는 시간을 표적까지의 거리와 표적 크기의 함수로 나타낸 이론이다.
> • 표적이 작고 이동거리가 길수록 이동시간이 증가한다.
> • 자동차 브레이크 페달과 가속 페달 간의 간격, 브레이크 폭 등을 결정하는 데 사용할 수 있는 이론이다.

> **관련개념**
> • 웨버(Weber) 법칙: 인간이 감지할 수 있는 외부의 물리적 자극 변화의 최소범위는 기준이 되는 자극의 크기에 비례한다.
> • Lewin의 법칙: 인간의 행동은 개인과 환경의 상호 함수관계에 있다.
> • Hick−Hyman 법칙: 신호를 보고 어떤 장치를 조작해야 할지를 선택하기까지 걸리는 시간을 예측할 수 있다.

054

욕조곡선에서의 고장 형태에서 일정한 형태의 고장률이 나타나는 구간은?

① 초기고장 구간 ② 마모고장 구간
③ 피로고장 구간 ④ 우발고장 구간

> **해설** **우발고장 구간**
> 시스템의 수명곡선(욕조곡선)에서 고장률이 일정한 구간에 해당한다.

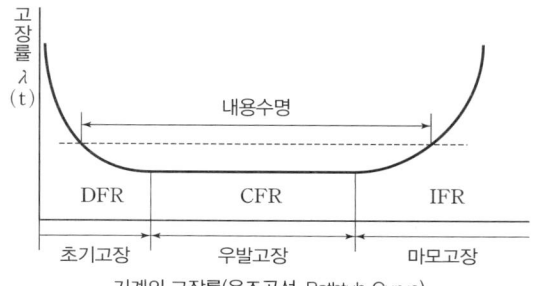

기계의 고장률(욕조곡선, Bathtub Curve)

055

그림과 같이 FT도에서 활용하는 논리게이트의 명칭으로 옳은 것은?

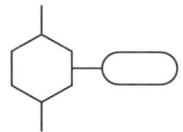

① 억제 게이트 ② 제어 게이트
③ 배타적 OR 게이트 ④ 우선적 AND 게이트

> **해설** **억제 게이트(Inhibit Gate)**
> 한 개의 입력사상에 의해 출력이 발생하며, 출력사상이 발생되기 전에 입력사상이 특정 조건을 만족하여야 한다.

056

그림과 같이 FTA로 분석된 시스템에서 현재 모든 기본사상에 대한 부품이 고장난 상태이다. 부품 X_1부터 부품 X_5까지 순서대로 복구한다면 어느 부품을 수리 완료하는 시점에서 시스템이 정상가동되는가?

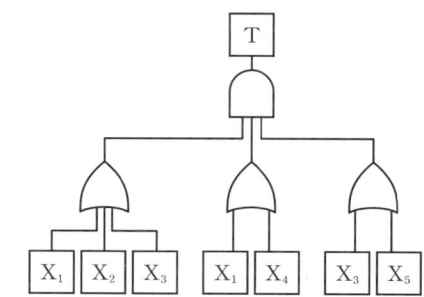

① 부품 X_2 ② 부품 X_3
③ 부품 X_4 ④ 부품 X_5

> **해설**
> (1) AND 게이트는 모든 입력이 발생해야 출력이 발생하고, OR 게이트는 입력이 하나만 발생해도 출력이 발생한다.
> (2) T는 AND 게이트이므로 입력 3개가 모두 발생(고장) 중이다. 즉, 개별적인 OR 게이트 중 하나라도 발생하지 않으면 시스템이 정상가동한다.
> (3) X_1과 X_2가 복구될 경우 첫 번째 OR 게이트는 X_3, 두 번째 OR 게이트는 X_4가 발생하여 시스템이 정상가동하지 않는다.
> (4) X_3가 복구되면 첫 번째 OR 게이트가 발생하지 않아 시스템이 정상가동한다.

057

2[m] 거리에서 조도가 100[lux]라면 1[m]에서는 조도가 얼마인가?

① 50[lux]　　　　　　　② 200[lux]
③ 400[lux]　　　　　　　④ 600[lux]

해설

조도는 거리의 제곱에 반비례하므로 1[m] 떨어진 곳의 조도를 x라 하면

$$100 : x = \frac{1}{2^2} : \frac{1}{1^2}$$

$$\frac{100}{1^2} = \frac{x}{2^2}$$

$$x = \frac{100 \times 2^2}{1^2} = 400[lux]$$

관련개념 **조도**

- 거리의 제곱에 반비례하고, 광속에 비례한다.
- 조도는 어떤 물체나 대상면에 도달하는 빛의 양을 말한다.
- 반사체의 반사율과는 상관없이 일정한 값을 가진다.

058

제한된 실내 공간에서 소음문제의 음원에 관한 대책이 아닌 것은?

① 저소음 기계로 대체한다.
② 소음 발생원을 밀폐한다.
③ 방음 보호구를 착용한다.
④ 소음 발생원을 제거한다.

해설

'방음 보호구의 착용'은 음원에 관한 대책이 아니라 작업자에 대한 개인적, 소극적 대책에 해당한다.

관련개념 **소음대책**

- 소음원의 통제
- 소음의 격리
- 차폐장치 및 흡음재료 사용
- 음향처리제 사용
- 적절한 배치

059

FTA에 의한 재해사례 연구순서에서 가장 먼저 실시하여야 하는 상황은?

① FT도의 작성
② 개선계획의 작성
③ 톱(Top)사상의 선정
④ 사상의 재해원인의 규명

해설 **결함수분석(FTA)에 의한 재해사례 연구순서**

1단계	정상(Top)사상의 선정
2단계	사상마다 재해원인 및 요인 규명
3단계	FT(Fault Tree)도 작성
4단계	개선계획의 작성
5단계	개선안 실시계획

060

입력 B1과 B2의 어느 한쪽이 일어나면 출력 A가 생기는 경우를 논리합의 관계라 한다. 이때 입력과 출력 사이에는 무슨 게이트로 연결되는가?

① OR 게이트　　　　　　② 억제 게이트
③ AND 게이트　　　　　　④ 부정 게이트

해설 **OR 게이트**

입력사상 중 어느 하나라도 발생하는 경우 출력사상이 발생하는 게이트로 논리합의 관계이다.

관련개념

- 억제 게이트: 입력사상이 발생하여 특정 조건을 만족하면 출력사상이 발생한다.
- AND 게이트: 입력사상이 모두 발생하는 경우 출력사상이 발생하는 게이트로 논리곱의 관계이다.
- 부정 게이트: 입력과 반대되는 현상으로 출력되는 게이트로 논리부정 관계이다.

건설시공학

061

7회 출제

철골공사에서 용접 시 튀어나온 슬래그가 굳은 현상을 의미하는 것은?

① 언더컷(Under Cut)
② 오버랩(Overlap)
③ 피트(Pit)
④ 스패터(Spatter)

해설 스패터(Spatter)

용접 시 튀어나온 슬래그가 굳은 현상이다.

관련개념 용접결함의 종류

슬래그 섞임	모재와 용접봉의 피복재 심선이 변하여 생긴 회분이 용착금속 내에 섞이는 것으로 과소전류, 운봉조작 불완전 등이 발생원인이다.
언더컷(Under Cut)	모재가 녹아서 용착금속이 채워지지 않고 홈으로 남게 된 부분으로 원인은 과대전류 또는 부적당한 용접봉 사용이다.
오버랩(Overlap)	용접금속과 모재가 융합되지 않고 겹쳐지는 것으로 원인은 약한 전류이다.
블로우홀 (기공, Blow Hole)	금속이 녹아들 때 생기는 작은 틈이나 기포가 발생하는 것으로 모재에 가스(황)잔류, 아크길이 및 전류 부적당의 원인으로 발생한다.
크랙(균열, Crack)	용접 후 냉각 시에 생기는 균열을 말하며, 과대전류 및 모재불량의 원인으로 발생한다.
피트(Pit)	용접부에 생기는 녹이나 미세한 흠이다.
크레이터(Crater)	아크용접 시 끝부분이 항아리 모양으로 파이는 현상으로 과대전류 및 부적합한 운봉의 원인으로 발생한다.
용입불량	용입길이가 충분하지 않은 것으로 과소전류, 운봉속도의 부적당 등이 발생원인이다.

062

1회 출제

벽돌공사에서 직교하는 벽돌벽의 한 편을 나중쌓기로 할 때에는 그 부분에 벽돌 물림자리를 벽돌 한 켜 걸름으로 어느 정도 들여쌓는가?

① 1/8B
② 1/4B
③ 1/2B
④ 1B

해설 벽돌공사 표준시방서 중 교차부 쌓기

직교하는 벽돌벽의 한 편을 나중쌓기로 할 때에는 그 부분에 벽돌 물림자리를 **벽돌 한 켜 걸름으로 1/4B를 들여쌓는다**. 이때 그 켜걸름 들여쌓기의 좌측, 우측 및 옆은 정확하게 수직으로 하고 일정한 깊이로 들여 놓는다.

063

3회 출제

지반개량 공법 중 동다짐(Dynamic Compaction) 공법의 특징으로 옳지 않은 것은?

① 시공 시 지반진동에 의한 공해문제가 발생하기도 한다.
② 지반 내에 암괴 등의 장애물이 있으면 적용이 불가능하다.
③ 특별한 약품이나 자재를 필요로 하지 않는다.
④ 깊은 심도의 지반개량에 대해서는 초대형 장비가 필요하다.

해설

동다짐 공법은 암괴, 사력, 모래(준설매립토), 폐기물(쓰레기) 등 광범위한 토질에 적용이 가능하다.

관련개념 동다짐 공법

무거운 추를 자유낙하시켜 충격에 의한 다짐효과로 전단강도를 높이는 지반개량 공법이다.

장점	단점
• 적용범위가 넓음	• 중량추의 이용으로 인근구조물 진동 피해
• 깊은 심도까지 효과적 다짐	
• 지하 지반조건에 무관	• 소음, 진동, 분진 등 공사공해 발생
• 확실한 지반개량 효과	• 포화점토 등의 지반은 효과 반감

064

철골용접부의 내부결함을 검사하는 방법이 아닌 것은?

① 방사선검사　　　　② 초음파탐상검사
③ 침투탐상검사　　　　④ 반발경도검사

해설 **반발경도법(Schmidt Hammer)**

경화된 콘크리트면에 슈미트 해머로 타격에너지를 가하여 콘크리트면의 경도에 따라 반발경도를 측정하고, 이 반발경도와 콘크리트의 압축강도와의 상관관계를 도출시킴으로써 콘크리트 압축강도를 측정한다.

관련개념 **비파괴 검사법의 종류**

종류	특징
방사선투과검사(RT)	• 투과성 방사선을 조사하여 검사한다. • 내외부결함 검출에 효과적이다.
초음파탐상검사(UT)	• 초음파를 이용하여 검사한다. • 내부결함 검출, 위치·범위·두께 파악에 효과적이다.
자분탐상검사(MT)	• 자분(자석가루)의 응집성을 이용하여 검사한다. • 표면 및 표면직하결함 검출에 효과적이다.
와전류탐상검사(ET)	• 전기장을 이용하여 검사한다. • 표면 및 표면근처 결함 검출에 효과적이다.
침투탐상검사(PT)	• 침투액을 살포하여 검사한다. • 표면개구결함 검출에 효과적이다.

065

갱 폼(Gang Form)에 관한 설명으로 틀린 것은?

① 현장제작은 불가능하고 공장제작만 가능하다.
② 조립, 분해를 반복하지 않고 설치, 해체 작업만 한다.
③ 타워크레인, 모빌크레인 같은 장비가 필요하다.
④ 콘도, 병원 같은 벽식구조 건물에 사용된다.

해설

갱 폼은 현장제작이 가능하다는 특징이 있다.

관련개념 **갱 폼(Gang Form)**

• 거푸집을 사용할 때마다 작은 부재의 조립, 분해를 반복하지 않고 대형화, 단순화하여 한 번에 설치하고 해체한다.
• 갱 폼은 주로 콘도미니엄, 병원, 사무소 같은 벽식구조 건물에 사용된다.
• 옹벽이나 외벽의 두꺼운 벽체 및 피어기초 등에 사용한다.
• 특징
　－ 갱 폼은 크게 거푸집판과 보강재가 일체로 된 기본 패널, 작업을 위한 작업발판대 및 수직도 조정과 횡력을 지지하는 빗버팀대로 구성되어 있다.
　－ 80~100회 정도 사용이 가능하지만 경제적인 전용횟수는 30~40회 정도이다.
　－ 중량이 커서 타워크레인, 모빌크레인 같은 장비가 필요하다.
　－ 현장제작이 가능하다.
　－ 안전성이 크다.
　－ 공기단축이 가능하고, 인건비가 절약된다.
　－ 가설비계공사가 필요없다.
　－ 세부적인 가공이 어렵고, 제작시간이 많이 소요된다.
　－ 초기투자비가 증대된다.

066

네트워크 공정표의 주공정(Critical Path)에 관한 설명으로 옳지 않은 것은?

① TF가 0(Zero)인 작업을 주공정작업이라 한다.
② 총 공기는 공사착수에서부터 공사완공까지의 소요시간의 합계이며, 최장시간이 소요되는 경로이다.
③ 주공정은 고정적이거나 절대적인 것이 아니고 가변적이다.
④ 주공정에 대한 공기단축은 불가능하다.

해설

네트워크 공정표는 주공정을 파악하여 공기관리 및 공기단축이 가능하다.

관련개념 네트워크 공정표의 장단점

장점	단점
• 각 작업 상호간의 관련성을 표시할 수 있다. • 공사전체의 파악이 용이하다. • 계획단계에서 공정상의 문제점을 도출할 수 있으므로 작업 전에 적절히 수정할 수 있다. • 작업수속이 과학적이며 신뢰성이 높다. • 여유있는 작업과 여유없는 작업을 구분할 수 있다.	• 네트워크기법에 대한 습득이 어렵다. • 공정계획의 작성에 많은 시간이 소요된다. • 표시상의 제약 때문에 작업의 세분화 정도에 한계가 있다. • 공정표를 수정하기가 대단히 어렵다. • 공정표가 복잡하여 경험이 적은 사람은 이용이 곤란하다.

067

지반개량 지정공사 중 응결공법이 아닌 것은?

① 플라스틱 드레인공법
② 시멘트 처리공법
③ 석회 처리공법
④ 심층혼합 처리공법

해설

응결(고결)공법은 지반을 약액이나 여러 방법으로 굳혀 개량하는 공법이다. 플라스틱 드레인공법은 지반 내 물을 탈수하여 흙의 함수비를 낮추어 흙을 개량하는 탈수공법에 해당한다.

068

다음 실비정산보수가산계약(Cost Plus Fee Contract)을 설명한 내용 중 가장 부적절한 것은?

① 복잡한 변경이 예상되는 공사나 긴급을 요하는 공사로서 설계도서의 완성을 기다리지 않고 착공하는 경우에 적합하다.
② 발주자의 위험성이 감소되고 행정적인 절차가 간소화된다.
③ 설계와 시공의 중첩이 가능한 단계별 시공이 가능하게 되어 공사기간을 단축할 수 있다.
④ 설계변경 및 공사 중 발생되는 돌발상황에 적절히 대처할 수 있다.

해설

③은 패스트트랙 방식에 대한 설명이다.

관련개념 실비정산보수가산식도급

건축주, 시공자, 건축사 3자 입회 하에 공사에 필요한 실비 또는 이에 대한 보수를 미리 협의하여 정하고, 이를 시공자에게 지불하는 제도이다. 설계도와 시방서가 명확하지 않거나 설계는 명확하지만 공사비 총액을 산출하기 곤란할 때 채택된다.

069

흙에 접하거나 옥외공기에 직접 노출되는 현장치기 콘크리트로서 D16 이하 철근의 최소 피복두께는?

① 20[mm]　　　　② 40[mm]
③ 60[mm]　　　　④ 80[mm]

해설 **철근의 피복두께**

부식회피, 부착력, 동해 또는 열해 방지를 위해 철근을 콘크리트로 보호하여야 한다. 이때 콘크리트의 두께를 피복두께라고 한다.

환경조건과 부재의 종류			최소 피복 두께[mm]
옥외의 공기나 흙에 직접 접하지 않는 콘크리트	보, 기둥		40
	슬래브, 벽체, 장선	D35 이하	20
		D35 초과	40
흙에 접하거나 옥외의 공기에 직접 노출되는 콘크리트		D19 이상	50
		D16 이하	40
흙에 접하여 타설되고 영구히 흙에 묻히는 콘크리트			75
수중에서 치는 콘크리트			100
쉘, 절판부재			20

070

2회 출제

강관틀비계에서 주틀의 기둥관 1개당 수직하중의 한도는 얼마인가? (단, 견고한 기초 위에 설치하게 될 경우이다.)

① 16.5[kN]
② 24.5[kN]
③ 32.5[kN]
④ 38.5[kN]

해설 **강관틀비계 조립 시 준수사항**

- 전체 높이는 원칙적으로 40[m]를 초과할 수 없으며, 높이가 20[m]를 초과하는 경우 또는 중량작업을 하는 경우에는 내력상 중요한 틀의 높이를 2[m] 이하로 하고 주틀의 간격을 1.8[m] 이하로 하여야 한다.
- 주틀의 간격이 1.8[m]일 경우에는 주틀 사이의 하중한도를 4.0[kN]으로 하고, 주틀의 간격이 1.8[m] 이내일 경우에는 그 역비율로 하중한도를 증가할 수 있다.
- **주틀의 기둥 1개당 수직하중의 한도는 견고한 기초 위에 설치하게 될 경우에는 24.5[kN]으로 한다.** 다만, 깔판이 우그러들거나 침하의 우려가 있을 때 또는 특수한 구조일 때는 규정에 따라 이 값을 낮추어야 한다.

071

3회 출제

외관 검사 결과 불합격된 철근 가스압접 이음부의 조치 내용으로 옳지 않은 것은?

① 심하게 구부러졌을 때는 재가열하여 수정한다.
② 압접면의 엇갈림이 규정값을 초과했을 때는 재가열하여 수정한다.
③ 형태가 심하게 불량하거나 또는 압접부에 유해하다고 인정되는 결함이 생긴 경우는 압접부를 잘라내고 재압접한다.
④ 철근 중심축의 편심량이 규정값을 초과했을 때는 압접부를 떼어내고 재압접한다.

해설 **불량압접의 보정**

외관검사 결과	조치 내용
철근 중심축 편심량이 규정값 초과	압접부 잘라내고 재압접
압접부 엇갈림이 규정값 초과	
형태가 심하게 불량이거나 유해하다고 인정되는 경우	
압접부 지름 또는 길이가 규정값 미만	재가열
심하게 구부러졌을 때	

072

3회 출제

철골작업 중 녹막이칠을 피해야 할 부위에 해당하지 않는 것은?

① 콘크리트에 매립되는 부분
② 현장에서 깎기 마무리가 필요한 부분
③ 현장용접 예정부위에 인접하는 양측 50[cm] 이내
④ 고력볼트 마찰접합부의 마찰면

해설 **녹막이칠(페인트칠)**

철골의 공장가공 공정 중 마지막 단계에서 행하는 것으로 녹막이칠을 하지 않는 부분은 다음과 같다.

- 조립에 의하여 맞닿는 면
- 고장력볼트 마찰접합부의 마찰면
- 콘크리트에 밀착 또는 매입되는 부분
- 폐쇄형 단면을 한 부재의 밀폐되는 면
- 기계깎기로 마무리한 면
- **현장용접하는 부분 및 인접하는 양측 10[cm] 이내**
- 회전면 등 절삭가공한 부분과 핀, 롤러 등 밀착부분

073

1회 출제

도장작업 시 주의사항으로 옳지 않은 것은?

① 양질의 도료를 선택한다.
② 피막은 각 층마다 충분히 건조 경화 후 다음 층을 바른다.
③ 도료량을 표준량보다 두껍게 바르는 것이 좋다.
④ 고온 다습한 환경일 때는 작업을 중지한다.

해설

도장작업 시 도료량은 추천 도료량에 따르고 고임, 얼룩, 흘러내림, 주름, 거품 및 붓자국 등의 결점이 생기지 않도록 균등하게 도장한다. 도막이 지나치게 두껍거나 희석제를 과다하게 사용하면 도료가 흘러내린다.

관련개념 **도장작업의 작업 중지**

- 도장하는 장소의 기온이 낮거나, 습도가 높고, 환기가 충분하지 못하여 도장건조가 부적당할 때
- 주위의 기온이 5[℃] 미만이거나 상대습도가 85[%]를 초과할 때
- 눈, 비가 오거나 안개가 끼었을 때

074

터파기용 기계장비 가운데 장비의 작업면보다 상부의 흙을 굴착하는 장비는?

① 불도저(Bull Dozer)

② 모터 그레이더(Motor Grader)

③ 클램쉘(Clamshell)

④ 파워셔블(Power Shovel)

해설

• 장비보다 높은 지면의 굴착에 적합한 기계: **파워셔블**

• 장비보다 낮은 지면의 굴착에 적합한 기계: 백호우, 클램쉘, 드래그라인, 불도저

관련개념 **굴착용 기계**

구분	굴착기계	특징	토질
셔블계	파워셔블	• 지반면보다 높은 곳의 굴착, 쇄석 옮겨쌓기, 토사의 처리 등에 널리 쓰인다. • 굴착깊이: 3[m] 정도	굳은 점토, 암석, 토사
	드래그셔블 (백호우)	• 지반면보다 낮은 곳의 굴착, 지하층 및 기초굴착, 토목공사나 수중굴착 등에 쓰인다. • 도로건설 작업 중 경사측면 굴착에 쓰인다. • 파는 힘이 강력하여 경질지반 굴착에 적합하다. • 굴착깊이: 5~8[m] 정도	자갈, 암석이 섞인 토사, 굳은 지반
	드래그라인	• 지반면보다 낮은 곳의 굴착, 연약한 지반의 깊은 곳의 굴착 등에 쓰인다. • 굴착깊이: 8[m] 정도	암석, 암석이 섞인 토사, 연약한 지반
	클램쉘	• 좁은 곳의 수직굴착, 자갈 등의 적재, 연약한 지반이나 수중굴착 등에 쓰인다. • 굴착깊이: 보통 8[m], 최대 18[m] 정도	자갈, 암석, 연약한 지반
트랙터계	불도저	• 직선 송토작업, 단단한 지반과 암석작업 등에 널리 쓰인다. 배토판은 상하로만 움직인다. • 운반거리: 최대 100[m], 적정 50~60[m]	암석, 굳은 지반

075

건물의 중앙부만 남겨두고, 주위 부분에 먼저 흙막이를 설치하고 굴착하여 기초부와 주위벽체, 바닥판 등을 구축하고 난 다음 중앙부를 시공하는 터파기 공법은?

① 아일랜드 컷 공법   ② 지멘스 웰 공법

③ 트렌치 컷 공법   ④ 복수공법

해설 **트렌치 컷 공법**

㉠ 중앙부를 남기고 주변부를 먼저 굴착한다.

㉡ 주변부의 흙막이를 가시설 하여 구조체를 완성한다.

㉢ 완성된 구조체를 흙막이 벽체로 하여 중앙부 구조체를 완성한다.

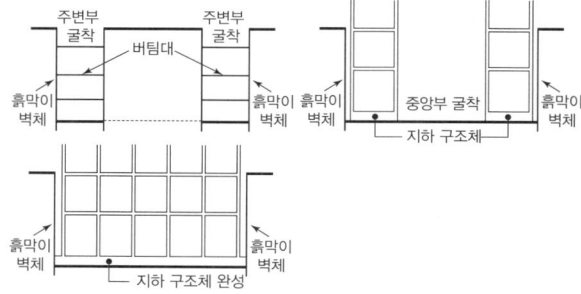

관련개념

아일랜드 컷 공법

㉠ 중앙부를 굴착한 후 중앙부 구조체를 시공한다.

㉡ 중앙부 구조체를 흙막이 벽체 버팀대로 지지하며 굴착한다.

㉢ 나머지 지하구조체를 시공한다.

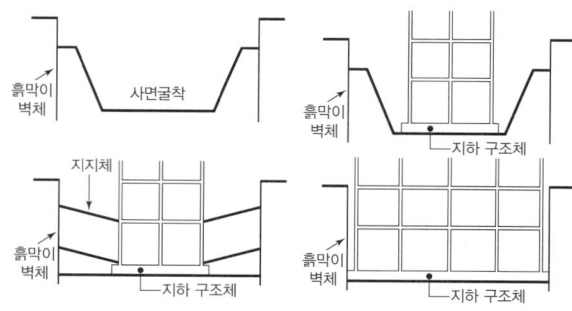

지멘스 웰 공법

지반 개량공법으로 땅 속에 집수정을 만들어 지하수를 탈수시켜 지반강도를 증대시키는 공법이다.

복수공법

사질지반의 압축침하, 점토지반의 압밀침하 등을 방지하기 위해 굴착주변 지반에 일정량의 물을 주수하여 흙의 함수량 변화를 적게 하면서 주변지반의 악영향을 막는 공법이다.

076

1회 출제

흙의 함수비에 대한 설명으로 옳지 않은 것은?

① 점토지반에서 함수비가 크면 점착력이 증가한다.

② 모래지반에서 함수비가 크면 내부마찰력이 감소된다.

③ 함수비가 크면 흙의 전단강도가 작아진다.

④ 연약점토질 지반의 함수비를 감소시키기 위해서 샌드 드레인 공법을 사용할 수 있다.

해설 **함수비가 클수록**

· 점토지반에서는 점착력이 감소한다.

· 흙의 전단강도가 감소한다.

· 모래지반에서는 내부마찰력이 감소한다.

· 사질토 지반에서는 액상화 현상 발생 우려가 있다.

　→ 샌드드레인 공법을 적용하여 지하수를 배제시킴으로써 지반강도를 증대시킬 수 있다.

관련개념 **함수비**

흙입자의 중량에 대한 수분 중량의 비를 백분율로 나타낸다.

$$함수비 = \frac{물의\ 중량}{토립자(흙입자)의\ 중량} \times 100[\%]$$

077

1회 출제

다음 중 동상에 노출되기 가장 쉬운 흙은?

① 실트　　　　② 점토

③ 모래　　　　④ 자갈

해설 **실트**

· 모래보다는 작고 점토보다는 큰 토질이다.(지름 0.002~0.02[mm])

· 지하수위가 높은 경우 0[℃] 이하의 저온이 계속될 때 지표면 가까이에서 흙속의 간극수가 동결하여 흙이 지반을 융기한다.

· 실트와 같은 흙에서는 서릿발을 만들며 지면을 들어 올리는 비율이 더 커지기 때문에 보통 모래를 기층에 많이 넣어 동상을 방지한다.

오답해설

② 점토: 점토는 불투수성이기 때문에 얼음층(Ice Lens)을 형성하는 데 필요한 충분한 양의 물의 공급이 이루어지진 않으나 점토에 균열이 있으면 이 균열을 통해 얼음층이 형성될 수 있다.

③ 모래, ④ 자갈: 조립토는 간극이 비교적 크고 그 속의 흙이 얼 때는 물 자체만 얼기 때문에 동해를 심하게 받지 않는다.

078

1회 출제

건설공사의 원가관리에 대한 설명으로 옳지 않은 것은?

① 원가관리는 원가수치를 이용하여 원가절감을 목적으로 원가통계를 하는 것이다.

② 경비란 직접 물건을 만드는 데 필요한 자재나 노무비용을 말한다.

③ 총원가는 공사원가와 일반관리비로 구성된다.

④ 사후원가란 건물이 완성된 뒤에 실제로 발생한 공사비이다.

해설 **경비**

공사원가 중 재료비, 노무비를 제외한 모든 원가(전력, 수도, 광열비, 기술료, 특허권 사용료, 연구개발비, 품질관리비, 지급 임차료, 보상비 등)를 말한다.

관련개념

· 사전원가계산(Pre-casting): 공사 수행 전 미리 원가를 견적하는 방식의 원가계산으로 공사발주를 위한 예산산정. 도급공사금액을 확정하기 위한 참고자료, 변경될 계약금액을 협의하기 위한 기초근거자료 등으로 활용된다.

· 사후원가계산(Post-casting): 공사 수행을 완료한 후 실제로 발생한 금액을 기초로 하기 때문에 실제 원가계산이라고도 한다.

· 공사비 산출

　- 직접공사비=재료비 + 노무비 + 외주비 + 경비

　- 순공사비=직접공사비 + 간접공사비

　- 공사원가=순공사비 + 현장경비

　- 총원가=공사원가 + 일반관리비

　- 총공사비=총원가 + 이윤

079

4회 출제

콘크리트 타설 시 일반적인 주의사항으로 잘못 설명된 것은?

① 운반거리가 가까운 곳부터 타설을 시작한다.
② 타설할 위치와 가까운 곳에서 낙하시킨다.
③ 자유낙하 높이를 작게 한다.
④ 콘크리트를 수직으로 낙하시킨다.

해설 콘크리트 타설 시 유의사항
• 콘크리트는 먼 곳에서 가까운 곳으로 부어 넣는다.
• 낮은 곳에서 높은 곳으로 타설한다.(기초-기둥-벽-보-슬래브의 순서)
• 콘크리트는 휴식시간 없이 연속적으로 부어 넣어야 한다.
• 낙하높이는 보통 1.5[m], 최대 2[m] 이내로 한다.(낙하높이는 작게 한다.)
• 기둥, 벽은 다지면서 수평으로 부어넣고, 1시간에 2[m] 이하로 한다.
• 블리딩 현상을 방지하기 위하여 높은 벽이나 기둥의 상부에는 된비빔, 하부는 묽은비빔으로 타설한다.
• 진동기는 철근이나 거푸집에 닿지 않도록 하고, 붓기를 끝낸 콘크리트는 진동을 주지 말아야 한다.
• 보는 바닥에서 윗면까지 연속으로 부어 넣고, 양단에서 중앙으로 부어 넣는다.

080

1회 출제

다음 중 서머콘(thermo-con)에 대한 설명으로 옳은 것은?

① 제물치장 콘크리트로 주로 바닥공사의 마무리를 하는 것으로 콘크리트를 부어넣은 후 그 콘크리트가 경화하지 않은 시간에 흙손으로 마감하는 것이다.
② 콘크리트가 경화하기 전에 진공 매트(vacuum mat)로 수분과 공기를 흡수하여 내구성을 향상하는 것이다.
③ 자갈, 모래 등의 골재를 사용하지 않고 시멘트와 물 그리고 발포제를 배합하여 만드는 일종의 경량 콘크리트이다.
④ 건나이트(gunite)라고도 하며 모르타르를 압축공기로 분사하여 바르는 것이다.

해설
① 제물치장 콘크리트는 순수 그 자체로서 마감면이 형성된다.
② 진공콘크리트에 대한 설명이다.
④ 모르타르를 압축공기로 분사하여 바르는 것은 숏크리트에 대한 설명이다.

081

5회 출제

통풍이 잘 되지 않는 지하실의 미장재료로서 가장 적합하지 않은 것은?

① 시멘트 모르타르
② 석고 플라스터
③ 킨즈 시멘트
④ 돌로마이트 플라스터

해설
통풍이 좋지 않은 지하실의 미장재료는 수경성 재료가 적합하다. 돌로마이트 플라스터는 기경성 재료로 지하실에는 부적합하다.

082

7회 출제

다음 중 점토에 관한 설명 중 옳지 않은 것은?

① 점토의 색상은 철산화물 또는 석회물질에 의해 나타난다.
② 점토의 가소성은 점토입자가 미세할수록 좋다.
③ 압축강도와 인장강도는 거의 비슷하다.
④ 소성수축은 점토 중 휘발분의 양, 조직, 용융도 등이 영향을 준다.

해설 점토의 성질
• 점토의 압축강도는 인장강도의 약 5배이다.
• 점토를 소성하면 용적, 비중 등의 변화가 일어나며 강도가 증대된다.
• 세립분이 50[%] 이상으로 모래 성분이 상당히 포함되어 있다.
• 공극률은 입자의 형상, 크기에 관계한다.
• 순수한 점토일수록 비중과 강도가 크다.
• 불순물이 많은 점토일수록 비중이 작고 강도가 떨어진다.
• 주성분은 실리카(SiO_2)와 알루미나(Al_2O_3)이다.
• 점토의 가소성은 점토의 질, 입자의 크기, 함수량, 비비기 정도, 시간, 온도에 영향을 많이 받는다.
• 알루미나(Al_2O_3)가 많은 점토는 가소성이 우수하다.
• 점토의 가소성은 입자가 작을수록 좋다.
• 물과 결합하여 가소성을 가지고, 열과 반응하여 화학적 변화를 일으킨다.
• 철산화물이 많을수록 적색을 띠고, 석회물질이 많을수록 황색을 띤다.

083

3회 출제

동(銅)에 대한 설명 중 옳지 않은 것은?

① 연성이고 가공성이 풍부하며 판재, 선, 봉 등으로 만들기가 용이하다.
② 열전도율 및 전기전도율이 매우 크다.
③ 염수 또는 해수에 침식되지 않는다.
④ 콘크리트 등 알칼리에 접하는 장소에서는 빨리 부식한다.

해설

동(銅)은 해수(염수) 등의 작용을 받으면 광택을 잃고 녹청이 생기며 침식된다.

관련개념 동의 성질

· 가공성이 우수하고 인성이 크다.
· 열 및 전기전도성이 크다.
· 대기 중 또는 흙 속에서는 철보다 내식성이 있다.
· 알칼리에 약하므로 시멘트, 콘크리트에 접하는 경우에는 빨리 부식된다.

084

5회 출제

수성페인트에 대한 설명으로 옳지 않은 것은?

① 수성페인트의 일종인 에멀션 페인트는 수성페인트에 합성 수지와 유화제를 섞은 것이다.
② 수성페인트를 칠한 면은 외관은 온화하지만 독성 및 화재발생의 위험이 있다.
③ 수성페인트의 재료로 아교·전분·카세인 등이 활용된다.
④ 광택이 없으며 회반죽면 또는 모르타르면의 칠에 적당하다.

해설

수성페인트는 물로 희석하여 사용하기 때문에 화재발생 위험이 없다.

관련개념 수성페인트의 특징

장점	· 건조시간이 빠르다. · 냄새가 적고, 건강에 해롭지 않다. · 굳어버리기 전에는 물로 세척이 가능하다.
단점	· 내수성이 약해 물이 고이는 곳에 사용하기 어렵다. · 도막의 내구성이 약하다.

085

1회 출제

다음 중 강을 제조할 때 사용하는 제강법의 종류가 아닌 것은?

① 평로 제강법
② 전기로 제강법
③ 반사로 제강법
④ 도가니로 제강법

해설

· 일반 용강 제조: 전로 제강법, 평로 제강법
· 특수강의 제조: 전기로 제강법, 도가니로 제강법

관련개념 반사로

· 연소실과 용해실이 별도로 설치되고 천정과 벽을 가열하여 반사되는 열로 금속을 용해한다.
· 용해온도가 낮은 구리, 황동, 청동 등 비철금속을 용해한다.

086

1회 출제

건설용 강재(철근 등)의 재료시험 항목에서 일반적으로 제외되는 것은?

① 압축강도 시험
② 인장강도 시험
③ 굽힘 시험
④ 연신율 시험

해설

'압축강도 시험'은 경화된 콘크리트의 시험방법이다.

관련개념 철근의 재료시험 항목

· 인장강도
· 연신율
· 굽힘성(휨)
· 항복점
· 기타(화학성분, 탄소당량, 단위무게, 치수 등)

087

5회 출제

콘크리트 슬럼프 시험에 관한 설명 중 옳지 않은 것은?

① 슬럼프콘의 치수는 윗지름 10[cm], 밑지름 30[cm], 높이가 20[cm]이다.

② 수밀한 철판을 수평으로 놓고 슬럼프콘을 놓는다.

③ 혼합한 콘크리트를 1/3씩 3층으로 나누어 채운다.

④ 매 회마다 표준철봉으로 25회 다진다.

해설

슬럼프콘의 치수는 윗지름 10[cm], 밑지름 20[cm], 높이 30[cm]이다.

관련개념 **콘크리트 슬럼프 시험(Slump Test)**

1. 평평한 바닥에 강제평판을 놓는다.
2. 슬럼프콘을 그 위에 올린다.
3. 믹스트럭에서 레미콘을 받아 슬럼프콘 안에 3층으로 나눠서 채운다.
4. 각 층은 약 25회씩 다짐봉으로 고르게 다진다.
5. 다질 때 재료분리가 나올 염려가 있을 때는 다짐수를 줄인다.
6. 각 층을 다질 때 다짐봉의 다짐 깊이는 그 앞 층에 거의 도달할 정도로 한다.
7. 슬럼프콘 상단을 고르게 한다.
8. 슬럼프콘을 천천히 연직으로 들어올린다.
9. 콘크리트의 중앙부에서 슬럼프콘 상단까지와 높이 차를 5[mm] 단위로 측정한다.

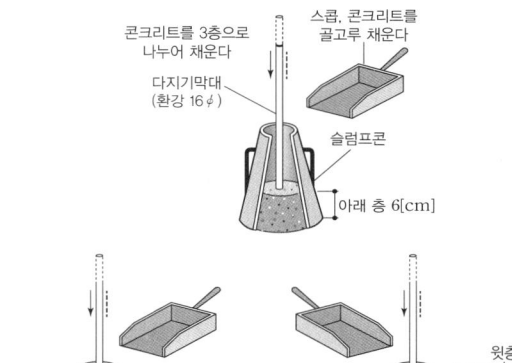

콘크리트를 채우는 법

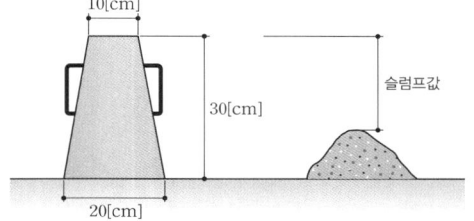

슬럼프 시험

088

4회 출제

보통포틀랜드시멘트에 비하여 초기 수화열이 낮고, 장기강도 증진이 크며, 화학 저항성이 큰 시멘트로 매스 콘크리트용에 적합한 것은?

① 백색포틀랜드시멘트　　② 조강포틀랜드시멘트

③ 알루미나시멘트　　　　④ 플라이애시시멘트

해설 **플라이애시시멘트**

• 화력발전소에서 완전 연소한 미분탄의 회분(Ash)을 집진기로 채취한 미립자 및 포틀랜드시멘트와 혼합한 것이다.

• 수화열이 적고 조기강도가 작으나 장기강도는 크다.

• 콘크리트의 워커빌리티(시공성)가 좋고 수밀성이 크며, 단위수량을 감소시킬 수 있어 매스 콘크리트, 댐 공사에 사용된다.

관련개념

• 백색포틀랜드시멘트

　철분이 거의 없는 백색 점토를 사용하여 시멘트에 포함된 산화철, 마그네시아의 함유량을 제한한 시멘트이다. 보통포틀랜드시멘트와 성질이 거의 같으며 주로 건축물의 표면마무리 도장에 사용된다.

• 조강포틀랜드시멘트

　－ 보통포틀랜드시멘트에 비하여 분말도가 높고 조기강도를 담당하는 CaO, SiO_2가 많아 경화가 빠르다.

　－ 알루미나시멘트만은 못하나 강도의 증진성이 커서 초기강도가 커 재령 7일 만에 보통포틀랜드시멘트의 28일 강도를 나타낸다.

　－ 거푸집 전용횟수가 늘어나 공사기간을 단축할 수 있고, 거푸집을 빨리 해체하고자 하는 긴급공사에 유리하다.

• 알루미나시멘트

　－ 성분 중에 $AlCO_3$가 많아 조기강도가 크고, 수화열이 높다.

　－ 석회석과 알루미나 원광인 보크사이트를 거의 같은 양으로 혼합하여 전기로 등으로 용융 소성·급랭시켜 분쇄한 것으로 석고를 가하지 않는다.

　－ 초조강성으로 재령(타설 후) 24시간 만에 보통포틀랜드시멘트의 28일 강도를 나타낸다.

　－ 내화성이 크고, 해수나 화학적 작용에 저항성이 크다.

089

석고 플라스터에 대한 설명으로 옳지 않은 것은?

① 시멘트에 비해 경화속도가 느리다.
② 내화성을 갖는다.
③ 경화, 건조 시 치수 안정성을 갖는다.
④ 물에 용해되는 성질이 있어 물을 사용하는 장소에는 부적합하다.

해설

석고 플라스터의 경화속도는 미장재료 중 가장 빠르다. 초벌바름은 비빈 후 4시간부터 경화하기 시작하여 6시간이면 끝나고, 정벌바름은 3~4시간이면 끝난다.

090

섬유포화점 이하에서 목재의 함수율 감소에 따른 목재의 성질 변화에 대한 설명으로 옳은 것은?

① 강도가 증가하고 인성이 증가한다.
② 강도가 증가하고 인성이 감소한다.
③ 강도가 감소하고 인성이 증가한다.
④ 강도가 감소하고 인성이 감소한다.

해설 목재의 함수율과 섬유포화점의 관계

섬유포화점을 경계로 하여 목재의 역학적 성질에 현저한 차이가 있다. 섬유포화점 이상에서는 변화가 없지만 섬유포화점 이하에서는 함수율의 감소에 따라 강도가 증대하고 인성이 감소한다.

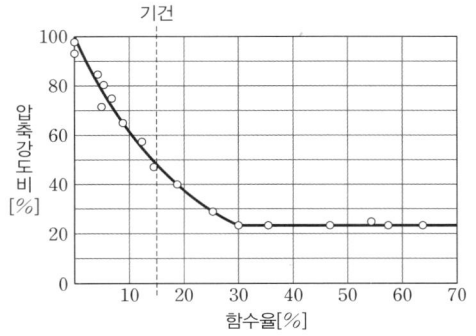

목재의 함수율에 따른 압축강도비

091

일광욕실, 병원, 온실 등에서 주로 사용되는 특수유리는?

① 자외선투과유리 ② 프리즘유리
③ 망입유리 ④ 자외선차단유리

해설 자외선투과유리

자외선을 잘 투과하는 유리로 일광욕실, 병원 등에서 사용된다.

관련개념

• 프리즘유리: 지하실, 지붕 등의 채광용으로 투과광선의 방향을 변화시키거나 집중 또는 확산시킬 목적으로 사용된다.
• 망입유리: 두꺼운 판유리에 망 구조물을 넣어 만든 유리로, 주로 철 또는 알루미늄 망이 사용되고 충격으로 파손될 경우에도 파편이 흩어지지 않으며 화재 및 도난 방지용으로 사용된다.

092

어떤 재료의 초기 탄성변형량이 2.0[cm]이고 크리프 (Creep)변형량이 4.0[cm]라면 이 재료의 크리프 계수는 얼마인가?

① 0.5 ② 1.0
③ 2.0 ④ 4.0

해설

$$크리프\ 계수 = \frac{크리프변형량}{탄성변형량} = \frac{4.0}{2.0} = 2.0$$

관련개념 크리프 계수

크리프변형이 거의 일정한 값으로 수렴했을 때의 크리프변형과 탄성변형의 비율이다.

$$크리프\ 계수 = \frac{크리프변형량}{탄성변형량}$$

093

아스팔트 방수시공을 할 때 바탕재와의 밀착용으로 사용하는 것은?

① 아스팔트 컴파운드 ② 아스팔트 모르타르
③ 아스팔트 프라이머 ④ 아스팔트 루핑

해설 아스팔트 방수 공사 재료

아스팔트 펠트	• 섬유 원지에 스트레이트 아스팔트를 침투시킨 것 • 아스팔트방수 중간층재, 지붕, 미장, 바탕의 방습, 마룻바닥 방습, 방습 포장재, 차광과 차열, 전기 절연용으로 사용
아스팔트 루핑	• 아스팔트 펠트 뒷면에 블로운 아스팔트를 도포하고 표면의 접착을 막기 위해 활석, 운모, 석회석, 규조토 등의 가루를 뿌려 붙인 것 • 흡수성, 투수성이 작고 유연하며 내후성, 내산성, 내열성이 큼 • 건축물, 상하수도, 지하철, 터널 등의 아스팔트 방수층의 주된 재료로 쓰이는 것 외에 지붕용 또는 상품이나 기계 등의 방수 및 피복용으로도 사용
아스팔트 프라이머	• 컷백 아스팔트의 한 종류로서 아스팔트와 휘발성 용제를 반씩 혼합하여 묽게 한 것 • 콘크리트 등의 모체에 침투가 용이하여 콘크리트와 아스팔트가 부착이 잘 되므로 콘크리트 바탕에 아스팔트를 붙일 때 사용
아스팔트 컴파운드	• 블로운 아스팔트에 광물섬유, 동·식물섬유, 광물질 가루섬유 등을 혼입하여 신축성을 증대시킨 것 • 방수재, 내산재, 전기절연재 등으로 사용

094

다음 중 콘크리트의 비파괴 시험에 해당되지 않는 것은?

① 방사선투과시험 ② 초음파시험
③ 침투탐상시험 ④ 표면경도시험

해설

'침투탐상시험'은 강재의 시험방법에 해당된다.

관련개념 콘크리트의 시험방법

반발경도시험	콘크리트의 반발경도를 측정하여 콘크리트의 압축강도를 추정하는 데 사용한다.
초음파법	초음파를 이용하여 콘크리트 내부의 결함, 균열깊이, 강도 및 품질상태를 검사한다.
자기법	자기법은 주로 철근의 피복두께, 위치 및 직경 확인에 사용한다.
레이더법	레이더파를 이용하여 콘크리트 구조물의 공동 및 매설물 등을 발견하기 위해 사용한다.
방사선법	감마광선은 콘크리트를 투과할 수 있으므로 필름을 방사선에 노출되게 함으로써 콘크리트를 검사하는 방법이다.

095

석재 사용상 주의사항으로 옳지 않은 것은?

① 압축 및 인장응력을 크게 받는 곳에 사용한다.
② 석재는 중량이 크고 운반에 제한이 따르므로 최대치를 정한다.
③ 되도록 흡수율이 낮은 석재를 사용한다.
④ 가공 시 예각은 피한다.

해설

석재는 인장강도가 매우 작으므로 압축응력을 받는 곳에서만 사용한다.

관련개념
석재의 장단점
• 장점
  − 불연성이고, 압축강도가 크다.
  − 내수성, 내구성, 내화학성 및 내마모성이 크다.
  − 종류가 다양하고, 동일 종류의 석재라도 산지나 조직에 따라 각각 다른 외관과 색조를 나타내고 있다.
  − 외관이 장중하고 치밀한 것은 갈면 아름다운 광택이 난다.
• 단점
  − 인장강도는 압축강도의 $\frac{1}{10} \sim \frac{1}{20}$ 내외로 너무 작아 취도계수가 크고 장대재를 얻기 어렵다.
  − 거의 모든 석재가 비중이 크고 가공성이 불량하다.
  − 화열에 닿으면 화강암 등은 균열이 발생하거나 파괴되고, 석회암이나 대리석과 같이 분해가 일어나 강도가 저하하는 것도 있다.

석재의 일반적인 성질
• 압축강도에 비해 인장강도가 매우 작고 내부에는 열응력이 일어나기 쉽다.
• 조암광물의 종류에 따라 열팽창률이 다르므로 고온에서 붕괴된다.
• 화강암은 600[℃], 대리석은 500[℃]에서 광택을 잃고, 700[℃] 이상에서 생석회가 생성·붕괴된다. 응회암, 사암은 내화성이 크다.

096

콘크리트 배합에 직접적인 영향을 주는 요소가 아닌 것은?

① 시멘트 강도　　　　　② 물시멘트비
③ 철근의 품질　　　　　④ 골재의 입도

해설

철근의 품질은 콘크리트와 철근의 합성 시 콘크리트의 품질에 영향을 준다.

관련개념 콘크리트 배합에 직접적인 영향을 주는 요소
• 골재립의 비율: 골재의 입도가 크고 작은 것이 적절하게 섞여있는 것은 밀도가 크기 때문에 콘크리트의 강도가 증가한다.
• 시멘트와 골재량의 비율: 일반적으로 시멘트에 대하여 골재의 양이 많을수록 그 압축강도는 저하된다. 그러나 일정량의 콘크리트 중 시멘트량이 적더라도 된비빔 콘크리트에서는 묽은비빔 콘크리트보다 강도가 증가한다.
• 물시멘트비: 콘크리트의 압축강도에 영향을 미치는 배합비 중에서 특히 밀접한 관계를 갖고 있다. 콘크리트의 압축강도(σ)와 시멘트-물의 중량비($물시멘트비의 역수, \frac{c}{w}$)의 관계는 $\sigma = a + b \cdot \frac{c}{w}$ 와 같이 나타낼 수 있다.

097

콘크리트 배합 설계에서 물의 양은 150[L/m³], 시멘트의 양은 100[L/m³]로 하였을 경우 물시멘트비는? (단, 시멘트의 비중은 3.14이고, 물의 비중은 1이다.)

① 44[%]　　　　　② 48[%]
③ 67[%]　　　　　④ 150[%]

해설

체적 1[m³]에 대한 물의 양과 시멘트의 양을 각각 중량으로 환산시켜 W/C비를 계산한다.
• 물의 중량 = 1[kg/L] × 150[L] = 150[kg]
• 시멘트의 중량 = 3.14[kg/L] × 100[L] = 314[kg]
• 물시멘트비(W/C) = $\frac{물의 중량}{시멘트의 중량} \times 100 = \frac{150}{314} \times 100 = 48[\%]$

098

다음 중 콘크리트 강도 변화를 가장 적게 주고 시공연도를 조절하는 방법으로 가장 적당한 것은?

① 물의 증감　　　　　② 시멘트량의 증감
③ 모래, 자갈의 증감　　④ 물시벤트비의 증감

해설

모래와 자갈의 증감량은 잔골재율(Fine Aggregate Ratio)로 정해지는데 굵은 골재와 잔골재의 가장 알맞은 비율, 즉 최적 잔골재율은 필요한 시공연도를 얻을 수 있는 범위 내에서 단위수량이 가장 적게 되도록 정해진다.

099

프리즘(prism)판 유리는 어느 용도에 가장 적합한가?

① 지하실 채광용　　　　② 방도용
③ 흡음용　　　　　　　④ 방화용

해설 프리즘유리

지하실, 지붕 등의 채광용으로 투과광선의 방향을 변화시키거나 집중 또는 확산시킬 목적으로 사용된다.

100

목재바탕의 무늬를 살리기 위해 사용되는 도료는?

① 클리어 래커 ② 에나멜 페인트
③ 수성페인트 ④ 유성페인트

해설 클리어 래커
• 안료를 섞지 않은 초산 셀룰로오스가 주성분인 휘발성 용제이다.
• 내후성, 내수성이 다소 부족하여 외부보다는 내부용으로 사용된다.
• 목재면의 무늬를 살리기 위한 도장재료로 적당하다.

관련개념
• 에나멜 페인트
 – 불투명 도료로써 클리어 래커에 안료를 첨가한 것이다.
 – 내후성에 따라 외부용과 내부용으로 나누어진다.
• 수성페인트
 – 안료에 교착제(카세인, 아리비아고무, 아교)와 물을 혼합한 것이다.
 – 건조시간이 빠르고, 냄새가 적으며 건강에 해롭지 않다.
• 유성페인트
 – 안료에 보일유(용제+건조제)와 희석제를 혼합한 것으로 철재, 목재의 도장에 사용한다.
 – 내후성과 내마모성은 좋으나 내알칼리성이 부족해 콘크리트, 모르타르 면에 바를 수 없다.

건설안전기술

101

토질시험 중 연약한 점토 지반의 점착력을 판별하기 위하여 실시하는 현장시험은?

① 베인테스트(Vane Test) ② 표준관입시험(SPT)
③ 하중재하시험 ④ 삼축압축시험

해설 베인 시험(Vane Test)
'베인'이라는 십자형 날개를 가진 봉을 땅에 관입시킨 후 회전시켜 그 저항치를 통해 진흙의 점착력을 판단하는 시험이다. 10[m] 내외의 연약한 점토 지반에 주로 사용한다.

관련개념
• 표준관입시험: 중량 63.5[kg]의 해머를 75~76[cm] 높이에서 자유낙하시켰을 때 30[cm]를 관입시키는 데 소요되는 타격횟수(값)를 구하는 시험으로 사질토 지반에 적합하다.
• 평판재하시험: 지반면에 평판을 놓은 후 하중을 가하고 침하 정도를 측정하여 지반의 지지력을 알아보기 위한 시험법이다.

102

항타기 및 항발기에 사용이 불가한 와이어로프의 기준으로 옳지 않은 것은?

① 이음매가 있는 것
② 심하게 변형되거나 부식된 것
③ 지름의 감소가 공칭지름의 7[%]를 초과하는 것
④ 와이어로프의 한 꼬임에서 끊어진 소선의 수가 8[%] 이상인 것

해설 와이어로프의 사용금지기준
• 이음매가 있는 것
• 와이어로프의 한 꼬임에서 끊어진 소선의 수가 10[%] 이상인 것
• 지름의 감소가 공칭지름의 7[%]를 초과하는 것
• 꼬인 것
• 심하게 변형되거나 부식된 것
• 열과 전기충격에 의해 손상된 것

103

1회 출제

다음 중 건설용 굴착기계가 아닌 것은?

① 드래그라인　　② 파워셔블
③ 클램쉘　　④ 탬핑 롤러

해설
탬핑 롤러는 다짐용 건설기계이다.

관련개념 굴착용 기계

구분	굴착기계	특징	토질
셔블계	파워셔블	• 지반면보다 높은 곳의 굴착, 쇄석 옮겨쌓기, 토사의 처리 등에 널리 쓰인다. • 굴착깊이: 3[m] 정도	굳은 점토, 암석, 토사
	드래그셔블 (백호우)	• 지반면보다 낮은 곳의 굴착, 지하층 및 기초굴착, 토목공사나 수중굴착 등에 쓰인다. • 도로건설 작업 중 경사측면 굴착에 쓰인다. • 파는 힘이 강력하여 경질지반 굴착에 적합하다. • 굴착깊이: 5~8[m] 정도	자갈, 암석이 섞인 토사, 굳은 지반
	드래그라인	• 지반면보다 낮은 곳의 굴착, 연약한 지반의 깊은 곳의 굴착 등에 쓰인다. • 굴착깊이: 8[m] 정도	암석, 암석이 섞인 토사, 연약한 지반
	클램쉘	• 좁은 곳의 수직굴착, 자갈 등의 적재, 연약한 지반이나 수중굴착 등에 쓰인다. • 굴착깊이: 보통 8[m], 최대 18[m] 정도	자갈, 암석, 연약한 지반
트랙터계	불도저	• 직선 송토작업, 단단한 지반과 암석작업 등에 널리 쓰인다. 배토판은 상하로만 움직인다. • 운반거리: 최대 100[m], 적정 50~60[m]	암석, 굳은 지반

104

5회 출제

말비계를 조립하여 사용할 때의 준수사항으로 옳지 않은 것은?

① 지주부재의 하단에는 미끄럼방지장치를 한다.
② 지주부재와 수평면의 기울기는 75° 이하로 한다.
③ 말비계의 높이가 2[m]를 초과하는 경우에는 작업발판의 폭을 30[cm] 이상으로 한다.
④ 지주부재와 지주부재 사이를 고정시키는 보조부재를 설치할 것

해설 말비계 사용 시 준수사항
• 지주부재의 하단에는 미끄럼방지장치를 하고, 근로자가 양측 끝부분에 올라서서 작업하지 않도록 할 것
• 지주부재와 수평면의 기울기를 75° 이하로 하고, 지주부재와 지주부재 사이를 고정시키는 보조부재를 설치할 것
• 말비계의 높이가 2[m]를 초과하는 경우에는 작업발판의 폭을 40[cm] 이상으로 할 것

105

11회 출제

다음 보기의 (　) 안에 알맞은 내용은?

동바리로 사용하는 파이프 서포트의 높이가 (　)[m]를 초과하는 경우에는 높이 2[m] 이내마다 수평연결재를 2개 방향으로 만들고 수평연결재의 변위를 방지할 것

① 3　　② 3.5
③ 4　　④ 4.5

해설 동바리로 사용하는 파이프 서포트 조립 시 준수사항
• 파이프 서포트를 3개 이상 이어서 사용하지 않도록 할 것
• 파이프 서포트를 이어서 사용하는 경우에는 4개 이상의 볼트 또는 전용철물을 사용하여 이을 것
• 높이가 3.5[m]를 초과하는 경우에는 높이 2[m] 이내마다 수평연결재를 2개 방향으로 만들고 수평연결재의 변위를 방지할 것

106

지반의 종류가 암반 중 풍화암일 경우 굴착면의 기울기 기준으로 옳은 것은?

① 1 : 0.5　　　　　② 1 : 0.8
③ 1 : 1.0　　　　　④ 1 : 1.5

해설 굴착면의 기울기 기준

지반의 종류	기울기
모래	1 : 1.8
연암 및 풍화암	1 : 1.0
경암	1 : 0.5
그 밖의 흙	1 : 1.2

107

유해위험방지계획서를 제출해야 될 대상 공사의 기준으로 옳은 것은?

① 최대 지간길이가 50[m] 이상인 교량 건설 등 공사
② 다목적댐, 발전용댐 및 저수용량 1천만 톤 이상의 용수 전용 댐, 지방상수도 전용 댐 등의 공사
③ 깊이가 8[m] 이상인 굴착공사
④ 연면적 3,000[m²] 이상의 냉동·냉장 창고시설의 설비 공사 및 단열공사

해설 유해위험방지계획서 제출 대상 건설공사

• 다음의 어느 하나에 해당하는 건축물 또는 시설 등의 건설·개조 또는 해체(건설 등) 공사
　– 지상높이가 31[m] 이상인 건축물 또는 인공구조물
　– 연면적 30,000[m²] 이상인 건축물
　– 연면적 5,000[m²] 이상의 문화 및 집회시설(전시장 및 동물원·식물원 제외), 판매시설, 운수시설(고속철도의 역사 및 집배송시설 제외), 종교시설, 의료시설 중 종합병원, 숙박시설 중 관광숙박시설, 지하도상가, 냉동·냉장 창고시설
• 연면적 5,000[m²] 이상인 냉동·냉장 창고시설의 설비공사 및 단열공사
• 최대 지간길이가 50[m] 이상인 다리의 건설 등 공사
• 터널의 건설 등 공사
• 다목적댐, 발전용댐, 저수용량 2천만 톤 이상의 용수 전용 댐 및 지방상수도 전용 댐의 건설 등 공사
• 깊이 10[m] 이상인 굴착공사

108

산업안전보건관리비의 효율적인 집행을 위하여 고용노동부장관이 정할 수 있는 기준에 해당되지 않는 것은?

① 안전·보건에 관한 협의체 구성 및 운영
② 공사의 진척 정도에 따른 사용비율 등 기준
③ 사업의 규모별 계상 기준
④ 사업의 종류별 계상 기준

해설

고용노동부장관은 산업안전보건관리비의 효율적인 사용을 위하여 다음 사항을 정할 수 있다.
• 사업의 규모별·종류별 계상 기준
• 건설공사의 진척 정도에 따른 사용비율 등 기준
• 그 밖에 산업안전보건관리비의 사용에 필요한 사항

109

22° 경사각의 가설통로에서 미끄럼막이 간격으로 알맞은 것은?

① 30[cm]　　　　　② 35[cm]
③ 40[cm]　　　　　④ 45[cm]

해설 경사각에 따른 미끄럼막이 간격

경사각	미끄럼막이 간격	경사각	미끄럼막이 간격
30°	30[cm]	22°	40[cm]
29°	33[cm]	19° 20′	43[cm]
27°	35[cm]	17°	45[cm]
24° 15′	37[cm]	14°	47[cm]

110

8회 출제

비계의 높이가 2[m] 이상인 작업장소에 설치하는 작업발판의 설치기준으로 옳지 않은 것은? (단, 달비계, 달대비계 및 말비계는 제외한다.)

① 작업발판의 폭은 40[cm] 이상으로 한다.
② 작업발판재료는 뒤집히거나 떨어지지 않도록 하나 이상의 지지물에 연결하거나 고정시킨다.
③ 발판재료 간의 틈은 3[cm] 이하로 한다.
④ 작업발판의 지지물은 하중에 의하여 파괴될 우려가 없는 것을 사용한다.

해설 작업발판의 구조(비계의 높이가 2[m] 이상인 작업장소)

• 발판재료는 작업할 때의 하중을 견딜 수 있도록 견고한 것으로 할 것
• 작업발판의 폭은 40[cm] 이상으로 하고, 발판재료 간의 틈은 3[cm] 이하로 할 것
• 선박 및 보트 건조작업의 경우 선박블록 또는 엔진실 등의 좁은 작업공간에 작업발판을 설치하기 위하여 필요하면 작업발판의 폭을 30[cm] 이상으로 할 수 있고, 걸침비계의 경우 강관기둥 때문에 발판재료 간의 틈을 3[cm] 이하로 유지하기 곤란하면 5[cm] 이하로 할 수 있다.
• 추락의 위험이 있는 장소에는 안전난간을 설치할 것. 다만, 추락위험 방지 조치를 한 경우에는 그러하지 아니하다.
• 작업발판의 지지물은 하중에 의하여 파괴될 우려가 없는 것을 사용할 것
• 작업발판재료는 뒤집히거나 떨어지지 않도록 둘 이상의 지지물에 연결하거나 고정시킬 것
• 작업발판을 작업에 따라 이동시킬 경우에는 위험 방지에 필요한 조치를 할 것

111

2회 출제

터널붕괴를 방지하기 위한 지보공에 대한 점검사항과 가장 거리가 먼 것은?

① 부재의 긴압 정도
② 부재의 손상·변형·부식·변위 탈락의 유무 및 상태
③ 기둥침하의 유무 및 상태
④ 경보장치의 작동상태

해설 터널 지보공의 수시 점검사항

• 부재의 손상·변형·부식·변위 탈락의 유무 및 상태
• 부재의 긴압 정도
• 부재의 접속부 및 교차부의 상태
• 기둥침하의 유무 및 상태

112

3회 출제

높이 또는 깊이 2[m] 이상의 추락할 위험이 있는 장소에서의 작업에 필수적으로 지급되어야 하는 보호구는?

① 안전대
② 보안경
③ 보안면
④ 방열복

해설 산업안전보건기준에 관한 규칙 제32조(보호구의 지급 등)

• 물체가 떨어지거나 날아올 위험 또는 근로자가 추락할 위험이 있는 작업: 안전모
• 높이 또는 깊이 2[m] 이상의 추락할 위험이 있는 장소에서 하는 작업: 안전대
• 물체의 낙하·충격, 물체에의 끼임, 감전 또는 정전기의 대전에 의한 위험이 있는 작업: 안전화
• 물체가 흩날릴 위험이 있는 작업: 보안경
• 용접 시 불꽃이나 물체가 흩날릴 위험이 있는 작업: 보안면
• 감전의 위험이 있는 작업: 절연용 보호구
• 고열에 의한 화상 등의 위험이 있는 작업: 방열복

113

1회 출제

산업안전보건법령상 (　　) 안에 알맞은 숫자는?

사업주는 계단을 설치하는 경우 바닥면으로부터 높이 (　　)[m] 이내의 공간에 장애물이 없도록 하여야 한다. 다만, 급유용·보수용·비상용 계단 및 나선형 계단인 경우에는 그러하지 아니하다.

① 2
② 3
③ 4
④ 5

해설 천장의 높이

사업주는 계단을 설치하는 경우 바닥면으로부터 높이 2[m] 이내의 공간에 장애물이 없도록 하여야 한다. 다만, 급유용·보수용·비상용 계단 및 나선형 계단인 경우에는 그러하지 아니하다.

114

건설업의 공사금액이 1,500억 원 이상일 경우 산업안전보건법령에 따른 안전관리자의 수로 옳은 것은? (단, 전체 공사기간을 100으로 할 때 공사 전, 후 15[%]에 해당하는 경우는 고려하지 않는다.)

① 1명 이상 ② 2명 이상
③ 3명 이상 ④ 4명 이상

해설 안전관리자를 두어야 할 사업의 종류 및 규모

사업의 종류	상시근로자 수 또는 공사금액	안전관리자의 수
토사석 광업 식료품 제조업, 음료 제조업 목재 및 나무제품 제조업(가구 제외)	50명 이상 500명 미만	1명 이상
펄프, 종이 및 종이제품 제조업 코크스, 연탄 및 석유정제품 제조업 발전업 운수 및 창고업	500명 이상	2명 이상
농업, 임업 및 어업 전기, 가스, 증기 및 공기조절 공급업 방송업 우편 및 통신업	50명 이상 1,000명 미만	1명 이상
	1,000명 이상	2명 이상
건설업	50억 원 이상 800억 원 미만	1명 이상
	800억 원 이상 1,500억 원 미만	2명 이상
	1,500억 원 이상 2,200억 원 미만	3명 이상
	2,200억 원 이상 3,000억 원 미만	4명 이상

115

작업으로 인하여 물체가 떨어지거나 날아올 위험이 있는 경우 설치하는 낙하물 방지망에 대한 설명으로 옳지 않은 것은?

① 높이 10[m] 이내마다 설치한다.
② 내민 길이는 벽면으로부터 3[m] 이상으로 한다.
③ 방호선반의 설치기준과 같다.
④ 수평면과의 각도는 20° 이상 30° 이하이다.

해설 낙하물 방지망 또는 방호선반의 설치 시 준수사항
• 높이 10[m] 이내마다 설치하고, 내민 길이는 벽면으로부터 2[m] 이상으로 할 것
• 수평면과의 각도는 20° 이상 30° 이하를 유지할 것

116

차량계 하역운반기계, 차량계 건설기계의 안전조치사항 중 옳지 않은 것은?

① 최대제한속도가 시속 10[km]를 초과하는 차량계 건설기계를 사용하여 작업을 하는 경우 미리 작업장소의 지형 및 지반상태 등에 적합한 제한속도를 정하고, 운전자로 하여금 준수하도록 할 것
② 차량계 건설기계의 운전자가 운전위치를 이탈하는 경우 해당 운전자로 하여금 포크 및 버킷 등의 하역장치를 가장 높은 위치에 두도록 할 것
③ 차량계 하역운반기계 등에 화물을 적재하는 경우 하중이 한쪽으로 치우치지 않도록 적재할 것
④ 차량계 건설기계를 사용하여 작업을 하는 경우 승차석이 아닌 위치에 근로자를 탑승시키지 말 것

해설
차량계 하역운반기계 등, 차량계 건설기계의 운전자가 운전위치를 이탈하는 경우 포크, 버킷, 디퍼 등의 장치를 가장 낮은 위치 또는 지면에 내려놓아야 한다.

117

철골작업 시 철골부재에서 근로자가 수직방향으로 이동하는 경우에 설치하여야 하는 고정된 승강로의 최대 답단 간격은 얼마 이내인가?

① 20[cm]
② 25[cm]
③ 30[cm]
④ 40[cm]

해설 승강로의 설치

근로자가 수직방향으로 이동하는 철골부재에는 답단 간격이 30[cm] 이내인 고정된 승강로를 설치하여야 하며, 수평방향 철골과 수직방향 철골이 연결되는 부분에는 연결작업을 위하여 작업발판 등을 설치하여야 한다.

118

버팀보, 앵커 등의 축하중 변화상태를 측정하여 이들 부재의 지지효과 및 그 변화 추이를 파악하는 데 사용되는 계측기기는?

① Water Level Meter
② Load Cell
③ Piezo Meter
④ Strain Gauge

해설 하중계(Load Cell)

스트러트 및 어스앵커에 설치하여 축하중을 측정하여 부재의 안전성 여부를 판정하는 데 사용되는 계측기기이다.

119

다음 중 취급·운반의 원칙으로 옳지 않은 것은?

① 연속 운반을 할 것
② 곡선 운반을 할 것
③ 운반 작업을 집중하여 시킬 것
④ 최대한 시간과 경비를 절약할 수 있는 운반 방법을 고려할 것

해설 취급·운반의 5원칙

• 직선 운반을 할 것
• 연속 운반을 할 것
• 운반 작업을 집중화 시킬 것
• 생산을 최고로 하는 운반을 생각할 것
• 시간과 경비를 절약할 수 있는 운반 방법을 고려할 것

120

타워크레인을 와이어로프로 지지하는 경우에 준수해야 할 사항으로 옳지 않은 것은?

① 와이어로프를 고정하기 위한 전용 지지프레임을 사용할 것
② 와이어로프 설치각도는 수평면에서 60° 이상으로 하되, 지지점은 4개소 미만으로 할 것
③ 와이어로프와 그 고정부위는 충분한 강도와 장력을 갖도록 설치할 것
④ 와이어로프가 가공전선에 근접하지 않도록 할 것

해설 타워크레인을 와이어로프로 지지할 때 준수사항

• 와이어로프를 고정하기 위한 전용 지지프레임을 사용할 것
• 와이어로프 설치각도는 수평면에서 60° 이내로 하되, 지지점은 4개소 이상으로 하고, 같은 각도로 설치할 것
• 와이어로프와 그 고정부위는 충분한 강도와 장력을 갖도록 설치하고, 와이어로프를 클립·샤클(Shackle) 등의 고정기구를 사용하여 견고하게 고정시켜 풀리지 않도록 하며, 사용 중에는 충분한 강도와 장력을 유지하도록 할 것
• 와이어로프가 가공전선에 근접하지 않도록 할 것

산업안전관리론

001
4회 출제

안전모의 성능시험항목에 따른 성능기준에서 AE, ABE종 안전모의 질량증가율이 1[%] 미만이어야 하는 항목은?

① 충격흡수성
② 내전압성
③ 내수성
④ 난연성

해설 | 안전인증대상 안전모의 시험성능기준

항목	시험성능기준
내관통성	AE, ABE종 안전모는 관통거리가 9.5[mm] 이하이고, AB종 안전모는 관통거리가 11.1[mm] 이하이어야 한다.
충격흡수성	최고전달충격력이 4,450[N]를 초과해서는 안 되며, 모체와 착장체의 기능이 상실되지 않아야 한다.
내전압성	AE, ABE종 안전모는 교류 20[kV]에서 1분간 절연파괴 없이 견뎌야 하고, 이때 누설되는 충전전류는 10[mA] 이하이어야 한다.
내수성	AE, ABE종 안전모는 질량증가율이 1[%] 미만이어야 한다.
난연성	모체가 불꽃을 내며 5초 이상 연소되지 않아야 한다.
턱끈풀림	150[N] 이상 250[N] 이하에서 턱끈이 풀려야 한다.

002
6회 출제

하인리히의 법칙에 따라 어느 사업장에서 당해연도에 330명의 재해자가 발생하였다면 무상해 사고는 몇 명인가?

① 29명
② 30명
③ 300명
④ 329명

해설 | 하인리히의 법칙(1 : 29 : 300의 법칙)

330번의 사고가 발생한다면 그 중에 중상해가 1건, 경상해가 29건, 무상해 사고가 300건 발생한다는 법칙이다.

003
11회 출제

다음 중 재해손실비에 있어 직접비용에 해당되지 않는 것은?

① 휴업급여
② 간병급여
③ 영업손실비용
④ 장례비

해설 | 직접손실비용과 간접손실비용

직접비 (법적으로 지급되는 산재보상비)		간접비 (직접비를 제외한 모든 비용)	
• 요양급여	• 휴업급여	• 인적손실	• 물적손실
• 장해급여	• 간병급여	• 생산손실	• 임금손실
• 유족급여	• 상병보상연금	• 시간손실	• 기타손실 등
• 장례비	• 직업재활급여		

004
3회 출제

산업안전보건법령에 따른 안전보건총괄책임자의 직무에 속하지 않는 것은?

① 도급 시 산업재해 예방조치
② 위험성평가의 실시에 관한 사항
③ 안전인증대상 기계와 자율안전확인대상 기계 구입 시 적격품의 선정에 관한 지도
④ 산업안전보건관리비의 관계수급인 간의 사용에 관한 협의 · 조정 및 그 집행의 감독

해설

'안전인증대상 기계와 자율안전확인대상 기계 구입 시 적격품의 선정에 관한 지도'는 안전관리자의 직무이다.

관련개념 | 안전보건총괄책임자의 직무

• 위험성평가의 실시에 관한 사항
• 산업재해 발생 위험 시 또는 중대재해 발생 시 작업의 중지
• 도급 시 산업재해 예방조치
• 산업안전보건관리비의 관계수급인 간의 사용에 관한 협의 · 조정 및 그 집행의 감독
• 안전인증대상 기계 등과 자율안전확인대상 기계 등의 사용 여부 확인

005

14회 출제

위험예지훈련 4라운드(Round) 중 목표설정 단계의 내용으로 가장 적절한 것은?

① 위험 요인을 찾아내고, 가장 위험한 것을 합의하여 결정한다.
② 가장 우수한 대책에 대하여 합의하고, 행동계획을 결정한다.
③ 브레인스토밍을 실시하여 어떤 위험이 존재하는가를 파악한다.
④ 가장 위험한 요인에 대하여 브레인스토밍 등을 통하여 대책을 세운다.

해설 **위험예지훈련 4라운드**

1라운드	현상파악	위험요인을 식별하는 단계
2라운드	본질추구	위험요인·문제점 발견 및 위험의 포인트를 결정하고 지적 확인하는 단계
3라운드	대책수립	위험요인을 극복하기 위한 대안 제시 단계
4라운드	목표설정	행동목표를 설정하는 단계

006

11회 출제

100명의 근로자가 근무하고 있는 어떤 화학공장에서 1일 8시간 연간 300일을 근무하고 있다. 일 년 동안 8명이 부상당하는 재해가 발생하여 219일의 휴업손실일수를 가져왔다면 총 요양 근로손실일수와 강도율은?

① 160일, 0.91
② 170일, 0.81
③ 180일, 0.75
④ 190일, 0.64

해설

· 총 요양 근로손실일수

$$근로손실일수 = 휴업일수 \times \frac{연\ 근로일수}{365} = 219 \times \frac{300}{365} = 180일$$

· 강도율

$$강도율 = \frac{총\ 요양\ 근로손실일수}{연\ 근로시간\ 수} \times 1,000$$

$$= \frac{180}{100 \times (8 \times 300)} \times 1,000 = 0.75$$

007

9회 출제

점검시기에 따른 안전점검의 종류가 아닌 것은?

① 정기점검
② 수시점검
③ 임시점검
④ 특수점검

해설 **실시시기에 따른 안전점검의 종류**

일상(수시)점검	매일 일의 시작이나 종료 시 또는 작업 중에 계속해서 실시하는 점검
정기(계획)점검	주기적으로 일정한 시설이나 물건, 기계 등에 대하여 점검하는 방법
특별점검	신설, 변경 내지는 고장수리 등을 할 경우에 행하는 부정기 점검
임시점검	이상징후 예견 시 임시로 실시하는 점검

008

2회 출제

재해 예방을 위한 대책 중 기술적 대책(Engineering)에 해당하지 않는 것은?

① 안전 설계
② 점검 보존의 확립
③ 환경설비의 개선
④ 안전수칙의 준수

해설

'안전수칙의 준수'는 관리적 대책 또는 감독 철저(Enforcement)에 해당된다.

009

4회 출제

다음 중 건설현장에서 사용하는 크레인의 안전검사의 주기로 옳은 것은? (단, 이동식 크레인은 제외한다.)

① 최초 설치한 날부터 1개월마다 실시하여야 한다.
② 최초 설치한 날부터 3개월마다 실시하여야 한다.
③ 최초 설치한 날부터 6개월마다 실시하여야 한다.
④ 최초 설치한 날부터 1년마다 실시하여야 한다.

해설 안전검사의 주기

구분	주기
크레인(이동식 크레인 제외), 리프트(이삿짐운반용 리프트 제외), 곤돌라	• 설치가 끝난 날부터 3년 이내 최초 안전검사 실시 • 최초 안전검사 실시 이후 2년마다 실시 ※ 건설현장에 사용하는 것은 최초 설치한 날부터 6개월마다 실시
이동식 크레인, 이삿짐운반용 리프트, 고소작업대	• 자동차관리법에 따른 신규등록 이후 3년 이내 최초 안전검사 실시 • 최초 안전검사 실시 이후 2년마다 실시
프레스, 전단기, 압력용기, 국소배기장치, 원심기, 롤러기, 사출성형기, 컨베이어, 산업용 로봇	• 설치가 끝난 날부터 3년 이내 최초 안전검사 실시 • 최초 안전검사 실시 이후 2년마다 실시 ※ 공정안전보고서를 제출하여 확인을 받은 압력용기는 4년마다 실시

010

2회 출제

가죽제 발보호 안전화의 성능시험을 실시할 때 꼭 포함되지 않아도 되는 것은?

① 내압박성시험 　　② 내충격성시험
③ 내전압성시험 　　④ 박리저항시험

해설

'내전압성시험'은 절연장화의 시험성능기준이다.

관련개념 가죽제안전화의 시험성능기준

• 은면결렬 시험
• 선심의 내부길이
• 겉창 시편의 채취방법
• 내유성시험
• 내충격성시험
• 내답발성시험

• 인열강도 시험
• 내부식성 시험
• 인장강도 시험 및 신장율
• 내압박성시험
• 박리저항시험

011

11회 출제

강도율 "5"의 뜻으로 옳은 것은?

① 1,000인당 5년의 재해 건수
② 1,000인 작업 시 5인의 사상자 수
③ 1,000시간당 5일의 근로손실일
④ 100만 시간당 5건의 재해건수

해설

강도율은 근로시간 합계 1,000시간당 재해로 인한 근로손실일수이므로 강도율 "5"는 1,000시간당 5일의 근로손실일을 의미한다.

관련개념 강도율(SR; Severity Rate of Injury)

근로시간 합계 1,000시간당 재해로 인한 근로손실일수이다.

$$강도율 = \frac{총 요양 근로손실일수}{연 근로시간 수} \times 1,000$$

012

8회 출제

산업안전보건법령에 따른 산업안전보건위원회의 구성에 있어 사용자위원에 해당하지 않는 자는?

① 안전관리자
② 명예산업안전감독관
③ 해당 사업의 대표자가 지명한 9인 이내 해당 사업장 부서의 장
④ 보건관리자의 업무를 위탁한 경우 대행기관의 해당 사업장 담당자

해설 산업안전보건위원회의 구성

근로자 위원	• 근로자대표 • 명예산업안전감독관이 위촉되어 있는 사업장의 경우 근로자대표가 지명하는 1명 이상의 명예산업안전감독관 • 근로자대표가 지명하는 9명 이내의 해당 사업장의 근로자
사용자 위원	• 해당 사업의 대표자 • 안전관리자 1명(안전관리자의 업무를 안전관리전문기관에 위탁한 경우 그 기관의 해당 사업장 담당자) • 보건관리자 1명(보건관리자의 업무를 보건관리전문기관에 위탁한 경우 그 기관의 해당 사업장 담당자) • 산업보건의 • 해당 사업의 대표자가 지명하는 9명 이내의 해당 사업장 부서의 장

013

보행 중 작업자가 바닥에 미끄러지면서 주변의 상자와 머리를 부딪침으로서 머리에 상처를 입었다. 이 사고에서 기인물에 해당하는 것은?

① 바닥
② 상자
③ 바닥과 상자
④ 머리

해설

재해발생의 주 원인은 바닥(기인물)이고, 직접적인 피해를 준 물체는 상자(가해물)이다.

관련개념 기인물과 가해물

- 기인물: 재해발생의 주 원인이며 재해를 가져오게 한 근원이 되는 기계, 장치, 물질 또는 환경 등(불안전한 상태)
- 가해물: 직접 사람에게 접촉하여 피해를 주는 기계, 장치, 물질 또는 환경 등

014

산업안전보건기준에 관한 규칙에 따른 크레인, 이동식 크레인, 리프트(간이리프트 포함)를 사용하여 작업을 할 때 작업시작 전에 공통적으로 점검해야 하는 사항은?

① 바퀴의 이상 유무
② 전선 및 접속부 상태
③ 브레이크 및 클러치의 기능
④ 작업면의 기울기 또는 요철 유무

해설 작업시작 전 점검사항

작업의 종류	점검사항
크레인	• 권과방지장치 · 브레이크 · 클러치 및 운전장치의 기능 • 주행로의 상측 및 트롤리가 횡행하는 레일의 상태 • 와이어로프가 통하고 있는 곳의 상태
이동식 크레인	• 권과방지장치 또는 그 밖의 경보장치의 기능 • 브레이크 · 클러치 및 조정장치의 기능 • 와이어로프가 통하고 있는 곳 및 작업장소의 지반상태
리프트	• 방호장치 · 브레이크 및 클러치의 기능 • 와이어로프가 통하고 있는 곳의 상태

015

다음에서 설명하는 위험예지훈련 단계는?

- 위험요인을 찾아내는 단계
- 가장 위험한 것을 합의하여 결정하는 단계

① 현상파악
② 본질추구
③ 대책수립
④ 목표설정

해설 위험예지훈련 4라운드

1라운드	현상파악	위험요인을 식별하는 단계
2라운드	본질추구	위험요인 · 문제점 발견 및 위험의 포인트를 결정하고 지적 확인하는 단계
3라운드	대책수립	위험요인을 극복하기 위한 대안 제시 단계
4라운드	목표설정	행동목표를 설정하는 단계

016

연평균 근로자수가 1,100명인 사업장에서 한 해 동안 17명의 사상자가 발생하였을 경우 연천인율은 약 얼마인가? (단, 근로자가 1일 8시간, 연간 250일을 근무하였다.)

① 7.73
② 13.24
③ 15.45
④ 18.55

해설 연천인율

근로자 1,000명당 연간 발생하는 재해자수이다.

$$연천인율 = \frac{연간재해자수}{연평균 \ 근로자수} \times 1,000 = \frac{17}{1,100} \times 1,000 = 15.45$$

017

건설기술 진흥법령상 안전관리계획을 수립해야 하는 건설공사에 해당하지 않는 것은?

① 높이가 21[m]인 비계를 사용하는 건설공사
② 지하 15[m]를 굴착하는 건설공사
③ 15층 건축물의 리모델링
④ 항타 및 항발기가 사용되는 건설공사

해설

건설기술 진흥법령상 높이 31[m] 이상인 비계를 사용하는 건설공사가 안전관리계획 수립 대상에 해당하므로 높이가 21[m]인 비계를 사용하는 건설공사는 해당하지 않는다.

관련개념 건설기술 진흥법령상 안전관리계획 수립 대상 건설공사

• 시설물의 안전 및 유지관리에 관한 특별법에 따른 1종시설물 및 2종시설물의 건설공사
• 지하 10[m] 이상을 굴착하는 건설공사
• 폭발물을 사용하는 건설공사로서 20[m] 안에 시설물이 있거나 100[m] 안에 사육하는 가축이 있어 해당 건설공사로 인한 영향을 받을 것이 예상되는 건설공사
• 10층 이상 16층 미만인 건축물의 건설공사
• 10층 이상인 건축물의 리모델링 또는 해체공사
• 주택법에 따른 수직증축형 리모델링
• 건설기계관리법에 따라 등록된 천공기(높이 10[m] 이상), 항타 및 항발기, 타워크레인이 사용되는 건설공사
• 다음의 가설구조물을 사용하는 건설공사
  – **높이 31[m] 이상인 비계**, 브라켓 비계
  – 작업발판 일체형 거푸집 또는 높이가 5[m] 이상인 거푸집 및 동바리
  – 터널의 지보공 또는 높이가 2[m] 이상인 흙막이 지보공
  – 동력을 이용하여 움직이는 가설구조물, 높이 10[m] 이상에서 외부작업을 하기 위하여 작업발판 및 안전시설물을 일체화하여 설치하는 가설구조물, 공사현장에서 제작하여 조립·설치하는 복합형 가설구조물
  – 그 밖에 발주자 또는 인·허가기관의 장이 필요하다고 인정하는 가설구조물

018

작업자가 기계 등의 취급을 잘못해도 사고가 발생하지 않도록 방지하는 기능은?

① Back up 기능
② Fail Safe 기능
③ 다중계화 기능
④ Fool Proof 기능

해설

Fail Safe는 기계오류 관점의 사고예방 개념이고, Fool Proof는 인간행동 오류 관점의 사고예방 개념이다.

관련개념 Fail Safe와 Fool Proof

Fail Safe	• 기계, 기계 부품에 파손·고장이나 기능의 불량이 발생해도 안전하게 작동할 수 있는 구조와 기능 • 비행기 운항 중 하나의 엔진이 고장나면 다른 하나의 엔진으로 정상적인 운행 가능 • 석유난로가 기울어졌을 때를 대비하여 자동 소화기능 내장
Fool Proof	• 작업자의 기계 오조작 또는 실수가 있어도 기계설비의 안전기능이 작동되어 재해를 방지하는 기능 • 프레스의 경우 실수하여 손이 금형 사이로 들어갔을 때 슬라이드의 하강 정지 • 승강기가 과부하되었을 때 경보가 울리고 운행 정지

019

재해사례연구의 진행단계로 옳은 것은?

㉠ 사실의 확인	㉡ 대책의 수립
㉢ 문제점의 발견	㉣ 문제점의 결정
㉤ 재해 상황의 파악	

① ㉢ → ㉤ → ㉠ → ㉣ → ㉡
② ㉢ → ㉤ → ㉣ → ㉠ → ㉡
③ ㉤ → ㉢ → ㉠ → ㉣ → ㉡
④ ㉤ → ㉠ → ㉢ → ㉣ → ㉡

해설 재해사례 연구순서

• 전제조건: 재해 상황의 파악
• 제1단계: 사실의 확인
• 제2단계: 문제점 발견
• 제3단계: 근본적 문제점 결정
• 제4단계: 대책수립

020
4회 출제

산업안전보건법령상 해당 사업장의 연간 재해율이 같은 업종의 평균재해율의 2배 이상인 경우 사업주에게 관리자를 정수 이상으로 증원하게 하거나 교체하여 임명할 것을 명할 수 있는 자는?

① 시 · 도지사
② 고용노동부장관
③ 국토교통부장관
④ 지방고용노동관서의 장

해설

지방고용노동관서의 장은 사업주에게 안전관리자를 정수 이상으로 증원하게 하거나 교체하여 임명할 것을 명할 수 있다.

관련개념 안전관리자 등의 증원 · 교체임명 명령 사유
- 해당 사업장의 연간재해율이 같은 업종의 평균재해율의 2배 이상인 경우
- 중대재해가 연간 2건 이상 발생한 경우
- 관리자가 질병이나 그 밖의 사유로 3개월 이상 직무를 수행할 수 없게 된 경우
- 화학적 인자로 인한 직업성 질병자가 연간 3명 이상 발생한 경우

산업심리 및 교육

021
7회 출제

다음 중 바이오리듬 이론에서 지성적 사고능력이 뛰어난 지성적 리듬의 주기 일수는?

① 23일   ② 28일
③ 30일   ④ 33일

해설 생체리듬(바이오리듬)의 분류

육체적(신체적) 리듬 (P. Physical)	신체의 물리적인 상태를 나타내는 리듬으로, 청색 실선으로 표시하며 23일의 주기이다.
감성적 리듬 (S. Sensitivity)	기분이나 신경계통의 상태를 나타내는 리듬으로, 적색 점선으로 표시하며 28일의 주기이다.
지성적 리듬 (I, Intellectual)	기억력, 인지력, 판단력 등을 나타내는 리듬으로, 녹색 일점쇄선으로 표시하며 33일의 주기이다.

022
4회 출제

심리검사의 특징 중 측정하고자 하는 것을 실제로 잘 측정하는지 여부를 판단하는 것을 무엇이라 하는가?

① 타당성   ② 신뢰성
③ 무오염성   ④ 적절성

해설 심리검사의 구비요건
- 타당성: 측정하고자 하는 것을 실제로 잘 측정했는지의 여부를 판별하는 것이다.
- 신뢰성: 측정하고자 하는 것을 얼마나 일관성 있게 측정하는지의 정도이다.

023

기업 내 정형교육 가운데 작업의 개선방법 및 사람을 다루는 방법, 작업을 가르치는 방법 등을 교육내용으로 하는 것은?

① CCS(Civil communication section)

② MTP(Management training program)

③ TWI(Training within industry)

④ ATT(American telephone & telegraph co)

해설 **TWI(Training Within Industry for Supervisor)**

• 인간관계를 개선하고 생산성을 향상시키기 위해 일선 관리감독자를 대상으로 하는 훈련법이다.

• 작업지도(Job Instruction), 작업방법(개선)(Job Method), 인간관계(Job Relation), 작업안전(Job Safety)을 훈련한다.

024

안전교육 학습지도법의 단계 중 그 순서가 옳게 나열된 것은?

① 준비 – 교시 – 연합 – 총괄 – 응용

② 준비 – 연합 – 교시 – 응용 – 총괄

③ 총괄 – 연합 – 교시 – 응용 – 준비

④ 응용 – 준비 – 연합 – 총괄 – 교시

해설 **하버드 학파의 5단계 교수법**

• 1단계 : 준비(Preperation)

• 2단계 : 교시(Presentation)

• 3단계 : 연합(Association)

• 4단계 : 총괄(Generalization)

• 5단계 : 응용(Application)

025

다음 중 바이오리듬의 설명 중 맞는 것은?

① 체온은 주간에 상승, 야간에 감소한다.

② 혈액의 수분량은 주간에 증가, 야간에 감소한다.

③ 피로의 자각증상은 주간에 증가, 야간에 감소한다.

④ 체중은 주간에 감소, 야간에 증가한다.

해설 **생체리듬의 특징**

• 체온 · 혈압 · 맥박수는 주간에 상승하고 야간에 감소한다.

• 혈액의 수분과 염분량은 주간에 감소하고 야간에 증가한다.

• 체중은 주간작업보다 야간작업일 때 더 많이 감소한다.

• 피로의 자각증상은 주간보다 야간에 더 두드러진다.

026

데이비스(K. Davis)의 동기부여이론에서 인간의 성과는?

① 지식×기능

② 상황×태도

③ 인간조건×환경조건

④ 능력×동기유발

해설 **데이비스(K. Davis)의 동기부여이론**

• 능력(Ability)=지식(Knowledge)×기능(Skill)

• 동기유발(Motivation)=상황(Situation)×태도(Attitude)

• 인간의 성과(Human Performance)=능력(Ability)×동기유발(Motivation)

• 경영의 성과=인간의 성과×물질적 성과

027

토의식 교육방법 중 몇 사람의 전문가에 의하여 과제에 관한 견해가 발표된 뒤 참가자로 하여금 의견이나 질문을 하게하여 토의하는 방식은 다음 중 어느 것인가?

① 패널 디스커션(Panel discussion)
② 심포지엄(Symposium)
③ 포럼(Forum)
④ 버즈세션(Buzz session)

해설 **토의법의 종류**

포럼 (Forum)	새로운 자료나 교재를 제시하고 문제점을 피교육자로 하여금 제기하게 하거나 피교육자의 의견을 다양한 방법으로 발표하게 하여 청중과 토론자 간 의견교환으로 합의를 도출해내는 방법
패널 디스커션 (Panel Discussion)	참가자 앞에서 소수의 전문가들이 과제에 관한 견해를 발표하고 토론한 뒤 참가자 전원이 참가하여 사회자의 사회에 따라 토의하는 방법
심포지엄 (Symposium)	**몇 사람의 전문가에 의하여 과제에 관한 견해를 발표한 뒤에 참가자로 하여금 의견이나 질문을 하게 하여 토의하는 방법**
버즈세션 (Buzz Session)	6명씩 소집단으로 구분하고, 집단별로 각각의 사회자를 선발하여 6분씩 자유토의를 행한 후 의견을 종합하는 방법으로 6−6회의라고도 함

028

직무분석의 방법으로 맞지 않는 것은?

① 면접법
② 강의법
③ 질문지법
④ 일지작성법

해설

강의법은 교육방법을 의미한다.

관련개념 **직무분석(Job Analysis)의 방법**

면접법	업무에 대한 이해도가 높은 작업자와의 면담을 통하여 직무를 분석하는 방법으로 자료의 수집에 많은 시간과 노력이 들고, 정량화된 정보를 얻기 힘들다.
관찰법	근로자의 작업수행 과정을 상세하게 관찰하는 방법으로 자료의 수집에 많은 시간과 노력이 들고, 정량화된 정보를 얻기가 힘들어 많은 시간이 소요되는 직무에는 적용이 곤란하다.
설문지법	많은 사람들로부터 짧은 시간 내에 정보를 얻을 수 있고, 양적인 정보를 얻을 수 있다.
중요사건법	직무행동 가운데 효과적인 행동과 비효과적인 행동을 구분하여 사례를 수집한 후 효과적인 행동패턴을 추출하는 방법이다.
일지작성법	작업수행 내역을 일정한 형식으로 기록하여 이를 분석하는 방법이다.
직무수행법	직무분석자가 직접 해당 직무를 수행하며 정보를 수집하는 방법으로 실무 기반 정보 수집에 유리하나 전문성과 긴 시간이 요구된다.

029

안전교육 방법 중 피교육자의 동작과 직접적으로 관련있는 교육방식은?

① 강의식
② 토의식
③ 문답식
④ 실연식

해설 **실연법**

• 학습자가 이미 알고 있는 지식이나 기능을 강사의 감독 하에 **직접 연습하여 적용할 수 있도록** 하는 교육방법이다.
• 수업의 중간이나 마지막 단계에 행하며 언어학습이나 문제해결 학습에 효과적이다.

030

1회 출제

작업자 자신이 자기의 부주의 이외에 제반 오류의 원인을 생각함으로써 개선을 하도록 하는 과오원인 제거 기법은?

① TBM　　　　　② STOP
③ BS　　　　　④ ECR

해설　ECR(Error Cause Removal)
작업자 스스로 본인의 부주의와 제반 오류의 원인을 생각함으로써 작업을 개선하는 과오원인 제거 기법이다.

031

5회 출제

직장규율, 안전규율 등을 몸에 익히기에 적합한 교육의 종류에 해당하는 것은?

① 지식교육　　　　　② 태도교육
③ 기능교육　　　　　④ 문제해결교육

해설　태도교육(안전교육의 제3단계)
• 생활지도, 작업동작지도 등을 통한 안전의 습관화를 위한 교육이다.
• 안전한 방법을 알고는 있으나 시행하지 않는 사람에게 직장규율, 안전규율 등을 익히게 한다.

032

2회 출제

현장관리 감독자 교육을 위하여 바람직한 방식은?

① 강의식(Lecture method)
② 토의식(Discussion method)
③ 실연식(Performance method)
④ 시범(Demonstration method)

해설　토의법(Discussion Method)
• 안전교육의 방법 중 전개단계에서 가장 효과적인 수업방법이다.
• 참여자들의 대화를 통해서 교육이 진행되는 교육방식이다.
• 현장의 관리감독자 교육을 위하여 가장 바람직한 교육방식이다.
• 도입, 제시, 적용, 확인단계 중 적용단계에서 가장 많은 시간이 소요된다.
• 알고 있는 지식을 심화시키거나 어떠한 자료에 대해 명료한 생각을 갖추는 데 적합한 교육방법이다.
• 개방적인 의사소통과 협조적인 분위기 속에서 학습자의 적극적 참여가 가능하다.
• 준비와 계획단계뿐만 아니라 진행 과정에서도 많은 시간이 소요된다.
• 집단 활동의 기술을 개발하고 민주적 태도를 배울 수 있다.

033

3회 출제

단조로운 업무가 장시간 지속될 때 작업자의 감각기능 및 판단능력이 둔화 또는 마비되는 현상은?

① 착각현상　　　　　② 망각현상
③ 피로현상　　　　　④ 감각차단현상

해설　감각차단현상
• 단조로운 업무가 장시간 지속될 때 주로 발생한다.
• 작업자의 감각기능 및 판단능력이 둔화 또는 마비된다.

관련개념
• 착각현상: 감각적으로 물리현상을 왜곡하는 지각 오류이다.
• 망각현상: 경험과 학습된 행동을 작업에 적용하지 아니하여 경험의 내용이나 인상이 약해지거나 소멸되는 현상이다.
• 피로현상: 육체적, 정신적 피로에 의해 집중력 저하나 기억력 감퇴 등이 유발되는 현상이다.

034

8회 출제

실제로는 움직임이 없으나 시각적으로 움직임이 있는 것처럼 느끼는 심리적인 현상으로 옳은 것은?

① 잔상효과　　　　　② 가현운동
③ 후광효과　　　　　④ 기하학적 착시

해설　운동의 착각현상
• 자동운동: 암실 내의 정지된 소광점을 응시하고 있으면 그 광점이 움직이는 것처럼 보이는 현상이다.
• 유도운동: 실제로 움직이지 않는 것이 어느 기준의 이동에 의하여 움직이는 것처럼 느껴지는 현상이다.
• 가현운동: 실제로는 움직이지 않는데 움직이는 것처럼 느껴지는 심리적인 현상이다.

035

부주의의 발생 원인 중 내적 조건에 속하는 것은?

① 의식의 우회
② 작업조건의 악화
③ 환경조건의 악화
④ 작업순서의 부자연성

해설 **부주의 발생의 요인**

내적요인	• 경험 부족 및 미숙련 • 의식의 우회 • 소질적 문제	
외적요인	• 작업순서의 부자연성 • 기상조건	• 작업 및 환경조건 불량 • 작업강도

036

프로그램 학습법(Programmed self-instruction method)의 장점이 아닌 것은?

① 학습자의 사회성을 높이는 데 유리하다.
② 한 강사가 많은 수의 학습자를 지도할 수 있다.
③ 지능, 학습적성, 학습속도 등 개인차를 충분히 고려할 수 있다.
④ 매 반응마다 피드백이 주어지기 때문에 학습자가 흥미를 갖는다.

해설 **프로그램 학습법(Programmed Self-instruction Method)**

장점	• 학습자의 학습내용 습득여부를 즉각적으로 피드백 받을 수 있다. • 많은 수의 학습자를 지도할 수 있다. • 학습속도, 지능, 학습적성 등 개인차를 충분히 고려할 수 있다. • 매 반응마다 피드백이 주어지기 때문에 학습자가 흥미를 갖는다.
단점	• 수강생의 사회성이 결여되기 쉽다. • 교재개발에 많은 시간과 노력이 든다.

037

Maslow,A.H의 욕구단계를 기초욕구부터 순차적으로 올바르게 연결한 것은?

① 신체적 욕구 – 자기실현 욕구 – 존경의 욕구 – 귀속의 욕구 – 안전의 욕구
② 안전의 욕구 – 자기실현 욕구 – 존경의 욕구 – 귀속의 욕구 – 신체적 욕구
③ 신체적 욕구 – 안전의 욕구 – 사회욕구 – 존경의 욕구 – 자기실현 욕구
④ 신체적 욕구 – 사회욕구 – 안전의 욕구 – 존경의 욕구 – 자기실현 욕구

해설 **매슬로우(Maslow)의 욕구이론**
• 인간의 욕구는 생리적 욕구 → 안전의 욕구 → 사회적 욕구 → 존경(인정)의 욕구 → 자아실현의 욕구 순으로 발생한다.
• 인간의 가장 기본적인 욕구에서 시작하여 상위 욕구로 올라가면서 자신의 욕구를 체계적으로 충족시킨다.

038

스트레스에 영향을 미치는 직무관련 요인이 아닌 것은?

① 역할 갈등
② 역할 상실
③ 역할 모호성
④ 역할 과중

해설 **조직에 의한 스트레스 요인**
• 역할 갈등: 조직에서 2가지 이상의 요구가 동시에 발생했을 때의 갈등 상황이다.
• 역할 과부하: 역할 수행자에 대한 요구가 개인의 능력을 초과하거나 주어진 시간과 능력이 허용하는 것 이상을 달성하도록 요구받아서 성급함과 부주의가 발생하는 상황이다.
• 역할 모호성: 개인의 역할이나 업무의 담당에 대해 명확하게 지정되지 않았을 때 발생하는 상황을 말한다.

039

2회 출제

직무수행평가를 위해 개발된 척도 가운데 척도상의 점수에 그 점수를 설명하는 구체적 직무행동 내용이 제시된 것은?

① 행동기준평정척도(BARS)
② 행동관찰척도(BOS)
③ 행동기술척도(BDS)
④ 행동내용척도(BCS)

해설

직무수행평가를 위해 개발된 척도에는 크게 행동기준평정척도(BARS)와 행동관찰척도(BOS)가 있다.

- **행동기준평정척도(BARS; Behaviorally Anchored Rating Scale)**
  - 중요사례를 척도화한 평가기준을 사용하는 직무수행평가 평정척도이다.
  - 척도상의 점수에 그 점수를 설명하는 구체적 직무행동 내용을 제시하여 평가한다.
- 행동관찰척도(BOS; Behavioral Observation Scale)
  - 평가의 기준점으로 제시된 구체적인 행위에 대해 피평가자가 수행한 빈도를 측정하는 평가기법이다.

040

7회 출제

안전사고와 관련있는 인간의 심리적인 5대 요소가 아닌 것은?

① 지능
② 동기
③ 감정
④ 습성

해설 산업안전심리의 5요소

동기(Motive)	감각에 의한 자극에서 일어난 사고의 결과로서 사람의 마음을 움직이는 원동력이 된다.
기질(Temper)	감정적인 경향이나 반응과 관계되는 성격의 한 측면이다.
감정(Emotion)	어떤 행동을 할 때 생기는 주관적인 동요를 뜻한다.
습성(Habits)	일정한 생활양식으로 본능, 학습, 조건반사 등에 따라 형성된다.
습관(Custom)	성장과정을 통해 개인에게 형성된 특성 등이 무의식 중에 나타나는 규칙적인 행동이다.

인간공학 및 시스템안전공학

041

1회 출제

다음 중 반응시간이 가장 느린 감각은?

① 청각
② 시각
③ 미각
④ 통각

해설 인간의 감각기관의 자극에 대한 반응속도

청각(0.17초) → 촉각(0.18초) → 시각(0.20초) → 미각(0.29초) → 통각(0.70초)

042

9회 출제

시스템 안전분석 기법 중 시스템 디자인 단계에서 처음으로 사용되는 것은?

① FTA
② FHA
③ PHA
④ OHA

해설 예비위험분석(PHA; Preliminary Hazard Analysis)

시스템 내의 위험요소가 얼마나 위험상태에 있는가를 평가하는 시스템 안전 프로그램에서 최초단계(시스템 구상단계)의 분석 방식(정성적)이다.

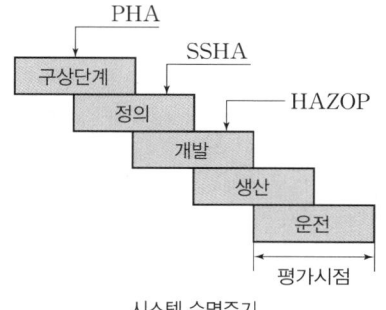

시스템 수명주기

043

3회 출제

제어장치의 레버를 2[cm] 이동시켰더니 표시장치의 지침이 8[cm] 이동하였다. 이 계기의 통제표시비(C/D)는 얼마인가?

① 0.15   ② 0.25

③ 0.35   ④ 0.45

해설

통제표시비(C/D비)$=\dfrac{2}{8}=0.25$

관련개념 조정-반응 비율(통제표시비, C/D비)

조정-반응 비율 $=\dfrac{\text{통제기기의 변위량}}{\text{표시계기지침의 변위량}}$

044

4회 출제

4[m] 거리에서 조도가 60[lux]라면 2[m]에서는 조도가 얼마인가?

① 150[lux]   ② 240[lux]

③ 320[lux]   ④ 480[lux]

해설

조도는 거리의 제곱에 반비례하므로 2[m] 떨어진 곳의 조도를 x라 하면

$60 : x = \dfrac{1}{4^2} : \dfrac{1}{2^2}$

$\dfrac{60}{2^2} = \dfrac{x}{4^2}$

$x = \dfrac{60 \times 4^2}{2^2} = 240[lux]$

관련개념 조도

- 거리의 제곱에 반비례하고, 광속에 비례한다.
- 조도는 어떤 물체나 대상면에 도달하는 빛의 양을 말한다.
- 반사체의 반사율과는 상관없이 일정한 값을 가진다.

045

3회 출제

시스템 안전분석 방법 중 예비위험분석(PHA) 단계에서 식별하는 4가지 범주에 속하지 않는 것은?

① 위기상태   ② 무시가능상태

③ 파국적상태   ④ 예비조치상태

해설 예비위험분석(PHA; Preliminary Hazard Analysis)

- 시스템 내의 위험요소가 어떤 위험상태에 있는가를 평가하는 시스템 안전 프로그램에서 최초단계(시스템 구상단계)의 분석 방식(정성적)이다.
- 위험의 정도는 파국(Catastrophic), 중대(Critical), 위기-한계(Marginal), 무시가능(Negligible)의 4가지 범주로 분류할 수 있다.

046

3회 출제

다음 중 인간공학의 목적이라고 할 수 없는 것은?

① 안전성 향상과 사고방지

② 작업의 능률성과 생산성 향상

③ 환경의 쾌적성

④ 인간의 신뢰성 회복

해설

인간의 신뢰성 회복은 인간공학의 목적과는 관계가 없다.

관련개념 인간공학

- 인간의 특성과 한계 능력을 공학적으로 분석, 평가하여 이를 복잡한 체계의 설계에 응용하고 효율을 최대로 활용할 수 있도록 하는 학문분야이다.
- 인간이 사용하는 물건, 설비, 환경의 설계에 인간의 생리적, 심리적인 면에서의 특성이나 한계점을 고려함으로써 인간-기계 시스템의 안전성과 편리성, 효율성을 높이는 학문분야이다.
- 인간의 능력과 한계의 개인차를 고려하여 시스템의 설계에 반영한다.
- 인간공학의 목표는 시스템의 기능적 효과, 효율 및 인간 가치를 향상시키는 것이다.

2023년 1회

047

Chapanis는 위험분석을 확률과 영향 두 가지 요소를 고려하여 확률수준과 그에 따른 위험발생율을 객관화 하였는데 "가끔 발생하는(occasional)" 발생빈도의 확률로 옳은 것은?

① 발생빈도 $> 10^{-2}/day$
② 발생빈도 $> 10^{-3}/day$
③ 발생빈도 $> 10^{-4}/day$
④ 발생빈도 $> 10^{-5}/day$

해설 차파니스의 위험평점척도법

빈도	평점	확률 및 내용
자주	6	$> 10^{-2}/day$, 때때로 일어남
보통	5	$> 10^{-3}/day$, 한 항목의 수명 중 수회 일어남
가끔	4	$> 10^{-4}/day$, 한 항목의 수명 중 드물게 일어남
거의 발생하지 않는	3	$> 10^{-5}/day$, 그리 일어날 것 같지 않음
극히 발생할 것 같지 않는	2	$> 10^{-6}/day$, 발생확률이 0에 가까움
전혀 발생하지 않는	1	$> 10^{-8}/day$, 물리적으로 발생 불가능

048

공장설비를 예방보전에 의하여 방지할 수 있는 고장은 무엇인가?

① 초기고장
② 우발고장
③ 마모고장
④ 랜덤고장

해설 고장률의 유형

• 초기고장(감소형): 제조가 불량하거나 생산과정에서 품질관리가 안 되어서 생기는 고장이다.
  – 디버깅(Debugging) 기간: 초기고장의 결함을 찾아내어 고장률을 안정시키는 기간이다.
  – 번인(Burn-in) 기간: 초기에 장시간 움직여보고 그동안에 고장난 것을 Screening하여 제거시키는 기간이다.
• 우발고장(일정형): 실제 사용하는 상태에서 발생하는 고장으로 예측할 수 없는 랜덤의 간격으로 생기는 고장이다.
• 마모고장(증가형): 설비 또는 장치가 수명을 다하여 생기는 고장으로 이 시기의 예방대책은 예방보전(PM)이다.

049

다음 중 인간–기계 체계의 주목적은?

① 피로의 경감
② 경제성과 보전성
③ 신뢰성 향상과 사용도 확보
④ 안전의 최대화와 능률의 극대화

해설 인간–기계 체계

• 인간–기계 체계의 주목적은 안전의 최대화와 능률의 극대화이다.
• 인간–기계 체계의 기본기능: 정보입력기능, 감지기능, 정보처리 및 의사결정기능, 행동기능, 정보보관기능, 출력기능 등

050

다음 그림과 같은 시스템의 신뢰도는 약 얼마인가? (단, 부품 1, 2, 3의 신뢰도는 0.50이고, 부품 4, 5의 신뢰도는 0.90이다.)

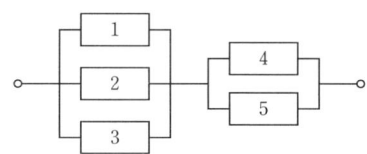

① 0.62
② 0.74
③ 0.87
④ 0.99

해설

전체 시스템은 부품 1, 2, 3의 병렬연결과 부품 4, 5의 병렬연결이 직렬로 연결되어 있는 구조이다.

$R = $(부품 1, 2, 3의 병렬연결)×(부품 4, 5의 병렬연결)
$= (1-(1-R_1)×(1-R_2)×(1-R_3))×(1-(1-R_4)×(1-R_5))$
$= (1-(1-0.5)×(1-0.5)×(1-0.5))×(1-(1-0.9)×(1-0.9))$
$= 0.875×0.99 = 0.87$

051

3회 출제

다음 중 4지선다형 문제의 정보량은 얼마인가?

① 1[bit] 　　　　　② 2[bit]

③ 3[bit] 　　　　　④ 4[bit]

해설

대안이 4개이므로 정보량$=\log_2 n=\log_2 4=2$[bit]

관련개념 정보량

- 대안이 n개인 경우의 정보량: $\log_2 n=\log_2 \dfrac{1}{P(\text{확률})}$

- 여러 대안이 발생할 경우 총 정보량: Σ(개별 확률×개별 정보량)

052

6회 출제

시스템의 수명 및 신뢰성에 관한 설명으로 틀린 것은?

① 병렬설계 및 디레이팅 기술로 시스템의 신뢰성을 증가 시킬 수 있다.

② 직렬시스템에서는 부품들 중 최소 수명을 갖는 부품에 의해 시스템 수명이 정해진다.

③ 수리가 가능한 시스템의 평균 수명(MTBF)은 평균 고 장률(λ)과 정비례 관계가 성립한다.

④ 수리가 불가능한 구성요소로 병렬구조를 갖는 설비는 중복도가 늘어날수록 시스템 수명이 길어진다.

해설 시스템의 수명 및 신뢰성

- 병렬설계 및 디레이팅 기술로 시스템의 신뢰성을 증가시킬 수 있다.
- 병렬시스템에서는 부품들 중 최대 수명을 갖는 부품에 의해 시스템 수명이 결정된다.
- 직렬시스템에서는 부품들 중 최소 소명을 갖는 부품에 의해 시스템 수명이 결정된다.
- 수리가 가능한 시스템의 평균 수명(MTBF)은 평균 고장률(λ)과 반비례 관계가 성립한다.
- 수리가 불가능한 구성요소로 병렬구조를 갖는 설비는 중복도가 늘어날수록 시스템 수명이 길어진다.

053

3회 출제

다음 중 인체계측자료의 응용원칙에 있어 조절 범위에서 수용하는 통상의 범위는 몇 [%tile] 정도인가?

① 5~95[%tile] 　　② 20~80[%tile]

③ 30~70[%tile] 　　④ 40~60[%tile]

해설

조절 범위에서 수용하는 통상의 범위는 5~95[%tile]이다.

054

2회 출제

다음 중 소음에 관한 설명으로 틀린 것은?

① 강한 소음에 노출되면 부신 피질의 기능이 저하된다.

② 소음이란 주어진 작업의 존재나 완수와 정보적인 관련 이 없는 청각적 자극이다.

③ 가청범위에서 청력손실은 15,000[Hz] 근처의 높은 영 역에서 가장 크게 나타난다.

④ 90[dB(A)] 정도의 소음에서 오랜 시간 노출되면 청력 장애를 일으키게 된다.

해설

소음에 의한 청력손실이 가장 크게 나타나는 주파수는 4,000[Hz]이다.

055

6회 출제

체계가 감지, 정보보관, 정보처리 및 의식결정, 행동을 포함 한 모든 임무를 수행하는 체계는 다음 중 어느 체계인가?

① 수동 체계 　　　　② 기계화 체계

③ 자동 체계 　　　　④ 반자동 체계

해설 인간-기계 시스템(체계)

수동 체계	자신의 신체적인 힘을 동력원으로 사용하여 작업을 통제하는 인간 사용자와 결합(수공구 또는 그 밖의 보조물 사용)
기계화 체계 (반자동 체계)	운전자가 조종장치를 사용하여 통제하며 동력은 전형적으로 기계가 제공
자동화 체계	기계가 감지, 정보처리, 의사결정 등 행동을 포함한 모든 임무를 수행하고 인간은 감시, 프로그래밍, 정비유지 등의 기능을 수행

056

평균 고장시간이 10,000시간인 지수분포를 따르는 요소 10개가 직렬계로 구성되어 있는 경우 계의 기대수명은?

① 1,000시간
② 5,000시간
③ 10,000시간
④ 100,000시간

해설

평균수명이 t인 부품 n개를 직렬로 구성하였을 때 기대수명은 $\frac{t}{n}$이므로 계의 기대수명은 $\frac{10,000}{10}=1,000$시간이다.

관련개념 n개의 요소를 갖는 지수분포를 따르는 부품의 기대수명

• 평균수명이 t인 부품 n개를 직렬로 구성하였을 때 기대수명은 $\frac{t}{n}$이다.

• 평균수명이 t인 부품 n개를 병렬로 구성하였을 때 기대수명은 $\left(1+\frac{1}{2}+\cdots+\frac{1}{n}\right)\times t$이다.

057

다음 중 부품배치의 원칙에 해당하지 않는 것은?

① 희소성의 원칙
② 사용 빈도의 원칙
③ 기능별 배치의 원칙
④ 사용 순서의 원칙

해설 부품배치의 원칙

• 중요성의 원칙: 목표달성에 중요한 정도에 따라 부품을 배치한다.
• **사용 빈도의 원칙**: 자주 사용하는 부품을 가까이에 배치한다.
• **기능별 배치의 원칙**: 기능이 유사한 부품끼리 배치한다.
• **사용 순서의 원칙**: 사용 순서에 따라 부품을 배치한다.

058

착석식 작업대의 높이를 설계할 경우 고려해야 할 사항과 가장 관계가 먼 것은?

① 의자의 높이
② 작업의 성질
③ 대퇴 여유
④ 작업대의 형태

해설 착석식 작업대의 높이를 설계할 경우 고려사항

• **의자의 높이**
• 작업대의 두께
• **작업의 성질**
• **대퇴 여유**

059

들기 작업 시 요통재해 예방을 위하여 고려할 요소와 가장 거리가 먼 것은?

① 들기 빈도
② 작업자 신장
③ 손잡이 형상
④ 허리 비대칭 각도

해설 들기 작업 시 요통재해 예방을 위한 고려사항

• 들기 방법 및 **빈도**
• **손잡이 형상**
• **허리 비대칭 각도**
• 무게, 크기, 모양 등 작업 대상물의 특성
• 인양 높이

060

의자 설계 시 고려해야 할 일반적인 원리와 가장 거리가 먼 것은?

① 자세 고정을 줄인다.
② 조정이 용이해야 한다.
③ 디스크가 받는 압력을 줄인다.
④ 요추 부위의 후만곡선을 유지한다.

해설 인간공학적 의자 설계 원칙

• **요부전만을 유지**한다.
• 조절식 설계원칙을 적용하도록 한다.
• 자세와 동작에 따라 고려해야 할 인체측정 치수가 달라진다.
• 여러 사람이 사용하는 의자의 경우 좌면 높이는 오금보다 약간 낮게 (5[%] 오금높이) 유지한다.
• 추간판(디스크)의 압력과 등근육의 정적부하를 줄인다.
• 자세 고정을 줄인다.

건설시공학

061

1회 출제

강관 파이프 구조 공사에 대한 설명으로 옳지 않은 것은?

① 경량이며 외관이 경쾌하다.
② 휨강성 및 비틀림강성이 크다.
③ 접합부 및 관 끝의 절단가공이 간단하다.
④ 국부좌굴에 유리하다.

> **해설 강재 파이프 구조의 장단점**

장점	단점
• 폐쇄형 단면으로 강도의 방향성이 없다. • 휨강성, 비틀림강성이 크다. • 국부좌굴, 횡방향좌굴에 유리하다. • 조립, 세우기가 용이하다. • 살두께가 작고, 경량이다.	• 접합이음이 복잡하다.(종, 횡방향의 원형 단면) • 이음부, 관 끝의 절단가공이 어렵다. • 이음부, 맞춤부의 정밀도가 떨어진다.

062

3회 출제

콘크리트는 신속하게 운반하여 즉시 타설하고, 충분히 다져야 하는데 비비기로부터 타설이 끝날 때까지의 시간은 원칙적으로 얼마를 넘어서면 안 되는가? (단, 외기온도가 25[℃] 이상일 경우이다.)

① 1.5시간   ② 2시간
③ 2.5시간   ④ 3시간

> **해설**
> 콘크리트는 신속하게 운반하여 즉시 타설하고, 충분히 다져야 한다. 비비기로부터 타설이 끝날 때까지의 시간은 원칙적으로 외기온도가 25[℃] 이상일 때는 1.5시간, 25[℃] 미만일 때에는 2시간을 넘어서는 안 된다. 다만, 양질의 지연제 등을 사용하여 응결을 지연시키는 등의 특별한 조치를 강구한 경우에는 콘크리트의 품질변동이 없는 범위 내에서 책임기술자의 승인을 받아 이 시간제한을 변경할 수 있다.

063

8회 출제

철근의 피복두께를 계획할 때 고려사항 중 옳지 않은 것은?

① 이음의 편의성   ② 내화성
③ 내구성   ④ 콘크리트의 유동성

> **해설 피복두께 확보의 목적**
> • 철근의 부식방지를 통한 구조물의 내구성 확보(물과 이산화탄소의 침투방지)
> • 골재의 유동성 확보
> • 철근과 콘크리트의 부착강도 확보
> • 화재 시 내화성 확보

> **관련개념 철근의 피복**
> • 철근콘크리트 구조에서 철근은 부착력, 내화력 및 내구력을 확보하기 위해 일정한 두께의 콘크리트로 피복하여야 한다.
> • 철근은 화재 시 열을 받으면 인장강도가 대폭 저하하게 되며, 콘크리트도 장기간 지나면 콘크리트의 알칼리성이 중성화되어 철근을 부식시키게 된다.

064

3회 출제

거푸집공사에서 철판제, 철근제, 파이프제 또는 모르타르제를 사용하여 거푸집 상호 간의 간격을 유지하는 것은?

① 긴장재(Form tie)   ② 격리재(Separator)
③ 박리제(Form oil)   ④ 캠버(Camber)

> **해설 거푸집에 사용되는 부속재료**
> • 세퍼레이터(Separator, 격리재): 거푸집 상호 간의 간격을 유지하고, 측벽두께를 유지하기 위한 부속재료이다.
> • 스페이서(Spacer, 간격재): 거푸집과 철근의 간격을 유지하기 위한 부속재료이다.
> • 폼타이(Form Tie, 긴장재): 콘크리트를 부어 넣을 때 기둥과 보거푸집이 벌어지는 것을 막기 위한 부속재료로 컬럼밴드(Column Band), 플랫타이(Flat Tie)도 긴장재의 일종이다.
> • 폼오일(Form Oil, 박리제): 거푸집과 콘크리트를 떼어내기 쉽게 바르는 물로 중유, 아마인유, 동식물유 등을 사용한다.

2023년 1회

065

깊이 7[m] 정도의 우물을 파고 이곳에 수중 모터펌프를 설치하여 지하수를 양수하는 배수공법으로 지하용수량이 많고 투수성이 큰 사질지반에 적합한 것은?

① 집수정(Sump Pit) 공법
② 깊은 우물(Deep Well) 공법
③ 웰 포인트(Well Point) 공법
④ 샌드 드레인(Sand Drain) 공법

해설 **깊은 우물 공법**

모래층 또는 모래가 섞인 자갈층 등의 지하수는 흙파기 저면의 토질을 약화시키고, 흙막이에 대한 토압이 증대되어 시공이 매우 어려워지므로 흙파기 할 주위에 펌프를 설치하여 배수하면서 흙을 파내는 공법이다. 투수성이 필요하기 때문에 주로 사질지반에 적합하다.

066

특수콘크리트에 관한 설명 중 옳지 않은 것은?

① 한중콘크리트는 동해를 받지 않도록 시멘트를 가열하여 사용한다.
② 경량콘크리트는 자중이 적고, 단열효과가 우수하다.
③ 중량콘크리트는 방사선 차폐용으로 사용된다.
④ 매스콘크리트는 수화열이 적은 시멘트를 사용한다.

해설

한중콘크리트의 재료를 가열할 경우, 물 또는 골재를 가열하는 것으로 하며 시멘트는 어떠한 경우라도 직접 가열할 수 없다.

067

콘크리트 블록공사의 방수방습처리에 대한 설명 중 가장 거리가 먼 것은?

① 방습층은 마루 밑이나 콘크리트 바닥판 밑에 접근되는 세로줄눈의 위치에 둔다.
② 액체방수 모르타르를 10[mm] 두께로 블록 윗면 전체에 바른다.
③ 물빼기 구멍은 콘크리트의 윗면에 두거나 물끊기 · 방습층의 등 바로 위에 둔다.
④ 물빼기 구멍의 지름은 10[mm] 이내, 간격 120[cm]로 한다.

해설 **단순조적 블록공사의 방수 및 방습처리**

• 방습층의 재료, 구조 및 공법은 도면 또는 공사시방서에 따르고, 그 정함이 없을 때에는 마루 밑이나 콘크리트 바닥판 밑에 접근되는 가로줄눈의 위치에 두고 액체 방수 모르타르를 10[mm] 두께로 블록 윗면 전체에 바른다.
• 물빼기 구멍은 콘크리트의 윗면에 두거나 물끊기 및 방습층 등의 바로 위에 둔다. 그 구멍의 크기, 간격은 도면 또는 공사시방서에서 정한 바가 없을 때에는 직경 10[mm] 이내, 간격 1.2[m]마다 1개소로 한다.
• 물빼기 구멍에는 다른 지시가 없는 한 직경 6[mm], 길이 100[mm] 되는 폴리에틸렌 플라스틱 튜브를 만들어 집어넣는다.

068

공동도급방식의 장점에 해당하지 않는 것은?

① 위험의 분산 　　② 시공의 확실성
③ 이윤 증대 　　④ 기술 자본의 증대

해설

공동도급방식을 사용하면 공사비용이 증가되어 이윤이 감소할 수 있다.

관련개념 **공동도급(Joint Venture Contract)의 장단점**

장점	단점
• 시공의 확실성 보장 • 위험의 분산 • 공사도급 경쟁완화 • 자본력과 신용도 증대 • 기술확충, 경험의 증대로 우량시공 가능	• 이해충돌, 책임회피 우려 • 현장관리 및 업무혼란 우려 • 단일회사 도급보다 비용증가 가능성 • 하자책임 불분명 • 경영방식 차이에 따른 능률저하

069

4회 출제

건설공사의 시공계획 수립 시 작성할 필요가 없는 것은?

① 현치도
② 공정표
③ 실행예산의 편성 및 조정
④ 재해방지계획

해설 **현치도**

비정형의 곡면 구조물이나 힘선 제작 등 특수한 구조물의 치수를 실제 크기로 전개하여 제작하기 위한 도면으로, 일반적인 시공계획 수립단계에서 작성이 필수적이지 않다.

관련개념 **시공계획 순서**

현장조직원의 편성 → 공정표의 작성 → 실행예산의 편성 → 하도급업체 선정 → 설비 및 자재의 설치계획(가설물 계획) → 노무 및 자재 조달계획 → 재해방지대책

070

1회 출제

수평이동이 가능하여 건물의 층수가 적은 긴 평면에 사용되며 회전범위가 270°인 특징을 갖고 있는 철골 세우기용 장비는?

① 가이데릭(Guy Derrick)
② 스티프레그 데릭(Stiff-leg Derrick)
③ 트럭 크레인(Truck Crane)
④ 플레이트 스트레이닝 롤(Plate Straining Roll)

해설 **스티프레그 데릭**

주기둥(Post)을 받치는 데에 2개의 스티프레그를 사용하고 주기둥과 스티프레그 하부는 삼각형의 받침틀에 의해 연결·고정하며, 받침틀 위에 권양장치, 밸런스 웨이트를 두고 붐에 의해 중량물을 취급하는 기계이다. 선회각은 250° 전후(회전범위 270°)이며, 삼각데릭이라고도 한다.

071

3회 출제

기계를 설치한 지반보다 낮은 장소, 넓은 범위의 굴착이 가능하며 주로 수로, 골재채취용으로 많이 사용되는 토공사용 굴착기계는?

① 모터 그레이더
② 파워셔블
③ 클램쉘
④ 드래그라인

해설

드래그라인은 지반면보다 낮은 곳의 굴착, 연약한 지반의 깊은 곳의 굴착 등에 쓰인다.

관련개념 **굴착용 기계**

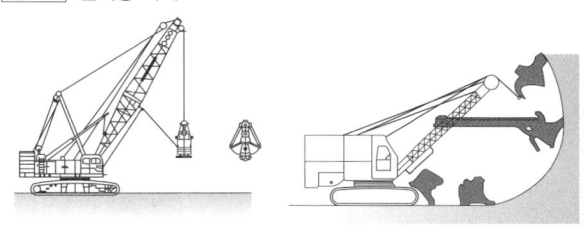

클램쉘   파워셔블

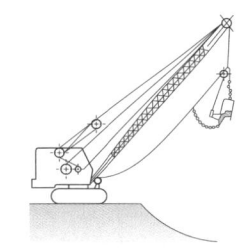

드래그셔블   드래그라인

072

철골공사에서 용접 시 튀어나온 슬래그가 굳은 현상을 의미하는 것은?

① 슬래그(Slag) 감싸기
② 오버랩(Overlap)
③ 피트(Pit)
④ 스패터(Spatter)

해설 스패터(Spatter)

용접 시 튀어나온 슬래그가 굳은 현상이다.

관련개념 용접결함의 종류

슬래그 섞임	모재와 용접봉의 피복재 심선이 변하여 생긴 회분이 용착금속 내에 섞이는 것으로 과소전류, 운봉조작 불완전 등이 발생원인이다.
언더컷(Under Cut)	모재가 녹아서 용착금속이 채워지지 않고 홈으로 남게 된 부분으로 원인은 과대전류 또는 부적당한 용접봉 사용이다.
오버랩(Overlap)	용접금속과 모재가 융합되지 않고 겹쳐지는 것으로 원인은 약한 전류이다.
블로우홀 (기공, Blow Hole)	금속이 녹아들 때 생기는 작은 틈이나 기포가 발생하는 것으로 모재에 가스(황)잔류, 아크길이 및 전류 부적당의 원인으로 발생한다.
크랙(균열, Crack)	용접 후 냉각 시에 생기는 균열을 말하며, 과대전류 및 모재불량의 원인으로 발생한다.
피트(Pit)	용접부에 생기는 녹이나 미세한 홈이다.
크레이터(Crater)	아크용접 시 끝부분이 항아리 모양으로 파이는 현상으로 과대전류 및 부적합한 운봉의 원인으로 발생한다.
용입불량	용입길이가 충분하지 않은 것으로 과소전류, 운봉속도의 부적당 등이 발생원인이다.

073

콘크리트의 재료로 사용되는 골재에 관한 설명으로 옳지 않은 것은?

① 골재는 밀도가 크고, 내구성이 커서 풍화가 잘 되지 않아야 한다.
② 콘크리트나 모르타르를 만들 때 물, 시멘트와 함께 혼합하는 모래, 자갈 및 부순돌 기타 유사한 재료를 골재라고 한다.
③ 콘크리트 중 골재가 차지하는 용적은 절대용적으로 50[%]를 넘지 않도록 한다.
④ 일반적으로 골재의 강도는 시멘트 페이스트 강도 이상이 되어야 한다.

해설 콘크리트용 골재의 구비조건

• 골재의 강도는 콘크리트 중의 경화한 페이스트의 강도 이상의 것으로 한다.
• 골재는 서로 섞이지 않아야 하고 톱밥, 흙, 쓰레기 등이 섞이지 않아야 한다.
• 유해한 성분을 포함하지 않아야 한다.
• 물리적, 화학적으로 안정하고 내구성이 커야 한다.
• 단단하고 강하며 내마모성이 있어야 한다.
• 모양이 입방체 또는 구형에 가깝고 부착이 좋은 표면조직을 가져야 한다.
• 골재는 콘크리트 용적의 66~78[%]를 차지한다.
• 골재는 입도가 좋은 것, 견고한 것, 내화성 및 내구성이 있는 것으로 한다.

074

콘크리트 공사에서 사용되는 혼화재료 중 혼화제에 속하지 않는 것은?

① 공기연행제
② 감수제
③ 방청제
④ 팽창재

해설 혼화재와 혼화제

• 혼화재: 사용량이 시멘트 무게의 5[%] 정도 이상의 것
 – 플라이애시, 실리카흄, 고로슬래그·규산질 미분말, 고강도형 혼화재, 증량재
• 혼화제: 사용량이 시멘트 무게의 1[%] 정도 이하의 것
 – AE제(공기연행제), 감수제, 유동화제, 급결제, 지연제, 방수제, 방청제

075

벽돌의 품질을 결정하는 데 가장 중요한 사항은?

① 흡수율 및 인장강도
② 흡수율 및 전단강도
③ 흡수율 및 휨강도
④ 흡수율 및 압축강도

해설 점토벽돌의 품질

품질	종류	
	1종	2종
흡수율[%]	10.0 이하	15.0 이하
압축강도[MPa]	24.50 이상	14.70 이상

076

철근콘크리트조 보에 사용된 굵은골재의 최대치수가 25[mm]일 때, D22 철근의 간격으로 적당한 것은?

① 22.2[mm]
② 25[mm]
③ 31.25[mm]
④ 33.3[mm]

해설

- 굵은골재 최대치수의 $\frac{4}{3}$배 이상: 25[mm]$\times\frac{4}{3}$=33.3[mm] 이상
- 25[mm] 이상
- 철근공칭지름 이상: 22[mm] 이상

위의 기준 중 가장 큰 값인 33.3[mm]를 철근의 간격으로 한다.

관련개념 보와 기둥에서의 철근 순간격

보	기둥	비고
굵은골재 최대치수의 $\frac{4}{3}$	굵은골재 최대치수의 $\frac{4}{3}$	
25[mm]	40[mm]	세 수치 중 가장 큰 값
철근공칭지름	철근공칭지름의 1.5배	

077

다음 토공사에 이용되는 각종 식 중 틀린 것은?

① 간극비 $=\dfrac{간극의\ 용적}{토립자의\ 용적}$

② 함수율 $=\dfrac{물의\ 중량}{토립자의\ 중량}\times100$

③ 포화도 $=\dfrac{물의\ 용적}{간극의\ 용적}\times100$

④ 예민비 $=\dfrac{이긴시료의\ 강도}{자연시료의\ 강도}$

해설 예민비

흙의 함수량의 변화 없이 비빔(이김)에 약해지는 정도를 말한다.

$$예민비 =\dfrac{자연상태의\ 강도}{이겨진\ 상태의\ 강도}$$

078

철근의 정착위치에 관한 설명 중 옳지 않은 것은?

① 바닥철근은 보에만 정착해야 한다.
② 지중보 철근은 기초 또는 기둥에 정착한다.
③ 큰 보의 주근은 기둥에 정착한다.
④ 직교하는 단부 보의 밑에 기둥이 없을 때는 상호 간에 정착한다.

해설 철근의 정착위치

- 기둥의 주근은 기초에 정착한다.
- 큰 보의 주근은 기둥에 정착한다.
- 직교하는 단부 보의 밑에 기둥이 없을 때는 보 상호 간에 정착한다.
- 작은 보의 주근은 큰 보에 정착한다.
- **바닥철근은 보 또는 벽체에 정착한다.**
- 지중보 철근은 기초 또는 기둥에 정착한다.
- 벽철근은 보, 기둥, 바닥판 또는 기초에 정착한다.

079

피어기초공사에 관한 설명으로 옳지 않은 것은?

① 중량구조물을 설치하는데 있어서 지반이 연약하거나 말뚝으로도 수직지지력이 부족하여 그 시공이 불가능한 경우와 기초지반의 교란을 최소화해야 할 경우에 채용한다.

② 굴착된 흙을 직접 탐사할 수 있고 지지층의 상태를 확인할 수 있다.

③ 진동과 소음이 발생하는 공법이긴 하나 여타 기초형식에 비하여 공기 및 비용이 적게 소요된다.

④ 피어기초를 채용한 국내의 초고층 건축물에는 63빌딩이 있다.

해설

비교적 무소음, 무진동 상태의 굴착이 가능하며, 대형기계·설비 등이 운용되어 공사비가 고가이다.

관련개념 **피어기초**

• 구조물 하중을 연약한 토층을 지나 견고한 지지층에 전달하기 위하여 지반에 굴착한 구멍 속에 현장타설 콘크리트를 채워 설치하는 깊은 기초의 일종이다.

• 일반적으로 직경은 사람들이 들어가서 확인할 수 있도록 760[mm] 정도 이상이다.

080

다음 벽돌쌓기의 설명 중 올바르지 않은 것은?

① 세로규준틀은 건물의 모서리나 구석에 설치함을 원칙으로 한다.

② 벽돌쌓기는 모서리, 구석 및 중간요소에 먼저 기준쌓기를 하고 나머지 부분을 쌓아 나간다.

③ 가로, 세로줄눈의 너비는 10[mm]가 표준이며 세로줄눈에 통줄눈이 생기지 않도록 한다.

④ 하루의 쌓기 높이는 1.0[m]를 표준으로 하고 1.2[m] 이내로 한다.

해설 **쌓기의 일반사항**

• 가로 및 세로줄눈의 너비는 도면 또는 공사시방서에 정한 바가 없을 때에는 10[mm]를 표준으로 한다. 세로줄눈은 통줄눈이 되지 않도록 하고, 수직 일직선상에 오도록 벽돌 나누기를 한다.

• 벽돌쌓기는 도면 또는 공사시방서에 정한 바가 없을 때에는 영식쌓기 또는 화란식쌓기로 한다.

• 가로줄눈의 바탕 모르타르는 일정한 두께로 평평히 펴 바르고, 벽돌을 내리누르듯 규준틀과 벽돌 나누기에 따라 정확히 쌓는다.

• 벽돌은 각부를 가급적 동일한 높이로 쌓아 올라가고, 벽면의 일부 또는 국부적으로 높게 쌓지 않는다.

• 하루의 쌓기 높이는 1.2[m](18켜 정도)를 표준으로 하고, 최대 1.5[m] (22켜 정도) 이하로 한다.

• 연속되는 벽면의 일부를 트이게 하여 나중쌓기로 할 때에는 그 부분을 층단 들여쌓기로 한다.

• 벽돌벽이 블록벽과 서로 직각으로 만날 때에는 연결철물을 만들어 블록 3단마다 보강하여 쌓는다.

건설재료학

081

다음 석재의 화학적 성질 중 적당하지 못한 것은?

① 석재는 공기 중의 탄산가스나 약산의 빗물에 의해 침식한다.

② 석재의 융해는 공기오염에 의한 빗물의 영향이 크다.

③ 규산분을 많이 포함한 석재는 내구성이 크다.

④ 석회분을 포함한 석재는 내산성이 크다.

해설

석회분은 주성분인 칼슘(Ca)에 의해 산에 부식된다.

관련개념 석재의 화학적 성질

- 석재는 탄산, 약산 또는 황산류에 의해 침식이 발생한다.
- 장석, 방해석 등은 그 주성분이 칼슘(Ca)이므로 산류를 포함한 공기나 물에 의해 침식된다.
- 황철광, 갈철광과 같은 금속 함유 광물은 산에 의해 침식될 수 있다.
- 규산분을 많이 포함한 석재는 내산성·내구성이 크다.

082

비중이 2.6이고 단위용적중량이 1,750[kg/m³]인 굵은골재의 공극률은?

① 32.7[%]

② 31.2[%]

③ 33.7[%]

④ 33.2[%]

해설 골재의 공극률

$$공극률 = \frac{절대건조밀도[g/cm^3] \times 0.999 - 단위용적질량[g/cm^3]}{절대건조밀도[g/cm^3] \times 0.999} \times 100$$

$1[kg/m^3] = 10^{-3}[g/cm^3]$이므로 $1,750[kg/m^3] = 1.75[g/cm^3]$

$$공극률 = \frac{2.6 \times 0.999 - 1.75}{2.6 \times 0.999} \times 100 = 32.7[\%]$$

※ 물의 밀도는 1[g/cm³]이므로, 비중 2.6은 밀도 2.6[g/cm³]와 수치상 동일하다.

083

알루미늄의 특성으로 옳지 않은 것은?

① 순도가 높을수록 내식성이 좋지 않다.

② 알칼리나 해수에 침식되기 쉽다.

③ 콘크리트에 접하거나 흙 중에 매몰된 경우에 부식되기 쉽다.

④ 내화성이 부족하다.

해설 알루미늄(Aluminum)

- 알루미늄의 강도는 고온에서는 급격히 감소하지만 저온에서는 취성을 나타내지 않는다.
- 가공성이 좋아 압연, 압출, 박판, 용접이 가능하다.
- 열 및 전기전도성이 크며 화학적 성질 중 내식성은 크다.
- 대기 중에서는 쉽게 부식되지 않지만 해수 중에서는 쉽게 부식된다.
- 유기산류에는 안정하여 초산에는 농도에 관계없이 거의 침식되지 않지만 무기산류인 염산, 황산, 인산, 질산 등에는 상당히 빠르게 침식된다.
- 알칼리에는 일반적으로 약한데 이는 알루미나 피막이 용해되기 때문이다.
- 건축자재(새시, 창호, 커튼월, 커튼레일, 지붕재 등), 가구, 기계, 전선, 항공기 등에 널리 사용된다.

084

콘크리트 슬래브의 거푸집 패널 또는 바닥판 및 지붕판으로 사용하는 것은?

① 키스톤 플레이트

② 데크 플레이트

③ 익스팬디드 메탈

④ 메탈 폼

해설 데크 플레이트

바닥 구조에 사용하는 파형으로 성형된 강판으로, 단면을 사다리꼴 모양 또는 사각형 모양으로 성형(Forming)함으로써 면외 방향의 강성과 길이 방향의 내좌굴성을 높게 한다.

관련개념

- 키스톤 플레이트: 홈이 파인 강판이다.
- 익스팬디드 메탈: 메탈라스의 한 종류로 철망형식의 판이다.
- 메탈 폼: 강제 거푸집이다.

085

ALC의 특징에 관한 설명으로 옳지 않은 것은?

① 흡수율이 낮은 편이며 동해에 대해 방수·방습처리가 불필요하다.

② 열전도율은 보통콘크리트의 약 $\frac{1}{10}$ 정도로 단열성이 우수하다.

③ 건조수축률이 작으므로 균열 발생이 적다.

④ 경량으로 인력에 의한 취급이 가능하고, 필요에 따라 현장에서 절단 및 가공이 용이하다.

해설 **ALC의 특징**

장점	• 내화성, 단열성이 좋다. • 경량이고, 차음성이 좋다. • 시공성이 우수하다. • 친환경성이다.
단점	• 수분을 흡수하는 성질이 있다. • 중성화가 빠르다. • 방수성이 없다.

086

다음 중 열경화성 수지에 속하는 것은?

① 불소 수지

② 알키드 수지

③ 폴리에틸렌 수지

④ 염화비닐 수지

해설 **열가소성 수지와 열경화성 수지의 종류**

열가소성 수지	열경화성 수지
염화비닐 수지	페놀 수지
초산비닐 수지	요소 수지
ABS 수지	멜라민 수지
아크릴 수지	알키드 수지
불소 수지	우레탄 수지
폴리아미드 수지	에폭시 수지
폴리프로필렌 수지	실리콘 수지
폴리스티렌 수지	푸란 수지
폴리에틸렌 수지	불포화 폴리에스테르 수지

087

목재의 방부제 처리법이 아닌 것은?

① 자비법

② 침지법

③ 주입법

④ 도포법

해설 **자비법**

목재의 건조법으로 끓는 열탕 속에 목재를 넣고 쪄서 수액을 추출시키는 방법이다.

관련개념 **목재의 방부처리법**

종류	방법
도포법	목재의 표면에 페인트, 바니쉬(Vanish), 크레오소트유(Creosote), 타르(Tar), 아스팔트(Asphalt) 등을 도포하는 방법이다.
표면탄화법	• 목재의 표면을 태워서 탄화시키는 방법이다. • 주로 말뚝 등에 쓰이며, 영속성이 적으므로 일반적으로 방부제를 사용한다.
침지법	목재를 방부액이나 물에 담가 산소공급을 차단하는 방법이다.
약액주입법	• 약재는 보통 크레오소트유를 사용하며 목재방부법 중 가장 공업적이고 효과도 완전한 방법이다. • 조작방법에 따라 상압, 가압주입법으로 분류한다.

088

내화벽돌의 내화도는 어느 정도인가?

① 500~1,000[℃]

② 1,500~2,000[℃]

③ 2,500~3,000[℃]

④ 3,500~4,000[℃]

해설 **내화벽돌**

• 높은 온도에서 용해하거나 변형이 일어나지 않는 무기재료로 된 벽돌로, 내화도와 열충격성, 강도가 크다.

• 내화벽돌의 주원료는 규사, 납석, 흑연, 고알루미나, 돌로마이트 등이 있다.

• 보일러·용광로·유리용해로·시멘트소성가마·가열로·비철금속제련로 등 높은 온도의 열처리장소에 사용된다.

• 내화온도는 1,500~2,000[℃]이다.

089

1회 출제

환기공이나 방열기 덮개 등으로 사용되는 것은?

① 인서트(Insert)

② 와이어메시(Wire mesh)

③ 폼타이(Form tie)

④ 펀칭메탈(Punching metal)

해설 **펀칭메탈(Punching Metal)**

얇은 강판에 여러 가지 모양으로 도려낸 철물로 환기공, 라디에이터 커버 등에 사용한다.

관련개념

- 인서트(Insert): 콘크리트 바닥판 밑에 반자틀이나 기타 구조물을 달아매고자 콘크리트 타설 전에 미리 묻어 놓는 고정물이다.
- 와이어메시(Wire Mesh): 철선을 직교해서 용접한 것이다.
- 폼타이(Form Tie): 콘크리트를 부어 넣을 때 기둥과 보거푸집이 벌어지는 것을 막기 위한 부속재료이다.

090

1회 출제

화강암의 색상에 관한 설명으로 옳지 않은 것은?

① 전반적인 색상은 밝은 회백색이다.

② 흑운모, 각섬석, 휘석 등은 검은색을 띤다.

③ 산화철을 포함하면 미홍색을 띤다.

④ 화강암의 색은 주로 석영에 좌우된다.

해설

화강암의 색은 석영보다 장석에 의해 크게 좌우된다.

관련개념 **화강암(Granite)**

- 구조재로 쓰이며, 바탕색과 반점이 미려하여 외관이 수려하므로 내외장재로도 쓰인다.
- 압축강도, 내마모성이 우수하다.
- 통행량이 많은 건축물의 출입문 주위나 복도, 계단 등에 많이 쓰인다.

091

3회 출제

주성분은 탄산석회이며, 강도는 높지만 내화성이 낮고 풍화되기 쉬워 실외용으로는 적합하지 않으나 석질이 치밀하고 연마하면 아름다운 광택을 내므로 실내장식용으로 많이 사용되는 석재는?

① 대리석   ② 화강석

③ 사문석   ④ 석회석

해설 **대리석**

- 견고하며 내수성이 있다.
- 색채와 반점이 아름다우며 연마하면 광택이 난다.
- 내마모성이 부족하고 풍화되기 쉬우므로 공업도시나 강우량이 많은 지방에서는 옥외용으로 적합하지 않고 실내 장식재, 조각재로 적당하다.

092

5회 출제

비중이 크고 연하면서 연성이 크며, 방사선실의 방사선 차폐용으로 사용되는 금속재료는?

① 주석   ② 납

③ 철   ④ 크롬

해설 **납(연, Pb)의 성질**

- 비중이 11.34로 비교적 크다.
- 주조, 가공성 및 단조성이 풍부하다.
- 열전도율은 작으나, 온도 변화에 따른 신축이 크다.
- 알칼리에 침식된다.
- X-선실, 방사선 차단에 사용된다.

093

보통포틀랜드시멘트에 비하여 초기 수화열이 낮고, 장기 강도 증진이 크며, 화학 저항성이 큰 시멘트로 매스 콘크리트용에 적합한 것은?

① 백색포틀랜드시멘트 ② 조강포틀랜드시멘트
③ 알루미나시멘트 ④ 플라이애시시멘트

해설 **플라이애시시멘트**
- 화력발전소에서 완전 연소한 미분탄의 회분(Ash)을 집진기로 채취한 미립자 및 포틀랜드시멘트와 혼합한 것이다.
- 수화열이 적고 조기강도가 작으나 장기강도는 크다.
- 콘크리트의 워커빌리티(시공성)가 좋고 수밀성이 크며, 단위수량을 감소시킬 수 있어 매스 콘크리트, 댐 공사에 사용된다.

094

합성수지 재료의 일반적인 특징에 대한 설명 중 틀린 것은?

① 내약품성이 우수하다.
② 전기절연성이 우수하다.
③ 내열성, 내화성이 적다.
④ 인장강도가 압축강도보다 크다.

해설
합성수지 재료의 압축강도는 인장강도보다 크며, 수지 자체의 압축강도는 70~200[N/mm²], 인장강도는 30~80[N/mm²]이다.

관련개념 **합성수지(플라스틱)**
- 경량으로 질량당 강도가 크고, 단열성, 내약품성이 우수하며, 전기절연성이 좋다.
- 내열성이 나쁘고, 열팽창률이 크다.
- 내마모성과 표면강도가 약해 충격에 약하다.

095

콘크리트 배합 시 시멘트 1[m³], 물 2,000[L]인 경우 물시멘트비로 가장 적당한 것은? (단, 시멘트의 비중은 3.15이다.)

① 약 15.7[%] ② 약 20.5[%]
③ 약 50.4[%] ④ 약 63.5[%]

해설
체적 1[m³]에 대한 물의 양과 시멘트의 양을 중량으로 환산시켜 W/C비를 계산한다.
- 물의 중량=1[kg/L]×2,000[L]=2,000[kg]
- 시멘트의 중량=3.15[kg/L]×1,000[L]=3,150[kg]
- 물시멘트비(W/C)=$\dfrac{물의 중량}{시멘트의 중량}×100$

$$=\frac{2,000}{3,150}×100=63.5[\%]$$

096

분말도가 높은 시멘트에 관한 일반적인 설명 중 틀린 것은?

① 수화속도가 빠르다.
② 초기강도가 높다.
③ 컨시스턴시가 크다.
④ 시멘트 페이스트의 점성이 높다.

해설
컨시스턴시(Consistency)는 주로 수량의 다소에 의한 부드러운 정도를 나타낸다. 분말도가 높은 시멘트는 컨시스턴시가 작다.

관련개념 **시멘트의 분말도**
- 분말도가 클수록 비표면적이 커서 물에 접촉하는 면적이 크므로 수화작용이 빨라서 콘크리트의 초기강도가 높고 그 후의 강도의 증진도 크며 골재와의 접착력도 크므로 내구적인 콘크리트를 만드는 데 적당하다.
- 분말도가 너무 크면 풍화되기 쉽다.
- 화학성분이 같을 때 조기강도를 증진하려고 하면 분말도에 의존할 수밖에 없다.
- 분말도가 너무 큰 시멘트는 블리딩(Bleeding)이 적고, 워커빌리티가 좋으나 수축이 커질 염려가 있고, 발열량이 많아 콘크리트에 균열이 발생하기 쉬우며 수밀성, 내구성의 면에서도 좋지 못하다.

097

1회 출제

목재의 가공제품이 아닌 것은?

① 코펜하겐 리브(Copenhagen rib)
② 경질섬유판(Hard fiber board)
③ 펄라이트(Perlite)
④ 파키트리 블록(Parquetry block)

> **해설** | **펄라이트(Perlite)**
> • 진주암, 흑요석 등을 분쇄하여 입상으로 된 것을 소성팽창시킨 경골재이다.
> • 보온, 방음, 결로방지 등의 목적으로 시멘트와 배합하여 콘크리트 블록류, 모르타르, 콘크리트판, 벽돌 등을 제조하는 데 사용되며 질석과 사용 용도가 거의 비슷하다.

098

5회 출제

굳지 않은 콘크리트의 성질을 표시하는 용어 중 거푸집 등의 형상에 순응하여 채우기 쉽고 분리가 일어나지 않는 성질을 말하는 것은?

① 워커빌리티(Workability)
② 컨시스턴시(Consistency)
③ 플라스티시티(Plasticity)
④ 피니셔빌리티(Finishability)

> **해설** | **굳지 않은 콘크리트의 성질**

워커빌리티 (Workability)	반죽질기에 따른 작업의 난이도 정도 및 재료분리에 저항하는 정도를 나타내는 굳지 않은 콘크리트의 성질
펌퍼빌리티 (Pumpability)	펌프에 의해 운반을 실시하는 경우 콘크리트의 압송성
플라스티시티 (Plasticity)	거푸집에 쉽게 다져 넣을 수 있고, 거푸집을 제거하면 천천히 변하는 굳지 않은 콘크리트의 성질
컨시스턴시 (Consistency)	주로 수량의 다소에 의한 부드러운 정도를 나타내는 것으로, 콘크리트를 타설할 때의 유동성에 영향을 미치고 일반적으로 슬럼프의 값으로 측정함
피니셔빌리티 (Finishability)	굵은 골재의 최대치수, 잔골재율, 잔골재의 입도 등에 의한 마무리의 용역도를 나타냄

099

1회 출제

신축이음(Expansion Joint)재료에 요구되는 성능조건이 아닌 것은?

① 콘크리트의 수축에 순응할 수 있는 탄성
② 콘크리트의 팽창에 저항할 수 있는 압축강도
③ 콘크리트에 잘 접착하는 접착성
④ 콘크리트의 이음사이의 충분한 수밀성

> **해설** |
> 신축이음재료에는 팽창에 저항하는 '인장강도'가 요구된다.
>
> **관련개념** | **신축이음재의 요구 성능조건**
> • 신축 수용능력
> • 내구성, 내부식성
> • 수밀성, 방수성
> • 시공성, 유지보수성

100

4회 출제

다음 중 열전도율이 가장 낮은 것은?

① 콘크리트
② 코르크판
③ 알루미늄
④ 주철

> **해설** | **열전도율 순서**
> 코르크판(0.05[W/mK])<콘크리트(0.8~1.4[W/mK])<주철(48[W/mK])<알루미늄(204[W/mK]) 순으로 열전도율이 낮다.
>
> **관련개념** | **열전도율**
> 열이 한쪽에서 다른 한쪽으로 전달되는 정도의 차이를 말한다.

건설안전기술

101

산업안전보건기준에 관한 규칙에서 규정한 양중기의 종류에 해당하지 않는 것은?

① 이동식 크레인
② 승강기(최대하중이 0.25톤 이상인 것)
③ 리프트(Lift)
④ 하이랜드(High land)

해설

'하이랜드'는 굴절식 지게차형태의 건설장비 명칭이다.

관련개념 양중기의 종류

- 크레인(호이스트 포함)
- **이동식 크레인**
- **리프트**(이삿짐운반용 리프트는 적재하중이 0.1톤 이상인 것으로 한정)
- 곤돌라
- **승강기**

102

크레인 등 건설장비의 가공전선로 접근 시 안전대책으로 거리가 먼 것은?

① 안전 이격거리를 유지하고 작업한다.
② 장비의 조립, 준비 시부터 가공전선로에 대한 감전 방지 수단을 강구한다.
③ 장비 사용 현장의 장애물, 위험물 등을 점검 후 작업계획을 수립한다.
④ 장비를 가공전선로 밑에 보관한다.

해설

가공전선로 밑에 건설장비를 보관하면 감전의 우려가 있으므로 위험하다.

103

다음 중 토사붕괴의 내적 원인인 것은?

① 절토 및 성토 높이 증가
② 사면, 법면의 기울기 증가
③ 토석의 강도 저하
④ 공사에 의한 진동 및 반복 하중 증가

해설 토석붕괴의 원인

구분	원인
외적 원인	• 사면, 법면의 경사 및 기울기의 증가 • 절토 및 성토 높이의 증가 • 공사에 의한 진동 및 반복 하중의 증가 • 지표수 및 지하수의 침투에 의한 토사 중량의 증가 • 지진, 차량, 구조물의 하중작용 • 토사 및 암석의 혼합층두께
내적 원인	• 절토 사면의 토질·암질 • 성토 사면의 토질구성 및 분포 • 토석의 강도 저하

104

압쇄기를 사용하여 건물해체 시 그 순서로 가장 타당한 것은?

> A: 보   B: 기둥   C: 슬래브   D: 벽체

① A → B → C → D
② A → C → B → D
③ C → A → D → B
④ D → C → B → A

해설

건물해체 순서는 시공 시의 역순이므로 슬래브 → 보 → 벽체 → 기둥의 순서로 해체작업을 진행하여야 한다.

105

산업안전보건관리비의 효율적인 집행을 위하여 고용노동부장관이 정할 수 있는 기준에 해당되지 않는 것은?

① 안전 · 보건에 관한 협의체 구성 및 운영
② 건설공사의 진척 정도에 따른 사용비율 등 기준
③ 사업의 규모별 계상 기준
④ 사업의 종류별 계상 기준

해설

고용노동부장관은 산업안전보건관리비의 효율적인 사용을 위하여 다음 사항을 정할 수 있다.
- 사업의 규모별 · 종류별 계상 기준
- 건설공사의 진척 정도에 따른 사용비율 등 기준
- 그 밖에 산업안전보건관리비의 사용에 필요한 사항

106

유해위험방지계획서를 제출해야 하는 대상공사가 아닌 것은?

① 지상높이가 31[m] 이상인 건축물 또는 공작물의 건설, 개조 또는 해체공사
② 터널건설 등의 공사
③ 최대 지간거리 50[m] 이상인 교량공사
④ 깊이 7[m] 이상인 굴착공사

해설 **유해위험방지계획서 제출 대상 건설공사**

- 다음의 어느 하나에 해당하는 건축물 또는 시설 등의 건설 · 개조 또는 해체(건설 등) 공사
  - 지상높이가 31[m] 이상인 건축물 또는 인공구조물
  - 연면적 30,000[m²] 이상인 건축물
  - 연면적 5,000[m²] 이상의 문화 및 집회시설(전시장 및 동물원 · 식물원 제외), 판매시설, 운수시설(고속철도의 역사 및 집배송시설 제외), 종교시설, 의료시설 중 종합병원, 숙박시설 중 관광숙박시설, 지하도상가, 냉동 · 냉장 창고시설
- 연면적 5,000[m²] 이상인 냉동 · 냉장 창고시설의 설비공사 및 단열공사
- 최대 지간길이가 50[m] 이상인 다리의 건설 등 공사
- 터널의 건설 등 공사
- 다목적댐, 발전용댐, 저수용량 2천만 톤 이상의 용수 전용 댐 및 지방상수도 전용 댐의 건설 등 공사
- 깊이 10[m] 이상인 굴착공사

107

토질시험 중 연약한 점토 지반의 점착력을 판별하기 위하여 실시하는 현장시험은?

① 베인테스트(Vane Test)   ② 표준관입시험(SPT)
③ 하중재하시험   ④ 삼축압축시험

해설 베인 시험(Vane Test)

'베인'이라는 십자형 날개를 가진 봉을 땅에 관입시킨 후 회전시켜 그 저항치를 통해 진흙의 점착력을 판단하는 시험이다. 10[m] 내외의 연약한 점토 지반에 주로 사용한다.

관련개념

• 표준관입시험: 중량 63.5[kg]의 해머를 75~76[cm] 높이에서 자유낙하시켰을 때 30[cm]를 관입시키는 데 소요되는 타격횟수(값)를 구하는 시험으로 사질토 지반에 적합하다.
• 평판재하시험: 지반면에 평판을 놓은 후 하중을 가하고 침하 정도를 측정하여 지반의 지지력을 알아보기 위한 시험법이다.

108

철근인력운반에 대한 설명으로 옳지 않은 것은?

① 운반할 때에는 중앙부를 묶어 운반한다.
② 긴 철근은 두 사람이 한 조가 되어 어깨메기로 운반하는 것이 좋다.
③ 운반 시 1인당 무게는 25[kg] 정도가 적당하다.
④ 긴 철근을 한 사람이 운반할 때에는 한쪽을 어깨에 메고 한쪽 끝을 땅에 끌면서 운반한다.

해설

긴 철근을 운반할 때에는 양 끝을 묶어 운반한다.

관련개념 철근인력운반 시 준수사항

• 1인당 무게는 25[kg] 정도가 적절하며, 무리한 운반을 삼가하여야 한다.
• 2인 이상이 1조가 되어 어깨메기로 하여 운반하는 등 안전을 도모하여야 한다.
• 긴 철근을 한 사람이 운반할 때에는 한쪽을 어깨에 메고 한쪽 끝을 땅에 끌면서 운반하여야 한다.
• 내려 놓을 때는 천천히 내려놓고 던지지 않아야 한다.
• 공동 작업을 할 때에는 신호에 따라 작업을 하여야 한다.

109

하역운반기계의 운전자가 위치를 이탈할 경우 지켜야 할 사항 중 틀린 것은?

① 원동기를 정지시킬 것
② 하역장치를 가장 높은 위치에 둘 것
③ 버킷, 디퍼 등의 작업장치를 지면에 내려 둘 것
④ 브레이크는 확실히 걸어둘 것

해설 차량계 하역운반기계 등, 차량계 건설기계의 운전자가 운전 위치 이탈 시 준수사항

• 포크, 버킷, 디퍼 등의 장치를 가장 낮은 위치 또는 지면에 내려 둘 것
• 원동기를 정지시키고 브레이크를 확실히 거는 등 차량계 하역운반기계 등, 차량계 건설기계의 갑작스러운 이동을 방지하기 위한 조치를 할 것
• 운전석을 이탈하는 경우에는 시동키를 운전대에서 분리시킬 것

110

차량계 건설기계를 사용하여 작업을 하고자 할 때 고려하여야 할 사항과 작업계획에 포함하여야 할 사항 중 가장 거리가 먼 것은?

① 차량계 건설기계의 종류 및 성능
② 차량계 건설기계의 운행경로
③ 차량계 건설기계에 의한 작업방법
④ 차량계 건설기계의 점검 및 보수방법

해설 차량계 건설기계를 사용하는 작업 시 작업계획서 내용

• 사용하는 차량계 건설기계의 종류 및 성능
• 차량계 건설기계의 운행경로
• 차량계 건설기계에 의한 작업방법

111

6회 출제

흙막이 붕괴원인 중 보일링(boiling) 현상이 발생하는 원인에 관한 기술 중 옳지 않은 것은?

① 지반 굴착 시 굴착부와 지하수위 차가 있을 때 주로 발생한다.
② 연약 사질토 지반의 경우 주로 발생한다.
③ 굴착저면에서 액상화 현상에 기인하여 발생한다.
④ 연약 점토질 지반에서 배면토의 중량이 굴착부 바닥의 지지력 이상이 되었을 때 주로 발생한다.

해설
④는 히빙(heaving) 현상에 대한 설명이다.

관련개념 보일링(Boiling)
사질토 지반에서 굴착저면과 흙막이 배면의 수위차로 인해 굴착저면의 흙과 물이 함께 위로 솟아오르는 현상이다.

- 보일링의 원인
  − 흙막이벽이 지지력을 상실할 때
  − 지하수위가 높은 지반을 굴착할 때
  − 흙막이벽의 근입장 깊이가 부족할 때
  − 사질토 지반에 수위차가 있을 때
- 보일링 방지대책
  − 지하수위 저하를 위한 배수조치
  − 지하수의 흐름 변경
  − 흙막이벽의 근입장 깊이 연장
  − 대체공법 적용[슬러리월(Slurry Wall), 시트파일(Sheet Pile) 등]
  − 작업을 중지하고, 지반을 복구하기 위한 압성토 시행

112

9회 출제

거푸집의 측압에 영향을 주는 요인을 설명한 것이다. 옳지 않은 것은?

① 콘크리트의 타설속도가 빠를수록 측압은 커진다.
② 콘크리트의 슬럼프치가 크면 클수록 측압은 커진다.
③ 콘크리트의 타설 온도가 높을수록 측압은 커진다.
④ 기둥이 가장 크고, 그 다음은 벽이다.

해설 콘크리트 측압이 커지는 요인
- 거푸집 부재의 단면이 큰 경우
- 거푸집의 수밀성이 큰 경우
- 거푸집의 강성이 큰 경우
- 거푸집의 표면이 평활할 경우
- 콘크리트가 묽은 경우
- 철골이나 철근량이 적은 경우
- 외기온도가 낮은 경우
- 타설속도가 빠른 경우
- 콘크리트의 다짐이 좋은 경우
- 콘크리트의 슬럼프가 큰 경우
- 콘크리트의 비중이 큰 경우
- 습도가 높은 경우
- 벽 두께가 두꺼운 경우

113

관리감독자의 유해·위험 방지 업무에서 높이 5[m] 이상의 비계를 조립·해체하거나 변경하는 작업과 관련된 직무수행 내용과 가장 거리가 먼 것은?

① 재료의 결함 유무를 점검하고 불량품을 제거하는 일
② 기구·공구·안전대 및 안전모 등의 기능을 점검하고 불량품을 제거하는 일
③ 작업방법 및 근로자 배치를 결정하고 작업 진행 상태를 감시하는 일
④ 작업에 종사하는 근로자의 보안경 및 안전장갑의 착용 상황을 감시하는 일

> **해설**
> '작업에 종사하는 근로자의 보안경 및 안전장갑의 착용 상황을 감시하는 일'은 아세틸렌 용접장치 및 가스집합용접장치의 취급작업 시 관리감독자의 직무수행 내용에 해당한다.

> **관련개념** 높이 5[m] 이상의 비계를 조립·해체하거나 변경하는 작업 시 관리감독자의 직무수행 내용
> • 재료의 결함 유무를 점검하고 불량품을 제거하는 일
> • 기구·공구·안전대 및 안전모 등의 기능을 점검하고 불량품을 제거하는 일
> • 작업방법 및 근로자 배치를 결정하고 작업 진행 상태를 감시하는 일
> • 안전대와 안전모 등의 착용 상황을 감시하는 일

114

이동식 비계의 안전에 대한 설명 중 옳지 않은 것은?

① 승강용 사다리는 견고하게 부착하여야 한다.
② 작업대에는 안전난간을 설치하여야 한다.
③ 비계의 최대 높이는 밑변 최소폭의 6배 이하이어야 한다.
④ 이동할 때에는 작업원이 없는 상태이어야 한다.

> **해설**
> 이동식 비계를 조립하여 사용할 때 비계의 최대 높이는 밑변 최소폭의 4배 이하이어야 한다.

115

근로자의 위험방지를 위해 철골작업을 중지하여야 하는 기준으로 옳은 것은?

① 풍속이 초당 1[m] 이상인 경우
② 강우량이 시간당 1[cm] 이상인 경우
③ 강설량이 시간당 1[cm] 이상인 경우
④ 10분간 평균풍속이 초당 5[m] 이상인 경우

> **해설** 철골작업 중지기준
> • 풍속이 초당 10[m] 이상인 경우
> • 강우량이 시간당 1[mm] 이상인 경우
> • 강설량이 시간당 1[cm] 이상인 경우

116

연약지반의 이상현상 중 하나인 히빙(Heaving)현상에 대한 안전대책이 아닌 것은?

① 흙막이벽의 관입깊이를 깊게 한다.
② 굴착 저면에 토사 등으로 하중을 가한다.
③ 흙막이 배면의 표토를 제거하여 토압을 경감한다.
④ 주변 수위를 높인다.

> **해설** 히빙(Heaving) 예방대책
> • 흙막이벽의 말뚝 깊이를 설계지반까지 시공
> • 굴착부 저면 하중 가함
> • 소단굴착 시공
> • 흙막이 배면토압 경감조치
> • 지하수위 저하
> • 그라우팅 등 보강공법 시행

> **관련개념** 히빙(Heaving)
> 굴착이 진행됨에 따라 흙막이벽 뒤쪽 흙의 중량이 굴착부 바닥의 지지력 이상이 되면 흙막이벽 근입부분의 지반 이동이 발생하여 굴착부 저면이 솟아오르는 현상이다. 이 현상이 발생하면 흙막이벽의 근입부분이 파괴되면서 흙막이벽 전체가 붕괴하는 경우가 많다.

117

2회 출제

토질시험 중 액체 상태의 흙이 건조되어 가면서 액성, 소성, 반고체, 고체 상태의 경계선과 관련된 시험의 명칭은?

① 아터버그 한계시험　　② 압밀시험
③ 삼축압축시험　　④ 투수시험

해설 **아터버그 한계시험**

함수비 변화에 따른 세립토의 액성, 소성, 반고체, 고체 상태의 경계를 관찰하는 시험이다.

118

9회 출제

지반 등의 굴착 시 위험을 방지하기 위한 연암 지반 굴착면의 기울기 기준으로 옳은 것은?

① 1 : 0.3　　② 1 : 0.4
③ 1 : 0.5　　④ 1 : 1.0

해설 **굴착면의 기울기 기준**

지반의 종류	기울기
모래	1 : 1.8
연암 및 풍화암	1 : 1.0
경암	1 : 0.5
그 밖의 흙	1 : 1.2

119

6회 출제

건설현장의 가설계단 및 계단참을 설치하는 경우 얼마 이상의 하중에 견딜 수 있는 강도를 가진 구조로 설치하여야 하는가?

① 200[kg/m^2]　　② 300[kg/m^2]
③ 400[kg/m^2]　　④ 500[kg/m^2]

해설 **계단의 강도**

사업주는 계단 및 계단참을 설치하는 경우 500[kg/m^2] 이상의 하중에 견딜 수 있는 강도를 가진 구조로 설치하여야 하며, 안전율은 4 이상으로 하여야 한다.

120

3회 출제

크레인의 운전실 또는 운전대를 통하는 통로의 끝과 건설물 등의 벽체의 간격은 최대 얼마 이하로 하여야 하는가?

① 0.2[m]　　② 0.3[m]
③ 0.4[m]　　④ 0.5[m]

해설 **건설물 등의 벽체와 통로의 간격**

사업주는 다음의 간격을 0.3[m] 이하로 하여야 한다.

- 크레인의 운전실 또는 운전대를 통하는 통로의 끝과 건설물 등의 벽체의 간격
- 크레인 거더(Girder)의 통로 끝과 크레인 거더의 간격
- 크레인 거더의 통로로 통하는 통로의 끝과 건설물 등의 벽체의 간격

자동 채점

산업안전관리론

001

7회 출제

산업안전보건법령상 중대재해에 해당하지 않는 것은?

① 사망자 1명이 발생한 재해

② 12명의 부상자가 동시에 발생한 재해

③ 2명의 직업성 질병자가 동시에 발생한 재해

④ 5개월의 요양이 필요한 부상자가 동시에 3명 발생한 재해

> **해설** **중대재해의 범위**
> • 사망자가 1명 이상 발생한 재해
> • 3개월 이상의 요양이 필요한 부상자가 동시에 2명 이상 발생한 재해
> • 부상자 또는 직업성 질병자가 동시에 10명 이상 발생한 재해

002

3회 출제

산업안전보건법령상 자율안전확인대상 기계 등에 포함되지 않은 것은?

① 곤돌라   ② 연삭기

③ 컨베이어   ④ 자동차정비용 리프트

> **해설**
> '곤돌라'는 안전인증대상 기계 등에 해당한다.
>
> **관련개념** **자율안전확인대상 기계 등**

기계 또는 설비	• 연삭기 또는 연마기(휴대형 제외) • 산업용 로봇 • 혼합기 • 파쇄기 또는 분쇄기 • 식품가공용 기계(파쇄·절단·혼합·제면기만 해당) • 컨베이어 • 자동차정비용 리프트 • 공작기계(선반, 드릴기, 평삭·형삭기, 밀링만 해당) • 고정형 목재가공용 기계(둥근톱, 대패, 루타기, 띠톱, 모떼기 기계만 해당) • 인쇄기
방호 장치	• 아세틸렌 용접장치용 또는 가스집합 용접장치용 안전기 • 교류 아크용접기용 자동전격방지기 • 롤러기 급정지장치 • 연삭기 덮개 • 목재 가공용 둥근톱 반발예방장치와 날접촉예방장치 • 동력식 수동대패용 칼날접촉방지장치
보호구	• 안전모(추락 및 감전 위험방지용 안전모 제외) • 보안경(차광 및 비산물 위험방지용 보안경 제외) • 보안면(용접용 보안면 제외)

003

보호구 안전인증 고시상 안전인증을 받은 보호구의 표시사항이 아닌 것은?

① 제조자명 　　　　　② 사용 유효기간
③ 안전인증 번호 　　　④ 규격 또는 등급

해설 보호구 안전인증제품의 표시사항
• 형식 또는 모델명
• 규격 또는 등급 등
• 제조자명
• 제조번호 및 제조연월
• 안전인증 번호

004

산업안전보건기준에 관한 규칙에 따른 이동식 크레인을 사용하여 작업을 할 때 작업시작 전 점검사항에 해당하지 않는 것은?

① 권과방지장치나 그 밖의 경보장치의 기능
② 바퀴의 이상 유무
③ 브레이크·클러치 및 조정장치의 기능
④ 와이어로프가 통하고 있는 곳 및 작업장소의 지반상태

해설
'바퀴의 이상 유무'는 지게차, 구내운반차, 화물자동차를 사용하여 작업을 할 때의 작업시작 전 점검사항이다.

관련개념 이동식 크레인을 사용하여 작업을 할 때 작업시작 전 점검사항
• 권과방지장치나 그 밖의 경보장치의 기능
• 브레이크·클러치 및 조정장치의 기능
• 와이어로프가 통하고 있는 곳 및 작업장소의 지반상태

005

하인리히의 재해발생 빈도 법칙에 따라 중상 재해가 10회 발생했다면, 무상해사고는 몇 회 발생되겠는가?

① 29 　　　　　② 290
③ 300 　　　　 ④ 3,000

해설 하인리히의 법칙(1 : 29 : 300의 법칙)
330번의 사고가 발생한다면 그 중에 중상해가 1건, 경상해가 29건, 무상해사고가 300건 발생한다는 법칙이다.
중상해가 10회 발생했으므로 무상해사고는 10×300=3,000회 발생한다.

006

산업안전보건법상 안전보건관리규정을 작성해야 할 사업의 사업주는 안전보건관리규정을 작성해야 할 사유가 발생한 날부터 며칠 이내에 작성해야 하는가?

① 15일 　　　　② 30일
③ 60일 　　　　④ 90일

해설
안전보건관리규정을 작성하여야 할 사업의 사업주는 안전보건관리규정을 작성하여야 할 사유가 발생한 날부터 30일 이내에 안전보건관리규정의 세부내용을 포함한 안전보건관리규정을 작성하여야 한다.

007

재해예방의 4원칙에 해당하지 않는 것은?

① 손실적용의 원칙 　　② 원인연계의 원칙
③ 대책선정의 원칙 　　④ 예방가능의 원칙

해설 재해예방의 4원칙

손실우연의 원칙	사고에 의해서 생기는 상해의 종류 및 정도는 우연적이라는 원칙
예방가능의 원칙	재해는 원칙적으로 예방이 가능하다는 원칙
원인계기의 원칙 (원인연계의 원칙)	재해의 발생은 직접원인으로만 일어나는 것이 아니라 간접원인이 연계되어 일어난다는 원칙
대책선정의 원칙	원인의 정확한 분석에 의해 가장 타당한 재해예방 대책이 선정되어야 한다는 원칙

008

6회 출제

산업안전보건법령상 타워크레인 지지에 관한 사항으로 ( ) 안에 알맞은 내용은?

> 타워크레인을 와이어로프로 지지하는 경우, 설치각도는 수평면에서 (㉠)도 이내로 하되, 지지점은 (㉡)개소 이상으로 하고, 같은 각도로 설치하여야 한다.

① ㉠: 45, ㉡: 3　　　　② ㉠: 45, ㉡: 4

③ ㉠: 60, ㉡: 3　　　　④ ㉠: 60, ㉡: 4

해설 **타워크레인을 와이어로프로 지지할 때 준수사항**
- 와이어로프를 고정하기 위한 전용 지지프레임을 사용할 것
- 와이어로프 설치각도는 수평면에서 60° 이내로 하되, 지지점은 4개소 이상으로 하고, 같은 각도로 설치할 것
- 와이어로프와 그 고정부위는 충분한 강도와 장력을 갖도록 설치하고, 와이어로프를 클립·샤클(Shackle) 등의 고정기구를 사용하여 견고하게 고정시켜 풀리지 않도록 하며, 사용 중에는 충분한 강도와 장력을 유지하도록 할 것
- 와이어로프가 가공전선에 근접하지 않도록 할 것

009

4회 출제

산업안전보건법령상 안전보건표지의 종류 중 금지표지에 해당하지 않는 것은?

① 탑승금지　　　　② 금연

③ 사용금지　　　　④ 접촉금지

해설 **금지표지**

출입금지	보행금지	차량통행금지	사용금지	탑승금지

금연	화기금지	물체이동금지

010

3회 출제

산업안전보건법령에 따른 안전인증기준에 적합한지를 확인하기 위하여 안전인증기관이 하는 심사의 종류가 아닌 것은?

① 서면심사　　　　② 예비심사

③ 제품심사　　　　④ 완성심사

해설 **안전인증 심사의 종류**

예비심사	기계 및 방호장치·보호구가 유해·위험기계 등인지를 확인하는 심사
서면심사	유해·위험기계 등의 종류별 또는 형식별로 설계도면 등 유해·위험기계 등의 제품기술과 관련된 문서가 안전인증기준에 적합한지에 대한 심사
기술능력 및 생산체계 심사	유해·위험기계 등의 안전성능을 지속적으로 유지·보증하기 위하여 사업장에서 갖추어야 할 기술능력과 생산체계가 안전인증기준에 적합한지에 대한 심사
제품심사	유해·위험기계 등이 서면심사 내용과 일치하는지와 유해·위험기계 등의 안전에 관한 성능이 안전인증기준에 적합한지에 대한 심사

011

3회 출제

다음 중 재해조사의 목적 및 방법에 관한 설명으로 적절하지 않은 것은?

① 재해조사는 현장보존에 유의하면서 재해발생 직후에 행한다.

② 피해자 및 목격자 등 많은 사람으로부터 사고 시의 상황을 수집한다.

③ 재해조사의 1차적 목표는 재해로 인한 손실금액을 추정하는 데 있다.

④ 재해조사의 목적은 동종재해 및 유사재해의 발생을 방지하기 위함이다.

해설
재해조사의 주된 목적은 사고의 근본원인을 파악하여 동종 및 유사재해를 예방하기 위함이다.

012
4회 출제

산업안전보건기준에 관한 규칙에 따른 근로자가 상시 작업하는 장소의 작업면의 최소 조도기준으로 옳은 것은? (단, 갱내 작업장과 감광재료를 취급하는 작업장은 제외한다.)

① 초정밀작업: 1,000[lux] 이상
② 정밀작업: 500[lux] 이상
③ 보통작업: 150[lux] 이상
④ 그 밖의 작업: 50[lux] 이상

해설 작업장의 조도기준
- 초정밀작업: 750[lux] 이상
- 정밀작업: 300[lux] 이상
- 보통작업: 150[lux] 이상
- 그 밖의 작업: 75[lux] 이상

013
3회 출제

산소가 결핍되어 있는 장소에서 사용하는 마스크는?

① 방진마스크
② 송기마스크
③ 방독마스크
④ 특급 방진마스크

해설 마스크의 용도

방진마스크	분진, 미스트 또는 흄이 호흡기를 통하여 인체에 유입되는 것을 방지하기 위하여 사용한다.
방독마스크	유해가스, 증기 등이 호흡기를 통하여 인체에 유입되는 것을 방지하기 위하여 사용한다.
송기마스크	산소결핍으로 인한 위험을 방지하기 위하여 사용한다.

014
5회 출제

산업재해의 발생빈도를 나타내는 것으로 연간 총 근로시간 합계 100만 시간당 재해발생건수에 해당하는 것은?

① 도수율
② 강도율
③ 연천인율
④ 종합재해지수

해설 도수율, 빈도율(FR; Frequency Rate of Injury)
연 근로시간 합계 100만 시간당 재해발생건수이다.

관련개념
강도율(SR; Severity Rate of Injury)
근로시간 합계 1,000시간당 재해로 인한 근로손실일수이다.
연천인율
근로자 1,000명당 연간 발생하는 재해자수이다.
종합재해지수(FSI; Frequency Severity Indicator)
재해 빈도의 다소와 상해 정도의 강약을 종합하여 나타내는 방식으로 직장과 기업의 성적지표로 사용한다.

015
13회 출제

직계(Line)형 안전조직에 관한 설명으로 옳지 않은 것은?

① 명령과 보고가 간단명료하다.
② 안전정보의 수집이 빠르고 전문적이다.
③ 안전업무가 생산현장 라인을 통하여 시행된다.
④ 각종 지시 및 조치사항이 신속하게 이루어진다.

해설
②는 스태프형 조직의 특징이다.

관련개념 라인형(직계식) 조직의 특징
- 안전에 관한 명령, 지시 및 조치가 각 부문의 직계를 통하여 생산업무와 함께 시행되므로 철저하고 실시도 빠르다.
- 명령과 보고가 상하관계뿐이므로 간단 명료하다.
- 생산라인(Production Line)의 각급 관리감독자는 일상의 생산업무에 쫓겨 안전에 대한 전문지식이나 정보를 몸에 익힐 수 없다는 단점이 있다.
- 100명 이하의 소규모 사업장에 적합하다.

016
8회 출제

재해사례연구법 중 사실의 확인단계에서 사용하기 가장 적절한 분석기법은?

① 크로스분석도　　　② 특성요인도
③ 관리도　　　　　　④ 파레토도

해설

사실의 확인단계에서는 원인·결과 관계 파악이 필요하므로 특성요인도가 적합하다.

관련개념 통계에 의한 재해원인 분석방법

파레토도	사고의 유형, 기인물 등 분류항목을 큰 순서대로 도표화하는 방법
특성요인도	특성과 요인관계를 도표로 하여 어골상으로 세분하는 방법
크로스도	2개 이상의 문제 관계를 분석하는 데 사용하는 것으로, 데이터를 집계하고 표로 표시하여 요인별 결과 내역을 교차한 크로스 그림을 작성하여 분석하는 방법
관리도	재해 발생 건수 등의 추이를 파악하여 목표 관리를 행하는 데 필요한 월별 재해 발생수를 그래프화하여 관리선을 설정·관리하는 방법

017
7회 출제

재해발생의 간접원인 중 2차 원인이 아닌 것은?

① 안전교육적 원인　　② 신체적 원인
③ 학교교육적 원인　　④ 정신적 원인

해설 재해발생의 간접원인

기초원인	• 관리적 원인 • 학교교육적 원인	• 사회적 원인 • 역사적 원인
2차 원인	• 기술적 원인 • 안전교육적 원인	• 신체적 원인 • 정신적 원인

018
5회 출제

버드(Bird)에 의한 재해발생비율 1 : 10 : 30 : 600 중 10에 해당되는 내용은?

① 중상 및 사망　　　② 물적만의 사고
③ 인적만의 사고　　　④ 물적, 인적 사고

해설 버드의 재해발생비율

1 : **10** : 30 : 600 = 중상 : **경상(물적, 인적 손실)** : 무상해 사고(물적 손실) : 무상해, 무사고

019
6회 출제

산업안전보건법령상 산업안전보건관리비 사용명세서는 건설공사 종료 후 얼마간 보존해야 하는가? (단, 공사가 1개월 이내에 종료되는 사업은 제외한다.)

① 6개월간　　　　　② 1년간
③ 2년간　　　　　　④ 3년간

해설

건설공사도급인은 산업안전보건관리비를 사용하는 해당 건설공사의 금액이 4천만 원 이상인 때에는 매월 사용명세서를 작성하고, 건설공사 종료 후 1년 동안 보존하여야 한다.

020
4회 출제

산업안전보건법령상 안전보건진단을 받아 안전보건개선계획을 수립·제출하도록 명할 수 있는 사업장이 아닌 것은?

① 근로자가 안전수칙을 준수하지 않아 2개월 이상의 요양이 필요한 재해가 발생한 사업장
② 산업재해율이 같은 업종 평균 산업재해율의 2배 이상인 사업장
③ 작업환경 불량, 화재·폭발 또는 누출사고 등으로 사업장 주변까지 피해가 확산된 사업장으로서 고용노동부령으로 정하는 사업장
④ 직업병에 걸린 사람이 연간 2명 이상(상시근로자 1천명 이상 사업장의 경우 3명 이상) 발생한 사업장

해설 안전보건진단을 받아 안전보건개선계획을 수립할 대상

• 산업재해율이 같은 업종 평균 산업재해율의 2배 이상인 사업장
• 사업주가 필요한 안전조치 또는 보건조치를 이행하지 아니하여 중대재해가 발생한 사업장
• 직업성 질병자가 연간 2명 이상(상시근로자 1천 명 이상 사업장의 경우 3명 이상) 발생한 사업장
• 그 밖에 작업환경 불량, 화재·폭발 또는 누출 사고 등으로 사업장 주변까지 피해가 확산된 사업장으로서 고용노동부령으로 정하는 사업장

산업심리 및 교육

021

10회 출제

참가자 앞에서 소수의 전문가들이 과제에 관한 견해를 자유롭게 토의한 후 참가자 전원이 참가하여 사회자의 사회에 따라 토의하는 방법은?

① 포럼(Forum)
② 심포지엄(Symposium)
③ 버즈 세션(Buzz Session)
④ 패널 디스커션(Panel Discussion)

해설 토의법의 종류

포럼 (Forum)	새로운 자료나 교재를 제시하고 문제점을 피교육자로 하여금 제기하게 하거나 피교육자의 의견을 다양한 방법으로 발표하게 하여 청중과 토론자 간 의견교환으로 합의를 도출해내는 방법
패널 디스커션 (Panel Discussion)	참가자 앞에서 소수의 전문가들이 과제에 관한 견해를 발표하고 토론한 뒤 참가자 전원이 참가하여 사회자의 사회에 따라 토의하는 방법
심포지엄 (Symposium)	몇 사람의 전문가에 의하여 과제에 관한 견해를 발표한 뒤에 참가자로 하여금 의견이나 질문을 하게 하여 토의하는 방법
버즈세션 (Buzz Session)	6명씩 소집단으로 구분하고, 집단별로 각각의 사회자를 선발하여 6분씩 자유토의를 행한 후 의견을 종합하는 방법으로 6-6회의라고도 함

022

7회 출제

몹시 피로하거나 단조로운 작업으로 인하여 의식이 뚜렷하지 않은 상태의 의식수준으로 옳은 것은?

① Phase Ⅰ
② Phase Ⅱ
③ Phase Ⅲ
④ Phase Ⅳ

해설 인간의 의식레벨

단계	의식수준	생리적 상태
Phase 0	무의식, 실신상태	뇌발작, 수면
Phase Ⅰ	이상, 피로 및 단조로움	피로, 단조로움, 졸음
Phase Ⅱ	정상, 이완상태	휴식 시, 정례작업 시
Phase Ⅲ	정상, 명쾌	적극 활동 시
Phase Ⅳ	과긴장	패닉, 긴급방위반응

023

2회 출제

훈련에 참가한 사람들이 직무에 복귀한 후에 실제 직무수행에서 훈련효과를 보이는 정도를 나타내는 것은?

① 전이 타당도
② 교육 타당도
③ 조직간 타당도
④ 조직내 타당도

해설 전이 타당도

• 교육에 의해 종업원들의 직무수행이 어느 정도나 향상되었는지를 나타내는 것이다.
• 전이 타당도를 높이기 위해서는 훈련상황과 직무상황의 유사성을 최대화시켜야 한다.
• 훈련생이 원리를 완전히 이해할 수 있도록 하여야 하며, 훈련에서 배운 기술, 과제 등을 가능한 한 풍부하게 경험할 수 있도록 하여야 한다.

024

7회 출제

인간의 적응기제(Adjustment Mechanism) 중 방어적 기제에 해당하는 것은?

① 보상
② 고립
③ 퇴행
④ 억압

해설

②, ③, ④는 도피적 기제에 해당한다.

관련개념 방어적 기제(Defence Mechanism)

• 자신의 불리한 입장을 보호 또는 방어하려는 기제이다.
• 합리화, 동일시, 보상, 투사, 승화 등이 있다.

2023년 2회

025

다음 중 피로의 검사방법에 있어 인지역치를 이용한 생리적 방법은?

① 광전비색계
② 뇌전도(EEG)
③ 근전도(EMG)
④ 점멸융합주파수(Flicker Fusion Frequency)

해설 **점멸융합주파수(Flicker Fusion Frequency)**
• 깜빡이는 광원이 계속 켜진 것처럼 보일 때의 주파수를 의미한다.
• 피로의 검사방법에서 인지역치를 이용한 생리적 검사방법이다.
• 정신피로의 판단기준으로 사용된다.
• 피곤할 경우 주파수의 값이 낮아진다.

026

강의계획 시 설정하는 학습목적의 3요소에 해당하는 것은?

① 학습방법
② 학습성과
③ 학습자료
④ 학습정도

해설
학습목적은 학습목표, 주제, 학습정도로 구성된다.

027

어떤 과업을 성취할 수 있는 자신의 능력에 대한 스스로의 믿음을 나타내는 것은?

① 자아존중감(Self-esteem)
② 자기효능감(Self-efficacy)
③ 통제의 착각(Illusion of control)
④ 자기중심적 편견(Egocentric bias)

해설 **자기효능감(Self-efficacy)**
자신에게 부여된 과제를 성공적으로 수행하거나 어려운 상황을 극복할 수 있다는 기대(신념)이다.

028

직업 적성검사에 대한 설명으로 틀린 것은?

① 적성검사는 작업행동을 예언하는 것을 목적으로도 사용한다.
② 직업 적성검사는 직무 수행에 필요한 잠재적인 특수능력을 측정하는 도구이다.
③ 직업 적성검사를 이용하여 훈련 및 승진대상자를 평가하는 데 사용할 수 있다.
④ 직업 적성은 단기적 집중 직업훈련을 통해서 개발이 가능하므로 신중하게 사용해야 한다.

해설
직업 적성은 단기적인 훈련이 아니라 장기적인 훈련을 통해서 개발이 가능하다.

관련개념 **직업 적성검사**
• 작업행동을 예언하는 것을 목적으로도 사용한다.
• 직무 수행에 필요한 잠재적인 특수능력을 측정하는 도구이다.
• 훈련 및 승진대상자를 평가하는 데 사용할 수 있다.

029

교육의 본질적 측면에서 본 교육의 기능과 관련이 없는 것은?

① 사회적 기능
② 보수적 기능
③ 개인 완성으로서의 기능
④ 문화전달과 창조적 기능

해설 **교육의 본질적 기능**
• 사회적 기능
• 가치형성의 기능
• 개인 완성으로서의 기능
• 문화전달과 창조적 기능

030

스트레스(Stress)에 영향을 주는 요인 중 환경이나 외적요인에 해당하는 것은?

① 자존심의 손상
② 현실에의 부적응
③ 도전의 좌절과 자만심의 상충
④ 직장에서의 대인관계 갈등과 대립

> **해설** 스트레스의 내·외적요인

내적요인	• 자존심의 손상 • 현실에의 부적응 • 도전의 좌절과 자만심의 상충 • 지나친 경쟁심과 출세욕
외적요인	• 직장에서의 대인관계 갈등과 대립 • 경제적 어려움 • 죽음, 질병

031

다음 중 부주의에 의한 사고방지에 있어서 정신적 측면의 대책 사항과 가장 거리가 먼 것은?

① 적응력 향상
② 스트레스 해소
③ 작업의욕 고취
④ 주의력 집중훈련

> **해설**

'적응력 향상'은 정신적 측면이 대책이 아니라 기능 및 작업적 측면의 대책에 해당한다.

> **관련개념** 정신적 측면의 부주의에 의한 사고방지 대책
- 스트레스 해소
- 작업의욕 고취
- 주의력 집중훈련
- 안전의식 제고

032

교육훈련 지도방법의 4단계 순서로 맞는 것은?

① 도입 → 제시 → 적용 → 확인
② 제시 → 도입 → 적용 → 확인
③ 적용 → 제시 → 도입 → 확인
④ 도입 → 적용 → 확인 → 제시

> **해설** 교육훈련 지도방법의 4단계

단계		설명
1단계	도입	• 구체적인 목표를 제시한다. • 동기유발을 통해 관심과 흥미를 가지게 하고 심신의 여유를 준다.
2단계	제시	새로운 지식이나 기능을 설명하고 이해, 납득시킨다.
3단계	적용	피교육자가 공감을 느끼게 하고, 과제를 통해 문제를 해결하게 하거나 기능을 습득시킨다.
4단계	확인	피교육자가 교육내용을 충분히 이해했는지 확인하고 평가한다.

033

안드라고지(Andragogy) 모델에 기초한 학습자로서의 성인의 특징과 가장 거리가 먼 것은?

① 성인들은 타인 주도적 학습을 선호한다.
② 성인들은 과제 중심적으로 학습하고자 한다.
③ 성인들은 다양한 경험을 가지고 학습에 참여한다.
④ 성인들은 왜 배워야 하는지에 대해 알고자 하는 욕구를 가지고 있다.

> **해설** 안드라고지 모델에 기초한 성인 학습자의 특징
- 성인들은 자기 주도적으로 학습하고자 한다.
- 성인들은 과제 중심적(문제 중심적)으로 학습하고자 한다.
- 성인들은 무엇을, 왜 배워야 하는지에 대해 알고자 하는 욕구를 가지고 있다.
- 성인들은 학습에 대한 강력한 내·외적 동기를 가지고 있다.

> **관련개념** 안드라고지(Andragogy)

그리스어의 'Andros(사람)'와 'Agein(이끌다)'에서 유래된 용어로 성인을 가르치는 과학 또는 기술을 의미한다.

034

산업안전보건법령상 사업 내 안전보건교육에 있어 특별안전보건교육 대상 작업에 해당하지 않는 것은?

① 굴착면의 높이가 5[m] 되는 암석의 굴착작업
② 5[m]인 구축물을 대상으로 콘크리트 파쇄기를 사용하여 하는 파쇄작업
③ 흙막이 지보공의 보강 또는 동바리를 설치하거나 해체하는 작업
④ 휴대용 목재가공기계를 3대 보유한 사업장에서 해당 기계로 하는 작업

해설

목재가공용 기계(둥근톱기계, 띠톱기계, 대패기계, 모떼기기계 및 라우터기만 해당하며, **휴대용은 제외**)를 **5대 이상 보유한 사업장**에서 해당 기계로 하는 작업이 특별교육 대상이다.

관련개념 목재가공용 기계를 5대 이상 보유한 사업장의 해당 기계로 하는 작업의 특별교육내용

- 목재가공용 기계의 특성과 위험성에 관한 사항
- 방호장치의 종류와 구조 및 취급에 관한 사항
- 안전기준에 관한 사항
- 안전작업방법 및 목재 취급에 관한 사항
- 그 밖에 안전·보건관리에 필요한 사항

035

생체리듬에 관한 설명 중 틀린 것은?

① 각각의 리듬이 (−)로 최대가 되는 경우에만 위험일이라고 한다.
② 육체적 리듬은 "P"로 나타내며, 23일을 주기로 반복된다.
③ 감성적 리듬은 "S"로 나타내며, 28일을 주기로 반복된다.
④ 지성적 리듬은 "I"로 나타내며, 33일을 주기로 반복된다.

해설 생체리듬(바이오리듬)의 분류

육체적(신체적) 리듬 (P, Physical)	신체의 물리적인 상태를 나타내는 리듬으로, 청색 실선으로 표시하며 23일의 주기이다.
감성적 리듬 (S, Sensitivity)	기분이나 신경계통의 상태를 나타내는 리듬으로, 적색 점선으로 표시하며 28일의 주기이다.
지성적 리듬 (I, Intellectual)	기억력, 인지력, 판단력 등을 나타내는 리듬으로, 녹색 일점쇄선으로 표시하며 33일의 주기이다.

※ 위험일: 안정기(+)와 불안정기(−)의 교차점

036

직무평가의 방법에 해당되지 않는 것은?

① 서열법
② 분류법
③ 투사법
④ 요소비교법

해설 직무평가방법

- **서열법**: 직무 전체를 종합적으로 비교하여 서열을 매기는 방식
- **분류법**: 미리 정해진 직무의 등급기준에 따라 직무를 분류하는 방식
- **점수법**: 직무의 여러 평가요소별 점수를 부여하여 합산하는 방식
- **요소비교법**: 주요 평가요소별로 임금을 기준화해 직무의 상대적 가치를 평가하는 방식

037

OJT(On the Job Training)의 장점이 아닌 것은?

① 개개인에게 적절한 지도훈련이 가능하다.
② 전문가를 강사로 초빙하는 것이 가능하다.
③ 훈련에 필요한 업무의 계속성이 끊어지지 않는다.
④ 직장의 실정에 맞는 실제적 훈련이 가능하다.

해설

②는 Off JT의 장점에 해당한다.

관련개념 OJT(On the Job Training)의 특징

장점	• 개개인에게 적절한 지도훈련이 가능하다. • 직장의 실정에 맞게 실제적 훈련이 가능하다. • 교육을 통한 훈련효과에 의해 상호 신뢰 및 이해도가 높아진다. • 대상자의 개인별 능력에 따라 훈련의 진도를 조정하기 쉽다. • 교육효과가 업무에 신속히 반영된다. • 훈련에 필요한 업무의 계속성이 끊어지지 않는다. • 동기부여가 쉽다.
단점	• 다수의 대상을 한 번에 통일적인 내용 및 수준으로 교육시킬 수 없다. • 전문적인 지식 및 기능을 교육하기 힘들다. • 업무와 교육이 병행되므로 훈련에만 전념할 수 없다.

038

레윈의 3단계 조직변화모델에 해당되지 않는 것은?

① 해빙단계
② 체험단계
③ 변화단계
④ 재동결단계

해설

레윈은 어떠한 조직이 변화를 성공적으로 수용하려면 해빙, 변화, 재동결의 과정을 거쳐야 한다고 주장하였다.

관련개념 레윈(Lewin)의 3단계 조직변화모델

- 1단계: 해빙 – 현재 상태의 해빙
- 2단계: 변화 – 원하는 상태로의 변화
- 3단계: 재동결 – 새로운 변화를 위한 재동결

039

다음 중 강의법에서 도입단계의 내용으로 적절하지 않은 것은?

① 동기를 유발한다.
② 주제의 단원을 알려준다.
③ 수강생의 주의를 집중시킨다.
④ 핵심이 되는 점을 가르쳐 준다.

해설 강의법

도입 → 제시 → 적용 → 확인단계의 순으로 실시한다.

도입단계	수강생의 주의를 집중시키고 주제의 단원을 알려주면서 학습동기를 유발시키는 단계
제시단계	핵심이 되는 점을 알려주고 질문을 통해 수강생의 반응을 확인하는 단계로 가장 많은 시간이 소요됨
적용단계	실무에 적용하는 방법 등을 연습하는 단계
확인단계	강의를 마무리하는 단계

040

리더십의 유형을 지휘 형태에 따라 구분할 때 이에 해당하지 않는 것은?

① 권위적 리더십
② 민주적 리더십
③ 방임적 리더십
④ 경쟁적 리더십

해설 지휘 형태에 따른 리더십의 유형

권위형	• 리더가 독단적으로 의사를 결정하고 관리한다. • 하향 지시 위주로 조직이 운영된다. • 업무를 중심에 놓는다.
민주형	• 조직원의 적극적인 참여와 자율성을 강조한다. • 조직원의 창의성을 개발할 수 있다. • 인간관계를 중심에 놓는다.
자유방임형	• 방치, 무관심, 무질서 등의 특징을 가진다. • 개성이 강하고 연대감이 없다.

2023년 2회

인간공학 및 시스템안전공학

041

12회 출제

다음 시스템의 신뢰도는 얼마인가? (단, 각 요소의 신뢰도는 a, b가 각 0.8, c, d가 각 0.6이다.)

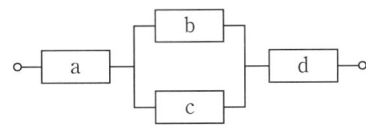

① 0.2245
② 0.3754
③ 0.4416
④ 0.5756

해설

• 신뢰도가 R_1, R_2인 부품이 병렬로 연결되어 있을 때 신뢰도:
$1-(1-R_1) \times (1-R_2)$
병렬로 연결된 부품의 신뢰도 $= 1-(1-b) \times (1-c)$
$= 1-(1-0.8) \times (1-0.6) = 0.92$
• 신뢰도가 R_1, R_2인 부품이 직렬로 연결되어 있을 때 신뢰도: $R_1 \times R_2$
직렬로 연결된 시스템 전체 신뢰도 $= a \times 0.92 \times d$
$= 0.8 \times 0.92 \times 0.6 = 0.4416$

042

7회 출제

FT도에 사용되는 다음 기호의 명칭으로 옳은 것은?

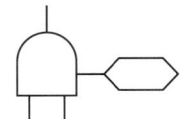

① 부정게이트
② 수정기호
③ 위험지속기호
④ 배타적 OR 게이트

해설 위험지속기호

입력사상이 발생하여 일정 시간이 지속된 후 출력사상이 발생하는 게이트이다.

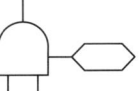

043

8회 출제

사무실 의자나 책상에 적용할 인체 측정 자료의 설계 원칙으로 가장 적합한 것은?

① 평균치 설계
② 조절식 설계
③ 최대치 설계
④ 최소치 설계

해설 인체 측정 자료의 응용원칙

최소치수를 이용한 설계	선반의 높이, 조종장치까지의 거리, 비상벨의 위치 등
최대치수를 이용한 설계	출입문의 높이, 좌석 간의 거리, 통로의 폭, 와이어로프의 사용중량, 위험구역 울타리 등
평균치를 이용한 설계	전동차의 손잡이 높이, 안내데스크 높이, 은행의 접수대 높이, 공원의 벤치 높이, 계산대 높이 등
조절식 설계	의자의 위치 및 높이, 자동차 운전석 의자의 위치와 높이 등

044

2회 출제

설비보전에서 평균수리시간의 의미로 맞는 것은?

① MTTR
② MTBF
③ MTTF
④ MTBP

해설 평균수리시간(MTTR; Mean Time To Repair)

고장이 발생한 후부터 정상작동까지 걸리는 시간의 평균을 의미한다.

$$MTTR = \frac{\text{전체 수리시간}}{\text{고장건수}} [\text{시간/회}]$$

045

5회 출제

위험 및 운전성 검토(HAZOP)에서 사용되는 가이드워드 중에서 성질상의 감소를 의미하는 것은?

① Part of
② More/Less
③ No/Not
④ Other than

해설 가이드워드(Guide Words)

No/Not	설계 의도의 완전한 부정
Part of	성질상의 감소
As well as	성질상의 증가
More/Less	양의 증가 혹은 감소
Other than	완전한 대체
Reverse	설계 의도의 논리적인 역

046

소음방지 대책에 있어 가장 효과적인 방법은?

① 음원에 대한 대책
② 수음자에 대한 대책
③ 전파경로에 대한 대책
④ 거리감쇠와 지향성에 대한 대책

해설
가장 효과적인 소음대책은 소음원에 대한 대책이다.

관련개념 소음대책
• 소음원의 통제
• 소음의 격리
• 차폐장치 및 흡음재료 사용
• 음향처리제 사용
• 적절한 배치

047

인체측정에 대한 설명으로 옳은 것은?

① 인체측정은 동적측정과 정적측정이 있다.
② 인체측정학은 인체의 생화학적 특징을 다룬다.
③ 자세에 따른 인체치수의 변화는 없다고 가정한다.
④ 측정항목에 무게, 둘레, 두께, 길이는 포함되지 않는다.

해설
신체의 측정은 동적(기능적)측정과 정적(구조적)측정으로 구분된다.

관련개념 인체의 측정
일반적으로 몸의 측정 치수는 구조적 치수(Structural Dimension)와 기능적 치수(Functional Dimension)로 나누어진다.
• 구조적 인체치수: 활동이 없는 고정된 자세에서 마틴(Martin)식 인체측정기 등으로 측정하는 인체치수로 정적측정에 해당한다.
• 기능적 인체치수: 공간이나 제품의 설계 시 움직이는 몸의 자세를 고려하기 위해 사용되는 인체치수로 동적측정에 해당한다.

048

일반적으로 보통 작업자의 정상적인 시선으로 가장 적합한 것은?

① 수평선을 기준으로 위쪽 5° 정도
② 수평선을 기준으로 위쪽 15° 정도
③ 수평선을 기준으로 아래쪽 5° 정도
④ 수평선을 기준으로 아래쪽 15° 정도

해설
작업자는 작업과정에서 주변 환경을 잘 살펴야 하므로 일반적으로 작업자의 정상적인 시선은 **수평선을 기준으로 아래쪽 15° 정도**가 적당하다. 이 정도 시선으로 작업대상을 잘 보면서 주변 환경을 잘 살펴 위험요인을 미리 발견할 수 있다.

049

수공구 설계의 원리로 틀린 것은?

① 양손잡이를 모두 고려하여 설계한다.
② 손바닥 부위에 압박을 주는 손잡이 형태로 설계한다.
③ 손잡이의 길이는 95[%] 남성의 손 폭을 기준으로 한다.
④ 동력공구 손잡이는 최소 두 손가락 이상으로 작동하도록 설계한다.

해설 수공구의 설계원칙
• 손목은 곧게 유지되도록 설계한다.
• 손잡이는 접촉면을 가능하면 크게 한다.
• 반복적인 손가락 동작을 피하도록 설계한다.
• 조직에 가해지는 압력을 피하도록 설계한다.
• 정밀 작업용 수공구의 손잡이는 직경 5~12[mm]가 적당하다.
• 공구의 무게를 줄이고 사용 시 무게 균형이 유지되도록 한다.
• 힘을 요하는 수공구의 손잡이는 직경 50~60[mm]가 적당하다.
• 일반적으로 손잡이의 길이는 95[%] 남성의 손 폭을 기준으로 한다.
• 동력공구 손잡이는 두 손가락 이상으로 작동하도록 한다.

050

1회 출제

국내 규정상 1일 노출횟수가 100일 때 최대 음압수준이 몇 [dB(A)]를 초과하는 충격소음에 노출되어서는 아니 되는가?

① 110
② 120
③ 130
④ 140

해설 충격소음작업

충격소음강도[dB(A)]	1일 허용 노출 횟수[회]
140	100
130	1,000
120	10,000

051

2회 출제

컷셋(Cut Set)과 최소 패스셋(Minimal Path Set)의 정의로 옳은 것은?

① 컷셋은 시스템 고장을 유발시키는 데 필요한 최소한의 고장들의 집합이며, 최소 패스셋은 시스템의 신뢰성을 표시한다.
② 컷셋은 시스템 고장을 유발시키는 기본고장들의 집합이며, 최소 패스셋은 시스템의 불신뢰도를 표시한다.
③ 컷셋은 그 속에 포함되어 있는 모든 기본사상이 일어났을 때 정상사상을 일으키는 기본사상의 집합이며, 최소 패스셋은 시스템의 신뢰성을 표시한다.
④ 컷셋은 그 속에 포함되어 있는 모든 기본사상이 일어났을 때 정상사상을 일으키는 기본사상의 집합이며, 최소 패스셋은 시스템의 성공을 유발하는 기본사상의 집합이다.

해설 컷셋(Cut Set)과 패스셋(Path Set)
· 컷셋: 그 속에 포함되어 있는 모든 기본사상이 일어났을 때 정상사상을 일으키는 기본사상의 집합이다.
· 최소(미니멀) 컷셋: 정상사상을 일으키기 위한 최소한의 컷셋을 말한다. 시스템의 위험성 또는 약점을 나타낸다.
· 패스셋: 그 속에 포함되어 있는 기본사상이 일어나지 않을 때 처음으로 정상사상이 일어나지 않는 기본사상의 집합이다.
· 최소(미니멀) 패스셋: 정상사상이 일어나지 않는 최소한의 패스셋을 말한다. 시스템의 신뢰성을 나타낸다.

052

4회 출제

정량적 표시장치에 관한 설명으로 맞는 것은?

① 정확한 값을 읽어야 하는 경우 일반적으로 디지털보다 아날로그 표시장치가 유리하다.
② 동목(Moving Scale)형 아날로그 표시장치는 표시장치의 면적을 최소화할 수 있는 장점이 있다.
③ 연속적으로 변화하는 양을 나타내는 데에는 일반적으로 아날로그보다 디지털 표시장치가 유리하다.
④ 동침(Moving Pointer)형 아날로그 표시장치는 바늘의 진행 방향과 증감속도에 대한 인식적인 암시 신호를 얻는 것이 불가능한 단점이 있다.

해설
① 정확한 값을 읽어야 하는 경우 디지털(계수형) 표시장치가 아날로그 표시장치보다 유리하다.
③ 연속적으로 변화하는 양은 아날로그 표시장치가 디지털 표시장치보다 유리하다.
④ 동침형은 측정값의 변화방향이나 변화속도를 나타내는 데 유리한 표시장치이다.

053

1회 출제

일반적으로 위험(Risk)은 3가지 기본요소로 표현되며 3요소(Triplets)로 정의된다. 3요소에 해당되지 않는 것은?

① 사고 시나리오(S_t)
② 사고발생 확률(P_t)
③ 시스템 불이용도(Q_t)
④ 파급효과 또는 손실(X_t)

해설
위험의 3가지 기본요소(Triplets)는 사고 시나리오, 사고발생 확률, 파급효과 또는 손실이다.

054

2회 출제

시스템 안전 MIL-STD-882B 분류기준의 위험성 평가 매트릭스에서 발생빈도에 속하지 않는 것은?

① 거의 발생하지 않은(Remote)
② 전혀 발생하지 않은(Impossible)
③ 보통 발생하는(Reasonably Probable)
④ 극히 발생하지 않을 것 같은(Extremely Improbable)

해설
'전혀 발생하지 않은(Impossible)'은 차파니스(Chapanis, A.)의 위험분석에 포함되는 요소이다.

관련개념 MIL-STD-882B의 위험성 평가 매트릭스

분류	발생빈도
자주 발생(Frequent)	10^{-1} 이상
보통 발생(Reasonably Probable)	$10^{-2} \sim 10^{-1}$
가끔 발생(Occasional)	$10^{-3} \sim 10^{-2}$
거의 발생하지 않음(Remote)	$10^{-6} \sim 10^{-3}$
극히 발생하지 않음(Extremely Improbable)	10^{-6} 미만

055

5회 출제

다음 중 Fitts의 법칙에 관한 설명으로 옳은 것은?

① 표적이 크고 이동거리가 길수록 이동시간이 증가한다.
② 표적이 작고 이동거리가 길수록 이동시간이 증가한다.
③ 표적이 크고 이동거리가 짧을수록 이동시간이 증가한다.
④ 표적이 작고 이동거리가 짧을수록 이동시간이 증가한다.

해설 Fitts의 법칙
• 인간의 조정 및 제어능력을 나타내는 법칙으로, 인간의 손이나 발을 이동시켜 조작장치를 조작하는 데 걸리는 시간을 표적까지의 거리와 표적 크기의 함수로 나타낸 이론이다.
• 표적이 작고 이동거리가 길수록 이동시간이 증가한다.
• 자동차 브레이크 페달과 가속 페달 간의 간격, 브레이크 폭 등을 결정하는 데 사용할 수 있는 이론이다.

056

4회 출제

경계 및 경보신호의 설계지침으로 틀린 것은?

① 귀는 중음역에 민감하므로 500~3,000[Hz]의 진동수를 사용한다.
② 300[m] 이상의 장거리용으로는 1,000[Hz]를 초과하는 진동수를 사용한다.
③ 배경소음의 진동수와 다른 진동수의 신호를 사용한다.
④ 주의를 환기시키기 위하여 변조된 신호를 사용한다.

해설 청각적 표시장치의 설계기준
• 신호는 배경소음의 주파수와 다른 주파수를 이용한다.
• 귀는 중음역에 가장 민감하므로 500~3,000[Hz]의 진동수를 사용한다.
• 칸막이를 통과하는 신호는 500[Hz] 이하의 진동수를 사용한다.
• 300[m] 이상 장거리용 신호는 1,000[Hz] 이하의 낮은 주파수를 사용한다.

057

4회 출제

기계설비 고장 유형 중 기계의 초기결함을 찾아내 고장률을 안정시키는 기간은?

① 마모고장 기간
② 우발고장 기간
③ 에이징(Aging) 기간
④ 디버깅(Debugging) 기간

해설 고장률의 유형
• 초기고장(감소형): 제조가 불량하거나 생산과정에서 품질관리가 안 되어서 생기는 고장이다.
 – 디버깅(Debugging) 기간: 초기고장의 결함을 찾아내어 고장률을 안정시키는 기간이다.
 – 번인(Burn-in) 기간: 초기에 장시간 움직여보고 그동안에 고장난 것을 Screening하여 제거시키는 기간이다.
• 우발고장(일정형): 실제 사용하는 상태에서 발생하는 고장으로 예측할 수 없는 랜덤의 간격으로 생기는 고장이다.
• 마모고장(증가형): 설비 또는 장치가 수명을 다하여 생기는 고장으로 이 시기의 예방대책은 예방보전(PM)이다.

2023년 2회

058

시스템의 수명 및 신뢰성에 관한 설명으로 틀린 것은?

① 병렬설계 및 디레이팅 기술로 시스템의 신뢰성을 증가시킬 수 있다.

② 직렬시스템에서는 부품들 중 최소 수명을 갖는 부품에 의해 시스템 수명이 정해진다.

③ 수리가 가능한 시스템의 평균 수명(MTBF)은 평균 고장률(λ)과 정비례 관계가 성립한다.

④ 수리가 불가능한 구성요소로 병렬구조를 갖는 설비는 중복도가 늘어날수록 시스템 수명이 길어진다.

해설 시스템의 수명 및 신뢰성

- 병렬설계 및 디레이팅 기술로 시스템의 신뢰성을 증가시킬 수 있다.
- 병렬시스템에서는 부품들 중 최대 수명을 갖는 부품에 의해 시스템 수명이 결정된다.
- 직렬시스템에서는 부품들 중 최소 수명을 갖는 부품에 의해 시스템 수명이 결정된다.
- 수리가 가능한 시스템의 평균 수명(MTBF)은 평균 고장률(λ)과 반비례 관계가 성립한다.
- 수리가 불가능한 구성요소로 병렬구조를 갖는 설비는 중복도가 늘어날수록 시스템 수명이 길어진다.

059

작업공간의 포락면(包絡面)에 대한 설명으로 맞는 것은?

① 개인이 그 안에서 일하는 일차원 공간이다.

② 작업복 등은 포락면에 영향을 미치지 않는다.

③ 가장 작은 포락면은 몸통을 움직이는 공간이다.

④ 작업의 성질에 따라 포락면의 경계가 달라진다.

해설 작업공간의 포락면(Work Space Envelope)

- 한 장소에 앉아서 작업하는 데 사용하는 공간이다.
- 작업의 성질에 따라 포락면의 경계가 달라진다.

060

시스템 분석 및 설계에 있어서 인간공학의 가치와 가장 거리가 먼 것은?

① 훈련비용의 절감

② 인력 이용률의 향상

③ 생산 및 보전의 경제성 감소

④ 사고 및 오용으로부터의 손실 감소

해설 인간공학의 가치

- 인력 이용률의 향상
- 훈련비용의 절감
- 사고 및 오용으로부터의 손실 감소
- 생산성의 향상
- 사용자의 수용도 향상
- 생산 및 정비유지의 경제성 증대

건설시공학

061

철근 용접이음 방식 중 Cad Welding 이음의 장점이 아닌 것은?

① 실시간 육안검사가 가능하다.
② 기후의 영향이 적고 화재위험이 감소된다.
③ 각종 이형철근에 대한 적용범위가 넓다.
④ 예열 및 냉각이 불필요하고 용접시간이 짧다.

해설 **화약용접(Cad Welding)**
• 철근용접부에 슬리브 구멍을 통하여 화약과 합금을 섞은 혼합물을 넣고 폭발 · 용해시키면 합금이 녹아 철근을 충전이음시킨다.
• 가장 큰 단점은 육안검사가 불가능한 점이다.

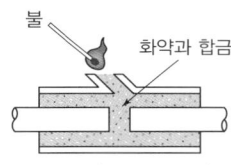

화약용접(Cad Welding)

062

기초굴착 방법 중 굴착공에 철근망을 삽입하고 콘크리트를 타설하여 말뚝을 형성하는 공법이며, 안정액으로 벤토나이트 용액을 사용하고 표층부에서만 케이싱을 사용하는 것은?

① 리버스 서큘레이션 공법
② 베노토공법
③ 심초공법
④ 어스드릴공법

해설 **어스드릴공법**
회전식 드릴링 버켓을 이용하여 지반을 굴착하고 철근망을 삽입하여 콘크리트를 타설하는 공법이다. 표층부에 가이드파이프를 설치하고 굴착공의 공벽유지는 벤토나이트 용액을 이용한다.

관련개념 **어스드릴공법의 특징**
• 저소음, 저진동 공법이다.
• 비교적 소형으로 기계 설치가 간단하며 이동이 쉽다.
• 안정액 관리가 어렵고, 굴착 시 연약층에 대한 공벽유지가 어렵다.
• 굴착공의 연직도 유지가 곤란하나, 경사시공이 가능하다.
• 토사층, 풍화암층에 적용하는 경우가 일반적이며, 연질지반에 적합하다.
• 지중에 12[cm] 이상의 전석, 호박돌층이 있는 경우 시공이 곤란하다.
• 견고한 암반 굴착이 어렵다.
• 말뚝 직경은 보통 800~1,200[mm]이다.
• 기존구조물에 근접시공이 가능하다.

063

지하수위 저하공법 중 강제배수공법이 아닌 것은?

① 표면배수공법
② 전기침투공법
③ Well point 공법
④ 진공 Deep well 공법

해설 **배수공법의 구분**
• 중력배수공법: 표면배수공법, 집수정공법
• 강제배수공법: 웰포인트공법, Deep Well 공법, 전기침투공법

064

분할도급공사 중 지하철공사, 고속도로공사 및 대규모 아파트단지 등의 공사에 채용하면 가장 효과적인 것은?

① 전문공정별 분할도급
② 공정별 분할도급
③ 공구별 분할도급
④ 직종별 공종별 분할도급

해설 **분할도급공사**

종류	구분
공구별 분할도급	• 대규모 공사에서 지역별로 분리 발주하는 방식으로, 각 공구마다 일식도급 체제로 운영된다. • 도급업자의 기회균등, 시공기술 향상, 높은 성과가 기대된다. • 지하철공사, 고속도로공사 및 대규모 아파트단지공사에 채택 시 효과적이다.
공정별 분할도급	• 공사의 각 과정별로 나누어서 도급을 주는 방식으로 예산배정상 구분될 때 편리하다. • 부분·분할 발주가 가능하나 후속공사 연체의 우려가 있으며 도급자 교체가 곤란하다.
전문공종별 분할도급	• 공사 중 설비공사(전기, 설비 등)를 주체공사와 분리하여 발주하는 방식이다. • 설비업자의 자본, 기술강화 및 전문화로 능률 향상이 기대된다.
직종별 공종별 분할도급	• 직영공사에 가까운 제도로 전문직종이나 각 공종별로 분할하여 도급을 주는 방식이다. • 현장관리가 곤란하며 경비가 증대되나 건축주의 의도가 철저히 반영될 수 있다.

065

강재말뚝공법의 장점으로 옳지 않은 것은?

① 지지층에 깊이 박을 수 있다.
② 휨모멘트에 대한 저항이 크다.
③ 중량이 가볍고, 단면적이 작다.
④ 부식에 따른 내구성이 우수하다.

해설 **강재말뚝**

• 길이의 조절이 용이하고, 경량이기 때문에 운반 및 취급이 간단하다.
• 상부구조와의 결합이 용이하고, 현장접합도 가능하다.
• 재료비가 고가이다.
• 부식에 의한 내구성 저하가 우려된다.
• 강한 타격에도 견디며, 다져진 중간지층의 관통도 가능하다.
• 지지력이 크고, 이음이 안전하고 강하므로 장척말뚝에 적당하다.
• 타설할 때 중심간격은 말뚝머리 지름의 2.0배 이상, 70[cm] 이상으로 한다.

066

금속제 천장틀 공사 시 반자틀의 적정한 간격으로 옳은 것은? (단, 공사시방서가 없는 경우이다.)

① 450[mm] 정도
② 600[mm] 정도
③ 900[mm] 정도
④ 1,200[mm] 정도

해설 **반자틀 고정**

• 반자틀 간격은 공사시방서에 의한다. 공사시방서가 없는 경우는 900[mm] 정도로 한다.
• 반자틀은 클립을 이용해서 반자틀받이에 고정한다.

067

철골구조의 녹막이칠 작업을 실시하는 곳은?

① 콘크리트에 매입되지 않는 부분
② 고력볼트 마찰접합부의 마찰면
③ 폐쇄형 단면을 한 부재의 밀폐된 면
④ 조립상 표면접합이 되는 면

해설 **녹막이칠(페인트칠)**

철골의 공장가공 공정 중 마지막 단계에서 행하는 것으로 녹막이칠을 하지 않는 부분은 다음과 같다.
• 조립에 의하여 맞닿는 면
• 고장력볼트 마찰접합부의 마찰면
• 콘크리트에 밀착 또는 매입되는 부분
• 폐쇄형 단면을 한 부재의 밀폐되는 면
• 기계깎기로 마무리한 면
• 현장용접하는 부분 및 인접하는 양측 10[cm] 이내
• 회전면 등 절삭가공한 부분과 핀, 롤러 등 밀착부분

068

4회 출제

기존에 구축된 건축물 가까이에서 건축공사를 실시할 경우 기존 건축물의 지반과 기초를 보강하는 공법은?

① 이코스(ICOS) 공법
② 언더피닝 공법
③ CIP 공법
④ 탑다운(Top−Down) 공법

해설 **언더피닝(Under Pinning) 공법**

기존 구조물의 기초하부를 보강하거나, 인접하여 구조물을 증축 또는 구축하는 경우 기존 구조물을 보호하거나 구조물 하부를 보강하여 지지력 등을 증대하는 공법이다.

관련개념

• 이코스(Icos Pile) 공법
  일정한 액압이 있는 벤토나이트 용액을 굴착하는 갱내에 넣어 외부와 균형을 유지하게 하고, 주위에 내수성의 지층을 만드는 복합작용을 하게 함으로써 공벽의 붕괴를 방지하며, 지중에 깊은 구멍을 뚫고 그 내부에 콘크리트를 채우는 공법이다.

• CIP(Cast In Place Pile) 공법
  지하수가 없는 비교적 경질인 지층에서 어스 오거로 구멍을 뚫고 그 내부에 자갈과 철근을 채운 후, 미리 삽입해 둔 파이프를 통해 저면에서부터 모르타르를 채워 올라오게 하는 공법이다.

• 탑다운(Top−down) 공법(역타 공법)
  굴착공사 전 흙막이벽체와 기둥을 먼저 시공한 후 굴착공사를 하면서 구조물을 지상에서부터 지하로 구축하는 공법으로, 고심도의 굴착이나 인접건물이 밀집한 도심지에서 안정적으로 적용된다.

069

1회 출제

돌쌓기 방법의 한 가지로 돌과 돌 사이에 모르타르를 다져 넣고, 뒷고임에도 콘크리트를 채워넣는 돌쌓기는?

① 건쌓기
② 찰쌓기
③ 골쌓기
④ 귀갑형쌓기

해설 **찰쌓기**

뒷고임 석재로 고여 쌓은 뒤 각 수평층마다 석재로 뒤채움하고, 그 사이를 콘크리트로 빈틈없이 다져 채우는 방식이다.

070

5회 출제

조적 벽면에서의 백화방지에 대한 조치로서 옳지 않은 것은?

① 소성이 잘 된 벽돌을 사용한다.
② 줄눈으로 비가 새어들지 않도록 방수처리한다.
③ 줄눈모르타르에 석회를 혼합한다.
④ 벽돌벽의 상부에 비막이를 설치한다.

해설

석회는 수분에 녹아 백화현상을 일으키므로 줄눈모르타르에 석회를 혼합하면 오히려 백화현상이 촉진된다.

관련개념 **백화현상 방지대책**

• 잘 구워진(소성이 잘 된) 벽돌을 사용한다.
• 빗물의 침투를 방지하기 위한 비막이, 물흘림 등을 설치한다.
• 표면에 파라핀 도료같은 발수제를 바르거나 실리콘을 뿜칠한다.

071

흙막이 지지공법 중 수평버팀대공법의 장·단점에 대한 내용으로 틀린 것은?

① 토질에 대해 영향을 적게 받는다.
② 가설구조물이 적어 중장비작업이나 토량제거작업의 능률이 좋다.
③ 인근 대지로 공사범위가 넘어가지 않는다.
④ 강재를 전용함에 따라 재료비가 비교적 적게 든다.

해설

수평버팀대공법은 가설구조물이 많아 중장비가 들어가기 곤란하여 작업능률이 좋지 않다.

관련개념 수평버팀대공법의 장단점

장점	단점
• 비교적 공기가 짧게 소요된다. • 공법이 단순하고 간단하다. • 온통파기를 하고 메울 토량이 적다. • 대지 전체에 건물을 지을 수 있다.	• 버팀부재들의 맞춤부분 변형 및 수축에 의한 변형이 발생한다. • 기계굴착 시 버팀대에 의해 제한을 받아 불편하다. • 지하구조체의 작업이 불편하다. • 지하층의 형상이 복잡할 때, 지반의 고저차이가 클 때에는 관리에 주의가 필요하다. • 건축면적이 넓으면 보조부재의 증가로 공사비가 증대된다.

072

흙막이 붕괴원인 중 히빙(Heaving) 파괴가 일어나는 주원인은?

① 흙막이벽의 재료차이
② 지하수의 부력차이
③ 지하수위의 깊이차이
④ 흙막이벽 내외부 흙의 중량차이

해설 히빙(Heaving)

굴착이 진행됨에 따라 흙막이벽 뒤쪽 흙의 중량이 굴착부 바닥의 지지력 이상이 되면 흙막이벽 근입부분의 지반 이동이 발생하여 굴착부 저면이 솟아오르는 현상이다. 이 현상이 발생하면 흙막이벽의 근입부분이 파괴되면서 흙막이벽 전체가 붕괴하는 경우가 많다.

073

지반개량 공법 중 동다짐(Dynamic Compaction) 공법의 특징으로 옳지 않은 것은?

① 시공 시 지반진동에 의한 공해문제가 발생하기도 한다.
② 지반 내에 암괴 등의 장애물이 있으면 적용이 불가능하다.
③ 특별한 약품이나 자재를 필요로 하지 않는다.
④ 깊은 심도의 지반개량에 대해서는 초대형 장비가 필요하다.

해설

동다짐 공법은 암괴, 사력, 모래(준설매립토), 폐기물(쓰레기) 등 광범위한 토질에 적용이 가능하다.

관련개념 동다짐 공법

무거운 추를 자유낙하시켜 충격에 의한 다짐효과로 전단강도를 높이는 지반개량 공법이다.

장점	단점
• 적용범위가 넓음 • 깊은 심도까지 효과적 다짐 • 지하 지반조건에 무관 • 확실한 지반개량 효과	• 중량추의 이용으로 인근구조물 진동 피해 • 소음, 진동, 분진 등 공사공해 발생 • 포화점토 등의 지반은 효과 반감

074

품질관리(TQC)를 위한 7가지 도구 중에서 불량수, 결점수 등 셀 수 있는 데이터를 분류하여 항목별로 나누었을 때 어디에 집중되어 있는가를 알기 쉽도록 한 그림 또는 표를 무엇이라 하는가?

① 히스토그램
② 파레토도
③ 체크시트
④ 산포도

해설 품질관리(TQC)의 7대 도구

구분	내용
파레토도 (영향도)	불량품, 고장, 결점 등의 발생건수를 원인과 현상별로 분류하고, 문제의 크기 순서로 나열하여 그 크기를 막대그래프로 표기하며, 크기를 순차적으로 누적하여 절선그래프로 나타낸 것
특성요인도 (원인결과도)	결과에 대하여 원인이 어떻게 관계하고 있는지 한눈에 알아 볼 수 있도록 작성한 생선뼈 모양의 그림
히스토그램 (분포도)	무게, 강도, 길이 등과 같이 계량치의 데이터가 어떠한 분포를 나타내고 있는지를 판단하기 위하여 작성하는 기둥그래프
산점도 (분포도)	대응되는 2개의 짝으로 된 데이터를 그래프 용지 위에 점으로 나타낸 것
체크시트 (집중도)	계수치의 데이터가 분류 항목 중 어디에 집중되어 있는가를 알아보기 쉽게 표로 나타낸 것
관리도	한눈에 파악되도록 꺾은선이나 막대를 이용하여 나타낸 것
층별	집단을 구성하고 있는 데이터를 특성에 따라 부분집단으로 나누는 것

075

철골공사의 내화피복공법에 해당하지 않는 것은?

① 표면탄화법
② 뿜칠공법
③ 타설공법
④ 조적공법

해설

'표면탄화법'은 목재의 내화피복공법이다.

관련개념 철골의 내화피복공법의 종류

도장공법		팽창성 내화도료 도포
습식공법	타설공법	강재 주위에 콘크리트, 경량콘크리트 타설
	조적공법	콘크리트블록, 경량콘크리트블록, 돌, 벽돌 등을 쌓음
	미장공법	모르타르, 펄라이트 등으로 바름
	뿜칠공법	내화 피복재를 피복
건식공법	성형판붙임	ALC판, 석고보드, 석면시멘트판, 콘크리트판 등을 붙임
	세라믹피복	세라믹섬유블랭킷 위에 세라믹도료를 도포
합성공법		천정판, PC판 등 마감재와 동시에 피복

076

거푸집 공사에서 사용되는 격리재(Separator)에 대한 설명으로 옳은 것은?

① 철근과 거푸집의 간격을 유지한다.
② 철근과 철근의 간격을 유지한다.
③ 골재와 거푸집과의 간격을 유지한다.
④ 거푸집 상호 간의 간격을 유지한다.

해설 거푸집에 사용되는 부속재료

- 세퍼레이터(Separator, 격리재): 거푸집 상호 간의 간격을 유지하고, 측벽두께를 유지하기 위한 부속재료이다.
- 스페이서(Spacer, 간격재): 거푸집과 철근의 간격을 유지하기 위한 부속재료이다.
- 폼타이(Form Tie, 긴장재): 콘크리트를 부어 넣을 때 기둥과 보거푸집이 벌어지는 것을 막기 위한 부속재료로 컬럼밴드(Column Band), 플랫타이(Flat Tie)도 긴장재의 일종이다.
- 폼오일(Form Oil, 박리제): 거푸집과 콘크리트를 떼어내기 쉽게 바르는 물질로 중유, 아마인유, 동식물유 등을 사용한다.

077

1회 출제

건물의 부동침하 방지대책으로 옳지 않은 것은?

① 건물의 경량화   ② 이질지정

③ 지하실 설치   ④ 지지말뚝 사용

해설

이질지정은 한 구조물에 두 가지 이상의 지정작업을 함께 사용하는 것으로 부동침하의 주요원인이 된다.

관련개념 **지정(Oil Ground)**

건축물과 같은 구조체를 지지하기 위한 기초 슬래브의 저면보다 아랫부분을 지칭함과 동시에 이를 위한 공사의 의미도 포함한다.

078

1회 출제

지반보다 6[m] 정도 깊은 경질지반의 기초파기에 가장 적합한 굴착기계는?

① Drag line   ② Tractor shovel

③ Back hoe   ④ Power shovel

해설 **드래그셔블(백호우)**

- 지반면보다 낮은 곳의 굴착, 지하층 및 기초굴착, 토목공사나 수중굴착 등에 쓰인다.
- 도로건설 작업 중 경사측면 굴착에 쓰인다.
- 파는 힘이 강력하여 경질지반 굴착에 적합하다.
- 굴착깊이: 5~8[m] 정도

079

4회 출제

고로슬래그 분말을 혼화재로 사용한 콘크리트의 성질에 관한 설명으로 옳지 않은 것은?

① 초기강도는 낮지만 슬래그의 잠재 수경성 때문에 장기강도는 크다.

② 해수, 하수 등의 화학적 침식에 대한 저항성이 크다.

③ 슬래그 수화에 의한 포졸란반응으로 공극 충전효과 및 알칼리 골재반응 억제효과가 크다.

④ 슬래그를 함유하고 있어 건조수축에 대한 저항성이 있다.

해설

슬래그 입자가 물을 흡수하는 능력이 있어 건조수축이 큰 편이다.

관련개념 **고로슬래그 시멘트**

- 포틀랜드시멘트 클링커와 슬래그(Slag)에 적당량의 석고를 가하여 분말로 한 것이다.
- 보통포틀랜드시멘트보다 응결이 늦고 비중이 작다.
- 수화열이 작아서 균열발생이 적다.
- 조기강도가 낮고 화학작용에 대한 저항성, 수밀성이 크다.
- 시멘트 중의 알칼리 성분이 적어 알칼리 골재반응 억제효과가 크다.
- 해수의 작용을 받는 곳이나 하수의 수로에 적합하다.

080

6회 출제

지반개량공법 중 강제압밀 또는 강제압밀탈수공법에 해당하지 않는 것은?

① 프리로딩공법   ② 페이퍼드레인공법

③ 고결공법   ④ 샌드드레인공법

해설

고결공법은 지반을 약액이나 여러 방법으로 굳혀 개량하는 약액주입법이다.

건설재료학

081

적외선을 반사하는 도막을 코팅하여 방사율을 낮춘 고단열 유리로 일반적으로 복층유리로 제조되는 것은?

① 로이(Low−E)유리
② 망입유리
③ 강화유리
④ 배강도유리

해설 로이(Low−E)유리

• 유리 표면에 금속 또는 금속산화물을 얇게 코팅함으로써 열의 이동을 최소화한 에너지 절약형 유리이다.
• 유리 표면에 은이나 금속을 코팅해서 가시광선을 투과시켜 실내를 밝게 유지하는 반면, 적외선 영역의 복사선을 차단해 겨울에는 난방열이 빠져나가지 않게 하며 여름에는 바깥의 열기를 차단하는 효과가 있다.

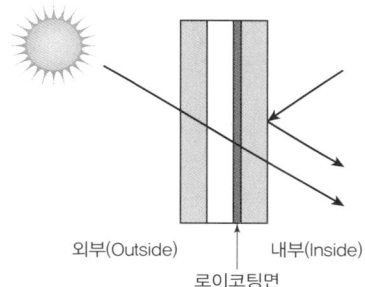

외부(Outside)　　　　내부(Inside)
로이코팅면

관련개념

• 망입유리: 두꺼운 판유리에 망 구조물을 넣어 만든 유리로, 주로 철 또는 알루미늄 망이 사용되고, 충격으로 파손될 경우에도 파편이 흩어지지 않으며 화재 및 도난 방지용으로 사용된다.
• 강화유리
  − 판유리를 720[℃]까지 가열 후 급랭한다.
  − 압축응력이 일반유리보다 4~5배 크다.
  − 파손 시 알갱이가 된다.
• 반강화유리(배강도유리)
  − 판유리를 600[℃]까지 가열 후 급랭한다.
  − 압축응력이 일반유리보다 2~3배 크다.
  − 파손 시 유리이탈이 적다.

082

소석회에 모래, 해초풀, 여물 등을 혼합하여 바르는 미장재료로서 목조바탕, 콘크리트 블록 및 벽돌 바탕 등에 사용되는 것은?

① 회반죽
② 돌로마이트 플라스터
③ 시멘트 모르타르
④ 석고 플라스터

해설 회반죽의 바름 특성

• 소석회를 주원료로 모래, 여물, 해초풀을 혼합하여 사용한다.
• 여물은 건조수축에 의한 균열을 방지하기 위해 사용한다.
• 해초풀은 점성력, 부착력을 증대한다.
• 해초풀을 끓인 다음 1일 이상 방치하게 될 때에는 표면에 소량의 석회를 뿌려서 부패를 방지하며, 사용 시에는 표층부분을 제거한 후 사용한다.

083

시멘트의 분말도에 관한 기술 중 틀린 것은?

① 분말이 미세할수록 비표면적값은 적다.
② 분말이 미세할수록 수화속도가 빠르다.
③ 분말이 과도하게 미세한 것은 풍화되기 쉽다.
④ 분말이 미세할수록 강도의 발현속도가 빠르다.

해설 시멘트의 분말도

• 분말도가 클수록 비표면적이 커서 물에 접촉하는 면적이 크므로 수화작용이 빨라서 콘크리트의 초기강도가 높고 그 후의 강도의 증진도 크며 골재와의 접착력도 크므로 내구적인 콘크리트를 만드는 데 적당하다.
• 분말도가 너무 크면 풍화되기 쉽다.
• 화학성분이 같을 때 조기강도를 증진하려고 하면 분말도에 의존할 수밖에 없다.
• 분말도가 너무 큰 시멘트는 블리딩(Bleeding)이 적고, 워커빌리티가 좋으나 수축이 커질 염려가 있고, 발열량이 많아 콘크리트에 균열이 발생하기 쉬우며 수밀성, 내구성의 면에서도 좋지 못하다.

084

열가소성 수지 중 내마모성이 있어 우레탄고무, 도료, 접착제로 사용되는 수지는?

① 실리콘수지   ② 에폭시수지
③ 멜라민수지   ④ 폴리우레탄수지

해설 **폴리우레탄수지**
- 기포성 보온재로 사용된다.
- 질기고, 화학약품에 잘 견딘다.
- 전기절연체, 구조재, 기포단열재, 기포쿠션, 탄성섬유 등에 사용되며, 신축성이 좋아서 고무의 대체물질로도 사용된다.
- 내마모성, 내노화성, 내유성 등이 뛰어나고, 도료, 접착제 등 다양한 용도로 쓰인다.

085

굳지 않은 콘크리트의 성질을 표시하는 용어 중 컨시스턴시에 의한 부어넣기의 난이도 정도 및 재료분리에 저항하는 정도를 나타내는 것은?

① 플라스티시티   ② 피니셔빌리티
③ 펌퍼빌리티   ④ 워커빌리티

해설 **굳지 않은 콘크리트의 성질**

워커빌리티 (Workability)	반죽질기에 따른 작업의 난이도 정도 및 재료분리에 저항하는 정도를 나타내는 굳지 않은 콘크리트의 성질
펌퍼빌리티 (Pumpability)	펌프에 의해 운반을 실시하는 경우 콘크리트의 압송성
플라스티시티 (Plasticity)	거푸집에 쉽게 다져 넣을 수 있고, 거푸집을 제거하면 천천히 변하는 굳지 않은 콘크리트의 성질
컨시스턴시 (Consistency)	주로 수량의 다소에 의한 부드러운 정도를 나타내는 것으로, 콘크리트를 타설할 때의 유동성에 영향을 미치고 일반적으로 슬럼프의 값으로 측정함
피니셔빌리티 (Finishability)	굵은 골재의 최대치수, 잔골재율, 잔골재의 입도 등에 의한 마무리의 용역도를 나타냄

086

1,000[℃] 이상의 고온에서도 견디는 섬유로 본래 공업용 가열로의 내화단열재로 사용되었으나 최근에는 철골의 내화피복재로 쓰이는 단열재는?

① 펄라이트판   ② 세라믹 파이버
③ 규산칼슘판   ④ 경량기포콘크리트

해설

세라믹재료는 세라믹을 원료로 만든 섬유로 고온에서 잘 견뎌서 공업용 가열로의 내화단열재, 철골의 내화피복재로 많이 쓰이지만 전성과 연성은 없다.

관련개념 **세라믹 파이버/도자기**
- 고온(1,000[℃] 이상)에서 안전성이 있다.
- 가볍고, 우수한 단열효과가 있다.(열전도율이 낮음)
- 축열량이 작다.(밀도가 작아 축적되는 열량이 작음)
- 산, 알칼리 등 화학적 안정성이 좋다.

087

다음 도료 중 광택이 없는 것은?

① 수성페인트   ② 유성페인트
③ 래커   ④ 에나멜페인트

해설

수성페인트는 용제가 물인 페인트를 총칭하는 것으로 광택이 없다.

관련개념 **수성페인트의 특징**

장점	• 건조시간이 빠르다. • 냄새가 적고, 건강에 해롭지 않다. • 굳어버리기 전에는 물로 세척이 가능하다.
단점	• 내수성이 약해 물이 고이는 곳에 사용하기 어렵다. • 도막의 내구성이 약하다.

088

연강판에 일정한 간격으로 그물눈을 내고 늘여 철망모양으로 만든 것으로 천장·벽 등의 모르타르바름 바탕용으로 사용되는 재료로 옳은 것은?

① 메탈라스(Metal Lath)
② 와이어메시(Wire Mesh)
③ 인서트(Insert)
④ 코너비드(Corner Bead)

해설 메탈라스(Metal Lath)

얇은 철판에 금(Line)을 내어서 당겨 늘인 철망이다.

관련개념
- 와이어메시(Wire Mesh): 철선을 직교해서 용접한 것이다.
- 인서트(Insert): 콘크리트 바닥판 밑에 반자틀이나 기타 구조물을 달아매고자 콘크리트 타설 전에 미리 묻어 놓는 고정물이다.
- 코너비드(Corner Bead): 기둥이나 모서리를 보호하기 위해 밀착시켜 붙이는 철물이다.

089

에폭시 수지 접착제에 대한 설명 중 옳지 않은 것은?

① 금속제 접착에 적당한 재료이다.
② 접착할 때 압력을 가할 필요가 없다.
③ 경화제가 불필요하다.
④ 내산, 내알칼리, 내수성이 우수하다.

해설

에폭시 수지 접착제는 단독으로 사용되기보다 대부분 경화제와 혼합하여 사용한다.

관련개념 에폭시 수지 접착제
- 내수성, 내산성, 내알칼리성, 내용제성, 전기절연성이 우수하다.
- 피막이 단단하고, 유연성이 부족하다.
- 접착력이 강해 합성 수지, 유리, 목재, 천, 콘크리트 및 항공기 기계부품 등의 금속접착제로 쓰인다.

090

경질섬유판(Hard Fiber Board)에 관한 설명으로 옳은 것은?

① 밀도가 $0.3[g/cm^3]$ 정도이다.
② 소프트텍스라고도 불리며 수장판으로 사용된다.
③ 소판이나 소각재의 부산물 등을 이용하여 접착, 접합에 의해 소요 형상의 인공목재를 제조할 수 있다.
④ 펄프를 접착제로 제판하여 양면을 열압 건조시킨 것이다.

해설 경질섬유판(Hard Fiber Board)
- 펄프화한 목재 섬유(폐목재, 톱밥 등)에 접착제를 혼합하여 고온·고압으로 열압, 건조해 만든 섬유판으로 비중은 약 0.8~1.00이다.
- 벽판, 가구 뒷판, 도어 보강재, 강화마루 기판 등으로 사용된다.

091

깬자갈을 사용한 콘크리트가 동일한 시공연도의 보통 콘크리트보다 유리한 점은?

① 시멘트 페이스트와의 부착력 증가
② 수밀성 증가
③ 내구성 증가
④ 단위수량 감소

해설

깬자갈(쇄석)을 사용하면 접촉 단면적이 커서 부착력이 증가한다.

092

건물의 외장용 도료로 가장 적합하지 않은 것은?

① 유성페인트
② 수성페인트
③ 합성수지 에멀션페인트
④ 유성바니쉬

해설

유성바니쉬는 니스라고도 부르는 물질로 건조가 느리며 내후성이 작아서 건물의 외장용 도료로는 적합하지 않다.
유성바니쉬는 투명도료로서 내부용 목재의 도료로 주로 사용된다.

093

1회 출제

아스팔트 접착제에 관한 설명 중 틀린 것은?

① 아스팔트 접착제는 아스팔트를 주체로 하여 이에 용제를 가하고 광물질 분말을 첨가한 풀모양의 접착제이다.

② 아스팔트 타일, 시트, 루핑 등의 접착용으로 사용한다.

③ 접착성은 양호하지만 습기를 방지하지 못한다.

④ 화학약품에 대한 내성이 크다.

> **해설** **아스팔트 접착제**
> • 아스팔트를 주원료로 하여 광유에 녹여 만든 접착제이다.
> • 내수성과 접착성이 우수하다.
> • 주로 콘크리트에 타일이나 시트를 붙일 때 사용한다.

094

5회 출제

실적률이 큰 골재로 이루어진 콘크리트의 특성이 아닌 것은?

① 시멘트 페이스트의 양이 커서 콘크리트 제조 시 경제성이 낮다.

② 내구성이 증대된다.

③ 투수성, 흡습성의 감소를 기대할 수 있다.

④ 건조수축 및 수화열이 감소된다.

> **해설** **골재의 실적률**

개념	골재의 단위용적 중 골재 사이의 공극을 제외한 골재의 실질 부분의 비율을 골재의 실적률이라고 한다.
실적률이 클 경우	• 시멘트풀의 양을 줄일 수 있어 경제적이다. • 단위 시멘트량이 적어 수화열이 적다. • 건조수축이 작고, 균열이 줄어든다. • 강도, 수밀성, 내구성, 내마모성 등이 커진다.

095

5회 출제

슬럼프 시험에 대한 설명으로 옳지 않은 것은?

① 슬럼프 시험 시 각 층을 50회 다진다.

② 콘크리트의 시공성을 측정하기 위하여 행한다.

③ 슬럼프콘에 콘크리트를 3층으로 분할하여 채운다.

④ 슬럼프값이 높을 경우 콘크리트는 묽은 비빔이다.

> **해설** **콘크리트 슬럼프 시험(Slump Test)**
> 1. 평평한 바닥에 강제평판을 놓는다.
> 2. 슬럼프콘을 그 위에 올린다.
> 3. 믹스트럭에서 레미콘을 받아 슬럼프콘 안에 3층으로 나눠서 채운다.
> 4. 각 층은 약 25회씩 다짐봉으로 고르게 다진다.
> 5. 다질 때 재료분리가 나올 염려가 있을 때는 다짐수를 줄인다.
> 6. 각 층을 다질 때 다짐봉의 다짐 깊이는 그 앞 층에 거의 도달할 정도로 한다.
> 7. 슬럼프콘 상단을 고르게 한다.
> 8. 슬럼프콘을 천천히 연직으로 들어올린다.
> 9. 콘크리트의 중앙부에서 슬럼프콘 상단까지와 높이 차를 5[mm] 단위로 측정한다.

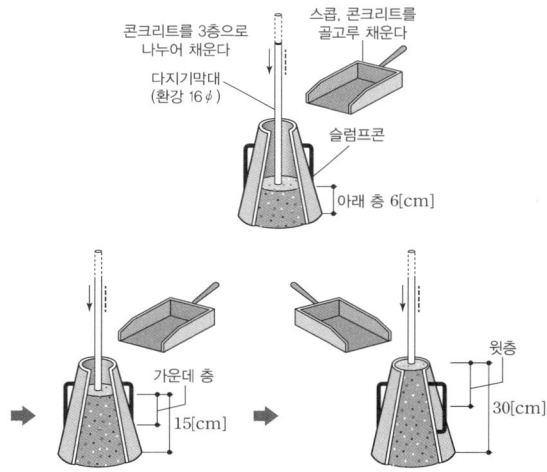

콘크리트를 채우는 법

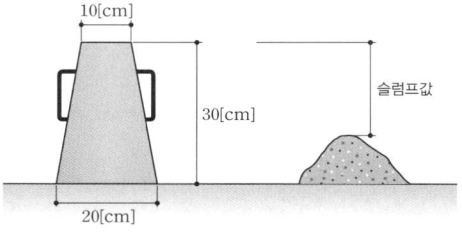

슬럼프 시험

096

4회 출제

건축재료의 역학적 성질에 속하지 않는 항목은?

① 탄성 ② 비중
③ 강성 ④ 소성

해설 역학적 성질과 물리적 성질

역학적 성질	물리적 성질
• 응력과 하중	• 비중
• 강성	• 함수율
• 탄성과 소성	• 흡수와 투수
• 응력변형도 곡선	• 열적 성질
• 탄성계수	- 열전도율
• 강도	- 열용량
• 인성과 취성	- 열팽창과 수축
• 연성과 전성	- 열에 의한 연화
• 경도	- 용융
	• 빛에 대한 성질
	• 음에 대한 성질

097

6회 출제

다음 미장재료 중 수경성 재료인 것은?

① 소석회 바름
② 회사벽 바름
③ 석고 플라스터 바름
④ 돌로마이트 플라스터 바름

해설 미장재 분류

• 기경성 ─ 진흙질 ─ 진흙질 - 진흙(모래), 짚여물의 물반죽
                    새벽 - 새벽흙, 모래, 마분여물의 물반죽
       ─ 석회질 ─ 회반죽 - 소석회(모래), 여물, 해초풀 반죽
                회사벽 - 핀강회(모래), 여물의 물반죽
                돌로마이트 플라스터 - 돌로마이트 석회, 모래,
                                    여물의 물반죽
• 수경성 ─ 석고질 ─ 석고 플라스터 ─ 순석고 플라스터
                            배합석고 플라스터
           ─ 무수(경)석고 플라스터 - 무수석고, 모래, 여물의 물반죽
           ─ 시멘트질(모르타르) - 시멘트, 모래(안료, 돌가루)의 물반죽
           ─ 테라조 현장바름(인조석바름)

098

1회 출제

수직면으로 도장하였을 경우 도장 직후에 도막이 흘러내리는 현상의 발생 원인과 가장 거리가 먼 것은?

① 얇게 도장하였을 때
② 지나친 희석으로 점도가 낮을 때
③ 저온으로 건조시간이 길 때
④ Airless 도장 시 팁이 크거나 2차압이 낮아 분무가 잘 안 되었을 때

해설

도막을 두껍게 도장하면 경화되기 전에 흘러내릴 수 있지만, 도막을 얇게 도장하면 흘러내리지 않는다.

099

4회 출제

일반적으로 단열재에 습기나 물기가 침투하면 어떤 현상이 발생하는가?

① 열전도율이 높아져 단열성능이 좋아진다.
② 열전도율이 높아져 단열성능이 나빠진다.
③ 열전도율이 낮아져 단열성능이 좋아진다.
④ 열전도율이 낮아져 단열성능이 나빠진다.

해설

단열재에 물이 침투하면 열전도율이 높아져 단열성능이 나빠진다.

100

2회 출제

내구성 및 강도가 크고 외관이 수려하나 함유광물의 열팽창 계수가 달라 내화성이 약한 석재로 외장, 내장, 구조재, 도로포장재, 콘크리트 골재 등에 사용되는 것은?

① 응회암 ② 화강암
③ 화산암 ④ 대리석

해설 화강암(Granite)

• 구조재로 쓰이며, 바탕색과 반점이 미려하여 외관이 수려하므로 내외장 재로도 쓰인다.
• 압축강도, 내마모성이 우수하다.
• 통행량이 많은 건축물의 출입문 주위나 복도, 계단 등에 많이 쓰인다.

건설안전기술

101

리프트를 조립 또는 해체 작업을 할 때 지휘자가 지켜야 할 사항으로 거리가 먼 것은?

① 작업원의 배치를 정한다.

② 공구의 기능을 점검하여 불량품을 제거한다.

③ 작업방법은 운전자 의사에 따른다.

④ 작업 중 안전대, 안전모의 착용상태를 감독한다.

해설 리프트의 조립 등 작업 시의 조치사항

사업주는 리프트의 설치·조립·수리·점검 또는 해체 작업을 하는 경우 **작업을 지휘하는 사람**에게 다음의 사항을 이행하도록 하여야 한다.

• **작업방법과 근로자의 배치를 결정하고** 해당 작업을 지휘하는 일

• 재료의 결함 유무 또는 기구 및 공구의 기능을 점검하고 불량품을 제거하는 일

• 작업 중 안전대 등 보호구의 착용 상황을 감시하는 일

102

토공기계 중 클램쉘(Clamshell)의 용도에 대해 가장 잘 설명한 것은?

① 단단한 지반에 작업하기 쉽고 작업속도가 빠르며 특히 암반굴착에 적합하다.

② 수면 하의 자갈, 실트 혹은 모래를 굴착하고 준설선에 많이 사용된다.

③ 상당히 넓고 얕은 범위의 점토질 지반 굴착에 적합하다.

④ 기계위치보다 높은 곳의 굴착, 비탈면 절취에 적합하다.

해설 클램쉘(Clamshell)

좁은 곳의 수직굴착, 자갈 등의 적재, 연약한 지반이나 수중굴착 등에 쓰인다.

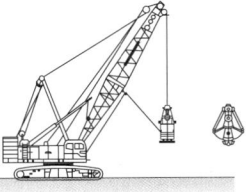

103

강관틀비계의 벽이음에 대한 조립간격 기준으로 옳은 것은? (단, 높이가 5[m] 미만인 경우 제외)

① 수직방향 5[m], 수평방향 5[m] 이내

② 수직방향 6[m], 수평방향 6[m] 이내

③ 수직방향 6[m], 수평방향 8[m] 이내

④ 수직방향 8[m], 수평방향 6[m] 이내

해설 강관비계의 조립간격

강관비계의 종류	조립간격[m]	
	수직방향	수평방향
단관비계	5	5
틀비계(높이 5[m] 미만인 것 제외)	6	8

104

다음 중 건설재해대책의 사면보호공법에 해당하지 않는 것은?

① 쉴드공   ② 식생공

③ 뿜어붙이기공   ④ 블록공

해설

쉴드공법은 터널굴착 공법에 해당한다.

관련개념 사면보호공법의 종류

• **식생공**: 식물을 생육시켜 그 뿌리로 사면의 표층토를 고정한다.

• **뿜어붙이기공**: 콘크리트나 시멘트 모르타르를 뿜어 붙인다.

• **블록공**: 비탈면에 블록을 덮는다.

• **돌쌓기공**: 돌의 형태를 활용하여 자립구조를 형성한다.

• **배수공**: 지반의 강도에 영향을 주는 물을 제거한다.

• **표층안정공법**: 약액 또는 시멘트를 지반에 그라우팅하여 교반한다.

105

이동식 사다리를 조립할 때 사다리의 구조에 대해 준수하여야 할 사항 중 사다리의 폭은 최소 몇 [cm] 이상이어야 하는가?

① 30[cm]　　　　　② 40[cm]
③ 50[cm]　　　　　④ 60[cm]

해설 **사다리식 통로의 구조**
• 견고한 구조로 할 것
• 심한 손상 · 부식 등이 없는 재료를 사용할 것
• 발판의 간격은 일정하게 할 것
• 발판과 벽과의 사이는 15[cm] 이상의 간격을 유지할 것
• 폭은 30[cm] 이상으로 할 것
• 사다리가 넘어지거나 미끄러지는 것을 방지하기 위한 조치를 할 것
• 사다리의 상단은 걸쳐놓은 지점으로부터 60[cm] 이상 올라가도록 할 것
• 사다리식 통로의 길이가 10[m] 이상인 경우에는 5[m] 이내마다 계단참을 설치할 것
• 사다리식 통로의 기울기는 75° 이하로 할 것. 다만, 고정식 사다리식 통로의 기울기는 90° 이하로 하고, 그 높이가 7[m] 이상인 경우에는 다음의 구분에 따른 조치를 할 것
　– 등받이울이 있어도 근로자 이동에 지장이 없는 경우: 바닥으로부터 높이가 2.5[m] 되는 지점부터 등받이울을 설치할 것
　– 등받이울이 있으면 근로자가 이동이 곤란한 경우: 한국산업표준에서 정하는 기준에 적합한 개인용 추락 방지 시스템을 설치하고 근로자로 하여금 한국산업표준에서 정하는 기준에 적합한 전신안전대를 사용하도록 할 것
• 접이식 사다리 기둥은 사용 시 접혀지거나 펼쳐지지 않도록 철물 등을 사용하여 견고하게 조치할 것

106

강관틀비계를 조립하여 사용하는 경우 준수해야 할 기준으로 옳지 않은 것은?

① 수직방향으로 6[m], 수평방향으로 8[m] 이내마다 벽이음을 할 것
② 높이가 20[m]를 초과하거나 중량물의 적재를 수반하는 작업을 할 경우에는 주틀 간의 간격을 2.4[m] 이하로 할 것
③ 길이가 띠장 방향으로 4[m] 이하이고 높이가 10[m]를 초과하는 경우에는 10[m] 이내마다 띠장 방향으로 버팀기둥을 설치할 것
④ 주틀 간에 교차 가새를 설치하고 최상층 및 5층 이내마다 수평재를 설치할 것

해설 **강관틀비계 조립 · 사용 시 준수사항**
• 비계기둥의 밑둥에는 밑받침철물을 사용하여야 하며 밑받침에 고저차가 있는 경우에는 조절형 밑받침철물을 사용하여 각각의 강관틀비계가 항상 수평 및 수직을 유지하도록 할 것
• 높이가 20[m]를 초과하거나 중량물의 적재를 수반하는 작업을 할 경우에는 주틀 간의 간격을 1.8[m] 이하로 할 것
• 주틀 간에 교차 가새를 설치하고 최상층 및 5층 이내마다 수평재를 설치할 것
• 수직방향으로 6[m], 수평방향으로 8[m] 이내마다 벽이음을 할 것
• 길이가 띠장 방향으로 4[m] 이하이고 높이가 10[m]를 초과하는 경우에는 10[m] 이내마다 띠장 방향으로 버팀기둥을 설치할 것

107

산업안전보건법령에서 규정하는 철골작업을 중지하여야 하는 기후조건으로 옳은 것은?

① 시간당 강설량이 1[cm] 이상인 경우
② 풍속이 초당 15[m] 이상인 경우
③ 진도 3 이상의 지진이 발생한 경우
④ 시간당 강우량이 1[cm] 이상인 경우

해설 **철골작업 중지기준**
• 풍속이 초당 10[m] 이상인 경우
• 강우량이 시간당 1[mm] 이상인 경우
• 강설량이 시간당 1[cm] 이상인 경우

108

4회 출제

옥외에 설치되어 있는 주행 크레인에 대하여 이탈방지장치를 작동시키는 등 그 이탈을 방지하기 위한 조치를 하여야 하는 순간풍속에 대한 기준으로 옳은 것은?

① 순간풍속이 초당 10[m]를 초과할 때
② 순간풍속이 초당 20[m]를 초과할 때
③ 순간풍속이 초당 30[m]를 초과할 때
④ 순간풍속이 초당 40[m]를 초과할 때

해설

순간풍속이 초당 30[m]를 초과하는 바람이 불어올 우려가 있는 경우 옥외에 설치되어 있는 주행 크레인에 대하여 이탈방지장치를 작동시키는 등 이탈방지를 위한 조치를 하여야 한다.

관련개념 악천후 시 순간풍속에 따른 안전조치

순간풍속	시기	조치사항
10[m/s] 초과	-	타워크레인의 설치·수리·점검 또는 해체 작업 중지
15[m/s] 초과	-	타워크레인의 운전작업 중지
30[m/s] 초과	바람이 불어올 우려가 있는 경우	옥외 주행 크레인의 이탈방지장치 작동 등 이탈방지 조치
	바람이 불거나 중진 이상 진도의 지진	옥외 양중기의 이상 점검
35[m/s] 초과	바람이 불어올 우려가 있는 경우	• 건설용 리프트의 받침수 증가 등 붕괴방지 조치 • 옥외용 승강기의 받침수 증가 등 붕괴방지 조치

109

3회 출제

근로자의 추락 등의 위험을 방지하기 위한 안전난간의 설치 기준으로 옳지 않은 것은?

① 상부 난간대와 중간 난간대는 난간 길이 전체에 걸쳐 바닥면 등과 평행을 유지할 것
② 발끝막이판은 바닥면 등으로부터 20[cm] 이하의 높이를 유지할 것
③ 난간대는 지름 2.7[cm] 이상의 금속제 파이프나 그 이상의 강도가 있는 재료일 것
④ 안전난간은 구조적으로 가장 취약한 지점에서 가장 취약한 방향으로 작용하는 100[kg] 이상의 하중에 견딜 수 있는 튼튼한 구조일 것

해설 **안전난간의 구조 및 설치기준**

• 상부 난간대, 중간 난간대, 발끝막이판 및 난간기둥으로 구성할 것
• 상부 난간대는 바닥면·발판 또는 경사로의 표면(바닥면 등)으로부터 90[cm] 이상 지점에 설치하고, 상부 난간대를 120[cm] 이하에 설치하는 경우에는 중간 난간대는 상부 난간대와 바닥면 등의 중간에 설치하여야 하며, 120[cm] 이상 지점에 설치하는 경우에는 중간 난간대를 2단 이상으로 균등하게 설치하고 난간의 상하 간격은 60[cm] 이하가 되도록 할 것
• 발끝막이판은 바닥면 등으로부터 10[cm] 이상의 높이를 유지할 것
• 난간기둥은 상부 난간대와 중간 난간대를 견고하게 떠받칠 수 있도록 적정한 간격을 유지할 것
• 상부 난간대와 중간 난간대는 난간 길이 전체에 걸쳐 바닥면 등과 평행을 유지할 것
• 난간대는 지름 2.7[cm] 이상의 금속제 파이프나 그 이상의 강도가 있는 재료일 것
• 안전난간은 구조적으로 가장 취약한 지점에서 가장 취약한 방향으로 작용하는 100[kg] 이상의 하중에 견딜 수 있는 튼튼한 구조일 것

110

1회 출제

크레인을 사용하여 작업을 하는 경우 준수하여야 하는 사항을 옳지 않은 것은?

① 인양할 하물을 바닥에서 끌어당기거나 밀어내는 작업을 할 것
② 고정된 물체를 직접 분리 · 제거하는 작업을 하지 아니할 것
③ 미리 근로자의 출입을 통제하여 인양 중인 하물이 작업자의 머리 위로 통과하지 않도록 할 것
④ 인양할 하물이 보이지 아니하는 경우에는 어떠한 동작도 하지 아니할 것

> **해설**
> 인양할 하물을 바닥에서 끌어당기거나 밀어내는 작업을 하여서는 아니된다.

111

11회 출제

다음 중 거푸집 및 동바리의 안전조치에 관한 사항 중 옳지 않은 것은?

① 동바리의 이음은 같은 품질의 재료를 사용할 것
② 동바리로 사용하는 파이프 서포트를 2개 이상 이어서 사용하지 말 것
③ 거푸집이 곡면인 때에는 버팀대의 부착 등 거푸집의 부상(浮上)을 방지하기 위한 조치를 할 것
④ 동바리로 사용하는 파이프 서포트의 높이가 3.5[m]를 초과할 때에는 높이 2[m] 이내마다 수평연결재를 2개 방향으로 만들 것

> **해설** **동바리로 사용하는 파이프 서포트 조립 시 준수사항**
> • 파이프 서포트를 3개 이상 이어서 사용하지 않도록 할 것
> • 파이프 서포트를 이어서 사용하는 경우에는 4개 이상의 볼트 또는 전용철물을 사용하여 이을 것
> • 높이가 3.5[m]를 초과하는 경우에는 높이 2[m] 이내마다 수평연결재를 2개 방향으로 만들고 수평연결재의 변위를 방지할 것

112

2회 출제

터널굴착작업 시 시공계획에 포함해야 할 사항으로 가장 거리가 먼 것은?

① 지질조사 방법
② 터널지보공 및 복공의 시공방법
③ 용수처리 방법
④ 환기 또는 조명시설을 하는 때에는 그 방법

> **해설** **터널굴착작업 시 작업계획서 내용**
> • 굴착의 방법
> • 터널지보공 및 복공의 시공방법과 용수의 처리방법
> • 환기 또는 조명시설을 설치할 때에는 그 방법

113

3회 출제

거푸집 해체에 관한 설명 중 틀린 것은?

① 일반적으로 수평부재의 거푸집은 연직부재의 거푸집보다 빨리 떼어낸다.
② 응력을 거의 받지 않는 거푸집은 24시간이 경과하면 떼어내도 좋다.
③ 라멘, 아치 등의 구조물은 콘크리트의 크리프로 인한 균열을 적게 하기 위하여 가능한 한 거푸집을 오래두어야 한다.
④ 거푸집을 떼어내는 시기는 시멘트의 성질, 콘크리트의 배합, 구조물 종류와 중요성, 부재가 받는 하중, 기온 등을 고려하여 신중하게 정해야 한다.

> **해설**
> 거푸집 해체작업 시 수직부재에 비해 수평부재는 양생기간을 길게 하여 충분한 강도가 발현된 후 해체하여야 한다.

114

비계의 높이가 2[m] 이상인 작업장소에 작업발판을 설치할 경우 준수하여야 할 기준으로 옳지 않은 것은?

① 작업발판의 폭은 30[cm] 이상으로 한다.
② 발판재료 간의 틈은 3[cm] 이하로 한다.
③ 추락의 위험성이 있는 장소에는 안전난간을 설치한다.
④ 발판재료는 뒤집히거나 떨어지지 않도록 2개 이상의 지지물에 연결하거나 고정시킨다.

해설 **작업발판의 구조(비계의 높이가 2[m] 이상인 작업장소)**
- 발판재료는 작업할 때의 하중을 견딜 수 있도록 견고한 것으로 할 것
- **작업발판의 폭은 40[cm] 이상으로 하고**, 발판재료 간의 틈은 3[cm] 이하로 할 것
- 선박 및 보트 건조작업의 경우 선박블록 또는 엔진실 등의 좁은 작업공간에 작업발판을 설치하기 위하여 필요하면 작업발판의 폭을 30[cm] 이상으로 할 수 있고, 걸침비계의 경우 강관기둥 때문에 발판재료 간의 틈을 3[cm] 이하로 유지하기 곤란하면 5[cm] 이하로 할 수 있다.
- 추락의 위험이 있는 장소에는 안전난간을 설치할 것. 다만, 추락위험 방지 조치를 한 경우에는 그러하지 아니하다.
- 작업발판의 지지물은 하중에 의하여 파괴될 우려가 없는 것을 사용할 것
- 작업발판재료는 뒤집히거나 떨어지지 않도록 둘 이상의 지지물에 연결하거나 고정시킬 것
- 작업발판을 작업에 따라 이동시킬 경우에는 위험 방지에 필요한 조치를 할 것

115

산업안전보건법령에 따른 작업발판 일체형 거푸집에 해당되지 않는 것은?

① 갱 폼(Gang Form)
② 슬립 폼(Slip Form)
③ 유로 폼(Euro Form)
④ 클라이밍 폼(Climbing Form)

해설 **작업발판 일체형 거푸집**
- 갱 폼(Gang Form)
- 슬립 폼(Slip Form)
- 클라이밍 폼(Climbing Form)
- 터널 라이닝 폼(Tunnel Lining Form)
- 그 밖에 거푸집과 작업발판이 일체로 제작된 거푸집 등

관련개념 **유로 폼(Euro Form)**
일정한 규격으로 미리 합판 등의 뒷면에 강재틀을 붙인 거푸집 패널로 여러 장을 조립하여 사용한다.

116

흙의 투수계수에 영향을 주는 인자에 관한 설명으로 옳지 않은 것은?

① 공극비: 공극비가 클수록 투수계수는 작다.
② 포화도: 포화도가 클수록 투수계수는 크다.
③ 유체의 점성계수: 점성계수가 클수록 투수계수는 작다.
④ 유체의 밀도: 유체의 밀도가 클수록 투수계수는 크다.

해설 **투수계수에 영향을 주는 인자**
- 포화도가 클수록 투수계수도 커진다.
- **공극비가 클수록 투수계수도 커진다.**
- 점성계수가 클수록 투수계수는 작아진다.
- 유체의 밀도가 클수록 투수계수는 커진다.

관련개념
- 투수계수: 재료의 투수성을 판단하는 측정값
- 포화도: 토양 중 물이 차지하는 부피
- 공극비: 토양 공극의 부피 비율

117

시스템 동바리를 조립하는 경우 수직재와 받침철물 연결부의 겹침길이 기준으로 옳은 것은?

① 받침철물 전체길이의 1/2 이상
② 받침철물 전체길이의 1/3 이상
③ 받침철물 전체길이의 1/4 이상
④ 받침철물 전체길이의 1/5 이상

해설

시스템 동바리는 동바리 최상단과 최하단의 수직재와 받침철물이 서로 밀착되도록 설치하고, 수직재와 받침철물 연결부의 겹침길이는 **받침철물 전체길이의 $\frac{1}{3}$ 이상** 되도록 하여야 한다.

관련개념 **시스템 동바리**

규격화·부품화된 수직재, 수평재 및 가새재 등의 부재를 현장에서 조립하여 거푸집으로 지지하는 지주 형식의 동바리를 말한다.

118

수중굴착 공사에 가장 적합한 건설기계는?

① 스크레이퍼
② 불도저
③ 파워셔블
④ 클램쉘

해설 **클램쉘(Clamshell)**

좁은 곳의 수직굴착, 자갈 등의 적재, 연약한 지반이나 수중굴착 등에 쓰인다.

관련개념

• 스크레이퍼: 굴착, 운반, 상차, 하역 등 4가지 작업수행이 가능한 토공기계이다.
• 불도저: 직선 송토작업, 단단한 지반과 암석작업 등에 널리 쓰인다. 배토판은 상하로만 움직인다.
• 파워셔블: 지반면보다 높은 곳의 굴착, 쇄석 옮겨쌓기, 토사의 처리 등에 널리 쓰인다.

119

가설계단 및 계단참을 설치하는 때에는 매 [m²] 당 몇 [kg] 이상의 하중에 견딜 수 있는 강도를 가진 구조로 설치하여야 하는가?

① 200[kg]
② 300[kg]
③ 400[kg]
④ 500[kg]

해설 **계단의 강도**

사업주는 계단 및 계단참을 설치하는 경우 500[kg/m²] 이상의 하중에 견딜 수 있는 강도를 가진 구조로 설치하여야 하며, 안전율은 4 이상으로 하여야 한다.

120

굴착공사에 있어서 비탈면 붕괴를 방지하기 위하여 행하는 대책이 아닌 것은?

① 지표수의 침투를 막기 위해 표면배수공을 한다.
② 지하수위를 내리기 위해 수평배수공을 한다.
③ 비탈면 하단을 성토한다.
④ 비탈면 상부에 토사를 적재한다.

해설

비탈면 상부에 토사를 적재하면 붕괴를 가중시킨다.

산업안전관리론

001
11회 출제

다음 중 재해손실비에 있어 직접비용에 해당되지 않는 것은?

① 휴업급여
② 간병급여
③ 영업손실비용
④ 장례비

해설 직접손실비용과 간접손실비용

직접비 (법적으로 지급되는 산재보상비)		간접비 (직접비를 제외한 모든 비용)	
• 요양급여	• 휴업급여	• 인적손실	• 물적손실
• 장해급여	• 간병급여	• 생산손실	• 임금손실
• 유족급여	• 상병보상연금	• 시간손실	• 기타손실 등
• 장례비	• 직업재활급여		

002
8회 출제

산업안전보건법령에 따른 산업안전보건위원회의 구성에 있어 사용자위원에 해당하지 않는 자는?

① 안전관리자
② 명예산업안전감독관
③ 해당 사업의 대표자가 지명한 9인 이내 해당 사업장 부서의 장
④ 보건관리자의 업무를 위탁한 경우 대행기관의 해당 사업장 담당자

해설 산업안전보건위원회의 구성

근로자위원	• 근로자대표 • 명예산업안전감독관이 위촉되어 있는 사업장의 경우 근로자대표가 지명하는 1명 이상의 명예산업안전감독관 • 근로자대표가 지명하는 9명 이내의 해당 사업장의 근로자
사용자위원	• 해당 사업의 대표자 • 안전관리자 1명(안전관리자의 업무를 안전관리전문기관에 위탁한 경우 그 기관의 해당 사업장 담당자) • 보건관리자 1명(보건관리자의 업무를 보건관리전문기관에 위탁한 경우 그 기관의 해당 사업장 담당자) • 산업보건의 • 해당 사업의 대표자가 지명하는 9명 이내의 해당 사업장 부서의 장

003
4회 출제

작업자가 기계 등의 취급을 잘못해도 사고가 발행하지 않도록 방지하는 기능은?

① Back up 기능
② Fail Safe 기능
③ 다중계화 기능
④ Fool Proof 기능

해설
Fail Safe는 기계오류 관점의 사고예방 개념이고, Fool Proof는 인간행동 오류 관점의 사고예방 개념이다.

관련개념 Fail Safe와 Fool Proof

Fail Safe	• 기계, 기계 부품에 파손·고장이나 기능의 불량이 발생해도 안전하게 작동할 수 있는 구조와 기능 • 비행기 운항 중 하나의 엔진이 고장나면 다른 하나의 엔진으로 정상적인 운행 가능 • 석유난로가 기울어졌을 때를 대비하여 자동 소화기능 내장
Fool Proof	• 작업자의 기계 오조작 또는 실수가 있어도 기계설비의 안전기능이 작동되어 재해를 방지하는 기능 • 프레스의 경우 실수하여 손이 금형 사이로 들어갔을 때 슬라이드의 하강 정지 • 승강기가 과부하되었을 때 경보가 울리고 운행 정지

004
7회 출제

산업안전보건법령상 중대재해에 해당하지 않는 것은?

① 사망자가 1명이 발생한 재해
② 12명의 부상자가 동시에 발생한 재해
③ 2명의 직업성 질병자가 동시에 발생한 재해
④ 5개월의 요양이 필요한 부상자가 동시에 3명 발생한 재해

해설 중대재해의 범위
• 사망자가 1명 이상 발생한 재해
• 3개월 이상의 요양이 필요한 부상자가 동시에 2명 이상 발생한 재해
• 부상자 또는 직업성 질병자가 동시에 10명 이상 발생한 재해

005

6회 출제

산업안전보건법령상 산업안전보건관리비 사용명세서는 건설공사 종료 후 얼마간 보존해야 하는가? (단, 공사가 1개월 이내에 종료되는 사업은 제외한다.)

① 6개월간 ② 1년간
③ 2년간 ④ 3년간

해설

건설공사도급인은 산업안전보건관리비를 사용하는 해당 건설공사의 금액이 4천만 원 이상인 때에는 매월 사용명세서를 작성하고, 건설공사 종료 후 1년 동안 보존하여야 한다.

006

9회 출제

시몬즈(Simonds)의 재해손실비의 평가방식 중 비보험 코스트의 산정 항목에 해당하지 않는 것은?

① 사망사고건수 ② 통원상해건수
③ 응급조치건수 ④ 무상해사고건수

해설 시몬즈(Simonds) 재해손실비 평가방식

총 재해 비용=보험 Cost+비보험 Cost

=산재보험료+A×휴업상해건수+B×통원상해건수

+C×응급조치건수+D×무상해사고건수

※ A, B, C, D는 상해정도별 재해에 대한 비보험 Cost의 평균액이다.

관련개념 상해의 종류

분류	내용
휴업상해	영구부분노동불능, 일시전노동불능
통원상해	일부분노동불능, 의사의 조치를 요하는 통원상해
응급조치상해	응급조치가 필요한 상해 또는 8시간 미만의 휴업의료조치 상해
무상해사고	의료조치를 필요로 하지 않는 경미한 상해 사고

007

8회 출제

사고예방대책의 기본원리 5단계 중 3단계의 분석·평가에 대한 내용으로 옳은 것은?

① 위험 확인 ② 현장조사
③ 사고 및 활동 기록 검토 ④ 기술의 개선 및 인사조정

해설 하인리히의 재해예방 5단계(사고예방의 기본원리)

단계	진행과정	필요조치
제1단계	조직 (안전관리조직)	• 경영자의 안전목표 설정 • 안전관리자 등의 선임 • 안전관리조직(라인·스태프 등) 구성 • 안전활동 방침 및 계획수립 • 안전관리조직의 안전활동 전개
제2단계	사실의 발견 (현상파악)	• 사고 및 안전활동 기록의 검토 • 작업분석 • 안전점검, 검사 및 조사 • 사고조사 • 안전토의 및 회의 • 근로자의 건의 및 여론조사 • 관찰 및 보고서의 연구로 불안전요소 발견
제3단계	분석·평가 (원인규명)	• 사고보고서 및 현장조사 • 인적·물적·환경조건의 분석 • 작업공정 및 작업형태의 분석 • 교육 및 훈련의 분석 • 안전수칙 및 안전기준의 분석 • 현장조사 결과의 분석 • 불안전요소의 분석
제4단계	시정책의 선정	• 기술적인 개선 • 인사(배치)조정 • 교육 및 훈련의 개선 • 안전행정의 개선 • 규정 및 수칙의 개선 • 이행독려와 통제체제 강화
제5단계	시정책의 적용	• 목표설정 • 3E(기술적, 교육적, 관리적)의 적용 • 실시결과 재평가 및 개선

008

버드(Bird)의 재해구성비율 이론상 경상이 10건일 때 중상에 해당하는 사고 건수는?

① 1

② 30

③ 300

④ 600

해설 버드의 재해발생비율

1 : 10 : 30 : 600 = 중상 : 경상(물적, 인적 손실) : 무상해 사고(물적 손실) : 무상해, 무사고

따라서 경상이 10건일 때 중상은 1건 발생한다.

009

산업안전보건법상 사업주의 의무에 해당하는 것은?

① 산업안전 · 보건정책의 수립 · 집행 · 조정 및 통제

② 사업장에 대한 재해 예방 지원 및 지도

③ 산업재해에 관한 조사 및 통계의 유지 · 관리

④ 해당 사업장의 안전 · 보건에 관한 정보를 근로자에게 제공

해설 사업주 등의 의무

• 산업안전보건법과 법에 따른 명령으로 정하는 산업재해 예방을 위한 기준 준수

• 근로자의 신체적 피로와 정신적 스트레스 등을 줄일 수 있는 쾌적한 작업환경 조성 및 근로조건 개선

• 해당 사업장의 안전 및 보건에 관한 정보를 근로자에게 제공

010

근로자가 벽돌을 손수레에 운반 중 벽돌이 떨어져 발을 다쳤다. 이때 기인물과 가해물로 옳은 것은?

① 손수레, 손수레

② 손수레, 벽돌

③ 벽돌, 벽돌

④ 벽돌, 손수레

해설

재해발생의 주 원인은 벽돌(기인물)이고, 직접적인 피해를 준 물체도 벽돌(가해물)이다.

관련개념 기인물과 가해물

• 기인물 : 재해발생의 주 원인이며 재해를 가져오게 한 근원이 되는 기계, 장치, 물질 또는 환경 등(불안전한 상태)

• 가해물 : 직접 사람에게 접촉하여 피해를 주는 기계, 장치, 물질 또는 환경 등

011

산업안전보건기준에 관한 규칙상 지게차를 사용하는 작업을 할 때의 작업시작 전 점검사항에 명시되지 않은 것은?

① 제동장치 및 조종장치 기능의 이상 유무

② 하역장치 및 유압장치 기능의 이상 유무

③ 와이어로프가 통하고 있는 곳 및 작업장소의 지반상태

④ 전조등 · 후미등 · 방향지시기 및 경보장치 기능의 이상 유무

해설

'와이어로프가 통하고 있는 곳 및 작업장소의 지반상태'는 이동식 크레인을 사용하여 작업할 때 작업시작 전 점검사항이다.

관련개념 지게차를 사용하여 작업할 때 작업시작 전 점검사항

• 제동장치 및 조종장치 기능의 이상 유무

• 하역장치 및 유압장치 기능의 이상 유무

• 바퀴의 이상 유무

• 전조등 · 후미등 · 방향지시기 및 경보장치 기능의 이상 유무

012

브레인스토밍(Brain Storming) 4원칙에 속하지 않는 것은?

① 비판수용

② 대량발언

③ 자유분방

④ 수정발언

해설 브레인스토밍의 4원칙

비판금지	「좋다」 또는 「나쁘다」라고 비판하지 않는다.
자유분방	자유로운 분위기에서 편안한 마음으로 발표한다.
대량발언	내용의 질적인 수준보다 양적으로 많이 발언한다.
수정발언	타인의 발표내용을 수정하거나 개조하여 관련된 내용을 추가 발표하여도 좋다.

013

5회 출제

산업안전보건법령에 따른 안전보건표지의 기본모형 중 다음 기본모형을 갖는 안전보건표지가 아닌 것은?

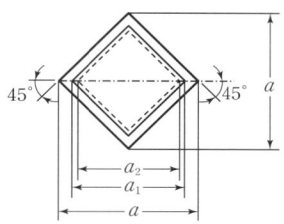

① 부식성물질경고　　② 산화성물질경고
③ 방사성물질경고　　④ 급성독성물질경고

해설 경고표지

부식성물질경고　　산화성물질경고　　**방사성물질경고**　　급성독성물질경고

관련개념 안전보건표지의 기본모형

기본모형	규격비율	표시사항
(원 모형, 45°)	$d \geq 0.025L$ $d_1 = 0.8d$ $0.7d < d_2 < 0.8d$ $d_3 = 0.1d$	금지
(삼각형 모형, 60°)	$a \geq 0.034L$ $a_1 = 0.8a$ $0.7a < a_2 < 0.8a$	경고
(마름모 모형, 45°)	$a \geq 0.025L$ $a_1 = 0.8a$ $0.7a < a_2 < 0.8a$	경고
(원 모형)	$d \geq 0.025L$ $d_1 = 0.8d$	지시

014

4회 출제

다음에서 설명하는 무재해운동 추진 기법은?

> 피부를 맞대고 같이 소리치는 것으로서 팀의 일체감, 연대감을 조성할 수 있고 동시에 대뇌피질에 좋은 이미지를 불어넣어 안전행동을 하도록 하는 것

① 역할연기(Role Playing)
② TBM(Tool Box Meeting)
③ 터치 앤 콜(Touch and Call)
④ 브레인스토밍(Brain Storming)

해설 터치 앤 콜(Touch and Call)
위험요소에 대한 강한 인식과 더불어 사고예방을 위해 서로 피부를 맞대고 구호를 제창하는 기법으로 진한 동료애를 느끼고 안전에 동참하는 참여정신을 높일 수 있다.

관련개념 터치 앤 콜(Touch and Call) 운영 형태

고리형	왼손 엄지를 서로 맞잡고 원을 만들어 목표나 구호를 제창(5~6명 정도가 적당)
포개기형	왼손 엄지로 원을 만들 수 없는 소수 인원일 경우 왼손을 서로 포개어 구호를 제창(2~3명 정도가 적당)
어깨동무형	왼손을 상대의 왼쪽 어깨에 얹어 감싸고 서로의 발을 맞대어 둥글게 원을 만들어(무재해의 제로(0)를 의미) 오른손으로 지적하며 구호를 제창(5~6명 정도가 적당)

015

4회 출제

산업안전보건법령상 건설업의 경우 안전보건관리규정을 작성하여야 하는 상시근로자 수 기준으로 옳은 것은?

① 50명 이상　　② 100명 이상
③ 200명 이상　　④ 300명 이상

해설 안전보건관리규정을 작성하여야 할 사업의 종류

사업의 종류	상시근로자 수
• 농업, 어업 • 소프트웨어 개발 및 공급업 • 컴퓨터 프로그래밍, 시스템 통합 및 관리업 • 영상·오디오물 제공 서비스업 • 정보서비스업 • 금융 및 보험업 • 임대업(부동산 제외) • 전문, 과학 및 기술 서비스업(연구개발업 제외) • 사업지원 서비스업, 사회복지 서비스업	300명 이상
위의 사업을 제외한 사업	100명 이상

016

다음 중 산업재해발견의 기본원인 4M에 해당하지 않는 것은?

① Media
② Material
③ Machine
④ Management

> **해설** **4M(산업재해의 기본원인)**
> • 인적(Man) 요인
> • 기계적(Machine) 요인
> • 환경적(Media) 요인
> • 관리적(Management) 요인

017

다음 중 소규모 사업장에 가장 적합한 안전관리조직의 형태는?

① 라인형 조직
② 스탭형 조직
③ 라인-스탭 혼합형 조직
④ 복합형 조직

> **해설** **라인형(직계식) 조직의 특징**
> • 안전에 관한 명령, 지시 및 조치가 각 부문의 직계를 통하여 생산업무와 함께 시행되므로 철저하고 실시도 빠르다.
> • 명령과 보고가 상하관계 뿐이므로 간단 명료하다.
> • 생산라인(Product Line)의 각급 관리감독자는 일상의 생산업무에 쫓겨 안전에 대한 전문지식이나 정보를 몸에 익힐 수 없다는 단점이 있다.
> • 100명 이하의 소규모 사업장에 적합하다.

018

산업안전보건법령상 양중기의 종류에 포함되지 않는 것은?

① 곤돌라
② 호이스트
③ 컨베이어
④ 이동식 크레인

> **해설** **양중기의 종류**
> • 크레인(호이스트 포함)
> • 이동식 크레인
> • 리프트(이삿짐운반용 리프트는 적재하중이 0.1톤 이상인 것으로 한정)
> • 곤돌라
> • 승강기

019

아담스(Adams)의 재해 발생과정 이론의 단계별 순서로 옳은 것은?

① 관리구조 결함 → 전술적 에러 → 작전적 에러 → 사고 → 재해
② 관리구조 결함 → 작전적 에러 → 전술적 에러 → 사고 → 재해
③ 전술적 에러 → 관리구조 결함 → 작전적 에러 → 사고 → 재해
④ 작전적 에러 → 관리구조 결함 → 전술적 에러 → 사고 → 재해

> **해설** **아담스의 재해연쇄이론**
> • 관리구조 결함 → 작전적 에러 → 전술적 에러 → 사고 → 상해
> • 작전적 에러: 경영자나 감독자의 의지부족이나 행동, 목표설정 미흡 등을 의미한다.
> • 전술적 에러: 관리감독자의 실수나 태만, 불안전 행동 및 불안전 상태의 방치를 의미한다.

020

근로자 1,000명당 1년 동안 발생하는 재해자수를 나타내는 것은?

① 강도율
② 도수율
③ 종합재해지수
④ 연천인율

> **해설** **연천인율**
> 근로자 1,000명당 연간 발생하는 재해자수이다.
>
> $$연천인율 = \frac{연간재해자수}{연평균\ 근로자수} \times 1,000$$
>
> **[관련개념]**
>
> **강도율(SR; Severity Rate of Injury)**
> 근로시간 합계 1,000시간당 재해로 인한 근로손실일수이다.
>
> **도수율, 빈도율(FR; Frequency Rate of Injury)**
> 연 근로시간 합계 100만 시간당 재해발생건수이다.
>
> **종합재해지수(FSI; Frequency Severity Indicator)**
> 재해 빈도의 다소와 상해 정도의 강약을 종합하여 나타내는 방식으로 직장과 기업의 성적지표로 사용한다.

산업심리 및 교육

021

조직에 의한 스트레스 요인으로 역할 수행자에 대한 요구가 개인의 능력을 초과하거나 주어진 시간과 능력이 허용하는 것 이상을 달성하도록 요구받고 있다고 느끼는 상황을 무엇이라 하는가?

① 역할 갈등
② 역할 과부하
③ 업무수행 평가
④ 역할 모호성

해설 **조직에 의한 스트레스 요인**
- 역할 갈등: 조직에서 2가지 이상의 요구가 동시에 발생했을 때의 갈등 상황이다.
- 역할 과부하: 역할 수행자에 대한 요구가 개인의 능력을 초과하거나 주어진 시간과 능력이 허용하는 것 이상을 달성하도록 요구받아서 성급함과 부주의가 발생하는 상황이다.
- 역할 모호성: 개인의 역할이나 업무의 담당에 대해 명확하게 지정되지 않았을 때 발생하는 상황을 말한다.

022

단조로운 업무가 장시간 지속될 때 작업자의 감각기능 및 판단능력이 둔화 또는 마비되는 현상은?

① 착각현상
② 망각현상
③ 피로현상
④ 감각차단현상

해설 **감각차단현상**
- 단조로운 업무가 장시간 지속될 때 주로 발생한다.
- 작업자의 감각기능 및 판단능력이 둔화 또는 마비된다.

관련개념
- 착각현상: 감각적으로 물리현상을 왜곡하는 지각 오류이다.
- 망각현상: 경험과 학습된 행동을 작업에 적용하지 아니하여 경험의 내용이나 인상이 약해지거나 소멸되는 현상이다.
- 피로현상: 육체적, 정신적 피로에 의해 집중력 저하나 기억력 감퇴 등이 유발되는 현상이다.

023

부하들의 역량을 개발하여 부하들로 하여금 자율적으로 업무를 추진하게 하고, 스스로 자기조절 능력을 갖게 만드는 리더십은?

① 변혁적 리더십
② 셀프 리더십
③ 교류적 리더십
④ 참여적 리더십

해설 **셀프 리더십**
자율적(자기) 리더십이라고도 하며, 부하들의 입장에서 타인이 리더가 아니라 자기 자신 스스로가 자신의 리더가 되어 스스로 통제하고 행동하는 것이다.

024

기업 내 정형교육 가운데 작업의 개선방법 및 사람을 다루는 방법, 작업을 가르치는 방법 등을 교육내용으로 하는 것은?

① CCS(Civil communication section)
② MTP(Management training program)
③ TWI(Training within industry)
④ ATT(American telephone & telegraph co)

해설 **TWI(Training Within Industry for Supervisor)**
- 인간관계를 개선하고 생산성을 향상시키기 위해 일선 관리감독자를 대상으로 하는 훈련법이다.
- 작업지도(Job Instruction), 작업방법(개선)(Job Method), 인간관계(Job Relation), 작업안전(Job Safety)을 훈련한다.

025

인간의 적응기제(Adjustment Mechanism) 중 방어적 기제에 해당하는 것은?

① 보상
② 고립
③ 퇴행
④ 억압

해설
②, ③, ④는 도피적 기제에 해당한다.

관련개념 **방어적 기제(Defence Mechanism)**
- 자신의 불리한 입장을 보호 또는 방어하려는 기제이다.
- 합리화, 동일시, 보상, 투사, 승화 등이 있다.

026
10회 출제

참가자 앞에서 소수의 전문가들이 과제에 관한 견해를 자유롭게 토의한 후 참가자 전원이 참가하여 사회자의 사회에 따라 토의하는 방법은?

① 포럼(Forum)
② 심포지엄(Symposium)
③ 버즈세션(Buzz Session)
④ 패널 디스커션(Panel Discussion)

해설 토의법의 종류

포럼 (Forum)	새로운 자료나 교재를 제시하고 문제점을 피교육자로 하여금 제기하게 하거나 피교육자의 의견을 다양한 방법으로 발표하게 하여 청중과 토론자 간 의견교환으로 합의를 도출해내는 방법
패널 디스커션 (Panel Discussion)	참가자 앞에서 소수의 전문가들이 과제에 관한 견해를 발표하고 토론한 뒤 참가자 전원이 참가하여 사회자의 사회에 따라 토의하는 방법
심포지엄 (Symposium)	몇 사람의 전문가에 의하여 과제에 관한 견해를 발표한 뒤에 참가자로 하여금 의견이나 질문을 하게 하여 토의하는 방법
버즈세션 (Buzz Session)	6명씩 소집단으로 구분하고, 집단별로 각각의 사회자를 선발하여 6분씩 자유토의를 행한 후 의견을 종합하는 방법으로 6 – 6회의라고도 함

027
4회 출제

스트레스(Stress)에 영향을 주는 요인 중 내적요인이 아닌 것은?

① 현실에의 부적응
② 지나친 경쟁심
③ 대인관계 갈등
④ 자존심의 손상

해설 스트레스의 내 · 외적요인

내적요인	• 자존심의 손상 • 현실에의 부적응 • 도전의 좌절과 자만심의 상충 • 지나친 경쟁심과 출세욕
외적요인	• 직장에서의 대인관계 갈등과 대립 • 경제적 어려움 • 죽음, 질병

028
7회 출제

생체리듬에 관한 설명 중 옳은 것은?

① 육체적 리듬은 적색 실선으로 나타내며, 28일의 주기이다.
② 지성적 리듬은 청색 실선으로 나타내며, 23일의 주기이다.
③ 감성적 리듬은 녹색 일점쇄선으로 나타내며, 33일의 주기이다.
④ 안정기(+)와 불안정기(−)가 교차하는 경우에 위험일이라 한다.

해설 생체리듬(바이오리듬)의 분류

육제척(신체적) 리듬 (P, Physical)	신체의 물리적인 상태를 나타내는 리듬으로, 청색 실선으로 표시하며 23일의 주기이다.
감성적 리듬 (S, Sensitivity)	기분이나 신경계통의 상태를 나타내는 리듬으로, 적색 점선으로 표시하며 28일의 주기이다.
지성적 리듬 (I, Intellectual)	기억력, 인지력, 판단력 등을 나타내는 리듬으로, 녹색 일점쇄선으로 표시하며 33일의 주기이다.

※ 위험일 : 안정기(+)와 불안정기(−)의 교차점

029

5회 출제

리더십의 행동이론 중 관리 그리드(Managerial Grid)에서 과업 완수와 인간관계 모두에 있어 최대한의 노력을 기울이는 유형은?

① (1, 1)형
② (1, 9)형
③ (5, 5)형
④ (9, 9)형

해설

이상형(9, 9)은 과업 완수와 인간관계 모두에 있어 최대한의 노력을 기울이는 유형이다.

관련개념 관리 그리드(Managerial Grid)

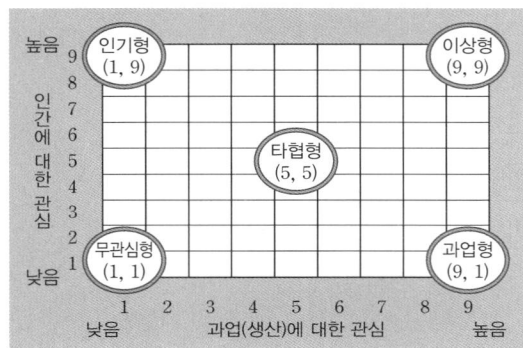

030

16회 출제

OJT(On the Job Training)의 특징이 아닌 것은?

① 개개인에게 적절한 지도훈련이 가능하다.
② 다수의 근로자에게 조직적 훈련이 가능하다.
③ 상사와의 상호 신뢰 및 이해도가 높아진다.
④ 업무의 계속성이 끊어지지 않는다.

해설

②는 Off JT의 특징이다.

관련개념 OJT(On the Job Training)의 특징

장점	• 개개인에게 적절한 지도훈련이 가능하다. • 직장의 실정에 맞게 실제적 훈련이 가능하다. • 교육을 통한 훈련효과에 의해 상호 신뢰 및 이해도가 높아진다. • 대상자의 개인별 능력에 따라 훈련의 진도를 조정하기 쉽다. • 교육효과가 업무에 신속히 반영된다. • 훈련에 필요한 업무의 계속성이 끊어지지 않는다. • 동기부여가 쉽다.
단점	• 다수의 대상을 한 번에 통일적인 내용 및 수준으로 교육시킬 수 없다. • 전문적인 지식 및 기능을 교육하기 힘들다. • 업무와 교육이 병행되므로 훈련에만 전념할 수 없다.

031

3회 출제

다음 현상을 설명한 이론은?

> 인간이 감지할 수 있는 외부의 물리적 자극 변화의 최소범위는 표준 자극의 크기에 비례한다.

① 피츠(Fitts)의 법칙
② 웨버(Wever)의 법칙
③ 신호검출이론(SDT)
④ 힉-하이만(Hick-Hyman) 법칙

해설 웨버(Weber)의 법칙

• 인간이 감지할 수 있는 외부의 물리적 자극 변화의 최소범위는 기준이 되는 자극의 크기에 비례하는 현상을 설명한 이론이다.

• 웨버(Weber)의 비 $= \dfrac{\triangle I}{I}$

  여기서, $\triangle I$: 변화감지역, I: 표준자극

• Weber의 비가 작을수록 분별력이 좋다.

032
12회 출제

매슬로우(Maslow)의 욕구 5단계 중 안전욕구에 해당하는 단계는?

① 1단계
② 2단계
③ 3단계
④ 4단계

해설 매슬로우(Maslow)의 욕구이론

• 인간의 욕구는 생리적 욕구 → 안전의 욕구 → 사회적 욕구 → 존경(인정)의 욕구 → 자아실현의 욕구 순으로 발생한다.
• 인간은 가장 기본적인 욕구에서 시작하여 상위 욕구로 올라가면서 자신의 욕구를 체계적으로 충족시킨다.

033
11회 출제

에너지대사율(RMR)에 따른 작업의 분류에 따라 중(보통)작업의 RMR 범위는?

① 0~2
② 2~4
③ 4~7
④ 7~9

해설 에너지대사율(RMR; Relative Metabolic Rate)

$$RMR = \frac{작업대사량}{기초대사량} = \frac{작업 \ 시 \ 소비에너지 - 안정 \ 시 \ 소비에너지}{기초대사 \ 시 \ 소비에너지}$$

작업구분	RMR	작업 종류 등
초중(初重)작업	7 이상	과격한 전신작업
중(重)작업	4~7	• 일반적인 전신작업 • 힘 · 동작속도가 큰 작업
중(中)작업	2~4	힘 · 동작속도가 작은 작업
경(輕)작업	0~2	• 사무실 작업 • 손가락이나 팔로 하는 가벼운 작업

034
5회 출제

호손(Hawthorne) 실험의 결과 작업자의 작업능률에 영향을 미치는 주요 원인으로 밝혀진 것은?

① 작업조건
② 인간관계
③ 생산기술
④ 행동규범의 설정

해설 호손 실험(Hawthorne Experiment)

사원들의 태도, 감독자, 비공식 집단 등 인간관계와 관련된 요소들이 생산성에 영향을 미친다는 것을 확인한 실험이다.

035
2회 출제

집단의 응집성이 높아지는 조건에 해당하는 것은?

① 가입하기 쉬울수록
② 집단의 구성원이 많을수록
③ 외부의 위협이 없을수록
④ 함께 보내는 시간이 많을수록

해설

집단 구성원이 함께 보내는 시간이 많을수록 집단의 응집력은 높아진다.

관련개념 집단 응집력 분석

• 구성원의 상호작용 횟수와 집단의 사기를 나타내는 응집력 지수로 집단의 응집력을 측정한다.
• 집단의 응집력이 높으면 상호간 소통이 원활하다.
• 집단의 응집력이 높으면 구성원 간 사회적 욕구의 만족도가 크다.

036
9회 출제

생산 작업의 경제성과 능률 제고를 위한 동작경제의 원칙에 해당하지 않는 것은?

① 작업장 배치에 관한 원칙
② 신체 사용에 관한 원칙
③ 공구 및 설비 디자인의 원칙
④ 작업표준 작성에 관한 원칙

해설 동작경제의 원칙

신체 사용의 원칙	• 두 손의 동작은 동시에 시작해서 동시에 끝나야 한다. • 휴식시간을 제외하고는 양손을 같이 쉬게 해서는 안 된다. • 손의 동작은 유연하고 연속적이어야 한다. • 동작이 급작스럽게 바뀌는 직선 동작은 피해야 한다. • 두 팔의 동작은 동시에 서로 반대방향으로 대칭적으로 움직이도록 한다.
작업장 배치의 원칙	• 공구, 재료 및 제어장치는 사용하기 가까운 곳에 배치해야 한다. • 공구나 재료는 작업동작이 원활하게 수행되도록 그 위치를 정해준다.
공구 및 설비 디자인의 원칙	• 서로 다른 공구의 기능을 결합하여 사용하도록 한다. • 치구나 족답장치를 이용하여 양손이 다른 일을 할 수 있도록 한다.

037
4회 출제

학습목적의 3요소에 해당하지 않는 것은?

① 학습방법
② 학습목표
③ 학습정도
④ 학습주제

해설
학습목적은 학습목표, 주제, 학습정도로 구성된다.

038
2회 출제

파블로브의 조건반사설에 의한 학습이론의 원리에 해당하지 않는 것은?

① 시간의 원리
② 계속성의 원리
③ 반복의 원리
④ 강도의 원리

해설 조건반사설에 의한 학습이론의 원리
• 일관성의 원리
• 시간의 원리
• 강도의 원리
• 계속성의 원리

관련개념 파블로브(Pavlov)의 조건반사설
동물에게 자극을 계속 주면 반응이 나타나면서 새로운 행동이 발달되는데, 인간의 행동 역시 자극에 대한 반응을 통해 학습된다는 이론이다.

039
2회 출제

인간착오의 메커니즘으로 틀린 것은?

① 기억의 착오
② 느낌의 착오
③ 패턴의 착오
④ 순서의 착오

해설 인간착오의 메커니즘
• 위치의 착오
• 패턴의 착오
• 형의 착오
• 순서의 착오
• 기억의 착오

040
6회 출제

프로그램 학습법(Programmed self-instruction method)의 장점이 아닌 것은?

① 학습속도 등 학습자의 개인차를 고려할 수 있다.
② 많은 수의 학습자를 지도할 수 있다.
③ 매 반응마다 학습자에게 피드백이 주어질 수 있다.
④ 학습자의 사회성을 높일 수 있다.

해설 프로그램 학습법(Programmed Self-instruction Method)

장점	• 학습자의 학습내용 습득여부를 즉각적으로 피드백 받을 수 있다. • 많은 수의 학습자를 지도할 수 있다. • 학습속도, 지능, 학습적성 등 개인차를 충분히 고려할 수 있다. • 매 반응마다 피드백이 주어지기 때문에 학습자가 흥미를 갖는다.
단점	• 수강생의 사회성이 결여되기 쉽다. • 교재개발에 많은 시간과 노력이 든다.

인간공학 및 시스템안전공학

041
3회 출제

제어장치의 레버를 2[cm] 이동시켰더니 표시장치의 지침이 8[cm] 이동하였다. 이 계기의 통제표시비(C/D)는 얼마인가?

① 0.15　　　　　　　② 0.25
③ 0.35　　　　　　　④ 0.45

해설

통제표시비(C/D비)$=\dfrac{2}{8}=0.25$

관련개념 조정-반응 비율(통제표시비, C/D비)

조정-반응 비율$=\dfrac{\text{통제기기의 변위량}}{\text{표시계기지침의 변위량}}$

042
4회 출제

Chapanis가 정의한 위험의 확률수준과 그에 따른 위험발생확률로 옳은 것은?

① 전혀 발생하지 않은: 10^{-9}/day
② 극히 발생하지 것 같지 않은: 10^{-6}/day
③ 거의 발생하지 않는: 10^{-3}/day
④ 가끔 발생하는: 10^{-2}/day

해설 차파니스의 위험평점척도법

빈도	평점	확률 및 내용
자주	6	10^{-2}/day, 때때로 일어남
보통	5	10^{-3}/day, 한 항목의 수명 중 수회 일어남
가끔	4	10^{-4}/day, 한 항목의 수명 중 드물게 일어남
거의 발생하지 않는	3	10^{-5}/day, 그리 일어날 것 같지 않음
극히 발생할것 같지 않는	2	10^{-6}/day, 발생확률이 0에 가까움
전혀 발생하지 않는	1	10^{-8}/day, 물리적으로 발생 불가능

043
6회 출제

조종장치를 통한 인간의 통제 아래 기계가 동력원을 제공하는 시스템의 형태로 옳은 것은?

① 기계화 시스템　　　② 수동 시스템
③ 자동화 시스템　　　④ 컴퓨터 시스템

해설 인간-기계 시스템(체계)

수동 체계	자신의 신체적인 힘을 동력원으로 사용하여 작업을 통제하는 인간 사용자와 결합(수공구 또는 그 밖의 보조물 사용)
기계화 체계 (반자동 체계)	운전자가 조종장치를 사용하여 통제하며 동력은 전형적으로 기계가 제공
자동화 체계	기계가 감지, 정보처리, 의사결정 등 행동을 포함한 모든 임무를 수행하고 인간은 감시, 프로그래밍, 정비유지 등의 기능을 수행

044
4회 출제

인간공학적 연구에 사용되는 기준척도의 요건 중 다음 설명에 해당하는 것은?

> 기준척도는 측정하고자 하는 변수 외의 다른 변수들의 영향을 받아서는 안 된다.

① 신뢰성　　　　　　② 적절성
③ 검출성　　　　　　④ 무오염성

해설 체계기준의 구비조건(연구조사의 기준척도)

실제적 요건	객관적·정량적이고, 수집 또는 연구가 쉬우며, 특수한 자료 수집기법이나 기기가 필요 없고, 돈이나 실험자의 수고가 적게 드는 것
적절성(타당성)	변수가 실제로 의도하는 바를 어느 정도 측정하는가를 결정하는 것
무오염성	측정하는 구조 외적인 변수의 영향을 받지 않는 것
신뢰성	시간이나 대표적 표본의 선정에 관계없이 변수 측정의 일관성이나 안정성이 있는 것
민감도	피검자 사이에서 볼 수 있는 예상 차이점에 비례하는 단위로 측정하는 것

045

n개의 요소를 가진 병렬 시스템에 있어 요소의 수명(MTTF)이 지수분포를 따를 경우, 이 시스템의 수명으로 옳은 것은?

① $\text{MTTF} \times n$

② $\text{MTTF} \times \dfrac{1}{n}$

③ $\text{MTTF} \times \left(1 + \dfrac{1}{2} + \cdots + \dfrac{1}{n}\right)$

④ $\text{MTTF} \times \left(1 \times \dfrac{1}{2} \times \cdots \times \dfrac{1}{n}\right)$

해설 n개의 요소를 갖는 지수분포를 따르는 부품의 기대수명

- 평균수명이 t인 부품 n개를 직렬로 구성하였을 때 기대수명은 $\dfrac{t}{n}$이다.
- 평균수명이 t인 부품 n개를 **병렬로 구성**하였을 때 기대수명은 $\left(1 + \dfrac{1}{2} + \cdots + \dfrac{1}{n}\right) \times t$이다.

046

태양광선이 내리쬐는 옥외장소의 자연습구온도 23[℃], 흑구온도 20[℃], 건구온도 30[℃]일 때 습구흑구온도지수(WBGT)는?

① 22.1[℃]　　　　② 23.1[℃]

③ 25.3[℃]　　　　④ 27.3[℃]

해설 태양광선이 내리쬐는 옥외장소의 습구흑구온도지수

WBGT = 0.7 × 자연습구온도 + 0.2 × 흑구온도 + 0.1 × 건구온도
　　　= 0.7 × 23 + 0.2 × 20 + 0.1 × 30 = 23.1[℃]

관련개념 습구흑구온도지수(WBGT; Wet Bulb Globe Temperature)

- 옥외 WBGT[℃] = 0.7 × NWB + 0.2 × GT + 0.1 × NDB
- 실내 WBGT[℃] = 0.7 × NWB + 0.3 × GT
- NWB(자연습구온도; Natural Wet Bulb Temperature)
- GT(흑구온도; Globe Temperature)
- NDB(건구온도; Natural Dry Bulb Temperature)

047

의도는 올바른 것이었지만, 행동이 의도한 것과는 다르게 나타나는 오류를 무엇이라 하는가?

① Slip　　　　② Mistake
③ Lapse　　　④ Violation

해설 인간의 오류모형

착오(Mistake)	상황해석을 잘못하거나 목표를 잘못 이해하고 착각하여 행하는 인간의 실수로 위치, 순서, 패턴, 형상, 기억오류 등 외부적 요인에 의해 나타나는 오류
착각(Illusion)	감각적으로 물리현상을 왜곡하는 지각 오류
실수(Slip)	의도는 올바른 것이었지만, 행동이 의도한 것과는 다르게 나타나는 오류
건망증(Lapse)	일련의 과정에서 일부를 빠뜨리거나 기억의 실패에 의해 발생하는 오류
위반(Violation)	정해진 규칙을 알고 있음에도 의도적으로 따르지 않거나 무시한 경우에 발생하는 오류

048

불필요한 작업을 수행함으로써 발생하는 오류로 옳은 것은?

① Command Error　　　② Extraneous Error
③ Secondary Error　　　④ Commission Error

해설 휴먼에러의 분류

실행오류 (Commission Error)	수행 중인 작업을 정확하게 수행하지 못해 발생한 에러
생략오류 (Omission Error)	필요한 작업 또는 절차를 수행하지 않는 데 기인한 에러
불필요한 수행오류 (Extraneous Error)	불필요한 작업 또는 절차를 수행함으로써 발생한 에러
순서오류 (Sequential Error)	필요한 작업 또는 절차의 순서 착오로 인한 에러
시간오류 (Timing Error)	필요한 작업 또는 절차의 수행을 지연한 데 기인한 에러 (시간지연에러)

049
3회 출제

작업면상의 필요한 장소만 높은 조도를 취하는 조명은?

① 완화조명 ② 전반조명
③ 투명조명 ④ 국소조명

해설 **국소조명**

작업에 필요한 범위만 높은 조도로 비추는 조명이다.

관련개념 **조명의 종류**

완화조명	• 급격한 명암변화로 인해 눈이 일시적인 실명 상태가 되는 상황을 방지하고자 빛에 대한 순응을 고려한 조명이다. • 예: 터널 입구의 조명은 운전자의 암순응을 고려하여 높은 휘도를 유지한다.
전반조명	• 작업 공간 전체를 균일하게 밝히는 조명이다. • 일정한 높이와 간격으로 배치한다.
투명조명	• 조명기기의 광원을 둘러싼 표면을 투명하게 처리한 조명이다. • 눈부심이 심하고 열 발생이 크다.

050
2회 출제

조종장치를 촉각적으로 식별하기 위하여 사용되는 촉각적 코드화의 방법으로 옳지 않은 것은?

① 색감을 활용한 코드화
② 크기를 활용한 코드화
③ 조종장치의 형상 코드화
④ 표면 촉감을 이용한 코드화

해설 **촉각적 암호화의 방법**

표면 촉감, 조종장치의 형상, 크기를 차별화하여 암호화한다.

051
6회 출제

인간-기계시스템에서의 여러 가지 인간에러와 그것으로 인해 생길 수 있는 위험성의 예측과 개선을 위한 기법은?

① PHA ② FHA
③ OHA ④ THERP

해설 THERP(Technique for Human Error Rate Rrediction)
• 인간실수(과오)확률에 대한 추정과 휴먼 에러를 정량적으로 평가하기 위한 기법이다.
• 사고원인 가운데 인간의 과오로부터 기인된 원인을 분석하고 확률을 계산하여 제품의 결함을 감소시키고 인간공학적 대책을 수립하는 데 활용된다.
• 가지처럼 갈라지는 형태의 논리구조와 나무 형태의 그래프를 이용한다.

052
4회 출제

개선의 ECRS의 원칙에 해당하지 않는 것은?

① 제거(Eliminate) ② 결합(Combine)
③ 재조정(Rearrange) ④ 안전(Safety)

해설 **작업방법 개선의 ECRS**

E	제거(Eliminate)
C	결합(Combine)
R	재조정, 재배열(Rearrange)
S	단순화(Simplify)

053
6회 출제

직무에 대하여 청각적 자극 제시에 대한 음성응답을 하도록 할 때 가장 관련 있는 양립성은?

① 공간적 양립성 ② 양식 양립성
③ 운동 양립성 ④ 개념적 양립성

해설 **양립성의 종류**

공간 양립성	• 표시장치와 조종장치의 위치가 인간의 기대에 모순되지 않는 것 • 왼쪽 표시장치의 조종장치는 왼쪽에, 오른쪽 표시장치의 조종장치는 오른쪽에 위치하는 것
양식 양립성	• 문화적 관습으로 생기는 양립성 • 청각적 자극에 음성응답을 하게 되는 것
운동 양립성	조종장치의 조작방향에 따라 기계장치나 자동차 등이 움직이는 것
개념 양립성	• 인간의 개념과 일치하게 하는 것 • 적색 수도전은 온수, 청색 수도전은 냉수를 의미하는 것 • 위험신호는 빨간색, 주의신호는 노란색, 안전신호는 파란색으로 표시하는 것

054
3회 출제

인체계측자료의 응용원칙 중 조절 범위에서 수용하는 통상의 범위는 얼마인가?

① 5~95[%tile] ② 80~80[%tile]
③ 30~70[%tile] ④ 40~60[%tile]

해설

조절 범위에서 수용하는 통상의 범위는 5~95[%tile]이다.

| 정답 | 049 ④ 050 ① 051 ④ 052 ④ 053 ② 054 ①

055

다음의 각 단계를 결함수분석법(FTA)에 의한 재해사례의 연구순서대로 나열한 것은?

> ㉠ 정상사상의 선정
> ㉡ FT도의 작성 및 분석
> ㉢ 개선계획의 작성
> ㉣ 각 사상의 재해원인 규명

① ㉠ → ㉡ → ㉢ → ㉣   ② ㉠ → ㉣ → ㉢ → ㉡
③ ㉠ → ㉢ → ㉡ → ㉣   ④ ㉠ → ㉣ → ㉡ → ㉢

해설 결함수분석(FTA)에 의한 재해사례 연구순서

1단계	정상(Top)사상의 선정
2단계	사상마다 재해원인 및 요인 규명
3단계	FT(Fault Tree)도 작성
4단계	개선계획의 작성
5단계	개선안 실시계획

056

음의 은폐(Masking)에 대한 설명으로 옳지 않은 것은?

① 은폐음 때문에 피은폐음의 가청역치가 높아진다.
② 배경음악에 실내소음이 묻히는 것은 은폐효과의 예시이다.
③ 음의 한 성분이 다른 성분에 대한 귀의 감수성을 감소시키는 작용이다.
④ 순음에서 은폐효과가 가장 큰 것은 은폐음과 배음(Harmonic Overtone)의 주파수가 멀 때이다.

해설 은폐효과가 발생하는 경우
• 음의 한 성분이 다른 성분에 대한 귀의 감수성을 감소시킬 때
• 피은폐된 음의 가청역치가 다른 은폐음 때문에 높아질 때
• **은폐음과 배음의 주파수가 인접했을 때**

관련개념 차폐효과(은폐효과)
• 음의 한 성분이 다른 성분에 대해 청각의 감수성을 감소시키는 상황을 말하며, 마스킹(Masking)이라고도 한다.
• 동시에 두 가지 음을 청취할 때 특정 음의 청취로 인해 다른 음의 청취는 방해받는 청각 현상이다.
• 사무실에서 타이핑 작업 시 타자기 소리에 대화소리가 묻히는 현상 등이 대표적이다.

057

경보사이렌으로부터 10[m] 떨어진 곳에서 음압수준이 140[dB]이면 100[m] 떨어진 곳에서 음의 강도는 얼마인가?

① 100[dB]   ② 110[dB]
③ 120[dB]   ④ 140[dB]

해설 두 거리에 따른 음의 변화

$$dB_2 = dB_1 - 20\log\frac{d_2}{d_1} = 140 - 20\log\frac{100}{10} = 120[dB]$$

여기서, d: 거리

058

다음 중 조작상의 과오로 기기의 일부에 고장이 발생하는 경우, 이 부분의 고장으로 인하여 사고가 발생하는 것을 방지하도록 설계하는 방법은?

① 신뢰성 설계
② 페일 세이프(fail safe) 설계
③ 풀 프루프(fool proof) 설계
④ 사고 방지(accident proof) 설계

해설
Fail Safe는 기계오류 관점의 사고예방 개념이고, Fool Proof는 인간행동 오류 관점의 사고예방 개념이다.

관련개념 Fail Safe와 Fool Proof

Fail Safe	• 기계, 기계 부품에 파손·고장이나 기능의 불량이 발생해도 안전하게 작동할 수 있는 구조와 기능 • 비행기 운항 중 하나의 엔진이 고장나면 다른 하나의 엔진으로 정상적인 운행 가능 • 석유난로가 기울어졌을 때를 대비하여 자동 소화기능 내장
Fool Proof	• 작업자의 기계 오조작 또는 실수가 있어도 기계설비의 안전기능이 작동되어 재해를 방지하는 기능 • 프레스의 경우 실수하여 손이 금형 사이로 들어갔을 때 슬라이드의 하강 정지 • 승강기가 과부하되었을 때 경보가 울리고 운행 정지

059

6회 출제

다음 중 시스템 신뢰도에 관한 설명으로 옳지 않은 것은?

① 시스템의 성공적 퍼포먼스를 확률로 나타낸 것이다.

② 각 부품이 동일한 신뢰도를 가질 경우 직렬구조의 신뢰도는 병렬구조에 비해 신뢰도가 낮다.

③ 병렬구조는 시스템의 어느 한 부품이 고장나면 시스템이 고장나는 구조이다.

④ n중 k구조는 n개의 부품으로 구성된 시스템에서 k개 이상의 부품이 작동하면 시스템이 정상적으로 가동되는 구조이다.

해설 **시스템의 수명 및 신뢰성**

• 병렬설계 및 디레이팅 기술로 시스템의 신뢰성을 증가시킬 수 있다.

• 병렬시스템에서는 부품들 중 최대 수명을 갖는 부품에 의해 시스템 수명이 결정된다.

• 직렬시스템에서는 부품들 중 최소 수명을 갖는 부품에 의해 시스템 수명이 결정된다.

• 수리가 가능한 시스템의 평균 수명(MTBF)은 평균 고장률(λ)과 반비례 관계가 성립한다.

• 수리가 불가능한 구성요소로 병렬구조를 갖는 설비는 중복도가 늘어날수록 시스템 수명이 길어진다.

060

3회 출제

다음 중 신체 동작의 유형에 관한 설명으로 틀린 것은?

① 내선(medial rotation): 몸의 중심선으로의 회전

② 외전(abduction): 몸의 중심으로의 회전

③ 굴곡(flexion): 신체 부위 간의 각도 감소

④ 신전(extension): 신체 부위 간의 각도 증가

해설 **신체부위 운동 유형**

굴곡(Flexion)	신체 부위 간의 각도가 감소하는 관절동작
신전(Extension)	신체 부위 간의 각도가 증가하는 관절동작
내전(Adduction)	신체의 외부에서 중심선으로 이동하는 신체의 움직임
외전(Abduction)	신체 중심선부터 밖으로 이동하는 신체의 움직임
내선(Medial Rotation)	신체의 외부에서 중심선으로 회전하는 신체의 움직임
외선(Letral Rotation)	신체의 중심선부터 회전하는 신체의 움직임

건설시공학

061

2회 출제

필릿용접(Filet Welding)의 단면상 이론 목두께에 해당하는 것은?

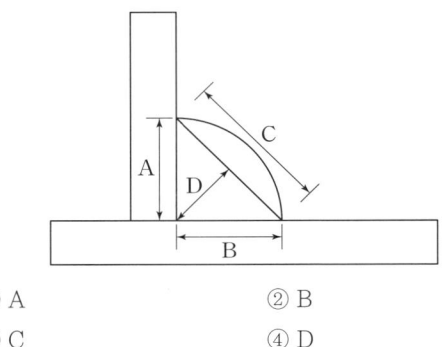

① A   ② B

③ C   ④ D

해설 **맞댐용접과 모살용접**

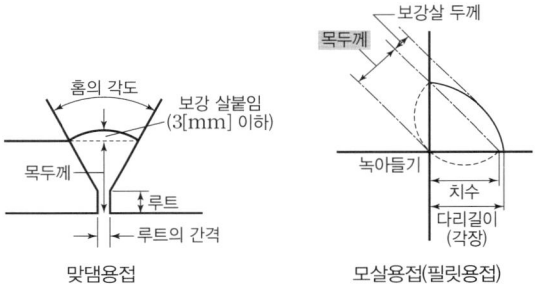

맞댐용접   모살용접(필릿용접)

062

철근의 피복두께를 유지하는 목적이 아닌 것은?

① 부재의 소요 구조 내력 확보
② 부재의 내화성 유지
③ 콘크리트의 강도 증대
④ 부재의 내구성 유지

해설

피복두께로 콘크리트의 강도를 확보할 수는 있으나, 강도 증대는 시멘트, 혼화 재료, 골재 등의 배합 설계의 영향이 크다.

관련개념 피복두께 확보의 목적
· 철근의 부식방지를 통한 구조물의 내구성 확보(물과 이산화탄소의 침투 방지)
· 골재의 유동성 확보
· 철근과 콘크리트의 부착강도 확보
· 화재 시 내화성 확보

063

외관 검사 결과 불합격된 철근 가스압접 이음부의 조치 내용으로 옳지 않은 것은?

① 심하게 구부러졌을 때는 재가열하여 수정한다.
② 압접면의 엇갈림이 규정값을 초과했을 때는 재가열하여 수정한다.
③ 형태가 심하게 불량하거나 또는 압접부에 유해하다고 인정되는 결함이 생긴 경우는 압접부를 잘라내고 재압접한다.
④ 철근 중심축의 편심량이 규정값을 초과했을 때는 압접부를 떼어내고 재압접한다.

해설 불량압접의 보정

외관검사 결과	조치 내용
철근 중심축 편심량이 규정값 초과	압접부 잘라내고 재압접
압접부 엇갈림이 규정값 초과	
형태가 심하게 불량이거나 유해하다고 인정되는 경우	
압접부 지름 또는 길이가 규정값 미만	재가열
심하게 구부러졌을 때	

064

다음은 표준시방서에 따른 철근의 이음에 관한 내용이다. ( ) 안에 공통으로 들어갈 내용으로 옳은 것은?

> ( )를 초과하는 철근은 겹침이음을 할 수 없다. 다만, 서로 다른 크기의 철근을 압축부에서 겹침이음하는 경우 ( ) 이하의 철근과 ( )를 초과하는 철근은 겹침이음을 할 수 있다.

① D25
② D29
③ D32
④ D35

해설 철근의 겹침이음

D35를 초과하는 철근은 겹침이음을 할 수 없다. 다만, 서로 다른 크기의 철근을 압축부에서 겹침이음하는 경우 D35 이하의 철근과 D35를 초과하는 철근은 겹침이음할 수 있다.

065

속빈 콘크리트블록의 규격 중 기본 블록 치수가 아닌 것은?

① 390×190×190
② 390×190×150
③ 390×190×100
④ 390×190×80

해설 속빈 콘크리트블록의 규격(KS F 4002)

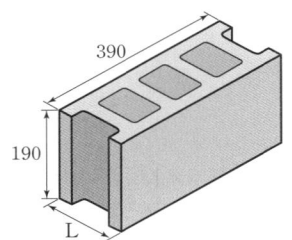

형상	치수[mm]			허용차[mm]
	길이	높이	두께	
기본 블록	390	190	190 150 100	±2
이형 블록	가로근용 블록, 모서리용 블록과 같이 기본 블록과 동일한 크기인 것의 치수 및 허용차는 기본 블록에 준한다. 다만, 그 외의 경우에는 당사자 사이의 협의에 따른다.			

속빈 콘크리트블록의 치수=길이×높이×두께
이때 길이와 높이는 고정된 규격이고, 두께는 100[mm](4인치), 150[mm](6인치), 190[mm](8인치)의 3가지 종류이다.

066

흙이 소성상태에서 반고체상태로 바뀔 때의 함수비를 의미하는 용어는?

① 예민비
② 액성한계
③ 소성한계
④ 소성지수

해설 **소성한계**

소성상태와 반고체상태의 경계가 되는 함수비이다.

067

다음 각 기초에 관한 설명으로 옳은 것은?

① 온통기초: 기둥 1개에 기초판이 1개인 기초
② 복합기초: 2개 이상의 기둥을 1개의 기초판으로 받치게 한 기초
③ 독립기초: 조적조의 벽을 지지하는 하부 기초
④ 연속기초: 건물 하부 전체 또는 지하실 전체를 기초판으로 구성한 기초

해설 **푸팅기초**

상부 구조물을 발(Foot)의 모양으로 지반에서 확대한 모양의 기초이다.

- 독립기초: 하나의 독립된 푸팅으로 단일 기둥이 하중을 지지하는 형식으로 양질지반에 건립하며, 비교적 낮은 3~4층 정도의 건물, 창고, 공장 등 긴 스팬의 건물 등에 많이 이용된다.
- 연속기초: 보통 기둥간격이 짧은 경우 허용지내력도가 작아 독립푸팅으로 하는 경우에 푸팅이 너무 접근하거나 겹칠 때 사용되는 것으로 일련의 기둥 또는 벽에서의 하중을 푸팅으로 지지하는 형식의 기초이다.
- 복합기초: 허용지내력도가 작은 경우에 채용하는 방식으로 2개 혹은 그 이상의 기둥의 하중을 합하여 하나의 푸팅으로 지지하는 형식의 기초이다.

관련개념 **온통(전체)기초**

지반의 국부적인 차이에 따르는 부동침하의 영향이 비교적 적으므로 일반적으로 푸팅기초에 비해 훨씬 큰 침하가 허용되며, 전체의 주하중을 하나의 기초 슬래브로 지지하는 형식의 기초이다.

068

철근콘크리트의 부재별 철근의 정착위치로 옳지 않은 것은?

① 작은 보의 주근은 기둥에 정착한다.
② 기둥의 주근은 기초에 정착한다.
③ 바닥철근은 보 또는 벽체에 정착한다.
④ 지중보의 주근은 기초 또는 기둥에 정착한다.

해설 **철근의 정착위치**

- 기둥의 주근은 기초에 정착한다.
- 큰 보의 주근은 기둥에 정착한다.
- 직교하는 단부 보의 밑에 기둥이 없을 때는 보 상호 간에 정착한다.
- 작은 보의 주근은 큰 보에 정착한다.
- 바닥철근은 보 또는 벽체에 정착한다.
- 지중보 철근은 기초 또는 기둥에 정착한다.
- 벽철근은 보, 기둥, 바닥판 또는 기초에 정착한다.

069

분할도급 발주 방식 중 지하철공사, 고속도로공사 및 대규모 아파트단지 등의 공사에 사용하면 가장 효과적인 것은?

① 직종별 공종별 분할도급
② 공정별 분할도급
③ 공구별 분할도급
④ 전문공종별 분할도급

해설 **분할도급공사**

종류	구분
공구별 분할도급	• 대규모 공사에서 지역별로 분리 발주하는 방식으로, 각 공구마다 일식도급 체제로 운영된다. • 도급업자의 기회균등, 시공기술 향상, 높은 성과가 기대된다. • 지하철공사, 고속도로공사 및 대규모 아파트단지공사에 채택 시 효과적이다.
공정별 분할도급	• 공사의 각 과정별로 나누어서 도급을 주는 방식으로 예산배정상 구분될 때 편리하다. • 부분·분할 발주가 가능하나 후속공사 연체의 우려가 있으며 도급자 교체가 곤란하다.
전문공종별 분할도급	• 공사 중 설비공사(전기, 설비 등)를 주체공사와 분리하여 발주하는 방식이다. • 설비업자의 자본, 기술강화 및 전문화로 능률 향상이 기대된다.
직종별 공종별 분할도급	• 직영공사에 가까운 제도로 전문직종이나 각 공종별로 분할하여 도급을 주는 방식이다. • 현장관리가 곤란하며 경비가 증대되나 건축주의 의도가 철저히 반영될 수 있다.

070
3회 출제

벽돌쌓기법 중에서 마구리를 세워 쌓는 방식으로 옳은 것은?

① 옆세워 쌓기　　　② 허튼 쌓기
③ 영롱 쌓기　　　　④ 길이 쌓기

해설　벽돌쌓기법
- 옆세워 쌓기: 경사, 문턱 등에 사용하는 쌓기 방식으로 마구리면이 보이도록 벽돌 벽면을 수직으로 쌓는다.
- 허튼 쌓기: 수평, 수직 줄눈이 서로 일직선이 되지 않도록 어긋나게 쌓는 방법으로, 내력벽이나 바깥벽 등에 주로 쓰인다.
- 영롱 쌓기: 벽돌을 일정 간격으로 띄워 쌓아 빛과 공기를 통하게 한 방식으로, 담장이나 장식벽, 채광 및 환기를 필요로 하는 벽체에 쓰인다.
- 길이 쌓기: 벽돌의 긴 면이 보이도록 쌓는 가장 일반적인 쌓기 방식으로, 공간벽, 덧붙임벽, 간막이벽, 담쌓기 등에 쓰인다.

071
8회 출제

블록의 하루 쌓기 높이는 최대 얼마를 표준으로 하는가?

① 1.5[m] 이내　　　② 1.7[m] 이내
③ 1.9[m] 이내　　　④ 2.1[m] 이내

해설　쌓기의 일반사항
- 가로 및 세로줄눈의 너비는 도면 또는 공사시방서에 정한 바가 없을 때에는 10[mm]를 표준으로 한다. 세로줄눈은 통줄눈이 되지 않도록 하고, 수직 일직선상에 오도록 벽돌 나누기를 한다.
- 벽돌쌓기는 도면 또는 공사시방서에 정한 바가 없을 때에는 영식쌓기 또는 화란식 쌓기로 한다.
- 가로줄눈의 바탕 모르타르는 일정한 두께로 평평히 펴 바르고, 벽돌을 내리누르듯 규준틀과 벽돌 나누기에 따라 정확히 쌓는다.
- 벽돌은 각부를 가급적 동일한 높이로 쌓아 올라가고, 벽면의 일부 또는 국부적으로 높게 쌓지 않는다.
- 하루의 쌓기 높이는 1.2[m](18켜 정도)를 표준으로 하고, 최대 1.5[m] (22켜 정도) 이하로 한다.
- 연속되는 벽면의 일부를 트이게 하여 나중쌓기로 할 때에는 그 부분을 층단 들여쌓기로 한다.
- 벽돌벽이 블록벽과 서로 직각으로 만날 때에는 연결철물을 만들어 블록 3단마다 보강하여 쌓는다.

072
1회 출제

일반적인 공사의 시공속도에 관한 설명으로 옳지 않은 것은?

① 시공속도를 느리게 할수록 직접비는 증가된다.
② 급속공사를 강행할수록 품질은 나빠진다.
③ 시공속도는 간접비와 직접비의 합이 최소가 되도록 함이 가장 적절하다.
④ 시공속도를 빠르게 할수록 간접비는 감소된다.

해설　공사속도에 따른 공사비의 변화
- 시공속도는 간접공사비와 직접공사비의 합계가 최소가 되도록 하는 것이 가장 경제적이다.
- 매일 공사량은 손익분기점 이상의 공사량을 실시하여 채산성(생산성)이 있어야 한다.
- 공사속도를 빠르게 할수록 직접공사비는 증가하고, 간접공사비는 감소한다.
- 급작스런 공사를 강행할수록 공사의 질은 조잡해진다.

073
6회 출제

철근콘크리트 공사에 있어서 철근이 D19, 굵은골재의 최대 치수는 25[mm]일 때 철근과 철근의 순간격으로 옳은 것은?

① 37.5[mm] 이상　　　② 33.3[mm] 이상
③ 29.5[mm] 이상　　　④ 27.8[mm] 이상

해설
- 굵은골재 최대치수의 $\frac{4}{3}$ 배 이상: $25[mm] \times \frac{4}{3} = 33.3[mm]$ 이상
- 25[mm] 이상
- 철근공칭지름 이상: 19[mm] 이상
위의 기준 중 가장 큰 값인 33.3[mm]를 수평 순간격으로 한다.

관련개념　보와 기둥에서의 철근 순간격

보	기둥	비고
굵은골재 최대치수의 $\frac{4}{3}$	굵은골재 최대치수의 $\frac{4}{3}$	세 수치 중 가장 큰 값
25[mm]	40[mm]	
철근공칭지름	철근공칭지름의 1.5배	

074

CIP(Cast In Place Prepacked Pile) 공법에 관한 설명으로 옳지 않은 것은?

① 주열식 강성체로서 토류벽 역할을 한다.
② 소음 및 진동이 적다.
③ 협소한 장소에는 시공이 불가능하다.
④ 굴착을 깊게 하면 수직도가 떨어진다.

해설 CIP(Cast In Place Pile) 공법
지하수가 없는 비교적 경질인 지층에서 어스 오거로 구멍을 뚫고 그 내부에 자갈과 철근을 채운 후, 미리 삽입해 둔 파이프를 통해 저면에서부터 모르타르를 채워 올라오게 하는 공법이다.

장점	단점
• 자갈·암반지반을 제외한 대부분의 지반에 적용 가능하다. • 장비가 비교적 소형이라 협소한 공간에서도 시공이 가능하며 저소음, 저진동이다. • 강성이 커서 배면토의 수평변위를 억제하여 인접구조물에 영향을 최소화할 수 있다.	• 흙막이판공법에 비해 비교적 고가이다. • 파일과 파일 사이 이음부가 취약하여 차수공이 필요하다. • 굴착공 저부에 슬라임이 발생할 수 있다. • 암반천공이 어렵다.

075

철골 부재가공 시 절단면의 상태가 가장 양호하게 되는 절단 방법은?

① 전단절단
② 가스절단
③ 전기아크절단
④ 톱절단

해설 절단방법의 종류 및 특징
• 전단절단: 대형 절단기로 눌러 절단하므로 절단면이 변형된다.
• 톱절단: 톱날을 이용하여 절단선을 따라 절단하므로 가장 정밀하게 절단된다. Angle Cutter, Hack Saw, Friction Saw 등으로 작업한다.
• 가스절단: 가스를 이용하여 절단하므로 열의 세기변화에 따라 절단면이 매끄럽지 못하고 변형된다.
• 정밀도 순서: 톱절단>전단절단>가스절단

076

시멘트 혼화제(Chemical Admixture)에 대한 설명으로 옳지 않은 것은?

① 콘크리트의 물성을 개선하기 위하여 시멘트중량의 5[%] 이상 사용한다.
② AE제는 시공연도를 향상시키고 단위수량을 감소시킨다.
③ 지연제는 서중콘크리트, 매스콘크리트 등에 석고를 혼합하여 응결을 지연시킨다.
④ 촉진제는 응결을 촉진시켜 콘크리트의 조기강도를 크게 한다.

해설
혼화제는 사용량이 시멘트 무게의 1[%] 정도 이하의 것으로 AE제, 감수제, 유동화제, 급결제, 지연제, 방수제, 방청제 등이 있다.
사용량이 시멘트 무게의 5[%] 정도 이상의 것은 혼화재이다.

관련개념 혼화제의 종류
• 워커빌리티와 내동해성을 개선시키는 것: AE제, AE감수제
• 워커빌리티를 향상시켜 소요의 단위수량이나 단위시멘트의 양을 감소시키는 것: 감수제, AE감수제
• 유동성을 크게 개선시키는 것: 유동화제
• 큰 감수효과로 강도를 크게 높이는 것: 고강도용 감수제(고성능 감수제)
• 응결, 경화시간을 조절하는 것: 촉진제, 지연제, 급결제
• 방수효과를 나타내는 것: 방수제
• 기포의 작용에 의해 충전성을 개선하거나 중량을 조절하는 것: 기포제, 발포제
• 염화물에 의한 철근의 부식을 억제하는 것: 방청제

077

콘크리트 타설 시 주의사항으로 옳지 않은 것은?

① 운반거리가 가까운 곳에서부터 타설을 시작하여 먼 곳으로 진행해 나간다.

② 자유낙하높이를 가능한 작게 한다.

③ 콘크리트의 재료분리를 방지하기 위하여 횡류, 즉 옆에서 흘려 넣지 않도록 한다.

④ 타설 시 콘크리트가 매입철근에 충격을 주지 않도록 주의한다.

해설 **콘크리트 타설 시 유의사항**

• 콘크리트는 먼 곳에서 가까운 곳으로 부어 넣는다.
• 낮은 곳에서 높은 곳으로 타설한다.(기초-기둥-벽-보-슬래브의 순서)
• 콘크리트는 휴식시간 없이 연속적으로 부어 넣어야 한다.
• 낙하높이는 보통 1.5[m], 최대 2[m] 이내로 한다.(낙하높이는 작게 한다.)
• 기둥, 벽은 다지면서 수평으로 부어넣고, 1시간에 2[m] 이하로 한다.
• 블리딩 현상을 방지하기 위하여 높은 벽이나 기둥의 상부에는 된비빔, 하부는 묽은비빔으로 타설한다.
• 진동기는 철근이나 거푸집에 닿지 않도록 하고, 붓기를 끝낸 콘크리트는 진동을 주지 말아야 한다.
• 보는 바닥에서 윗면까지 연속으로 부어 넣고, 양단에서 중앙으로 부어넣는다.

078

벽식 철근콘크리트 구조를 시공할 경우, 벽과 바닥의 콘크리트 타설을 한 번에 가능하게 하기 위하여 벽체용 거푸집과 슬래브 거푸집을 일체로 제작하여 한 번에 설치하고 해체할 수 있도록 한 시스템 거푸집은?

① 갱 폼

② 클라이밍 폼

③ 슬립 폼

④ 터널 폼

해설 **터널 폼**(Tunnel Form, Steel Form)

• 벽체용 거푸집과 슬래브 거푸집을 일체로 제작하여 한 번에 설치하고 해체할 수 있도록 한 거푸집이다.
• 벽식 철근콘크리트 구조를 시공할 경우 벽과 바닥의 콘크리트 타설이 한 번에 가능하다.
• 한 구획 전체의 벽판과 바닥판을 ㄱ자형 또는 ㄷ자형으로 짜서 이동식 거푸집으로 이용된다.
• 아파트, 병원 등 연속, 반복 구조물에 적용되며, 전용횟수는 약 100회이다.

079

흙의 함수율을 구하기 위한 식으로 옳은 것은?

① (물의 용적/입자의 용적)×100[%]

② (물의 중량/토립자의 중량)×100[%]

③ (물의 용적/전체의 용적)×100[%]

④ (물의 중량/흙 전체의 중량)×100[%]

해설 **함수비와 함수율**

• 함수비 $= \dfrac{물의\ 중량}{토립자(흙입자)의\ 중량} \times 100[\%]$

• 함수율 $= \dfrac{물의\ 중량}{흙\ 전체의\ 중량} \times 100[\%]$

080

피어기초공사에 관한 설명으로 옳지 않은 것은?

① 중량구조물을 설치하는 데 있어서 지반이 연약하거나 말뚝으로도 수직지지력이 부족하고 그 시공이 불가능한 경우와 기초지반의 교란을 최소화해야 할 경우에 채용한다.

② 굴착된 흙을 직접 탐사할 수 있고 지지층의 상태를 확인할 수 있다.

③ 무진동, 무소음공법이며, 여타 기초형식에 비하여 공기 및 비용이 적게 소요된다.

④ 피어기초를 채용한 국내의 초고층 건축물에는 63빌딩이 있다.

해설

비교적 무소음, 무진동 상태의 굴착이 가능하며, 대형기계·설비 등이 운용되어 공사비가 고가이다.

관련개념 **피어기초**

• 구조물 하중을 연약한 토층을 지나 견고한 지지층에 전달하기 위하여 지반에 굴착한 구멍 속에 현장타설 콘크리트를 채워 설치하는 깊은 기초의 일종이다.
• 일반적으로 직경은 사람이 들어가서 확인할 수 있도록 760[mm] 정도 이상이다.

건설재료학

081
4회 출제

깬자갈을 사용한 콘크리트가 동일한 시공연도의 보통 콘크리트보다 유리한 점은?

① 시멘트 페이스트와의 부착력 증가
② 단위수량 감소
③ 수밀성 증가
④ 내구성 증가

해설

깬자갈(쇄석)을 사용하면 접촉 단면적이 커서 부착력이 증가한다.

082
4회 출제

건축재료 중 마감재료의 요구성능으로 거리가 먼 것은?

① 화학적 성능
② 역학적 성능
③ 내구성능
④ 방화 · 내화 성능

해설

마감재료는 건축물의 바닥, 내외벽, 천장 등에 적당한 두께로 발라 마무리하는 재료이기 때문에 역학적 성능은 필요성이 가장 적다.

083
3회 출제

목재의 역학적 성질에 대한 설명으로 옳지 않은 것은?

① 목재 섬유 평행방향에 대한 인장강도가 다른 여러 강도 중 가장 크다.
② 목재의 압축강도는 옹이가 있으면 증가한다.
③ 목재를 휨부재로 사용하여 외력에 저항할 때는 압축, 인장, 전단력이 동시에 일어난다.
④ 목재의 전단강도는 섬유 간의 부착력, 섬유의 곧음, 수선의 유무 등에 의해 결정된다.

해설

옹이가 클수록 압축강도는 감소한다.

084
4회 출제

합판에 대한 설명으로 옳지 않은 것은?

① 단판을 섬유방향이 서로 평행하도록 홀수로 적층하면서 접착시켜 합친 판을 말한다.
② 함수율 변화에 따라 팽창 · 수축의 방향성이 없다.
③ 뒤틀림이나 변형이 적은 비교적 큰 면적의 평면 재료를 얻을 수 있다.
④ 균일한 강도의 재료를 얻을 수 있다.

해설

섬유방향이 서로 직교하도록 홀수로 적층한다.

[관련개념] 합판의 특성

· 강도: 교착이 잘된 것은 원목보다 강하고 균열, 찢어짐, 변형 등에 대한 저항이 크다.
· 안정도: 함수율 변화에 의한 신축변형이 적고 방향성이 없으며, 두께에 비해 강도도 크다.
· 못박기: 보통판에 비해 못의 지보력이 크다.
· 경제성: 비교적 작은 직경의 모재에서도 넓은 판을 얻을 수 있으며, 곡면 가공을 하여도 균열이 생기지 않고 무늬도 일정하다.

085
8회 출제

점토제품 중 소성온도가 가장 고온이고 흡수성이 매우 작으며 모자이크 타일, 위생도기 등에 주로 쓰이는 것은?

① 토기
② 도기
③ 석기
④ 자기

해설 점토제품의 종류

종류	소성온도[℃]	흡수율[%]	재료	비고
토기	790~1,000	20 이상	기와, 벽돌, 토관	최저급 원료(전답토)
도기	1,100~1,230	10	타일, 테라코타, 위생도기	다공질로 흡수성 유약 사용. 두드리면 탁음
석기	1,160~1,350	3~10	마루 타일, 클링커 타일	유약 대신 식염유 사용
자기	1,230~1,460	0~1	자기질 타일, 모자이크 타일, 위생도기	양질의 도토 또는 장석분을 원료로 함

086

고강도 강선을 사용하여 인장응력을 미리 부여함으로써 큰 응력을 받을 수 있도록 제작된 것은?

① 매스 콘크리트
② 프리플레이스트 콘크리트
③ 프리스트레스트 콘크리트
④ AE 콘크리트

해설 **프리스트레스트 콘크리트(PS 콘크리트)**

콘크리트의 인장력이 생기는 부분에 고강도강선(PS 강재)을 긴장시켜 프리스트레스를 부여함으로써 콘크리트에 미리 압축력을 주어 인장강도를 증가시켜 휨저항을 크게 한 것이다.

관련개념

• 매스 콘크리트: 대용적의 콘크리트로, 수화열이 커서 댐이나 교대 등 대형 구조물에 사용한다.
• 프리플레이스트 콘크리트: 거푸집에 미리 채워 넣은 굵은골재 사이로 관을 통하여 모르타르를 주입하는 콘크리트로, 수중콘크리트, 보수공사, 기초파일, 차수벽 등에 사용한다.
• AE 콘크리트: AE제 사용으로 시공연도를 증진시키고 단위수량을 감소시키며, 수밀성이 향상된 것이다.

087

재료의 단단한 정도를 나타내는 용어는?

① 연성　　　　　② 인성
③ 취성　　　　　④ 경도

해설

재료의 단단한 정도를 나타내는 용어는 '경도'이다.
경도는 어떤 재료를 긁을 때 자국, 절단, 마모 등에 대한 저항성으로 금속재료에서는 그 기계적 성질을 알고자 할 때 경도를 가장 중요하게 고려한다.

관련개념

• 연성: 재료가 탄성한계 이상의 힘을 받아도 파괴되지 않고 가늘고 길게 늘어나는 성질이다.
• 인성: 재료가 외력을 받아 변형을 나타내면서도 파괴되지 않고 견딜 수 있는 성질이다.
• 취성: 재료가 외력을 받아도 변형되지 않거나 약간의 극미한 변형만을 수반하고 파괴되는 성질이다.

088

일반적으로 단열재에 습기나 물기가 침투하면 어떤 현상이 발생하는가?

① 열전도율이 높아저 단열성능이 좋아진다.
② 열전도율이 높아져 단열성능이 나빠진다.
③ 열전도율이 낮아져 단열성능이 좋아진다.
④ 열전도율이 낮아져 단열성능이 나빠진다.

해설

단열재에 물이 침투하면 열전도율이 높아져 단열성능이 나빠진다.

089

목재를 작은 조각으로 하여 충분히 건조시킨 후 합성 수지와 같은 유기질의 접착제를 첨가하여 열압 제판한 목재 가공품은?

① 섬유판(Fiber Board)
② 파티클 보드(Particle Board)
③ 코르크판(Cork Board)
④ 집성목재(Glulam)

해설 **파티클 보드(Particle Board)**

섬유질의 삭편(Particle), 즉 절삭편 또는 파쇄편 등을 주재료로 하여 합성수지 접착제를 첨가하여 성형, 열압시킨 것이다.

관련개념 **목재 가공품**

섬유판	목재, 짚 등의 각종 식물섬유를 판자 모양으로 접착, 제판한 인공재료
코르크판	코르크나무의 껍질에서 채취한 재료와 톱밥, 접착제 등을 혼합, 열압하여 만든 것
집성목재	• 대재를 집성, 접착하여 기둥, 아치, 트러스트 등의 구조재료로 사용하는 것 • 판의 섬유방향을 거의 평행으로 접착시킴

090

5회 출제

금속재료의 일반적인 부식 방지를 위한 대책으로 옳지 않은 것은?

① 가능한 다른 종류의 금속을 인접 또는 접촉시켜 사용한다.
② 가공 중에 생긴 변형은 뜨임질, 풀림 등에 의해서 제거한다.
③ 표면은 깨끗하게 하고, 물기나 습기가 없도록 한다.
④ 부분적으로 녹이 나면 즉시 제거한다.

해설 **금속부식대책 표면방식법**
• 수분과 습기에 접촉하지 않게 한다.
• 표면을 청결하게 하고 기름칠하여 녹이 발생하지 않게 한다.
• 서로 다른(이종) 금속은 접촉하지 않도록 한다.
• 불균질한 철재는 풀림을 통해 균질화하여 사용하도록 한다.

091

2회 출제

유리의 주성분 중 가장 많이 함유되어 있는 것은?

① CaO
② SiO_2
③ Al_2O_3
④ MgO

해설
유리의 주성분은 이산화규소(SiO_2)로, 석영이나 규사가 원료로 사용된다. 두 광물은 거의 순수한 SiO_2로 이루어져 있다.
이산화규소(SiO_2)에 붕사·석회석·탄산나트륨 등을 가하여 녹기 쉽도록 하며, 강도나 내약품성을 높이기 위해 산화알루미늄·탄산바륨·탄산칼륨을 가하거나 굴절률을 높이기 위해 산화납 등을 가하기도 한다.

092

2회 출제

진주석 등을 800~1,200[℃]로 가열 팽창시킨 구상입자 제품으로 단열, 흡음, 보온 목적으로 사용되는 것은?

① 암면 보온판
② 유리면 보온판
③ 카세인
④ 펄라이트 보온재

해설 **펄라이트(Perlite)**
• 진주암, 흑요석 등을 분쇄하여 입상으로 된 것을 소성 팽창시킨 경골재이다.
• 보온, 방음, 결로방지 등의 목적으로 시멘트와 배합하여 콘크리트 블록류, 모르타르, 콘크리트판, 벽돌 등을 제조하는 데 사용되며 질석과 사용 용도가 거의 비슷하다.

093

3회 출제

알루미늄의 특성으로 옳지 않은 것은?

① 순도가 높을수록 내식성이 좋지 않다.
② 알칼리나 해수에 침식되기 쉽다.
③ 콘크리트에 접하거나 흙 중에 매몰된 경우에 부식되기 쉽다.
④ 내화성이 부족하다.

해설 **알루미늄(Aluminum)**
• 알루미늄의 강도는 고온에서는 급격히 감소하지만 저온에서는 취성을 나타내지 않는다.
• 가공성이 좋아 압연, 압출, 박판, 용접이 가능하다.
• 열 및 전기전도성이 크며 화학적 성질 중 내식성은 크다.
• 대기 중에서는 쉽게 부식되지 않지만 해수 중에서는 쉽게 부식된다.
• 유기산류에는 안정하여 초산에는 농도에 관계없이 거의 침식되지 않지만 무기산류인 염산, 황산, 인산, 질산 등에는 상당히 빠르게 침식된다.
• 알칼리에는 일반적으로 약한데 이는 알루미나 피막이 용해되기 때문이다.
• 건축자재(새시, 창호, 커튼월, 커튼레일, 지붕재 등), 가구, 기계, 전선, 항공기 등에 널리 사용된다.

094

3회 출제

내화벽돌의 내화온도의 범위로 가장 적절한 것은?

① 500~1,000[℃]
② 1,500~2,000[℃]
③ 2,500~3,000[℃]
④ 3,500~4,000[℃]

해설 **내화벽돌**
• 높은 온도에서 용해하거나 변형이 일어나지 않는 무기재료로 된 벽돌로, 내화도와 열충격성, 강도가 크다.
• 내화벽돌의 주원료는 규사, 납석, 흑연, 고알루미나, 돌로마이트 등이 있다.
• 보일러·용광로·유리용해로·시멘트소성가마·가열로·비철금속제련로 등 높은 온도의 열처리장소에 사용된다.
• 내화온도는 1,500~2,000[℃]이다.

095

재료의 하중이 반복하여 작용할 때 정적 강도보다 낮은 강도에서 파괴되는 것을 무엇이라고 하는가?

① 충격 파괴
② 전단 파괴
③ 크리프 파괴
④ 피로 파괴

해설 **피로 파괴**

재료에 하중이 반복적으로 받는 부분이 있는데, 이러한 경우 그 하중이 정적 강도보다 훨씬 작다 하더라도 오랜 시간에 걸쳐서 연속적으로 반복하여 작용하면 결국에 파괴되는 현상을 말한다.

096

비중이 크고 연성이 크며, 방사선실의 방사선 차폐용으로 사용되는 금속재료는?

① 주석
② 납
③ 철
④ 크롬

해설 **납(연, Pb)의 성질**

• 비중이 11.34로 비교적 크다.
• 주조, 가공성 및 단조성이 풍부하다.
• 열전도율은 작으나, 온도 변화에 따른 신축이 크다.
• 알칼리에 침식된다.
• X–선실, 방사선 차단에 사용된다.

097

사문암 또는 각섬암이 열과 압력을 받아 변질하여 섬유 모양의 결정질이 된 것으로 단열재·보온재 등으로 사용되었으나, 인체 유해성으로 사용이 규제되고 있는 것은?

① 암면(rock wool)
② 석면(asbestos)
③ 질석(vermiculite)
④ 샌드스톤(sand stone)

해설 **석면(Asbestos)**

섬유상으로 된 암석의 일종으로, 발암성 물질로 알려져 있어 생산과 사용에 각별한 주의를 요한다.

098

콘크리트의 강도 및 내구성 증가에 가장 큰 영향을 주는 것은?

① 물과 시멘트의 배합비
② 모래와 자갈의 배합비
③ 시멘트와 자갈의 배합비
④ 시멘트와 모래의 배합비

해설 **물 – 시멘트비**

• 시멘트 중량에 대한 물의 중량비이다.
• 물 – 시멘트비는 콘크리트의 강도와 내구성 및 수밀성 등에 영향을 미치는 가장 중요한 요소이다.
• 물 – 시멘트비가 높으면 물이 많이 섞였다는 것을 의미하기 때문에 강도가 저하된다.

099

트래버틴(travertine)에 대한 설명으로 옳지 않은 것은?

① 석질이 불균일하고 다공질이다.
② 특수 외장용 장식재로 주로 사용된다.
③ 변성암으로 황갈색의 반문이 있다.
④ 탄산석회를 포함한 물에서 침전, 생성된 것이다.

해설 **트래버틴(Travertin)**

대리석의 일종으로 석질이 불균일하고 다공질, 황갈색의 반문, 아치가 있어 **특수 실내 장식재로 사용되며** 주로 이탈리아에서 우수한 품질이 생산된다.

100

3회 출제

목재의 성질 및 용도에 대한 설명으로 틀린 것은?

① 함수율 변화에 따른 신축변형이 크다.
② 침엽수가 활엽수보다 재질이 강하다.
③ 구조용 재료로 침엽수가 주로 쓰인다.
④ 화재나 충해에 취약하다.

해설

활엽수는 침엽수보다 상대적으로 단단하고, 비중이 크다. 목재는 일반적으로 비중이 클수록 수축이 큰 편이라, 수축이 작고 연목인 침엽수가 주로 구조재로 사용된다.

관련개념 목재의 수축

• 생목이나 젖은 목재를 건조하면 점차 가볍게 됨과 동시에 수축한다. 반대로 건조한 목재는 물에 접하면 흡수하며 대기 중에 있을 때도 습기를 흡수하여 팽창한다.
• 수축의 정도는 활엽수가 침엽수보다 크고, 보통 비중이 큰 것일수록 세포막이 두꺼워서 건조수축이 크다.
• 수축률은 생목의 길이에 대하여 백분율로 표시하고 있으나 기건까지의 수축률은 대략 전 수축률의 $\frac{1}{2}$ 정도이다.
• 목재의 수축팽창은 어떤 목재에서도 그 함수율이 섬유포화점인 30[%] 이상의 범위에서는 증감이 없으나 그 이하가 될수록 그림과 같이 직선적으로 감소하므로 기건상태로 건조시켜 사용하면 신축이 적어진다.

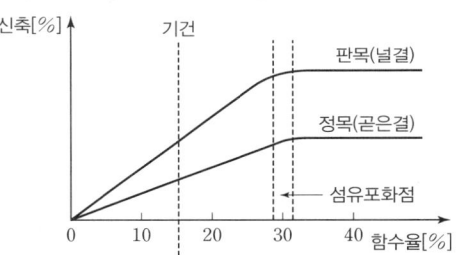

건설안전기술

101

3회 출제

산소결핍이라 함은 공기 중 산소농도가 몇 [%] 미만일 때를 의미하는가?

① 20[%]   ② 18[%]
③ 15[%]   ④ 10[%]

해설

'산소결핍'이란 공기 중의 산소농도가 18[%] 미만인 상태를 말한다.

102

9회 출제

풍화암의 굴착면 붕괴에 따른 재해를 예방하기 위한 굴착면의 적정한 기울기 기준은?

① 1 : 1.0   ② 1 : 0.8
③ 1 : 0.5   ④ 1 : 0.3

해설 굴착면의 기울기 기준

지반의 종류	굴착면의 기울기
모래	1 : 1.8
연암 및 **풍화암**	1 : 1.0
경암	1 : 0.5
그 밖의 흙	1 : 1.2

103

4회 출제

양중기에 사용하는 와이어로프 중 화물의 하중을 직접 지지하는 달기와이어로프 또는 달기체인의 안전계수 기준은?

① 3 이상   ② 4 이상
③ 5 이상   ④ 10 이상

해설 달기구의 안전계수

• 근로자가 탑승하는 운반구를 지지하는 달기와이어로프 및 달기체인: 10 이상
• 화물의 하중을 직접 지지하는 달기와이어로프 또는 달기체인: 5 이상
• 훅, 샤클, 클램프, 리프팅 빔: 3 이상
• 그 밖의 경우: 4 이상

104
6회 출제

로드(Rod), 유압잭(Jack) 등을 이용하여 거푸집을 연속적으로 이동시키면서 콘크리트를 타설할 때 사용되는 것으로 Silo 공사 등에 적합한 거푸집은?

① 메탈 폼　　　　　　② 슬라이딩 폼
③ 워플 폼　　　　　　④ 페코빔

> **해설** 슬라이딩 폼(Sliding Form)
> • 수평적 또는 수직적으로 반복된 구조물을 시공이음이 없이 균일한 형상으로 시공하기 위하여 거푸집을 연속적으로 이동시키면서 콘크리트를 타설하여 시공한다.
> • 주로 사일로(Silo), 전단벽 건물, 유틸리티 코어 등에 사용된다.

105
6회 출제

흙막이 계측기의 종류 중 주변 지반의 변형을 측정하는 기계는?

① 경사계　　　　　　② 지중경사계
③ 변형률계　　　　　④ 하중계

> **해설** 흙막이 가시설 계측기의 종류

구분	목적
지표침하계	흙막이벽 배면에 설치하여 지표면의 침하량 측정
지중경사계	흙막이벽 배면에 설치하여 인접지반의 수평 변위량 측정
하중계	스트러트 및 어스앵커에 설치하여 축하중 측정, 부재의 안정성 여부 판단
간극수압계	굴착 및 성토에 의한 간극수압의 변화 측정
변형률계	스트러트, 띠장 등에 부착하여 굴착 시 구조물의 변형률 측정
지하수위계	굴착에 따른 지하수위의 변동 측정
지중침하계	토류벽 배면에 설치하여 지층의 침하상태 파악, 보강 대상과 범위의 침하량 예측

106
3회 출제

공정률이 50[%]인 건설현장의 경우 공사진척에 따른 산업안전보건관리비의 최소 사용기준으로 옳은 것은?

① 50[%]　　　　　　② 60[%]
③ 70[%]　　　　　　④ 80[%]

> **해설** 공사진척에 따른 산업안전보건관리비 사용기준

공정률	사용기준
50[%] 이상 70[%] 미만	50[%] 이상
70[%] 이상 90[%] 미만	70[%] 이상
90[%] 이상	90[%] 이상

107
8회 출제

건설현장에서 사용되는 작업발판 일체형 거푸집의 종류에 해당되지 않는 것은?

① 갱 폼(Gang Form)
② 슬립 폼(Slip Form)
③ 클라이밍 폼(Climbing Form)
④ 테이블 폼(Table Form)

> **해설** 작업발판 일체형 거푸집
> • 갱 폼(Gang Form)
> • 슬립 폼(Slip Form)
> • 클라이밍 폼(Climbing Form)
> • 터널 라이닝 폼(Tunnel Lining Form)
> • 그 밖에 거푸집과 작업발판이 일체로 제작된 거푸집 등

> **관련개념** 테이블 폼(플라잉 폼)
> 바닥 슬래브의 콘크리트를 타설하기 위한 거푸집으로서 거푸집널, 장선, 멍에, 서포트를 일체로 제작하여 수평 및 수직 이동이 가능하다.

108

시스템 비계를 사용하여 비계를 구성하는 경우의 준수사항으로 옳지 않은 것은?

① 수직재·수평재·가새재를 견고하게 연결하는 구조가 되도록 할 것
② 비계 밑단의 수직재와 받침철물은 밀착되도록 설치하고, 수직재와 받침철물의 연결부의 겹침길이는 받침철물 전체길이의 4분의 1 이상이 되도록 할 것
③ 수평재는 수직재와 직각으로 설치하여야 하며, 체결 후 흔들림이 없도록 견고하게 설치할 것
④ 수직재와 수직재의 연결철물은 이탈되지 않도록 견고한 구조로 할 것

해설 **시스템 비계의 구조**
• 수직재·수평재·가새재를 견고하게 연결하는 구조가 되도록 할 것
• 비계 밑단의 수직재와 받침철물은 밀착되도록 설치하고, 수직재와 받침철물의 연결부의 겹침길이는 받침철물 전체길이의 $\frac{1}{3}$ 이상이 되도록 할 것
• 수평재는 수직재와 직각으로 설치하여야 하며, 체결 후 흔들림이 없도록 견고하게 설치할 것
• 수직재와 수직재의 연결철물은 이탈되지 않도록 견고한 구조로 할 것
• 벽 연결재의 설치간격은 제조사가 정한 기준에 따라 설치할 것

110

작업장 출입구 설치 시 준수해야 할 사항으로 옳지 않은 것은?

① 출입구의 위치·수 및 크기가 작업장의 용도와 특성에 적합하도록 할 것
② 주목적이 하역운반기계용인 출입구에는 보행자용 출입구를 따로 설치하지 않을 것
③ 출입구에 문을 설치하는 경우에는 근로자가 쉽게 열고 닫을 수 있도록 할 것
④ 계단이 출입구와 바로 연결된 경우에는 작업자의 안전한 통행을 위하여 그 사이에 1.2[m] 이상 거리를 두거나 안내표지 또는 비상벨 등을 설치할 것

해설 **작업장 출입구 설치 시 준수사항**
• 출입구의 위치, 수 및 크기가 작업장의 용도와 특성에 맞도록 할 것
• 출입구에 문을 설치하는 경우에는 근로자가 쉽게 열고 닫을 수 있도록 할 것
• 주된 목적이 하역운반기계용인 출입구에는 인접하여 보행자용 출입구를 따로 설치할 것
• 하역운반기계의 통로와 인접하여 있는 출입구에서 접촉에 의하여 근로자에게 위험을 미칠 우려가 있는 경우에는 비상등·비상벨 등 경보장치를 할 것
• 계단이 출입구와 바로 연결된 경우에는 작업자의 안전한 통행을 위하여 그 사이에 1.2[m] 이상 거리를 두거나 안내표지 또는 비상벨 등을 설치할 것

109

다음 중 취급·운반의 원칙으로 옳지 않은 것은?

① 연속 운반을 할 것
② 곡선 운반을 할 것
③ 운반 작업을 집중하여 시킬 것
④ 최대한 시간과 경비를 절약할 수 있는 운반 방법을 고려할 것

해설 **취급·운반의 5원칙**
• 직선 운반을 할 것
• 연속 운반을 할 것
• 운반 작업을 집중화 시킬 것
• 생산을 최고로 하는 운반을 생각할 것
• 시간과 경비를 절약할 수 있는 운반 방법을 고려할 것

111

항타기 또는 항발기의 권상장치 드럼축과 권상장치로부터 첫 번째 도르래의 축 간의 거리는 권상장치 드럼폭의 몇 배 이상으로 하여야 하는가?

① 5배   ② 8배
③ 10배   ④ 15배

해설 **도르래의 부착 등**
• 항타기나 항발기에 도르래나 도르래 뭉치를 부착하는 경우에는 부착부가 받는 하중에 의하여 파괴될 우려가 없는 브라켓·샤클 및 와이어로프 등으로 견고하게 부착하여야 한다.
• 항타기 또는 항발기의 권상장치의 드럼축과 권상장치로부터 첫 번째 도르래의 축 간의 거리를 권상장치 드럼폭의 15배 이상으로 하여야 한다.
• 도르래는 권상장치의 드럼 중심을 지나야 하며 축과 수직면상에 있어야 한다.

112

물체가 떨어지거나 날아올 위험을 방지하기 위한 낙하물 방지망 또는 방호선반을 설치할 때 수평면과의 적정한 각도는?

① $10° \sim 20°$
② $20° \sim 30°$
③ $30° \sim 40°$
④ $40° \sim 45°$

해설 낙하물 방지망 또는 방호선반의 설치 시 준수사항
• 높이 10[m] 이내마다 설치하고, 내민 길이는 벽면으로부터 2[m] 이상으로 할 것
• 수평면과의 각도는 20° 이상 30° 이하를 유지할 것

113

다음 중 흙막이 지보공을 조립하는 경우 작성하는 조립도에 명시되어야 하는 사항과 가장 거리가 먼 것은?

① 부재의 치수
② 버팀대의 긴압의 정도
③ 부재의 재질
④ 설치방법과 순서

해설
흙막이 지보공 조립도에는 흙막이판·말뚝·버팀대 및 띠장 등 부재의 배치·치수·재질 및 설치방법과 순서가 명시되어야 한다.

114

물체가 떨어지거나 날아올 위험이 있을 때의 재해 예방대책과 거리가 먼 것은?

① 낙하물 방지망 설치
② 출입금지구역의 설정
③ 안전대 착용
④ 안전모 착용

해설
사업주는 작업으로 인하여 물체가 떨어지거나 날아올 위험이 있는 경우 낙하물 방지망, 수직보호망 또는 방호선반의 설치, 출입금지구역의 설정, 보호구의 착용 등 위험을 방지하기 위하여 필요한 조치를 하여야 한다.

115

흙막이벽을 설치하여 기초 굴착작업 중 굴착부 바닥이 솟아올랐다. 이에 대한 대책으로 옳지 않은 것은?

① 굴착주변의 상재하중을 증가시킨다.
② 흙막이 벽의 근입깊이를 깊게 한다.
③ 토류벽의 배면토압을 경감시킨다.
④ 지하수 유입을 막는다.

해설
굴착주변의 상재하중을 증가시키면 굴착부 저면이 솟아오르는 현상이 발생할 수 있다. 이 현상을 히빙(Heaving)이라 한다.

관련개념 **히빙(Heaving) 예방대책**
• 흙막이벽의 말뚝 깊이를 설계지반까지 시공
• 굴착부 저면 하중 가함
• 소단굴착 시공
• 흙막이 배면토압 경감조치
• 지하수위 저하
• 그라우팅 등 보강공법 시행

116

철골기둥, 빔 및 트러스 등의 철골구조물을 일체화하거나 지상에서 조립하는 이유로 가장 타당한 것은?

① 고소작업의 감소
② 화기사용의 감소
③ 구조체 강성 증가
④ 운반물량의 감소

해설
철골기둥, 빔 및 트러스 등의 철골구조물을 일체화하거나 지상에서 조립하면 고소작업이 근원적으로 제거되어 추락 재해를 감소시킬 수 있다.

117

2회 출제

롤러의 표면에 돌기를 만들어 부착한 것으로 돌기가 전압층에 매입되어 풍화암을 파쇄하고 흙 속의 간극수압을 제거하는 롤러는?

① 머캐덤롤러
② 탠덤롤러
③ 탬핑롤러
④ 진동롤러

해설 **탬핑롤러(Tamping Roller)**

롤러의 표면에 돌기를 부착한 것으로 돌기가 전압층에 매입되어 풍화암을 파쇄하여 흙 속의 간극수압을 제거하는 롤러이다. 점토질에 적당하고, 유효깊이가 크다.

118

5회 출제

다음은 철골작업에서의 승강로 설치기준 중 ( ) 안에 알맞은 숫자는?

사업주는 근로자가 수직방향으로 이동하는 철골부재에는 답단 간격이 ( )[cm] 이내인 고정된 승강로를 설치하여야 한다.

① 20
② 30
③ 40
④ 50

해설 **승강로의 설치**

근로자가 수직방향으로 이동하는 철골부재에는 답단 간격이 30[cm] 이내인 고정된 승강로를 설치하여야 하며, 수평방향 철골과 수직방향 철골이 연결되는 부분에는 연결작업을 위하여 작업발판 등을 설치하여야 한다.

119

6회 출제

지반에서 나타나는 보일링(Boiling) 현상의 직접적인 원인으로 볼 수 있는 것은?

① 굴착부와 배면부의 지하수위의 수두차
② 굴착부와 배면부의 흙의 중량차
③ 굴착부와 배면부의 흙의 함수비차
④ 굴착부와 배면부의 흙의 토압차

해설 **보일링(Boiling)**

사질토 지반에서 굴착저면과 흙막이 배면의 수위차로 인해 굴착저면의 흙과 물이 함께 위로 솟아오르는 현상이다.

관련개념 **보일링의 원인**

• 흙막이벽이 지지력을 상실할 때
• 지하수위가 높은 지반을 굴착할 때
• 흙막이벽의 근입장 깊이가 부족할 때
• 사질토 지반에 수위차가 있을 때

120

3회 출제

이동식 크레인을 사용하여 작업을 할 때 작업시작 전 점검사항이 아닌 것은?

① 브레이크 · 클러치 및 조정장치의 기능
② 권과방지장치나 그 밖의 경보장치의 기능
③ 와이어로프가 통하고 있는 곳 및 작업장소의 지반상태
④ 주행로의 상측 및 트롤리(Trolley)가 횡행하는 레일의 상태

해설

④는 크레인을 사용하여 작업할 때 작업시작 전 점검사항이다.

관련개념 **이동식 크레인을 사용하여 작업할 때 작업시작 전 점검사항**

• 권과방지장치나 그 밖의 경보장치의 기능
• 브레이크 · 클러치 및 조정장치의 기능
• 와이어로프가 통하고 있는 곳 및 작업장소의 지반상태

| 정답 | 117 ③ 118 ② 119 ① 120 ④

오늘의 내 기분은
행복으로 정할래.

핵심이론

시험에 나오는 것만
실속있게 학습하자

건설안전기사 필기시험 개편 안내 (2026년 시행)

2026년부터 건설안전기사 필기시험의 출제기준이 새롭게 개편됩니다. 기존에는 '산업안전관리론, 산업심리 및 교육, 인간공학 및 시스템안전공학, 건설시공학, 건설재료학, 건설안전기술' 6개 과목에서 총 120문항이 출제되었으나, 개편 이후에는 '산업재해 예방 및 안전보건교육, 인간공학 및 위험성 평가 · 관리, 건설시공, 건설재료, 건설공사 안전관리' 5개 과목에서 총 100문항이 출제됩니다.

이번 개편에도 불구하고 핵심 개념의 중요성은 변하지 않습니다. 본 교재의 핵심이론은 수많은 기출문제를 분석해 반복 출제된 핵심 개념만을 엄선한 슬림한 구성으로, 시험에 꼭 필요한 내용만 빠짐없이 정리하였습니다. 또한 2026년 개편 출제기준에 새롭게 포함된 이론도 추가 수록하여, 개정 전후를 모두 아우르는 완벽한 대비가 가능합니다.

산업재해 예방 및 안전보건교육

1. 안전보건관리 제이론

(1) 재해연쇄이론

① 아담스의 재해연쇄이론

㉠ 관리구조 결함 → 작전적 에러 → 전술적 에러 → 사고 → 상해

㉡ 작전적 에러: 경영자나 감독자의 의지부족이나 행동, 목표설정 미흡 등을 의미한다.

㉢ 전술적 에러: 관리감독자의 실수나 태만, 불안전 행동 및 불안전 상태의 방치를 의미한다.

② 버드의 연쇄성이론

㉠ 제1단계: 통제부족, 관리소홀

㉡ 제2단계: 기본원인(근본원인)

㉢ 제3단계: 직접원인(불안전한 상태 및 불안전한 행동)

㉣ 제4단계: 사고(접촉)

㉤ 제5단계: 상해(손해, 손실)

(2) 재해발생의 직접원인

불안전한 상태	① 물건 자체의 결함 ③ 복장·보호구의 결함 ⑤ 작업환경의 결함 ⑦ 경계표시·설비의 결함	② 방호장치의 결함 ④ 물건의 배치 및 작업장소 불량 ⑥ 생산공정의 결함
불안전한 행동	① 위험장소의 접근 ③ 복장·보호구의 잘못된 사용 ⑤ 운전 중인 기계장치의 손질 ⑦ 위험물 취급 부주의 ⑨ 불안전한 자세 및 동작	② 방호장치의 기능 제거 ④ 기계·기구의 잘못된 사용 ⑥ 불안전한 속도 조작 ⑧ 불안전 상태 방치 ⑩ 감독 및 연락 불충분

(3) 재해발생의 간접원인

기술적 원인	① 건물·기계 등의 설계 불량 ③ 구조·재료의 부적합	② 생산공정의 부적당 ④ 점검 및 보존 불량
교육적 원인	① 안전지식 및 경험의 부족 ③ 경험 및 훈련의 미숙 ⑤ 유해위험 작업의 교육 불충분	② 작업방법의 교육 불충분 ④ 안전수칙의 오해
신체적 원인	① 육체피로	② 시각 및 청각 이상

정신적 원인	① 판단력 부족	② 착오
	③ 스트레스	
관리적 원인	① 안전관리조직 결함	② 작업지시 부적당
	③ 작업준비 불충분	④ 인원배치(적정배치) 부적당
	⑤ 안전수칙 미제정	⑥ 작업기준의 불명확

(4) 4M(산업재해의 기본원인)

① 인적(Man) 요인

② 기계적(Machine) 요인

③ 환경적(Media) 요인

④ 관리적(Management) 요인

2. 생산성과 경제적 안전도

(1) 직접손실비용과 간접손실비용

직접비 (법적으로 지급되는 산재보상비)		간접비 (직접비를 제외한 모든 비용)	
① 요양급여	② 휴업급여	① 인적손실	② 물적손실
③ 장해급여	④ 간병급여	③ 생산손실	④ 임금손실
⑤ 유족급여	⑥ 상병보상연금	⑤ 시간손실	⑥ 기타손실 등
⑦ 장례비	⑧ 직업재활급여		

(2) 도수율, 빈도율(FR; Frequency Rate of Injury)

연 근로시간 합계 100만 시간당 재해발생건수이다.

$$도수율 = \frac{재해건수}{연\ 근로시간\ 수} \times 1,000,000$$

(3) 강도율(SR; Severity Rate of Injury)

근로시간 합계 1,000시간당 재해로 인한 근로손실일수이다.

$$강도율 = \frac{총\ 요양\ 근로손실일수}{연\ 근로시간\ 수} \times 1,000$$

(4) 연천인율

근로자 1,000명당 연간 발생하는 재해자수이다.

$$연천인율 = \frac{연간재해지수}{연평균\ 근로자수} \times 1,000$$

(5) 종합재해지수(FSI; Frequency Severity Indicator)

재해 빈도의 다소와 상해 정도의 강약을 종합하여 나타내는 방식으로 직장과 기업의 성적지표로 사용한다.

$$종합재해지수(FSI) = \sqrt{도수율(FR) \times 강도율(SR)}$$

(6) 시몬즈(Simonds) 재해손실비 평가방식

① 총 재해 비용

총 재해 비용 = 보험 Cost + 비보험 Cost

= 산재보험료 + A × 휴업상해건수 + B × 통원상해건수 + C × 응급조치건수 + D × 무상해사고건수

※ A, B, C, D는 상해정도별 재해에 대한 비보험 Cost의 평균액이다.

② 상해의 종류

분류	내용
휴업상해	영구부분노동불능, 일시전노동불능
통원상해	일시부분노동불능, 의사의 조치를 요하는 통원상해
응급조치상해	응급조치가 필요한 상해 또는 8시간 미만의 휴업의료조치 상해
무상해사고	의료조치를 필요로 하지 않는 경미한 상해 사고

3. 재해예방활동기법

(1) 통계에 의한 재해원인 분석방법

파레토도	사고의 유형, 기인물 등 분류항목을 큰 순서대로 도표화하는 방법
특성요인도	특성과 요인관계를 도표로 하여 어골상으로 세분하는 방법
크로스도	2개 이상의 문제 관계를 분석하는 데 사용하는 것으로, 데이터를 집계하고 표로 표시하여 요인별 결과 내역을 교차한 크로스 그림을 작성하여 분석하는 방법
관리도	재해 발생 건수 등의 추이를 파악하여 목표 관리를 행하는 데 필요한 월별 재해 발생수를 그래프화하여 관리선을 설정·관리하는 방법

(2) 재해예방의 4원칙

손실우연의 원칙	사고에 의해서 생기는 상해의 종류 및 정도는 우연적이라는 원칙
예방가능의 원칙	재해는 원칙적으로 예방이 가능하다는 원칙
원인계기의 원칙 (원인연계의 원칙)	재해의 발생은 직접원인으로만 일어나는 것이 아니라 간접원인이 연계되어 일어난다는 원칙
대책선정의 원칙	원인의 정확한 분석에 의해 가장 타당한 재해예방 대책이 선정되어야 한다는 원칙

(3) 재해사례 연구순서

① 전제조건: 재해 상황의 파악

② 제1단계: 사실의 확인

③ 제2단계: 문제점 발견

④ 제3단계: 근본적 문제점 결정

⑤ 제4단계: 대책수립

(4) 하인리히의 재해예방 5단계(사고예방의 기본원리)

단계	진행과정	필요조치
제1단계	조직 (안전관리조직)	① 경영자의 안전목표 설정 ② 안전관리자 등의 선임 ③ 안전관리조직(라인·스태프 등) 구성 ④ 안전활동 방침 및 계획수립 ⑤ 안전관리조직의 안전활동 전개

제2단계	사실의 발견 (현상파악)	① 사고 및 안전활동기록의 검토 ② 작업분석 ③ 안전점검, 검사 및 조사 ④ 사고조사 ⑤ 안전토의 및 회의 ⑥ 근로자의 건의 및 여론조사 ⑦ 관찰 및 보고서의 연구로 불안전요소 발견
제3단계	분석·평가 (원인규명)	① 사고보고서 및 현장조사 ② 인적·물적·환경조건의 분석 ③ 작업공정 및 작업형태의 분석 ④ 교육 및 훈련의 분석 ⑤ 안전수칙 및 안전기준의 분석 ⑥ 현장조사 결과의 분석 ⑦ 불안전요소의 분석
제4단계	시정책의 선정	① 기술적인 개선 ② 인사(배치)조정 ③ 교육 및 훈련의 개선 ④ 안전행정의 개선 ⑤ 규정 및 수칙의 개선 ⑥ 이행독려와 통제체제 강화
제5단계	시정책의 적용	① 목표설정 ② 3E(기술적, 교육적, 관리적)의 적용 ③ 실시결과 재평가 및 개선

(5) 재해발생비율

① 버드의 재해발생비율

1 : 10 : 30 : 600 = 중상 : 경상(물적, 인적 손실) : 무상해 사고(물적 손실) : 무상해, 무사고

② 하인리히의 법칙(1 : 29 : 300의 법칙)

330번의 사고가 발생한다면 그 중에 중상해가 1건, 경상해가 29건, 무상해사고가 300건 발생한다는 법칙이다.

(6) 안전점검의 종류

① 실시시기에 따른 안전점검의 종류

일상(수시)점검	매일 일의 시작이나 종료 시 또는 작업 중에 계속해서 실시하는 점검
정기(계획)점검	주기적으로 일정한 시설이나 물건, 기계 등에 대하여 점검하는 방법
특별점검	신설, 변경 내지는 고장수리 등을 할 경우에 행하는 부정기 점검
임시점검	이상징후 예견 시 임시로 실시하는 점검

② 시설물의 안전 및 유지관리에 관한 특별법령상 안전점검

정기안전점검	시설물의 상태를 판단하고 시설물이 점검 당시의 사용요건을 만족시키고 있는지 확인할 수 있는 수준의 외관조사를 실시하는 안전점검
정밀안전점검	시설물의 상태를 판단하고 시설물이 점검 당시의 사용요건을 만족시키고 있는지 확인하며 시설물 주요부재의 상태를 확인할 수 있는 수준의 외관조사 및 측정·시험장비를 이용한 조사를 실시하는 안전점검
긴급안전점검	시설물의 붕괴·전도 등으로 인한 재난 또는 재해가 발생할 우려가 있는 경우에 시설물의 물리적·기능적 결함을 신속하게 발견하기 위하여 실시하는 점검

(7) 재해조사 시 유의사항

① 사실을 수집한다.

② 목격자가 발언하는 사실 이외의 추측의 말은 참고만 한다.

③ 조사는 신속히 행하고 2차 재해의 방지를 도모한다.

④ 사람, 설비, 환경의 측면에서 재해요인을 도출한다.

⑤ 제3자의 입장에서 공정하게 조사하며 조사는 2인 이상이 한다.

⑥ 책임추궁보다 재발방지를 우선하는 기본태도를 가진다.

(8) 5C 운동(안전행동 실천운동)

① 복장단정(Correctness)

② 청소청결(Cleaning)

③ 전심전력(Concentration)

④ 정리정돈(Clearance)

⑤ 점검확인(Checking)

(9) 무재해운동의 3원칙

무의 원칙	잠재위험요인을 사전에 발견, 파악, 제거함으로써 근원적으로 산업재해를 없애는 것(사망, 휴업재해만 없으면 된다는 소극적 사고가 아니라 불휴재해는 물론 잠재 위험요인이 없어야 한다는 적극적인 자세)
선취(해결)의 원칙	궁극적인 목표인 무재해·무질병을 실현하기 위해 모든 잠재위험 요인을 행동하기 전에 발견, 파악, 제거함으로써 재해의 발생을 사전에 예방하거나 방지하는 것
(전원)참가의 원칙	잠재적 위험요인을 제거하기 위해 노사 전원이 참가하여 각자의 입장에서 적극적으로 스스로의 책무를 수행함과 동시에 문제해결 운동을 실천하는 것

4. 안전보건관리조직 구성

(1) 라인형(직계식) 조직의 특징

① 안전에 관한 명령, 지시 및 조치가 각 부문의 직계를 통하여 생산업무와 함께 시행되므로 철저하고 실시도 빠르다.

② 명령과 보고가 상하관계 뿐이므로 간단 명료하다.

③ 생산라인(Production Line)의 각급 관리감독자는 일상의 생산업무에 쫓겨 안전에 대한 전문지식이나 정보를 몸에 익힐 수 없다는 단점이 있다.

④ 100명 이하의 소규모 사업장에 적합하다.

(2) 스태프형 조직의 특징

   ① 근로자 100~1,000명 정도의 중규모 사업장에 적합하다.

   ② 스태프는 안전에 관한 계획안의 작성, 조사, 점검 결과에 의한 조언, 보고의 역할을 한다. (스스로 생산라인의 안전 업무를 행할 수 없음)

   ③ 테일러(F. W. Taylor)의 기능형(Functional) 조직에서 발전 → 분업의 원칙을 고도로 이용 → 책임과 권한을 직능적으로 분담

(3) 라인-스태프(Line-Staff)형 조직의 특징

   ① 명령계통과 조언의 권고적 참여가 혼동되기 쉽다.

   ② 안전보건업무를 전담하는 스태프를 두고 생산라인의 부서의 장으로 하여금 안전보건을 담당하게 한다. (안전보건대책은 스태프에서 수립 → 라인을 통하여 실천)

   ③ 라인에는 생산과 안전에 관한 책임과 권한이 동시에 부여된다. (안전보건업무와 생산 업무의 균형 유지)

   ④ 근로자 1,000명 이상의 대규모 사업장에 적합하다.

   ⑤ 안전과 생산이 유리될 우려가 없어 운용이 적절하면 이상적인 조직이다.

(4) 안전관리자를 두어야 할 사업의 종류 및 규모

사업의 종류	상시근로자 수 또는 공사금액	안전관리자의 수
토사석 광업 식료품 제조업, 음료 제조업 목재 및 나무제품 제조업(가구 제외) 펄프, 종이 및 종이제품 제조업 코크스, 연탄 및 석유정제품 제조업 발전업 운수 및 창고업	50명 이상 500명 미만	1명 이상
	500명 이상	2명 이상
농업, 임업 및 어업 전기, 가스, 증기 및 공기조절 공급업 방송업 우편 및 통신업	50명 이상 1,000명 미만	1명 이상
	1,000명 이상	2명 이상
건설업	50억 원 이상 800억 원 미만	1명 이상
	800억 이상 1,500억 원 미만	2명 이상
	1,500억 원 이상 2,200억 원 미만	3명 이상
	2,200억 원 이상 3,000억 원 미만	4명 이상

(5) 안전관리자 등의 증원·교체임명 명령 사유

   ① 해당 사업장의 연간재해율이 같은 업종의 평균재해율의 2배 이상인 경우

   ② 중대재해가 연간 2건 이상 발생한 경우

   ③ 관리자가 질병이나 그 밖의 사유로 3개월 이상 직무를 수행할 수 없게 된 경우

   ④ 화학적 인자로 인한 직업성 질병자가 연간 3명 이상 발생한 경우

(6) 안전보건총괄책임자의 직무

    ① 위험성평가의 실시에 관한 사항

    ② 산업재해 발생 위험 시 또는 중대재해 발생 시 작업의 중지

    ③ 도급 시 산업재해 예방조치

    ④ 산업안전보건관리비의 관계수급인 간의 사용에 관한 협의·조정 및 그 집행의 감독

    ⑤ 안전인증대상 기계 등과 자율안전확인대상 기계 등의 사용 여부 확인

5. 산업안전보건위원회 운영

(1) 산업안전보건위원회의 심의·의결사항

    ① 사업장의 산업재해 예방계획의 수립에 관한 사항

    ② 안전보건관리규정의 작성 및 변경에 관한 사항

    ③ 안전보건교육에 관한 사항

    ④ 작업환경측정 등 작업환경의 점검 및 개선에 관한 사항

    ⑤ 근로자의 건강진단 등 건강관리에 관한 사항

    ⑥ 산업재해에 관한 통계의 기록 및 유지에 관한 사항

    ⑦ 중대재해의 원인 조사 및 재발 방지대책 수립에 관한 사항

    ⑧ 유해하거나 위험한 기계·기구·설비를 도입한 경우 안전 및 보건 관련 조치에 관한 사항

    ⑨ 그 밖에 해당 사업장 근로자의 안전 및 보건을 유지·증진시키기 위하여 필요한 사항

(2) 산업안전보건위원회의 구성

근로자 위원	① 근로자대표 ② 명예산업안전감독관이 위촉되어 있는 사업장의 경우 근로자대표가 지명하는 1명 이상의 명예산업안전감독관 ③ 근로자대표가 지명하는 9명 이내의 해당 사업장의 근로자
사용자 위원	① 해당 사업의 대표자 ② 안전관리자 1명(안전관리자의 업무를 안전관리전문기관에 위탁한 경우 그 기관의 해당 사업장 담당자) ③ 보건관리자 1명(보건관리자의 업무를 보건관리전문기관에 위탁한 경우 그 기관의 해당 사업장 담당자) ④ 산업보건의 ⑤ 해당 사업의 대표자가 지명하는 9명 이내의 해당 사업장 부서의 장

6. 안전보건관리규정

(1) 작성시기

    안전보건관리규정을 작성하여야 할 사업의 사업주는 안전보건관리규정을 작성하여야 할 사유가 발생한 날부터 30일 이내에 안전보건관리규정의 세부내용을 포함한 안전보건관리규정을 작성하여야 한다.

(2) 안전보건관리규정을 작성하여야 할 사업의 종류

사업의 종류	상시근로자 수
① 농업, 어업 ② 소프트웨어 개발 및 공급업 ③ 컴퓨터 프로그래밍, 시스템 통합 및 관리업 ④ 영상·오디오물 제공 서비스업 ⑤ 정보서비스업 ⑥ 금융 및 보험업 ⑦ 임대업(부동산 제외) ⑧ 전문, 과학 및 기술 서비스업(연구개발업 제외) ⑨ 사업지원 서비스업, 사회복지 서비스업	300명 이상
위의 사업을 제외한 사업	100명 이상

PART 02   안전보호구 관리

1. 안건보건표지의 종류, 용도 및 적용

(1) 안전보건표지의 종류

3 지시표지	보안경착용	방독마스크착용	방진마스크착용	보안면착용	안전모착용
	귀마개착용	안전화착용	안전장갑착용	안전복착용	

4 안내표지	녹십자표지	응급구호표지	들것	세안장치	비상용기구
	비상구	좌측비상구	우측비상구		

5 관계자외 출입금지	허가대상물질 작업장	석면 취급/해체 작업장	금지대상물질의 취급실험실 등
	관계자외 출입금지 (허가물질 명칭) 제조/사용/보관 중 보호구/보호복 착용 흡연 및 음식물 섭취 금지	관계자외 출입금지 석면 취급/해체 중 보호구/보호복 착용 흡연 및 음식물 섭취 금지	관계자외 출입금지 발암물질 취급 중 보호구/보호복 착용 흡연 및 음식물 섭취 금지

(2) 안전보건표지의 기본모형

기본모형	규격비율	표시사항
	$d \geq 0.025L$ $d_1 = 0.8d$ $0.7d < d_2 < 0.8d$ $d_3 = 0.1d$	금지
	$a \geq 0.034L$ $a_1 = 0.8a$ $0.7a < a_2 < 0.8a$	경고
	$a \geq 0.025L$ $a_1 = 0.8a$ $0.7a < a_2 < 0.8a$	경고
	$d \geq 0.025L$ $d_1 = 0.8d$	지시

2. 안전보건표지의 색채 및 색도기준

색채	색도기준	용도	사용 예
빨간색	7.5R 4/14	금지	정지신호, 소화설비 및 그 장소, 유해행위의 금지
		경고	화학물질 취급장소에서의 유해·위험 경고
노란색	5Y 8.5/12	경고	화학물질 취급장소에서의 유해·위험 경고 이외의 위험경고, 주의표지 또는 기계방호물
파란색	2.5PB 4/10	지시	특정 행위의 지시 및 사실의 고지
녹색	2.5G 4/10	안내	비상구 및 피난소, 사람 또는 차량의 통행표지
흰색	N9.5		파란색 또는 녹색에 대한 보조색
검은색	N0.5		문자 및 빨간색 또는 노란색에 대한 보조색

1. 심리학적 요인

(1) 적응기제

   ① 방어적 기제(Defence Mechanism)

      ㉠ 자신의 불리한 입장을 보호 또는 방어하려는 기제이다.

      ㉡ 합리화, 동일시, 보상, 투사, 승화 등이 있다.

   ② 도피적 기제(Escape Mechanism)

      ㉠ 긴장이나 불안감을 해소하기 위해 비합리적인 행동으로 당면한 상황을 벗어나려는 기제이다.

      ㉡ 억압, 고립, 퇴행, 백일몽 등이 있다.

(2) 감각차단현상

   ① 단조로운 업무가 장시간 지속될 때 주로 발생한다.

   ② 작업자의 감각기능 및 판단능력이 둔화 또는 마비된다.

2. 불안과 스트레스

(1) 스트레스의 내·외적요인

내적요인	① 자존심의 손상 ② 현실에의 부적응 ③ 도전의 좌절과 자만심의 상충 ④ 지나친 경쟁심과 출세욕
외적요인	① 직장에서의 대인관계 갈등과 대립 ② 경제적 어려움 ③ 죽음, 질병

3. 직무분석 및 직무평가

(1) 직무분석(Job Analysis)의 방법

면접법	업무에 대한 이해도가 높은 작업자와의 면담을 통하여 직무를 분석하는 방법으로 자료의 수집에 많은 시간과 노력이 들고, 정량화된 정보를 얻기 힘들다.
관찰법	근로자의 작업수행 과정을 상세하게 관찰하는 방법으로 자료의 수집에 많은 시간과 노력이 들고, 정량화된 정보를 얻기가 힘들어 많은 시간이 소요되는 직무에는 적용이 곤란하다.
설문지법	많은 사람들로부터 짧은 시간 내에 정보를 얻을 수 있고, 양적인 정보를 얻을 수 있다.
중요사건법	직무행동 가운데 효과적인 행동과 비효과적인 행동을 구분하여 사례를 수집한 후 효과적인 행동 패턴을 추출하는 방법이다.
일지작성법	작업수행 내역을 일정한 형식으로 기록하여 이를 분석하는 방법이다.
직무수행법	직무수행자가 직접 해당 직무를 수행하며 정보를 수집하는 방법으로 실무 기반 정보 수집에 유리하나 전문성과 긴 시간이 요구된다.

4. 안전사고 요인

(1) 기인물과 가해물

① 기인물: 재해발생의 주 원인이며 재해를 가져오게 한 근원이 되는 기계, 장치, 물질 또는 환경 등(불안전한 상태)

② 가해물: 직접 사람에게 접촉하여 피해를 주는 기계, 장치, 물질 또는 환경 등

5. 산업안전심리의 요소

(1) 산업안전심리의 5요소

동기(Motive)	감각에 의한 자극에서 일어난 사고의 결과로서 사람의 마음을 움직이는 원동력이 된다.
기질(Temper)	감정적인 경향이나 반응과 관계되는 성격의 한 측면이다.
감정(Emotion)	어떤 행동을 할 때 생기는 주관적인 동요를 뜻한다.
습성(Habit)	일정한 생활양식으로 본능, 학습, 조건반사 등에 따라 형성된다.
습관(Custom)	성장과정을 통해 개인에게 형성된 특성 등이 무의식 중에 나타나는 규칙적인 행동이다.

(2) 인간의 의식레벨

단계	의식수준	생리적 상태
Phase 0	무의식, 실신상태	뇌발작, 수면
Phase Ⅰ	이상, 피로 및 단조로움	피로, 단조로움, 졸음
Phase Ⅱ	정상, 이완상태	휴식 시, 정례작업 시
Phase Ⅲ	정상, 명쾌	적극 활동 시
Phase Ⅳ	과긴장	패닉, 긴급방위반응

6. 착각현상

(1) 착각현상

감각적으로 물리현상을 왜곡하는 지각 오류이다.

(2) 운동의 착각현상

① 자동운동: 암실 내의 정지된 소광점을 응시하고 있으면 그 광점이 움직이는 것처럼 보이는 현상이다.

② 유도운동: 실제로 움직이지 않는 것이 어느 기준의 이동에 의하여 움직이는 것처럼 느껴지는 현상이다.

③ 가현운동: 실제로는 움직이지 않는데 움직이는 것처럼 느껴지는 심리적인 현상이다.

1. 인간관계

(1) 호손 실험(Hawthorne Experiment)

사원들의 태도, 감독자, 비공식 집단 등 인간관계와 관련된 요소들이 생산성에 영향을 미친다는 것을 확인한 실험이다.

2. 사회행동의 기초

(1) 매슬로우(Maslow)의 욕구이론

① 인간의 욕구는 생리적 욕구 → 안전의 욕구 → 사회적 욕구 → 존경(인정)의 욕구 → 자아실현의 욕구 순으로 발생한다.

② 인간은 가장 기본적인 욕구에서 시작하여 상위 욕구로 올라가면서 자신의 욕구를 체계적으로 충족시킨다.

3. 인간관계 메커니즘

(1) 인간관계 메커니즘

모방(Imitation)	남의 행동이나 판단을 표본으로 하여 그것과 같거나 그것에 가까운 행동 또는 판단을 취하려는 행위
투사(Projection)	자신의 불만을 해소하기 위해 남에게 뒤집어 씌우는 행위
암시(Suggestion)	다른 사람의 판단이나 행동을 무비판적으로 받아들이는 행위
동일화(Identification)	다른 사람의 행동 양식이나 태도를 자신에게 투입하거나 다른 사람에게서 자신의 행동 양식이나 태도와 비슷한 것을 발견하는 행위

(2) 맥그리거의 X, Y 이론

X 이론	① 인간의 본성은 일을 싫어하고 무관심하며 책임을 회피한다. ② 관리처방 방안으로는 경제적 보상체제 강화, 권위주의적 리더십 확립, 엄격한 관리 및 통제, 상부책임 강화 등이 필요하다.
Y 이론	① 인간의 본성은 일을 좋아하고 책임감이 강하여 자율적, 민주적으로 성과를 얻는다. ② 관리처방 방안으로는 권한을 위임하고 목표에 의한 관리와 인간관계 관리방식 등이 필요하다.

4. 재해 빈발성

(1) 재해빈발자 유형

상황성 누발자	작업이 어렵거나 설비의 결함, 심신의 근심 때문에 재해가 자주 발생되는 사람
습관성 누발자	경험에 의하여 겁을 심하게 먹거나 신경과민으로 재해가 자주 발생되는 사람
소질성 누발자	개인적 잠재요인이나 개인의 특수한 성격으로 인해 재해가 자주 발생되는 사람
미숙성 누발자	기능의 부족이나 환경에 익숙하지 않아 재해가 자주 발생되는 사람

(2) 상황성 누발자의 재해유발 원인

　① 작업이 어려운 경우

　② 기계설비에 결함이 있는 경우

　③ 심신에 근심이 있는 경우

　④ 환경 상 주의력의 집중이 곤란한 경우

5. 주의와 부주의

(1) 주의(Attention)의 특징

　① 선택성: 여러 종류의 자극 중 특정한 것을 선택하여 주의가 집중된다.

　② 방향성: 한 지점에 주의를 집중하면 다른 곳의 주의가 약해진다.

　③ 변동성: 주의가 유지되지 않고 일정한 주기로 부주의하게 된다.

(2) 부주의 발생의 요인

내적요인	① 경험 부족 및 미숙련 ③ 소질적 문제	② 의식의 우회
외적요인	① 작업순서의 부자연성 ③ 기상조건	② 작업 및 환경조건 불량 ④ 작업강도

6. 리더십의 유형

(1) 리더십의 권한

　① 조직이 리더에게 부여한 권한

합법적 권한	군대, 정부기관 등 합법적 권력이 가지는 권한
강압적 권한	부하의 처벌, 봉급의 인상 거부 등 강압적인 힘을 갖는 권한
보상적 권한	승진, 봉급 인상 등 역할에 대한 보상을 부여하는 권한

　② 지도자 자신에 의해 자발적으로 생성되는 권한

위임된 권한	부하 직원들이 상사를 존경하여 함께 일하고자 할 때 상사에게 부여되는 권한, 혹은 지도자 자신이 자신에게 부여한 권한
전문성의 권한	전문적 지식을 가진 리더를 부하들이 스스로 따르는 것으로 지도자 자신의 능력에 의해 생성되는 권한

(2) 관리 그리드(Managerial Grid) 이론

　① 과업형(9, 1): 업무 또는 과업에 대한 관심은 크지만 인간관계에 대해서는 관심이 없는 유형이다.

　② 이상형(9, 9): 과업 완수와 인간관계 모두에 있어 최대한의 노력을 기울이는 유형이다.

　③ 인기형(1, 9): 인간관계에 대한 관심은 크지만 과업 완수에는 큰 관심을 두지 않는 유형이다.

　④ 무관심형(1, 1): 과업 완수와 인간관계 모두에 대해 관심이 거의 없는 유형이다.

　⑤ 타협형(5, 5): 과업과 인간관계 모두에 대해 중간 정도의 관심을 보이는 유형이다.

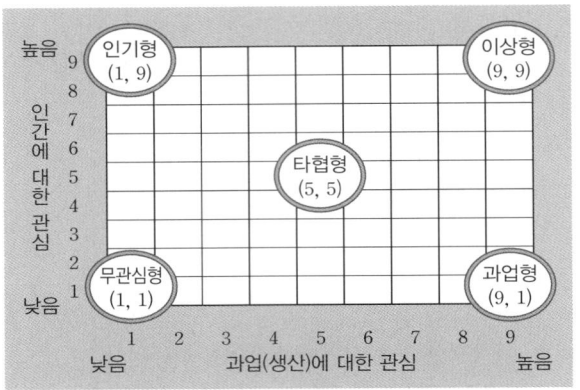

7. 리더십과 헤드십

(1) 리더십(Leadership)

① 조직 구성원들의 자발적인 추종과 동참을 이끌어내는 영향력의 행사이다.

② 권한의 근거는 개인의 인격, 역량, 신뢰 등에 기반한다.

③ 지휘의 형태는 민주적이며, 설득과 참여 중심이다.

④ 상사와 부하의 관계는 수평적이고 사회적 간격이 좁다.

⑤ 책임은 구성원 모두가 공동으로 분담한다.

(2) 헤드십(Headship)

① 선출된 지도자가 아니라 조직에 의해 임명된 지도자가 행하는 권한 행사이다.

② 권한의 근거는 공식적인 법과 규정에 의한다.

③ 지휘의 형태는 권위적이다.

④ 상사와 부하의 관계는 지배적이고 사회적 간격이 넓다.

⑤ 책임은 부하에게 있지 않고 상사에게 있다.

8. 생체리듬(바이오리듬)

육체적(신체적) 리듬 (P, Physical)	신체의 물리적인 상태를 나타내는 리듬으로, 청색 실선으로 표시하며 23일의 주기이다.
감성적 리듬 (S, Sensitivity)	기분이나 신경계통의 상태를 나타내는 리듬으로, 적색 점선으로 표시하며 28일의 주기이다.
지성적 리듬 (I, Intellectual)	기억력, 인지력, 판단력 등을 나타내는 리듬으로, 녹색 일점쇄선으로 표시하며 33일의 주기이다.

※ 위험일: 안정기(+)와 불안정기(-)의 교차점

1. 교육의 개념

(1) 안드라고지(Andragogy)

① 정의: 그리스어의 'Andros(사람)'와 'Agein(이끌다)'에서 유래된 용어로 성인을 가르치는 과학 또는 기술을 의미한다.

② 안드라고지 모델에 기초한 성인 학습자의 특징

㉠ 성인들은 자기 주도적으로 학습하고자 한다.

㉡ 성인들은 과제 중심적(문제 중심적)으로 학습하고자 한다.

㉢ 성인들은 무엇을, 왜 배워야 하는지에 대해 알고자 하는 욕구를 가지고 있다.

㉣ 성인들은 학습에 대한 강력한 내·외적 동기를 가지고 있다.

2. 학습지도 이론

(1) 학습지도의 원리

개별화	학습자의 요구와 성향, 소질에 적합한 학습의 기회를 부여한다는 원리
통합	학습자의 모든 능력을 조화롭게 발달시키는 생활중심의 통합교육을 원칙으로 한다는 원리
사회화	공동학습과 같은 협동을 통해서 학습자의 사회화를 도와주는 원리
자기활동(자발성)	학습지도는 내적동기를 유발시켜야 효과적이라는 원리
직관	구체적 사물을 제시하거나 경험시킴으로써 학습효과를 거둘 수 있다는 원리
목적	학습자에게 학습목표가 분명히 인식되었을 경우 자발적이고 적극적인 학습을 기대할 수 있다는 원리

(2) 존 듀이(John Dewey)의 5단계 사고과정

① 1단계: 시사를 받는다.

② 2단계: 지식화 또는 머리로 생각한다.

③ 3단계: 가설을 설정한다.

④ 4단계: 추론한다.

⑤ 5단계: 행동에 의하여 가설을 검토한다.

(3) 체계기준의 구비조건(연구조사의 기준척도)

실제적 요건	객관적·정량적이고, 수집 또는 연구가 쉬우며, 특수한 자료수집기법이나 기기가 필요 없고, 돈이나 실험자의 수고가 적게 드는 것
적절성(타당성)	변수가 실제로 의도하는 바를 어느 정도 측정하는가를 결정하는 것
무오염성	측정하는 구조 외적인 변수의 영향을 받지 않는 것
신뢰성	시간이나 대표적 표본의 선정에 관계없이 변수 측정의 일관성이나 안정성이 있는 것
민감도	피검자 사이에서 볼 수 있는 예상 차이점에 비례하는 단위로 측정하는 것

3. 교육훈련기법

(1) 위험예지훈련 4라운드

1라운드	현상파악	위험요인을 식별하는 단계
2라운드	본질추구	위험요인·문제점 발견 및 위험의 포인트를 결정하고 지적 확인하는 단계
3라운드	대책수립	위험요인을 극복하기 위한 대안 제시 단계
4라운드	목표설정	행동목표를 설정하는 단계

(2) 브레인스토밍의 4원칙

비판금지	「좋다」 또는 「나쁘다」라고 비판하지 않는다.
자유분방	자유로운 분위기에서 편안한 마음으로 발표한다.
대량발언	내용의 질적인 수준보다 양적으로 많이 발언한다.
수정발언	타인의 발표내용을 수정하거나 개조하여 관련된 내용을 추가발표하여도 좋다.

4. 안전보건교육방법(TWI, OJT, Off JT 등)

(1) TWI(Training Within Industry for Supervisor)

① 인간관계를 개선하고 생산성을 향상시키기 위해 일선 관리감독자를 대상으로 하는 훈련이다.

② 작업지도(Job Instruction), 작업방법(개선)(Job Method), 인간관계(Job Relation), 작업안전(Job Safety)을 훈련한다.

(2) OJT(On the Job Training)의 특징

장점	① 개개인에게 적절한 지도훈련이 가능하다. ② 직장의 실정에 맞게 실제적 훈련이 가능하다. ③ 교육을 통한 훈련효과에 의해 상호 신뢰 및 이해도가 높아진다. ④ 대상자의 개인별 능력에 따라 훈련의 진도를 조정하기 쉽다. ⑤ 교육효과가 업무에 신속히 반영된다. ⑥ 훈련에 필요한 업무의 계속성이 끊어지지 않는다. ⑦ 동기부여가 쉽다.
단점	① 다수의 대상을 한 번에 통일적인 내용 및 수준으로 교육시킬 수 없다. ② 전문적인 지식 및 기능을 교육하기 힘들다. ③ 업무와 교육이 병행되므로 훈련에만 전념할 수 없다.

(3) Off JT(Off the Job Training)의 특징

장점	① 업무와 훈련이 동시에 진행되지 않으므로 훈련에만 전념하게 된다. ② 외부의 우수한 전문가를 강사로 활용할 수 있다. ③ 다수의 근로자를 대상으로 일괄적, 조직적, 체계적인 훈련이 가능하다. ④ 교재, 시설 등을 효과적으로 이용할 수 있다. ⑤ 교육생 간 혹은 타 직장의 근로자와 지식이나 경험을 교류할 수 있다.
단점	① 개인의 안전지도 방법으로는 부적당하다. ② 교육으로 인해 업무가 중단되는 손실이 발생한다.

5. 학습목적의 3요소

학습목적은 학습목표, 주제, 학습정도로 구성된다.

6. 강의법

(1) 강의법의 특징

① 전체적인 교육내용을 제시하거나, 새로운 과업 및 작업단위의 도입단계에 유효하다.

② 짧은 시간 내에 많은 내용을 다수의 대상에게 교육시킬 수 있다.

③ 교육 시간에 대한 조정이 용이하다.

④ 피드백이 부족하다.

⑤ 난해한 문제에 대하여 평이하게 설명이 가능하다.

⑥ 교육 집단 내 수준차로 인해 교육의 효과가 감소할 수 있다.

7. 토의법

(1) 토의법(Discussion Method)

① 안전교육의 방법 중 전개단계에서 가장 효과적인 수업방법이다.

② 참여자들의 대화를 통해서 교육이 진행되는 교육방식이다.

③ 현장의 관리감독자 교육을 위하여 가장 바람직한 교육방식이다.

④ 도입, 제시, 적용, 확인단계 중 적용단계에서 가장 많은 시간이 소요된다.

⑤ 알고 있는 지식을 심화시키거나 어떠한 자료에 대해 명료한 생각을 갖추는 데 적합한 교육방법이다.

⑥ 개방적인 의사소통과 협조적인 분위기 속에서 학습자의 적극적 참여가 가능하다.

⑦ 준비와 계획단계뿐만 아니라 진행 과정에서도 많은 시간이 소요된다.

⑧ 집단 활동의 기술을 개발하고 민주적 태도를 배울 수 있다.

(2) 토의법의 종류

포럼 (Forum)	새로운 자료나 교재를 제시하고 문제점을 피교육자로 하여금 제기하게 하거나 피교육자의 의견을 다양한 방법으로 발표하게 하여 청중과 토론자 간 의견교환으로 합의를 도출해내는 방법
패널 디스커션 (Panel Discussion)	참가자 앞에서 소수의 전문가들이 과제에 관한 견해를 발표하고 토론한 뒤 참가자 전원이 참가하여 사회자의 사회에 따라 토의하는 방법
심포지엄 (Symposium)	몇 사람의 전문가에 의하여 과제에 관한 견해를 발표한 뒤에 참가자로 하여금 의견이나 질문을 하게 하여 토의하는 방법
버즈세션 (Buzz Session)	6명씩 소집단으로 구분하고, 집단별로 각각의 사회자를 선발하여 6분씩 자유토의를 행한 후 의견을 종합하는 방법으로 6-6회의라고도 함

8. 프로그램 학습법

장점	① 학습자의 학습내용 습득여부를 즉각적으로 피드백 받을 수 있다. ② 많은 수의 학습자를 지도할 수 있다. ③ 학습속도, 지능, 학습적성 등 개인차를 충분히 고려할 수 있다. ④ 매 반응마다 피드백이 주어지기 때문에 학습자가 흥미를 갖는다.
단점	① 수강생의 사회성이 결여되기 쉽다. ② 교재개발에 많은 시간과 노력이 든다.

9. 근로자 안전보건교육

(1) 교육과정별 교육시간

교육과정	교육대상		교육시간
정기교육	사무직 종사 근로자		매반기 6시간 이상
	그 밖의 근로자	판매업무에 직접 종사하는 근로자	매반기 6시간 이상
		판매업무에 직접 종사하는 근로자 외의 근로자	매반기 12시간 이상
채용 시 교육	일용근로자 및 근로계약기간이 1주일 이하인 기간제근로자		1시간 이상
	근로계약기간이 1주일 초과 1개월 이하인 기간제근로자		4시간 이상
	그 밖의 근로자		8시간 이상
작업내용 변경 시 교육	일용근로자 및 근로계약기간이 1주일 이하인 기간제근로자		1시간 이상
	그 밖의 근로자		2시간 이상
특별교육	일용근로자 및 근로계약기간이 1주일 이하인 기간제근로자 (타워크레인 신호작업 종사자 제외)		2시간 이상
	타워크레인 신호작업에 종사하는 일용근로자 및 근로계약기간이 1주일 이하인 기간제근로자		8시간 이상
	그 밖의 근로자		16시간 이상
			단기간 또는 간헐적 작업인 경우 2시간 이상
건설업 기초안전·보건교육	건설 일용근로자		4시간 이상

⑵ 안전교육의 종류

   ① 지식교육(시청각 교육)

   ② 기능교육(현장실습 교육)

      ㉠ 작업능력 및 기술능력을 부여하고자 실시하는 교육이다.

      ㉡ 개인의 반복적 시행착오에 의해서 형성된다.

      ㉢ 현장실습을 통한 경험 체득과 이해를 목적으로 한다.

      ㉣ 방호장치 기능을 습득한다.

   ③ 태도교육(안전작업 동작지도)

      ㉠ 생활지도, 작업동작지도 등을 통한 안전의 습관화를 위한 교육이다.

      ㉡ 안전한 방법을 알고는 있으나 시행하지 않는 사람에게 직장규율, 안전규율 등을 익히게 한다.

10. 관리감독자 안전보건교육

교육과정	교육시간
정기교육	연간 16시간 이상
채용 시 교육	8시간 이상
작업내용 변경 시 교육	2시간 이상
특별교육	16시간 이상
	단기간 또는 간헐적 작업인 경우 2시간 이상

PART 06   산업안전관계법규

1. 산업안전보건법

⑴ 사업주 등의 의무

   ① 산업안전보건법과 법에 따른 명령으로 정하는 산업재해 예방을 위한 기준 준수

   ② 근로자의 신체적 피로와 정신적 스트레스 등을 줄일 수 있는 쾌적한 작업환경의 조성 및 근로조건 개선

   ③ 해당 사업장의 안전 및 보건에 관한 정보를 근로자에게 제공

2. 산업안전보건법 시행령

⑴ 안전보건진단을 받아 안전보건개선계획을 수립할 대상

   ① 산업재해율이 같은 업종 평균 산업재해율의 2배 이상인 사업장

   ② 사업주가 필요한 안전조치 또는 보건조치를 이행하지 아니하여 중대재해가 발생한 사업장

   ③ 직업성 질병자가 연간 2명 이상(상시근로자 1천 명 이상 사업장의 경우 3명 이상) 발생한 사업장

   ④ 그 밖에 작업환경 불량, 화재·폭발 또는 누출 사고 등으로 사업장 주변까지 피해가 확산된 사업장으로서 고용노동부령으로 정하는 사업장

3. 산업안전보건법 시행규칙

(1) 중대재해의 범위

　　① 사망자가 1명 이상 발생한 재해

　　② 3개월 이상의 요양이 필요한 부상자가 동시에 2명 이상 발생한 재해

　　③ 부상자 또는 직업성 질병자가 동시에 10명 이상 발생한 재해

(2) 안전인증대상 기계 또는 설비

　　① 프레스　　　　　　　　② 전단기 및 절곡기　　　　　③ 크레인

　　④ 리프트　　　　　　　　⑤ 압력용기　　　　　　　　⑥ 롤러기

　　⑦ 사출성형기　　　　　　⑧ 고소작업대　　　　　　　⑨ 곤돌라

(3) 안전검사대상 유해·위험 기계·기구·설비

　　① 프레스　　　　　　　　　　　　　② 전단기

　　③ 크레인(정격 하중이 2톤 미만인 것은 제외)

　　④ 리프트　　　　　　　　　　　　　⑤ 압력용기

　　⑥ 곤돌라　　　　　　　　　　　　　⑦ 국소 배기장치(이동식 제외)

　　⑧ 원심기(산업용만 해당)　　　　　　⑨ 롤러기(밀폐형 구조 제외)

　　⑩ 사출성형기(형 체결력 294[kN] 미만은 제외)

　　⑪ 고소작업대(화물자동차 또는 특수자동차에 탑재한 고소작업대로 한정)

　　⑫ 컨베이어　　　　　　　　　　　　⑬ 산업용 로봇

(4) 안전검사의 주기

구분	주기
크레인(이동식 크레인 제외), 리프트(이삿짐운반용 리프트 제외), 곤돌라	① 설치가 끝난 날부터 3년 이내 최초 안전검사 실시 ② 최초 안전검사 실시 이후 2년마다 실시 ※ 건설현장에 사용하는 것은 최초 설치한 날부터 6개월마다 실시
이동식 크레인, 이삿짐운반용 리프트, 고소작업대	① 자동차관리법에 따른 신규등록 이후 3년 이내 최초 안전검사 실시 ② 최초 안전검사 실시 이후 2년마다 실시
프레스, 전단기, 압력용기, 국소배기장치, 원심기, 롤러기, 사출성형기, 컨베이어, 산업용 로봇	① 설치가 끝난 날부터 3년 이내 최초 안전검사 실시 ② 최초 안전검사 실시 이후 2년마다 실시 ※ 공정안전보고서를 제출하여 확인을 받은 압력용기는 4년마다 실시

4. 관련 고시 및 지침에 관한 사항

(1) 시설물의 안전 및 유지관리에 관한 특별법령상 안전등급별 정기안전점검 및 정밀안전진단 실시시기

안전등급	정기안전점검	정밀안전점검		정밀안전진단	성능평가
		건축물	그 외 시설물		
A등급	반기에 1회 이상	4년에 1회 이상	3년에 1회 이상	6년에 1회 이상	5년에 1회 이상
B·C등급		3년에 1회 이상	2년에 1회 이상	5년에 1회 이상	
D·E등급	1년에 3회 이상	2년에 1회 이상	1년에 1회 이상	4년에 1회 이상	

인간공학 및 위험성 평가 · 관리

PART 01　안전과 인간공학

1. 인간-기계 시스템의 정의 및 유형

(1) 인간-기계 시스템(체계)

수동 체계	자신의 신체적인 힘을 동력원으로 사용하여 작업을 통제하는 인간 사용자와 결합(수공구 또는 그 밖의 보조물 사용)
기계화 체계 (반자동 체계)	운전자가 조종장치를 사용하여 통제하며 동력은 전형적으로 기계가 제공
자동화 체계	기계가 감지, 정보처리, 의사결정 등 행동을 포함한 모든 임무를 수행하고 인간은 감시, 프로그래밍, 정비유지 등의 기능을 수행

(2) 시스템의 수명주기 단계

1단계 구상(Concept)	예비위험분석(PHA) 적용
2단계 정의(Definition)	① 시스템 안전성 위험분석(SSHA) 적용 ② 생산물의 적합성을 검토하고 예비설계와 생산기술을 확인하는 단계
3단계 개발(Development)	① FMEA, HAZOP 등의 실시 ② 설계의 수용가능성을 위한 검토 단계
4단계 생산(Production)	안전교육 등 전체교육 실시
5단계 운전(Deployment)	시스템안전프로그램에 대하여 안전점검 기준에 따라 평가

2. 인간-기계 시스템의 특성

(1) 인간이 기계를 능가하는 기능

① 관찰을 통해서 일반화하여 귀납적으로 추리한다.

② 원칙을 적용하여 다양한 문제를 해결할 수 있다.

③ 완전히 새로운 해결책을 도출할 수 있다.

④ 주위의 예기치 못한 사건들을 감지하고 처리하는 임기응변 능력이 있다.

⑤ 상황에 따라 변하는 복잡한 자극 형태를 식별할 수 있다.

⑥ 다양한 경험을 토대로 하여 의사결정을 한다.

(2) 현존하는 기계가 인간을 능가하는 기능

　① 자극을 연역적으로 추리한다.

　② 암호화된 정보를 신속하게 처리하고, 대량으로 보관한다.

　③ 인간의 정상적인 감지범위 밖에 있는 자극을 감지한다.

　④ 명시된 절차에 따라 신속하고, 정량적인 정보처리가 가능하다.

　⑤ 과부하 시에도 효율적으로 작동한다.

(3) 정보량

　① 대안이 n개인 경우의 정보량: $\log_2 n = \log_2 \dfrac{1}{P(\text{확률})}$

　② 여러 대안이 발생할 경우 총 정보량: Σ(개별 확률 × 개별 정보량)

(4) 인간-기계 시스템의 설계과정

1단계	시스템의 목표와 성능 명세 결정	목적 및 존재 이유에 대한 결정
2단계	시스템의 정의	목표 달성을 위해 필요한 기능의 결정
3단계	기본설계	기능의 할당, 작업설계, 인간성능 요건 명세, 직무분석
4단계	인터페이스 설계	작업공간, 화면설계, 표시 및 조종장치
5단계	촉진물(보조물) 설계	성능보조자료, 훈련도구 등 보조물 설계
6단계	시험 및 평가	시스템 개발과 관련된 평가와 인간적인 요소 평가

3. 인간실수의 분류

(1) 인간의 오류모형

착오(Mistake)	상황해석을 잘못하거나 목표를 잘못 이해하고 착각하여 행하는 인간의 실수로 위치, 순서, 패턴, 형상, 기억오류 등 외부적 요인에 의해 나타나는 오류
착각(Illusion)	감각적으로 물리현상을 왜곡하는 지각 오류
실수(Slip)	의도는 올바른 것이었지만, 행동이 의도한 것과는 다르게 나타나는 오류
건망증(Lapse)	일련의 과정에서 일부를 빠뜨리거나 기억의 실패에 의해 발생하는 오류
위반(Violation)	정해진 규칙을 알고 있음에도 의도적으로 따르지 않거나 무시한 경우에 발생하는 오류

(2) 휴먼에러의 분류

실행오류(Commission Error)	수행 중인 작업을 정확하게 수행하지 못해 발생한 에러
생략오류(Omission Error)	필요한 작업 또는 절차를 수행하지 않는 데 기인한 에러
불필요한 수행오류(Extraneous Error)	불필요한 작업 또는 절차를 수행함으로써 발생한 에러
순서오류(Sequential Error)	필요한 작업 또는 절차의 순서 착오로 인한 에러
시간오류(Timing Error)	필요한 작업 또는 절차의 수행을 지연한 데 기인한 에러(시간지연에러)

1. 위험성평가의 정의 및 개요 新 출제기준

(1) 위험성평가의 정의

사업주가 사업장의 유해·위험요인을 파악하고 해당 유해·위험요인에 의한 부상 또는 질병의 발생 가능성(빈도)과 중대성(강도)을 추정, 결정하며 감소대책을 수립하여 실행하는 일련의 과정을 말한다.

(2) 위험성평가 시 근로자 참여 범위

① 유해·위험요인의 위험성 수준을 판단하는 기준을 마련하고, 유해·위험요인별로 허용 가능한 위험성 수준을 정하거나 변경하는 경우

② 해당 사업장의 유해·위험요인을 파악하는 경우

③ 유해·위험요인의 위험성이 허용 가능한 수준인지 여부를 결정하는 경우

④ 위험성 감소대책을 수립하여 실행하는 경우

⑤ 위험성 감소대책 실행 여부를 확인하는 경우

(3) 위험성평가 시 유해·위험요인 파악

① 사업장 순회점검에 의한 방법

② 근로자들의 상시적 제안에 의한 방법

③ 설문조사·인터뷰 등 청취조사에 의한 방법

④ 물질안전보건자료, 작업환경측정결과, 특수건강진단결과 등 안전보건 자료에 의한 방법

⑤ 안전보건 체크리스트에 의한 방법

(4) 위험성평가의 종류

① 최초 위험성평가: 사업이 성립된 날부터 1개월 이내

② 수시 위험성평가: 추가적인 유해·위험요인이 생기는 경우

③ 정기 위험성평가: 위험성평가의 결과에 대한 적정성을 1년마다 정기적으로 재검토

④ 상시 위험성평가: 상시적 위험성평가를 실시한 경우 수시평가와 정기평가 갈음

2. 위험성평가의 평가항목

(1) HAZOP에서 사용되는 가이드워드(Guide Words)

No/Not	설계 의도의 완전한 부정
Part of	성질상의 감소
As well as	성질상의 증가
More/Less	양의 증가 혹은 감소
Other than	완전한 대체
Reverse	설계 의도의 논리적인 역

(2) 차파니스의 위험평점척도법

빈도	평점	확률 및 내용
자주	6	$>10^{-2}$/day, 때때로 일어남
보통	5	$>10^{-3}$/day, 한 항목의 수명 중 수회 일어남
가끔	4	$>10^{-4}$/day, 한 항목의 수명 중 드물게 일어남
거의 발생하지 않는	3	$>10^{-5}$/day, 그리 일어날 것 같지 않음
극히 발생할 것 같지 않는	2	$>10^{-6}$/day, 발생확률이 0에 가까움
전혀 발생하지 않는	1	$>10^{-8}$/day, 물리적으로 발생 불가능

3. 시스템 위험성 분석 및 관리

(1) Fail Safe와 Fool Proof

Fail Safe	기계, 기계 부품에 파손·고장이나 기능의 불량이 발생해도 안전하게 작동할 수 있는 구조와 기능 ① 비행기 운항 중 하나의 엔진이 고장나면 다른 하나의 엔진으로 정상적인 운행 가능 ② 석유난로가 기울어졌을 때를 대비하여 자동 소화기능 내장
Fool Proof	작업자의 기계 오조작 또는 실수가 있어도 기계설비의 안전기능이 작동되어 재해를 방지하는 기능 ① 프레스의 경우 실수하여 손이 금형 사이로 들어갔을 때 슬라이드의 하강 정지 ② 승강기가 과부하되었을 때 경보가 울리고 운행 정지

(2) 화학설비의 안전성 평가 6단계

1단계	관계자료의 작성 준비
2단계	① 정성적 평가 ② 설계(공장의 입지조건, 공장 내 배치)와 운전관계에 대한 평가
3단계	① 정량적 평가 ② 취급물질, 용량, 온도, 압력 및 조작을 통한 위험도 평가
4단계	① 안전대책수립 ② 설비대책과 관리적 대책
5단계	재해 정보에 의한 재평가
6단계	FTA에 의한 재평가

(3) 정성적 평가와 정량적 평가 항목

정성적 평가	설계관계 항목	입지조건, 공장 내 배치, 건조물, 소방설비 등
	운전관계 항목	원재료, 중간제품, 공정 및 공정기기, 수송, 저장 등
정량적 평가	① 수치값으로 표현 가능한 항목 대상 ② 온도, 취급물질, 화학설비용량, 압력, 조작 등	

4. 위험분석 기법

(1) 예비위험분석(PHA; Preliminary Hazard Analysis)

    ① 시스템 내의 위험요소가 얼마나 위험상태에 있는가를 평가하는 시스템 안전 프로그램에서 최초단계(시스템 구상단계)의 분석 방식(정성적)이다.

    ② 위험의 정도는 파국(Catastrophic), 중대(Critical), 위기-한계(Marginal), 무시가능(Negligible)의 4가지 범주로 분류할 수 있다.

(2) THERP(Technique for Human Error Rate Prediction)

    ① 인간실수(과오)확률에 대한 추정과 휴먼 에러를 정량적으로 평가하기 위한 기법이다.

    ② 사고원인 가운데 인간의 과오로부터 기인된 원인을 분석하고 확률을 계산하여 제품의 결함을 감소시키고 인간공학적 대책을 수립하는 데 활용된다.

    ③ 가지처럼 갈라지는 형태의 논리구조와 나무 형태의 그래프를 이용한다.

(3) 고장형태와 영향분석법(FMEA; Failure Mode and Effect Analysis)

시스템 위험을 정성적, 귀납적으로 분석하는 기법으로, 시스템에 영향을 미치는 모든 요소의 고장을 형태별로 분석하여 그 영향을 검토하는 분석기법이다.

장점	① 양식이 간단하여 특별한 훈련 없이 비전문가도 해석이 가능하다. ② 전체 요소의 고장을 유형별로 분석할 수 있다.
단점	① 논리성이 부족하다. ② 해석영역이 물체에 한정되어 인적 원인(Human Error) 해석이 곤란하다. ③ 동시에 2가지 이상의 요소가 고장 나는 경우 분석이 곤란하다.

5. 결함수 분석

(1) 사상기호 및 논리기호

기호	명칭	설명
	결함사상	두 가지 상태 중 하나가 고장 또는 결함으로 나타나는 비정상적인 사상(개별적인 결함사상)
	기본사상	더 이상 전개되지 않는 기본사상
	생략사상(최후사상)	정보부족, 해석기술 불충분으로 더 이상 전개할 수 없는 사상
	통상사상	통상 발생이 예상되는 사상

	조합 AND 게이트	3개의 입력현상 중 임의의 시간에 2개의 입력사상이 발생할 경우 출력사상이 발생하는 게이트
	배타적 OR 게이트	OR 게이트의 특별한 경우로, 2개 또는 그 이상의 입력사상이 동시에 존재하는 경우에는 출력사상이 발생하지 않는 게이트
	부정 게이트	입력과 반대되는 현상으로 출력되는 게이트
	위험지속기호	입력사상이 발생하여 일정 시간이 지속된 후 출력사상이 발생하는 게이트
	억제 게이트	한 개의 입력사상에 의해 출력사상이 발생하며, 출력사상이 발생되기 전에 입력사상이 특정 조건을 만족하여야 함

(2) 결함수분석(FTA)에 의한 재해사례 연구순서

1단계	정상(Top)사상의 선정
2단계	사상마다 재해원인 및 요인 규명
3단계	FT(Fault Tree)도 작성
4단계	개선계획의 작성
5단계	개선안 실시계획

(3) 최소 컷셋과 최소 패스셋

① 최소 컷셋

㉠ 시스템의 위험성(약점)을 나타낸다.

㉡ 컷셋 중에 다른 컷셋을 포함하고 있는 것을 제외한 컷셋이다.

㉢ 정상사상(Top 사상)을 일으키는 최소한의 집합이다.

㉣ 시스템에서 최소 컷셋의 개수가 증가하면 위험수준이 높아진다.

㉤ 일반적으로 Fussell Algorithm을 이용한다.

② 최소 패스셋

㉠ 시스템의 신뢰성을 나타낸다.

㉡ 패스셋 중에 다른 패스셋을 포함하고 있는 것을 제외한 패스셋이다.

㉢ 정상사상(Top 사상)을 일으키지 않는 최소한의 집합이다.

㉣ 시스템에서 최소 컷셋의 개수가 증가하면 신뢰수준이 높아진다.

㉤ 일반적으로 Boolean Algorithm을 이용한다.

(4) 불대수의 법칙

　① 동일법칙: A+A=A, A·A=A

　② 교환법칙: AB=BA, A+B=B+A

　③ 흡수법칙: A(AB)=(AA)B, A(A+B)=A

$$A+AB=A\cup(A\cap B)=(A\cup A)\cap(A\cup B)=A\cap(A\cup B)=A$$

　④ 분배법칙: A(B+C)=AB+AC, A+(BC)=(A+B)·(A+C)

　⑤ 결합법칙: A(BC)=(AB)C, A+(B+C)=(A+B)+C

　⑥ 기타: A·0=0, A+1=1, A·1=A, A+$\overline{A}$=1, A·$\overline{A}$=0

6. 신뢰도 계산

(1) 신뢰도가 R_1, R_2인 부품의 시스템 신뢰도 계산

　① 병렬로 연결되어 있을 때의 신뢰도: $1-(1-R_1)\times(1-R_2)$

　② 직렬로 연결되어 있을 때의 신뢰도: $R_1\times R_2$

(2) 시스템의 수명 및 신뢰성

　① 병렬설계 및 디레이팅 기술로 시스템의 신뢰성을 증가시킬 수 있다.

　② 병렬시스템에서는 부품들 중 최대 수명을 갖는 부품에 의해 시스템 수명이 결정된다.

　③ 직렬시스템에서는 부품들 중 최소 수명을 갖는 부품에 의해 시스템 수명이 결정된다.

　④ 수리가 가능한 시스템의 평균 수명(MTBF)은 평균 고장률(λ)과 반비례 관계가 성립한다.

　⑤ 수리가 불가능한 구성요소로 병렬구조를 갖는 설비는 중복도가 늘어날수록 시스템 수명이 길어진다.

(3) 시스템의 수명곡선(욕조곡선)

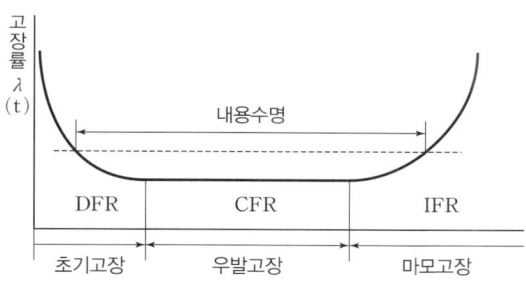

　① 초기고장(감소형): 제조가 불량하거나 생산과정에서 품질관리가 안 되어서 생기는 고장이다.

　　㉠ 디버깅(Debugging) 기간: 초기고장의 결함을 찾아내어 고장률을 안정시키는 기간이다.

　　㉡ 번인(Burn-in) 기간: 초기에 장시간 움직여보고 그동안에 고장난 것을 Screening하여 제거시키는 기간이다.

　② 우발고장(일정형): 실제 사용하는 상태에서 발생하는 고장으로 예측할 수 없는 랜덤의 간격으로 생기는 고장이다.

　③ 마모고장(증가형): 설비 또는 장치가 수명을 다하여 생기는 고장으로 이 시기의 예방대책은 예방보전(PM)이다.

(4) n개의 요소를 갖는 지수분포를 따르는 부품의 기대수명

　① 평균수명이 t인 부품 n개를 직렬로 구성하였을 때 기대수명은 $\frac{t}{n}$이다.

　② 평균수명이 t인 부품 n개를 병렬로 구성하였을 때 기대수명은 $\left(1+\frac{1}{2}+\cdots+\frac{1}{n}\right)\times t$이다.

PART 03

위험성 감소대책 수립 · 실행 新 출제기준

1. 위험성 개선대책(공학적 · 관리적)의 종류

(1) 공학적 대책: 기계적 보호장치, 자동화, 설계 변경 등

(2) 관리적 대책: 작업절차 개선, 교육훈련, 작업 허가제, 안전수칙 제정 등

2. 허용 가능한 위험수준 분석

위험성 평가의 결과를 바탕으로, 위험이 허용 가능한 수준인지를 판단한다. 이때, '허용 가능한 수준'은 관련 법령, 기술기준, 과거 사고 사례 등을 참고하여 결정한다.

(1) 평과 결과가 허용 가능한 수준을 초과하면, 반드시 개선조치를 수립 · 시행하여야 한다.

(2) 일반적으로 위험도 행렬을 활용해 고위험, 중위험, 저위험으로 구분하여 관리한다.

PART 04

근골격계질환 예방 관리

1. 근골격계 부담작업의 범위

(1) 하루에 4시간 이상 집중적으로 자료입력 등을 위해 키보드 또는 마우스를 조작하는 작업

(2) 하루에 총 2시간 이상 목, 어깨, 팔꿈치, 손목 또는 손을 사용하여 같은 동작을 반복하는 작업

(3) 하루에 총 2시간 이상 머리 위에 손이 있거나, 팔꿈치가 어깨 위에 있거나, 팔꿈치를 몸통으로부터 들거나, 팔꿈치를 몸통뒤쪽에 위치하도록 하는 상태에서 이루어지는 작업

(4) 지지되지 않은 상태이거나 임의로 자세를 바꿀 수 없는 조건에서, 하루에 총 2시간 이상 목이나 허리를 구부리거나 트는 상태에서 이루어지는 작업

(5) 하루에 총 2시간 이상 쪼그리고 앉거나 무릎을 굽힌 자세에서 이루어지는 작업

(6) 하루에 총 2시간 이상 지지되지 않은 상태에서 1[kg] 이상의 물건을 한 손의 손가락으로 집어 옮기거나, 2[kg] 이상에 상응하는 힘을 가하여 한 손의 손가락으로 물건을 쥐는 작업

(7) 하루에 총 2시간 이상 지지되지 않은 상태에서 4.5[kg] 이상의 물건을 한 손으로 들거나 동일한 힘으로 쥐는 작업

(8) 하루에 10회 이상 25[kg] 이상의 물체를 드는 작업

(9) 하루에 25회 이상 10[kg] 이상의 물체를 무릎 아래에서 들거나, 어깨 위에서 들거나, 팔을 뻗은 상태에서 드는 작업

(10) 하루에 총 2시간 이상, 분당 2회 이상 4.5[kg] 이상의 물체를 드는 작업

(11) 하루에 총 2시간 이상 시간당 10회 이상 손 또는 무릎을 사용하여 반복적으로 충격을 가하는 작업

2. OWAS(Ovako Working Posture Analysis System)

(1) 작업자들의 부적절한 작업자세를 정의하고 평가하기 위해 개발한 대표적인 작업자세 평가 기법이다.

(2) 상지(팔), 하지(다리), 허리, 무게(하중)의 평가요소를 활용하는 기법이다.

3. RULA(Rapid Upper Limb Assessment) `新 출제기준`

(1) 작업자의 상지(팔, 손목 등)의 불편한 자세를 분석하기 위한 평가 기법이다.

(2) 사무작업, 앉은 자세에서의 반복작업, 정밀작업에서의 위험성 평가에 활용된다.

(3) A그룹(팔, 팔꿈치), B그룹(목, 몸통, 다리)으로 나뉘며, 총점에 따라 7단계의 위험수준으로 분류된다.

4. REBA(Rapid Entire Body Assessment) `新 출제기준`

(1) 전신(목, 몸통, 상지, 하지)을 포함한 전체적인 작업자세를 평가하기 위한 기법이다.

(2) 건설현장, 제조현장 등 다양한 산업현장의 작업자세 평가에 적합하다.

(3) 작업자세, 하중, 활동빈도, 힘의 크기 등을 고려하여 점수를 산정하고, 총점에 따라 작업의 위험수준 및 개선 필요성을 제시한다.

PART 05 유해요인 관리

1. 물리적 유해요인의 관리대책 수립

(1) 소음대책
- ① 소음원의 통제
- ② 소음의 격리
- ③ 차폐장치 및 흡음재료 사용
- ④ 음향처리제 사용
- ⑤ 적절한 배치

(2) 진동대책 `新 출제기준`
- ① 진동 발생기계의 점검 및 유지보수
- ② 방진재 및 방진구조물 설치
- ③ 방진 보호구 착용
- ④ 적절한 휴식시간

(3) 작업장의 조도기준
- ① 초정밀작업: 750[lux] 이상
- ② 정밀작업: 300[lux] 이상
- ③ 보통작업: 150[lux] 이상
- ④ 그 밖의 작업: 75[lux] 이상

2. 화학적 유해요인의 관리대책 수립 `新 출제기준`

(1) 근원적 대책
- ① 공정 변경(건식공정→습식공정)
- ② 대체물질 사용(발암물질→비발암물질)

(2) 공학적 대책

　　① 국소배기장치 설치

　　② 자동공급장치 및 원격제어장치 설치

　　③ 공기정화설비 설치

　(3) 관리적 대책

　　① 위험물질 취급기준 수립 및 교육

　　② 노출기준 설정 및 작업환경측정 실시

　(4) 개인보호구 착용: 방독마스크, 방진마스크, 보호복, 고무장갑 등

PART 06　작업환경 관리

1. 인체계측 및 응용원칙

최소치수를 이용한 설계	선반의 높이, 조종장치까지의 거리, 비상벨의 위치 등
최대치수를 이용한 설계	출입문의 높이, 좌석 간의 거리, 통로의 폭, 와이어로프의 사용중량, 위험구역 울타리 등
평균치를 이용한 설계	전동차의 손잡이 높이, 안내데스크 높이, 은행의 접수대 높이, 공원의 벤치 높이, 계산대 높이 등
조절식 설계	의자의 위치 및 높이, 자동차 운전석 의자의 위치와 높이 등

2. 표시장치 및 제어장치

　(1) 시각적 표시장치와 청각적 표시장치의 비교

시각적 표시장치	① 수신 장소의 소음이 심한 경우 ② 정보가 공간적인 위치를 다룬 경우 ③ 정보의 내용이 복잡하고 긴 경우 ④ 직무상 수신자가 한 곳에 머무르는 경우 ⑤ 메시지를 추후 참고할 필요가 있는 경우 ⑥ 정보의 내용이 즉각적인 행동을 요구하지 않는 경우
청각적 표시장치	① 수신 장소가 너무 밝거나 암순응이 요구되는 경우 ② 정보의 내용이 시간적인 사건을 다루는 경우 ③ 정보의 내용이 간단한 경우 ④ 직무상 수신자가 자주 움직이는 경우 ⑤ 정보의 내용이 후에 재참조되지 않는 경우 ⑥ 메시지가 즉각적인 행동을 요구하는 경우

　(2) 청각적 표시장치의 설계기준

　　① 신호는 배경소음의 주파수와 다른 주파수를 이용한다.

　　② 귀는 중음역에 가장 민감하므로 500~3,000[Hz]의 진동수를 사용한다.

　　③ 칸막이를 통과하는 신호는 500[Hz] 이하의 진동수를 사용한다.

　　④ 300[m] 이상 장거리용 신호는 1,000[Hz] 이하의 낮은 주파수를 사용한다.

3. 양립성

(1) 양립성(Compativility)

인간의 기대와 자극 또는 반응들이 일치하는 관계를 말한다.

(2) 양립성의 종류

공간 양립성	① 표시장치와 조종장치의 위치가 인간의 기대에 모순되지 않는 것 ② 왼쪽 표시장치의 조종장치는 왼쪽에, 오른쪽 표시장치의 조종장치는 오른쪽에 위치하는 것
양식 양립성	① 문화적 관습으로 생기는 양립성 ② 청각적 자극에 음성응답을 하게 되는 것
운동 양립성	조종장치의 조작방향에 따라 기계장치나 자동차 등이 움직이는 것
개념 양립성	① 인간의 개념과 일치하게 하는 것 ② 적색 수도전은 온수, 청색 수도전은 냉수를 의미하는 것 ③ 위험신호는 빨간색, 주의신호는 노란색, 안전신호는 파란색으로 표시하는 것

4. 신체활동의 에너지 소비

(1) 에너지대사율(RMR; Relative Metabolic Rate)

$$\text{RMR} = \frac{\text{작업대사량}}{\text{기초대사량}} = \frac{\text{작업 시 소비에너지} - \text{안정 시 소비에너지}}{\text{기초대사 시 소비에너지}}$$

작업구분	RMR	작업 종류 등
초중(超重)작업	7 이상	과격한 전신작업
중(重)작업	4~7	① 일반적인 전신작업 ② 힘·동작속도가 큰 작업
중(中)작업	2~4	힘·동작속도가 작은 작업
경(輕)작업	0~2	① 사무실 작업 ② 손가락이나 팔로 하는 가벼운 작업

(2) 작업시간에 포함되어야 할 휴식시간 산출

① 휴식시간$(R) = $ 작업시간 $\times \dfrac{E-5}{E-1.5}$

② E: 작업 시 평균 에너지 소비량[kcal/min]

5: 작업 시 분당 평균 에너지 소비량 상한[kcal/min]

1.5: 휴식 중 에너지 소비량[kcal/min]

5. 동작의 속도와 정확성

(1) Fitts의 법칙

① 인간의 조정 및 제어능력을 나타내는 법칙으로, 인간의 손이나 발을 이동시켜 조작장치를 조작하는 데 걸리는 시간을 표적까지의 거리와 표적 크기의 함수로 나타낸 이론이다.

② 표적이 작고 이동거리가 길수록 이동시간이 증가한다.

③ 자동차 브레이크 페달과 가속 페달 간의 간격, 브레이크 폭 등을 결정하는 데 사용할 수 있는 이론이다.

(2) 기타 작업 반응성과 관련된 이론

　① 웨버(Weber) 법칙

　　㉠ 인간이 감지할 수 있는 외부의 물리적 자극변화의 최소범위는 기준이 되는 자극의 크기에 비례하는 현상을 설명한 이론이다.

　　㉡ 웨버(Weber)의 비 $=\dfrac{\Delta I}{I}$

　　　여기서 ΔI: 변화감지역, I: 표준자극

　　㉢ Weber의 비가 작을수록 분별력이 좋다.

　② 힉-하이만(Hick-Hyman) 법칙: 신호를 보고 어떤 장치를 조작해야 할지를 선택하기까지 걸리는 시간을 예측할 수 있다.

6. 부품배치의 원칙

(1) 중요성의 원칙: 목표달성에 중요한 정도에 따라 부품을 배치한다.

(2) 사용 빈도의 원칙: 자주 사용하는 부품을 가까이에 배치한다.

(3) 기능별 배치의 원칙: 기능이 유사한 부품끼리 배치한다.

(4) 사용 순서의 원칙: 사용 순서에 따라 부품을 배치한다.

7. 개별 작업 공간 설계지침

(1) 동작경제의 원칙

신체 사용의 원칙	① 두 손의 동작은 동시에 시작해서 동시에 끝나야 한다. ② 휴식시간을 제외하고는 양손을 같이 쉬게 해서는 안 된다. ③ 손의 동작은 유연하고 연속적이어야 한다. ④ 동작이 급작스럽게 바뀌는 직선 동작은 피해야 한다. ⑤ 두 팔의 동작은 동시에 서로 반대방향으로 대칭적으로 움직이도록 한다.
작업장 배치의 원칙	① 공구, 재료 및 제어장치는 사용하기 가까운 곳에 배치해야 한다. ② 공구나 재료는 작업동작이 원활하게 수행되도록 그 위치를 정해준다.
공구 및 설비 디자인의 원칙	① 서로 다른 공구의 기능을 결합하여 사용하도록 한다. ② 치구나 족답장치를 이용하여 양손이 다른 일을 할 수 있도록 한다.

(2) 인간공학적 의자 설계 원칙

　① 요부전만을 유지한다.

　② 조절식 설계원칙을 적용하도록 한다.

　③ 자세와 동작에 따라 고려해야 할 인체측정 치수가 달라진다.

　④ 여러 사람이 사용하는 의자의 경우 좌면 높이는 오금보다 약간 낮게(5[%] 오금높이) 유지한다.

　⑤ 추간판(디스크)의 압력과 등근육의 정적부하를 줄인다.

　⑥ 자세 고정을 줄인다.

8. 표준시간 및 연구 新 출제기준

(1) 표준시간의 정의: 유자격 근로자가 정상적인 작업속도로 수행할 때 소요되는 시간에 여유시간이 포함된 시간이다.

(2) 산정방법

① 표준시간＝측정시간×성과율×(1＋여유율)

② 여유율: 작업 지연, 피로, 불가피한 중단 등을 반영한 비율

9. Work Sampling의 원리 및 절차 新 출제기준

(1) 워크샘플링의 정의: 장시간의 작업을 불규칙 간격으로 관찰하여 작업활동의 비율을 통계적으로 추정하는 방법이다.

(2) 특징

① 많은 사람 및 장시간 관찰이 가능하다.

② 표본수가 많을수록 정확도가 증가하는 확률적 기법이다.

③ 유휴시간 비율, 설비 가동률 평가 등에 사용된다.

10. 빛과 소음의 특성

(1) 조도

① 거리의 제곱에 반비례하고, 광속에 비례한다.

② 조도는 어떤 물체나 대상면에 도달하는 빛의 양을 말한다.

③ 반사체의 반사율과는 상관없이 일정한 값을 가진다.

(2) phon 값

① 인간이 느끼는 주관적인 음의 크기를 정량적으로 표현한 값이다.

② 1,000[Hz]의 순음에서 같은 크기로 느껴지는 소리의 [dB]값을 기준으로 측정한다.

(3) sone 값

① 인간이 청각으로 느끼는 소리의 크기를 측정하는 척도이다.

② 1[sone]은 40[dB]의 1,000[Hz] 순음의 크기로 40[phon]의 값을 의미한다.

③ phon의 값이 주어질 때 $sone = 2^{\frac{phon-40}{10}}$ 으로 구한다.

11. 열교환과정과 열압박

(1) 습구흑구온도지수(WBGT; Wet Bulb Globe Temperature)

① 옥외 WBGT[℃]＝0.7×NWB＋0.2×GT＋0.1×NDB

② 실내 WBGT[℃]＝0.7×NWB＋0.3×GT

③ NWB(자연습구온도; Natural Wet Bulb Temperature)

GT(흑구온도; Globe Temperature)

NDB(건구온도; Natural Dry Bulb Temperature)

(2) 인체의 열교환

① S＝(M－W)±R±C－E

② S: 인체의 열축적 또는 열손실, M: 대사량, W: 작업자가 수행한 일량

R: 복사에 의한 열교환, C: 대류에 의한 열교환, E: 증발에 의한 열손실

③ S의 부호가 (＋)이면 열축적, (－)이면 열손실을 의미한다.

(3) 열압박지수(HSI; Heat Stress Index): 열평형을 유지하기 위해 증발해야 하는 땀의 양을 나타낸다.

03 건설시공

PART 01 시공일반

1. 도급의 종류

(1) 분할도급공사

종류	구분
공구별 분할도급	① 대규모 공사에서 지역별로 분리 발주하는 방식으로, 각 공구마다 일식도급 체제로 운영된다. ② 도급업자의 기회균등, 시공기술 향상, 높은 성과가 기대된다. ③ 지하철공사, 고속도로공사 및 대규모 아파트단지공사에 채택 시 효과적이다.
공정별 분할도급	① 공사의 각 과정별로 나누어서 도급을 주는 방식으로 예산배정상 구분될 때 편리하다. ② 부분·분할 발주가 가능하나 후속공사 연체의 우려가 있으며 도급자 교체가 곤란하다.
전문공종별 분할도급	① 공사 중 설비공사(전기, 설비 등)를 주체공사와 분리하여 발주하는 방식이다. ② 설비업자의 자본, 기술강화 및 전문화로 능률 향상이 기대된다.
직종별 공종별 분할도급	① 직영공사에 가까운 제도로 전문직종이나 각 공종별로 분할하여 도급을 주는 방식이다. ② 현장관리가 곤란하며 경비가 증대되나 건축주의 의도가 철저히 반영될 수 있다.

2. 도급방식

(1) 공사관리계약 방식

대리인형 (CM for Fee)	① 사업자(발주자)가 직접 시공사와 계약관계를 가지며, CM회사는 발주자의 대리인으로 공사를 관리한다. ② 발주자, 설계자, CM회사, 시공사가 하나의 팀으로 공사를 수행하나, CM회사는 설계나 시공업무를 직접 수행하지 않고 오직 발주자의 대리인으로 발주자의 이익창출을 위해 CM업무를 수행한다.
시공사 책임형 (CM at Risk)	① CM회사가 시공자의 역할을 겸하는 계약형태를 가지며, 시공 및 공사관리의 일부 또는 전부를 시행한다. ② 시공과 CM을 동시에 수행함으로써 공사비와 공사기간 등에 대한 책임과 위험을 부담한다. ③ 일반적으로 최대공사비 보증가격(GMP; Guaranteed Maximum Price)을 확정한 상태에서 계약 및 공사를 집행하게 되며 GMP를 초과하는 공사비에 대해서는 CM회사가 부담을 하고, GMP 이하에서 공사가 완료되면 이익금을 발주자와의 계약에 따라 일부 또는 전부를 CM회사에서 가지게 된다.

(2) 도급방식

구분	특징
공동도급	규모가 클 경우 2개 이상의 회사가 임의로 결합, 연대책임으로 공사를 하고, 공사완료 후 해산하는 방식이다.
단가도급	노무단가, 재료단가 또는 노무 및 재료를 합한 단가를 체적 또는 면적단가만으로 결정하여 공사를 도급주는 방식으로 긴급공사 및 단순공사에 주로 채택된다.
분할도급	도급공사에서 분할하여 직접 전문업자에게 도급을 주는 방식이다.
실비정산 보수가산식도급	건축주, 시공자, 건축사 3자 입회 하에 공사에 필요한 실비 또는 이에 대한 보수를 미리 협의하여 정하고, 이를 시공자에게 지불하는 제도이다. 설계도와 시방서가 명확하지 않거나 설계는 명확하지만 공사비 총액을 산출하기 곤란할 때 채택된다.
일식도급	공사의 전체를 한 사람의 도급자에게 주는 방식이다.
정액도급	공사비 총액을 일정한 금액으로 정하여 계약을 체결하는 도급방식이다.
턴키도급	건축을 위해 필요한 모든 요소를 포괄적으로 계약하는 방식으로 건설업자가 금융, 토지조달, 설계, 시공, 시운전, 기계·기구 설치까지 조달해 주는 것으로 일괄수주 방식이라고도 한다.

(3) 공동도급(Joint Venture Contract)의 장단점

장점	단점
① 시공의 확실성 보장 ② 위험의 분산 ③ 공사도급 경쟁완화 ④ 자본력과 신용도 증대 ⑤ 기술확충, 경험의 증대로 우량시공 가능	① 이해충돌, 책임회피 우려 ② 현장관리 및 업무혼란 우려 ③ 단일회사 도급보다 비용증가 가능성 ④ 하자책임 불분명 ⑤ 경영방식 차이에 따른 능률저하

3. 공사계획

(1) 네트워크 공정표의 장단점

장점	단점
① 각 작업 상호 간의 관련성을 표시할 수 있다. ② 공사전체의 파악이 용이하다. ③ 계획단계에서 공정상의 문제점을 도출할 수 있으므로 작업 전에 적절히 수정할 수 있다. ④ 작업수속이 과학적이며 신뢰성이 높다. ⑤ 여유있는 작업과 여유없는 작업을 구분할 수 있다.	① 네트워크기법에 대한 습득이 어렵다. ② 공정계획의 작성에 많은 시간이 소요된다. ③ 표시상의 제약 때문에 작업의 세분화 정도에 한계가 있다. ④ 공정표를 수정하기가 대단히 어렵다. ⑤ 공정표가 복잡하여 경험이 적은 사람은 이용이 곤란하다.

(2) 시공계획 순서

현장조직원의 편성 → 공정표의 작성 → 실행예산의 편성 → 하도급업체 선정 → 설비 및 자재의 설치계획(가설물 계획) → 노무 및 자재 조달계획 → 재해방지대책

4. 품질관리

(1) 품질관리(TQC)의 7대 도구

구분	내용
파레토도(영향도)	불량품, 고장, 결점 등의 발생건수를 원인과 현상별로 분류하고, 문제의 크기 순서로 나열하여 그 크기를 막대그래프로 표기하며, 크기를 순차적으로 누적하여 절선그래프로 나타낸 것
특성요인도(원인결과도)	결과에 대하여 원인이 어떻게 관계하고 있는지 한눈에 알아 볼 수 있도록 작성한 생선뼈 모양의 그림
히스토그램(분포도)	무게, 강도, 길이 등과 같이 계량치의 데이터가 어떠한 분포를 나타내고 있는지를 판단하기 위하여 작성하는 기둥그래프
산점도(분포도)	대응되는 2개의 짝으로 된 데이터를 그래프 용지 위에 점으로 나타낸 것
체크시트(집중도)	계수치의 데이터가 분류 항목 중 어디에 집중되어 있는가를 알아보기 쉽게 표로 나타낸 것
관리도	한눈에 파악되도록 꺾은선이나 막대를 이용하여 나타낸 것
층별	집단을 구성하고 있는 데이터를 특성에 따라 부분집단으로 나누는 것

PART 02 가설공사

1. 가설구조물의 특징

(1) 각각의 부재는 결합이 간단하나, 불안전한 결합이다.

(2) 임시구조물의 특성상 조립의 정밀도가 낮다.

(3) 구조계산에 따른 기준을 시공 중 무시할 수 있다.

(4) 취급이 용이하고 부재가 손상되거나 결함이 발생할 수 있으며, 결함이 있는 부재를 사용하기 쉽다.

1. 토공기계의 종류 및 선정

구분	굴착기계	특징	토질
셔블계	파워셔블	① 지반면보다 높은 곳의 굴착, 쇄석 옮겨쌓기, 토사의 처리 등에 널리 쓰인다. ② 굴착깊이: 3[m] 정도	굳은 점토, 암석, 토사
	드래그셔블 (백호우)	① 지반면보다 낮은 곳의 굴착, 지하층 및 기초굴착, 토목공사나 수중 굴착 등에 쓰인다. ② 도로건설 작업 중 경사측면 굴착에 쓰인다. ③ 파는 힘이 강력하여 경질지반 굴착에 적합하다. ④ 굴착깊이: 5~8[m] 정도	자갈, 암석이 섞인 토사, 굳은 지반
	드래그라인	① 지반면보다 낮은 곳의 굴착, 연약한 지반의 깊은 곳의 굴착 등에 쓰인다. ② 굴착깊이: 8[m] 정도	암석, 암석이 섞인 토사, 연약한 지반
	클램쉘	① 좁은 곳의 수직굴착, 자갈 등의 적재, 연약한 지반이나 수중굴착 등에 쓰인다. ② 굴착깊이: 보통 8[m], 최대 18[m] 정도	자갈, 암석, 연약한 지반
트랙터계	불도저	① 직선 송토작업, 단단한 지반과 암석작업 등에 널리 쓰인다. 배토판은 상하로만 움직인다. ② 운반거리: 최대 100[m], 적정 50~60[m]	암석, 굳은 지반

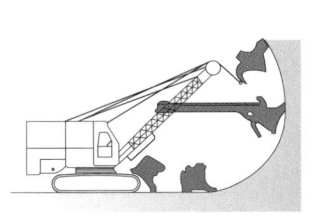

▲ 파워셔블

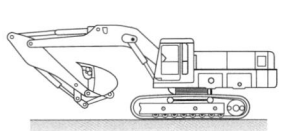

▲ 드래그셔블

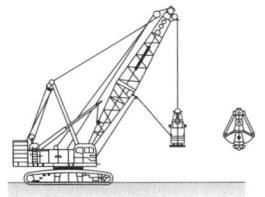

▲ 클램쉘

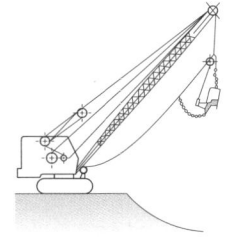

▲ 드래그라인

2. 배수

(1) 배수공법의 구분

　① 중력배수공법: 표면배수공법, 집수정공법

　② 강제배수공법: 웰포인트(Well point)공법, Deep Well 공법, 전기침투공법

3. 계측기의 용도

(1) 흙막이 가시설 계측기의 종류

구분	목적
지표침하계	흙막이벽 배면에 설치하여 지표면의 침하량 측정
지중경사계	흙막이벽 배면에 설치하여 인접지반의 수평 변위량 측정
하중계	스트러트 및 어스앵커에 설치하여 축하중 측정, 부재의 안정성 여부 판단
간극수압계	굴착 및 성토에 의한 간극수압의 변화 측정
변형률계	스트러트, 띠장 등에 부착하여 굴착 시 구조물의 변형률 측정
지하수위계	굴착에 따른 지하수위의 변동 측정
지중침하계	토류벽 배면에 설치하여 지층의 침하상태 파악, 보강 대상과 범위의 침하량 예측

(2) 베인 시험(Vane Test)

'베인'이라는 십자형 날개를 가진 봉을 땅에 관입시킨 후 회전시켜 그 저항치를 통해 진흙의 점착력을 판단하는 시험이다. 10[m] 내외의 연약한 점토 지반에 주로 사용한다.

4. 흙깎기, 흙쌓기, 운반 등 기타 토공사

(1) 동다짐 공법

무거운 추를 자유낙하시켜 충격에 의한 다짐효과로 전단강도를 높이는 지반개량 공법이다.

장점	단점
① 적용범위가 넓음 ② 깊은 심도까지 효과적 다짐 ③ 지하 지반조건에 무관 ④ 확실한 지반개량 효과	① 중량추의 이용으로 인근구조물 진동 피해 ② 소음, 진동, 분진 등 공사공해 발생 ③ 포화점토 등의 지반은 효과 반감

(2) 강제압밀공법의 종류

① 프리로딩공법 : 연약지반에 흙을 쌓아 미리 압밀침하를 촉진시켜서 지반을 안정시키는 공법이다.

② 페이퍼드레인공법 : 합성수지로 만들어진 카드보드(Card Board)를 땅속에 박아서 압밀을 촉진시키는 공법이다.

③ 샌드드레인공법 : 지반 속에 지름이 큰 모래기둥을 조성하여 흙 속의 물을 빼내 지반을 압밀하는 공법이다.

1. 기초

(1) 지반개량 지정공사

공법	설명	종류
응결공법	지반을 약액이나 여러 방법으로 굳혀 개량하는 공법	시멘트 처리공법, 석회 처리공법, 심층혼합 처리공법
탈수공법	지반 내 물을 탈수하여 흙의 함수비를 낮추어 흙을 개량하는 공법	플라스틱 드레인공법

(2) 기초의 분류

구분	분류
기초판(슬래브)의 형식	① 푸팅기초(독립기초, 복합기초, 연속기초) ② 온통(전체)기초
지정의 형식	① 얕은 기초(전체기초, 프로팅기초, 지반개량) ② 깊은 기초(말뚝기초, 피어기초, 잠함기초)

(3) 기초 형식 및 종류

① 푸팅기초

상부 구조물을 발(Foot)의 모양으로 지반에서 확대한 모양의 기초이다.

㉠ 독립기초: 하나의 독립된 푸팅으로 단일 기둥의 하중을 지지하는 형식으로 양질지반에 건립하며, 비교적 낮은 3~4층 정도의 건물, 창고, 공장 등 긴 스팬의 건물 등에 많이 이용된다.

㉡ 연속기초: 보통 기둥간격이 짧은 경우 허용지내력도가 작아 독립푸팅으로 하는 경우에 푸팅이 너무 접근하거나 겹칠 때 사용되는 것으로 일련의 기둥 또는 벽에서의 하중을 푸팅으로 지지하는 형식의 기초이다.

㉢ 복합기초: 허용지내력도가 작은 경우에 채용되는 방식으로 2개 혹은 그 이상의 기둥의 하중을 합하여 하나의 푸팅으로 지지하는 형식의 기초이다.

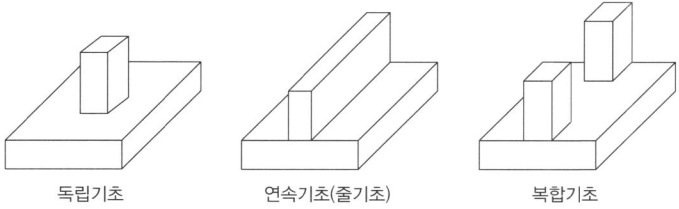

| 독립기초 | 연속기초(줄기초) | 복합기초 |

② 온통(전체)기초

지반의 국부적인 차이에 따르는 부동침하의 영향이 비교적 적으므로 일반적으로 푸팅기초에 비해 훨씬 큰 침하가 허용되며, 전체의 주하중을 하나의 기초 슬래브로 지지하는 형식의 기초이다.

(4) 지하연속벽(Slurry Wall) 공법

굴착면을 보호하기 위해 벤토나이트 등의 안정액을 사용하여 소요단면을 사전 굴착한 후 철근망을 넣어 콘크리트를 타설함으로써 지하구조물을 연속적으로 형성하는 공법이다.

장점	단점
① 지반조건에 좌우되지 않는다. ② 저소음, 저진동이다. ③ 근접건물에 영향을 주지 않는다. ④ 강성이 높아 휘어지지 않는다. ⑤ 소요내력을 정할 수 있다. ⑥ 지반보강 및 차수효과가 확실하다. ⑦ 길이 및 깊이 등 치수조정이 자유롭다	① 기술적 시공이 요구된다. ② 시공비가 많이 소요된다. ③ 굴착토의 처리문제가 발생한다. ④ 굴착 도랑의 붕괴 및 안정액(벤토나이트)의 배수가 곤란하다. ⑤ 기계 및 부대 설비가 대형이다. ⑥ 소규모 현장의 시공은 불가능하다.

(5) 언더피닝(Under Pinning) 공법

기존 구조물의 기초하부를 보강하거나, 인접하여 구조물을 증축 또는 구축하는 경우 기존 구조물을 보호하거나 구조물 하부를 보강하여 지지력 등을 증대하는 공법으로 다음과 같은 종류가 있다.

① 2중 널말뚝 공법

② 피트 또는 웰공법

③ 약액주입법

④ 현장 콘크리트말뚝공법

⑤ 강재말뚝공법

⑥ 케이슨공법

⑦ 말뚝 또는 웰의 압입공법

(6) 강재말뚝공법

① 길이의 조절이 용이하고, 경량이기 때문에 운반 및 취급이 간단하다.

② 상부구조와의 결합이 용이하고, 현장접합도 가능하다.

③ 재료비가 고가이다.

④ 부식에 의한 내구성 저하가 우려된다.

⑤ 강한 타격에도 견디며, 다져진 중간지층의 관통도 가능하다.

⑥ 지지력이 크고, 이음이 안전하고 강하므로 장척말뚝에 적당하다.

⑦ 타설할 때 중심간격은 말뚝머리 지름의 2.0배 이상, 70[cm] 이상으로 한다.

(7) 피어기초공법

① 구조물 하중을 연약한 토층을 지나 견고한 지지층에 전달하기 위하여 지반에 굴착한 구멍 속에 현장타설 콘크리트를 채워 설치하는 깊은 기초의 일종이다.

② 일반적으로 직경은 사람들이 들어가서 확인할 수 있도록 760[mm] 정도 이상이다.

(8) CIP(Cast In Place Pile) 공법

지하수가 없는 비교적 경질인 지층에서 어스 오거로 구멍을 뚫고 그 내부에 자갈과 철근을 채운 후, 미리 삽입해 둔 파이프를 통해 저면에서부터 모르타르를 채워 올라오게 하는 공법이다.

장점	단점
① 자갈·암반지반을 제외한 대부분의 지반에 적용 가능하다. ② 장비가 비교적 소형이라 협소한 공간에서도 시공이 가능하며 저소음, 저진동이다. ③ 강성이 커서 배면토의 수평변위를 억제하여 인접구조물에 영향을 최소화할 수 있다.	① 흙막이판공법에 비해 비교적 고가이다. ② 파일과 파일 사이 이음부가 취약하여 차수공이 필요하다. ③ 굴착공 저부에 슬라임이 발생할 수 있다. ④ 암반천공이 어렵다.

PART 05 **철근콘크리트공사**

1. 골재

(1) 골재의 함수상태

① 흡수율: 수분이 전혀 없는 골재가 수분을 흡수할 수 있는 수분량의 비이다.

$$흡수율 = \frac{표면건조포화상태\ 질량 - 절대건조상태\ 질량}{절대건조상태\ 질량} \times 100$$

② $$표면수율 = \frac{습윤상태\ 질량 - 표면건조내부포화상태\ 질량}{표면건조내부포화상태\ 질량} \times 100$$

③ 유효흡수량: 공기 중 건조상태에서 골재의 입자가 표면건조포화상태로 되기까지 흡수된 수량이다.

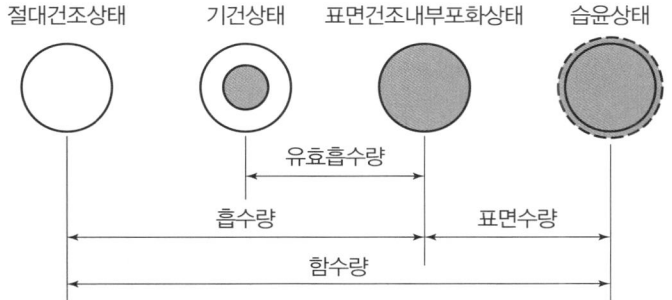

(2) 콘크리트용 골재의 구비조건

① 골재의 강도는 콘크리트 중의 경화한 페이스트의 강도 이상의 것으로 한다.

② 골재는 서로 섞이지 않아야 하고 톱밥, 흙, 쓰레기 등이 섞이지 않아야 한다.

③ 유해한 성분을 포함하지 않아야 한다.

④ 물리적, 화학적으로 안정하고 내구성이 커야 한다.

⑤ 단단하고 강하며 내마모성이 있어야 한다.

⑥ 모양이 입방체 또는 구형에 가깝고 부착이 좋은 표면조직을 가져야 한다.

⑦ 골재는 콘크리트 용적의 66~78[%]를 차지한다.

⑧ 골재는 입도가 좋은 것, 견고한 것, 내화성 및 내구성이 있는 것으로 한다.

(3) 골재의 공극률

$$공극률 = \frac{절대건조밀도[g/cm^3] \times 0.999 - 단위용적질량[g/cm^3]}{절대건조밀도[g/cm^3] \times 0.999} \times 100$$

(4) 골재의 실적률

개념	골재의 단위용적 중 골재 사이의 공극을 제외한 골재의 실질 부분의 비율을 골재의 실적률이라고 한다.
실적률이 클 경우	① 시멘트풀의 양을 줄일 수 있어 경제적이다. ② 단위 시멘트량이 적어 수화열이 적다. ③ 건조수축이 작고, 균열이 줄어든다. ④ 강도, 수밀성, 내구성, 내마모성 등이 커진다.

2. 철근의 이음, 정착길이 및 배근 간격, 피복두께

(1) 철근의 정착위치

    ① 기둥의 주근은 기초에 정착한다.

    ② 큰 보의 주근은 기둥에 정착한다.

    ③ 직교하는 단부 보의 밑에 기둥이 없을 때는 보 상호 간에 정착한다.

    ④ 작은 보의 주근은 큰 보에 정착한다.

    ⑤ 바닥철근은 보 또는 벽체에 정착한다.

    ⑥ 지중보 철근은 기초 또는 기둥에 정착한다.

    ⑦ 벽철근은 보, 기둥, 바닥판 또는 기초에 정착한다.

(2) 피복두께 확보의 목적

    ① 철근의 부식방지를 통한 구조물의 내구성 확보(물과 이산화탄소의 침투 방지)

    ② 골재의 유동성 확보

    ③ 철근과 콘크리트의 부착강도 확보

    ④ 화재 시 내화성 확보

(3) 보와 기둥에서의 철근 순간격

보	기둥	비고
굵은골재 최대치수의 $\frac{4}{3}$	굵은골재 최대치수의 $\frac{4}{3}$	세 수치 중 가장 큰 값
25[mm]	40[mm]	
철근공칭지름	철근공칭지름의 1.5배	

3. 철근 이음 방법

(1) 불량압접의 보정

외관검사 결과	조치 내용
철근 중심축 편심량이 규정값 초과	압접부 잘라내고 재압접
압접부 엇갈림이 규정값 초과	
형태가 심하게 불량이거나 유해하다고 인정되는 경우	
압접부 지름 또는 길이가 규정값 미만	재가열
심하게 구부러졌을 때	

(2) 철근의 겹침이음

　　D35를 초과하는 철근은 겹침이음을 할 수 없다. 다만, 서로 다른 크기의 철근을 압축부에서 겹침이음하는 경우 D35 이하의 철근과 D35를 초과하는 철근은 겹침이음할 수 있다.

4. 거푸집, 동바리

(1) 구조검토 시 고려하여야 할 하중

연직하중	① 거푸집, 지보공(동바리), 콘크리트, 철근, 작업원, 타설용 기계기구, 가설설비 등의 중량 및 충격하중 ② 연직하중＝고정하중＋작업하중 　　　　　　＝(콘크리트 무게＋거푸집 무게)＋(충격하중＋작업하중)
횡하중	작업할 때의 진동, 충격, 시공오차 등에 기인되는 횡방향 하중 이외의 풍압, 유수압, 지진 등
콘크리트 측압	굳지 않은 콘크리트의 측압
특수하중	시공 중에 예상되는 특수한 하중(콘크리트 편심하중 등)

(2) 거푸집의 종류

① 슬라이딩 폼(Sliding Form)

　㉠ 수평적 또는 수직적으로 반복된 구조물을 시공이음이 없이 균일한 형상으로 시공하기 위하여 거푸집을 연속적으로 이동시키면서 콘크리트를 타설하여 시공한다.

　㉡ 주로 사일로(Silo), 전단벽 건물, 유틸리티 코어 등에 사용된다.

　㉢ 특징

　　• 복잡한 내·외부 비계가설이 필요없다.

　　• 공기가 $\frac{1}{3}$ 정도 단축된다.

　　• 구조체가 일체로 될 수 있다.

　　• 요크(Yoke)로 벽거푸집을 상향 이동시킨다.

　　• 거푸집 조립, 제거에 소요되는 노력이 절약된다.

② 터널 폼(Tunnel Form, Steel Form)

　㉠ 벽체용 거푸집과 슬래브 거푸집을 일체로 제작하여 한 번에 설치하고 해체할 수 있도록 한 거푸집이다.

　㉡ 벽식 철근콘크리트 구조를 시공할 경우 벽과 바닥의 콘크리트 타설이 한번에 가능하다.

　㉢ 한 구획 전체의 벽판과 바닥판을 ㄱ자형 또는 ㄷ자형으로 짜서 이동식 거푸집으로 이용된다.

　㉣ 아파트, 병원 등 연속, 반복 구조물에 적용되며, 전용횟수는 약 100회이다.

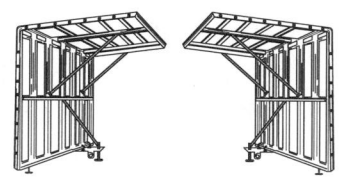
▲ 트윈쉘형 터널 폼

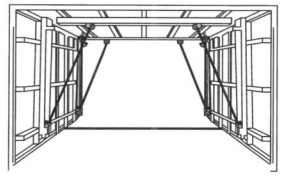
▲ 모노쉘형 터널 폼

③ 작업발판 일체형 거푸집

작업발판 일체형 거푸집이란 거푸집의 설치·해체, 철근 조립, 콘크리트 타설, 콘크리트 면처리 작업 등을 위하여 거푸집을 작업발판과 일체로 제작하여 사용하는 거푸집으로서 다음의 거푸집을 말한다.

㉠ 갱 폼(Gang Form)

㉡ 슬립 폼(Slip Form)

㉢ 클라이밍 폼(Climbing Form)

㉣ 터널 라이닝 폼(Tunnel Lining Form)

㉤ 그 밖에 거푸집과 작업발판이 일체로 제작된 거푸집 등

PART 06 철골공사

1. 녹막이칠

(1) 철골의 내화피복공법의 종류

도장공법		팽창성 내화도료 도포
습식 공법	타설공법	강재 주위에 콘크리트, 경량콘크리트 타설
	조적공법	콘크리트블록, 경량콘크리트블록, 돌, 벽돌 등을 쌓음
	미장공법	모르타르, 펄라이트 등으로 바름
	뿜칠공법	내화 피복재를 피복
건식 공법	성형판붙임	ALC판, 석고보드, 석면시멘트판, 콘크리트판 등을 붙임
	세라믹피복	세라믹섬유블랭킷 위에 세라믹도료를 도포
합성공법		천정판, PC판 등 마감재와 동시에 피복

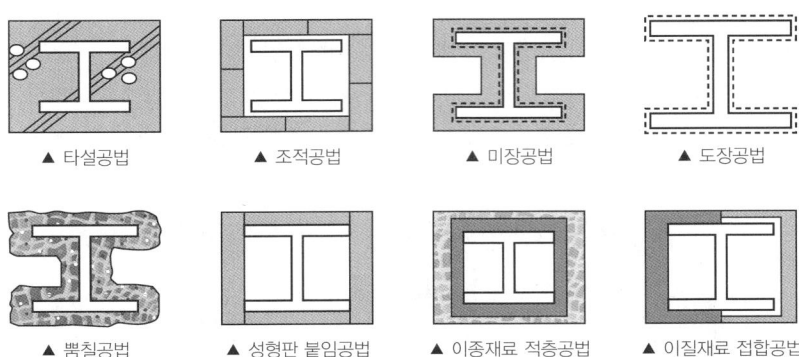

▲ 타설공법　　▲ 조적공법　　▲ 미장공법　　▲ 도장공법

▲ 뿜칠공법　　▲ 성형판 붙임공법　　▲ 이종재료 적층공법　　▲ 이질재료 접합공법

(2) 녹막이칠(페인트칠)

철골의 공장가공 공정 중 마지막 단계에서 행하는 것으로 녹막이칠을 하지 않는 부분은 다음과 같다.

① 조립에 의하여 맞닿는 면

② 고장력볼트 마찰접합부의 마찰면

③ 콘크리트에 밀착 또는 매입되는 부분

④ 폐쇄형 단면을 한 부재의 밀폐되는 면

⑤ 기계깎기로 마무리한 면

⑥ 현장용접하는 부분 및 인접하는 양측 10[cm] 이내

⑦ 회전면 등 절삭가공한 부분과 핀, 롤러 등 밀착부분

2. 접합방법

(1) 용접결함의 종류

슬래그 섞임	모재와 용접봉의 피복재 심선이 변하여 생긴 회분이 용착금속 내에 섞이는 것으로 과소전류, 운봉조작 불완전 등이 발생원인이다.
언더컷(Under Cut)	모재가 녹아서 용착금속이 채워지지 않고 홈으로 남게 된 부분으로 원인은 과대전류 또는 부적당한 용접봉 사용이다.
오버랩(Overlap)	용접금속과 모재가 융합되지 않고 겹쳐지는 것으로 원인은 약한 전류이다.
블로우홀(기공, Blow Hole)	금속이 녹아들 때 생기는 작은 틈이나 기포가 발생하는 것으로 모재에 가스(황)잔류, 아크 길이 및 전류 부적당의 원인으로 발생한다.
크랙(균열, Crack)	용접 후 냉각 시에 생기는 균열을 말하며, 과대전류 및 모재불량의 원인으로 발생한다.
피트(Pit)	용접부에 생기는 녹이나 미세한 흠이다.
크레이터(Crater)	아크용접 시 끝부분이 항아리 모양으로 파이는 현상으로 과대전류 및 부적합한 운봉의 원인으로 발생한다.
용입불량	용입길이가 충분하지 않은 것으로 과소전류, 운봉속도의 부적당 등이 발생원인이다.

(2) 비파괴 검사법의 종류

종류	특징
방사선투과검사(RT)	① 투과성 방사선을 조사하여 검사한다. ② 내외부결함 검출에 효과적이다.
초음파탐상검사(UT)	① 초음파를 이용하여 검사한다. ② 내부결함 검출, 위치·범위·두께 파악에 효과적이다.
자분탐상검사(MT)	① 자분(자석가루)의 응집성을 이용하여 검사한다. ② 표면 및 표면직하결함 검출에 효과적이다.
와전류탐상검사(ET)	① 전기장을 이용하여 검사한다. ② 표면 및 표면근처 결함 검출에 효과적이다.
침투탐상검사(PT)	① 침투액을 살포하여 검사한다. ② 표면개구결함 검출에 효과적이다.

PART 01 건설재료 일반

1. 역학적 성질과 물리적 성질

역학적 성질	물리적 성질

① 응력과 하중
② 강성
③ 탄성과 소성
④ 응력변형도 곡선
⑤ 탄성계수
⑥ 강도
⑦ 인성과 취성
⑧ 연성과 전성
⑨ 경도
	① 비중
	② 함수율
	③ 흡수와 투수
	④ 열적 성질
	  ㉠ 열전도율
	  ㉡ 열용량
	  ㉢ 열팽창과 수축
	  ㉣ 열에 의한 연화
	  ㉤ 용융
	⑤ 빛에 대한 성질
	⑥ 음에 대한 성질

2. 건설재료의 기계적 특성

(1) 경도: 재료의 단단한 정도를 나타낸다. 어떤 재료로 긁을 때 자국, 절단, 마모 등에 대한 저항성으로 금속재료에서는 그 기계적 성질을 알고자 할 때 경도를 가장 중요하게 고려한다.

(2) 연성: 재료가 탄성한계 이상의 힘을 받아도 파괴되지 않고 가늘고 길게 늘어나는 성질이다.

(3) 인성: 재료가 외력을 받아 변형을 나타내면서도 파괴되지 않고 견딜 수 있는 성질이다.

(4) 취성: 재료가 외력을 받아도 변형되지 않거나 약간의 극미한 변형만을 수반하고 파괴되는 성질이다.

1. 목재일반

(1) 목재의 함수율과 섬유포화점의 관계

　① 세포벽 내에 수분이 포화되었을 경우(섬유포화점 30[%])의 강도는 절대건조 시의 강도의 30[%]에 불과하다.

　② 함수율과 강도는 섬유포화점 이상에서는 변화가 없지만 섬유포화점 이하에서는 선형적으로 반비례한다.

　③ 섬유포화점 이하에 있어서 함수율이 1[%] 증가함에 따라 강도의 감소율은 압축강도 6[%], 휨강도 4[%], 전단강도 3[%], 휨 탄성계수 2[%]이다.

　④ 반대로 섬유포화점 이하에서 건조되면 강도는 증대되어 기건재(함수율 15[%])의 강도는 생재의 약 2배, 절건재(함수율 0[%])는 약 3배에 이른다.

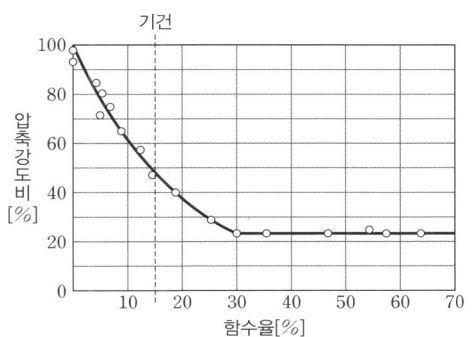

(2) 목재의 방부처리법

종류	방법
도포법	목재의 표면에 페인트, 바니쉬(Vanish), 크레오소트유(Creosote), 타르(Tar), 아스팔트(Asphalt) 등을 도포하는 방법이다.
표면탄화법	① 목재의 표면을 태워서 탄화시키는 방법이다. ② 주로 말뚝 등에 쓰이며, 영속성이 적으므로 일반적으로 방부제를 사용한다.
침지법	목재를 방부액이나 물에 담가 산소공급을 차단하는 방법이다.
약액주입법	① 약재는 보통 크레오소트유를 사용하며 목재방부법 중 가장 공업적이고 효과도 완전한 방법이다. ② 조작방법에 따라 상압, 가압주입법으로 분류한다.

2. 목재제품

파티클 보드	섬유질의 삭편(Particle), 즉 절삭편 또는 파쇄편 등을 주재료로 하여 합성 수지 접착제를 첨가하여 성형, 열압시킨 것
섬유판	목재, 짚 등의 각종 식물섬유를 판자 모양으로 접착, 제판한 인공재료
코르크판	코르크나무의 껍질에서 채취한 재료와 톱밥, 접착제 등을 혼합, 열압하여 만든 것
집성목재	① 대재를 집성, 접착하여 기둥, 아치, 트러스트 등의 구조재료로 사용하는 것 ② 판의 섬유방향을 거의 평행으로 접착시킴

3. 점토재의 일반적인 사항

(1) 점토의 성질

    ① 점토의 압축강도는 인장강도의 약 5배이다.

    ② 점토를 소성하면 용적, 비중 등의 변화가 일어나며 강도가 증대된다.

    ③ 세립분이 50[%] 이상으로 모래 성분이 상당히 포함되어 있다.

    ④ 공극률은 입자의 형상, 크기에 관계한다.

    ⑤ 순수한 점토일수록 비중과 강도가 크다.

    ⑥ 불순물이 많은 점토일수록 비중이 작고 강도가 떨어진다.

    ⑦ 주성분은 실리카(SiO_2)와 알루미나(AlO_3)이다.

    ⑧ 점토의 가소성은 점토의 질, 입자의 크기, 함수량, 비비기 정도, 시간, 온도에 영향을 많이 받는다.

    ⑨ 알루미나(AlO_3)가 많은 점토는 가소성이 우수하다.

    ⑩ 점토의 가소성은 입자가 작을수록 좋다.

    ⑪ 물과 결합하여 가소성을 가지고, 열과 반응하여 화학적 변화를 일으킨다.

    ⑫ 철산화물이 많을수록 적색을 띠고, 석회물질이 많을수록 황색을 띤다.

(2) 점토벽돌의 품질

품질	종류	
	1종	2종
흡수율[%]	10.0 이하	15.0 이하
압축강도[MPa]	24.50 이상	14.70 이상

4. 점토제품

(1) 점토제품의 종류

종류	소성온도[℃]	흡수율[%]	재료	비고
토기	790~1,000	20 이상	기와, 벽돌, 토관	최저급 원료(전답토)
도기	1,100~1,230	10	타일, 테라코타, 위생도기	다공질로 흡수성 유약 사용, 두드리면 탁음
석기	1,160~1,350	3~10	마루 타일, 클링커 타일	유약 대신 식염유 사용
자기	1,230~1,460	0~1	자기질 타일, 모자이크 타일, 위생도기	양질의 도토 또는 장석분을 원료로 함

(2) 쌓기의 일반사항

　① 가로 및 세로줄눈의 너비는 도면 또는 공사시방서에 정한 바가 없을 때에는 10[mm]을 표준으로 한다. 세로줄눈은 통줄눈이 되지 않도록 하고, 수직 일직선상에 오도록 벽돌 나누기를 한다.

　② 벽돌쌓기는 도면 또는 공사시방서에서 정한 바가 없을 때에는 영식쌓기 또는 화란식쌓기로 한다.

　③ 가로줄눈의 바탕 모르타르는 일정한 두께로 평평히 펴 바르고, 벽돌을 내리누르듯 규준틀과 벽돌 나누기에 따라 정확히 쌓는다.

　④ 벽돌은 각부를 가급적 동일한 높이로 쌓아 올라가고, 벽면의 일부 또는 국부적으로 높게 쌓지 않는다.

　⑤ 하루의 쌓기 높이는 1.2[m](18켜 정도)를 표준으로 하고, 최대 1.5[m](22켜 정도) 이하로 한다.

　⑥ 연속되는 벽면의 일부를 트이게 하여 나중쌓기로 할 때에는 그 부분을 층단 들여쌓기로 한다.

　⑦ 벽돌벽이 블록벽과 서로 직각으로 만날 때에는 연결철물을 만들어 블록 3단마다 보강하여 쌓는다.

5. 시멘트의 종류 및 특성

(1) 시멘트의 분말도

　① 분말도가 클수록 비표면적이 커서 물에 접촉하는 면적이 크므로 수화작용이 빨라서 콘크리트의 초기강도가 높고 그 후의 강도의 증진도 크며 골재와의 접착력도 크므로 내구적인 콘크리트를 만드는 데 적당하다.

　② 분말도가 너무 크면 풍화되기 쉽다.

　③ 화학성분이 같을 때 조기강도를 증진하려고 하면 분말도에 의존할 수밖에 없다.

　④ 분말도가 너무 큰 시멘트는 블리딩(Bleeding)이 적고, 워커빌리티가 좋으나 수축이 커질 염려가 있고, 발열량이 많아 콘크리트에 균열이 발생하기 쉬우며 수밀성, 내구성의 면에서도 좋지 못하다.

(2) 고로슬래그 시멘트

　① 포틀랜드시멘트 클링커와 슬래그(Slag)에 적당량의 석고를 가하여 분말로 한 것이다.

　② 보통포틀랜드시멘트보다 응결이 늦고 비중이 작다.

　③ 수화열이 작아서 균열발생이 적다.

　④ 조기강도가 낮고 화학작용에 대한 저항성, 수밀성이 크다.

　⑤ 시멘트 중의 알칼리 성분이 적어 알칼리 골재반응 억제효과가 크다.

　⑥ 해수의 작용을 받는 곳이나 하수의 수로에 적합하다.

(3) 플라이애시시멘트

　① 화력발전소에서 완전 연소한 미분탄의 회분(Ash)을 집진기로 채취한 미립자 및 포틀랜드시멘트와 혼합한 것이다.

　② 수화열이 작고 조기강도는 작으나 장기강도는 크다.

　③ 콘크리트의 워커빌리티(시공성)가 좋고 수밀성이 크며, 단위수량을 감소시킬 수 있어 매스 콘크리트, 댐 공사에 사용된다.

(4) 콘크리트의 혼화재료

　① 혼화재와 혼화제

　　㉠ 혼화재

　　　• 사용량이 시멘트 무게의 5[%] 정도 이상의 것

　　　• 플라이애시, 실리카흄, 고로슬래그·규산질 미분말, 고강도형 혼화재, 증량재

　　㉡ 혼화제

　　　• 사용량이 시멘트 무게의 1[%] 정도 이하의 것

　　　• AE제(공기연행제), 감수제, 유동화제, 급결제, 지연제, 방수제, 방청제

② 플라이애시(Fly−Ash)

  ㉠ 화력발전소 등의 보일러에서 부산되는 석탄재로서, 연소 폐가스 중에 포함되어 집진기에 의해 회수된 미세한 입자이다.

  ㉡ 구상의 미립자로, 콘크리트 중에서 볼베어링 작용으로 워커빌리티를 개선시킨다.

  ㉢ 단위수량과 블리딩 현상을 감소시킨다.

  ㉣ 수화열이 작아 초기강도는 작지만 포졸란 작용에 의해 장기강도를 증가시킨다.

  ㉤ 포졸란반응에 의한 콘크리트 알칼리 성분인 수산화칼슘을 감소시켜서 알칼리골재 반응을 감소시킨다.

  ㉥ 포졸란반응으로 생성된 수화물(칼슘실리게이트, 칼슘알루미네이트)이 모세관 공극을 막아 물의 이동을 억제하여 수밀성이 향상된다.

③ AE제(공기연행제)

  ㉠ 정의 : 콘크리트 내부에 미세한 독립기포(직경 25~250[μm])를 발생시켜 콘크리트의 작업성 및 동결융해 저항성을 향상시키는 혼화제이다.

  ㉡ 특징

    • 볼베어링 역할로 워커빌리티 개선, 단위수량 감소

      → 블리딩 및 재료분리를 줄임, 동결융해 저항성 향상

    • 공기량 1[%] 증가

      → 동일 물시멘트비의 경우 압축강도 4~6[%] 감소

    • 최적 공기량 3~5[%]

    • 공기량 6[%] 이상이면 압축강도 급격히 저하

    • 감수율 6~8[%]

(5) 속빈 콘크리트블록의 규격(KS F 4002)

형상	치수[mm]			허용차[mm]
	길이	높이	두께(L)	
기본 블록	390	190	190 150 100	±2
이형 블록	가로근용 블록, 모서리용 블록과 같이 기본 블록과 동일한 크기인 것의 치수 및 허용차는 기본 블록에 준한다. 다만, 그 외의 경우에는 당사자 사이의 협의에 따른다.			

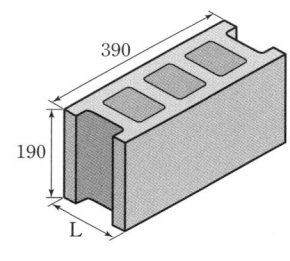

6. 콘크리트 일반사항

(1) 콘크리트 측압이 커지는 요인

  ① 거푸집 부재의 단면이 큰 경우

  ② 거푸집의 수밀성이 큰 경우

  ③ 거푸집의 강성이 큰 경우

  ④ 거푸집의 표면이 평활할 경우

  ⑤ 콘크리트가 묽은 경우

  ⑥ 철골이나 철근량이 적은 경우

⑦ 외기온도가 낮은 경우

⑧ 타설속도가 빠른 경우

⑨ 콘크리트의 다짐이 좋은 경우

⑩ 콘크리트의 슬럼프가 큰 경우

⑪ 콘크리트의 비중이 큰 경우

⑫ 습도가 높은 경우

⑬ 벽 두께가 두꺼운 경우

(2) 굳지 않은 콘크리트의 성질

워커빌리티(Workability)	반죽질기에 따른 작업의 난이도 정도 및 재료분리에 저항하는 정도를 나타내는 굳지 않은 콘크리트의 성질
펌퍼빌리티(Pumpability)	펌프에 의해 운반을 실시하는 경우 콘크리트의 압송성
플라스티시티(Plasticity)	거푸집에 쉽게 다져 넣을 수 있고, 거푸집을 제거하면 천천히 변하는 굳지 않은 콘크리트의 성질
컨시스턴시(Consistency)	주로 수량의 다소에 의한 부드러운 정도를 나타내는 것으로, 콘크리트를 타설할 때의 유동성에 영향을 미치고 일반적으로 슬럼프의 값으로 측정함
피니셔빌리티(Finishability)	굵은 골재의 최대치수, 잔골재율, 잔골재의 입도 등에 의한 마무리의 용역도를 나타냄

(3) 경량 기포콘크리트(ALC ; Autoclaved Lightweight Concrete)의 특징

장점	① 내화성, 단열성이 좋다. ② 경량이고, 차음성이 좋다. ③ 시공성이 우수하다. ④ 친환경성이다.
단점	① 수분을 흡수하는 성질이 있다. ② 중성화가 빠르다. ③ 방수성이 없다.

(4) 백화현상

① 정의: 시멘트의 주성분이라고 할 수 있는 생석회와 물이 만나서 수산화칼슘을 형성하게 되는데, 이 수산화칼슘이 공기 중 이산화탄소와 반응해 탄산칼슘과 물이 생성된다. 이때 물이 증발하고 남은 탄산칼슘이 흰색 결정 형태로 표면에 침착되는데, 이를 백화현상이라 한다.

② 방지대책

㉠ 잘 구워진(소성이 잘 된) 벽돌을 사용한다.

㉡ 빗물의 침투를 방지하기 위한 비막이, 물흘림 등을 설치한다.

㉢ 표면에 파라핀 도료같은 발수제를 바르거나 실리콘을 뿜칠한다.

(5) 콘크리트 슬럼프 시험(Slump Test)

① 평평한 바닥에 강제평판을 놓는다.

② 슬럼프콘을 그 위에 올린다.

③ 믹스트럭에서 레미콘을 받아 슬럼프콘 안에 3층으로 나눠서 채운다.

④ 각 층은 약 25회씩 다짐봉으로 고르게 다진다.

⑤ 다질 때 재료분리가 나올 염려가 있을 때는 다짐수를 줄인다.

⑥ 각 층을 다질 때 다짐봉의 다짐 깊이는 그 앞 층에 거의 도달할 정도로 한다.

⑦ 슬럼프콘 상단을 고르게 한다.

⑧ 슬럼프콘을 천천히 연직으로 들어올린다.

⑨ 콘크리트의 중앙부에서 슬럼프콘 상단까지와 높이 차를 5[mm] 단위로 측정한다.

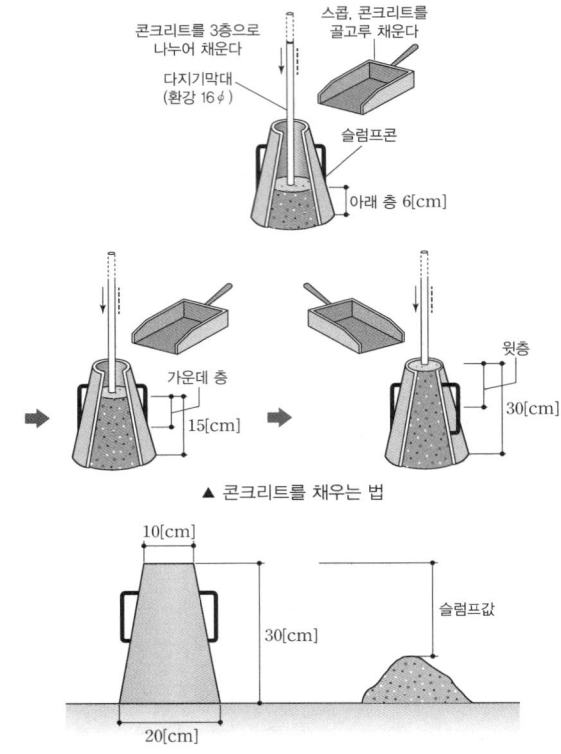

▲ 콘크리트를 채우는 법

7. 미장재의 종류 및 특성

(1) 미장재 분류

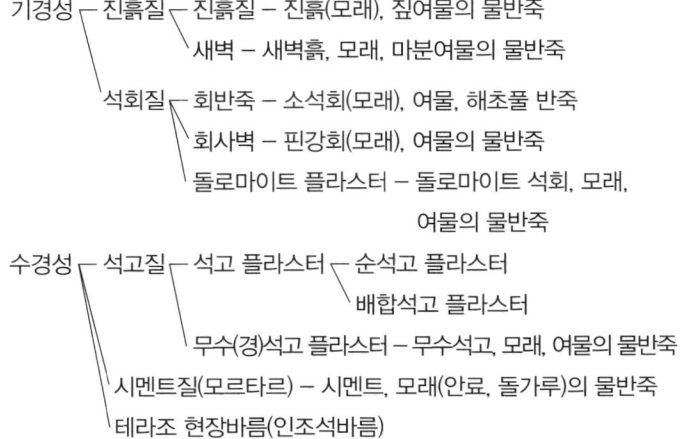

(2) 돌로마이트 플라스터(Dolomite Plaster)

① 일반석회보다 비중과 강도가 크고, 점성이 높아 가소성이 좋으므로 해초풀을 넣지 않아도 잘 발라지며, 풀을 넣지 않아 냄새, 곰팡이가 없고 변색될 염려도 없다.

② 경화가 늦고, 건조수축이 커서 균열 발생이 크고, 밑바름 두께와 그 건조도의 영향이 크며, 물에 약하다.

③ 주로 내벽에 사용하나 습기가 많은 지하실에는 부적당하다.

④ 알칼리성이며 페인트칠이 곤란하다.

(3) 회반죽의 바름 특성

① 소석회를 주원료로 모래, 여물, 해초풀을 혼합하여 사용한다.

② 여물은 건조수축에 의한 균열을 방지하기 위해 사용한다.

③ 해초풀은 점성력, 부착력을 증대한다.

④ 해초풀을 끓인 다음 1일 이상 방치하게 될 때에는 표면에 소량의 석회를 뿌려서 부패를 방지하며, 사용 시에는 표층 부분을 제거한 후 사용한다.

8. 합성수지의 종류

(1) 열가소성 수지와 열경화성 수지

① 열가소성 수지: 가열하면 연화 또는 융해하고, 냉각하면 경화된다.

② 열경화성 수지: 가열하면 경화되어 더 이상 가열·냉각해도 연화되거나 융해되지 않는다.

(2) 열가소성 수지와 열경화성 수지의 종류

열가소성 수지	열경화성 수지
염화비닐 수지	페놀 수지
초산비닐 수지	요소 수지
ABS 수지	멜라민 수지
아크릴 수지	알키드 수지
불소 수지	우레탄 수지
폴리아미드 수지	에폭시 수지
폴리프로필렌 수지	실리콘 수지
폴리스티렌 수지	푸란 수지
폴리에틸렌 수지	불포화 폴리에스테르 수지

9. 도료 및 접착제의 종류 및 특성

(1) 수성페인트의 특징

장점	① 건조시간이 빠르다. ② 냄새가 적고, 건강에 해롭지 않다. ③ 굳어버리기 전에는 물로 세척이 가능하다.
단점	① 내수성이 약해 물이 고이는 곳에 사용하기 어렵다. ② 도막의 내구성이 약하다.

(2) 합성수지계 접착제

에폭시 수지 접착제	① 내수성, 내산성, 내알칼리성, 내용제성, 전기절연성이 우수하다. ② 피막이 단단하고, 유연성이 부족하다. ③ 접착력이 강해 합성수지, 유리, 목재, 천, 콘크리트 및 항공기 기계부품 등의 금속접착제로 쓰인다.
실리콘 수지 접착제	① 알코올, 벤졸 등의 유기 용제로 60[%] 정도의 농도로 녹여 사용한다. ② 200[℃] 온도에 견디며, 전기절연성, 내수성이 매우 우수하다. ③ 가죽제품 이외의 모든 재료를 붙일 수 있다.
비닐 수지 접착제	① 용제형과 에멀션형으로 구분할 수 있다. 그중 에멀션형은 카세인의 대용품으로 널리 쓰인다. ② 값이 싸고 작업성이 좋으며 다양한 종류를 접착할 수 있는 장점이 있어 가장 많이 사용된다. ③ 목재가구 및 창호, 종이도배, 천도배, 논슬립(Non-slip) 등의 접착에 주로 사용된다. ④ 내열성과 내수성이 좋지 않아 외부용으로 부적당하다.
아크릴 수지 접착제	① 아크릴산, 메타크릴산 등의 중합체로부터 만들어지는 접착제이다. ② 금속, 타일(pvc), 아크릴자재, 플라스틱자재, 콘크리트 보수·방수작업에 사용된다. ③ 변색되지 않고 자국을 남기지 않으며 내수성, 내약품성, 전기절연성 등이 뛰어나다.
푸란 수지 접착제	① 내산, 내알칼리, 접착력이 좋다. ② 화학공장의 벽돌, 타일붙이기에 우수하다.
멜라민 수지 접착제	① 내수성, 내열성이 우수하다. ② 목재와의 접착성이 우수하다. ③ 금속, 고무, 유리 접착은 부적당하다.

10. 방수재료의 종류 및 특성

아스팔트 펠트	① 섬유 원지에 스트레이트 아스팔트를 침투시킨 것 ② 아스팔트방수 중간층재, 지붕, 미장, 바탕의 방습, 마룻바닥 방습, 방습 포장재, 차광과 차열, 전기 절연용으로 사용
아스팔트 루핑	① 아스팔트 펠트 뒷면에 블로운 아스팔트를 도포하고 표면의 접착을 막기 위해 활석, 운모, 석회석, 규조토 등의 가루를 뿌려 붙인 것 ② 흡수성, 투수성이 작고 유연하며 내후성, 내산성, 내열성이 큼 ③ 건축물, 상하수도, 지하철, 터널 등의 아스팔트 방수층의 주된 재료로 쓰이는 것 외에 지붕용 또는 상품이나 기계 등의 방수 및 피복용으로도 사용
아스팔트 프라이머	① 컷백 아스팔트의 한 종류로서 아스팔트와 휘발성 용제를 반씩 혼합하여 묽게 한 것 ② 콘크리트 등의 모체에 침투가 용이하여 콘크리트와 아스팔트가 부착이 잘 되므로 콘크리트 바탕에 아스팔트를 붙일 때 사용
아스팔트 컴파운드	① 블로운 아스팔트에 광물섬유, 동·식물섬유, 광물질 가루섬유 등을 혼입하여 신축성을 증대시킨 것 ② 방수재, 내산재, 전기절연재 등으로 사용

11. 유리

자외선투과유리	자외선을 잘 투과하는 유리로 일광욕실, 병원 등에서 사용된다.
프리즘유리	지하실, 지붕 등의 채광용으로 투과광선의 방향을 변화시키거나 집중 또는 확산시킬 목적으로 사용된다.
망입유리	두꺼운 판유리에 망 구조물을 넣어 만든 유리로, 주로 철 또는 알루미늄 망이 사용되고 충격으로 파손될 경우에도 파편이 흩어지지 않으며 화재 및 도난 방지용으로 사용된다.
로이(Low-E)유리	① 유리 표면에 금속 또는 금속산화물을 얇게 코팅함으로써 열의 이동을 최소화한 에너지 절약형 유리이다. ② 유리 표면에 은이나 금속을 코팅해서 가시광선을 투과시켜 실내를 밝게 유지하는 반면, 적외선 영역의 복사선을 차단해 겨울에는 난방열이 빠져나가지 않게 하며 여름에는 바깥의 열기를 차단하는 효과가 있다.
강화유리	① 판유리를 720[℃]까지 가열 후 급랭한다. ② 압축응력이 일반유리보다 4~5배 크다. ③ 파손 시 알갱이가 된다.
반강화유리(배강도유리)	① 판유리를 600[℃]까지 가열 후 급랭한다. ② 압축응력이 일반유리보다 2~3배 크다. ③ 파손 시 유리이탈이 적다.
접합유리	① 판유리 사이에 PVC필름 등을 삽입하여 높은 온도로 결합한다. ② 파손 시 필름에 의해 파편의 흩어짐을 방지한다.
복층유리	① 둘 이상 원판 사이에 비어있는 중공층을 두고 고정한 유리이다. ② 단열효과가 증대된다.
에칭유리	에칭(Etching)이란 산에 의해 부식되는 것을 의미하는데, 에칭유리는 유리면에 부식액의 방호막을 붙이고 그 막을 모양에 맞게 오려낸 뒤, 불화수소와 불화암모니아를 혼합한 유리부식액 등을 발라 필요한 모양을 만든 것이다.

12. 금속재료

(1) 납(Pb)

    ① 비중이 11.34로 비교적 크다.

    ② 주조, 가공성 및 단조성이 풍부하다.

    ③ 열전도율은 작으나, 온도 변화에 따른 신축이 크다.

    ④ 알칼리에 침식된다.

    ⑤ X−선실, 방사선 차단에 사용된다.

(2) 알루미늄(Aluminum)

    ① 알루미늄의 강도는 고온에서는 급격히 감소하지만 저온에서는 취성을 나타내지 않는다.

    ② 가공성이 좋아 압연, 압출, 박판, 용접이 가능하다.

    ③ 열 및 전기전도성이 크며 화학적 성질 중 내식성은 크다.

    ④ 대기 중에서는 쉽게 부식되지 않지만 해수 중에서는 부식된다.

    ⑤ 유기산류에는 안정하여 초산에는 농도에 관계없이 거의 침식되지 않지만 무기산류인 염산, 황산, 인산, 질산 등에는 상당히 빠르게 침식된다.

    ⑥ 알칼리에는 일반적으로 약한데 이는 알루미나 피막이 용해되기 때문이다.

    ⑦ 건축자재(새시, 창호, 커튼월, 커튼레일, 지붕재 등), 가구, 기계, 전선, 항공기 등에 널리 사용된다.

(3) 동

    ① 가공성이 우수하고 인성이 크다.

    ② 열 및 전기전도성이 크다.

    ③ 대기 중 또는 흙 속에서는 철보다 내식성이 있다.

    ④ 알칼리에 약하므로 시멘트, 콘크리트에 접하는 경우에는 빨리 부식된다.

(4) 청동

    ① 동(Cu)과 주석의 합금이다.

    ② 동전이나 장식품으로 사용된다.

    ③ 주조성, 내식성이 크고 내마모성이 우수하여 일반기계용품, 베어링, 밸브 등에 쓰인다.

(5) 아연

    ① 연성 및 내식성이 양호하다.

    ② 습기, 이산화탄소가 있을 때 표면에 탄산염이 발생한다.

(6) 금속부식대책 표면방식법

    ① 수분과 습기에 접촉하지 않게 한다.

    ② 표면을 청결하게 하고 기름칠하여 녹이 발생하지 않게 한다.

    ③ 서로 다른(이종) 금속은 접촉하지 않도록 한다.

    ④ 불균질한 철재는 풀림을 통해 균질화하여 사용하도록 한다.

건설공사 안전관리

PART 01 건설공사 특성분석

1. 안전관리계획 수립 대상 건설공사

(1) 시설물의 안전 및 유지관리에 관한 특별법에 따른 1종시설물 및 2종시설물의 건설공사

(2) 지하 10[m] 이상을 굴착하는 건설공사

(3) 폭발물을 사용하는 건설공사로서 20[m] 안에 시설물이 있거나 100[m] 안에 사육하는 가축이 있어 해당 건설공사로 인한 영향을 받을 것이 예상되는 건설공사

(4) 10층 이상 16층 미만인 건축물의 건설공사

(5) 10층 이상인 건축물의 리모델링 또는 해체공사

(6) 주택법에 따른 수직증축형 리모델링

(7) 건설기계관리법에 따라 등록된 천공기(높이 10[m] 이상), 항타 및 항발기, 타워크레인이 사용되는 건설공사

(8) 다음의 가설구조물을 사용하는 건설공사

① 높이 31[m] 이상인 비계, 브라켓 비계

② 작업발판 일체형 거푸집 또는 높이가 5[m] 이상인 거푸집 및 동바리

③ 터널의 지보공 또는 높이가 2[m] 이상인 흙막이 지보공

④ 동력을 이용하여 움직이는 가설구조물, 높이 10[m] 이상에서 외부작업을 하기 위하여 작업발판 및 안전시설물을 일체화하여 설치하는 가설구조물, 공사현장에서 제작하여 조립·설치하는 복합형 가설구조물

⑤ 그 밖에 발주자 또는 인·허가기관의 장이 필요하다고 인정하는 가설구조물

2. 설계도서 해석의 우선순위

설계도서·법령해석·감리자의 지시 등이 서로 일치하지 아니하는 경우에 있어 계약으로 그 적용의 우선 순위를 정하지 아니한 때에는 다음의 순서를 원칙으로 한다.

(1) 공사시방서

(2) 설계도면(축척에 따른 상세도면 우선)

(3) 전문시방서

(4) 표준시방서

(5) 산출내역서

1. 유해위험방지계획서 제출 대상 건설공사

(1) 다음의 어느 하나에 해당하는 건축물 또는 시설 등의 건설·개조 또는 해체(건설 등) 공사

① 지상높이가 31[m] 이상인 건축물 또는 인공구조물

② 연면적 30,000[m²] 이상인 건축물

③ 연면적 5,000[m²] 이상의 문화 및 집회시설(전시장 및 동물원·식물원 제외), 판매시설, 운수시설(고속철도의 역사 및 집배송시설 제외), 종교시설, 의료시설 중 종합병원, 숙박시설 중 관광숙박시설, 지하도상가, 냉동·냉장 창고시설

(2) 연면적 5,000[m²] 이상인 냉동·냉장 창고시설의 설비공사 및 단열공사

(3) 최대 지간길이가 50[m] 이상인 다리의 건설 등 공사

(4) 터널의 건설 등 공사

(5) 다목적댐, 발전용댐, 저수용량 2천만 톤 이상의 용수 전용 댐 및 지방상수도 전용 댐의 건설 등 공사

(6) 깊이 10[m] 이상인 굴착공사

1. 건설업산업안전보건관리비의 계상 및 사용기준

(1) 사용명세서의 보존기간

건설공사도급인은 산업안전보건관리비를 사용하는 해당 건설공사의 금액이 4천만 원 이상인 때에는 매월 사용명세서를 작성하고, 건설공사 종료 후 1년 동안 보존하여야 한다.

(2) 공사종류 및 규모별 산업안전보건관리비 계상기준표

공사종류 \ 구분	대상액 5억 원 미만	대상액 5억 원 이상 50억 원 미만		대상액 50억 원 이상	보건관리자 선임 대상 건설공사
		비율	기초액		
건축공사	3.11[%]	2.28[%]	4,325,000원	2.37[%]	2.64[%]
토목공사	3.15[%]	2.53[%]	3,300,000원	2.60[%]	2.73[%]
중건설공사	3.64[%]	3.05[%]	2,975,000원	3.11[%]	3.39[%]
특수건설공사	2.07[%]	1.59[%]	2,450,000원	1.64[%]	1.78[%]

1. 추락 방지용 안전시설

(1) 추락재해 방지를 위한 고소작업 감소대책

　추락재해 방지를 위한 대책으로 방망 설치, 안전대 사용, 작업대 설치 등의 조치 또한 필요하나 철골기둥, 빔 및 트러스 등의 철골구조물을 일체화하거나 지상에서 조립하면 고소작업이 근원적으로 제거되어 추락재해를 감소시킬 수 있다.

(2) 추락방호망 설치기준

　① 추락방호망의 설치위치는 가능하면 작업면으로부터 가까운 지점에 설치하여야 하며, 작업면으로부터 망의 설치지 점까지의 수직거리는 10[m]를 초과하지 아니할 것

　② 추락방호망은 수평으로 설치하고, 망의 처짐은 짧은 변 길이의 12[%] 이상이 되도록 할 것

　③ 건축물 등의 바깥쪽으로 설치하는 경우 추락방호망의 내민 길이는 벽면으로부터 3[m] 이상 되도록 할 것

2. 붕괴 방지용 안전시설

(1) 굴착면의 기울기 기준

지반의 종류	기울기
모래	1 : 1.8
연암 및 풍화암	1 : 1.0
경암	1 : 0.5
그 밖의 흙	1 : 1.2

(2) 토석붕괴의 원인

구분	원인
외적 원인	① 사면, 법면의 경사 및 기울기의 증가 ② 절토 및 성토 높이의 증가 ③ 공사에 의한 진동 및 반복 하중의 증가 ④ 지표수 및 지하수의 침투에 의한 토사 중량의 증가 ⑤ 지진, 차량, 구조물의 하중작용 ⑥ 토사 및 암석의 혼합층두께
내적 원인	① 절토 사면의 토질·암질 ② 성토 사면의 토질구성 및 분포 ③ 토석의 강도 저하

(3) 사면보호공법의 종류

　① 식생공: 식물을 생육시켜 그 뿌리로 사면의 표층토를 고정한다.

　② 뿜어붙이기공: 콘크리트나 시멘트 모르타르를 뿜어 붙인다.

　③ 블록공: 비탈면에 블록을 덮는다.

　④ 돌쌓기공: 돌의 형태를 활용하여 자립구조를 형성한다.

　⑤ 배수공: 지반의 강도에 영향을 주는 물을 제거한다.

　⑥ 표층안정공법: 약액 또는 시멘트를 지반에 그라우팅하여 교반한다.

(4) 외압에 대한 내력이 설계에 고려되었는지 확인하여야 하는 철골구조물

    ① 높이 20[m] 이상의 구조물

    ② 구조물의 폭과 높이의 비가 1 : 4 이상인 구조물

    ③ 단면구조에 현저한 차이가 있는 구조물

    ④ 연면적당 철골량이 50[kg/m²] 이하인 구조물

    ⑤ 기둥이 타이플러이트형인 구조물

    ⑥ 이음부가 현장용접인 구조물

3. 낙하, 비래방지용 안전시설

(1) 낙하 · 비래 위험 방지조치

사업주는 작업으로 인하여 물체가 떨어지거나 날아올 위험이 있는 경우 낙하물 방지망, 수직보호망 또는 방호선반의 설치, 출입금지구역의 설정, 보호구의 착용 등 위험을 방지하기 위하여 필요한 조치를 하여야 한다.

(2) 낙하물 방지망 또는 방호선반 설치 시 준수사항

    ① 높이 10[m] 이내마다 설치하고, 내민 길이는 벽면으로부터 2[m] 이상으로 할 것

    ② 수평면과의 각도는 20° 이상 30° 이하를 유지할 것

(3) 방망의 구조

    ① 소재 : 합성섬유 또는 그 이상의 물리적 성질을 갖는 것이어야 한다.

    ② 그물코 : 사각 또는 마름모로서 그 크기는 10[cm] 이하이어야 한다.

    ③ 방망의 종류 : 매듭방망으로서 매듭은 원칙적으로 단매듭을 한다.

    ④ 테두리로프와 방망의 재봉 : 테두리로프는 각 그물코를 관통시키고 서로 중복됨이 없이 재봉사로 결속한다.

PART 05   비계 · 거푸집 가시설 위험방지

1. 비계

(1) 강관틀비계 조립 · 사용 시 준수사항

    ① 비계기둥의 밑둥에는 밑받침철물을 사용하여야 하며 밑받침에 고저차가 있는 경우에는 조절형 밑받침철물을 사용하여 각각의 강관틀비계가 항상 수평 및 수직을 유지하도록 할 것

    ② 높이가 20[m]를 초과하거나 중량물의 적재를 수반하는 작업을 할 경우에는 주틀 간의 간격을 1.8[m] 이하로 할 것

    ③ 주틀 간에 교차 가새를 설치하고 최상층 및 5층 이내마다 수평재를 설치할 것

    ④ 수직방향으로 6[m], 수평방향으로 8[m] 이내마다 벽이음을 할 것

    ⑤ 길이가 띠장 방향으로 4[m] 이하이고 높이가 10[m]를 초과하는 경우에는 10[m] 이내마다 띠장 방향으로 버팀기둥을 설치할 것

(2) 강관비계의 구조

    ① 비계기둥의 간격은 띠장 방향에서는 1.85[m] 이하, 장선 방향에서는 1.5[m] 이하로 할 것

    ② 띠장 간격은 2[m] 이하로 할 것

    ③ 비계기둥의 제일 윗부분으로부터 31[m] 되는 지점 밑부분의 비계기둥은 2개의 강관으로 묶어 세울 것

    ④ 비계기둥 간의 적재하중은 400[kg]을 초과하지 않도록 할 것

⑤ 강관비계의 조립간격

강관비계의 종류	조립간격[m]	
	수직방향	수평방향
단관비계	5	5
틀비계(높이 5[m] 미만인 것 제외)	6	8

(3) 시스템 비계의 구조

① 수직재·수평재·가새재를 견고하게 연결하는 구조가 되도록 할 것

② 비계 밑단의 수직재와 받침철물은 밀착되도록 설치하고, 수직재와 받침철물의 연결부의 겹침길이는 받침철물 전체 길이의 $\frac{1}{3}$ 이상이 되도록 할 것

③ 수평재는 수직재와 직각으로 설치하여야 하며, 체결 후 흔들림이 없도록 견고하게 설치할 것

④ 수직재와 수직재의 연결철물은 이탈되지 않도록 견고한 구조로 할 것

⑤ 벽 연결재의 설치간격은 제조사가 정한 기준에 따라 설치할 것

(4) 이동식비계 작업 시 준수사항

① 이동식비계의 바퀴에는 뜻밖의 갑작스러운 이동 또는 전도를 방지하기 위하여 브레이크·쐐기 등으로 바퀴를 고정 시킨 다음 비계의 일부를 견고한 시설물에 고정하거나 아웃트리거를 설치하는 등 필요한 조치를 할 것

② 승강용사다리는 견고하게 설치할 것

③ 비계의 최상부에서 작업을 하는 경우에는 안전난간을 설치할 것

④ 작업발판은 항상 수평을 유지하고 작업발판 위에서 안전난간을 딛고 작업을 하거나 받침대 또는 사다리를 사용하여 작업하지 않도록 할 것

⑤ 작업발판의 최대적재하중은 250[kg]을 초과하지 않도록 할 것

(5) 말비계 사용 시 준수사항

① 지주부재의 하단에는 미끄럼방지장치를 하고, 근로자가 양측 끝부분에 올라서서 작업하지 않도록 할 것

② 지주부재와 수평면의 기울기를 75° 이하로 하고, 지주부재와 지주부재 사이를 고정시키는 보조부재를 설치할 것

③ 말비계의 높이가 2[m]를 초과하는 경우에는 작업발판의 폭을 40[cm] 이상으로 할 것

(6) 달비계 설치 시 준수사항

① 작업발판은 폭을 40[cm] 이상으로 하고 틈새가 없도록 할 것

② 작업발판의 재료는 뒤집히거나 떨어지지 않도록 비계의 보 등에 연결하거나 고정시킬 것

③ 비계가 흔들리거나 뒤집히는 것을 방지하기 위하여 비계의 보·작업발판 등에 버팀을 설치하는 등 필요한 조치를 할 것

(7) 철골작업 중지기준

① 풍속이 초당 10[m] 이상인 경우

② 강우량이 시간당 1[mm] 이상인 경우

③ 강설량이 시간당 1[cm] 이상인 경우

2. 작업통로 및 발판

(1) 사다리식 통로의 구조

　① 견고한 구조로 할 것

　② 심한 손상·부식 등이 없는 재료를 사용할 것

　③ 발판의 간격은 일정하게 할 것

　④ 발판과 벽과의 사이는 15[cm] 이상의 간격을 유지할 것

　⑤ 폭은 30[cm] 이상으로 할 것

　⑥ 사다리가 넘어지거나 미끄러지는 것을 방지하기 위한 조치를 할 것

　⑦ 사다리의 상단은 걸쳐놓은 지점으로부터 60[cm] 이상 올라가도록 할 것

　⑧ 사다리식 통로의 길이가 10[m] 이상인 경우에는 5[m] 이내마다 계단참을 설치할 것

　⑨ 사다리식 통로의 기울기는 75° 이하로 할 것. 다만, 고정식 사다리식 통로의 기울기는 90° 이하로 하고, 그 높이가 7[m] 이상인 경우에는 다음의 구분에 따른 조치를 할 것

　　㉠ 등받이울이 있어도 근로자 이동에 지장이 없는 경우 : 바닥으로부터 높이가 2.5[m] 되는 지점부터 등받이울을 설치할 것

　　㉡ 등받이울이 있으면 근로자가 이동이 곤란한 경우 : 한국산업표준에서 정하는 기준에 적합한 개인용 추락 방지 시스템을 설치하고 근로자로 하여금 한국산업표준에서 정하는 기준에 적합한 전신안전대를 사용하도록 할 것

　⑩ 접이식 사다리 기둥은 사용 시 접혀지거나 펼쳐지지 않도록 철물 등을 사용하여 견고하게 조치할 것

(2) 가설통로의 구조

　① 견고한 구조로 할 것

　② 경사는 30° 이하로 할 것. 다만, 계단을 설치하거나 높이 2[m] 미만의 가설통로로서 튼튼한 손잡이를 설치한 경우에는 그러하지 아니하다.

　③ 경사가 15°를 초과하는 경우에는 미끄러지지 아니하는 구조로 할 것

　④ 추락할 위험이 있는 장소에는 안전난간을 설치할 것. 다만, 작업상 부득이한 경우에는 필요한 부분만 임시로 해체할 수 있다.

　⑤ 수직갱에 가설된 통로의 길이가 15[m] 이상인 경우에는 10[m] 이내마다 계단참을 설치할 것

　⑥ 건설공사에 사용하는 높이 8[m] 이상인 비계다리에는 7[m] 이내마다 계단참을 설치할 것

(3) 작업발판의 구조(비계의 높이가 2[m] 이상인 작업장소)

　① 발판재료는 작업할 때의 하중을 견딜 수 있도록 견고한 것으로 할 것

　② 작업발판의 폭은 40[cm] 이상으로 하고, 발판재료 간의 틈은 3[cm] 이하로 할 것

　③ 선박 및 보트 건조작업의 경우 선박블록 또는 엔진실 등의 좁은 작업공간에 작업발판을 설치하기 위하여 필요하면 작업발판의 폭을 30[cm] 이상으로 할 수 있고, 걸침비계의 경우 강관기둥 때문에 발판재료 간의 틈을 3[cm] 이하로 유지하기 곤란하면 5[cm] 이하로 할 수 있다.

　④ 추락의 위험이 있는 장소에는 안전난간을 설치할 것. 다만, 추락위험 방지 조치를 한 경우에는 그러하지 아니하다.

　⑤ 작업발판의 지지물은 하중에 의하여 파괴될 우려가 없는 것을 사용할 것

　⑥ 작업발판재료는 뒤집히거나 떨어지지 않도록 둘 이상의 지지물에 연결하거나 고정시킬 것

　⑦ 작업발판을 작업에 따라 이동시킬 경우에는 위험 방지에 필요한 조치를 할 것

(4) 승강로의 설치

근로자가 수직방향으로 이동하는 철골부재에는 답단 간격이 30[cm] 이내인 고정된 승강로를 설치하여야 하며, 수평방향 철골과 수직방향 철골이 연결되는 부분에는 연결작업을 위하여 작업발판 등을 설치하여야 한다.

(5) 계단의 강도

사업주는 계단 및 계단참을 설치하는 경우 500[kg/m²] 이상의 하중에 견딜 수 있는 강도를 가진 구조로 설치하여야 하며, 안전율은 4 이상으로 하여야 한다.

3. 거푸집 및 동바리

(1) 거푸집 조립 시의 안전조치

① 거푸집을 조립하는 경우에는 거푸집이 콘크리트 하중이나 그 밖의 외력에 견딜 수 있거나, 넘어지지 않도록 견고한 구조의 긴결재, 버팀대 또는 지지대를 설치하는 등 필요한 조치를 할 것

② 거푸집이 곡면인 경우에는 버팀대의 부착 등 그 거푸집의 부상을 방지하기 위한 조치를 할 것

(2) 동바리 조립 시의 안전조치

① 받침목이나 깔판의 사용, 콘크리트 타설, 말뚝박기 등 동바리의 침하를 방지하기 위한 조치를 할 것

② 동바리의 상하 고정 및 미끄러짐 방지 조치를 할 것

③ 상부·하부의 동바리가 동일 수직선 상에 위치하도록 하여 깔판·받침목에 고정시킬 것

④ 개구부 상부에 동바리를 설치하는 경우에는 상부하중을 견딜 수 있는 견고한 받침대를 설치할 것

⑤ U헤드 등의 단판이 없는 동바리의 상단에 멍에 등을 올릴 경우에는 해당 상단에 U헤드 등의 단판을 설치하고, 멍에 등이 전도되거나 이탈되지 않도록 고정시킬 것

⑥ 동바리의 이음은 같은 품질의 재료를 사용할 것

⑦ 강재의 접속부 및 교차부는 볼트·클램프 등 전용철물을 사용하여 단단히 연결할 것

⑧ 거푸집의 형상에 따른 부득이한 경우를 제외하고는 깔판이나 받침목은 2단 이상 끼우지 않도록 할 것

⑨ 깔판이나 받침목을 이어서 사용하는 경우에는 그 깔판·받침목을 단단히 연결할 것

(3) 동바리로 사용하는 파이프 서포트 조립 시 준수사항

① 파이프 서포트를 3개 이상 이어서 사용하지 않도록 할 것

② 파이프 서포트를 이어서 사용하는 경우에는 4개 이상의 볼트 또는 전용철물을 사용하여 이을 것

③ 높이가 3.5[m]를 초과하는 경우에는 높이 2[m] 이내마다 수평연결재를 2개 방향으로 만들고 수평연결재의 변위를 방지할 것

4. 흙막이

(1) 흙막이 지보공 설치 시 정기적 점검사항

① 부재의 손상·변형·부식·변위 및 탈락의 유무와 상태

② 버팀대의 긴압의 정도

③ 부재의 접속부·부착부 및 교차부의 상태

④ 침하의 정도

(2) 보일링(Boiling)

① 정의 : 사질토 지반에서 굴착저면과 흙막이 배면의 수위차이로 인해 굴착저면의 흙과 물이 함께 위로 솟아오르는 현상이다.

② 보일링의 원인
  ㉠ 흙막이벽이 지지력을 상실할 때
  ㉡ 지하수위가 높은 지반을 굴착할 때
  ㉢ 흙막이벽의 근입장 깊이가 부족할 때
  ㉣ 사질토 지반에 수위차가 있을 때

③ 보일링 방지대책
  ㉠ 지하수위 저하를 위한 배수조치
  ㉡ 지하수의 흐름 변경
  ㉢ 흙막이벽의 근입장 깊이 연장
  ㉣ 대체공법 적용[슬러리월(Slurry Wall), 시트파일(Sheet Pile) 등]
  ㉤ 작업을 중지하고, 지반을 복구하기 위한 압성토 시행

(3) 히빙(Heaving)

① 정의 : 굴착이 진행됨에 따라 흙막이벽 뒤쪽 흙의 중량이 굴착부 바닥의 지지력 이상이 되면 흙막이벽 근입부분의 지반 이동이 발생하여 굴착부 저면이 솟아오르는 현상이다. 이 현상이 발생하면 흙막이벽의 근입부분이 파괴되면서 흙막이벽 전체가 붕괴하는 경우가 많다.

② 히빙 예방대책
  ㉠ 흙막이벽의 말뚝 깊이를 설계지반까지 시공
  ㉡ 굴착부 저면 하중 가함
  ㉢ 소단굴착 시공
  ㉣ 흙막이 배면토압 경감조치
  ㉤ 지하수위 저하
  ㉥ 그라우팅 등 보강공법 시행

PART 06 공사 및 작업 종류별 안전

1. 양중공사 시 안전수칙

(1) 양중기

① 양중기의 종류
  ㉠ 크레인(호이스트 포함)
  ㉡ 이동식 크레인
  ㉢ 리프트(이삿짐운반용 리프트는 적재하중이 0.1톤 이상인 것으로 한정)
  ㉣ 곤돌라
  ㉤ 승강기

② 양중기의 방호장치

ⓐ 과부하방지장치

ⓑ 권과방지장치

ⓒ 비상정지장치

ⓓ 제동장치

(2) 달기구의 안전계수

① 근로자가 탑승하는 운반구를 지지하는 달기와이어로프 및 달기체인: 10 이상

② 화물의 하중을 직접 지지하는 달기와이어로프 또는 달기체인: 5 이상

③ 훅, 샤클, 클램프, 리프팅 빔: 3 이상

④ 그 밖의 경우: 4 이상

(3) 와이어로프의 사용금지기준

① 이음매가 있는 것

② 와이어로프의 한 꼬임에서 끊어진 소선의 수가 10[%] 이상인 것

③ 지름의 감소가 공칭지름의 7[%]를 초과하는 것

④ 꼬인 것

⑤ 심하게 변형되거나 부식된 것

⑥ 열과 전기충격에 의해 손상된 것

(4) 타워크레인을 와이어로프로 지지할 때 준수사항

① 와이어로프를 고정하기 위한 전용 지지프레임을 사용할 것

② 와이어로프 설치각도는 수평면에서 60° 이내로 하되, 지지점은 4개소 이상으로 하고, 같은 각도로 설치할 것

③ 와이어로프와 그 고정부위는 충분한 강도와 장력을 갖도록 설치하고, 와이어로프를 클립·샤클(Shackle) 등의 고정 기구를 사용하여 견고하게 고정시켜 풀리지 않도록 하며, 사용 중에는 충분한 강도와 장력을 유지하도록 할 것

④ 와이어로프가 가공전선에 근접하지 않도록 할 것

(5) 작업시작 전 점검사항

작업의 종류	점검사항
크레인	① 권과방지장치·브레이크·클러치 및 운전장치의 기능 ② 주행로의 상측 및 트롤리가 횡행하는 레일의 상태 ③ 와이어로프가 통하고 있는 곳의 상태
이동식 크레인	① 권과방지장치 또는 그 밖의 경보장치의 기능 ② 브레이크·클러치 및 조정장치의 기능 ③ 와이어로프가 통하고 있는 곳 및 작업장소의 지반상태
리프트	① 방호장치·브레이크 및 클러치의 기능 ② 와이어로프가 통하고 있는 곳의 상태

(6) 악천후 시 순간풍속에 따른 안전조치

순간풍속	시기	조치사항
10[m/s] 초과	-	타워크레인의 설치·수리·점검 또는 해체 작업 중지
15[m/s] 초과	-	타워크레인의 운전작업 중지
30[m/s] 초과	바람이 불어올 우려가 있는 경우	옥외 주행 크레인의 이탈방지장치 작동 등 이탈방지 조치
30[m/s] 초과	바람이 불거나 중진 이상 진도의 지진	옥외 양중기의 이상 점검
35[m/s] 초과	바람이 불어올 우려가 있는 경우	① 건설용 리프트의 받침수 증가 등 붕괴방지 조치 ② 옥외용 승강기의 받침수 증가 등 붕괴방지 조치

2. 콘크리트 공사 시 안전수칙

(1) 콘크리트 타설작업 시 준수사항
  ① 당일의 작업을 시작하기 전에 해당 작업에 관한 거푸집 및 동바리의 변형·변위 및 지반의 침하 유무 등을 점검하고 이상이 있으면 보수할 것
  ② 작업 중에는 감시자를 배치하는 등의 방법으로 거푸집 및 동바리의 변형·변위 및 침하 유무 등을 확인하여야 하며, 이상이 있으면 작업을 중지하고 근로자를 대피시킬 것
  ③ 콘크리트 타설작업 시 거푸집 붕괴의 위험이 발생할 우려가 있으면 충분한 보강조치를 할 것
  ④ 설계도서 상의 콘크리트 양생기간을 준수하여 거푸집 및 동바리를 해체할 것
  ⑤ 콘크리트를 타설하는 경우에는 편심이 발생하지 않도록 골고루 분산하여 타설할 것

3. 운반작업 시 안전수칙

(1) 철근인력운반 시 준수사항
  ① 1인당 무게는 25[kg] 정도가 적절하며, 무리한 운반을 삼가하여야 한다.
  ② 2인 이상이 1조가 되어 어깨메기로 하여 운반하는 등 안전을 도모하여야 한다.
  ③ 긴 철근을 한 사람이 운반할 때는 한쪽을 어깨에 메고 한쪽 끝을 땅에 끌면서 운반하여야 한다.
  ④ 내려 놓을 때는 천천히 내려놓고 던지지 않아야 한다.
  ⑤ 공동 작업을 할 때에는 신호에 따라 작업을 하여야 한다.
(2) 취급·운반의 5원칙
  ① 직선 운반을 할 것
  ② 연속 운반을 할 것
  ③ 운반 작업을 집중화 시킬 것
  ④ 생산을 최고로 하는 운반을 생각할 것
  ⑤ 시간과 경비를 절약할 수 있는 운반 방법을 고려할 것

4. 하역작업 시 안전수칙

(1) 차량계 하역운반기계 등에 화물 적재 시 준수사항

① 하중이 한쪽으로 치우치지 않도록 적재할 것

② 구내운반차 또는 화물자동차의 경우 화물의 붕괴 또는 낙하에 의한 위험을 방지하기 위하여 화물에 로프를 거는 등 필요한 조치를 할 것

③ 운전자의 시야를 가리지 않도록 화물을 적재할 것

④ 최대적재량을 초과하지 아니할 것

(2) 하역작업장의 조치기준

① 작업장 및 통로의 위험한 부분에는 안전하게 작업할 수 있는 조명을 유지할 것

② 부두 또는 안벽의 선을 따라 통로를 설치하는 경우에는 폭을 90[cm] 이상으로 할 것

③ 육상에서의 통로 및 작업장소로서 다리 또는 선거 갑문을 넘는 보도 등의 위험한 부분에는 안전난간 또는 울타리 등을 설치할 것

삶의 순간순간이
아름다운 마무리이며
새로운 시작이어야 한다.

– 법정 스님

2026 건설안전기사 필기 기출문제집

발 행 일	2025년 10월 30일 초판 | 2026년 1월 27일 2쇄
편 저 자	김충민, 최석훈
펴 낸 이	양형남
개발책임	목진재
개 발	원은지
펴 낸 곳	(주)에듀윌
I S B N	979-11-360-3987-3
등록번호	제25100-2002-000052호
주 소	08378 서울특별시 구로구 디지털로34길 55 코오롱싸이언스밸리 2차 3층

www.eduwill.net

대표전화 1600-6700

여러분의 작은 소리
에듀윌은 크게 듣겠습니다.

본 교재에 대한 여러분의 목소리를 들려주세요.
공부하시면서 어려웠던 점, 궁금한 점,
칭찬하고 싶은 점, 개선할 점, 어떤 것이라도 좋습니다.

에듀윌은 여러분께서 나누어 주신 의견을
통해 끊임없이 발전하고 있습니다.

에듀윌 도서몰 book.eduwill.net
• 부가학습자료 및 정오표: 에듀윌 도서몰 → 도서자료실
• 교재 문의: 에듀윌 도서몰 → 문의하기 → 교재(내용, 출간) / 주문 및 배송

꿈을 현실로 만드는
에듀윌

DREAM

공무원 교육
- 선호도 1위, 신뢰도 1위! 브랜드만족도 1위!
- 합격자 수 2,100% 폭등시킨 독한 커리큘럼

자격증 교육
- 9년간 아무도 깨지 못한 기록 합격자 수 1위
- 가장 많은 합격자를 배출한 최고의 합격 시스템

직영학원
- 검증된 합격 프로그램과 강의
- 1:1 밀착 관리 및 컨설팅
- 호텔 수준의 학습 환경

종합출판
- 온라인서점 베스트셀러 1위!
- 출제위원급 전문 교수진이 직접 집필한 합격 교재

어학 교육
- 토익 베스트셀러 1위
- 토익 동영상 강의 무료 제공

콘텐츠 제휴 · B2B 교육
- 고객 맞춤형 위탁 교육 서비스 제공
- 기업, 기관, 대학 등 각 단체에 최적화된 고객 맞춤형 교육 및 제휴 서비스

부동산 아카데미
- 부동산 실무 교육 1위!
- 상위 1% 고소득 창업/취업 비법
- 부동산 실전 재테크 성공 비법

학점은행제
- 99%의 과목이수율
- 17년 연속 교육부 평가 인정 기관 선정

대학 편입
- 편입 교육 1위!
- 최대 200% 환급 상품 서비스

국비무료 교육
- '5년우수훈련기관' 선정
- K-디지털, 산대특 등 특화 훈련과정
- 원격국비교육원 오픈

에듀윌 교육서비스 **AI 교육** AI 프롬프트 연구소/AI CLASS(ChatGPT/AICE/노션 AI/중개업 AI 등) **공무원 교육** 9급공무원/소방공무원/계리직공무원 **자격증 교육** 공인중개사/주택관리사/손해평가사/감정평가사/노무사/전기기사/경비지도사/검정고시/소방설비기사/소방시설관리사/사회복지사1급/대기환경기사/수질환경기사/건축기사/토목기사/직업상담사/청소년상담사/전기기능사/산업안전기사/산업위생관리기사/건설안전기사/위험물산업기사/위험물기능사/설비보전기사/에너지관리기사/유통관리사/물류관리사/행정사/한국사능력검정/한경TESAT/매경TEST/KBS한국어능력시험·실용글쓰기/국제무역사/무역영어 **어학 교육** 토익 교재/토익 동영상 강의 **금융/IT/비즈니스** 전산세무회계/ERP정보관리사/재경관리사/정보처리기사/컴퓨터활용능력/SQLD/ADsP **대학 편입** 편입영어·수학/연고대/의약대/경찰대/논술/면접 **직영학원** 공무원학원/소방학원/공인중개사 학원/주택관리사 학원/전기기사 학원/편입학원 **종합출판** 공무원·자격증 수험교재 및 단행본 **학점은행제** 교육부평가인정기관 원격평생교육원(사회복지사2급/경영학/CPA) **콘텐츠 제휴·B2B 교육** 교육 콘텐츠 제휴/기업 맞춤 자격증 교육/대학취업역량 강화 교육 **부동산 아카데미** 부동산 창업CEO/부동산 경매마스터/부동산 컨설팅 **주택취업센터** 실무 특강/실무 아카데미 **국비무료 교육(국비교육원)** 전기기능사/전기(산업)기사/소방설비(산업)기사/IT(빅데이터/자바프로그램/파이썬)/게임그래픽/3D프린터/실내건축디자인/웹퍼블리셔/그래픽디자인/영상편집(유튜브) 디자인/온라인 쇼핑몰광고 및 제작(쿠팡, 스마트스토어)/전산세무회계/컴퓨터활용능력/ITQ/GTQ/직업상담사

교육문의 **1600-6700** www.eduwill.net

2026 에듀윌 건설안전기사 필기 기출문제집

7개년 기출+핵심이론+무료특강

건설 3과목 기초용어집
혜택경로 교재 내 수록

건설 3과목 기초용어 무료특강
혜택경로 에듀윌 도서몰(book.eduwill.net) ▶ 동영상강의실 ▶ '건설안전' 검색

CBT 모의고사 3회(모바일/PC)
혜택받기 교재 내 QR코드 스캔 또는 링크로 접속

고객의 꿈, 직원의 꿈, 지역사회의 꿈을 실현한다

펴낸곳 (주)에듀윌 **펴낸이** 양형남 **출판총괄** 김기철 **에듀윌 대표번호** 1600-6700
주소 서울시 구로구 디지털로 34길 55 코오롱싸이언스밸리 2차 3층
© 2025 eduwill. Created with AI assistance.

에듀윌 도서몰 book.eduwill.net	• 부가학습자료 및 정오표: 에듀윌 도서몰 > 도서자료실
	• 교재 문의: 에듀윌 도서몰 > 문의하기 > 교재(내용, 출간) / 주문 및 배송

2026

합격자 수가
선택의 기준!

YES24 25년 7월
월별 베스트기준
베스트셀러
1위

YES24 수험서 자격증
한국산업인력공단 안전관리분야
건설안전 건설안전 기사/산업기사
베스트셀러 1위

최신
개정법령
완벽반영

© eduwill · edugong

eduwill

에듀윌 건설안전기사
필기 기출문제집
②권 | 4개년 기출

[특별제공] 기초용어집+무료특강 | CBT 모의고사 3회
23개월 베스트셀러가 증명하는 1위 교재!

산출근거 후면표기

에듀윌 건설안전기사

필기 4개년 기출

차례

2권	4개년 기출

4개년 기출

2022년 1회 | 기출문제

산업안전관리론

001
2회 출제

산업안전보건법령상 안전보건표지의 종류 중 안내표지에 해당되지 않는 것은?

① 금연　　　　　　② 들것
③ 세안장치　　　　④ 비상용기구

해설

'금연표지'는 금지표지에 해당한다.

관련개념 안내표지

녹십자표지　　　응급구호표지　　　들것

세안장치　　　비상용기구　　　비상구

　　　　비상구

002
2회 출제

산업안전보건법령상 산업안전보건위원회에 관한 사항 중 틀린 것은?

① 근로자위원과 사용자위원은 같은 수로 구성된다.
② 산업안전보건회의의 정기회의는 위원장이 필요하다고 인정할 때 소집한다.
③ 안전보건교육에 관한 사항은 산업안전보건위원회의 심의·의결을 거쳐야 한다.
④ 상시근로자 50인 이상의 자동차 제조업의 경우 산업안전보건위원회를 구성·운영하여야 한다.

해설

산업안전보건위원회의 회의는 정기회의와 임시회의로 구분하되, 정기회의는 분기마다 산업안전보건위원회의 위원장이 소집하며, 임시회의는 위원장이 필요하다고 인정할 때에 소집한다.

003
7회 출제

재해원인 중 간접원인이 아닌 것은?

① 물적 원인　　　　② 관리적 원인
③ 사회적 원인　　　④ 정신적 원인

해설

'물적 원인'은 직접원인에 해당한다.

관련개념 재해발생의 간접원인

기초원인	• 관리적 원인	• 사회적 원인
	• 학교교육적 원인	• 역사적 원인
2차 원인	• 기술적 원인	• 신체적 원인
	• 안전교육적 원인	• 정신적 원인

004

산업재해통계업무처리규정상 재해 통계 관련 용어로 ( ) 안에 알맞은 용어는?

> ( )는 근로복지공단의 유족급여가 지급된 사망자 및 근로복지공단에 최초요양신청서(재진 요양신청이나 전원요양신청서는 제외)를 제출한 재해자 중 요양승인을 받은 자(산재 미보고 적발 사망자수 포함)로 통상의 출퇴근으로 발생한 재해는 제외한다.

① 재해자수
② 사망자수
③ 휴업재해자수
④ 임금근로자수

해설

"재해자수"는 근로복지공단의 유족급여가 지급된 사망자 및 근로복지공단에 최초요양신청서(재진 요양신청이나 전원요양신청서 제외)를 제출한 재해자 중 요양승인을 받은 자(산재 미보고 적발 사망자수 포함)를 말한다. 다만, 통상의 출퇴근으로 발생한 재해는 제외한다.

005

시몬즈(Simonds)의 재해손실비의 평가방식 중 비보험 코스트의 산정 항목에 해당하지 않는 것은?

① 사망사고건수
② 통원상해건수
③ 응급조치건수
④ 무상해사고건수

해설 **시몬즈(Simonds) 재해손실비 평가방식**

총 재해 비용 = 보험 Cost + 비보험 Cost

= 산재보험료 + A × 휴업상해건수 + B × 통원상해건수

+ C × 응급조치건수 + D × 무상해사고건수

※ A, B, C, D는 상해정도별 재해에 대한 비보험 Cost의 평균액이다.

관련개념 **상해의 종류**

분류	내용
휴업상해	영구부분노동불능, 일시전노동불능
통원상해	일시부분노동불능, 의사의 조치를 요하는 통원상해
응급조치상해	응급조치가 필요한 상해 또는 8시간 미만의 휴업의료조치 상해
무상해사고	의료조치를 필요로 하지 않는 경미한 상해 사고

006

산업안전보건법령상 용어와 뜻이 바르게 연결된 것은?

① "사업주대표"란 근로자의 과반수를 대표하는 자를 말한다.
② "도급인"이란 건설공사발주자를 포함한 물건의 제조·건설·수리 또는 서비스의 제공, 그 밖의 업무를 도급하는 사업주를 말한다.
③ "안전보건평가"란 산업재해를 예방하기 위하여 잠재적 위험성을 발견하고 그 개선대책을 수립할 목적으로 조사·평가하는 것을 말한다.
④ "산업재해"란 노무를 제공하는 사람이 업무에 관계되는 건설물·설비·원재료·가스·증기·분진 등에 의하거나 작업 또는 그 밖의 업무로 인하여 사망 또는 부상하거나 질병에 걸리는 것을 말한다.

해설

① "근로자대표"란 근로자의 과반수로 조직된 노동조합이 있는 경우에는 그 노동조합을, 근로자의 과반수로 조직된 노동조합이 없는 경우에는 근로자의 과반수를 대표하는 자를 말한다.
② "도급인"이란 물건의 제조·건설·수리 또는 서비스의 제공, 그 밖의 업무를 도급하는 사업주를 말한다. 다만, 건설공사발주자는 제외한다.
③ "안전보건진단"이란 산업재해를 예방하기 위하여 잠재적 위험성을 발견하고 그 개선대책을 수립할 목적으로 조사·평가하는 것을 말한다.

007

재해조사 시 유의사항으로 틀린 것은?

① 피해자에 대한 구급 조치를 우선으로 한다.
② 재해조사 시 2차 재해 예방을 위해 보호구를 착용한다.
③ 재해조사는 재해자의 치료가 끝난 뒤 실시한다.
④ 책임추궁보다는 재발방지를 우선하는 기본 태도를 가진다.

해설 재해조사 시 유의사항
- 사실을 수집한다.
- 목격자가 발언하는 사실 이외의 추측의 말은 참고만 한다.
- 조사는 신속히 행하고 2차 재해의 방지를 도모한다.
- 사람, 설비, 환경의 측면에서 재해요인을 도출한다.
- 제3자의 입장에서 공정하게 조사하며 조사는 2인 이상이 한다.
- 책임추궁보다 재발방지를 우선하는 기본 태도를 갖는다.

008

산업안전보건법령상 상시근로자 20명 이상 50명 미만인 사업장 중 안전보건관리담당자를 선임하여야 하는 업종이 아닌 것은? (단, 안전관리자 및 보건관리자가 선임되지 않은 사업장으로 한다.)

① 임업　　　　　② 제조업
③ 건설업　　　　④ 환경 정화 및 복원업

해설 안전보건관리담당자의 선임
다음의 어느 하나에 해당하는 사업의 사업주는 상시근로자 20명 이상 50명 미만인 사업장에 안전보건관리담당자를 1명 이상 선임하여야 한다.
- 제조업
- 임업
- 하수, 폐수 및 분뇨 처리업
- 폐기물 수집, 운반, 처리 및 원료 재생업
- 환경 정화 및 복원업

009

건설기술 진흥법령상 안전관리계획을 수립해야 하는 건설공사에 해당하지 않는 것은?

① 15층 건축물의 리모델링
② 지하 15[m]를 굴착하는 건설공사
③ 항타 및 항발기가 사용되는 건설공사
④ 높이가 21[m]인 비계를 사용하는 건설공사

해설
건설기술 진흥법령상 높이 31[m] 이상인 비계를 사용하는 건설공사가 안전관리계획 수립 대상에 해당하므로 높이가 21[m]인 비계를 사용하는 건설공사는 해당하지 않는다.

관련개념 건설기술 진흥법령상 안전관리계획 수립 대상 건설공사
- 시설물의 안전 및 유지관리에 관한 특별법에 따른 1종시설물 및 2종시설물의 건설공사
- 지하 10[m] 이상을 굴착하는 건설공사
- 폭발물을 사용하는 건설공사로서 20[m] 안에 시설물이 있거나 100[m] 안에 사육하는 가축이 있어 해당 건설공사로 인한 영향을 받을 것이 예상되는 건설공사
- 10층 이상 16층 미만인 건축물의 건설공사
- 10층 이상인 건축물의 리모델링 또는 해체공사
- 주택법에 따른 수직증축형 리모델링
- 건설기계관리법에 따라 등록된 천공기(높이 10[m] 이상), 항타 및 항발기, 타워크레인이 사용되는 건설공사
- 다음의 가설구조물을 사용하는 건설공사
  - 높이 31[m] 이상인 비계, 브라켓 비계
  - 작업발판 일체형 거푸집 또는 높이가 5[m] 이상인 거푸집 및 동바리
  - 터널의 지보공 또는 높이가 2[m] 이상인 흙막이 지보공
  - 동력을 이용하여 움직이는 가설구조물, 높이 10[m] 이상에서 외부작업을 하기 위하여 작업발판 및 안전시설물을 일체화하여 설치하는 가설구조물, 공사현장에서 제작하여 조립·설치하는 복합형 가설구조물
  - 그 밖에 발주자 또는 인·허가기관의 장이 필요하다고 인정하는 가설구조물

010

13회 출제

다음의 재해에서 기인물과 가해물로 옳은 것은?

> 공구와 자재가 바닥에 어지럽게 널려 있는 작업통로를 작업자가 보행 중 공구에 걸려 넘어져 통로바닥에 머리를 부딪쳤다.

① 기인물: 바닥, 가해물: 공구
② 기인물: 바닥, 가해물: 바닥
③ 기인물: 공구, 가해물: 바닥
④ 기인물: 공구, 가해물: 공구

해설

재해발생의 주 원인은 공구(기인물)이고, 직접적인 피해를 준 물체는 바닥(가해물)이다.

관련개념 기인물과 가해물

- 기인물: 재해발생의 주 원인이며 재해를 가져오게 한 근원이 되는 기계, 장치, 물질 또는 환경 등(불안전한 상태)
- 가해물: 직접 사람에게 접촉하여 피해를 주는 기계, 장치, 물질 또는 환경 등

011

4회 출제

보호구 안전인증 고시상 안전인증을 받은 보호구의 표시사항이 아닌 것은?

① 제조자명
② 사용 유효기간
③ 안전인증 번호
④ 규격 또는 등급

해설 보호구 안전인증제품의 표시사항
- 형식 또는 모델명
- 규격 또는 등급 등
- 제조자명
- 제조번호 및 제조연월
- 안전인증 번호

012

14회 출제

위험예지훈련 진행방법 중 대책수립에 해당하는 단계는?

① 제1라운드
② 제2라운드
③ 제3라운드
④ 제4라운드

해설 위험예지훈련 4라운드

1라운드	현상파악	위험요인을 식별하는 단계
2라운드	본질추구	위험요인·문제점 발견 및 위험의 포인트를 결정하고 지적 확인하는 단계
3라운드	대책수립	위험요인을 극복하기 위한 대안 제시 단계
4라운드	목표설정	행동목표를 설정하는 단계

013

4회 출제

산업안전보건법령상 안전보건관리규정을 작성해야 할 사업의 종류를 모두 고른 것은? (단, ㉠~㉤은 상시근로자 300명 이상의 사업이다.)

> ㉠ 농업
> ㉡ 정보서비스업
> ㉢ 금융 및 보험업
> ㉣ 사회복지 서비스업
> ㉤ 과학 및 기술 연구개발업

① ㉡, ㉣, ㉤
② ㉠, ㉡, ㉢, ㉣
③ ㉠, ㉡, ㉢, ㉤
④ ㉠, ㉢, ㉣, ㉤

해설 안전보건관리규정을 작성하여야 할 사업의 종류

사업의 종류	상시근로자 수
• 농업, 어업 • 소프트웨어 개발 및 공급업 • 컴퓨터 프로그래밍, 시스템 통합 및 관리업 • 영상·오디오물 제공 서비스업 • 정보서비스업 • 금융 및 보험업 • 임대업(부동산 제외) • 전문, 과학 및 기술 서비스업(연구개발업 제외) • 사업지원 서비스업, 사회복지 서비스업	300명 이상
위의 사업을 제외한 사업	100명 이상

014

산업안전보건법령상 중대재해의 범위에 해당하지 않는 것은?

① 사망자가 1명 발생한 재해
② 부상자가 동시에 10명 이상 발생한 재해
③ 2개월 이상의 요양이 필요한 부상자가 동시에 2명 이상 발생한 재해
④ 직업성 질병자가 동시에 10명 이상 발생한 재해

해설 중대재해의 범위

• 사망자가 1명 이상 발생한 재해
• 3개월 이상의 요양이 필요한 부상자가 동시에 2명 이상 발생한 재해
• 부상자 또는 직업성 질병자가 동시에 10명 이상 발생한 재해

015

1,000명 이상의 대규모 사업장에서 가장 적합한 안전관리 조직의 형태는?

① 경영형   ② 라인형
③ 스태프형   ④ 라인-스태프형

해설 라인-스태프(Line-Staff)형 조직의 특징

• 명령계통과 조언의 권고적 참여가 혼동되기 쉽다.
• 안전보건업무를 전담하는 스태프를 두고 생산라인의 부서의 장으로 하여금 안전보건을 담당하게 한다. (안전보건대책은 스태프에서 수립 → 라인을 통하여 실천)
• 라인에는 생산과 안전에 관한 책임과 권한이 동시에 부여된다. (안전보건업무와 생산 업무의 균형 유지)
• 근로자 1,000명 이상의 대규모 사업장에 적합하다.
• 안전과 생산이 유리될 우려가 없어 운용이 적절하면 이상적인 조직이다.

016

A 사업장의 현황이 다음과 같을 때 A 사업장의 강도율은?

• 상시근로자: 200명
• 요양재해건수: 4건
• 사망: 1명
• 휴업: 1명(500일)
• 연 근로시간: 2,400시간

① 8.33   ② 14.53
③ 15.31   ④ 16.48

해설

$$강도율 = \frac{총 \ 요양 \ 근로손실일수}{연 \ 근로시간 \ 수} \times 1,000$$

$$= \frac{7,500 + 500 \times \frac{300}{365}}{200 \times 2,400} \times 1,000 = 16.48$$

※ 근로손실일수 산정 방법

• 사망은 1건당 7,500일로 근로손실일수를 산정한다.
• 휴업일수가 발생한 경우 $휴업일수 \times \frac{연 \ 근로일수}{365}$로 근로손실일수를 산정한다. 이 문제의 경우 연 근로일수는 제시되어 있지 않으나 연간 근로시간이 2,400시간이므로 1일 8시간 근무로 연 근로일수는 300일로 산정할 수 있다.

관련개념 **강도율**(SR; Severity Rate of Injury)

근로시간 합계 1,000시간당 재해로 인한 근로손실일수이다.

$$강도율 = \frac{총 \ 요양 \ 근로손실일수}{연 \ 근로시간 \ 수} \times 1,000$$

017
2회 출제

산업안전보건법령상 관계수급인 근로자가 도급인의 사업장에서 작업을 하는 경우 건설업 도급인의 작업장 순회점검 주기는?

① 1일에 1회 이상
② 2일에 1회 이상
③ 3일에 1회 이상
④ 7일에 1회 이상

해설 도급인의 작업장 순회점검 주기

사업의 종류	주기
• 건설업 • 제조업 • 토사석 광업 • 서적, 잡지 및 기타 인쇄물 출판업 • 음악 및 기타 오디오물 출판업 • 금속 및 비금속 원료 재생업	2일에 1회 이상
위의 사업을 제외한 사업	1주일에 1회 이상

018
6회 출제

재해사례연구의 진행단계로 옳은 것은?

㉠ 사실의 확인　㉡ 대책의 수립
㉢ 문제점의 발견　㉣ 문제점의 결정
㉤ 재해 상황의 파악

① ㉢ → ㉤ → ㉠ → ㉣ → ㉡
② ㉢ → ㉤ → ㉣ → ㉠ → ㉡
③ ㉤ → ㉢ → ㉠ → ㉣ → ㉡
④ ㉤ → ㉠ → ㉢ → ㉣ → ㉡

해설 재해사례 연구순서
• 전제조건: 재해 상황의 파악
• 제1단계: 사실의 확인
• 제2단계: 문제점 발견
• 제3단계: 근본적 문제점 결정
• 제4단계: 대책수립

019
4회 출제

산업안전보건법령상 건설현장에서 사용하는 크레인의 안전검사의 주기는? (단, 이동식 크레인은 제외한다.)

① 최초로 설치한 날부터 1개월마다 실시
② 최초로 설치한 날부터 3개월마다 실시
③ 최초로 설치한 날부터 6개월마다 실시
④ 최초로 설치한 날부터 1년마다 실시

해설 안전검사의 주기

구분	주기
크레인(이동식 크레인 제외), 리프트(이삿짐운반용 리프트 제외), 곤돌라	• 설치가 끝난 날부터 3년 이내 최초 안전검사 실시 • 최초 안전검사 실시 이후 2년마다 실시 ※ 건설현장에 사용하는 것은 최초 설치한 날부터 6개월마다 실시
이동식 크레인, 이삿짐운반용 리프트, 고소작업대	• 자동차관리법에 따른 신규등록 이후 3년 이내 최초 안전검사 실시 • 최초 안전검사 실시 이후 2년마다 실시
프레스, 전단기, 압력용기, 국소배기장치, 원심기, 롤러기, 사출성형기, 컨베이어, 산업용 로봇	• 설치가 끝난 날부터 3년 이내 최초 안전검사 실시 • 최초 안전검사 실시 이후 2년마다 실시 ※ 공정안전보고서를 제출하여 확인을 받은 압력용기는 4년마다 실시

020
8회 출제

재해예방의 4원칙에 해당하지 않는 것은?

① 손실적용의 원칙　② 원인연계의 원칙
③ 대책선정의 원칙　④ 예방가능의 원칙

해설 재해예방의 4원칙

손실우연의 원칙	사고에 의해서 생기는 상해의 종류 및 정도는 우연적이라는 원칙
예방가능의 원칙	재해는 원칙적으로 예방이 가능하다는 원칙
원인계기의 원칙 (원인연계의 원칙)	재해의 발생은 직접원인으로만 일어나는 것이 아니라 간접원인이 연계되어 일어난다는 원칙
대책선정의 원칙	원인의 정확한 분석에 의해 가장 타당한 재해예방 대책이 선정되어야 한다는 원칙

| 정답 | 017 ② 018 ④ 019 ③ 020 ①

산업심리 및 교육

021

1회 출제

감각 현상이 하나의 전체적이고 의미 있는 내용으로 체계화되는 과정을 의미하는 용어는?

① 유추(Analogy)
② 게슈탈트(Gestalt)
③ 인지(Cognition)
④ 근접성(Proximity)

해설

게슈탈트(Gestalt)는 독일어로 형태나 형상이라는 뜻을 가지며, 시각정보의 조직화를 의미한다.

관련개념 게슈탈트의 원리

유사성의 원리	모양, 크기, 색상 등 유사한 시각요소들을 그룹지어 하나의 패턴으로 보려는 경향
근접성의 원리	모양, 크기 등 형태가 서로 가까이 있을수록 하나의 집단처럼 보이는 경향
연속성의 원리	어떤 형태나 집단이 방향성을 가지고 연속되어 있을 때 그 방향에 따라 배열된 형태 등이 하나의 집단처럼 보이는 경향
폐쇄성의 원리	불완전한 것을 완전한 것으로 보려는 경향
단순성의 원리	주어진 조건에서 가장 단순한 쪽으로 인식하려는 경향

022

5회 출제

다음에서 설명하는 리더십의 유형은?

> 과업 완수와 인간관계 모두에 있어 최대한의 노력을 기울이는 리더십 유형

① 과업형 리더십
② 이상형 리더십
③ 타협형 리더십
④ 무관심형 리더십

해설

이상형(9, 9)은 과업 완수와 인간관계 모두에 있어 최대한의 노력을 기울이는 유형이다.

관련개념 관리 그리드(Managerial Grid)

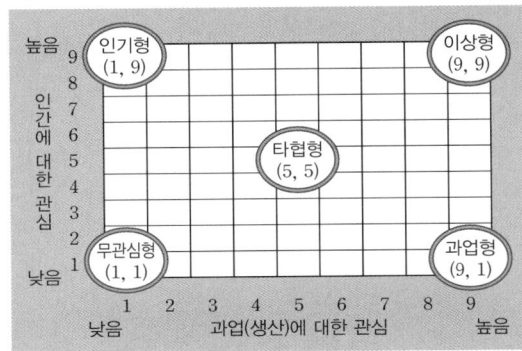

023
3회 출제

집단역학에서 소시오메트리(Sociometry)에 관한 설명 중 틀린 것은?

① 소시오메트리 분석을 위해 소시오매트릭스와 소시오그램이 작성된다.

② 소시오매트릭스에서는 상호작용에 대한 정량적 분석이 가능하다.

③ 소시오메트리는 집단 구성원들 간의 공식적 관계가 아닌 비공식적인 관계를 파악하기 위한 방법이다.

④ 소시오그램은 집단 구성원들 간의 선호, 거부 혹은 무관심의 관계를 기호로 표현하지만, 이를 통해 다양한 집단 내의 비공식적 관계에 대한 역학 관계는 파악할 수 없다.

> **해설** 소시오메트리(Sociometry)
> - 구성원 상호 간의 선호도를 기초로 집단 내부의 동태적 상호관계를 분석하는 기법이다.
> - 소시오메트리 연구조사에서 수집된 자료들은 소시오그램과 소시오매트릭스 등으로 분석한다.
> - 소시오매트릭스는 소시오그램에서 나타나는 집단 구성원들 간의 관계를 수치에 의하여 정량적으로 분석할 수 있다.
> - 소시오그램은 집단 내의 하위 집단들과 내부의 세력집단·비세력집단을 구분할 수 있고, 집단의 실질적인 리더를 발견할 수 있다.

024
7회 출제

생체리듬(Biorhythm)의 종류에 해당하지 않는 것은?

① Critical rhythm

② Physical rhythm

③ Intellectual rhythm

④ Sensitivity rhythm

> **해설** 생체리듬(바이오리듬)의 분류

육체적(신체적) 리듬 (P, Physical)	신체의 물리적인 상태를 나타내는 리듬으로, 청색 실선으로 표시하며 23일의 주기이다.
감성적 리듬 (S, Sensitivity)	기분이나 신경계통의 상태를 나타내는 리듬으로, 적색 점선으로 표시하며 28일의 주기이다.
지성적 리듬 (I, Intellectual)	기억력, 인지력, 판단력 등을 나타내는 리듬으로, 녹색 일점쇄선으로 표시하며 33일의 주기이다.

025
2회 출제

사회행동의 기본 형태에 해당하지 않는 것은?

① 협력 ② 대립

③ 모방 ④ 도피

> **해설** 인간 사회행동의 기본 형태
> - **도피**: 정신병, 자살, 고립
> - **협력**: 조력, 분업
> - **대립**: 공격, 경쟁
> - **융합**: 강제, 타협, 통합

026
16회 출제

OJT(On the Job Training)의 특징이 아닌 것은?

① 효과가 곧 업무에 나타난다.

② 직장의 실정에 맞는 실제적 훈련이다.

③ 다수의 근로자에게 조직적 훈련이 가능하다.

④ 교육을 통한 훈련 효과에 의해 상호 신뢰·이해도가 높아진다.

> **해설**
> ③은 Off JT의 특징이다.

> **관련개념** OJT(On the Job Training)의 특징

장점	- 개인에게 적절한 지도훈련이 가능하다. - 직장의 실정에 맞게 실제적 훈련이 가능하다. - 교육을 통한 훈련효과에 의해 상호 신뢰 및 이해도가 높아진다. - 대상자의 개인별 능력에 따라 훈련의 진도를 조정하기 쉽다. - 교육효과가 업무에 신속히 반영된다. - 훈련에 필요한 업무의 계속성이 끊어지지 않는다. - 동기부여가 쉽다.
단점	- 다수의 대상을 한 번에 통일적인 내용 및 수준으로 교육시킬 수 없다. - 전문적인 지식 및 기능을 교육하기 힘들다. - 업무와 교육이 병행되므로 훈련에만 전념할 수 없다.

027
3회 출제

어떤 과업을 성취할 수 있는 자신의 능력에 대한 스스로의 믿음을 나타내는 것은?

① 자아존중감(Self-esteem)
② 자기효능감(Self-efficacy)
③ 통제의 착각(Illusion of control)
④ 자기중심적 편견(Egocentric bias)

해설 **자기효능감(Self-efficacy)**
자신에게 부여된 과제를 성공적으로 수행하거나 어려운 상황을 극복할 수 있다는 기대(신념)이다.

028
1회 출제

모랄서베이(Morale Survey)의 주요 방법으로 적절하지 않은 것은?

① 관찰법　　　　　② 면접법
③ 강의법　　　　　④ 질문지법

해설 **모랄서베이(Morale Survey, 근로의욕 조사)**
근로자의 감정과 기분을 과학적으로 고려하고 이에 따른 경영의 관리활동을 개선하려는 데 목적이 있다.

통계에 의한 방법	사고 상해율, 생산성 등을 분석하여 파악하는 방법
사례연구(Case Study)법	관리상의 여러 가지 제도에 나타나는 사례에 대해 연구함으로써 현상을 파악하는 방법
관찰법	종업원의 근무 실태를 계속 관찰함으로써 문제점을 찾아내는 방법
실험연구법	실험그룹과 통제그룹으로 나누고 정황, 자극을 주어 태도 변화를 조사하는 방법
태도조사	질문지법, 면접법, 집단토의법, 투사법 등에 의해 의견을 조사하는 방법

029
5회 출제

산업안전보건법령상 2[m] 이상인 구축물을 콘크리트 파쇄기를 사용하여 파쇄작업을 하는 경우 특별교육의 내용이 아닌 것은? (단, 그 밖에 안전·보건관리에 필요한 사항은 제외한다.)

① 작업안전조치 및 안전기준에 관한 사항
② 비계의 조립방법 및 작업 절차에 관한 사항
③ 콘크리트 해체 요령과 방호거리에 관한 사항
④ 파쇄기의 조작 및 공통작업 신호에 관한 사항

해설 **콘크리트 파쇄기를 사용하여 하는 파쇄작업(2[m] 이상인 구축물의 파쇄작업만 해당)의 특별교육내용**
· 콘크리트 해체 요령과 방호거리에 관한 사항
· 작업안전조치 및 안전기준에 관한 사항
· 파쇄기의 조작 및 공통작업 신호에 관한 사항
· 보호구 및 방호장비 등에 관한 사항
· 그 밖에 안전·보건관리에 필요한 사항

030
3회 출제

안전보건교육에 있어 역할연기법의 장점이 아닌 것은?

① 흥미를 갖고, 문제에 적극적으로 참가한다.
② 자기 태도의 반성과 창조성이 생기고, 발표력이 향상된다.
③ 문제의 배경에 대하여 통찰하는 능력을 높임으로써 감수성이 향상된다.
④ 목적이 명확하고, 다른 방법과 병용하지 않아도 높은 효과를 기대할 수 있다.

해설 **역할연기법(Role Playing)**
· 집단 심리요법으로 체험활동을 통해 대인관계에 있어서 태도, 통찰력, 자기 이해를 목표로 개발된 교육기법이다.
· 참가자에게 흥미와 체험감을 부여하고 아는 것과 행동하는 것 사이의 차이를 인식시킨다.
· 자기 태도 반성, 문제 배경 통찰, 감수성 향상, 교육 참석자의 장단점 파악의 효과가 있다.
· 높은 수준의 의사결정에 대한 훈련에는 효과가 적다.
· 목적이 명확하지 않고 다른 방법과 병행이 필요하다.
· 훈련장소확보가 어렵다.
· 관찰에 의한 학습, 실행에 의한 학습, 피드백에 의한 학습 분석과 개념화를 통한 학습 등이 역할연기법에 해당한다.

031

학습정도(Level of Learning)의 4단계에 해당하지 않는 것은?

① 회상(to recall) ② 적용(to apply)

③ 인지(to recognize) ④ 이해(to understand)

해설 학습정도(Level of Learning)

• **인지(to recognize)**: ~을 인지하여야 한다.

• 지각(to know): ~을 알아야 한다.

• **이해(to understand)**: ~을 이해하여야 한다.

• **적용(to apply)**: ~을 ~에 적용할 줄 알아야 한다.

032

스트레스 반응에 영향을 주는 요인 중 개인적 특성에 관한 요인이 아닌 것은?

① 심리상태 ② 개인의 능력

③ 신체적 조건 ④ 작업시간의 차이

해설 스트레스 반응의 개인 차이

• **심리상태** • 자기존중감의 차이

• **개인의 능력** • 성(性)의 차이

• **신체적 조건** • 강인성의 차이

033

산업안전보건법령상 일용근로자의 작업내용 변경 시 교육시간의 기준은?

① 1시간 이상 ② 2시간 이상

③ 3시간 이상 ④ 4시간 이상

해설 근로자 안전보건교육 교육과정별 교육시간

교육과정	교육대상		교육시간
정기교육	사무직 종사 근로자		매반기 6시간 이상
	그 밖의 근로자	판매업무에 직접 종사하는 근로자	매반기 6시간 이상
		판매업무에 직접 종사하는 근로자 외의 근로자	매반기 12시간 이상
채용 시 교육	일용근로자 및 근로계약기간이 1주일 이하인 기간제근로자		1시간 이상
	근로계약기간이 1주일 초과 1개월 이하인 기간제근로자		4시간 이상
	그 밖의 근로자		8시간 이상
작업내용 변경 시 교육	일용근로자 및 근로계약기간이 1주일 이하인 기간제근로자		1시간 이상
	그 밖의 근로자		2시간 이상
특별교육	일용근로자 및 근로계약기간이 1주일 이하인 기간제근로자 (타워크레인 신호작업 종사자 제외)		2시간 이상
	타워크레인 신호작업에 종사하는 일용근로자 및 근로계약기간이 1주일 이하인 기간제근로자		8시간 이상
	그 밖의 근로자		16시간 이상
			단기간 또는 간헐적 작업인 경우 2시간 이상
건설업 기초안전·보건교육	건설 일용근로자		4시간 이상

034

교육심리학의 연구방법 중 인간의 내면에서 일어나고 있는 심리적 사고에 대하여 사물을 이용하여 인간의 성격을 알아보는 방법은?

① 투사법　　　　　② 면접법
③ 실험법　　　　　④ 질문지법

해설 **투사법**

인간의 내면에서 일어나고 있는 심리적 사고에 대하여 사물을 이용하여 인간의 성격을 알아보는 기법이다.

035

안전교육의 3단계 중 작업방법, 취급 및 조작행위를 몸으로 숙달시키는 것을 목적으로 하는 단계는?

① 안전지식교육　　　② 안전기능교육
③ 안전태도교육　　　④ 안전의식교육

해설 **기능교육(안전교육의 제2단계)**

• 작업능력 및 기술능력을 부여하고자 실시하는 교육이다.
• 개인의 반복적 시행착오에 의해서 형성된다.
• 현장실습을 통한 경험 체득과 이해를 목적으로 한다.
• 방호장치 기능을 습득한다.

036

호손(Hawthorne) 연구에 대한 설명으로 옳은 것은?

① 소비자들에게 효과적으로 영향을 미치는 광고 전략을 개발했다.
② 시간-동작연구를 통해서 작업도구와 기계를 설계했다.
③ 채용과정에서 발생하는 차별요인을 밝히고 이를 시정하는 법적 조치의 기초를 마련했다.
④ 물리적 작업환경보다 근로자들의 의사소통 등 인간관계가 더 중요하다는 것을 알아냈다.

해설 **호손 실험(Hawthorne Experiment)**

사원들의 태도, 감독자, 비공식 집단 등 인간관계와 관련된 요소들이 생산성에 영향을 미친다는 것을 확인한 실험이다.

037

지름길을 사용하여 대상물을 판단할 때 발생하는 지각의 오류가 아닌 것은?

① 후광효과　　　　　② 최근효과
③ 결론효과　　　　　④ 초두효과

해설 **인간의 경향성(지각의 오류)**

후광효과	한 가지 특성에 기초하여 그 사람의 모든 측면을 긍정적 또는 부정적으로 판단하는 경향성
엄격화효과	피평가자의 실제 업적이나 능력을 낮게 평가하는 경향성
중앙집중효과	피평가자들을 모두 중간점수로 평가하려는 경향성
관대화효과	타인을 평가함에 있어 관대하게 평가하려는 경향성
최신효과	가장 최근의 인상으로 판단하는 경향성
단순노출효과	지속적인 만남을 통해서 호감을 갖게 되는 경향성
초두효과	첫인상을 가장 중요하게 판단하는 경향성

038

다음은 무엇에 관한 설명인가?

> 다른 사람으로부터의 판단이나 행동을 무비판적으로 받아들이는 것

① 모방(Imitation)　　　② 투사(Projection)
③ 암시(Suggestion)　　④ 동일화(Identification)

해설 **인간관계 메커니즘**

모방 (Imitation)	남의 행동이나 판단을 표본으로 하여 그것과 같거나 그것에 가까운 행동 또는 판단을 취하려는 행위
투사 (Projection)	자신의 불만을 해소하기 위해 남에게 뒤집어 씌우는 행위
암시 (Suggestion)	다른 사람의 판단이나 행동을 무비판적으로 받아들이는 행위
동일화 (Identification)	다른 사람의 행동 양식이나 태도를 자신에게 투입하거나 다른 사람에게서 자신의 행동양식이나 태도와 비슷한 것을 발견하는 행위

039

산업심리의 5대 요소가 아닌 것은?

① 동기　　　　　　　② 기질
③ 감정　　　　　　　④ 지능

해설 산업안전심리의 5요소

동기(Motive)	감각에 의한 자극에서 일어난 사고의 결과로서 사람의 마음을 움직이는 원동력이 된다.
기질(Temper)	감정적인 경향이나 반응과 관계되는 성격의 한 측면이다.
감정(Emotion)	어떤 행동을 할 때 생기는 주관적인 동요를 뜻한다.
습성(Habits)	일정한 생활양식으로 본능, 학습, 조건반사 등에 따라 형성된다.
습관(Custom)	성장과정을 통해 개인에게 형성된 특성 등이 무의식 중에 나타나는 규칙적인 행동이다.

040

직무수행에 대한 예측변인 개발 시 작업표본(Work Sample)에 관한 사항 중 틀린 것은?

① 집단검사로 감독과 통제가 요구된다.
② 훈련생보다 경력자 선발에 적합하다.
③ 실시하는 데 시간과 비용이 많이 든다.
④ 주로 기계를 다루는 직무에 효과적이다.

해설
작업표본은 개인별 작업행동을 관찰할 수 있는 검사이다.

관련개념 작업표본의 특징
• 주로 육체노동이나 기계를 다루는 업무에 효과적이다.
• 실시하는 데 시간과 비용이 많이 든다.
• 훈련생보다 경력자 선발에 적합하다.
• 동시타당도만 측정이 가능하다.
• 개인의 직업 적성, 근로자 특성, 직업 흥미 등을 평가한다.

인간공학 및 시스템안전공학

041

태양광이 내리쬐지 않는 옥내의 습구흑구온도지수(WBGT) 산출 식은?

① 0.6×자연습구온도+0.3×흑구온도
② 0.7×자연습구온도+0.3×흑구온도
③ 0.6×자연습구온도+0.4×흑구온도
④ 0.7×자연습구온도+0.4×흑구온도

해설 태양광선이 내리쬐지 않는 옥내의 습구흑구온도지수
WBGT=0.7×자연습구온도+0.3×흑구온도

관련개념 습구흑구온도지수(WBGT; Wet Bulb Globe Temperature)
• 옥외 WBGT[℃] = 0.7×NWB+0.2×GT+0.1×NDB
• 실내 WBGT[℃] = 0.7×NWB+0.3×GT
• NWB(자연습구온도; Natural Wet Bulb Temperature)
• GT(흑구온도; Globe Temperature)
• NDB(건구온도; Natural Dry Bulb Temperature)

042

부품배치의 원칙 중 기능적으로 관련된 부품들을 모아서 배치한다는 원칙은?

① 중요성의 원칙
② 사용 빈도의 원칙
③ 사용 순서의 원칙
④ 기능별 배치의 원칙

해설 부품배치의 원칙
• 중요성의 원칙: 목표달성에 중요한 정도에 따라 부품을 배치한다.
• 사용 빈도의 원칙: 자주 사용하는 부품을 가까이에 배치한다.
• 기능별 배치의 원칙: 기능이 유사한 부품끼리 배치한다.
• 사용 순서의 원칙: 사용 순서에 따라 부품을 배치한다.

043

인간공학의 목표와 거리가 가장 먼 것은?

① 사고 감소 ② 생산성 증대
③ 안전성 향상 ④ 근골격계질환 증가

해설 **인간공학**
- 인간의 특성과 한계 능력을 공학적으로 분석, 평가하여 이를 복잡한 체계의 설계에 응용하고 효율을 최대로 활용할 수 있도록 하는 학문분야이다.
- 인간이 사용하는 물건, 설비, 환경의 설계에 인간의 생리적, 심리적인 면에서의 특성이나 한계점을 고려함으로써 인간−기계 시스템의 안전성과 편리성, 효율성을 높이는 학문분야이다.
- 인간의 능력과 한계의 개인차를 고려하여 시스템의 설계에 반영한다.
- **인간공학의 목표는** 시스템의 기능적 효과, 효율 및 **인간 가치를 향상시키는 것이다.**

044

시각적 식별에 영향을 주는 각 요소에 대한 설명 중 틀린 것은?

① 조도는 광원의 세기를 말한다.
② 휘도는 단위 면적당 표면에 반사 또는 방출되는 광량을 말한다.
③ 반사율은 물체의 표면에 도달하는 조도와 광도의 비를 말한다.
④ 광도 대비란 표적의 광도와 배경의 광도의 차이를 배경 광도로 나눈 값을 말한다.

해설
광원의 세기를 나타내는 것은 광도이다.

관련개념 **시각의 식별적 요소**
- 조도: 어떤 물체나 대상면에 도달하는 빛의 양을 말한다.
- 휘도: 눈부심의 정도를 나타내며, 단위 면적당 대상면에 반사되는 빛의 양을 말한다.
- 반사율: 물체의 표면에 도달하는 조도와 광도의 비를 말한다.
- 광도 대비(휘도 대비): 표적과 배경의 광도(휘도) 차이를 배경의 광도(휘도)로 나눈 값을 말한다.

045

A사의 안전관리자는 자사 화학설비의 안전성 평가를 실시하고 있다. 그 중 제2단계인 정성적 평가를 진행하기 위하여 평가 항목을 설계관계 대상과 운전관계 대상으로 분류하였을 때 설계관계 항목이 아닌 것은?

① 건조물 ② 공장 내 배치
③ 입지조건 ④ 원재료, 중간제품

해설 **정성적 평가와 정량적 평가 항목**

정성적 평가	설계관계 항목	입지조건, 공장 내 배치, 건조물, 소방설비 등
	운전관계 항목	원재료, 중간제품, 공정 및 공정기기, 수송, 저장 등
정량적 평가	• 수치값으로 표현 가능한 항목 대상 • 온도, 취급물질, 화학설비용량, 압력, 조작 등	

046

양립성의 종류가 아닌 것은?

① 개념의 양립성 ② 감성의 양립성
③ 운동의 양립성 ④ 공간의 양립성

해설 **양립성의 종류**

공간 양립성	• 표시장치와 조종장치의 위치가 인간의 기대에 모순되지 않는 것 • 왼쪽 표시장치의 조종장치는 왼쪽에, 오른쪽 표시장치의 조종장치는 오른쪽에 위치하는 것
양식 양립성	• 문화적 관습으로 생기는 양립성 • 청각적 자극에 음성응답을 하게 되는 것
운동 양립성	조종장치의 조작방향에 따라 기계장치나 자동차 등이 움직이는 것
개념 양립성	• 인간의 개념과 일치하게 하는 것 • 적색 수도전은 온수, 청색 수도전은 냉수를 의미하는 것 • 위험신호는 빨간색, 주의신호는 노란색, 안전신호는 파란색으로 표시하는 것

047

12회 출제

그림과 같은 시스템에서 부품 A, B, C, D의 신뢰도가 모두 r로 동일할 때 이 시스템의 신뢰도는?

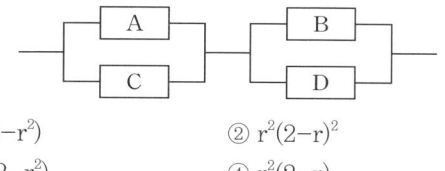

① $r(2-r^2)$
② $r^2(2-r)^2$
③ $r^2(2-r^2)$
④ $r^2(2-r)$

해설

부품 A와 C, B와 D는 병렬 구성이며, 이 병렬 구성은 직렬로 연결되어 있는 시스템이다.

A와 C, B와 D의 신뢰도는 각각 $1-(1-r)\times(1-r)$이므로

전체 시스템의 신뢰도

=A와 C의 신뢰도×B와 D의 신뢰도

$=\{1-(1-r)\times(1-r)\}\times\{1-(1-r)\times(1-r)\}$

$=(2r-r^2)\times(2r-r^2)$

$=r(2-r)\times r(2-r)$

$=r^2(2-r)^2$

048

1회 출제

FTA에서 사용되는 논리게이트 중 입력과 반대되는 현상으로 출력되는 것은?

① 부정 게이트
② 억제 게이트
③ 배타적 OR 게이트
④ 우선적 AND 게이트

해설 **부정 게이트**

입력과 반대되는 현상으로 출력되는 게이트로 논리부정 관계이다.

049

3회 출제

어떤 결함수를 분석하여 Minimal Cut Set을 구한 결과 다음과 같았다. 각 기본사상의 발생확률을 q_i, $i=1, 2, 3$이라 할 때 정상사상의 발생확률함수로 옳은 것은?

$$K_1=[1, 2], K_2=[1, 3], K_3=[2, 3]$$

① $q_1q_2 + q_1q_2 - q_2q_3$
② $q_1q_2 + q_1q_3 - q_2q_3$
③ $q_1q_2 + q_1q_3 + q_2q_3 - q_1q_2q_3$
④ $q_1q_2 + q_1q_3 + q_2q_3 - 2q_1q_2q_3$

해설 **최소 컷셋을 대입한 FT도**

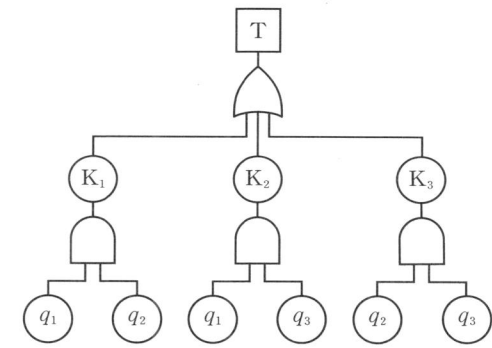

$K_1=q_1q_2$, $K_2=q_1q_3$, $K_3=q_2q_3$

T는 K_1, K_2, K_3의 OR 게이트이므로

$T=1-(1-P(K_1))\times(1-P(K_2))\times(1-P(K_3))$
$=1-(1-q_1q_2)\times(1-q_1q_3)\times(1-q_2q_3)$

이때 $(1-q_1q_2)\times(1-q_1q_3)=1-q_1q_3-q_1q_2+q_1q_2q_3$이므로

$(1-q_1q_2)\times(1-q_1q_3)\times(1-q_2q_3)$
$=(1-q_1q_3-q_1q_2+q_1q_2q_3)\times(1-q_2q_3)$
$=1-q_2q_3-q_1q_3+q_1q_2q_3-q_1q_2+q_1q_2q_3+q_1q_2q_3-q_1q_2q_3$
$=1-q_2q_3-q_1q_3-q_1q_2+2q_1q_2q_3$

$\therefore T=1-(1-q_2q_3-q_1q_3-q_1q_2+2q_1q_2q_3)$
$=q_2q_3+q_1q_3+q_1q_2-2q_1q_2q_3$

050

부품고장이 발생하여도 기계가 추후 보수될 때까지 안전한 기능을 유지할 수 있도록 하는 기능은?

① Fail – Soft
② Fail – Active
③ Fail – Operational
④ Fail – Passive

해설 페일 세이프(Fail Safe) 기능 분류

Fail-Active	부품이 고장나면 경보를 울리면서 짧은 시간동안 운전이 가능한 것
Fail-Passive	부품이 고장나면 기계가 정지하는 방향으로 전환되는 것
Fail-Operational	부품이 고장나더라도 보수가 이뤄질 때까지 안전한 기능으로 유지하는 것

※ Fail-Soft : 시스템의 고장이나 일부 기능이 저하되더라도 주 기능을 유지시켜 작동하는 것

051

반사경 없이 모든 방향으로 빛을 발하는 점광원에서 3[m] 떨어진 곳의 조도가 300[lux]라면 2[m] 떨어진 곳에서 조도 [lux]는?

① 375
② 675
③ 875
④ 975

해설

조도는 거리의 제곱에 반비례하므로 2[m] 떨어진 곳의 조도를 x라 하면

$$300 : x = \frac{1}{3^2} : \frac{1}{2^2}$$

$$\frac{300}{2^2} = \frac{x}{3^2}$$

$$x = \frac{300 \times 3^2}{2^2} = 675[\text{lux}]$$

관련개념 **조도**
• 거리의 제곱에 반비례하고, 광속에 비례한다.
• 조도는 어떤 물체나 대상면에 도달하는 빛의 양을 말한다.
• 반사체의 반사율과는 상관없이 일정한 값을 가진다.

052

통화이해도 척도로서 통화이해도에 영향을 주는 잡음의 영향을 추정하는 지수는?

① 명료도 지수
② 통화 간섭 수준
③ 이해도 점수
④ 통화 공진 수준

해설 통화 간섭 수준(Speech Interference Level)

잡음이 통화이해도(Speech Intelligibility)에 미치는 영향을 추정하는 지수이다.

관련개념 **명료도 지수(Articulation Index)**
• 말소리의 질에 대한 객관적 측정 방법이다.
• 통화이해도를 측정하는 지표이다.
• 각 옥타브(Octave)대의 음성과 잡음의 데시벨[dB]값에 가중치를 곱하여 합계를 구한 것이다.

053

예비위험분석(PHA)에서 식별된 사고의 범주가 아닌 것은?

① 중대(Critical)
② 한계적(Marginal)
③ 파국적(Catastrophic)
④ 수용가능(Acceptable)

해설 예비위험분석(PHA; Preliminary Hazard Analysis)
• 시스템 내의 위험요소가 어떤 위험상태에 있는가를 평가하는 시스템 안전 프로그램에서 최초단계(시스템 구상단계)의 분석 방식(정성적)이다.
• 위험의 정도는 파국(Catastrophic), 중대(Critical), 위기-한계(Marginal), 무시 가능(Negligible)의 4가지 범주로 분류할 수 있다.

054

4회 출제

인간공학적 연구에 사용되는 기준 척도의 요건 중 다음 설명에 해당하는 것은?

> 기준 척도는 측정하고자 하는 변수 외의 다른 변수들의 영향을 받아서는 안 된다.

① 신뢰성
② 적절성
③ 검출성
④ 무오염성

해설 체계기준의 구비조건(연구조사의 기준척도)

실제적 요건	객관적·정량적이고, 수집 또는 연구가 쉬우며, 특수한 자료 수집기법이나 기기가 필요 없고, 돈이나 실험자의 수고가 적게 드는 것
적절성(타당성)	변수가 실제로 의도하는 바를 어느 정도 측정하는가를 결정하는 것
무오염성	측정하는 구조 외적인 변수의 영향을 받지 않는 것
신뢰성	시간이나 대표적 표본의 선정에 관계없이 변수 측정의 일관성이나 안정성이 있는 것
민감도	피검자 사이에서 볼 수 있는 예상 차이점에 비례하는 단위로 측정하는 것

055

1회 출제

James Reason의 원인적 휴먼에러 종류 중 다음 설명의 휴먼에러 종류는?

> 자동차가 우측 운행하는 한국의 도로에 익숙해진 운전자가 좌측 운행을 해야 하는 일본에서 우측 운행을 하다가 교통사고를 냈다.

① 고의 사고(Violation)
② 숙련 기반 에러(Skill based error)
③ 규칙 기반 착오(Rule based mistake)
④ 지식 기반 착오(Knowledge based mistake)

해설 James Reason의 휴먼에러의 종류

숙련 기반 에러 (Skilled based error)	반복적·습관적 행동 중 부주의로 발생하는 실수(Slip)와 망각(Lapse)으로 구분되는 오류
지식 기반 착오 (Knowledge based mistake)	낯설거나 새로운 상황에서 지식과 추론에 의존하다가 잘못된 판단이나 의사결정을 하여 발생하는 오류
규칙 기반 착오 (Rule based mistake)	잘못된 규칙을 기억하거나 올바른 규칙이라도 상황에 맞지 않게 적용하였을 때 발생하는 오류

056

2회 출제

근골격계부담작업의 범위 및 유해요인조사방법에 관한 고시상 근골격계부담작업에 해당하지 않는 것은? (단, 상시작업을 기준으로 한다.)

① 하루에 10회 이상 25[kg] 이상의 물체를 드는 작업
② 하루에 총 2시간 이상 쪼그리고 앉거나 무릎을 굽힌 자세에서 이루어지는 작업
③ 하루에 총 2시간 이상 시간당 5회 이상 손 또는 무릎을 사용하여 반복적으로 충격을 가하는 작업
④ 하루에 4시간 이상 집중적으로 자료입력 등을 위해 키보드 또는 마우스를 조작하는 작업

해설 근골격계부담작업

- 하루에 4시간 이상 집중적으로 자료입력 등을 위해 키보드 또는 마우스를 조작하는 작업
- 하루에 총 2시간 이상 목, 어깨, 팔꿈치, 손목 또는 손을 사용하여 같은 동작을 반복하는 작업
- 하루에 총 2시간 이상 머리 위에 손이 있거나, 팔꿈치가 어깨 위에 있거나, 팔꿈치를 몸통으로부터 들거나, 팔꿈치를 몸통뒤쪽에 위치하도록 하는 상태에서 이루어지는 작업
- 지지되지 않은 상태이거나 임의로 자세를 바꿀 수 없는 조건에서, 하루에 총 2시간 이상 목이나 허리를 구부리거나 트는 상태에서 이루어지는 작업
- 하루에 총 2시간 이상 쪼그리고 앉거나 무릎을 굽힌 자세에서 이루어지는 작업
- 하루에 총 2시간 이상 지지되지 않은 상태에서 1[kg] 이상의 물건을 한 손의 손가락으로 집어 옮기거나, 2[kg] 이상에 상응하는 힘을 가하여 한 손의 손가락으로 물건을 쥐는 작업
- 하루에 총 2시간 이상 지지되지 않은 상태에서 4.5[kg] 이상의 물건을 한 손으로 들거나 동일한 힘으로 쥐는 작업
- 하루에 10회 이상 25[kg] 이상의 물체를 드는 작업
- 하루에 25회 이상 10[kg] 이상의 물체를 무릎 아래에서 들거나, 어깨 위에서 들거나, 팔을 뻗은 상태에서 드는 작업
- 하루에 총 2시간 이상, 분당 2회 이상 4.5[kg] 이상의 물체를 드는 작업
- 하루에 총 2시간 이상 시간당 10회 이상 손 또는 무릎을 사용하여 반복적으로 충격을 가하는 작업

057

HAZOP 분석기법의 장점이 아닌 것은?

① 학습 및 적용이 쉽다.
② 기법 적용에 큰 전문성을 요구하지 않는다.
③ 짧은 시간에 저렴한 비용으로 분석이 가능하다.
④ 다양한 관점을 가진 팀 단위 수행이 가능하다.

해설

HAZOP 분석기법은 시간과 인력이 많이 소요된다.

058

서브시스템 분석에 사용되는 분석방법으로 시스템 수명주기에서 ㉠에 들어갈 위험분석기법은?

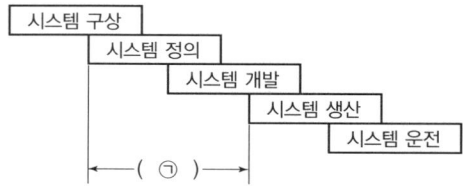

① PHA
② FHA
③ FTA
④ ETA

해설 **결함위험분석(FHA)**

· 복잡한 전체시스템을 여러 개의 서브시스템으로 나누어 제작할 때 서브시스템이 다른 서브시스템이나 전체시스템에 미치는 영향을 분석하는 방법이다.
· 시스템 정의에서 시작하여 시스템 개발단계를 거쳐 시스템 생산단계 전까지 적용한다.

059

불(Boole)대수의 관계식으로 틀린 것은?

① $A + \overline{A} = 1$
② $A + AB = A$
③ $A(A + B) = A + B$
④ $A + \overline{A}B = A + B$

해설 **불대수의 법칙**

· 동일법칙: $A + A = A$, $A \cdot A = A$
· 교환법칙: $AB = BA$, $A + B = B + A$
· 흡수법칙: $A(AB) = (AA)B$, $A(A+B) = A$
　　　　　　$A + AB = A \cup (A \cap B) = (A \cup A) \cap (A \cup B) = A \cap (A \cup B) = A$
· 분배법칙: $A(B + C) = AB + AC$, $A + (BC) = (A + B) \cdot (A + C)$
· 결합법칙: $A(BC) = (AB)C$, $A + (B + C) = (A + B) + C$
· 기타: $A \cdot 0 = 0$, $A + 1 = 1$, $A \cdot 1 = A$, $A + \overline{A} = 1$, $A \cdot \overline{A} = 0$

060

정신적 작업 부하에 관한 생리적 척도에 해당하지 않는 것은?

① 근전도
② 뇌파도
③ 부정맥 지수
④ 점멸융합주파수

해설 **생리적 척도**

· 정신작업의 생리적 척도: EEG(뇌파도), 심박수, 부정맥 지수, 점멸융합주파수
· 육체작업의 생리적 척도: EMG(근전도), 맥박수, 산소소비량, 폐활량

건설시공학

061

석재붙임을 위한 앵커긴결공법에서 일반적으로 사용하지 않는 재료는?

① 앵커 ② 볼트
③ 모르타르 ④ 연결철물

해설

앵커긴결공법은 석공사 공법 중 건식공법이고, 모르타르는 습식공법에 사용된다.

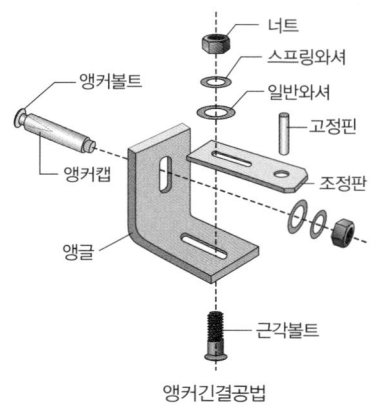

앵커긴결공법

062

강제 널말뚝(Steel sheet pile) 공법에 관한 설명으로 옳지 않은 것은?

① 무소음 설치가 어렵다.
② 타입 시 지반의 체적변형이 작아 항타가 쉽다.
③ 강제 널말뚝에는 U형, Z형, H형 등이 있다.
④ 관입, 철거 시 주변 지반침하가 일어나지 않는다.

해설

널말뚝의 관입 시 지반진동, 철거 시 공극에 의한 지반침하가 발생하므로 주변침하가 일어나기 쉽다.

관련개념 **강제 널말뚝 공법**

• 직타 시 소음, 진동이 발생한다.
• 시트파일 연결부가 더블 훅 형으로 설계되어 시간의 경과에 따라 세립토 등이 틈새를 메워 막힘효과(Clogging Effect)가 발생한다.
• 구조물과 이격거리가 작아도 시공이 가능하다.
• 시험항타에서 강제 널말뚝의 타입 가부는 표준관입시험 결과(N치)에 의해 판정되나 지반 조건에 따라서는 N치에 의해서 적중되지 않는 경우가 많기 때문에 시항타를 선행하여 제반 조건을 결정하는 것이 좋다.
• 관입, 철거 시 주변침하가 일어나기 쉽다.

063

철근 조립에 관한 설명으로 옳지 않은 것은?

① 철근의 피복두께를 정확히 확보하기 위해 적절한 간격으로 고임재 및 간격재를 배치한다.
② 거푸집에 접하는 고임재 및 간격재는 콘크리트 제품 또는 모르타르 제품을 사용하여야 한다.
③ 경미한 황갈색의 녹이 발생한 철근은 일반적으로 콘크리트와의 부착을 해치므로 사용해서는 안 된다.
④ 철근의 표면에는 흙, 기름 또는 이물질이 없어야 한다.

해설 **철근 조립 시 유의사항**
- 철근의 피복두께를 정확하게 확보하기 위해 적절한 간격으로 고임재 및 간격재를 배치하여야 한다. 고임재와 간격재를 선정하고 배치할 때에는 사용 개소의 조건, 이들의 고정 방법 및 철근의 중량, 작업하중 등을 고려할 필요가 있다.
- 거푸집에 접하는 고임재 및 간격재는 콘크리트 제품 또는 모르타르 제품을 사용하여야 한다.
- 철근의 표면에는 부착을 저해하는 흙, 기름 또는 이물질이 없어야 한다. 경미한 황갈색의 녹이 발생한 철근은 일반적으로 콘크리트와의 부착을 해치지 않으므로 사용할 수 있다.
- 철근은 바른 위치에 배치하고, 콘크리트를 타설할 때 움직이지 않도록 충분히 견고하게 조립하여야 한다. 이를 위하여 필요에 따라서 조립용 강재를 사용할 수 있다. 또한 철근이 바른 위치를 확보할 수 있도록 결속선으로 결속하여야 한다.
- 철근은 조립한 다음 장기간 경과한 경우에는 콘크리트 타설 전에 다시 조립 검사를 하고 청소하여야 한다.

064

소규모 건축물을 조적식구조로 담을 쌓을 경우 최대 높이 기준으로 옳은 것은?

① 2[m] 이하
② 2.5[m] 이하
③ 3[m] 이하
④ 3.5[m] 이하

해설 **조적식구조인 담의 구조**
- 높이는 3[m] 이하로 하여야 한다.
- 담의 두께는 190[mm] 이상으로 하여야 한다. 다만, 높이가 2[m] 이하인 담에 있어서는 90[mm] 이상으로 할 수 있다.
- 담의 길이 2[m] 이내마다 담의 벽면으로부터 그 부분의 담의 두께 이상 튀어나온 버팀벽을 설치하거나, 담의 길이 4[m] 이내마다 담의 벽면으로부터 그 부분의 담의 두께의 1.5배 이상 튀어나온 버팀벽을 설치하여야 한다.

065

필릿용접(Fillet Welding)의 단면상 이론 목두께에 해당하는 것은?

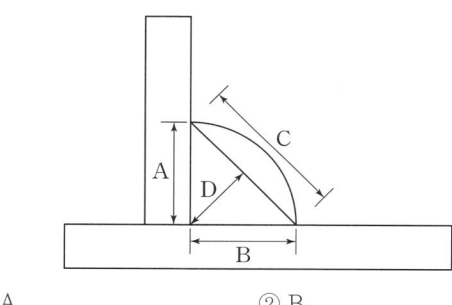

① A
② B
③ C
④ D

해설 **맞댐용접과 모살용접**

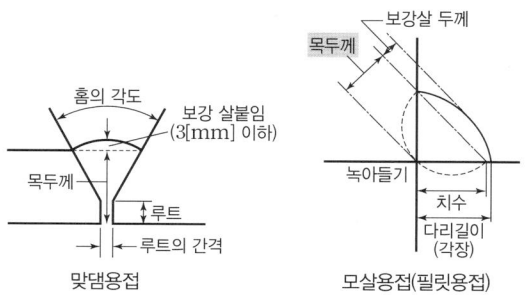

맞댐용접 　　　　모살용접(필릿용접)

066

네트워크 공정표에 사용되는 용어에 관한 설명으로 옳지 않은 것은?

① 크리티컬 패스(Critical path): 개시 결합점에서 종료 결합점에 이르는 가장 긴 경로
② 더미(Dummy): 결합점이 가지는 여유시간
③ 플로트(Float): 작업의 여유시간
④ 패스(Path): 네트워크 중에서 둘 이상의 작업이 이어지는 경로

해설 네트워크 공정표의 용어 및 기호

용어	기호	내용
이벤트(Event)	○	작업의 결합점, 개시점 또는 종료점
액티비티(Activity)	→	작업(선)
더미(Dummy)	┅⟶	작업이나 시간요소가 없는 가상작업
가장 빠른 착수일	EST	작업을 시작할 수 있는 가장 빠른 시각(Earliest Starting Time)
가장 빠른 종료일	EFT	작업을 가장 빨리 끝낼 수 있는 시각(Earliest Finishing Time)
가장 늦은 착수일	LST	공사기간에 영향이 없는 범위에서 작업을 가장 늦게 개시하여도 좋은 시각(Latest Starting Time)
가장 늦은 종료일	LFT	공기에 영향이 없는 범위에서 작업을 가장 늦게 종료하여도 좋은 시각(Latest Finishing Time)
경로(Path)	P	네트워크 중 둘 이상의 작업이 이어짐
주공정선 (Critical Path)	CP	개시 결합점에서 종료 결합점에 이르는 가장 긴 경로
플로트(Float)	F	작업의 여유시간(공기에 영향이 없음)
총 여유 (Total Float)	TF	최초의 개시일에 시작하여 가장 늦은 종료일에 완료할 때 생기는 여유시간
자유여유 (Free Float)	FF	최초의 개시일에 시작하여 후속작업을 최초 개시일에 시작하여도 생기는 여유시간
슬랙(Slack)	SL	결합점에서 생기는 여유시간
종속여유 (Dependent Float)	DF	후속작업이 TF에 영향을 주는 여유시간 (DF= TF−FF)

067

콘크리트의 측압에 영향을 주는 요소에 관한 설명으로 옳지 않은 것은?

① 콘크리트 타설속도가 빠를수록 측압은 커진다.
② 콘크리트 온도가 낮으면 경화속도가 느려 측압은 작아진다.
③ 벽 두께가 얇을수록 측압은 작아진다.
④ 콘크리트의 슬럼프값이 클수록 측압은 커진다.

해설 콘크리트 측압이 커지는 요인

• 거푸집 부재의 단면이 큰 경우
• 거푸집의 수밀성이 큰 경우
• 거푸집의 강성이 큰 경우
• 거푸집의 표면이 평활할 경우
• 콘크리트가 묽은 경우
• 철골이나 철근량이 적은 경우
• 외기온도가 낮은 경우
• 타설속도가 빠른 경우
• 콘크리트의 다짐이 좋은 경우
• 콘크리트의 슬럼프가 큰 경우
• 콘크리트의 비중이 큰 경우
• 습도가 높은 경우
• 벽 두께가 두꺼운 경우

068

2회 출제

석공사에 사용하는 석재 중에서 수성암계에 해당하지 않는 것은?

① 사암　　　　　　② 석회암

③ 안산암　　　　　④ 응회암

해설 암석의 분류

화성암 (마그마 냉각)	깊은 땅속 – 심성암 지표 근처 – 반 심성암 지표 – 화산암(분출암)	• 단단하고, 풍화·마모에 강함 • 화강암·안산암·현무암·섬록암·석영반암
퇴적암	수성암	물속에서 퇴적	• 석회암을 제외하고는 열에 비교적 강함 • 연질·강도 약함 • 사암·점판암·석회암·응회암
	풍성암	바람에 의해 퇴적	황토·롬
변성암		화성암·퇴적암이 지각의 변동, 지열에 의해 변질된 것	• 일반적으로 편상구조 • 대리석·사문암·편마암 등

069

2회 출제

매스 콘크리트(Mass concrete) 시공에 관한 설명으로 옳지 않은 것은?

① 매스 콘크리트의 타설온도는 온도균열을 제어하기 위한 관점에서 가능한 한 낮게 한다.

② 매스 콘크리트 타설 시 기온이 높을 경우에는 콜드조인트가 생기기 쉬우므로 응결촉진제를 사용한다.

③ 매스 콘크리트 타설 시 침하발생으로 인한 침하균열을 예방하기 위해 재진동 다짐 등을 실시한다.

④ 매스 콘크리트 타설 후 거푸집 탈형 시 콘크리트 표면의 급랭을 방지하기 위해 콘크리트 표면을 소정의 기간 동안 보온해주어야 한다.

해설

응결촉진제는 콘크리트의 온도를 상승시켜 온도균열이 증대된다.
콘크리트 타설 시 기온이 높은 경우에는 이어치기 시간이 짧아지므로 **응결지연제를 사용한다.**

070

4회 출제

거푸집공사(Form work)에 관한 설명으로 옳지 않은 것은?

① 거푸집널은 콘크리트의 구조체를 형성하는 역할을 한다.

② 콘크리트 표면에 모르타르, 플라스터 또는 타일붙임 등의 마감을 할 경우에는 평활하고 광택있는 면이 얻어질 수 있도록 철제 거푸집(Metal form)을 사용하는 것이 좋다.

③ 거푸집공사비는 건축공사비에서의 비중이 높으므로, 설계단계부터 거푸집 공사의 개선과 합리화 방안을 연구하는 것이 바람직하다.

④ 폼타이(Form tie)는 콘크리트를 타설할 때 거푸집이 벌어지거나 우그러들지 않게 연결, 고정하는 긴결재이다.

해설 거푸집 시공 시 유의사항

• 비계나 가설물에는 연결하지 않는다.

• 바닥, 보의 중앙부는 $\frac{1}{300} \sim \frac{1}{500}$ 정도 치켜올려서 시공한다.

• 재료의 허용응력도는 장기허용응력도의 1.2배 정도로 한다.

• 부재 간 강성차이가 커서 부재 간 강성차이가 많은 것과는 조합을 피한다.

• 거푸집 합판패널은 표면 나무결에 수직으로 하여 띠장을 단다.

• 콘크리트 표면에 타일붙임 등의 마감을 할 경우에는 표면을 거칠게 한 거푸집이 필요하다.

• 거푸집은 콘크리트의 타입 시 변형, 파열 또는 도괴하지 않도록 충분한 강성 및 강도가 필요하다.

• 지주를 바꾸어 세울 동안에는 상부의 작업을 제한하여 적재하중을 작게 하고, 집중하중을 받는 부분의 지주는 그대로 둔다.

• 진동, 충격 등을 주지 않고 콘크리트가 손상되지 않도록 순서에 맞춰 제거한다.

• 제거한 거푸집은 재사용 할 수 있도록 적당한 장소에 정리하여 둔다.

• 구조물의 손상을 고려하여 제거 시 찢어져 남은 거푸집쪽널은 깨끗이 치우고 미장공사를 한다.

071

철근콘크리트 말뚝머리와 기초와의 접합에 관한 설명으로 옳지 않은 것은?

① 두부를 커팅기계로 정리할 경우 본체에 균열이 생기므로 응력손실이 발생하여 설계내력을 상실하게 된다.
② 말뚝머리 길이가 짧은 경우는 기초저면까지 보강하여 시공한다.
③ 말뚝머리 철근은 기초에 30[cm] 이상의 길이로 정착한다.
④ 말뚝머리와 기초와의 확실한 정착을 위해 파일앵커링을 시공한다.

해설

말뚝을 다이아몬드 커터 방식으로 커팅기계를 사용해 절단할 경우 말뚝 본체에 균열이 생기지 않는다.

072

철근콘크리트 보에 사용된 굵은골재의 최대치수가 25[mm]일 때, D22철근(동일 평면에서 평행한 철근)의 수평 순간격으로 옳은 것은? (단, 콘크리트를 공극없이 칠 수 있는 다짐 방법을 사용할 경우에는 제외)

① 22.2[mm]　　　　② 25[mm]
③ 31.25[mm]　　　　④ 33.3[mm]

해설

- 굵은골재 최대치수의 $\frac{4}{3}$배 이상: 25[mm]$\times\frac{4}{3}$=33.3[mm] 이상
- 25[mm] 이상
- 철근공칭지름 이상: 22[mm] 이상

위의 기준 중 가장 큰 값인 33.3[mm]를 수평 순간격으로 한다.

[관련개념] **보와 기둥에서의 철근 순간격**

보	기둥	비고
굵은골재 최대치수의 $\frac{4}{3}$	굵은골재 최대치수의 $\frac{4}{3}$	세 수치 중 가장 큰 값
25[mm]	40[mm]	
철근공칭지름	철근공칭지름의 1.5배	

073

철근의 피복두께를 유지하는 목적이 아닌 것은?

① 부재의 소요 구조 내력 확보
② 부재의 내화성 유지
③ 콘크리트의 강도 증대
④ 부재의 내구성 유지

해설

피복두께로 콘크리트의 강도를 확보할 수는 있으나, 강도 증대는 시멘트, 혼화 재료, 골재 등의 배합 설계의 영향이 크다.

[관련개념] **피복두께 확보의 목적**

- 철근의 부식방지를 통한 구조물의 내구성 확보(물과 이산화탄소의 침투 방지)
- 골재의 유동성 확보
- 철근과 콘크리트의 부착강도 확보
- 화재 시 내화성 확보

074

6회 출제

불량품, 결점, 고장 등의 발생건수를 현상과 원인별로 분류하고, 여러 가지 데이터를 항목별로 분류해서 문제의 크기 순서로 나열하여 그 크기를 막대그래프로 표기한 품질관리 도구는?

① 파레토그램   ② 특성요인도

③ 히스토그램   ④ 체크시트

해설 품질관리(TQC)의 7대 도구

구분	내용
파레토도 (영향도)	불량품, 고장, 결점 등의 발생건수를 원인과 현상별로 분류하고, 문제의 크기 순서로 나열하여 그 크기를 막대그래프로 표기하며, 크기를 순차적으로 누적하여 절선그래프로 나타낸 것
특성요인도 (원인결과도)	결과에 대하여 원인이 어떻게 관계되고 있는지 한눈에 알아 볼 수 있도록 작성한 생선뼈 모양의 그림
히스토그램 (분포도)	무게, 강도, 길이 등과 같이 계량치의 데이터가 어떠한 분포를 나타내고 있는지를 판단하기 위하여 작성하는 기둥그래프
산점도 (분포도)	대응되는 2개의 짝으로 된 데이터를 그래프 용지 위에 점으로 나타낸 것
체크시트 (집중도)	계수치의 데이터가 분류 항목 중 어디에 집중되어 있는가를 알아보기 쉽게 표로 나타낸 것
관리도	한눈에 파악되도록 꺾은선이나 막대를 이용하여 나타낸 것
층별	집단을 구성하고 있는 데이터를 특성에 따라 부분집단으로 나누는 것

075

1회 출제

강구조 공사 시 앵커링(anchoring)에 관한 설명으로 옳지 않은 것은?

① 필요한 앵커링 저항력을 얻기 위해서는 콘크리트에 피해를 주지 않도록 적절한 대책을 수립해야 한다.

② 앵커볼트 설치 시 베이스플레이트 위치의 콘크리트는 설계도면 레벨보다 30[mm]~50[mm] 낮게 타설하고, 베이스플레이트 설치 후 그라우팅 처리한다.

③ 구조용 앵커볼트를 사용하는 경우 앵커볼트 간의 중심선은 기둥중심선으로부터 3[mm] 이상 벗어나지 않아야 한다.

④ 앵커볼트로는 구조용 혹은 세우기용 앵커볼트가 사용되어야 하고, 나중매입공법을 원칙으로 한다.

해설

앵커볼트로는 구조용 혹은 세우기용 앵커볼트가 사용되어야 하고, 고정매입공법을 원칙으로 한다.

076

모래지반 흙막이 공사에서 널말뚝의 틈새로 물과 토사가 유실되어 지반이 파괴되는 현상은?

① 히빙(Heaving) 현상
② 파이핑(Piping) 현상
③ 액상화(Liquefaction) 현상
④ 보일링(Boiling) 현상

해설 **파이핑(Piping)**

· 흙막이배면의 틈, 균열 등으로 수압에 의해 수로가 형성되면서 지하수가 배출되는 현상이다.
· 방지대책
  – 지하수위 저하
  – 차수성(수밀성)이 좋은 흙막이 공법 선정
  – 흙막이벽이 밀실이 되도록 시공

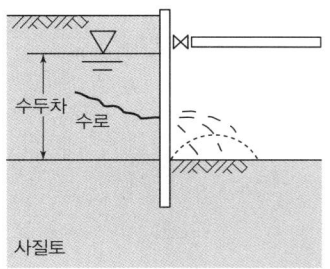

파이핑(Piping)

077

공사관리계약(Construction Management Contract) 방식의 장점이 아닌 것은?

① 시공 시 단계별 시공법을 적용할 수 있어 설계 및 시공시간을 단축시킬 수 있다.
② 설계과정에서 설계가 시공에 미치는 영향을 예측할 수 있어 설계도서의 현실성을 향상시킬 수 있다.
③ 기획 및 설계과정에서 발주자와 설계자 간의 의견대립 없이 설계대안 및 특수공법의 적용이 가능하다.
④ 대리인형(CM for Fee) 방식은 공사비와 품질에 직접적인 책임을 지는 공사관리계약 방식이다.

해설

대리인형 CM(CM for Fee)방식은 프로젝트 전반에 걸쳐서 발주자의 컨설턴트 역할만 담당하고 결과에는 책임이 없는 형태이다.

관련개념 **대리인형과 시공사 책임형**

대리인형 (CM for Fee)	· 사업자(발주자)가 직접 시공사와 계약관계를 가지며, CM 회사는 발주자의 대리인으로 공사를 관리한다. · 발주자, 설계자, CM회사, 시공사가 하나의 팀으로 공사를 수행하나, CM회사는 설계나 시공업무를 직접 수행하지 않고 오직 발주자의 대리인으로 발주자의 이익창출을 위해 CM업무를 수행한다.
시공사 책임형 (CM at Risk)	· CM회사가 시공자의 역할을 겸하는 계약형태를 가지며, 시공 및 공사관리의 일부 또는 전부를 시행한다. · 시공과 CM을 동시에 수행함으로써 공사비와 공사기간 등에 대한 책임과 위험을 부담한다. · 일반적으로 최대공사비 보증가격(GMP: Guaranteed Maximum Price)을 확정한 상태에서 계약 및 공사를 집행하게 되며 GMP를 초과하는 공사비에 대해서는 CM회사가 부담을 하고, GMP 이하에서 공사가 완료되면 이익금을 발주자와의 계약에 따라 일부 또는 전부를 CM회사에서 가지게 된다.

078

7회 출제

철골구조의 내화피복에 관한 설명으로 옳지 않은 것은?

① 조적공법은 용접철망을 부착하여 경량모르타르, 펄라이트 모르타르와 플라스터 등을 바름하는 공법이다.

② 뿜칠공법은 철골표면에 접착제를 혼합한 내화 피복재를 뿜어서 내화피복을 한다.

③ 성형판 공법은 내화단열성이 우수한 각종 성형판을 철골 주위에 접착제와 철물 등을 설치하고 그 위에 붙이는 공법으로 주로 기둥과 보의 내화피복에 사용된다.

④ 타설공법은 아직 굳지 않은 경량콘크리트나 기포모르타르 등을 강재 주위에 거푸집을 설치하여 타설한 후 경화시켜 철골을 내화피복하는 공법이다.

해설 **철골의 내화피복공법의 종류**

도장공법		팽창성 내화도료 도포
습식공법	타설공법	강재 주위에 콘크리트, 경량콘크리트 타설
	조적공법	콘크리트블록, 경량콘크리트블록, 돌, 벽돌 등을 쌓음
	미장공법	모르타르, 펄라이트 등으로 바름
	뿜칠공법	내화 피복재로 피복
건식공법	성형판붙임	ALC판, 석고보드, 석면시멘트판, 콘크리트판 등을 붙임
	세라믹피복	세라믹섬유블랭킷 위에 세라믹도료를 도포
합성공법		천정판, PC판 등 마감재와 동시에 피복

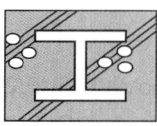
타설공법

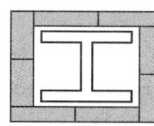
조적공법

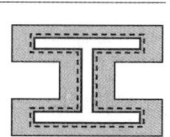
미장공법

도장공법

뿜칠공법

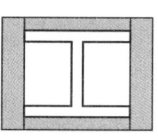
성형판 붙임공법

이종재료 적층공법

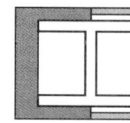
이질재료 접합공법

079

3회 출제

철근콘크리트에서 염해로 인한 철근의 부식방지대책으로 옳지 않은 것은?

① 콘크리트 중의 염소 이온량을 적게 한다.

② 에폭시 수지 도장 철근을 사용한다.

③ 방청제 투입을 고려한다.

④ 물-시멘트비를 크게 한다.

해설

물-시멘트비를 크게 하면 수밀성 등이 작게 되고, 밀실도가 작아 염해에 의한 열화가 촉진된다.

관련개념 **철근콘크리트 공사의 염해 방지대책**

염분관리 철저		• 0.3[kg/m³] 이하, 승인 시 0.6[kg/m³] 이하 • 잔골재의 경우: 절건 중량의 0.04[%] 이하 • 상수도, 물의 경우: 염화물 이온량 0.04[kg/m³] 이하
철근 부식 방지법		방청제, 도금강재, 방식성 강재
시공 관리	재료	• 시멘트: 중용열 PC • 골재: 염분함량 허용치 내 • 물: 청정수 사용 • 혼화재: 방청제 사용
	배합	• W/C 비 작게, Slump 감소 • Gmax 크게, S/A감소
	시공	• 밀실한 콘크리트 시공 • Cold Joint 방지 • 피복 두께 유지 • 콘크리트 양생 철저

080

웰포인트 공법(Well point method)에 관한 설명으로 옳지 않은 것은?

① 사질지반보다 점토질 지반에서 효과가 좋다.

② 지하수위를 낮추는 공법이다.

③ 1~3[m]의 간격으로 파이프를 지중에 박는다.

④ 인접지 침하의 우려에 따른 주의가 필요하다.

해설

웰포인트 공법은 사질토에서 효과가 크다. 점토지반에서는 지하수의 이동 시간이 길어져 효과가 적다.

관련개념 웰포인트 공법

지중에 웰포인트라 불리우는 지름 5[cm], 길이 1[m] 정도의 필터가 달린 흡수기를 1~2[m] 간격으로 설치하고 펌프로 지하수를 끌어 올림으로써 지하수위를 낮추는 공법이다. 연약지반의 압밀촉진 등에 이용된다.

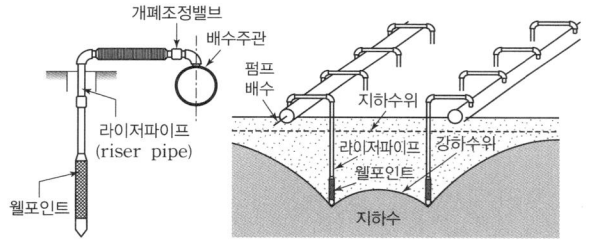

081

깬자갈을 사용한 콘크리트가 동일한 시공연도의 보통 콘크리트보다 유리한 점은?

① 시멘트 페이스트와의 부착력 증가

② 단위수량 감소

③ 수밀성 증가

④ 내구성 증가

해설

깬자갈(쇄석)을 사용하면 접촉 단면적이 커서 부착력이 증가한다.

082

목재를 작은 조각으로 하여 충분히 건조시킨 후 합성 수지와 같은 유기질의 접착제를 첨가하여 열압 제판한 목재 가공품은?

① 파티클 보드(Particle board)

② 코르크판(Cork board)

③ 섬유판(Fiber board)

④ 집성목재(Glulam)

해설 파티클 보드(Particle Board)

섬유질의 삭편(Particle), 즉 절삭편 또는 파쇄편 등을 주재료로 하여 합성 수지 접착제를 첨가하여 성형, 열압시킨 것이다.

관련개념 목재 가공품

섬유판	목재, 짚 등의 각종 식물섬유를 판자 모양으로 접착, 제판한 인공 재료
코르크판	코르크나무의 껍질에서 채취한 재료와 톱밥, 접착제 등을 혼합, 열압하여 만든 것
집성목재	• 대재를 집성, 접착하여 기둥, 아치, 트러스트 등의 구조재료로 사용하는 것 • 판의 섬유방향을 거의 평행으로 접착시킴

083

4회 출제

도료상태의 방수제를 바탕면에 여러 번 칠하여 얇은 수지피막을 만들어 방수효과를 얻는 것으로 에멀션형, 용제형, 에폭시계 형태의 방수공법은?

① 시트방수
② 도막방수
③ 침투성 도포방수
④ 시멘트 모르타르 방수

해설 　도막방수

- 콘크리트 등의 바탕면에 여러 차례 우레탄, 아크릴(에멀션), 고무아스팔트와 같은 방수제를 칠하여 두께가 일정한 방수막을 만들어 우수 등을 차단하는 방수공법이다.
- 롤러, 스프레이, 붓 등으로 칠할 수 있어 굴곡이 심하고 구조가 복잡한 곳에 시공 가능하다.
- 에폭시계를 제외한 대부분의 도막방수재는 신장률이 크므로 균열이 예상되는 곳이나 조인트 등에도 많이 사용된다.
- 건물외벽, 지붕, 옥상, 스포츠경기장 바닥 등에도 많이 사용된다.

관련개념 　방수공법

시트방수	아스팔트, 합성고무, 합성 수지 시트(sheet)를 접착제 또는 토치로 가열하여 시트 상태로 바탕면에 성형 및 부착하는 공법
침투성 도포방수	규산질계 분말에 액상의 방수제를 일정 비율로 혼합한 후 습윤처리된 구조체에 도포하여 불용성 결정체를 생성하여 방수층을 형성시키는 공법
시멘트 모르타르 방수	방수 모르타르를 지정 배합비로 충분히 반죽하여 쇠흙손으로 두께가 일정하고 평탄하게 눌러 바름하는 공법으로, 바름 두께는 도면 상에 명기가 없을 경우 바닥 10[mm], 벽 6[mm]로 함

084

7회 출제

합성 수지의 종류 중 열가소성 수지가 아닌 것은?

① 염화비닐 수지
② 멜라민 수지
③ 폴리프로필렌 수지
④ 폴리에틸렌 수지

해설 　열가소성 수지와 열경화성 수지의 종류

열가소성 수지	열경화성 수지
염화비닐 수지	페놀 수지
초산비닐 수지	요소 수지
ABS 수지	멜라민 수지
아크릴 수지	알키드 수지
불소 수지	우레탄 수지
폴리아미드 수지	에폭시 수지
폴리프로필렌 수지	실리콘 수지
폴리스티렌 수지	푸란 수지
폴리에틸렌 수지	불포화 폴리에스테르 수지

085

5회 출제

수성페인트에 대한 설명으로 옳지 않은 것은?

① 수성페인트의 일종인 에멀션 페인트는 수성페인트에 합성 수지와 유화제를 섞은 것이다.
② 수성페인트를 칠한 면은 외관은 온화하지만 독성 및 화재발생의 위험이 있다.
③ 수성페인트의 재료로 아교 · 전분 · 카세인 등이 활용된다.
④ 광택이 없으며 회반죽면 또는 모르타르면의 칠에 적당하다.

해설

수성페인트는 물로 희석하여 사용하기 때문에 화재발생 위험이 없다.

관련개념 　수성페인트의 특징

장점	• 건조시간이 빠르다. • 냄새가 적고, 건강에 해롭지 않다. • 굳어버리기 전에는 물로 세척이 가능하다.
단점	• 내수성이 약해 물이 고이는 곳에 사용하기 어렵다. • 도막의 내구성이 약하다.

086

1회 출제

금속판에 관한 설명으로 옳지 않은 것은?

① 알루미늄 판은 경량이고 열반사도 좋으나 알칼리에 약하다.
② 스테인리스 강판은 내식성이 필요한 제품에 사용된다.
③ 함석판은 아연도철판이라고도 하며 외관미는 좋으나 내식성이 약하다.
④ 연판은 X선 차단효과가 있고 내식성도 크다.

해설 **함석판**
박강판에 주석을 도금한 판재로 물통, 덕트, 차양, 물받이 홈통, 지붕재 등 용도가 매우 다양하고, 내식성이 강하다.

087

4회 출제

다음 중 열전도율이 가장 낮은 것은?

① 콘크리트 ② 코르크판
③ 알루미늄 ④ 주철

해설 **열전도율 순서**
코르크판(0.05[W/mK])<콘크리트(0.8~1.4[W/mK])<주철(48[W/mK])<알루미늄(204[W/mK]) 순으로 열전도율이 낮다.

관련개념 **열전도율**
열이 한쪽에서 다른 한쪽으로 전달되는 정도의 차이를 말한다.

088

3회 출제

콘크리트의 혼화재료 중 혼화제에 속하는 것은?

① 플라이애시 ② 실리카흄
③ 고로슬래그 미분말 ④ 고성능 감수제

해설 **혼화재와 혼화제**
• 혼화재: 사용량이 시멘트 무게의 5[%] 정도 이상의 것
  – 플라이애시, 실리카흄, 고로슬래그·규산질 미분말, 고강도형 혼화재, 증량재
• 혼화제: 사용량이 시멘트 무게의 1[%] 정도 이하의 것
  – AE제, 감수제, 유동화제, 급결제, 지연제, 방수제, 방청제

089

3회 출제

점토의 성질에 관한 설명으로 옳지 않은 것은?

① 사질점토는 적갈색으로 내화성이 좋다.
② 자토는 순백색이며 내화성이 우수하나 가소성은 부족하다.
③ 석기점토는 유색의 견고치밀한 구조로 내화도가 높고 가소성이 있다.
④ 석회질점토는 백색으로 용해되기 쉽다.

해설 **점토의 이용목적에 따른 분류**
• 자토(磁土): 90[%] 이상이 규산알루미늄으로 된 순수 백색토로 내화성은 있지만 가소성이 부족하다. 도자기의 원료이다.
• 석기점토: 회색·청회색 등 유색을 띠며, 실리카 함량이 높고 치밀한 구조로 되어 있어 내화도가 비교적 높고, 가소성도 중간 정도이다. 주로 석기류, 내화벽돌, 타일 원료로 사용한다.
• 석회질점토: 탄산칼슘 등 석회분이 많이 섞여 있어 백색을 띠며 용융점이 낮아 내화성이 약하다. 대신 가소성이 좋아 도자기나 타일용 원료로 쓰인다.
• 사질점토: 가는 모래가 많이 섞여 있고, 내화성이 약하다. 보통 벽돌, 기와, 토관 등의 원료이다.

090

5회 출제

콘크리트에 AE제를 첨가했을 경우 공기량 증감에 큰 영향을 주지 않는 것은?

① 혼합시간
② 시멘트의 사용량
③ 주위온도
④ 양생방법

해설 **AE제(공기연행제)**

콘크리트 내부에 미세한 독립기포(직경 25~250[μm])를 발생시켜 콘크리트의 작업성 및 동결융해 저항성을 향상시키는 혼화제로 양생방법과는 관계가 없다.

관련개념 **AE제(공기연행제)의 특징**

• 볼베어링 역할로 워커빌리티 개선, 단위수량 감소
  → 블리딩 및 재료분리를 줄임, 동결융해 저항성 향상
• 공기량 1[%] 증가
  → 동일 물시멘트비의 경우 압축강도 4~6[%] 감소
• 최적 공기량 3~5[%]
• 공기량 6[%] 이상이면 압축강도 급격히 저하
• 감수율 6~8[%]

091

5회 출제

슬럼프 시험에 대한 설명으로 옳지 않은 것은?

① 슬럼프 시험 시 각 층을 50회 다진다.
② 콘크리트의 시공성을 측정하기 위하여 행한다.
③ 슬럼프콘에 콘크리트를 3층으로 분할하여 채운다.
④ 슬럼프값이 높을 경우 콘크리트는 묽은 비빔이다.

해설 **콘크리트 슬럼프 시험(Slump Test)**

1. 평평한 바닥에 강제평판을 놓는다.
2. 슬럼프콘을 그 위에 올린다.
3. 믹스트럭에서 레미콘을 받아 슬럼프콘 안에 3층으로 나눠서 채운다.
4. **각 층은 약 25회씩 다짐봉으로 고르게 다진다.**
5. 다질 때 재료분리가 나올 염려가 있을 때는 다짐수를 줄인다.
6. 각 층을 다질 때 다짐봉의 다짐 깊이는 그 앞 층에 거의 도달할 정도로 한다.
7. 슬럼프콘 상단을 고르게 한다.
8. 슬럼프콘을 천천히 연직으로 들어올린다.
9. 콘크리트의 중앙부에서 슬럼프콘 상단까지와 높이 차를 5[mm] 단위로 측정한다.

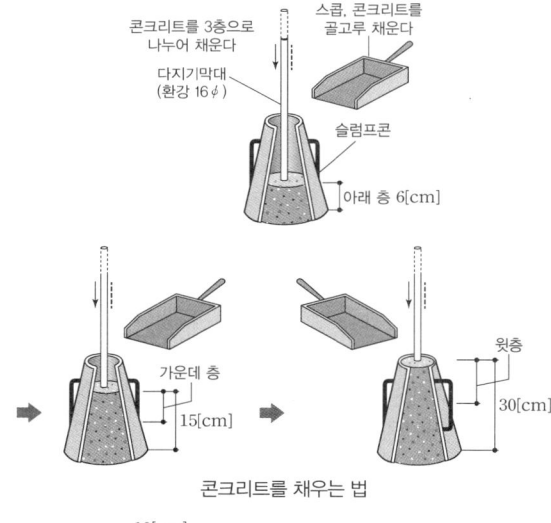

콘크리트를 채우는 법

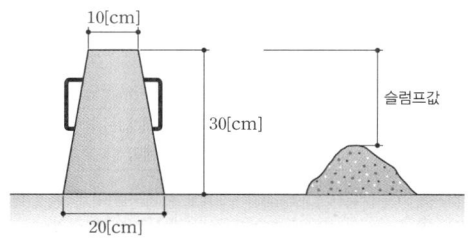

슬럼프 시험

092

3회 출제

목재 섬유포화점의 함수율은 대략 얼마 정도인가?

① 약 10[%] ② 약 20[%]
③ 약 30[%] ④ 약 40[%]

해설 목재의 함수율과 섬유포화점의 관계

· 세포벽 내에 수분이 포화되었을 경우(섬유포화점 30[%])의 강도는 절대 건조 시의 강도의 30[%]에 불과하다.
· 함수율과 강도는 섬유포화점 이상에서는 변화가 없지만 섬유포화점 이하에서는 선형적으로 반비례한다.
· 섬유포화점 이하에 있어서 함수율이 1[%] 증가함에 따라 강도의 감소율은 압축강도 6[%], 휨강도 4[%], 전단강도 3[%], 휨 탄성계수 2[%]이다.
· 반대로 섬유포화점 이하에서 건조되면 강도는 증대되어 기건재(함수율 15[%])의 강도는 생재의 약 2배, 절건재(함수율 0[%])는 약 3배에 이른다.

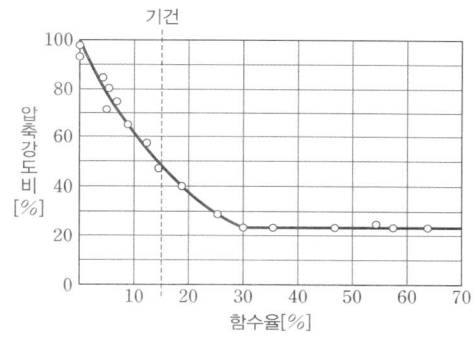

목재의 함수율에 따른 압축강도비

093

5회 출제

각 창호철물에 관한 설명으로 옳지 않은 것은?

① 피벗힌지(Pivot Hinge): 경첩 대신 축을 사용하여 여닫이문을 회전시킨다.
② 나이트래치(Night Latch): 외부에서는 열쇠, 내부에서는 작은 손잡이를 틀어 열 수 있는 실린더장치로 된 것이다.
③ 크레센트(Crescent): 여닫이문의 상하단에 붙여 경첩과 같은 역할을 한다.
④ 래버토리 힌지(Lavatory Hinge): 스프링 힌지의 일종으로 공중화장실 등에 사용된다.

해설

크레센트는 창문잠금고리로 미닫이문에 적합하다.

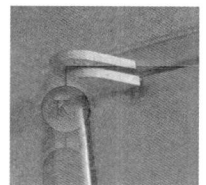

피벗힌지

나이트래치

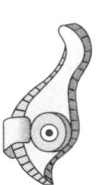

크레센트

래버토리 힌지

094

4회 출제

건축재료 중 마감재료의 요구성능으로 거리가 먼 것은?

① 화학적 성능 ② 역학적 성능
③ 내구성능 ④ 방화·내화 성능

해설

마감재료는 건축물의 바닥, 내외벽, 천장 등에 적당한 두께로 발라 마무리하는 재료이기 때문에 역학적 성능은 필요성이 가장 적다.

095

PVC바닥재에 대한 일반적인 설명으로 옳지 않은 것은?

① 보통 두께 3[mm] 이상의 것을 사용한다.
② 접착제는 비닐계 바닥재용 접착제를 사용한다.
③ 바닥시트에 이용하는 용접봉, 용접액 혹은 줄눈재는 제조업자가 지정하는 것으로 한다.
④ 재료보관은 통풍이 잘 되고 햇빛이 잘 드는 곳에 보관한다.

해설

PVC재료는 습기에 강하지만 열에 약하므로 햇빛이 잘 드는 곳에 보관해서는 아니 된다.

096

점토기와 중 훈소와에 해당하는 설명은?

① 소소와에 유약을 발라 재소성한 기와
② 기와 소성이 끝날 무렵에 식염 증기를 충만시켜 유약 피막을 형성시킨 기와
③ 저급점토를 원료로 900~1,000[℃]로 소소하여 만든 것으로 흡수율이 큰 기와
④ 건조제품을 가마에 넣고 연료로 장작이나 솔잎 등을 써서 검은 연기로 그을려 만든 기와

해설 **훈소와**

장작, 솔잎을 태운 검은 연기로 그을린 기와를 말한다.

관련개념 **점토기와**

· 시유와: 소소와에 유약을 발라 재소성한 기와를 말한다.
· 소소와: 저급점토를 원료로 형성시킨 기와로서 흡수율이 크다.
· 오지기와: 소성이 끝날 무렵 식염 증기를 충만시켜 유약 피막을 형성시킨 기와를 말한다.

097

골재의 실적률에 관한 설명으로 옳지 않은 것은?

① 실적률은 골재 입형의 양부를 평가하는 지표이다.
② 부순 자갈의 실적률은 그 입형 때문에 강자갈의 실적률보다 적다.
③ 실적률 산정 시 골재의 밀도는 절대건조 상태의 밀도를 말한다.
④ 골재의 단위용적질량이 동일하면 골재의 비중이 클수록 실적률도 크다.

해설

골재의 단위용적질량이 동일하면 골재비중이 클수록 실적률은 작아진다.

관련개념 **골재의 실적률**

개념	골재의 단위용적 중 골재 사이의 공극을 제외한 골재의 실질 부분의 비율을 골재의 실적률이라고 한다.
실적률이 클 경우	· 시멘트풀의 양을 줄일 수 있어 경제적이다. · 단위 시멘트량이 적어 수화열이 적다. · 건조수축이 작고, 균열이 줄어든다. · 강도, 수밀성, 내구성, 내마모성 등이 커진다.

098

미장재료 중 돌로마이트 플라스터에 대한 설명으로 옳지 않은 것은?

① 보수성이 크고 응결시간이 길다.
② 소석회에 모래, 해초풀, 여물 등을 혼합하여 바르는 미장재료이다.
③ 회반죽에 비하여 조기강도 및 최종강도가 크고 착색이 쉽다.
④ 여물을 혼입하여도 건조수축이 크기 때문에 수축 균열이 발생한다.

해설

②는 회반죽에 대한 설명이다.

관련개념 **돌로마이트 플라스터(Dolomite Plaster)**

· 일반석회보다 비중과 강도가 크고, 점성이 높아 가소성이 좋으므로 해초풀을 넣지 않아도 잘 발라지며, 풀을 넣지 않아 냄새, 곰팡이가 없고 변색될 염려도 없다.
· 경화가 늦고, 건조수축이 커서 균열 발생이 크고, 밑바름 두께와 그 건조도의 영향이 크며, 물에 약하다.
· 주로 내벽에 사용하나 습기가 많은 지하실에는 부적당하다.
· 알칼리성이며 페인트칠이 곤란하다.

099

파손방지, 도난방지 또는 진동이 심한 장소에 적합한 망입 (網入)유리의 제조 시 사용되지 않는 금속선은?

① 철선(철사)　　　　② 황동선
③ 청동선　　　　　　④ 알루미늄선

해설

청동선은 깨지기 쉬운 성질이 있어 망입유리 제조 시 사용되지 않는다.

관련개념 망입유리

두꺼운 판유리에 망 구조물을 넣어 만든 유리로, 주로 철 또는 알루미늄 망이 사용되고 충격으로 파손될 경우에도 파편이 흩어지지 않으며 화재 및 도난 방지용으로 사용된다.

100

목재의 결점 중 벌채 시의 충격이나 그 밖의 생리적 원인으로 인하여 세로축에 직각으로 섬유가 절단된 형태를 의미하는 것은?

① 수지낭　　　　　　② 미숙재
③ 컴프레션페일러　　④ 옹이

해설 컴프레션페일러

벌채나 운반·가공 과정에서의 충격으로 인해 직각으로 섬유가 절단된 형태를 말한다. 이러한 결점은 목재의 강도와 탄성을 크게 저하시켜 구조적 활용이 어렵다.

관련개념 목재의 결점

수지낭	• 목재 내부에 수지(송진)가 주머니 모양으로 고여 생긴 결점이다. • 건조·가공 과정에서 수지가 흘러나와 목재 표면에 얼룩을 남기거나 강도를 약화시킨다.
미숙재 (Juvenile Wood)	• 수목의 일생 동안 수간의 중심부, 즉 수(Pith) 주위에 발달되는 2차목부 조직으로 세포 길이가 안정되어 있지 못하고 매년 1[%] 이상의 신장률을 나타내는 목재를 일컫는다. • 미숙재의 세포 길이는 성숙재(Mature Wood)의 것보다 짧다.
옹이	• 가지가 붙은 흔적이 목재 표면에 나타난 것으로 생절과 사절이 있다. • 생절은 붉은 빛깔이고 수지가 많지만 가공이 쉽고, 사절은 죽은 가지의 흔적으로 흑갈색을 나타내고 이것이 빠지거나 간 것을 발절, 그 부분이 썩은 것을 부절이라 한다.

101

유해위험방지계획서 제출 시 첨부서류로 옳지 않은 것은?

① 공사현장의 주변 현황 및 주변과의 관계를 나타내는 도면
② 공사 개요서
③ 전체 공정표
④ 작업인부의 배치를 나타내는 도면 및 서류

해설 건설공사 유해위험방지계획서 제출 시 첨부서류
• 공사 개요서
• 공사현장의 주변 현황 및 주변과의 관계를 나타내는 도면(매설물 현황 포함)
• 전체 공정표
• 산업안전보건관리비 사용계획서
• 안전관리 조직표
• 재해 발생 위험 시 연락 및 대피방법

102

추락 재해방지 설비 중 근로자의 추락재해를 방지할 수 있는 설비로 작업발판 설치가 곤란한 경우에 필요한 설비는?

① 경사로　　　　　　② 추락방호망
③ 고정사다리　　　　④ 달비계

해설

작업발판을 설치하기 곤란한 경우 기준에 맞는 추락방호망을 설치하여야 한다.

관련개념 추락방호망 설치기준
• 추락방호망의 설치위치는 가능하면 작업면으로부터 가까운 지점에 설치하여야 하며, 작업면으로부터 망의 설치지점까지의 수직거리는 10[m]를 초과하지 아니할 것
• 추락방호망은 수평으로 설치하고, 망의 처짐은 짧은 변 길이의 12[%] 이상이 되도록 할 것
• 건축물 등의 바깥쪽으로 설치하는 경우 추락방호망의 내민 길이는 벽면으로부터 3[m] 이상 되도록 할 것

103

1회 출제

건설업 산업안전보건관리비 계상 및 사용기준에 따른 안전관리비의 개인보호구 및 안전장구 구입비 항목에서 안전관리비로 사용이 가능한 경우는?

① 안전·보건관리자가 선임되지 않은 현장에서 안전·보건업무를 담당하는 현장관계자용 무전기, 카메라, 컴퓨터, 프린터 등 업무용 기기
② 혹한·혹서에 장기간 노출로 인해 건강장해를 일으킬 우려가 있는 경우 특정 근로자에게 지급되는 기능성 보호 장구
③ 근로자에게 일률적으로 지급하는 보냉·보온장구
④ 감리원이나 외부에서 방문하는 인사에게 지급하는 보호구

해설

※「건설업 산업안전보건관리비 계상 및 사용기준」이 개정됨에 따라 '안전관리비의 항목별 사용 불가내역'은 삭제되었습니다.

104

9회 출제

가설통로의 설치기준으로 옳지 않은 것은?

① 경사가 15°를 초과하는 때에는 미끄러지지 않는 구조로 한다.
② 건설공사에 사용하는 높이 8[m] 이상인 비계다리에는 7[m] 이내마다 계단참을 설치한다.
③ 수직갱에 가설된 통로의 길이가 15[m] 이상일 경우에는 15[m] 이내마다 계단참을 설치한다.
④ 추락의 위험이 있는 장소에는 안전난간을 설치한다.

해설 가설통로의 구조
• 견고한 구조로 할 것
• 경사는 30° 이하로 할 것. 다만, 계단을 설치하거나 높이 2[m] 미만의 가설통로로서 튼튼한 손잡이를 설치한 경우에는 그러하지 아니하다.
• 경사가 15°를 초과하는 경우에는 미끄러지지 아니하는 구조로 할 것
• 추락할 위험이 있는 장소에는 안전난간을 설치할 것. 다만, 작업상 부득이한 경우에는 필요한 부분만 임시로 해체할 수 있다.
• 수직갱에 가설된 통로의 길이가 15[m] 이상인 경우에는 10[m] 이내마다 계단참을 설치할 것
• 건설공사에 사용하는 높이 8[m] 이상인 비계다리에는 7[m] 이내마다 계단참을 설치할 것

105

8회 출제

비계의 높이가 2[m] 이상인 작업장소에 작업발판을 설치할 경우 준수하여야 할 기준으로 옳지 않은 것은?

① 작업발판의 폭은 30[cm] 이상으로 한다.
② 발판재료 간의 틈은 3[cm] 이하로 한다.
③ 추락의 위험성이 있는 장소에는 안전난간을 설치한다.
④ 발판재료는 뒤집히거나 떨어지지 않도록 2개 이상의 지지물에 연결하거나 고정시킨다.

해설 작업발판의 구조(비계의 높이가 2[m] 이상인 작업장소)
• 발판재료는 작업할 때의 하중을 견딜 수 있도록 견고한 것으로 할 것
• 작업발판의 폭은 40[cm] 이상으로 하고, 발판재료 간의 틈은 3[cm] 이하로 할 것
• 선박 및 보트 건조작업의 경우 선박블록 또는 엔진실 등의 좁은 작업공간에 작업발판을 설치하기 위하여 필요하면 작업발판의 폭을 30[cm] 이상으로 할 수 있고, 걸침비계의 경우 강관기둥 때문에 발판재료 간의 틈을 3[cm] 이하로 유지하기 곤란하면 5[cm] 이하로 할 수 있다.
• 추락의 위험이 있는 장소에는 안전난간을 설치할 것. 다만, 추락위험 방지 조치를 한 경우에는 그러하지 아니하다.
• 작업발판의 지지물은 하중에 의하여 파괴될 우려가 없는 것을 사용할 것
• 작업발판재료는 뒤집히거나 떨어지지 않도록 둘 이상의 지지물에 연결하거나 고정시킬 것
• 작업발판을 작업에 따라 이동시킬 경우에는 위험 방지에 필요한 조치를 할 것

106

가설구조물의 문제점으로 옳지 않은 것은?

① 도괴재해의 가능성이 크다.

② 추락재해 가능성이 크다.

③ 부재의 결합이 간단하나 연결부가 견고하다.

④ 구조물이라는 통상의 개념이 확고하지 않으며 조립의 정밀도가 낮다.

해설

가설구조물은 임시시설물의 경향이 강해 부재의 결합이 간단하며 연결부 등의 정밀도가 낮아 도괴 및 붕괴의 가능성이 높다.

관련개념 가설구조물의 특징

• 각각의 부재는 결합이 간단하나, 불안전한 결합이다.
• 임시구조물의 특성상 조립의 정밀도가 낮다.
• 구조계산에 따른 기준을 시공 중 무시할 수 있다.
• 취급이 용이하고 부재가 손상되거나 결함이 발생할 수 있으며, 결함이 있는 부재를 사용하기 쉽다.

107

거푸집 해체작업 시 유의사항으로 옳지 않은 것은?

① 일반적으로 수평부재의 거푸집은 연직부재의 거푸집보다 빨리 떼어낸다.

② 해체된 거푸집이나 각목 등에 박혀있는 못 또는 날카로운 돌출물은 즉시 제거하여야 한다.

③ 상하 동시 작업은 원칙적으로 금지하며 부득이한 경우에는 긴밀히 연락을 취하면서 작업을 하여야 한다.

④ 거푸집 해체작업장 주위에는 관계자를 제외하고는 출입을 금지시켜야 한다.

해설

거푸집 해체작업 시 수직부재에 비해 수평부재는 양생기간을 길게 하여 충분한 강도가 발현된 후 해체하여야 한다.

108

법면 붕괴에 의한 재해 예방조치로서 옳은 것은?

① 지표수와 지하수의 침투를 방지한다.

② 법면의 경사를 증가한다.

③ 절토 및 성토높이를 증가한다.

④ 토질의 상태에 관계없이 구배조건을 일정하게 한다.

해설

법면의 경사와 절토 및 성토높이의 증가는 토석 붕괴의 원인이 된다. 따라서 법면 붕괴 예방을 위해서는 지표수와 지하수의 침투를 방지하고, 굴착 시에는 지반의 종류에 따른 기울기 기준을 준수하여야 한다.

109

취급·운반의 원칙으로 옳지 않은 것은?

① 운반 작업을 집중하여 시킬 것

② 생산을 최고로 하는 운반을 생각할 것

③ 곡선 운반을 할 것

④ 연속 운반을 할 것

해설 취급·운반의 5원칙

• 직선 운반을 할 것
• 연속 운반을 할 것
• 운반 작업을 집중화 시킬 것
• 생산을 최고로 하는 운반을 생각할 것
• 시간과 경비를 절약할 수 있는 운반 방법을 고려할 것

110

철골작업 시 철골부재에서 근로자가 수직방향으로 이동하는 경우에 설치하여야 하는 고정된 승강로의 최대 답단 간격은 얼마 이내인가?

① 20[cm] ② 25[cm]

③ 30[cm] ④ 40[cm]

해설 승강로의 설치

근로자가 수직방향으로 이동하는 철골부재에는 답단 간격이 30[cm] 이내인 고정된 승강로를 설치하여야 하며, 수평방향 철골과 수직방향 철골이 연결되는 부분에는 연결작업을 위하여 작업발판 등을 설치하여야 한다.

111

재해사고를 방지하기 위하여 크레인에 설치된 방호장치로 옳지 않은 것은?

① 공기정화장치
② 비상정지장치
③ 제동장치
④ 권과방지장치

해설 **양중기의 방호장치**
• 과부하방지장치
• 권과방지장치
• 비상정지장치
• 제동장치

112

작업장 출입구 설치 시 준수해야 할 사항으로 옳지 않은 것은?

① 출입구의 위치·수 및 크기가 작업장의 용도와 특성에 맞도록 한다.
② 출입구에 문을 설치하는 경우에는 근로자가 쉽게 열고 닫을 수 있도록 한다.
③ 주된 목적이 하역운반기계용인 출입구에는 보행자용 출입구를 따로 설치하지 않는다.
④ 계단이 출입구와 바로 연결된 경우에는 작업자의 안전한 통행을 위하여 그 사이에 1.2[m] 이상 거리를 두거나 안내표지 또는 비상벨 등을 설치한다.

해설 **작업장 출입구 설치 시 준수사항**
• 출입구의 위치, 수 및 크기가 작업장의 용도와 특성에 맞도록 할 것
• 출입구에 문을 설치하는 경우에는 근로자가 쉽게 열고 닫을 수 있도록 할 것
• 주된 목적이 하역운반기계용인 출입구에는 인접하여 보행자용 출입구를 따로 설치할 것
• 하역운반기계의 통로와 인접하여 있는 출입구에서 접촉에 의하여 근로자에게 위험을 미칠 우려가 있는 경우에는 비상등·비상벨 등 경보장치를 할 것
• 계단이 출입구와 바로 연결된 경우에는 작업자의 안전한 통행을 위하여 그 사이에 1.2[m] 이상 거리를 두거나 안내표지 또는 비상벨 등을 설치할 것

113

옥외에 설치되어 있는 주행 크레인에 대하여 이탈방지장치를 작동시키는 등 그 이탈을 방지하기 위한 조치를 하여야 하는 순간풍속에 대한 기준으로 옳은 것은?

① 순간풍속이 초당 10[m]를 초과하는 바람이 불어올 우려가 있는 경우
② 순간풍속이 초당 20[m]를 초과하는 바람이 불어올 우려가 있는 경우
③ 순간풍속이 초당 30[m]를 초과하는 바람이 불어올 우려가 있는 경우
④ 순간풍속이 초당 40[m]를 초과하는 바람이 불어올 우려가 있는 경우

해설
순간풍속이 초당 30[m]를 초과하는 바람이 불어올 우려가 있는 경우 옥외에 설치되어 있는 주행 크레인에 대하여 이탈방지장치를 작동시키는 등 이탈방지를 위한 조치를 하여야 한다.

관련개념 **악천후 시 순간풍속에 따른 안전조치**

순간풍속	시기	조치사항
10[m/s] 초과	–	타워크레인의 설치·수리·점검 또는 해체 작업 중지
15[m/s] 초과	–	타워크레인의 운전작업 중지
30[m/s] 초과	바람이 불어올 우려가 있는 경우	옥외 주행 크레인의 이탈방지장치 작동 등 이탈방지 조치
	바람이 불거나 중진 이상 진도의 지진	옥외 양중기의 이상 점검
35[m/s] 초과	바람이 불어올 우려가 있는 경우	• 건설용 리프트의 받침수 증가 등 붕괴방지 조치 • 옥외용 승강기의 받침수 증가 등 붕괴방지 조치

114

지반 등의 굴착작업 시 연암의 굴착면 기울기로 옳은 것은?

① 1 : 0.3
② 1 : 0.5
③ 1 : 0.8
④ 1 : 1.0

해설 굴착면의 기울기 기준

지반의 종류	기울기
모래	1 : 1.8
연암 및 풍화암	1 : 1.0
경암	1 : 0.5
그 밖의 흙	1 : 1.2

115

사면지반 개량공법으로 옳지 않은 것은?

① 전기 화학적 공법
② 석회 안정처리 공법
③ 이온 교환 공법
④ 옹벽 공법

해설

'옹벽 공법'은 사면의 붕괴에 대응하기 위한 구조물 시공 공법이다.

관련개념 사면지반 개량공법

• 주입 공법
• 전기 화학적 공법
• 석회 안정처리 공법
• 이온 교환 공법
• 시멘트 안정처리 공법
• 소결 공법

116

흙막이벽의 근입깊이를 깊게 하고, 전면의 굴착부분을 남겨두어 흙의 중량으로 대항하게 하거나, 굴착예정부분의 일부를 미리 굴착하여 기초콘크리트를 타설하는 등의 대책과 가장 관계 깊은 것은?

① 파이핑현상이 있을 때
② 히빙현상이 있을 때
③ 지하수위가 높을 때
④ 굴착깊이가 깊을 때

해설 히빙(Heaving)

굴착이 진행됨에 따라 흙막이벽 뒤쪽 흙의 중량이 굴착부 바닥의 지지력 이상이 되면 흙막이벽 근입부분의 지반 이동이 발생하여 굴착부 저면이 솟아오르는 현상이다. 이 현상이 발생하면 흙막이벽의 근입부분이 파괴되면서 흙막이벽 전체가 붕괴하는 경우가 많다.

117

사다리식 통로 등을 설치하는 경우 통로 구조로서 옳지 않은 것은?

① 발판의 간격은 일정하게 한다.
② 발판과 벽과의 사이는 15[cm] 이상의 간격을 유지한다.
③ 사다리의 상단은 걸쳐놓은 지점으로부터 60[cm] 이상 올라가도록 한다.
④ 폭은 40[cm] 이상으로 한다.

해설 사다리식 통로의 구조

• 견고한 구조로 할 것
• 심한 손상 · 부식 등이 없는 재료를 사용할 것
• 발판의 간격은 일정하게 할 것
• 발판과 벽과의 사이는 15[cm] 이상의 간격을 유지할 것
• 폭은 30[cm] 이상으로 할 것
• 사다리가 넘어지거나 미끄러지는 것을 방지하기 위한 조치를 할 것
• 사다리의 상단은 걸쳐놓은 지점으로부터 60[cm] 이상 올라가도록 할 것
• 사다리식 통로의 길이가 10[m] 이상인 경우에는 5[m] 이내마다 계단참을 설치할 것
• 사다리식 통로의 기울기는 75° 이하로 할 것. 다만, 고정식 사다리식 통로의 기울기는 90° 이하로 하고, 그 높이가 7[m] 이상인 경우에는 다음의 구분에 따른 조치를 할 것
  – 등받이울이 있어도 근로자 이동에 지장이 없는 경우: 바닥으로부터 높이가 2.5[m] 되는 지점부터 등받이울을 설치할 것
  – 등받이울이 있으면 근로자가 이동이 곤란한 경우: 한국산업표준에서 정하는 기준에 적합한 개인용 추락 방지 시스템을 설치하고 근로자로 하여금 한국산업표준에서 정하는 기준에 적합한 전신안전대를 사용하도록 할 것
• 접이식 사다리 기둥은 사용 시 접혀지거나 펼쳐지지 않도록 철물 등을 사용하여 견고하게 조치할 것

118

콘크리트 타설작업을 하는 경우에 준수해야 할 사항으로 옳지 않은 것은?

① 당일의 작업을 시작하기 전에 해당 작업에 관한 거푸집 및 동바리의 변형·변위 및 지반의 침하 유무 등을 점검하고 이상이 있으면 보수한다.
② 작업 중에는 감시자를 배치하는 등의 방법으로 거푸집 및 동바리의 변형·변위 및 침하 유무 등을 확인하여 이상이 있으면 작업을 빠른 시간 내 우선 완료하고 근로자를 대피시킨다.
③ 콘크리트 타설작업 시 거푸집 붕괴의 위험이 발생할 우려가 있으면 충분한 보강조치를 한다.
④ 콘크리트를 타설하는 경우에는 편심이 발생하지 않도록 골고루 분산하여 타설한다.

해설 **콘크리트 타설작업 시 준수사항**
• 당일의 작업을 시작하기 전에 해당 작업에 관한 거푸집 및 동바리의 변형·변위 및 지반의 침하 유무 등을 점검하고 이상이 있으면 보수할 것
• 작업 중에는 감시자를 배치하는 등의 방법으로 거푸집 및 동바리의 변형·변위 및 침하 유무 등을 확인하여야 하며, 이상이 있으면 작업을 중지하고 근로자를 대피시킬 것
• 콘크리트 타설작업 시 거푸집 붕괴의 위험이 발생할 우려가 있으면 충분한 보강조치를 할 것
• 설계도서 상의 콘크리트 양생기간을 준수하여 거푸집 및 동바리를 해체할 것
• 콘크리트를 타설하는 경우에는 편심이 발생하지 않도록 골고루 분산하여 타설할 것

119

건설작업장에서 근로자가 상시 작업하는 장소의 작업면 조도기준으로 옳지 않은 것은? (단, 갱내 작업장과 감광재료를 취급하는 작업장의 경우는 제외한다.)

① 초정밀작업: 600[lux] 이상
② 정밀작업: 300[lux] 이상
③ 보통작업: 150[lux] 이상
④ 초정밀, 정밀, 보통작업을 제외한 기타 작업: 75[lux] 이상

해설 **작업장의 조도기준**
• 초정밀작업: 750[lux] 이상
• 정밀작업: 300[lux] 이상
• 보통작업: 150[lux] 이상
• 그 밖의 작업: 75[lux] 이상

120

강관틀비계를 조립하여 사용하는 경우 준수해야 할 기준으로 옳지 않은 것은?

① 수직방향으로 6[m], 수평방향으로 8[m] 이내마다 벽이음을 할 것
② 높이가 20[m]를 초과하거나 중량물의 적재를 수반하는 작업을 할 경우에는 주틀 간의 간격을 2.4[m] 이하로 할 것
③ 길이가 띠장 방향으로 4[m] 이하이고 높이가 10[m]를 초과하는 경우에는 10[m] 이내마다 띠장 방향으로 버팀기둥을 설치할 것
④ 주틀 간에 교차 가새를 설치하고 최상층 및 5층 이내마다 수평재를 설치할 것

해설 **강관틀비계 조립·사용 시 준수사항**
• 비계기둥의 밑둥에는 밑받침철물을 사용하여야 하며 밑받침에 고저차가 있는 경우에는 조절형 밑받침철물을 사용하여 각각의 강관틀비계가 항상 수평 및 수직을 유지하도록 할 것
• 높이가 20[m]를 초과하거나 중량물의 적재를 수반하는 작업을 할 경우에는 주틀 간의 간격을 1.8[m] 이하로 할 것
• 주틀 간에 교차 가새를 설치하고 최상층 및 5층 이내마다 수평재를 설치할 것
• 수직방향으로 6[m], 수평방향으로 8[m] 이내마다 벽이음을 할 것
• 길이가 띠장 방향으로 4[m] 이하이고 높이가 10[m]를 초과하는 경우에는 10[m] 이내마다 띠장 방향으로 버팀기둥을 설치할 것

산업안전관리론

001
5회 출제

산업안전보건법령상 안전보건관리규정 작성에 관한 사항으로 ( )에 알맞은 기준은?

> 안전보건관리규정을 작성하여야 할 사업의 사업주는 안전보건관리규정을 작성해야 할 사유가 발생한 날부터 ( )일 이내에 안전보건관리규정을 작성해야 한다.

① 7
② 14
③ 30
④ 60

해설

안전보건관리규정을 작성하여야 할 사업의 사업주는 안전보건관리규정을 작성하여야 할 사유가 발생한 날부터 30일 이내에 안전보건관리규정의 세부내용을 포함한 안전보건관리규정을 작성하여야 한다.

002
7회 출제

산업안전보건법령상 안전관리자를 2인 이상 선임하여야 하는 사업이 아닌 것은? (단, 기타 법령에 관한 사항은 제외한다.)

① 상시 근로자가 500명인 통신업
② 상시 근로자가 700명인 발전업
③ 상시 근로자가 600명인 식료품 제조업
④ 공사금액이 1,000억 원이며 공사 진행률(공정률) 20[%]인 건설업

해설 안전관리자를 두어야 할 사업의 종류 및 규모

사업의 종류	상시근로자 수 또는 공사금액	안전관리자의 수
토사석 광업 식료품 제조업, 음료 제조업 목재 및 나무제품 제조업(가구 제외) 펄프, 종이 및 종이제품 제조업 코크스, 연탄 및 석유정제품 제조업 발전업 운수 및 창고업	50명 이상 500명 미만	1명 이상
	500명 이상	2명 이상
농업, 임업 및 어업 전기, 가스, 증기 및 공기조절 공급업 방송업 우편 및 통신업	50명 이상 1,000명 미만	1명 이상
	1,000명 이상	2명 이상
건설업	50억 원 이상 800억 원 미만	1명 이상
	800억 원 이상 1,500억 원 미만	2명 이상
	1,500억 원 이상 2,200억 원 미만	3명 이상
	2,200억 원 이상 3,000억 원 미만	4명 이상

003

산업재해보상보험법령상 보험급여의 종류를 모두 고른 것은?

㉠ 장례비	㉡ 요양급여
㉢ 간병급여	㉣ 영업손실비용
㉤ 직업재활급여	

① ㉠, ㉡, ㉣

② ㉠, ㉡, ㉢, ㉤

③ ㉠, ㉢, ㉣, ㉤

④ ㉡, ㉢, ㉣, ㉤

해설 직접손실비용과 간접손실비용

직접비 (법적으로 지급되는 산재보상비)		간접비 (직접비를 제외한 모든 비용)	
• 요양급여	• 휴업급여	• 인적손실	• 물적손실
• 장해급여	• 간병급여	• 생산손실	• 임금손실
• 유족급여	• 상병보상연금	• 시간손실	• 기타손실 등
• 장례비	• 직업재활급여		

004

안전관리조직의 형태에 관한 설명으로 옳은 것은?

① 라인형 조직은 100명 이상의 중규모 사업장에 적합하다.

② 스태프형 조직은 권한 다툼의 해소나 조정이 용이하여 시간과 노력이 감소된다.

③ 라인형 조직은 안전에 대한 정보가 불충분하지만 안전 지시나 조치에 대한 실시가 신속하다.

④ 라인·스태프형 조직은 1,000명 이상의 대규모 사업장에 적합하나 조직원 전원의 자율적 참여가 불가능하다.

해설 안전관리조직의 형태별 특징

구분	직계식 (Line형)조직	참모식 (Staff형)조직	직계-참모식 (Line-Staff형)조직
특징	• 안전보건관리와 생산을 동시에 수행 • 명령과 보고가 상하관계뿐이므로 간단명료(모든 권한이 포괄적이고 직선적) • 명령이나 지시가 신속·정확하게 전달되어 개선조치가 빠르게 진행 • 별도의 안전관리 요원을 두지 않아 예산절약의 효과	• 안전전담부서(Staff)의 참모인 안전관리자가 안전관리의 계획에서 시행까지 업무추진(고도의 안전활동 진행) • 안전기법 등에 대한 교육훈련을 통해 조직적으로 안전관리 추진(안전에 관한 업무의 표준화, 정착화) • 경영자의 조언과 자문역할(안전보건 업무에 대하여 조언자 역할) • 안전에 관한 지식, 기술축적 및 정보수집이 용이하고 신속 • 사업장 특성에 맞는 안전보건대책 수립 용이	• 라인에서 안전보건 업무가 수행되어 안전보건에 관한 지시 명령조치가 신속, 정확하게 전달, 수행 • 안전보건의 전문지식이나 기술축적 용이(해당 사업장에 적합한 대책수립 가능) • 스태프에서 안전에 관한 기획조사, 검토 및 연구 수행

005

재해 예방을 위한 대책선정에 관한 사항 중 기술적 대책 (Engineering)에 해당되지 않는 것은?

① 작업행정의 개선
② 환경설비의 개선
③ 점검 보존의 확립
④ 안전수칙의 준수

해설

'안전수칙의 준수'는 관리적 대책 또는 감독 철저(Enforcement)에 해당된다.

006

산업안전보건법령상 산업안전보건위원회의 심의·의결을 거쳐야 하는 사항이 아닌 것은? (단, 그 밖에 필요한 사항은 제외한다.)

① 작업환경측정 등 작업환경의 점검 및 개선에 관한 사항
② 산업재해에 관한 통계의 기록 및 유지에 관한 사항
③ 안전장치 및 보호구 구입 시 적격품 여부 확인에 관한 사항
④ 사업장의 산업재해 예방계획의 수립에 관한 사항

해설

'안전장치 및 보호구 구입 시 적격품 여부 확인에 관한 사항'은 안전보건관리책임자가 총괄하여 관리하는 업무이다.

관련개념 산업안전보건위원회의 심의·의결사항

• 사업장의 산업재해 예방계획의 수립에 관한 사항
• 안전보건관리규정의 작성 및 변경에 관한 사항
• 안전보건교육에 관한 사항
• 작업환경측정 등 작업환경의 점검 및 개선에 관한 사항
• 근로자의 건강진단 등 건강관리에 관한 사항
• 산업재해에 관한 통계의 기록 및 유지에 관한 사항
• 중대재해의 원인 조사 및 재발 방지대책 수립에 관한 사항
• 유해하거나 위험한 기계·기구·설비를 도입한 경우 안전 및 보건 관련 조치에 관한 사항
• 그 밖에 해당 사업장 근로자의 안전 및 보건을 유지·증진시키기 위하여 필요한 사항

007

산업안전보건법령상 안전보건표지의 색채를 파란색으로 사용하여야 하는 경우는?

① 주의표지
② 정지신호
③ 차량 통행표지
④ 특정 행위의 지시

해설 안전보건표지의 색도기준 및 용도

색채	색도기준	용도	사용 예
빨간색	7.5R 4/14	금지	정지신호, 소화설비 및 그 장소, 유해행위의 금지
		경고	화학물질 취급장소에서의 유해·위험 경고
노란색	5Y 8.5/12	경고	화학물질 취급장소에서의 유해·위험 경고 이외의 위험경고, 주의표지 또는 기계방호물
파란색	2.5PB 4/10	지시	특정 행위의 지시 및 사실의 고지
녹색	2.5G 4/10	안내	비상구 및 피난소, 사람 또는 차량의 통행표지
흰색	N9.5		파란색 또는 녹색에 대한 보조색
검은색	N0.5		문자 및 빨간색 또는 노란색에 대한 보조색

008

4회 출제

시설물의 안전 및 유지관리에 관한 특별법령상 안전등급별 정기안전점검 및 정밀안전진단 실시시기에 관한 사항으로 (　)에 알맞은 기준은?

안전등급	정기안전점검	정밀안전진단
A등급	(　㉠　)에 1회 이상	(　㉡　)에 1회 이상

① ㉠: 반기, ㉡: 4년　　② ㉠: 반기, ㉡: 6년

③ ㉠: 1년, ㉡: 4년　　④ ㉠: 1년, ㉡: 6년

해설 안전점검, 정밀안전진단 및 성능평가의 실시시기

안전등급	정기안전점검	정밀안전점검		정밀안전진단	성능평가
		건축물	그 외 시설물		
A등급	반기에 1회 이상	4년에 1회 이상	3년에 1회 이상	6년에 1회 이상	
B·C등급		3년에 1회 이상	2년에 1회 이상	5년에 1회 이상	5년에 1회 이상
D·E등급	1년에 3회 이상	2년에 1회 이상	1년에 1회 이상	4년에 1회 이상	

009

13회 출제

다음의 재해사례에서 기인물과 가해물은?

> 작업자가 작업장을 걸어가는 중 작업장 바닥에 쌓여있던 자재에 걸려 넘어지면서 바닥에 머리를 부딪쳐 사망하였다.

① 기인물: 자재, 가해물: 바닥

② 기인물: 자재, 가해물: 자재

③ 기인물: 바닥, 가해물: 바닥

④ 기인물: 바닥, 가해물: 자재

해설

재해발생의 주 원인은 자재(기인물)이고, 직접적인 피해를 준 물체는 바닥(가해물)이다.

관련개념 기인물과 가해물

- 기인물: 재해발생의 주 원인이며 재해를 가져오게 한 근원이 되는 기계, 장치, 물질 또는 환경 등(불안전한 상태)
- 가해물: 직접 사람에게 접촉하여 피해를 주는 기계, 장치, 물질 또는 환경 등

010

2회 출제

산업재해통계업무처리규정상 산업재해통계에 관한 설명으로 틀린 것은?

① 총요양근로손실일수는 재해자의 총 요양기간을 합산하여 산출한다.

② 휴업재해자수는 근로복지공단의 휴업급여를 지급받은 재해자수를 의미하며, 체육행사로 인하여 발생한 재해는 제외된다.

③ 사망자수는 통상의 출퇴근에 의한 사망을 포함하여 근로복지공단의 유족급여가 지급된 사망자수를 말한다.

④ 재해자수는 근로복지공단의 유족급여가 지급된 사망자 및 근로복지공단에 최초요양신청서를 제출한 재해자 중 요양승인을 받은 자를 말한다.

해설

"사망자수"는 근로복지공단의 유족급여가 지급된 사망자(지방고용노동관서의 산재미보고 적발 사망자 포함)수를 말한다. 다만, 사업장 밖의 교통사고(운수업, 음식숙박업은 사업장 밖의 교통사고도 포함)·체육행사·폭력행위·통상의 출퇴근에 의한 사망, 사고 발생일로부터 1년을 경과하여 사망한 경우는 제외한다.

011

1회 출제

건설업 산업안전보건관리비 계상 및 사용기준상 건설업 산업안전보건관리비로 사용할 수 있는 것을 모두 고른 것은?

> ㉠ 전담 안전·보건관리자의 인건비
> ㉡ 현장 내 안전보건 교육장 설치비용
> ㉢ 전기사업법에 따른 전기안전대행비용
> ㉣ 유해위험방지계획서의 작성에 소요되는 비용
> ㉤ 재해예방전문지도기관에 지급하는 기술지도 비용

① ㉡, ㉢, ㉣

② ㉠, ㉡, ㉣, ㉤

③ ㉠, ㉢, ㉣, ㉤

④ ㉠, ㉡, ㉢, ㉣

해설

'전기사업법에 따른 전기안전대행비용'은 타법의 적용을 받으므로 산업안전보건관리비로 사용하여서는 아니 된다.

012

다음에서 설명하는 위험예지훈련 단계는?

> • 위험요인을 찾아내는 단계
> • 가장 위험한 것을 합의하여 결정하는 단계

① 현상파악 ② 본질추구
③ 대책수립 ④ 목표설정

해설 위험예지훈련 4라운드

1라운드	현상파악	위험요인을 식별하는 단계
2라운드	본질추구	위험요인·문제점 발견 및 위험의 포인트를 결정하고 지적 확인하는 단계
3라운드	대책수립	위험요인을 극복하기 위한 대안 제시 단계
4라운드	목표설정	행동목표를 설정하는 단계

013

산업안전보건법령상 안전검사대상 기계가 아닌 것은?

① 리프트 ② 압력용기
③ 컨베이어 ④ 이동식 국소 배기장치

해설 안전검사대상 유해·위험 기계·기구·설비
• 프레스
• 전단기
• 크레인(정격 하중이 2톤 미만인 것은 제외)
• **리프트**
• **압력용기**
• 곤돌라
• **국소 배기장치(이동식 제외)**
• 원심기(산업용만 해당)
• 롤러기(밀폐형 구조 제외)
• 사출성형기(형 체결력 294[kN] 미만은 제외)
• 고소작업대(화물자동차 또는 특수자동차에 탑재한 고소작업대로 한정)
• **컨베이어**
• 산업용 로봇

014

산업안전보건법령상 사업장에서 산업재해 발생 시 사업주가 기록·보존하여야 하는 사항이 아닌 것은? (단, 산업재해조사표와 요양신청서의 사본은 보존하지 않았다.)

① 사업장의 개요
② 근로자의 인적사항
③ 재해 재발방지 계획
④ 안전관리자 선임에 관한 사항

해설 산업재해 발생 시 기록·보존하여야 할 사항
• **사업장의 개요** 및 **근로자의 인적사항**
• 재해 발생의 일시 및 장소
• 재해 발생의 원인 및 과정
• **재해 재발방지 계획**

015

A 사업장의 상시근로자수가 1,200명이다. 이 사업장의 도수율이 10.50이고 강도율이 7.5일 때 이 사업장의 총 요양 근로손실일수(일)는? (단, 근로자 1명당 연 근로시간 수는 2,400시간이다.)

① 21.6 ② 216
③ 2,160 ④ 21,600

해설

$$강도율 = \frac{총\ 요양\ 근로손실일수}{연\ 근로시간\ 수} \times 1,000$$

$$총\ 요양\ 근로손실일수 = \frac{강도율 \times 연\ 근로시간\ 수}{1,000}$$

$$= \frac{7.5 \times (1,200 \times 2,400)}{1,000} = 21,600$$

관련개념 강도율(SR; Severity Rate of Injury)
근로시간 합계 1,000시간당 재해로 인한 근로손실일수이다.

$$강도율 = \frac{총\ 요양\ 근로손실일수}{연\ 근로시간\ 수} \times 1,000$$

016

산업재해의 기본원인으로 볼 수 있는 4M으로 옳은 것은?

① Man, Machine, Maker, Media
② Man, Management, Machine, Media
③ Man, Machine, Maker, Management
④ Man, Management, Machine, Material

해설 4M(산업재해의 기본원인)
• 인적(Man) 요인
• 기계적(Machine) 요인
• 환경적(Media) 요인
• 관리적(Management) 요인

017

보호구 안전인증 고시상 안전대 충격흡수장치의 동하중 시험성능기준에 관한 사항으로 ( )에 알맞은 기준은?

• 최대전달충격력은 (㉠)[kN] 이하이어야 함
• 감속거리는 (㉡)[mm] 이하이어야 함

① ㉠: 6.0, ㉡: 1,000   ② ㉠: 6.0, ㉡: 2,000
③ ㉠: 8.0, ㉡: 1,000   ④ ㉠: 8.0, ㉡: 2,000

해설 안전대 성능기준 – 동하중 성능

구분	명칭	시험성능기준
동하중 성능	벨트식 – 1개걸이용 – U자걸이용 – 보조죔줄	• 시험몸통으로부터 빠지지 말 것 • 최대전달충격력은 6.0[kN] 이하이어야 함 • U자걸이용 감속거리는 1,000[mm] 이하이어야 함
	안전그네식 – 1개걸이용 – U자걸이용 – 추락방지대 – 안전블록 – 보조죔줄	• 시험몸통으로부터 빠지지 말 것 • 최대전달충격력은 6.0[kN] 이하이어야 함 • U자걸이용, 안전블록, 추락방지대의 감속거리는 1,000[mm] 이하이어야 함 • 시험 후 죔줄과 시험몸통 간의 수직각이 50° 미만이어야 함
	안전블록 (부품)	• 파손되지 않을 것 • 최대전달충격력은 6.0[kN] 이하이어야 함 • 억제거리는 2,000[mm] 이하이어야 함
	충격흡수장치	• 최대전달충격력은 6.0[kN] 이하이어야 함 • 감속거리는 1,000[mm] 이하이어야 함

018

산업안전보건기준에 관한 규칙상 공기압축기 가동 전 점검 사항을 모두 고른 것은? (단, 그 밖에 사항은 제외한다.)

㉠ 윤활유의 상태
㉡ 압력방출장치의 기능
㉢ 회전부의 덮개 또는 울
㉣ 언로드밸브(Unloading valve)의 기능

① ㉢, ㉣
② ㉠, ㉡, ㉢
③ ㉠, ㉡, ㉣
④ ㉠, ㉡, ㉢, ㉣

해설 공기압축기를 가동할 때 작업시작 전 점검사항
• 공기저장 압력용기의 외관 상태
• 드레인밸브의 조작 및 배수
• 압력방출장치의 기능
• 언로드밸브의 기능
• 윤활유의 상태
• 회전부의 덮개 또는 울
• 그 밖의 연결 부위의 이상 유무

019

버드(Bird)의 재해구성비율 이론상 경상이 10건일 때 중상에 해당하는 사고 건수는?

① 1   ② 30
③ 300   ④ 600

해설 버드의 재해발생비율
1 : 10 : 30 : 600 = 중상 : 경상(물적, 인적 손실) : 무상해 사고(물적 손실) : 무상해, 무사고
따라서 경상이 10건일 때 중상은 1건 발생한다.

020

5회 출제

재해의 원인 중 불안전한 상태에 속하지 않는 것은?

① 위험장소 접근
② 작업환경의 결함
③ 방호장치의 결함
④ 물적 자체의 결함

해설

'위험장소 접근'은 재해의 원인 중 불안전한 행동에 해당한다.

관련개념 재해의 직접원인

불안전한 상태	• 물건 자체의 결함
	• 방호장치의 결함
	• 복장·보호구의 결함
	• 물건의 배치 및 작업장소 불량
	• 작업환경의 결함
	• 생산공정의 결함
	• 경계표시·설비의 결함
불안전한 행동	• 위험장소의 접근
	• 방호장치의 기능 제거
	• 복장·보호구의 잘못된 사용
	• 기계·기구의 잘못된 사용
	• 운전 중인 기계장치의 손질
	• 불안전한 속도 조작
	• 위험물 취급 부주의
	• 불안전 상태 방치
	• 불안전한 자세 및 동작
	• 감독 및 연락 불충분

021

7회 출제

다음 적응기제 중 방어적 기제에 해당하는 것은?

① 고립(Isolation)
② 억압(Repression)
③ 합리화(Rationalization)
④ 백일몽(Day-dreaming)

해설

①, ②, ④는 도피적 기제에 해당한다.

관련개념 방어적 기제(Defence Mechanism)

• 자신의 불리한 입장을 보호 또는 방어하려는 기제이다.
• **합리화**, 동일시, 보상, 투사, 승화 등이 있다.

022

2회 출제

알고 있는 지식을 심화시키거나 어떠한 자료에 대해 보다 명료한 생각을 갖도록 하는 경우 실시하는 교육방법으로 가장 적절한 것은?

① 구안법
② 강의법
③ 토의법
④ 실연법

해설 토의법(Discussion Method)

• 안전교육의 방법 중 전개단계에서 가장 효과적인 수업방법이다.
• 참여자들의 대화를 통해서 교육이 진행되는 교육방식이다.
• 현장의 관리감독자 교육을 위하여 가장 바람직한 교육방식이다.
• 도입, 제시, 적용, 확인단계 중 적용단계에서 가장 많은 시간이 소요된다.
• 알고 있는 지식을 심화시키거나 어떠한 자료에 대해 명료한 생각을 갖추는 데 적합한 교육방법이다.
• 개방적인 의사소통과 협조적인 분위기 속에서 학습자의 적극적 참여가 가능하다.
• 준비와 계획단계뿐만 아니라 진행 과정에서도 많은 시간이 소요된다.
• 집단 활동의 기술을 개발하고 민주적 태도를 배울 수 있다.

023

8회 출제

조직이 리더(Leader)에게 부여하는 권한으로 부하직원의 처벌, 임금 삭감을 할 수 있는 권한은?

① 강압적 권한
② 보상적 권한
③ 합법적 권한
④ 전문성의 권한

해설 **리더십 권한**

• 조직이 리더에게 부여한 권한

합법적 권한	군대, 정부기관 등 합법적 권력이 가지는 권한
강압적 권한	부하의 처벌, 봉급의 인상 거부 등 강압적인 힘을 갖는 권한
보상적 권한	승진, 봉급 인상 등 역할에 대한 보상을 부여하는 권한

• 지도자 자신에 의해 자발적으로 생성되는 권한

위임된 권한	부하 직원들이 상사를 존경하여 함께 일하고자 할 때 상사에게 부여되는 권한, 혹은 지도자 자신이 자신에게 부여한 권한
전문성의 권한	전문적 지식을 가진 리더를 부하들이 스스로 따르는 것으로 지도자 자신의 능력에 의해 생성되는 권한

024

8회 출제

운동에 대한 착각현상이 아닌 것은?

① 자동운동
② 항상운동
③ 유도운동
④ 가현운동

해설 **운동의 착각현상**

• 자동운동: 암실 내의 정지된 소광점을 응시하고 있으면 그 광점이 움직이는 것처럼 보이는 현상이다.
• 유도운동: 실제로 움직이지 않는 것이 어느 기준의 이동에 의하여 움직이는 것처럼 느껴지는 현상이다.
• 가현운동: 실제로는 움직이지 않는데 움직이는 것처럼 느껴지는 심리적인 현상이다.

025

5회 출제

자동차 액셀러레이터와 브레이크 간 간격, 브레이크 폭, 소프트웨어 상에서 메뉴나 버튼의 크기 등을 결정하는 데 사용할 수 있는 인간공학 법칙은?

① Fitts의 법칙
② Hick의 법칙
③ Weber의 법칙
④ 양립성 법칙

해설 **Fitts의 법칙**

• 인간의 조정 및 제어능력을 나타내는 법칙으로, 인간의 손이나 발을 이동시켜 조작장치를 조작하는 데 걸리는 시간을 표적까지의 거리와 표적 크기의 함수로 나타낸 이론이다.
• 표적이 작고 이동거리가 길수록 이동시간이 증가한다.
• 자동차 브레이크 페달과 가속 페달 간의 간격, 브레이크 폭 등을 결정하는 데 사용할 수 있는 이론이다.

관련개념

• Hick-Hyman 법칙: 신호를 보고 어떤 장치를 조작해야 할지를 선택하기까지 걸리는 시간을 예측할 수 있다.
• 웨버(Weber) 법칙: 인간이 감지할 수 있는 외부의 물리적 자극 변화의 최소범위는 기준이 되는 자극의 크기에 비례한다.
• 양립성 법칙: 인간의 기대와 자극 또는 반응들이 일치한다.

026

2회 출제

개인적 카운슬링(Counseling)의 방법이 아닌 것은?

① 설득적 방법
② 설명적 방법
③ 강요적 방법
④ 직접적인 충고

해설

개인적 카운슬링 방법에는 직접적 충고, 설명적 방법, 설득적 방법이 있다.

027

산업안전보건법령상 근로자 안전보건교육 중 특별교육 대상 작업에 해당하지 않는 것은?

① 굴착면의 높이가 5[m] 되는 지반 굴착작업

② 콘크리트 파쇄기를 사용하여 5[m]의 구축물을 파쇄하는 작업

③ 흙막이 지보공의 보강 또는 동바리를 설치하거나 해체하는 작업

④ 휴대용 목재가공기계를 3대 보유한 사업장에서 해당 기계로 하는 작업

해설

목재가공용 기계(둥근톱기계, 띠톱기계, 대패기계, 모떼기기계 및 라우터기만 해당하며, 휴대용은 제외)를 5대 이상 보유한 사업장에서 해당 기계로 하는 작업이 특별교육 대상이다.

관련개념 **목재가공용 기계를 5대 이상 보유한 사업장의 해당 기계로 하는 작업의 특별교육내용**

• 목재가공용 기계의 특성과 위험성에 관한 사항

• 방호장치의 종류와 구조 및 취급에 관한 사항

• 안전기준에 관한 사항

• 안전작업방법 및 목재 취급에 관한 사항

• 그 밖에 안전 · 보건관리에 필요한 사항

028

학습지도의 원리와 거리가 가장 먼 것은?

① 감각의 원리

② 통합의 원리

③ 자발성의 원리

④ 사회화의 원리

해설 **학습지도의 원리**

개별화	학습자의 요구와 성향, 소질에 적합한 학습의 기회를 부여한다는 원리
통합	학습자의 모든 능력을 조화롭게 발달시키는 생활중심의 통합교육을 원칙으로 한다는 원리
사회화	공동학습과 같은 협동을 통해서 학습자의 사회화를 도와주는 원리
자기활동 (자발성)	학습지도는 내적동기를 유발시켜야 효과적이라는 원리
직관	구체적 사물을 제시하거나 경험시킴으로써 학습효과를 거둘 수 있다는 원리
목적	학습자에게 학습목표가 분명히 인식되었을 경우 자발적이고 적극적인 학습을 기대할 수 있다는 원리

029

매슬로우(Maslow)의 욕구 5단계 중 안전욕구에 해당하는 단계는?

① 1단계

② 2단계

③ 3단계

④ 4단계

해설 **매슬로우(Maslow)의 욕구이론**

• 인간의 욕구는 생리적 욕구 → 안전의 욕구 → 사회적 욕구 → 존경(인정)의 욕구 → 자아실현의 욕구 순으로 발생한다.

• 인간은 가장 기본적인 욕구에서 시작하여 상위 욕구로 올라가면서 자신의 욕구를 체계적으로 충족시킨다.

030

생체리듬에 관한 설명 중 틀린 것은?

① 각각의 리듬이 (−)로 최대가 되는 경우에만 위험일이라고 한다.

② 육체적 리듬은 "P"로 나타내며, 23일을 주기로 반복된다.

③ 감성적 리듬은 "S"로 나타내며, 28일을 주기로 반복된다.

④ 지성적 리듬은 "I"로 나타내며, 33일을 주기로 반복된다.

해설 **생체리듬(바이오리듬)의 분류**

육체적(신체적) 리듬 (P, Physical)	신체의 물리적인 상태를 나타내는 리듬으로, 청색 실선으로 표시하며 23일의 주기이다.
감성적 리듬 (S, Sensitivity)	기분이나 신경계통의 상태를 나타내는 리듬으로, 적색 점선으로 표시하며 28일의 주기이다.
지성적 리듬 (I, Intellectual)	기억력, 인지력, 판단력 등을 나타내는 리듬으로, 녹색 일점쇄선으로 표시하며 33일의 주기이다.

※ **위험일**: 안정기(+)와 불안정기(−)의 교차점

031

11회 출제

에너지대사율(RMR)에 따른 작업의 분류에 따라 중(보통)작업의 RMR 범위는?

① 0~2
② 2~4
③ 4~7
④ 7~9

해설 에너지대사율(RMR; Relative Metabolic Rate)

$$RMR = \frac{작업대사량}{기초대사량} = \frac{작업 시 소비에너지 - 안정 시 소비에너지}{기초대사 시 소비에너지}$$

작업구분	RMR	작업 종류 등
초중(超重)작업	7 이상	과격한 전신작업
중(重)작업	4~7	• 일반적인 전신작업 • 힘·동작속도가 큰 작업
중(中)작업	2~4	힘·동작속도가 작은 작업
경(輕)작업	0~2	• 사무실 작업 • 손가락이나 팔로 하는 가벼운 작업

032

2회 출제

조직 구성원의 태도는 조직성과와 밀접한 관계가 있는데 태도(Attitude)의 3가지 구성요소에 포함되지 않는 것은?

① 인지적 요소
② 정서적 요소
③ 성격적 요소
④ 행동경향 요소

해설 태도의 3가지 구성요소
• 인지적 요소
• 정서적 요소
• 행동경향 요소

033

2회 출제

다음에서 설명하는 학습방법은?

> 학생이 생활하고 있는 현실적인 장면에서 당면하는 여러 문제들을 해결해 나가는 과정으로 지식, 기능, 태도, 기술 등을 종합적으로 획득하도록 하는 학습방법

① 롤 플레잉(Role Playing)
② 문제법(Problem Method)
③ 버즈세션(Buzz Session)
④ 케이스 메소드(Case Method)

해설 문제법(Problem Method)
생활하고 있는 현실에서 해결방법을 찾아내는 것으로 지식, 기능, 태도, 기술 등을 종합적으로 획득하도록 하는 학습방법이다.

034

5회 출제

호손(Hawthorne) 실험의 결과 작업자의 작업능률에 영향을 미치는 주요 원인으로 밝혀진 것은?

① 작업조건
② 인간관계
③ 생산기술
④ 행동규범의 설정

해설 호손 실험(Hawthorne Experiment)
사원들의 태도, 감독자, 비공식 집단 등 인간관계와 관련된 요소들이 생산성에 영향을 미친다는 것을 확인한 실험이다.

035

4회 출제

심리학에서 사용하는 용어로 측정하고자 하는 것을 실제로 적절히, 정확히 측정하는지의 여부를 판별하는 것은?

① 표준화
② 신뢰성
③ 객관성
④ 타당성

해설 심리검사의 구비요건
• 타당성: 측정하고자 하는 것을 실제로 잘 측정했는지의 여부를 판별하는 것이다.
• 신뢰성: 측정하고자 하는 것을 얼마나 일관성 있게 측정하는지의 정도이다.

036

Kirkpatrick의 교육훈련 평가 4단계를 바르게 나열한 것은?

① 학습단계 → 반응단계 → 행동단계 → 결과단계

② 학습단계 → 행동단계 → 반응단계 → 결과단계

③ 반응단계 → 학습단계 → 행동단계 → 결과단계

④ 반응단계 → 학습단계 → 결과단계 → 행동단계

해설 교육훈련의 평가 단계

교육훈련 평가는 반응단계 → 학습단계 → 행동단계 → 결과단계 순으로 진행한다.

037

사고 경향성 이론에 관한 설명 중 틀린 것은?

① 사고를 많이 내는 여러 명의 특성을 측정하여 사고를 예방하는 것이다.

② 개인의 성격보다는 특정 환경에 의해 훨씬 더 사고가 일어나기 쉽다.

③ 어떠한 사람이 다른 사람보다 사고를 더 잘 일으킨다는 이론이다.

④ 사고경향성을 검증하기 위한 효과적인 방법은 다른 두 시기 동안에 같은 사람의 사고기록을 비교하는 것이다.

해설

사고 경향성 이론은 주변 환경보다는 개인에게 초점을 맞춰서 사고 원인을 설명한다.

관련개념 사고 경향성 이론

• 어떠한 사람이 다른 사람보다 사고를 더 잘 일으킨다.

• 사고는 특정 시점에서 특정한 사람이 반복해서 일으킨다.

• 사고를 많이 내는 여러 명의 특성을 측정하여 사고를 예방할 수 있다.

• 검증하기 위한 효과적인 방법은 다른 두 시기 동안에 같은 사람의 사고기록을 비교하는 것이다.

038

Off JT(Off the Job Training)의 특징으로 옳은 것은?

① 전문 강사를 초빙하는 것이 가능하다.

② 개개인에게 적절한 지도훈련이 가능하다.

③ 직장의 실정에 맞게 실제적 훈련이 가능하다.

④ 훈련에 필요한 업무의 계속성이 끊어지지 않는다.

해설

②, ③, ④는 OJT의 특징이다.

관련개념 Off JT(Off the Job Training)의 특징

장점	• 업무와 훈련이 동시에 진행되지 않으므로 훈련에만 전념하게 된다. • **외부의 우수한 전문가를 강사로 활용할 수 있다.** • 다수의 근로자를 대상으로 일괄적, 조직적, 체계적인 훈련이 가능하다. • 교재, 시설 등을 효과적으로 이용할 수 있다. • 교육생 간 혹은 타 직장의 근로자와 지식이나 경험을 교류할 수 있다.
단점	• 개인의 안전지도 방법으로는 부적당하다. • 교육으로 인해 업무가 중단되는 손실이 발생한다.

039

직무분석을 위한 정보를 얻는 방법과 거리가 가장 먼 것은?

① 관찰법　　　　② 직무수행법

③ 설문지법　　　④ 서류함기법

해설 직무분석(Job Analysis)의 방법

면접법	업무에 대한 이해도가 높은 작업자와의 면담을 통하여 직무를 분석하는 방법으로 자료의 수집에 많은 시간과 노력이 들고, 정량화된 정보를 얻기 힘들다.
관찰법	근로자의 작업수행 과정을 상세하게 관찰하는 방법으로 자료의 수집에 많은 시간과 노력이 들고, 정량화된 정보를 얻기가 힘들어 많은 시간이 소요되는 직무에는 적용이 곤란하다.
설문지법	많은 사람들로부터 짧은 시간 내에 정보를 얻을 수 있고, 양적인 정보를 얻을 수 있다.
중요사건법	직무행동 가운데 효과적인 행동과 비효과적인 행동을 구분하여 사례를 수집한 후 효과적인 행동패턴을 추출하는 방법이다.
일지작성법	작업수행 내역을 일정한 형식으로 기록하여 이를 분석하는 방법이다.
직무수행법	직무수행자가 직접 해당 직무를 수행하며 정보를 수집하는 방법으로 실무 기반 정보 수집에 유리하나 전문성과 긴 시간이 요구된다.

040

11회 출제

산업안전보건법령상 타워크레인 신호작업에 종사하는 일용 근로자의 특별교육 교육시간 기준은?

① 1시간 이상　　　　　② 2시간 이상

③ 4시간 이상　　　　　④ 8시간 이상

해설 근로자 안전보건교육 교육과정별 교육시간

교육과정	교육대상		교육시간
정기교육	사무직 종사 근로자		매반기 6시간 이상
	그 밖의 근로자	판매업무에 직접 종사하는 근로자	매반기 6시간 이상
		판매업무에 직접 종사하는 근로자 외의 근로자	매반기 12시간 이상
채용 시 교육	일용근로자 및 근로계약기간이 1주일 이하인 기간제근로자		1시간 이상
	근로계약기간이 1주일 초과 1개월 이하인 기간제근로자		4시간 이상
	그 밖의 근로자		8시간 이상
작업내용 변경 시 교육	일용근로자 및 근로계약기간이 1주일 이하인 기간제근로자		1시간 이상
	그 밖의 근로자		2시간 이상
특별교육	일용근로자 및 근로계약기간이 1주일 이하인 기간제근로자 (타워크레인 신호작업 종사자 제외)		2시간 이상
	타워크레인 신호작업에 종사하는 일용근로자 및 근로계약기간이 1주일 이하인 기간제근로자		8시간 이상
	그 밖의 근로자		16시간 이상
			단기간 또는 간헐적 작업인 경우 2시간 이상
건설업 기초안전·보건교육	건설 일용근로자		4시간 이상

인간공학 및 시스템안전공학

041

4회 출제

A작업의 평균 에너지 소비량이 다음과 같을 때, 60분간의 총 작업시간 내에 포함되어야 하는 휴식시간(분)은?

- 휴식 중 에너지 소비량: 1.5[kcal/min]
- A작업 시 평균 에너지 소비량: 6[kcal/min]
- 기초대사를 포함한 작업에 대한 평균 에너지 소비량 상한: 5[kcal/min]

① 10.3　　　　　② 11.3

③ 12.3　　　　　④ 13.3

해설 작업시간에 포함되어야 할 휴식시간 산출

$$휴식시간(R) = 작업시간 \times \frac{E-5}{E-1.5} = 60 \times \frac{6-5}{6-1.5} = 13.3[min]$$

이때, E: 작업 시 평균 에너지 소비량[kcal/min]

　　5: 작업 시 분당 평균 에너지 소비량 상한[kcal/min]

　　1.5: 휴식 중 에너지 소비량[kcal/min]

042

6회 출제

인간공학에 대한 설명으로 틀린 것은?

① 인간 - 기계 시스템의 안전성, 편리성, 효율성을 높인다.

② 인간을 작업과 기계에 맞추는 설계 철학이 바탕이 된다.

③ 인간이 사용하는 물건, 설비, 환경의 설계에 적용된다.

④ 인간의 생리적, 심리적인 면에서의 특성이나 한계점을 고려한다.

해설

인간공학의 설계 철학은 시스템을 인간에 맞추는 것이며 인간을 시스템에 맞추는 것이 아니다.

043

1회 출제

근골격계질환 작업분석 및 평가 방법인 OWAS의 평가요소를 모두 고른 것은?

㉠ 상지	㉡ 무게(하중)
㉢ 하지	㉣ 허리

① ㉠, ㉡
② ㉠, ㉢, ㉣
③ ㉡, ㉢, ㉣
④ ㉠, ㉡, ㉢, ㉣

해설 **OWAS(Ovako Working Posture Analysis System) 기법**
• 작업자들의 부적절한 작업자세를 정의하고 평가하기 위해 개발한 대표적인 작업자세 평가 기법이다.
• 상지(팔), 하지(다리), 허리, 무게(하중)의 평가요소를 활용하는 기법이다.

044

2회 출제

밝은 곳에서 어두운 곳으로 갈 때 망막에 시홍이 형성되는 생리적 과정인 암조응이 발생하는데 완전 암조응(Dark Adaption)이 발생하는 데 소요되는 시간은?

① 약 3~5분
② 약 10~15분
③ 약 30~40분
④ 약 60~90분

해설 **순응(조응)**
갑자기 어두운 곳에 들어가면 보이지 않거나 갑자기 밝은 곳에 노출되면 눈이 부시지만 시간이 지나면서 점차 사물의 형상을 알 수 있는데, 이러한 광도 수준에 대한 적응을 순응(Adaption) 또는 조응이라고 한다.
• 암순응(암조응): 우리 눈이 어둠에 적응하는 과정으로 로돕신(Rhodopsin)이 증가하여 간상세포의 감도가 높아진다.(약 30~40분 정도 소요)
• 명순응(명조응): 우리 눈이 밝음에 적응하는 과정으로 로돕신이 감소하여 원추세포가 기능한다.(약 수초 내지 1~2분 소요)

045

3회 출제

FTA(Fault Tree Analysis)에 관한 설명으로 옳은 것은?

① 정성적 분석만 가능하다.
② 복잡하고 대형화된 시스템의 신뢰성 분석 및 안정성 분석에 이용되는 기법이다.
③ FT에 동일한 사건이 중복되어 나타나는 경우 상향식(Bottom-up)으로 정상사건 T의 발생확률을 계산할 수 있다.
④ 기초사건과 생략사건의 확률 값이 주어지게 되더라도 정상사건의 최종적인 발생확률을 계산할 수 없다.

해설 **결함수분석(FTA)**
• 연역적 방법이다.
• 재해의 정량적 예측이 가능한 분석방법이다.
• 하향식(Top-down) 방법을 사용한다.
• 특정 사상에 대해 짧은 시간에 해석이 가능하다.
• 복잡하고 대형화된 시스템을 논리기호를 사용하여 해석한다.
• 간단한 FT도의 작성으로 정성적 해석이 가능하여 비전문가도 잠재위험을 효율적으로 분석할 수 있다.
• 정성적 평가 후 정량적 평가를 실시하며, 정량적으로 재해발생확률을 구할 수 있다.

046

3회 출제

불(Boole)대수의 정리를 나타낸 관계식 중 틀린 것은?

① $A \cdot 0 = 0$
② $A + 1 = 1$
③ $A \cdot \overline{A} = 1$
④ $A(A+B) = A$

해설 **불대수의 법칙**
• 동일법칙: $A + A = A$, $A \cdot A = A$
• 교환법칙: $AB = BA$, $A + B = B + A$
• 흡수법칙: $A(AB) = (AA)B$, $A(A+B) = A$
$$A + AB = A \cup (A \cap B) = (A \cup A) \cap (A \cup B) = A \cap (A \cup B) = A$$
• 분배법칙: $A(B+C) = AB + AC$, $A + (BC) = (A+B) \cdot (A+C)$
• 결합법칙: $A(BC) = (AB)C$, $A + (B+C) = (A+B) + C$
• 기타: $A \cdot 0 = 0$, $A + 1 = 1$, $A \cdot 1 = A$, $A + \overline{A} = 1$, $A \cdot \overline{A} = 0$

047

2회 출제

FTA(Fault Tree Analysis)에서 사용되는 사상기호 중 통상의 작업이나 기계의 상태에서 재해의 발생 원인이 되는 요소가 있는 것을 나타내는 것은?

①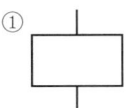
②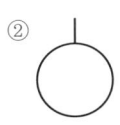
③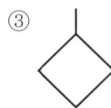
④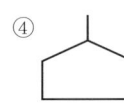

해설

① 결함사상: 개별적인 결함사상
② 기본사상: 더 이상 전개되지 않는 기본사상
③ 생략사상: 정보부족, 해석기술 불충분으로 더 이상 전개할 수 없는 사상
④ 통상사상: 통상 발생이 예상되는 사상

048

5회 출제

HAZOP 기법에서 사용하는 가이드워드와 그 의미가 잘못 연결된 것은?

① Part of: 성질상의 감소
② As well as: 성질상의 증가
③ Other than: 기타 환경적인 요인
④ More/Less: 정량적인 증가 또는 감소

해설 가이드워드(Guide Words)

No/Not	설계 의도의 완전한 부정
Part of	성질상의 감소
As well as	성질상의 증가
More/Less	양의 증가 혹은 감소
Other than	완전한 대체
Reverse	설계 의도의 논리적인 역

049

1회 출제

다음 중 좌식작업이 가장 적합한 작업은?

① 정밀 조립 작업
② 4.5[kg] 이상의 중량물을 다루는 작업
③ 작업장이 서로 떨어져 있으며 작업장 간 이동이 잦은 작업
④ 작업자의 정면에서 매우 높거나 낮은 곳으로 손을 자주 뻗어야 하는 작업

해설

중량물 취급 작업, 작업장 간 이동이 잦은 작업, 손을 자주 뻗어야 하는 작업은 입식작업이 적합하다.

050

6회 출제

양식 양립성의 예시로 가장 적절한 것은?

① 자동차 설계 시 고도계 높낮이 표시
② 방사능 사업장에 방사능 폐기물 표시
③ 청각적 자극 제시와 이에 대한 음성 응답
④ 자동차 설계 시 제어장치와 표시장치의 배열

해설 양립성의 종류

공간 양립성	• 표시장치와 조종장치의 위치가 인간의 기대에 모순되지 않는 것 • 왼쪽 표시장치의 조종장치는 왼쪽에, 오른쪽 표시장치의 조종장치는 오른쪽에 위치하는 것
양식 양립성	• 문화적 관습으로 생기는 양립성 • 청각적 자극에 음성응답을 하게 되는 것
운동 양립성	조종장치의 조작방향에 따라 기계장치나 자동차 등이 움직이는 것
개념 양립성	• 인간의 개념과 일치하게 하는 것 • 적색 수도전은 온수, 청색 수도전은 냉수를 의미하는 것 • 위험신호는 빨간색, 주의신호는 노란색, 안전신호는 파란색으로 표시하는 것

051

시스템의 수명곡선(욕조곡선)에 있어서 디버깅(Debugging)에 관한 설명으로 옳은 것은?

① 초기고장의 결함을 찾아 고장률을 안정시키는 과정이다.
② 우발고장의 결함을 찾아 고장률을 안정시키는 과정이다.
③ 마모고장의 결함을 찾아 고장률을 안정시키는 과정이다.
④ 기계 결함을 발견하기 위해 동작시험을 하는 기간이다.

해설 **고장률의 유형**

- 초기고장(감소형): 제조가 불량하거나 생산과정에서 품질관리가 안 되어서 생기는 고장이다.
  - 디버깅(Debugging) 기간: 초기고장의 결함을 찾아내어 고장률을 안정시키는 기간이다.
  - 번인(Burn-in) 기간: 초기에 장시간 움직여보고 그동안에 고장난 것을 Screening하여 제거시키는 기간이다.
- 우발고장(일정형): 실제 사용하는 상태에서 발생하는 고장으로 예측할 수 없는 랜덤의 간격으로 생기는 고장이다.
- 마모고장(증가형): 설비 또는 장치가 수명을 다하여 생기는 고장으로 이 시기의 예방대책은 예방보전(PM)이다.

052

1[sone]에 관한 설명으로 (   )에 알맞은 수치는?

> 1[sone]: (㉠   )[Hz], (㉡   )[dB]의 음압수준을 가진 순음의 크기

① ㉠: 1,000, ㉡: 1
② ㉠: 4,000, ㉡: 1
③ ㉠: 1,000, ㉡: 40
④ ㉠: 4,000, ㉡: 40

해설 **sone 값**

- 인간이 청각으로 느끼는 소리의 크기를 측정하는 척도이다.
- 1[sone]은 40[dB]의 1,000[Hz] 순음의 크기로 40[phon]의 값을 의미한다.
- phon의 값이 주어질 때 $sone = 2^{\frac{phon - 40}{10}}$ 으로 구한다.

053

경계 및 경보신호의 설계지침으로 틀린 것은?

① 주의를 환기시키기 위하여 변조된 신호를 사용한다.
② 배경소음의 진동수와 다른 진동수의 신호를 사용한다.
③ 귀는 중음역에 민감하므로 500~3,000[Hz]의 진동수를 사용한다.
④ 300[m] 이상의 장거리용으로는 1,000[Hz]를 초과하는 진동수를 사용한다.

해설 **청각적 표시장치의 설계기준**

- 신호는 배경소음의 주파수와 다른 주파수를 이용한다.
- 귀는 중음역에 가장 민감하므로 500~3,000[Hz]의 진동수를 사용한다.
- 칸막이를 통과하는 신호는 500[Hz] 이하의 진동수를 사용한다.
- 300[m] 이상 장거리용 신호는 1,000[Hz] 이하의 낮은 주파수를 사용한다.

054

인간-기계 시스템에 관한 설명으로 틀린 것은?

① 자동 시스템에서는 인간요소를 고려하여야 한다.
② 자동차 운전이나 전기 드릴 작업은 반자동 시스템의 예시이다.
③ 자동 시스템에서 인간은 감시, 정비유지, 프로그램 등의 작업을 담당한다.
④ 수동 시스템에서 기계는 동력원을 제공하고 인간의 통제 하에서 제품을 생산한다.

해설 **인간-기계 시스템(체계)**

수동 체계	자신의 신체적인 힘을 동력원으로 사용하여 작업을 통제하는 인간 사용자와 결합(수공구 또는 그 밖의 보조물 사용)
기계화 체계 (반자동 체계)	운전자가 조종장치를 사용하여 통제하며 동력은 전형적으로 기계가 제공
자동화 체계	기계가 감지, 정보처리, 의사결정 등 행동을 포함한 모든 임무를 수행하고 인간은 감시, 프로그래밍, 정비유지 등의 기능을 수행

055

5회 출제

n개의 요소를 가진 병렬 시스템에 있어 요소의 수명(MTTF)이 지수분포를 따를 경우, 이 시스템의 수명으로 옳은 것은?

① $MTTF \times n$

② $MTTF \times \dfrac{1}{n}$

③ $MTTF \times \left(1 + \dfrac{1}{2} + \cdots + \dfrac{1}{n}\right)$

④ $MTTF \times \left(1 \times \dfrac{1}{2} \times \cdots \times \dfrac{1}{n}\right)$

해설 n개의 요소를 갖는 지수분포를 따르는 부품의 기대수명

- 평균수명이 t인 부품 n개를 직렬로 구성하였을 때 기대수명은 $\dfrac{t}{n}$이다.
- 평균수명이 t인 부품 n개를 **병렬로 구성**하였을 때 기대수명은 $\left(1 + \dfrac{1}{2} + \cdots + \dfrac{1}{n}\right) \times t$이다.

056

2회 출제

다음에서 설명하는 용어는?

> 유해·위험요인을 파악하고 해당 유해·위험요인에 의한 부상 또는 질병의 발생 가능성(빈도)과 중대성(강도)을 추정·결정하고 감소대책을 수립하여 실행하는 일련의 과정을 말한다.

① 위험성 결정
② 위험성평가
③ 위험빈도 추정
④ 유해·위험요인 파악

해설 위험성평가

사업주가 사업장의 유해·위험요인을 파악하고 해당 유해·위험요인에 의한 부상 또는 질병의 발생 가능성(빈도)과 중대성(강도)을 추정, 결정하며 감소대책을 수립하여 실행하는 일련의 과정을 말한다.

057

9회 출제

상황해석을 잘못하거나 목표를 잘못 설정하여 발생하는 인간의 오류 유형은?

① 실수(Slip)
② 착오(Mistake)
③ 위반(Violation)
④ 건망증(Lapse)

해설 인간의 오류모형

착오(Mistake)	상황해석을 잘못하거나 목표를 잘못 이해하고 착각하여 행하는 인간의 실수로 위치, 순서, 패턴, 형상, 기억오류 등 외부적 요인에 의해 나타나는 오류
착각(Illusion)	감각적으로 물리현상을 왜곡하는 지각 오류
실수(Slip)	의도는 올바른 것이었지만, 행동이 의도한 것과는 다르게 나타나는 오류
건망증(Lapse)	일련의 과정에서 일부를 빠뜨리거나 기억의 실패에 의해 발생하는 오류
위반(Violation)	정해진 규칙을 알고 있음에도 의도적으로 따르지 않거나 무시한 경우에 발생하는 오류

058

9회 출제

위험분석 기법 중 시스템 수명주기 관점에서 적용 시점이 가장 빠른 것은?

① PHA
② FHA
③ OHA
④ SHA

해설 예비위험분석(PHA; Preliminary Hazard Analysis)

시스템 내의 위험요소가 얼마나 위험상태에 있는가를 평가하는 시스템 안전 프로그램에서 **최초단계(시스템 구상단계)의 분석 방식**(정성적)이다.

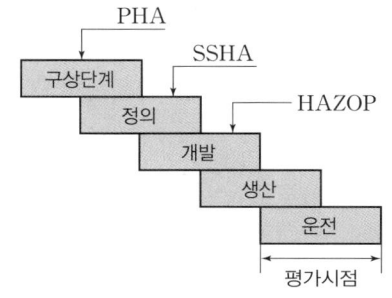

시스템 수명주기

059

5회 출제

태양광선이 내리쬐는 옥외장소의 자연습구온도 20[℃], 흑구온도 18[℃], 건구온도 30[℃]일 때 습구흑구온도지수 (WBGT)는?

① 20.6[℃]　　　　　② 22.5[℃]

③ 25.0[℃]　　　　　④ 28.5[℃]

해설 태양광선이 내리쬐는 옥외장소의 습구흑구온도지수

WBGT=0.7×자연습구온도+0.2×흑구온도+0.1×건구온도

　　　=0.7×20+0.2×18+0.1×30=20.6[℃]

관련개념 습구흑구온도지수(WBGT; Wet Bulb Globe Temperature)

- 옥외 WBGT[℃] = 0.7×NWB+0.2×GT+0.1×NDB
- 실내 WBGT[℃] = 0.7×NWB+0.3×GT
- NWB(자연습구온도; Natural Wet Bulb Temperature)
- GT(흑구온도; Globe Temperature)
- NDB(건구온도; Natural Dry Bulb Temperature)

060

3회 출제

그림과 같은 FT도에서 최소 컷셋(Minimal cut set)으로 옳은 것은? (단, Fussell의 알고리즘을 따른다.)

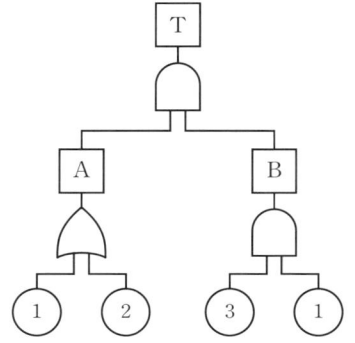

① {1, 2}　　　　　② {1, 3}

③ {2, 3}　　　　　④ {1, 2, 3}

해설

$T = A \cdot B = \binom{1}{2} \cdot (3\ 1) = \dfrac{(1\ 3\ 1)}{(2\ 3\ 1)} = \dfrac{(1\ 3)}{(1\ 2\ 3)}$

컷셋은 (1 3), (1 2 3)이므로 최소 컷셋은 (1 3)이다.

건설시공학

061

4회 출제

통상적으로 스팬이 큰 보 및 바닥판의 거푸집을 걸 때에 스팬의 캠버(Camber)값으로 옳은 것은?

① $\dfrac{1}{300} \sim \dfrac{1}{500}$　　　　② $\dfrac{1}{200} \sim \dfrac{1}{350}$

③ $\dfrac{1}{150} \sim \dfrac{1}{250}$　　　　④ $\dfrac{1}{100} \sim \dfrac{1}{300}$

해설 거푸집 시공 시 유의사항

- 비계나 가설물에는 연결하지 않는다.
- 바닥, 보의 중앙부는 $\dfrac{1}{300} \sim \dfrac{1}{500}$ 정도 치켜올려서 시공한다.
- 재료의 허용응력도는 장기허용응력도의 1.2배 정도로 한다.
- 부재 간 강성차이가 커서 부재 간 강성차이가 많은 것과는 조합을 피한다.
- 거푸집 합판패널은 표면 나무결에 수직으로 하여 띠장을 단다.
- 콘크리트 표면에 타일붙임 등의 마감을 할 경우에는 표면을 거칠게 한 거푸집이 필요하다.
- 거푸집은 콘크리트의 타입 시 변형, 파열 또는 도괴하지 않도록 충분한 강성 및 강도가 필요하다.
- 지주를 바꾸어 세울 동안에는 상부의 작업을 제한하여 적재하중을 작게 하고, 집중하중을 받는 부분의 지주는 그대로 둔다.
- 진동, 충격 등을 주지 않고 콘크리트가 손상되지 않도록 순서에 맞춰 제거한다.
- 제거한 거푸집은 재사용 할 수 있도록 적당한 장소에 정리하여 둔다.
- 구조물의 손상을 고려하여 제거 시 찢어져 남은 거푸집쪽널은 깨끗이 치우고 미장공사를 한다.

062

지반개량 공법 중 동다짐(Dynamic Compaction) 공법의 특징으로 옳지 않은 것은?

① 시공 시 지반진동에 의한 공해문제가 발생하기도 한다.
② 지반 내에 암괴 등의 장애물이 있으면 적용이 불가능하다.
③ 특별한 약품이나 자재를 필요로 하지 않는다.
④ 깊은 심도의 지반개량에 대해서는 초대형 장비가 필요하다.

해설

동다짐 공법은 암괴, 사력, 모래(준설매립토), 폐기물(쓰레기) 등 광범위한 토질에 적용이 가능하다.

관련개념 **동다짐 공법**

무거운 추를 자유낙하시켜 충격에 의한 다짐효과로 전단강도를 높이는 지반개량 공법이다.

장점	단점
• 적용범위가 넓음	• 중량추의 이용으로 인근구조물 진동 피해
• 깊은 심도까지 효과적 다짐	
• 지하 지반조건에 무관	• 소음, 진동, 분진 등 공사공해 발생
• 확실한 지반개량 효과	• 포화점토 등의 지반은 효과 반감

063

기성콘크리트 말뚝에 표기된 PHC-A · 450-12의 각 기호에 대한 설명으로 옳지 않은 것은?

① PHC - 원심력 고강도 프리스트레스트 콘크리트말뚝
② A - A종
③ 450 - 말뚝바깥지름
④ 12 - 말뚝삽입 간격

해설

12는 파일의 길이를 나타낸다.

관련개념 **PHC 파일(종류 – Type · 구경 – 길이)**

• 종류: 일반 PHC 파일, 초고강도 UHC 파일, 대구경 PHC 파일
   (D= 700[mm] 이상)
• Type: A종, B종, C종
• 구경: 400, 450, 500, 600, 700, …
• 길이: 12[m]

064

흙막이 공법과 관련된 내용의 연결이 옳지 않은 것은?

① 버팀대공법 – 띠장, 지지말뚝
② 지하연속벽 – 안정액, 트레미관
③ 자립식공법 – 안내벽, 인터록킹 파이프
④ 어스앵커공법 – 인장재, 그라우팅

해설

안내벽, 인터록킹 파이프는 지하연속벽 공법과 관련이 있다.

관련개념 **자립식공법**

엄지말뚝의 근입깊이와 강성 또는 프리스트레스를 이용한 흙막이 공법이다.

065

흙막이 공법 중 지하연속벽(Slurry Wall) 공법에 대한 설명으로 옳지 않은 것은?

① 흙막이벽 자체의 강도, 강성이 우수하기 때문에 연약지반의 변형 및 이면침하를 최소한으로 억제할 수 있다.
② 차수성이 좋아 지하수가 많은 지반에도 사용할 수 있다.
③ 시공 시 소음, 진동이 작다.
④ 다른 흙막이벽에 비해 공사비가 적게 든다.

해설 **슬러리 월(Slurry Wall) 공법(지하연속벽 공법)**

굴착면을 보호하기 위해 벤토나이트 등의 안정액을 사용하여 소요단면을 사전 굴착한 후 철근망을 넣어 콘크리트를 타설함으로써 지하구조물을 연속적으로 형성하는 공법이다.

장점	단점
• 지반조건에 좌우되지 않는다.	• 기술적 시공이 요구된다.
• 저소음, 저진동이다.	• 시공비가 많이 소요된다.
• 근접건물에 영향을 주지 않는다.	• 굴착토의 처리문제가 발생한다.
• 강성이 높아 휘어지지 않는다.	• 굴착 도랑의 붕괴 및 안정액(벤토나이트)의 배수가 곤란하다.
• 소요내력을 정할 수 있다.	
• 지반보강 및 차수효과가 확실하다.	• 기계 및 부대 설비가 대형이다.
• 길이 및 깊이 등 차수조정이 자유롭다.	• 소규모 현장의 시공은 불가능하다.

066

건축물의 지하공사에서 계측관리에 관한 설명으로 틀린 것은?

① 계측관리의 목적은 위험의 징후를 발견하는 것이다.
② 계측관리의 중점관리사항으로는 흙막이 변위에 따른 배면지반의 침하가 있다.
③ 계측관리는 인적이 뜸하고 위험이 적은 안전한 곳에 설치하여 주기적으로 실시한다.
④ 일일점검항목으로는 흙막이벽체, 주변지반, 지하수위 및 배수량 등이 있다.

해설
계측은 구조상 위험이 발생할 수 있는 대표단면을 설정하고, 계측값을 상대비교 할 수 있는 위치로 정한다.

067

벽길이 10[m], 벽높이 3.6[m]인 블록벽체를 기본블록(390[mm]×190[mm]×150[mm])으로 쌓을 때 소요되는 블록의 수량은? (단, 블록은 온장으로 고려하고, 줄눈 나비는 가로, 세로 10[mm], 할증은 고려하지 않는다.)

① 412매 ② 468매
③ 562매 ④ 598매

해설
- 블록 한 개를 쌓을 때 면적(줄눈 10[mm] 포함)
  $=(0.39+0.01)\times(0.19+0.01)=0.08[m^2]$
- 단위면적[m^2]을 쌓는 데 필요한 블록의 정미량$=\dfrac{1}{0.08}=12.5$[매]
- 온장 기준이므로 단위면적당 정미량$=13$[매/m^2]
벽 면적$=10[m]\times3.6[m]=36[m^2]$이므로
소요되는 블록의 수량$=13\times36=468$[매]

068

외관 검사 결과 불합격된 철근 가스압접 이음부의 조치 내용으로 옳지 않은 것은?

① 심하게 구부러졌을 때는 재가열하여 수정한다.
② 압접면의 엇갈림이 규정값을 초과했을 때는 재가열하여 수정한다.
③ 형태가 심하게 불량하거나 또는 압접부에 유해하다고 인정되는 결함이 생긴 경우는 압접부를 잘라내고 재압접한다.
④ 철근 중심축의 편심량이 규정값을 초과했을 때는 압접부를 떼어내고 재압접한다.

해설 불량압접의 보정

외관검사 결과	조치 내용
철근 중심축 편심량이 규정값 초과	압접부 잘라내고 재압접
압접부 엇갈림이 규정값 초과	
형태가 심하게 불량이거나 유해하다고 인정되는 경우	
압접부 지름 또는 길이가 규정값 미만	재가열
심하게 구부러졌을 때	

069

철골부재조립 시 구멍의 위치가 다소 다를 때 구멍을 맞추기 위한 작업은?

① 송곳뚫기(Drilling) ② 리이밍(Reaming)
③ 펀칭(Punching) ④ 리벳치기(Riveting)

해설 리이밍(Reaming)
구멍을 넓히거나 불량부분을 제거하는 작업이다. 리머(Reamer)를 사용하여 구멍가심을 하고, 수정 최대 편심거리는 1.5[mm] 이하이다.

관련개념
- 송곳뚫기(Drilling): 13[mm]를 초과하는 철판에 사용되고, 수밀성이 요구되거나 정밀 가공 시 사용한다.
- 펀칭(Punching): 13[mm] 이하의 얇은 철판이나 리벳 지름이 9[mm] 이하일 때 사용한다.
- 리벳치기(Riveting): 공장 리벳치기와 현장 리벳치기가 있다.

070

철골작업용 장비 중 절단용 장비로 옳은 것은?

① 프릭션 프레스(Friction Press)
② 플레이트 스트레이닝 롤(Plate Straining Roll)
③ 파워 프레스(Power Press)
④ 핵 소우(Hack Saw)

해설

핵 소우(Hack Saw)는 활톱, 쇠톱과 같은 절단용 장비이다.

관련개념
• 프릭션 프레스: 형강의 변형을 바로잡는 데 사용한다.
• 플레이트 스트레이닝 롤: 강판의 변형을 바로잡는 데 사용한다.
• 파워 프레스: 형강의 변형을 바로잡는 데 사용한다.

071

시방서 및 설계도면 등이 서로 상이할 때의 우선순위에 대한 설명으로 옳지 않은 것은?

① 설계도면과 공사시방서가 상이할 때는 설계도면을 우선한다.
② 설계도면과 내역서가 상이할 때는 설계도면을 우선한다.
③ 표준시방서와 전문시방서가 상이할 때는 전문시방서를 우선한다.
④ 설계도면과 상세도면이 상이할 때는 상세도면을 우선한다.

해설 설계도서 해석의 우선순위

설계도서·법령해석·감리자의 지시 등이 서로 일치하지 아니하는 경우에 있어 계약으로 그 적용의 우선 순위를 정하지 아니한 때에는 다음의 순서를 원칙으로 한다.
가. 공사시방서
나. 설계도면(축척에 따른 상세도면 우선)
다. 전문시방서
라. 표준시방서
마. 산출내역서

072

예정가격범위 내에서 최저가격으로 입찰한 자를 낙찰자로 선정하는 낙찰자 선정방식은?

① 최적격 낙찰제
② 제한적 최저가 낙찰제
③ 최저가 낙찰제
④ 적격 심사 낙찰제

해설 낙찰자 선정방식

총액입찰	입찰서에 입찰 총액을 기재한 서류를 제출하는 입찰방법으로 낙찰된 회사는 착공계와 함께 입찰내역서를 제출한다.
내역입찰	입찰 시 입찰서와 입찰금액의 산출내역서를 함께 제출하는 입찰방법으로 발주기관에서 미리 제공한 물량내역서에 입찰자가 단가와 금액을 기재해 제출한다. 입찰서 금액과 산출내역서의 총계 금액이 일치하지 않으면 무효처리된다.
최저가 낙찰제	가장 최저가를 제시한 낙찰자를 선정하는 제도이다. 입찰 경쟁이 가능해 예산절감을 기대할 수 있지만 부실공사의 우려가 있다.
제한적 최저가 낙찰제	예정가격 이하로 입찰한 업체 사이에서 일정비율 이상 입찰한 입찰자 중 최저가격으로 입찰한 자를 낙찰자로 결정하는 방법이다.
적격심사 낙찰제	입찰에서 가장 낮은 가격으로 입찰한 업체부터 공사수행능력, 기술능력, 입찰가격을 종합심사해 일정 점수 이상을 얻으면 낙찰자로 결정하는 방법이다. 최저가 낙찰제의 폐단을 막기 위한 방법으로 시행되었다.
부찰제(제한적 평균 낙찰제)	입찰자들의 투찰금액을 평균하여 가장 근접하게 투찰한 자를 낙찰자로 선정하는 방법이다.

073

설계도와 시방서가 명확하지 않거나 설계는 명확하지만 공사비 총액을 산출하기 곤란하고 발주자가 양질의 공사를 기대할 때 채택될 수 있는 가장 타당한 도급방식은?

① 실비정산 보수가산식도급
② 단가도급
③ 정액도급
④ 턴키도급

해설 **도급방식**

구분	특징
공동도급	규모가 클 경우 2개 이상의 회사가 임의로 결합, 연대책임으로 공사를 하고, 공사완료 후 해산하는 방식이다.
단가도급	노무단가, 재료단가 또는 노무 및 재료를 합한 단가를 체적 또는 면적단가만으로 결정하여 공사를 도급주는 방식으로 긴급공사 및 단순공사에 주로 채택된다.
분할도급	도급공사에서 분할하여 직접 전문업자에게 도급을 주는 방식이다.
실비정산 보수가산식도급	건축주, 시공자, 건축사 3자 입회 하에 공사에 필요한 실비 또는 이에 대한 보수를 미리 협의하여 정하고, 이를 시공자에게 지불하는 제도이다. 설계도와 시방서가 명확하지 않거나 설계는 명확하지만 공사비 총액을 산출하기 곤란할 때 채택된다.
일식도급	공사의 전체를 한 사람의 도급자에게 주는 방식이다.
정액도급	공사비 총액을 일정한 금액으로 정하여 계약을 체결하는 도급방식이다.
턴키도급	건축을 위해 필요한 모든 요소를 포괄적으로 계약하는 방식으로 건설업자가 금융, 토지조달, 설계, 시공, 시운전, 기계·기구 설치까지 조달해 주는 것으로 일괄수주 방식이라고도 한다.

074

철근공사에 대해서 옳지 않은 것은?

① 조립용 철근은 철근을 구부릴 때 철근의 위치를 확보하기 위하여 쓰는 보조적인 철근이다.
② 철근의 용접부에 순간최대풍속 2.7[m/s] 이상의 바람이 불 때는 철근을 용접할 수 없으며, 풍속을 2.7[m/s] 이하로 저감시킬 수 있는 방풍시설을 설치하는 경우에만 용접할 수 있다.
③ 가스압접이음은 철근의 단면을 산소-아세틸렌 불꽃 등을 사용하여 가열하고 기계적 압력을 가하여 용접한 맞댐이음을 말한다.
④ D35를 초과하는 철근은 겹침이음을 할 수 없다. 다만, 서로 다른 크기의 철근을 압축부에서 겹침이음하는 경우 D35 이하의 철근과 D35를 초과하는 철근은 겹침이음을 할 수 있다.

해설

조립용 철근은 철근을 조립할 때 철근의 위치를 확보하기 위하여 쓰는 보조적인 철근이다.

075

2회 출제

철골공사의 용접접합에서 플럭스(Flux)를 옳게 설명한 것은?

① 용접 시 용접봉의 피복재 역할을 하는 분말상의 재료
② 압연강판의 층 사이에 균열이 생기는 현상
③ 용접작업의 종단부에 임시로 붙이는 보조판
④ 용접부에 생기는 미세한 구멍

해설 **플럭스(Flux)**

자동용접 시 용접봉의 피복재 역할로 쓰이는 분말상의 재료를 말한다.

관련개념

• 라멜라티어링(Lamellar Tearing): 압연강판의 층 사이에 계단 모양의 균열이 생기는 현상을 말한다.
• 엔드탭(End Tab): 용접작업의 종단부에 임시로 붙이는 보조판을 말한다.
• 블로우 홀(Blow Hole): 용접부 내에 갇혀 있는 미세한 구멍을 말한다.
• 피트(Pit): 외부표면에 생기는 구멍을 말한다.

076

4회 출제

착공단계에서의 공사계획을 수립할 때 우선 고려하지 않아도 되는 것은?

① 현장 직원의 조직편성
② 예정 공정표의 작성
③ 유지관리지침서의 변경
④ 실행예산편성

해설

'유지관리지침서'는 준공단계에서 고려한다.

관련개념 **시공계획 순서**

현장조직원의 편성 → 공정표의 작성 → 실행예산의 편성 → 하도급업체 선정 → 설비 및 자재의 설치계획(가설물 계획) → 노무 및 자재 조달계획 → 재해방지대책

077

2회 출제

AE콘크리트에 관한 설명으로 옳은 것은?

① 공기량은 기계비빔이 손비빔의 경우보다 적다.
② 공기량은 비벼놓은 시간이 길수록 증가한다.
③ AE제의 양이 증가할수록 공기량은 감소하나 콘크리트의 강도는 증대한다.
④ 시공연도가 증진되고 재료분리 및 블리딩이 감소한다.

해설

① 손비빔보다 기계비빔이 공기량 발생이 많다.
② 비빔시간 2~3분까지는 공기량이 증가하고, 그 이후부터는 감소한다.
③ AE제 양이 증가하면 공기량은 증가하나 강도는 감소한다.

관련개념 **AE(Air Entrained)콘크리트**

• 시공연도가 좋아지고, 단위수량을 감소시킬 수 있으며 재료분리와 블리딩도 감소한다.
• 공기량은 3~6[%]로 하고, 보통콘크리트는 4[%], 경량콘크리트는 6[%]가 표준이다. (허용오차는 ±0.5[%])
• 공기량 1[%] 증가에 압축강도는 3~5[%] 정도 저하된다.
• 모래비율이 많을수록 공기량은 증가한다.
• 진동을 주고 온도가 높으면 공기량이 감소한다.
• 손비빔보다 기계비빔이 공기량 발생이 많다.
• 공기량은 잔골재의 미립분이 많을수록 증가한다.
• 공기량은 빈배합 슬럼프값(18[cm]까지)이 클수록 증가한다.
• 공기량이 증가할수록 시공연도는 개선된다.
• 비빔시간 2~3분까지는 공기량이 증가하고, 그 이상은 감소한다.
• 표면이 매끈하여 제물치장에 효과적이다.
• 단열성, 내동해성 및 내구성은 증가하나 부착강도와 압축강도는 감소한다.
• 강재와의 부착력이 감소한다.

078

1회 출제

콘크리트의 고강도화와 관계가 적은 것은?

① 물시멘트비를 작게 한다.
② 시멘트의 강도를 크게 한다.
③ 폴리머(Polymer)를 함침(含浸)한다.
④ 골재의 입자분포를 가능한 한 균일 입자분포로 한다.

해설

고강도 콘크리트에 사용되는 굵은골재 입도분포는 굵고 가는 골재 등이 골고루 섞여 공극을 줄임으로써 시멘트풀이 최소가 되도록 하는 것이 좋다.

079

3회 출제

벽돌쌓기법 중에서 마구리를 세워 쌓는 방식으로 옳은 것은?

① 옆세워 쌓기   ② 허튼 쌓기
③ 영롱 쌓기   ④ 길이 쌓기

해설 벽돌쌓기법

• **옆세워 쌓기**: 경사, 문턱 등에 사용하는 쌓기 방식으로 마구리면이 보이도록 벽돌 벽면을 수직으로 쌓는다.
• **허튼 쌓기**: 수평, 수직 줄눈이 서로 일직선이 되지 않도록 어긋나게 쌓는 방법으로, 내력벽이나 바깥벽 등에 주로 쓰인다.
• **영롱 쌓기**: 벽돌을 일정 간격으로 띄워 쌓아 빛과 공기를 통하게 한 방식으로, 담장이나 장식벽, 채광 및 환기를 필요로 하는 벽체에 쓰인다.
• **길이 쌓기**: 벽돌의 긴 면이 보이도록 쌓는 가장 일반적인 쌓기 방식으로, 공간벽, 덧붙임벽, 간막이벽, 담쌓기 등에 쓰인다.

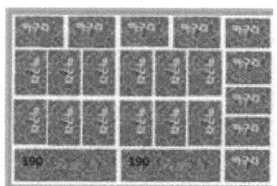

옆세워 쌓기

허튼 쌓기

영롱 쌓기

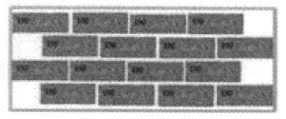

길이 쌓기

080

4회 출제

바닥판 거푸집의 구조계산 시 고려해야 하는 연직하중에 해당하지 않는 것은?

① 작업하중
② 충격하중
③ 고정하중
④ 굳지 않은 콘크리트 측압

해설

콘크리트 측압은 횡방향 하중이다.

관련개념 거푸집 및 동바리 구조검토 시 고려하여야 할 하중

연직하중	• 거푸집, 지보공(동바리), 콘크리트, 철근, 작업원, 타설용 기계기구, 가설설비 등의 중량 및 충격하중 • 연직하중＝고정하중＋작업하중 　　　　　＝(콘크리트 무게＋거푸집 무게) 　　　　　＋(충격하중＋작업하중)
횡하중	작업할 때의 진동, 충격, 시공오차 등에 기인되는 횡방향 하중 이외의 풍압, 유수압, 지진 등
콘크리트 측압	굳지 않은 콘크리트의 측압
특수하중	시공 중에 예상되는 특수한 하중(콘크리트 편심하중 등)

건설재료학

081
4회 출제

플라이애시시멘트에 대한 설명으로 옳은 것은?

① 수화할 때 불용성 규산칼슘 수화물을 생성한다.

② 화력발전소 등에서 완전 연소한 미분탄의 회분과 포틀랜드시멘트를 혼합한 것이다.

③ 재령 1~2시간 안에 콘크리트 압축강도가 20[MPa]에 도달할 수 있다.

④ 용광로의 선철제작 부산물을 급랭시키고 파쇄하여 시멘트와 혼합한 것이다.

해설 **플라이애시시멘트**

• 화력발전소에서 완전 연소한 미분탄의 회분(Ash)을 집진기로 채취한 미립자 및 포틀랜드시멘트와 혼합한 것이다.

• 수화열이 적고 조기강도가 작으나 장기강도는 크다.

• 콘크리트의 워커빌리티(시공성)가 좋고 수밀성이 크며, 단위수량을 감소시킬 수 있어 매스 콘크리트, 댐 공사에 사용된다.

오답해설

①, ④ 고로슬래그시멘트에 대한 설명이다.

③ 초속경시멘트에 대한 설명이다.

082
2회 출제

건축용 접착제로서 요구되는 성능에 해당되지 않는 것은?

① 진동, 충격의 반복에 잘 견딜 것

② 취급이 용이하고 독성이 없을 것

③ 장기부하에 의한 크리프가 클 것

④ 고화 시 체적수축 등에 의한 내부변형을 일으키지 않을 것

해설

건축용 접착제는 크리프가 작아야 한다.

관련개념 **크리프(Creep)**

응력이 일정하게 작용하여 크기의 변화가 없더라도 변형률이 시간 경과에 따라 증가하는 현상을 말한다.

083
9회 출제

골재의 함수상태에서 유효흡수량의 정의로 옳은 것은?

① 습윤상태와 절대건조상태의 수량의 차이

② 표면건조포화상태와 기건상태의 수량의 차이

③ 기건상태와 절대건조상태의 수량의 차이

④ 습윤상태와 표면건조포화상태의 수량의 차이

해설 **골재의 유효흡수량**

공기 중 건조상태에서 골재의 입자가 표면건조포화상태로 되기까지 흡수된 수량이다.

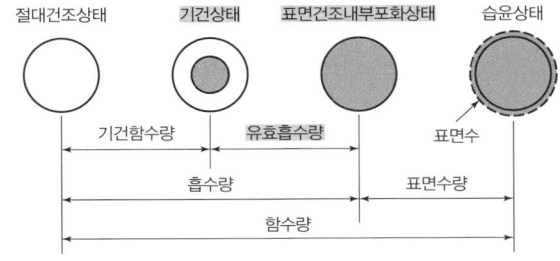

084
2회 출제

도장재료 중 물이 증발하여 수지입자가 굳는 융착건조경화를 하는 것은?

① 알키드 수지 도료

② 에폭시 수지 도료

③ 불소 수지 도료

④ 합성 수지 에멀션 페인트

해설 **에멀션 도료**

• 용제를 사용하지 않아 냄새가 없고, 화재 및 위생상의 염려가 적다.

• 붓 작업이 쉽고, 건조가 빠르다.

• 수분이 증발하는 것과 동시에 수지입자가 접근하여 입자의 보호 콜로이드막이 파괴되며 연속된 막이 형성되고 안료는 그 안에 포함되어 피막이 된다.

085

3회 출제

목재의 역학적 성질에 대한 설명으로 옳지 않은 것은?

① 목재 섬유 평행방향에 대한 인장강도가 다른 여러 강도 중 가장 크다.
② 목재의 압축강도는 옹이가 있으면 증가한다.
③ 목재를 휨부재로 사용하여 외력에 저항할 때는 압축, 인장, 전단력이 동시에 일어난다.
④ 목재의 전단강도는 섬유 간의 부착력, 섬유의 곧음, 수선의 유무 등에 의해 결정된다.

해설

옹이가 클수록 압축강도는 감소한다.

086

4회 출제

합판에 대한 설명으로 옳지 않은 것은?

① 단판을 섬유방향이 서로 평행하도록 홀수로 적층하면서 접착시켜 합친 판을 말한다.
② 함수율 변화에 따라 팽창·수축의 방향성이 없다.
③ 뒤틀림이나 변형이 적은 비교적 큰 면적의 평면 재료를 얻을 수 있다.
④ 균일한 강도의 재료를 얻을 수 있다.

해설

섬유방향이 서로 직교하도록 홀수로 적층한다.

관련개념 **합판의 특성**

• 강도: 교착이 잘 된 것은 원목보다 강하고 균열, 찢어짐, 변형 등에 대한 저항이 크다.
• 안정도: 함수율 변화에 의한 신축변형이 적고 방향성이 없으며, 두께에 비해 강도도 크다.
• 못박기: 보통판에 비해 못의 지보력이 크다.
• 경제성: 비교적 작은 직경의 모재에서도 넓은 판을 얻을 수 있으며, 곡면 가공을 하여도 균열이 생기지 않고 무늬도 일정하다.

087

3회 출제

미장바탕의 일반적인 성능조건과 가장 거리가 먼 것은?

① 미장층보다 강도가 클 것
② 미장층과 유효한 접착강도를 얻을 수 있을 것
③ 미장층보다 강성이 작을 것
④ 미장층의 경화, 건조에 지장을 주지 않을 것

해설 **미장바탕에 요구되는 일반적인 성질**

• 바름 재료가 접착하기 쉬워야 한다.
• 변형되지 않아야 한다.(강성이 있어야 한다.)
• 온·습도에 의한 팽창, 수축이 적어야 한다.
• 평탄해야 한다.(요철이 적어야 한다.)
• 내구성이 강해야 한다.
• 바름 재료에 따라 내약품성, 특히 내알칼리성이 강해야 한다.

088

4회 출제

절대건조밀도가 2.6[g/cm³]이고, 단위용적질량이 1,750[kg/m³]인 굵은 골재의 공극률은?

① 30.5[%] ② 32.6[%]
③ 34.7[%] ④ 36.2[%]

해설 **골재의 공극률**

$$공극률 = \frac{절대건조밀도[g/cm^3] \times 0.999 - 단위용적질량[g/cm^3]}{절대건조밀도[g/cm^3] \times 0.999} \times 100$$

$1[kg/m^3] = 10^{-3}[g/cm^3]$이므로 $1,750[kg/m^3] = 1.75[g/cm^3]$

$$공극률 = \frac{2.6 \times 0.999 - 1.75}{2.6 \times 0.999} \times 100 = 32.6[\%]$$

089

목재의 내연성 및 방화에 대한 설명으로 옳지 않은 것은?

① 목재의 방화는 목재 표면에 불연소성 피막을 도포 또는 형성시켜 화염의 접근을 방지하는 조치를 한다.

② 방화재로는 방화페인트, 규산나트륨 등이 있다.

③ 목재가 열에 닿으면 먼저 수분이 증발하고 160[℃] 이상이 되면 소량의 가연성 가스가 유출된다.

④ 목재는 450[℃]에서 장시간 가열하면 자연발화하는데, 이 온도를 화재위험온도라고 한다.

해설

자연발화하는 온도는 자연발화온도라고 한다.

관련개념 목재의 내화성

· 100[℃] 이상: 수분이 완전증발하여 함수량의 감소로 강도는 증대하나, 무게와 용적은 줄어든다.

· 160[℃] 이상: 가열분해되어 CO, H_2, CH_4 등의 소량의 가연성 가스와 목초산, 아세톤이 유출된다.

· 270[℃] 이상: 가연성 가스의 발생이 많아진다.

· 450[℃]: 외부로부터 열원이 없어도 스스로 발화하는 온도(자연발화온도)이다.

090

금속의 부식방지를 위한 관리대책으로 옳지 않은 것은?

① 부분적으로 녹이 발생하면 즉시 제거할 것

② 큰 변형을 준 것은 가능한 한 풀림하여 사용할 것

③ 가능한 한 이종 금속을 인접 또는 접촉시켜 사용할 것

④ 표면을 평활하고 깨끗이 하며, 가능한 한 건조상태로 유지할 것

해설 금속부식대책 표면방식법

· 수분과 습기에 접촉하지 않게 한다.

· 표면을 청결하게 하고 기름칠하여 녹이 발생하지 않게 한다.

· 서로 다른(이종) 금속은 접촉하지 않도록 한다.

· 불균질한 철재는 풀림을 통해 균질화하여 사용하도록 한다.

091

다음의 미장재료 중 균열저항성이 가장 큰 것은?

① 회반죽 바름

② 소석고 플라스터

③ 경석고 플라스터

④ 돌로마이트 플라스터

해설 미장재료

· **경석고 플라스터**: 응결 · 경화 시 수축이 거의 없어 청정가능한 벽면(욕실, 주방 등)에 사용한다.

· 회반죽 바름: 소석회를 주원료로 모래, 여물, 해초풀을 혼합하여 사용한다. 여물은 건조수축에 의한 균열을 방지하기 위해 사용한다.

· 소석고 플라스터: 경화속도가 빠르며, 균열이 발생한다.

· 돌로마이트 플라스터: 경화가 늦고, 건조수축이 커서 균열 발생이 크고, 밑바름 두께와 그 건조도의 영향이 크며, 물에 약하다.

092

점토의 물리적 성질에 관한 설명으로 옳지 않은 것은?

① 점토의 인장강도는 압축강도의 약 5배 정도이다.
② 입자의 크기는 보통 2[μm] 이하의 미립자이지만 모래
알 정도의 것도 약간 포함되어 있다.
③ 공극률은 점토의 입자 간에 존재하는 모공용적으로 입
자의 형상, 크기에 관계한다.
④ 점토입자가 미세하고, 양질의 점토일수록 가소성이 좋
으나, 가소성이 너무 클 때는 모래 또는 샤모트를 섞어
서 조절한다.

해설 **점토의 성질**
• 점토의 압축강도는 인장강도의 약 5배이다.
• 점토를 소성하면 용적, 비중 등의 변화가 일어나며 강도가 증대된다.
• 세립분이 50[%] 이상으로 모래 성분이 상당히 포함되어 있다.
• 공극률은 입자의 형상, 크기에 관계한다.
• 순수한 점토일수록 비중과 강도가 크다.
• 불순물이 많은 점토일수록 비중이 작고 강도가 떨어진다.
• 주성분은 실리카(SiO_2)와 알루미나(Al_2O_3)이다.
• 점토의 가소성은 점토의 질, 입자의 크기, 함수량, 비비기 정도, 시간, 온
도에 영향을 많이 받는다.
• 알루미나(Al_2O_3)가 많은 점토는 가소성이 우수하다.
• 점토의 가소성은 입자가 작을수록 좋다.
• 물과 결합하여 가소성을 가지고, 열과 반응하여 화학적 변화를 일으킨다.
• 철산화물이 많을수록 적색을 띠고, 석회물질이 많을수록 황색을 띤다.

093

**일반 콘크리트 대비 ALC의 우수한 물리적 성질로서 옳지
않은 것은?**

① 경량성   ② 단열성
③ 흡음 · 차음성   ④ 수밀성, 방수성

해설
ALC는 수밀성, 방수성이 부족하여 습기에 취약하며 곰팡이 등이 발생한다.

관련개념 **ALC의 특징**

장점	• 내화성, 단열성이 좋다. • 경량이고, 차음성이 좋다. • 시공성이 우수하다. • 친환경성이다.
단점	• 수분을 흡수하는 성질이 있다. • 중성화가 빠르다. • 방수성이 없다.

094

콘크리트 바탕에 이음새 없는 방수 피막을 형성하는 공법으로, 도료상태의 방수제를 여러 번 칠하여 방수막을 형성하는 방수공법은?

① 아스팔트 루핑방수
② 합성고분자 도막방수
③ 시멘트 모르타르방수
④ 규산질 침투성 도포방수

해설 **도막방수**
• 콘크리트 등의 **바탕면에 여러 차례 우레탄, 아크릴(에멀션), 고무아스팔트와 같은 방수제를 칠하여** 두께가 일정한 방수막을 만들어 우수 등을 차단하는 방수공법이다.
• 롤러, 스프레이, 붓 등으로 칠할 수 있어 굴곡이 심하고 구조가 복잡한 곳에 시공 가능하다.
• 에폭시계를 제외한 대부분의 도막방수재는 신장률이 크므로 균열이 예상되는 곳이나 조인트 등에도 많이 사용된다.
• 건물외벽, 지붕, 옥상, 스포츠경기장 바닥 등에도 많이 사용된다.

관련개념 **방수공법**

루핑방수	아스팔트 같은 방수재를 종이 · 펠트 등에 스며들게 한 루핑지를 여러 겹 겹쳐 붙여 방수층을 형성시키는 공법
침투성 도포방수	규산질계 분말에 액상의 방수제를 일정 비율로 혼합한 후 습윤처리된 구조체에 도포하여 불용성 결정체를 생성하여 방수층을 형성시키는 공법
시멘트 모르타르 방수	방수 모르타르를 지정 배합비로 충분히 반죽하여 쇠흙손으로 두께가 일정하고 평탄하게 눌러 바름하는 공법으로, 바름 두께는 도면 상에 명기가 없을 경우 바닥 10[mm], 벽 6[mm]로 함

095

열경화성 수지가 아닌 것은?

① 페놀 수지
② 요소 수지
③ 아크릴 수지
④ 멜라민 수지

해설 **열가소성 수지와 열경화성 수지의 종류**

열가소성 수지	열경화성 수지
염화비닐 수지	페놀 수지
초산비닐 수지	요소 수지
ABS 수지	멜라민 수지
아크릴 수지	알키드 수지
불소 수지	우레탄 수지
폴리아미드 수지	에폭시 수지
폴리프로필렌 수지	실리콘 수지
폴리스티렌 수지	푸란 수지
폴리에틸렌 수지	불포화 폴리에스테르 수지

096

블로운 아스팔트(Blown Asphalt)를 휘발성 용제에 녹이고 광물분말 등을 가하여 만든 것으로 방수, 접합부 충전 등에 쓰이는 아스팔트 제품은?

① 아스팔트 코팅(Asphalt Coating)
② 아스팔트 그라우트(Asphalt Grout)
③ 아스팔트 시멘트(Asphalt Cement)
④ 아스팔트 콘크리트(Asphalt Concrete)

해설 **아스팔트 코팅**
블로운 아스팔트를 휘발성 용제에 녹이고 석면, 광물분말 등을 가하여 만든 것으로 방수층 단부나 배수관 둘레의 실링재 등에 사용된다.

관련개념 **아스팔트 혼합물**

구분	내용
아스팔트 그라우트	• 원유로부터 아스팔트 성분을 가능한 한 변화시키지 않고 추출한 스트레이트 아스팔트와 돌가루, 모래를 가열 · 혼합한 물질 • 유동성을 이용하여 석재의 고착 · 충전 등에 사용
아스팔트 시멘트	고형 상태의 아스팔트를 과열되지 않도록 인화점 이하에서 화기와 충분히 혼합하여 적당하게 물러진 액상으로 만든 것
아스팔트 콘크리트	• 아스팔트를 녹여서 자갈, 쇄석 등의 골재를 섞은 것 • 도로포장에 쓰임

097

2회 출제

연강판에 일정한 간격으로 그물눈을 내고 늘여 철망모양으로 만든 것으로 옳은 것은?

① 메탈라스(Metal Lath)
② 와이어메시(Wire Mesh)
③ 인서트(Insert)
④ 코너비드(Corner Bead)

해설 메탈라스(Metal Lath)

얇은 철판에 금(Line)을 내어서 당겨 늘인 철망이다.

관련개념

• 와이어메시(Wire Mesh): 철선을 직교해서 용접한 것이다.
• 인서트(Insert): 콘크리트 바닥판 밑에 반자틀이나 기타 구조물을 달아매고자 콘크리트 타설 전에 미리 묻어 놓는 고정물이다.
• 코너비드(Corner Bead): 기둥이나 모서리를 보호하기 위해 밀착시켜 붙이는 철물이다.

098

2회 출제

고로슬래그 쇄석에 대한 설명으로 옳지 않은 것은?

① 철을 생산하는 과정에서 용광로에서 생기는 광재를 공기 중에서 서서히 냉각시켜 경화된 것을 파쇄하여 만든다.
② 투수성은 보통골재의 경우보다 작으므로 수밀콘크리트에 적합하다.
③ 고로슬래그 쇄석을 활용한 콘크리트는 다른 암석을 사용한 콘크리트보다 건조수축이 적다.
④ 다공질이기 때문에 흡수율이 크므로 충분히 살수하여 사용하는 것이 좋다.

해설 고로슬래그 쇄석

• 철을 생산하는 용광로에서 생성되는 용융 고로슬래그를 냉각시켜 만든 콘크리트용 골재이다.
• 특징
  – 기공이 있고, 표면이 거칠기 때문에 부착력이 크다.
  – 다공질이어서 흡수율이 높아 강자갈을 사용하는 것에 비해 워커빌리티가 나쁘다.
  – 다른 암석을 이용한 쇄석보다 **투수성이 크다.**
  – 슬래그의 특성으로 잠재수경성이 있어 건조수축이 적다.

099

8회 출제

점토제품 중 소성온도가 가장 고온이고 흡수성이 매우 작으며 모자이크 타일, 위생도기 등에 주로 쓰이는 것은?

① 토기　　　　② 도기
③ 석기　　　　④ 자기

해설 점토제품의 종류

종류	소성온도[℃]	흡수율[%]	재료	비고
토기	790~1,000	20 이상	기와, 벽돌, 토관	최저급 원료 (전답토)
도기	1,100~1,230	10	타일, 테라코타, 위생도기	다공질로 흡수성 유약 사용. 두드리면 탁음
석기	1,160~1,350	3~10	마루 타일, 클링커 타일	유약 대신 식염유 사용
자기	1,230~1,460	0~1	자기질 타일, 모자이크 타일, 위생도기	양질의 도토 또는 장석분을 원료로 함

100

2회 출제

목재에 사용되는 크레오소트 오일에 대한 설명으로 옳지 않은 것은?

① 냄새가 좋아서 실내에서도 사용이 가능하다.
② 방부력이 우수하고 가격이 저렴하다.
③ 독성이 적다.
④ 침투성이 좋아 목재에 깊게 주입된다.

해설 크레오소트 오일(Creosote Oil)

• 유성 방부제의 대표적인 것으로 방부성이 우수하고, 공급이 풍부하며 가격이 저렴하다.
• 화기 이외에는 취급상 위험이 없으며 철류의 부식이 적고 처리제의 강도가 감소하지 않는 장점이 있으나 페인트를 칠하면 침출되기 쉽고, **악취가 심해서 실내에는 사용할 수 없다.**
• 흑갈색으로 외관상 좋지 못해 눈에 보이지 않는 토대, 기둥, 도리 등에 널리 이용된다.

건설안전기술

101

7회 출제

건설업의 공사금액이 850억 원일 경우 산업안전보건법령에 따른 안전관리자의 수로 옳은 것은? (단, 전체 공사기간을 100으로 할 때 공사 전·후 15[%]에 해당하는 경우는 고려하지 않는다.)

① 1명 이상　　② 2명 이상
③ 3명 이상　　④ 4명 이상

해설 안전관리자를 두어야 할 사업의 종류 및 규모

사업의 종류	상시근로자 수 또는 공사금액	안전관리자의 수
토사석 광업 식료품 제조업, 음료 제조업 목재 및 나무제품 제조업(가구 제외) 펄프, 종이 및 종이제품 제조업 코크스, 연탄 및 석유정제품 제조업 발전업 운수 및 창고업	50명 이상 500명 미만	1명 이상
	500명 이상	2명 이상
농업, 임업 및 어업 전기, 가스, 증기 및 공기조절 공급업 방송업 우편 및 통신업	50명 이상 1,000명 미만	1명 이상
	1,000명 이상	2명 이상
건설업	50억 원 이상 800억 원 미만	1명 이상
	800억 원 이상 1,500억 원 미만	2명 이상
	1,500억 원 이상 2,200억 원 미만	3명 이상
	2,200억 원 이상 3,000억 원 미만	4명 이상

102

11회 출제

건설현장에 거푸집 및 동바리 설치 시 준수사항으로 옳지 않은 것은?

① 파이프 서포트 높이가 4.5[m]를 초과하는 경우에는 높이 2[m] 이내마다 2개 방향으로 수평연결재를 설치한다.
② 동바리의 침하 방지를 위해 받침목이나 깔판의 사용, 콘크리트 타설, 말뚝박기 등을 실시한다.
③ 강재의 접속부는 볼트 또는 클램프 등 전용철물을 사용하여 단단히 연결한다.
④ 강관틀 동바리는 강관틀과 강관틀 사이에 교차가새를 설치한다.

해설 동바리로 사용하는 파이프 서포트 조립 시 준수사항
• 파이프 서포트를 3개 이상 이어서 사용하지 않도록 할 것
• 파이프 서포트를 이어서 사용하는 경우에는 4개 이상의 볼트 또는 전용철물을 사용하여 이을 것
• 높이가 3.5[m]를 초과하는 경우에는 높이 2[m] 이내마다 수평연결재를 2개 방향으로 만들고 수평연결재의 변위를 방지할 것

관련개념 동바리 조립 시의 안전조치
• 받침목이나 깔판의 사용, 콘크리트 타설, 말뚝박기 등 동바리의 침하를 방지하기 위한 조치를 할 것
• 동바리의 상하 고정 및 미끄러짐 방지 조치를 할 것
• 상부·하부의 동바리가 동일 수직선 상에 위치하도록 하여 깔판·받침목에 고정시킬 것
• 개구부 상부에 동바리를 설치하는 경우에는 상부하중을 견딜 수 있는 견고한 받침대를 설치할 것
• U헤드 등의 단판이 없는 동바리의 상단에 멍에 등을 올릴 경우에는 해당 상단에 U헤드 등의 단판을 설치하고, 멍에 등이 전도되거나 이탈되지 않도록 고정시킬 것
• 동바리의 이음은 같은 품질의 재료를 사용할 것
• 강재의 접속부 및 교차부는 볼트·클램프 등 전용철물을 사용하여 단단히 연결할 것
• 거푸집의 형상에 따른 부득이한 경우를 제외하고는 깔판이나 받침목은 2단 이상 끼우지 않도록 할 것
• 깔판이나 받침목을 이어서 사용하는 경우에는 그 깔판·받침목을 단단히 연결할 것

103

9회 출제

가설통로를 설치하는 경우 준수해야 할 기준으로 옳지 않은 것은?

① 경사는 30° 이하로 할 것
② 경사가 25°를 초과하는 경우에는 미끄러지지 아니하는 구조로 할 것
③ 건설공사에 사용하는 높이 8[m] 이상인 비계다리에는 7[m] 이내마다 계단참을 설치할 것
④ 수직갱에 가설된 통로의 길이가 15[m] 이상인 때에는 10[m] 이내마다 계단참을 설치할 것

해설 **가설통로의 구조**

• 견고한 구조로 할 것
• 경사는 30° 이하로 할 것. 다만, 계단을 설치하거나 높이 2[m] 미만의 가설통로로서 튼튼한 손잡이를 설치한 경우에는 그러하지 아니하다.
• 경사가 15°를 초과하는 경우에는 미끄러지지 아니하는 구조로 할 것
• 추락할 위험이 있는 장소에는 안전난간을 설치할 것. 다만, 작업상 부득이한 경우에는 필요한 부분만 임시로 해체할 수 있다.
• 수직갱에 가설된 통로의 길이가 15[m] 이상인 경우에는 10[m] 이내마다 계단참을 설치할 것
• 건설공사에 사용하는 높이 8[m] 이상인 비계다리에는 7[m] 이내마다 계단참을 설치할 것

104

1회 출제

항타기 또는 항발기의 사용 시 준수사항으로 옳지 않은 것은?

① 증기나 공기를 차단하는 장치를 작업관리자가 쉽게 조작할 수 있는 위치에 설치한다.
② 해머의 운동에 의하여 증기호스 또는 공기호스와 해머의 접속부가 파손되거나 벗겨지는 것을 방지하기 위하여 그 접속부가 아닌 부위를 선정하여 증기호스 또는 공기호스를 해머에 고정시킨다.
③ 항타기나 항발기의 권상장치의 드럼에 권상용 와이어로프가 꼬인 경우에는 와이어로프에 하중을 걸어서는 안 된다.
④ 항타기나 항발기의 권상장치에 하중을 건 상태로 정지하여 두는 경우에는 쐐기장치 또는 역회전방지용 브레이크를 사용하여 제동하는 등 확실하게 정지시켜 두어야 한다.

해설 **압축공기를 동력원으로 하는 항타기 또는 항발기 사용 시 준수사항**

• 해머의 운동에 의하여 공기호스와 해머의 접속부가 파손되거나 벗겨지는 것을 방지하기 위하여 그 접속부가 아닌 부위를 선정하여 공기호스를 해머에 고정시킨다.
• 공기를 차단하는 장치를 해머의 운전자가 쉽게 조작할 수 있는 위치에 설치한다.
• 항타기나 항발기의 권상장치의 드럼에 권상용 와이어로프가 꼬인 경우에는 와이어로프에 하중을 걸어서는 아니 된다.
• 항타기나 항발기의 권상장치에 하중을 건 상태로 정지하여 두는 경우에는 쐐기장치 또는 역회전방지용 브레이크를 사용하여 제동하는 등 확실하게 정지시켜 두어야 한다.

105

가설공사 표준안전 작업지침에 따른 통로발판을 설치하여 사용함에 있어 준수사항으로 옳지 않은 것은?

① 추락의 위험이 있는 곳에는 안전난간이나 철책을 설치하여야 한다.

② 작업발판의 최대폭은 1.6[m] 이내이어야 한다.

③ 비계발판의 구조에 따라 최대 적재하중을 정하고 이를 초과하지 않도록 하여야 한다.

④ 발판을 겹쳐 이음하는 경우 장선 위에서 이음을 하고 겹침길이는 10[cm] 이상으로 하여야 한다.

> **해설** **통로발판 사용 시 준수사항**
> • 근로자가 작업 및 이동하기에 충분한 넓이가 확보되어야 한다.
> • 추락의 위험이 있는 곳에는 안전난간이나 철책을 설치하여야 한다.
> • 발판을 겹쳐 이음하는 경우 장선 위에서 이음을 하고 겹침길이는 20[cm] 이상으로 하여야 한다.
> • 발판 1개에 대한 지지물은 2개 이상이어야 한다.
> • 작업발판의 최대폭은 1.6[m] 이내이어야 한다.
> • 작업발판 위에는 돌출된 못, 옹이, 철선 등이 없어야 한다.
> • 비계발판의 구조에 따라 최대 적재하중을 정하고 이를 초과하지 않도록 하여야 한다.

106

토사붕괴에 따른 재해를 방지하기 위한 흙막이 지보공 부재로 옳지 않은 것은?

① 흙막이판　　　② 말뚝
③ 턴버클　　　　④ 띠장

> **해설**
> 턴버클은 로프, 케이블 등의 길이나 당기는 힘을 조절하는 기구이다.
>
> **관련개념**
> 흙막이 지보공 조립도에는 **흙막이판**·**말뚝**·버팀대 및 **띠장** 등 부재의 배치·치수·재질 및 설치방법과 순서가 명시되어야 한다.

107

토사붕괴 원인으로 옳지 않은 것은?

① 경사 및 기울기 증가

② 성토 높이의 증가

③ 건설기계 등 하중작용

④ 토사 중량의 감소

> **해설** **토석붕괴의 원인**
>
> | 구분 | 원인 |
> | --- | --- |
> | 외적 원인 | • 사면, 법면의 경사 및 기울기의 증가
• 절토 및 성토 높이의 증가
• 공사에 의한 진동 및 반복 하중의 증가
• 지표수 및 지하수의 침투에 의한 토사 중량의 증가
• 지진, 차량, 구조물의 하중작용
• 토사 및 암석의 혼합층두께 |
> | 내적 원인 | • 절토 사면의 토질·암질
• 성토 사면의 토질구성 및 분포
• 토석의 강도 저하 |

108

이동식비계를 조립하여 작업을 하는 경우의 준수사항으로 옳지 않은 것은?

① 비계의 최상부에서 작업을 할 때에는 안전난간을 설치하여야 한다.

② 작업발판의 최대적재하중은 400[kg]을 초과하지 않도록 한다.

③ 승강용사다리는 견고하게 설치하여야 한다.

④ 작업발판은 항상 수평을 유지하고 작업발판 위에서 안전난간을 딛고 작업을 하거나 받침대 또는 사다리를 사용하여 작업하지 않도록 한다.

> **해설** **이동식비계 작업 시 준수사항**
> • 이동식비계의 바퀴에는 뜻밖의 갑작스러운 이동 또는 전도를 방지하기 위하여 브레이크·쐐기 등으로 바퀴를 고정시킨 다음 비계의 일부를 견고한 시설물에 고정하거나 아웃트리거를 설치하는 등 필요한 조치를 할 것
> • 승강용사다리는 견고하게 설치할 것
> • 비계의 최상부에서 작업을 하는 경우에는 안전난간을 설치할 것
> • 작업발판은 항상 수평을 유지하고 작업발판 위에서 안전난간을 딛고 작업을 하거나 받침대 또는 사다리를 사용하여 작업하지 않도록 할 것
> • 작업발판의 최대적재하중은 250[kg]을 초과하지 않도록 할 것

109

건설용 리프트의 붕괴 등을 방지하기 위해 받침의 수를 증가시키는 등 안전조치를 하여야 하는 순간풍속 기준은?

① 초당 15[m] 초과 　　② 초당 25[m] 초과
③ 초당 35[m] 초과 　　④ 초당 45[m] 초과

해설
순간풍속이 초당 35[m]를 초과하는 바람이 불어올 우려가 있는 경우 건설용 리프트(지하에 설치되어 있는 것 제외)에 대하여 받침의 수를 증가하는 등 그 붕괴 등을 방지하기 위한 조치를 하여야 한다.

관련개념 악천후 시 순간풍속에 따른 안전조치

순간풍속	시기	조치사항
10[m/s] 초과	–	타워크레인의 설치·수리·점검 또는 해체 작업 중지
15[m/s] 초과	–	타워크레인의 운전작업 중지
30[m/s] 초과	바람이 불어올 우려가 있는 경우	옥외 주행 크레인의 이탈방지장치 작동 등 이탈방지 조치
	바람이 불거나 중진 이상 진도의 지진	옥외 양중기의 이상 점검
35[m/s] 초과	바람이 불어올 우려가 있는 경우	• 건설용 리프트의 받침수 증가 등 붕괴방지 조치 • 옥외용 승강기의 받침수 증가 등 붕괴방지 조치

111

달비계에 사용하는 와이어로프의 사용금지기준으로 옳지 않은 것은?

① 이음매가 있는 것
② 열과 전기충격에 의해 손상된 것
③ 지름의 감소가 공칭지름의 7[%]를 초과하는 것
④ 와이어로프의 한 꼬임에서 끊어진 소선의 수가 7[%] 이상인 것

해설 와이어로프의 사용금지기준
• 이음매가 있는 것
• 와이어로프의 한 꼬임에서 끊어진 소선의 수가 10[%] 이상인 것
• 지름의 감소가 공칭지름의 7[%]를 초과하는 것
• 꼬인 것
• 심하게 변형되거나 부식된 것
• 열과 전기충격에 의해 손상된 것

110

건설작업용 타워크레인의 안전장치로 옳지 않은 것은?

① 권과방지장치 　　② 과부하방지장치
③ 비상정지장치 　　④ 호이스트 스위치

해설 양중기의 방호장치
• 과부하방지장치
• 권과방지장치
• 비상정지장치
• 제동장치

112

건설업 산업안전보건관리비 계상 및 사용기준을 산업안전보건법의 적용을 받는 건설공사 중 총 공사금액이 얼마 이상인 공사에 적용하는가?

① 4천만 원 　　② 3천만 원
③ 2천만 원 　　④ 1천만 원

해설
건설업 산업안전보건관리비 계상 및 사용기준은 산업안전보건법의 건설공사 중 총 공사금액 2천만 원 이상인 공사에 적용한다.

113

가설구조물의 특징으로 옳지 않은 것은?

① 연결재가 적은 구조로 되기 쉽다.

② 부재 결합이 간략하여 불안전 결합이다.

③ 구조물이라는 개념이 확고하여 조립의 정밀도가 높다.

④ 사용부재는 과소단면이거나 결함재가 되기 쉽다.

해설

가설구조물은 임시시설물의 경향이 강해 부재의 결합이 간단하며 연결부 등의 정밀도가 낮아 도괴 및 붕괴의 가능성이 높다.

관련개념 **가설구조물의 특징**

• 각각의 부재는 결합이 간단하나, 불안전한 결합이다.

• 임시구조물의 특성상 조립의 정밀도가 낮다.

• 구조계산에 따른 기준을 시공 중 무시할 수 있다.

• 취급이 용이하고 부재가 손상되거나 결함이 발생할 수 있으며, 결함이 있는 부재를 사용하기 쉽다.

114

동바리의 침하를 방지하기 위한 직접적인 조치로 옳지 않은 것은?

① 수평연결재 사용　　　② 받침목의 사용

③ 콘크리트의 타설　　　④ 말뚝박기

해설

동바리 조립 시 받침목이나 깔판의 사용, 콘크리트 타설, 말뚝박기 등 동바리의 침하를 방지하기 위한 조치를 하여야 한다.

수평연결재는 기둥부재의 상호 간을 연결하여 수직도를 유지하고 좌굴 등을 예방하기 위한 재료로 침하방지를 위한 직접적인 조치와는 무관하다.

115

건설공사의 유해위험방지계획서 제출기준일로 옳은 것은?

① 해당 공사 착공 1개월 전까지

② 해당 공사 착공 15일 전까지

③ 해당 공사 착공 전날까지

④ 해당 공사 착공 15일 후까지

해설 **유해위험방지계획서의 제출 기한**

• 제조업 등: 해당 작업 시작 15일 전까지

• **건설업: 해당 공사의 착공 전날까지**

116

건설업 중 유해위험방지계획서 제출 대상 사업장으로 옳지 않은 것은?

① 지상높이가 31[m] 이상인 건축물 또는 인공구조물, 연면적 30,000[m²] 이상인 건축물 또는 연면적 5,000[m²] 이상의 문화 및 집회시설의 건설공사

② 연면적 3,000[m²] 이상의 냉동·냉장 창고시설의 설비공사 및 단열공사

③ 깊이 10[m] 이상인 굴착공사

④ 최대 지간길이가 50[m] 이상인 다리의 건설공사

해설 **유해위험방지계획서 제출 대상 건설공사**

• 다음의 어느 하나에 해당하는 건축물 또는 시설 등의 건설·개조 또는 해체(건설 등) 공사

－ 지상높이가 31[m] 이상인 건축물 또는 인공구조물

－ 연면적 30,000[m²] 이상인 건축물

－ 연면적 5,000[m²] 이상의 문화 및 집회시설(전시장 및 동물원·식물원 제외), 판매시설, 운수시설(고속철도의 역사 및 집배송시설 제외), 종교시설, 의료시설 중 종합병원, 숙박시설 중 관광숙박시설, 지하도상가, 냉동·냉장 창고시설

• **연면적 5,000[m²] 이상인 냉동·냉장 창고시설의 설비공사 및 단열공사**

• 최대 지간길이가 50[m] 이상인 다리의 건설 등 공사

• 터널의 건설 등 공사

• 다목적댐, 발전용댐, 저수용량 2천만 톤 이상의 용수 전용 댐 및 지방상수도 전용 댐의 건설 등 공사

• 깊이 10[m] 이상인 굴착공사

117

11회 출제

사다리식 통로 등의 구조에 대한 설치기준으로 옳지 않은 것은?

① 발판의 간격은 일정하게 할 것
② 발판과 벽과의 사이는 15[cm] 이상의 간격을 유지할 것
③ 사다리식 통로의 길이가 10[m] 이상인 때에는 7[m] 이내마다 계단참을 설치할 것
④ 사다리의 상단은 걸쳐놓은 지점으로부터 60[cm] 이상 올라가도록 할 것

해설 **사다리식 통로의 구조**

• 견고한 구조로 할 것
• 심한 손상·부식 등이 없는 재료를 사용할 것
• 발판의 간격은 일정하게 할 것
• 발판과 벽과의 사이는 15[cm] 이상의 간격을 유지할 것
• 폭은 30[cm] 이상으로 할 것
• 사다리가 넘어지거나 미끄러지는 것을 방지하기 위한 조치를 할 것
• 사다리의 상단은 걸쳐놓은 지점으로부터 60[cm] 이상 올라가도록 할 것
• 사다리식 통로의 길이가 10[m] 이상인 경우에는 5[m] 이내마다 계단참을 설치할 것
• 사다리식 통로의 기울기는 75° 이하로 할 것. 다만, 고정식 사다리식 통로의 기울기는 90° 이하로 하고, 그 높이가 7[m] 이상인 경우에는 다음의 구분에 따른 조치를 할 것
  – 등받이울이 있어도 근로자 이동에 지장이 없는 경우: 바닥으로부터 높이가 2.5[m] 되는 지점부터 등받이울을 설치할 것
  – 등받이울이 있으면 근로자가 이동이 곤란한 경우: 한국산업표준에서 정하는 기준에 적합한 개인용 추락 방지 시스템을 설치하고 근로자로 하여금 한국산업표준에서 정하는 기준에 적합한 전신안전대를 사용하도록 할 것
• 접이식 사다리 기둥은 사용 시 접혀지거나 펼쳐지지 않도록 철물 등을 사용하여 견고하게 조치할 것

118

2회 출제

철골건립준비를 할 때 준수하여야 할 사항으로 옳지 않은 것은?

① 지상 작업장에서 건립준비 및 기계·기구를 배치할 경우에는 낙하물의 위험이 없는 평탄한 장소를 선정하여 정비하여야 한다.
② 건립작업에 다소 지장이 있다하더라도 수목은 제거하거나 이설하여서는 안 된다.
③ 사용 전에 기계·기구에 대한 정비 및 보수를 철저히 실시하여야 한다.
④ 기계에 부착된 앵커 등 고정장치와 기초구조 등을 확인하여야 한다.

해설

건립작업에 지장이 되는 수목은 제거하거나 이설하여야 한다.

119

고소작업대를 설치 및 이동하는 경우에 준수하여야 할 사항으로 옳지 않은 것은?

① 와이어로프 또는 체인의 안전율은 3 이상일 것
② 붐의 최대 지면경사각을 초과 운전하여 전도되지 않도록 할 것
③ 고소작업대를 이동하는 경우 작업대를 가장 낮게 내릴 것
④ 작업대에 끼임·충돌 등 재해를 예방하기 위한 가드 또는 과상승방지장치를 설치할 것

해설 **고소작업대 설치 시 준수사항**

• 작업대를 와이어로프 또는 체인으로 올리거나 내릴 경우에는 와이어로프 또는 체인이 끊어져 작업대가 떨어지지 아니하는 구조여야 하며, **와이어로프 또는 체인의 안전율은 5 이상일 것**
• 작업대를 유압에 의해 올리거나 내릴 경우에는 작업대를 일정한 위치에 유지할 수 있는 장치를 갖추고 압력의 이상저하를 방지할 수 있는 구조일 것
• 권과방지장치를 갖추거나 압력의 이상상승을 방지할 수 있는 구조일 것
• 붐의 최대 지면경사각을 초과 운전하여 전도되지 않도록 할 것
• 작업대에 정격하중(안전율 5 이상)을 표시할 것
• 작업대에 끼임·충돌 등 재해를 예방하기 위한 가드 또는 과상승방지장치를 설치할 것
• 조작반의 스위치는 눈으로 확인할 수 있도록 명칭 및 방향표시를 유지할 것

관련개념 **고소작업대 이동 시 준수사항**

• 작업대를 가장 낮게 내릴 것
• 작업자를 태우고 이동하지 말 것
• 이동통로의 요철상태 또는 장애물의 유무 등을 확인할 것

120

터널공사에서 발파작업 시 안전대책으로 옳지 않은 것은?

① 발파 전 도화선 연결상태, 저항치 조사 등의 목적으로 도통시험 실시 및 발파기의 작동상태에 대한 사전점검 실시
② 모든 동력선은 발원점으로부터 최소한 15[m] 이상 후방으로 옮길 것
③ 지질, 암의 절리 등에 따라 화약량에 대한 검토 및 시방기준과 대비하여 안전조치 실시
④ 발파용 점화회선은 타 동력선 및 조명회선과 한 곳으로 통합하여 관리

해설

※ 「터널공사 표준안전 작업지침-NATM공법」이 개정됨에 따라 위 문제에 대한 내용은 삭제되었습니다.

관련개념 **폭약을 기폭하는 방법에 따른 발파방법 구분**

2000년대 이후 생산·취급이 중단되어 현실성이 없는 '도화선발파' 등 낡은 규정이 삭제되고, 정전기 등에 취약한 전기발파에 비해 안전한 '비전기발파', '전자발파' 안전기준이 신설되었습니다.

도화선발파	심지에 불을 붙여 타들어간 불꽃으로 점화되는 재래식 발파방법	규제 삭제
전기발파	뇌관에 연결된 전선에 전류(Electric)를 보내 발생시킨 열로 기폭	규정 유지
비전기발파	전기의 사용 없이 내부에 화약이 코팅된 튜브를 따라 불꽃으로 점화	규정 신설
전자발파	전자(Electronic)신호를 원격으로 통신하여 작동시킨 제어장치가 기폭	규정 신설

산업안전관리론

001
9회 출제

시몬즈(Simonds)의 재해손실비의 평가방식 중 비보험 코스트의 산정 항목에 해당하지 않는 것은?

① 사망사고건수
② 통원상해건수
③ 응급조치건수
④ 무상해사고건수

해설 시몬즈(Simonds) 재해손실비 평가방식

총 재해 비용＝보험 Cost＋비보험 Cost

　＝산재보험료＋A×휴업상해건수＋B×통원상해건수

　＋C×응급조치건수＋D×무상해사고건수

※ A, B, C, D는 상해정도별 재해에 대한 비보험 Cost의 평균액이다.

관련개념 상해의 종류

분류	내용
휴업상해	영구부분노동불능, 일시전노동불능
통원상해	일시부분노동불능, 의사의 조치를 요하는 통원상해
응급조치상해	응급조치가 필요한 상해 또는 8시간 미만의 휴업의료조치 상해
무상해사고	의료조치를 필요로 하지 않는 경미한 상해 사고

002
14회 출제

위험예지훈련 4라운드 기법 진행방법 중 본질추구는 몇 라운드에 해당되는가?

① 제1라운드
② 제2라운드
③ 제3라운드
④ 제4라운드

해설 위험예지훈련 4라운드

1라운드	현상파악	위험요인을 식별하는 단계
2라운드	본질추구	위험요인·문제점 발견 및 위험의 포인트를 결정하고 지적 확인하는 단계
3라운드	대책수립	위험요인을 극복하기 위한 대안 제시 단계
4라운드	목표설정	행동목표를 설정하는 단계

003
13회 출제

다음 중 소규모 사업장에 가장 적합한 안전관리조직의 형태는?

① 라인형 조직
② 스탭형 조직
③ 라인－스탭 혼합형 조직
④ 복합형 조직

해설 라인형(직계식) 조직의 특징

• 안전에 관한 명령, 지시 및 조치가 각 부문의 직계를 통하여 생산업무와 함께 시행되므로 철저하고 실시도 빠르다.

• 명령과 보고가 상하관계 뿐이므로 간단 명료하다.

• 생산라인(Production Line)의 각급 관리감독자는 일상의 생산업무에 쫓겨 안전에 대한 전문지식이나 정보를 몸에 익힐 수 없다는 단점이 있다.

• 100인 이하의 소규모 사업장에 적합하다.

004
8회 출제

산업안전보건법령상 산업안전보건위원회 사용자위원의 구성기준으로 틀린 것은? (단, 상시 근로자 100명 이상을 사용하는 사업장이다.)

① 안전관리자 1명
② 명예산업안전감독관 1명
③ 해당 사업의 대표자
④ 해당 사업의 대표자가 지명하는 9명 이내의 해당 사업장 부서의 장

해설 산업안전보건위원회의 구성

근로자위원	• 근로자대표 • 명예산업안전감독관이 위촉되어 있는 사업장의 경우 근로자대표가 지명하는 1명 이상의 명예산업안전감독관 • 근로자대표가 지명하는 9명 이내의 해당 사업장의 근로자
사용자위원	• 해당 사업의 대표자 • 안전관리자 1명(안전관리자의 업무를 안전관리전문기관에 위탁한 경우 그 기관의 해당 사업장 담당자) • 보건관리자 1명(보건관리자의 업무를 보건관리전문기관에 위탁한 경우 그 기관의 해당 사업장 담당자) • 산업보건의 • 해당 사업의 대표자가 지명하는 9명 이내의 해당 사업장 부서의 장

005

8회 출제

사고예방대책의 기본원리 5단계 중 3단계의 분석·평가에 대한 내용으로 옳은 것은?

① 위험 확인
② 현장조사
③ 사고 및 활동 기록 검토
④ 기술의 개선 및 인사조정

해설 하인리히의 재해예방 5단계(사고예방의 기본원리)

단계	진행과정	필요조치
제1단계	조직 (안전관리조직)	• 경영자의 안전목표 설정 • 안전관리자 등의 선임 • 안전관리조직(라인·스태프 등) 구성 • 안전활동 방침 및 계획수립 • 안전관리조직의 안전활동 전개
제2단계	사실의 발견 (현상파악)	• 사고 및 안전활동 기록의 검토 • 작업분석 • 안전점검, 검사 및 조사 • 사고조사 • 안전토의 및 회의 • 근로자의 건의 및 여론조사 • 관찰 및 보고서의 연구로 불안전요소 발견
제3단계	분석·평가 (원인규명)	• 사고보고서 및 현장조사 • 인적·물적·환경조건의 분석 • 작업공정 및 작업형태의 분석 • 교육 및 훈련의 분석 • 안전수칙 및 안전기준의 분석 • 현장조사 결과의 분석 • 불안전요소의 분석
제4단계	시정책의 선정	• 기술적인 개선　　• 인사(배치)조정 • 교육 및 훈련의 개선　• 안전행정의 개선 • 규정 및 수칙의 개선 • 이행독려와 통제체제 강화
제5단계	시정책의 적용	• 목표설정 • 3E(기술적, 교육적, 관리적)의 적용 • 실시결과 재평가 및 개선

006

2회 출제

다음 중 웨버(D. A. Weaver)의 사고발생 도미노이론에서 "작전적 에러"를 찾아내기 위한 질문의 유형과 가장 거리가 먼 것은?

① What
② Why
③ Where
④ Whether

해설

웨버(D. A. Weaver)는 사고발생 도미노이론에서 작전적 에러를 찾기 위해 What – Why – Whether Process를 도표화하여 제시하였다.

007

5회 출제

산업안전보건법상 사업주의 의무에 해당하는 것은?

① 산업안전·보건정책의 수립·집행·조정 및 통제
② 사업장에 대한 재해 예방 지원 및 지도
③ 산업재해에 관한 조사 및 통계의 유지·관리
④ 해당 사업장의 안전·보건에 관한 정보를 근로자에게 제공

해설 사업주 등의 의무

• 산업안전보건법과 법에 따른 명령으로 정하는 산업재해 예방을 위한 기준 준수
• 근로자의 신체적 피로와 정신적 스트레스 등을 줄일 수 있는 쾌적한 작업환경 조성 및 근로조건 개선
• 해당 사업장의 안전 및 보건에 관한 정보를 근로자에게 제공

008

1회 출제

산업안전보건법령상 다음 그림에 해당하는 안전보건표지의 명칭으로 옳은 것은?

① 낙하물경고
② 부식성물질경고
③ 위험장소경고
④ 방사성물질경고

해설 경고표지

낙하물경고	부식성물질경고	위험장소경고

방사성물질경고	산화성물질경고	몸균형상실경고

009

재해의 통계적 원인분석 방법 중 사고의 유형, 기인물 등 분류항목을 큰 순서대로 도표화한 것은?

① 관리도
② 파레토도
③ 크로스도
④ 특성요인도

해설 통계에 의한 재해원인 분석방법

파레토도	사고의 유형, 기인물 등 분류항목을 큰 순서대로 도표화하는 방법
특성요인도	특성과 요인관계를 도표로 하여 어골상으로 세분하는 방법
크로스도	2개 이상의 문제 관계를 분석하는 데 사용하는 것으로, 데이터를 집계하고 표로 표시하여 요인별 결과 내역을 교차한 크로스 그림을 작성하여 분석하는 방법
관리도	재해 발생 건수 등의 추이를 파악하여 목표 관리를 행하는 데 필요한 월별 재해 발생수를 그래프화하여 관리선을 설정·관리하는 방법

010

1년간 연 근로시간이 240,000시간인 공장에서 4건의 휴업재해가 발생했고 휴업일수가 100일인 경우의 강도율은? (단, 연간 근로일수는 300일이다.)

① 0.34
② 3.4
③ 1.66
④ 16.6

해설

$$강도율 = \frac{총\ 요양\ 근로손실일수}{연\ 근로시간\ 수} \times 1,000 = \frac{100 \times \frac{300}{365}}{240,000} \times 1,000 = 0.34$$

※ 휴업일수가 발생한 경우 휴업일수 $\times \frac{연\ 근로일수}{365}$로 근로손실일수를 산정한다.

관련개념 강도율(SR; Severity Rate of Injury)

근로시간 합계 1,000시간당 재해로 인한 근로손실일수이다.

$$강도율 = \frac{총\ 요양\ 근로손실일수}{연\ 근로시간\ 수} \times 1,000$$

011

근로자가 벽돌을 손수레에 운반 중 벽돌이 떨어져 발을 다쳤다. 이때 기인물과 가해물로 옳은 것은?

① 손수레, 손수레
② 손수레, 벽돌
③ 벽돌, 벽돌
④ 벽돌, 손수레

해설

재해발생의 주 원인은 벽돌(기인물)이고, 직접적인 피해를 준 물체도 벽돌(가해물)이다.

관련개념 기인물과 가해물

• 기인물: 재해발생의 주 원인이며 재해를 가져오게 한 근원이 되는 기계, 장치, 물질 또는 환경 등(불안전한 상태)
• 가해물: 직접 사람에게 접촉하여 피해를 주는 기계, 장치, 물질 또는 환경 등

012

무재해운동의 기본이념 3원칙이 아닌 것은?

① 무의 원칙
② 관리의 원칙
③ 참가의 원칙
④ 선취의 원칙

해설 무재해운동의 3원칙

무의 원칙	잠재위험요인을 사전에 발견, 파악, 제거함으로써 근원적으로 산업재해를 없애는 것(사망, 휴업재해만 없으면 된다는 소극적 사고가 아니라 불휴재해는 물론 잠재 위험요인이 없어야 한다는 적극적인 자세
선취(해결)의 원칙	궁극적인 목표인 무재해·무질병을 실현하기 위해 모든 잠재위험 요인을 행동하기 전에 발견, 파악, 제거함으로써 재해의 발생을 사전에 예방하거나 방지하는 것
(전원)참가의 원칙	잠재적 위험요인을 제거하기 위해 노사 전원이 참가하여 각자의 입장에서 적극적으로 스스로의 책무를 수행함과 동시에 문제해결 운동을 실천하는 것

013

산업안전보건기준에 관한 규칙에 따른 근로자가 상시 작업하는 장소의 작업면의 최소 조도기준으로 옳은 것은? (단, 갱내 작업장과 감광재료를 취급하는 작업장은 제외한다.)

① 초정밀작업: 1,000[lux] 이상

② 정밀작업: 500[lux] 이상

③ 보통작업: 150[lux] 이상

④ 그 밖의 작업: 50[lux] 이상

해설 **작업장의 조도기준**

• 초정밀작업: 750[lux] 이상

• 정밀작업: 300[lux] 이상

• **보통작업: 150[lux] 이상**

• 그 밖의 작업: 75[lux] 이상

014

매슬로우의 욕구 5단계 이론 중 2단계에 해당하는 것은?

① 생리적 욕구

② 사회적(애정적) 욕구

③ 안전에 대한 욕구

④ 존경과 긍지에 대한 욕구

해설 **매슬로우(Maslow)의 욕구이론**

• 인간의 욕구는 생리적 욕구 → **안전의 욕구** → 사회적 욕구 → 존경(인정)의 욕구 → 자아실현의 욕구 순으로 발생한다.

• 인간은 가장 기본적인 욕구에서 시작하여 상위 욕구로 올라가면서 자신의 욕구를 체계적으로 충족시킨다.

015

산업안전보건법령에 따른 안전보건표지의 기본모형 중 다음 기본모형의 표시사항으로 옳은 것은? (단, 색도기준은 2.5PB 4/10이다.)

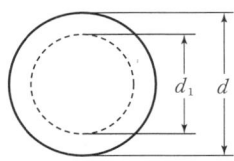

① 금지   ② 경고

③ 지시   ④ 안내

해설 **안전보건표지의 기본모형**

기본모형	규격비율	표시사항
	$d \geq 0.025L$ $d_1 = 0.8d$ $0.7d < d_2 < 0.8d$ $d_3 = 0.1d$	금지
	$a \geq 0.034L$ $a_1 = 0.8a$ $0.7a < a_2 < 0.8a$	경고
	$a \geq 0.025L$ $a_1 = 0.8a$ $0.7a < a_2 < 0.8a$	
	$d \geq 0.025L$ $d_1 = 0.8d$	지시

016

3회 출제

산업안전보건법상 지방고용노동관서의 장이 사업주에게 안전관리자나 보건관리자를 정수 이상으로 증원하게 하거나 교체하여 임명할 것을 명령할 수 있는 경우는?

① 사망재해가 연간 1건 발생한 경우
② 중대재해가 연간 1건 발생한 경우
③ 관리자가 질병의 사유로 3개월 이상 해당 직무를 수행할 수 없게 된 경우
④ 해당 사업장의 연간재해율이 같은 업종의 평균재해율의 1.5배 이상인 경우

해설 **안전관리자 등의 증원·교체임명 명령 사유**
- 해당 사업장의 연간재해율이 같은 업종의 평균재해율의 2배 이상인 경우
- 중대재해가 연간 2건 이상 발생한 경우
- 관리자가 질병이나 그 밖의 사유로 3개월 이상 직무를 수행할 수 없게 된 경우
- 화학적 인자로 인한 직업성 질병자가 연간 3명 이상 발생한 경우

017

7회 출제

재해의 발생원인을 관리적인 면에서 분류한 것과 가장 관계가 먼 것은?

① 인적 원인   ② 기술적 원인
③ 교육적 원인   ④ 작업관리상 원인

해설
'인적 원인'은 재해발생의 직접원인에 해당하므로, 관리적인 면에서 분류되는 간접원인과는 구분된다.

관련개념 **재해발생의 간접원인**

기술적 원인	· 건물·기계 등의 설계 불량 · 구조·재료의 부적합	· 생산공정의 부적당 · 점검 및 보존 불량
교육적 원인	· 안전지식 및 경험의 부족 · 경험 및 훈련의 미숙 · 유해위험 작업의 교육 불충분	· 작업방법의 교육 불충분 · 안전수칙의 오해
신체적 원인	· 육체피로	· 시각 및 청각 이상
정신적 원인	· 판단력 부족 · 스트레스	· 착오
관리적 원인	· 안전관리조직 결함 · 작업준비 불충분 · 안전수칙 미제정	· 작업지시 부적당 · 인원배치(적정배치) 부적당 · 작업기준의 불명확

018

17회 출제

산업안전보건법령에 따른 건설업 중 유해위험방지계획서를 작성하여 고용노동부장관에게 제출하여야 하는 공사의 기준 중 틀린 것은?

① 연면적 $5,000[m^2]$ 이상의 냉동·냉장 창고시설의 설비공사 및 단열공사
② 깊이 $10[m]$ 이상인 굴착공사
③ 저수용량 $2,000$만 톤 이상의 용수 전용 댐 공사
④ 최대 지간길이가 $31[m]$ 이상인 교량 건설공사

해설 **유해위험방지계획서 제출 대상 건설공사**
- 다음의 어느 하나에 해당하는 건축물 또는 시설 등의 건설·개조 또는 해체(건설 등) 공사
  - 지상높이가 $31[m]$ 이상인 건축물 또는 인공구조물
  - 연면적 $30,000[m^2]$ 이상인 건축물
  - 연면적 $5,000[m^2]$ 이상의 문화 및 집회시설(전시장 및 동물원·식물원 제외), 판매시설, 운수시설(고속철도의 역사 및 집배송시설 제외), 종교시설, 의료시설 중 종합병원, 숙박시설 중 관광숙박시설, 지하도상가, 냉동·냉장 창고시설
- 연면적 $5,000[m^2]$ 이상인 냉동·냉장 창고시설의 설비공사 및 단열공사
- 최대 지간길이가 $50[m]$ 이상인 다리의 건설 등 공사
- 터널의 건설 등 공사
- 다목적댐, 발전용댐, 저수용량 2천만 톤 이상의 용수 전용 댐 및 지방상수도 전용 댐의 건설 등 공사
- 깊이 $10[m]$ 이상인 굴착공사

019

산업안전보건법령에 따른 안전인증기준에 적합한지를 확인하기 위하여 안전인증기관이 하는 심사의 종류가 아닌 것은?

① 서면심사　　　　　② 예비심사
③ 제품심사　　　　　④ 완성심사

해설 안전인증 심사의 종류

예비심사	기계 및 방호장치 · 보호구가 유해 · 위험기계 등인지를 확인하는 심사
서면심사	유해 · 위험기계 등의 종류별 또는 형식별로 설계도면 등 유해 · 위험기계 등의 제품기술과 관련된 문서가 안전인증기준에 적합한지에 대한 심사
기술능력 및 생산체계 심사	유해 · 위험기계 등의 안전성능을 지속적으로 유지 · 보증하기 위하여 사업장에서 갖추어야 할 기술능력과 생산체계가 안전인증기준에 적합한지에 대한 심사
제품심사	유해 · 위험기계 등이 서면심사 내용과 일치하는지와 유해 · 위험기계 등의 안전에 관한 성능이 안전인증기준에 적합한지에 대한 심사

020

재해예방의 4원칙과 거리가 먼 것은?

① 예방가능의 원칙　　② 필연발생의 원칙
③ 손실우연의 원칙　　④ 대책선정의 원칙

해설 재해예방의 4원칙

손실우연의 원칙	사고에 의해서 생기는 상해의 종류 및 정도는 우연적이라는 원칙
예방가능의 원칙	재해는 원칙적으로 예방이 가능하다는 원칙
원인계기의 원칙 (원인연계의 원칙)	재해의 발생은 직접원인으로만 일어나는 것이 아니라 간접원인이 연계되어 일어난다는 원칙
대책선정의 원칙	원인의 정확한 분석에 의해 가장 타당한 재해예방 대책이 선정되어야 한다는 원칙

산업심리 및 교육

021

다음 적응기제 중 방어적 기제에 해당하는 것은?

① 고립(Isolation)
② 억압(Repression)
③ 합리화(Rationalization)
④ 백일몽(Day-dreaming)

해설

①, ②, ④는 도피적 기제에 해당한다.

관련개념 방어적 기제(Defence Mechanism)
- 자신의 불리한 입장을 보호 또는 방어하려는 기제이다.
- **합리화**, 동일시, 보상, 투사, 승화 등이 있다.

022

Kirkpatrick의 교육훈련 평가 4단계를 바르게 나열한 것은?

① 학습단계 → 반응단계 → 행동단계 → 결과단계
② 학습단계 → 행동단계 → 반응단계 → 결과단계
③ 반응단계 → 학습단계 → 행동단계 → 결과단계
④ 반응단계 → 학습단계 → 결과단계 → 행동단계

해설 교육훈련의 평가 단계

교육훈련 평가는 반응단계 → 학습단계 → 행동단계 → 결과단계 순으로 진행한다.

023

인간의 동작 특성을 외적조건과 내적조건으로 구분할 때 내적조건에 해당하는 것은?

① 경력　　　　　　　② 대상물의 크기
③ 기온　　　　　　　④ 대상물의 동적 성질

해설 인간의 동작에 영향을 주는 요인
- **내적조건**: 경력, 적성, 개성, 개인차, 생리적 조건 등
- 외적조건
  - 대상물의 동적 성질에 따른 조건
  - 높이, 크기, 깊이, 색채(대비, 강조, 재현) 등의 조건
  - 기온, 습도, 조명, 소음 등의 조건

024

매슬로우(Maslow)의 욕구 5단계를 낮은 단계에서 높은 단계의 순서대로 나열한 것은?

① 생리적 욕구 → 안전 욕구 → 사회적 욕구 → 자아실현의 욕구 → 인정의 욕구
② 생리적 욕구 → 안전 욕구 → 사회적 욕구 → 인정의 욕구 → 자아실현의 욕구
③ 안전 욕구 → 생리적 욕구 → 사회적 욕구 → 자아실현의 욕구 → 인정의 욕구
④ 안전 욕구 → 생리적 욕구 → 사회적 욕구 → 인정의 욕구 → 자아실현의 욕구

해설 **매슬로우(Maslow)의 욕구이론**
- 인간의 욕구는 생리적 욕구 → 안전의 욕구 → 사회적 욕구 → 존경(인정)의 욕구 → 자아실현의 욕구 순으로 발생한다.
- 인간은 가장 기본적인 욕구에서 시작하여 상위 욕구로 올라가면서 자신의 욕구를 체계적으로 충족시킨다.

025

교육방법 중 하나인 사례연구법의 장점으로 볼 수 없는 것은?

① 의사소통 기술이 향상된다.
② 무의식적인 내용의 표현 기회를 준다.
③ 문제를 다양한 관점에서 바라보게 된다.
④ 강의법에 비해 현실적인 문제에 대한 학습이 가능하다.

해설
②는 투사법의 장점이다.

관련개념 **사례연구법(Case Method)의 장점**
- 강의법에 비해 현실적인 문제에 대한 학습이 가능하다.
- 의사소통 기술이 향상된다.
- 흥미를 유발하여 학습동기를 북돋울 수 있다.
- 문제를 다양한 관점에서 바라보게 된다.

026

OJT(On the Job Training)의 장점이 아닌 것은?

① 개개인에게 적절한 지도훈련이 가능하다.
② 전문가를 강사로 초빙하는 것이 가능하다.
③ 훈련에 필요한 업무의 계속성이 끊어지지 않는다.
④ 직장의 실정에 맞는 실제적 훈련이 가능하다.

해설
②는 Off JT의 장점에 해당한다.

관련개념 **OJT(On the Job Training)의 특징**

장점	• 개개인에게 적절한 지도훈련이 가능하다. • 직장의 실정에 맞게 실제적 훈련이 가능하다. • 교육을 통한 훈련효과에 의해 상호 신뢰 및 이해도가 높아진다. • 대상자의 개인별 능력에 따라 훈련의 진도를 조정하기 쉽다. • 교육효과가 업무에 신속히 반영된다. • 훈련에 필요한 업무의 계속성이 끊어지지 않는다. • 동기부여가 쉽다.
단점	• 다수의 대상을 한 번에 통일적인 내용 및 수준으로 교육시킬 수 없다. • 전문적인 지식 및 기능을 교육하기 힘들다. • 업무와 교육이 병행되므로 훈련에만 전념할 수 없다.

027

다음 설명에 해당하는 안전교육방법은?

> ATP라고도 하며, 당초 일부 회사의 톱 매니지먼트(Top Management)에 대해서만 행하여졌으나 나중에는 널리 보급되었다. 정책의 수립, 조직, 통제 및 운영 등의 교육내용을 다룬다.

① TWI(Training Within Industry)
② CCS(Civil Communication Section)
③ MTP(Management Training Program)
④ ATT(American Telephone&Telegraph Co.)

해설 CCS(Civil Communication Section)

- ATP(Administration Training Program)라고도 하며, 당초 일부 회사의 최고경영자에 대하여만 행하여졌으나 나중에는 널리 보급되었다.
- 정책의 수립, 조직, 통제 및 운영 등의 교육내용을 다룬다.

관련개념

- TWI : 인간관계를 개선하고 생산성을 향상시키기 위해 일선 관리감독자를 대상으로 하는 훈련법이다.
- MTP : TWI보다 상위 관리자를 양성하기 위한 훈련이다.
- ATT : 대상 계층이 한정되지 않은 정형교육으로 하루 8시간씩 2주간 실시하는 토의식 교육이다.

028

참가자 앞에서 소수의 전문가들이 과제에 관한 견해를 자유롭게 토의한 후 참가자 전원이 참가하여 사회자의 사회에 따라 토의하는 방법은?

① 포럼(Forum)
② 심포지엄(Symposium)
③ 버즈세션(Buzz Session)
④ 패널 디스커션(Panel Discussion)

해설 토의법의 종류

포럼 (Forum)	새로운 자료나 교재를 제시하고 문제점을 피교육자로 하여금 제기하게 하거나 피교육자의 의견을 다양한 방법으로 발표하게 하여 청중과 토론자 간 의견교환으로 합의를 도출해내는 방법
패널 디스커션 (Panel Discussion)	참가자 앞에서 소수의 전문가들이 과제에 관한 견해를 발표하고 토론한 뒤 참가자 전원이 참가하여 사회자의 사회에 따라 토의하는 방법
심포지엄 (Symposium)	몇 사람의 전문가에 의하여 과제에 관한 견해를 발표한 뒤에 참가자로 하여금 의견이나 질문을 하게 하여 토의하는 방법
버즈세션 (Buzz Session)	6명씩 소집단으로 구분하고, 집단별로 각각의 사회자를 선발하여 6분씩 자유토의를 행한 후 의견을 종합하는 방법으로 6-6회의라고도 함

029

알더퍼(Alderfer)의 ERG 이론에서 인간의 기본적인 3가지 욕구가 아닌 것은?

① 관계욕구　　　② 성장욕구
③ 생리욕구　　　④ 존재욕구

해설 알더퍼(Alderfer)의 ERG 이론

- E(Existence, 존재욕구) : 생리적 욕구나 안전의 욕구와 같이 인간이 자신의 존재를 확보하는 데 필요한 욕구로서 급여, 부가급, 육체적 작업에 대한 욕구 그리고 물질적 욕구가 포함된다.
- R(Relatedness, 관계욕구) : 개인이 주변사람들(가족, 감독자, 동료작업자, 하위자, 친구 등)과 상호작용을 통하여 만족을 추구하고 싶어하는 욕구로서 매슬로우 욕구위계 중 사회적 욕구에 속한다.
- G(Growth, 성장욕구) : 매슬로우의 존경(인정)의 욕구와 자아실현의 욕구를 포함하는 것으로서 개인의 잠재력 개발과 관련되는 욕구이다. ERG 이론에 따르면 경영자가 종업원의 고차원 욕구를 충족시켜야 하는 것은 동기부여를 위해서만이 아니라 발생할 수 있는 직·간접비용을 절감한다는 차원에서도 중요하다.

030

2회 출제

다음 중 안전교육을 위한 시청각 교육법에 대한 설명으로 가장 적절한 것은?

① 지능, 적성, 학습속도 등 개인차를 충분히 고려할 수 있다.
② 학습자들에게 공통의 경험을 형성시켜 줄 수 있다.
③ 학습의 다양성과 능률화에 기여할 수 없다.
④ 학습자료를 시간과 장소에 제한 없이 제시할 수 있다.

> **해설** **시청각 교육법**
> • 학습능력을 높이기 위해 시청각 매체를 적절히 활용하는 교육방법이다.
> • 대규모 수업체제의 구성이 가능하다.
> • 학습의 다양성과 능률화에 기여한다.
> • 학습자에게 공통된 경험을 형성시킨다.

031

3회 출제

단조로운 업무가 장시간 지속될 때 작업자의 감각기능 및 판단능력이 둔화 또는 마비되는 현상은?

① 착각현상　　　　　② 망각현상
③ 피로현상　　　　　④ 감각차단현상

> **해설** **감각차단현상**
> • 단조로운 업무가 장시간 지속될 때 주로 발생한다.
> • 작업자의 감각기능 및 판단능력이 둔화 또는 마비되는 현상이다.
>
> **관련개념**
> • 착각현상: 감각적으로 물리현상을 왜곡하는 지각 오류이다.
> • 망각현상: 경험과 학습된 행동을 작업에 적용하지 아니하여 경험의 내용이나 인상이 약해지거나 소멸되는 현상이다.
> • 피로현상: 육체적, 정신적 피로에 의해 집중력 저하나 기억력 감퇴 등이 유발되는 현상이다.

032

1회 출제

다음은 교육훈련 프로그램을 만들기 위한 각 단계에 해당하는 내용이다. 가장 우선시 되어야 하는 것은?

① 직무평가를 실시한다.
② 요구분석을 실시한다.
③ 적절한 훈련방법을 파악한다.
④ 종업원이 자신의 직무에 대하여 어떤 생각을 갖고 있는지 조사한다.

> **해설** **교육훈련 프로그램 개발**
> • 분석 → 설계 → 개발 → 실행 → 평가 순으로 시행한다.
> • 분석 단계에서는 요구분석, 환경분석, 학습자분석, 직무 및 과제 분석 등을 실시한다.

033

2회 출제

라스무센의 정보처리모형은 원인 차원의 휴먼에러 분류에 적용되고 있다. 이 모형에서 정의하고 있는 인간의 행동 단계 중 다음의 특징을 갖는 것은?

> – 생소하거나 특수한 상황에서 발생하는 행동이다.
> – 부적절한 추론이나 의사결정에 의해 오류가 발생한다.

① 규칙기반행동　　　　② 인지기반행동
③ 지식기반행동　　　　④ 숙련기반행동

> **해설** **Rasmussen의 정보처리모형**
>
> | 숙련기반행동
(Skill–based Behavior) | 반복적이고 자동화된 습관적인 행동으로, 별도의 의식적 노력 없이 수행되는 수준의 행동 |
> | --- | --- |
> | 지식기반행동
(Knowledge–based Behavior) | 새로운 상황이나 경험이 부족한 상황에서 보유한 지식과 추론을 바탕으로 문제를 해결하려는 행동 |
> | 규칙기반행동
(Rule–based Behavior) | 이전의 경험이나 규칙·절차에 따라 상황을 인식하고 행동하는 수준의 행동 |

034

3회 출제

존 듀이(John Dewey)의 5단계 사고과정을 순서대로 나열한 것으로 맞는 것은?

> ㉠ 행동에 의하여 가설을 검토한다.
> ㉡ 가설(Hypothesis)을 설정한다.
> ㉢ 지식화(Intellectualization)한다.
> ㉣ 시사(Suggestion)를 받는다.
> ㉤ 추론(Reasoning)한다.

① ㉤ → ㉡ → ㉣ → ㉠ → ㉢
② ㉣ → ㉢ → ㉡ → ㉤ → ㉠
③ ㉤ → ㉢ → ㉡ → ㉣ → ㉠
④ ㉣ → ㉠ → ㉡ → ㉢ → ㉤

해설 존 듀이(John Dewey)의 5단계 사고과정
• 1단계: 시사를 받는다.
• 2단계: 지식화 또는 머리로 생각한다.
• 3단계: 가설을 설정한다.
• 4단계: 추론한다.
• 5단계: 행동에 의하여 가설을 검토한다.

035

2회 출제

다음 중 스트레스에 대한 설명으로 적합하지 못한 것은?

① 스트레스는 환경의 요구가 지나쳐 개인의 능력한계를 벗어날 때 발생한다.
② 스트레스 요인에는 소음, 진동, 열 등과 같은 환경 영향뿐만 아니라 개인적인 심리적 요인들도 포함된다.
③ 사람이 스트레스를 받게 되면 감각기관과 신경이 예민해진다.
④ 역기능 스트레스는 스트레스의 반응이 긍정적이고, 건전한 결과로 나타나는 현상이다.

해설
④는 순기능 스트레스에 대한 설명이다.

관련개념 스트레스의 특징
• 스트레스를 받게 되면 감각기관과 신경이 예민해진다.
• 일정한 스트레스는 수행성과를 향상시키고, 과도한 스트레스는 수행성과에 악영향을 끼칠 수 있다.
• 스트레스는 환경의 요구가 지나쳐 개인의 능력한계를 벗어날 때 발생한다.
• 스트레스 요인에는 소음, 진동, 열 등과 같은 환경영향뿐만 아니라 개인적인 심리적 요인들도 포함된다.

036

다음 중 집단역학에서 소시오메트리(Sociometry)에 관한 설명으로 틀린 것은?

① 구성원 상호 간의 선호도를 기초로 집단 내부의 동태적 상호관계를 분석하는 기법이다.
② 소시오그램은 집단 내의 하위집단들과 내부의 세부집단과 비세력집단을 구분할 수 없다.
③ 소시오메트리 연구조사에서 수집된 자료들은 소시오그램과 소시오매트릭스 등으로 분석한다.
④ 소시오매트릭스는 소시오그램에서 나타나는 집단 구성원들 간의 관계를 수치에 의하여 계량적으로 분석할 수 있다.

해설 **소시오메트리(Sociometry)**
• 구성원 상호 간의 선호도를 기초로 집단 내부의 동태적 상호관계를 분석하는 기법이다.
• 소시오메트리 연구조사에서 수집된 자료들은 소시오그램과 소시오매트릭스 등으로 분석한다.
• 소시오매트릭스는 소시오그램에서 나타나는 집단 구성원들 간의 관계를 수치에 의하여 정량적으로 분석할 수 있다.
• 소시오그램은 집단 내의 하위 집단들과 내부의 세력집단·비세력집단을 구분할 수 있고, 집단의 실질적인 리더를 발견할 수 있다.

037

직무수행평가를 위해 개발된 척도 중 척도상의 점수에 그 점수를 설명하는 구체적 직무행동 내용이 제시된 것은?

① 행동기준평정척도(BARS)
② 행동관찰척도(BOS)
③ 행동기술척도(BDS)
④ 행동내용척도(BCS)

해설
직무수행평가를 위해 개발된 척도에는 크게 행동기준평정척도(BARS)와 행동관찰척도(BOS)가 있다.
• 행동기준평정척도(BARS; Behaviorally Anchored Rating Scale)
 – 중요사례를 척도화한 평가기준을 사용하는 직무수행평가 평정척도이다.
 – 척도상의 점수에 그 점수를 설명하는 구체적 직무행동 내용을 제시하여 평가한다.
• 행동관찰척도(BOS; Behavioral Observation Scale)
 – 평가의 기준점으로 제시된 구체적인 행위에 대해 피평가자가 수행한 빈도를 측정하는 평가기법이다.

038

집단의 응집성이 높아지는 조건에 해당하는 것은?

① 가입하기 쉬울수록
② 집단의 구성원이 많을수록
③ 외부의 위협이 없을수록
④ 함께 보내는 시간이 많을수록

해설
집단 구성원이 함께 보내는 시간이 많을수록 집단의 응집력은 높아진다.

관련개념 **집단 응집력 분석**
• 구성원의 상호작용 횟수와 집단의 사기를 나타내는 응집력 지수로 집단의 응집력을 측정한다.
• 집단의 응집력이 높으면 상호간 소통이 원활하다.
• 집단의 응집력이 높으면 구성원 간 사회적 욕구의 만족도가 크다.

039

8회 출제

다음은 리더가 가지고 있는 어떤 권력의 예시에 해당하는가?

> 종업원의 바람직하지 않은 행동들에 대해 해고, 임금삭감, 견책 등을 사용하여 처벌한다.

① 보상권력　　　　　　② 강압권력
③ 합법권력　　　　　　④ 전문권력

해설 리더십 권한
- 조직이 리더에게 부여한 권한

합법적 권한	군대, 정부기관 등 합법적 권력이 가지는 권한
강압적 권한	부하의 처벌, 봉급의 인상 거부 등 강압적인 힘을 갖는 권한
보상적 권한	승진, 봉급 인상 등 역할에 대한 보상을 부여하는 권한

- 지도자 자신에 의해 자발적으로 생성되는 권한

위임된 권한	부하 직원들이 상사를 존경하여 함께 일하고자 할 때 상사에게 부여되는 권한, 혹은 지도자 자신이 자신에게 부여한 권한
전문성의 권한	전문적 지식을 가진 리더를 부하들이 스스로 따르는 것으로 지도자 자신의 능력에 의해 생성되는 권한

040

2회 출제

직무와 관련한 정보를 직무명세서(Job Specification)와 직무기술서(Job Description)로 구분할 경우 직무기술서에 포함되어야 하는 내용과 가장 거리가 먼 것은?

① 직무의 직종　　　　　② 수행되는 과업
③ 직무수행 방법　　　　④ 작업자의 요구되는 능력

해설
'작업자에게 요구되는 능력'은 직무명세서에 포함되어야 하는 내용이다.

관련개념 직무기술서
- 직무에 관한 임무, 과업, 책임 등을 정리한 문서이다.
- 부서, 직종, 근무 위치, 과업의 종류, 직무수행 방법, 사용하는 설비 및 기계 등을 기술한다.

인간공학 및 시스템안전공학

041

12회 출제

다음 시스템의 신뢰도 값은?

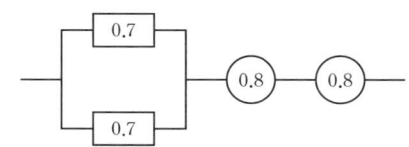

① 0.5824　　　　　　② 0.6682
③ 0.7855　　　　　　④ 0.8642

해설
- 신뢰도가 R_1, R_2인 부품이 병렬로 연결되어 있을 때의 신뢰도:
$1-(1-R_1) \times (1-R_2)$
병렬로 연결된 부품의 신뢰도 $= 1-(1-0.7) \times (1-0.7) = 0.91$
- 신뢰도가 R_1, R_2인 부품이 직렬로 연결되어 있을 때의 신뢰도: $R_1 \times R_2$
직렬로 연결된 시스템 전체 신뢰도 $= 0.91 \times 0.8 \times 0.8 = 0.5824$

042

3회 출제

반사율이 85[%], 글자의 밝기가 400[cd/m²]인 VDT화면에 350[lux]의 조명이 있다면 대비는 약 얼마인가?

① −6.0　　　　　　② −5.0
③ −4.2　　　　　　④ −2.8

해설
- 배경의 밝기 $L_b = \dfrac{\text{반사율} \times \text{조도}}{\pi} = \dfrac{0.85 \times 350}{\pi} = 94.70$
- 글자의 밝기 $L_t =$ 글자의 자체 밝기 $+ L_b = 400 + 94.70 = 494.70$
- 대비 $= \dfrac{L_b - L_t}{L_b} = \dfrac{94.70 - 494.70}{94.70} = -4.2$

043

4회 출제

결함수분석법에서 Path Set에 관한 설명으로 옳은 것은?

① 시스템의 약점을 표현한 것이다.

② Top 사상을 발생시키는 조합이다.

③ 시스템이 고장 나지 않도록 하는 사상의 조합이다.

④ 시스템 고장을 유발시키는 필요불가결한 기본사상들의 집합이다.

해설 **패스셋(Path Set)**

• 기본사상들이 모두 발생하지 않으면 정상사상(Top Event)이 발생되지 않는 조합이다.

• 시스템이 고장 나지 않도록 하는 사상이며, 시스템의 기능을 유지하는 데 필요한 최소 요인의 집합이다.

044

3회 출제

실린더 블록에 사용하는 가스켓의 수명분포는 X~N (10,000, 200²)인 정규분포를 따른다. t=9,600시간일 경우에 신뢰도(R(t))는? (단, P(Z≤1)=0.8413, P(Z≤1.5)= 0.9332, P(Z≤2)=0.9772, P(Z≤3)=0.9987이다.)

① 84.13[%]

② 93.32[%]

③ 97.72[%]

④ 99.87[%]

해설

정규분포 표준화 공식에 따라 $Z = \dfrac{변수(X) - 평균(\mu)}{표준편차(\sigma)}$

$$P_r(X \geq 9,600) = P_r\left(Z \geq \dfrac{9,600 - 10,000}{200}\right)$$
$$= P_r(Z \geq -2) = P_r(Z \leq 2) = 0.9772 = 97.72[\%]$$

관련개념 **정규분포**

• 도수분포곡선이 평균값을 중심으로 하여 좌우대칭인 종 모양을 이루는 것으로 확률변수 X는 N(평균, 표준편차²)을 따른다.

• 구하고자 하는 값을 표준정규분포로 변환하려면 $\dfrac{확률변수 - 평균}{표준편차}$ 을 이용한다.

045

6회 출제

인간-기계 시스템에서 시스템의 설계를 다음과 같이 구분할 때 제3단계인 기본설계에 해당되지 않는 것은?

1단계: 시스템의 목표와 성능 명세 결정
2단계: 시스템의 정의
3단계: 기본설계
4단계: 인터페이스 설계
5단계: 보조물 설계
6단계: 시험 및 평가

① 화면설계

② 작업설계

③ 직무분석

④ 기능할당

해설

'화면설계'는 제4단계인 인터페이스 설계에 해당된다.

관련개념 **인간-기계 시스템의 설계과정**

1단계	시스템의 목표와 성능 명세 결정	목적 및 존재 이유에 대한 결정
2단계	시스템의 정의	목표 달성을 위해 필요한 기능의 결정
3단계	기본설계	기능의 할당, 작업설계, 인간성능 요건 명세, 직무분석
4단계	인터페이스 설계	작업공간, 화면설계, 표시 및 조종장치
5단계	촉진물(보조물) 설계	성능보조자료, 훈련도구 등 보조물 설계
6단계	시험 및 평가	시스템 개발과 관련된 평가와 인간적인 요소 평가

046

9회 출제

의도는 올바른 것이었지만, 행동이 의도한 것과는 다르게 나타나는 오류를 무엇이라 하는가?

① Slip
② Mistake
③ Lapse
④ Violation

해설 **인간의 오류모형**

착오(Mistake)	상황해석을 잘못하거나 목표를 잘못 이해하고 착각하여 행하는 인간의 실수로 위치, 순서, 패턴, 형상, 기억오류 등 외부적 요인에 의해 나타나는 오류
착각(Illusion)	감각적으로 물리현상을 왜곡하는 지각 오류
실수(Slip)	의도는 올바른 것이었지만, 행동이 의도한 것과는 다르게 나타나는 오류
건망증(Lapse)	일련의 과정에서 일부를 빠뜨리거나 기억의 실패에 의해 발생하는 오류
위반(Violation)	정해진 규칙을 알고 있음에도 의도적으로 따르지 않거나 무시한 경우에 발생하는 오류

047

5회 출제

태양광선이 내리쬐는 옥외장소의 자연습구온도 20[℃], 흑구온도 18[℃], 건구온도 30[℃]일 때 습구흑구온도지수 (WBGT)는?

① 20.6[℃]
② 22.5[℃]
③ 25.0[℃]
④ 28.5[℃]

해설 **태양광선이 내리쬐는 옥외장소의 습구흑구온도지수**

WBGT=0.7×자연습구온도+0.2×흑구온도+0.1×건구온도
　　　=0.7×20+0.2×18+0.1×30=20.6[℃]

관련개념 **습구흑구온도지수(WBGT; Wet Bulb Globe Temperature)**

• 옥외 WBGT[℃] = 0.7×NWB+0.2×GT+0.1×NDB
• 실내 WBGT[℃] = 0.7×NWB+0.3×GT
• NWB(자연습구온도; Natural Wet Bulb Temperature)
• GT(흑구온도; Globe Temperature)
• NDB(건구온도; Natural Dry Bulb Temperature)

048

9회 출제

동작경제의 원칙에 해당하지 않는 것은?

① 공구의 기능을 각각 분리하여 사용하도록 한다.
② 두 팔의 동작은 동시에 서로 반대방향으로 대칭적으로 움직이도록 한다.
③ 공구나 재료는 작업동작이 원활하게 수행되도록 그 위치를 정해준다.
④ 가능하다면 쉽고도 자연스러운 리듬이 작업동작에 생기도록 작업을 배치한다.

해설 **동작경제의 원칙**

신체 사용의 원칙	• 두 손의 동작은 동시에 시작해서 동시에 끝나야 한다. • 휴식시간을 제외하고는 양손을 같이 쉬게 해서는 안 된다. • 손의 동작은 유연하고 연속적이어야 한다. • 동작이 급작스럽게 바뀌는 직선 동작은 피해야 한다. • 두 팔의 동작은 동시에 서로 반대방향으로 대칭적으로 움직이도록 한다.
작업장 배치의 원칙	• 공구, 재료 및 제어장치는 사용하기 가까운 곳에 배치해야 한다. • 공구나 재료는 작업동작이 원활하게 수행되도록 그 위치를 정해준다.
공구 및 설비 디자인의 원칙	• 서로 다른 공구의 기능을 결합하여 사용하도록 한다. • 치구나 족답장치를 이용하여 양손이 다른 일을 할 수 있도록 한다.

049

FTA에서 사용하는 다음 사상기호에 대한 설명으로 맞는 것은?

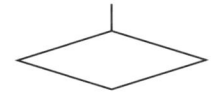

① 시스템 분석에서 좀 더 발전시켜야 하는 사상
② 시스템의 정상적인 가동상태에서 일어날 것이 기대되는 사상
③ 불충분한 자료로 결론을 내릴 수 없어 더 이상 전개할 수 없는 사상
④ 주어진 시스템의 기본사상으로 고장원인이 분석되었기 때문에 더 이상 분석할 필요가 없는 사상

해설

기호	명칭	설명
◇	생략사상 (최후사상)	정보부족, 해석기술 불충분으로 더 이상 전개할 수 없는 사상

050

시스템 수명주기에 있어서 예비위험분석(PHA)이 이루어지는 단계에 해당하는 것은?

① 구상단계
② 점검단계
③ 운전단계
④ 생산단계

해설 예비위험분석(PHA; Preliminary Hazard Analysis)
시스템 내의 위험요소가 얼마나 위험상태에 있는가를 평가하는 시스템 안전 프로그램에서 최초단계(시스템 구상단계)의 분석 방식(정성적)이다.

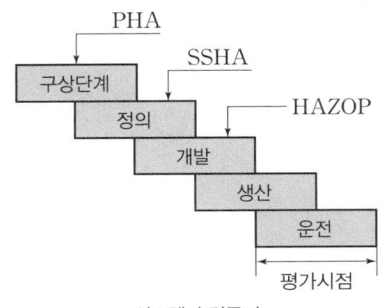

시스템 수명주기

051

다음 중 국부적 근육활동의 전기적 활성도를 기록하는 방법은?

① 뇌전도(EEG)
② 심전도(ECG)
③ 안전도(EOG)
④ 근전도(EMG)

해설 근전도 검사(EMG; Electromyography)
· 근육에 걸리는 부하를 근육에 발생한 전류값으로 측정한다.
· 인간의 생리적 부담 척도 중 국소적 근육활동의 척도로 적합하다.
· 근육의 근력, 경직상태, 피로상태, 밸런스 활성도를 체크할 수 있다.

관련개념
· 뇌전도: 뇌의 전기적 활성도를 전기생리학적으로 측정하는 기술이다.
· 심전도: 심장의 근육활동 전위차를 측정하는 기술이다.
· 안전도: 안구의 움직임에 대한 전위차를 측정하는 기술이다.

052

화학설비에 대한 안전성 평가 6단계 중 5단계에 해당하는 것은?

① 안전대책 수립
② 정량적 평가
③ 재평가
④ 정성적 평가

해설 화학설비의 안전성 평가 6단계

1단계	관계자료의 작성 준비
2단계	· 정성적 평가 · 설계(공장의 입지조건, 공장 내 배치)와 운전관계에 대한 평가
3단계	· 정량적 평가 · 취급물질, 용량, 온도, 압력 및 조작을 통한 위험도 평가
4단계	· 안전대책수립 · 설비대책과 관리적 대책
5단계	재해 정보에 의한 재평가
6단계	FTA에 의한 재평가

053
2회 출제

기계 시스템은 영구적으로 사용하며, 조작자는 한 시간마다 스위치를 작동해야 되는데 인간오류확률(HEP)은 0.001이다. 2시간에서 4시간까지 인간-기계 시스템의 신뢰도로 옳은 것은?

① 91.5[%]   ② 96.6[%]
③ 98.7[%]   ④ 99.8[%]

해설

인간의 신뢰도 R=1−인간오류확률(HEP)=1−0.001=0.999
시간당 0.999의 신뢰도의 시스템에서 2시간 동안의 신뢰도는
0.999×0.999=0.998001=99.8[%]이다.

054
4회 출제

A작업의 평균 에너지 소비량이 다음과 같을 때, 60분간의 총 작업시간 내에 포함되어야 하는 휴식시간(분)은?

- 휴식 중 에너지 소비량: 1.5[kcal/min]
- A작업 시 평균 에너지 소비량: 6[kcal/min]
- 기초대사를 포함한 작업에 대한 평균 에너지 소비량 상한: 5[kcal/min]

① 10.3   ② 11.3
③ 12.3   ④ 13.3

해설 작업시간에 포함되어야 할 휴식시간 산출

휴식시간(R) = 작업시간 $\times \dfrac{E-5}{E-1.5} = 60 \times \dfrac{6-5}{6-1.5} = 13.3$[min]

이때, E: 작업 시 평균 에너지 소비량[kcal/min]
    5: 작업 시 분당 평균 에너지 소비량 상한[kcal/min]
    1.5: 휴식 중 에너지 소비량[kcal/min]

055
8회 출제

다음 중 청각적 표시장치보다 시각적 표시장치를 이용하는 경우가 더 유리한 경우는?

① 메시지가 간단한 경우
② 메시지가 추후에 재참조되지 않는 경우
③ 직무상 수신자가 자주 움직이는 경우
④ 메시지가 즉각적인 행동을 요구하지 않는 경우

해설 시각적 표시장치와 청각적 표시장치의 비교

시각적 표시장치	• 수신 장소의 소음이 심한 경우 • 정보가 공간적인 위치를 다룬 경우 • 정보의 내용이 복잡하고 긴 경우 • 직무상 수신자가 한 곳에 머무르는 경우 • 메시지를 추후 참고할 필요가 있는 경우 • 정보의 내용이 즉각적인 행동을 요구하지 않는 경우
청각적 표시장치	• 수신 장소가 너무 밝거나 암순응이 요구되는 경우 • 정보의 내용이 시간적인 사건을 다루는 경우 • 정보의 내용이 간단한 경우 • 직무상 수신자가 자주 움직이는 경우 • 정보의 내용이 후에 재참조되지 않는 경우 • 메시지가 즉각적인 행동을 요구하는 경우

056
2회 출제

눈과 틈새 사이의 거리가 1[m], 시선과 직각으로 측정한 틈새의 크기가 0.5[mm]일 때 시력은 얼마인가? (단, 시각은 600 이하이며, radian 단위를 분으로 환산하기 위한 상수 값은 57.3과 60을 모두 적용하여 계산하도록 한다.)

① 2.0   ② 1.5
③ 1.0   ④ 0.6

해설 시각과 시력

- 시각=$57.3 \times 60 \times \dfrac{물체의 크기(틈의 크기)}{눈과 물체의 거리} = 57.3 \times 60 \times \dfrac{0.5}{1,000} = 1.719$
- 시력=$\dfrac{1}{시각} = \dfrac{1}{1.719} = 0.6$

2022년 4회

057

2회 출제

다음 중 청각적 표시의 원리를 설명한 것으로 틀린 것은?

① 양립성(Compatibility)이란 가능한 한 사용자가 알고 있거나 자연스러운 신호차원과 코드를 선택하는 것을 말한다.

② 근사성(Approximation)이란 복잡한 정보를 나타내고자 할 때 2단계 신호를 고려하는 것을 말한다.

③ 분리성(Dissociability)이란 주의신호와 지정신호를 분리하여 나타낸 것을 말한다.

④ 검약성(Parsimony)이란 조작자에 대한 입력신호는 꼭 필요한 정보만을 제공하는 것을 말한다.

해설 청각적 표시장치의 설계 원리

- 양립성(Compatibility): 가능한 한 사용자가 알고 있거나 자연스러운 신호차원과 코드를 선택하는 것을 말한다.
- 근사성(Approximation): 복잡한 정보를 나타내고자 할 때 2단계 신호(주의신호, 지정신호)를 고려하는 것이다.
- 분리성(Dissociability): 청각적 신호는 주변의 소리나 소음과 쉽게 식별되도록 하는 것으로 두 가지 이상의 채널을 듣고 있다면 각 채널의 주파수가 분리되어야 한다.
- 검약성(Parsimony): 조작자(사용자)에 대한 입력신호는 꼭 필요한 정보만을 제공하는 것을 말한다.
- 불변성(Invariance): 동일한 신호는 지속적으로 동일한 정보를 지정하도록 하는 것을 말한다.

058

1회 출제

다음 중 시스템의 수명곡선에서 초기고장 기간에 발생하는 고장의 원인으로 볼 수 없는 것은?

① 사용자의 과오　　② 빈약한 제조기술
③ 불충분한 품질관리　　④ 표준 이하의 재료 사용

해설 초기고장(감소형)

- 시스템의 욕조곡선(수명곡선)에서 감소형에 해당한다.
- 제조가 불량하거나 생산과정에서 불충분한 품질관리, 설계미숙, 표준 이하의 재료 사용, 빈약한 제조기술 등으로 생기는 고장이다.
- 초기고장의 결함을 찾아내어 고장률을 안정시키는 기간을 디버깅(Debugging) 기간이라 한다.
- 점검작업이나 시운전으로 고장을 예방할 수 있다.

059

4회 출제

인간-기계 시스템을 설계할 때에는 특정 기능을 기계에 할당하거나 인간에게 할당하게 된다. 이러한 기능할당과 관련된 사항으로 옳지 않은 것은? (단, 인공지능과 관련된 사항은 제외한다.)

① 인간은 원칙을 적용하여 다양한 문제를 해결하는 능력이 기계에 비해 우월하다.

② 일반적으로 기계는 장시간 일관성이 있는 작업을 수행하는 능력이 인간에 비해 우월하다.

③ 인간은 소음, 이상온도 등의 환경에서 작업을 수행하는 능력이 기계에 비해 우월하다.

④ 일반적으로 인간은 주위가 이상하거나 예기치 못한 사건을 감지하여 대처하는 능력이 기계에 비해 우월하다.

해설 현존하는 기계가 인간을 능가하는 기능

- 자극을 연역적으로 추리한다.
- 암호화된 정보를 신속하게 처리하고, 대량으로 보관한다.
- 인간의 정상적인 감지범위 밖에 있는 자극을 감지한다.
- 명시된 절차에 따라 신속하고, 정량적인 정보처리가 가능하다.
- 과부하 시에도 효율적으로 작동한다.

관련개념 인간이 기계를 능가하는 기능

- 관찰을 통해서 일반화하여 귀납적으로 추리한다.
- 원칙을 적용하여 다양한 문제를 해결할 수 있다.
- 완전히 새로운 해결책을 도출할 수 있다.
- 주위의 예기치 못한 사건들을 감지하고 처리하는 임기응변 능력이 있다.
- 상황에 따라 변하는 복잡한 자극 형태를 식별할 수 있다.
- 다양한 경험을 토대로 하여 의사결정을 한다.

060

3회 출제

FTA 결과 다음과 같은 패스셋을 구하였다. 최소 패스셋으로 옳은 것은?

$\{X_2, X_3, X_4\}$
$\{X_1, X_3, X_4\}$
$\{X_3, X_4\}$

① $\{X_3, X_4\}$

② $\{X_1, X_3, X_4\}$

③ $\{X_2, X_3, X_4\}$

④ $\{X_2, X_3, X_4\}$와 $\{X_3, X_4\}$

해설

패스셋은 그 속에 포함되어 있는 기본사상이 일어나지 않을 때 처음으로 정상사상이 일어나지 않는 기본사상의 집합으로 최소(미니멀) 패스셋은 패스셋 중 다른 패스셋을 포함하고 있는 것을 제외한 패스셋을 말한다. 보기의 패스셋에서 다른 패스셋을 포함하고 있는 것을 제외한 패스셋, 즉 최소 패스셋은 $\{X_3, X_4\}$이다.

건설시공학

061

3회 출제

다음 설명에 해당하는 공정표의 종류로 옳은 것은?

한 공종의 작업이 하나의 숫자로 표기되고 컴퓨터에 적용하기 용이한 이점 때문에 많이 사용되고 있다. 각 작업은 node로 표기하고 더미의 사용이 불필요하며 화살표는 단순히 작업의 선후관계만을 나타낸다.

① 횡선식 공정표   ② CPM

③ PDM   ④ LOB

해설 **PDM(Precedence Diagram Method)**
- 선후행도형법으로 AON(Activity On Node)을 사용한다.
- 연결점에 직접 작업을 표시하는 방법이다.
- 더미가 필요없다.
- 작업 간의 관계를 화살표로 표현한다.

관련개념 **공정표의 유형**
- 횡선식 공정표(막대기식, 간트식): 공사현장에 가장 널리 보급된 간단한 공정표로 기간을 가로축에, 작업진척 상황을 세로축에 취하여 공정을 막대그래프로 표시한 것이다.
- CPM(임계경로법, Critical Path Method): 네트워크 공정표 기법의 하나로, 전체 공정 중 가장 긴 경로(주경로)를 찾아 공사기간을 관리하는 기법이다.
- LOB(Line of Balance): 반복작업에서 각 작업조의 생산성을 유지시키면서 그 생산성을 기울기로 하는 직선으로 각 반복작업의 진행을 표시하여 전체공사를 도식화하는 기법이다.

062

미장공법, 뿜칠공법을 통한 강구조부재의 내화피복 시공 시 시공면적 얼마 당 1개소 단위로 핀 등을 이용하여 두께를 확인하여야 하는가?

① 2[m^2] ② 3[m^2]
③ 4[m^2] ④ 5[m^2]

해설 **내화피복 검사 및 보수**

검사항목, 방법 등은 해당 공사시방서에 따른다. 해당 공사시방서에 정한 바가 없는 경우에는 아래에 따른다.

• 미장공법, 뿜칠공법의 경우
 – 시공 시에는 시공면적 5[m^2]당 1개소 단위로 핀 등을 이용하여 두께를 확인하면서 시공한다.
 – 뿜칠공법의 경우 시공 후 두께나 비중은 코어를 채취하여 측정한다. 측정빈도는 각 층마다 또는 바닥면적 1,500[m^2]마다 각 부위별 1회를 원칙으로 하고, 1회에 5개로 한다. 그러나 연면적이 1,500[m^2] 미만의 건물에 대해서는 2회 이상으로 한다.
• 조적공법, 붙임공법, 멤브레인공법의 경우
 재료반입 시 재료의 두께 및 비중을 확인한다. 그 빈도는 각 층마다 바닥면적 1,500[m^2]마다 각 부위별 1회로 하며, 1회에 3개로 한다. 그러나 연면적이 1,500[m^2] 미만의 건물에 대해서는 2회 이상으로 한다.

063

철근의 피복두께 확보 목적과 가장 거리가 먼 것은?

① 내화성 확보 ② 내구성 확보
③ 구조내력의 확보 ④ 블리딩 현상 방지

해설

블리딩은 콘크리트의 재료분리 현상으로 철근의 피복두께 확보와 관련이 없다.

관련개념 **피복두께 확보의 목적**
• 철근의 부식방지를 통한 구조물의 내구성 확보(물과 이산화탄소의 침투 방지)
• 골재의 유동성 확보
• 철근과 콘크리트의 부착강도 확보
• 화재 시 내화성 확보

064

다음 각 기초에 관한 설명으로 옳은 것은?

① 온통기초: 기둥 1개에 기초판이 1개인 기초
② 복합기초: 2개 이상의 기둥을 1개의 기초판으로 받치게 한 기초
③ 독립기초: 조적조의 벽을 지지하는 하부 기초
④ 연속기초: 건물 하부 전체 또는 지하실 전체를 기초판으로 구성한 기초

해설 **푸팅기초**

상부 구조물을 발(Foot)의 모양으로 지반에서 확대한 모양의 기초이다.

• 독립기초: 하나의 독립된 푸팅으로 단일 기둥이 하중을 지지하는 형식으로 양질지반에 건립하며, 비교적 낮은 3~4층 정도의 건물, 창고, 공장 등 긴 스팬의 건물 등에 많이 이용된다.
• 연속기초: 보통 기둥간격이 짧은 경우 허용지내력도가 작아 독립푸팅으로 하는 경우에 푸팅이 너무 접근하거나 겹칠 때 사용되는 것으로 일련의 기둥 또는 벽에서의 하중을 푸팅으로 지지하는 형식의 기초이다.
• 복합기초: 허용지내력도가 작은 경우에 채용되는 방식으로 2개 혹은 그 이상의 기둥의 하중을 합하여 하나의 푸팅으로 지지하는 형식의 기초이다.

관련개념 **온통(전체)기초**

지반의 국부적인 차이에 따르는 부동침하의 영향이 비교적 적으므로 일반적으로 푸팅기초에 비해 훨씬 큰 침하가 허용되며, 전체의 주하중을 하나의 기초 슬래브로 지지하는 형식의 기초이다.

065

철근 이음의 종류 중 나사를 가지는 슬리브 또는 커플러, 에폭시나 모르타르 또는 용융 금속 등을 충전한 슬리브, 클립이나 편체 등의 보조장치 등을 이용한 것을 무엇이라 하는가?

① 겹침 이음　　　　② 가스 압접 이음
③ 기계적 이음　　　　④ 용접 이음

해설　기계적 이음

커플러 등을 이용하여 연결하는 것을 말한다. 나사식(커플러) 이음, 슬리브 압착 이음, 슬리브 충진 이음 등이 있다.

관련개념　이음의 종류

• 겹침 이음: 철근을 소정의 길이만큼 겹쳐서 이음한다.
• 가스 압접 이음: 주로 기둥철근에서 수직으로 가스의 화염을 이용하여 압력을 가하여 접합한다.
• 용접 이음: 철근의 접합부를 전기, 가스, 화학반응 등의 에너지를 이용하여 녹여 접합한다.

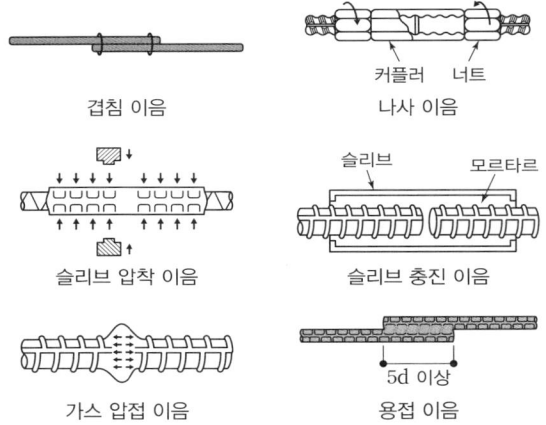

겹침 이음　　　　나사 이음

슬리브 압착 이음　　　　슬리브 충진 이음

가스 압접 이음　　　　용접 이음

066

벽돌공사 중 벽돌쌓기에 관한 설명으로 옳지 않은 것은?

① 가로 및 세로줄눈의 너비는 도면 또는 공사시방서에 정한 바가 없을 때에는 10[mm]를 표준으로 한다.
② 벽돌쌓기는 도면 또는 공사시방서에서 정한 바가 없을 때에는 불식쌓기 또는 미식쌓기로 한다.
③ 연속되는 벽면의 일부를 트이게 하여 나중쌓기로 할 때에는 그 부분을 층단 들여쌓기로 한다.
④ 벽돌은 각부를 가급적 동일한 높이로 쌓아 올라가고, 벽면의 일부 또는 국부적으로 높게 쌓지 않는다.

해설　쌓기의 일반사항

• 가로 및 세로줄눈의 너비는 도면 또는 공사시방서에 정한 바가 없을 때에는 10[mm]를 표준으로 한다. 세로줄눈은 통줄눈이 되지 않도록 하고, 수직 일직선상에 오도록 벽돌 나누기를 한다.
• **벽돌쌓기는 도면 또는 공사시방서에 정한 바가 없을 때에는 영식쌓기 또는 화란식쌓기로 한다.**
• 가로줄눈의 바탕 모르타르는 일정한 두께로 평평히 펴 바르고, 벽돌을 내리누르듯 규준틀과 벽돌 나누기에 따라 정확히 쌓는다.
• 벽돌은 각부를 가급적 동일한 높이로 쌓아 올라가고, 벽면의 일부 또는 국부적으로 높게 쌓지 않는다.
• 하루의 쌓기 높이는 1.2[m](18켜 정도)를 표준으로 하고, 최대 1.5[m](22켜 정도) 이하로 한다.
• 연속되는 벽면의 일부를 트이게 하여 나중쌓기로 할 때에는 그 부분을 층단 들여쌓기로 한다.
• 벽돌벽이 블록벽과 서로 직각으로 만날 때에는 연결철물을 만들어 블록 3단마다 보강하여 쌓는다.

067

대규모 공사에서 지역별로 공사를 분리하여 발주하는 방식이며 공사기일 단축, 시공기술 향상 및 공사의 높은 성과를 기대할 수 있어 유리한 도급방법은?

① 전문공종별 분할도급　　② 공정별 분할도급
③ 공구별 분할도급　　④ 직종별 공종별 분할도급

해설 **분할도급공사**

종류	구분
공구별 분할도급	• 대규모 공사에서 지역별로 분리 발주하는 방식으로, 각 공구마다 일식도급 체제로 운영된다. • 도급업자의 기회균등, 시공기술 향상, 높은 성과가 기대된다. • 지하철공사, 고속도로공사 및 대규모 아파트단지공사에 채택 시 효과적이다.
공정별 분할도급	• 공사의 각 과정별로 나누어서 도급을 주는 방식으로 예산배정상 구분될 때 편리하다. • 부분·분할 발주가 가능하나 후속공사 연체의 우려가 있으며 도급자 교체가 곤란하다.
전문공종별 분할도급	• 공사 중 설비공사(전기, 설비 등)를 주체공사와 분리하여 발주하는 방식이다. • 설비업자의 자본, 기술강화 및 전문화로 능률 향상이 기대된다.
직종별 공종별 분할도급	• 직영공사에 가까운 제도로 전문직종이나 각 공종별로 분할하여 도급을 주는 방식이다. • 현장관리가 곤란하며 경비가 증대되나 건축주의 의도가 철저히 반영될 수 있다.

068

콘크리트 구조물의 품질관리에서 활용되는 비파괴 시험(검사) 방법으로 경화된 콘크리트 표면의 반발경도를 측정하는 것은?

① 슈미트 해머 시험　　② 방사선투과 시험
③ 자기분말탐상 시험　　④ 침투탐상 시험

해설 **슈미트 해머 시험(Schmidt Hammer)시험**

경화된 콘크리트면에 슈미트 해머로 타격에너지를 가하여 콘크리트면의 경도에 따라 반발경도를 측정하고, 이 반발경도와 콘크리의 압축강도와의 상관관계를 도출시킴으로써 콘크리트 압축강도를 측정한다.

관련개념 **콘크리트의 시험방법**

반발경도시험	콘크리트의 반발경도를 측정하여 콘크리트의 압축강도를 추정하는 데 사용한다.
초음파법	초음파를 이용하여 콘크리트 내부의 결함, 균열깊이, 강도 및 품질상태를 검사한다.
자기법	자기법은 주로 철근의 피복두께, 위치 및 직경 확인에 사용한다.
레이더법	레이더파를 이용하여 콘크리트 구조물의 공동 및 매설물 등을 발견하기 위해 사용한다.
방사선법	감마광선은 콘크리트를 투과할 수 있으므로 필름을 방사선에 노출되게 함으로써 콘크리트를 검사하는 방법이다.

069

공동도급방식의 장점에 해당하지 않는 것은?

① 위험의 분산　　② 시공의 확실성
③ 이윤 증대　　④ 기술 자본의 증대

해설

공동도급방식을 사용하면 공사비용이 증가되어 이윤이 감소할 수 있다.

관련개념 **공동도급(Joint Venture Contract)의 장단점**

장점	단점
• 시공의 확실성 보장 • 위험의 분산 • 공사도급 경쟁완화 • 자본력과 신용도 증대 • 기술확충, 경험의 증대로 우량시공 가능	• 이해충돌, 책임회피 우려 • 현장관리 및 업무혼란 우려 • 단일회사 도급보다 비용증가 가능성 • 하자책임 불분명 • 경영방식 차이에 따른 능률저하

070

다음은 표준시방서에 따른 철근의 이음에 관한 내용이다.
(　　) 안에 공통으로 들어갈 내용으로 옳은 것은?

> (　　　)를 초과하는 철근은 겹침이음을 할 수 없다. 다만, 서로 다른 크기의 철근을 압축부에서 겹침이음하는 경우 (　　　) 이하의 철근과 (　　　)를 초과하는 철근은 겹침이음을 할 수 있다.

① D25　　　　　② D29
③ D32　　　　　④ D35

해설　철근의 겹침이음

D35를 초과하는 철근은 겹침이음을 할 수 없다. 다만, 서로 다른 크기의 철근을 압축부에서 겹침이음하는 경우 D35 이하의 철근과 D35를 초과하는 철근은 겹침이음할 수 있다.

071

지반개량공법 중 배수공법이 아닌 것은?

① 집수정공법　　　② 동결공법
③ 웰포인트공법　　④ 깊은우물공법

해설

동결공법은 배수공법이 아닌 응결(고결)공법이다.

관련개념　배수공법의 구분

• 중력배수공법: 표면배수공법, 집수정공법
• 강제배수공법: 웰포인트공법, Deep Well 공법, 전기침투공법

072

가스압접에 관한 설명 중 옳지 않은 것은?

① 접합온도는 대략 1,200~1,300[℃]이다.
② 압접 작업은 철근을 완전히 조립하기 전에 행한다.
③ 철근의 지름이나 종류가 다른 것을 압접하는 것이 좋다.
④ 기둥, 보 등의 압접 위치는 한 곳에 집중되지 않게 한다.

해설　가스압접

• 접착면을 1,200~1,300[℃]로 가열하면서 특수 가압기로 2.5~3[kg/mm^2]의 압력을 가해 접합하여야 한다.
• 화구는 철근지름에 적합한 8구 이상의 것을 사용하여야 한다.
• 압접기는 편심, 휨이 생기지 않도록 충분한 지지능력이 요구된다.
• 30[MPa] 이상의 압력이 유지되어야 한다.
• 철근의 지름의 차이는 7[mm] 이하이어야 한다.
• 이음 부위의 성능은 설계 기준 항복강도의 125[%] 이상이어야 한다.
• 가열 중 불꽃이 꺼지는 경우 압접부를 잘라내고 재압접하여야 한다.

073

철골공사에서 철골 세우기 순서가 옳게 연결된 것은?

> A. 기초 볼트 위치 재점검
> B. 기둥 중심선 먹매김
> C. 기둥 세우기
> D. 주각부 모르타르 채움
> E. Base Plate의 높이 조정용 Plate 고정

① A → B → C → D → E
② B → A → E → C → D
③ B → A → C → D → E
④ E → D → B → A → C

해설　철골기둥 세우기 시공순서(주각부 모르타르 나중 채워넣는 방식의 시공순서)

㉠ 기둥 중심선 먹매김
㉡ 기초 볼트 위치 재점검
㉢ Base Plate의 높이 조정용 Liner Plate 고정
㉣ 기둥 세우기
㉤ 주각부 모르타르 채움

074

속 빈 콘크리트블록의 규격 중 기본 블록 치수가 아닌 것은?
(단위: [mm])

① 390×190×190
② 390×190×150
③ 390×190×100
④ 390×190×80

해설 속빈 콘크리트블록의 규격(KS F 4002)

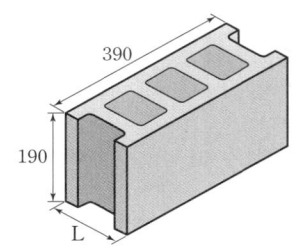

형상	치수[mm]			허용차[mm]
	길이	높이	두께	
기본 블록	390	190	190 150 100	±2
이형 블록	가로근용 블록, 모서리용 블록과 같이 기본 블록과 동일한 크기인 것의 치수 및 허용차는 기본 블록에 준한다. 다만, 그 외의 경우에는 당사자 사이의 협의에 따른다.			

속빈 콘크리트블록의 치수=길이×높이×두께
이때 길이와 높이는 고정된 규격이고, 두께는 100[mm](4인치), 150[mm](6인치), 190[mm](8인치)의 3가지 종류이다.

075

철근콘크리트공사에서 철근과 철근의 순간격은 굵은골재 최대치수에 최소 몇 배 이상으로 하여야 하는가?

① 1배
② $\frac{4}{3}$배
③ $\frac{5}{3}$배
④ 2배

해설 철근의 순간격
- 철근 표면 간의 최단거리이며, 철근 간의 마디, 리브 등이 가장 근접하는 경우의 치수이다.
- 철근과 철근의 순간격은 굵은골재 최대치수의 $\frac{4}{3}$배 이상으로 한다.

관련개념 보와 기둥에서의 철근 순간격

보	기둥	비고
굵은골재 최대치수의 $\frac{4}{3}$	굵은골재 최대치수의 $\frac{4}{3}$	세 수치 중 가장 큰 값
25mm	40mm	
철근공칭지름	철근공칭지름의 1.5배	

076

지반조사에 관한 설명 중 옳지 않은 것은?

① 각종 지반조사를 먼저 실시한 후 기존의 조사자료와 대조하여 본다.
② 과거 또는 현재의 지층 표면의 변천사항을 조사한다.
③ 상수면의 위치와 지하 유수 방향을 조사한다.
④ 지하 매설물 유무와 위치를 파악한다.

해설

각종 지반조사는 기존의 조사자료를 검토하는 예비조사 후에 실시한다.

관련개념 지반조사 순서
㉠ 사전조사: 예비지식으로 지반의 개황을 조사한다.
㉡ 예비조사: 본조사의 기본자료가 되는 대지 내의 기초적 조사이다.
㉢ 본조사: 지반의 물리적, 역학적 성질을 조사한다.
㉣ 추가조사: 본조사의 결과를 보완하기 위한 보충조사이다.

077

4회 출제

건설현장 개설 후 공사착공을 위한 공사계획 수립 시 가장 먼저 해야 할 사항은?

① 현장투입직원조직 편성
② 공정표 작성
③ 실행예산의 편성 및 통제계획
④ 하도급업체 선정

해설 **시공계획 순서**

현장조직원의 편성 → 공정표의 작성 → 실행예산의 편성 → 하도급업체 선정 → 설비 및 자재의 설치계획(가설물 계획) → 노무 및 자재 조달계획 → 재해방지대책

078

3회 출제

석공사에서 대리석 붙이기에 관한 내용으로 틀린 것은?

① 대리석은 실내보다는 주로 외장용으로 많이 사용한다.
② 대리석 붙이기 연결철물은 10#~20#의 황동쇠선을 사용한다.
③ 대리석 붙이기 최하단은 충격에 쉽게 파손되므로 충진재를 넣는다.
④ 대리석은 시멘트 모르타르로 붙이면 알칼리성분에 의하여 변색·오염될 수 있다.

해설 **대리석**

• 견고하며 내수성이 있다.
• 색채와 반점이 아름다우며 연마하면 광택이 난다.
• 내마모성이 부족하고 풍화되기 쉬우므로 공업도시나 강우량이 많은 지방에서는 옥외용으로 적합하지 않고 실내 장식재, 조각재로 적당하다.

079

6회 출제

지반개량공법 중 강제압밀공법에 해당하지 않는 것은?

① 프리로딩공법
② 페이퍼드레인공법
③ 고결공법
④ 샌드드레인공법

해설

고결공법은 지반을 약액이나 여러 방법으로 굳혀 개량하는 약액주입법이다.

관련개념 **강제압밀공법의 종류**

• 프리로딩공법: 연약지반에 흙을 쌓아 미리 압밀침하를 촉진시켜서 지반을 안정시키는 공법이다.
• 페이퍼드레인공법: 합성수지로 만들어진 카드보드(Card Board)를 땅속에 박아서 압밀을 촉진시키는 공법이다.
• 샌드드레인공법: 지반 속에 지름이 큰 모래기둥을 조성하여 흙 속의 물을 빼내 지반을 압밀하는 공법이다.

080

3회 출제

흙막이 지지공법 중 수평버팀대공법의 특징에 관한 설명으로 옳지 않은 것은?

① 가설구조물이 적어 중장비작업이나 토량제거작업의 능률이 좋다.
② 토질에 대해 영향을 적게 받는다.
③ 인근 대지로 공사범위가 넘어가지 않는다.
④ 고저차가 크거나 상이한 구조인 경우 균형을 잡기 어렵다.

해설

수평버팀대공법은 가설구조물이 많아 중장비가 들어가기 곤란하여 작업능률이 좋지 않다.

관련개념 **수평버팀대공법의 장단점**

장점	단점
• 비교적 공기가 짧게 소요된다. • 공법이 단순하고 간단하다. • 온통파기를 하고 메움 토량이 적다. • 대지 전체에 건물을 지을 수 있다.	• 버팀부재들의 맞춤부분 변형 및 수축에 의한 변형이 발생한다. • 기계굴착 시 버팀대에 의해 제한을 받아 불편하다. • 지하구조체의 작업이 불편하다. • 지하층의 형상이 복잡할 때, 지반의 고저차이가 클 때에는 관리에 주의가 필요하다. • 건축면적이 넓으면 보조부재의 증가로 공사비가 증대된다.

건설재료학

081
4회 출제

건축재료의 성질을 물리적 성질과 역학적 성질로 구분할 때 물체의 운동에 관한 성질인 역학적 성질에 속하지 않는 항목은?

① 비중

② 탄성

③ 강성

④ 소성

해설 **역학적 성질과 물리적 성질**

역학적 성질	물리적 성질

• 응력과 하중
 • 강성
 • 탄성과 소성
 • 응력변형도 곡선
 • 탄성계수
 • 강도
 • 인성과 취성
 • 연성과 전성
 • 경도
	• 비중
	 • 함수율
	 • 흡수와 투수
	 • 열적 성질
	    − 열전도율
	    − 열용량
	    − 열팽창과 수축
	    − 열에 의한 연화
	    − 용융
	 • 빛에 대한 성질
	 • 음에 대한 성질

082
5회 출제

어떤 재료의 초기 탄성변형량이 2.0[cm]이고, 크리프(Creep)변형량이 4.0[cm]라면 이 재료의 크리프 계수는 얼마인가?

① 0.5

② 1.0

③ 2.0

④ 4.0

해설

$$크리프\ 계수 = \frac{크리프변형량}{탄성변형량} = \frac{4.0}{2.0} = 2.0$$

관련개념 **크리프 계수**

크리프변형이 거의 일정한 값으로 수렴했을 때의 크리프변형과 탄성변형의 비율이다.

$$크리프\ 계수 = \frac{크리프변형량}{탄성변형량}$$

083
2회 출제

외부에 노출되는 마감용 벽돌로 벽돌면의 색깔, 형태, 표면의 질감 등의 효과를 얻기 위한 것은?

① 광재벽돌

② 내화벽돌

③ 치장벽돌

④ 포도벽돌

해설 **치장벽돌**

건물 또는 구조물의 외부를 꾸미기 위해 사용하는 벽돌로, 색깔이나 질감 따위를 특별하게 만든다.

관련개념 **벽돌의 종류**

• 광재벽돌: 광석을 제련한 뒤에 남은 찌꺼기로 만든 벽돌로, 물에 젖지 않고 전기가 통하지 않는다.

• 내화벽돌: 높은 온도에서 용해하거나 변형이 일어나지 않는 무기재료로 된 벽돌로, 내화도와 열충격성, 강도가 크다.

• 포도벽돌: 도로나 마룻바닥에 까는 두꺼운 벽돌로, 원료로 연와토, 도토 따위를 쓰고 식염유를 잿물로 발라 소성한다. 210×90×75[mm]로 경질이며, 흡습성이 적고 두꺼워서 도로·복도·창고·공장 따위의 바닥면에 깔아 쓴다.

084
9회 출제

골재의 함수상태에 관한 설명으로 옳지 않은 것은?

① 유효흡수량이란 절건상태와 기건상태의 골재 내에 함유된 수량의 차를 말한다.

② 함수량이란 습윤상태의 골재의 내외에 함유하는 전체 수량을 말한다.

③ 흡수량이란 표면건조내부포수상태의 골재 중에 포함하는 수량을 말한다.

④ 표면수량이란 함수량과 흡수량의 차를 말한다.

해설 **골재의 유효흡수량**

공기 중 건조상태에서 골재의 입자가 표면건조포화상태로 되기까지 흡수된 수량이다.

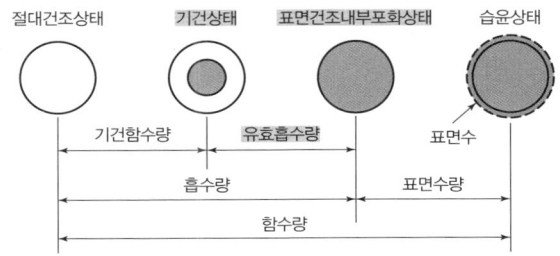

085

석재에 관한 설명으로 옳지 않은 것은?

① 석회암은 석질이 치밀하나 내화성이 부족하다.
② 현무암은 석질이 치밀하여 토대석, 석축에 쓰인다.
③ 테라조는 대리석을 종석으로 한 인조석의 일종이다.
④ 화강암은 석회, 시멘트의 원료로 사용된다.

해설

시멘트의 주원료는 석회질 원료(석회암, 고로슬래그)와 점토질 원료이며, 여기에 규산질 원료, 산화철 원료를 가하고 다시 완결제(석고)를 혼합한다.

관련개념 화강암(Granite)

• 구조재로 쓰이며, 바탕색과 반점이 미려하여 외관이 수려하므로 내외장재로도 쓰인다.
• 압축강도, 내마모성이 우수하다.
• 통행량이 많은 건축물의 출입문 주위나 복도, 계단 등에 많이 쓰인다.

086

비닐벽지에 관한 설명으로 옳지 않은 것은?

① 시공이 용이하다.
② 오염이 되더라도 청소가 용이하다.
③ 통기성 부족으로 결로의 우려가 있다.
④ 타 벽지에 비해 경제적으로 가격이 비싸다.

해설

비닐벽지는 다른 벽지에 비해 가격이 저렴하다.

관련개념 벽지의 종류

구분	내용
종이벽지	단순히 종이 두 장을 합하여 배면지와 인쇄디자인면으로 나눈 것으로 자연적 감각 및 방음효과가 우수하다고 보기 어렵다.
직물벽지	섬유이기 때문에 부드럽고 고급스러운 분위기가 있으며 방음, 보온에 효과적이지만 오염에 약하고 관리가 어려우며 가격이 비싸다.
초경벽지	다년생 식물의 한 부분을 그대로 건조시키고 가공하여 옷감을 짜듯 직조한 후 원지에 붙인 것이다. 자연스러운 색감과 외관을 표현한 친환경 제품으로 오염을 제거하기 힘들다.
비닐벽지	시공이 용이하며 물청소가 가능해 청소가 용이하다. 색상과 디자인이 다양하고 가격이 저렴하지만 통기성이 부족해서 결로의 우려가 있다.

087

목재의 강도에 관한 설명으로 옳지 않은 것은?

① 함수율이 섬유포화점 이상에서는 함수율이 증가하더라도 강도는 일정하다.
② 함수율이 섬유포화점 이하에서는 함수율이 감소할수록 강도가 증가한다.
③ 목재의 비중과 강도는 대체로 비례한다.
④ 전단강도의 크기가 인장강도 등 다른 강도에 비하여 크다.

해설 목재의 강도

인장강도 > 휨강도 > 압축강도 > 전단강도
목재의 강도 중 전단강도가 가장 작다.

관련개념 목재의 강도에 영향을 주는 요소

• 비중: 비중이 크면 일반적으로 강도가 커진다.
• 함수율: 건조된 목재일수록 강도가 크고 반대로 함수율이 클수록 강도가 작다. 그 원인은 여러 가지가 있으나 가장 큰 원인은 수분이 물리적으로 세포간의 윤활유 작용을 하기 때문이다. 세포벽 내에 수분이 포화되었을 경우(섬유포화점 30[%])의 강도는 절대건조 시의 강도의 30[%]에 불과하다. 즉 섬유포화점 이상에서는 변화가 없지만 섬유포화점 이하에서는 함수율과 강도는 선형적으로 반비례한다.
• 발육상태: 목재의 산지와 입지조건 등에 따른 발육상태에 따라 강도가 변한다.
• 재질의 결함 유무: 목재의 조직상 결점, 옹이, 건조불량, 균이나 해충의 영향 등에 의해 강도가 변화한다.
• 온도: 온도가 상승하면 일반적으로 강도가 작아지며 고온 다습하면 휘어지기 쉽다.

088

리녹신에 수지, 고무질 물질, 코르크 분말 등을 섞어 마포(Hemp Cloth) 등에 발라 두꺼운 종이 모양으로 압면·성형한 제품은?

① 스펀지 시트
② 리놀륨
③ 비닐 시트
④ 아스팔트 타일

해설 리놀륨(Linoleum)

• 아마인유의 산화물인 리녹신에 수지, 고무질 물질, 코르크 가루 등을 섞어 삼베 같은 데에 발라서 두꺼운 종이 모양으로 눌러 편 것이다.
• 서양식 건물의 바닥이나 벽에 붙인다.
• 내구성이 강하고 청소도 쉬워 많이 이용된다.

089

점토에 관한 설명으로 옳지 않은 것은?

① 습윤상태에서 가소성이 좋다.
② 압축강도는 인장강도의 약 5배 정도이다.
③ 점토를 소성하면 용적, 비중 등의 변화가 일어나며 강도가 현저히 증대된다.
④ 점토의 소성온도는 점토의 성분이나 제품의 종류에 상관없이 같다.

해설

점토의 소성온도는 점토의 성분이나 종류에 따라 다르다.

관련개념 **점토의 성질**

- 점토의 압축강도는 인장강도의 약 5배이다.
- 점토를 소성하면 용적, 비중 등의 변화가 일어나며 강도가 증대된다.
- 세립분이 50[%] 이상으로 모래 성분이 상당히 포함되어 있다.
- 공극률은 입자의 형상, 크기에 관계한다.
- 순수한 점토일수록 비중과 강도가 크다.
- 불순물이 많은 점토일수록 비중이 작고 강도가 떨어진다.
- 주성분은 실리카(SiO_2)와 알루미나(AlO_3)이다.
- 점토의 가소성은 점토의 질, 입자의 크기, 함수량, 비비기 정도, 시간, 온도에 영향을 많이 받는다.
- 알루미나(AlO_3)가 많은 점토는 가소성이 우수하다.
- 점토의 가소성은 입자가 작을수록 좋다.
- 물과 결합하여 가소성을 가지고, 열과 반응하여 화학적 변화를 일으킨다.
- 철산화물이 많을수록 적색을 띠고, 석회물질이 많을수록 황색을 띤다.

090

아스팔트 방수시공을 할 때 바탕재와의 밀착용으로 사용하는 것은?

① 아스팔트 컴파운드
② 아스팔트 모르타르
③ 아스팔트 프라이머
④ 아스팔트 루핑

해설 **아스팔트 방수 공사 재료**

아스팔트 펠트	• 섬유 원지에 스트레이트 아스팔트를 침투시킨 것 • 아스팔트방수 중간층재, 지붕, 미장, 바탕의 방습, 마룻바닥 방습, 방습 포장재, 차광과 차열, 전기 절연용으로 사용
아스팔트 루핑	• 아스팔트 펠트 뒷면에 블로운 아스팔트를 도포하고 표면의 접착을 막기 위해 활석, 운모, 석회석, 규조토 등의 가루를 뿌려 붙인 것 • 흡수성, 투수성이 작고 유연하며 내후성, 내산성, 내열성이 큼 • 건축물, 상하수도, 지하철, 터널 등의 아스팔트 방수층의 주된 재료로 쓰이는 것 외에 지붕용 또는 상품이나 기계 등의 방수 및 피복용으로도 사용
아스팔트 프라이머	• 컷백 아스팔트의 한 종류로서 아스팔트와 휘발성 용제를 반씩 혼합하여 묽게 한 것 • 콘크리트 등의 모체에 침투가 용이하여 콘크리트와 아스팔트가 부착이 잘 되므로 콘크리트 바탕에 아스팔트를 붙일 때 사용
아스팔트 컴파운드	• 블로운 아스팔트에 광물섬유, 동·식물섬유, 광물질 가루섬유 등을 혼입하여 신축성을 증대시킨 것 • 방수재, 내산재, 전기절연재 등으로 사용

091

다음 중 콘크리트에 AE제를 넣어주는 가장 큰 목적은?

① 압축강도 증진
② 부착강도 증진
③ 워커빌리티 증진
④ 내화성 증진

해설 **AE제(공기연행제)**

콘크리트 내부에 미세한 독립기포(직경 25~250[μm])를 발생시켜 콘크리트의 작업성(워커빌리티) 및 동결융해 저항성을 향상시키는 혼화제이다.

관련개념 **AE제(공기연행제)의 특징**

- 볼베어링 역할로 워커빌리티 개선, 단위수량 감소
  - → 블리딩 및 재료분리를 줄임, 동결융해 저항성 향상
- 공기량 1[%] 증가
  - → 동일 물시멘트비의 경우 압축강도 4~6[%] 감소
- 최적 공기량 3~5[%]
- 공기량 6[%] 이상이면 압축강도 급격히 저하
- 감수율 6~8[%]

092

목재의 절대건조비중이 0.45일 때 목재 내부의 공극률은 대략 얼마인가?

① 10[%] ② 30[%]
③ 50[%] ④ 70[%]

해설

공극률 $= \left(1 - \dfrac{\text{절대건조비중}}{1.54}\right) \times 100 = \left(1 - \dfrac{0.45}{1.54}\right) \times 100 = 70[\%]$

관련개념 **목재 내부의 공극률**

목재의 비중은 목질 내부에 포함된 섬유질과 공극률에 의해서 결정되고, 그 공극률은 다음과 같이 계산할 수 있다.

공극률 $= \left(1 - \dfrac{\text{절대건조비중}}{1.54}\right) \times 100$

093

기건상태에서의 목재의 함수율은 약 얼마인가?

① 5[%] 정도 ② 15[%] 정도
③ 30[%] 정도 ④ 45[%] 정도

해설

대기 중의 습도와 균형상태로 함수율이 15[%]가 된 상태를 기건상태라고 한다.

관련개념 **목재의 함수율과 섬유포화점의 관계**

- 세포벽 내에 수분이 포화되었을 경우(섬유포화점 30[%])의 강도는 절대건조 시의 강도의 30[%]에 불과하다.
- 함수율과 강도는 섬유포화점 이상에서는 변화가 없지만 섬유포화점 이하에서는 선형적으로 반비례한다.
- 섬유포화점 이하에 있어서 함수율이 1[%] 증가함에 따라 강도의 감소율은 압축강도 6[%], 휨강도 4[%], 전단강도 3[%], 휨 탄성계수 2[%]이다.
- 반대로 섬유포화점 이하에서 건조되면 강도는 증대되어 기건재(함수율 15[%])의 강도는 생재의 약 2배, 절건재(함수율 0[%])는 약 3배에 이른다.

094

에폭시 수지에 관한 설명으로 옳지 않은 것은?

① 에폭시 수지 접착제는 급경성으로 내알칼리성 등의 내화학성이나 접착력이 크다.
② 에폭시 수지 접착제는 금속, 석재, 도자기, 글라스, 콘크리트, 플라스틱재 등의 접착에 모두 사용된다.
③ 에폭시 수지 도료는 충격 및 마모에 약해 내부 방청용으로 사용된다.
④ 경화 시 휘발성이 없으므로 용적의 감소가 극히 적다.

해설

에폭시 수지는 접착성, 경도, 탄력성, 내약품성 등의 성질이 다른 도료에 비해 월등하게 우수하다.

관련개념 **에폭시 수지 접착제**

- 내수성, 내산성, 내알칼리성, 내용제성, 전기절연성이 우수하다.
- 피막이 단단하고, 유연성이 부족하다.
- 접착력이 강해 합성 수지, 유리, 목재, 천, 콘크리트 및 항공기 기계부품 등의 금속접착제로 쓰인다.

095

각종 금속에 관한 설명으로 옳지 않은 것은?

① 동은 건조한 공기 중에서는 산화하지 않으나 습기가 있거나 탄산가스가 있으면 녹이 발생한다.

② 납은 비중이 비교적 작고 융점이 높아 가공이 어렵다.

③ 알루미늄은 비중이 철의 1/3 정도로 경량이며 열·전기전도성이 크다.

④ 청동은 구리와 주석을 주체로 한 합금으로 건축장식부품 또는 미술공에 재료로 사용된다.

해설 비철금속의 성질

구분	내용
동	• 가공성이 우수하고 인성이 크다. • 열 및 전기전도성이 크다. • 대기 중 또는 흙 속에서는 철보다 내식성이 있다. • 알칼리에 약하므로 시멘트, 콘크리트에 접하는 경우에는 빨리 부식된다.
납	• 비중이 11.34로 비교적 크다. • 주조, 가공성 및 단조성이 풍부하다. • 열전도율은 작으나, 온도 변화에 따른 신축이 크다. • 알칼리에 침식된다. • X-선실, 방사선 차단에 사용된다.
알루미늄	• 비중이 약 2.7로 금속재료 중 가장 가볍다. • 가공성이 좋아 압연, 압출, 박판, 용접이 가능하다. • 열 및 전기전도성이 크다.
청동	• 동(Cu)과 주석의 합금이다. • 동전이나 장식품으로 사용된다. • 주조성, 내식성이 크고 내마모성이 우수하여 일반기계용품, 베어링, 밸브 등에 쓰인다.

096

목재의 결점에 해당되지 않는 것은?

① 옹이
② 수심
③ 껍질박이
④ 지선

해설

목재의 횡단면에서 중심부를 수심이라고 하며, 강도가 가장 약하다.

관련개념 목재의 결점

구분	내용
옹이	• 가지가 붙은 흔적이 목재 표면에 나타난 것으로 생절과 사절이 있다. • 생절은 붉은 빛깔이고 수지가 많지만 가공이 쉽고, 사절은 죽은 가지의 흔적으로 흑갈색을 나타내고 이것이 빠져나간 것을 발절, 그 부분이 썩은 것을 부절이라 한다.
껍질박이 (입피)	• 성장 도중 수목의 세로방향으로 나이테 또는 수피의 일부가 내부에 밀려 들어간 것이다. • 목재 사용상 지장을 주므로 심한 것은 사용을 금한다.
지선	• 나이테 사이 등 수목의 일부에 수지(송진)가 선상으로 고여 있는 것이다. • 목질부에서 수지가 흘러나오는 선이 생겨 건조 후에도 계속 진이 나오기 때문에 가공 및 목재 사용에 극히 곤란하므로 그 부분을 제거하여 사용한다.
혹(Wen)	세균류에 의해서 나이테의 일부가 표면에 융기한 것이다.

097

미장용 혼화재료 중 착색을 목적으로 하는 착색재에 속하지 않는 것은?

① 염화칼슘
② 합성산화철
③ 카본블랙
④ 이산화망간

해설

미장용 혼화재료는 내알칼리성 무기질을 주재료로 하고, 직사광이나 100[℃] 이하의 온도에 의해서 변색되지 않으며 금속을 부식시키지 않는 것으로 한다. 염화칼슘은 부식을 발생시키므로 착색재로 적절하지 않다.

098

콘크리트의 수밀성에 미치는 요인에 대한 설명 중 옳은 것은?

① 물시멘트비: 물시멘트비를 크게 할수록 수밀성이 커진다.
② 굵은골재 최대치수: 굵은골재의 최대치수가 클수록 수밀성은 커진다.
③ 양생방법: 초기재령에서 급격히 건조하면 수밀성은 작아진다.
④ 혼화재료: AE제를 사용하면 수밀성이 작아진다.

해설 **콘크리트의 수밀성에 미치는 영향**
· 물시멘트비가 작으면 수밀성이 커진다.
· 굵은골재의 최대치수가 크면 수밀성은 작아진다.
· 콘크리트를 초기재령에서 급격히 건조하면 수밀성이 작아진다.
· AE제를 사용하면 기포가 발생하여 콘크리트 속에 연행공기를 만들어 내구성과 동결, 융해에 대한 저항을 강화시키고 수밀성이 커진다.

099

콘크리트 슬럼프 시험에 관한 설명 중 옳지 않은 것은?

① 슬럼프콘의 치수는 윗지름 10[cm], 밑지름 30[cm], 높이가 20[cm]이다.
② 수밀한 철판을 수평으로 놓고 슬럼프콘을 놓는다.
③ 혼합한 콘크리트를 1/3씩 3층으로 나누어 채운다.
④ 매 회마다 표준철봉으로 25회 다진다.

해설
슬럼프콘의 치수는 윗지름 10[cm], 밑지름 20[cm], 높이 30[cm]이다.

관련개념 **콘크리트 슬럼프 시험(Slump Test)**
1. 평평한 바닥에 강제평판을 놓는다.
2. 슬럼프콘을 그 위에 올린다.
3. 믹스트럭에서 레미콘을 받아 슬럼프콘 안에 3층으로 나눠서 채운다.
4. 각 층은 약 25회씩 다짐봉으로 고르게 다진다.
5. 다질 때 재료분리가 나올 염려가 있을 때는 다짐수를 줄인다.
6. 각 층을 다질 때 다짐봉의 다짐 깊이는 그 앞 층에 거의 도달할 정도로 한다.
7. 슬럼프콘 상단을 고르게 한다.
8. 슬럼프콘을 천천히 연직으로 들어올린다.
9. 콘크리트의 중앙부에서 슬럼프콘 상단까지와 높이 차를 5[mm] 단위로 측정한다.

100

건축물의 창호나 조인트의 충전재로서 사용되는 실(Seal)재에 대한 설명 중 옳지 않은 것은?

① 퍼티: 탄산칼슘, 연백, 아연화 등의 충전재를 각종 건성유로 반죽한 것을 말한다.
② 유성코킹재: 석면, 탄산칼슘 등의 충전재와 천연유지 등을 혼합한 것을 말하며 접착성, 가소성이 풍부하다.
③ 2액형 실링재: 휘발성분이 거의 없어 충전 후의 체적변화가 적고 온도 변화에 따른 안정성도 우수하다.
④ 아스팔트성 코킹재: 전색제로서 유지나 수지 대신에 블로운 아스팔트를 사용한 것으로 고온에 강하다.

해설 **아스팔트성 코킹재**
블로운 아스팔트를 전색제로, 탄산칼슘 등을 충전재로 하여 균일하게 만든 재료로, 값은 싸나 흑색이고 고온에서 녹아내리기 쉬우므로 주로 평지붕의 비막이공사 등에 사용된다.

관련개념 **실(Seal)재**
· 퍼티: 백악(미세한 분말로 된 탄산칼슘)과 끓인 아마유로 만든 접합제이다.
· 유성코킹재: 천연 혹은 합성된 유지, 수지와 석면, 탄산칼슘 등을 혼합하여 만든 것으로, 새시 주위의 균열 보수, 줄눈 등의 틈을 메우는 데 사용된다.
· 2액형 실링재: 휘발성분을 거의 포함하지 않으므로 충전 후의 체적수축이 적고, −30[℃]~90[℃] 사이의 온도 변화에도 안정된 탄력성을 유지한다. 내수성, 내약품성, 내유성, 밀착성이 우수하고 실링재로서의 성능을 갖는 시간은 5[℃]~35[℃]에서 5~14일 후이다. 메탈 커튼월, 대리석, 유리공사 등의 줄눈 등에 광범위하게 사용된다.

건설안전기술

101

건설업 산업안전보건관리비 계상에 관한 설명으로 옳지 않은 것은?

① 재료비와 직접노무비의 합계액을 계상 대상으로 한다.
② 산업안전보건관리비 계상기준은 산업안전보건법의 적용을 받는 건설공사 중 총 공사금액 2천만 원 이상인 공사에 적용한다.
③ 발주자 또는 자기공사자는 설계변경 등으로 대상액의 변동이 있는 경우라도 특별한 경우를 제외하고는 산업안전보건관리비를 조정 계상하지 않는다.
④ 단가계약에 의하여 행하는 공사에 대하여는 총 계약금액을 기준으로 적용한다.

해설
발주자 또는 자기공사자는 설계변경 등으로 대상액의 변동이 있는 경우 지체 없이 산업안전보건보건관리비를 조정 계상하여야 한다.

102

굴착과 싣기를 동시에 할 수 있는 토공기계가 아닌 것은?

① 트랙터 셔블(Tractor Shovel)
② 백호우(Backhoe)
③ 파워 셔블(Power Shovel)
④ 모터 그레이더(Motor Grader)

해설 모터 그레이더(Motor Grader)
토공판을 유압펌프로 작동시켜 땅을 반반하게 고르는 작업에 사용되는 정지용 토목 건설기계이다.

103

토사붕괴에 따른 재해를 방지하기 위한 흙막이 지보공 부재로 옳지 않은 것은?

① 흙막이판   ② 말뚝
③ 턴버클   ④ 띠장

해설
턴버클은 로프, 케이블 등의 길이나 당기는 힘을 조절하는 기구이다.

관련개념
흙막이 지보공 조립도에는 **흙막이판·말뚝**·버팀대 및 **띠장** 등 부재의 배치·치수·재질 및 설치방법과 순서가 명시되어야 한다.

104

건설업 중 유해위험방지계획서 제출 대상 사업장으로 옳지 않은 것은?

① 연면적 5,000[m²] 이상의 문화 및 집회시설의 건설공사
② 최대 지간길이가 50[m] 이상인 다리의 건설 등 공사
③ 다목적댐, 발전용댐 및 저수용량 1천만 톤 이상의 용수 전용 댐, 지방상수도 전용 댐 건설 등의 공사
④ 길이 10[m] 이상인 굴착공사

해설 유해위험방지계획서 제출 대상 건설공사
• 다음의 어느 하나에 해당하는 건축물 또는 시설 등의 건설·개조 또는 해체(건설 등) 공사
  – 지상높이가 31[m] 이상인 건축물 또는 인공구조물
  – 연면적 30,000[m²] 이상인 건축물
  – 연면적 5,000[m²] 이상의 문화 및 집회시설(전시장 및 동물원·식물원 제외), 판매시설, 운수시설(고속철도의 역사 및 집배송시설 제외), 종교시설, 의료시설 중 종합병원, 숙박시설 중 관광숙박시설, 지하도상가, 냉동·냉장 창고시설
• 연면적 5,000[m²] 이상인 냉동·냉장 창고시설의 설비공사 및 단열공사
• 최대 지간길이가 50[m] 이상인 다리의 건설 등 공사
• 터널의 건설 등 공사
• 다목적댐, 발전용댐, 저수용량 2천만 톤 이상의 용수 전용 댐 및 지방상수도 전용 댐의 건설 등 공사
• 깊이 10[m] 이상인 굴착공사

105

시스템 비계의 구조에서 수직재와 받침철물 연결부의 겹침 길이는 받침철물 전체길이의 얼마 이상이 되어야 하는가?

① 받침철물 전체길이의 1/5 이상
② 받침철물 전체길이의 1/4 이상
③ 받침철물 전체길이의 1/3 이상
④ 받침철물 전체길이의 1/2 이상

해설 **시스템 비계의 구조**
- 수직재·수평재·가새재를 견고하게 연결하는 구조가 되도록 할 것
- 비계 밑단의 수직재와 받침철물은 밀착되도록 설치하고, 수직재와 받침철물의 연결부의 겹침길이는 받침철물 전체길이의 $\frac{1}{3}$ 이상이 되도록 할 것
- 수평재는 수직재와 직각으로 설치하여야 하며, 체결 후 흔들림이 없도록 견고하게 설치할 것
- 수직재와 수직재의 연결철물은 이탈되지 않도록 견고한 구조로 할 것
- 벽 연결재의 설치간격은 제조사가 정한 기준에 따라 설치할 것

106

산업안전보건법령에 따른 작업발판 일체형 거푸집에 해당되지 않는 것은?

① 갱 폼(Gang Form)
② 슬립 폼(Slip Form)
③ 유로 폼(Euro Form)
④ 클라이밍 폼(Climbing Form)

해설 **작업발판 일체형 거푸집**
- 갱 폼(Gang Form)
- 슬립 폼(Slip Form)
- 클라이밍 폼(Climbing Form)
- 터널 라이닝 폼(Tunnel Lining Form)
- 그 밖에 거푸집과 작업발판이 일체로 제작된 거푸집 등

관련개념 **유로 폼(Euro Form)**
일정한 규격으로 미리 합판 등의 뒷면에 강재틀을 붙인 거푸집 패널로 여러 장을 조립하여 사용한다.

107

비계의 높이가 2[m] 이상인 작업장소에 작업발판을 설치할 때 그 폭은 최소 얼마 이상이어야 하는가?

① 30[cm]　　　　② 40[cm]
③ 50[cm]　　　　④ 60[cm]

해설 **작업발판의 구조(비계의 높이가 2[m] 이상인 작업장소)**
- 발판재료는 작업할 때의 하중을 견딜 수 있도록 견고한 것으로 할 것
- 작업발판의 폭은 40[cm] 이상으로 하고, 발판재료 간의 틈은 3[cm] 이하로 할 것
- 선박 및 보트 건조작업의 경우 선박블록 또는 엔진실 등의 좁은 작업공간에 작업발판을 설치하기 위하여 필요하면 작업발판의 폭을 30[cm] 이상으로 할 수 있고, 걸침비계의 경우 강관기둥 때문에 발판재료 간의 틈을 3[cm] 이하로 유지하기 곤란하면 5[cm] 이하로 할 수 있다.
- 추락의 위험이 있는 장소에는 안전난간을 설치할 것. 다만, 추락위험 방지 조치를 한 경우에는 그러하지 아니하다.
- 작업발판의 지지물은 하중에 의하여 파괴될 우려가 없는 것을 사용할 것
- 작업발판재료는 뒤집히거나 떨어지지 않도록 둘 이상의 지지물에 연결하거나 고정시킬 것
- 작업발판을 작업에 따라 이동시킬 경우에는 위험 방지에 필요한 조치를 할 것

108

작업으로 인하여 물체가 떨어지거나 날아올 위험이 있는 경우 필요한 조치와 가장 거리가 먼 것은?

① 측벽설비 설치　　　② 낙하물 방지망 설치
③ 수직보호망 설치　　④ 출입금지구역 설정

해설
사업주는 작업으로 인하여 물체가 떨어지거나 날아올 위험이 있는 경우 낙하물 방지망, 수직보호망 또는 방호선반의 설치, 출입금지구역의 설정, 보호구의 착용 등 위험을 방지하기 위하여 필요한 조치를 하여야 한다.

109
5회 출제

크레인 등 건설장비의 가공전선로 접근 시 안전대책으로 옳지 않은 것은?

① 안전 이격거리를 유지하고 작업한다.
② 장비를 가공전선로 밑에 보관한다.
③ 장비의 조립, 준비 시부터 가공전선로에 대한 감전 방지 수단을 강구한다.
④ 장비 사용현장의 장애물, 위험물 등을 점검 후 작업계획을 수립한다.

해설
가공전선로 밑에 건설장비를 보관하면 감전의 우려가 있으므로 위험하다.

110
5회 출제

흙막이 지보공을 설치하였을 때 정기적으로 점검하여 이상 발견 시 즉시 보수하여야 할 사항이 아닌 것은?

① 굴착 깊이의 정도
② 버팀대의 긴압의 정도
③ 부재의 접속부·부착부 및 교차부의 상태
④ 부재의 손상·변형·부식·변위 및 탈락의 유무와 상태

해설 흙막이 지보공 설치 시 정기적 점검사항
• 부재의 손상·변형·부식·변위 및 탈락의 유무와 상태
• 버팀대의 긴압의 정도
• 부재의 접속부·부착부 및 교차부의 상태
• 침하의 정도

111
9회 출제

콘크리트 타설 시 거푸집 측압에 관한 설명으로 옳지 않은 것은?

① 기온이 높을수록 측압은 크다.
② 타설속도가 빠를수록 측압은 크다.
③ 슬럼프가 클수록 측압은 크다.
④ 다짐이 과할수록 측압은 크다.

해설 콘크리트 측압이 커지는 요인
• 거푸집 부재의 단면이 큰 경우
• 거푸집의 수밀성이 큰 경우
• 거푸집의 강성이 큰 경우
• 거푸집의 표면이 평활할 경우
• 콘크리트가 묽은 경우
• 철골이나 철근량이 적은 경우
• 외기온도가 낮은 경우
• 타설속도가 빠른 경우
• 콘크리트의 다짐이 좋은 경우
• 콘크리트의 슬럼프가 큰 경우
• 콘크리트의 비중이 큰 경우
• 습도가 높은 경우
• 벽 두께가 두꺼운 경우

112
4회 출제

본 터널(Main Tunnel)을 시공하기 전에 터널에서 약간 떨어진 곳에 지질조사, 환기, 배수, 운반 등의 상태를 알아보기 위하여 설치하는 터널은?

① 프리패브(Prefab) 터널
② 사이드(Side) 터널
③ 쉴드(Shield) 터널
④ 파일럿(Pilot) 터널

해설 파일럿(Pilot) 터널
본 터널(Main Tunnel)을 시공하기 전에 터널에서 약간 떨어진 곳에서 지질조사, 환기, 배수, 운반 등의 상태를 알아보기 위하여 설치하는 터널이다.

113

4회 출제

추락 재해방지 설비 중 근로자의 추락재해를 방지할 수 있는 설비로 작업발판 설치가 곤란한 경우에 필요한 설비는?

① 경사로
② 추락방호망
③ 고정사다리
④ 달비계

해설

작업발판을 설치하기 곤란한 경우 기준에 맞는 추락방호망을 설치하여야 한다.

관련개념 **추락방호망 설치기준**

• 추락방호망의 설치위치는 가능하면 작업면으로부터 가까운 지점에 설치하여야 하며, 작업면으로부터 망의 설치지점까지의 수직거리는 10[m]를 초과하지 아니할 것
• 추락방호망은 수평으로 설치하고, 망의 처짐은 짧은 변 길이의 12[%] 이상이 되도록 할 것
• 건축물 등의 바깥쪽으로 설치하는 경우 추락방호망의 내민 길이는 벽면으로부터 3[m] 이상 되도록 할 것

114

9회 출제

다음은 가설통로를 설치하는 경우의 준수사항이다. ㉠, ㉡에 알맞은 것을 고르면?

> • 수직갱에 가설된 통로의 길이가 15[m] 이상인 경우에는 (㉠)[m] 이내마다 계단참을 설치할 것
> • 건설공사에 사용하는 높이 8[m] 이상인 비계다리에는 (㉡)[m] 이내마다 계단참을 설치할 것

① ㉠: 5, ㉡: 5
② ㉠: 5, ㉡: 7
③ ㉠: 10, ㉡: 5
④ ㉠: 10, ㉡: 7

해설 **가설통로의 구조**

• 견고한 구조로 할 것
• 경사는 30° 이하로 할 것. 다만, 계단을 설치하거나 높이 2[m] 미만의 가설통로로서 튼튼한 손잡이를 설치한 경우에는 그러하지 아니하다.
• 경사가 15°를 초과하는 경우에는 미끄러지지 아니하는 구조로 할 것
• 추락할 위험이 있는 장소에는 안전난간을 설치할 것. 다만, 작업상 부득이한 경우에는 필요한 부분만 임시로 해체할 수 있다.
• 수직갱에 가설된 통로의 길이가 15[m] 이상인 경우에는 10[m] 이내마다 계단참을 설치할 것
• 건설공사에 사용하는 높이 8[m] 이상인 비계다리에는 7[m] 이내마다 계단참을 설치할 것

115

3회 출제

산소결핍이라 함은 공기 중 산소농도가 몇 퍼센트 미만일 때를 의미하는가?

① 20[%]
② 18[%]
③ 15[%]
④ 10[%]

해설

'산소결핍'이란 공기 중의 산소농도가 18[%] 미만인 상태를 말한다.

116

6회 출제

작업장에 계단 및 계단참을 설치하는 경우 매 [m²]당 최소 몇 [kg] 이상의 하중에 견딜 수 있는 강도를 가진 구조로 설치하여야 하는가?

① 300[kg]
② 400[kg]
③ 500[kg]
④ 600[kg]

해설 **계단의 강도**

사업주는 계단 및 계단참을 설치하는 경우 500[kg/m²] 이상의 하중에 견딜 수 있는 강도를 가진 구조로 설치하여야 하며, 안전율은 4 이상으로 하여야 한다.

117

2회 출제

와이어로프의 절단하중이 200[ton]일 때 최대허용하중은 얼마인가? (단, 와이어로프의 안전계수는 5이다.)

① 40[ton]
② 100[ton]
③ 200[ton]
④ 1,000[ton]

해설

$$안전계수 = \frac{절단하중}{최대허용하중} 이므로 \ 최대허용하중 = \frac{절단하중}{안전계수} = \frac{200}{5} = 40[ton]$$

118

6회 출제

타워크레인을 와이어로프로 지지하는 경우에 준수해야 할 사항으로 옳지 않은 것은?

① 와이어로프를 고정하기 위한 전용 지지프레임을 사용할 것

② 와이어로프 설치각도는 수평면에서 60° 이상으로 하되, 지지점은 4개소 미만으로 할 것

③ 와이어로프와 그 고정부위는 충분한 강도와 장력을 갖도록 설치할 것

④ 와이어로프가 가공전선에 근접하지 않도록 할 것

> **해설** 타워크레인을 와이어로프로 지지할 때 준수사항
> - 와이어로프를 고정하기 위한 전용 지지프레임을 사용할 것
> - 와이어로프 설치각도는 수평면에서 60° 이내로 하되, 지지점은 4개소 이상으로 하고, 같은 각도로 설치할 것
> - 와이어로프와 그 고정부위는 충분한 강도와 장력을 갖도록 설치하고, 와이어로프를 클립·샤클(Shackle) 등의 고정기구를 사용하여 견고하게 고정시켜 풀리지 않도록 하며, 사용 중에는 충분한 강도와 장력을 유지하도록 할 것
> - 와이어로프가 가공전선에 근접하지 않도록 할 것

119

5회 출제

그물코 크기가 가로, 세로 각각 10[cm]인 매듭 방망사 신품에 대해 등속인장시험을 하였을 경우 그 강도가 최소 얼마 이상이어야 하는가?

① 150[kg]　　　　② 200[kg]
③ 220[kg]　　　　④ 240[kg]

> **해설** 방망사의 인장강도[(　　)는 폐기기준]

그물코의 크기[cm]	방망의 종류[kg]	
	매듭없는 방망	매듭방망
10	240(150)	200(135)
5	—	110(60)

120

2회 출제

표준관입시험에 관한 설명으로 옳지 않은 것은?

① N치(N-Value)는 지반을 30[cm] 굴진하는 데 필요한 타격횟수를 의미한다.

② N치가 4~10일 경우 모래의 상대밀도는 매우 단단한 편이다.

③ 63.5[kg] 무게의 추를 76[cm] 높이에서 자유낙하하여 타격하는 시험이다.

④ 사질지반에 적용하며, 점토지반에서는 편차가 커서 신뢰성이 떨어진다.

> **해설** 지반 상태에 따른 표준관입시험 타격횟수

모래 지반		점토 지반	
N값	상대밀도	N값	상대밀도
0~4	매우 느슨	0~2	매우 연약
4~10	느슨	2~4	연약
10~30	보통	4~8	보통
30~50	조밀	8~15	견고
50 이상	매우 조밀	15~30	매우 견고

> **관련개념** 표준관입시험(SPT; Standard Penetration Test)
> 중량 63.5[kg]의 해머를 75~76[cm] 높이에서 자유낙하시켰을 때 30[cm]를 관입시키는 데 소요되는 타격횟수(값)을 구하는 시험으로 사질토 지반에 적합하다.

2021년 1회 | 기출문제

산업안전관리론

001

14회 출제

위험예지훈련의 문제해결 4단계(4Round)에 속하지 않는 것은?

① 현상파악
② 본질추구
③ 대책수립
④ 후속조치

해설 **위험예지훈련 4라운드**

1라운드	현상파악	위험요인을 식별하는 단계
2라운드	본질추구	위험요인·문제점 발견 및 위험의 포인트를 결정하고 지적 확인하는 단계
3라운드	대책수립	위험요인을 극복하기 위한 대안 제시 단계
4라운드	목표설정	행동목표를 설정하는 단계

002

4회 출제

안전관리에 있어 5C 운동(안전행동 실천운동)에 속하지 않는 것은?

① 통제관리(Control)
② 청소청결(Cleaning)
③ 정리정돈(Clearance)
④ 전심전력(Concentration)

해설 **5C 운동(안전행동 실천운동)**
• 복장단정(Correctness)
• 청소청결(Cleaning)
• 전심전력(Concentration)
• 정리정돈(Clearance)
• 점검확인(Checking)

003

11회 출제

연평균 200명의 근로자가 작업하는 사업장에서 연간 2건의 재해가 발생하여 사망이 2명, 50일의 휴업일수가 발생했을 때, 이 사업장의 강도율은? (단, 근로자 1명당 연간근로시간은 2,400시간으로 한다.)

① 약 15.7
② 약 31.3
③ 약 65.5
④ 약 74.3

해설

$$강도율 = \frac{총 \ 요양 \ 근로손실일수}{연 \ 근로시간 \ 수} \times 1,000$$

$$= \frac{7,500 \times 2 + 50 \times \frac{300}{365}}{200 \times 2,400} \times 1,000 = 31.3$$

※ 근로손실일수 산정 방법
• 사망은 1건당 7,500일로 근로손실일수를 산정한다.
• 휴업일수가 발생한 경우 휴업일수 $\times \dfrac{연 \ 근로일수}{365}$ 로 근로손실일수를 산정한다. 이 문제의 경우 연 근로일수는 제시되어 있지 않으나 연간 근로시간이 2,400시간이므로 1일 8시간 근무로 연 근로일수는 300일로 산정할 수 있다.

관련개념 **강도율(SR; Severity Rate of Injury)**
근로시간 합계 1,000시간당 재해로 인한 근로손실일수이다.

$$강도율 = \frac{총 \ 요양 \ 근로손실일수}{연 \ 근로시간 \ 수} \times 1,000$$

004

산업안전보건법령상 건설업의 경우 안전보건관리규정을 작성하여야 하는 상시근로자 수 기준으로 옳은 것은?

① 50명 이상
② 100명 이상
③ 200명 이상
④ 300명 이상

해설 안전보건관리규정을 작성하여야 할 사업의 종류

사업의 종류	상시근로자 수
• 농업, 어업 • 소프트웨어 개발 및 공급업 • 컴퓨터 프로그래밍, 시스템 통합 및 관리업 • 영상 · 오디오물 제공 서비스업 • 정보서비스업 • 금융 및 보험업 • 임대업(부동산 제외) • 전문, 과학 및 기술 서비스업(연구개발업 제외) • 사업지원 서비스업, 사회복지 서비스업	300명 이상
위의 사업을 제외한 사업	100명 이상

005

산업안전보건법령상 안전보건표지의 색채와 색도기준의 연결이 옳은 것은? (단, 색도기준은 한국산업표준(KS)에 따른 색의 3속성에 의한 표시방법에 따른다.)

① 흰색: N0.5
② 녹색: 5G 5.5/6
③ 빨간색: 5R 4/12
④ 파란색: 2.5PB 4/10

해설 안전보건표지의 색도기준 및 용도

색채	색도기준	용도	사용 예
빨간색	7.5R 4/14	금지	정지신호, 소화설비 및 그 장소, 유해행위의 금지
		경고	화학물질 취급장소에서의 유해 · 위험경고
노란색	5Y 8.5/12	경고	화학물질 취급장소에서의 유해 · 위험경고 이외의 위험경고, 주의표지 또는 기계방호물
파란색	2.5PB 4/10	지시	특정 행위의 지시 및 사실의 고지
녹색	2.5G 4/10	안내	비상구 및 피난소, 사람 또는 차량의 통행표지
흰색	N9.5		파란색 또는 녹색에 대한 보조색
검은색	N0.5		문자 및 빨간색 또는 노란색에 대한 보조색

006

작업자가 기계 등의 취급을 잘못해도 사고가 발생하지 않도록 방지하는 기능은?

① Back up 기능
② Fail Safe 기능
③ 다중계화 기능
④ Fool Proof 기능

해설

Fail Safe는 기계오류 관점의 사고예방 개념이고, Fool Proof는 인간행동 오류 관점의 사고예방 개념이다.

관련개념 Fail Safe와 Fool Proof

Fail Safe	• 기계, 기계 부품에 파손 · 고장이나 기능의 불량이 발생해도 안전하게 작동할 수 있는 구조와 기능 • 비행기 운항 중 하나의 엔진이 고장나면 다른 하나의 엔진으로 정상적인 운행 가능 • 석유난로가 기울어졌을 때를 대비하여 자동 소화기능 내장
Fool Proof	• 작업자의 기계 오조작 또는 실수가 있어도 기계설비의 안전 기능이 작동되어 재해를 방지하는 기능 • 프레스의 경우 실수하여 손이 금형 사이로 들어갔을 때 슬라이드의 하강 정지 • 승강기가 과부하되었을 때 경보가 울리고 운행 정지

007

시설물의 안전 및 유지관리에 관한 특별법령상 다음과 같이 정의되는 것은?

> 시설물의 붕괴, 전도 등으로 인한 재난 또는 재해가 발생할 우려가 있는 경우에 시설물의 물리적 · 기능적 결함을 신속하게 발견하기 위하여 실시하는 점검

① 긴급안전점검
② 특별안전점검
③ 정밀안전점검
④ 정기안전점검

해설 시설물의 안전 및 유지관리에 관한 특별법령상 안전점검

정기 안전점검	시설물의 상태를 판단하고 시설물이 점검 당시의 사용요건을 만족시키고 있는지 확인할 수 있는 수준의 외관조사를 실시하는 안전점검
정밀 안전점검	시설물의 상태를 판단하고 시설물이 점검 당시의 사용요건을 만족시키고 있는지 확인하며 시설물 주요부재의 상태를 확인할 수 있는 수준의 외관조사 및 측정 · 시험장비를 이용한 조사를 실시하는 안전점검
긴급 안전점검	시설물의 붕괴 · 전도 등으로 인한 재난 또는 재해가 발생할 우려가 있는 경우에 시설물의 물리적 · 기능적 결함을 신속하게 발견하기 위하여 실시하는 점검

008

6회 출제

산업안전보건법령상 산업안전보건관리비 사용명세서는 건설공사 종료 후 얼마간 보존해야 하는가? (단, 공사가 1개월 이내에 종료되는 사업은 제외한다.)

① 6개월간 ② 1년간
③ 2년간 ④ 3년간

해설

건설공사도급인은 산업안전보건관리비를 사용하는 해당 건설공사의 금액이 4천만 원 이상인 때에는 매월 사용명세서를 작성하고, 건설공사 종료 후 1년 동안 보존하여야 한다.

009

8회 출제

재해의 분석에 있어 사고유형, 기인물, 불안전한 상태, 불안전한 행동을 하나의 축으로 하고, 그것을 구성하고 있는 몇 개의 분류항목을 크기가 큰 순서대로 나열하여 비교하기 쉽게 도시한 통계 양식의 도표는?

① 직선도 ② 특성요인도
③ 파레토도 ④ 체크리스트

해설 파레토도

사고의 유형, 기인물 등 분류항목을 큰 순서대로 도표화하는 재해원인 분석 방법이다.

010

3회 출제

보호구 안전인증 고시상 성능이 다음과 같은 방음용 귀마개(기호)로 옳은 것은?

저음부터 고음까지 차음하는 것

① EP-1 ② EP-2
③ EP-3 ④ EP-4

해설 방음용 보호구의 종류 및 등급

종류	등급	기호	성능
귀마개	1종	EP-1	저음부터 고음까지 차음하는 것
	2종	EP-2	주로 고음을 차음하고 저음(회화음영역)은 차음하지 않는 것
귀덮개	–	EM	

011

2회 출제

산업안전보건법령상 안전관리자의 업무에 명시되지 않은 것은?

① 사업장 순회점검, 지도 및 조치 건의
② 물질안전보건자료의 게시 또는 비치에 관한 보좌 및 지도·조언
③ 산업재해에 관한 통계의 유지·관리·분석을 위한 보좌 및 지도·조언
④ 해당 사업장 안전교육계획의 수립 및 안전교육 실시에 관한 보좌 및 지도·조언

해설

'물질안전보건자료의 게시 또는 비치에 관한 보좌 및 지도·조언'은 보건관리자의 업무에 해당한다.

관련개념 **안전관리자의 업무**

- 산업안전보건위원회 또는 노사협의체에서 심의·의결한 업무와 해당 사업장의 안전보건관리규정 및 취업규칙에서 정한 업무
- 위험성평가에 관한 보좌 및 지도·조언
- 안전인증대상 기계 등과 자율안전확인대상 기계 등 구입 시 적격품의 선정에 관한 보좌 및 지도·조언
- 해당 사업장 안전교육계획의 수립 및 안전교육 실시에 관한 보좌 및 지도·조언
- 사업장 순회점검, 지도 및 조치 건의
- 산업재해 발생의 원인 조사·분석 및 재발 방지를 위한 기술적 보좌 및 지도·조언
- 산업재해에 관한 통계의 유지·관리·분석을 위한 보좌 및 지도·조언
- 법 또는 법에 따른 명령으로 정한 안전에 관한 사항의 이행에 관한 보좌 및 지도·조언
- 업무 수행 내용의 기록·유지
- 그 밖에 안전에 관한 사항으로서 고용노동부장관이 정하는 사항

012

13회 출제

안전관리조직의 유형 중 라인형에 관한 설명으로 옳은 것은?

① 대규모 사업장에 적합하다.
② 안전지식과 기술축적이 용이하다.
③ 명령과 보고가 상하관계뿐이므로 간단 명료하다.
④ 독립된 안전참모 조직에 대한 의존도가 크다.

해설 **라인형(직계식) 조직의 특징**
- 안전에 관한 명령, 지시 및 조치가 각 부문의 직계를 통하여 생산업무와 함께 시행되므로 철저하고 실시도 빠르다.
- 명령과 보고가 상하관계뿐이므로 간단 명료하다.
- 생산라인(Production Line)의 각급 관리감독자는 일상의 생산업무에 쫓겨 안전에 대한 전문지식이나 정보를 몸에 익힐 수가 없다는 단점이 있다.
- 100명 이하의 소규모 사업장에 적합하다.

013

6회 출제

재해조사 시 유의사항으로 틀린 것은?

① 인적, 물적 양면의 재해요인을 모두 도출한다.
② 책임추궁보다 재발방지를 우선하는 기본 태도를 갖는다.
③ 목격자 등이 증언하는 사실 이외의 추측의 말은 참고만 한다.
④ 목격자의 기억보존을 위하여 조사는 담당자 단독으로 신속하게 실시한다.

해설 **재해조사 시 유의사항**
- 사실을 수집한다.
- 목격자가 발언하는 사실 이외의 추측의 말은 참고만 한다.
- 조사는 신속히 행하고 2차 재해의 방지를 도모한다.
- 사람, 설비, 환경의 측면에서 재해요인을 도출한다.
- 제3자의 입장에서 공정하게 조사하며 조사는 2인 이상이 한다.
- 책임추궁보다 재발방지를 우선하는 기본 태도를 갖는다.

014

11회 출제

재해손실비 중 직접비에 속하지 않는 것은?

① 요양급여
② 장해급여
③ 휴업급여
④ 영업손실비

해설 **직접손실비용과 간접손실비용**

직접비 (법적으로 지급되는 산재보상비)		간접비 (직접비를 제외한 모든 비용)	
• 요양급여	• 휴업급여	• 인적손실	• 물적손실
• 장해급여	• 간병급여	• 생산손실	• 임금손실
• 유족급여	• 상병보상연금	• 시간손실	• 기타손실 등
• 장례비	• 직업재활급여		

015

7회 출제

재해발생의 간접원인 중 교육적 원인에 속하지 않는 것은?

① 안전수칙의 오해
② 경험 훈련의 미숙
③ 안전지식의 부족
④ 작업지시 부적당

해설
'작업지시 부적당'은 간접원인 중 관리적 원인에 해당한다.

관련개념 **재해발생의 간접원인**

기술적 원인	• 건물·기계 등의 설계 불량 • 구조·자료의 부적합	• 생산공정의 부적당 • 점검 및 보존 불량
교육적 원인	• 안전지식 및 경험의 부족 • 경험 및 훈련의 미숙 • 유해위험 작업의 교육 불충분	• 작업방법의 교육 불충분 • 안전수칙의 오해
신체적 원인	• 육체피로	• 시각 및 청각 이상
정신적 원인	• 판단력 부족 • 스트레스	• 착오
관리적 원인	• 안전관리조직 결함 • 작업준비 불충분 • 안전수칙 미제정	• 작업지시 부적당 • 인원배치(적정배치) 부적당 • 작업기준의 불명확

016

산업안전보건기준에 관한 규칙상 지게차를 사용하는 작업을 할 때의 작업시작 전 점검사항에 명시되지 않은 것은?

① 제동장치 및 조종장치 기능의 이상 유무
② 하역장치 및 유압장치 기능의 이상 유무
③ 와이어로프가 통하고 있는 곳 및 작업장소의 지반상태
④ 전조등 · 후미등 · 방향지시기 및 경보장치 기능의 이상 유무

해설

'와이어로프가 통하고 있는 곳 및 작업장소의 지반상태'는 이동식 크레인을 사용하여 작업할 때 작업시작 전 점검사항이다.

관련개념 **지게차를 사용하여 작업할 때 작업시작 전 점검사항**
• 제동장치 및 조종장치 기능의 이상 유무
• 하역장치 및 유압장치 기능의 이상 유무
• 바퀴의 이상 유무
• 전조등 · 후미등 · 방향지시기 및 경보장치 기능의 이상 유무

017

산업안전보건법령상 산업안전보건위원회의 심의 · 의결사항에 명시되지 않은 것은? (단, 그 밖에 해당 사업장 근로자의 안전 및 보건을 유지 · 증진시키기 위하여 필요한 사항은 제외한다.)

① 사업장의 산업재해 예방계획의 수립에 관한 사항
② 산업재해에 관한 통계의 기록 및 유지에 관한 사항
③ 작업환경측정 등 작업환경의 점검 및 개선에 관한 사항
④ 안전장치 및 보호구 구입 시 적격품 여부 확인에 관한 사항

해설

'안전장치 및 보호구 구입 시 적격품 여부 확인에 관한 사항'은 안전보건관리책임자가 총괄하여 관리하는 업무이다.

관련개념 **산업안전보건위원회의 심의 · 의결사항**
• 사업장의 산업재해 예방계획의 수립에 관한 사항
• 안전보건관리규정의 작성 및 변경에 관한 사항
• 안전보건교육에 관한 사항
• 작업환경측정 등 작업환경의 점검 및 개선에 관한 사항
• 근로자의 건강진단 등 건강관리에 관한 사항
• 산업재해에 관한 통계의 기록 및 유지에 관한 사항
• 중대재해의 원인 조사 및 재발 방지대책 수립에 관한 사항
• 유해하거나 위험한 기계 · 기구 · 설비를 도입한 경우 안전 및 보건 관련 조치에 관한 사항
• 그 밖에 해당 사업장 근로자의 안전 및 보건을 유지 · 증진시키기 위하여 필요한 사항

018

3회 출제

버드(F. Bird)의 사고 5단계 연쇄성이론에서 제3단계에 해당하는 것은?

① 상해(손실)　　　　② 사고(접촉)
③ 직접원인(징후)　　④ 기본원인(기원)

해설　버드의 연쇄성이론
• 제1단계: 통제부족, 관리소홀
• 제2단계: 기본원인(근본원인)
• 제3단계: 직접원인(불안전한 상태 및 불안전한 행동)
• 제4단계: 사고(접촉)
• 제5단계: 상해(손해, 손실)

019

5회 출제

브레인스토밍(Brain Storming) 4원칙에 속하지 않는 것은?

① 비판수용　　　　② 대량발언
③ 자유분방　　　　④ 수정발언

해설　브레인스토밍의 4원칙

비판금지	「좋다」 또는 「나쁘다」라고 비판하지 않는다.
자유분방	자유로운 분위기에서 편안한 마음으로 발표한다.
대량발언	내용의 질적인 수준보다 양적으로 많이 발언한다.
수정발언	타인의 발표내용을 수정하거나 개조하여 관련된 내용을 추가 발표하여도 좋다.

020

5회 출제

산업안전보건법령상 안전인증대상 기계 등에 명시되지 않은 것은?

① 곤돌라　　　　② 연삭기
③ 사출성형기　　④ 고소작업대

해설
'연삭기'는 자율안전확인대상 기계 등에 해당한다.

관련개념　안전인증대상 기계 또는 설비
• 프레스　　　　　　• 전단기 및 절곡기
• 크레인　　　　　　• 리프트
• 압력용기　　　　　• 롤러기
• 사출성형기　　　　• 고소작업대
• 곤돌라

산업심리 및 교육

021

1회 출제

정신상태 불량에 의한 사고의 요인 중 정신력과 관계되는 생리적 현상에 해당되지 않는 것은?

① 신경계통의 이상　　② 육체적 능력의 초과
③ 시력 및 청각의 이상　④ 과도한 자존심과 자만심

해설
'과도한 자존심과 자만심'은 생리적 현상이 아니라 개성적(성격적) 결함요인에 해당한다.

022

1회 출제

선발용으로 사용되는 적성검사가 잘 만들어졌는지 알아보기 위한 분석방법과 관련이 없는 것은?

① 구성 타당도　　　　② 내용 타당도
③ 동등 타당도　　　　④ 검사-재검사 신뢰도

해설　적성검사의 구비요건
• 표준화: 검사의 실시부터 채점과 해석에 이르기까지 과정 및 절차가 단일화되어 있어서 검사자의 주관적 의도 및 해석이 개입될 수 없어야 한다.
• 타당도
　- 내용 타당도: 측정하고자 하는 속성이나 개념을 잘 측정할 수 있도록 되어있는가를 평가하는 것
　- 준거 타당도: 어떤 측정 도구와 측정 결과의 관계가 타당한지 파악하는 것
　- 구성 타당도: 측정 도구가 실제로 무엇을 측정했는지 또는 조사자가 측정하고자 하는 추상적인 개념이 적절하게 측정되었는지 확인하는 것
• 신뢰도
　- 검사-재검사 신뢰도: 동일한 측정도구, 동일한 상황, 동일한 대상의 조건에서 반복 측정했을 때 최초의 측정치와 재측정치가 같은지 확인하는 것
　- 동형검사 신뢰도: 이미 신뢰성이 입증된 유사한 검사를 같은 사람에게 실시해서 검사 간의 상관관계를 파악하는 것

023

11회 출제

상황성 누발자의 재해유발 원인과 가장 거리가 먼 것은?

① 기능 미숙 때문에
② 작업이 어렵기 때문에
③ 기계설비에 결함이 있기 때문에
④ 환경 상 주의력의 집중이 혼란되기 때문에

해설

'기능 미숙'은 미숙성 누발자의 재해유발 원인이다.

관련개념 상황성 누발자의 재해유발 원인
• 작업이 어려운 경우
• 기계설비에 결함이 있는 경우
• 심신에 근심이 있는 경우
• 환경 상 주의력의 집중이 곤란한 경우

024

9회 출제

생산 작업의 경제성과 능률 제고를 위한 동작경제의 원칙에 해당하지 않는 것은?

① 신체 사용에 관한 원칙
② 작업장 배치에 관한 원칙
③ 작업표준 작성에 관한 원칙
④ 공구 및 설비 디자인에 관한 원칙

해설 동작경제의 원칙

신체 사용의 원칙	• 두 손의 동작은 동시에 시작해서 동시에 끝나야 한다. • 휴식시간을 제외하고는 양손을 같이 쉬게 해서는 안 된다. • 손의 동작은 유연하고 연속적이어야 한다. • 동작이 급작스럽게 바뀌는 직선 동작은 피해야 한다. • 두 팔의 동작은 동시에 서로 반대방향으로 대칭적으로 움직이도록 한다.
작업장 배치의 원칙	• 공구, 재료 및 제어장치는 사용하기 가까운 곳에 배치해야 한다. • 공구나 재료는 작업동작이 원활하게 수행되도록 그 위치를 정해준다.
공구 및 설비 디자인의 원칙	• 서로 다른 공구의 기능을 결합하여 사용하도록 한다. • 치구나 족답장치를 이용하여 양손이 다른 일을 할 수 있도록 한다.

025

12회 출제

매슬로우(Maslow)의 욕구 5단계를 낮은 단계에서 높은 단계의 순서대로 나열한 것은?

① 생리적 욕구 → 안전 욕구 → 사회적 욕구 → 자아실현의 욕구 → 인정의 욕구
② 생리적 욕구 → 안전 욕구 → 사회적 욕구 → 인정의 욕구 → 자아실현의 욕구
③ 안전 욕구 → 생리적 욕구 → 사회적 욕구 → 자아실현의 욕구 → 인정의 욕구
④ 안전 욕구 → 생리적 욕구 → 사회적 욕구 → 인정의 욕구 → 자아실현의 욕구

해설 매슬로우(Maslow)의 욕구이론
• 인간의 욕구는 생리적 욕구 → 안전의 욕구 → 사회적 욕구 → 존경(인정)의 욕구 → 자아실현의 욕구 순으로 발생한다.
• 인간은 가장 기본적인 욕구에서 시작하여 상위 욕구로 올라가면서 자신의 욕구를 체계적으로 충족시킨다.

026

4회 출제

강의계획 시 설정하는 학습목적의 3요소에 해당하는 것은?

① 학습방법
② 학습성과
③ 학습자료
④ 학습정도

해설

학습목적은 학습목표, 주제, 학습정도로 구성된다.

027

2회 출제

집단과 인간관계에서 집단의 효과에 해당하지 않는 것은?

① 동조효과
② 견물효과
③ 암시효과
④ 시너지효과

해설 인간관계에서의 집단효과
• 동조효과: 집단의 압력에 의해 다수의 의견을 따르게 되는 현상이다.
• 견물효과: 개인보다 집단의 가치를 더욱 중요시하는 현상이다.
• 시너지효과: 두 개 이상의 서로 다른 개체가 힘을 합쳐 둘이 지닌 힘 이상의 능력을 발휘하는 효과이다.

028
5회 출제

안전보건교육의 단계별 교육 중 태도교육의 내용과 가장 거리가 먼 것은?

① 작업동작 및 표준작업방법의 습관화
② 안전장치 및 장비 사용 능력의 빠른 습득
③ 공구·보호구 등의 관리 및 취급 태도의 확립
④ 작업지시·전달·확인 등의 언어·태도의 정확화 및 습관화

해설

'안전장치 및 장비 사용 능력의 빠른 습득'은 기능교육에 해당되는 내용이다.

관련개념 태도교육(안전교육의 제3단계)
• 생활지도, 작업동작지도 등을 통한 안전의 습관화를 위한 교육이다.
• 안전한 방법을 알고는 있으나 시행하지 않는 사람에게 직장규율, 안전규율 등을 익히게 한다.

029
16회 출제

OJT(On the Job Training)의 장점이 아닌 것은?

① 개개인에게 적절한 지도훈련이 가능하다.
② 전문가를 강사로 초빙하는 것이 가능하다.
③ 훈련에 필요한 업무의 계속성이 끊어지지 않는다.
④ 직장의 실정에 맞는 실제적 훈련이 가능하다.

해설

②는 Off JT의 장점에 해당한다.

관련개념 OJT(On the Job Training)의 특징

장점	• 개개인에게 적절한 지도훈련이 가능하다. • 직장의 실정에 맞게 실제적 훈련이 가능하다. • 교육을 통한 훈련효과에 의해 상호 신뢰 및 이해도가 높아진다. • 대상자의 개인별 능력에 따라 훈련의 진도를 조정하기 쉽다. • 교육효과가 업무에 신속히 반영된다. • 훈련에 필요한 업무의 계속성이 끊어지지 않는다. • 동기부여가 쉽다.
단점	• 다수의 대상을 한 번에 통일적인 내용 및 수준으로 교육시킬 수 없다. • 전문적인 지식 및 기능을 교육하기 힘들다. • 업무와 교육이 병행되므로 훈련에만 전념할 수 없다.

030
1회 출제

인간의 심리 중에는 안전수단이 생략되어 불안전 행위를 나타내는 경우가 있다. 안전수단이 생략되는 경우로 가장 적절하지 않은 것은?

① 의식과잉이 있을 때
② 교육훈련을 실시할 때
③ 피로하거나 과로했을 때
④ 부적합한 업무에 배치될 때

해설 안전수단이 생략되는 경우
• 작업규율이 느슨할 때
• 피로, 과로
• 주변 환경(소음, 조명 등)의 영향이 클 때
• 의식의 과잉
• 부적합한 업무에 배치될 때

031
7회 출제

산업안전심리학에서 산업안전심리의 5대 요소에 해당하지 않는 것은?

① 감정
② 습성
③ 동기
④ 피로

해설 산업안전심리의 5요소

동기(Motive)	감각에 의한 자극에서 일어난 사고의 결과로서 사람의 마음을 움직이는 원동력이 된다.
기질(Temper)	감정적인 경향이나 반응과 관계되는 성격의 한 측면이다.
감정(Emotion)	어떤 행동을 할 때 생기는 주관적인 동요를 뜻한다.
습성(Habits)	일정한 생활양식으로 본능, 학습, 조건반사 등에 따라 형성된다.
습관(Custom)	성장과정을 통해 개인에게 형성된 특성 등이 무의식 중에 나타나는 규칙적인 행동이다.

032
2회 출제

구안법(Project Method)의 단계를 올바르게 나열한 것은?

① 계획 → 목적 → 수행 → 평가
② 계획 → 목적 → 평가 → 수행
③ 수행 → 평가 → 계획 → 목적
④ 목적 → 계획 → 수행 → 평가

해설 구안법(Project Method)
• 스스로 계획을 세워 수행하는 학습활동이다.
• 목적, 계획, 수행, 평가의 4단계 절차를 이행한다.

033

산업안전보건법령상 근로자 안전보건교육에서 채용 시 교육 및 작업내용 변경 시의 교육에 해당하는 것은?

① 사고 발생 시 긴급조치에 관한 사항
② 건강증진 및 질병 예방에 관한 사항
③ 유해ㆍ위험 작업환경 관리에 관한 사항
④ 작업공정의 유해ㆍ위험과 재해 예방대책에 관한 사항

해설

②는 근로자 정기교육, ③은 근로자 및 관리감독자 정기교육, ④는 관리감독자 정기교육 내용이다.

관련개념 근로자 채용 시 교육 및 작업내용 변경 시 교육내용

- 산업안전 및 산업재해 예방에 관한 사항(화재ㆍ폭발 사고 발생 시 대피에 관한 사항 포함)
- 산업보건 및 건강장해 예방에 관한 사항
- 위험성평가에 관한 사항
- 산업안전보건법령 및 산업재해보상보험 제도에 관한 사항
- 직무스트레스 예방 및 관리에 관한 사항
- 직장 내 괴롭힘, 고객의 폭언 등으로 인한 건강장해 예방 및 관리에 관한 사항
- 기계ㆍ기구의 위험성과 작업의 순서 및 동선에 관한 사항
- 작업 개시 전 점검에 관한 사항
- 정리정돈 및 청소에 관한 사항
- **사고 발생 시 긴급조치에 관한 사항**
- 물질안전보건자료에 관한 사항

034

학습이론 중 S-R 이론에서 조건반사설에 의한 학습이론의 원리에 해당되지 않는 것은?

① 시간의 원리   ② 일관성의 원리
③ 기억의 원리   ④ 계속성의 원리

해설 조건반사설에 의한 학습이론의 원리

- **일관성의 원리**
- **시간의 원리**
- 강도의 원리
- **계속성의 원리**

관련개념 파블로브(Pavlov)의 조건반사설

동물에게 자극을 계속 주면 반응이 나타나면서 새로운 행동이 발달되는데, 인간의 행동 역시 자극에 대한 반응을 통해 학습된다는 이론이다.

035

허시(Hersey)와 브랜차드(Blanchard)의 상황적 리더십 이론에서 리더십의 4가지 유형에 해당하지 않는 것은?

① 통제적 리더십   ② 지시적 리더십
③ 참여적 리더십   ④ 위임적 리더십

해설 상황적 리더십 이론의 4가지 유형

- **지시적 리더십**: 구체적인 지시를 내리고 업무수행 상태를 면밀하게 감독하는 리더십을 말한다.
- 설득적 리더십: 리더가 의사 결정의 주체임에도 부하에게 일방적인 지시를 내리기보단 설득ㆍ소통하는 리더십을 말한다.
- **참여적 리더십**: 부하와 의사결정을 함께하고 업무달성을 지원하는 리더십을 말한다.
- **위임적 리더십**: 의사결정의 책임을 부하에게 위임하는 리더십을 말한다.

036

안전교육 훈련의 기술교육 4단계에 해당하지 않는 것은?

① 준비단계   ② 보습지도의 단계
③ 일을 완성하는 단계   ④ 일을 시켜보는 단계

해설 기술교육의 진행 단계

기술교육의 효과를 높이려면 피교육자가 습득하기 쉽도록 일정한 순서에 따라 가르치는 것이 중요하다.

- **준비단계**: 훈련에 필요한 내용을 정리하여 흥미를 느끼게 하는 단계
- 시범단계: 교육생이 습득해야 할 것을 설명ㆍ실시하고 어려운 점과 중요한 점을 강조하여 필요한 경우 시범으로 보여주는 단계
- **일을 시켜보는 단계**: 교육생에게 일을 시켜서 실수를 없애고 해석의 잘못을 교정하는 단계
- **보습지도의 단계**: 교육생의 작업을 관찰한 후 그것을 판단하여 지도하는 단계

037

휴먼에러의 심리적 분류에 해당하지 않는 것은?

① 입력오류(Input Error)

② 시간지연오류(Timing Error)

③ 생략오류(Omission Error)

④ 순서오류(Sequential Error)

해설 **휴먼에러의 분류**

실행오류 (Commission Error)	수행 중인 작업을 정확하게 수행하지 못해 발생한 에러
생략오류 (Omission Error)	필요한 작업 또는 절차를 수행하지 않는 데 기인한 에러
불필요한 수행오류 (Extraneous Error)	불필요한 작업 또는 절차를 수행함으로써 발생한 에러
순서오류 (Sequential Error)	필요한 작업 또는 절차의 순서 착오로 인한 에러
시간오류 (Timing Error)	필요한 작업 또는 절차의 수행을 지연한 데 기인한 에러(시간지연에러)

038

다음 설명에 해당하는 안전교육방법은?

> ATP라고도 하며, 당초 일부 회사의 톱 매니지먼트(Top Management)에 대해서만 행하여졌으나 나중에는 널리 보급되었다. 정책의 수립, 조직, 통제 및 운영 등의 교육내용을 다룬다.

① TWI(Training Within Industry)

② CCS(Civil Communication Section)

③ MTP(Management Training Program)

④ ATT(American Telephone&Telegraph Co.)

해설 **CCS(Civil Communication Section)**

- ATP(Administration Training Program)라고도 하며, 당초 일부 회사의 최고경영자에 대하여만 행하여졌으나 나중에는 널리 보급되었다.
- 정책의 수립, 조직, 통제 및 운영 등의 교육내용을 다룬다.

관련개념

- TWI: 인간관계를 개선하고 생산성을 향상시키기 위해 일선 관리감독자를 대상으로 하는 훈련법이다.
- MTP: TWI보다 상위 관리자를 양성하기 위한 훈련이다.
- ATT: 대상 계층이 한정되지 않은 정형교육으로 하루 8시간씩 2주간 실시하는 토의식 교육이다.

039

다음은 리더가 가지고 있는 어떤 권력의 예시에 해당하는가?

> 종업원의 바람직하지 않은 행동들에 대해 해고, 임금삭감, 견책 등을 사용하여 처벌한다.

① 보상권력

② 강압권력

③ 합법권력

④ 전문권력

해설 **리더십 권한**

- 조직이 리더에게 부여한 권한

합법적 권한	군대, 정부기관 등 합법적 권력이 가지는 권한
강압적 권한	부하의 처벌, 봉급의 인상 거부 등 강압적인 힘을 갖는 권한
보상적 권한	승진, 봉급 인상 등 역할에 대한 보상을 부여하는 권한

- 지도자 자신에 의해 자발적으로 생성되는 권한

위임된 권한	부하 직원들이 상사를 존경하여 함께 일하고자 할 때 상사에게 부여되는 권한, 혹은 지도자 자신이 자신에게 부여한 권한
전문성의 권한	전문적 지식을 가진 리더를 부하들이 스스로 따르는 것으로 지도자 자신의 능력에 의해 생성되는 권한

040

몹시 피로하거나 단조로운 작업으로 인하여 의식이 뚜렷하지 않은 상태의 의식수준으로 옳은 것은?

① Phase Ⅰ

② Phase Ⅱ

③ Phase Ⅲ

④ Phase Ⅳ

해설 **인간의 의식레벨**

단계	의식수준	생리적 상태
Phase 0	무의식, 실신상태	뇌발작, 수면
Phase Ⅰ	이상, 피로 및 단조로움	피로, 단조로움, 졸음
Phase Ⅱ	정상, 이완상태	휴식 시, 정례작업 시
Phase Ⅲ	정상, 명쾌	적극 활동 시
Phase Ⅳ	과긴장	패닉, 긴급방위반응

인간공학 및 시스템안전공학

041

4회 출제

Chapanis가 정의한 위험의 확률수준과 그에 따른 위험발생률로 옳은 것은?

① 전혀 발생하지 않는(Impossible) 발생빈도: 10^{-8}/day

② 극히 발생할 것 같지 않는(Extremely Unlikely) 발생빈도: 10^{-7}/day

③ 거의 발생하지 않는(Remote) 발생빈도: 10^{-6}/day

④ 가끔 발생하는(Occasional) 발생빈도: 10^{-5}/day

해설 **차파니스의 위험평점척도법**

빈도	평점	확률 및 내용
자주	6	>10^{-2}/day, 때때로 일어남
보통	5	>10^{-3}/day, 한 항목의 수명 중 수회 일어남
가끔	4	>10^{-4}/day, 한 항목의 수명 중 드물게 일어남
거의 발생하지 않는	3	>10^{-5}/day, 그리 일어날 것 같지 않음
극히 발생할 것 같지 않는	2	>10^{-6}/day, 발생확률이 0에 가까움
전혀 발생하지 않는	1	>10^{-8}/day, 물리적으로 발생 불가능

042

6회 출제

불필요한 작업을 수행함으로써 발생하는 오류로 옳은 것은?

① Command Error
② Extraneous Error
③ Secondary Error
④ Commission Error

해설 **휴먼에러의 분류**

실행오류 (Commission Error)	수행 중인 작업을 정확하게 수행하지 못해 발생한 에러
생략오류 (Omission Error)	필요한 작업 또는 절차를 수행하지 않는 데 기인한 에러
불필요한 수행오류 (Extraneous Error)	불필요한 작업 또는 절차를 수행함으로써 발생한 에러
순서오류 (Sequential Error)	필요한 작업 또는 절차의 순서 착오로 인한 에러
시간오류 (Timing Error)	필요한 작업 또는 절차의 수행을 지연한 데 기인한 에러(시간지연에러)

043

9회 출제

동작경제의 원칙에 해당하지 않는 것은?

① 공구의 기능을 각각 분리하여 사용하도록 한다.

② 두 팔의 동작은 동시에 서로 반대방향으로 대칭적으로 움직이도록 한다.

③ 공구나 재료는 작업동작이 원활하게 수행되도록 그 위치를 정해준다.

④ 가능하다면 쉽고도 자연스러운 리듬이 작업동작에 생기도록 작업을 배치한다.

해설 **동작경제의 원칙**

신체 사용의 원칙	• 두 손의 동작은 동시에 시작해서 동시에 끝나야 한다. • 휴식시간을 제외하고는 양손을 같이 쉬게 해서는 안 된다. • 손의 동작은 유연하고 연속적이어야 한다. • 동작이 급작스럽게 바뀌는 직선 동작은 피해야 한다. • 두 팔의 동작은 동시에 서로 반대방향으로 대칭적으로 움직이도록 한다.
작업장 배치의 원칙	• 공구, 재료 및 제어장치는 사용하기 가까운 곳에 배치해야 한다. • 공구나 재료는 작업동작이 원활하게 수행되도록 그 위치를 정해준다.
공구 및 설비 디자인의 원칙	• 서로 다른 공구의 기능을 결합하여 사용하도록 한다. • 치구나 족답장치를 이용하여 양손이 다른 일을 할 수 있도록 한다.

044
2회 출제

컷셋(Cut Set)과 최소 패스셋(Minimal Path Set)의 정의로 옳은 것은?

① 컷셋은 시스템 고장을 유발시키는 데 필요한 최소한의 고장들의 집합이며, 최소 패스셋은 시스템의 신뢰성을 표시한다.

② 컷셋은 시스템 고장을 유발시키는 기본고장들의 집합이며, 최소 패스셋은 시스템의 불신뢰도를 표시한다.

③ 컷셋은 그 속에 포함되어 있는 모든 기본사상이 일어났을 때 정상사상을 일으키는 기본사상의 집합이며, 최소 패스셋은 시스템의 신뢰성을 표시한다.

④ 컷셋은 그 속에 포함되어 있는 모든 기본사상이 일어났을 때 정상사상을 일으키는 기본사상의 집합이며, 최소 패스셋은 시스템의 성공을 유발하는 기본사상의 집합이다.

해설 **컷셋(Cut Set)과 패스셋(Path Set)**
- 컷셋: 그 속에 포함되어 있는 모든 기본사상이 일어났을 때 정상사상을 일으키는 기본사상의 집합이다.
- 최소(미니멀) 컷셋: 정상사상을 일으키기 위한 최소한의 컷셋을 말한다. 시스템의 위험성 또는 약점을 나타낸다.
- 패스셋: 그 속에 포함되어 있는 기본사상이 일어나지 않을 때 처음으로 정상사상이 일어나지 않는 기본사상의 집합이다.
- 최소(미니멀) 패스셋: 정상사상이 일어나지 않는 최소한의 패스셋을 말한다. 시스템의 신뢰성을 나타낸다.

045
12회 출제

다음 시스템의 신뢰도 값은?

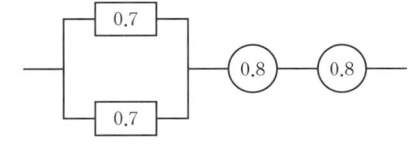

① 0.5824
② 0.6682
③ 0.7855
④ 0.8642

해설
- 신뢰도가 R_1, R_2인 부품이 병렬로 연결되어 있을 때의 신뢰도: $1-(1-R_1)\times(1-R_2)$
  병렬로 연결된 부품의 신뢰도 $=1-(1-0.7)\times(1-0.7)=0.91$
- 신뢰도가 R_1, R_2인 부품이 직렬로 연결되어 있을 때의 신뢰도: $R_1\times R_2$
  직렬로 연결된 시스템 전체 신뢰도 $=0.91\times0.8\times0.8=0.5824$

046
3회 출제

인간의 위치 동작에 있어 눈으로 보지 않고 손을 수평면상에서 움직이는 경우 짧은 거리는 지나치고, 긴 거리는 못 미치는 경향이 있는데 이를 무엇이라고 하는가?

① 사정효과(Range Effect)
② 반응효과(Reaction Effect)
③ 간격효과(Distance Effect)
④ 손동작효과(Hand Action Effect)

해설 **사정효과(Range Effect)**
인간의 위치 동작에 있어 눈으로 보지 않고 손을 수평면상에서 움직이는 경우 짧은 거리는 지나치고, 긴 거리는 못 미치는 경향으로 작은 오차에는 과잉반응, 큰 오차에는 과소반응하는 인간(조작자)의 행동을 말한다.

047
8회 출제

화학설비에 대한 안전성 평가 중 정성적 평가방법의 주요 진단 항목으로 볼 수 없는 것은?

① 건조물
② 취급물질
③ 입지조건
④ 공장 내 배치

해설 **정성적 평가와 정량적 평가 항목**

정성적 평가	설계관계 항목	입지조건, 공장 내 배치, 건조물, 소방설비 등
	운전관계 항목	원재료, 중간제품, 공정 및 공정기기, 수송, 저장 등
정량적 평가	• 수치값으로 표현 가능한 항목 대상
	• 온도, 취급물질, 화학설비용량, 압력, 조작 등

048

3회 출제

불(Boole)대수의 정리를 나타낸 관계식으로 틀린 것은?

① $A \cdot A = A$ ② $A + \overline{A} = 0$

③ $A + AB = A$ ④ $A + A = A$

> **해설** **불대수의 법칙**
> • 동일법칙: $A + A = A$, $A \cdot A = A$
> • 교환법칙: $AB = BA$, $A + B = B + A$
> • 흡수법칙: $A(AB) = (AA)B$, $A(A + B) = A$
> $A + AB = A \cup (A \cap B) = (A \cup A) \cap (A \cup B) = A \cap (A \cup B) = A$
> • 분배법칙: $A(B + C) = AB + AC$, $A + (BC) = (A + B) \cdot (A + C)$
> • 결합법칙: $A(BC) = (AB)C$, $A + (B + C) = (A + B) + C$
> • 기타: $A \cdot 0 = 0$, $A + 1 = 1$, $A \cdot 1 = A$, $\boxed{A + \overline{A} = 1}$, $A \cdot \overline{A} = 0$

049

8회 출제

인체 측정 자료를 장비, 설비 등의 설계에 적용하기 위한 응용원칙에 해당하지 않는 것은?

① 조절식 설계

② 극단치를 이용한 설계

③ 구조적 치수 기준의 설계

④ 평균치를 기준으로 한 설계

> **해설** **인체 측정 자료의 응용원칙**
>
> | 최소치수를 이용한 설계 | 선반의 높이, 조종장치까지의 거리, 비상벨의 위치 등 |
> | --- | --- |
> | 최대치수를 이용한 설계 | 출입문의 높이, 좌석 간의 거리, 통로의 폭, 와이어로프의 사용중량, 위험구역 울타리 등 |
> | 평균치를 이용한 설계 | 전동차의 손잡이 높이, 안내데스크 높이, 은행의 접수대 높이, 공원의 벤치 높이, 계산대 높이 등 |
> | 조절식 설계 | 의자의 위치 및 높이, 자동차 운전석 의자의 위치와 높이 등 |

050

4회 출제

작업공간의 배치에 있어 구성요소 배치의 원칙에 해당하지 않는 것은?

① 기능성의 원칙   ② 사용 빈도의 원칙

③ 사용 순서의 원칙   ④ 사용방법의 원칙

> **해설** **부품배치의 원칙**
> • 중요성의 원칙: 목표달성에 중요한 정도에 따라 부품을 배치한다.
> • 사용 빈도의 원칙: 자주 사용하는 부품을 가까이에 배치한다.
> • 기능별 배치의 원칙: 기능이 유사한 부품끼리 배치한다.
> • 사용 순서의 원칙: 사용 순서에 따라 부품을 배치한다.

051

7회 출제

그림과 같은 FT도에서 정상사상 T의 발생 확률은? (단, X_1, X_2, X_3의 발생 확률은 각각 0.1, 0.15, 0.1이다.)

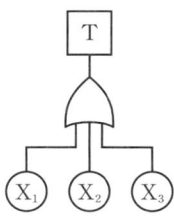

① 0.3115   ② 0.35

③ 0.496   ④ 0.9985

> **해설** **정상사상의 발생 확률**
> OR 게이트는 연결된 사상이 하나라도 입력 발생 시 출력이 발생한다.
> 발생 확률이 F_1, F_2인 부품이 OR 게이트로 연결되어 있을 때 출력이 발생할 확률: $1 - (1 - F_1) \times (1 - F_2)$
> 각 구성요소의 발생 확률은 $X_1 = 0.1$, $X_2 = 0.15$, $X_3 = 0.1$이고, OR 게이트로 연결되어 있으므로
> 정상사상 T의 발생 확률 $= 1 - (1 - 0.1) \times (1 - 0.15) \times (1 - 0.1) = 0.3115$

052

3회 출제

다음 현상을 설명한 이론은?

> 인간이 감지할 수 있는 외부의 물리적 자극 변화의 최소범위는 표준 자극의 크기에 비례한다.

① 피츠(Fitts)의 법칙
② 웨버(Weber)의 법칙
③ 신호검출이론(SDT)
④ 힉 – 하이만(Hick – Hyman) 법칙

해설 **웨버(Weber)의 법칙**
- 인간이 감지할 수 있는 외부의 물리적 자극 변화의 최소범위는 기준이 되는 자극의 크기에 비례하는 현상을 설명한 이론이다.
- 웨버(Weber)의 비 $= \dfrac{\Delta I}{I}$

  여기서, ΔI: 변화감지역, I: 표준자극
- Weber의 비가 작을수록 분별력이 좋다.

053

8회 출제

시각적 표시장치보다 청각적 표시장치를 사용하는 것이 더 유리한 경우는?

① 정보의 내용이 복잡하고 긴 경우
② 정보가 공간적인 위치를 다룬 경우
③ 직무상 수신자가 한 곳에 머무르는 경우
④ 수신 장소가 너무 밝거나 암순응이 요구될 경우

해설 **시각적 표시장치와 청각적 표시장치의 비교**

시각적 표시장치	• 수신 장소의 소음이 심한 경우 • 정보가 공간적인 위치를 다룬 경우 • 정보의 내용이 복잡하고 긴 경우 • 직무상 수신자가 한 곳에 머무르는 경우 • 메시지를 추후 참고할 필요가 있는 경우 • 정보의 내용이 즉각적인 행동을 요구하지 않는 경우
청각적 표시장치	• 수신 장소가 너무 밝거나 암순응이 요구되는 경우 • 정보의 내용이 시간적인 사건을 다루는 경우 • 정보의 내용이 간단한 경우 • 직무상 수신자가 자주 움직이는 경우 • 정보의 내용이 후에 재참조되지 않는 경우 • 메시지가 즉각적인 행동을 요구하는 경우

054

4회 출제

서브시스템, 구성요소, 기능 등의 잠재적 고장형태에 따른 시스템의 위험을 파악하는 위험분석기법으로 옳은 것은?

① ETA(Event Tree Analysis)
② HEA(Human Error Analysis)
③ PHA(Preliminary Hazard Analysis)
④ FMEA(Failure Mode and Effect Analysis)

해설 **고장형태와 영향분석법(FMEA; Failure Mode and Effect Analysis)**
시스템 위험을 정성적, 귀납적으로 분석하는 기법으로, 시스템에 영향을 미치는 모든 요소의 고장을 형태별로 분석하여 그 영향을 검토하는 분석기법이다.

055

3회 출제

정신작업 부하를 측정하는 척도를 크게 4가지로 분류할 때 심박수의 변동, 뇌 전위, 동공 반응 등 정보처리에 중추신경계 활동이 관여하고 그 활동이나 징후를 측정하는 것은?

① 주관적(Subjective) 척도
② 생리적(Physiological) 척도
③ 주 임무(Primary Task) 척도
④ 부 임무(Secondary Task) 척도

해설
생리적 척도는 정신작업 수행 시 중추신경계나 생리반응의 변화를 측정하여 작업 부하를 추정하는 방법이다.

관련개념 **생리적 척도**
- 정신작업의 생리적 척도: EEG(뇌파도), 심박수, 부정맥 지수, 점멸융합주파수
- 육체작업의 생리적 척도: EMG(근전도), 맥박수, 산소소비량, 폐활량

056

자동차를 생산하는 공장의 어떤 근로자가 95[dB(A)]의 소음 수준에서 하루 8시간 작업하며 매 시간 조용한 휴게실에서 20분씩 휴식을 취한다고 가정하였을 때, 8시간 시간가중평균(TWA)은? (단, 소음은 누적소음노출량측정기로 측정하였으며, OSHA에서 정한 95[dB(A)]의 허용시간은 4시간이라 가정한다.)

① 약 91[dB(A)] ② 약 92[dB(A)]
③ 약 93[dB(A)] ④ 약 94[dB(A)]

해설 시간가중평균 노출기준(TWA)

1일 8시간 작업을 기준으로 유해인자의 측정치에 발생시간을 곱하여 8로 나눈 값으로, 누적소음 노출량측정기로 TWA를 계산할 때는 다음 식을 이용한다.

$$TWA[dB(A)] = 16.61 \times \log \frac{D}{100} + 90$$

여기서, D: 누적소음노출량[%]

누적소음노출량 D는 다음 식으로 구한다.

$$D = \left(\frac{C_1}{T_1} + \frac{C_2}{T_2} + \frac{C_3}{T_3} + \cdots + \frac{C_n}{T_n} \right) \times 100$$

여기서, C_n: 해당 소음수준에 노출된 시간[min]
　　　　T_n: 해당 소음수준에서 허용 노출시간[min]

근로자는 8×60=480분 근무 중 휴식시간 20×8=160분을 제외한 나머지 시간 동안 소음에 노출되었으므로

노출시간 C = 480−160=320[min],

95[dB(A)]에서의 허용 노출시간=4×60=240[min]이다.

누적소음노출량 $D = \frac{320}{240} \times 100 = 133.33[\%]$이므로

$$TWA[dB(A)] = 16.61 \times \log \frac{133.33}{100} + 90 = 92[dB(A)]$$

※ 소음수준의 평가에 관한 사항은 「작업환경측정 및 정도관리 등에 관한 고시」 제36조에 자세히 규정되어 있습니다.

057

인간이 기계보다 우수한 기능이라 할 수 있는 것은? (단, 인공지능은 제외한다.)

① 일반화 및 귀납적 추리
② 신뢰성 있는 반복 작업
③ 신속하고 일관성 있는 반응
④ 대량의 암호화된 정보의 신속한 보관

해설 인간이 기계를 능가하는 기능

· 관찰을 통해서 일반화하여 귀납적으로 추리한다.
· 원칙을 적용하여 다양한 문제를 해결할 수 있다.
· 완전히 새로운 해결책을 도출할 수 있다.
· 주위의 예기치 못한 사건들을 감지하고 처리하는 임기응변 능력이 있다.
· 상황에 따라 변하는 복잡한 자극 형태를 식별할 수 있다.
· 다양한 경험을 토대로 하여 의사결정을 한다.

058

시스템의 수명 및 신뢰성에 관한 설명으로 틀린 것은?

① 병렬설계 및 디레이팅 기술로 시스템의 신뢰성을 증가시킬 수 있다.
② 직렬시스템에서는 부품들 중 최소 수명을 갖는 부품에 의해 시스템 수명이 정해진다.
③ 수리가 가능한 시스템의 평균 수명(MTBF)은 평균 고장률(λ)과 정비례 관계가 성립한다.
④ 수리가 불가능한 구성요소로 병렬구조를 갖는 설비는 중복도가 늘어날수록 시스템 수명이 길어진다.

해설 시스템의 수명 및 신뢰성

· 병렬설계 및 디레이팅 기술로 시스템의 신뢰성을 증가시킬 수 있다.
· 병렬시스템에서는 부품들 중 최대 수명을 갖는 부품에 의해 시스템 수명이 결정된다.
· 직렬시스템에서는 부품들 중 최소 수명을 갖는 부품에 의해 시스템 수명이 결정된다.
· 수리가 가능한 시스템의 평균 수명(MTBF)은 평균 고장률(λ)과 반비례 관계가 성립한다.
· 수리가 불가능한 구성요소로 병렬구조를 갖는 설비는 중복도가 늘어날수록 시스템 수명이 길어진다.

059

산업안전보건법령상 해당 사업주가 유해위험방지계획서를 작성하여 제출해야 하는 대상은?

① 시 · 도지사
② 관할 구청장
③ 고용노동부장관
④ 행정안전부장관

해설

사업주는 유해위험방지계획서를 작성하여 고용노동부령으로 정하는 바에 따라 고용노동부장관에게 제출하고 심사를 받아야 한다.

060

작업면상의 필요한 장소만 높은 조도를 취하는 조명은?

① 완화조명
② 전반조명
③ 투명조명
④ 국소조명

해설 국소조명

작업에 필요한 범위만 높은 조도로 비추는 조명이다.

관련개념 조명의 종류

구분	내용
완화조명	• 급격한 명암변화로 인해 눈이 일시적인 실명 상태가 되는 상황을 방지하고자 빛에 대한 순응을 고려한 조명이다. • 예: 터널 입구의 조명은 운전자의 암순응을 고려하여 높은 휘도를 유지한다.
전반조명	• 작업 공간 전체를 균일하게 밝히는 조명이다. • 일정한 높이와 간격으로 배치한다.
투명조명	• 조명기기의 광원을 둘러싼 표면을 투명하게 처리한 조명이다. • 눈부심이 심하고 열 발생이 크다.

건설시공학

061

일명 테이블 폼(Table Form)으로 불리는 것으로 거푸집널에 장선, 멍에, 서포트 등을 기계적인 요소로 부재화한 대형 바닥판거푸집은?

① 갱 폼(Gang Form)
② 플라잉 폼(Flying Form)
③ 유로 폼(Euro Form)
④ 트래블링 폼(Traveling Form)

해설 플라잉 폼(테이블 폼)

• 바닥 슬래브의 콘크리트를 타설하기 위한 거푸집으로서 거푸집널, 장선, 멍에 서포트를 일체로 제작하여 수평 및 수직 이동이 가능하다.
• 전용성 및 시공정밀도가 우수하며, 외력에 대한 안전성이 크다. 바닥 거푸집의 설치, 해체, 인양 및 재설치 과정을 장비를 이용해 시공하기 때문에 인건비를 낮출 수 있다.

062

시공의 품질관리를 위한 7가지 도구에 해당되지 않는 것은?

① 파레토그램
② LOB 기법
③ 특성요인도
④ 체크시트

해설

LOB(Line Of Balance) 기법은 공정관리의 방법이다.

관련개념 품질관리(TQC)의 7대 도구

구분	내용
파레토도 (영향도)	불량품, 고장, 결점 등의 발생건수를 원인과 현상별로 분류하고, 문제의 크기 순서로 나열하여 그 크기를 막대그래프로 표기하며, 크기를 순차적으로 누적하여 절선그래프로 나타낸 것
특성요인도 (원인결과도)	결과에 대하여 원인이 어떻게 관계하고 있는지 한눈에 알아 볼 수 있도록 작성한 생선뼈 모양의 그림
히스토그램 (분포도)	무게, 강도, 길이 등과 같이 계량치의 데이터가 어떠한 분포를 나타내고 있는지를 판단하기 위하여 작성하는 기둥그래프
산점도 (분포도)	대응되는 2개의 짝으로 된 데이터를 그래프 용지 위에 점으로 나타낸 것
체크시트 (집중도)	계수치의 데이터가 분류 항목 중 어디에 집중되어 있는가를 알아보기 쉽게 표로 나타낸 것
관리도	한눈에 파악되도록 꺾은선이나 막대를 이용하여 나타낸 것
층별	집단을 구성하고 있는 데이터를 특성에 따라 부분집단으로 나누는 것

063

벽돌공사 시 벽돌쌓기에 관한 설명으로 옳은 것은?

① 연속되는 벽면의 일부를 트이게 하여 나중쌓기로 할 때에는 그 부분을 층단 들여쌓기로 한다.
② 벽돌쌓기는 도면 또는 공사시방서에서 정한 바가 없을 때에는 미식쌓기 또는 불식쌓기로 한다.
③ 하루의 쌓기 높이는 1.8[m]를 표준으로 한다.
④ 세로줄눈은 구조적으로 우수한 통줄눈이 되도록 한다.

해설 **쌓기의 일반사항**

• 가로 및 세로줄눈의 너비는 도면 또는 공사시방서에 정한 바가 없을 때에는 10[mm]를 표준으로 한다. 세로줄눈은 통줄눈이 되지 않도록 하고, 수직 일직선상에 오도록 벽돌 나누기를 한다.
• 벽돌쌓기는 도면 또는 공사시방서에 정한 바가 없을 때에는 영식쌓기 또는 화란식쌓기로 한다.
• 가로줄눈의 바탕 모르타르는 일정한 두께로 평평히 펴 바르고, 벽돌을 내리누르듯 규준틀과 벽돌 나누기에 따라 정확히 쌓는다.
• 벽돌은 각부를 가급적 동일한 높이로 쌓아 올라가고, 벽면의 일부 또는 국부적으로 높게 쌓지 않는다.
• 하루의 쌓기 높이는 1.2[m](18켜 정도)를 표준으로 하고, 최대 1.5[m](22켜 정도) 이하로 한다.
• 연속되는 벽면의 일부를 트이게 하여 나중쌓기로 할 때에는 그 부분을 층단 들여쌓기로 한다.
• 벽돌벽이 블록벽과 서로 직각으로 만날 때에는 연결철물을 만들어 블록 3단마다 보강하여 쌓는다.

064

다음 설명에 해당하는 공정표의 종류로 옳은 것은?

> 한 공종의 작업이 하나의 숫자로 표기되고 컴퓨터에 적용하기 용이한 이점 때문에 많이 사용되고 있다. 각 작업은 node로 표기하고 더미의 사용이 불필요하며 화살표는 단순히 작업의 선후관계만을 나타낸다.

① 횡선식 공정표
② CPM
③ PDM
④ LOB

해설 **PDM(Precedence Diagram Method)**

• 선후행도형법으로 AON(Activity On Node)을 사용한다.
• 연결점에 직접 작업을 표시하는 방법이다.
• 더미가 필요없다.
• 작업 간의 관계를 화살표로 표현한다.

065

콘크리트 구조물의 품질관리에서 활용되는 비파괴 시험(검사) 방법으로 경화된 콘크리트 표면의 반발경도를 측정하는 것은?

① 슈미트 해머 시험
② 방사선투과 시험
③ 자기분말탐상 시험
④ 침투탐상 시험

해설 **슈미트 해머(Schmidt Hammer) 시험**

경화된 콘크리트면에 슈미트 해머로 타격에너지를 가하여 콘크리트면의 경도에 따라 반발경도를 측정하고, 이 반발경도와 콘크리트의 압축강도와의 상관관계를 도출시킴으로써 콘크리트 압축강도를 측정한다.

관련개념 **콘크리트의 시험방법**

반발경도시험	콘크리트의 반발경도를 측정하여 콘크리트의 압축강도를 추정하는 데 사용한다.
초음파법	초음파를 이용하여 콘크리트 내부의 결함, 균열깊이, 강도 및 품질상태를 검사한다.
자기법	자기법은 주로 철근의 피복두께, 위치 및 직경 확인에 사용한다.
레이더법	레이더파를 이용하여 콘크리트 구조물의 공동 및 매설물 등을 발견하기 위해 사용한다.
방사선법	감마광선은 콘크리트를 투과할 수 있으므로 필름을 방사선에 노출되게 함으로써 콘크리트를 검사하는 방법이다.

066

콘크리트에서 사용하는 호칭강도의 정의로 옳은 것은?

① 레디믹스트 콘크리트 발주 시 구입자가 지정하는 강도
② 구조계산 시 기준으로 하는 콘크리트의 압축강도
③ 재령 7일의 압축강도를 기준으로 하는 강도
④ 콘크리트의 배합을 정할 때 목표로 하는 압축강도로 품질의 표준편차 및 양생온도 등을 고려하여 설계기준강도에 할증한 것

해설

콘크리트의 호칭강도는 구입자가 지정하는 강도이다.

관련개념

• 설계기준강도: 구조계산 시 기준으로 하는 콘크리트의 압축강도이다.
• 배합강도: 콘크리트 배합을 정하는 경우에 목표로 하는 강도이다.

067

시험말뚝에 변형률계(Strain Gauge)와 가속도계(Accelero meter)를 부착하여 말뚝항타에 의한 파형으로부터 지지력을 구하는 시험은?

① 정재하 시험
② 비비 시험
③ 동재하 시험
④ 인발 시험

해설 **동재하 시험**

말뚝에 변형률과 충격파 전달속도를 측정할 수 있는 장치를 설치한 후에 말뚝이 타격·관입되는 과정에서 변형률과 응력파를 말뚝항타분석기(PDA; Pile Driving Analyzer)로 측정한다. 측정된 데이터는 CAPWAP (Case Pile Wave Analysis Program)로 해석하고, 그 결과로부터 말뚝의 지지력, 응력분포, 압축력과 인장력, 응력파의 전달속도 등의 자료를 얻어 타격·관입 중에 발생하는 이상을 검출하는 시험이다.

068

콘크리트 공사 시 철근의 정착위치에 관한 설명으로 옳지 않은 것은?

① 작은 보의 주근은 벽체에 정착한다.
② 큰 보의 주근은 기둥에 정착한다.
③ 기둥의 주근은 기초에 정착한다.
④ 지중보의 주근은 기초 또는 기둥에 정착한다.

해설 **철근의 정착위치**

• 기둥의 주근은 기초에 정착한다.
• 큰 보의 주근은 기둥에 정착한다.
• 직교하는 단부 보의 밑에 기둥이 없을 때는 보 상호 간에 정착한다.
• 작은 보의 주근은 큰 보에 정착한다.
• 바닥철근은 보 또는 벽체에 정착한다.
• 지중보 철근은 기초 또는 기둥에 정착한다.
• 벽철근은 보, 기둥, 바닥판 또는 기초에 정착한다.

069

지반개량 지정공사 중 응결공법이 아닌 것은?

① 플라스틱 드레인공법
② 시멘트 처리공법
③ 석회 처리공법
④ 심층혼합 처리공법

해설

응결(고결)공법은 지반을 약액이나 여러 방법으로 굳혀 개량하는 공법이다. 플라스틱 드레인공법은 지반 내 물을 탈수하여 흙의 함수비를 낮추어 흙을 개량하는 탈수공법에 해당한다.

070

공사계약 중 재계약 조건이 아닌 것은?

① 설계도면 및 시방서(Specification)의 중대결함 및 오류에 기인한 경우
② 계약상 현장조건 및 시공조건이 상이(Difference)한 경우
③ 계약사항에 중대한 변경이 있는 경우
④ 정당한 이유 없이 공사를 착수하지 않은 경우

해설

'정당한 이유 없이 공사를 착수하지 않은 경우'는 계약 불이행 지체상금 부담, 계약파기 조건에 해당한다.

관련개념 **공사계약의 재계약 조건**

• 설계서의 내용이 불분명하거나 누락, 오류 또는 상호모순되는 점이 있는 경우
• 지질, 용수 등 공사현장의 상태가 설계서와 다를 경우
• 새로운 기술, 공법 사용으로 공사비의 절감 및 시공기간의 단축 등의 효과가 현저할 경우
• 기타 발주기관이 설계서를 변경할 필요가 있다고 인정하는 경우

071

기초의 종류 중 지정형식에 따른 분류에 속하지 않는 것은?

① 직접기초　　　　　　② 피어기초
③ 복합기초　　　　　　④ 잠함기초

> **해설**
> 복합기초는 기초판의 형식에 의한 분류에 해당한다. 지정형식에 의한 분류는 얕은 기초(직접기초)와 깊은 기초로 구분된다.

> **관련개념** **기초의 분류**

구분	분류
기초판(슬래브)의 형식	• 푸팅기초(독립기초, 복합기초, 연속기초) • 온통(전체)기초
지정의 형식	• 얕은 기초(전체기초, 프로팅기초, 지반개량) • 깊은 기초(말뚝기초, 피어기초, 잠함기초)

072

다음 조건에 따른 백호우의 단위시간당 추정 굴착량으로 옳은 것은?

> 버켓용량: 0.5[m³], 사이클타임: 20초, 작업효율: 0.9,
> 굴착계수: 0.7, 굴착토의 용적변화계수: 1.25

① 94.5[m³]　　　　　　② 80.5[m³]
③ 76.3[m³]　　　　　　④ 70.9[m³]

> **해설** **굴착토량 산출식**
> 셔블계 굴착기의 시간당 굴착토량 산정식은 다음과 같다.
> $$V = Q \times \frac{3,600}{C_m} \times E \times K \times f = 0.5 \times \frac{3,600}{20} \times 0.9 \times 0.7 \times 1.25 = 70.9[m^3]$$
> 여기서, V: 굴착토량[m³]
> Q: 버켓용량[m³]
> C_m: 사이클타임[sec]
> E: 작업효율
> K: 굴착계수
> f: 용적변화계수
> ※ 단위시간 1시간은 60×60=3,600초이다.

073

강구조 부재의 용접 시 예열에 관한 설명으로 옳지 않은 것은?

① 모재의 표면온도가 0[℃] 미만인 경우는 적어도 20[℃] 이상 예열한다.
② 이종금속 간에 용접을 할 경우는 예열과 층간온도는 하위등급을 기준으로 하여 실시한다.
③ 버너로 예열하는 경우에는 개선면에 직접 가열해서는 안 된다.
④ 온도관리는 용접선에서 75[mm] 떨어진 위치에서 표면온도계 또는 온도쵸크 등에 의하여 온도관리를 한다.

> **해설**
> 이종금속 간에 용접을 할 경우 예열과 층간온도는 상위등급을 기준으로 하여 실시한다.

> **관련개념** **강구조 부재의 용접 시 예열**
> • 예열온도
> – 예열은 용접선의 양측 100[mm] 및 아크 전방 100[mm] 범위 내의 모재를 최소예열온도 이상으로 가열한다.
> – 모재의 표면온도가 0[℃] 미만인 경우는 적어도 20[℃] 이상 예열한다.
> • 예열방법
> – 예열방법은 전기저항 가열법, 고정버너, 수동버너 등에서 강종에 적합한 조건과 방법을 선정하되 버너로 예열하는 경우에는 개선면에 직접 가열해서는 안 된다.
> – 온도관리는 용접선에서 75[mm] 떨어진 위치에서 표면온도계 또는 온도쵸크 등에 의하여 온도관리를 한다.
> – 온도 저하를 고려하여 아크발생 시의 온도가 규정 온도인 것을 확인하고, 이 온도를 기준으로 예열직후의 계측온도를 설정한다.

074

공동도급방식의 장점에 해당하지 않는 것은?

① 위험의 분산
② 시공의 확실성
③ 이윤 증대
④ 기술 자본의 증대

해설

공동도급방식을 사용하면 공사비용이 증가되어 이윤이 감소할 수 있다.

관련개념 공동도급(Joint Venture Contract)의 장단점

장점	단점
• 시공의 확실성 보장 • 위험의 분산 • 공사도급 경쟁완화 • 자본력과 신용도 증대 • 기술확충, 경험의 증대로 우량시공 가능	• 이해충돌, 책임회피 우려 • 현장관리 및 업무혼란 우려 • 단일회사 도급보다 비용증가 가능성 • 하자책임 불분명 • 경영방식 차이에 따른 능률저하

075

지하수가 없는 비교적 경질인 지층에서 어스오거로 구멍을 뚫고 그 내부에 철근과 자갈을 채운 후, 미리 삽입해 둔 파이프를 통해 저면에서부터 모르타르를 채워 올라오게 한 것은?

① 슬러리 월
② 시트 파일
③ CIP 파일
④ 프랭키 파일

해설 CIP(Cast In Place Pile) 공법

지하수가 없는 비교적 경질인 지층에서 어스 오거로 구멍을 뚫고 그 내부에 자갈과 철근을 채운 후, 미리 삽입해 둔 파이프를 통해 저면에서부터 모르타르를 채워 올라오게 하는 공법이다.

장점	단점
• 자갈·암반지반을 제외한 대부분의 지반에 적용 가능하다. • 장비가 비교적 소형이라 협소한 공간에서도 시공이 가능하며 저소음, 저진동이다. • 강성이 커서 배면토의 수평변위를 억제하여 인접구조물에 영향을 최소화할 수 있다.	• 흙막이판공법에 비해 비교적 고가이다. • 파일과 파일 사이 이음부가 취약하여 차수공이 필요하다. • 굴착공 저부에 슬라임이 발생할 수 있다. • 암반천공이 어렵다.

076

속빈 콘크리트블록의 규격 중 기본 블록 치수가 아닌 것은? (단위: [mm])

① 390×190×190
② 390×190×150
③ 390×190×100
④ 390×190×80

해설 속빈 콘크리트블록의 규격(KS F 4002)

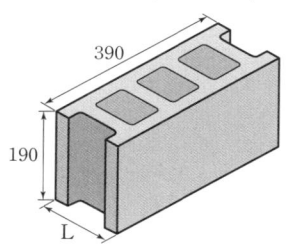

모양	치수[mm]			허용차[mm]
	길이	높이	두께	
기본 블록	390	190	190 150 100	±2
이형 블록	가로근용 블록, 모서리용 블록과 같이 기본 블록과 동일한 크기인 것의 치수 및 허용차는 기본 블록에 준한다. 다만, 그 외의 경우에는 당사자 사이의 협의에 따른다.			

속빈 콘크리트블록의 치수=길이×높이×두께
이때 길이와 높이는 고정된 규격이고, 두께는 100[mm](4인치), 150[mm](6인치), 190[mm](8인치)의 3가지 종류이다.

077

철골공사에서 발생할 수 있는 용접불량에 해당되지 않는 것은?

① 스캘럽(Scallop)
② 언더컷(Under Cut)
③ 오버랩(Overlap)
④ 피트(Pit)

해설 용접결함의 종류

슬래그 섞임	모재와 용접봉의 피복재 심선이 변하여 생긴 회분이 용착금속 내에 섞이는 것으로 과소전류, 운봉조작 불완전 등이 발생원인이다.
언더컷(Under Cut)	모재가 녹아서 용착금속이 채워지지 않고 홈으로 남게 된 부분으로 원인은 과대전류 또는 부적당한 용접봉 사용이다.
오버랩(Overlap)	용접금속과 모재가 융합되지 않고 겹쳐지는 것으로 원인은 약한 전류이다.
블로우홀 (기공, Blow Hole)	금속이 녹아들 때 생기는 작은 틈이나 기포가 발생하는 것으로 모재에 가스(황)잔류, 아크길이 및 전류 부적당의 원인으로 발생한다.
크랙(균열, Crack)	용접 후 냉각 시에 생기는 균열을 말하며, 과대전류 및 모재불량의 원인으로 발생한다.
피트(Pit)	용접부에 생기는 녹이나 미세한 흠이다.
크레이터(Crater)	아크용접 시 끝부분이 항아리 모양으로 파이는 현상으로 과대전류 및 부적합한 운봉의 원인으로 발생한다.
용입불량	용입길이가 충분하지 않은 것으로 과소전류, 운봉속도의 부적당 등이 발생원인이다.

관련개념 스캘럽(Scallop)

용접 이음이 한 곳에 집중되거나 근접하면 용접에 의한 잔류 응력이 커지거나 용접 금속이 여러 번 용접열을 받게 되어 열화하는 경우가 있기 때문에 모재에 그림과 같이 부채꼴 노치(notch)를 만들어 용접선이 교차하지 않도록 설계하여야 한다. 이 부채꼴 노치를 스캘럽이라고 한다.

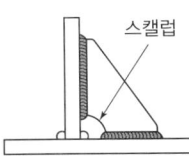

필릿 용접의 교차부

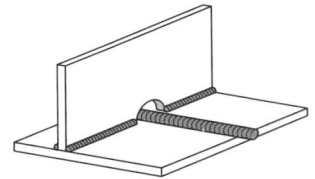

맞대기와 필릿 이음의 교차

078

미장공법, 뿜칠공법을 통한 강구조부재의 내화피복 시공 시 시공면적 얼마 당 1개소 단위로 핀 등을 이용하여 두께를 확인하여야 하는가?

① $2[m^2]$
② $3[m^2]$
③ $4[m^2]$
④ $5[m^2]$

해설 내화피복 검사 및 보수

검사항목, 방법 등은 해당 공사시방서에 따른다. 해당 공사시방서에 정한 바가 없는 경우에는 아래에 따른다.

• 미장공법, 뿜칠공법의 경우

 – 시공 시에는 시공면적 $5[m^2]$당 1개소 단위로 핀 등을 이용하여 두께를 확인하면서 시공한다.

 – 뿜칠공법의 경우 시공 후 두께나 비중은 코어를 채취하여 측정한다. 측정빈도는 각 층마다 또는 바닥면적 $1,500[m^2]$마다 각 부위별 1회를 원칙으로 하고, 1회에 5개로 한다. 그러나 연면적이 $1,500[m^2]$ 미만의 건물에 대해서는 2회 이상으로 한다.

• 조적공법, 붙임공법, 멤브레인공법의 경우

 재료반입 시 재료의 두께 및 비중을 확인한다. 그 빈도는 각 층마다 바닥면적 $1,500[m^2]$마다 각 부위별 1회로 하며, 1회에 3개로 한다. 그러나 연면적이 $1,500[m^2]$ 미만의 건물에 대해서는 2회 이상으로 한다.

079

다음은 표준시방서에 따른 철근의 이음에 관한 내용이다. (   ) 안에 공통으로 들어갈 내용으로 옳은 것은?

> (   )를 초과하는 철근은 겹침이음을 할 수 없다. 다만, 서로 다른 크기의 철근을 압축부에서 겹침이음하는 경우 (   ) 이하의 철근과 (   )를 초과하는 철근은 겹침이음을 할 수 있다.

① D25
② D29
③ D32
④ D35

해설 철근의 겹침이음

D35를 초과하는 철근은 겹침이음을 할 수 없다. 다만, 서로 다른 크기의 철근을 압축부에서 겹침이음하는 경우 D35 이하의 철근과 D35를 초과하는 철근은 겹침이음할 수 있다.

080

6회 출제

슬라이딩 폼(Sliding Form)에 관한 설명으로 옳지 않은 것은?

① 1일 5~10[m] 정도 수직시공이 가능하므로 시공속도가 빠르다.

② 타설작업과 마감작업을 병행할 수 없어 공정이 복잡하다.

③ 구조물 형태에 따른 사용 제약이 있다.

④ 형상 및 치수가 정확하며 시공오차가 적다.

해설

슬라이딩 폼은 타설작업과 마감작업을 병행할 수 있고 공정이 단순하다.

관련개념 슬라이딩 폼(Sliding Form)

• 수평적 또는 수직적으로 반복된 구조물을 시공이음이 없이 균일한 형상으로 시공하기 위하여 거푸집을 연속적으로 이동시키면서 콘크리트를 타설하여 시공한다.

• 주로 사일로(Silo), 전단벽 건물, 유틸리티 코어 등에 사용된다.

• 특징

  – 복잡한 내·외부 비계가설이 필요없다.

  – 공기가 $\frac{1}{3}$ 정도 단축된다.

  – 구조체가 일체로 될 수 있다.

  – 요크(Yoke)로 벽거푸집을 상향 이동시킨다.

  – 거푸집 조립, 제거에 소요되는 노력이 절약된다.

2021년 1회

건설재료학

081

4회 출제

KS L 4201에 따른 1종 점토벽돌의 압축강도 기준으로 옳은 것은?

① 8.78[MPa] 이상

② 14.70[MPa] 이상

③ 20.59[MPa] 이상

④ 24.50[MPa] 이상

해설 점토벽돌의 품질

품질	종류	
	1종	2종
흡수율[%]	10.0 이하	15.0 이하
압축강도[MPa]	24.50 이상	14.70 이상

082

3회 출제

석재의 종류와 용도가 잘못 연결된 것은?

① 화산암 – 경량골재

② 화강암 – 콘크리트용 골재

③ 대리석 – 조각재

④ 응회암 – 건축용 구조재

해설

응회암은 화산에서 분출된 화산재, 모래, 자갈 등이 굳어진 것으로 다공질이다. 응회암은 구조재로는 적합하지 못하고 경량골재, 내화재, 모양에 따라 특수 장식재로 쓰인다.

관련개념

화산암	• 담홍색이고 비중이 0.7~0.8로 작아 경량골재나 내화재로 사용된다. • 공극률이 높아 내화성이 크다.
화강암	• 구조재로 쓰이며, 바탕색과 반점이 미려하여 외관이 수려하므로 내외장재로도 쓰인다. • 압축강도, 내마모성이 우수하다. • 통행량이 많은 건축물의 출입문 주위나 복도, 계단 등에 많이 쓰인다.
대리석	• 견고하며 내수성이 있다. • 색채와 반점이 아름다우며 연마하면 광택이 난다. • 내마모성이 부족하고 풍화되기 쉬우므로 공업도시나 강우량이 많은 지방에서는 옥외용으로 적합하지 않고 실내 장식재, 조각재로 적당하다.

083

9회 출제

표면건조포화상태 질량 500[g]의 잔골재를 건조시켜, 공기 중 건조상태에서 측정한 결과 460[g], 절대건조상태에서 측정한 결과 450[g]이었다. 이 잔골재의 흡수율은?

① 8[%]
② 8.8[%]
③ 10[%]
④ 11.1[%]

> **해설** **골재의 흡수율**

수분이 전혀 없는 골재가 수분을 흡수할 수 있는 수분량의 비이다.

$$흡수율 = \frac{표면건조포화상태\ 질량 - 절대건조상태\ 질량}{절대건조상태\ 질량} \times 100$$

$$= \frac{500 - 450}{450} \times 100 = 11.1[\%]$$

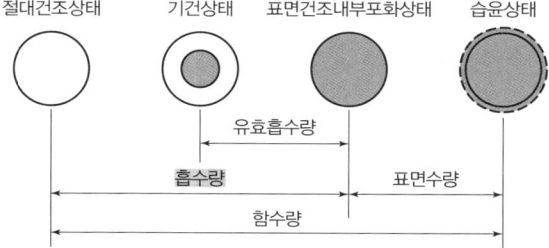

084

2회 출제

아스팔트를 천연아스팔트와 석유아스팔트로 구분할 때 천연아스팔트에 해당되지 않는 것은?

① 로크 아스팔트
② 레이크 아스팔트
③ 아스팔타이트
④ 스트레이트 아스팔트

> **해설**

스트레이트 아스팔트는 증류한 잔류유를 정제하여 얻은 석유아스팔트이다.

> **관련개념** **천연아스팔트의 종류**

암석(Rock) 아스팔트	사암이나 석회암 또는 모래 등의 틈에 침투되어 있으며, 역청질의 함유량이 5~40[%]로 산지에 따라 매우 다르다.
레이크(Lake) 아스팔트	지구 표면의 낮은 곳에 원유가 고여서 휘발성분은 증발 또는 산화하고 아스팔트 피치(Pitch)만 남아 반액체 또는 고체로 굳어져 있는 것이다.
아스팔타이트	석유질의 원유가 지층이나 암석의 갈라진 틈에 침투하여 내부에서 장시간 중합되고 축합해서 생긴 것으로 많은 역청분을 포함하고, 무기물은 5[%] 이하이며, 검고 단단한 고체로 탄력성이 풍부하여 사용하기 좋다.
사암(Sand) 아스팔트	천연아스팔트가 모래 속에 침투한 것이다.

085

5회 출제

목재의 압축강도에 영향을 미치는 원인에 관한 설명으로 옳지 않은 것은?

① 기건비중이 클수록 압축강도는 증가한다.
② 가력방향이 섬유방향과 평행일 때의 압축강도가 직각일 때의 압축강도보다 크다.
③ 섬유포화점 이상에서 목재의 함수율이 커질수록 압축강도는 계속 낮아진다.
④ 옹이가 있으면 압축강도는 저하하고 옹이 지름이 클수록 더욱 감소한다.

> **해설** **목재의 강도에 영향을 주는 요소**

- 비중: 비중이 크면 일반적으로 강도가 커진다.
- 함수율: 건조된 목재일수록 강도가 크고 반대로 함수율이 클수록 강도가 작다. 그 원인은 여러 가지가 있으나 가장 큰 원인은 수분이 물리적으로 세포간의 윤활유 작용을 하기 때문이다. 세포벽 내에 수분이 포화되었을 경우(섬유포화점 30[%])의 강도는 절대건조 시의 강도의 30[%]에 불과하다. 즉 섬유포화점 이상에서는 변화가 없지만 섬유포화점 이하에서는 함수율과 강도는 선형적으로 반비례한다.
- 발육상태: 목재의 산지와 입지조건 등에 따른 발육상태에 따라 강도가 변한다.
- 재질의 결함 유무: 목재의 조직상 결점, 옹이, 건조불량, 균이나 해충의 영향 등에 의해 강도가 변화한다.
- 온도: 온도가 상승하면 일반적으로 강도가 작아지며 고온 다습하면 휘어지기 쉽다.

086

점토의 성질에 관한 설명으로 옳지 않은 것은?

① 양질의 점토는 건조상태에서 현저한 가소성을 나타내며, 점토 입자가 미세할수록 가소성은 나빠진다.
② 점토의 주성분은 실리카와 알루미나이다.
③ 인장강도는 점토의 조직에 관계하며 입자의 크기가 큰 영향을 준다.
④ 점토제품의 색상은 철산화물 또는 석회물질에 의해 나타난다.

해설 **점토의 성질**
• 점토의 압축강도는 인장강도의 약 5배이다.
• 점토를 소성하면 용적, 비중 등의 변화가 일어나며 강도가 증대된다.
• 세립분이 50[%] 이상으로 모래 성분이 상당히 포함되어 있다.
• 공극률은 입자의 형상, 크기에 관계한다.
• 순수한 점토일수록 비중과 강도가 크다.
• 불순물이 많은 점토일수록 비중이 작고 강도가 떨어진다.
• 주성분은 실리카(SiO_2)와 알루미나(AlO_3)이다.
• 점토의 가소성은 점토의 질, 입자의 크기, 함수량, 비비기 정도, 시간, 온도에 영향을 많이 받는다.
• 알루미나(AlO_3)가 많은 점토는 가소성이 우수하다.
• 점토의 가소성은 입자가 작을수록 좋다.
• 물과 결합하여 가소성을 가지고, 열과 반응하여 화학적 변화를 일으킨다.
• 철산화물이 많을수록 적색을 띠고, 석회물질이 많을수록 황색을 띤다.

087

고강도 강선을 사용하여 인장응력을 미리 부여함으로써 큰 응력을 받을 수 있도록 제작된 것은?

① 매스 콘크리트
② 프리플레이스트 콘크리트
③ 프리스트레스트 콘크리트
④ AE 콘크리트

해설 **프리스트레스트 콘크리트(PS 콘크리트)**
콘크리트의 인장력이 생기는 부분에 고강도 강선(PS 강재)을 긴장시켜 프리스트레스를 부여함으로써 콘크리트에 미리 압축력을 주어 인장강도를 증가시켜 휨저항을 크게 한 것이다.

관련개념
• 매스 콘크리트: 대용적의 콘크리트로, 수화열이 커서 댐이나 교대 등 대형 구조물에 사용한다.
• 프리플레이스트 콘크리트: 거푸집에 미리 채워 넣은 굵은골재 사이로 관을 통하여 모르타르를 주입하는 콘크리트로, 수중콘크리트, 보수공사, 기초파일, 차수벽 등에 사용한다.
• AE 콘크리트: AE제 사용으로 시공연도를 증진시키고 단위수량을 감소시키며, 수밀성이 향상된 것이다.

088

콘크리트용 혼화제의 사용용도와 혼화제 종류를 연결한 것으로 옳지 않은 것은?

① AE감수제: 작업성능이나 동결융해 저항성능의 향상
② 유동화제: 강력한 감수효과와 강도의 대폭적인 증가
③ 방청제: 염화물에 의한 강재의 부식억제
④ 증점제: 점성, 응집작용 등을 향상시켜 재료분리를 억제

해설

유동화제는 생산된 콘크리트의 유동성을 크게 개선하여 워커빌리티를 개선시킨다.

관련개념 혼화제의 종류

• 워커빌리티와 내동해성을 개선시키는 것: AE제, AE감수제
• 워커빌리티를 향상시켜 소요의 단위수량이나 단위시멘트의 양을 감소시키는 것: 감수제, AE감수제
• 유동성을 크게 개선시키는 것: 유동화제
• 큰 감수효과로 강도를 크게 높이는 것: 고강도용 감수제(고성능 감수제)
• 응결, 경화시간을 조절하는 것: 촉진제, 지연제, 급결제
• 방수효과를 나타내는 것: 방수제
• 기포의 작용에 의해 충전성을 개선하거나 중량을 조절하는 것: 기포제, 발포제
• 염화물에 의한 철근의 부식을 억제하는 것: 방청제

089

유리의 중앙부와 주변부의 온도 차이로 인해 응력이 발생하여 파손되는 현상을 유리의 열파손이라 한다. 열파손에 관한 설명으로 옳지 않은 것은?

① 색유리에 많이 발생한다.
② 동절기의 맑은 날 오전에 많이 발생한다.
③ 두께가 얇을수록 강도가 약해 열팽창응력이 크다.
④ 균열은 프레임에 직각으로 시작하여 경사지게 진행된다.

해설 유리의 열파손

• 유리가 태양광을 받게 되면 중앙부는 온도가 상승, 팽창되고 외측은 저온인 상태가 되어 온도 차이로 인한 팽창성의 차이가 응력을 발생시켜 유리가 파손되는 현상이다.
• 색유리에 많이 발생한다.
• 동절기 맑은 날 오전에 많이 발생한다. (중앙부와 외측 온도 차이가 클 때)
• 두께가 두꺼울수록 열팽창응력이 크다.
• 균열은 외측 프레임에 직각으로 시작되어 경사지게 진행한다.

090

도료의 사용 용도에 관한 설명으로 옳지 않은 것은?

① 유성바니쉬는 투명도료이며, 목재마감에도 사용가능하다.

② 유성페인트는 모르타르, 콘크리트면에 발라 착색방수피막을 형성한다.

③ 합성 수지 에멀션페인트는 콘크리트면, 석고보드 바탕 등에 사용된다.

④ 클리어래커는 목재면의 투명도장에 사용된다.

해설

유성페인트를 모르타르, 콘크리트면에 바르면 변질될 우려가 있다.

관련개념 페인트의 종류

종류		특성	용도
페인트	유성	내알칼리성, 내후성, 경도·내마모성 우수	옥내·외 목재, 금속, 콘크리트
	에나멜	내알칼리성, 내후성, 색상이 선명	옥내·외 목재, 금속
바니쉬	유성	투명도료, 내후성 낮음	목재 내부용
	랙(니스)	투명도료, 내후성 없음	목재 가구
	래커	투명, 내후성, 내수성	목재, 금속면
수성 도료	용해형	내알칼리성, 내후성 부족	모르타르면, 회반죽면
	에멀션	내알칼리성, 내후성 약간 있음	모르타르면, 회반죽면

091

습윤상태의 모래 780[g]을 건조로에서 건조시켜 절대건조상태 720[g]으로 되었다. 이 모래의 표면수율은? (단, 이 모래의 흡수율은 5[%]이다.)

① 3.08[%] ② 3.17[%]

③ 3.33[%] ④ 3.52[%]

해설

우선 모래의 흡수율 5[%]를 이용하여 표면건조포화상태 질량을 구한다.

$$흡수율 = \frac{표면건조포화상태\ 질량 - 절대건조상태\ 질량}{절대건조상태\ 질량} \times 100$$

$$= \frac{표면건조포화상태\ 질량 - 720}{720} \times 100 = 5[\%]$$

표면건조포화상태 질량 = 756[g]

$$표면수율 = \frac{습윤상태\ 질량 - 표면건조포화상태\ 질량}{표면건조포화상태\ 질량} \times 100$$

$$= \frac{780 - 756}{756} \times 100 = 3.17[\%]$$

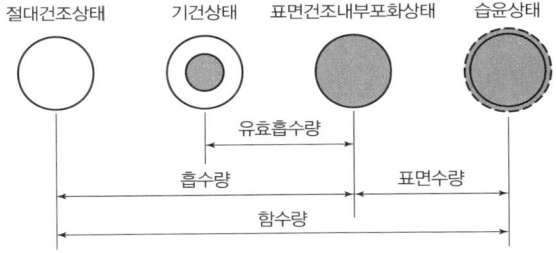

092

4회 출제

미장재료 중 회반죽에 관한 설명으로 옳지 않은 것은?

① 경화속도가 느린 편이다.
② 일반적으로 연약하고, 비내수성이다.
③ 여물은 접착력 증대를, 해초풀은 균열방지를 위해 사용된다.
④ 소석회가 주원료이다.

해설 회반죽의 바름 특성
• 소석회를 주원료로 모래, 여물, 해초풀을 혼합하여 사용한다.
• 여물은 건조수축에 의한 균열을 방지하기 위해 사용한다.
• 해초풀은 점성력, 부착력을 증대한다.
• 해초풀을 끓인 다음 1일 이상 방치하게 될 때에는 표면에 소량의 석회를 뿌려서 부패를 방지하며, 사용 시에는 표층부분을 제거한 후 사용한다.

093

7회 출제

다음 합성 수지 중 열가소성 수지가 아닌 것은?

① 알키드 수지
② 염화비닐 수지
③ 아크릴 수지
④ 폴리프로필렌 수지

해설 열가소성 수지와 열경화성 수지의 종류

열가소성 수지	열경화성 수지
염화비닐 수지	페놀 수지
초산비닐 수지	요소 수지
ABS 수지	멜라민 수지
아크릴 수지	알키드 수지
불소 수지	우레탄 수지
폴리아미드 수지	에폭시 수지
폴리프로필렌 수지	실리콘 수지
폴리스티렌 수지	푸란 수지
폴리에틸렌 수지	불포화 폴리에스테르 수지

094

1회 출제

전기절연성, 내열성이 우수하고 특히 내약품성이 뛰어나며, 유리섬유로 보강하여 강화플라스틱(F.R.P)의 제조에 사용되는 합성 수지는?

① 멜라민 수지
② 불포화폴리에스테르 수지
③ 페놀 수지
④ 염화비닐 수지

해설 불포화폴리에스테르 수지
• 유리섬유 등의 보강재와 혼합하여 강화플라스틱을 만들 수 있다.
• 절연성이 뛰어나고 내열성·내약품성·내수성이 우수하다.

관련개념 섬유강화플라스틱(F.R.P; Fiber Reinforced Plastics)
• 열경화성 수지와 유리섬유를 혼합한 것이다.
• 유리섬유를 불규칙하게 혼입한 후에 상온에서 가압·성형을 한 판이다.
• 알칼리 이외의 화약 약품에는 저항성이 있고, 경질이므로 설비재 내외의 수장재로 쓰인다.

095

2회 출제

강의 열처리 방법 중 결정을 미립화하고 균일하게 하기 위해 800~1,000[℃]까지 가열하여 소정의 시간까지 유지한 후에 로(爐)의 내부에서 서서히 냉각하는 방법은?

① 풀림
② 불림
③ 담금질
④ 뜨임질

해설 강의 열처리 방법
강을 가열한 후 다시 냉각시키면 내부 결정의 변화에 의하여 원강과 다른 성상을 나타내게 되는데 이를 열처리라고 한다.

불림 (소준)	강을 800~1,000[℃]로 가열하여 그 온도에서 수십 분간 보존한 후에 공기 중에서 서서히 냉각하면 조직이 정상화되고 부서지기 쉬운 것이 강하게 된다.
풀림 (소둔)	불림의 경우와 같이 가열한 후 이것을 로 속에서 서서히 냉각하면 인장강도는 저하하나 균질하고 연질의 것으로 된다.
담금질 (소입)	풀림 때처럼 서서히 냉각하는 대신에 냉수, 온수 또는 기름에 적시어 급랭시키면 늘음(신율)이 감소하고, 잘 깨어지는 취성이 증가하나 강도 및 경도가 증대하여 마모가 적게 된다.
뜨임 (소태)	담금질한 강은 부서지기 쉬워서 사용에 부적당한 경우가 많다. 이것을 다시 200~600[℃]로 가열하여 수십 분 후 공기 중에서 냉각하면 취성(취도)이 현저하게 작아진다.

096

단열재료에 관한 설명으로 옳지 않은 것은?

① 열전도율이 높을수록 단열성능이 좋다.

② 같은 두께인 경우 경량재료인 편이 단열에 더 효과적이다.

③ 일반적으로 다공질의 재료가 많다.

④ 단열재료의 대부분은 흡음성도 우수하므로 흡음재료로서도 이용된다.

해설

열전도율이 높아지면 단열성능이 나빠진다.

관련개념 단열재료의 조건
• 열전도율, 흡수율이 작을 것
• 비중, 투기성이 작을 것
• 내화성이 크고, 내부식성이 좋을 것
• 시공성이 좋을 것
• 재질의 변형이 없고, 균질성을 가질 것
• 난연성이고, 연소 시 유독가스 발생이 없을 것

097

목재 건조의 목적에 해당되지 않는 것은?

① 강도의 증진

② 중량의 경감

③ 가공성의 증진

④ 균류 발생의 방지

해설 목재의 건조목적
• 수축에 의한 손상 방지
• 강도의 증진
• 해충에 의한 충해 방지, 부식방지
• 중량의 경감(건조재는 자체 무게가 경감되어 운반시공성이 좋음)

098

콘크리트용 골재의 품질요건에 관한 설명으로 옳지 않은 것은?

① 골재는 청정·견경해야 한다.

② 골재는 소요의 내화성과 내구성을 가져야 한다.

③ 골재는 표면이 매끄럽지 않으며, 예각으로 된 것이 좋다.

④ 골재는 밀실한 콘크리트를 만들 수 있는 입형과 입도를 갖는 것이 좋다.

해설 콘크리트용 골재의 구비조건
• 골재의 강도는 콘크리트 중의 경화한 페이스트의 강도 이상의 것으로 한다.
• 골재는 서로 섞이지 않아야 하고 톱밥, 흙, 쓰레기 등이 섞이지 않아야 한다.
• 유해한 성분을 포함하지 않아야 한다.
• 물리적, 화학적으로 안정하고 내구성이 커야 한다.
• 단단하고 강하며 내마모성이 있어야 한다.
• 모양이 입방체 또는 구형에 가깝고 부착이 좋은 표면조직을 가져야 한다.
• 골재는 콘크리트 용적의 66~78[%]를 차지한다.
• 골재는 입도가 좋은 것, 견고한 것, 내화성 및 내구성이 있는 것으로 한다.

099

금속부식에 관한 대책으로 옳지 않은 것은?

① 가능한 한 이종 금속은 이를 인접, 접속시켜 사용하지 않을 것
② 균질한 것을 선택하고, 사용할 때 큰 변형을 주지 않도록 할 것
③ 큰 변형을 준 것은 가능한 한 풀림하여 사용할 것
④ 표면을 거칠게 하고 가능한 한 습윤상태로 유지할 것

해설

금속의 표면을 거칠게 하면 공기·습기와 접촉면적이 커지고, 습윤상태를 유지하면 습식녹이 발생한다.

관련개념 금속부식대책 표면방식법
• 수분과 습기에 접촉하지 않게 한다.
• 표면을 청결하게 하고 기름칠하여 녹이 발생하지 않게 한다.
• 서로 다른(이종) 금속은 접촉하지 않도록 한다.
• 불균질한 철재는 풀림을 통해 균질화하여 사용하도록 한다.

100

각 미장재료별 경화형태로 옳지 않은 것은?

① 회반죽: 수경성
② 시멘트 모르타르: 수경성
③ 돌로마이트 플라스터: 기경성
④ 테라조 현장바름: 수경성

해설 미장재 분류
• 기경성 — 진흙질 — 진흙질 — 진흙(모래), 짚여물의 물반죽
　　　　　　　　　　새벽 — 새벽흙, 모래, 마분여물의 물반죽
　　　　　석회질 — 회반죽 — 소석회(모래), 여물, 해초풀 반죽
　　　　　　　　　　회사벽 — 핀강회(모래), 여물의 물반죽
　　　　　　　　　　돌로마이트 플라스터 — 돌로마이트 석회, 모래, 여물의 물반죽
• 수경성 — 석고질 — 석고 플라스터 — 순석고 플라스터
　　　　　　　　　　　　　　　　　배합석고 플라스터
　　　　　　　　　무수(경)석고 플라스터 — 무수석고, 모래, 여물의 물반죽
　　　　　시멘트질(모르타르) — 시멘트, 모래(안료, 돌가루)의 물반죽
　　　　　테라조 현장바름(인조석바름)

건설안전기술

101

유해위험방지계획서를 고용노동부장관에게 제출하고 심사를 받아야 하는 대상 건설공사 기준으로 옳지 않은 것은?

① 최대 지간길이가 50[m] 이상인 다리의 건설 등 공사
② 지상높이 25[m] 이상인 건축물 또는 인공구조물의 건설 등 공사
③ 깊이 10[m] 이상인 굴착공사
④ 다목적댐, 발전용댐, 저수용량 2천만 톤 이상의 용수 전용 댐 및 지방상수도 전용 댐의 건설 등 공사

해설 유해위험방지계획서 제출 대상 건설공사
• 다음의 어느 하나에 해당하는 건축물 또는 시설 등의 건설·개조 또는 해체(건설 등) 공사
－ 지상높이가 31[m] 이상인 건축물 또는 인공구조물
－ 연면적 30,000[m²] 이상인 건축물
－ 연면적 5,000[m²] 이상의 문화 및 집회시설(전시장 및 동물원·식물원 제외), 판매시설, 운수시설(고속철도의 역사 및 집배송시설 제외), 종교시설, 의료시설 중 종합병원, 숙박시설 중 관광숙박시설, 지하도상가, 냉동·냉장 창고시설
• 연면적 5,000[m²] 이상인 냉동·냉장 창고시설의 설비공사 및 단열공사
• 최대 지간길이가 50[m] 이상인 다리의 건설 등 공사
• 터널의 건설 등 공사
• 다목적댐, 발전용댐, 저수용량 2천만 톤 이상의 용수 전용 댐 및 지방상수도 전용 댐의 건설 등 공사
• 깊이 10[m] 이상인 굴착공사

102

사면보호공법 중 구조물에 의한 보호공법에 해당되지 않는 것은?

① 블럭공
② 식생구멍공
③ 돌쌓기공
④ 현장타설 콘크리트 격자공

해설 **식생구멍공**

식물을 생육시켜 그 뿌리로 사면의 표층토를 고정하여 빗물에 의한 침식, 동상, 이완 등을 방지하고, 녹화에 의한 경관조성을 목적으로 하는 사면보호공법이다.

관련개념 **사면보호공법의 종류**

• 뿜어붙이기공: 콘크리트나 시멘트 모르타르를 뿜어 붙인다.
• 블록공: 비탈면에 블록을 덮는다.
• 돌쌓기공: 돌의 형태를 활용하여 자립구조를 형성한다.
• 배수공: 지반의 강도에 영향을 주는 물을 제거한다.
• 표층안정공법: 약액 또는 시멘트를 지반에 그라우팅하여 교반한다.

103

미리 작업장소의 지형 및 지반상태 등에 적합한 제한속도를 정하지 않아도 되는 차량계 건설기계의 속도 기준은?

① 최대제한속도가 10[km/h] 이하
② 최대제한속도가 20[km/h] 이하
③ 최대제한속도가 30[km/h] 이하
④ 최대제한속도가 40[km/h] 이하

해설

사업주는 차량계 하역운반기계, 차량계 건설기계(최대제한속도가 10[km/h] 이하인 것은 제외)를 사용하여 작업을 하는 경우 미리 작업장소의 지형 및 지반 상태 등에 적합한 제한속도를 정하고, 운전자로 하여금 준수하도록 하여야 한다.

104

발파지점 인접구조물에 대한 피해 및 손상을 예방하기 위한 대상시설물 위치에서의 발파진동 허용진동치[cm/sec] 기준으로 옳지 않은 것은?

① 문화재: 0.2~0.3[cm/sec]
② 조적식 주택(지하기초, 콘크리트 슬래브): 2.0[cm/sec]
③ 철근콘크리트 중소형 상가: 3.0[cm/sec]
④ 철골콘크리트 대형빌딩: 4.0[cm/sec]

해설 **구조물의 손상기준 발파진동 허용치**

구분	허용진동치[cm/sec]
문화재 및 진동예민 구조물	0.2~0.3
조적식(벽돌, 석재 등) 벽체와 목재로 된 천장을 가진 구조물	1.0
지하기초와 콘크리트 슬래브를 갖는 조적식 건물	2.0
철근콘크리트 골조 및 슬래브를 갖는 중소형 건축물	3.0
철근콘크리트 또는 철골골조 및 슬래브를 갖는 대형건물	5.0

105

11회 출제

거푸집 및 동바리를 조립하는 경우에 준수하여야 하는 기준으로 옳지 않은 것은?

① 동바리로 사용하는 파이프 서포트를 이어서 사용하는 경우에는 3개 이상의 볼트 또는 전용철물을 사용하여 이을 것

② 동바리로 사용하는 파이프 서포트의 높이가 3.5[m]를 초과하는 경우에는 높이 2[m] 이내마다 수평연결재를 2개 방향으로 만들 것

③ 받침목이나 깔판의 사용, 콘크리트 타설, 말뚝박기 등 동바리의 침하를 방지하기 위한 조치를 할 것

④ 동바리로 사용하는 파이프 서포트를 3개 이상 이어서 사용하지 않도록 할 것

해설 동바리로 사용하는 파이프 서포트 조립 시 준수사항
• 파이프 서포트를 3개 이상 이어서 사용하지 않도록 할 것
• 파이프 서포트를 이어서 사용하는 경우에는 4개 이상의 볼트 또는 전용철물을 사용하여 이을 것
• 높이가 3.5[m]를 초과하는 경우에는 높이 2[m] 이내마다 수평연결재를 2개 방향으로 만들고 수평연결재의 변위를 방지할 것

관련개념 동바리 조립 시의 안전조치
• 받침목이나 깔판의 사용, 콘크리트 타설, 말뚝박기 등 동바리의 침하를 방지하기 위한 조치를 할 것
• 동바리의 상하 고정 및 미끄러짐 방지 조치를 할 것
• 상부·하부의 동바리가 동일 수직선 상에 위치하도록 하여 깔판·받침목에 고정시킬 것
• 개구부 상부에 동바리를 설치하는 경우에는 상부하중을 견딜 수 있는 견고한 받침대를 설치할 것
• U헤드 등의 단판이 없는 동바리의 상단에 멍에 등을 올릴 경우에는 해당 상단에 U헤드 등의 단판을 설치하고, 멍에 등이 전도되거나 이탈되지 않도록 고정시킬 것
• 동바리의 이음은 같은 품질의 재료를 사용할 것
• 강재의 접속부 및 교차부는 볼트·클램프 등 전용철물을 사용하여 단단히 연결할 것
• 거푸집의 형상에 따른 부득이한 경우를 제외하고는 깔판이나 받침목은 2단 이상 끼우지 않도록 할 것
• 깔판이나 받침목을 이어서 사용하는 경우에는 그 깔판·받침목을 단단히 연결할 것

106

2회 출제

안전계수가 4이고 2,000[MPa]의 인장강도를 갖는 강선의 최대허용응력은?

① 500[MPa]   ② 1,000[MPa]
③ 1,500[MPa]   ④ 2,000[MPa]

해설

$$최대허용응력 = \frac{인장강도}{안전계수} = \frac{2,000}{4} = 500[MPa]$$

107

1회 출제

화물을 적재하는 경우의 준수사항으로 옳지 않은 것은?

① 침하 우려가 없는 튼튼한 기반 위에 적재할 것

② 건물의 칸막이나 벽 등이 화물의 압력에 견딜 만큼의 강도를 지니지 아니한 경우에는 칸막이나 벽에 기대어 적재하지 않도록 할 것

③ 불안정할 정도로 높이 쌓아 올리지 말 것

④ 하중을 한쪽으로 치우치더라도 화물을 최대한 효율적으로 적재할 것

해설 화물취급 작업에서 화물 적재 시 준수사항
• 침하 우려가 없는 튼튼한 기반 위에 적재할 것
• 건물의 칸막이나 벽 등이 화물의 압력에 견딜 만큼의 강도를 지니지 아니한 경우에는 칸막이나 벽에 기대어 적재하지 않도록 할 것
• 불안정할 정도로 높이 쌓아 올리지 말 것
• 하중이 한쪽으로 치우치지 않도록 쌓을 것

108

3회 출제

공사진척에 따른 공정률이 다음과 같을 때 산업안전보건관리비 사용기준으로 옳은 것은? (단, 공정률은 기성공정률을 기준으로 한다.)

공정률: 70[%] 이상 90[%] 미만

① 50[%] 이상   ② 60[%] 이상
③ 70[%] 이상   ④ 80[%] 이상

해설 공사진척에 따른 산업안전보건관리비 사용기준

공정률	사용기준
50[%] 이상 70[%] 미만	50[%] 이상
70[%] 이상 90[%] 미만	70[%] 이상
90[%] 이상	90[%] 이상

109

차량계 건설기계를 사용하여 작업을 하는 경우 작업계획서 내용에 포함되지 않는 사항은?

① 사용하는 차량계 건설기계의 종류 및 성능
② 차량계 건설기계의 운행경로
③ 차량계 건설기계에 의한 작업방법
④ 차량계 건설기계 사용 시 유도자 배치 위치

해설 차량계 건설기계를 사용하는 작업 시 작업계획서 내용
• 사용하는 차량계 건설기계의 종류 및 성능
• 차량계 건설기계의 운행경로
• 차량계 건설기계에 의한 작업방법

110

산업안전보건법령에서 규정하는 철골작업을 중지하여야 하는 기후조건에 해당하지 않는 것은?

① 풍속이 초당 10[m] 이상인 경우
② 강우량이 시간당 1[mm] 이상인 경우
③ 강설량이 시간당 1[cm] 이상인 경우
④ 기온이 영하 5[℃] 이하인 경우

해설 철골작업 중지기준
• 풍속이 초당 10[m] 이상인 경우
• 강우량이 시간당 1[mm] 이상인 경우
• 강설량이 시간당 1[cm] 이상인 경우

111

지하수위 상승으로 포화된 사질토 지반의 액상화 현상을 방지하기 위한 가장 직접적이고 효과적인 대책은?

① Well Point 공법 적용
② 동다짐공법 적용
③ 입도가 불량한 재료를 입도가 양호한 재료로 치환
④ 밀도를 증가시켜 한계간극비 이하로 상대밀도를 유지하는 방법 강구

해설

액상화 현상에 가장 직접적이고 효과적인 대책은 지하수위를 낮추는 Well Point 공법 적용이다. 치환 공법은 차선책으로 적용할 수 있다.

112

강관을 사용하여 비계를 구성하는 경우 준수하여야 할 기준으로 옳지 않은 것은?

① 비계기둥의 간격은 띠장 방향에서는 1.85[m] 이하, 장선(長線) 방향에서는 1.5[m] 이하로 할 것
② 띠장 간격은 2.0[m] 이하로 할 것
③ 비계기둥의 제일 윗부분으로부터 31[m] 되는 지점 밑부분의 비계기둥은 3개의 강관으로 묶어 세울 것
④ 비계기둥 간의 적재하중은 400[kg]을 초과하지 않도록 할 것

해설 강관비계의 구조
• 비계기둥의 간격은 띠장 방향에서는 1.85[m] 이하, 장선 방향에서는 1.5[m] 이하로 할 것
• 띠장 간격은 2[m] 이하로 할 것
• 비계기둥의 제일 윗부분으로부터 31[m] 되는 지점 밑부분의 비계기둥은 2개의 강관으로 묶어 세울 것
• 비계기둥 간의 적재하중은 400[kg]을 초과하지 않도록 할 것

113

이동식비계를 조립하여 작업을 하는 경우에 준수하여야 할 기준으로 옳지 않은 것은?

① 승강용사다리는 견고하게 설치할 것
② 비계의 최상부에서 작업을 하는 경우에는 안전난간을 설치할 것
③ 작업발판의 최대적재하중은 400[kg]을 초과하지 않도록 할 것
④ 작업발판은 항상 수평을 유지하고 작업발판 위에서 안전난간을 딛고 작업을 하거나 받침대 또는 사다리를 사용하여 작업하지 않도록 할 것

해설 이동식비계 작업 시 준수사항
• 이동식비계의 바퀴에는 뜻밖의 갑작스러운 이동 또는 전도를 방지하기 위하여 브레이크·쐐기 등으로 바퀴를 고정시킨 다음 비계의 일부를 견고한 시설물에 고정하거나 아웃트리거를 설치하는 등 필요한 조치를 할 것
• 승강용사다리는 견고하게 설치할 것
• 비계의 최상부에서 작업을 하는 경우에는 안전난간을 설치할 것
• 작업발판은 항상 수평을 유지하고 작업발판 위에서 안전난간을 딛고 작업을 하거나 받침대 또는 사다리를 사용하여 작업하지 않도록 할 것
• 작업발판의 최대적재하중은 250[kg]을 초과하지 않도록 할 것

114

가설통로를 설치하는 경우 준수하여야 할 기준으로 옳지 않은 것은?

① 경사는 30° 이하로 할 것
② 경사가 15°를 초과하는 경우에는 미끄러지지 아니하는 구조로 할 것
③ 추락할 위험이 있는 장소에는 안전난간을 설치할 것
④ 수직갱에 가설된 통로의 길이가 15[m] 이상인 경우에는 7[m] 이내마다 계단참을 설치할 것

해설 **가설통로의 구조**
• 견고한 구조로 할 것
• 경사는 30° 이하로 할 것. 다만, 계단을 설치하거나 높이 2[m] 미만의 가설통로로서 튼튼한 손잡이를 설치한 경우에는 그러하지 아니하다.
• 경사가 15°를 초과하는 경우에는 미끄러지지 아니하는 구조로 할 것
• 추락할 위험이 있는 장소에는 안전난간을 설치할 것. 다만, 작업상 부득이한 경우에는 필요한 부분만 임시로 해체할 수 있다.
• 수직갱에 가설된 통로의 길이가 15[m] 이상인 경우에는 10[m] 이내마다 계단참을 설치할 것
• 건설공사에 사용하는 높이 8[m] 이상인 비계다리에는 7[m] 이내마다 계단참을 설치할 것

115

흙의 투수계수에 영향을 주는 인자에 관한 설명으로 옳지 않은 것은?

① 포화도: 포화도가 클수록 투수계수도 크다.
② 공극비: 공극비가 클수록 투수계수는 작다.
③ 유체의 점성계수: 점성계수가 클수록 투수계수는 작다.
④ 유체의 밀도: 유체의 밀도가 클수록 투수계수는 크다.

해설 **투수계수에 영향을 주는 인자**
• 포화도가 클수록 투수계수도 커진다.
• 공극비가 클수록 투수계수도 커진다.
• 점성계수가 클수록 투수계수는 작아진다.
• 유체의 밀도가 클수록 투수계수는 커진다.

관련개념
• 투수계수: 재료의 투수성을 판단하는 측정값
• 포화도: 토양 중 물이 차지하는 부피
• 공극비: 토양 공극의 부피 비율

116

거푸집 및 동바리를 조립 또는 해체하는 작업을 하는 경우의 준수사항으로 옳지 않은 것은?

① 재료, 기구 또는 공구 등을 올리거나 내리는 경우에는 근로자로 하여금 달줄·달포대 등의 사용을 금지하도록 할 것
② 낙하·충격에 의한 돌발적 재해를 방지하기 위하여 버팀목을 설치하고 거푸집 및 동바리를 인양장비에 매단 후에 작업을 하도록 하는 등 필요한 조치를 할 것
③ 비, 눈, 그 밖의 기상상태의 불안정으로 날씨가 몹시 나쁜 경우에는 그 작업을 중지할 것
④ 해당 작업을 하는 구역에는 관계 근로자가 아닌 사람의 출입을 금지할 것

해설 **거푸집 및 동바리의 조립·해체 등의 작업 시 준수사항**
• 해당 작업을 하는 구역에는 관계 근로자가 아닌 사람의 출입을 금지할 것
• 비, 눈, 그 밖의 기상상태의 불안정으로 날씨가 몹시 나쁜 경우에는 그 작업을 중지할 것
• 재료, 기구 또는 공구 등을 올리거나 내리는 경우에는 근로자로 하여금 달줄·달포대 등을 사용하도록 할 것
• 낙하·충격에 의한 돌발적 재해를 방지하기 위하여 버팀목을 설치하고 거푸집 및 동바리를 인양장비에 매단 후에 작업을 하도록 하는 등 필요한 조치를 할 것

117

전기발파작업에 관한 설명으로 옳지 않은 것은?

① 저항을 측정할 때에는 화약류를 장약하는 장소로부터 30[m] 이상 떨어진 안전한 장소에서 도통시험 및 저항 측정을 실시하여야 한다.

② 발파 전 사용하고자 하는 발파기의 능력을 측정하고 이상 유무를 확인하여야 한다.

③ 발파 후 발파기와 발파모선의 연결을 유지한 채 단락시켜 재기폭되지 않도록 한다.

④ 전원은 전용 발파기만 사용하고, 발파작업책임자 외에는 개폐할 수 없도록 한다.

해설

발파 후 즉시 발파모선을 발파기에서 분리하여 단락시키는 등 재기폭되지 않도록 하여야 한다.

118

터널 지보공을 조립하거나 변경하는 경우에 조치하여야 하는 사항으로 옳지 않은 것은?

① 목재의 터널 지보공은 그 터널 지보공의 각 부재에 작용하는 긴압 정도를 체크하여 그 정도가 최대한 차이나도록 할 것

② 강(鋼)아치 지보공의 조립은 연결볼트 및 띠장 등을 사용하여 주재 상호 간을 튼튼하게 연결할 것

③ 기둥에는 침하를 방지하기 위하여 받침목을 사용하는 등의 조치를 할 것

④ 주재(主材)를 구성하는 1세트의 부재는 동일 평면 내에 배치할 것

해설

목재의 터널 지보공은 그 터널 지보공의 각 부재의 긴압 정도가 균등하게 되도록 하여야 한다.

119

다음 중 지하수위 측정에 사용되는 계측기는?

① Load Cell ② Inclinometer

③ Extensometer ④ Water Level Gauge

해설 **흙막이 가시설 계측기의 종류**

구분	목적
지표침하계	흙막이벽 배면에 설치하여 지표면의 침하량 측정
지중경사계	흙막이벽 배면에 설치하여 인접지반의 수평 변위량 측정
하중계	스트러트 및 어스앵커에 설치하여 축하중 측정, 부재의 안정성 여부 판단
간극수압계	굴착 및 성토에 의한 간극수압의 변화 측정
변형률계	스트러트, 띠장 등에 부착하여 굴착 시 구조물의 변형률 측정
지하수위계	굴착에 따른 지하수위의 변동 측정
지중침하계	토류벽 배면에 설치하여 지층의 침하상태 파악, 보강 대상과 범위의 침하량 예측

※ Load Cell은 하중계, Inclinometer는 지중경사계, Extensometer는 변형계, Water Level Gauge는 지하수위계를 의미한다.

120

크레인 등 건설장비의 가공전선로 접근 시 안전대책으로 옳지 않은 것은?

① 안전 이격거리를 유지하고 작업한다.

② 장비를 가공전선로 밑에 보관한다.

③ 장비의 조립, 준비 시부터 가공전선로에 대한 감전 방지 수단을 강구한다.

④ 장비 사용현장의 장애물, 위험물 등을 점검 후 작업계획을 수립한다.

해설

가공전선로 밑에 건설장비를 보관하면 감전의 우려가 있으므로 위험하다.

2021년 2회 | 기출문제

자동 채점

산업안전관리론

001

5회 출제

산업안전보건법령상 안전인증대상 기계에 해당하지 않는 것은?

① 크레인
② 곤돌라
③ 컨베이어
④ 사출성형기

해설

'컨베이어'는 자율안전확인대상 기계 등에 해당한다.

관련개념 **안전인증대상 기계 또는 설비**

- 프레스
- 크레인
- 압력용기
- 사출성형기
- 곤돌라
- 전단기 및 절곡기
- 리프트
- 롤러기
- 고소작업대

002

6회 출제

하인리히의 1 : 29 : 300 법칙에서 "29"가 의미하는 것은?

① 재해
② 중상해
③ 경상해
④ 무상해사고

해설 하인리히의 법칙(1 : 29 : 300의 법칙)

330번의 사고가 발생한다면 그 중에 중상해가 1건, 경상해가 29건, 무상해사고가 300건 발생한다는 법칙이다.

003

8회 출제

하인리히의 사고예방대책 기본원리 5단계에 있어 "시정방법의 선정" 바로 이전 단계에서 행하여지는 사항으로 옳은 것은?

① 분석
② 사실의 발견
③ 안전조직 편성
④ 시정책의 적용

해설

'시정책의 선정' 이전 단계에서 '분석·평가'가 수행되어야 한다.

관련개념 **하인리히의 재해예방 5단계(사고예방의 기본원리)**

단계	진행과정	필요조치
제1단계	조직 (안전관리조직)	• 경영자의 안전목표 설정 • 안전관리자 등의 선임 • 안전관리조직(라인·스태프 등) 구성 • 안전활동 방침 및 계획수립 • 안전관리조직의 안전활동 전개
제2단계	사실의 발견 (현상파악)	• 사고 및 안전활동 기록의 검토 • 작업분석 • 안전점검, 검사 및 조사 • 사고조사 • 안전토의 및 회의 • 근로자의 건의 및 여론조사 • 관찰 및 보고서의 연구로 불안전요소 발견
제3단계	분석·평가 (원인규명)	• 사고보고서 및 현장조사 • 인적·물적·환경조건의 분석 • 작업공정 및 작업형태의 분석 • 교육 및 훈련의 분석 • 안전수칙 및 안전기준의 분석 • 현장조사 결과의 분석 • 불안전요소의 분석
제4단계	시정책의 선정	• 기술적인 개선 • 인사(배치)조정 • 교육 및 훈련의 개선 • 안전행정의 개선 • 규정 및 수칙의 개선 • 이행독려와 통제체제 강화
제5단계	시정책의 적용	• 목표설정 • 3E(기술적, 교육적, 관리적)의 적용 • 실시결과 재평가 및 개선

| 정답 | 001 ③   002 ③   003 ①

004

4회 출제

A 사업장에서는 산업재해로 인한 인적·물적 손실을 줄이기 위하여 안전행동 실천운동(5C 운동)을 실시하고자 한다. 5C 운동에 해당하지 않는 것은?

① Control
② Correctness
③ Cleaning
④ Checking

해설 **5C 운동(안전행동 실천운동)**
- 복장단정(Correctness)
- 청소청결(Cleaning)
- 전심전력(Concentration)
- 정리정돈(Clearance)
- 점검확인(Checking)

005

6회 출제

산업안전보건법령상 안전보건표지의 용도가 금지일 경우 사용되는 색채로 옳은 것은?

① 흰색
② 녹색
③ 빨간색
④ 노란색

해설 **안전보건표지의 색도기준 및 용도**

색채	색도기준	용도	사용 예
빨간색	7.5R 4/14	금지	정지신호, 소화설비 및 그 장소, 유해행위의 금지
		경고	화학물질 취급장소에서의 유해·위험 경고
노란색	5Y 8.5/12	경고	화학물질 취급장소에서의 유해·위험 경고 이외의 위험경고, 주의표지 또는 기계방호물
파란색	2.5PB 4/10	지시	특정 행위의 지시 및 사실의 고지
녹색	2.5G 4/10	안내	비상구 및 피난소, 사람 또는 차량의 통행표지
흰색	N9.5		파란색 또는 녹색에 대한 보조색
검은색	N0.5		문자 및 빨간색 또는 노란색에 대한 보조색

006

5회 출제

산업안전보건법령상 산업안전보건위원회의 심의·의결사항으로 틀린 것은? (단, 그 밖에 해당 사업장 근로자의 안전 및 보건을 유지·증진시키기 위하여 필요한 사항은 제외한다.)

① 사업장 경영체계 구성 및 운영에 관한 사항
② 작업환경측정 등 작업환경의 점검 및 개선에 관한 사항
③ 안전보건관리규정의 작성 및 변경에 관한 사항
④ 유해하거나 위험한 기계·기구·설비를 도입한 경우 안전 및 보건 관련 조치에 관한 사항

해설 **산업안전보건위원회의 심의·의결사항**
- 사업장의 산업재해 예방계획의 수립에 관한 사항
- 안전보건관리규정의 작성 및 변경에 관한 사항
- 안전보건교육에 관한 사항
- 작업환경측정 등 작업환경의 점검 및 개선에 관한 사항
- 근로자의 건강진단 등 건강관리에 관한 사항
- 산업재해에 관한 통계의 기록 및 유지에 관한 사항
- 중대재해의 원인 조사 및 재발 방지대책 수립에 관한 사항
- 유해하거나 위험한 기계·기구·설비를 도입한 경우 안전 및 보건 관련 조치에 관한 사항
- 그 밖에 해당 사업장 근로자의 안전 및 보건을 유지·증진시키기 위하여 필요한 사항

007

2회 출제

산업재해의 발생형태에 따른 분류 중 단순연쇄형에 해당하는 것은? (단, ○ 는 재해발생의 각종 요소를 나타낸다.)

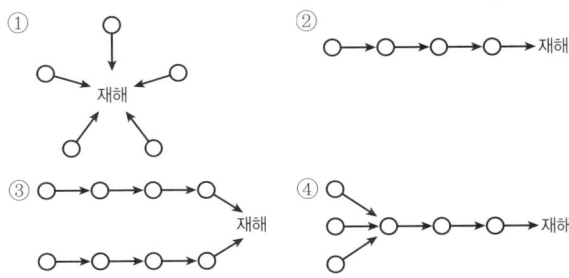

해설 산업재해 발생형태

집중형 (단순자극형)	• 상호자극에 의해 순간적으로 재해가 발생하는 형태이다. • 재해발생 장소 및 그 시기에 일시적으로 요인이 집중된다.
연쇄형	• 하나의 사고 요인이 또 다른 요인을 발생시키면서 재해가 발생하는 형태이다. • 단순연쇄형, 복합연쇄형이 있다.
복합형	집중형과 연쇄형이 복합적으로 구성되어 재해가 발생하는 형태이다.

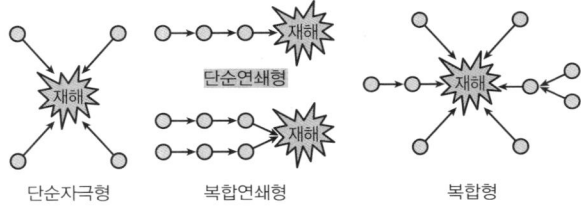

단순자극형 　　　복합연쇄형 　　　복합형

008

5회 출제

연평균 근로자수가 400명인 사업장에서 연간 2건의 재해로 인하여 4명의 사상자가 발생하였다. 근로자가 1일 8시간씩 연간 300일을 근무하였을 때 이 사업장의 연천인율은?

① 1.85　　　　　　② 4.4
③ 5　　　　　　　④ 10

해설 연천인율

근로자 1,000명당 연간 발생하는 재해자수이다.

$$연천인율 = \frac{연간재해자수}{연평균\ 근로자수} \times 1,000 = \frac{4}{400} \times 1,000 = 10$$

009

1회 출제

시설물의 안전 및 유지관리에 관한 특별법상 제1종시설물에 명시되지 않은 것은?

① 고속철도 교량
② 25층인 건축물
③ 연장 300[m]인 철도 교량
④ 연면적이 70,000[m²]인 건축물

해설

철도 교량은 연장 500[m] 이상 시 제1종시설물에 해당되며 연장 100[m] 이상 철도 교량은 제2종시설물에 해당된다.

관련개념 제1종시설물

공중의 이용편의와 안전을 도모하기 위하여 특별히 관리할 필요가 있거나 구조상 안전 및 유지관리에 고도의 기술이 필요한 대규모 시설물로서 다음의 어느 하나에 해당하는 시설물을 말한다.

• 고속철도 교량, 연장 500[m] 이상의 도로 및 철도 교량
• 고속철도 및 도시철도 터널, 연장 1,000[m] 이상의 도로 및 철도 터널
• 갑문시설 및 연장 1,000[m] 이상의 방파제
• 다목적댐, 발전용댐, 홍수전용댐 및 총저수용량 1천만 톤 이상의 용수전용댐
• 21층 이상 또는 연면적 50,000[m²] 이상의 건축물
• 하구둑, 포용저수량 8천만 톤 이상의 방조제
• 광역상수도, 공업용수도, 1일 공급능력 3만 톤 이상의 지방상수도

010

7회 출제

산업안전보건법령상 중대재해가 아닌 것은?

① 사망자가 1명 발생한 재해
② 부상자가 동시에 10명 발생한 재해
③ 직업성 질병자가 동시에 10명 발생한 재해
④ 1개월의 요양이 필요한 부상자가 동시에 2명 발생한 재해

해설 중대재해의 범위

• 사망자가 1명 이상 발생한 재해
• 3개월 이상의 요양이 필요한 부상자가 동시에 2명 이상 발생한 재해
• 부상자 또는 직업성 질병자가 동시에 10명 이상 발생한 재해

011

13회 출제

작업자가 불안전한 작업대에서 작업 중 추락하여 지면에 머리가 부딪혀 다친 경우의 기인물과 가해물로 옳은 것은?

① 기인물 – 지면, 가해물 – 지면
② 기인물 – 작업대, 가해물 – 지면
③ 기인물 – 지면, 가해물 – 작업대
④ 기인물 – 작업대, 가해물 – 작업대

해설

재해발생의 주 원인은 작업대(기인물)이고, 직접적인 피해를 준 환경은 지면(가해물)이다.

관련개념 **기인물과 가해물**

• 기인물: 재해발생의 주 원인이며 재해를 가져오게 한 근원이 되는 기계, 장치, 물질 또는 환경 등(불안전한 상태)
• 가해물: 직접 사람에게 접촉하여 피해를 주는 기계, 장치, 물질 또는 환경 등

012

5회 출제

산업안전보건법령상 다음 (   ) 안에 알맞은 내용은?

> 안전보건관리규정의 작성대상 사업의 사업주는 안전보건관리규정을 작성해야 할 사유가 발생한 날부터 (   ) 이내에 안전보건관리규정의 세부내용을 포함한 안전보건관리규정을 작성해야 한다.

① 10일   ② 15일
③ 20일   ④ 30일

해설

안전보건관리규정을 작성하여야 할 사업의 사업주는 안전보건관리규정을 작성하여야 할 사유가 발생한 날부터 30일 이내에 안전보건관리규정의 세부내용을 포함한 안전보건관리규정을 작성하여야 한다.

013

1회 출제

산업안전보건법령상 명예산업안전감독관의 업무에 속하지 않는 것은? (단, 산업안전보건위원회 구성 대상 사업의 근로자 중에서 근로자대표가 사업주의 의견을 들어 추천하여 위촉된 명예산업안전감독관의 경우이다.)

① 사업장에서 하는 자체점검 참여
② 보호구의 구입 시 적격품의 선정
③ 근로자에 대한 안전수칙 준수 지도
④ 사업장 산업재해 예방계획 수립 참여

해설

'보호구의 구입 시 적격품의 선정'은 안전보건관리책임자 및 안전보건관리담당자의 업무에 해당된다.

관련개념 **명예산업안전감독관의 업무**

• 사업장에서 하는 자체점검 참여 및 근로감독관이 하는 사업장 감독 참여
• 사업장 산업재해 예방계획 수립 참여 및 사업장에서 하는 기계 · 기구 자체검사 참석
• 법령을 위반한 사실이 있는 경우 사업주에 대한 개선 요청 및 감독기관에의 신고
• 산업재해 발생의 급박한 위험이 있는 경우 사업주에 대한 작업중지 요청
• 작업환경측정, 근로자 건강진단 시의 참석 및 그 결과에 대한 설명회 참여
• 직업성 질환의 증상이 있거나 질병에 걸린 근로자가 여러 명 발생한 경우 사업주에 대한 임시건강진단 실시 요청
• 근로자에 대한 안전수칙 준수 지도
• 법령 및 산업재해 예방정책 개선 건의
• 안전 · 보건 의식을 북돋우기 위한 활동 등에 대한 참여와 지원
• 그 밖에 산업재해 예방에 대한 홍보 등 산업재해 예방업무와 관련하여 고용노동부장관이 정하는 업무

014

2회 출제

산업안전보건법령상 안전보건개선계획의 제출에 관한 사항 중 (   ) 안에 알맞은 내용은?

> 안전보건개선계획서를 제출해야 하는 사업주는 안전보건개선계획서 수립·시행 명령을 받은 날부터 (   )일 이내에 관할 지방고용노동관서의 장에게 해당 계획서를 제출해야 한다.

① 15　　　　　　　　　② 30
③ 60　　　　　　　　　④ 90

해설

안전보건개선계획서를 제출하여야 하는 사업주는 안전보건개선계획서 수립·시행 명령을 받은 날부터 60일 이내에 관할 지방고용노동관서의 장에게 해당 계획서를 제출(전자문서로 제출하는 것 포함)하여야 한다.

관련개념 안전보건개선계획서 수립·시행 대상 사업장

• 산업재해율이 같은 업종의 규모별 평균 산업재해율보다 높은 사업장
• 사업주가 필요한 안전조치 또는 보건조치를 이행하지 아니하여 중대재해가 발생한 사업장
• 직업성 질병자가 연간 2명 이상 발생한 사업장
• 유해인자의 노출기준을 초과한 사업장

015

1회 출제

산업안전보건법령상 자율안전확인 안전모의 시험성능기준 항목으로 명시되지 않는 것은?

① 난연성　　　　　　　② 내관통성
③ 내전압성　　　　　　④ 턱끈풀림

해설

'내전압성'은 추락 및 감전 위험방지용 안전모(안전인증대상)의 시험성능기준이다.

관련개념 자율안전확인대상 안전모의 시험성능기준

항목	시험성능기준
내관통성	안전모는 관통거리가 11.1[mm] 이하이어야 한다.
충격흡수성	최고전달충격력이 4,450[N]을 초과해서는 안 되며, 모체와 착장체의 기능이 상실되지 않아야 한다.
난연성	모체가 불꽃을 내며 5초 이상 연소되지 않아야 한다.
턱끈풀림	150[N] 이상 250[N] 이하에서 턱끈이 풀려야 한다.

016

9회 출제

기계, 기구, 설비의 신설, 변경 내지 고장수리 시 실시하는 안전점검의 종류로 옳은 것은?

① 특별점검　　　　　　② 수시점검
③ 정기점검　　　　　　④ 임시점검

해설 실시시기에 따른 안전점검의 종류

일상(수시)점검	매일 일의 시작이나 종료 시 또는 작업 중에 계속해서 실시하는 점검
정기(계획)점검	주기적으로 일정한 시설이나 물건, 기계 등에 대하여 점검하는 방법
특별점검	신설, 변경 내지는 고장수리 등을 할 경우에 행하는 부정기 점검
임시점검	이상징후 예견 시 임시로 실시하는 점검

017

4회 출제

다음에서 설명하는 무재해운동 추진기법은?

> 피부를 맞대고 같이 소리치는 것으로서 팀의 일체감, 연대감을 조성할 수 있고 동시에 대뇌피질에 좋은 이미지를 불어넣어 안전행동을 하도록 하는 것

① 역할연기(Role Playing)
② TBM(Tool Box Meeting)
③ 터치 앤 콜(Touch and Call)
④ 브레인스토밍(Brain Storming)

해설 터치 앤 콜(Touch and Call)

위험요소에 대한 강한 인식과 더불어 사고예방을 위해 서로 피부를 맞대고 구호를 제창하는 기법으로 진한 동료애를 느끼고 안전에 동참하는 참여정신을 높일 수 있다.

관련개념 터치 앤 콜(Touch and Call) 운영 형태

고리형	왼손 엄지를 서로 맞잡고 원을 만들어 목표나 구호를 제창 (5~6명 정도가 적당)
포개기형	왼손 엄지로 원을 만들 수 없는 소수 인원일 경우 왼손을 서로 포개어 구호를 제창(2~3명 정도가 적당)
어깨동무형	왼손을 상대의 왼쪽 어깨에 얹어 감싸고 서로의 발을 맞대어 둥글게 원을 만들어(무재해의 제로(0)를 의미) 오른손으로 지적하며 구호를 제창(5~6명 정도가 적당)

018

4회 출제

무재해운동의 이념 3원칙 중 잠재적인 위험요인을 발견·해결하기 위하여 전원이 협력하여 각자의 위치에서 의욕적으로 문제해결을 실천하는 원칙은?

① 무의 원칙
② 선취의 원칙
③ 관리의 원칙
④ 참가의 원칙

해설 무재해운동의 3원칙

무의 원칙	잠재위험요인을 사전에 발견, 파악, 제거함으로써 근원적으로 산업재해를 없애는 것(사망, 휴업재해만 없으면 된다는 소극적 사고가 아니라 불휴재해는 물론 잠재 위험요인이 없어야 한다는 적극적인 자세)
선취(해결)의 원칙	궁극적인 목표인 무재해·무질병을 실현하기 위해 모든 잠재위험 요인을 행동하기 전에 발견, 파악, 제거함으로써 재해의 발생을 사전에 예방하거나 방지하는 것
(전원)참가의 원칙	잠재적 위험요인을 제거하기 위해 노사 전원이 참가하여 각자의 입장에서 적극적으로 스스로의 책무를 수행함과 동시에 문제해결 운동을 실천하는 것

019

11회 출제

하인리히의 재해손실비 평가방식에서 간접비에 속하지 않는 것은?

① 요양급여
② 시설복구비
③ 교육훈련비
④ 생산손실비

해설 직접손실비용과 간접손실비용

직접비 (법적으로 지급되는 산재보상비)		간접비 (직접비를 제외한 모든 비용)	
• 요양급여	• 휴업급여	• 인적손실	• 물적손실
• 장해급여	• 간병급여	• 생산손실	• 임금손실
• 유족급여	• 상병보상연금	• 시간손실	• 기타손실 등
• 장례비	• 직업재활급여		

020

1회 출제

건설기술 진흥법령상 건설사고조사위원회의 구성기준 중 다음 ( ) 안에 알맞은 것은?

> 건설사고조사위원회는 위원장 1명을 포함한 ( )명 이내의 위원으로 구성한다.

① 9
② 10
③ 11
④ 12

해설 건설사고조사위원회의 구성 및 운영

• 건설사고조사위원회는 위원장 1명을 포함한 **12명 이내의 위원**으로 구성한다.
• 건설사고조사위원회의 위원은 다음의 어느 하나에 해당하는 사람 중에서 해당 건설사고조사위원회를 구성·운영하는 국토교통부장관, 발주청 또는 인·허가기관의 장이 임명하거나 위촉한다.
  - 건설공사 업무와 관련된 공무원
  - 건설공사 업무와 관련된 단체 및 연구기관 등의 임직원
  - 건설공사 업무에 관한 학식과 경험이 풍부한 사람
• 위원의 임기는 2년으로 하며, 위원의 사임 등으로 새로 위촉된 위원의 임기는 전임위원 임기의 남은 기간으로 한다.

산업심리 및 교육

021
2회 출제

훈련에 참가한 사람들이 직무에 복귀한 후에 실제 직무수행에서 훈련효과를 보이는 정도를 나타내는 것은?

① 전이 타당도　　② 교육 타당도
③ 조직간 타당도　　④ 조직내 타당도

해설　전이 타당도
· 교육에 의해 종업원들의 직무수행이 어느 정도나 향상되었는지를 나타내는 것이다.
· 전이 타당도를 높이기 위해서는 훈련상황과 직무상황의 유사성을 최대화시켜야 한다.
· 훈련생이 원리를 완전히 이해할 수 있도록 하여야 하며, 훈련에서 배운 기술, 과제 등을 가능한 한 풍부하게 경험할 수 있도록 하여야 한다.

022
2회 출제

산업심리에서 활용되고 있는 개인적인 카운슬링 방법에 해당하지 않는 것은?

① 직접 충고　　② 설득적 방법
③ 설명적 방법　　④ 토론적 방법

해설
개인적 카운슬링 방법에는 직접적 충고, 설명적 방법, 설득적 방법이 있다.

023
2회 출제

안전태도교육 기본과정을 순서대로 나열한 것은?

① 청취 → 모범 → 이해 → 평가 → 장려 · 처벌
② 청취 → 평가 → 이해 → 모범 → 장려 · 처벌
③ 청취 → 이해 → 모범 → 평가 → 장려 · 처벌
④ 청취 → 평가 → 모범 → 이해 → 장려 · 처벌

해설　태도교육의 단계
· 1단계: 청취한다.
· 2단계: 이해 · 납득시킨다.
· 3단계: 모범(시범)을 보인다.
· 4단계: 권장(평가)한다.
· 5단계: 칭찬 또는 벌을 준다.

024
7회 출제

안전심리의 5대 요소에 관한 설명으로 틀린 것은?

① 기질이란 감정적인 경향이나 반응에 관계되는 성격의 한 측면이다.
② 감정은 생활체가 어떤 행동을 할 때 생기는 객관적인 동요를 뜻한다.
③ 동기는 능동적인 감각에 의한 자극에서 일어난 사고의 결과로서 사람의 마음을 움직이는 원동력이 되는 것이다.
④ 습성은 한 종에 속하는 개체의 대부분에서 볼 수 있는 일정한 생활양식으로 본능, 학습, 조건반사 등에 따라 형성된다.

해설　산업안전심리의 5요소

동기(Motive)	감각에 의한 자극에서 일어난 사고의 결과로서 사람의 마음을 움직이는 원동력이 된다.
기질(Temper)	감정적인 경향이나 반응과 관계되는 성격의 한 측면이다.
감정(Emotion)	어떤 행동을 할 때 생기는 주관적인 동요를 뜻한다.
습성(Habits)	일정한 생활양식으로 본능, 학습, 조건반사 등에 따라 형성된다.
습관(Custom)	성장과정을 통해 개인에게 형성된 특성 등이 무의식 중에 나타나는 규칙적인 행동이다.

025

7회 출제

인간의 적응기제(Adjustment Mechanism) 중 방어적 기제에 해당하는 것은?

① 보상
② 고립
③ 퇴행
④ 억압

해설

②, ③, ④는 도피적 기제에 해당한다.

관련개념 **방어적 기제(Defence Mechanism)**

• 자신의 불리한 입장을 보호 또는 방어하려는 기제이다.
• 합리화, 동일시, **보상**, 투사, 승화 등이 있다.

026

5회 출제

호손(Hawthorne) 실험의 결과 생산성 향상에 영향을 준 가장 큰 요인은?

① 생산기술
② 임금 및 근로시간
③ 인간관계
④ 조명 등 작업환경

해설 **호손 실험(Hawthorne Experiment)**

사원들의 태도, 감독자, 비공식 집단 등 인간관계와 관련된 요소들이 생산성에 영향을 미친다는 것을 확인한 실험이다.

027

7회 출제

의식수준이 정상이지만 생리적 상태가 적극적일 때에 해당하는 것은?

① Phase 0
② Phase Ⅰ
③ Phase Ⅲ
④ Phase Ⅳ

해설 **인간의 의식레벨**

단계	의식수준	생리적 상태
Phase 0	무의식, 실신상태	뇌발작, 수면
Phase Ⅰ	이상, 피로 및 단조로움	피로, 단조로움, 졸음
Phase Ⅱ	정상, 이완상태	휴식 시, 정례작업 시
Phase Ⅲ	정상, 명쾌	적극 활동 시
Phase Ⅳ	과긴장	패닉, 긴급방위반응

028

4회 출제

권한의 근거는 공식적이며, 지휘형태가 권위주의적이고 임명되어 권한을 행사하는 지도자로 옳은 것은?

① 헤드십(Headship)
② 리더십(Leadership)
③ 멤버십(Membership)
④ 매니저십(Managership)

해설 **헤드십(Headship)**

• 선출된 지도자가 아니라 조직에 의해 임명된 지도자가 행하는 권한 행사이다.
• 권한의 근거는 공식적인 법과 규정에 의한다.
• 지휘의 형태는 권위적이다.
• 상사와 부하의 관계는 지배적이고 사회적 간격이 넓다.
• 책임은 부하에게 있지 않고 상사에게 있다.

029

2회 출제

교육법의 4단계 중 일반적으로 적용시간이 가장 긴 것은?

① 도입
② 제시
③ 적용
④ 확인

해설 **교육법의 4단계 및 시간배분(60분 기준)**

교육법의 4단계	강의식	토의식
제1단계 – 도입(준비)	5분	5분
제2단계 – 제시(설명)	40분	10분
제3단계 – 적용(응용)	10분	40분
제4단계 – 확인(총괄)	5분	5분

※ 교육법(강의식, 토의식)에 따라 단계별 교육시간이 다르기 때문에 중복 정답으로 인정된 문제입니다.

030

다음의 내용에서 교육지도의 5단계를 순서대로 바르게 나열한 것은?

㉠ 가설의 설정	㉡ 결론
㉢ 원리의 제시	㉣ 관련된 개념의 분석
㉤ 자료의 평가	

① ㉢ → ㉣ → ㉠ → ㉤ → ㉡
② ㉠ → ㉢ → ㉣ → ㉤ → ㉡
③ ㉢ → ㉠ → ㉤ → ㉣ → ㉡
④ ㉠ → ㉢ → ㉤ → ㉣ → ㉡

해설 교육지도의 5단계
- 1단계: 원리의 제시
- 2단계: 관련된 개념의 분석
- 3단계: 가설의 설정
- 4단계: 자료의 평가
- 5단계: 결론

031

안드라고지(Andragogy) 모델에 기초한 학습자로서의 성인의 특징과 가장 거리가 먼 것은?

① 성인들은 타인 주도적 학습을 선호한다.
② 성인들은 과제 중심적으로 학습하고자 한다.
③ 성인들은 다양한 경험을 가지고 학습에 참여한다.
④ 성인들은 왜 배워야 하는지에 대해 알고자 하는 욕구를 가지고 있다.

해설 안드라고지 모델에 기초한 성인 학습자의 특징
- 성인들은 자기 주도적으로 학습하고자 한다.
- 성인들은 과제 중심적(문제 중심적)으로 학습하고자 한다.
- 성인들은 무엇을, 왜 배워야 하는지에 대해 알고자 하는 욕구를 가지고 있다.
- 성인들은 학습에 대한 강력한 내·외적 동기를 가지고 있다.

관련개념 안드라고지(Andragogy)
그리스어의 'Andros(사람)'와 'Agein(이끌다)'에서 유래된 용어로 성인을 가르치는 과학 또는 기술을 의미한다.

032

어느 철강회사의 고로작업라인에 근무하는 A씨의 작업강도가 힘든 중작업으로 평가되었다면, 해당되는 에너지대사율(RMR)의 범위로 가장 적절한 것은?

① 0~1
② 2~4
③ 4~7
④ 7~10

해설 에너지대사율(RMR; Relative Metabolic Rate)

$$RMR = \frac{작업대사량}{기초대사량} = \frac{작업\ 시\ 소비에너지 - 안정\ 시\ 소비에너지}{기초대사\ 시\ 소비에너지}$$

작업구분	RMR	작업 종류 등
초중(超重)작업	7 이상	과격한 전신작업
중(重)작업	4~7	• 일반적인 전신작업 • 힘·동작속도가 큰 작업
중(中)작업	2~4	힘·동작속도가 작은 작업
경(輕)작업	0~2	• 사무실 작업 • 손가락이나 팔로 하는 가벼운 작업

033

착각현상 중에서 실제로는 움직이지 않는데 움직이는 것처럼 느껴지는 심리적인 현상은?

① 잔상
② 원근 착시
③ 가현운동
④ 기하학적 착시

해설 운동의 착각현상
- 자동운동: 암실 내의 정지된 소광점을 응시하고 있으면 그 광점이 움직이는 것처럼 보이는 현상이다.
- 유도운동: 실제로 움직이지 않는 것이 어느 기준의 이동에 의하여 움직이는 것처럼 느껴지는 현상이다.
- 가현운동: 실제로는 움직이지 않는데 움직이는 것처럼 느껴지는 심리적인 현상이다.

034

스트레스(Stress)에 영향을 주는 요인 중 환경이나 외적요인에 해당하는 것은?

① 자존심의 손상
② 현실에의 부적응
③ 도전의 좌절과 자만심의 상충
④ 직장에서의 대인관계 갈등과 대립

해설 스트레스의 내·외적요인

내적요인	• 자존심의 손상 • 현실에의 부적응 • 도전의 좌절과 자만심의 상충 • 지나친 경쟁심과 출세욕
외적요인	• 직장에서의 대인관계 갈등과 대립 • 경제적 어려움 • 죽음, 질병

035

교육의 3요소를 바르게 나열한 것은?

① 교사 – 학생 – 교육재료
② 교사 – 학생 – 교육환경
③ 학생 – 교육환경 – 교육재료
④ 학생 – 부모 – 사회 지식인

해설 교육의 3요소
• 주체: 강사(교사)
• 객체: 교육생(학생, 교육 대상자)
• 매개체: 교육자료, 교재 등

036

맥그리거(Douglas McGregor)의 X, Y 이론 중 X 이론과 관계 깊은 것은?

① 근면, 성실
② 물질적 욕구 추구
③ 정신적 욕구 추구
④ 자기통제에 의한 자율관리

해설 맥그리거의 X, Y 이론

X 이론	• 인간의 본성은 일을 싫어하고 무관심하며 책임을 회피한다. • 관리처방 방안으로는 경제적 보상체제 강화, 권위주의적 리더십 확립, 엄격한 관리 및 통제, 상부책임 강화 등이 필요하다.
Y 이론	• 인간의 본성은 일을 좋아하고 책임감이 강하여 자율적, 민주적으로 성과를 얻는다. • 관리처방 방안으로는 권한을 위임하고 목표에 의한 관리와 인간관계 관리방식 등이 필요하다.

037

Off JT의 특징이 아닌 것은?

① 우수한 강사를 확보할 수 있다.
② 교재, 시설 등을 효과적으로 이용할 수 있다.
③ 개개인의 능력 및 적성에 적합한 세부 교육이 가능하다.
④ 다수의 대상자를 일괄적, 체계적으로 교육을 시킬 수 있다.

해설
③은 OJT의 특징이다.

관련개념 Off JT(Off the Job Training)의 특징

장점	• 업무와 훈련이 동시에 진행되지 않으므로 훈련에만 전념하게 된다. • 외부의 우수한 전문가를 강사로 활용할 수 있다. • 다수의 근로자를 대상으로 일괄적, 조직적, 체계적인 훈련이 가능하다. • 교재, 시설 등을 효과적으로 이용할 수 있다. • 교육생 간 혹은 타 직장의 근로자와 지식이나 경험을 교류할 수 있다.
단점	• 개인의 안전지도 방법으로는 부적당하다. • 교육으로 인해 업무가 중단되는 손실이 발생한다.

038

직무수행평가에 대한 효과적인 피드백의 원칙에 대한 설명으로 틀린 것은?

① 직무수행 성과에 대한 피드백의 효과가 항상 긍정적이지는 않다.
② 피드백은 개인의 수행 성과뿐만 아니라 집단의 수행 성과에도 영향을 준다.
③ 부정적 피드백을 먼저 제시하고 그 다음에 긍정적 피드백을 제시하는 것이 효과적이다.
④ 직무수행 성과가 낮을 때 그 원인을 능력 부족의 탓으로 돌리는 것보다 노력 부족 탓으로 돌리는 것이 더 효과적이다.

해설 **직무수행평가에 대한 피드백 원칙**
• 직무수행 성과에 대한 피드백의 효과가 항상 긍정적이지는 않다.
• 피드백은 개인의 수행 성과뿐만 아니라 집단의 수행 성과에도 영향을 준다.
• 긍정적 피드백을 먼저 제시한 후 부정적 피드백(개선점)을 제시하는 것이 효과적이다.
• 직무수행 성과가 낮을 때의 원인을 능력 부족의 탓으로 돌리는 것보다 노력 부족 탓으로 돌리는 것이 더 효과적이다.

039

다음 설명의 리더십 유형은 무엇인가?

> 과업을 계획하고 수행하는 데 있어서 구성원과 함께 책임을 공유하고 인간에 대하여 높은 관심을 갖는 리더십

① 권위적 리더십
② 독재적 리더십
③ 민주적 리더십
④ 자유방임형 리더십

해설 **지휘 형태에 따른 리더십의 유형**

권위형	• 리더가 독단적으로 의사를 결정하고 관리한다. • 하향 지시 위주로 조직이 운영된다. • 업무를 중심에 놓는다.
민주형	• 조직원의 적극적인 참여와 자율성을 강조한다. • 조직원의 창의성을 개발할 수 있다. • 인간관계를 중심에 놓는다.
자유방임형	• 방치, 무관심, 무질서 등의 특징을 가진다. • 개성이 강하고 연대감이 없다.

040

참가자 앞에서 소수의 전문가들이 과제에 관한 견해를 자유롭게 토의한 후 참가자 전원이 참가하여 사회자의 사회에 따라 토의하는 방법은?

① 포럼(Forum)
② 심포지엄(Symposium)
③ 버즈세션(Buzz Session)
④ 패널 디스커션(Panel Discussion)

해설 **토의법의 종류**

포럼 (Forum)	새로운 자료나 교재를 제시하고 문제점을 피교육자로 하여금 제기하게 하거나 피교육자의 의견을 다양한 방법으로 발표하게 하여 청중과 토론자 간 의견교환으로 합의를 도출해내는 방법
패널 디스커션 (Panel Discussion)	참가자 앞에서 소수의 전문가들이 과제에 관한 견해를 발표하고 토론한 뒤 참가자 전원이 참가하여 사회자의 사회에 따라 토의하는 방법
심포지엄 (Symposium)	몇 사람의 전문가에 의하여 과제에 관한 견해를 발표한 뒤에 참가자로 하여금 의견이나 질문을 하게 하여 토의하는 방법
버즈세션 (Buzz Session)	6명씩 소집단으로 구분하고, 집단별로 각각의 사회자를 선발하여 6분씩 자유토의를 행한 후 의견을 종합하는 방법으로 6-6회의라고도 함

인간공학 및 시스템안전공학

041

4회 출제

욕조곡선에서의 고장 형태에서 일정한 형태의 고장률이 나타나는 구간은?

① 초기고장 구간   ② 마모고장 구간

③ 피로고장 구간   ④ 우발고장 구간

해설 우발고장 구간

시스템의 수명곡선(욕조곡선)에서 고장률이 일정한 구간에 해당한다.

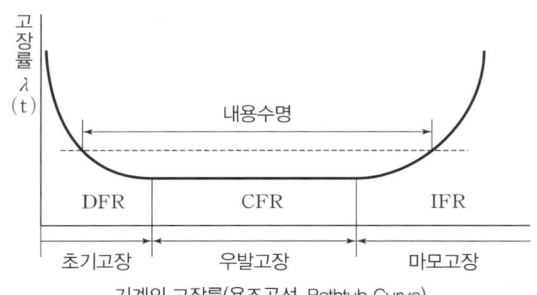

기계의 고장률(욕조곡선, Bathtub Curve)

042

8회 출제

일반적으로 은행의 접수대 높이나 공원의 벤치를 설계할 때 가장 적합한 인체 측정 자료의 응용원칙은?

① 조절식 설계

② 평균치를 이용한 설계

③ 최대치수를 이용한 설계

④ 최소치수를 이용한 설계

해설 인체 측정 자료의 응용원칙

최소치수를 이용한 설계	선반의 높이, 조종장치까지의 거리, 비상벨의 위치 등
최대치수를 이용한 설계	출입문의 높이, 좌석 간의 거리, 통로의 폭, 와이어로프의 사용중량, 위험구역 울타리 등
평균치를 이용한 설계	전동차의 손잡이 높이, 안내데스크 높이, 은행의 접수대 높이, 공원의 벤치 높이, 계산대 높이 등
조절식 설계	의자의 위치 및 높이, 자동차 운전석 의자의 위치와 높이 등

043

1회 출제

위험분석기법 중 고장이 시스템의 손실과 인명 사상에 연결되는 높은 위험도를 가진 요소나 고장의 형태에 따른 분석법은?

① CA   ② ETA

③ FHA   ④ FTA

해설 위험성 분석법(CA; Criticality Analysis)

- 고장이 시스템의 손해와 인원의 사상에 직접 연결되는 높은 위험도를 가지는 경우에 위험도를 가져오는 요소 또는 고장의 형태에 따라 정량적으로 분석하는 기법이다.
- 항공기의 안전성 평가에 널리 사용된다.
- 각 중요 부품의 고장률, 운용형태, 보정계수, 사용시간비율 등을 고려하여 정량적, 귀납적으로 부품의 위험도를 평가한다.

044

1회 출제

작업장의 설비 3대에서 각각 80[dB], 86[dB], 78[dB]의 소음이 발생되고 있을 때 작업장의 음압수준은?

① 약 81.3[dB]   ② 약 85.5[dB]

③ 약 87.5[dB]   ④ 약 90.3[dB]

해설 음압수준의 합산

$$SPL[dB] = 10 \log(10^{\frac{A_1}{10}} + 10^{\frac{A_2}{10}} + 10^{\frac{A_3}{10}} + \cdots)$$

여기서, A_n: 음압수준

작업장의 합산 음압수준 $= 10 \log(10^{\frac{80}{10}} + 10^{\frac{86}{10}} + 10^{\frac{78}{10}}) = 87.5[dB]$

045

4회 출제

다음 중 일반적인 화학설비에 대한 안전성 평가(Safety Assessment) 절차에 있어 안전대책 단계에 해당되지 않는 것은?

① 보전
② 위험도 평가
③ 설비적 대책
④ 관리적 대책

해설

안전대책 단계는 안전성 평가 4단계이다. '위험도 평가'는 3단계 정량적 평가에 해당한다.

관련개념 화학설비의 안전성 평가 6단계

1단계	관계자료의 작성 준비
2단계	• 정성적 평가 • 설계(공장의 입지조건, 공장 내 배치)와 운전관계에 대한 평가
3단계	• 정량적 평가 • 취급물질, 용량, 온도, 압력 및 조작을 통한 위험도 평가
4단계	• 안전대책수립 • 설비대책과 관리적 대책
5단계	재해 정보에 의한 재평가
6단계	FTA에 의한 재평가

046

1회 출제

어떤 설비의 시간당 고장률이 일정하다고 할 때 이 설비의 고장간격은 다음 중 어떤 확률분포를 따르는가?

① T분포
② 와이블분포
③ 지수분포
④ 아이링(Eyring)분포

해설 지수분포

• 사건이 서로 독립적일 때 일정 시간 동안 발생하는 사건의 횟수가 푸아송분포를 따를 때 사용하는 연속확률분포의 한 종류이다.
• 설비의 고장률이 설비의 사용기간에 영향을 미치지 않는 일정한 수명분포로, 시간당 고장률이 일정한 설비의 고장 간격을 측정할 때 사용한다.

관련개념

• T분포: 정규분포의 평균을 측정할 때 사용하는 분포이다.
• 와이블분포: 재료의 파괴강도를 분석하면서 고안한 확률분포로, 기계부품의 수명분포를 표현하는 데 적합하다.
• 아이링분포: 가속수명시험에서 수명과 스트레스의 관계를 구하는 모형이다.

047

3회 출제

음량수준을 평가하는 척도와 관계없는 것은?

① dB
② HSI
③ phon
④ sone

해설

열압박지수(HSI)는 열평형을 유지하기 위해 증발해야 하는 땀의 양으로, 음량수준과는 관계가 없다.

관련개념 음량수준

• 음의 크기를 나타내는 단위: [dB]([PNdB], [PLdB]), [phon], [sone]
• 인식소음수준은 소음의 측정에 이용하는 척도로 [PNdB]와 [PLdB]로 구분한다.

048

2회 출제

실효온도(Effective Temperature)에 영향을 주는 요인이 아닌 것은?

① 온도
② 습도
③ 복사열
④ 공기 유동

해설 실효온도(Effective Temperature)

• 온도, 습도, 기류 등의 조건에 따라 인간의 감각을 통해 느껴지는 온도이다.
• 상대습도 100[%], 풍속 0[m/sec]일 때에 느껴지는 온도감각이다.

049

7회 출제

FT도에서 시스템의 신뢰도는 얼마인가? (단, 모든 부품의 발생확률은 0.1이다.)

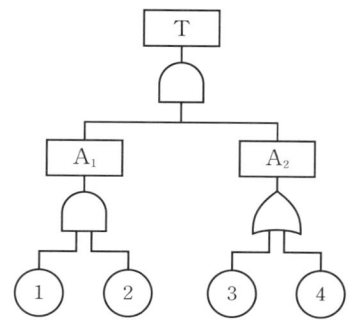

① 0.0033
② 0.0062
③ 0.9981
④ 0.9936

해설

AND 게이트는 연결된 모든 사상의 입력 발생 시 출력이 발생하고, OR 게이트는 연결된 사상 중 하나라도 입력 발생 시 출력이 발생한다.

- 고장확률이 F_1, F_2인 부품이 AND 게이트로 연결되어 있을 때 출력이 발생할 확률: $F_1 \times F_2$

  AND 게이트로 연결된 A_1의 출력이 발생할 확률=0.1×0.1=0.01

- 고장확률이 F_1, F_2인 부품이 OR 게이트로 연결되어 있을 때 출력이 발생할 확률: $1-(1-F_1) \times (1-F_2)$

  OR 게이트로 연결된 A_2의 출력이 발생할 확률
  $=1-(1-0.1) \times (1-0.1)=0.19$

- A_1과 A_2가 AND 게이트로 연결되어 있으므로
  정상사상 T가 발생할 확률=0.01×0.19=0.0019

- 신뢰도=1-고장률(불신뢰도)=1-0.0019=0.9981

050

1회 출제

인간공학 연구방법 중 실제의 제품이나 시스템이 추구하는 특성 및 수준이 달성되는지를 비교하고 분석하는 연구는?

① 조사연구
② 실험연구
③ 분석연구
④ 평가연구

해설 **인간공학 연구방법의 종류**

- 조사(기술)연구(Descriptive Study): 어떤 모집단의 특성을 파악하는 연구 방법이다.
- 실험연구(Experimental Research): 어떤 변수가 관심의 대상이 되는 현상이나 행위에 영향을 미치는지와 그 영향의 정도와 방향을 분석한다.
- 평가연구(Evaluation Research): 제품이나 시스템이 추구하는 특성 및 수준이 달성되는지를 비교하고 분석한다.

051

6회 출제

인간-기계 시스템 설계과정 중 직무분석을 하는 단계는?

① 제1단계: 시스템의 목표와 성능 명세 결정
② 제2단계: 시스템의 정의
③ 제3단계: 기본설계
④ 제4단계: 인터페이스 설계

해설 **인간-기계 시스템의 설계과정**

1단계	시스템의 목표와 성능 명세 결정	목적 및 존재 이유에 대한 결정
2단계	시스템의 정의	목표 달성을 위해 필요한 기능의 결정
3단계	기본설계	기능의 할당, 작업설계, 인간성능 요건 명세, 직무분석
4단계	인터페이스 설계	작업공간, 화면설계, 표시 및 조종장치
5단계	촉진물(보조물) 설계	성능보조자료, 훈련도구 등 보조물 설계
6단계	시험 및 평가	시스템 개발과 관련된 평가와 인간적인 요소 평가

2021년 2회

052

9회 출제

시스템 수명주기에 있어서 예비위험분석(PHA)이 이루어지는 단계에 해당하는 것은?

① 구상단계　　　　　　② 점검단계
③ 운전단계　　　　　　④ 생산단계

해설 예비위험분석(PHA; Preliminary Hazard Analysis)
시스템 내의 위험요소가 얼마나 위험상태에 있는가를 평가하는 시스템 안전 프로그램에서 **최초단계(시스템 구상단계)의 분석 방식(정성적)**이다.

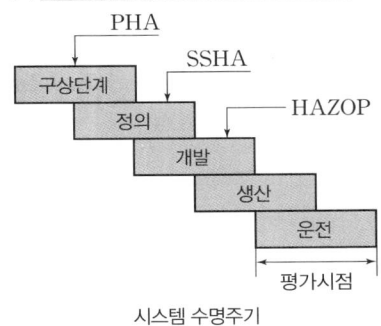

시스템 수명주기

053

3회 출제

FTA에서 사용하는 다음 사상기호에 대한 설명으로 맞는 것은?

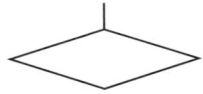

① 시스템 분석에서 좀 더 발전시켜야 하는 사상
② 시스템의 정상적인 가동상태에서 일어날 것이 기대되는 사상
③ 불충분한 자료로 결론을 내릴 수 없어 더 이상 전개할 수 없는 사상
④ 주어진 시스템의 기본사상으로 고장원인이 분석되었기 때문에 더 이상 분석할 필요가 없는 사상

해설

기호	명칭	설명
◇	생략사상 (최후사상)	정보부족, 해석기술 불충분으로 더 이상 전개할 수 없는 사상

054

8회 출제

정보를 전송하기 위해 청각적 표시장치보다 시각적 표시장치를 사용하는 것이 더 효과적인 경우는?

① 정보의 내용이 간단한 경우
② 정보가 후에 재참조되는 경우
③ 정보가 즉각적인 행동을 요구하는 경우
④ 정보의 내용이 시간적인 사건을 다루는 경우

해설 시각적 표시장치와 청각적 표시장치의 비교

시각적 표시장치	• 수신 장소의 소음이 심한 경우 • 정보가 공간적인 위치를 다룬 경우 • 정보의 내용이 복잡하고 긴 경우 • 직무상 수신자가 한 곳에 머무르는 경우 • **메시지를 추후 참고할 필요가 있는 경우** • 정보의 내용이 즉각적인 행동을 요구하지 않는 경우
청각적 표시장치	• 수신 장소가 너무 밝거나 암순응이 요구되는 경우 • 정보의 내용이 시간적인 사건을 다루는 경우 • 정보의 내용이 간단한 경우 • 직무상 수신자가 자주 움직이는 경우 • 정보의 내용이 후에 재참조되지 않는 경우 • 메시지가 즉각적인 행동을 요구하는 경우

055

1회 출제

감각저장으로부터 정보를 작업기억으로 전달하기 위한 코드화 분류에 해당되지 않는 것은?

① 시각코드　　　　　　② 촉각코드
③ 음성코드　　　　　　④ 의미코드

해설 인코딩(코드화 분류)
기억을 위한 정보의 변환에는 **음향적·시각적·의미적** 코딩과 같은 다양한 방식이 있다.

　　　　　| 정답 | 052 ①　　053 ③　　054 ②　　055 ②

056

설비보전 방법 중 설비의 열화를 방지하고 그 진행을 지연시켜 수명을 연장하기 위한 점검, 청소, 주유 및 교체 등의 활동은?

① 사후보전
② 개량보전
③ 일상보전
④ 보전예방

해설 설비보전방식

- 보전예방: 신뢰성, 조작성, 보전성, 안전성, 경제성 등이 우수한 설비의 선정, 조달 또는 설계를 통하여 궁극적으로 설비의 설계, 제작 단계에서 보전 활동이 불필요한 체제를 목표로 한 설비보전 방법이다.
- 일상보전: 설비의 열화를 방지하고 그 진행을 지연시켜 수명을 연장하기 위한 점검, 청소, 주유 및 교체 등의 활동이다.
- 개량보전: 설비고장 원인을 조사·해석하여 고장을 미연에 방지하기 위해 설비개조, 설계 단계에서의 조치 등 설비의 체질 개선을 도모하는 설비보전 방법이다.
- 사후보전: 고장이 발생한 후 수리를 하는 설비보전 방법이다.

057

중량물 들기 작업 시 5분간의 산소소비량을 측정한 결과 90[L]의 배기량 중에 산소가 16[%], 이산화탄소가 4[%]로 분석되었다. 해당 작업에 대한 산소소비량[L/min]은 약 얼마인가? (단, 공기 중 질소는 79[vol%], 산소는 21[vol%]이다.)

① 0.948
② 1.948
③ 4.74
④ 5.74

해설

- 분당 배기량($V_{배기}$) $= \dfrac{90}{5} = 18$[L/min]

- 분당 흡기량($V_{흡기}$) $= \dfrac{(100 - O_2[\%] - CO_2[\%])}{79[\%]} \times V_{배기}$

  $= \dfrac{(100 - 16 - 4)}{79} \times 18 = 18.228$[L/min]

- 산소소비량 $= 0.21 \times V_{흡기} - O_2[\%] \times V_{배기}$

  $= 0.21 \times 18.228 - 0.16 \times 18 = 0.948$[L/min]

058

의도는 올바른 것이었지만, 행동이 의도한 것과는 다르게 나타나는 오류는?

① Slip
② Mistake
③ Lapse
④ Violation

해설 인간의 오류모형

착오(Mistake)	상황해석을 잘못하거나 목표를 잘못 이해하고 착각하여 행하는 인간의 실수로 위치, 순서, 패턴, 형상, 기억오류 등 외부적 요인에 의해 나타나는 오류
착각(Illusion)	감각적으로 물리현상을 왜곡하는 지각 오류
실수(Slip)	의도는 올바른 것이었지만, 행동이 의도한 것과는 다르게 나타나는 오류
건망증(Lapse)	일련의 과정에서 일부를 빠뜨리거나 기억의 실패에 의해 발생하는 오류
위반(Violation)	정해진 규칙을 알고 있음에도 의도적으로 따르지 않거나 무시한 경우에 발생하는 오류

059

동작경제의 원칙과 가장 거리가 먼 것은?

① 급작스런 방향의 전환은 피하도록 할 것
② 가능한 관성을 이용하여 작업하도록 할 것
③ 두 손의 동작은 같이 시작하고 같이 끝나도록 할 것
④ 두 팔의 동작은 동시에 같은 방향으로 움직일 것

해설 **동작경제의 원칙**

신체 사용의 원칙	• 두 손의 동작은 동시에 시작해서 동시에 끝나야 한다. • 휴식시간을 제외하고는 양손을 같이 쉬게 해서는 안 된다. • 손의 동작은 유연하고 연속적이어야 한다. • 동작이 급작스럽게 바뀌는 직선 동작은 피해야 한다. • 두 팔의 동작은 동시에 서로 반대방향으로 대칭적으로 움직이도록 한다.
작업장 배치의 원칙	• 공구, 재료 및 제어장치는 사용하기 가까운 곳에 배치해야 한다. • 공구나 재료는 작업동작이 원활하게 수행되도록 그 위치를 정해준다.
공구 및 설비 디자인의 원칙	• 서로 다른 공구의 기능을 결합하여 사용하도록 한다. • 치구나 족답장치를 이용하여 양손이 다른 일을 할 수 있도록 한다.

060

두 가지 상태 중 하나가 고장 또는 결함으로 나타나는 비정상적인 사건은?

① 톱사상
② 결함사상
③ 정상적인 사상
④ 기본적인 사상

해설

기호	명칭	설명
□	결함사상	두 가지 상태 중 하나가 고장 또는 결함으로 나타나는 비정상적인 사상

061

철근콘크리트 구조물(5~6층)을 대상으로 한 벽, 지하외벽의 철근 고임재 및 간격재의 배치표준으로 옳은 것은?

① 상단은 보 밑에서 0.5[m]
② 중단은 상단에서 2.0[m] 이내
③ 횡간격은 0.5[m]
④ 단부는 2.0[m] 이내

해설 **철근 고임재 및 간격재의 배치표준**

부위	종류	수량 또는 배치간격
기초	강재, 콘크리트	8개/4[m²] 20개/16[m²]
지중보	강재, 콘크리트	간격은 1.5[m] 단부는 1.5[m] 이내
벽, 지하외벽	강재, 콘크리트	상단은 보 밑에서 0.5[m] 중단은 상단에서 1.5[m] 이내 횡간격은 1.5[m] 단부는 1.5[m] 이내
기둥	강재, 콘크리트	상단은 보 밑 0.5[m] 이내 중단은 주각과 상단의 중간 기둥 폭방향은 1[m] 미만 2개 1[m] 이상 3개
보	강재, 콘크리트	간격은 1.5[m] 단부는 1.5[m] 이내
슬래브	강재, 콘크리트	간격은 상·하부 철근 각각 가로세로 1[m]

062

5회 출제

지반개량공법 중 배수공법이 아닌 것은?

① 집수정공법
② 동결공법
③ 웰포인트공법
④ 깊은우물공법

해설

동결공법은 배수공법이 아닌 응결(고결)공법이다.

관련개념 **배수공법의 구분**

- 중력배수공법: 표면배수공법, 집수정공법
- 강제배수공법: 웰포인트공법, Deep Well 공법, 전기침투공법

063

3회 출제

갱 폼(Gang Form)에 관한 설명으로 옳지 않은 것은?

① 대형화 패널 자체에 버팀대와 작업대를 부착하여 유니트화 한다.
② 수직, 수평 분할 타설공법을 활용하여 전용도를 높인다.
③ 설치와 탈형을 위하여 대형 양중장비가 필요하다.
④ 두꺼운 벽체를 구축하기에는 적합하지 않다.

해설

갱 폼은 두꺼운 벽체 및 피어기초 등에 사용한다.

관련개념 **갱 폼(Gang Form)**

- 거푸집을 사용할 때마다 작은 부재의 조립, 분해를 반복하지 않고 대형화, 단순화하여 한 번에 설치하고 해체한다.
- 갱 폼은 주로 콘도미니엄, 병원, 사무소 같은 벽식구조 건물에 사용된다.
- 옹벽이나 외벽의 두꺼운 벽체 및 피어기초 등에 사용한다.
- 특징
  - 갱 폼은 크게 거푸집판과 보강재가 일체로 된 기본 패널, 작업을 위한 작업발판대 및 수직도 조정과 횡력을 지지하는 빗버팀대로 구성되어 있다.
  - 80~100회 정도 사용이 가능하지만 경제적인 전용횟수는 30~40회 정도이다.
  - 중량이 커서 타워크레인, 모빌크레인 같은 장비가 필요하다.
  - 현장제작이 가능하다.
  - 안전성이 크다.
  - 공기단축이 가능하고, 인건비가 절약된다.
  - 가설비계공사가 필요없다.
  - 세부적인 가공이 어렵고, 제작시간이 많이 소요된다.
  - 초기투자비가 증대된다.

064

2회 출제

말뚝재하시험의 주요목적과 거리가 먼 것은?

① 말뚝길이의 결정
② 말뚝 관입량 결정
③ 지하수위 추정
④ 지지력 추정

해설

'지하수위 추정'은 지반조사의 주요목적에 해당하며, 말뚝재하시험의 주요목적과는 거리가 멀다.

065

8회 출제

철근의 피복두께 확보 목적과 가장 거리가 먼 것은?

① 내화성 확보
② 내구성 확보
③ 구조내력의 확보
④ 블리딩 현상 방지

해설

블리딩은 콘크리트의 재료분리 현상으로 철근의 피복두께 확보와 관련이 없다.

관련개념 **피복두께 확보의 목적**

- 철근의 부식방지를 통한 구조물의 내구성 확보(물과 이산화탄소의 침투 방지)
- 골재의 유동성 확보
- 철근과 콘크리트의 부착강도 확보
- 화재 시 내화성 확보

066

1회 출제

발주자가 직접 설계와 시공에 참여하고 프로젝트 관련자들이 상호 신뢰를 바탕으로 Team을 구성해서 프로젝트의 성공과 상호이익 확보를 공동 목표로 하여 프로젝트를 추진하는 공사수행 방식은?

① PM 방식(Project Management)
② 파트너링 방식(Partnering)
③ CM 방식(Construction Management)
④ BOT 방식(Build Operate Transfer)

해설 업무범위에 따른 도급계약방식

종류	구분
파트너링 (Partnering) 방식	• 발주자와 수급자의 상호 신뢰를 바탕으로 팀을 구성한다. • 프로젝트의 성공과 상호이익 확보를 위하여 공동으로 프로젝트를 집행·관리한다.
PM (Project Management) 방식	• 건설의 기획단계에서부터 결과물 인도까지의 계획, 관리, 통제에 필요한 사항을 종합적으로 관리하는 방식이다. • 발주자 요구에 맞춘 효과적 사업관리방식이라고 할 수 있다.
BOT (Build Operate Transfer) 방식	민간 수주 측이 프로젝트의 자금조달과 설계 및 엔지니어링, 시공의 전부를 도급받아 자금을 부담하고, 시설물을 완성한 후 일정기간의 운영으로 투자자금을 회수하고 발주자에게 양도하는 방식이다.
CM (Construction Management) 방식	건설공사에서 발주자의 권한을 위임받아 건설사업의 기획·설계부터 발주·시공·유지관리까지 통합 관리하는 방식이다.

067

1회 출제

유동화콘크리트를 제조할 때 유동화제를 첨가하기 전 기본배합 콘크리트인 베이스콘크리트의 슬럼프 기준은? (단, 보통콘크리트의 경우이다.)

① 150[mm] 이하
② 180[mm] 이하
③ 210[mm] 이하
④ 240[mm] 이하

해설 유동화콘크리트의 슬럼프 기준

구분	베이스콘크리트	유동화콘크리트
일반콘크리트	150[mm] 이하	210[mm] 이하
경량콘크리트	180[mm] 이하	210[mm] 이하

068

4회 출제

조적식구조에서 조적식구조인 내력벽으로 둘러싸인 부분의 최대 바닥면적은 얼마인가?

① 60[m²]
② 80[m²]
③ 100[m²]
④ 120[m²]

해설 소규모건축구조기준 조적식구조

• 건축물의 한 층에서 조적식 내력벽으로 둘러싸인 한 개 실의 바닥면적은 80[m²] 이하로 하여야 한다.
• 내력벽의 길이는 10[m] 이하로 하여야 한다.
• 모든 내력벽의 두께는 190[mm] 이상으로 하여야 한다.
• 비내력벽은 90[mm]로 시공할 수 있으나 벽량계산에서는 제외한다.

069

2회 출제

공사용 표준시방서에 기재하는 사항으로 거리가 먼 것은?

① 재료의 종류, 품질 및 사용처에 관한 사항
② 검사 및 시험에 관한 사항
③ 공정에 따른 공사비 사용에 관한 사항
④ 보양 및 시공상 주의사항

해설

공사비에 대한 사항은 계약서에 작성한다.

관련개념 시방서 작성(기재) 내용

• 각 부위별 시공방법(준비사항, 시공정밀도, 사용장비, 공법의 주의사항 등)
• 각 부위별 사용재료(품질, 종류, 수량, 저장법, 검사, 시험방법 등)
• 시방서의 적용 범위 및 공통 주의사항
• 공사 전체의 개요
• 기타 보충사항 및 특기사항

070

6회 출제

다음 각 기초에 관한 설명으로 옳은 것은?

① 온통기초: 기둥 1개에 기초판이 1개인 기초
② 복합기초: 2개 이상의 기둥을 1개의 기초판으로 받치게 한 기초
③ 독립기초: 조적조의 벽을 지지하는 하부 기초
④ 연속기초: 건물 하부 전체 또는 지하실 전체를 기초판으로 구성한 기초

해설 **푸팅기초**

상부 구조물을 발(Foot)의 모양으로 지반에서 확대한 모양의 기초이다.

• 독립기초: 하나의 독립된 푸팅으로 단일 기둥이 하중을 지지하는 형식으로 양질지반에 건립하며, 비교적 낮은 3~4층 정도의 건물, 창고, 공장 등 긴 스팬의 건물 등에 많이 이용된다.
• 연속기초: 보통 기둥간격이 짧은 경우 허용지내력도가 작아 독립푸팅으로 하는 경우에 푸팅이 너무 접근하거나 겹칠 때 사용되는 것으로 일련의 기둥 또는 벽에서의 하중을 푸팅으로 지지하는 형식의 기초이다.
• 복합기초: 허용지내력도가 작은 경우에 채용되는 방식으로 2개 혹은 그 이상의 기둥의 하중을 합하여 하나의 푸팅으로 지지하는 형식의 기초이다.

관련개념 **온통(전체)기초**

지반의 국부적인 차이에 따르는 부동침하의 영향이 비교적 적으므로 일반적으로 푸팅기초에 비해 훨씬 큰 침하가 허용되며, 전체의 주하중을 하나의 기초 슬래브로 지지하는 형식의 기초이다.

071

6회 출제

지하연속벽(Slurry Wall)공법에 관한 설명으로 옳지 않은 것은?

① 저진동, 저소음의 공법이다.
② 강성이 높은 지하구조체를 만든다.
③ 타 공법에 비하여 공기, 공사비면에서 불리한 편이다.
④ 인접 구조물에 근접하도록 시공이 불가하여 대지이용의 효율성이 낮다.

해설

지하연속벽공법은 근접건물에 영향을 주지 않으므로 대지이용의 효율성이 높다.

관련개념 **슬러리 월(Slurry Wall) 공법(지하연속벽 공법)**

굴착면을 보호하기 위해 벤토나이트 등의 안정액을 사용하여 소요단면을 사전 굴착한 후 철근망을 넣어 콘크리트를 타설함으로써 지하구조물을 연속적으로 형성하는 공법이다.

장점	단점
• 지반조건에 좌우되지 않는다.	• 기술적 시공이 요구된다.
• 저소음, 저진동이다.	• 시공비가 많이 소요된다.
• 근접건물에 영향을 주지 않는다.	• 굴착토의 처리문제가 발생한다.
• 강성이 높아 휘어지지 않는다.	• 굴착 도랑의 붕괴 및 안정액(벤토나이트)의 배수가 곤란하다.
• 소요내력을 정할 수 있다.	
• 지반보강 및 차수효과가 확실하다.	• 기계 및 부대 설비가 대형이다.
• 길이 및 깊이 등 차수조정이 자유롭다.	• 소규모 현장의 시공은 불가능하다.

072

5회 출제

조적 벽면에서의 백화방지에 대한 조치로서 옳지 않은 것은?

① 소성이 잘 된 벽돌을 사용한다.
② 줄눈으로 비가 새어들지 않도록 방수처리한다.
③ 줄눈모르타르에 석회를 혼합한다.
④ 벽돌벽의 상부에 비막이를 설치한다.

해설

석회는 수분에 녹아 백화현상을 일으키므로 줄눈모르타르에 석회를 혼합하면 오히려 백화현상이 촉진된다.

관련개념 **백화현상 방지대책**

• 잘 구워진(소성이 잘 된) 벽돌을 사용한다.
• 빗물의 침투를 방지하기 위한 비막이, 물흘림 등을 설치한다.
• 표면에 파라핀 도료같은 발수제를 바르거나 실리콘을 뿜칠한다.

073

1회 출제

철근콘크리트공사 중 거푸집 해체를 위한 검사가 아닌 것은?

① 각종 배관슬리브, 매설물, 인서트, 단열재 등 부착 여부
② 수직, 수평부재의 존치기간 준수 여부
③ 소요의 강도 확보 이전에 지주의 교환 여부
④ 거푸집 해체용 콘크리트 압축강도 확인시험 실시 여부

해설

'각종 슬리브, 매설물, 인서트, 단열재 등의 부착 여부'는 콘크리트 타설 전에 검사한다.

관련개념 거푸집 해체시기 검사

• 거푸집 동바리의 존치기간 준수
• 압축강도 확인시험에 의한 거푸집동바리 해체
• 소요강도 확보 이전까지 지주 설치

074

1회 출제

다음 네트워크 공정표에서 주공정선에 의한 총 소요공기 (일수)로 옳은 것은? (단, 결합점간 사이의 숫자는 작업일수이다.)

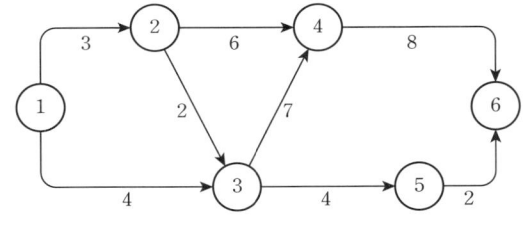

① 17일 　　　　　② 19일
③ 20일 　　　　　④ 22일

해설 주공정선

주공정선은 최초 개시점에서 마지막 종료점까지 연결되는 작업 중 시간이 가장 많이 걸리는 경로이다.
전체 작업 중 ① → ② → ③ → ④ → ⑥ 경로의 공사일수 합이 20일로 가장 오래 걸린다.

075

1회 출제

용접작업 시 주의사항으로 옳지 않은 것은?

① 용접할 소재는 수축변형이 일어나지 않으므로 치수에 여분을 두지 않아야 한다.
② 용접할 모재의 표면에 녹, 유분 등이 있으면 접합부에 공기포가 생기고 용접부의 재질을 약화시키므로 와이어 브러시로 청소한다.
③ 강우 및 강설 등으로 모재의 표면이 젖어 있을 때나 심한 바람이 불 때는 용접하지 않는다.
④ 용접봉을 교환하거나 다층용접일 때는 슬래그와 스패터를 제거한다.

해설

용접작업 시 열에 의한 수축변형이 일어나므로, 이를 고려하여 치수에 여유를 두어야 한다.

관련개념 용접 시 주의사항

• 용접부분 표면의 불순물을 제거한다.
• 용접을 쉽고 정확하게 하기 위해 40°~60° 정도의 사면을 둔다.
• 이음의 골 밑까지 완전히 용재가 마주 닿도록 한다.
• 비나 눈이 올 때 또는 강풍이 불 때는 야외작업을 하지 않는다.
• 온도가 0[℃] 이하일 때는 용접을 삼간다.
• 하향자세를 원칙으로 한다.

076

3회 출제

철골세우기용 기계설비가 아닌 것은?

① 가이데릭 　　　　　② 스티프레그데릭
③ 진폴 　　　　　④ 드래그라인

해설

드래그라인은 지반면보다 낮은 곳의 굴착, 연약한 지반의 깊은 곳의 굴착 등에 쓰인다.

관련개념 철골세우기용 건설기계

• 크레인: 타워크레인, 지브크레인
• 이동식 크레인: 휠크레인, 트럭크레인, 크롤러크레인
• 데릭: 삼각데릭(스티프레그데릭), 진폴데릭, 가이데릭

077

1회 출제

강재 중 SN 355 B에 관한 설명으로 옳지 않은 것은?

① 건축 구조물에 사용된다.

② 냉간 압연 강재이다.

③ 강재의 두께가 6[mm] 이상 40[mm] 이하일 때 최소 항복강도가 355[N/mm^2]이다.

④ 용접성에 있어 중간 정도의 품질을 갖고 있다.

> **해설** **강재의 표시기호**
> • 첫 번째 문자 'S'는 'Steel'을 나타낸다.
> • 두 번째 문자는 제품의 형상이나 용도 및 강종을 나타낸다. 예를 들어 'SS'는 일반 구조용 압연 강재를 나타내고 'SN'은 내진 건축구조용 압연 강재를 나타낸다.
> • 숫자는 강종의 항복강도[N/mm^2]를 나타낸다.
> • 마지막 알파벳은 강재의 충격흡수 에너지에 의한 품질을 나타낸다. A에서 D로 갈수록 충격 특성이 향상된다.

078

4회 출제

벽식 철근콘크리트 구조를 시공할 경우, 벽과 바닥의 콘크리트 타설을 한 번에 가능하게 하기 위하여 벽체용 거푸집과 슬래브 거푸집을 일체로 제작하여 한 번에 설치하고 해체할 수 있도록 한 시스템 거푸집은?

① 유로 폼

② 클라이밍 폼

③ 슬립 폼

④ 터널 폼

> **해설** **터널 폼(Tunnel Form, Steel Form)**
> • 벽체용 거푸집과 슬래브 거푸집을 일체로 제작하여 한 번에 설치하고 해체할 수 있도록 한 거푸집이다.
> • 벽식 철근콘크리트 구조를 시공할 경우 벽과 바닥의 콘크리트 타설이 한 번에 가능하다.
> • 한 구획 전체의 벽판과 바닥판을 ㄱ자형 또는 ㄷ자형으로 짜서 이동식 거푸집으로 이용된다.
> • 아파트, 병원 등 연속, 반복 구조물에 적용되며, 전용횟수는 약 100회이다.

079

2회 출제

흙이 소성상태에서 반고체상태로 바뀔 때의 함수비를 의미하는 용어는?

① 예민비

② 액성한계

③ 소성한계

④ 소성지수

> **해설** **소성한계**
> 소성상태와 반고체상태의 경계가 되는 함수비이다.

080

7회 출제

분할도급 발주 방식 중 지하철공사, 고속도로공사 및 대규모 아파트단지 등의 공사에 사용하면 가장 효과적인 것은?

① 직종별 공종별 분할도급

② 공정별 분할도급

③ 공구별 분할도급

④ 전문공종별 분할도급

> **해설** **분할도급공사**

종류	구분
공구별 분할도급	• 대규모 공사에서 지역별로 분리 발주하는 방식으로, 각 공구마다 일식도급 체제로 운영된다. • 도급업자의 기회균등, 시공기술 향상, 높은 성과가 기대된다. • 지하철공사, 고속도로공사 및 대규모 아파트단지공사에 채택 시 효과적이다.
공정별 분할도급	• 공사의 각 과정별로 나누어서 도급을 주는 방식으로 예산배정상 구분될 때 편리하다. • 부분·분할 발주가 가능하나 후속공사 연체의 우려가 있으며 도급자 교체가 곤란하다.
전문공종별 분할도급	• 공사 중 설비공사(전기, 설비 등)를 주체공사와 분리하여 발주하는 방식이다. • 설비업자의 자본, 기술강화 및 전문화로 능률 향상이 기대된다.
직종별 공종별 분할도급	• 직영공사에 가까운 제도로 전문직종이나 각 공종별로 분할하여 도급을 주는 방식이다. • 현장관리가 곤란하며 경비가 증대되나 건축주의 의도가 철저히 반영될 수 있다.

건설재료학

081

일종의 못박기총을 사용하여 콘크리트나 강재 등에 박는 특수 못을 의미하는 것은?

① 드라이브핀
② 인서트
③ 익스팬션볼트
④ 듀벨

해설 드라이브핀

못박기총을 사용하여 콘크리트나 강재 등에 박는 특수 못이다.

관련개념

• 인서트: 콘크리트 바닥판 밑에 반자틀이나 기타 구조물을 달아매고자 콘크리트 타설 전에 미리 묻어 놓는 고정물이다.
• 익스팬션볼트: 볼트 설치 시 그 크기가 확대되어 고정되는 볼트이다.
• 듀벨: 두 부재의 접합부에 끼워 볼트와 같이 사용하여 전단력에 저항하게 하는 철물이다.

082

석고보드에 관한 설명으로 옳지 않은 것은?

① 부식이 잘 되고 충해를 받기 쉽다.
② 단열성, 차음성이 우수하다.
③ 시공이 용이하여 천장, 칸막이 등에 주로 사용된다.
④ 내수성, 탄력성이 부족하다.

해설 석고보드

소석고를 주원료로 하여 톱밥·섬유·펄라이트 등을 혼합하고, 경우에 따라서는 발포제를 첨가하고 물로 반죽하여 두 장의 시트 사이에 부어서 판상으로 굳힌 것이다.

단열성	열전도율이 0.14[kcal/m²]로 낮고, 공기를 차단한다.
차음성	동 중량의 다른 자재에 비해 소음 차단효과가 우수하다.
방화성	자체 중량에 12[%]의 결정수가 함유되어 초기화재 억제효과가 있다.
방충성	바퀴벌레, 쥐, 개미 등이 싫어하는 황산칼슘이 주성분으로 해충의 서식을 막고, 곰팡이를 억제한다.
치수안정성	온도 변화에 대한 안정성이 있고 뒤틀림, 처짐, 신축변형이 없다.

083

주로 석기질 점토나 상당히 철분이 많은 점토를 원료로 사용하며, 건축물의 패러핏, 주두 등의 장식에 사용되는 공동의 대형 점토제품은?

① 테라조
② 도관
③ 타일
④ 테라코타

해설 테라코타

• 테라코타는 라틴어로 구워 낸 점토라는 뜻이다.
• 석재 조각물 대신 사용되는 장식용 점토제품으로 버팀벽, 주두, 돌림띠 등의 장식에 사용된다.
• 화강암보다 내화력이 강하고 대리석보다 풍화에 강하므로 외장재료에 적당하다.

084

KS L 4201에 따른 1종 점토벽돌의 압축강도는 최소 얼마 이상이어야 하는가?

① 9.80[MPa]
② 14.70[MPa]
③ 20.59[MPa]
④ 24.50[MPa]

해설 점토벽돌의 품질

품질	종류	
	1종	2종
흡수율[%]	10.0 이하	15.0 이하
압축강도[MPa]	24.50 이상	14.70 이상

085

2회 출제

목재의 함수율과 섬유포화점에 관한 설명으로 옳지 않은 것은?

① 섬유포화점은 세포 사이의 수분은 건조되고, 섬유에만 수분이 존재하는 상태를 말한다.

② 벌목 직후 함수율이 섬유포화점까지 감소하는 동안 강도 또한 서서히 감소한다.

③ 전건상태에 이르면 강도는 섬유포화점 상태에 비해 3배로 증가한다.

④ 섬유포화점 이하에서는 함수율의 감소에 따라 인성이 감소한다.

해설

벌목 직후의 함수율이 섬유포화점까지 감소하는 동안 강도의 변화는 없다.

관련개념 목재의 함수율과 섬유포화점의 관계

• 세포벽 내에 수분이 포화되었을 경우(섬유포화점 30[%])의 강도는 절대 건조 시의 강도의 30[%]에 불과하다.

• 함수율과 강도는 섬유포화점 이상에서는 변화가 없지만 섬유포화점 이하에서는 선형적으로 반비례한다.

• 섬유포화점 이하에 있어서 함수율이 1[%] 증가함에 따라 강도의 감소율은 압축강도 6[%], 휨강도 4[%], 전단강도 3[%], 휨 탄성계수 2[%]이다.

• 반대로 섬유포화점 이하에서 건조되면 강도는 증대되어 기건재(함수율 15[%])의 강도는 생재의 약 2배, 절건재(함수율 0[%])는 약 3배에 이른다.

086

2회 출제

유리가 불화수소에 부식하는 성질을 이용하여 5[mm] 이상 판유리면에 그림, 문자 등을 새긴 유리는?

① 스테인드유리　　　② 망입유리
③ 에칭유리　　　④ 내열유리

해설 에칭유리(Etching Glass)

에칭(Etching)이란 산에 의해 부식되는 것을 의미하는데, 에칭유리는 유리면에 부식액의 방호막을 붙이고 그 막을 모양에 맞게 오려낸 뒤, 불화수소와 불화암모니아를 혼합한 유리부식액 등을 발라 필요한 모양을 만든 것이다.

087

4회 출제

콘크리트용 골재 중 깬자갈에 관한 설명으로 옳지 않은 것은?

① 깬자갈의 원석은 안산암 · 화강암 등이 많이 사용된다.

② 깬자갈을 사용한 콘크리트는 동일한 워커빌리티의 보통자갈을 사용한 콘크리트보다 단위수량이 일반적으로 약 10[%] 정도 많이 요구된다.

③ 깬자갈을 사용한 콘크리트는 강자갈을 사용한 콘크리트보다 시멘트 페이스트와의 부착성능이 매우 낮다.

④ 콘크리트용 굵은골재로 깬자갈을 사용할 때는 한국산업표준(KS F 2527)에서 정한 품질에 적합한 것으로 한다.

해설

깬자갈(쇄석)을 사용하면 접촉 단면적이 커서 부착력이 증가한다.

관련개념 콘크리트용 골재의 구비조건

• 골재의 강도는 콘크리트 중의 경화한 페이스트의 강도 이상의 것으로 한다.

• 골재는 서로 섞이지 않아야 하고 톱밥, 흙, 쓰레기 등이 섞이지 않아야 한다.

• 유해한 성분을 포함하지 않아야 한다.

• 물리적, 화학적으로 안정하고 내구성이 커야 한다.

• 단단하고 강하며 내마모성이 있어야 한다.

• 모양이 입방체 또는 구형에 가깝고 부착이 좋은 표면조직을 가져야 한다.

• 골재는 콘크리트 용적의 66~78[%]를 차지한다.

• 골재는 입도가 좋은 것, 견고한 것, 내화성 및 내구성이 있는 것으로 한다.

088

중량 5[kg]인 목재를 건조시켜 전건중량이 4[kg]이 되었다. 건조 전 목재의 함수율은 몇 [%]인가?

① 20[%] ② 25[%]
③ 30[%] ④ 40[%]

해설

$$함수율 = \frac{습윤상태\ 질량 - 절대건조상태\ 질량}{절대건조상태\ 질량} \times 100$$

$$= \frac{5-4}{4} \times 100 = 25[\%]$$

089

각종 금속에 관한 설명으로 옳지 않은 것은?

① 동은 건조한 공기 중에서는 산화하지 않으나 습기가 있거나 탄산가스가 있으면 녹이 발생한다.
② 납은 비중이 비교적 작고 융점이 높아 가공이 어렵다.
③ 알루미늄은 비중이 철의 1/3 정도로 경량이며 열·전기 전도성이 크다.
④ 청동은 구리와 주석을 주체로 한 합금으로 건축장식부품 또는 미술공예 재료로 사용된다.

해설 비철금속의 성질

동	• 가공성이 우수하고 인성이 크다. • 열 및 전기전도성이 크다. • 대기 중 또는 흙 속에서는 철보다 내식성이 있다. • 알칼리에 약하므로 시멘트, 콘크리트에 접하는 경우에는 빨리 부식된다.
납	• 비중이 11.34로 비교적 크다. • 주조, 가공성 및 단조성이 풍부하다. • 열전도율은 작으나, 온도 변화에 따른 신축이 크다. • 알칼리에 침식된다. • X-선실, 방사선 차단에 사용된다.
알루미늄	• 비중이 약 2.7로 금속재료 중 가장 가볍다. • 가공성이 좋아 압연, 압출, 박판, 용접이 가능하다. • 열 및 전기전도성이 크다.
청동	• 동(Cu)과 주석의 합금이다. • 동전이나 장식품으로 사용된다. • 주조성, 내식성이 크고 내마모성이 우수하여 일반기계용품, 베어링, 밸브 등에 쓰인다.

090

실적률이 큰 골재로 이루어진 콘크리트의 특성이 아닌 것은?

① 시멘트 페이스트의 양이 커서 콘크리트 제조 시 경제성이 낮다.
② 내구성이 증대된다.
③ 투수성, 흡습성의 감소를 기대할 수 있다.
④ 건조수축 및 수화열이 감소된다.

해설 골재의 실적률

개념	골재의 단위용적 중 골재 사이의 공극을 제외한 골재의 실질 부분의 비율을 골재의 실적률이라고 한다.
실적률이 클 경우	• 시멘트풀의 양을 줄일 수 있어 경제적이다. • 단위 시멘트량이 적어 수화열이 적다. • 건조수축이 작고, 균열이 줄어든다. • 강도, 수밀성, 내구성, 내마모성 등이 커진다.

091

아스팔트 방수시공을 할 때 바탕재와의 밀착용으로 사용하는 것은?

① 아스팔트 컴파운드 ② 아스팔트 모르타르
③ 아스팔트 프라이머 ④ 아스팔트 루핑

해설 아스팔트 방수 공사 재료

아스팔트 펠트	• 섬유 원지에 스트레이트 아스팔트를 침투시킨 것 • 아스팔트방수 중간층재, 지붕, 미장, 바탕의 방습, 마룻바닥 방습, 방습 포장재, 차광과 차열, 전기 절연용으로 사용
아스팔트 루핑	• 아스팔트 펠트 뒷면에 블로운 아스팔트를 도포하고 표면의 접착을 막기 위해 활석, 운모, 석회석, 규조토 등의 가루를 뿌려 붙인 것 • 흡수성, 투수성이 작고 유연하며 내후성, 내산성, 내열성이 큼 • 건축물, 상하수도, 지하철, 터널 등의 아스팔트 방수층의 주된 재료로 쓰이는 것 외에 지붕용 또는 상품이나 기계 등의 방수 및 피복용으로도 사용
아스팔트 프라이머	• 컷백 아스팔트의 한 종류로서 아스팔트와 휘발성 용제를 반씩 혼합하여 묽게 한 것 • 콘크리트 등의 모체에 침투가 용이하여 콘크리트와 아스팔트가 부착이 잘 되므로 콘크리트 바탕에 아스팔트를 붙일 때 사용
아스팔트 컴파운드	• 블로운 아스팔트에 광물섬유, 동·식물섬유, 광물질 가루섬유 등을 혼입하여 신축성을 증대시킨 것 • 방수재, 내산재, 전기절연재 등으로 사용

092

다음 중 건축용 단열재와 거리가 먼 것은?

① 유리면(Glass Wool) ② 암면(Rock Wool)
③ 테라코타 ④ 펄라이트판

해설

테라코타는 점토제품으로 화강암보다 내화력이 강하고 대리석보다 풍화에 강하므로 외장재료로 적당하다.

관련개념

• 유리면: 유리 섬유로 만든 솜 모양의 물질로 방화복이나 단열 및 전기절연 등을 위한 재료로 쓰인다.
• 암면: 높은 열에 잘 견디는 인조광물성 섬유로 소리를 잘 흡수하고, 쉽게 변질되지 않는다.
• 펄라이트: 주성분은 화산작용으로 생긴 진주암(Perlite)으로 단열성, 불연성이 있고, 친환경자재로 유독가스가 나오지 않는다.

093

인조석 갈기 및 테라조 현장갈기 등에 사용되는 구획용 철물의 명칭은?

① 인서트(Insert)
② 앵커볼트(Anchor Bolt)
③ 펀칭메탈(Punching Metal)
④ 줄눈대(Metallic Joiner)

해설 줄눈대(Metallic Joiner)

인조석 갈기 현장바름 바닥줄눈을 구획하는 철물 또는 수장공사에서 이음새를 감추는 데 사용하는 장식용 철물이다.

관련개념

• 인서트(Insert): 콘크리트 바닥판 밑에 반자틀이나 기타 구조물을 달아매고자 콘크리트 타설 전에 미리 묻어 놓는 고정물이다.
• 앵커볼트(Anchor Bolt): 기계나 콘크리트면에 연결시키기 위한 볼트이다.
• 펀칭메탈(Punching Metal): 얇은 강판에 여러 가지 모양으로 도려낸 철물로 환기공, 라디에이터 커버 등에 사용한다.

094

경량기포콘크리트(Autoclaved Lightweight Concrete)에 관한 설명으로 옳지 않은 것은?

① 보통콘크리트에 비하여 탄산화의 우려가 낮다.
② 열전도율은 보통콘크리트의 약 1/10 정도로 단열성이 우수하다.
③ 현장에서 취급이 편리하고 절단 및 가공이 용이하다.
④ 다공질이므로 흡수성이 높은 편이다.

해설

경량기포콘크리트는 다공성으로 중성화(탄산화)가 빠르다.

관련개념 ALC의 특징

장점	• 내화성, 단열성이 좋다. • 경량이고, 차음성이 좋다. • 시공성이 우수하다. • 친환경성이다.
단점	• 수분을 흡수하는 성질이 있다. • 중성화가 빠르다. • 방수성이 없다.

095

석재의 화학적 성질에 관한 설명으로 옳지 않은 것은?

① 규산분을 많이 함유한 석재는 내산성이 약하므로 산을 접하는 바닥은 피한다.
② 대리석, 사문암 등은 내장재로 사용하는 것이 바람직하다.
③ 조암광물 중 장석, 방해석 등은 산류의 침식을 쉽게 받는다.
④ 산류를 취급하는 곳의 바닥재는 황철광, 갈철광 등을 포함하지 않아야 한다.

해설

규산분을 많이 함유한 석재는 내산성이 강하다.

관련개념 석재의 화학적 성질

• 석재는 탄산, 약산 또는 황산류에 의해 침식이 발생한다.
• 장석, 방해석 등은 그 주성분이 칼슘(Ca)이므로 산류를 포함한 공기나 물에 의해 침식된다.
• 황철광, 갈철광과 같은 금속 함유 광물은 산에 의해 침식될 수 있다.
• 규산분을 많이 포함한 석재는 내산성·내구성이 크다.

096

미장재료에 관한 설명으로 옳은 것은?

① 보강재는 결합재의 고체화에 직접 관계하는 것으로 여물, 풀, 수염 등이 이에 속한다.

② 수경성 미장재료에는 돌로마이트 플라스터, 소석회가 있다.

③ 소석회는 돌로마이트 플라스터에 비해 점성이 높고, 작업성이 좋다.

④ 회반죽에 석고를 약간 혼합하면 수축균열을 방지할 수 있는 효과가 있다.

해설

회반죽은 소석회에 여물, 모래, 해초풀 등을 넣어 반죽한 것으로, 석고를 혼합하면 건조수축, 균열을 방지하고 재료의 점성을 증진시켜 부착성을 갖게 하여 처지거나 떨어짐을 방지한다.

오답해설

① 보강재는 결합재의 고체화에 직접 관계하는 재료가 아니다.

② 돌로마이트 플라스터, 소석회는 기경성 미장재료이다.

③ 소석회는 돌로마이트 플라스터보다 점성과 작업성이 낮다.

097

안료가 들어가지 않는 도료로서 목재면의 투명도장에 쓰이며, 내후성이 좋지 않아 외부에 사용하기는 적당하지 않고 내부용으로 주로 사용하는 것은?

① 수성페인트   ② 클리어 래커

③ 래커 에나멜   ④ 유성에나멜

해설   **클리어 래커**

• 안료를 섞지 않은 초산 셀룰로오스가 주성분인 휘발성 용제이다.

• 내후성, 내수성이 다소 부족하여 외부보다는 내부용으로 사용된다.

• 목재면의 무늬를 살리기 위한 도장재료로 적당하다.

관련개념

• 수성페인트

   – 안료에 교착제(카세인, 아리비아고무, 아교)와 물을 혼합한 것이다.

   – 건조시간이 빠르고, 냄새가 적으며 건강에 해롭지 않다.

• 에나멜 래커

   – 불투명 도료로써 클리어 래커에 안료를 첨가한 것이다.

   – 내후성에 따라 외부용과 내부용으로 나누어진다.

098

아스팔트 침입도 시험에 있어서 아스팔트의 온도는 몇 [℃]를 기준으로 하는가?

① 15[℃]   ② 25[℃]

③ 35[℃]   ④ 45[℃]

해설   **침입도**

• 물질의 점조도나 경도 등을 나타내는 척도의 일종으로 어떤 물질 속에 일정한 모양의 침(바늘)이 일정온도에서, 일정시간에 관입되는 깊이이다.

• 아스팔트의 침입도는 25[℃], 100[g], 5초가 표준으로 바늘이 관입한 깊이를 0.1[mm] 단위로 표기한다.

• 스트레이트 아스팔트의 침입도는 0~300 정도이고, 블로운 아스팔트의 침입도는 0~40 정도이다.

099

수화열의 감소와 황산염 저항성을 높이려면 시멘트에 다음 중 어느 화합물을 감소시켜야 하는가?

① 규산 3칼슘　　　　② 알루민산철 4칼슘

③ 규산 2칼슘　　　　④ 알루민산 3칼슘

해설

수화열에 가장 큰 작용을 하는 것은 알루민산 3칼슘이다.

명칭	수화속도	수화열	강도
규산 3칼슘	보통	많다	크다
규산 2칼슘	느림	적다	장기강도
알루민산 3칼슘	빠름	매우 많다	작다
알루민산철 4칼슘	보통	보통	작다

100

재료의 단단한 정도를 나타내는 용어는?

① 연성　　　　　　② 인성

③ 취성　　　　　　④ 경도

해설

재료의 단단한 정도를 나타내는 용어는 '경도'이다.

경도는 어떤 재료를 긁을 때 자국, 절단, 마모 등에 대한 저항성으로 금속재료에서는 그 기계적 성질을 알고자 할 때 경도를 가장 중요하게 고려한다.

관련개념

- 연성: 재료가 탄성한계 이상의 힘을 받아도 파괴되지 않고 가늘고 길게 늘어나는 성질이다.
- 인성: 재료가 외력을 받아 변형을 나타내면서도 파괴되지 않고 견딜 수 있는 성질이다.
- 취성: 재료가 외력을 받아도 변형되지 않거나 약간의 극미한 변형만을 수반하고 파괴되는 성질이다.

101

장비가 위치한 지면보다 낮은 장소를 굴착하는 데 적합한 장비는?

① 트럭크레인　　　　② 파워셔블

③ 백호우　　　　　　④ 진폴

해설

- 장비보다 높은 지면의 굴착에 적합한 기계: 파워셔블
- 장비보다 낮은 지면의 굴착에 적합한 기계: 백호우, 클램쉘, 드래그라인, 불도저

102

다음은 산업안전보건법령에 따른 산업안전보건관리비의 사용에 관한 규정이다. (　　) 안에 들어갈 내용을 순서대로 옳게 작성한 것은?

> 건설공사도급인은 고용노동부장관이 정하는 바에 따라 해당 건설공사를 위하여 계상된 산업안전보건관리비를 그가 사용하는 근로자와 그의 관계수급인이 사용하는 근로자의 산업재해 및 건강장해 예방에 사용하고, 그 사용명세서를 (　　　) 작성하고 건설공사 종료 후 (　　　)간 보존해야 한다.

① 매월, 6개월

② 매월, 1년

③ 2개월마다, 6개월

④ 2개월마다, 1년

해설

건설공사도급인은 산업안전보건관리비를 사용하는 해당 건설공사의 금액이 4천만 원 이상인 때에는 매월 사용명세서를 작성하고, 건설공사 종료 후 1년 동안 보존하여야 한다.

103

4회 출제

콘크리트 타설 시 안전수칙으로 옳지 않은 것은?

① 타설순서는 계획에 의하여 실시하여야 한다.

② 진동기는 최대한 많이 사용하여야 한다.

③ 콘크리트를 치는 도중에는 거푸집, 지보공 등의 이상유무를 확인하여야 한다.

④ 손수레로 콘크리트를 운반할 때에는 손수레를 타설하는 위치까지 천천히 운반하여 거푸집에 충격을 주지 아니하도록 타설하여야 한다.

해설

진동기를 많이 사용할수록 측압이 증가하고 재료분리 등을 가중하여 품질 결함의 원인이 되므로 적당히 사용하여야 한다.

104

7회 출제

강관틀비계(높이 5[m] 이상)의 넘어짐을 방지하기 위하여 사용하는 벽이음 및 버팀의 설치간격 기준으로 옳은 것은?

① 수직방향 5[m], 수평방향 5[m]

② 수직방향 6[m], 수평방향 7[m]

③ 수직방향 6[m], 수평방향 8[m]

④ 수직방향 7[m], 수평방향 8[m]

해설 **강관비계의 조립간격**

강관비계의 종류	조립간격[m]	
	수직방향	수평방향
단관비계	5	5
틀비계(높이 5[m] 미만인 것 제외)	6	8

105

3회 출제

굴착공사에 있어서 비탈면 붕괴를 방지하기 위하여 실시하는 대책으로 옳지 않은 것은?

① 지표수의 침투를 막기 위해 표면배수공을 한다.

② 지하수위를 내리기 위해 수평배수공을 설치한다.

③ 비탈면 하단을 성토한다.

④ 비탈면 상부에 토사를 적재한다.

해설

비탈면 상부에 토사를 적재하면 붕괴를 가중시킨다.

106

5회 출제

강관을 사용하여 비계를 구성하는 경우 준수해야 할 사항으로 옳지 않은 것은?

① 비계기둥의 간격은 띠장 방향에서는 1.85[m] 이하, 장선(長線) 방향에서는 1.5[m] 이하로 할 것

② 띠장 간격은 2.0[m] 이하로 할 것

③ 비계기둥의 제일 윗부분으로부터 31[m] 되는 지점 밑부분의 비계기둥은 3개의 강관으로 묶어 세울 것

④ 비계기둥 간의 적재하중은 400[kg]을 초과하지 않도록 할 것

해설 **강관비계의 구조**

• 비계기둥의 간격은 띠장 방향에서는 1.85[m] 이하, 장선 방향에서는 1.5[m] 이하로 할 것

• 띠장 간격은 2[m] 이하로 할 것

• 비계기둥의 제일 윗부분으로부터 31[m] 되는 지점 밑부분의 비계기둥은 2개의 강관으로 묶어 세울 것

• 비계기둥 간의 적재하중은 400[kg]을 초과하지 않도록 할 것

107

다음은 산업안전보건법령에 따른 시스템 비계의 구조에 관한 사항이다. (　) 안에 들어갈 내용으로 옳은 것은?

> 비계 밑단의 수직재와 받침철물은 밀착되도록 설치하고, 수직재와 받침철물의 연결부의 겹침길이는 받침철물 전체길이의 (　) 이상이 되도록 할 것

① 2분의 1
② 3분의 1
③ 4분의 1
④ 5분의 1

해설 시스템 비계의 구조
- 수직재·수평재·가새재를 견고하게 연결하는 구조가 되도록 할 것
- 비계 밑단의 수직재와 받침철물은 밀착되도록 설치하고, 수직재와 받침철물의 연결부의 겹침길이는 받침철물 전체길이의 $\frac{1}{3}$ 이상이 되도록 할 것
- 수평재는 수직재와 직각으로 설치하여야 하며, 체결 후 흔들림이 없도록 견고하게 설치할 것
- 수직재와 수직재의 연결철물은 이탈되지 않도록 견고한 구조로 할 것
- 벽 연결재의 설치간격은 제조사가 정한 기준에 따라 설치할 것

108

건설현장에서 작업으로 인하여 물체가 떨어지거나 날아올 위험이 있는 경우에 대한 안전조치에 해당하지 않는 것은?

① 수직보호망 설치
② 방호선반 설치
③ 울타리 설치
④ 낙하물 방지망 설치

해설
사업주는 작업으로 인하여 물체가 떨어지거나 날아올 위험이 있는 경우 낙하물 방지망, 수직보호망 또는 방호선반의 설치, 출입금지구역의 설정, 보호구의 착용 등 위험을 방지하기 위하여 필요한 조치를 하여야 한다.

관련개념 개구부 등의 방호 조치
사업주는 작업발판 및 통로의 끝이나 개구부로서 근로자가 추락할 위험이 있는 장소에는 안전난간, 울타리, 수직형 추락방망 또는 덮개 등의 방호 조치를 충분한 강도를 가진 구조로 튼튼하게 설치하여야 하며, 덮개를 설치하는 경우에는 뒤집히거나 떨어지지 않도록 설치하여야 한다.

109

흙막이 가시설 공사 중 발생할 수 있는 보일링(Boiling) 현상에 관한 설명으로 옳지 않은 것은?

① 이 현상이 발생하면 흙막이벽의 지지력이 상실된다.
② 지하수위가 높은 지반을 굴착할 때 주로 발생된다.
③ 흙막이벽의 근입장 깊이가 부족할 경우 발생한다.
④ 연약한 점토지반에서 굴착면의 융기로 발생한다.

해설
연약한 점토지반에서 굴착면의 융기로 발생하는 현상은 히빙 현상이다.

관련개념 보일링(Boiling)
사질토 지반에서 굴착저면과 흙막이 배면의 수위차로 인해 굴착저면의 흙과 물이 함께 위로 솟아 오르는 현상이다.

- 보일링의 원인
  - 흙막이벽이 지지력을 상실할 때
  - 지하수위가 높은 지반을 굴착할 때
  - 흙막이벽의 근입장 깊이가 부족할 때
  - 사질토 지반에 수위차가 있을 때
- 보일링 방지대책
  - 지하수위 저하를 위한 배수조치
  - 지하수의 흐름 변경
  - 흙막이벽의 근입장 깊이 연장
  - 대체공법 적용[슬러리월(Slurry Wall), 시트파일(Sheet Pile) 등]
  - 작업을 중지하고, 지반을 복구하기 위한 압성토 시행

110

거푸집 및 동바리를 조립하는 경우에 준수해야 할 기준으로 옳지 않은 것은?

① 동바리의 상하 고정 및 미끄러짐 방지 조치를 한다.

② 강재의 접속부 및 교차부는 볼트·클램프 등 전용철물을 사용하여 단단히 연결한다.

③ 파이프 서포트의 높이가 3.5[m]를 초과하는 경우에는 높이 2[m]마다 수평연결재를 2개 방향으로 만들고 수평연결재의 변위를 방지한다.

④ 동바리로 사용하는 파이프 서포트는 4개 이상 이어서 사용하지 않도록 한다.

> **해설** 동바리로 사용하는 파이프 서포트 조립 시 준수사항
> • 파이프 서포트를 3개 이상 이어서 사용하지 않도록 할 것
> • 파이프 서포트를 이어서 사용하는 경우에는 4개 이상의 볼트 또는 전용철물을 사용하여 이을 것
> • 높이가 3.5[m]를 초과하는 경우에는 높이 2[m] 이내마다 수평연결재를 2개 방향으로 만들고 수평연결재의 변위를 방지할 것

> **관련개념** 동바리 조립 시의 안전조치
> • 받침목이나 깔판의 사용, 콘크리트 타설, 말뚝박기 등 동바리의 침하를 방지하기 위한 조치를 할 것
> • 동바리의 상하 고정 및 미끄러짐 방지 조치를 할 것
> • 상부·하부의 동바리가 동일 수직선 상에 위치하도록 하여 깔판·받침목에 고정시킬 것
> • 개구부 상부에 동바리를 설치하는 경우에는 상부하중을 견딜 수 있는 견고한 받침대를 설치할 것
> • U헤드 등의 단판이 없는 동바리의 상단에 멍에 등을 올릴 경우에는 해당 상단에 U헤드 등의 단판을 설치하고, 멍에 등이 전도되거나 이탈되지 않도록 고정시킬 것
> • 동바리의 이음은 같은 품질의 재료를 사용할 것
> • 강재의 접속부 및 교차부는 볼트·클램프 등 전용철물을 사용하여 단단히 연결할 것
> • 거푸집의 형상에 따른 부득이한 경우를 제외하고는 깔판이나 받침목을 2단 이상 끼우지 않도록 할 것
> • 깔판이나 받침목을 이어서 사용하는 경우에는 그 깔판·받침목을 단단히 연결할 것

111

부두·안벽 등 하역작업을 하는 장소에서 부두 또는 안벽의 선을 따라 통로를 설치하는 경우에는 폭을 최소 얼마 이상으로 하여야 하는가?

① 85[cm]　　　　　② 90[cm]

③ 100[cm]　　　　④ 120[cm]

> **해설** 하역작업장의 조치기준
> • 작업장 및 통로의 위험한 부분에는 안전하게 작업할 수 있는 조명을 유지할 것
> • 부두 또는 안벽의 선을 따라 통로를 설치하는 경우에는 폭을 90[cm] 이상으로 할 것
> • 육상에서의 통로 및 작업장소로서 다리 또는 선거 갑문을 넘는 보도 등의 위험한 부분에는 안전난간 또는 울타리 등을 설치할 것

112

건설공사도급인은 건설공사 중에 가설구조물의 붕괴 등 산업재해가 발생할 위험이 있다고 판단되면 건축·토목 분야의 전문가의 의견을 들어 건설공사 발주자에게 해당 건설공사의 설계변경을 요청할 수 있는데, 이러한 가설구조물의 기준으로 옳지 않은 것은?

① 높이 20[m] 이상인 비계

② 작업발판 일체형 거푸집 또는 높이 5[m] 이상인 거푸집 동바리

③ 터널의 지보공 또는 높이 2[m] 이상인 흙막이 지보공

④ 동력을 이용하여 움직이는 가설구조물

> **해설** 산업재해의 위험이 있을 때 건설공사도급인이 설계변경을 요청할 수 있는 가설구조물
> • 높이 31[m] 이상인 비계
> • 작업발판 일체형 거푸집 또는 높이 5[m] 이상인 거푸집 동바리
> • 터널의 지보공 또는 높이 2[m] 이상인 흙막이 지보공
> • 동력을 이용하여 움직이는 가설구조물

113

지반의 굴착 작업에 있어서 비가 올 경우를 대비한 직접적인 대책으로 옳은 것은?

① 측구 설치
② 낙하물 방지망 설치
③ 추락방호망 설치
④ 매설물 등의 유무 또는 상태 확인

해설

사업주는 비가 올 경우를 대비하여 측구를 설치하거나 굴착경사면에 비닐을 덮는 등 빗물 등의 침투에 의한 붕괴재해를 예방하기 위하여 필요한 조치를 하여야 한다.

114

산업안전보건법령에 따른 양중기의 종류에 해당하지 않는 것은?

① 고소작업차
② 이동식 크레인
③ 승강기
④ 리프트(Lift)

해설 양중기의 종류

• 크레인(호이스트 포함)
• 이동식 크레인
• 리프트(이삿짐운반용 리프트는 적재하중이 0.1톤 이상인 것으로 한정)
• 곤돌라
• 승강기

115

터널 지보공을 조립하는 경우에는 미리 그 구조를 검토한 후 조립도를 작성하고, 그 조립도에 따라 조립하도록 하여야 하는데 이 조립도에 명시하여야 할 사항과 가장 거리가 먼 것은?

① 이음방법
② 단면규격
③ 재료의 재질
④ 재료의 구입처

해설

터널 지보공을 조립하는 경우 조립도에는 재료의 재질, 단면규격, 설치간격 및 이음방법 등을 명시하여야 한다.

116

산업안전보건법령에 따른 건설공사 중 다리 건설공사의 경우 유해위험방지계획서를 제출하여야 하는 기준으로 옳은 것은?

① 최대 지간길이가 40[m] 이상인 다리의 건설 등 공사
② 최대 지간길이가 50[m] 이상인 다리의 건설 등 공사
③ 최대 지간길이가 60[m] 이상인 다리의 건설 등 공사
④ 최대 지간길이가 70[m] 이상인 다리의 건설 등 공사

해설 유해위험방지계획서 제출 대상 건설공사

• 다음의 어느 하나에 해당하는 건축물 또는 시설 등의 건설·개조 또는 해체(건설 등) 공사
  – 지상높이가 31[m] 이상인 건축물 또는 인공구조물
  – 연면적 30,000[m²] 이상인 건축물
  – 연면적 5,000[m²] 이상의 문화 및 집회시설(전시장 및 동물원·식물원 제외), 판매시설, 운수시설(고속철도의 역사 및 집배송시설 제외), 종교시설, 의료시설 중 종합병원, 숙박시설 중 관광숙박시설, 지하도상가, 냉동·냉장 창고시설
• 연면적 5,000[m²] 이상인 냉동·냉장 창고시설의 설비공사 및 단열공사
• 최대 지간길이가 50[m] 이상인 다리의 건설 등 공사
• 터널의 건설 등 공사
• 다목적댐, 발전용댐, 저수용량 2천만 톤 이상의 용수 전용 댐 및 지방상수도 전용 댐의 건설 등 공사
• 깊이 10[m] 이상인 굴착공사

117

가설통로 설치에 있어 경사가 최소 얼마를 초과하는 경우에는 미끄러지지 아니하는 구조로 하여야 하는가?

① 15°
② 20°
③ 30°
④ 40°

해설 가설통로의 구조

• 견고한 구조로 할 것
• 경사는 30° 이하로 할 것. 다만, 계단을 설치하거나 높이 2[m] 미만의 가설통로로서 튼튼한 손잡이를 설치한 경우에는 그러하지 아니하다.
• 경사가 15°를 초과하는 경우에는 미끄러지지 아니하는 구조로 할 것
• 추락할 위험이 있는 장소에는 안전난간을 설치할 것. 다만, 작업상 부득이한 경우에는 필요한 부분만 임시로 해체할 수 있다.
• 수직갱에 가설된 통로의 길이가 15[m] 이상인 경우에는 10[m] 이내마다 계단참을 설치할 것
• 건설공사에 사용하는 높이 8[m] 이상인 비계다리에는 7[m] 이내마다 계단참을 설치할 것

118

5회 출제

굴착과 싣기를 동시에 할 수 있는 토공기계가 아닌 것은?

① 트랙터 셔블(Tractor Shovel)
② 백호우(Backhoe)
③ 파워 셔블(Power Shovel)
④ 모터 그레이더(Motor Grader)

해설 모터 그레이더(Motor Grader)

토공판을 유압펌프로 작동시켜 땅을 반반하게 고르는 작업에 사용되는 정지용 토목 건설기계이다.

119

5회 출제

강관틀비계를 조립하여 사용하는 경우 준수하여야 할 사항으로 옳지 않은 것은?

① 비계기둥의 밑둥에는 밑받침철물을 사용할 것
② 높이가 20[m]를 초과하거나 중량물의 적재를 수반하는 작업을 할 경우에는 주틀 간의 간격을 1.8[m] 이하로 할 것
③ 주틀 간에 교차 가새를 설치하고 최하층 및 3층 이내마다 수평재를 설치할 것
④ 길이가 띠장 방향으로 4[m] 이하이고 높이가 10[m]를 초과하는 경우에는 10[m] 이내마다 띠장 방향으로 버팀기둥을 설치할 것

해설 강관틀비계 조립·사용 시 준수사항

• 비계기둥의 밑둥에는 밑받침철물을 사용하여야 하며 밑받침에 고저차가 있는 경우에는 조절형 밑받침철물을 사용하여 각각의 강관틀비계가 항상 수평 및 수직을 유지하도록 할 것
• 높이가 20[m]를 초과하거나 중량물의 적재를 수반하는 작업을 할 경우에는 주틀 간의 간격을 1.8[m] 이하로 할 것
• 주틀 간에 교차 가새를 설치하고 최상층 및 5층 이내마다 수평재를 설치할 것
• 수직방향으로 6[m], 수평방향으로 8[m] 이내마다 벽이음을 할 것
• 길이가 띠장 방향으로 4[m] 이하이고 높이가 10[m]를 초과하는 경우에는 10[m] 이내마다 띠장 방향으로 버팀기둥을 설치할 것

120

8회 출제

산업안전보건법령에 따른 작업발판 일체형 거푸집에 해당되지 않는 것은?

① 갱 폼(Gang Form)
② 슬립 폼(Slip Form)
③ 유로 폼(Euro Form)
④ 클라이밍 폼(Climbing Form)

해설 작업발판 일체형 거푸집

• 갱 폼(Gang Form)
• 슬립 폼(Slip Form)
• 클라이밍 폼(Climbing Form)
• 터널 라이닝 폼(Tunnel Lining Form)
• 그 밖에 거푸집과 작업발판이 일체로 제작된 거푸집 등

관련개념 유로 폼(Euro Form)

일정한 규격으로 미리 합판 등의 뒷면에 강재틀을 붙인 거푸집 패널로 여러 장을 조립하여 사용한다.

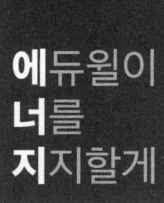

느리더라도 꾸준하면 경주에서 이긴다.

– 이솝(Aesop)

2021년 4회 | 기출문제

자동 채점

산업안전관리론

001

3회 출제

하인리히의 도미노 이론에서 재해의 직접원인에 해당하는 것은?

① 사회적 환경
② 유전적 요소
③ 개인적인 결함
④ 불안전한 행동 및 불안전한 상태

해설

하인리히의 도미노 이론에서 3단계인 '불안전 상태 및 불안전 행동'은 재해의 직접원인으로 제거하면 사고와 재해로 이어지지 않는다.

관련개념 하인리히의 도미노 이론(사고발생의 연쇄성)

재해가 발생하기 전 여러 단계의 사건이 순차적으로 발생한다는 이론으로 다음과 같이 전개된다.

- 1단계: 사회적 환경과 유전적 요소(선천적 결함)
- 2단계: 개인적 결함
- 3단계: 불안전 상태 및 불안전 행동
- 4단계: 사고
- 5단계: 재해

002

13회 출제

안전관리조직의 형태 중 직계식 조직의 특징이 아닌 것은?

① 소규모 사업장에 적합하다.
② 안전에 관한 명령, 지시가 빠르다.
③ 안전에 대한 정보가 불충분하다.
④ 별도의 안전관리 전담요원이 직접 통제한다.

해설

④는 스태프형 조직의 특징이다.

관련개념 라인형(직계식) 조직의 특징

- 안전에 관한 명령, 지시 및 조치가 각 부문의 직계를 통하여 생산업무와 함께 시행되므로 철저하고 실시도 빠르다.
- 명령과 보고가 상하관계뿐이므로 간단 명료하다.
- 생산라인(Production Line)의 각급 관리감독자는 일상의 생산업무에 쫓겨 안전에 대한 전문지식이나 정보를 몸에 익힐 수 없다는 단점이 있다.
- 100명 이하의 소규모 사업장에 적합하다.

003

2회 출제

건설기술 진흥법령상 안전점검의 시기·방법에 관한 사항으로 ( ) 안에 알맞은 내용은?

> 정기안전점검 결과 건설공사의 물리적·기능적 결함 등이 발견되어 보수·보강 등의 조치를 위하여 필요한 경우에는 ( )을 할 것

① 긴급점검
② 정기점검
③ 특별점검
④ 정밀안전점검

해설

정기안전점검 결과 건설공사의 물리적·기능적 결함 등이 발견되어 보수·보강 등의 조치를 위하여 필요한 경우에는 **정밀안전점검**을 하여야 한다.

004

6회 출제

산업안전보건법령상 타워크레인 지지에 관한 사항으로 ( ) 안에 알맞은 내용은?

> 타워크레인을 와이어로프로 지지하는 경우, 설치각도는 수평면에서 (㉠)도 이내로 하되, 지지점은 (㉡)개소 이상으로 하고, 같은 각도로 설치하여야 한다.

① ㉠: 45, ㉡: 3
② ㉠: 45, ㉡: 4
③ ㉠: 60, ㉡: 3
④ ㉠: 60, ㉡: 4

해설 **타워크레인을 와이어로프로 지지할 때 준수사항**
• 와이어로프를 고정하기 위한 전용 지지프레임을 사용할 것
• 와이어로프 설치각도는 수평면에서 60° 이내로 하되, 지지점은 4개소 이상으로 하고, 같은 각도로 설치할 것
• 와이어로프와 그 고정부위는 충분한 강도와 장력을 갖도록 설치하고, 와이어로프를 클립·샤클(Shackle) 등의 고정기구를 사용하여 견고하게 고정시켜 풀리지 않도록 하며, 사용 중에는 충분한 강도와 장력을 유지하도록 할 것
• 와이어로프가 가공전선에 근접하지 않도록 할 것

005

8회 출제

사고예방대책의 기본원리 5단계 중 3단계의 분석·평가에 관한 내용으로 옳은 것은?

① 현장조사
② 교육 및 훈련의 개선
③ 기술의 개선 및 인사조정
④ 사고 및 안전활동 기록 검토

해설 **하인리히의 재해예방 5단계(사고예방의 기본원리)**

단계	진행과정	필요조치
제1단계	조직 (안전관리조직)	• 경영자의 안전목표 설정 • 안전관리자 등의 선임 • 안전관리조직(라인·스태프 등) 구성 • 안전활동 방침 및 계획수립 • 안전관리조직의 안전활동 전개
제2단계	사실의 발견 (현상파악)	• 사고 및 안전활동 기록의 검토 • 작업분석 • 안전점검, 검사 및 조사 • 사고조사 • 안전토의 및 회의 • 근로자의 건의 및 여론조사 • 관찰 및 보고서의 연구로 불안전요소 발견
제3단계	분석·평가 (원인규명)	• 사고보고서 및 현장조사 • 인적·물적·환경조건의 분석 • 작업공정 및 작업형태의 분석 • 교육 및 훈련의 분석 • 안전수칙 및 안전기준의 분석 • 현장조사 결과의 분석 • 불안전요소의 분석
제4단계	시정책의 선정	• 기술적인 개선 • 인사(배치)조정 • 교육 및 훈련의 개선 • 안전행정의 개선 • 규정 및 수칙의 개선 • 이행독려와 통제체제 강화
제5단계	시정책의 적용	• 목표설정 • 3E(기술적, 교육적, 관리적)의 적용 • 실시결과 재평가 및 개선

006

산업안전보건법령상 노사협의체에 관한 사항으로 틀린 것은?

① 노사협의체 정기회의는 1개월마다 노사협의체의 위원장이 소집한다.
② 공사금액이 20억 원 이상인 공사의 관계수급인의 각 대표자는 사용자위원에 해당된다.
③ 도급 또는 하도급 사업을 포함한 전체 사업의 근로자대표는 근로자위원에 해당된다.
④ 노사협의체의 근로자위원과 사용자위원은 합의하여 노사협의체에 공사금액이 20억 원 미만인 공사의 관계수급인 및 관계수급인의 근로자대표를 위원으로 위촉할 수 있다.

해설
노사협의체의 회의는 정기회의와 임시회의로 구분하여 개최하되, 정기회의는 2개월마다 노사협의체의 위원장이 소집하며, 임시회의는 위원장이 필요하다고 인정할 때에 소집한다.

007

버드(Bird)의 도미노 이론에서 재해발생과정 중 직접원인은 몇 단계인가?

① 1단계   ② 2단계
③ 3단계   ④ 4단계

해설 버드의 연쇄성이론
• 제1단계: 통제부족, 관리소홀
• 제2단계: 기본원인(근본원인)
• 제3단계: 직접원인(불안전한 상태 및 불안전한 행동)
• 제4단계: 사고(접촉)
• 제5단계: 상해(손해, 손실)

008

산업안전보건법령상 상시근로자 20명 이상 50명 미만인 사업장 중 안전보건관리담당자를 선임하여야 할 업종이 아닌 것은?

① 임업
② 제조업
③ 건설업
④ 하수, 폐수 및 분뇨 처리업

해설 안전보건관리담당자의 선임
다음의 어느 하나에 해당하는 사업의 사업주는 상시근로자 20명 이상 50명 미만인 사업장에 안전보건관리담당자를 1명 이상 선임하여야 한다.
• 제조업
• 임업
• 하수, 폐수 및 분뇨 처리업
• 폐기물 수집, 운반, 처리 및 원료 재생업
• 환경 정화 및 복원업

009

산업안전보건법령상 안전보건표지의 용도 및 색도기준이 바르게 연결된 것은?

① 지시표지: 5N 9.5   ② 금지표지: 2.5G 4/10
③ 경고표지: 5Y 8.5/12   ④ 안내표지: 7.5R 4/14

해설 안전보건표지의 색도기준 및 용도

색채	색도기준	용도	사용 예
빨간색	7.5R 4/14	금지	정지신호, 소화설비 및 그 장소, 유해 행위의 금지
		경고	화학물질 취급장소에서의 유해·위험 경고
노란색	5Y 8.5/12	경고	화학물질 취급장소에서의 유해·위험 경고 이외의 위험경고, 주의표지 또는 기계방호물
파란색	2.5PB 4/10	지시	특정 행위의 지시 및 사실의 고지
녹색	2.5G 4/10	안내	비상구 및 피난소, 사람 또는 차량의 통행표지
흰색	N9.5		파란색 또는 녹색에 대한 보조색
검은색	N0.5		문자 및 빨간색 또는 노란색에 대한 보조색

010

A 사업장에서 중상이 10명 발생하였다면 버드(Bird)의 재해구성비율에 의한 경상해자는 몇 명인가?

① 50명
② 100명
③ 145명
④ 300명

해설 **버드의 재해발생비율**

1 : 10 : 30 : 600 = 중상 : 경상(물적, 인적 손실) : 무상해 사고(물적 손실) : 무상해, 무사고

중상이 10명 발생하였다면 경상해자는 10×10=100명 발생한다.

012

산업안전보건법령상 안전보건진단을 받아 안전보건개선계획을 수립하여야 하는 대상을 모두 고른 것은?

> ㄱ. 산업재해율이 같은 업종 평균 산업 재해율의 2배 이상인 사업장
> ㄴ. 사업주가 필요한 안전조치 또는 보건조치를 이행하지 아니하여 중대재해가 발생한 사업장
> ㄷ. 상시근로자 1천 명 이상 사업장에서 직업성 질병자가 연간 2명 이상 발생한 사업장

① ㄱ, ㄴ
② ㄱ, ㄷ
③ ㄴ, ㄷ
④ ㄱ, ㄴ, ㄷ

해설 **안전보건진단을 받아 안전보건개선계획을 수립할 대상**
• 산업재해율이 같은 업종 평균 산업재해율의 2배 이상인 사업장
• 사업주가 필요한 안전조치 또는 보건조치를 이행하지 아니하여 중대재해가 발생한 사업장
• 직업성 질병자가 연간 2명 이상(상시근로자 1천 명 이상 사업장의 경우 3명 이상) 발생한 사업장
• 그 밖에 작업환경 불량, 화재·폭발 또는 누출 사고 등으로 사업장 주변까지 피해가 확산된 사업장으로서 고용노동부령으로 정하는 사업장

011

산업재해 발생 시 조치 순서에 있어 긴급처리의 내용으로 볼 수 없는 것은?

① 현장보존
② 잠재위험요인 적출
③ 관련 기계의 정지
④ 재해자의 응급조치

해설 **재해발생 시 긴급처리 순서**
• 1단계: 피재기계의 정지 및 피해확산방지
• 2단계: 피해자 응급조치(재해자의 구조)
• 3단계: 관계자에게 통보
• 4단계: 2차 재해방지
• 5단계: 현장보존

013

산업안전보건법령상 중대재해에 해당하지 않는 것은?

① 사망자 1명이 발생한 재해
② 12명의 부상자가 동시에 발생한 재해
③ 2명의 직업성 질병자가 동시에 발생한 재해
④ 5개월의 요양이 필요한 부상자가 동시에 3명 발생한 재해

해설 **중대재해의 범위**
• 사망자가 1명 이상 발생한 재해
• 3개월 이상의 요양이 필요한 부상자가 동시에 2명 이상 발생한 재해
• 부상자 또는 직업성 질병자가 동시에 10명 이상 발생한 재해

014

1회 출제

T.B.M 활동의 5단계 추진법의 진행순서로 옳은 것은?

① 도입 → 확인 → 위험예지훈련 → 작업지시 → 점검정비
② 도입 → 점검정비 → 작업지시 → 위험예지훈련 → 확인
③ 도입 → 작업지시 → 위험예지훈련 → 점검정비 → 확인
④ 도입 → 위험예지훈련 → 작업지시 → 점검정비 → 확인

해설 TBM 5단계 진행순서

1단계	도입	직장체조, 상호인사, 목표제창
2단계	점검정비	건강, 복장, 공구, 보호구, 안전장치, 사용기기 등 점검정비
3단계	작업지시	당일 작업에 대한 설명 및 지시를 받고 복창하여 확인
4단계	위험예측	당일 작업의 위험을 예측하고 대책 토의, 원포인트 위험예지훈련
5단계	확인	대책을 수립하고 팀의 목표 확인, 원포인트 지적확인, 터치 앤 콜

관련개념 TBM(Tool Box Meeting) 위험예지훈련

현장에서 그때그때 주어진 상황에 적용하여 실시하는 위험예지활동으로, 단시간 적응훈련이다.

015

3회 출제

보호구 안전인증 고시상 저음부터 고음까지 차음하는 방음용 귀마개의 기호는?

① EM
② EP-1
③ EP-2
④ EP-3

해설 방음용 보호구의 종류 및 등급

종류	등급	기호	성능
귀마개	1종	EP-1	저음부터 고음까지 차음하는 것
	2종	EP-2	주로 고음을 차음하고 저음(회화음 영역)은 차음하지 않는 것
귀덮개	–	EM	

016

11회 출제

산업재해보상보험법령상 명시된 보험급여의 종류가 아닌 것은?

① 장례비
② 요양급여
③ 휴업급여
④ 생산손실급여

해설 직접손실비용과 간접손실비용

직접비 (법적으로 지급되는 산재보상비)		간접비 (직접비를 제외한 모든 비용)	
• 요양급여	• 휴업급여	• 인적손실	• 물적손실
• 장해급여	• 간병급여	• 생산손실	• 임금손실
• 유족급여	• 상병보상연금	• 시간손실	• 기타손실 등
• 장례비	• 직업재활급여		

017

6회 출제

맥그리거의 X, Y 이론 중 X 이론의 관리처방에 해당하는 것은?

① 조직구조의 평면화
② 분권화와 권한의 위임
③ 자체평가제도의 활성화
④ 권위주의적 리더십의 확립

해설 맥그리거의 X, Y 이론

X 이론	• 인간의 본성은 일을 싫어하고 무관심하며 책임을 회피한다. • 관리처방 방안으로는 경제적 보상체제 강화, 권위주의적 리더십 확립, 엄격한 관리 및 통제, 상부책임 강화 등이 필요하다.
Y 이론	• 인간의 본성은 일을 좋아하고 책임감이 강하여 자율적, 민주적으로 성과를 얻는다. • 관리처방 방안으로는 권한을 위임하고 목표에 의한 관리와 인간관계 관리방식 등이 필요하다.

018

산업안전보건법령상 안전보건관리책임자의 업무에 해당하지 않는 것은? (단, 그 밖에 고용노동부령으로 정하는 사항은 제외한다.)

① 근로자의 적정배치에 관한 사항
② 작업환경의 점검 및 개선에 관한 사항
③ 안전보건관리규정의 작성 및 변경에 관한 사항
④ 안전장치 및 보호구 구입 시 적격품 여부 확인에 관한 사항

해설 **안전보건관리책임자의 업무**
• 사업장의 산업재해 예방계획의 수립에 관한 사항
• 안전보건관리규정의 작성 및 변경에 관한 사항
• 안전보건교육에 관한 사항
• 작업환경측정 등 작업환경의 점검 및 개선에 관한 사항
• 근로자의 건강진단 등 건강관리에 관한 사항
• 산업재해의 원인 조사 및 재발 방지대책 수립에 관한 사항
• 산업재해에 관한 통계의 기록 및 유지에 관한 사항
• 안전장치 및 보호구 구입 시 적격품 여부 확인에 관한 사항
• 그 밖에 근로자의 유해 · 위험 방지조치에 관한 사항으로서 고용노동부령으로 정하는 사항

019

산업안전보건법령상 명시된 안전검사대상 유해하거나 위험한 기계 · 기구 · 설비에 해당하지 않는 것은?

① 리프트
② 곤돌라
③ 산업용 원심기
④ 밀폐형 롤러기

해설 **안전검사대상 유해 · 위험 기계 · 기구 · 설비**
• 프레스
• 전단기
• 크레인(정격 하중이 2톤 미만인 것은 제외)
• 리프트
• 압력용기
• 곤돌라
• 국소 배기장치(이동식 제외)
• 원심기(산업용만 해당)
• 롤러기(밀폐형 구조 제외)
• 사출성형기(형 체결력 294[kN] 미만은 제외)
• 고소작업대(화물자동차 또는 특수자동차에 탑재한 고소작업대로 한정)
• 컨베이어
• 산업용 로봇

020

재해사례연구의 진행단계로 옳은 것은?

ㄱ. 대책수립   ㄴ. 사실의 확인
ㄷ. 문제점의 발견   ㄹ. 재해 상황의 파악
ㅁ. 근본적 문제점의 결정

① ㄷ → ㄹ → ㄴ → ㅁ → ㄱ
② ㄷ → ㄹ → ㅁ → ㄴ → ㄱ
③ ㄹ → ㄴ → ㄷ → ㅁ → ㄱ
④ ㄹ → ㄷ → ㅁ → ㄴ → ㄱ

해설 **재해사례 연구순서**
• 전제조건: 재해 상황의 파악
• 제1단계: 사실의 확인
• 제2단계: 문제점 발견
• 제3단계: 근본적 문제점 결정
• 제4단계: 대책수립

산업심리 및 교육

021

2회 출제

인간착오의 메커니즘으로 틀린 것은?

① 위치의 착오
② 패턴의 착오
③ 느낌의 착오
④ 형(形)의 착오

해설 인간착오의 메커니즘
• 위치의 착오
• 패턴의 착오
• 형의 착오
• 순서의 착오
• 기억의 착오

022

1회 출제

산업안전보건법령상 명시된 건설용 리프트·곤돌라를 이용한 작업의 특별교육 내용으로 틀린 것은? (단, 그 밖에 안전·보건관리에 필요한 사항은 제외한다.)

① 신호방법 및 공동작업에 관한 사항
② 화물의 취급 및 작업 방법에 관한 사항
③ 방호장치의 기능 및 사용에 관한 사항
④ 기계·기구의 특성 및 동작원리에 관한 사항

해설
'화물의 취급 및 안전작업방법에 관한 사항'은 1톤 이상의 크레인을 사용하는 작업 또는 1톤 미만의 크레인 또는 호이스트를 5대 이상 보유한 사업장에서 해당 기계로 하는 작업 및 타워크레인을 사용하는 작업 시 신호업무를 하는 작업의 특별교육 내용이다.

관련개념 건설용 리프트·곤돌라를 이용한 작업의 특별교육 내용
• 방호장치의 기능 및 사용에 관한 사항
• 기계, 기구, 달기체인 및 와이어 등의 점검에 관한 사항
• 화물의 권상·권하 작업방법 및 안전작업 지도에 관한 사항
• 기계·기구의 특성 및 동작원리에 관한 사항
• 신호방법 및 공동작업에 관한 사항
• 그 밖에 안전·보건관리에 필요한 사항

023

1회 출제

테일러(Taylor)의 과학적 관리와 거리가 가장 먼 것은?

① 시간-동작 연구를 적용하였다.
② 생산의 효율성을 상당히 향상시켰다.
③ 인간중심의 관점으로 일을 재설계한다.
④ 인센티브를 도입함으로써 작업자들을 동기화시킬 수 있다.

해설 과학적 관리법(Scientific Management)
• 테일러(Taylor)에 의해 만들어진 과업수행의 분석과 혼합에 대한 이론으로, 차별적 성과급제(인센티브)를 도입함으로써 작업자들을 동기화시켜 생산의 효율성을 향상시킬 수 있다는 주장이다.
• 인간중심의 관점을 중시하지 않는다.
• 시간-동작 연구를 적용한다.

024

6회 출제

프로그램 학습법(Programmed self-instruction method)의 단점은?

① 보충학습이 어렵다.
② 수강생의 시간적 활용이 어렵다.
③ 수강생의 사회성이 결여되기 쉽다.
④ 수강생의 개인적인 차이를 조절할 수 없다.

해설 프로그램 학습법(Programmed Self-instruction Method)

장점	• 학습자의 학습내용 습득여부를 즉각적으로 피드백 받을 수 있다. • 많은 수의 학습자를 지도할 수 있다. • 학습속도, 지능, 학습적성 등 개인차를 충분히 고려할 수 있다. • 매 반응마다 피드백이 주어지기 때문에 학습자가 흥미를 갖는다.
단점	• 수강생의 사회성이 결여되기 쉽다. • 교재개발에 많은 시간과 노력이 든다.

025

11회 출제

작업의 어려움, 기계설비의 결함 및 환경에 대한 주의력의 집중혼란, 심신의 근심 등으로 인하여 재해를 많이 일으키는 사람을 지칭하는 것은?

① 미숙성 누발자
② 상황성 누발자
③ 습관성 누발자
④ 소질성 누발자

해설 상황성 누발자의 재해유발 원인
• 작업이 어려운 경우
• 기계설비에 결함이 있는 경우
• 심신에 근심이 있는 경우
• 환경 상 주의력의 집중이 곤란한 경우

관련개념 재해빈발자 유형

상황성 누발자	작업이 어렵거나 설비의 결함, 심신의 근심 때문에 재해가 자주 발생되는 사람
습관성 누발자	경험에 의하여 겁을 심하게 먹거나 신경과민으로 재해가 자주 발생되는 사람
소질성 누발자	개인적 잠재요인이나 개인의 특수한 성격으로 인해 재해가 자주 발생되는 사람
미숙성 누발자	기능의 부족이나 환경에 익숙하지 않아 재해가 자주 발생되는 사람

026

1회 출제

안전사고가 발생하는 요인 중 심리적인 요인에 해당하는 것은?

① 감정의 불안정
② 극도의 피로감
③ 신경계통의 이상
④ 육체적 능력의 초과

해설
②, ③, ④는 안전사고 발생의 생리적 요인이다.

관련개념 사고요인 중 생리적 결함요인
• 극도의 피로
• 시력 및 청각기능의 이상
• 근육운동의 부적합
• 생리 및 신경계통의 이상

027

2회 출제

허츠버그(Herzberg)의 2요인 이론 중 동기요인(Motivator)에 해당하지 않는 것은?

① 성취
② 작업 조건
③ 인정
④ 작업 자체

해설 허츠버그(Herzberg)의 2요인(위생·동기) 이론
• 위생요인: 작업환경, 승진, 임금수준, 지위, 감독형태, 관리규칙 등
• 동기요인: 자기발전, 책임감, 성취감, 존경, 인정, 자율성과 권한의 위임, 작업 그 자체, 일의 내용 등

028

11회 출제

작업의 강도를 객관적으로 측정하기 위한 지표로 옳은 것은?

① 강도율
② 작업시간
③ 작업속도
④ 에너지대사율(RMR)

해설
에너지대사율은 작업을 강도별로 구분한 지표이다.

관련개념 에너지대사율(RMR; Relative Metabolic Rate)

$$RMR = \frac{작업대사량}{기초대사량} = \frac{작업\,시\,소비에너지 - 안정\,시\,소비에너지}{기초대사\,시\,소비에너지}$$

작업구분	RMR	작업 종류 등
초중(超重)작업	7 이상	과격한 전신작업
중(重)작업	4~7	• 일반적인 전신작업 • 힘·동작속도가 큰 작업
중(中)작업	2~4	힘·동작속도가 작은 작업
경(輕)작업	0~2	• 사무실 작업 • 손가락이나 팔로 하는 가벼운 작업

029

지도자가 부하의 능력에 따라 차별적으로 성과급을 지급하고자 하는 리더십의 권한은?

① 전문성 권한　　　　② 보상적 권한
③ 합법적 권한　　　　④ 위임된 권한

해설 리더십 권한
• 조직이 리더에게 부여한 권한

합법적 권한	군대, 정부기관 등 합법적 권력이 가지는 권한
강압적 권한	부하의 처벌, 봉급의 인상 거부 등 강압적인 힘을 갖는 권한
보상적 권한	승진, 봉급 인상 등 역할에 대한 보상을 부여하는 권한

• 지도자 자신에 의해 자발적으로 생성되는 권한

위임된 권한	부하 직원들이 상사를 존경하여 함께 일하고자 할 때 상사에게 부여되는 권한, 혹은 지도자 자신이 자신에게 부여한 권한
전문성의 권한	전문적 지식을 가진 리더를 부하들이 스스로 따르는 것으로 지도자 자신의 능력에 의해 생성되는 권한

030

인간의 욕구에 대한 적응기제(Adjustment Mechanism)를 공격적 기제, 방어적 기제, 도피적 기제로 구분할 때 다음 중 도피적 기제에 해당하는 것은?

① 보상　　　　② 고립
③ 승화　　　　④ 합리화

해설
①, ③, ④는 방어적 기제에 해당한다.

관련개념 도피적 기제(Escape Mechanism)
• 긴장이나 불안감을 해소하기 위해 비합리적인 행동으로 당면한 상황을 벗어나려는 기제이다.
• 억압, 고립, 퇴행, 백일몽 등이 있다.

031

알더퍼(Alderfer)의 ERG 이론에서 인간의 기본적인 3가지 욕구가 아닌 것은?

① 관계욕구　　　　② 성장욕구
③ 생리욕구　　　　④ 존재욕구

해설 알더퍼(Alderfer)의 ERG 이론
• E(Existence, 존재욕구): 생리적 욕구나 안전의 욕구와 같이 인간이 자신의 존재를 확보하는 데 필요한 욕구로서 급여, 부가급, 육체적 작업에 대한 욕구 그리고 물질적 욕구가 포함된다.
• R(Relatedness, 관계욕구): 개인이 주변사람들(가족, 감독자, 동료작업자, 하위자, 친구 등)과 상호작용을 통하여 만족을 추구하고 싶어하는 욕구로서 매슬로우 욕구위계 중 사회적 욕구에 속한다.
• G(Growth, 성장욕구): 매슬로우의 존경(인정)의 욕구와 자아실현의 욕구를 포함하는 것으로서 개인의 잠재력 개발과 관련되는 욕구이다. ERG 이론에 따르면 경영자가 종업원의 고차원 욕구를 충족시켜야 하는 것은 동기부여를 위해서만이 아니라 발생할 수 있는 직·간접비용을 절감한다는 차원에서도 중요하다.

032

주의력의 특성과 그에 대한 설명으로 옳은 것은?

① 지속성: 인간의 주의력은 2시간 이상 지속된다.
② 변동성: 인간의 주의 집중은 내향과 외향의 변동이 반복된다.
③ 방향성: 인간이 주의력을 집중하는 방향은 상하 좌우에 따라 영향을 받는다.
④ 선택성: 인간의 주의력은 한계가 있어 여러 작업에 대해 선택적으로 배분된다.

해설 주의(Attention)의 특징
• 선택성: 여러 종류의 자극 중 특정한 것을 선택하여 주의가 집중된다.
• 방향성: 한 지점에 주의를 집중하면 다른 곳의 주의가 약해진다.
• 변동성: 주의가 유지되지 않고 일정한 주기로 부주의하게 된다.

033

파악하고자 하는 연구과제에 대해 언어를 매개로 구조화된 질의응답을 통하여 교육하는 기법은?

① 면접(Interview)
② 카운슬링(Counseling)
③ CCS(Civil Communication Section)
④ ATT(American Telephone&Telegraph Co.)

해설 면접(Interview)

• 파악하고자 하는 연구과제에 대해 언어를 매개로 구조화된 질의응답을 통하여 교육하는 기법이다.
• 업무에 대한 이해도가 높은 작업자와 면담하는 방법으로, 자료의 수집에 많은 시간과 노력이 들고 정량화된 정보를 얻기가 힘든 단점이 있다.

034

안전교육방법 중 새로운 자료나 교재를 제시하고, 거기에서의 문제점을 피교육자로 하여금 제기하게 하거나 의견을 여러 가지 방법으로 발표하게 하고, 다시 깊게 파고들어서 토의하는 방법은?

① 포럼(Forum)
② 심포지엄(Symposium)
③ 버즈세션(Buzz Session)
④ 패널 디스커션(Panel Discussion)

해설 토의법의 종류

포럼 (Forum)	새로운 자료나 교재를 제시하고 문제점을 피교육자로 하여금 제기하게 하거나 피교육자의 의견을 다양한 방법으로 발표하게 하여 청중과 토론자 간 의견교환으로 합의를 도출해내는 방법
패널 디스커션 (Panel Discussion)	참가자 앞에서 소수의 전문가들이 과제에 관한 견해를 발표하고 토론한 뒤 참가자 전원이 참가하여 사회자의 사회에 따라 토의하는 방법
심포지엄 (Symposium)	몇 사람의 전문가에 의하여 과제에 관한 견해를 발표한 뒤에 참가자로 하여금 의견이나 질문을 하게 하여 토의하는 방법
버즈세션 (Buzz Session)	6명씩 소집단으로 구분하고, 집단별로 각각의 사회자를 선발하여 6분씩 자유토의를 행한 후 의견을 종합하는 방법으로 6-6회의라고도 함

035

산업안전보건법령상 근로자 안전보건교육의 교육과정 중 건설 일용근로자의 건설업 기초안전·보건교육 교육시간 기준으로 옳은 것은?

① 1시간 이상
② 2시간 이상
③ 3시간 이상
④ 4시간 이상

해설 근로자 안전보건교육 교육과정별 교육시간

교육과정	교육대상		교육시간
정기교육	사무직 종사 근로자		매반기 6시간 이상
	그 밖의 근로자	판매업무에 직접 종사하는 근로자	매반기 6시간 이상
		판매업무에 직접 종사하는 근로자 외의 근로자	매반기 12시간 이상
채용 시 교육	일용근로자 및 근로계약기간이 1주일 이하인 기간제근로자		1시간 이상
	근로계약기간이 1주일 초과 1개월 이하인 기간제근로자		4시간 이상
	그 밖의 근로자		8시간 이상
작업내용 변경 시 교육	일용근로자 및 근로계약기간이 1주일 이하인 기간제근로자		1시간 이상
	그 밖의 근로자		2시간 이상
특별교육	일용근로자 및 근로계약기간이 1주일 이하인 기간제근로자 (타워크레인 신호작업 종사자 제외)		2시간 이상
	타워크레인 신호작업에 종사하는 일용근로자 및 근로계약기간이 1주일 이하인 기간제근로자		8시간 이상
	그 밖의 근로자		16시간 이상
			단기간 또는 간헐적 작업인 경우 2시간 이상
건설업 기초안전·보건교육	건설 일용근로자		4시간 이상

036

1회 출제

안전교육의 방법을 지식교육, 기능교육 및 태도교육 순서로 구분하여 맞게 나열한 것은?

① 시청각 교육 – 현장실습 교육 – 안전작업 동작지도
② 시청각 교육 – 안전작업 동작지도 – 현장실습 교육
③ 현장실습 교육 – 안전작업 동작지도 – 시청각 교육
④ 안전작업 동작지도 – 시청각 교육 – 현장실습 교육

해설 안전보건교육의 각 단계별 교육방법
• 1단계: 지식교육(시청각 교육)
• 2단계: 기능교육(현장실습 교육)
• 3단계: 태도교육(안전작업 동작지도)

037

16회 출제

OJT(On the Job Training)의 장점이 아닌 것은?

① 직장의 실정에 맞게 실제적 훈련이 가능하다.
② 교육을 통한 훈련효과에 의해 상호 신뢰이해도가 높아진다.
③ 대상자의 개인별 능력에 따라 훈련의 진도를 조정하기가 쉽다.
④ 교육훈련 대상자가 교육훈련에만 몰두할 수 있어 학습효과가 높다.

해설
④는 Off JT의 장점에 해당한다.

관련개념 OJT(On the Job Training)의 특징

장점	• 개개인에게 적절한 지도훈련이 가능하다. • 직장의 실정에 맞게 실제적 훈련이 가능하다. • 교육을 통한 훈련효과에 의해 상호 신뢰 및 이해가 높아진다. • 대상자의 개인별 능력에 따라 훈련의 진도를 조정하기 쉽다. • 교육효과가 업무에 신속히 반영된다. • 훈련에 필요한 업무의 계속성이 끊어지지 않는다. • 동기부여가 쉽다.
단점	• 다수의 대상을 한 번에 통일적인 내용 및 수준으로 교육시킬 수 없다. • 전문적인 지식 및 기능을 교육하기 힘들다. • 업무와 교육이 병행되므로 훈련에만 전념할 수 없다.

038

4회 출제

학습목적의 3요소가 아닌 것은?

① 목표(Goal)
② 주제(Subject)
③ 학습정도(Level of Learning)
④ 학습방법(Methed of Learning)

해설
학습목적은 학습목표, 주제, 학습정도로 구성된다.

039

2회 출제

학습된 행동이 지속되는 것을 의미하는 용어는?

① 회상(Recall)
② 파지(Retention)
③ 재인(Recognition)
④ 기명(Memorizing)

해설 파지
사물, 현상, 정보 등이 현재와 미래에 지속되는 것이다.

관련개념 기억의 기본 용어
• 기명: 사물, 현상, 정보 등이 간직되는 것이다.
• 재생: 보존된 인상이 다시 기억으로 떠오르는 것이다.
• 재인: 과거에 경험하였던 것과 비슷한 상태에 부딪혔을 때 기억이 떠오르는 것이다.
• 망각: 경험과 학습된 행동을 다시 작업에 적용하지 아니하여 경험의 내용이나 인상이 약해지거나 소멸되는 것이다.

040

1회 출제

작업자들에게 적성검사를 실시하는 가장 큰 목적은?

① 작업자의 협조를 얻기 위함
② 작업자의 인간관계 개선을 위함
③ 작업자의 생산능률을 높이기 위함
④ 작업자의 업무량을 최대로 할당하기 위함

해설 적성검사의 목적
작업자의 업무에 대한 적성을 검사하여 생산능률을 높이기 위함이다.

인간공학 및 시스템안전공학

041

인간공학적 수공구 설계원칙이 아닌 것은?

① 손목을 곧게 유지할 것
② 반복적인 손가락 동작을 피할 것
③ 손잡이 접촉 면적을 작게 설계할 것
④ 조직(Tissue)에 가해지는 압력을 피할 것

해설 **수공구의 설계원칙**
• 손목은 곧게 유지되도록 설계한다.
• 손잡이는 접촉면을 가능하면 크게 한다.
• 반복적인 손가락 동작을 피하도록 설계한다.
• 조직에 가해지는 압력을 피하도록 설계한다.
• 정밀 작업용 수공구의 손잡이는 직경 5~12[mm]가 적당하다.
• 공구의 무게를 줄이고 사용 시 무게 균형이 유지되도록 한다.
• 힘을 요하는 수공구의 손잡이는 직경 50~60[mm]가 적당하다.
• 일반적으로 손잡이의 길이는 95[%] 남성의 손 폭을 기준으로 한다.
• 동력공구 손잡이는 두 손가락 이상으로 작동하도록 한다.

042

NIOSH 지침에서 최대허용한계(MPL)는 활동한계(AL)의 몇 배인가?

① 1배
② 3배
③ 5배
④ 9배

해설 **NIOSH 들기작업에 대한 안전 작업지침**
작업장에서 가장 빈번히 일어나는 들기작업에 있어 활동한계(AL; Action Limit)와 최대허용한계(MPL; Maximum Permissible Limit)를 제시하여, 들기작업에서 위험 요인을 찾아 제거할 수 있도록 한 지침이다. 최대허용한계는 활동한계의 3배이다.

043

FMEA의 특징에 대한 설명으로 틀린 것은?

① 서브시스템 분석 시 FTA보다 효과적이다.
② 양식이 비교적 간단하고 적은 노력으로 특별한 훈련 없이 해석이 가능하다.
③ 시스템 해석기법은 정성적 · 귀납적 분석법 등에 사용된다.
④ 각 요소간 영향 해석이 어려워 2가지 이상 동시 고장은 해석이 곤란하다.

해설
서브시스템 분석은 FMEA보다 FTA가 더 실제적이고 효과적이다.

관련개념 **고장형태와 영향분석법(FMEA)**
• 시스템 위험을 정성적, 귀납적으로 분석하는 기법으로, 시스템에 영향을 미치는 모든 요소의 고장을 형태별로 분석하여 그 영향을 검토하는 분석 기법이다.
• 장점
  − 양식이 간단하여 특별한 훈련 없이 비전문가도 해석이 가능하다.
  − 전체 요소의 고장을 유형별로 분석할 수 있다.
• 단점
  − 논리성이 부족하다.
  − 해석영역이 물체에 한정되어 인적 원인(Human Error) 해석이 곤란하다.
  − 동시에 2가지 이상의 요소가 고장 나는 경우 분석이 곤란하다.

044

3회 출제

인간공학에 대한 설명으로 틀린 것은?

① 제품의 설계 시 사용자를 고려한다.

② 환경과 사람이 격리된 존재가 아님을 인식한다.

③ 인간공학의 목표는 기능적 효과, 효율 및 인간 가치를 향상시키는 것이다.

④ 인간의 능력 및 한계에는 개인차가 없다고 인지한다.

해설 **인간공학**

• 인간의 특성과 한계 능력을 공학적으로 분석, 평가하여 이를 복잡한 체계의 설계에 응용하고 효율을 최대로 활용할 수 있도록 하는 학문분야이다.

• 인간이 사용하는 물건, 설비, 환경의 설계에 인간의 생리적, 심리적인 면에서의 특성이나 한계점을 고려함으로써 인간-기계 시스템의 안전성과 편리성, 효율성을 높이는 학문분야이다.

• 인간의 능력과 한계의 개인차를 고려하여 시스템의 설계에 반영한다.

• 인간공학의 목표는 시스템의 기능적 효과, 효율 및 인간 가치를 향상시키는 것이다.

045

6회 출제

인간-기계시스템에서의 여러 가지 인간에러와 그것으로 인해 생길 수 있는 위험성의 예측과 개선을 위한 기법은?

① PHA　　　　　　② FHA

③ OHA　　　　　　④ THERP

해설 THERP(Technique for Human Error Rate Prediction)

• 인간실수(과오)확률에 대한 추정과 휴먼 에러를 정량적으로 평가하기 위한 기법이다.

• 사고원인 가운데 인간의 과오로부터 기인된 원인을 분석하고 확률을 계산하여 제품의 결함을 감소시키고 인간공학적 대책을 수립하는 데 활용된다.

• 가지처럼 갈라지는 형태의 논리구조와 나무 형태의 그래프를 이용한다.

046

4회 출제

개선의 ECRS의 원칙에 해당하지 않는 것은?

① 제거(Eliminate)　　② 결합(Combine)

③ 재조정(Rearrange)　④ 안전(Safety)

해설 **작업방법 개선의 ECRS**

E	제거(Eliminate)
C	결합(Combine)
R	재조정, 재배열(Rearrange)
S	단순화(Simplify)

047

6회 출제

표시장치로부터 정보를 얻어 조종장치를 통해 기계를 통제하는 시스템은?

① 수동 시스템　　　　② 무인 시스템

③ 반자동 시스템　　　④ 자동 시스템

해설 **인간-기계 시스템(체계)**

수동 체계	자신의 신체적인 힘을 동력원으로 사용하여 작업을 통제하는 인간 사용자와 결합(수공구 또는 그 밖의 보조물 사용)
기계화 체계 (반자동 체계)	운전자가 조종장치를 사용하여 통제하며 동력은 전형적으로 기계가 제공
자동화 체계	기계가 감지, 정보처리, 의사결정 등 행동을 포함한 모든 임무를 수행하고 인간은 감시, 프로그래밍, 정비유지 등의 기능을 수행

048

Q10 효과에 직접적인 영향을 미치는 인자는?

① 고온 스트레스
② 한랭한 작업장
③ 중량물의 취급
④ 분진의 다량발생

해설 Q10

생화학적 반응과정의 반응속도는 온도상승에 따라 증가한다. Q10은 온도가 10도 상승할 경우 반응속도가 몇 배로 증가하는지 나타내는 수치이다. 반응과정의 반응속도 증가에는 고온 스트레스가 직접적인 영향을 미친다.

049

결함수분석(FTA)에 의한 재해사례의 연구순서로 옳은 것은?

㉠ FT(Fault Tree)도 작성
㉡ 개선안 실시계획
㉢ 톱 사상의 선정
㉣ 사상마다 재해원인 및 요인 규명
㉤ 개선계획 작성

---

① ㉡ → ㉣ → ㉢ → ㉤ → ㉠
② ㉢ → ㉣ → ㉠ → ㉤ → ㉡
③ ㉣ → ㉤ → ㉢ → ㉠ → ㉡
④ ㉤ → ㉢ → ㉡ → ㉠ → ㉣

해설 결함수분석(FTA)에 의한 재해사례 연구순서

1단계	정상(Top)사상의 선정
2단계	사상마다 재해원인 및 요인 규명
3단계	FT(Fault Tree)도 작성
4단계	개선계획의 작성
5단계	개선안 실시계획

050

물체의 표면에 도달하는 빛의 밀도를 뜻하는 용어는?

① 광도
② 광량
③ 대비
④ 조도

해설 조도

• 거리의 제곱에 반비례하고, 광속에 비례한다.
• 조도는 어떤 물체나 대상면에 도달하는 빛의 양을 말한다.
• 반사체의 반사율과는 상관없이 일정한 값을 가진다.

051

시각적 표시장치와 청각적 표시장치 중 시각적 표시장치를 선택해야 하는 경우는?

① 메시지가 긴 경우
② 메시지가 후에 재참조되지 않는 경우
③ 직무상 수신자가 자주 움직이는 경우
④ 메시지가 시간적 사상(Event)을 다룬 경우

해설 시각적 표시장치와 청각적 표시장치의 비교

시각적 표시장치	• 수신 장소의 소음이 심한 경우 • 정보가 공간적인 위치를 다룬 경우 • 정보의 내용이 복잡하고 긴 경우 • 직무상 수신자가 한 곳에 머무르는 경우 • 메시지를 추후 참고할 필요가 있는 경우 • 정보의 내용이 즉각적인 행동을 요구하지 않는 경우
청각적 표시장치	• 수신 장소가 너무 밝거나 암순응이 요구되는 경우 • 정보의 내용이 시간적인 사건을 다루는 경우 • 정보의 내용이 간단한 경우 • 직무상 수신자가 자주 움직이는 경우 • 정보의 내용이 후에 재참조되지 않는 경우 • 메시지가 즉각적인 행동을 요구하는 경우

052

6회 출제

조작과 반응과의 관계, 사용자의 의도와 실제 반응과의 관계, 조종장치와 작동결과에 관한 관계 등 사람들이 기대하는 바와 일치하는 관계가 뜻하는 것은?

① 중복성
② 조직화
③ 양립성
④ 표준화

해설 양립성(Compatibility)

인간의 기대와 자극 또는 반응들이 일치하는 관계를 말한다.

관련개념 양립성의 종류

공간 양립성	• 표시장치와 조종장치의 위치가 인간의 기대에 모순되지 않는 것 • 왼쪽 표시장치의 조종장치는 왼쪽에, 오른쪽 표시장치의 조종장치는 오른쪽에 위치하는 것
양식 양립성	• 문화적 관습으로 생기는 양립성 • 청각적 자극에 음성응답을 하게 되는 것
운동 양립성	조종장치의 조작방향에 따라 기계장치나 자동차 등이 움직이는 것
개념 양립성	• 인간의 개념과 일치하게 하는 것 • 적색 수도전은 온수, 청색 수도전은 냉수를 의미하는 것 • 위험신호는 빨간색, 주의신호는 노란색, 안전신호는 파란색으로 표시하는 것

053

7회 출제

FT도에 사용되는 다음 기호의 명칭은?

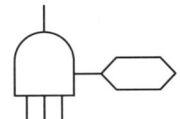

① 억제 게이트
② 조합 AND 게이트
③ 부정 게이트
④ 배타적 OR 게이트

해설 조합 AND 게이트

3개의 입력현상 중 임의의 시간에 2개의 입력사상이 발생할 경우 출력사상이 발생하는 기호이다.

2개의 조합

054

2회 출제

일정한 고장률을 가진 어떤 기계의 고장률이 시간당 0.008일 때 5시간 이내에 고장을 일으킬 확률은?

① $1+e^{-0.04}$
② $1-e^{-0.004}$
③ $1-e^{0.04}$
④ $1-e^{-0.04}$

해설

고장률이 λ인 시스템에서 t시간이 지난 후의 신뢰도는 $R(t)=e^{-\lambda t}$이다.

고장률(불신뢰도)=1−신뢰도=$1-e^{-0.008 \times 5}=1-e^{-0.04}$

055

5회 출제

HAZOP기법에서 사용하는 가이드워드와 그 의미가 틀린 것은?

① Other than: 기타 환경적인 요인
② No/Not: 디자인 의도의 완전한 부정
③ Reverse: 디자인 의도의 논리적 반대
④ More/Less: 정량적인 증가 또는 감소

해설 가이드워드(Guide Words)

No/Not	설계 의도의 완전한 부정
Part of	성질상의 감소
As well as	성질상의 증가
More/Less	양의 증가 혹은 감소
Other than	완전한 대체
Reverse	설계 의도의 논리적인 역

056

2회 출제

음압수준이 60[dB]일 때 1,000[Hz]에서 순음의 phon의 값은?

① 50[phon]
② 60[phon]
③ 90[phon]
④ 100[phon]

해설 Phon 음량수준

• 1,000[Hz]에서 순음의 음압수준[dB]을 말한다.
• 1,000[Hz]에서 음압수준이 60[dB]이면 60[phon]이다.

057

9회 출제

인간의 오류모형에서 상황해석을 잘못하거나 목표를 잘못 이해하고 착각하여 행하는 경우를 뜻하는 용어는?

① 실수(Slip)
② 착오(Mistake)
③ 건망증(Lapse)
④ 위반(Violation)

해설 인간의 오류모형

착오(Mistake)	상황해석을 잘못하거나 목표를 잘못 이해하고 착각하여 행하는 인간의 실수로 위치, 순서, 패턴, 형상, 기억오류 등 외부적 요인에 의해 나타나는 오류
착각(Illusion)	감각적으로 물리현상을 왜곡하는 지각 오류
실수(Slip)	의도는 올바른 것이었지만, 행동이 의도한 것과는 다르게 나타나는 오류
건망증(Lapse)	일련의 과정에서 일부를 빠뜨리거나 기억의 실패에 의해 발생하는 오류
위반(Violation)	정해진 규칙을 알고 있음에도 의도적으로 따르지 않거나 무시한 경우에 발생하는 오류

058

2회 출제

프레스기어의 안전장치 수명은 지수분포를 따르며 평균 수명이 1,000시간일 때 ㉠, ㉡에 알맞은 값은 약 얼마인가?

> ㉠ 새로 구입한 안전장치가 향후 500시간 동안 고장없이 작동할 확률
> ㉡ 이미 1,000시간을 사용한 안전장치가 향후 500시간 이상 견딜 확률

① ㉠: 0.606, ㉡: 0.606
② ㉠: 0.606, ㉡: 0.808
③ ㉠: 0.808, ㉡: 0.606
④ ㉠: 0.808, ㉡: 0.808

해설

신뢰도 $R(t) = e^{-\frac{t}{t_0}}$

여기서, t: 가동시간, t_0: 평균수명

㉠ 고장없이 작동할 확률

$R(t) = e^{-\frac{t}{t_0}} = e^{-\frac{500}{1,000}} = e^{-0.5} = 0.606$

㉡ 향후 500시간 이상 견딜 확률

$R(t) = e^{-\frac{t}{t_0}} = e^{-\frac{500}{1,000}} = e^{-0.5} = 0.606$

059

7회 출제

FT도에서 신뢰도는? (단, A 발생확률은 0.01, B 발생확률은 0.02이다.)

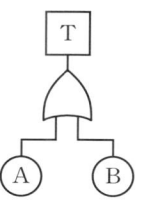

① 96.02[%]
② 97.02[%]
③ 98.02[%]
④ 99.02[%]

해설

OR 게이트는 연결된 사상이 하나라도 입력 발생 시 출력이 발생한다.

발생확률이 F_1, F_2인 부품이 OR 게이트로 연결되어 있을 때 출력이 발생할 확률: $1 - (1 - F_1) \times (1 - F_2)$

각 구성요소의 발생확률은 A=0.01, B=0.02이고, OR 게이트로 연결되어 있으므로

고장률 = $1 - (1 - 0.01) \times (1 - 0.02) = 0.0298$

신뢰도 = 1 - 고장률(불신뢰도) = 1 - 0.0298 = 0.9702 = 97.02[%]

060

1회 출제

위험성평가 시 위험의 크기를 결정하는 방법이 아닌 것은?

① 덧셈법
② 곱셈법
③ 뺄셈법
④ 행렬법

해설 위험성평가 시 위험성 추정(위험의 크기결정)방법

• 매트릭스(행렬) 방법: 가능성과 중대성을 행렬을 이용하여 조합한다.
• 수치화 방법
 - 가산 방법(덧셈): 가능성과 중대성을 더하는 방법이다.
 - 승산 방법(곱셈): 가능성과 중대성을 곱하는 방법이다.

건설시공학

061

4회 출제

기존에 구축된 건축물 가까이에서 건축공사를 실시할 경우 기존 건축물의 지반과 기초를 보강하는 공법은?

① 리버스 서큘레이션 공법
② 언더피닝 공법
③ 슬러리 월 공법
④ 탑다운 공법

해설 언더피닝(Under Pinning) 공법
기존 구조물의 기초하부를 보강하거나, 인접하여 구조물을 증축 또는 구축하는 경우 기존 구조물을 보호하거나 구조물 하부를 보강하여 지지력 등을 증대하는 공법이다.

관련개념
• **리버스 서큘레이션(Reverse Circulation) 공법**
역순환공법으로, 굴착구멍 내에 지하수위보다 2[m] 이상 높게 물을 채워 정수압으로 벽면붕괴를 방지하며 굴착한 후 말뚝을 형성시키는 공법이다.
• **슬러리 월(Slurry Wall) 공법(지하연속벽 공법)**
굴착면을 보호하기 위해 벤토나이트 등의 안정액을 사용하여 소요단면을 사전 굴착한 후 철근망을 넣어 콘크리트를 타설함으로써 지하구조물을 연속적으로 형성하는 공법이다.
• **탑다운(Top-down) 공법(역타 공법)**
굴착공사 전 흙막이벽체와 기둥을 먼저 시공한 후 굴착공사를 하면서 구조물을 지상에서부터 지하로 구축하는 공법으로, 고심도의 굴착이나 인접건물이 밀집한 도심지에서 안정적으로 적용된다.

062

2회 출제

다음은 기성말뚝 세우기에 관한 표준시방서 규정이다. ( ) 안에 순서대로 들어갈 내용으로 옳게 짝지어진 것은? (단, D는 말뚝의 바깥지름이다.)

> 말뚝의 연직도나 경사도는 ( ) 이내로 하고, 말뚝박기 후 평면상의 위치가 설계도면의 위치로부터 ( )와 100[mm] 중 큰 값 이상으로 벗어나지 않아야 한다.

① 1/50, D/4
② 1/50, D/3
③ 1/100, D/4
④ 1/100, D/3

해설 말뚝 세우기
• 말뚝은 설계도서 및 시공계획서에 따라 정확하고 안전하게 세워야 한다.
• 시공기계는 말뚝이 소정의 위치에 정확하게 설치될 수 있도록 견고한 지반 위의 정확한 위치에 설치하여야 한다.
• 말뚝을 정확하고도 안전하게 세우기 위해서는 정확한 규준틀을 설치하고 중심선 표시를 용이하게 하여야 하며, 말뚝을 세운 후 검측은 직교하는 2방향으로부터 하여야 한다.
• 말뚝의 연직도나 경사도는 $\frac{1}{50}$ 이내로 하고, 말뚝박기 후 평면상의 위치가 설계도면의 위치로부터 $\frac{D}{4}$(D는 말뚝의 바깥지름)와 100[mm] 중 큰 값 이상으로 벗어나지 않아야 한다.

063

철골공사에서 발생하는 용접결함이 아닌 것은?

① 피트(Pit)
② 블로우홀(Blow hole)
③ 오버랩(Over lap)
④ 가우징(Gouging)

해설 **용접결함의 종류**

슬래그 섞임	모재와 용접봉의 피복재 심선이 변하여 생긴 회분이 용착금속 내에 섞이는 것으로 과소전류, 운봉조작 불완전 등이 발생원인이다.
언더컷(Under Cut)	모재가 녹아서 용착금속이 채워지지 않고 홈으로 남게 된 부분으로 원인은 과대전류 또는 부적당한 용접봉 사용이다.
오버랩(Overlap)	용접금속과 모재가 융합되지 않고 겹쳐지는 것으로 원인은 약한 전류이다.
블로우홀 (기공, Blow Hole)	금속이 녹아들 때 생기는 작은 틈이나 기포가 발생하는 것으로 모재에 가스(황)잔류, 아크길이 및 전류 부적당의 원인으로 발생한다.
크랙(균열, Crack)	용접 후 냉각 시에 생기는 균열을 말하며, 과대전류 및 모재불량의 원인으로 발생한다.
피트(Pit)	용접부에 생기는 녹이나 미세한 흠이다.
크레이터(Crater)	아크용접 시 끝부분이 항아리 모양으로 파이는 현상으로 과대전류 및 부적합한 운봉의 원인으로 발생한다.
용입불량	용입길이가 충분하지 않은 것으로 과소전류, 운봉속도의 부적당 등이 발생원인이다.

관련개념 **가우징(Gouging)**

용접과 관련된 작업 중에 용접이 잘못되었거나 모재를 파내어야 할 경우에 사용하는 방법이다.

064

원심력 고강도 프리스트레스트 콘크리트말뚝의 이음방법 중 가장 강성이 우수하고 안전하여 많이 사용하는 이음방법은?

① 충전식 이음
② 볼트식 이음
③ 용접식 이음
④ 강관말뚝 이음

해설 **이음방법의 종류**

• 장부(Band)식 이음: 이음부에 band를 채운다.
 – 간단하여 단시간 내 시공가능하고, 타격 시 구부러지기 쉽다.
 – 강성이 약하며, 충격력에 의해 파손율이 높다.
 – 연약점토에서 부마찰력에 의해 아래말뚝이 이탈하기 쉽다.
• 충전식 이음: 말뚝 이음부의 철근을 따내어 용접한 후 상하부 말뚝을 연결하는 Steel Sleeve를 설치하고, 콘크리트를 충진한다.
 – 압축 및 인장에 저항성이 있고, 내식성이 우수하다.
 – 이음부 길이는 말뚝직경의 3배 이상이다.
 – 콘크리트가 굳을 때까지 기다려야 한다.
• 볼트(Bolt)식 이음: 말뚝 이음부분을 Bolt로 조인다.
 – 시공이 간단하고, 이음내력이 우수하다.
 – 가격이 비교적 고가이며, 이음철물 타격 시 변형 우려가 있다.
 – Bolt의 내식성이 문제이다.
• **용접식 이음**: PC말뚝은 단부에 철물을 붙이고 용접하고, 강재말뚝은 현장에서 직접 용접한다.
 – 설계와 시공이 우수하고, 강성이 우수하다.
 – 콘크리트말뚝과 강재말뚝 이음에 사용한다.
 – 이음부 내식성이 부족하고, 현장용접 시 시공정도가 철저하지 않으면 문제가 발생한다.

065

철근 이음의 종류 중 나사를 가지는 슬리브 또는 커플러, 에폭시나 모르타르 또는 용융 금속 등을 충전한 슬리브, 클립이나 편체 등의 보조장치 등을 이용한 것을 무엇이라 하는가?

① 겹침 이음
② 가스 압접 이음
③ 기계적 이음
④ 용접 이음

해설 **기계적 이음**

커플러 등을 이용하여 연결하는 것을 말한다. 나사식(커플러) 이음, 슬리브 압착 이음, 슬리브 충진 이음 등이 있다.

관련개념 **이음의 종류**

• 겹침 이음: 철근을 소정의 길이만큼 겹쳐서 이음한다.
• 가스 압접 이음: 주로 기둥철근에서 수직으로 가스의 화염을 이용하여 압력을 가하여 접합한다.
• 용접 이음: 철근의 접합부를 전기, 가스, 화학반응 등의 에너지를 이용하여 녹여 접합한다.

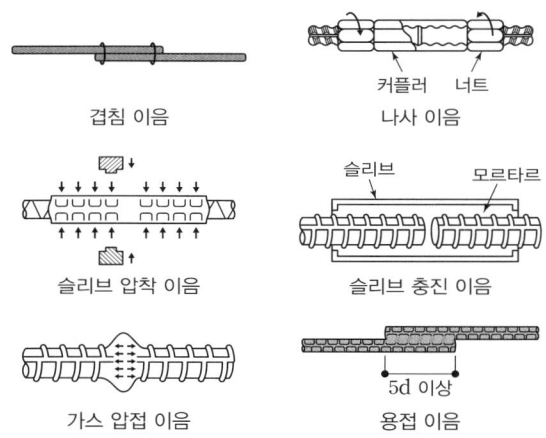

겹침 이음　　　　　나사 이음
커플러　너트

슬리브 압착 이음　　　슬리브 충진 이음
슬리브　모르타르

가스 압접 이음　　　용접 이음
5d 이상

066

R.C.D(리버스 서큘레이션 드릴) 공법의 특징으로 옳지 않은 것은?

① 드릴파이프 직경보다 큰 호박돌이 있는 경우 굴착이 불가하다.
② 깊은 심도까지 굴착이 가능하다.
③ 시공속도가 빠른 장점이 있다.
④ 수상(해상)작업이 불가하다.

해설 **리버스 서큘레이션(Reverse Circulation) 공법**

• 역순환공법으로, 굴착구멍 내에 지하수위보다 2[m] 이상 높게 물을 채워 정수압으로 벽면붕괴를 방지하며 굴착한 후 말뚝을 형성시키는 공법이다.
• 다량의 물을 이용하고, 수상시공이 가능하다.

관련개념 **리버스 서큘레이션 공법의 장단점**

장점	단점
• 깊은 굴착이 가능하다. (30~70[m] 정도) • 벤토나이트용액을 사용하여 굴착하기 때문에 케이싱이 필요 없다. • 점토, 실트층에도 적용 가능하다. • 무소음, 무진동이다. • 시공직경을 크게(0.9~3[m]) 할 수 있다. • 시공속도가 빠르고 유지비가 비교적 적게 든다.	• 호박돌이 함유된 토질은 굴착이 곤란하다. • 누수대책이 필요하다.

067

보강 블록공사 시 벽의 철근 배치에 관한 설명으로 옳지 않은 것은?

① 가로근은 배근 상세도에 따라 가공하되, 그 단부는 180°의 갈구리로 구부려 배근한다.
② 블록의 공동에 보강근을 배치하고 콘크리트를 다져 넣기 때문에 세로줄눈은 막힌줄눈으로 하는 것이 좋다.
③ 세로근은 기초 및 테두리보에서 위층의 테두리보까지 잇지 않고 배근하여 그 정착길이는 철근 직경의 40배 이상으로 한다.
④ 벽의 세로근은 구부리지 않고 항상 진동 없이 설치한다.

해설

블록의 공동에 보강근을 배치하기 때문에 막힌줄눈을 시공할 수 없다. 세로줄눈은 통줄눈으로 하는 것이 좋다.

관련개념 보강 블록공사

• 벽 세로근
 – 벽의 세로근은 구부리지 않고 항상 진동 없이 설치한다.
 – 세로근은 밑창 콘크리트 윗면에 철근을 배근하기 위한 먹매김을 하여 기초판 철근 위의 정확한 위치에 고정시켜 배근한다.
 – 세로근은 원칙적으로 기초 및 테두리보에서 위층의 테두리보까지 잇지 않고 배근하여 그 정착길이는 철근 직경(d)의 40배 이상으로 하며, 상단의 테두리보 등에 적정 연결철물로 세로근을 연결한다.

• 벽 가로근
 – 가로근은 배근 상세도에 따라 가공하되 그 단부는 180°의 갈구리로 구부려 배근한다. 철근의 피복두께는 20[mm] 이상으로 하며, 세로근과의 교차부는 모두 결속선으로 결속한다.
 – 모서리에 가로근의 단부는 수평방향으로 구부려서 세로근의 바깥쪽으로 두르고 정착길이는 공사시방서에 정한 바가 없는 한 40d 이상으로 한다.
 – 창 및 출입구 등의 모서리 부분에 가로근의 단부를 수평방향으로 정착할 여유가 없을 때에는 갈구리로 하여 단부 세로근에 걸고 결속선으로 결속한다.
 – 개구부 상하부의 가로근을 양측 벽부에 묻을 때의 정착길이는 40d 이상으로 한다.

068

철근공사 시 철근의 조립과 관련된 설명으로 옳지 않은 것은?

① 철근이 바른 위치를 확보할 수 있도록 결속선으로 결속하여야 한다.
② 철근을 조립한 다음 장기간 경과한 경우에는 콘크리트의 타설 전에 다시 조립검사를 하고 청소하여야 한다.
③ 경미한 황갈색의 녹이 발생한 철근은 콘크리트와의 부착이 매우 불량하므로 사용이 불가하다.
④ 철근의 피복두께를 정확하게 확보하기 위해 적절한 간격으로 고임재 및 간격재를 배치하여야 한다.

해설 철근 조립 시 유의사항

• 철근의 피복두께를 정확하게 확보하기 위해 적절한 간격으로 고임재 및 간격재를 배치하여야 한다. 고임재와 간격재를 선정하고 배치할 때에는 사용개소의 조건, 이들의 고정 방법 및 철근의 중량, 작업하중 등을 고려할 필요가 있다.
• 거푸집에 접하는 고임재 및 간격재는 콘크리트 제품 또는 모르타르 제품을 사용하여야 한다.
• 철근의 표면에는 부착을 저해하는 흙, 기름 또는 이물질이 없어야 한다. 경미한 황갈색의 녹이 발생한 철근은 일반적으로 콘크리트와의 부착을 해치지 않으므로 사용할 수 있다.
• 철근은 바른 위치에 배치하고, 콘크리트를 타설할 때 움직이지 않도록 충분히 견고하게 조립하여야 한다. 이를 위하여 필요에 따라서 조립용 강재를 사용할 수 있다. 또한 철근이 바른 위치를 확보할 수 있도록 결속선으로 결속하여야 한다.
• 철근은 조립한 다음 장기간 경과한 경우에는 콘크리트 타설 전에 다시 조립 검사를 하고 청소하여야 한다.

069

1회 출제

공사 계약방식에서 공사 실시방식에 의한 계약제도가 아닌 것은?

① 일식도급　　　　② 분할도급
③ 실비정산 보수가산도급　　④ 공동도급

해설 **도급공사의 구분**

구분	종류
공사 실시방식에 따른 분류	• 일식도급 • 분할도급 • 공동도급
공사비 지불방식에 따른 분류	• 단가도급 • 정액도급 • 실비정산 보수가산도급
업무범위에 따른 분류	• 턴키 도급방식 • CM방식 • PM방식 • 파트너링방식 • BOT방식

070

1회 출제

알루미늄 거푸집에 관한 설명으로 옳지 않은 것은?

① 경량으로 설치시간이 단축된다.
② 이음매(Joint)감소로 견출작업이 감소된다.
③ 주요 시공 부위는 내부벽체, 슬래브, 계단실벽체이며, 슬래브 필러 시스템이 있어서 해체가 간편하다.
④ 녹이 슬지 않는 장점이 있으나 전용횟수가 매우 적다.

해설 **알루미늄 거푸집의 장단점**

장점	단점
• 표면이 미려함 • 거푸집 조인트 발생부위 감소 • 합판, 각재 등의 사용감소로 건설폐기물 발생 억제(알루미늄 회수) • 전용회수가 높아 고층공사에 유리 (알루미늄 폼 150회/유로 폼 20회) • 시공정밀도 향상	• 초기투자비용 과다 • 유경험 기능공의 부족 • 작업 적용 범위의 제한

071

1회 출제

철거작업 시 지중장애물 사전조사 항목으로 가장 거리가 먼 것은?

① 주변 공사장에 설치된 모든 계측기 확인
② 기존 건축물의 설계도, 시공기록 확인
③ 가스, 수도, 전기 등 공공매설물 확인
④ 시험굴착, 탐사 확인

해설

계측기는 굴착공사 시 흙막이 가시설의 안정 및 주변 시설물의 안정도를 파악하기 위해 확인하는 것으로 철거작업 시 사전조사 항목과는 거리가 멀다.

072

1회 출제

벽돌쌓기 시 사전준비에 관한 설명으로 옳지 않은 것은?

① 줄기초, 연결보 및 바닥 콘크리트의 쌓기면은 작업 전에 청소하고, 우묵한 곳은 모르타르로 수평지게 고른다.
② 벽돌에 부착된 흙이나 먼지는 깨끗이 제거한다.
③ 모르타르는 지정한 배합으로 하되 시멘트와 모래는 건비빔으로 하고, 사용할 때에는 쌓기에 지장이 없는 유동성이 확보되도록 물을 가하고 충분히 반죽하여 사용한다.
④ 콘크리트 벽돌은 쌓기 직전에 충분한 물축이기를 한다.

해설

콘크리트 벽돌은 쌓기 직전에 물을 축이지 않아야 한다.

073

콘크리트는 신속하게 운반하여 즉시 타설하고, 충분히 다져야 하는데 비비기로부터 타설이 끝날 때까지의 시간은 원칙적으로 얼마를 넘어서면 안 되는가? (단, 외기온도가 25[℃] 이상일 경우이다.)

① 1.5시간 ② 2시간
③ 2.5시간 ④ 3시간

해설

콘크리트는 신속하게 운반하여 즉시 타설하고, 충분히 다져야 한다. 비비기로부터 타설이 끝날 때까지의 시간은 원칙적으로 외기온도가 25[℃] 이상일 때는 1.5시간, 25[℃] 미만일 때는 2시간을 넘어서는 안 된다. 다만, 양질의 지연제 등을 사용하여 응결을 지연시키는 등의 특별한 조치를 강구한 경우에는 콘크리트의 품질변동이 없는 범위 내에서 책임기술자의 승인을 받아 이 시간제한을 변경할 수 있다.

074

피어기초공사에 관한 설명으로 옳지 않은 것은?

① 중량구조물을 설치하는데 있어서 지반이 연약하거나 말뚝으로도 수직지지력이 부족하여 그 시공이 불가능한 경우와 기초지반의 교란을 최소화해야 할 경우에 채용한다.
② 굴착된 흙을 직접 탐사할 수 있고 지지층의 상태를 확인할 수 있다.
③ 진동과 소음이 발생하는 공법이긴 하나 여타 기초형식에 비하여 공기 및 비용이 적게 소요된다.
④ 피어기초를 채용한 국내의 초고층 건축물에는 63빌딩이 있다.

해설

비교적 무소음, 무진동 상태의 굴착이 가능하며, 대형기계·설비 등이 운용되어 공사비가 고가이다.

관련개념 **피어기초**
• 구조물 하중을 연약한 토층을 지나 견고한 지지층에 전달하기 위하여 지반에 굴착한 구멍 속에 현장타설 콘크리트를 채워 설치하는 깊은 기초의 일종이다.
• 일반적으로 직경은 사람이 들어가서 확인할 수 있도록 760[mm] 정도 이상이다.

075

다음 각 거푸집에 관한 설명으로 옳은 것은?

① 트래블링 폼(Traveling Form): 무량판 시공 시 2방향으로 된 상자형 기성재 거푸집이다.
② 슬라이딩 폼(Sliding Form): 수평활동 거푸집이며 거푸집 전체를 그대로 떼어 다음 사용 장소로 이동시켜 사용할 수 있도록 한 거푸집이다.
③ 터널 폼(Tunnel Form): 한 구획 전체의 벽판과 바닥판을 ㄱ자형 또는 ㄷ자형으로 짜서 이동시키는 형태의 기성재 거푸집이다.
④ 워플 폼(Waffle Form): 거푸집 높이는 약 1[m]이고 하부가 약간 벌어진 원형 철판 거푸집을 요오크(yoke)로서서히 끌어 올리는 공법으로 Silo 공사 등에 적당하다.

해설 **터널 폼(Tunnel Form, Steel Form)**
• 벽체용 거푸집과 슬래브 거푸집을 일체로 제작하여 한 번에 설치하고 해체할 수 있도록 한 거푸집이다.
• 벽식 철근콘크리트구조를 시공할 경우 벽과 바닥의 콘크리트 타설이 한 번에 가능하다.
• 한 구획 전체의 벽판과 바닥판을 ㄱ자형 또는 ㄷ자형으로 짜서 이동식 거푸집으로 이용된다.
• 아파트, 병원 등 연속, 반복 구조물에 적용되며, 전용횟수는 약 100회이다.

관련개념
• 트래블링 폼(Traveling Form): 동바리, 멍에, 장선 등을 일체로 유니트화한 대형, 수평이동 거푸집으로, 터널, 교량, 지하철, 옹벽 등 토목구조물에 주로 사용한다.
• 슬라이딩 폼(Sliding Form, Slip Form): 수평적 또는 수직적으로 반복된 구조물을 시공이음 없이 균일한 형상으로 시공하기 위하여 거푸집을 연속적으로 이동시키면서 콘크리트를 타설하여 시공한다.
• 워플 폼(Waffle Form): 장선슬래브의 장선(Joist)을 직교하여 만든 우물반자 형태의 기성재 거푸집으로, 장스팬의 구조물, 무량판 및 평판구조로 할 때 쓰이는 상자형 거푸집이다.

076

1회 출제

강구조물 부재 제작 시 마킹(금긋기)에 관한 설명으로 옳지 않은 것은?

① 주요부재의 강판에 마킹할 때에는 펀치(punch) 등을 사용하여야 한다.

② 강판 위에 주요부재를 마킹할 때에는 주된 응력의 방향과 압연 방향을 일치시켜야 한다.

③ 마킹할 때에는 구조물이 완성된 후에 구조물의 부재로서 남을 곳에는 원칙적으로 강판에 상처를 내어서는 안 된다.

④ 마킹 시 용접열에 의한 수축 여유를 고려하여 최종 교정, 다듬질 후 정확한 치수를 확보할 수 있도록 조치해야 한다.

해설 마킹(금긋기)

- 강판 위에 주요부재를 마킹할 때에는 주된 응력의 방향과 압연 방향을 일치시켜야 한다.
- 마킹을 할 때에는 구조물이 완성된 후에 구조물의 부재로서 남을 곳에는 원칙적으로 강판에 상처를 내어서는 안 된다. 특히, 고강도강 및 휨 가공하는 연강의 표면에는 펀치, 정 등에 의한 흔적을 남겨서는 안 된다. 다만, 절단, 구멍뚫기, 용접 등으로 제거되는 경우에는 무방하다.
- 주요부재의 강판에 마킹할 때에는 펀치(Punch) 등을 사용하지 않아야 한다.
- 마킹 시 용접열에 의한 수축 여유를 고려하여 최종 교정, 다듬질 후 정확한 치수를 확보할 수 있도록 조치하여야 한다.

077

7회 출제

건축공사 시 각종 분할도급의 장점에 관한 설명으로 옳지 않은 것은?

① 전문공종별 분할도급은 설비업자의 자본, 기술이 강화되어 능률이 향상된다.

② 공정별 분할도급은 후속공사를 다른 업자로 바꾸거나 후속공사 금액의 결정이 용이하다.

③ 공구별 분할도급은 중소업자에 균등기회를 주고, 업자 상호간 경쟁으로 공사기일 단축, 시공기술 향상에 유리하다.

④ 직종별 공종별 분할도급은 전문직종으로 분할하여 도급을 주는 것으로 건축주의 의도를 철저하게 반영시킬 수 있다.

해설 분할도급공사

종류	구분
공구별 분할도급	• 대규모 공사에서 지역별로 분리 발주하는 방식으로, 각 공구마다 일식도급 체제로 운영된다. • 도급업자의 기회균등, 시공기술 향상, 높은 성과가 기대된다. • 지하철공사, 고속도로공사 및 대규모 아파트단지공사에 채택 시 효과적이다.
공정별 분할도급	• 공사의 각 과정별로 나누어서 도급을 주는 방식으로 예산배정상 구분될 때 편리하다. • 부분·분할 발주가 가능하나 후속공사 연체의 우려가 있으며 도급자 교체가 곤란하다.
전문공종별 분할도급	• 공사 중 설비공사(전기, 설비 등)를 주체공사와 분리하여 발주하는 방식이다. • 설비업자의 자본, 기술강화 및 전문화로 능률 향상이 기대된다.
직종별 공종별 분할도급	• 직영공사에 가까운 제도로 전문직종이나 각 공종별로 분할하여 도급을 주는 방식이다. • 현장관리가 곤란하며 경비가 증대되나 건축주의 의도가 철저히 반영될 수 있다.

078

두께 110[mm]의 일반구조용 압연강재 SS275의 항복강도 (F_y) 기준값은?

① 275[MPa] 이상
② 265[MPa] 이상
③ 245[MPa] 이상
④ 235[MPa] 이상

해설 SS235와 SS275

SS는 Steel Structure의 약어로, 일반구조용 압연강재를 말한다. 가장 흔히 사용되며, 주요 강도부의 재료를 제외한 부분의 보조재로 사용된다.

판두께[mm]	항복강도[MPa]	
	SS235	SS275
16 이하	235 이상	275 이상
16 초과 40 이하	225 이상	265 이상
40 초과 100 이하	205 이상	245 이상
100 초과	195 이상	235 이상

079

건설사업이 대규모화, 고도화, 다양화, 전문화 되어감에 따라 종래의 단순 기술에 의한 시공만이 아닌 고부가가치를 추구하기 위하여 업무영역의 확대를 의미하는 것은?

① BTL
② EC
③ BOT
④ SOC

해설 종합건설화(EC; Engineering Construction)

종래의 단순한 시공업과 비교하여 건설사업의 발굴 및 기획, 설계, 시공, 유지관리에 이르기까지 사업 전반에 관한 것을 종합, 기획관리하는 업무영역의 확대를 말한다.

080

콘크리트 공사 시 시공 이음에 관한 설명으로 옳지 않은 것은?

① 시공 이음은 될 수 있는 대로 전단력이 작은 위치에 설치하고, 부재의 압축력이 작용하는 방향과 직각이 되도록 하는 것이 원칙이다.
② 외부의 염분에 의한 피해를 받을 우려가 있는 해양 및 항만 콘크리트 구조물 등에 있어서는 시공 이음부를 최대한 많이 설치하는 것이 좋다.
③ 이음부의 시공에 있어서는 설계에 정해져 있는 이음의 위치와 구조는 지켜져야 한다.
④ 수밀을 요하는 콘크리트에 있어서는 소요의 수밀성이 얻어지도록 적절한 간격으로 시공 이음부를 두어야 한다.

해설

콘크리트의 시공 이음부는 염분의 침투에 의한 열화가 발생되기 쉬우므로 시공 이음을 최소화 한다.

건설재료학

081

건축재료의 성질을 물리적 성질과 역학적 성질로 구분할 때 물체의 운동에 관한 성질인 역학적 성질에 속하지 않는 항목은?

① 비중
② 탄성
③ 강성
④ 소성

해설 역학적 성질과 물리적 성질

역학적 성질	물리적 성질

• 응력과 하중
• 강성
• 탄성과 소성
• 응력변형도 곡선
• 탄성계수
• 강도
• 인성과 취성
• 연성과 전성
• 경도
	• 비중
	• 함수율
	• 흡수와 투수
	• 열적 성질
	  — 열전도율
	  — 열용량
	  — 열팽창과 수축
	  — 열에 의한 연화
	  — 용융
	• 빛에 대한 성질
	• 음에 대한 성질

082

강재(鋼材)의 일반적인 성질에 관한 설명으로 옳지 않은 것은?

① 열과 전기의 양도체이다.
② 광택을 가지고 있으며, 빛에 불투명하다.
③ 경도가 높고 내마멸성이 크다.
④ 전성이 일부 있으나 소성변형능력은 없다.

해설 강재의 성질

장점	단점
• 열과 전기의 양도체이다. • 열전도율이 크다. • 경도, 강도, 내마모성이 크다. • 소성변형을 할 수 있다. • 전연성이 풍부하다. • 금속특유의 광택이 있다.	• 비중이 크다. • 부식이 쉽다. • 색채가 단조롭다. • 가공비용이 비싸다.

083

콘크리트 혼화재 중 하나인 플라이애시가 콘크리트에 미치는 작용에 관한 설명으로 옳지 않은 것은?

① 내황산염에 대한 저항성을 증가시키기 위하여 사용한다.
② 콘크리트 수화 초기 시의 발열량을 감소시키고 장기적으로 시멘트의 석회와 결합하여 장기강도를 증진시키는 효과가 있다.
③ 입자가 구형이므로 유동성이 증가되어 단위수량을 감소시키므로 콘크리트의 워커빌리티의 개선, 압송성을 향상시킨다.
④ 알칼리골재반응에 의한 팽창을 증가시키고 콘크리트의 수밀성을 약화시킨다.

해설 플라이애시(Fly-Ash)

• 화력발전소 등의 보일러에서 부산되는 석탄재로서, 연소 폐가스 중에 포함되어 집진기에 의해 회수된 미세한 입자이다.
• 구상의 미립자로, 콘크리트 중에서 볼베어링 작용으로 워커빌리티를 개선시킨다.
• 단위수량과 블리딩 현상을 감소시킨다.
• 수화열이 작아 초기강도는 작지만 포졸란 작용에 의해 장기강도를 증가시킨다.
• 포졸란반응에 의한 콘크리트 알칼리 성분인 수산화칼슘을 감소시켜서 알칼리골재 반응을 감소시킨다.
• 포졸란반응으로 생성된 수화물(칼슘실리게이트, 칼슘알루미네이트)이 모세관 공극을 막아 물의 이동을 억제하여 수밀성이 향상된다.

084

대리석의 일종으로 다공질이며 황갈색의 반문이 있고 갈면 광택이 나서 우아한 실내장식에 사용되는 것은?

① 테라조
② 트래버틴
③ 석면
④ 점판암

해설　**트래버틴(Travertin)**

대리석의 일종으로 석질이 불균일하고 다공질, 황갈색의 반문, 아치가 있어 특수 실내 장식재로 사용되며 주로 이탈리아에서 우수한 품질이 생산된다.

관련개념

테라조(Terrazzo)	대리석의 쇄석을 종석으로 하여 백색 포틀랜드시멘트에 안료를 섞어 된비빔하고 성형한 다음 경화된 후에 가공·연마하여 대리석과 같이 미려한 광택을 갖도록 마감한 인조석을 총칭한다.
석면(Asbestos)	섬유상으로 된 암석의 일종으로, 발암성 물질로 알려져 있어 생산과 사용에 각별한 주의를 요한다.
점판암(Clay Slate)	니판암이라고도 하며, 점토분 또는 니토가 물에 운반되어 침전된 것이 변질, 응고된 것으로, 치밀하고 견고하며 외관이 아름답기 때문에 천연슬레이트로서 지붕, 판석재, 부석, 비석, 숫돌, 벼룻돌 등에 쓰인다.

085

비스페놀과 에피클로로히드린의 반응으로 얻어지며 주제와 경화제로 이루어진 2성분계의 접착제로서 금속, 플라스틱, 도자기, 유리 및 콘크리트 등의 접합에 널리 사용되는 접착제는?

① 실리콘 수지 접착제
② 에폭시 접착제
③ 비닐 수지 접착제
④ 아크릴 수지 접착제

해설　**에폭시 수지 접착제**

- 내수성, 내산성, 내알칼리성, 내용제성, 전기절연성이 우수하다.
- 피막이 단단하고, 유연성이 부족하다.
- 접착력이 강해 합성 수지, 유리, 목재, 천, 콘크리트 및 항공기 기계부품 등의 금속접착제로 쓰인다.

관련개념　**합성수지계 접착제**

실리콘수지	• 알코올, 벤졸 등의 유기 용제로 60[%] 정도의 농도로 녹여 사용한다. • 200[℃] 온도에 견디며, 전기절연성, 내수성이 매우 우수하다. • 가죽제품 이외의 모든 재료를 붙일 수 있다.
비닐수지	• 용제형과 에멀션형으로 구분할 수 있다. 그중 에멀션형은 카세인의 대용품으로 널리 쓰인다. • 값이 싸고 작업성이 좋으며 다양한 종류를 접착할 수 있는 장점이 있어 가장 많이 사용된다. • 목재가구 및 창호, 종이도배, 천도배, 논슬립(Non-slip) 등의 접착에 주로 사용된다. • 내열성과 내수성이 좋지 않아 외부용으로 부적당하다.
아크릴수지	• 아크릴산, 메타크릴산 등의 중합체로부터 만들어지는 접착제로, 금속, 타일(pvc), 아크릴자재, 플라스틱자재, 콘크리트 보수·방수작업에 사용된다. • 변색되지 않고 자국을 남기지 않으며 내수성, 내약품성, 전기절연성 등이 뛰어나다.

086

외부에 노출되는 마감용 벽돌로 벽돌면의 색깔, 형태, 표면의 질감 등의 효과를 얻기 위한 것은?

① 광재벽돌
② 내화벽돌
③ 치장벽돌
④ 포도벽돌

해설　**치장벽돌**

건물 또는 구조물의 외부를 꾸미기 위해 사용하는 벽돌로, 색깔이나 질감 따위를 특별하게 만든다.

관련개념　**벽돌의 종류**

- 광재벽돌: 광석을 제련한 뒤에 남은 찌꺼기로 만든 벽돌로, 물에 젖지 않고 전기가 통하지 않는다.
- 내화벽돌: 높은 온도에서 용해하거나 변형이 일어나지 않는 무기재료로 된 벽돌로, 내화도와 열충격성, 강도가 크다.
- 포도벽돌: 도로나 마룻바닥에 까는 두꺼운 벽돌로, 원료로 연와토, 도토 따위를 쓰고 식염유를 잿물로 발라 소성한다. 210×90×75[mm]로 경질이며, 흡습성이 적고 두꺼워서 도로·복도·창고·공장 따위의 바닥면에 깔아 쓴다.

087

2회 출제

콘크리트의 블리딩 현상에 의한 성능저하와 가장 거리가 먼 것은?

① 골재와 페이스트의 부착력 저하
② 철근과 페이스트의 부착력 저하
③ 콘크리트의 수밀성 저하
④ 콘크리트의 응결성 저하

해설

블리딩 현상은 재료분리 현상으로 응결성과는 관계가 없다.

관련개념 블리딩 현상

• 콘크리트 타설 후 콘크리트 내의 무거운 골재는 가라앉고, 물과 가벼운 입자는 위로 상승하여 표면에 떠오르는 현상이다.
• 철근, 골재 등의 하부에 다공질의 공극이 형성되고, 철근과 콘크리트의 부착력, 수밀성, 내구력이 저하된다.

088

1회 출제

직사각형으로 자른 얇은 나뭇조각을 서로 직각으로 겹쳐지게 배열하고 방수성 수지로 강하게 압축 가공한 보드는?

① O.S.B
② M.D.F
③ 플로어링 블록
④ 시멘트 사이딩

해설 O.S.B(Oriented Strand Board)

직경이 작고 성장이 빠른 나무들만 사용하여 스트랜드(실을 엮어 만든 로프모양) 또는 웨이퍼(얇은 비스켓모양)로 가공한 후, 이를 내수내후성 수지를 사용하여 적정 온도와 압력을 가하여 접착 제조된다.

관련개념

• 중밀도 섬유판(M.D.F; Medium Density Fiber board): 톱밥 등을 식물섬유, 각종 수지를 혼합하여 열과 강한 압력으로 일정한 모양을 만든 목재이다.
• 플로어링 블록: 플로어링 보드를 3~5장씩 붙여서 길이와 너비가 같게 4면을 제혀쪽매로 만든 정사각형의 블록이다.
• 시멘트 사이딩: 시멘트와 모래를 주원료로 하며 강화 섬유재를 넣어 내구성을 강화시킨 판모양의 외장재료이다.

089

3회 출제

발포제로서 보드상으로 성형하여 단열재로 널리 사용되며 천장재, 전기용품, 냉장고 내부상자 등으로 쓰이는 열가소성 수지는?

① 폴리스티렌 수지
② 폴리에스테르 수지
③ 멜라민 수지
④ 메타크릴 수지

해설 폴리스티렌 수지

• 무색투명하고 착색하기 쉬우며, 내화학성, 전기절연성, 가공성이 우수하다.
• 단단하나 부서지기 쉬운 단점이 있다.
• 발포제품은 저온 단열재로 쓰이고, 건축물의 천장재, 블라인드 등에 쓰인다.

관련개념 합성수지의 종류

폴리에스테르 수지	• 포화 폴리에스테르 수지와 불포화 폴리에스테르 수지가 있다. • 다가알코올(글리세린 등)과 다염기산(무수프탈레인 등)의 축합으로 만들어진다. • 내열성, 내약품성, 전기적 절연성이 우수하여 항공기 및 차량구조재, 건축창호재, 칸막이벽 등에 사용된다.
멜라민 수지	• 멜라민과 포르말린을 축합중합시켜 얻는다. • 내열성, 내수성, 내약품성, 기계적 강도가 우수하다. • 투명하거나 반투명한 성질을 가질 수 있어 창, 배관 등에 활용 가능하다.
메타크릴 수지	• 메타크릴산메틸을 중합하여 만드는 열가소성 합성 수지이다. • 투명도가 뛰어나고 단단하여 각종 광학 렌즈, 조명 기구, 이온 교환 수지, 인공 장기 등의 재료로 쓰인다.

090

블로운 아스팔트의 내열성, 내한성 등을 개량하기 위해 동물섬유나 식물섬유를 혼합하여 유동성을 증대시킨 것은?

① 아스팔트 펠트(Asphalt felt)

② 아스팔트 루핑(Asphalt roofing)

③ 아스팔트 프라이머(Asphalt primer)

④ 아스팔트 컴파운드(Asphalt compound)

해설 아스팔트 방수 공사 재료

아스팔트 펠트	• 섬유 원지에 스트레이트 아스팔트를 침투시킨 것 • 아스팔트방수 중간층재, 지붕, 미장, 바탕의 방습, 마룻바닥 방습, 방습 포장재, 차광과 차열, 전기 절연용으로 사용
아스팔트 루핑	• 아스팔트 펠트 뒷면에 블로운 아스팔트를 도포하고 표면의 접착을 막기 위해 활석, 운모, 석회석, 규조토 등의 가루를 뿌려 붙인 것 • 흡수성, 투수성이 작고 유연하며 내후성, 내산성, 내열성이 큼 • 건축물, 상하수도, 지하철, 터널 등의 아스팔트 방수층의 주된 재료로 쓰이는 것 외에 지붕용 또는 상품이나 기계 등의 방수 및 피복용으로도 사용
아스팔트 프라이머	• 컷백 아스팔트의 한 종류로서 아스팔트와 휘발성 용제를 반씩 혼합하여 묽게 한 것 • 콘크리트 등의 모체에 침투가 용이하여 콘크리트와 아스팔트가 부착이 잘 되므로 콘크리트 바탕에 아스팔트를 붙일 때 사용
아스팔트 컴파운드	• 블로운 아스팔트에 광물섬유, 동·식물섬유, 광물질 가루섬유 등을 혼입하여 신축성을 증대시킨 것 • 방수재, 내산재, 전기절연재 등으로 사용

091

목모시멘트판을 보다 향상시킨 것으로서 폐기목재의 삭편을 화학처리하여 비교적 두꺼운 판 또는 공동블록 등으로 제작하여 마루, 지붕, 천장, 벽 등의 구조체에 사용되는 것은?

① 펄라이트시멘트판

② 후형슬레이트

③ 석면슬레이트

④ 듀리졸(Durisol)

해설 듀리졸(Durisol)

목모시멘트판을 보다 향상시킨 것으로 폐기목재의 삭편을 화학처리하여 비교적 두꺼운 판 또는 공동블록 등으로 제작하여 마루, 지붕, 천장, 벽 등의 구조체에 사용된다.

관련개념 시멘트 섬유질 합성판

목모시멘트판	• 목모에 시멘트와 혼화제를 섞고 물을 넣어 다져서 압력으로 성형하고 건조한 판상재료이다. • 흡음, 보온, 화재방지를 목적으로 주로 내벽, 천장의 마감재, 지붕의 단열재에 사용된다.
펄라이트시멘트판	진주암, 흑요석 등을 부수어 1,000[℃] 안팎에서 구워 다공질의 펄라이트와 시멘트를 섞어 만든 판상재료이다.
후형슬레이트	시멘트와 모래를 1:2로 섞은 모르타르를 형틀에 담아 50[kgf/cm²] 이상의 압력을 가해 성형한 것이다.
석면슬레이트	포틀랜드시멘트와 석면을 86:14의 중량비로 하여, 시멘트에 적당량의 돌가루, 안료 등을 혼입하고 압착성형한 얇은 판이다.

092

역청재료의 침입도 시험에서 질량 100[g]의 표준침이 5초 동안에 10[mm] 관입했다면 이 재료의 침입도는 얼마인가?

① 1

② 10

③ 100

④ 1000

해설 역청재료의 침입도 계산

$$침입도 = \frac{5초 \; 동안 \; 관입깊이}{0.1[mm]} = \frac{10[mm]}{0.1[mm]} = 100$$

관련개념 침입도

• 물질의 점조도나 경도 등을 나타내는 척도의 일종으로 어떤 물질 속에 일정한 모양의 침(바늘)이 일정온도에서, 일정시간에 관입되는 깊이이다.

• 아스팔트의 침입도는 25[℃], 100[g], 5초가 표준으로 바늘이 관입한 깊이를 0.1[mm] 단위로 표기한다.

• 스트레이트 아스팔트의 침입도는 0~300 정도이고, 블로운 아스팔트의 침입도는 0~40 정도이다.

093

지름이 18[mm]인 강봉을 대상으로 인장시험을 행하여 항복하중 27[kN], 최대하중 41[kN]을 얻었다. 이 강봉의 인장강도는?

① 약 106.3[MPa]
② 약 133.9[MPa]
③ 약 161.1[MPa]
④ 약 182.3[MPa]

해설

$$인장강도 = \frac{최대하중[kN]}{면적[m^2]} = \frac{41}{\frac{\pi \times 0.018^2}{4}} = 161.119[kPa] = 161.1[MPa]$$

관련개념 인장강도

물체가 잡아당기는 힘에 견딜 수 있는 최대한의 응력(저항력)으로, 재료의 기계적 강도를 표시하는 값의 하나이다. 긴 막대 모양의 시편을 잡아당겨 시편에 가해지는 하중과 시편에 변형의 모양에서 인장강도를 계산할 수 있다.

094

열경화성 수지에 해당하지 않는 것은?

① 염화비닐 수지
② 페놀 수지
③ 멜라민 수지
④ 에폭시 수지

해설 열가소성 수지와 열경화성 수지의 종류

열가소성 수지	열경화성 수지
염화비닐 수지	페놀 수지
초산비닐 수지	요소 수지
ABS 수지	멜라민 수지
아크릴 수지	알키드 수지
불소 수지	우레탄 수지
폴리아미드 수지	에폭시 수지
폴리프로필렌 수지	실리콘 수지
폴리스티렌 수지	푸란 수지
폴리에틸렌 수지	불포화 폴리에스테르 수지

095

자기질 점토제품에 관한 설명으로 옳지 않은 것은?

① 조직이 치밀하지만, 도기나 석기에 비하여 강도 및 경도가 약한 편이다.
② 1,230~1,460[℃] 정도의 고온으로 소성한다.
③ 흡수성이 매우 낮으며, 두드리면 금속성의 맑은 소리가 난다.
④ 제품으로는 타일 및 위생도기 등이 있다.

해설

자기질 점토제품은 도기나 석기에 비하여 기계적 강도 및 경도가 강한 편이다.

관련개념 점토제품의 종류

종류	소성온도[℃]	흡수율[%]	재료	비고
토기	790~1,000	20 이상	기와, 벽돌, 토관	최저급 원료 (전답토)
도기	1,100~1,230	10	타일, 테라코타, 위생도기	다공질로 흡수성 유약 사용. 두드리면 탁음
석기	1,160~1,350	3~10	마루 타일, 클링커 타일	유약 대신 식염유 사용
자기	1,230~1,460	0~1	자기질 타일, 모자이크 타일, 위생도기	양질의 도토 또는 장석분을 원료로 함

096

접착제를 동물질 접착제와 식물질 접착제로 분류할 때 동물질 접착제에 해당되지 않는 것은?

① 아교
② 덱스트린 접착제
③ 카세인 접착제
④ 알부민 접착제

해설 덱스트린 접착제

녹말(전분)을 가수분해하여 얻어지는 저분자량의 탄수화물 접착제이다.

관련개념 동물성 접착제와 식물성 접착제

• 동물성 접착제
  – 아교: 소, 말, 돼지 등 짐승의 가죽이나 근육, 뼈, 물고기 껍질 등이 주원료
  – 카세인풀: 지방질을 뺀 우유를 자연산화, 황산·염산 등으로 산화
  – 알부민 접착제: 소·말·돼지 등의 혈액 속 알부민의 접착성을 이용 (혈알부민), 달걀의 흰자를 원료로 산을 가해 정제(난알부민)
• 식물성 접착제: 콩풀, 녹말풀, 해초풀, 옻풀, 아마인유 등

097

대규모 지하구조물, 댐 등 매스콘크리트의 수화열에 의한 균열발생을 억제하기 위해 벨라이트의 비율을 중용열포틀랜드시멘트 이상으로 높인 시멘트는?

① 저열포틀랜드시멘트 ② 보통포틀랜드시멘트
③ 조강포틀랜드시멘트 ④ 내황산염포틀랜드시멘트

해설 **포틀랜드시멘트의 종류 및 특징**

구분	종류(시멘트)	특징
1종	보통포틀랜드	• 일반적인 강도를 발현 • 중용열·조강시멘트의 중간적 성질 • 전체시멘트 생산량의 80[%] 차지
2종	중용열포틀랜드	• 수화열을 저감시키기 위해 알라이트 비율을 축소시키고 벨라이트 비율을 높임 • 댐 등 매스구조물에 사용
3종	조강포틀랜드	• 강도를 조기에 발현시키기 위해 알라이트 비율을 높이고 벨라이트 비율을 축소 • 수중공사, 긴급공사에 사용
4종	저열포틀랜드	• 수화열에 의한 균열을 억제하기 위해 벨라이트 비율을 중용열시멘트 이상으로 높임 • 대규모 구조물, 댐, 매스구조물에 사용
5종	내황산염포틀랜드	• 알루미네이트 양을 4[%] 이내로 줄임 • 해수에 대한 내구성, 우수한 내화학성, 작은 건조수축

098

목재의 방부처리법과 가장 거리가 먼 것은?

① 약제도포법 ② 표면탄화법
③ 진공탈수법 ④ 침지법

해설

진공탈수법은 연약지반 개량공법이다.

관련개념 **목재의 방부처리법**

종류	방법
도포법	목재의 표면에 페인트, 바니쉬(Vanish), 크레오소트유(Creosote), 타르(Tar), 아스팔트(Asphalt) 등을 도포하는 방법이다.
표면탄화법	• 목재의 표면을 태워서 탄화시키는 방법이다. • 주로 말뚝 등에 쓰이며, 영속성이 적으므로 일반적으로 방부제를 사용한다.
침지법	목재를 방부액이나 물에 담가 산소공급을 차단하는 방법이다.
약액주입법	• 약재는 보통 크레오소트유를 사용하며 목재방부법 중 가장 공업적이고 효과도 완전한 방법이다. • 조작방법에 따라 상압, 가압주입법으로 분류한다.

099

2장 이상의 판유리 등을 나란히 넣고, 그 틈새에 대기압에 가까운 압력의 건조한 공기를 채우고 그 주변을 밀봉·봉착한 것은?

① 열선흡수유리 ② 배강도유리
③ 강화유리 ④ 복층유리

해설 **유리의 종류**

강화유리	• 판유리를 720[℃]까지 가열 후 급랭한다. • 압축응력이 일반유리보다 4~5배 크다. • 파손 시 알갱이가 된다.
반강화유리 (배강도유리)	• 판유리를 600[℃]까지 가열 후 급랭한다. • 압축응력이 일반유리보다 2~3배 크다. • 파손 시 유리이탈이 적다.
접합유리	• 판유리 사이에 PVC필름 등을 삽입하여 높은 온도로 결합한다. • 파손 시 필름에 의해 파편의 흩어짐을 방지한다.
로이유리	• 유리 표면에 금속 또는 금속산화물을 얇게 코팅함으로써 열의 이동을 최소화한 에너지 절약형 유리이다. • 유리 표면에 은이나 금속을 코팅해서 가시광선을 투과시켜 실내를 밝게 유지하는 반면, 적외선 영역의 복사선을 차단해 겨울에는 난방열이 빠져나가지 않게 하며 여름에는 바깥의 열기를 차단하는 효과가 있다.
복층유리	• 둘 이상 원판 사이에 비어있는 중공층을 두고 고정한 유리이다. • 단열효과가 증대된다.

100

미장재료의 구성재료에 관한 설명으로 옳지 않은 것은?

① 부착재료는 마감과 바탕재료를 붙이는 역할을 한다.
② 무기혼화재료는 시공성 향상 등을 위해 첨가된다.
③ 풀재는 강도증진을 위해 첨가된다.
④ 여물재는 균열방지를 위해 첨가된다.

해설

풀재는 미장재료의 점성, 부착력을 증대시킨다. 풀은 주로 미장재료 반죽의 점성을 증대시키며 바탕재의 흡수를 방지하여 부착력을 증대시킬 목적으로 쓰인다.

건설안전기술

101

10[cm] 그물코인 방망을 설치한 경우에 망 밑부분에 충돌 위험이 있는 바닥면 또는 기계설비와의 수직거리는 얼마 이상이어야 하는가? (단, 1개의 방망일 때 단변방향 길이는 12[m], 장변방향 방망의 지지간격은 6[m]이다.)

① 10.2[m] ② 12.2[m]
③ 14.2[m] ④ 16.2[m]

해설 방망의 허용 낙하높이

높이 조건	낙하높이(H_1)		방망과 바닥면 높이(H_2)		방망의 처짐길이 (S)
	단일방망	복합방망	10[cm] 그물코	5[cm] 그물코	
L<A	$\frac{1}{4}$(L+2A)	$\frac{1}{5}$(L+2A)	$\frac{0.85}{4}$(L+3A)	$\frac{0.95}{4}$(L+3A)	$\frac{1}{4}$(L+2A)×$\frac{1}{3}$
L≥A	$\frac{3}{4}$L	$\frac{3}{5}$L	0.85L	0.95L	$\frac{3}{4}$L×$\frac{1}{3}$

※ H_1은 계산값 이하로, H_2는 계산값 이상으로 관리한다.
여기서, L: 단변방향 길이[m]
A: 장변방향 방망의 지지간격[m]
L≥A인 조건에서 그물코가 10[cm]일 때 공간 높이는 0.85L 이상이어야 하므로 방망 부착위치와 기계설비와의 거리는 0.85×12=10.2[m] 이상이어야 한다.

102

비계의 높이가 2[m] 이상인 작업장소에 작업발판을 설치할 때 그 폭은 최소 얼마 이상이어야 하는가?

① 30[cm] ② 40[cm]
③ 50[cm] ④ 60[cm]

해설 작업발판의 구조(비계의 높이가 2[m] 이상인 작업장소)
• 발판재료는 작업할 때의 하중을 견딜 수 있도록 견고한 것으로 할 것
• 작업발판의 폭은 40[cm] 이상으로 하고, 발판재료 간의 틈은 3[cm] 이하로 할 것
• 선박 및 보트 건조작업의 경우 선박블록 또는 엔진실 등의 좁은 작업공간에 작업발판을 설치하기 위하여 필요하면 작업발판의 폭을 30[cm] 이상으로 할 수 있고, 걸침비계의 경우 강관기둥 때문에 발판재료 간의 틈을 3[cm] 이하로 유지하기 곤란하면 5[cm] 이하로 할 수 있다.
• 추락의 위험이 있는 장소에는 안전난간을 설치할 것. 다만, 추락위험 방지 조치를 한 경우에는 그러하지 아니하다.
• 작업발판의 지지물은 하중에 의하여 파괴될 우려가 없는 것을 사용할 것
• 작업발판재료는 뒤집히거나 떨어지지 않도록 둘 이상의 지지물에 연결하거나 고정시킬 것
• 작업발판을 작업에 따라 이동시킬 경우에는 위험 방지에 필요한 조치를 할 것

103

크레인의 와이어로프가 감기면서 붐 상단까지 후크가 따라 올라올 때 더 이상 감기지 않도록 하여 크레인 작동을 자동으로 정지시키는 안전장치로 옳은 것은?

① 권과방지장치 ② 후크해지장치
③ 과부하방지장치 ④ 속도조절기

해설 권과방지장치
중량물을 인양하는 와이어로프 또는 체인 등이 과도하게 감겨서 훅 등이 지브에 부딪혀 파손·낙하되는 것을 방지하기 위해 일정한도 이상으로 중량물을 감아올리면 그 이상 감겨지지 않게 자동으로 정지하도록 하는 장치를 말한다. 크레인, 리프트, 승강기 등에 설치하여야 한다.

104

2회 출제

터널공사 시 자동경보장치가 설치된 경우에 이 자동경보장치에 대하여 당일 작업시작 전 점검하고 이상을 발견하면 즉시 보수하여야 하는 사항이 아닌 것은?

① 계기의 이상 유무
② 검지부의 이상 유무
③ 경보장치의 작동상태
④ 환기 또는 조명시설의 이상 유무

해설 터널작업 시 당일 작업시작 전 자동경보장치 점검사항
• 계기의 이상 유무
• 검지부의 이상 유무
• 경보장치의 작동상태

105

4회 출제

달비계의 구조에서 달비계 작업발판의 폭과 틈새기준으로 옳은 것은?

① 작업발판의 폭 30[cm] 이상, 틈새 3[cm] 이하
② 작업발판의 폭 40[cm] 이상, 틈새 3[cm] 이하
③ 작업발판의 폭 30[cm] 이상, 틈새 없도록 할 것
④ 작업발판의 폭 40[cm] 이상, 틈새 없도록 할 것

해설 달비계의 구조
• 작업발판은 폭을 40[cm] 이상으로 하고 틈새가 없도록 할 것
• 작업발판의 재료는 뒤집히거나 떨어지지 않도록 비계의 보 등에 연결하거나 고정시킬 것
• 비계가 흔들리거나 뒤집히는 것을 방지하기 위하여 비계의 보·작업발판 등에 버팀을 설치하는 등 필요한 조치를 할 것

106

5회 출제

강관을 사용하여 비계를 구성하는 경우의 준수사항으로 옳지 않은 것은?

① 비계기둥의 간격은 띠장 방향에서는 1.85[m] 이하, 장선(長繕) 방향에서는 1.5[m] 이하로 할 것
② 띠장 간격은 2.0[m] 이하로 할 것
③ 비계기둥 간의 적재하중은 400[kg]을 초과하지 않도록 할 것
④ 비계기둥의 제일 윗부분으로부터 31[m] 되는 지점 밑부분의 비계기둥은 3개의 강관으로 묶어 세울 것

해설 강관비계의 구조
• 비계기둥의 간격은 띠장 방향에서는 1.85[m] 이하, 장선 방향에서는 1.5[m] 이하로 할 것
• 띠장 간격은 2[m] 이하로 할 것
• 비계기둥의 제일 윗부분으로부터 31[m] 되는 지점 밑부분의 비계기둥은 2개의 강관으로 묶어 세울 것
• 비계기둥 간의 적재하중은 400[kg]을 초과하지 않도록 할 것

107

3회 출제

유해위험방지계획서 제출 시 첨부서류에 해당하지 않는 것은?

① 안전관리 조직표
② 전체 공정표
③ 공사현장의 주변 현황 및 주변과의 관계를 나타내는 도면
④ 교통처리계획

해설 건설공사 유해위험방지계획서 제출 시 첨부서류
• 공사 개요서
• 공사현장의 주변 현황 및 주변과의 관계를 나타내는 도면(매설물 현황 포함)
• 전체 공정표
• 산업안전보건관리비 사용계획서
• 안전관리 조직표
• 재해 발생 위험 시 연락 및 대피방법

108

흙막이 가시설 공사 시 사용되는 각 계측기 설치 목적으로 옳지 않은 것은?

① 지표침하계 – 지표면 침하량 측정
② 수위계 – 지반 내 지하수위의 변화 측정
③ 하중계 – 상부 적재하중 변화 측정
④ 지중경사계 – 인접지반의 수평 변위량 측정

해설 **흙막이 가시설 계측기의 종류**

구분	목적
지표침하계	흙막이벽 배면에 설치하여 지표면의 침하량 측정
지중경사계	흙막이벽 배면에 설치하여 인접지반의 수평 변위량 측정
하중계	스트러트 및 어스앵커에 설치하여 축하중 측정, 부재의 안정성 여부 판단
간극수압계	굴착 및 성토에 의한 간극수압의 변화 측정
변형률계	스트러트, 띠장 등에 부착하여 굴착 시 구조물의 변형률 측정
지하수위계	굴착에 따른 지하수위의 변동 측정
지중침하계	토류벽 배면에 설치하여 지층의 침하상태 파악, 보강 대상과 범위의 침하량 예측

109

건축공사로서 대상액이 5억 원 이상 50억 원 미만인 경우에 산업안전보건관리비의 비율(가) 및 기초액(나)으로 옳은 것은?

① (가): 2.28[%], (나): 4,325,000원
② (가): 2.53[%], (나): 3,300,000원
③ (가): 3.05[%], (나): 2,975,000원
④ (가): 1.59[%], (나): 2,450,000원

해설 **공사종류 및 규모별 산업안전보건관리비 계상기준표**

공사종류 \ 구분	대상액 5억 원 미만	대상액 5억 원 이상 50억 원 미만 비율	대상액 5억 원 이상 50억 원 미만 기초액	대상액 50억 원 이상	보건관리자 선임 대상 건설공사
건축공사	3.11[%]	2.28[%]	4,325,000원	2.37[%]	2.64[%]
토목공사	3.15[%]	2.53[%]	3,300,000원	2.60[%]	2.73[%]
중건설공사	3.64[%]	3.05[%]	2,975,000원	3.11[%]	3.39[%]
특수건설공사	2.07[%]	1.59[%]	2,450,000원	1.64[%]	1.78[%]

110

겨울철 공사중인 건축물의 벽체 콘크리트 타설 시 거푸집이 터져서 콘크리트가 쏟아지는 사고가 발생하였다. 이 사고의 발생 원인으로 추정 가능한 사안 중 가장 타당한 것은?

① 진동기를 사용하지 않았다.
② 철근 사용량이 많았다.
③ 콘크리트의 슬럼프가 작았다.
④ 콘크리트의 타설속도가 빨랐다.

해설

콘크리트의 타설속도가 빠르면 측압이 커져 균열이 발생하기 쉽다.

관련개념 **콘크리트 측압이 커지는 요인**

• 거푸집 부재의 단면이 큰 경우
• 거푸집의 수밀성이 큰 경우
• 거푸집의 강성이 큰 경우
• 거푸집의 표면이 평활할 경우
• 콘크리트가 묽은 경우
• 철골이나 철근량이 적은 경우
• 외기온도가 낮은 경우
• 타설속도가 빠른 경우
• 콘크리트의 다짐이 좋은 경우
• 콘크리트의 슬럼프가 큰 경우
• 콘크리트의 비중이 큰 경우
• 습도가 높은 경우
• 벽 두께가 두꺼운 경우

111

다음은 산업안전보건법령에 따른 투하설비 설치에 관련된 사항이다. ( ) 안에 들어갈 내용으로 옳은 것은?

> 사업주는 높이가 ( )[m] 이상인 장소로부터 물체를 투하하는 때에는 적당한 투하설비를 설치하거나 감시인을 배치하는 등 위험방지를 위하여 필요한 조치를 하여야 한다.

① 1 ② 2
③ 3 ④ 4

해설 **투하설비 등**

사업주는 높이가 3[m] 이상인 장소로부터 물체를 투하하는 경우 적당한 투하설비를 설치하거나 감시인을 배치하는 등 위험을 방지하기 위하여 필요한 조치를 하여야 한다.

112

작업 중이던 미장공이 상부에서 떨어지는 공구에 의해 상해를 입었다면 어느 부분에 대한 결함이 있었겠는가?

① 작업대 설치
② 작업방법
③ 낙하물 방지시설 설치
④ 비계설치

해설

떨어지는 낙하물에 의해 상해를 입었을 경우 낙하물 방지시설의 결함에 의한 재해로, 낙하방지용 시설물 설치 상태 등에 대한 적정 설치여부를 점검하여야 한다.

113

건설현장에서 동력을 사용하는 항타기 또는 항발기에 대하여 무너짐을 방지하기 위하여 준수하여야 할 사항으로 옳지 않은 것은?

① 아웃트리거·받침 등 지지구조물이 미끄러질 우려가 있는 경우에는 말뚝 또는 쐐기 등을 사용하지 아니할 것
② 상단 부분은 버팀대·받침줄로 고정하여 안정시키고, 그 하단 부분은 견고한 버팀·말뚝 또는 철골 등으로 고정시킬 것
③ 궤도 또는 차로 이동하는 항타기 또는 항발기에 대해서는 불시에 이동하는 것을 방지하기 위하여 레일 클램프(rail clamp) 및 쐐기 등으로 고정시킬 것
④ 연약한 지반에 설치하는 경우에는 아웃트리거·받침 등 지지구조물의 침하를 방지하기 위하여 깔판·받침목 등을 사용할 것

해설 항타기 또는 항발기에 대하여 무너짐 방지를 위한 준수사항

• 연약한 지반에서 설치하는 경우에는 아웃트리거·받침 등 지지구조물의 침하를 방지하기 위하여 깔판·받침목 등을 사용할 것
• 시설 또는 가설물 등에 설치하는 경우에는 그 내력을 확인하고 내력이 부족하면 그 내력을 보강할 것
• 아웃트리거·받침 등 지지구조물이 미끄러질 우려가 있는 경우에는 말뚝 또는 쐐기 등을 사용하여 해당 지지구조물을 고정시킬 것
• 궤도 또는 차로 이동하는 항타기 또는 항발기에 대해서는 불시에 이동하는 것을 방지하기 위하여 레일 클램프(Rail Clamp) 및 쐐기 등으로 고정시킬 것
• 상단 부분은 버팀대·버팀줄로 고정하여 안정시키고, 그 하단 부분은 견고한 버팀·말뚝 또는 철골 등으로 고정시킬 것

114

토공사에서 성토용 토사의 일반조건으로 옳지 않은 것은?

① 다져진 흙의 전단강도가 크고 압축성이 작을 것
② 함수율이 높은 토사일 것
③ 시공장비의 주행성이 확보될 수 있을 것
④ 필요한 다짐정도를 쉽게 얻을 수 있을 것

해설

함수율이 높은 토사를 성토용 토사로 사용하면 굴착면의 기울기가 감소하여 무너져 내릴 가능성이 커지므로, 가급적 함수율이 낮은 건조된 토사를 성토용 토사로 사용하여야 한다.

115

지반의 종류가 암반 중 풍화암일 경우 굴착면의 기울기 기준으로 옳은 것은?

① 1 : 0.5
② 1 : 0.8
③ 1 : 1.0
④ 1 : 1.5

해설 굴착면의 기울기 기준

지반의 종류	기울기
모래	1 : 1.8
연암 및 풍화암	1 : 1.0
경암	1 : 0.5
그 밖의 흙	1 : 1.2

116

차량계 건설기계를 사용하는 작업을 할 때에 그 기계가 넘어지거나 굴러떨어짐으로써 근로자가 위험해질 우려가 있는 경우에 필요한 조치로 가장 거리가 먼 것은?

① 지반의 부동침하 방지
② 안전통로 및 조도 확보
③ 유도하는 사람 배치
④ 갓길의 붕괴 방지 및 도로 폭의 유지

해설

사업주는 차량계 건설기계를 사용하는 작업을 할 때에 그 기계가 넘어지거나 굴러떨어짐으로써 근로자가 위험해질 우려가 있는 경우에는 유도하는 사람을 배치하고 지반의 부동침하 방지, 갓길의 붕괴 방지 및 도로 폭의 유지 등 필요한 조치를 하여야 한다.

117
1회 출제

파쇄하고자 하는 구조물에 구멍을 천공하여 이 구멍에 가력봉을 삽입하고 가력봉에 유압을 가압하여 천공한 구멍을 확대시킴으로써 구조물을 파쇄하는 공법은?

① 핸드 브레이커(Hand Breaker) 공법
② 강구(Steel Ball) 공법
③ 마이크로파(Microwave) 공법
④ 록잭(Rock Jack) 공법

해설 **록잭(Rock Jack) 공법**
콘크리트의 무진동·무소음 해체 공법으로, 천공 중에 쐐기식 등의 천공 확대 용구를 꽂아서 파쇄하는 방식이다.

118
4회 출제

이동식비계 조립 및 사용 시 준수사항으로 옳지 않은 것은?

① 비계의 최상부에서 작업을 하는 경우에는 안전난간을 설치할 것
② 승강용사다리는 견고하게 설치할 것
③ 작업발판은 항상 수평을 유지하고 작업발판 위에서 작업을 위한 거리가 부족할 경우에는 받침대 또는 사다리를 사용할 것
④ 작업발판의 최대적재하중은 250[kg]을 초과하지 않도록 할 것

해설 **이동식비계 작업 시 준수사항**
• 이동식비계의 바퀴에는 뜻밖의 갑작스러운 이동 또는 전도를 방지하기 위하여 브레이크·쐐기 등으로 바퀴를 고정시킨 다음 비계의 일부를 견고한 시설물에 고정하거나 아웃트리거를 설치하는 등 필요한 조치를 할 것
• 승강용사다리는 견고하게 설치할 것
• 비계의 최상부에서 작업을 하는 경우에는 안전난간을 설치할 것
• 작업발판은 항상 수평을 유지하고 작업발판 위에서 안전난간을 딛고 작업을 하거나 받침대 또는 사다리를 사용하여 작업하지 않도록 할 것
• 작업발판의 최대적재하중은 250[kg]을 초과하지 않도록 할 것

119
1회 출제

산업안전보건법령에 따른 중량물 취급작업 시 작업계획서에 포함시켜야 할 사항이 아닌 것은?

① 협착위험을 예방할 수 있는 안전대책
② 감전위험을 예방할 수 있는 안전대책
③ 추락위험을 예방할 수 있는 안전대책
④ 전도위험을 예방할 수 있는 안전대책

해설 **중량물의 취급작업 시 작업계획서 내용**
• 추락위험을 예방할 수 있는 안전대책
• 낙하위험을 예방할 수 있는 안전대책
• 전도위험을 예방할 수 있는 안전대책
• 협착위험을 예방할 수 있는 안전대책
• 붕괴위험을 예방할 수 있는 안전대책

120
5회 출제

흙막이 지보공을 설치하였을 때에 정기적으로 점검하고 이상을 발견하면 즉시 보수하여야 하는 사항과 거리가 먼 것은?

① 부재의 손상·변형·부식·변위 및 탈락의 유무와 상태
② 부재의 접속부·부착부 및 교차부의 상태
③ 침하의 정도
④ 설계상 부재의 경제성 검토

해설 **흙막이 지보공 설치 시 정기적 점검사항**
• 부재의 손상·변형·부식·변위 및 탈락의 유무와 상태
• 버팀대의 긴압의 정도
• 부재의 접속부·부착부 및 교차부의 상태
• 침하의 정도

2020년 1, 2회 기출문제

자동 채점

※ 코로나 19의 영향으로 2020년 1, 2회 필기시험은 통합실시되었습니다.

산업안전관리론

001
4회 출제

정보서비스업의 경우, 상시근로자의 수가 최소 몇 명 이상일 때 안전보건관리규정을 작성하여야 하는가?

① 50명 이상
② 100명 이상
③ 200명 이상
④ 300명 이상

해설 안전보건관리규정을 작성하여야 할 사업의 종류

사업의 종류	상시근로자 수
• 농업, 어업 • 소프트웨어 개발 및 공급업 • 컴퓨터 프로그래밍, 시스템 통합 및 관리업 • 영상·오디오물 제공 서비스업 • 정보서비스업 • 금융 및 보험업 • 임대업(부동산 제외) • 전문, 과학 및 기술 서비스업(연구개발업 제외) • 사업지원 서비스업, 사회복지 서비스업	300명 이상
위의 사업을 제외한 사업	100명 이상

002
1회 출제

다음은 산업안전보건법령상 공정안전보고서의 제출시기에 관한 기준 내용이다. ( ) 안에 들어갈 내용을 올바르게 나열한 것은?

> 사업주는 산업안전보건법 시행령에 따라 유해하거나 위험한 설비의 설치·이전 또는 주요 구조부분의 변경공사 착공일 (㉠) 전까지 공정안전보고서를 (㉡) 작성하여 공단에 제출해야 한다.

① ㉠: 1일, ㉡: 2부
② ㉠: 15일, ㉡: 1부
③ ㉠: 15일, ㉡: 2부
④ ㉠: 30일, ㉡: 2부

해설

사업주는 유해하거나 위험한 설비의 설치·이전 또는 주요 구조부분의 변경공사의 착공일 30일 전까지 공정안전보고서를 2부 작성하여 공단에 제출하여야 한다.

003
2회 출제

안전보건관리조직 중 스태프(Staff)형 조직에 관한 설명으로 옳지 않은 것은?

① 안전정보 수집이 신속하다.
② 안전과 생산을 별개로 취급하기 쉽다.
③ 권한 다툼이나 조정이 용이하여 통제수습이 간단하다.
④ 스태프 스스로 생산라인의 안전업무를 행하는 것은 아니다.

해설

스태프(Staff)형 조직의 단점은 권한 다툼이나 조정이 어렵다는 점이다.

관련개념 스태프형 조직의 특징
• 근로자 100~1,000명 정도의 중규모 사업장에 적합하다.
• 스태프는 안전에 관한 계획안의 작성, 조사, 점검 결과에 의한 조언, 보고의 역할을 한다.(스스로 생산라인의 안전업무를 행할 수 없음)
• 테일러(F. W. Taylor)의 기능형(Functional) 조직에서 발전 → 분업의 원칙을 고도로 이용 → 책임과 권한을 직능적으로 분담

004
4회 출제

다음 중 시설물의 안전 및 유지관리에 관한 특별법령상 시설물 정기안전점검의 실시시기로 옳은 것은? (단, 시설물의 안전등급이 A등급인 경우이다.)

① 반기에 1회 이상
② 1년에 1회 이상
③ 2년에 1회 이상
④ 3년에 1회 이상

해설 안전점검, 정밀안전진단 및 성능평가의 실시시기

안전등급	정기안전점검	정밀안전점검 건축물	정밀안전점검 그 외 시설물	정밀안전진단	성능평가
A등급	반기에 1회 이상	4년에 1회 이상	3년에 1회 이상	6년에 1회 이상	
B·C 등급		3년에 1회 이상	2년에 1회 이상	5년에 1회 이상	5년에 1회 이상
D·E 등급	1년에 3회 이상	2년에 1회 이상	1년에 1회 이상	4년에 1회 이상	

005

11회 출제

100명의 근로자가 근무하는 A 기업체에서 1주일에 48시간, 연간 50주를 근무하는데 1년에 50건의 재해로 총 2,400일의 근로손실일수가 발생하였다. A 기업체의 강도율은?

① 10 ② 24
③ 100 ④ 240

해설

$$강도율 = \frac{총 요양 근로손실일수}{연 근로시간 수} \times 1,000$$

$$= \frac{2,400}{100 \times (48 \times 50)} \times 1,000 = 10$$

관련개념 강도율(SR; Severity Rate of Injury)

근로시간 합계 1,000시간당 재해로 인한 근로손실일수이다.

$$강도율 = \frac{총 요양 근로손실일수}{연 근로시간 수} \times 1,000$$

006

2회 출제

아파트 신축 건설현장에 산업안전보건법령에 따른 안전보건표지를 설치하려고 한다. 용도에 따른 표지의 종류를 올바르게 연결한 것은?

① 금연 – 지시표지
② 비상구 – 안내표지
③ 고압전기 경고 – 금지표지
④ 안전모 착용 – 경고표지

해설

'금연'은 금지표지, '고압전기 경고'는 경고표지, '안전모 착용'은 지시표지에 해당한다.

관련개념 안전보건표지의 용도별 사용 예

용도	사용 예
금지	정지신호, 소화설비 및 그 장소, 유해행위의 금지
경고	화학물질 취급장소에서의 유해·위험경고 및 그 이외의 위험경고, 주의표지 또는 기계 방호물
지시	특정 행위의 지시 및 사실의 고지
안내	비상구 및 피난소, 사람 또는 차량의 통행표지

007

9회 출제

기계설비의 안전에 있어서 중요 부분의 피로, 마모, 손상, 부식 등에 대한 장치의 변화 유무 등을 일정기간마다 점검하는 안전점검의 종류는?

① 수시점검 ② 임시점검
③ 정기점검 ④ 특별점검

해설 실시시기에 따른 안전점검의 종류

일상(수시)점검	매일 일의 시작이나 종료 시 또는 작업 중에 계속해서 실시하는 점검
정기(계획)점검	주기적으로 일정한 시설이나 물건, 기계 등에 대하여 점검하는 방법
특별점검	신설, 변경 내지는 고장수리 등을 할 경우에 행하는 부정기 점검
임시점검	이상징후 예견 시 임시로 실시하는 점검

008

8회 출제

하인리히 사고예방대책 5단계의 각 단계와 기본원리가 잘못 연결된 것은?

① 1단계: 안전조직
② 2단계: 사실의 발견
③ 3단계: 점검 및 검사
④ 4단계: 시정 방법의 선정

해설 하인리히의 재해예방 5단계(사고예방의 기본원리)

단계	진행과정	필요조치
제1단계	조직 (안전관리조직)	• 경영자의 안전목표 설정 • 안전관리자 등의 선임 • 안전관리조직(라인 · 스태프 등) 구성 • 안전활동 방침 및 계획수립 • 안전관리조직의 안전활동 전개
제2단계	사실의 발견 (현상파악)	• 사고 및 안전활동 기록의 검토 • 작업분석 • 안전점검, 검사 및 조사 • 사고조사 • 안전토의 및 회의 • 근로자의 건의 및 여론조사 • 관찰 및 보고서의 연구로 불안전요소 발견
제3단계	분석 · 평가 (원인규명)	• 사고보고서 및 현장조사 • 인적 · 물적 · 환경조건의 분석 • 작업공정 및 작업형태의 분석 • 교육 및 훈련의 분석 • 안전수칙 및 안전기준의 분석 • 현장조사 결과의 분석 • 불안전요소의 분석
제4단계	시정책의 선정	• 기술적인 개선 • 인사(배치)조정 • 교육 및 훈련의 개선 • 안전행정의 개선 • 규정 및 수칙의 개선 • 이행독려와 통제체제 강화
제5단계	시정책의 적용	• 목표설정 • 3E(기술적, 교육적, 관리적)의 적용 • 실결과 재평가 및 개선

009

3회 출제

재해조사의 주된 목적으로 옳은 것은?

① 재해의 책임소재를 명확히 하기 위함이다.
② 동일 업종의 산업재해 통계를 조사하기 위함이다.
③ 동종 또는 유사재해의 재발을 방지하기 위함이다.
④ 해당 사업장의 안전관리 계획을 수립하기 위함이다.

해설

재해조사의 주된 목적은 사고의 근본원인을 파악하여 동종 및 유사재해를 예방하기 위함이다.

010

5회 출제

산업안전보건법령상 사업주의 의무에 해당하지 않는 것은?

① 산업재해 예방을 위한 기준 준수
② 사업장의 안전 및 보건에 관한 정보를 근로자에게 제공
③ 산업 안전 및 보건 관련 단체 등에 대한 지원 및 지도 · 감독
④ 근로자의 신체적 피로와 정신적 스트레스 등을 줄일 수 있는 쾌적한 작업환경의 조성 및 근로조건 개선

해설

'산업 안전 및 보건 관련 단체 등에 대한 지원 및 지도 · 감독'은 정부의 의무(책무)이다.

관련개념 사업주 등의 의무

• 산업안전보건법과 법에 따른 명령으로 정하는 산업재해 예방을 위한 기준 준수
• 근로자의 신체적 피로와 정신적 스트레스 등을 줄일 수 있는 쾌적한 작업환경의 조성 및 근로조건 개선
• 해당 사업장의 안전 및 보건에 관한 정보를 근로자에게 제공

011

9회 출제

시몬즈(Simonds)의 총 재해코스트 계산방식 중 비보험 코스트 항목에 해당하지 않는 것은?

① 사망재해건수
② 통원상해건수
③ 응급조치건수
④ 무상해사고건수

해설 시몬즈(Simonds) 재해손실비 평가방식

총 재해 비용=보험 Cost+비보험 Cost

　　　　　=산재보험료+A×휴업상해건수+B×통원상해건수

　　　　　+C×응급조치건수+D×무상해사고건수

※ A, B, C, D는 상해정도별 재해에 대한 비보험 Cost의 평균액이다.

관련개념 상해의 종류

분류	내용
휴업상해	영구부분노동불능, 일시전노동불능
통원상해	일부부분노동불능, 의사의 조치를 요하는 통원상해
응급조치상해	응급조치가 필요한 상해 또는 8시간 미만의 휴업의료조치 상해
무상해사고	의료조치를 필요로 하지 않는 경미한 상해 사고

2020년 1, 2회

012

14회 출제

위험예지훈련의 4라운드 기법에서 문제점을 발견하고 중요 문제를 결정하는 단계는?

① 현상파악　　　　　② 본질추구
③ 목표설정　　　　　④ 대책수립

해설 **위험예지훈련 4라운드**

1라운드	현상파악	위험요인을 식별하는 단계
2라운드	본질추구	위험요인 · 문제점 발견 및 위험의 포인트를 결정하고 지적 확인하는 단계
3라운드	대책수립	위험요인을 극복하기 위한 대안 제시 단계
4라운드	목표설정	행동목표를 설정하는 단계

013

5회 출제

위험예지훈련의 기법으로 주로 활용하는 브레인스토밍(Brain Storming)에 관한 설명으로 옳지 않은 것은?

① 발언은 누구나 자유분방하게 하도록 한다.
② 가능한 한 무엇이든 많이 발언하도록 한다.
③ 타인의 아이디어를 수정하여 발언할 수 없다.
④ 발표된 의견에 대하여는 서로 비판을 하지 않도록 한다.

해설 **브레인스토밍의 4원칙**

비판금지	「좋다」 또는 「나쁘다」라고 비판하지 않는다.
자유분방	자유로운 분위기에서 편안한 마음으로 발표한다.
대량발언	내용의 질적인 수준보다 양적으로 많이 발언한다.
수정발언	타인의 발표내용을 수정하거나 개조하여 관련된 내용을 추가 발표하여도 좋다.

014

3회 출제

버드(Frank Bird)의 도미노 이론에서 재해발생 과정에 있어 가장 먼저 수반되는 것은?

① 관리의 부족　　　　② 전술 및 전략적 에러
③ 불안전 행동 및 상태　④ 유전적 요소

해설 **버드의 연쇄성이론**
- 제1단계: 통제부족, 관리소홀
- 제2단계: 기본원인(근본원인)
- 제3단계: 직접원인(불안전한 상태 및 불안전한 행동)
- 제4단계: 사고(접촉)
- 제5단계: 상해(손해, 손실)

015

6회 출제

재해사례연구의 진행순서로 옳은 것은?

① 재해 상황의 파악 → 사실의 확인 → 문제점 발견 → 근본적 문제점 결정 → 대책수립
② 사실의 확인 → 재해 상황의 파악 → 근본적 문제점 결정 → 문제점 발견 → 대책수립
③ 문제점 발견 → 사실의 확인 → 재해 상황의 파악 → 근본적 문제점 결정 → 대책수립
④ 재해 상황의 파악 → 문제점 발견 → 근본적 문제점 결정 → 대책수립 → 사실의 확인

해설 **재해사례 연구순서**
- 전제조건: 재해 상황의 파악
- 제1단계: 사실의 확인
- 제2단계: 문제점 발견
- 제3단계: 근본적 문제점 결정
- 제4단계: 대책수립

016

4회 출제

사고예방대책의 기본원리 5단계 시정책의 적용 중 3E에 해당하지 않는 것은?

① 교육(Education)　　　② 관리(Enforcement)
③ 기술(Engineering)　　④ 환경(Environment)

해설 **하베이(J · H. Harvey)의 안전관리 이론**
- 안전사고를 예방하기 위해서는 3E의 조치가 균형을 이루어 안전관리에 적용되어야 한다고 주장했다.
- 3E
  - 안전교육(Education)
  - 안전기술(Engineering)
  - 안전관리(Enforcement): 강제, 관리, 규제, 감독 필요

017

5회 출제

다음 중 산업재해발견의 기본원인 4M에 해당하지 않는 것은?

① Media
② Material
③ Machine
④ Management

해설 4M(산업재해의 기본원인)
- 인적(Man) 요인
- 기계적(Machine) 요인
- 환경적(Media) 요인
- 관리적(Management) 요인

018

3회 출제

산업안전보건법령상 안전보건총괄책임자의 직무에 해당하지 않는 것은?

① 도급 시 산업재해 예방조치
② 위험성평가의 실시에 관한 사항
③ 해당 사업장 안전교육계획의 수립에 관한 보좌 및 지도·조언
④ 산업안전보건관리비의 관계수급인 간의 사용에 관한 협의·조정 및 그 집행의 감독

해설
'해당 사업장 안전교육계획의 수립에 관한 보좌 및 지도·조언'은 안전관리자의 직무이다.

관련개념 안전보건총괄책임자의 직무
- 위험성평가의 실시에 관한 사항
- 산업재해 발생 위험 시 또는 중대재해 발생 시 작업의 중지
- 도급 시 산업재해 예방조치
- 산업안전보건관리비의 관계수급인 간의 사용에 관한 협의·조정 및 그 집행의 감독
- 안전인증대상 기계 등과 자율안전확인대상 기계 등의 사용 여부 확인

019

4회 출제

보호구 안전인증제품에 표시할 사항으로 옳지 않은 것은?

① 규격 또는 등급
② 형식 또는 모델명
③ 제조번호 및 제조연월
④ 성능기준 및 시험방법

해설 보호구 안전인증제품의 표시사항
- 형식 또는 모델명
- 규격 또는 등급 등
- 제조자명
- 제조번호 및 제조연월
- 안전인증 번호

020

3회 출제

산업안전보건법령상 자율안전확인대상 기계 등에 해당하지 않는 것은?

① 연삭기
② 곤돌라
③ 컨베이어
④ 산업용 로봇

해설
'곤돌라'는 안전인증대상 기계 등에 해당한다.

관련개념 자율안전확인대상 기계 등

기계 또는 설비	• 연삭기 또는 연마기(휴대형 제외) • 산업용 로봇 • 혼합기 • 파쇄기 또는 분쇄기 • 식품가공용 기계(파쇄·절단·혼합·제면기만 해당) • 컨베이어 • 자동차정비용 리프트 • 공작기계(선반, 드릴기, 평삭·형삭기, 밀링만 해당) • 고정형 목재가공용 기계(둥근톱, 대패, 루타기, 띠톱, 모떼기 기계만 해당) • 인쇄기
방호 장치	• 아세틸렌 용접장치용 또는 가스집합 용접장치용 안전기 • 교류 아크용접기용 자동전격방지기 • 롤러기 급정지장치 • 연삭기 덮개 • 목재 가공용 둥근톱 반발예방장치와 날접촉예방장치 • 동력식 수동대패용 칼날접촉방지장치
보호구	• 안전모(추락 및 감전 위험방지용 안전모 제외) • 보안경(차광 및 비산물 위험방지용 보안경 제외) • 보안면(용접용 보안면 제외)

산업심리 및 교육

021

교육방법에 있어 강의방식의 단점으로 볼 수 없는 것은?

① 학습내용에 대한 집중이 어렵다.
② 학습자의 참여가 제한적일 수 있다.
③ 인원대비 교육에 필요한 비용이 많이 든다.
④ 학습자 개개인의 이해도를 파악하기 어렵다.

해설
강의식 교육방법은 교육생을 대상으로 일방적인 강의를 진행하는 방식으로 다른 교육방법과 비교하여 상대적으로 저비용이다.

관련개념 강의법의 특징
• 전체적인 교육내용을 제시하거나, 새로운 과업 및 작업단위의 도입단계에 유효하다.
• 짧은 시간 내에 많은 내용을 다수의 대상에게 교육시킬 수 있다.
• 교육 시간에 대한 조정이 용이하다.
• 피드백이 부족하다.
• 난해한 문제에 대하여 평이하게 설명이 가능하다.
• 교육 집단 내 수준차로 인해 교육의 효과가 감소할 수 있다.

022

의사소통의 심리구조를 4영역으로 나누어 설명한 조하리의 창(Johari's Windows)에서 '나는 모르지만 다른 사람은 알고 있는 영역'을 무엇이라 하는가?

① Blind Area
② Hidden Area
③ Open Area
④ Unknown Area

해설 조하리의 창(Johari's Windows)

구분	자신이 아는 부분	자신이 모르는 부분
타인이 아는 부분	열린 창 (Open Area)	보이지 않는 창 (Blind Area)
타인이 모르는 부분	숨겨진 창 (Hidden Area)	미지의 창 (Unknown Area)

023

Project Method의 장점으로 볼 수 없는 것은?

① 창조력이 생긴다.
② 동기부여가 충분하다.
③ 현실적인 학습방법이다.
④ 시간과 에너지가 적게 소비된다.

해설
Project Method(구안법)는 학습자가 스스로 계획을 세우고 조사 · 실행하는 과정이 필요하므로 시간과 에너지가 많이 소비된다.

관련개념 구안법(Project Method)
• 스스로 계획을 세워 수행하는 학습활동이다.
• 목적, 계획, 수행, 평가의 4단계 절차를 이행한다.

024

존 듀이(John Dewey)의 5단계 사고과정을 순서대로 나열한 것으로 맞는 것은?

> ㉠ 행동에 의하여 가설을 검토한다.
> ㉡ 가설(Hypothesis)을 설정한다.
> ㉢ 지식화(Intellectualization)한다.
> ㉣ 시사(Suggestion)를 받는다.
> ㉤ 추론(Reasoning)한다.

① ㉤ → ㉡ → ㉣ → ㉠ → ㉢
② ㉣ → ㉢ → ㉡ → ㉤ → ㉠
③ ㉤ → ㉢ → ㉡ → ㉣ → ㉠
④ ㉣ → ㉠ → ㉡ → ㉢ → ㉤

해설 존 듀이(John Dewey)의 5단계 사고과정
• 1단계: 시사를 받는다.
• 2단계: 지식화 또는 머리로 생각한다.
• 3단계: 가설을 설정한다.
• 4단계: 추론한다.
• 5단계: 행동에 의하여 가설을 검토한다.

025

1회 출제

인간의 행동특성에 있어 태도에 관한 설명으로 맞는 것은?

① 인간의 행동은 태도에 따라 달라진다.
② 태도가 결정되면 단시간 동안만 유지된다.
③ 집단의 심적 태도교정보다 개인의 심적 태도교정이 용이하다.
④ 행동결정을 판단하고 지시하는 외적 행동체계라고 할 수 있다.

해설 **인간의 행동특성**

• 한 번 태도가 결정되면 오랫동안 유지되므로 신중한 태도교육이 진행되어야 한다.
• 개인의 심적 태도교정보다 집단의 심적 태도교정이 용이하다.
• 행동결정을 판단하고 지시하는 것을 내적 행동체계라 하고, 내적 행동체계에 따라 나타나는 실제 행동 양상을 관찰할 수 있는 것을 외적 행동체계라 한다.

026

3회 출제

레윈의 3단계 조직변화모델에 해당되지 않는 것은?

① 해빙단계
② 체험단계
③ 변화단계
④ 재동결단계

해설

레윈은 어떠한 조직이 변화를 성공적으로 수용하려면 해빙, 변화, 재동결의 과정을 거쳐야 한다고 주장하였다.

관련개념 **레윈(Lewin)의 3단계 조직변화모델**

• 1단계: 해빙 – 현재 상태의 해빙
• 2단계: 변화 – 원하는 상태로의 변화
• 3단계: 재동결 – 새로운 변화를 위한 재동결

027

2회 출제

인간의 동작 특성을 외적조건과 내적조건으로 구분할 때 내적조건에 해당하는 것은?

① 경력
② 대상물의 크기
③ 기온
④ 대상물의 동적 성질

해설 **인간의 동작에 영향을 주는 요인**

• 내적조건: 경력, 적성, 개성, 개인차, 생리적 조건 등
• 외적조건
 – 대상물의 동적 성질에 따른 조건
 – 높이, 크기, 깊이, 색채(대비, 강조, 재현) 등의 조건
 – 기온, 습도, 조명, 소음 등의 조건

028

11회 출제

산업안전보건법령상 사업 내 안전보건교육 중 관리감독자의 지위에 있는 사람을 대상으로 실시하여야 할 정기교육의 교육시간으로 맞는 것은?

① 연간 1시간 이상
② 매반기 6시간 이상
③ 연간 16시간 이상
④ 매반기 12시간 이상

해설 **관리감독자 안전보건교육 교육과정별 교육시간**

교육과정	교육시간
정기교육	연간 16시간 이상
채용 시 교육	8시간 이상
작업내용 변경 시 교육	2시간 이상
특별교육	16시간 이상
	단기간 또는 간헐적 작업인 경우 2시간 이상

029

1회 출제

집단 간 갈등의 해소방안으로 틀린 것은?

① 공동의 문제 설정
② 상위 목표의 설정
③ 집단 간 접촉 기회의 증대
④ 사회적 범주화 편향의 최대화

해설 집단 간의 갈등 해소방안
• 집단 간 접촉 기회의 증대
• 공동의 문제 설정
• 상위 목표의 설정
• 사회적 범주화 편향의 최소화

030

5회 출제

리더십의 행동이론 중 관리 그리드(Managerial Grid)에서 인간에 대한 관심보다 업무에 대한 관심이 매우 높은 유형은?

① (1, 1)형
② (1, 9)형
③ (5, 5)형
④ (9, 1)형

해설
과업형(9, 1)은 업무 또는 과업에 대한 관심은 크지만 인간관계에 대해서는 관심이 없는 유형이다.

관련개념 관리 그리드(Managerial Grid)

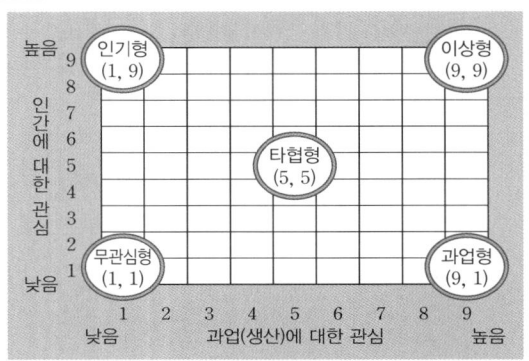

031

2회 출제

교육의 3요소로만 나열된 것은?

① 강사, 교육생, 사회인사
② 강사, 교육생, 교육자료
③ 교육자료, 지식인, 정보
④ 교육생, 교육자료, 교육장소

해설 교육의 3요소
• 주체: 강사(교사)
• 객체: 교육생(학생, 교육 대상자)
• 매개체: 교육자료, 교재 등

032

3회 출제

판단과정 착오의 요인이 아닌 것은?

① 자기합리화
② 능력부족
③ 작업경험부족
④ 정보부족

해설 착오의 원인별 분류

판단과정의 착오	• 능력부족 • 정보부족 • 자기합리화
인지과정의 착오	• 생리적·심리적 능력의 부족 • 감각차단현상 • 정서불안정 • 정보량 저장의 한계
조작과정의 착오	• 작업경험부족 • 기술부족 • 잘못된 정보

033

1회 출제

직업적성검사 중 시각적 판단 검사에 해당하지 않는 것은?

① 조립검사
② 명칭판단검사
③ 형태비교검사
④ 공구판단검사

해설
조립검사는 조립 또는 분해 작업 시 손가락을 정교하게 조절하여 수공구를 다루는 능력에 대한 수행검사이다.

034

조직에 의한 스트레스 요인으로 역할 수행자에 대한 요구가 개인의 능력을 초과하거나 주어진 시간과 능력이 허용하는 것 이상을 달성하도록 요구받고 있다고 느끼는 상황을 무엇이라 하는가?

① 역할 갈등   ② 역할 과부하
③ 업무수행 평가   ④ 역할 모호성

해설 조직에 의한 스트레스 요인

• 역할 갈등: 조직에서 2가지 이상의 요구가 동시에 발생했을 때의 갈등 상황이다.
• 역할 과부하: 역할 수행자에 대한 요구가 개인의 능력을 초과하거나 주어진 시간과 능력이 허용하는 것 이상을 달성하도록 요구받아서 성급함과 부주의가 발생하는 상황이다.
• 역할 모호성: 개인의 역할이나 업무의 담당에 대해 명확하게 지정되지 않았을 때 발생하는 상황을 말한다.

035

매슬로우(Abraham Maslow)의 욕구위계설에서 제시된 5단계의 인간의 욕구 중 허츠버그(Herzberg)가 주장한 2요인(인자) 이론의 동기요인에 해당하지 않는 것은?

① 성취 욕구   ② 안전의 욕구
③ 자아실현의 욕구   ④ 존경의 욕구

해설
'안전의 욕구'는 허츠버그의 2요인 중 위생요인에 해당한다.

관련개념 매슬로우의 욕구위계이론과 알더퍼의 ERG 이론 및 허츠버그의 2요인(위생-동기) 이론의 비교

매슬로우 욕구위계이론	알더퍼 ERG 이론	허츠버그 2요인 이론
자아실현의 욕구	성장욕구	동기요인
존경(인정)의 욕구		
사회적 욕구	관계욕구	
안전의 욕구	존재욕구	위생요인
생리적 욕구		

036

주의(Attention)에 대한 설명으로 틀린 것은?

① 주의력의 특성은 선택성, 변동성, 방향성으로 표현된다.
② 한 자극에 주의를 집중하여도 다른 자극에 대한 주의력은 약해지지 않는다.
③ 여러 종류의 자극을 지각할 때 소수의 특정한 것을 선택하여 집중하는 특성을 갖는다.
④ 의식작용이 있는 일에 집중하거나 행동의 목적에 맞추어 의식수준이 집중되는 심리상태를 말한다.

해설 주의(Attention)의 특징

• 선택성: 여러 종류의 자극 중 특정한 것을 선택하여 주의가 집중된다.
• 방향성: 한 지점에 주의를 집중하면 다른 곳의 주의가 약해진다.
• 변동성: 주의가 유지되지 않고 일정한 주기로 부주의하게 된다.

037

손다이크(Thorndike)의 시행착오설에 의한 학습법칙과 관계가 가장 먼 것은?

① 효과의 법칙   ② 연습의 법칙
③ 동일성의 법칙   ④ 준비성의 법칙

해설 시행착오설에 의한 학습법칙

• 효과의 법칙: 학습의 과정과 결과가 만족스러우면 자극과 반응의 결합이 강화되어 조건화가 잘 이루어진다.
• 연습의 법칙: 자극과 반응의 결합이 빈번히 되풀이되면 그 결합이 강화된다.
• 준비성의 법칙: 새로운 사실과 지식을 습득하기 위한 준비가 잘 되어 있을수록 결합이 용이하다.

관련개념 손다이크(Thorndike)의 시행착오설

• 학습을 자극에 의한 반응으로 파악한다.
• 맹목적 시행을 반복하는 가운데 자극과 반응이 결합하여 행동한다고 주장한다.

038

산업안전보건법령상 근로자 정기 안전보건교육의 교육내용이 아닌 것은?

① 산업안전 및 산업재해 예방에 관한 사항
② 건강증진 및 질병 예방에 관한 사항
③ 산업보건 및 건강장해 예방에 관한 사항
④ 작업공정의 유해·위험과 재해 예방대책에 관한 사항

해설
④는 관리감독자 정기 안전보건교육 내용이다.

관련개념 **근로자 정기 안전보건교육 내용**
• 산업안전 및 산업재해 예방에 관한 사항(화재·폭발 사고 발생 시 대피에 관한 사항 포함)
• 산업보건 및 건강장해 예방에 관한 사항(폭염·한파작업으로 인한 건강장해 발생 시 응급조치에 관한 사항 포함)
• 위험성평가에 관한 사항
• 건강증진 및 질병 예방에 관한 사항
• 유해·위험 작업환경 관리에 관한 사항
• 산업안전보건법령 및 산업재해보상보험 제도에 관한 사항
• 직무스트레스 예방 및 관리에 관한 사항
• 직장 내 괴롭힘, 고객의 폭언 등으로 인한 건강장해 예방 및 관리에 관한 사항

039

에너지대사율(RMR)의 산출방법으로 맞는 것은?

① $\dfrac{\text{작업 시의 소비에너지} - \text{기초대사량}}{\text{안정 시의 소비에너지}}$

② $\dfrac{\text{전체 소비에너지} - \text{작업 시의 소비에너지}}{\text{기초대사량}}$

③ $\dfrac{\text{작업 시의 소비에너지} - \text{안정 시의 소비에너지}}{\text{기초대사량}}$

④ $\dfrac{\text{작업 시의 소비에너지} - \text{안정 시의 소비에너지}}{\text{안정 시의 소비에너지}}$

해설 **에너지대사율(RMR; Relative Metabolic Rate)**

$$RMR = \dfrac{\text{작업대사량}}{\text{기초대사량}} = \dfrac{\text{작업 시 소비에너지} - \text{안정 시 소비에너지}}{\text{기초대사 시 소비에너지}}$$

040

안전교육 계획수립 및 추진에 있어 진행순서를 나열한 것으로 맞는 것은?

① 교육의 필요점 발견 → 교육 대상 결정 → 교육 준비 → 교육 실시 → 교육의 성과를 평가
② 교육 대상 결정 → 교육의 필요점 발견 → 교육 준비 → 교육 실시 → 교육의 성과를 평가
③ 교육의 필요점 발견 → 교육 준비 → 교육 대상 결정 → 교육 실시 → 교육의 성과를 평가
④ 교육 대상 결정 → 교육 준비 → 교육의 필요점 발견 → 교육 실시 → 교육의 성과를 평가

해설 **안전보건교육 계획수립 및 추진의 진행순서**
교육의 필요점 발견 → 교육 대상 결정 → 교육 준비 → 교육 실시 → 교육 성과 평가

인간공학 및 시스템안전공학

041
3회 출제

산업안전보건법령상 사업주가 유해위험방지계획서를 제출할 때에는 사업장별로 관련서류를 첨부하여 해당 작업 시작 며칠 전까지 해당 기관에 제출하여야 하는가?

① 7일
② 15일
③ 30일
④ 60일

해설 유해위험방지계획서의 제출 기한
- 제조업 등: 해당 작업 시작 15일 전까지
- 건설업: 해당 공사의 착공 전날까지

042
1회 출제

인체에서 뼈의 주요 기능이 아닌 것은?

① 인체의 지주
② 장기의 보호
③ 골수의 조혈
④ 근육의 대사

해설

인체에서 뼈의 주요 기능은 인체의 지주, 장기의 보호, 골수의 조혈기능 등이다.

043
7회 출제

FT도에서 사용하는 기호 중 다음 그림과 같이 OR 게이트이지만, 2개 또는 그 이상의 입력이 동시에 존재할 때 출력이 생기지 않는 경우 사용하는 것은?

① 부정 OR 게이트
② 배타적 OR 게이트
③ 억제 게이트
④ 조합 OR 게이트

해설 배타적 OR 게이트

OR 게이트의 특별한 경우로, 2개 또는 그 이상의 입력사상이 동시에 존재하는 경우에는 출력사상이 발생하지 않는다.

044
2회 출제

손이나 특정 신체부위에 발생하는 누적손상장애(CTDs)의 발생인자와 가장 거리가 먼 것은?

① 무리한 힘
② 다습한 환경
③ 장시간의 진동
④ 반복도가 높은 작업

해설 누적손상장애(CTDs)
- 작업의 반복 동작과 연계되어 신체의 일부가 무리하여 발생되는 만성적 근골격계 질환이다.
- 진동공구의 장시간 사용, 과도한 힘의 사용, 부적절한 자세로 장시간 작업 시 발생한다.

045
6회 출제

FTA에 의한 재해사례 연구순서 중 2단계에 해당하는 것은?

① FT도의 작성
② 톱 사상의 선정
③ 개선계획의 작성
④ 사상의 재해원인을 규명

해설 결함수분석(FTA)에 의한 재해사례 연구순서

1단계	정상(Top)사상의 선정
2단계	사상마다 재해원인 및 요인 규명
3단계	FT(Fault Tree)도 작성
4단계	개선계획의 작성
5단계	개선안 실시계획

046
4회 출제

적절한 온도의 작업환경에서 추운 환경으로 온도가 변할 때 우리의 신체가 수행하는 조절작용이 아닌 것은?

① 발한(發汗)이 시작된다.
② 피부의 온도가 내려간다.
③ 직장(直腸)온도가 약간 올라간다.
④ 혈액의 많은 양이 몸의 중심부를 위주로 순환한다.

해설

발한(發汗)은 작업환경이 더운 환경으로 변했을 때 나타나는 조절작용이다.

관련개념 추운 환경으로 변화 시 나타나는 신체 조절작용
- 직장의 온도가 올라간다.
- 피부의 온도가 내려간다.
- 몸이 떨리고 소름이 돋는다.
- 피부를 경유하는 혈액 순환량이 감소하고, 많은 양의 혈액이 주로 몸의 중심부를 순환한다.

2020년 1, 2회

047

반사율이 85[%], 글자의 밝기가 400[cd/m²]인 VDT화면에 350[lux]의 조명이 있다면 대비는 약 얼마인가?

① −6.0
② −5.0
③ −4.2
④ −2.8

해설

• 배경의 밝기 $L_b = \dfrac{\text{반사율} \times \text{조도}}{\pi} = \dfrac{0.85 \times 350}{\pi} = 94.70$

• 글자의 밝기 $L_t = $ 글자의 자체 밝기 $+ L_b = 400 + 94.70 = 494.70$

• 대비 $= \dfrac{L_b - L_t}{L_b} = \dfrac{94.70 - 494.70}{94.70} = -4.2$

048

휴먼에러(Human Error)의 요인을 심리적 요인과 물리적 요인으로 구분할 때, 심리적 요인에 해당하는 것은?

① 일이 너무 복잡한 경우
② 일의 생산성이 너무 강조될 경우
③ 동일 형상의 것이 나란히 있을 경우
④ 서두르거나 절박한 상황에 놓여 있을 경우

해설 휴먼에러 발생 요인

• 물리적 요인
 − 일이 너무 복잡한 경우
 − 동일 형상의 것이 나란히 있을 경우
 − 일의 생산성이 너무 강조될 경우
• 심리적 요인
 − 일에 대한 지식이 부족하거나 의욕이 결여되어 있을 경우
 − 서두르거나 절박한 상황에 놓여 있을 경우

049

각 부품의 신뢰도가 다음과 같을 때 시스템의 전체 신뢰도는 약 얼마인가?

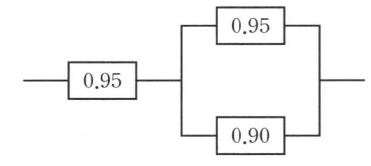

① 0.8123
② 0.9453
③ 0.9553
④ 0.9953

해설

• 신뢰도가 R_1, R_2인 부품이 병렬로 연결되어 있을 때의 신뢰도:
 $1 - (1 - R_1) \times (1 - R_2)$
 병렬로 연결된 부품의 신뢰도 $= 1 - (1 - 0.95) \times (1 - 0.9) = 0.995$

• 신뢰도가 R_1, R_2인 부품이 직렬로 연결되어 있을 때의 신뢰도:
 $R_1 \times R_2$
 직렬로 연결된 시스템 전체 신뢰도 $= 0.95 \times 0.995 = 0.9453$

050

시스템 안전 MIL−STD−882B 분류기준의 위험성 평가 매트릭스에서 발생빈도에 속하지 않는 것은?

① 거의 발생하지 않은(Remote)
② 전혀 발생하지 않은(Impossible)
③ 보통 발생하는(Reasonably Probable)
④ 극히 발생하지 않을 것 같은(Extremely Improbable)

해설

'전혀 발생하지 않은(Impossible)'은 차파니스(Chapanis, A.)의 위험분석에 포함되는 요소이다.

관련개념 MIL−STD−882B의 위험성 평가 매트릭스

분류	발생빈도
자주 발생(Frequent)	10^{-1} 이상
보통 발생(Reasonably Probable)	$10^{-2} \sim 10^{-1}$
가끔 발생(Occasional)	$10^{-3} \sim 10^{-2}$
거의 발생하지 않음(Remote)	$10^{-6} \sim 10^{-3}$
극히 발생하지 않음(Extremely Improbable)	10^{-6} 미만

051

7회 출제

다음 FT도에서 시스템에 고장이 발생할 확률이 약 얼마인가? (단, X_1과 X_2의 발생확률은 각각 0.05, 0.03이다.)

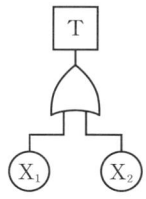

① 0.0015

② 0.0785

③ 0.9215

④ 0.9985

해설

OR 게이트는 연결된 사상이 하나라도 입력 발생 시 출력이 발생한다.

발생 확률이 F_1, F_2인 부품이 OR 게이트로 연결되어 있을 때 출력이 발생할 확률: $1-(1-F_1)\times(1-F_2)$

각 구성요소의 발생 확률은 $X_1=0.05$, $X_2=0.03$이고, OR 게이트로 연결되어 있으므로

시스템 고장 발생 확률$=1-(1-0.05)\times(1-0.03)=0.0785$

052

4회 출제

의자 설계 시 고려해야 할 일반적인 원리와 가장 거리가 먼 것은?

① 자세 고정을 줄인다.

② 조정이 용이해야 한다.

③ 디스크가 받는 압력을 줄인다.

④ 요추 부위의 후만곡선을 유지한다.

해설 인간공학적 의자 설계 원칙

• 요부전만을 유지한다.

• 조절식 설계원칙을 적용하도록 한다.

• 자세와 동작에 따라 고려해야 할 인체측정 치수가 달라진다.

• 여러 사람이 사용하는 의자의 경우 좌면 높이는 오금보다 약간 낮게 (5[%] 오금높이) 유지한다.

• 추간판(디스크)의 압력과 등근육의 정적부하를 줄인다.

• 자세 고정을 줄인다.

053

8회 출제

인체 계측 자료의 응용원칙이 아닌 것은?

① 기존 동일 제품을 기준으로 한 설계

② 최대치수와 최소치수를 기준으로 한 설계

③ 조절범위를 기준으로 한 설계

④ 평균치를 기준으로 한 설계

해설 인체 측정 자료의 응용원칙

최소치수를 이용한 설계	선반의 높이, 조종장치까지의 거리, 비상벨의 위치 등
최대치수를 이용한 설계	출입문의 높이, 좌석 간의 거리, 통로의 폭, 와이어로프의 사용중량, 위험구역 울타리 등
평균치를 이용한 설계	전동차의 손잡이 높이, 안내데스크 높이, 은행의 접수대 높이, 공원의 벤치 높이, 계산대 높이 등
조절식 설계	의자의 위치 및 높이, 자동차 운전석 의자의 위치와 높이 등

054

3회 출제

컷셋(Cut Set)과 패스셋(Path Set)에 관한 설명으로 옳은 것은?

① 동일한 시스템에서 패스셋의 개수와 컷셋의 개수는 같다.

② 패스셋은 동시에 발생했을 때 정상사상을 유발하는 사상들의 집합이다.

③ 일반적으로 시스템에서 최소 컷셋의 개수가 늘어나면 위험 수준이 높아진다.

④ 최소 컷셋은 어떤 고장이나 실수를 일으키지 않으면 재해는 일어나지 않는다고 하는 것이다.

해설 최소 컷셋

• 시스템의 약점을 나타낸다.

• 컷셋 중에 다른 컷셋을 포함하고 있는 것을 제외한 컷셋이다.

• 정상사상(Top 사상)을 일으키는 최소한의 집합이다.

• 시스템에서 최소 컷셋의 개수가 증가하면 위험수준이 높아진다.

• 일반적으로 Fussell Algorithm을 이용한다.

오답해설

① 동일한 시스템에서도 패스셋과 컷셋의 개수는 다를 수 있다.

② 결함이 발생했을 때 정상사상을 일으키는 기본사상의 집합은 컷셋이다.

④ 최소 컷셋은 정상사상(고장)을 일으키는 최소한의 집합이다.

055

9회 출제

모든 시스템의 안전분석에서 제일 첫 번째 단계의 분석으로 실행되고 있는 시스템을 포함한 모든 것의 상태를 인식하고 시스템의 개발단계에서 시스템 고유의 위험상태를 식별하여 예상되고 있는 재해의 위험수준을 결정하는 것을 목적으로 하는 위험분석 기법은?

① 결함위험분석(FHA; Fault Hazard Analysis)
② 시스템위험분석(SHA; System Hazard Analysis)
③ 예비위험분석(PHA; Preliminary Hazard Analysis)
④ 운용위험분석(OHA; Operating Hazard Analysis)

해설 예비위험분석(PHA; Preliminary Hazard Analysis)
시스템 내의 위험요소가 얼마나 위험상태에 있는가를 평가하는 시스템 안전 프로그램에서 최초단계(시스템 구상단계)의 분석 방식(정성적)이다.

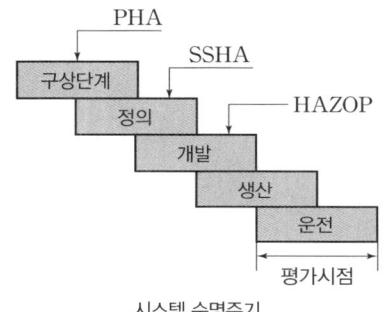

시스템 수명주기

056

4회 출제

인간공학 연구조사에 사용되는 기준의 구비조건과 가장 거리가 먼 것은?

① 다양성　　　　② 적절성
③ 무오염성　　　④ 기준 척도의 신뢰성

해설 체계기준의 구비조건(연구조사의 기준척도)

실제적 요건	객관적·정량적이고, 수집 또는 연구가 쉬우며, 특수한 자료 수집기법이나 기기가 필요 없고, 돈이나 실험자의 수고가 적게 드는 것
적절성(타당성)	변수가 실제로 의도하는 바를 어느 정도 측정하는가를 결정하는 것
무오염성	측정하는 구조 외적인 변수의 영향을 받지 않는 것
신뢰성	시간이나 대표적 표본의 선정에 관계없이 변수 측정의 일관성이나 안정성이 있는 것
민감도	피검자 사이에서 볼 수 있는 예상 차이점에 비례하는 단위로 측정하는 것

057

2회 출제

조종장치를 촉각적으로 식별하기 위하여 사용되는 촉각적 코드화의 방법으로 옳지 않은 것은?

① 색감을 활용한 코드화
② 크기를 이용한 코드화
③ 조종장치의 형상 코드화
④ 표면 촉감을 이용한 코드화

해설 촉각적 암호화의 방법
표면 촉감, 조종장치의 형상, 크기를 차별화하여 암호화한다.

058

4회 출제

인간-기계 시스템을 설계할 때에는 특정 기능을 기계에 할당하거나 인간에게 할당하게 된다. 이러한 기능할당과 관련된 사항으로 옳지 않은 것은? (단, 인공지능과 관련된 사항은 제외한다.)

① 인간은 원칙을 적용하여 다양한 문제를 해결하는 능력이 기계에 비해 우월하다.
② 일반적으로 기계는 장시간 일관성이 있는 작업을 수행하는 능력이 인간에 비해 우월하다.
③ 인간은 소음, 이상온도 등의 환경에서 작업을 수행하는 능력이 기계에 비해 우월하다.
④ 일반적으로 인간은 주위가 이상하거나 예기치 못한 사건을 감지하여 대처하는 능력이 기계에 비해 우월하다.

해설 현존하는 기계가 인간을 능가하는 기능
• 자극을 연역적으로 추리한다.
• 암호화된 정보를 신속하게 처리하고, 대량으로 보관한다.
• 인간의 정상적인 감지범위 밖에 있는 자극을 감지한다.
• 명시된 절차에 따라 신속하고, 정량적인 정보처리가 가능하다.
• 과부하 시에도 효율적으로 작동한다.

관련개념 인간이 기계를 능가하는 기능
• 관찰을 통해서 일반화하여 귀납적으로 추리한다.
• 원칙을 적용하여 다양한 문제를 해결할 수 있다.
• 완전히 새로운 해결책을 도출할 수 있다.
• 주위의 예기치 못한 사건들을 감지하고 처리하는 임기응변 능력이 있다.
• 상황에 따라 변하는 복잡한 자극 형태를 식별할 수 있다.
• 다양한 경험을 토대로 하여 의사결정을 한다.

059
8회 출제

화학설비에 대한 안전성 평가 중 정량적 평가 항목에 해당 되지 않는 것은?

① 공정
② 취급물질
③ 압력
④ 화학설비용량

해설 **정성적 평가와 정량적 평가 항목**

정성적 평가	설계관계 항목	입지조건, 공장 내 배치, 건조물, 소방설비 등
	운전관계 항목	원재료, 중간제품, 공정 및 공정기기, 수송, 저장 등
정량적 평가	• 수치값으로 표현 가능한 항목 대상 • 온도, 취급물질, 화학설비용량, 압력, 조작 등	

060
8회 출제

시각 장치와 비교하여 청각 장치 사용이 유리한 경우는?

① 메시지가 길 때
② 메시지가 복잡할 때
③ 정보 전달 장소가 너무 소란할 때
④ 메시지에 대한 즉각적인 반응이 필요할 때

해설 **시각적 표시장치와 청각적 표시장치의 비교**

시각적 표시장치	• 수신 장소의 소음이 심한 경우 • 정보가 공간적인 위치를 다룬 경우 • 정보의 내용이 복잡하고 긴 경우 • 직무상 수신자가 한 곳에 머무르는 경우 • 메시지를 추후 참고할 필요가 있는 경우 • 정보의 내용이 즉각적인 행동을 요구하지 않는 경우
청각적 표시장치	• 수신 장소가 너무 밝거나 암순응이 요구되는 경우 • 정보의 내용이 시간적인 사건을 다루는 경우 • 정보의 내용이 간단한 경우 • 직무상 수신자가 자주 움직이는 경우 • 정보의 내용이 후에 재참조되지 않는 경우 • 메시지가 즉각적인 행동을 요구하는 경우

건설시공학

061
7회 출제

철골 내화피복공법의 종류에 따른 사용재료의 연결이 옳지 않은 것은?

① 타설공법 – 경량콘크리트
② 뿜칠공법 – 압면흡음판
③ 조적공법 – 경량콘크리트블록
④ 성형판붙임공법 – ALC판

해설 **철골의 내화피복공법의 종류**

도장공법		팽창성 내화도료 도포
습식공법	타설공법	강재 주위에 콘크리트, 경량콘크리트 타설
	조적공법	콘크리트블록, 경량콘크리트블록, 돌, 벽돌 등을 쌓음
	미장공법	모르타르, 펄라이트 등으로 바름
	뿜칠공법	내화 피복재를 피복
건식공법	성형판붙임	ALC판, 석고보드, 석면시멘트판, 콘크리트판 등을 붙임
	세라믹피복	세라믹섬유블랭킷 위에 세라믹도료를 도포
합성공법		천정판, PC판 등 마감재와 동시에 피복

062
3회 출제

흙을 이김에 의해서 약해지는 강도를 나타내는 흙의 성질은?

① 간극비
② 함수비
③ 예민비
④ 항복비

해설 **예민비**

흙의 함수량의 변화 없이 비빔(이김)에 의해 약해지는 정도를 말한다.

$$예민비 = \frac{자연상태의\ 강도}{이겨진\ 상태의\ 강도}$$

063

콘크리트 타설 중 응결이 어느 정도 진행된 콘크리트에 새로운 콘크리트를 이어치면 시공불량이음부가 발생하여 경화 후 누수의 원인 및 철근의 녹 발생 등 내구성에 손상을 일으키는 것은?

① Expansion Joint ② Construction Joint
③ Cold Joint ④ Sliding Joint

해설 **콘크리트 줄눈(Joint)의 종류**

• 콜드 조인트(Cold Joint, 계획되지 않은 줄눈): 시공과정상 불가피하게 콘크리트를 이어치기 할 때 발생하는 불연속면(시공불량이음부)으로, 일체화를 저해시킨다.
• 익스팬션 조인트(Expansion Joint, 신축줄눈): 온도변화에 의한 부재(모르타르 등)의 신축으로 인한 균열, 파괴를 방지하기 위하여 일정한 간격으로 설치하는 줄눈이다.
• 컨트롤 조인트(Control Joint, 조절줄눈): 콘크리트에는 균열이 반드시 생긴다는 것을 토대로 해서, 균열이 생길만한 구조물의 부재에 미리 결함 부위를 만들어 두는 줄눈이다.
• 컨스트럭션 조인트(Construction Joint, 시공줄눈): 콘크리트 부어넣기 작업을 일시 중지해야 할 경우에 만드는 줄눈이다.
• 슬라이딩 조인트(Sliding Joint, 미끄럼줄눈): 보와 슬래브 사이에 설치하여 직각 방향에서의 하중에 미끄러질 수 있게 한 줄눈이다.

064

표준관입시험의 N치에서 추정이 곤란한 사항은?

① 사질토의 상대밀도와 내부 마찰각
② 선단지지층이 사질토지반일 때 말뚝 지지력
③ 점성토의 전단강도
④ 점성토 지반의 투수계수와 예민비

해설 **표준관입시험의 N치로 추정이 가능한 사항**

사질토		점성토	
• 상대밀도	• 허용지력력	• 연경도	• 압축강도
• 탄성계수	• 내부 마찰각	• 점착	• 지지력
		• 전단강도	

065

공동도급(Joint Venture Contract)의 장점이 아닌 것은?

① 융자력의 증대 ② 위험의 분산
③ 이윤의 증대 ④ 시공의 확실성

해설

공동도급방식을 사용하면 공사비용이 증가되어 이윤이 감소할 수 있다.

관련개념 **공동도급(Joint Venture Contract)의 장단점**

장점	단점
• 시공의 확실성 보장 • 위험의 분산 • 공사도급 경쟁완화 • 자본력과 신용도 증대 • 기술확충, 경험의 증대로 우량시공 가능	• 이해충돌, 책임회피 우려 • 현장관리 및 업무혼란 우려 • 단일회사 도급보다 비용증가 가능성 • 하자책임 불분명 • 경영방식 차이에 따른 능률저하

066

철골용접이음 후 용접부의 내부결함 검출을 위하여 실시하는 검사로서 빠르고 경제적이어서 현장에서 주로 사용하는 초음파를 이용한 비파괴 검사법은?

① MT(Magnetic Particle Testing)
② UT(Ultrasonic Testing)
③ RT(Radiography Testing)
④ PT(Liquid Penetrant Testing)

해설

초음파탐상검사(UT)는 넓은 면을 동시에 검사하므로 검사속도가 빠르고 경제적인 동시에 휴대가 간편하여 현장에서 주로 사용한다.

관련개념 **비파괴 검사법의 종류**

종류	특징
방사선투과검사(RT)	• 투과성 방사선을 조사하여 검사한다. • 내외부결함 검출에 효과적이다.
초음파탐상검사(UT)	• 초음파를 이용하여 검사한다. • 내부결함 검출, 위치·범위·두께 파악에 효과적이다.
자분탐상검사(MT)	• 자분(자석가루)의 응집성을 이용하여 검사한다. • 표면 및 표면직하결함 검출에 효과적이다.
와전류탐상검사(ET)	• 전기장을 이용하여 검사한다. • 표면 및 표면근처 결함 검출에 효과적이다.
침투탐상검사(PT)	• 침투액을 살포하여 검사한다. • 표면개구결함 검출에 효과적이다.

067

1회 출제

기초공사 시 활용되는 현장타설콘크리트말뚝공법에 해당되지 않는 것은?

① 어스드릴(Earth Drill)공법
② 베노토 말뚝(Benoto Pile)공법
③ 리버스서큘레이션(Reverse Circulation Pile)공법
④ 프리보링(Preboring)공법

해설 **현장타설말뚝공법**
베노토공법, 어스드릴공법, 리버스서큘레이션공법

관련개념 **매입공법**
프리보링공법, 수사식공법, 중굴공법, 압입공법, 진동공법, 타격공법

068

1회 출제

벽돌벽 두께 1.0B, 벽높이 2.5[m], 길이 8[m]인 벽면에 소요되는 점토벽돌의 매수는 얼마인가? (단, 규격은 190×90 ×57[mm], 할증은 3[%]로 하며, 소수점 이하 결과는 올림하여 정수매로 표기한다.)

① 2,980매
② 3,070매
③ 3,278매
④ 3,542매

해설 **점토벽돌의 매수**
표준품셈=쌓을 면적×규격쌓기[매]×할증
　　　　=(2.5×8)×149×1.03=3,070[매]

([m²]당)

구분	단위	수량(벽두께)		
		0.5B	1.0B	1.5B
벽돌(190×90×57)	매	75	149	224

069

2회 출제

금속제 천장틀 공사 시 반자틀의 적정한 간격으로 옳은 것은? (단, 공사시방서가 없는 경우이다.)

① 450[mm] 정도
② 600[mm] 정도
③ 900[mm] 정도
④ 1,200[mm] 정도

해설 **반자틀 고정**
• 반자틀 간격은 공사시방서에 의한다. 공사시방서가 없는 경우는 900[mm] 정도로 한다.
• 반자틀은 클립을 이용해서 반자틀받이에 고정한다.

070

2회 출제

철근이음에 관한 설명으로 옳지 않은 것은?

① 철근의 이음부는 구조내력상 취약점이 되는 곳이다.
② 이음위치는 되도록 응력이 큰 곳을 피하도록 한다.
③ 이음이 한 곳에 집중되지 않도록 엇갈리게 교대로 분산시켜야 한다.
④ 응력 전달이 원활하도록 한 곳에서 철근 수의 반 이상을 이어야 한다.

해설 **철근의 이음위치**
• 철근의 이음을 한 곳에서 철근 수의 반 이상을 이어서는 안 된다.
• 철근의 이음위치는 인장력이 큰 곳은 피한다.
• 이음이 한 곳에 집중되지 않도록 이음위치를 엇갈리게 분산시킨다.
• 보의 주근이음에서는 하부근은 단부에, 상부근은 중앙에, 굽힘근은 굽힘부에 이음위치를 둔다.

071

3회 출제

보강 블록공사 시 벽 가로근의 시공에 관한 설명으로 옳지 않은 것은?

① 가로근은 배근 상세도에 따라 가공하되 그 단부는 90°의 갈구리로 구부려 배근한다.

② 모서리에 가로근의 단부는 수평방향으로 구부려서 세로근의 바깥쪽으로 두르고, 정착길이는 공사시방서에 정한 바가 없는 한 40d 이상으로 한다.

③ 창 및 출입구 등의 모서리 부분에 가로근의 단부를 수평방향으로 정착할 여유가 없을 때에는 갈구리로 하여 단부 세로근에 걸고 결속선으로 결속한다.

④ 개구부 상하부의 가로근을 양측 벽부에 묻을 때의 정착길이는 40d 이상으로 한다.

해설 **보강 블록공사**

• 벽 세로근

– 벽의 세로근은 구부리지 않고 항상 진동 없이 설치한다.

– 세로근은 밑창 콘크리트 윗면에 철근을 배근하기 위한 먹매김을 하여 기초판 철근 위의 정확한 위치에 고정시켜 배근한다.

– 세로근은 원칙적으로 기초 및 테두리보에서 위층의 테두리보까지 잇지 않고 배근하여 그 정착길이는 철근 직경(d)의 40배 이상으로 하며, 상단의 테두리보 등에 적정 연결철물로 세로근을 연결한다.

• 벽 가로근

– 가로근은 배근 상세도에 따라 가공하되 그 단부는 180°의 갈구리로 구부려 배근한다. 철근의 피복두께는 20[mm] 이상으로 하며, 세로근과의 교차부는 모두 결속선으로 결속한다.

– 모서리에 가로근의 단부는 수평방향으로 구부려서 세로근의 바깥쪽으로 두르고 정착길이는 공사시방서에 정한 바가 없는 한 40d 이상으로 한다.

– 창 및 출입구 등의 모서리 부분에 가로근의 단부를 수평방향으로 정착할 여유가 없을 때에는 갈구리로 하여 단부 세로근에 걸고 결속선으로 결속한다.

– 개구부 상하부의 가로근을 양측 벽부에 묻을 때의 정착길이는 40d 이상으로 한다.

072

1회 출제

건설의 전 과정에 걸쳐 프로젝트를 보다 효율적이고 경제적으로 수행하기 위하여 각 부문의 전문가들로 구성된 통합관리기술을 발주자에게 서비스하는 것을 무엇이라고 하는가?

① Cost Management

② Cost Manpower

③ Construction Manpower

④ Construction Management

해설 **CM(Construction Management) 방식(건설사업관리방식)**

건설의 전 과정에서 프로젝트를 보다 효율적이고 경제적으로 수행하기 위하여 각 부문의 전문가들로 구성하여 통합된 관리기술(기획, 설계, 시공, 유지관리)을 건축주에게 서비스하는 방식이다.

073

네트워크 공정표에서 후속작업의 가장 빠른 개시시간(EST)에 영향을 주지 않는 범위 내에서 한 작업이 가질 수 있는 여유시간을 의미하는 것은?

① 전체여유(TF)
② 자유여유(FF)
③ 간섭여유(IF)
④ 종속여유(DF)

해설 네트워크 공정표의 용어 및 기호

용어	기호	내용
이벤트(Event)	○	작업의 결합점, 개시점 또는 종료점
액티비티(Activity)	→	작업(선)
더미(Dummy)	⤏	작업이나 시간요소가 없는 가상작업
가장 빠른 착수일	EST	작업을 시작할 수 있는 가장 빠른 시각(Earliest Starting Time)
가장 빠른 종료일	EFT	작업을 가장 빨리 끝낼 수 있는 시각(Earliest Finishing Time)
가장 늦은 착수일	LST	공사기간에 영향이 없는 범위에서 작업을 가장 늦게 개시하여도 좋은 시각(Latest Starting Time)
가장 늦은 종료일	LFT	공기에 영향이 없는 범위에서 작업을 가장 늦게 종료하여도 좋은 시각(Latest Finishing Time)
경로(Path)	P	네트워크 중 둘 이상의 작업이 이어짐
주공정선 (Critical Path)	CP	개시 결합점에서 종료 결합점에 이르는 가장 긴 경로
플로트(Float)	F	작업의 여유시간(공기에 영향이 없음)
총 여유 (Total Float)	TF	최초의 개시일에 시작하여 가장 늦은 종료일에 완료할 때 생기는 여유시간
자유여유 (Free Float)	FF	최초의 개시일에 시작하여 후속작업을 최초 개시일에 시작하여도 생기는 여유시간
슬랙(Slack)	SL	결합점에서 생기는 여유시간
종속여유 (Dependent Float)	DF	후속작업이 TF에 영향을 주는 여유시간 (DF= TF-FF)

074

강구조물 제작 시 절단 및 개선(그루브)가공에 관한 일반사항으로 옳지 않은 것은?

① 주요 부재의 강판 절단은 주된 응력의 방향과 압연방향을 직각으로 교차시켜 절단함을 원칙으로 하며, 절단작업 착수 전 재단도를 작성해야 한다.
② 강재의 절단은 강재의 형상, 치수를 고려하여 기계절단, 가스절단, 플라즈마절단 등을 적용한다.
③ 절단할 강재의 표면에 녹, 기름, 도료가 부착되어 있는 경우에는 제거 후 절단해야 한다.
④ 용접선의 교차부분 또는 한 부재를 다른 부재에 접합시킬 때 불필요한 접촉을 피하기 위하여 모퉁이따기를 할 경우에는 10[mm] 이상 둥글게 해야 한다.

해설 절단 및 개선(그루브)가공

• 주요 부재의 강판 절단은 주된 응력의 방향과 압연방향을 일치시켜 절단함을 원칙으로 하며 절단작업 착수 전 재단도를 작성하여야 한다.
• 강재의 절단은 강재의 형상, 치수를 고려하여 기계절단, 가스절단, 플라즈마절단, 레이저절단 등을 적용한다.
• 절단할 강재의 표면에 녹, 기름, 도료가 부착되어 있는 경우에는 제거 후 절단하여야 한다.
• 용접선의 교차부분 또는 한 부재를 다른 부재에 접합시킬 때 불필요한 접촉을 피하기 위하여 모퉁이따기를 할 경우에는 10[mm] 이상 둥글게 하여야 한다.
• 설계도서에서 메탈 터치가 지정되어 있는 부분은 페이싱머신 또는 로터리플래너 등의 절삭가공기를 사용하여 부재 상호 간 충분히 밀착하도록 가공한다.
• 절단면의 정밀도가 절삭가공기의 경우와 동일하게 확보할 수 있는 기계절단기(Cold Saw)를 이용한 경우, 절단 연단부는 그대로 두어도 좋다.
• 스캘럽 가공은 절삭가공기 또는 부속장치가 달린 수동 가스절단기를 사용한다.

075

공사계약방식 중 직영공사방식에 관한 설명으로 옳은 것은?

① 사회간접자본(SOC; Social Overhead Capital)의 민간 투자유치에 많이 이용되고 있다.

② 영리목적의 도급공사에 비해 저렴하고 재료선정이 자유로운 장점이 있으나, 고용기술자 등에 의한 시공관리 능력이 부족하면 공사비 증대, 시공성의 결함 및 공기가 연장되기 쉬운 단점이 있다.

③ 도급자가 자금을 조달하면 설계, 엔지니어링, 시공의 전부를 도급받아 시설물을 완성하고 그 시설을 일정기간 운영하는 것으로, 운영수입으로부터 투자자금을 회수한 후 발주자에게 그 시설을 인도하는 방식이다.

④ 수입을 수반한 공공 혹은 공익 프로젝트(유료도로, 도시철도, 발전소 등)에 많이 이용되고 있다.

해설 **직영공사의 장단점**

장점	단점
• 확실한 공사 수행	• 예산의 차질, 공사비 증대
• 입찰 및 계약의 간편함	• 재료의 낭비, 장비의 비효율성
• 덤핑 등의 피해 경감	• 공사기일 연장
• 감독의 불필요	• 시공관리 능력 부족

관련개념 **직영공사를 채택하는 경우**

• 소주택 등 공사가 간단하고 시공과정이 용이한 공사

• 공사 진행 중 설계변경이 빈번한 공사

• 재해의 응급복구 등 부득이한 공사

• 풍부한 노동력을 보유하고 재료의 구입이 편리한 공사

• 군기밀상 부득이한 공사

• 확실한 견적이 곤란한 경우의 공사

076

지정에 관한 설명으로 옳지 않은 것은?

① 잡석지정 – 기초콘크리트 타설 시 흙의 혼입을 방지하기 위해 사용한다.

② 모래지정 – 지반이 단단하며 건물이 중량일 때 사용한다.

③ 자갈지정 – 굳은 지반에 사용되는 지정이다.

④ 밑창콘크리트지정 – 잡석이나 자갈 위 기초부분의 먹매김을 위해 사용한다.

해설 **지정의 종류**

잡석지정	• 지름 15~30[cm] 정도의 잡석을 세워서 나란히 깔고 쇄석, 틈막이자갈 등으로 틈새를 메운 후 잡석깔기한 상부에 고루 펴서 견고하게 다진 것이다. • 토질이 불량할 경우 지반을 보강하기 위해 사용되며, 특히 기초콘크리트 타설 시 흙이 섞여 들어가는 것을 막아 기초 하부를 안정시키는 역할도 한다.
자갈지정	• 비교적 굳은 지반에 자갈을 4~6[cm] 두께로 깔고 충분히 다진 것이다. • 연약지반 점토에서 사용해서는 안 된다. • 크기 45[mm] 내외의 자갈이나 막자갈 또는 모래가 반섞인 자갈을 깐다.
모래지정	• 건물의 무게가 비교적 가볍고 지반이 연약하며, 2[m] 이내에 굳은 층이 있어 말뚝을 박을 필요가 없을 때 사용된다. • 모래를 30[cm]마다 물다짐한다. • 방축널 설치 시 제거하지 않는다.
밑창콘크리트지정	기초 밑에 잡석, 먹줄치기 등의 유동을 막기 위하여 5~6[cm] 정도의 두께를 가진 콘크리트를 치는 것이다.

077

철근배근 시 콘크리트의 피복두께를 유지해야 되는 가장 큰 이유는?

① 콘크리트의 인장강도 증진을 위하여
② 콘크리트의 내구성, 내화성 확보를 위하여
③ 구조물의 미관을 좋게 하기 위하여
④ 콘크리트 타설을 쉽게 하기 위하여

> **해설** **철근의 피복**
> • 철근콘크리트 구조에서 철근은 부착력, 내화력 및 내구력을 확보하기 위해 일정한 두께의 콘크리트로 피복하여야 한다.
> • 철근은 화재 시 열을 받으면 인장강도가 대폭 저하하게 되며, 콘크리트도 장기간 지나면 콘크리트의 알칼리성이 중성화되어 철근을 부식시키게 된다.

078

흙막이 지지공법 중 수평버팀대공법의 특징에 관한 설명으로 옳지 않은 것은?

① 가설구조물이 적어 중장비작업이나 토량제거작업의 능률이 좋다.
② 토질에 대해 영향을 적게 받는다.
③ 인근 대지로 공사범위가 넘어가지 않는다.
④ 고저차가 크거나 상이한 구조인 경우 균형을 잡기 어렵다.

> **해설**
> 수평버팀대공법은 가설구조물들이 많아 중장비가 들어가기 곤란하여 작업능률이 좋지 않다.

관련개념 **수평버팀대공법의 장단점**

장점	단점
• 비교적 공기가 짧게 소요된다. • 공법이 단순하고 간단하다. • 온통파기를 하고 메움 토량이 적다. • 대지 전체에 건물을 지을 수 있다.	• 버팀부재들의 맞춤부분 변형 및 수축에 의한 변형이 발생한다. • 기계굴착 시 버팀대에 의해 제한을 받아 불편하다. • 지하구조체의 작업이 불편하다. • 지하층의 형상이 복잡할 때, 지반의 고저차이가 클 때에는 관리에 주의가 필요하다. • 건축면적이 넓으면 보조부재의 증가로 공사비가 증대된다.

079

터널 폼에 관한 설명으로 옳지 않은 것은?

① 거푸집의 전용횟수는 약 10회 정도로 매우 적다.
② 노무 절감, 공기단축이 가능하다.
③ 벽체 및 슬래브거푸집을 일체로 제작한 거푸집이다.
④ 이 폼의 종류에는 트윈 쉘(Twin Shell)과 모노 쉘(Mono Shell)이 있다.

> **해설** **터널 폼**(Tunnel Form, Steel Form)
> • 벽체용 거푸집과 슬래브 거푸집을 일체로 제작하여 한 번에 설치하고 해체할 수 있도록 한 거푸집이다.
> • 벽식 철근콘크리트 구조를 시공할 경우 벽과 바닥의 콘크리트 타설이 한 번에 가능하다.
> • 한 구획 전체의 벽판과 바닥판을 ㄱ자형 또는 ㄷ자형으로 짜서 이동식 거푸집으로 이용된다.
> • 아파트, 병실 등 연속, 반복 구조물에 적용되며, 전용횟수는 약 100회이다.

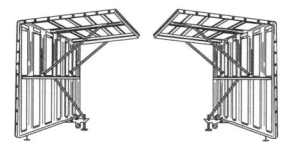 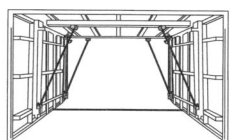

트윈쉘형 터널 폼   모노쉘형 터널 폼

080

철근콘크리트 공사에서 거푸집의 간격을 일정하게 유지시키는 데 사용되는 것은?

① 클램프
② 쉐어 커넥터
③ 세퍼레이터
④ 인서트

> **해설** **세퍼레이터**(Separator, 격리재)
> 거푸집 상호 간의 간격을 유지하고, 측벽두께를 유지하기 위한 부속재료이다.

건설재료학

081

1회 출제

다음 중 무기질 단열재에 해당하는 것은?

① 발포폴리스티렌 보온재
② 셀룰로스 보온재
③ 규산칼슘판
④ 경질폴리우레탄폼

> **해설** **무기질 단열재와 유기질 단열재의 종류**
> • 무기질 단열재: 규조토, 유리섬유, 석면, 탄산마그네슘분말, 마그네시아분말, 규산칼슘, 펄라이트 등
> • 유기질 단열재: 펠트, 거품고무, 탄화코르크, 면, 발포합성수지질 등

082

1회 출제

도료의 저장 중 또는 용기 내 방치 시 도료의 표면에 피막이 형성되는 현상의 발생 원인과 가장 관계가 먼 것은?

① 피막방지제의 부족이나 건조제가 과잉일 경우
② 용기 내의 공간이 커서 산소의 양이 많을 경우
③ 부적당한 시너로 희석하였을 경우
④ 사용잔량을 뚜껑을 열어둔 채 방치하였을 경우

> **해설** **피막의 발생원인**
> • 피막방지제의 부족 또는 건조제의 과잉
> • 용기 내의 공간이 너무 많아 산소의 내장량이 많은 경우
> • 사용하고 남은 도료를 밀봉하지 않은 채 방치한 경우

> **관련개념** **피막**
> 유성, 알키드 도료의 표면이 캔 용기 속의 공기로 인해 산화·건조하여 발생하는 불용성의 막이다.

083

5회 출제

통풍이 잘 되지 않는 지하실의 미장재료로서 가장 적합하지 않은 것은?

① 시멘트 모르타르
② 석고 플라스터
③ 킨즈 시멘트
④ 돌로마이트 플라스터

> **해설**
> 통풍이 좋지 않은 지하실의 미장재료는 수경성 재료가 적합하다. 돌로마이트 플라스터는 기경성 재료로 지하실에는 부적합하다.

084

1회 출제

지붕공사에 사용되는 아스팔트 싱글 제품 중 단위 중량이 $10.3[kg/m^2]$ 이상 $12.5[kg/m^2]$ 미만인 것은?

① 경량 아스팔트 싱글
② 일반 아스팔트 싱글
③ 중량 아스팔트 싱글
④ 초중량 아스팔트 싱글

> **해설** **아스팔트 싱글 제품**
> • 일반 아스팔트 싱글: 단위 중량이 $10.3[kg/m^2]$ 이상 $12.5[kg/m^2]$ 미만인 아스팔트 싱글 제품
> • 중량 아스팔트 싱글: 단위 중량이 $12.5[kg/m^2]$ 이상 $14.2[kg/m^2]$ 미만인 아스팔트 싱글 제품
> • 초중량 아스팔트 싱글: 단위 중량이 $14.2[kg/m^2]$ 이상인 아스팔트 싱글 제품

085

4회 출제

점토벽돌 1종의 압축강도는 최소 얼마 이상인가?

① 17.85[MPa]
② 19.53[MPa]
③ 20.59[MPa]
④ 24.50[MPa]

해설 점토벽돌의 품질

품질	종류	
	1종	2종
흡수율[%]	10.0 이하	15.0 이하
압축강도[MPa]	24.50 이상	14.70 이상

086

9회 출제

골재의 함수상태에 따른 질량이 다음과 같을 경우 표면수율은?

- 절대건조상태: 490[g]
- 표면건조상태: 500[g]
- 습윤상태: 550[g]

① 2[%]
② 3[%]
③ 10[%]
④ 15[%]

해설

$$표면수율 = \frac{습윤상태\ 질량 - 표면건조내부포화상태\ 질량}{표면건조내부포화상태\ 질량} \times 100$$

$$= \frac{550 - 500}{500} \times 100 = 10[\%]$$

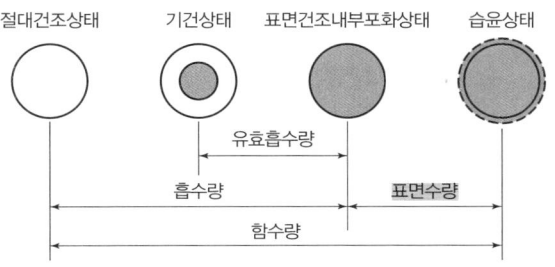

087

2회 출제

콘크리트의 건조수축에 관한 설명으로 옳지 않은 것은?

① 시멘트의 제조성분에 따라 수축량이 다르다.
② 골재의 성질에 따라 수축량이 다르다.
③ 시멘트량의 다소에 따라 수축량이 다르다.
④ 된비빔일수록 수축량이 많다.

해설

시멘트량이 많을수록 건조수축이 크기 때문에 된비빔일수록 수축량이 적다.

관련개념 콘크리트의 건조수축에 영향을 주는 요인

- 시멘트량이 많을수록 건조수축이 크다.
- 분말도가 높을수록 건조수축이 크다.
- 단위수량이 많을수록 건조수축이 크다.
- 골재의 최대 치수가 클수록, 골재의 강성이 클수록, 골재량이 많을수록 건조수축이 작다.
- 철근량이 많을수록 건조수축이 작다.
- 온도가 높을수록 건조수축이 크다.
- 부재의 치수가 클수록 건조수축이 작다.

088

1회 출제

목재의 나뭇결 중 아래의 설명에 해당하는 것은?

나이테에 직각 방향으로 켠 목재면에 나타나는 나뭇결로 일반적으로 외관이 아름답고 수축변형이 작으며 마모율도 낮다.

① 무늬결
② 곧은결
③ 널결
④ 엇결

해설 곧은결과 널결

곧은결(정목)	널결(판목)
• 나이테에 직각 방향이다. • 건조, 뒤틀림, 갈림, 수축과 변형이 작다. • 구조재로 쓰인다.	• 나이테에 평행 방향이다. • 변형수축이 크다. • 무늬가 아름다워 장식재로 쓰인다.

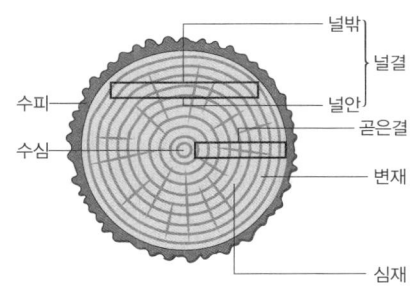

089

조이너(Joiner)의 설치목적으로 옳은 것은?

① 벽, 기둥 등의 모서리에 미장 바름의 보호
② 인조석깔기에서의 신축균열방지나 의장효과
③ 천장에 보드를 붙인 후 그 이음새를 감추기 위한 목적
④ 환기구멍이나 라디에이터의 덮개 역할

해설

①은 코너비드, ②는 줄눈대나 사춤대, ④는 스틸그레이팅의 설치목적이다.

관련개념 조이너(Joiner)

벽, 천장에 텍스, 보드, 금속판 등의 이음새를 감추어 누르는 데 쓰이는 철물이다.

090

강은 탄소함유량의 증가에 따라 인장강도가 증가하지만 어느 이상이 되면 다시 감소한다. 이때 인장강도가 가장 큰 시점의 탄소 함유량은?

① 약 0.9[%] ② 약 1.8[%]
③ 약 2.7[%] ④ 약 3.6[%]

해설

강은 일반적으로 탄소함유량이 약 0.9[%]일 때 인장강도가 최대가 된다.

091

각 석재별 주용도를 표기한 것으로 옳지 않은 것은?

① 화강암: 외장재 ② 석회암: 구조재
③ 대리석: 내장재 ④ 점판암: 지붕재

해설 석회암

• 화성암 중의 석회분이 물에 녹아 바다 속에 침전되어 퇴적, 응고한 것으로 주성분은 탄산석회($CaCO_3$), 즉 방해석으로 백색, 회색이며 암질은 연하고 경도 3~3.5로 가공이 쉽다.
• 내수성이 크고 대재를 얻을 수 있으며 우리나라에는 매장량이 아주 많아서 시멘트원료로 쓰이고, 석재로서는 도로 포장용 자갈(부순돌)로 쓸 정도이다.
• 석회암은 내화성, 내산성이 부족하여 구조재로 사용하기에는 적절하지 않다.

092

암석의 구조를 나타내는 용어에 관한 설명으로 옳지 않은 것은?

① 절리란 암석 특유의 천연적으로 갈라진 금을 말하며, 규칙적인 것과 불규칙적인 것이 있다.
② 층리란 퇴적암 및 변성암에 나타나는 퇴적할 당시의 지표면과 방향이 거의 평행한 절리를 말한다.
③ 석리란 암석이 가장 쪼개지기 쉬운 면을 말하며, 절리보다 불분명하지만 방향이 대체로 일치되어 있다.
④ 편리란 변성암에 생기는 절리로서 방향이 불규칙하고 얇은 판자모양으로 갈라지는 성질을 말한다.

해설

석리란 암석조직상의 갈라진 눈을 의미한다. 온도의 고저, 압력의 변화, 유동방향 등에 따라 화성암에 발생하고, 수직결이 수평결보다 분해되기 쉽다.

관련개념 암석의 구조

• 절리: 암석에 생기는 균열로, 온도나 압력의 변화로 인해 발생한다.
• 벽개: 광물이나 암석이 특정 방향의 평탄한 면을 따라 규칙적으로 쪼개지는 성질이다.
• 층리: 수성암, 변성암에서 층이 퇴적될 때에 계절변화, 해면 수류의 변화 등의 원인으로 발생한 지면과 평행한 줄무늬이다.
• 편리: 변성암에 생기는 절리로서 방향이 불규칙하고 삭편모양으로 갈라지는 성질이다.

093

초기강도가 아주 크고 초기 수화발열이 커서 긴급공사나 동절기 공사에 가장 적합한 시멘트는?

① 알루미나시멘트 ② 보통포틀랜드시멘트
③ 고로시멘트 ④ 실리카시멘트

해설 알루미나시멘트

• 성분 중에 $AlCO_3$가 많아 조기강도가 크고, 수화열이 높다.
• 석회석과 알루미나 원광인 보크사이트를 거의 같은 양으로 혼합하여 전기로 등으로 용융 소성·급랭시켜 분쇄한 것으로 석고를 가하지 않는다.
• 초조강성으로 재령(타설 후) 24시간 만에 보통포틀랜드시멘트의 28일 강도를 나타낸다.
• 내화성이 크고, 해수나 화학적 작용에 저항성이 크다.

094

1회 출제

아스팔트의 물리적 성질에 관한 설명으로 옳은 것은?

① 감온성은 블로운 아스팔트가 스트레이트 아스팔트보다 크다.
② 연화점은 블로운 아스팔트가 스트레이트 아스팔트보다 낮다.
③ 신장성은 스트레이트 아스팔트가 블로운 아스팔트보다 크다.
④ 점착성은 블로운 아스팔트가 스트레이트 아스팔트보다 크다.

해설 아스팔트의 물리적 성질

스트레이트 아스팔트	• 증류한 잔류유를 정제한 것으로 다양한 석유계 아스팔트의 원료로 사용된다. • 접착력이 강하고, 신장성과 방수성능이 좋으나 연화점이 낮고, 감온비가 크다. • 내후성이 약하며, 온도에 의한 변화가 커 지하방수에 사용된다.
블로운 아스팔트	• 스트레이트 아스팔트를 건류(저농 증류)하여 윤활유를 뽑아낸 잔류품이다. • 온도에 대한 감수성이 적고, 연화점이 높다. • 온도에 예민하지 않아 보통 옥상방수에 쓰인다.

095

1회 출제

킨즈시멘트 제조 시 무수석고의 경화를 촉진시키기 위해 사용하는 혼화재료는?

① 규산백토　② 플라이애시
③ 화산회　④ 백반

해설
무수석고의 경화를 촉진하기 위해 백반을 혼합한다.

관련개념 킨즈시멘트(경석고 플라스터)
• 킨즈시멘트는 청정가능한 벽면(욕실, 주방 등)에 사용한다.
• 킨즈시멘트는 혼합석고(혼합 플라스터)보다 경도가 높고, 경화되면 경석고 플라스터가 된다.
• 킨즈시멘트는 강도가 크며, 응결·경화 시 수축이 거의 없다.
• 킨즈시멘트는 응결시간이 비교적 길어서 가수 후 4시간까지 된반죽이 가능하며, 끈기 있고 흙손의 밀음이 좋고 부착이 잘 되므로 모르타르면, 석고보드면, 나무면 등에도 바를 수 있다.

096

4회 출제

일반적으로 단열재에 습기나 물기가 침투하면 어떤 현상이 발생하는가?

① 열전도율이 높아져 단열성능이 좋아진다.
② 열전도율이 높아져 단열성능이 나빠진다.
③ 열전도율이 낮아져 단열성능이 좋아진다.
④ 열전도율이 낮아져 단열성능이 나빠진다.

해설
단열재에 물이 침투하면 열전도율이 높아져 단열성능이 나빠진다.

097

1회 출제

도장재료 중 래커(Lacquer)에 관한 설명으로 옳지 않은 것은?

① 내구성은 크나 도막이 느리게 건조된다.
② 클리어래커는 투명래커로 도막은 얇으나 견고하고 광택이 우수하다.
③ 클리어래커는 내후성이 좋지 않아 내부용으로 주로 쓰인다.
④ 래커에나멜은 불투명 도료로서 클리어래커에 안료를 첨가한 것을 말한다.

해설
래커는 도막이 빨리 건조된다.

관련개념 래커(Lacquer)
• 유성 페인트의 한 종류이다.
• 니트로셀룰로오스를 용제로 한 모든 도료를 통칭하지만, 흔히 이를 분사하여 사용하는 스프레이 캔을 지칭한다.
• 일상생활에서는 '라카' 혹은 '락카'라는 이름으로 더 잘 알려져 있다.
• 희석제로는 래커 시너를 사용한다.

098

1회 출제

도료의 건조제 중 상온에서 기름에 용해되지 않는 것은?

① 붕산망간　② 이산화망간
③ 초산염　④ 코발트의 수지산

해설
도료의 건조제는 도료의 건조를 촉진시키기 위하여 사용한다. 코발트의 수지산은 상온에서 기름에 용해되지 않고, 가열한 경우에만 기름에 용해된다.

099

5회 출제

시멘트의 분말도에 관한 설명으로 옳지 않은 것은?

① 분말도가 클수록 수화반응이 촉진된다.
② 분말도가 클수록 초기강도는 작으나 장기강도는 크다.
③ 분말도가 클수록 시멘트 분말이 미세하다.
④ 분말도가 너무 크면 풍화되기 쉽다.

해설 시멘트의 분말도

• 분말도가 클수록 비표면적이 커서 물에 접촉하는 면적이 크므로 수화작
용이 빨라서 콘크리트의 초기강도가 높고 그 후의 강도의 증진도 크며
골재와의 접착력도 크므로 내구적인 콘크리트를 만드는 데 적당하다.
• 분말도가 너무 크면 풍화되기 쉽다.
• 화학성분이 같을 때 조기강도를 증진하려고 하면 분말도에 의존할 수밖
에 없다.
• 분말도가 너무 큰 시멘트는 블리딩(Bleeding)이 적고, 워커빌리티가 좋
으나 수축이 커질 염려가 있고, 발열량이 많아 콘크리트에 균열이 발생
하기 쉬우며 수밀성, 내구성의 면에서도 좋지 못하다.

100

4회 출제

목재의 방부처리법 중 압력용기 속에 목재를 넣어 처리하는 방법으로 가장 신속하고 효과적인 방법은?

① 가압주입법
② 생리적주입법
③ 표면탄화법
④ 침지법

해설

가압주입법은 목재를 압력용기에 넣어 압력을 가하고 방부제를 주입하는
것으로 가장 신속하고 효과적인 방법이다.

관련개념 목재의 방부처리법

종류	방법
도포법	목재의 표면에 페인트, 바니쉬(Vanish), 크레오소트유(Creosote), 타르(Tar), 아스팔트(Asphalt) 등을 도포하는 방법이다.
표면탄화법	• 목재의 표면을 태워서 탄화시키는 방법이다. • 주로 말뚝 등에 쓰이며, 영속성이 적으므로 일반적으로 방부제를 사용한다.
침지법	목재를 방부액이나 물에 담가 산소공급을 차단하는 방법이다.
약액주입법	• 약제는 보통 크레오소트유를 사용하며 목재방부법 중 가장 공업적이고 효과도 완전한 방법이다. • 조작방법에 따라 상압, 가압주입법으로 분류한다.

건설안전기술

101

5회 출제

굴착과 싣기를 동시에 할 수 있는 토공기계가 아닌 것은?

① Power Shovel
② Tractor Shovel
③ Backhoe
④ Motor Grader

해설 모터 그레이더(Motor Grader)

토공판을 유압펌프로 작동시켜 땅을 반반하게 고르는 작업에 사용되는 정
지용 토목 건설기계이다.

102

4회 출제

굴착공사에서 비탈면 또는 비탈면 하단을 성토하여 붕괴를 방지하는 공법은?

① 배수공
② 배토공
③ 공작물에 의한 방지공
④ 압성토공

해설 압성토공

비탈면 하단을 성토(흙을 쌓음)하여 붕괴를 방지하는 공법이다.

103

6회 출제

작업장에 계단 및 계단참을 설치하는 경우 매 [m²]당 최소 몇 [kg] 이상의 하중에 견딜 수 있는 강도를 가진 구조로 설치하여야 하는가?

① 300[kg]
② 400[kg]
③ 500[kg]
④ 600[kg]

해설 계단의 강도

사업주는 계단 및 계단참을 설치하는 경우 500[kg/m²] 이상의 하중에 견
딜 수 있는 강도를 가진 구조로 설치하여야 하며, 안전율은 4 이상으로 하
여야 한다.

104

5회 출제

작업으로 인하여 물체가 떨어지거나 날아올 위험이 있는 경우 필요한 조치와 가장 거리가 먼 것은?

① 투하설비 설치   ② 낙하물 방지망 설치

③ 수직보호망 설치   ④ 출입금지구역 설정

해설

사업주는 작업으로 인하여 물체가 떨어지거나 날아올 위험이 있는 경우 **낙하물 방지망, 수직보호망** 또는 방호선반의 설치, **출입금지구역의 설정**, 보호구의 착용 등 위험을 방지하기 위하여 필요한 조치를 하여야 한다.

관련개념 **투하설비 등**

사업주는 높이가 3[m] 이상인 장소로부터 물체를 투하하는 경우 적당한 투하설비를 설치하거나 감시인을 배치하는 등 위험을 방지하기 위하여 필요한 조치를 하여야 한다.

105

3회 출제

크레인의 운전실 또는 운전대를 통하는 통로의 끝과 건설물 등의 벽체의 간격은 최대 얼마 이하로 하여야 하는가?

① 0.2[m]   ② 0.3[m]

③ 0.4[m]   ④ 0.5[m]

해설 **건설물 등의 벽체와 통로의 간격**

사업주는 다음의 간격을 0.3[m] 이하로 하여야 한다.

- **크레인의 운전실 또는 운전대를 통하는 통로의 끝과 건설물 등의 벽체의 간격**
- 크레인 거더(Girder)의 통로 끝과 크레인 거더의 간격
- 크레인 거더의 통로로 통하는 통로의 끝과 건설물 등의 벽체의 간격

106

5회 출제

흙막이 지보공을 설치하였을 때 정기적으로 점검하여 이상 발견 시 즉시 보수하여야 할 사항이 아닌 것은?

① 굴착 깊이의 정도

② 버팀대의 긴압의 정도

③ 부재의 접속부·부착부 및 교차부의 상태

④ 부재의 손상·변형·부식·변위 및 탈락의 유무와 상태

해설 **흙막이 지보공 설치 시 정기적 점검사항**

- 부재의 손상·변형·부식·변위 및 탈락의 유무와 상태
- 버팀대의 긴압의 정도
- 부재의 접속부·부착부 및 교차부의 상태
- 침하의 정도

107

7회 출제

강관비계의 수직방향 벽이음 조립간격으로 옳은 것은? (단, 틀비계이며 높이가 5[m] 이상일 경우이다.)

① 2[m]   ② 4[m]

③ 6[m]   ④ 9[m]

해설 **강관비계의 조립간격**

강관비계의 종류	조립간격[m]	
	수직방향	수평방향
단관비계	5	5
틀비계(높이 5[m] 미만인 것 제외)	6	8

108

공정률이 65[%]인 건설현장의 경우 공사진척에 따른 산업 안전보건관리비의 최소 사용기준으로 옳은 것은? (단, 공정률은 기성공정률을 기준으로 한다.)

① 40[%] 이상
② 50[%] 이상
③ 60[%] 이상
④ 70[%] 이상

해설 공사진척에 따른 산업안전보건관리비 사용기준

공정률	사용기준
50[%] 이상 70[%] 미만	50[%] 이상
70[%] 이상 90[%] 미만	70[%] 이상
90[%] 이상	90[%] 이상

109

사업주가 유해위험방지계획서 제출 후 건설공사 중 6개월 이내마다 안전보건공단의 확인을 받아야 할 내용이 아닌 것은?

① 유해위험방지계획서의 내용과 실제공사 내용이 부합하는지 여부
② 유해위험방지계획서 변경내용의 적정성
③ 자율안전관리업체의 유해위험방지계획서 제출·심사 면제
④ 추가적인 유해·위험요인의 존재 여부

해설 유해위험방지계획서 제출 건설공사가 6개월 이내마다 공단의 확인을 받아야 할 사항
• 유해위험방지계획서의 내용과 실제공사 내용이 부합하는지 여부
• 유해위험방지계획서 변경내용의 적정성
• 추가적인 유해·위험요인의 존재 여부

110

구축물 등에 안전진단 등 안전성 평가를 실시하여 근로자에게 미칠 위험성을 미리 제거하여야 하는 경우가 아닌 것은?

① 구축물 등의 인근에서 굴착·항타작업 등으로 침하·균열 등이 발생하여 붕괴의 위험이 예상될 경우
② 구축물 등이 그 자체의 무게·적설·풍압 또는 그 밖에 부가되는 하중 등으로 붕괴 등의 위험이 있을 경우
③ 화재 등으로 구축물 등의 내력(耐力)이 심하게 저하되었을 경우
④ 구축물의 구조체가 안전측으로 과도하게 설계가 되었을 경우

해설 구축물 등의 안전성 평가
사업주는 구축물 등이 다음의 어느 하나에 해당하는 경우에는 구축물 등에 대한 구조검토, 안전진단 등의 안전성 평가를 하여 근로자에게 미칠 위험성을 미리 제거하여야 한다.
• 구축물 등의 인근에서 굴착·항타작업 등으로 침하·균열 등이 발생하여 붕괴의 위험이 예상될 경우
• 구축물 등에 지진, 동해, 부동침하 등으로 균열·비틀림 등이 발생하였을 경우
• 구축물 등이 그 자체의 무게·적설·풍압 또는 그 밖에 부가되는 하중 등으로 붕괴 등의 위험이 있을 경우
• 화재 등으로 구축물 등의 내력이 심하게 저하되었을 경우
• 오랜 기간 사용하지 아니하던 구축물 등을 재사용하게 되어 안전성을 검토하여야 하는 경우
• 구축물 등의 주요구조부에 대한 설계 및 시공 방법의 전부 또는 일부를 변경하는 경우
• 그 밖의 잠재위험이 예상될 경우

111

철골공사 시 안전작업방법 및 준수사항으로 옳지 않은 것은?

① 강풍·폭우 등과 같은 악천후 시에는 작업을 중지하여야 하며 특히 강풍 시에는 높은 곳에 있는 부재나 공구류가 낙하·비래하지 않도록 조치하여야 한다.

② 철골부재 반입 시 시공순서가 빠른 부재는 상단부에 위치하도록 한다.

③ 구명줄 설치 시 마닐라 로프 직경 10[mm]를 기준하여 설치하고 작업방법을 충분히 검토하여야 한다.

④ 철골보의 두 곳을 매어 인양시킬 때 와이어로프의 내각은 60° 이하이어야 한다.

해설

구명줄을 설치할 경우에는 마닐라 로프 직경 16[mm]를 기준하여 설치하고 작업방법을 충분히 검토하여야 한다.

112

달비계의 최대적재하중을 정하는 경우 그 안전계수 기준으로 옳지 않은 것은?

① 달기 와이어로프 및 달기 강선의 안전계수: 10 이상

② 달기 체인 및 달기 훅의 안전계수: 5 이상

③ 달기 강대와 달비계의 하부 및 상부 지점의 안전계수: 강재의 경우 3 이상

④ 달기 강대와 달비계의 하부 및 상부 지점의 안전계수: 목재의 경우 5 이상

해설

※「산업안전보건기준에 관한 규칙」이 개정됨에 따라 '달비계의 최대적재하중을 정하는 경우 안전계수'는 삭제되었습니다.

113

다음은 안전대와 관련된 설명이다. 아래 내용에 해당되는 용어로 옳은 것은?

> 로프 또는 레일 등과 같은 유연하거나 단단한 고정줄로서 추락발생 시 추락을 저지시키는 추락방지대를 지탱해 주는 줄 모양의 부품

① 안전블록 ② 수직구명줄
③ 죔줄 ④ 보조죔줄

해설 **수직구명줄**

로프 또는 레일 등과 같은 유연하거나 단단한 고정줄로서 추락발생 시 추락을 저지시키는 추락방지대를 지탱해 주는 줄 모양의 부품을 말한다.

관련개념 **안전대의 용어**

· 죔줄: 벨트 또는 안전그네를 구명줄 또는 구조물 등 그 밖의 걸이설비와 연결하기 위한 줄 모양의 부품을 말한다.

· 보조죔줄: 안전대를 U자걸이로 사용할 때 U자걸이를 위해 훅 또는 카라비너를 지탱벨트의 D링에 걸거나 떼어낼 때 잘못하여 추락하는 것을 방지하기 위하여 링과 걸이설비 연결에 사용하는 훅 또는 카라비너를 갖춘 줄 모양의 부품을 말한다.

· 안전블록: 안전그네와 연결하여 추락발생 시 추락을 억제할 수 있는 자동잠김장치가 갖추어져 있고 죔줄이 자동적으로 수축되는 장치를 말한다.

114

달비계에 사용이 불가한 와이어로프의 기준으로 옳지 않은 것은?

① 이음매가 있는 것

② 와이어로프의 한 꼬임에서 끊어진 소선의 수가 7[%] 이상인 것

③ 지름의 감소가 공칭지름의 7[%]를 초과하는 것

④ 심하게 변형되거나 부식된 것

해설 **와이어로프의 사용금지기준**

· 이음매가 있는 것

· 와이어로프의 한 꼬임에서 끊어진 소선의 수가 10[%] 이상인 것

· 지름의 감소가 공칭지름의 7[%]를 초과하는 것

· 꼬인 것

· 심하게 변형되거나 부식된 것

· 열과 전기충격에 의해 손상된 것

115

5회 출제

다음 중 방망사의 폐기 시 인장강도에 해당하는 것은? (단, 그물코의 크기는 10[cm]이며 매듭없는 방망의 경우이다.)

① 50[kg]　　　　　② 100[kg]
③ 150[kg]　　　　　④ 200[kg]

해설　방망사의 인장강도[(　　)는 폐기기준]

그물코의 크기[cm]	방망의 종류[kg]	
	매듭없는 방망	매듭방망
10	240(150)	200(135)
5	−	110(60)

116

9회 출제

산업안전보건법령에 따른 지반의 종류별 굴착면의 기울기 기준으로 옳지 않은 것은?

① 경암 − 1 : 0.5
② 모래 − 1 : 1.2
③ 풍화암 − 1 : 1.0
④ 연암 − 1 : 1.0

해설　굴착면의 기울기 기준

지반의 종류	기울기
모래	1 : 1.8
연암 및 풍화암	1 : 1.0
경암	1 : 0.5
그 밖의 흙	1 : 1.2

117

9회 출제

가설통로의 설치에 관한 기준으로 옳지 않은 것은?

① 경사는 30° 이하로 한다.
② 건설공사에 사용하는 높이 8[m] 이상인 비계다리에는 7[m] 이내마다 계단참을 설치한다.
③ 작업상 부득이한 경우에는 필요한 부분에 한하여 안전난간을 임시로 해체할 수 있다.
④ 수직갱에 가설된 통로의 길이가 10[m] 이상인 경우에는 5[m] 이내마다 계단참을 설치한다.

해설　가설통로의 구조

• 견고한 구조로 할 것
• 경사는 30° 이하로 할 것. 다만, 계단을 설치하거나 높이 2[m] 미만의 가설통로로서 튼튼한 손잡이를 설치한 경우에는 그러하지 아니하다.
• 경사가 15°를 초과하는 경우에는 미끄러지지 아니하는 구조로 할 것
• 추락할 위험이 있는 장소에는 안전난간을 설치할 것. 다만, 작업상 부득이한 경우에는 필요한 부분만 임시로 해체할 수 있다.
• 수직갱에 가설된 통로의 길이가 15[m] 이상인 경우에는 10[m] 이내마다 계단참을 설치할 것
• 건설공사에 사용하는 높이 8[m] 이상인 비계다리에는 7[m] 이내마다 계단참을 설치할 것

118

9회 출제

콘크리트 타설 시 거푸집 측압에 관한 설명으로 옳지 않은 것은?

① 기온이 높을수록 측압은 크다.
② 타설속도가 빠를수록 측압은 크다.
③ 슬럼프가 클수록 측압은 크다.
④ 다짐이 과할수록 측압은 크다.

해설 콘크리트 측압이 커지는 요인

• 거푸집 부재의 단면이 큰 경우
• 거푸집의 수밀성이 큰 경우
• 거푸집의 강성이 큰 경우
• 거푸집의 표면이 평활할 경우
• 콘크리트가 묽은 경우
• 철골이나 철근량이 적은 경우
• 외기온도가 낮은 경우
• 타설속도가 빠른 경우
• 콘크리트의 다짐이 좋은 경우
• 콘크리트의 슬럼프가 큰 경우
• 콘크리트의 비중이 큰 경우
• 습도가 높은 경우
• 벽 두께가 두꺼운 경우

119

1회 출제

해체공사 시 작업용 기계·기구의 취급 안전기준에 관한 설명으로 옳지 않은 것은?

① 철제햄머와 와이어로프의 결속은 경험이 많은 사람으로서 선임된 자에 한하여 실시하도록 하여야 한다.
② 팽창제 천공간격은 콘크리트 강도에 의하여 결정되나 70~120[cm] 정도를 유지하도록 한다.
③ 쐐기타입으로 해체 시 천공구멍은 타입기 삽입부분의 직경과 거의 같아야 한다.
④ 화염방사기로 해체작업 시 용기 내 압력은 온도에 의해 상승하기 때문에 항상 40[℃] 이하로 보존해야 한다.

해설

팽창제의 천공간격은 콘크리트 강도에 의하여 결정되나 30~70[cm] 정도를 유지하여야 한다.

120

5회 출제

지면보다 낮은 땅을 파는 데 적합하고 수중굴착도 가능한 굴착기계는?

① 백호우
② 파워셔블
③ 가이데릭
④ 파일드라이버

해설

• 장비보다 높은 지면의 굴착에 적합한 기계: 파워셔블
• 장비보다 낮은 지면의 굴착에 적합한 기계: 백호우, 클램쉘, 드래그라인, 불도저

2020년 3회 | 기출문제

자동 채점

산업안전관리론

001
6회 출제

산업안전보건법령상 건설공사도급인은 산업안전보건관리비의 사용명세서를 건설공사 종료 후 몇 년간 보존해야 하는가?

① 1년　　　　　　　② 2년
③ 3년　　　　　　　④ 5년

해설

건설공사도급인은 산업안전보건관리비를 사용하는 해당 건설공사의 금액이 4천만 원 이상인 때에는 매월 사용명세서를 작성하고, 건설공사 종료 후 1년 동안 보존하여야 한다.

002
9회 출제

재해손실비의 평가방식 중 시몬즈 방식에서 비보험 코스트에 반영되는 항목에 속하지 않는 것은?

① 휴업상해건수　　　② 통원상해건수
③ 응급조치건수　　　④ 무손실사고건수

해설 시몬즈(Simonds) 재해손실비 평가방식

총 재해 비용 = 보험 Cost + 비보험 Cost

= 산재보험료 + A × 휴업상해건수 + B × 통원상해건수
　+ C × 응급조치건수 + D × 무상해사고건수

※ A, B, C, D는 상해정도별 재해에 대한 비보험 Cost의 평균액이다.

관련개념 상해의 종류

분류	내용
휴업상해	영구부분노동불능, 일시전노동불능
통원상해	일시부분노동불능, 의사의 조치를 요하는 통원상해
응급조치상해	응급조치가 필요한 상해 또는 8시간 미만의 휴업의료조치 상해
무상해사고	의료조치를 필요로 하지 않는 경미한 상해 사고

003
7회 출제

산업안전보건법령상 중대재해에 속하지 않는 것은?

① 사망자가 2명 발생한 재해
② 부상자가 동시에 7명 발생한 재해
③ 직업성 질병자가 동시에 11명 발생한 재해
④ 3개월 이상의 요양이 필요한 부상자가 동시에 3명 발생한 재해

해설 중대재해의 범위

• 사망자가 1명 이상 발생한 재해
• 3개월 이상의 요양이 필요한 부상자가 동시에 2명 이상 발생한 재해
• 부상자 또는 직업성 질병자가 동시에 10명 이상 발생한 재해

004
1회 출제

산업안전보건법령상 공정안전보고서에 포함되어야 하는 내용 중 공정안전자료의 세부내용에 해당하는 것은?

① 안전운전지침서
② 공정위험성 평가서
③ 도급업체 안전관리계획
④ 각종 건물·설비의 배치도

해설 공정안전보고서 중 공정안전자료의 세부내용

• 취급·저장하고 있거나 취급·저장하려는 유해·위험물질의 종류 및 수량
• 유해·위험물질에 대한 물질안전보건자료
• 유해하거나 위험한 설비의 목록 및 사양
• 유해하거나 위험한 설비의 운전방법을 알 수 있는 공정도면
• 각종 건물·설비의 배치도
• 폭발위험장소 구분도 및 전기단선도
• 위험설비의 안전설계·제작 및 설치 관련 지침서

관련개념 공정안전보고서의 포함사항

• 공정안전자료
• 공정위험성 평가서
• 안전운전계획
• 비상조치계획
• 그 밖에 공정상의 안전과 관련하여 고용노동부장관이 필요하다고 인정하여 고지하는 사항

005

산업안전보건법령상 금지표지에 속하는 것은?

①

②

③

④

해설

① 경고표지 – 산화성물질 경고
② 지시표지 – 방독마스크 착용
③ 경고표지 – 급성독성물질 경고
④ 금지표지 – 탑승금지

006

도수율이 25인 사업장의 연간재해발생건수는 몇 건인가? (단, 이 사업장의 당해 연도 총 근로시간은 80,000시간이다.)

① 1건
② 2건
③ 3건
④ 4건

해설

도수율 $= \dfrac{\text{재해건수}}{\text{연 근로시간 수}} \times 1{,}000{,}0000$이므로

재해건수 $= \dfrac{\text{도수율} \times \text{연 근로시간 수}}{1{,}000{,}000} = \dfrac{25 \times 80{,}000}{1{,}000{,}000} = 2$

관련개념 **도수율, 빈도율(FR; Frequency Rate of Injury)**

연 근로시간 합계 100만 시간당 재해발생건수이다.

도수율 $= \dfrac{\text{재해건수}}{\text{연 근로시간 수}} \times 1{,}000{,}000$

007

산업안전보건법령에 따른 안전보건총괄책임자의 직무에 속하지 않는 것은?

① 도급 시 산업재해 예방조치
② 위험성평가의 실시에 관한 사항
③ 안전인증대상 기계와 자율안전확인대상 기계 구입 시 적격품의 선정에 관한 지도
④ 산업안전보건관리비의 관계수급인 간의 사용에 관한 협의·조정 및 그 집행의 감독

해설

'안전인증대상 기계와 자율안전확인대상 기계 구입 시 적격품의 선정에 관한 지도'는 안전관리자의 직무이다.

관련개념 **안전보건총괄책임자의 직무**

• 위험성평가의 실시에 관한 사항
• 산업재해 발생 위험 시 또는 중대재해 발생 시 작업의 중지
• 도급 시 산업재해 예방조치
• 산업안전보건관리비의 관계수급인 간의 사용에 관한 협의·조정 및 그 집행의 감독
• 안전인증대상 기계 등과 자율안전확인대상 기계 등의 사용 여부 확인

008

다음 중 재해발생 시 긴급조치 사항을 올바른 순서로 배열한 것은?

㉠ 현장보존	㉡ 2차 재해방지
㉢ 피재기계의 정지	㉣ 관계자에게 통보
㉤ 피해자의 응급처리	

① ㉤ → ㉢ → ㉡ → ㉠ → ㉣
② ㉢ → ㉤ → ㉣ → ㉡ → ㉠
③ ㉢ → ㉤ → ㉣ → ㉠ → ㉡
④ ㉢ → ㉤ → ㉠ → ㉣ → ㉡

해설 재해발생 시 긴급처리 순서

• 1단계: 피재기계의 정지 및 피해확산방지
• 2단계: 피해자 응급조치(재해자의 구조)
• 3단계: 관계자에게 통보
• 4단계: 2차 재해방지
• 5단계: 현장보존

009

1회 출제

안전관리는 PDCA 사이클의 4단계를 거쳐 지속적인 관리를 수행하여야 한다. 다음 중 PDCA 사이클의 4단계를 잘못 나타낸 것은?

① P: Plan
② D: Do
③ C: Check
④ A: Analysis

해설 **PDCA 사이클의 4단계**

P(계획): Plan → D(실시): Do → C(검토): Check → A(조치): Action

010

13회 출제

직계(Line)형 안전조직에 관한 설명으로 옳지 않은 것은?

① 명령과 보고가 간단명료하다.
② 안전정보의 수집이 빠르고 전문적이다.
③ 안전업무가 생산현장 라인을 통하여 시행된다.
④ 각종 지시 및 조치사항이 신속하게 이루어진다.

해설 **라인형(직계식) 조직의 특징**

- 안전에 관한 명령, 지시 및 조치가 각 부문의 직계를 통하여 생산업무와 함께 시행되므로 철저하고 실시도 빠르다.
- 명령과 보고가 상하관계뿐이므로 간단 명료하다.
- 생산라인(Production Line)의 각급 관리감독자는 일상의 생산업무에 쫓겨 안전에 대한 전문지식이나 정보를 몸에 익힐 수 없다는 단점이 있다.
- 100명 이하의 소규모 사업장에 적합하다.

011

2회 출제

보호구 안전인증 고시에 따른 가죽제안전화의 성능시험방법에 해당되지 않는 것은?

① 내답발성시험
② 박리저항시험
③ 내충격성시험
④ 내전압성시험

해설

'내전압성시험'은 절연장화의 시험성능기준이다.

관련개념 **가죽제안전화의 시험성능기준**

- 은면결렬 시험
- 선심의 내부길이
- 겉창 시편의 채취방법
- 내유성시험
- 내충격성시험
- 내답발성시험
- 인열강도 시험
- 내부식성 시험
- 인장강도 시험 및 신장율
- 내압박성시험
- 박리저항시험

012

14회 출제

위험예지훈련 4R(라운드) 중 2R(라운드)에 해당하는 것은?

① 목표설정
② 현상파악
③ 대책수립
④ 본질추구

해설 **위험예지훈련 4라운드**

1라운드	현상파악	위험요인을 식별하는 단계
2라운드	본질추구	위험요인·문제점 발견 및 위험의 포인트를 결정하고 지적 확인하는 단계
3라운드	대책수립	위험요인을 극복하기 위한 대안 제시 단계
4라운드	목표설정	행동목표를 설정하는 단계

013

9회 출제

기계, 기구 또는 설비를 신설하거나 변경 또는 고장수리 시 실시하는 안전점검의 종류는?

① 정기점검
② 수시점검
③ 특별점검
④ 임시점검

해설 **실시시기에 따른 안전점검의 종류**

일상(수시)점검	매일 일의 시작이나 종료 시 또는 작업 중에 계속해서 실시하는 점검
정기(계획)점검	주기적으로 일정한 시설이나 물건, 기계 등에 대하여 점검하는 방법
특별점검	신설, 변경 내지는 고장수리 등을 할 경우에 행하는 부정기 점검
임시점검	이상징후 예견 시 임시로 실시하는 점검

014

산업안전보건법령상 안전인증대상 기계 또는 설비에 속하지 않는 것은?

① 리프트   ② 압력용기

③ 곤돌라   ④ 파쇄기

해설
'파쇄기'는 자율안전확인대상 기계 등에 해당한다.

관련개념 안전인증대상 기계 또는 설비

- 프레스
- 크레인
- **압력용기**
- 사출성형기
- **곤돌라**
- 전단기 및 절곡기
- **리프트**
- 롤러기
- 고소작업대

015

재해의 간접원인과 관계가 가장 먼 것은?

① 스트레스   ② 안전수칙의 오해

③ 작업준비 불충분   ④ 안전방호장치 결함

해설
'안전방호장치 결함'은 재해의 직접원인 중 물적 원인에 해당한다.

관련개념 재해발생의 간접원인

기술적 원인	• 건물 · 기계 등의 설계 불량 • 구조 · 재료의 부적합	• 생산공정의 부적당 • 점검 및 보존 불량
교육적 원인	• 안전지식 및 경험의 부족 • 경험 및 훈련의 미숙 • 유해위험 작업의 교육 불충분	• 작업방법의 교육 불충분 • **안전수칙의 오해**
신체적 원인	• 육체피로	• 시각 및 청각 이상
정신적 원인	• 판단력 부족 • **스트레스**	• 착오
관리적 원인	• 안전관리조직 결함 • **작업준비 불충분** • 안전수칙 미제정	• 작업지시 부적당 • 인원배치(적정배치) 부적당 • 작업기준의 불명확

016

브레인스토밍의 4가지 원칙 내용으로 옳지 않은 것은?

① 비판하지 않는다.

② 자유롭게 발언한다.

③ 가능한 정리된 의견만 발언한다.

④ 타인의 생각에 동참하거나 보충발언해도 좋다.

해설 브레인스토밍의 4원칙

비판금지	「좋다」 또는 「나쁘다」라고 비판하지 않는다.
자유분방	자유로운 분위기에서 편안한 마음으로 발표한다.
대량발언	내용의 질적인 수준보다 양적으로 많이 발언한다.
수정발언	타인의 발표내용을 수정하거나 개조하여 관련된 내용을 추가 발표하여도 좋다.

017

재해의 발생형태 중 재해가 일어난 장소나 그 시점에 일시적으로 요인이 집중되어 사고가 발생하는 유형은?

① 연쇄형   ② 복합형

③ 결합형   ④ 단순자극형

해설 산업재해 발생형태

집중형 (단순자극형)	• 상호자극에 의해 순간적으로 재해가 발생하는 형태이다. • 재해발생 장소 및 그 시기에 일시적으로 요인이 집중된다.
연쇄형	• 하나의 사고 요인이 또 다른 요인을 발생시키면서 재해가 발생하는 형태이다. • 단순연쇄형, 복합연쇄형이 있다.
복합형	집중형과 연쇄형이 복합적으로 구성되어 재해가 발생하는 형태이다.

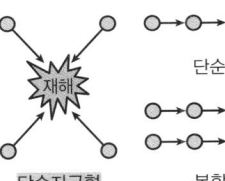

단순자극형   단순연쇄형
복합연쇄형

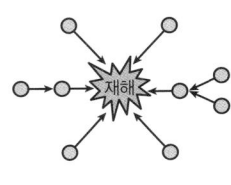

복합형

018

안전보건관리계획 수립 시 고려할 사항으로 옳지 않은 것은?

① 타 관리계획과 균형이 맞도록 한다.
② 안전보건을 저해하는 요인을 확실히 파악해야 한다.
③ 수립된 계획은 안전보건관리활동의 근거로 활용된다.
④ 과거실적을 중요한 것으로 생각하고, 현재 상태에 만족해야 한다.

해설

안전보건관리계획 수립 시 지속적인 관리가 필요하고 수준향상을 위해 발전시켜 나아가야 한다.

관련개념 **안전보건관리계획 수립 시 유의사항**

• 사업장의 실태에 맞도록 독자적인 방법으로 수립하되, 실현가능성이 있도록 하여야 한다.
• 직장 단위로 구체적인 내용으로 작성하여야 한다.
• 계획의 목표는 점진적으로 높은 수준이 되도록 하여야 한다.

019

다음은 안전보건개선계획의 제출에 관한 기준 내용이다. ( ) 안에 알맞은 것은?

> 안전보건개선계획서를 제출해야 하는 사업주는 안전보건개선계획서 수립·시행 명령을 받은 날부터 ( )일 이내에 관할 지방고용노동관서의 장에게 해당 계획서를 제출(전자문서로 제출하는 것을 포함)해야 한다.

① 15   ② 30
③ 45   ④ 60

해설

안전보건개선계획서를 제출하여야 하는 사업주는 안전보건개선계획서 수립·시행 명령을 받은 날부터 60일 이내에 관할 지방고용노동관서의 장에게 해당 계획서를 제출(전자문서로 제출하는 것 포함)하여야 한다.

관련개념 **안전보건개선계획서 수립·시행 대상 사업장**

• 산업재해율이 같은 업종의 규모별 평균 산업재해율보다 높은 사업장
• 사업주가 필요한 안전조치 또는 보건조치를 이행하지 아니하여 중대재해가 발생한 사업장
• 직업성 질병자가 연간 2명 이상 발생한 사업장
• 유해인자의 노출기준을 초과한 사업장

020

재해예방의 4원칙에 해당하지 않는 것은?

① 예방가능의 원칙   ② 원인계기의 원칙
③ 손실필연의 원칙   ④ 대책선정의 원칙

해설 **재해예방의 4원칙**

손실우연의 원칙	사고에 의해서 생기는 상해의 종류 및 정도는 우연적이라는 원칙
예방가능의 원칙	재해는 원칙적으로 예방이 가능하다는 원칙
원인계기의 원칙 (원인연계의 원칙)	재해의 발생은 직접원인으로만 일어나는 것이 아니라 간접원인이 연계되어 일어난다는 원칙
대책선정의 원칙	원인의 정확한 분석에 의해 가장 타당한 재해예방 대책이 선정되어야 한다는 원칙

산업심리 및 교육

021

다음 중 ATT(American Telephone&Telegraph Co.) 교육 훈련기법의 내용이 아닌 것은?

① 인사관계
② 고객관계
③ 회의의 주관
④ 종업원의 향상

해설 ATT(American Telephone&Telegraph) 교육훈련기법
- 미국 전신전화회사(ATT)에서 개발한 교육훈련기법이다.
- 인사관계, 작업의 감독, 고객관계, 종업원의 향상, 작업계획 및 인원 배치 등을 교육한다.
- 대상 계층이 한정되지 않은 정형교육으로 하루 8시간씩 2주간 실시하는 토의식 교육이다.

022

인간의 동기에 대한 이론 중 자극, 반응, 보상의 3가지 핵심 변인을 가지고 있으며, 표출된 행동에 따라 보상을 주는 방식에 기초한 동기이론은?

① 강화이론
② 형평이론
③ 기대이론
④ 목표설정이론

해설 강화이론(Reinforcement Theory)
- 자극, 반응, 보상의 세 가지 핵심변인을 가지고 있으며, 표출된 행동에 따라 보상을 주는 방식에 기초한 동기이론이다.
- 처벌은 더 강한 처벌에 의해서만 그 효과가 지속되는 부작용이 있다.
- 연속강화에 의한 학습은 서서히 진행되지만, 빠른 속도로 학습효과가 사라진다.
- 부분강화는 강화를 주는 데 일관성이 없으며, 바람직한 행동이 형성된 후 효과적이다.
- 부적강화란 반응 후 처벌이나 비난 등의 해로운 자극이 주어져서 반응발생률이 감소하는 것이다.
- 정적강화란 반응 후 음식이나 칭찬 등의 이로운 자극을 주었을 때 반응발생률이 높아지는 것이다.

023

다음 중 산업안전심리의 5대 요소가 아닌 것은?

① 동기
② 감정
③ 기질
④ 지능

해설 산업안전심리의 5요소

동기(Motive)	감각에 의한 자극에서 일어난 사고의 결과로서 사람의 마음을 움직이는 원동력이 된다.
기질(Temper)	감정적인 경향이나 반응과 관계되는 성격의 한 측면이다.
감정(Emotion)	어떤 행동을 할 때 생기는 주관적인 동요를 뜻한다.
습성(Habits)	일정한 생활양식으로 본능, 학습, 조건반사 등에 따라 형성된다.
습관(Custom)	성장과정을 통해 개인에게 형성된 특성 등이 무의식 중에 나타나는 규칙적인 행동이다.

024

다음 중 사고에 관한 표현으로 틀린 것은?

① 사고는 비변형된 사상(Unstrained Event)이다.
② 사고는 비계획적인 사상(Unplaned Event)이다.
③ 사고는 원하지 않는 사상(Undesired Event)이다.
④ 사고는 비효율적인 사상(Inefficient Event)이다.

해설 안전사고(Accident)
- 불안전한 행동이나 불안전한 상태에 의해 인적, 물적 손실을 가져올 수 있는 사건을 말한다.
- 사고는 계획되지 않고 원하지 않는 비효율적인 사상이다.

025

집단이 가지는 효과로 두 개 이상의 서로 다른 개체가 힘을 합쳐 둘이 지닌 힘 이상의 효과를 내는 현상은?

① 시너지효과
② 동조효과
③ 응집성효과
④ 자생적효과

해설 인간관계에서의 집단효과
- 동조효과: 집단의 압력에 의해 다수의 의견을 따르게 되는 현상이다.
- 견물효과: 개인보다 집단의 가치를 더욱 중요시하는 현상이다.
- 시너지효과: 두 개 이상의 서로 다른 개체가 힘을 합쳐 둘이 지닌 힘 이상의 능력을 발휘하는 효과이다.

026

1회 출제

다음 중 안전교육의 목적과 가장 거리가 먼 것은?

① 생산성이나 품질의 향상에 기여한다.
② 작업자를 산업재해로부터 미연에 방지한다.
③ 재해의 발생으로 인한 직접적 및 간접적 경제적 손실을 방지한다.
④ 작업자에게 작업의 안전에 대한 자신감을 부여하고 기업에 대한 충성도를 증가시킨다.

해설 **안전교육의 목적**
• 재해발생요인을 교육하여 **사전에 재해를 방지**하고, 작업자를 보호한다.
• **생산성 및 품질 향상에 기여한다.**
• **재해로 인한 직·간접적 경제적 손실을 방지한다.**
• 작업자에게 안정감을 부여한다.
• 기업의 신뢰성을 향상시킨다.

028

3회 출제

판단과정에서의 착오원인이 아닌 것은?

① 능력부족
② 정보부족
③ 감각차단
④ 자기합리화

해설 **착오의 원인별 분류**

판단과정의 착오	• 능력부족 • 정보부족 • 자기합리화
인지과정의 착오	• 생리적·심리적 능력의 부족 • 감각차단현상 • 정서불안정 • 정보량 저장의 한계
조작과정의 착오	• 작업경험부족 • 기술부족 • 잘못된 정보

027

2회 출제

직무와 관련한 정보를 직무명세서(Job Specification)와 직무기술서(Job Description)로 구분할 경우 직무기술서에 포함되어야 하는 내용과 가장 거리가 먼 것은?

① 직무의 직종
② 수행되는 과업
③ 직무수행 방법
④ 작업자의 요구되는 능력

해설
'작업자에게 요구되는 능력'은 직무명세서에 포함되어야 하는 내용이다.

관련개념 **직무기술서**
• 직무에 관한 임무, 과업, 책임 등을 정리한 문서이다.
• 부서, **직종**, 근무 위치, **과업의 종류**, **직무수행 방법**, 사용하는 설비 및 기계 등을 기술한다.

029

1회 출제

다음 중 학습전이의 조건으로 가장 거리가 먼 것은?

① 학습정도
② 시간적 간격
③ 학습 분위기
④ 학습자의 지능

해설
학습전이의 조건에는 **학습정도**, **시간적 간격**, 학습자의 태도, **학습자의 지능**, 유의성 등이 있다.

관련개념 **학습전이(Transference)**
• 학습된 내용이 실제 상황으로 유도되어 사용되는 것을 말한다.
• 훈련 상황이 실제 상황과 유사할수록 전이효과는 높아진다.
• 실제 직무수행에서 훈련된 행동이 나타날 때마다 보상이 따르면 전이효과는 높아진다.

030

미국 국립산업안전보건연구원(NIOSH)이 제시한 직무스트레스 모형에서 직무스트레스 요인을 작업요인, 조직요인, 환경요인으로 구분할 때 조직요인에 해당하는 것은?

① 관리유형　　　　　② 작업속도
③ 교대근무　　　　　④ 조명 및 소음

> **해설** 미국 국립산업안전보건연구원(NIOSH)의 직무스트레스 모형

작업요인	• 작업부하 • 교대근무	• 작업속도
조직요인	• 역할갈등 • **관리유형**	• 과중한 역할요구 • 고용의 불확실성
환경요인	• 소음 · 진동 • 환기불량	• 열 · 냉기 • 조명

031

교육방법 중 하나인 사례연구법의 장점으로 볼 수 없는 것은?

① 의사소통 기술이 향상된다.
② 무의식적인 내용의 표현 기회를 준다.
③ 문제를 다양한 관점에서 바라보게 된다.
④ 강의법에 비해 현실적인 문제에 대한 학습이 가능하다.

> **해설** 사례연구법(Case Method)의 장점
> • 강의법에 비해 현실적인 문제에 대한 학습이 가능하다.
> • 의사소통 기술이 향상된다.
> • 흥미를 유발하여 학습동기를 북돋울 수 있다.
> • 문제를 다양한 관점에서 바라보게 된다.

032

안전교육에서 안전기술과 방호장치 관리를 몸으로 습득시키는 교육방법으로 가장 적절한 것은?

① 지식교육　　　　　② 기능교육
③ 해결교육　　　　　④ 태도교육

> **해설** 기능교육(안전교육의 제2단계)
> • 작업능력 및 기술능력을 부여하고자 실시하는 교육이다.
> • 개인의 반복적 시행착오에 의해서 형성된다.
> • 현장실습을 통한 경험 체득과 이해를 목적으로 한다.
> • 방호장치 기능을 습득한다.

033

안전교육의 형태와 방법 중 Off JT(Off the Job Training)의 특징이 아닌 것은?

① 공통된 대상자를 대상으로 일괄적으로 교육할 수 있다.
② 업무 및 사내의 특성에 맞춘 구체적이고 실제적인 지도 교육이 가능하다.
③ 외부의 전문가를 강사로 초청할 수 있다.
④ 다수의 근로자에게 조직적 훈련이 가능하다.

> **해설**
> ②는 OJT의 특징이다.

> **관련개념** Off JT(Off the Job Training)의 특징

장점	• 업무와 훈련이 동시에 진행되지 않으므로 훈련에만 전념하게 된다. • **외부의 우수한 전문가를 강사로 활용할 수 있다.** • **다수의 근로자를 대상으로 일괄적, 조직적, 체계적인 훈련이 가능하다.** • 교재, 시설 등을 효과적으로 이용할 수 있다. • 교육생 간 혹은 타 직장의 근로자와 지식이나 경험을 교류할 수 있다.
단점	• 개인의 안전지도 방법으로는 부적당하다. • 교육으로 인해 업무가 중단되는 손실이 발생한다.

034

레윈(Lewin)이 제시한 인간의 행동특성에 관한 법칙에서 인간의 행동(B)은 개체(P)와 환경(E)의 함수관계를 가진다고 하였다. 다음 중 개체(P)에 해당하는 요소가 아닌 것은?

① 연령　　　　　② 지능
③ 경험　　　　　④ 인간관계

> **해설** 레윈(Lewin, K.)의 법칙
> 인간의 행동은 개인과 환경의 상호 함수관계에 있다는 법칙이다.
> $B = f(P \cdot E)$
> • B(Behavior): 인간의 행동
> • f(Function): 동기부여를 포함한 함수
> • P(Person): 개체(연령, 지능, 경험 등)
> • E(Environment): 환경(**인간관계**, 작업환경 등)

035
11회 출제

상황성 누발자의 재해유발 원인으로 가장 적절한 것은?

① 소심한 성격
② 주의력의 산만
③ 기계설비의 결함
④ 침착성 및 도덕성의 결여

해설 **상황성 누발자의 재해유발 원인**
• 작업이 어려운 경우
• 기계설비에 결함이 있는 경우
• 심신에 근심이 있는 경우
• 환경 상 주의력의 집중이 곤란한 경우

036
2회 출제

조직에 있어 구성원들의 역할에 대한 기대와 행동은 항상 일치하지는 않는다. 역할 기대와 실제 역할 행동 간에 차이가 생기면 역할 갈등이 발생하는데, 역할 갈등의 원인으로 가장 거리가 먼 것은?

① 역할 마찰
② 역할 민첩성
③ 역할 부적합
④ 역할 모호성

해설
역할 갈등은 작업과 상반된 역할이 기대되는 경우에 발생하며 원인으로는 역할 부적합, 역할 마찰, 역할 모호성 등이 있다.

관련개념 **슈퍼(Super)의 역할이론**
• 역할 갈등(Role Conflict): 작업 중에 상반된 역할이 기대되는 경우가 있으며, 그럴 때 갈등이 생긴다.
• 역할 기대(Role Expectation): 자기의 역할을 기대하고 감수하는 수단이다.
• 역할 조성(Role Shaping): 개인에게 여러 개의 역할 기대가 있을 경우 불응, 거부할 수도 있으며 혹은 다른 역할을 해내기 위해 다른 일을 구할 수도 있다.
• 역할 연기(Role Playing): 자아탐색인 동시에 자아실현의 수단이다.

037
7회 출제

다음 중 안전교육방법에 있어 도입단계에서 가장 적합한 방법은?

① 강의법
② 실연법
③ 반복법
④ 자율학습법

해설 **강의법의 특징**
• 전체적인 교육내용을 제시하거나, 새로운 과업 및 작업단위의 도입단계에 유효하다.
• 짧은 시간 내에 많은 내용을 다수의 대상에게 교육시킬 수 있다.
• 교육 시간에 대한 조정이 용이하다.
• 피드백이 부족하다.
• 난해한 문제에 대하여 평이하게 설명이 가능하다.
• 교육 집단 내 수준차로 인해 교육의 효과가 감소할 수 있다.

038
3회 출제

부주의의 발생방지 방법은 발생 원인별로 대책을 강구해야 하는데, 다음 중 발생 원인의 외적요인에 속하는 것은?

① 의식의 우회
② 소질적 문제
③ 경험·미경험
④ 작업순서의 부자연성

해설 **부주의 발생의 요인**

내적요인	• 경험 부족 및 미숙련 • 소질적 문제	• 의식의 우회
외적요인	• 작업순서의 부자연성 • 기상조건	• 작업 및 환경조건 불량 • 작업강도

039

3회 출제

다음 중 역할연기(Role Playing)에 의한 교육의 장점으로 틀린 것은?

① 관찰능력을 높이고 감수성이 향상된다.
② 자기의 태도에 반성과 창조성이 생긴다.
③ 정도가 높은 의사결정의 훈련으로서 적합하다.
④ 의견 발표에 자신이 생기고 고찰력이 풍부해진다.

해설 **역할연기법(Role Playing)**
• 집단 심리요법으로 체험활동을 통해 대인관계에 있어서 태도, 통찰력, 자기 이해를 목표로 개발된 교육기법이다.
• 참가자에게 흥미와 체험감을 부여하고 아는 것과 행동하는 것 사이의 차이를 인식시킨다.
• 자기 태도 반성, 문제 배경 통찰, 감수성 향상, 교육 참석자의 장단점 파악의 효과가 있다.
• 높은 수준의 의사결정에 대한 훈련에는 효과가 적다.
• 목적이 명확하지 않고 다른 방법과 병행이 필요하다.
• 훈련장소확보가 어렵다.
• 관찰에 의한 학습, 실행에 의한 학습, 피드백에 의한 학습 분석과 개념화를 통한 학습 등이 역할연기법에 해당한다.

040

1회 출제

다음 중 피들러(Fiedler)의 상황 연계성 리더십 이론에서 중요시 하는 상황적 요인에 해당하지 않는 것은?

① 과제의 구조화
② 부하의 성숙도
③ 리더의 직위상 권한
④ 리더와 부하 간의 관계

해설 **상황적 리더십(Situational Leadership) 이론**
• 상황적 요인은 리더와 부하와의 관계, 과업의 구조, 직위권력 3가지이며, 이 요인들에 의해 리더의 영향력이 결정된다.
• 피들러는 상황에 따라 효과적인 리더십 유형이 달라진다고 주장하였다.

041

3회 출제

차폐효과에 대한 설명으로 옳지 않은 것은?

① 차폐음과 배음의 주파수가 가까울 때 차폐효과가 크다.
② 헤어드라이어 소음 때문에 전화 음을 듣지 못한 것과 관련이 있다.
③ 유의적 신호와 배경 소음의 차이를 신호/소음(S/N) 비로 나타낸다.
④ 차폐효과는 어느 한 음 때문에 다른 음에 대한 감도가 증가되는 현상이다.

해설 **차폐효과(은폐효과)**
• 음의 한 성분이 다른 성분에 대한 청각의 감수성을 감소시키는 상황을 말하며, 마스킹(Masking)이라고도 한다.
• 동시에 두 가지 음을 청취할 때 특정 음의 청취로 인해 다른 음의 청취는 방해받는 청각 현상이다.
• 사무실에서 타이핑 작업 시 타자기 소리에 대화소리가 묻히는 현상 등이 대표적이다.

042

1회 출제

후각적 표시장치(Olfactory Display)와 관련된 내용으로 옳지 않은 것은?

① 냄새의 확산을 제어할 수 없다.
② 시각적 표시장치에 비해 널리 사용되지 않는다.
③ 냄새에 대한 민감도의 개별적 차이가 존재한다.
④ 경보장치로서 실용성이 없기 때문에 사용되지 않는다.

해설
후각적 표시장치는 가스누출 탐지 등에 사용된다.

관련개념 **후각적 표시장치(Olfactory Display)**
• 가스누출 탐지 등에 사용된다.
• 냄새의 확산을 제어할 수 없다.
• 시각적 표시장치에 비해 널리 사용되지 않는다.
• 민감도의 개별적 차이가 존재한다.
• 인간은 냄새에 빨리 익숙해지므로 노출 후에는 냄새를 느끼지 못한다.
• 코가 막히게 되면 민감도가 떨어진다.

043

5회 출제

HAZOP 기법에서 사용하는 가이드워드와 의미가 잘못 연결된 것은?

① No/Not – 설계 의도의 완전한 부정
② More/Less – 정량적인 증가 또는 감소
③ Part of – 성질상의 감소
④ Other than – 기타 환경적인 요인

해설 가이드워드(Guide Words)

No/Not	설계 의도의 완전한 부정
Part of	성질상의 감소
As well as	성질상의 증가
More/Less	양의 증가 혹은 감소
Other than	완전한 대체
Reverse	설계 의도의 논리적인 역

044

7회 출제

그림과 같은 FT도에서 $F_1=0.015$, $F_2=0.02$, $F_3=0.05$이면, 정상사상 T가 발생할 확률은 약 얼마인가?

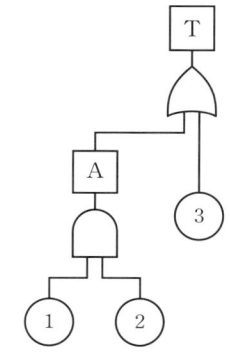

① 0.0002
② 0.0283
③ 0.0503
④ 0.9500

해설
· 고장확률이 P_1, P_2인 부품이 AND 게이트로 연결되어 있을 때 출력이 발생할 확률: $P_1 \times P_2$
  AND 게이트로 연결된 A의 출력이 발생할 확률=$0.015 \times 0.02 = 0.0003$
· 고장확률이 P_1, P_2인 부품이 OR 게이트로 연결되어 있을 때 출력이 발생할 확률: $1-(1-P_1) \times (1-P_2)$
  OR 게이트로 연결된 정상사상 T가 발생할 확률
  $=1-(1-0.0003) \times (1-0.05) = 0.0503$

045

3회 출제

다음은 유해위험방지계획서의 제출에 관한 설명이다. (   ) 안에 들어갈 내용으로 옳은 것은?

> 산업안전보건법령상 "대통령령으로 정하는 사업의 종류 및 규모에 해당하는 사업으로서 해당 제품의 생산 공정과 직접적으로 관련된 건설물·기계·기구 및 설비 등 전부를 설치·이전하거나 그 주요 구조 부분을 변경하려는 경우"에 해당하는 사업주는 유해위험방지계획서에 관련 서류를 첨부하여 해당 작업 시작 (㉠)까지 공단에 (㉡)부를 제출하여야 한다.

① ㉠: 7일 전, ㉡: 2   ② ㉠: 7일 전, ㉡: 4
③ ㉠: 15일 전, ㉡: 2   ④ ㉠: 15일 전, ㉡: 4

해설
해당 사업주는 제조업 등 유해위험방지계획서에 관련 서류를 첨부하여 해당 작업 시작 15일 전까지 공단에 2부 제출하여야 한다.

046

1회 출제

인간공학을 기업에 적용할 때의 기대효과로 볼 수 없는 것은?

① 노사 간의 신뢰 저하
② 작업손실시간의 감소
③ 제품과 작업의 질 향상
④ 작업자의 건강 및 안전 향상

해설 인간공학의 기대효과
· 노사 간의 신뢰 향상
· 작업자의 건강과 안전 향상
· 작업환경의 개선
· 제품과 작업의 질 향상
· 이직률 및 작업손실시간의 감소

047

2회 출제

그림과 같이 FTA로 분석된 시스템에서 현재 모든 기본사상에 대한 부품이 고장난 상태이다. 부품 X_1부터 부품 X_5까지 순서대로 복구한다면 어느 부품을 수리 완료하는 시점에서 시스템이 정상가동되는가?

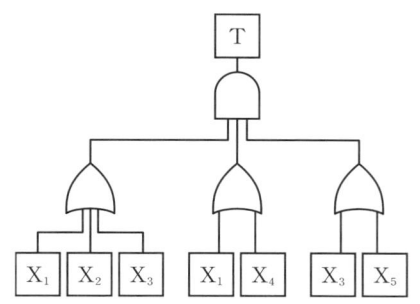

① 부품 X_2 　　　　② 부품 X_3
③ 부품 X_4 　　　　④ 부품 X_5

해설

(1) AND 게이트는 모든 입력이 발생해야 출력이 발생하고, OR 게이트는 입력이 하나만 발생해도 출력이 발생한다.

(2) T는 AND 게이트이므로 입력 3개가 모두 발생(고장) 중이다. 즉, 개별적인 OR 게이트 중 하나라도 발생하지 않으면 시스템이 정상가동한다.

(3) X_1과 X_2가 복구될 경우 첫 번째 OR 게이트는 X_3, 두 번째 OR 게이트는 X_4가 발생하여 시스템이 정상가동하지 않는다.

(4) X_3가 복구되면 첫 번째 OR 게이트가 발생하지 않아 시스템이 정상가동한다.

048

4회 출제

인간이 기계보다 우수한 기능으로 옳지 않은 것은? (단, 인공지능은 제외한다.)

① 암호화된 정보를 신속하게 대량으로 보관할 수 있다.
② 관찰을 통해서 일반화하여 귀납적으로 추리한다.
③ 항공사진의 피사체나 말소리처럼 상황에 따라 변화하는 복잡한 자극의 형태를 식별할 수 있다.
④ 수신 상태가 나쁜 음극선관에 나타나는 영상과 같이 배경 잡음이 심한 경우에도 신호를 인지할 수 있다.

해설

①은 현존하는 기계가 인간을 능가하는 기능이다.

관련개념 인간이 기계를 능가하는 기능
• 관찰을 통해서 일반화하여 귀납적으로 추리한다.
• 원칙을 적용하여 다양한 문제를 해결할 수 있다.
• 완전히 새로운 해결책을 도출할 수 있다.
• 주위의 예기치 못한 사건들을 감지하고 처리하는 임기응변 능력이 있다.
• 상황에 따라 변하는 복잡한 자극 형태를 식별할 수 있다.
• 다양한 경험을 토대로 하여 의사결정을 한다.

049

6회 출제

THERP(Technique for Human Error Rate Prediction)의 특징에 대한 설명으로 옳은 것을 모두 고른 것은?

> ㉠ 인간-기계 체계(System)에서 여러 가지 인간의 에러와 이에 의해 발생할 수 있는 위험성의 예측과 개선을 위한 기법
> ㉡ 인간의 과오를 정성적으로 평가하기 위하여 개발된 기법
> ㉢ 가지처럼 갈라지는 형태의 논리구조와 나무 형태의 그래프를 이용

① ㉠, ㉡ 　　　　② ㉠, ㉢
③ ㉡, ㉢ 　　　　④ ㉠, ㉡, ㉢

해설 THERP(Technique for Human Error Rate Prediction)
• 인간실수(과오)확률에 대한 추정과 휴먼 에러를 정량적으로 평가하기 위한 기법이다.
• 사고원인 가운데 인간의 과오로부터 기인된 원인을 분석하고 확률을 계산하여 제품의 결함을 감소시키고 인간공학적 대책을 수립하는 데 활용된다.
• 가지처럼 갈라지는 형태의 논리구조와 나무 형태의 그래프를 이용한다.

050

설비의 고장과 같이 발생확률이 낮은 사건의 특정시간 또는 구간에서의 발생횟수를 측정하는 데 가장 적합한 확률분포는?

① 와이블분포(Weibull Distribution)
② 푸아송분포(Poisson Distribution)
③ 지수분포(Exponential Distribution)
④ 이항분포(Binomial Distribution)

해설 **Poisson 과정**

• 단위시간 안에 어떤 사건이 몇 번 발생할 것인지를 표현하는 분포가 푸아송분포로 나타나는 과정이다.
• 설비의 고장과 같이 특정시간(구간)에 사건의 발생확률이 적은 경우 그 사건의 발생횟수를 측정하는 데 적합하다.

관련개념 **확률분포의 종류**

• 와이블분포: 재료의 파괴강도를 분석하면서 고안한 확률분포로, 기계부품의 수명분포를 표현하는 데 적합하다.
• 지수분포: 설비의 고장률이 설비의 사용기간에 영향을 미치지 않는 일정한 수명분포로, 시간당 고장률이 일정한 설비의 고장 간격을 측정할 때 사용한다.
• 이항분포: 연속된 n번의 독립적 시행에서 각 시행이 확률 P를 가질 때의 이산확률분포이다.

051

직무에 대하여 청각적 자극 제시에 대한 음성응답을 하도록 할 때 가장 관련 있는 양립성은?

① 공간적 양립성   ② 양식 양립성
③ 운동 양립성   ④ 개념적 양립성

해설 **양립성의 종류**

공간 양립성	• 표시장치와 조종장치의 위치가 인간의 기대에 모순되지 않는 것 • 왼쪽 표시장치의 조종장치는 왼쪽에, 오른쪽 표시장치의 조종장치는 오른쪽에 위치하는 것
양식 양립성	• 문화적 관습으로 생기는 양립성 • 청각적 자극에 음성응답을 하게 되는 것
운동 양립성	조종장치의 조작방향에 따라 기계장치나 자동차 등이 움직이는 것
개념 양립성	• 인간의 개념과 일치하게 하는 것 • 적색 수도전은 온수, 청색 수도전은 냉수를 의미하는 것 • 위험신호는 빨간색, 주의신호는 노란색, 안전신호는 파란색으로 표시하는 것

052

인간에러(Human Error)에 관한 설명으로 틀린 것은?

① Omission Error: 필요한 작업 또는 절차를 수행하지 않는 데 기인한 에러
② Commission Error: 필요한 작업 또는 절차의 수행지연으로 인한 에러
③ Extraneous Error: 불필요한 작업 또는 절차를 수행함으로써 기인한 에러
④ Sequential Error: 필요한 작업 또는 절차의 순서 착오로 인한 에러

해설 **휴먼에러의 분류**

실행오류 (Commission Error)	수행 중인 작업을 정확하게 수행하지 못해 발생한 에러
생략오류 (Omission Error)	필요한 작업 또는 절차를 수행하지 않는 데 기인한 에러
불필요한 수행오류 (Extraneous Error)	불필요한 작업 또는 절차를 수행함으로써 발생한 에러
순서오류 (Sequential Error)	필요한 작업 또는 절차의 순서 착오로 인한 에러
시간오류 (Timing Error)	필요한 작업 또는 절차의 수행을 지연한 데 기인한 에러(시간지연에러)

053

눈과 물체의 거리가 23[cm], 시선과 직각으로 측정한 물체의 크기가 0.03[cm]일 때 시각[분]은 얼마인가? (단, 시각은 600 이하이며, radian 단위를 분으로 환산하기 위한 상수값은 57.3과 60을 모두 적용하여 계산하도록 한다.)

① 0.001   ② 0.007
③ 4.48   ④ 24.55

해설

$$시각 = 57.3 \times 60 \times \frac{물체의\ 크기(틈의\ 크기)}{눈과\ 물체의\ 거리} = 57.3 \times 60 \times \frac{0.03}{23} = 4.48$$

054

산업안전보건기준에 관한 규칙상 "강렬한 소음작업"에 해당하는 기준은?

① 85[dB] 이상의 소음이 1일 4시간 이상 발생하는 작업
② 85[dB] 이상의 소음이 1일 8시간 이상 발생하는 작업
③ 90[dB] 이상의 소음이 1일 4시간 이상 발생하는 작업
④ 90[dB] 이상의 소음이 1일 8시간 이상 발생하는 작업

해설 강렬한 소음작업 기준

허용 음압수준[dB]	1일 노출시간[hr]
90	8 이상
95	4 이상
100	2 이상
105	1 이상
110	1/2(30분) 이상
115	1/4(15분) 이상

055

컴퓨터 스크린 상에 있는 버튼을 선택하기 위해 커서를 이동시키는 데 걸리는 시간을 예측하는 데 가장 적합한 법칙은?

① Fitts의 법칙　　② Weber의 법칙
③ Lewin의 법칙　　④ Hick의 법칙

해설 Fitts의 법칙
- 인간의 조정 및 제어능력을 나타내는 법칙으로, 인간의 손이나 발을 이동시켜 조작장치를 조작하는 데 걸리는 시간을 표적까지의 거리와 표적 크기의 함수로 나타낸 이론이다.
- 표적이 작고 이동거리가 길수록 이동시간이 증가한다.
- 자동차 브레이크 페달과 가속 페달 간의 간격, 브레이크 폭 등을 결정하는 데 사용할 수 있는 이론이다.

관련개념
- 웨버(Weber) 법칙: 인간이 감지할 수 있는 외부의 물리적 자극 변화의 최소범위는 기준이 되는 자극의 크기에 비례한다.
- Lewin의 법칙: 인간의 행동은 개인과 환경의 상호 함수관계에 있다.
- Hick-Hyman 법칙: 신호를 보고 어떤 장치를 조작해야 할지를 선택하기까지 걸리는 시간을 예측할 수 있다.

056

FTA에서 사용되는 최소 컷셋에 관한 설명으로 옳지 않은 것은?

① 일반적으로 Fussell Algorithm을 이용한다.
② 정상사상(Top Event)을 일으키는 최소한의 집합이다.
③ 반복되는 사건이 많은 경우 Limnios와 Ziani Algorithm을 이용하는 것이 유리하다.
④ 시스템에 고장이 발생하지 않도록 하는 모든 사상의 집합이다.

해설
최소 컷셋은 정상사상(고장)을 일으키는 최소한의 집합이다.

관련개념 최소 컷셋
- 시스템의 약점을 나타낸다.
- 컷셋 중에 다른 컷셋을 포함하고 있는 것을 제외한 컷셋이다.
- 정상사상(Top 사상)을 일으키는 최소한의 집합이다.
- 시스템에서 최소 컷셋의 개수가 증가하면 위험수준이 높아진다.
- 일반적으로 Fussell Algorithm을 이용한다.

057

NIOSH Lifting Guideline에서 권장무게한계(RWL) 산출에 사용되는 계수가 아닌 것은?

① 휴식 계수　　② 수평 계수
③ 수직 계수　　④ 비대칭 계수

해설
휴식 계수는 NIOSH의 권장 평균 에너지소비량과 관련된 지수이다.

관련개념 NIOSH 들기지수
- NIOSH의 중량물 취급지수를 말한다.
- 물체의 무게[kg]/RWL[kg]로 구하며, RWL은 추천 중량한계(들기 편한 정도의 값)이다.
- $RWL=23[kg]×HM×VM×DM×AM×FM×CM$
  여기서, HM: 수평 계수, VM: 수직 계수, DM: 거리 계수
  　　　　AM: 비대칭성 계수, FM: 빈도 계수, CM: 결합 계수

058

4회 출제

Sanders 와 McCormick의 의자 설계의 일반적인 원칙으로 옳지 않은 것은?

① 요부후만을 유지한다.

② 조정이 용이해야 한다.

③ 등근육의 정적부하를 줄인다.

④ 디스크가 받는 압력을 줄인다.

해설 인간공학적 의자 설계 원칙

• 요부전만을 유지한다.

• 조절식 설계원칙을 적용하도록 한다.

• 자세와 동작에 따라 고려해야 할 인체측정 치수가 달라진다.

• 여러 사람이 사용하는 의자의 경우 좌면 높이는 오금보다 약간 낮게 (5[%] 오금높이) 유지한다.

• 추간판(디스크)의 압력과 등근육의 정적부하를 줄인다.

• 자세 고정을 줄인다.

059

8회 출제

화학설비의 안전성 평가에서 정량적 평가의 항목에 해당되지 않는 것은?

① 훈련   ② 조작

③ 취급물질   ④ 화학설비용량

해설 정성적 평가와 정량적 평가 항목

정성적 평가	설계관계 항목	입지조건, 공장 내 배치, 건조물, 소방설비 등
	운전관계 항목	원재료, 중간제품, 공정 및 공정기기, 수송, 저장 등
정량적 평가	• 수치값으로 표현 가능한 항목 대상 • 온도, 취급물질, 화학설비용량, 압력, 조작 등	

060

12회 출제

그림과 같이 신뢰도 95[%]인 펌프 A가 각각 신뢰도 90[%]인 밸브 B와 밸브 C의 병렬밸브계와 직렬계를 이룬 시스템의 실패확률은 약 얼마인가?

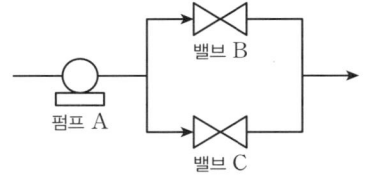

① 0.0091   ② 0.0595

③ 0.9405   ④ 0.9811

해설

• 신뢰도가 R_1, R_2인 부품이 병렬로 연결되어 있을 때의 신뢰도:
$1-(1-R_1)\times(1-R_2)$
밸브 B와 밸브 C의 신뢰도 $=1-(1-0.9)\times(1-0.9)=0.99$

• 신뢰도가 R_1, R_2인 부품이 직렬로 연결되어 있을 때의 신뢰도: $R_1\times R_2$
펌프와 병렬밸브계의 신뢰도 $=0.95\times0.99=0.9405$

• 실패확률(불신뢰도) $=1-$신뢰도 $=1-0.9405=0.0595$

건설시공학

061

강구조 건축물의 현장조립 시 볼트시공에 관한 설명으로 옳지 않은 것은?

① 마찰내력을 저감시킬 수 있는 틈이 있는 경우에는 끼움판을 삽입해야 한다.

② 볼트조임 작업 전에 마찰접합면의 흙, 먼지 또는 유해한 도료, 유류, 녹, 밀스케일 등 마찰력을 저감시키는 불순물을 제거해야 한다.

③ 1군의 볼트조임은 가장자리에서 중앙부의 순으로 한다.

④ 현장조임은 1차 조임, 마킹, 2차 조임(본조임), 육안검사의 순으로 한다.

해설

볼트조임은 중앙에서 가장자리의 순으로 한다.

062

지하연속벽 공법에 관한 설명으로 옳지 않은 것은?

① 흙막이벽의 강성이 적어 보강재를 필요로 한다.

② 차수벽의 기능도 갖고 있다.

③ 인접건물의 경계선까지 시공이 가능하다.

④ 암반을 포함한 대부분의 지반에 시공이 가능하다.

해설 슬러리 월(Slurry Wall) 공법(지하연속벽 공법)

굴착면을 보호하기 위해 벤토나이트 등의 안정액을 사용하여 소요단면을 사전 굴착한 후 철근망을 넣어 콘크리트를 타설함으로써 지하구조물을 연속적으로 형성하는 공법이다.

장점	단점
• 지반조건에 좌우되지 않는다.	• 기술적 시공이 요구된다.
• 저소음, 저진동이다.	• 시공비가 많이 소요된다.
• 근접건물에 영향을 주지 않는다.	• 굴착토의 처리문제가 발생한다.
• 강성이 높아 휘어지지 않는다.	• 굴착 도랑의 붕괴 및 안정액(벤토나이트)의 배수가 곤란하다.
• 소요내력을 정할 수 있다.	
• 지반보강 및 차수효과가 확실하다.	• 기계 및 부대 설비가 대형이다.
• 길이 및 깊이 등 치수조정이 자유롭다.	• 소규모 현장의 시공은 불가능하다.

063

벽돌공사 중 벽돌쌓기에 관한 설명으로 옳지 않은 것은?

① 가로 및 세로줄눈의 너비는 도면 또는 공사시방서에 정한 바가 없을 때에는 10[mm]를 표준으로 한다.

② 벽돌쌓기는 도면 또는 공사시방서에서 정한 바가 없을 때에는 불식쌓기 또는 미식쌓기로 한다.

③ 연속되는 벽면의 일부를 트이게 하여 나중쌓기로 할 때에는 그 부분을 층단 들여쌓기로 한다.

④ 벽돌은 각부를 가급적 동일한 높이로 쌓아 올라가고, 벽면의 일부 또는 국부적으로 높게 쌓지 않는다.

해설 쌓기의 일반사항

• 가로 및 세로줄눈의 너비는 도면 또는 공사시방서에 정한 바가 없을 때에는 10[mm]를 표준으로 한다. 세로줄눈은 통줄눈이 되지 않도록 하고, 수직 일직선상에 오도록 벽돌 나누기를 한다.

• 벽돌쌓기는 도면 또는 공사시방서에 정한 바가 없을 때에는 영식쌓기 또는 화란식쌓기로 한다.

• 가로줄눈의 바탕 모르타르는 일정한 두께로 평평히 펴 바르고, 벽돌을 내리누르듯 규준틀과 벽돌 나누기에 따라 정확히 쌓는다.

• 벽돌은 각부를 가급적 동일한 높이로 쌓아 올라가고, 벽면의 일부 또는 국부적으로 높게 쌓지 않는다.

• 하루의 쌓기 높이는 1.2[m](18켜 정도)를 표준으로 하고, 최대 1.5[m](22켜 정도) 이하로 한다.

• 연속되는 벽면의 일부를 트이게 하여 나중쌓기로 할 때에는 그 부분을 층단 들여쌓기로 한다.

• 벽돌벽이 블록벽과 서로 직각으로 만날 때에는 연결철물을 만들어 블록 3단마다 보강하여 쌓는다.

064

프리플레이스트콘크리트말뚝으로 구멍을 뚫어 주입관과 굵은골재를 채워 넣고 관을 통하여 모르타르를 주입하는 공법은?

① MIP 파일(Mixed In Place Pile)

② CIP 파일(Cast In Place Pile)

③ PIP 파일(Packed In Place Pile)

④ NIP 파일(Nail In Place Pile)

해설 **CIP(Cast In Place Pile) 공법**

지하수가 없는 비교적 경질인 지층에서 어스 오거로 구멍을 뚫고 그 내부에 자갈과 철근을 채운 후, 미리 삽입해 둔 파이프를 통해 저면에서부터 모르타르를 채워 올라오게 하는 공법이다.

장점	단점
• 자갈 · 암반지반을 제외한 대부분의 지반에 적용 가능하다. • 장비가 비교적 소형이라 협소한 공간에서도 시공이 가능하며 저소음, 저진동이다. • 강성이 커서 배면토의 수평변위를 억제하여 인접구조물에 영향을 최소화할 수 있다.	• 흙막이판공법에 비해 비교적 고가이다. • 파일과 파일 사이 이음부가 취약하여 차수공이 필요하다. • 굴착공 저부에 슬라임이 발생할 수 있다. • 암반천공이 어렵다.

065

철근이음의 종류 중 기계적 이음의 검사항목에 해당되지 않는 것은?

① 위치

② 초음파탐상검사

③ 인장시험

④ 외관 검사

해설 **철근이음의 검사**

종류	항목	시험 · 검사 방법
겹침이음	위치	육안 관찰 및 자에 의한 측정
	이음길이	
가스압접 이음	위치	외관 관찰, 필요에 따라 자, 버니어켈리퍼스 등에 의한 측정
	외관 검사	
	초음파 탐상검사	KS B 0839
	인장시험	KS B 0554
기계적 이음	위치	육안 관찰, 필요에 따라 자, 버니어켈리퍼스 등에 의한 측정
	외관 검사	
	인장시험	제조회사의 시험 성적서에 의한 확인 또는 별도 인장시험
	잔류 변형량	KS D 0249
용접 이음	외관 검사	육안 관찰 및 자에 의한 측정
	용접부의 결함	KS B 0816 또는 KS B 0845 또는 KS B 0896 또는 KS D 0213
	인장시험	KS B 0802 또는 KS B ISO 17660-1

066

철골부재 절단방법 중 가장 정밀한 절단방법으로 앵글커터(Angle Cutter) 등으로 작업하는 것은?

① 가스절단

② 전단절단

③ 톱절단

④ 전기절단

해설 **절단방법의 종류 및 특징**

• 전단절단: 대형 절단기로 눌러 절단하므로 절단면이 변형된다.

• 톱절단: 톱날을 이용하여 절단선을 따라 절단하므로 가장 정밀하게 절단된다. Angle Cutter, Hack Saw, Friction Saw 등으로 작업한다.

• 가스절단: 가스를 이용하여 절단하므로 열의 세기변화에 따라 절단면이 매끄럽지 못하고 변형된다.

• 정밀도 순서: 톱절단＞전단절단＞가스절단

067

2회 출제

거푸집 설치와 관련하여 다음 설명에 해당하는 것으로 옳은 것은?

> 보, 슬래브 및 트러스 등에서 그의 정상적 위치 또는 형상으로부터 처짐을 고려하여 상향으로 들어올리는 것 또는 들어올린 크기

① 폼타이   ② 캠버
③ 동바리   ④ 턴버클

해설 **캠버(Camber)**

콘크리트 타설 전 보나 슬래브의 수평부재가 콘크리트의 하중에 의해서 처지는 것을 방지하기 위해 미리 위로 솟음을 주는 것이다. 또는 거푸집의 지주 밑을 괴는 쐐기를 지칭하기도 한다.

관련개념

- 폼타이: 콘크리트를 부어 넣을 때 기둥과 보거푸집이 벌어지는 것을 막기 위한 부속재료이다.
- 동바리: 타설된 콘크리트가 소정의 강도를 얻기까지 고정하중 및 시공하중 등을 지지하기 위하여 설치하는 가설 부재를 말한다.
- 턴버클: 로프, 케이블 등의 길이나 당기는 힘을 조절하는 기구이다.

068

6회 출제

품질관리를 위한 통계 수법으로 이용되는 7가지 도구(Tools)를 특징별로 조합한 것 중 잘못 연결된 것은?

① 히스토그램 – 분포도
② 파레토그램 – 영향도
③ 특성요인도 – 원인결과도
④ 체크시트 – 상관도

해설 **품질관리(TQC)의 7대 도구**

구분	내용
파레토도 (영향도)	불량품, 고장, 결점 등의 발생건수를 원인과 현상별로 분류하고, 문제의 크기 순서로 나열하여 그 크기를 막대그래프로 표기하며, 크기를 순차적으로 누적하여 절선그래프로 나타낸 것
특성요인도 (원인결과도)	결과에 대하여 원인이 어떻게 관계하고 있는지 한눈에 알아 볼 수 있도록 작성한 생선뼈 모양의 그림
히스토그램 (분포도)	무게, 강도, 길이 등과 같이 계량치의 데이터가 어떠한 분포를 나타내고 있는지를 판단하기 위하여 작성하는 기둥그래프
산점도 (분포도)	대응되는 2개의 짝으로 된 데이터를 그래프 용지 위에 점으로 나타낸 것
체크시트 (집중도)	계수치의 데이터가 분류 항목 중 어디에 집중되어 있는가를 알아보기 쉽게 표로 나타낸 것
관리도	한눈에 파악되도록 꺾은선이나 막대를 이용하여 나타낸 것
층별	집단을 구성하고 있는 데이터를 특성에 따라 부분집단으로 나누는 것

069

7회 출제

말뚝지정 중 강재말뚝에 관한 설명으로 옳지 않은 것은?

① 기성콘크리트말뚝에 비해 중량으로 운반이 쉽지 않다.
② 자재의 이음 부위가 안전하여 소요길이의 조정이 자유롭다.
③ 지중에서의 부식 우려가 높다.
④ 상부구조물과의 결합이 용이하다.

해설 **강재말뚝**

- 길이의 조절이 용이하고, 경량이기 때문에 운반 및 취급이 간단하다.
- 상부구조와의 결합이 용이하고, 현장접합도 가능하다.
- 재료비가 고가이다.
- 부식에 의한 내구성 저하가 우려된다.
- 강한 타격에도 견디며, 다져진 중간지층의 관통도 가능하다.
- 지지력이 크고, 이음이 안전하고 강하므로 장척말뚝에 적당하다.
- 타설할 때 중심간격은 말뚝머리 지름의 2.0배 이상, 75[cm] 이상으로 한다.

070

2회 출제

지반조사 시 시추주상도 보고서에서 확인사항과 거리가 먼 것은?

① 지층의 확인
② Slime의 두께 확인
③ 지하수위 확인
④ N값의 확인

해설 **시추주상도 보고서 확인사항**

- **지층의 확인** – 표고, 심도, 층후
- **지하수위 확인**
- **지층별 N치의 확인** – 사질토의 상대밀도, 점성토의 전단강도 확인
- 시료채취 – 채취된 시료로 실내토질시험(흙의 물리적, 역학적 성질확인)
- 투수계수 – 시추공 내 물을 뽑아 투수계수 산정
- 타격횟수 – 63.5[kg]의 해머를 762[mm] 높이에서 자유낙하
- 암반의 절리간격을 스케치
- TCR, RQD

071

7회 출제

대규모 공사에서 지역별로 공사를 분리하여 발주하는 방식이며 공사기일 단축, 시공기술 향상 및 공사의 높은 성과를 기대할 수 있어 유리한 도급방법은?

① 전문공종별 분할도급
② 공정별 분할도급
③ 공구별 분할도급
④ 직종별 공종별 분할도급

해설 **분할도급공사**

종류	구분
공구별 분할도급	• 대규모 공사에서 지역별로 분리 발주하는 방식으로, 각 공구마다 일식도급 체제로 운영된다. • 도급업자의 기회균등, 시공기술 향상, 높은 성과가 기대된다. • 지하철공사, 고속도로공사 및 대규모 아파트단지공사에 채택 시 효과적이다.
공정별 분할도급	• 공사의 각 과정별로 나누어서 도급을 주는 방식으로 예산배정상 구분될 때 편리하다. • 부분·분할 발주가 가능하나 후속공사 연체의 우려가 있으며 도급자 교체가 곤란하다.
전문공종별 분할도급	• 공사 중 설비공사(전기, 설비 등)를 주체공사와 분리하여 발주하는 방식이다. • 설비업자의 자본, 기술강화 및 전문화로 능률 향상이 기대된다.
직종별 공종별 분할도급	• 직영공사에 가까운 제도로 전문직종이나 각 공종별로 분할하여 도급을 주는 방식이다. • 현장관리가 곤란하며 경비가 증대되나 건축주의 의도가 철저히 반영될 수 있다.

072

3회 출제

CM 제도에 관한 설명으로 옳지 않은 것은?

① 대리인형 CM(CM for Fee) 방식은 프로젝트 전반에 걸쳐 발주자의 컨설턴트 역할을 수행한다.
② 시공자형 CM(CM at Risk) 방식은 공사관리자의 능력에 의해 사업의 성패가 좌우된다.
③ 대리인형 CM(CM for Fee) 방식에 있어서 독립된 공종별 수급자는 공사관리자와 공사계약을 한다.
④ 시공자형 CM(CM at Risk) 방식에 있어서 CM 조직이 직접 공사를 수행하기도 한다.

해설 대리인형과 시공사 책임형

대리인형 (CM for Fee)	• 사업자(발주자)가 직접 시공사와 계약관계를 가지며, CM회사는 발주자의 대리인으로 공사를 관리한다. • 발주자, 설계자, CM회사, 시공사가 하나의 팀으로 공사를 수행하나, CM회사는 설계나 시공업무를 직접 수행하지 않고 오직 발주자의 대리인으로 발주자의 이익창출을 위해 CM업무를 수행한다.
시공사 책임형 (CM at Risk)	• CM회사가 시공자의 역할을 겸하는 계약형태를 가지며, 시공 및 공사관리의 일부 또는 전부를 시행한다. • 시공과 CM을 동시에 수행함으로써 공사비와 공사기간 등에 대한 책임과 위험을 부담한다. • 일반적으로 최대공사비 보증가격(GMP; Guaranteed Maximum Price)을 확정한 상태에서 계약 및 공사를 집행하게 되며 GMP를 초과하는 공사비에 대해서는 CM회사가 부담을 하고, GMP 이하에서 공사가 완료되면 이익금을 발주자와의 계약에 따라 일부 또는 전부를 CM회사에서 가지게 된다.

073

1회 출제

다음 보기의 블록쌓기 시공순서로 옳은 것은?

|보기|
A. 접착면 청소 B. 세로규준틀 설치
C. 규준쌓기 D. 중간부쌓기
E. 줄눈누르기 및 파기 F. 치장줄눈

① A → D → B → C → F → E
② A → B → D → C → F → E
③ A → C → B → D → E → F
④ A → B → C → D → E → F

해설 블록쌓기 시공순서

준비(접착면 청소) → 세로규준틀 설치 → 규준쌓기 → 중간부쌓기 → 줄눈누르기 및 파기 → 치장줄눈

074

7회 출제

강구조부재의 내화피복공법이 아닌 것은?

① 조적공법
② 세라믹울 피복공법
③ 타설공법
④ 메탈라스 공법

해설

'메탈라스(Metal Lath)'는 벽을 칠 때 쓰는 성긴 철망을 말한다.

관련개념 철골의 내화피복공법의 종류

도장공법		팽창성 내화도료 도포
습식공법	타설공법	강재 주위에 콘크리트, 경량콘크리트 타설
	조적공법	콘크리트블록, 경량콘크리트블록, 돌, 벽돌 등을 쌓음
	미장공법	모르타르, 펄라이트 등으로 바름
	뿜칠공법	내화 피복재를 피복
건식공법	성형판 붙임	ALC판, 석고보드, 석면시멘트판, 콘크리트판 등을 붙임
	세라믹피복	세라믹섬유블랭킷 위에 세라믹도료를 도표
합성공법		천정판, PC판 등 마감재와 동시에 피복

075

콘크리트 공사 시 콘크리트를 2층 이상으로 나누어 타설할 경우 허용 이어치기 시간간격의 표준으로 옳은 것은? (단, 외기온도가 25[℃] 이하일 경우이며, 허용 이어치기 시간간격은 하층 콘크리트 비비기 시작에서부터 콘크리트 타설 완료한 후, 상층 콘크리트가 타설되기까지의 시간을 의미한다.)

① 2.0시간
② 2.5시간
③ 3.0시간
④ 3.5시간

해설 **허용 이어치기 시간간격의 표준**
• 외기온도가 25[℃] 초과일 때: 2.0시간
• 외기온도가 25[℃] 이하일 때: 2.5시간

관련개념 **콘크리트 비비기로부터 타설이 끝날 때까지의 최대 시간**
• 외기온도가 25[℃] 이상일 때: 1.5시간
• 외기온도가 25[℃] 미만일 때: 2.0시간

076

각 거푸집 공법에 관한 설명으로 옳지 않은 것은?

① 플라잉 폼: 벽체 전용거푸집으로 거푸집과 벽체마감공사를 위한 비계틀을 일체로 조립한 거푸집을 말한다.
② 갱 폼: 대형벽체거푸집으로 인력절감 및 재사용이 가능한 장점이 있다.
③ 터널 폼: 벽체용, 바닥용 거푸집을 일체로 제작하여 벽과 바닥 콘크리트를 일체로 하는 거푸집 공법이다.
④ 트래블링 폼: 수평으로 연속된 구조물에 적용되며 해체 및 이동에 편리하도록 제작된 이동식 거푸집 공법이다.

해설
벽체 전용거푸집으로 거푸집과 벽체마감공사를 위한 비계틀을 일체로 조립한 거푸집은 갱 폼이다.

관련개념 **플라잉 폼(테이블 폼)**
• 바닥 슬래브의 콘크리트를 타설하기 위한 거푸집으로서 거푸집널, 장선, 멍에, 서포트를 일체로 제작하여 수평 및 수직 이동이 가능하다.
• 전용성 및 시공정밀도가 우수하며, 외력에 대한 안전성이 크다.
• 바닥 거푸집의 설치, 해체, 인양 및 재설치 과정을 장비를 이용해 시공하기 때문에 인건비를 낮출 수 있다.

077

단순조적 블록공사 시 방수 및 방습처리에 관한 설명으로 옳지 않은 것은?

① 방습층은 도면 또는 공사시방서에서 정한 바가 없을 때에는 마루 밑이나 콘크리트 바닥판 밑에 접근되는 세로줄눈의 위치에 둔다.
② 물빼기 구멍은 콘크리트의 윗면에 두거나 물끊기 및 방습층 등의 바로 위에 둔다.
③ 도면 또는 공사시방서에서 정한 바가 없을 때 물빼기 구멍의 직경은 10[mm] 이내, 간격 1.2[m]마다 1개소로 한다.
④ 물빼기 구멍에는 다른 지시가 없는 한 직경 6[mm], 길이 100[mm] 되는 폴리에틸렌 플라스틱 튜브를 만들어 집어넣는다.

해설 **단순조적 블록공사의 방수 및 방습처리**
• 방습층의 재료, 구조 및 공법은 도면 또는 공사시방서에 따르고, 그 정함이 없을 때에는 마루 밑이나 콘크리트 바닥판 밑에 접근되는 가로줄눈의 위치에 두고 액체 방수 모르타르를 10[mm] 두께로 블록 윗면 전체에 바른다.
• 물빼기 구멍은 콘크리트의 윗면에 두거나 물끊기 및 방습층 등의 바로 위에 둔다. 그 구멍의 크기, 간격은 도면 또는 공사시방서에서 정한 바가 없을 때에는 직경 10[mm] 이내, 간격 1.2[m]마다 1개소로 한다.
• 물빼기 구멍에는 다른 지시가 없는 한 직경 6[mm], 길이 100[mm] 되는 폴리에틸렌 플라스틱 튜브를 만들어 집어넣는다.

078

기초굴착 방법 중 굴착공에 철근망을 삽입하고 콘크리트를 타설하여 말뚝을 형성하는 공법이며, 안정액으로 벤토나이트 용액을 사용하고 표층부에서만 케이싱을 사용하는 것은?

① 리버스 서큘레이션 공법
② 베노토공법
③ 심초공법
④ 어스드릴공법

해설 **어스드릴공법**

회전식 드릴링 버켓을 이용하여 지반을 굴착하고 철근망을 삽입하여 콘크리트를 타설하는 공법이다. 표층부에 가이드파이프를 설치하고 굴착공의 공벽유지는 벤토나이트 용액을 이용한다.

관련개념 **어스드릴공법의 특징**

• 저소음, 저진동 공법이다.
• 비교적 소형으로 기계 설치가 간단하며 이동이 쉽다.
• 안정액 관리가 어렵고, 굴착 시 연약층에 대한 공벽유지가 어렵다.
• 굴착공의 연직도 유지가 곤란하나, 경사시공이 가능하다.
• 토사층, 풍화암층에 적용하는 경우가 일반적이며, 연질지반에 적합하다.
• 지중에 12[cm] 이상의 전석, 호박돌층이 있는 경우 시공이 곤란하다.
• 견고한 암반 굴착이 어렵다.
• 말뚝 직경은 보통 800~1,200[mm]이다.
• 기존구조물에 근접시공이 가능하다.

079

철근콘크리트의 부재별 철근의 정착위치로 옳지 않은 것은?

① 작은 보의 주근은 기둥에 정착한다.
② 기둥의 주근은 기초에 정착한다.
③ 바닥철근은 보 또는 벽체에 정착한다.
④ 지중보의 주근은 기초 또는 기둥에 정착한다.

해설 **철근의 정착위치**

• 기둥의 주근은 기초에 정착한다.
• 큰 보의 주근은 기둥에 정착한다.
• 직교하는 단부 보의 밑에 기둥이 없을 때는 보 상호 간에 정착한다.
• 작은 보의 주근은 큰 보에 정착한다.
• 바닥철근은 보 또는 벽체에 정착한다.
• 지중보 철근은 기초 또는 기둥에 정착한다.
• 벽철근은 보, 기둥, 바닥판 또는 기초에 정착한다.

080

콘크리트 타설 시 주의사항으로 옳지 않은 것은?

① 콘크리트는 그 표면이 한 구획 내에서는 거의 수평이 되도록 타설하는 것을 원칙으로 한다.
② 한 구획 내의 콘크리트는 타설이 완료될 때까지 연속해서 타설하여야 한다.
③ 타설한 콘크리트를 거푸집 안에서 횡방향으로 이동시켜 밀실하게 채워질 수 있도록 한다.
④ 콘크리트 타설의 1층 높이는 다짐능력을 고려하여 결정하여야 한다.

해설

타설된 콘크리트를 횡방향으로 이동시키면 재료분리 등이 일어난다.

건설재료학

081

2회 출제

석재를 성인에 의해 분류하면 크게 화성암, 수성암, 변성암으로 대별하는데 다음 중 수성암에 속하는 것은?

① 사문암　　　　　② 대리암
③ 현무암　　　　　④ 응회암

해설

사문암과 대리암은 변성암이고, 현무암은 화성암이다.

관련개념 **암석의 분류**

화성암 (마그마 냉각)		깊은 땅속 – 심성암 지표 근처 – 반 심성암 지표 – 화산암(분출암)	• 단단하고 풍화 · 마모에 강함 • 화강암 · 안산암 · 현무암 · 섬록암 · 석영반암
퇴적암	수성암	물속에서 퇴적	• 석회암을 제외하고는 열에 비교적 강함 • 연질, 강도 약함 • 사암 · 점판암 · 석회암 · 응회암
	풍성암	바람에 의해 퇴적	황토 · 롬
변성암		화성암 · 퇴적암이 지각의 변동, 지열에 의해 변질된 것	• 일반적으로 편상구조 • 대리석 · 사문암 · 편마암 등

082

5회 출제

통풍이 좋지 않은 지하실에 사용하는 데 가장 적합한 미장재료는?

① 시멘트 모르타르
② 회사벽
③ 회반죽
④ 돌로마이트 플라스터

해설

통풍이 좋지 않은 지하실의 미장재료는 시멘트 모르타르와 같은 수경성 재료가 적합하다.

083

7회 출제

점토의 성분 및 성질에 관한 설명으로 옳지 않은 것은?

① Fe_2O_3 등의 부성분이 많으면 제품의 건조수축이 크다.
② 점토의 주성분은 실리카, 알루미나이다.
③ 소성 색상은 석회물질이 많을수록 짙은 적색이 된다.
④ 가소성은 점토입자가 미세할수록 좋다.

해설 **점토의 성질**

• 점토의 압축강도는 인장강도의 약 5배이다.
• 점토를 소성하면 용적, 비중 등의 변화가 일어나며 강도가 증대된다.
• 세립분이 50[%] 이상으로 모래 성분이 상당히 포함되어 있다.
• 공극률은 입자의 형상, 크기에 관계한다.
• 순수한 점토일수록 비중과 강도가 크다.
• 불순물이 많은 점토일수록 비중이 작고 강도가 떨어진다.
• 주성분은 실리카(SiO_2)와 알루미나(AlO_3)이다.
• 점토의 가소성은 점토의 질, 입자의 크기, 함수량, 비비기 정도, 시간, 온도에 영향을 많이 받는다.
• 알루미나(AlO_3)가 많은 점토는 가소성이 우수하다.
• 점토의 가소성은 입자가 작을수록 좋다.
• 물과 결합하여 가소성을 가지고, 열과 반응하여 화학적 변화를 일으킨다.
• 철산화물이 많을수록 적색을 띠고, 석회물질이 많을수록 황색을 띤다.

084

2회 출제

블리딩 현상이 콘크리트에 미치는 가장 큰 영향은?

① 공기량이 증가하여 결과적으로 강도를 저하시킨다.
② 수화열을 발생시켜 콘크리트에 균열을 발생시킨다.
③ 콜드조인트의 발생을 방지한다.
④ 철근과 콘크리트의 부착력 저하, 수밀성 저하의 원인이 된다.

해설 **블리딩 현상**

• 콘크리트 타설 후 콘크리트 내의 무거운 골재는 가라앉고, 물과 가벼운 입자는 위로 상승하여 표면에 떠오르는 현상이다.
• 철근, 골재 등의 하부에 다공질의 공극이 형성되고, 철근과 콘크리트의 부착력, 수밀성, 내구력이 저하된다.

085

1회 출제

미장공사에서 사용되는 바름재료 중 여물에 관한 설명으로 옳지 않은 것은?

① 바름에 있어서 재료에 끈기를 주어 흘러내림을 방지한다.

② 흙손질을 용이하게 하는 효과가 있다.

③ 바름 중에는 보수성을 향상시키고, 바름 후에는 건조에 따라 생기는 균열을 방지한다.

④ 여물의 섬유는 질기고 굵으며, 색이 짙고 빳빳한 것일 수록 양질의 제품이다.

해설 **여물의 품질**

• 상, 중, 하의 등급이 있다. 섬유는 질기고 가늘며 부드럽고 백색의 것이 최상품으로 정벌바름에 사용한다.

• 섬유올이 굵고 빛깔이 짙고 빳빳한 것일수록 하급품이고 초벌바름에 사용한다.

관련개념 **여물의 사용목적**

• 바름의 건조수축, 균열을 방지한다.

• 재료의 점성을 증진시키고 엉김과 부착성을 갖게 하여 처지거나 벗겨져 떨어짐을 방지한다.

086

1회 출제

플로트판유리를 연화점 부근까지 가열 후 양 표면에 냉각공기를 흡착시켜 유리의 표면에 20 이상 60 이하[N/mm^2]의 압축응력층을 갖도록 한 가공유리는?

① 강화유리　　　　② 열선반사유리

③ 로이유리　　　　④ 배강도유리

해설

반강화유리(배강도유리)는 건축용 유리를 연화점(650~700[℃]) 부근까지 가열 후 급랭한 것으로 압축응력은 20~60[N/mm^2] 정도이다.

강화유리와 반강화유리(배강도유리)는 압축응력에 따라 구분하는데, 강화유리의 압축응력은 70~200[N/mm^2] 정도이다.

관련개념 **유리의 종류**

강화유리	• 판유리를 720[℃]까지 가열 후 급랭한다. • 압축응력이 일반유리보다 4~5배 크다. • 파손 시 알갱이가 된다.
반강화유리 (배강도유리)	• 판유리를 600[℃]까지 가열 후 급랭한다. • 압축응력이 일반유리보다 2~3배 크다. • 파손 시 유리이탈이 적다.
접합유리	• 판유리 사이에 PVC필름 등을 삽입하여 높은 온도로 결합한다. • 파손 시 필름에 의해 파편의 흩어짐을 방지한다.
로이유리	• 유리 표면에 금속 또는 금속산화물을 얇게 코팅함으로써 열의 이동을 최소화한 에너지 절약형 유리이다. • 유리 표면에 은이나 금속을 코팅해서 가시광선을 투과시켜 실내를 밝게 유지하는 반면, 적외선 영역의 복사선을 차단해 겨울에는 난방열이 빠져나가지 않게 하며 여름에는 바깥의 열기를 차단하는 효과가 있다.
복층유리	• 둘 이상 원판 사이에 비어있는 중공층을 두고 고정한 유리이다. • 단열효과가 증대된다.

087

고로슬래그 쇄석에 관한 설명으로 옳지 않은 것은?

① 철을 생산하는 과정에서 용광로에서 생기는 광재를 공기 중에서 서서히 냉각시켜 경화된 것을 파쇄하여 입도를 고른 것이다.

② 다른 암석을 사용한 콘크리트보다 고로슬래그 쇄석을 사용한 콘크리트가 건조수축이 매우 큰 편이다.

③ 투수성은 보통골재를 사용한 콘크리트보다 크다.

④ 다공질이기 때문에 흡수율이 높다.

해설 **고로슬래그 쇄석**

• 철을 생산하는 용광로에서 생성되는 용융 고로슬래그를 냉각시켜 만든 콘크리트용 골재이다.

• 특징
 – 기공이 있고, 표면이 거칠기 때문에 부착력이 크다.
 – 다공질이어서 흡수율이 높아 강자갈을 사용하는 것에 비해 워커빌리티가 나쁘다.
 – 다른 암석을 이용한 쇄석보다 투수성이 크다.
 – 슬래그의 특성으로 잠재수경성이 있어 건조수축이 적다.

088

유리공사에 사용되는 자재에 관한 설명으로 옳지 않은 것은?

① 흡습제는 작은 기공을 수억 개 갖고 있는 입자로 기체 분자를 흡착하는 성질에 의해 밀폐공간에 건조상태를 유지하는 재료이다.

② 세팅 블록은 새시 하단부의 유리끼움용 부재료로서 유리의 자중을 지지하는 고임재이다.

③ 단열간봉은 복층유리의 간격을 유지하는 재료로 알루미늄 간봉을 말한다.

④ 백업재는 실링 시공인 경우에 부재의 측면과 유리면 사이에 연속적으로 충전하여 유리를 고정하는 재료이다.

해설 **단열간봉(Warm-Edge Spacer)**

• 복층유리의 간격을 유지하며 열전달을 차단하는 재료로, 기존의 열전도율이 높은 알루미늄 간봉의 취약한 단열문제를 해결하기 위해 개발된 간봉이다.

• 고단열 및 창호에서의 결로 방지를 위한 목적으로 사용된다.

089

목재 또는 기타 식물질을 절삭 또는 파쇄하고 삭편으로 하여 충분히 건조시킨 후 합성 수지 접착제와 같은 유기질의 접착제를 첨가하여 열압제판한 보드로서 상판, 칸막이벽, 가구 등에 사용되는 것은?

① 파키트리 보드
② 파티클 보드
③ 플로링 보드
④ 파키트리 블록

해설 **파티클 보드(Particle Board)**

섬유질의 삭편(Particle), 즉 절삭편 또는 파쇄편 등을 주재료로 하여 합성수지 접착제를 첨가하여 성형, 열압시킨 것이다.

관련개념 **바닥깔기(Flooring, 마루판) 재료**

플로링 보드	표면을 곱게 대패질 마감하고, 양측면을 제혀쪽매로 마감한 것이다.
플로링 블록	플로링 보드를 3~5장씩 붙여서 길이와 나비가 길게 4면을 제혀쪽매로 만든 정사각형 블록이다.
파키트리 보드	경질목판을 9~15[mm], 나비 16[mm], 길이는 나비의 3~5배로 한 것이다.
파키트리 패널	두께 15[mm]의 파키트리 보드를 4매씩 조립하여 만든 24[cm] 각판이다.
파키트리 블록	파키트리 보드를 3~5장씩 조합하여 18[cm]이나 30[cm] 각판으로 만들어 방습처리한 것이다.

090

금속재료의 일반적인 부식 방지를 위한 대책으로 옳지 않은 것은?

① 가능한 다른 종류의 금속을 인접 또는 접촉시켜 사용한다.

② 가공 중에 생긴 변형은 뜨임질, 풀림 등에 의해서 제거한다.

③ 표면은 깨끗하게 하고, 물기나 습기가 없도록 한다.

④ 부분적으로 녹이 나면 즉시 제거한다.

해설 **금속부식대책 표면방식법**

• 수분과 습기에 접촉하지 않게 한다.

• 표면을 청결하게 하고 기름칠하여 녹이 발생하지 않게 한다.

• 서로 다른(이종) 금속은 접촉하지 않도록 한다.

• 불균질한 철재는 풀림을 통해 균질화하여 사용하도록 한다.

091

2회 출제

목재용 유성 방부제의 대표적인 것으로 방부성이 우수하나, 악취가 나고 흑갈색으로 외관이 불미하여 눈에 보이지 않는 토대, 기둥, 도리 등에 이용되는 것은?

① 유성페인트
② 크레오소트 오일
③ 염화아연 4[%] 용액
④ 불화소다 2[%] 용액

해설 크레오소트 오일(Creosote Oil)
• 유성 방부제의 대표적인 것으로 방부성이 우수하고, 공급이 풍부하며 가격이 저렴하다.
• 화기 이외에는 취급상 위험이 없으며 철류의 부식이 적고 처리제의 강도가 감소하지 않는 장점이 있으나 페인트를 칠하면 침출되기 쉽고 악취가 심해서 실내에는 사용할 수 없다.
• 흑갈색으로 외관상 좋지 못해 눈에 보이지 않는 토대, 기둥, 도리 등에 널리 이용된다.

092

6회 출제

다음 중 알루미늄과 같은 경금속 접착에 가장 적합한 합성 수지는?

① 멜라민 수지
② 실리콘 수지
③ 에폭시 수지
④ 푸란 수지

해설 에폭시 수지 접착제
• 내수성, 내산성, 내알칼리성, 내용제성, 전기절연성이 우수하다.
• 피막이 단단하고, 유연성이 부족하다.
• 접착력이 강해 합성 수지, 유리, 목재, 천, 콘크리트 및 항공기 기계부품 등의 금속접착제로 쓰인다.

관련개념 합성수지계 접착제

멜라민 수지	• 내수성, 내열성이 우수하다. • 목재와의 접착성이 우수하다. • 금속, 고무, 유리 접착은 부적당하다.
실리콘 수지	• 알코올, 벤졸 등의 유기 용제로 60[%] 정도의 농도로 녹여 사용한다. • 200[℃] 온도에 견디며, 전기절연성, 내수성이 매우 우수하다. • 가죽제품 이외의 모든 재료를 붙일 수 있다.
푸란 수지	• 내산, 내알칼리, 접착력이 좋다. • 화학공장의 벽돌, 타일붙이기에 우수하다.

093

2회 출제

리녹신에 수지, 고무물질, 코르크분말 등을 섞어 마포(Hemp Cloth) 등에 발라 두꺼운 종이 모양으로 압연·성형한 제품은?

① 스펀지 시트
② 리놀륨
③ 비닐 시트
④ 아스팔트 타일

해설 리놀륨(Linoleum)
• 아마인유의 산화물인 리녹신에 수지, 고무질 물질, 코르크 가루 등을 섞어 삼베 같은 데에 발라서 두꺼운 종이 모양으로 눌러 편 것이다.
• 서양식 건물의 바닥이나 벽에 붙인다.
• 내구성이 강하고 청소도 쉬워 많이 이용된다.

094

1회 출제

다음 중 단백질계 접착제에 해당하는 것은?

① 카세인 접착제
② 푸란 수지 접착제
③ 에폭시 수지 접착제
④ 실리콘 수지 접착제

해설
카세인 접착제는 우유, 대두에서 추출한 단백질계 접착제이다.
②, ③, ④는 합성수지계 접착제이다.

095

4회 출제

고로시멘트의 특성에 관한 설명으로 옳지 않은 것은?

① 수화열이 낮고 수축률이 적어 댐이나 항만공사 등에 적합하다.

② 보통포틀랜드시멘트에 비하여 비중이 크고 풍화에 대한 저항성이 뛰어나다.

③ 응결시간이 느리기 때문에 특히 겨울철 공사에 주의를 요한다.

④ 다량으로 사용하게 되면 콘크리트의 화학저항성 및 수밀성, 알칼리 골재반응 억제 등에 효과적이다.

해설 **고로슬래그 시멘트**

• 포틀랜드시멘트 클링커와 슬래그(Slag)에 적당량의 석고를 가하여 분말로 한 것이다.

• **보통포틀랜드시멘트보다 응결이 늦고 비중이 작다.**

• 수화열이 작아서 균열발생이 적다.

• 조기강도가 낮고 화학작용에 대한 저항성, 수밀성이 크다.

• 시멘트 중의 알칼리 성분이 적어 알칼리 골재반응 억제효과가 크다.

• 해수의 작용을 받는 곳이나 하수의 수로에 적합하다.

096

3회 출제

비철금속에 관한 설명으로 옳지 않은 것은?

① 청동은 구리와 아연을 주체로 한 합금으로 건축용 장식철물에 사용된다.

② 알루미늄은 산 및 알칼리에 약하다.

③ 아연은 산 및 알칼리에 약하나 일반 대기나 수중에서는 내식성이 크다.

④ 동은 전기 및 열전도율이 매우 크다.

해설 **비철금속의 성질**

동	• 가공성이 우수하고 인성이 크다. • 열 및 전기전도성이 크다. • 대기 중 또는 흙 속에서는 철보다 내식성이 있다. • 알칼리에 약하므로 시멘트, 콘크리트에 접하는 경우에는 빨리 부식된다.
알루미늄	• 비중이 약 2.7로 금속재료 중 가장 가볍다. • 가공성이 좋아 압연, 압출, 박판, 용접이 가능하다. • 열 및 전기전도성이 크다.
청동	• 동(Cu)과 주석의 합금이다. • 동전이나 장식품으로 사용된다. • 주조성, 내식성이 크고 내마모성이 우수하여 일반기계용품, 베어링, 밸브 등에 쓰인다.
아연	• 연성 및 내식성이 양호하다. • 습기, 이산화탄소가 있을 때 표면에 탄산염이 발생한다.

097

콘크리트의 압축강도에 영향을 주는 요인에 관한 설명으로 옳지 않은 것은?

① 양생온도가 높을수록 콘크리트의 초기강도는 낮아진다.
② 일반적으로 물-시멘트비가 같으면 시멘트의 강도가 큰 경우 압축강도가 크다.
③ 동일한 재료를 사용하였을 경우에 물-시멘트비가 작을수록 압축강도가 크다.
④ 습윤양생을 실시하게 되면 일반적으로 압축강도는 증진된다.

해설

양생온도가 높으면 수화열이 발생하여 조기강도(콘크리트가 굳어가는 초기강도)가 발현된다.

098

목재의 강도에 관한 설명으로 옳지 않은 것은?

① 목재의 건조는 중량을 경감시키지만 강도에는 영향을 끼치지 않는다.
② 벌목의 계절은 목재의 강도에 영향을 끼친다.
③ 일반적으로 응력의 방향이 섬유방향에 평행인 경우 압축강도가 인장강도보다 작다.
④ 섬유포화점 이하에서는 함수율 감소에 따라 강도가 증대한다.

해설 **목재의 강도**

• 목재는 건조될수록 강도가 커지고 함수율이 클수록 강도가 작아진다.
• 섬유포화점 이하에서는 함수율 감소에 따라 강도가 커진다.
• 응력의 방향이 섬유방향에 평행일 때 목재의 강도:
  인장강도 > 휨강도 > 압축강도 > 전단강도

099

목재 제품 중 합판에 관한 설명으로 옳지 않은 것은?

① 방향에 따른 강도차가 작다.
② 곡면가공을 하여도 균열이 생기지 않는다.
③ 여러 가지 아름다운 무늬를 얻을 수 있다.
④ 함수율 변화에 의한 신축변형이 크다.

해설 **합판의 특성**

• 강도: 교착이 잘된 것은 원목보다 강하고 균열, 찢어짐, 변형 등에 대한 저항이 크다.
• 안정도: 함수율 변화에 의한 신축변형이 적고 방향성이 없으며, 두께에 비해 강도도 크다.
• 못박기: 보통판에 비해 못의 지보력이 크다.
• 경제성: 비교적 작은 직경의 모재에서도 넓은 판을 얻을 수 있으며, 곡면가공을 하여도 균열이 생기지 않고 무늬도 일정하다.

100

어떤 재료의 초기 탄성변형량이 2.0[cm]이고, 크리프(Creep)변형량이 4.0[cm]라면 이 재료의 크리프 계수는 얼마인가?

① 0.5
② 1.0
③ 2.0
④ 4.0

해설

$$크리프\ 계수 = \frac{크리프변형량}{탄성변형량} = \frac{4.0}{2.0} = 2.0$$

관련개념 **크리프 계수**

크리프변형이 거의 일정한 값으로 수렴했을 때의 크리프변형과 탄성변형의 비율이다.

$$크리프\ 계수 = \frac{크리프변형량}{탄성변형량}$$

건설안전기술

101

터널작업 시 자동경보장치에 대하여 당일의 작업시작 전 점검하여야 할 사항으로 옳지 않은 것은?

① 검지부의 이상 유무
② 조명시설의 이상 유무
③ 경보장치의 작동상태
④ 계기의 이상 유무

해설 터널작업 시 당일 작업시작 전 자동경보장치 점검사항
• 계기의 이상 유무
• 검지부의 이상 유무
• 경보장치의 작동상태

102

건설업 산업안전보건관리비 계상 및 사용기준에 따른 건축공사, 대상액 5억 원 이상 50억 원 미만의 산업안전보건관리비 비율 및 기초액으로 옳은 것은?

① 비율: 2.28[%], 기초액: 4,325,000원
② 비율: 2.53[%], 기초액: 3,300,000원
③ 비율: 3.05[%], 기초액: 2,975,000원
④ 비율: 1.59[%], 기초액: 2,450,000원

해설 공사종류 및 규모별 산업안전보건관리비 계상기준표

공사종류 \ 구분	대상액 5억 원 미만	대상액 5억 원 이상 50억 원 미만		대상액 50억 원 이상	보건관리자 선임 대상 건설공사
		비율	기초액		
건축공사	3.11[%]	2.28[%]	4,325,000원	2.37[%]	2.64[%]
토목공사	3.15[%]	2.53[%]	3,300,000원	2.60[%]	2.73[%]
중건설공사	3.64[%]	3.05[%]	2,975,000원	3.11[%]	3.39[%]
특수건설공사	2.07[%]	1.59[%]	2,450,000원	1.64[%]	1.78[%]

103

다음은 말비계를 조립하여 사용하는 경우에 관한 준수사항이다. ( ) 안에 들어갈 내용으로 옳은 것은?

- 지주부재와 수평면의 기울기를 (A)° 이하로 하고 지주부재와 지주부재 사이를 고정시키는 보조부재를 설치할 것
- 말비계의 높이가 2[m]를 초과하는 경우에는 작업발판의 폭을 (B)[cm] 이상으로 할 것

① A: 75, B: 30
② A: 75, B: 40
③ A: 85, B: 30
④ A: 85, B: 40

해설 말비계 사용 시 준수사항
• 지주부재의 하단에는 미끄럼방지장치를 하고, 근로자가 양측 끝부분에 올라서서 작업하지 않도록 할 것
• 지주부재와 수평면의 기울기를 75° 이하로 하고, 지주부재와 지주부재 사이를 고정시키는 보조부재를 설치할 것
• 말비계의 높이가 2[m]를 초과하는 경우에는 작업발판의 폭을 40[cm] 이상으로 할 것

104

토질시험 중 연약한 점토 지반의 점착력을 판별하기 위하여 실시하는 현장시험은?

① 베인테스트(Vane Test)
② 표준관입시험(SPT)
③ 하중재하시험
④ 삼축압축시험

해설 베인 시험(Vane Test)
'베인'이라는 십자형 날개를 가진 봉을 땅에 관입시킨 후 회전시켜 그 저항치를 통해 진흙의 점착력을 판단하는 시험이다. 10[m] 내외의 연약한 점토 지반에 주로 사용한다.

관련개념
• 표준관입시험: 중량 63.5[kg]의 해머를 75~76[cm] 높이에서 자유낙하시켰을 때 30[cm]를 관입시키는 데 소요되는 타격횟수(값)를 구하는 시험으로 사질토 지반에 적합하다.
• 평판재하시험: 지반면에 평판을 놓은 후 하중을 가하고 침하 정도를 측정하여 지반의 지지력을 알아보기 위한 시험법이다.

105

콘크리트 타설을 위한 거푸집동바리의 구조검토 시 가장 선행되어야 할 작업은?

① 각 부재에 생기는 응력에 대하여 안전한 단면을 산정한다.
② 가설물에 작용하는 하중 및 외력의 종류, 크기를 산정한다.
③ 하중 및 외력에 의하여 각 부재에 생기는 응력을 구한다.
④ 사용할 거푸집동바리의 설치간격을 결정한다.

해설
거푸집동바리의 구조검토 시 가장 선행되어야 하는 사항은 가설물에 작용하는 하중 및 외력의 종류와 크기를 산정하는 것이다.

106

다음 중 유해위험방지계획서 제출 대상 공사가 아닌 것은?

① 지상높이가 30[m]인 건축물 건설공사
② 최대 지간길이가 50[m]인 교량 건설공사
③ 터널 건설공사
④ 깊이가 11[m]인 굴착공사

해설 유해위험방지계획서 제출 대상 건설공사
- 다음의 어느 하나에 해당하는 건축물 또는 시설 등의 건설·개조 또는 해체(건설 등) 공사
  - 지상높이가 31[m] 이상인 건축물 또는 인공구조물
  - 연면적 30,000[m²] 이상인 건축물
  - 연면적 5,000[m²] 이상의 문화 및 집회시설(전시장 및 동물원·식물원 제외), 판매시설, 운수시설(고속철도의 역사 및 집배송시설 제외), 종교시설, 의료시설 중 종합병원, 숙박시설 중 관광숙박시설, 지하도상가, 냉동·냉장 창고시설
- 연면적 5,000[m²] 이상인 냉동·냉장 창고시설의 설비공사 및 단열공사
- 최대 지간길이가 50[m] 이상인 다리의 건설 등 공사
- 터널의 건설 등 공사
- 다목적댐, 발전용댐, 저수용량 2천만 톤 이상의 용수 전용 댐 및 지방상수도 전용 댐의 건설 등 공사
- 깊이 10[m] 이상인 굴착공사

107

사다리식 통로의 길이가 10[m] 이상일 때 얼마 이내마다 계단참을 설치하여야 하는가?

① 3[m] 이내마다 ② 4[m] 이내마다
③ 5[m] 이내마다 ④ 6[m] 이내마다

해설 사다리식 통로의 구조
- 견고한 구조로 할 것
- 심한 손상·부식 등이 없는 재료를 사용할 것
- 발판의 간격은 일정하게 할 것
- 발판과 벽과의 사이는 15[cm] 이상의 간격을 유지할 것
- 폭은 30[cm] 이상으로 할 것
- 사다리가 넘어지거나 미끄러지는 것을 방지하기 위한 조치를 할 것
- 사다리의 상단은 걸쳐놓은 지점으로부터 60[cm] 이상 올라가도록 할 것
- **사다리식 통로의 길이가 10[m] 이상인 경우에는 5[m] 이내마다 계단참을 설치할 것**
- 사다리식 통로의 기울기는 75° 이하로 할 것. 다만, 고정식 사다리식 통로의 기울기는 90° 이하로 하고, 그 높이가 7[m] 이상인 경우에는 다음의 구분에 따른 조치를 할 것
  - 등받이울이 있어도 근로자 이동에 지장이 없는 경우: 바닥으로부터 높이가 2.5[m] 되는 지점부터 등받이울을 설치할 것
  - 등받이울이 있으면 근로자가 이동이 곤란한 경우: 한국산업표준에서 정하는 기준에 적합한 개인용 추락 방지 시스템을 설치하고 근로자로 하여금 한국산업표준에서 정하는 기준에 적합한 전신안전대를 사용하도록 할 것
- 접이식 사다리 기둥은 사용 시 접혀지거나 펼쳐지지 않도록 철물 등을 사용하여 견고하게 조치할 것

108

비계의 부재 중 기둥과 기둥을 연결시키는 부재가 아닌 것은?

① 띠장 ② 장선
③ 가새 ④ 작업발판

해설
작업발판은 장선과 장선 사이를 연결하여 작업자의 보행공간을 확보하기 위한 부재이다.

109

지반의 종류가 다음과 같을 때 굴착면의 기울기 기준으로 옳은 것은?

모래, 연암 및 풍화암, 경암 외의 흙

① 1 : 1.8
② 1 : 1.2
③ 1 : 1.0
④ 1 : 0.5

해설 **굴착면의 기울기 기준**

지반의 종류	기울기
모래	1 : 1.8
연암 및 풍화암	1 : 1.0
경암	1 : 0.5
그 밖의 흙	1 : 1.2

110

운반작업을 인력운반 작업과 기계운반 작업으로 분류할 때 기계운반 작업으로 실시하기에 부적당한 대상은?

① 단순하고 반복적인 작업
② 표준화되어 있어 지속적이고 운반량이 많은 작업
③ 취급물의 형상, 성질, 크기 등이 다양한 작업
④ 취급물이 중량인 작업

해설

취급물의 형상, 성질, 크기 등이 다양한 작업은 인력운반이 유리하다.

111

항만하역작업에서의 선박승강설비의 설치기준으로 옳지 않은 것은?

① 200톤급 이상의 선박에서 하역작업을 하는 경우에 근로자들이 안전하게 오르내릴 수 있는 현문(舷門) 사다리를 설치하여야 하며, 이 사다리 밑에 안전망을 설치하여야 한다.
② 현문 사다리는 견고한 재료로 제작된 것으로 너비는 55[cm] 이상이어야 한다.
③ 현문 사다리의 양측에는 82[cm] 이상의 높이로 울타리를 설치하여야 한다.
④ 현문 사다리는 근로자의 통행에만 사용하여야 하며, 화물용 발판 또는 화물용 보판으로 사용하도록 해서는 아니 된다.

해설 **선박승강설비의 설치**

· 사업주는 300톤급 이상의 선박에서 하역작업을 하는 경우에 근로자들이 안전하게 오르내릴 수 있는 현문 사다리를 설치하여야 하며, 이 사다리 밑에 안전망을 설치하여야 한다.
· 현문 사다리는 견고한 재료로 제작된 것으로 너비는 55[cm] 이상이어야 하고, 양측에 82[cm] 이상의 높이로 울타리를 설치하여야 하며, 바닥은 미끄러지지 않도록 적합한 재질로 처리되어야 한다.
· 현문 사다리는 근로자의 통행에만 사용하여야 하며, 화물용 발판 또는 화물용 보판으로 사용하도록 해서는 아니 된다.

112

추락방지망 설치 시 그물코의 크기가 10[cm]인 매듭 있는 방망의 신품에 대한 인장강도 기준으로 옳은 것은?

① 100[kg] 이상
② 200[kg] 이상
③ 300[kg] 이상
④ 400[kg] 이상

해설 **방망사의 인장강도[( )는 폐기기준]**

그물코의 크기[cm]	방망의 종류[kg]	
	매듭없는 방망	매듭방망
10	240(150)	200(135)
5	–	110(60)

113

다음 중 해체작업용 기계·기구로 가장 거리가 먼 것은?

① 압쇄기
② 핸드 브레이커
③ 철제햄머
④ 진동롤러

해설

진동롤러는 접지압을 조절하면서 표면에 진동을 가하여 도로공사 등에 적합한 다짐장비이다.

114

타워크레인을 자립고(自立高) 이상의 높이로 설치할 때 지지벽체가 없어 와이어로프로 지지하는 경우의 준수사항으로 옳지 않은 것은?

① 와이어로프를 고정하기 위한 전용 지지프레임을 사용할 것
② 와이어로프 설치각도는 수평면에서 60° 이내로 하되, 지지점은 4개소 이상으로 하고, 같은 각도로 설치할 것
③ 와이어로프와 그 고정부위는 충분한 강도와 장력을 갖도록 설치하되, 와이어로프를 클립·샤클(Shackle) 등의 기구를 사용하여 고정하지 않도록 유의할 것
④ 와이어로프가 가공전선(架空電線)에 근접하지 않도록 할 것

해설 **타워크레인을 와이어로프로 지지할 때 준수사항**

• 와이어로프를 고정하기 위한 전용 지지프레임을 사용할 것
• 와이어로프 설치각도는 수평면에서 60° 이내로 하되, 지지점은 4개소 이상으로 하고, 같은 각도로 설치할 것
• 와이어로프와 그 고정부위는 충분한 강도와 장력을 갖도록 설치하고, 와이어로프를 클립·샤클(Shackle) 등의 고정기구를 사용하여 견고하게 고정시켜 풀리지 않도록 하며, 사용 중에는 충분한 강도와 장력을 유지하도록 할 것
• 와이어로프가 가공전선에 근접하지 않도록 할 것

115

다음은 강관틀비계를 조립하여 사용하는 경우 준수해야 할 기준이다. (　　) 안에 알맞은 숫자를 나열한 것은?

> 길이가 띠장 방향으로 (　A　)[m] 이하이고 높이가 (　B　)[m]를 초과하는 경우에는 (　C　)[m] 이내마다 띠장 방향으로 버팀기둥을 설치할 것

① A: 4, B: 10, C: 5
② A: 4, B: 10, C: 10
③ A: 5, B: 10, C: 5
④ A: 5, B: 10, C: 10

해설 **강관틀비계 조립·사용 시 준수사항**

• 비계기둥의 밑둥에는 밑받침철물을 사용하여야 하며 밑받침에 고저차가 있는 경우에는 조절형 밑받침철물을 사용하여 각각의 강관틀비계가 항상 수평 및 수직을 유지하도록 할 것
• 높이가 20[m]를 초과하거나 중량물의 적재를 수반하는 작업을 할 경우에는 주틀 간의 간격을 1.8[m] 이하로 할 것
• 주틀 간에 교차 가새를 설치하고 최상층 및 5층 이내마다 수평재를 설치할 것
• 수직방향으로 6[m], 수평방향으로 8[m] 이내마다 벽이음을 할 것
• 길이가 띠장 방향으로 4[m] 이하이고 높이가 10[m]를 초과하는 경우에는 10[m] 이내마다 띠장 방향으로 버팀기둥을 설치할 것

116

2회 출제

동력을 사용하는 항타기 또는 항발기에 대하여 무너짐을 방지하기 위하여 준수하여야 할 기준으로 옳지 않은 것은?

① 연약한 지반에 설치하는 경우에는 아웃트리거·받침 등 지지구조물의 침하를 방지하기 위하여 깔판·받침목 등을 사용할 것

② 아웃트리거·받침 등 지지구조물이 미끄러질 우려가 있는 경우에는 말뚝 또는 쐐기 등을 사용하여 해당 지지구조물을 고정시킬 것

③ 상단 부분은 버팀대·버팀줄로 고정하여 안정시키고, 그 하단 부분은 견고한 버팀·말뚝 또는 철골 등으로 고정시킬 것

④ 궤도 또는 차로 이동하는 항타기 또는 항발기에 대해서는 불시에 이동하는 것을 방지하기 위하여 아웃트리거로 고정시킬 것

해설 **항타기 또는 항발기에 대하여 무너짐 방지를 위한 준수사항**

• 연약한 지반에서 설치하는 경우에는 아웃트리거·받침 등 지지구조물의 침하를 방지하기 위하여 깔판·받침목 등을 사용할 것

• 시설 또는 가설물 등에 설치하는 경우에는 그 내력을 확인하고 내력이 부족하면 그 내력을 보강할 것

• 아웃트리거·받침 등 지지구조물이 미끄러질 우려가 있는 경우에는 말뚝 또는 쐐기 등을 사용하여 해당 지지구조물을 고정시킬 것

• 궤도 또는 차로 이동하는 항타기 또는 항발기에 대해서는 불시에 이동하는 것을 방지하기 위하여 레일 클램프(Rail Clamp) 및 쐐기 등으로 고정시킬 것

• 상단 부분은 버팀대·버팀줄로 고정하여 안정시키고, 그 하단 부분은 견고한 버팀·말뚝 또는 철골 등으로 고정시킬 것

117

1회 출제

터널 등의 건설작업을 하는 경우 낙반 등에 의하여 근로자가 위험해질 우려가 있는 경우에 필요한 직접적인 조치사항과 거리가 먼 것은?

① 터널지보공 설치   ② 부석의 제거
③ 울 설치   ④ 록볼트 설치

해설

울은 추락의 위험이 있는 경우에 설치한다.

관련개념 **낙반 등에 의한 위험의 방지**

사업주는 터널 등의 건설작업을 하는 경우에 낙반 등에 의하여 근로자가 위험해질 우려가 있는 경우에 터널지보공 및 록볼트의 설치, 부석의 제거 등 위험을 방지하기 위하여 필요한 조치를 하여야 한다.

118
11회 출제

거푸집 및 동바리를 조립하는 경우에 준수하여야 할 안전조치 기준으로 옳지 않은 것은?

① 동바리로 사용하는 파이프 서포트의 높이가 3.5[m]를 초과하는 경우에는 높이 2[m] 이내마다 수평연결재를 2개 방향으로 만들고 수평연결재의 변위를 방지할 것

② 동바리로 사용하는 파이프 서포트는 3개 이상 이어서 사용하지 않도록 할 것

③ 동바리로 사용하는 파이프 서포트를 이어서 사용하는 경우에는 3개 이상의 볼트 또는 전용철물을 사용하여 이을 것

④ 동바리로 사용하는 강관틀과 강관틀 사이에 교차가새를 설치할 것

해설 동바리로 사용하는 파이프 서포트 조립 시 준수사항
- 파이프 서포트를 3개 이상 이어서 사용하지 않도록 할 것
- 파이프 서포트를 이어서 사용하는 경우에는 4개 이상의 볼트 또는 전용철물을 사용하여 이을 것
- 높이가 3.5[m]를 초과하는 경우에는 높이 2[m] 이내마다 수평연결재를 2개 방향으로 만들고 수평연결재의 변위를 방지할 것

관련개념 동바리로 사용하는 강관틀 조립 시 준수사항
- 강관틀과 강관틀 사이에 교차가새를 설치할 것
- 최상단 및 5단 이내마다 동바리의 측면과 틀면의 방향 및 교차가새의 방향에서 5개 이내마다 수평연결재를 설치하고 수평연결재의 변위를 방지할 것
- 최상단 및 5단 이내마다 동바리의 틀면의 방향에서 양단 및 5개틀 이내마다 교차가새의 방향으로 띠장틀을 설치할 것

119
4회 출제

본 터널(Main Tunnel)을 시공하기 전에 터널에서 약간 떨어진 곳에 지질조사, 환기, 배수, 운반 등의 상태를 알아보기 위하여 설치하는 터널은?

① 프리패브(Prefab) 터널 ② 사이드(Side) 터널
③ 쉴드(Shield) 터널 ④ 파일럿(Pilot) 터널

해설 파일럿(Pilot) 터널
본 터널(Main Tunnel)을 시공하기 전에 터널에서 약간 떨어진 곳에서 지질조사, 환기, 배수, 운반 등의 상태를 알아보기 위하여 설치하는 터널이다.

120
5회 출제

장비 자체보다 높은 장소의 땅을 굴착하는 데 적합한 장비는?

① 파워셔블(Power Shovel)
② 불도저(Bulldozer)
③ 드래그라인(Dragline)
④ 클램쉘(Clamshell)

해설
- 장비보다 높은 지면의 굴착에 적합한 기계: 파워셔블
- 장비보다 낮은 지면의 굴착에 적합한 기계: 백호우, 클램쉘, 드래그라인, 불도저

2020년 4회 | 기출문제

산업안전관리론

001
5회 출제

브레인스토밍(Brain Storming)의 원칙에 관한 설명으로 옳지 않은 것은?

① 최대한 많은 양의 의견을 제시한다.
② 누구나 자유롭게 의견을 제시할 수 있다.
③ 타인의 의견에 대하여 비판하지 않도록 한다.
④ 타인의 의견을 수정하여 본인의 의견으로 제시하지 않도록 한다.

해설 브레인스토밍의 4원칙

비판금지	「좋다」 또는 「나쁘다」라고 비판하지 않는다.
자유분방	자유로운 분위기에서 편안한 마음으로 발표한다.
대량발언	내용의 질적인 수준보다 양적으로 많이 발언한다.
수정발언	타인의 발표내용을 수정하거나 개조하여 관련된 내용을 추가 발표하여도 좋다.

002
14회 출제

위험예지훈련 4라운드의 진행방법을 올바르게 나열한 것은?

① 현상파악 → 목표설정 → 대책수립 → 본질추구
② 현상파악 → 본질추구 → 대책수립 → 목표설정
③ 현상파악 → 본질추구 → 목표설정 → 대책수립
④ 본질추구 → 현상파악 → 목표설정 → 대책수립

해설 위험예지훈련 4라운드

1라운드	현상파악	위험요인을 식별하는 단계
2라운드	본질추구	위험요인·문제점 발견 및 위험의 포인트를 결정하고 지적 확인하는 단계
3라운드	대책수립	위험요인을 극복하기 위한 대안 제시 단계
4라운드	목표설정	행동목표를 설정하는 단계

003
8회 출제

재해예방의 4원칙에 속하지 않는 것은?

① 손실우연의 원칙
② 예방교육의 원칙
③ 원인계기의 원칙
④ 예방가능의 원칙

해설 재해예방의 4원칙

손실우연의 원칙	사고에 의해서 생기는 상해의 종류 및 정도는 우연적이라는 원칙
예방가능의 원칙	재해는 원칙적으로 예방이 가능하다는 원칙
원인계기의 원칙 (원인연계의 원칙)	재해의 발생은 직접원인으로만 일어나는 것이 아니라 간접원인이 연계되어 일어난다는 원칙
대책선정의 원칙	원인의 정확한 분석에 의해 가장 타당한 재해예방 대책이 선정되어야 한다는 원칙

004
5회 출제

A 사업장의 도수율이 18.9일 때 연천인율은 얼마인가?

① 4.53
② 9.46
③ 37.86
④ 45.36

해설

연천인율을 구하기 위해서는 연간재해자수와 연평균 근로자수를 알아야 하지만 해당 문제에서는 도수율만 주어졌으므로 다음 식으로 연천인율을 구할 수 있다.

연천인율=도수율(빈도율)×2.4=18.9×2.4=45.36

※ 도수율(빈도율)에 2.4를 곱해서 연천인율을 구하는 방식은 연근로시간수가 2,400시간일 때 사용할 수 있다. 문제에서는 연근로시간수에 대한 언급이 없으므로 연근로시간수를 2,400시간으로 가정하고 해당 식을 적용할 수 있다.

관련개념 연천인율

근로자 1,000명당 연간 발생하는 재해자수이다.

$$연천인율 = \frac{연간재해자수}{연평균\ 근로자수} \times 1,000$$

연천인율=도수율(빈도율)×2.4

| 정답 | 001 ④　002 ②　003 ②　004 ④

005

2회 출제

산업안전보건법령상 관리감독자가 수행하는 안전 및 보건에 관한 업무에 속하지 않는 것은?

① 해당작업의 작업장 정리·정돈 및 통로 확보에 대한 확인·감독
② 해당작업에서 발생한 산업재해에 관한 보고 및 이에 대한 응급조치
③ 해당 사업장 안전교육계획의 수립 및 안전교육 실시에 관한 보좌 및 지도·조언
④ 관리감독자에게 소속된 근로자의 작업복·보호구 및 방호장치의 점검과 그 착용·사용에 관한 교육·지도

해설

'해당 사업장 안전교육계획의 수립 및 안전교육 실시에 관한 보좌 및 지도·조언'은 안전관리자의 업무에 해당한다.

관련개념 관리감독자의 업무

- 사업장 내 관리감독자가 지휘·감독하는 작업(해당작업)과 관련된 기계·기구 또는 설비의 안전·보건 점검 및 이상 유무의 확인
- 관리감독자에게 소속된 근로자의 작업복·보호구 및 방호장치의 점검과 그 착용·사용에 관한 교육·지도
- 해당작업에서 발생한 산업재해에 관한 보고 및 이에 대한 응급조치
- 해당작업의 작업장 정리·정돈 및 통로 확보에 대한 확인·감독
- 사업장의 안전관리자, 보건관리자, 안전보건관리담당자, 산업보건의에 해당하는 사람의 지도·조언에 대한 협조
- 위험성 평가에 관한 유해·위험요인의 파악 및 개선조치의 시행에 대한 참여

006

1회 출제

시설물의 안전 및 유지관리에 관한 특별법상 국토교통부장관은 시설물이 안전하게 유지관리될 수 있도록 하기 위하여 몇 년마다 시설물의 안전 및 유지관리에 관한 기본계획을 수립·시행하여야 하는가?

① 2년 　　　　② 3년
③ 5년 　　　　④ 10년

해설

국토교통부장관은 시설물이 안전하게 유지관리될 수 있도록 하기 위하여 5년마다 시설물의 안전 및 유지관리에 관한 기본계획을 수립·시행하여야 한다.

007

1회 출제

산업안전보건법령상 안전 및 보건에 관한 노사협의체의 근로자위원 구성 기준내용으로 옳지 않은 것은? (단, 명예산업안전감독관이 위촉되어 있는 경우이다.)

① 근로자대표가 지명하는 안전관리자 1명
② 근로자대표가 지명하는 명예산업안전감독관 1명
③ 도급 또는 하도급 사업을 포함한 전체 사업의 근로자대표
④ 공사금액이 20억 원 이상인 공사의 관계수급인의 각 근로자대표

해설 노사협의체의 구성

근로자 위원	• 도급 또는 하도급 사업을 포함한 전체 사업의 근로자대표 • 근로자대표가 지명하는 명예산업안전감독관 1명. 다만, 명예산업안전감독관이 위촉되어 있지 않은 경우에는 근로자대표가 지명하는 해당 사업장 근로자 1명 • 공사금액이 20억 원 이상인 공사의 관계수급인의 각 근로자대표
사용자 위원	• 도급 또는 하도급 사업을 포함한 전체 사업의 대표자 • 안전관리자 1명 • 보건관리자 1명 • 공사금액이 20억 원 이상인 공사의 관계수급인의 각 대표자

008

4회 출제

보호구 안전인증 고시에 따른 추락 및 감전 위험방지용 안전모의 성능시험 대상에 속하지 않는 것은?

① 내유성 　　　　② 내수성
③ 내관통성 　　　　④ 턱끈풀림

해설 안전인증대상 안전모의 시험성능기준

항목	시험성능기준
내관통성	AE, ABE종 안전모는 관통거리가 9.5[mm] 이하이고, AB종 안전모는 관통거리가 11.1[mm] 이하이어야 한다.
충격흡수성	최고전달충격력이 4,450[N]을 초과해서는 안 되며, 모체와 착장체의 기능이 상실되지 않아야 한다.
내전압성	AE, ABE종 안전모는 교류 20[kV]에서 1분간 절연파괴 없이 견뎌야 하고, 이때 누설되는 충전전류는 10[mA] 이하이어야 한다.
내수성	AE, ABE종 안전모는 질량증가율이 1[%] 미만이어야 한다.
난연성	모체가 불꽃을 내며 5초 이상 연소되지 않아야 한다.
턱끈풀림	150[N] 이상 250[N] 이하에서 턱끈이 풀려야 한다.

009
1회 출제

안전관리의 수준을 평가할 때 사고가 일어나는 시점을 전후하여 평가를 한다. 다음 중 사고가 일어나기 전의 수준을 평가하는 사전평가 활동에 해당하는 것은?

① 재해율 통계
② 안전활동률 관리
③ 재해손실 비용 산정
④ Safe-T-Score 산정

해설

재해율 통계, 재해손실 비용 산정, Safe-T-Score 산정 등은 사고발생 후 현황을 관리하는 사후활동에 해당한다.

관련개념 안전활동률

• 안전활동의 결과를 정량적으로 표시하는 지표로, 100만 시간당 안전활동의 건수를 말한다.

$$안전활동률 = \frac{안전활동건수}{연근로시간수 \times 평균근로자수} \times 1,000,000$$

• 안전활동건수에 포함되어야 할 항목
  - 실시한 안전개선 권고수
  - 안전조치한 불안전 작업수
  - 불안전 행동 적발건수
  - 불안전 물리적 지적 건수
  - 안전회의 건수
  - 안전홍보 건수

010
4회 출제

산업안전보건법령상 해당 사업장의 연간 재해율이 같은 업종의 평균재해율의 2배 이상인 경우 사업주에게 관리자를 정수 이상으로 증원하게 하거나 교체하여 임명할 것을 명할 수 있는 자는?

① 시·도지사
② 고용노동부장관
③ 국토교통부장관
④ 지방고용노동관서의 장

해설

지방고용노동관서의 장은 사업주에게 안전관리자를 정수 이상으로 증원하게 하거나 교체하여 임명할 것을 명할 수 있다.

관련개념 안전관리자 등의 증원·**교체임명** 명령 사유

• 해당 사업장의 연간재해율이 같은 업종의 평균재해율의 2배 이상인 경우
• 중대재해가 연간 2건 이상 발생한 경우
• 관리자가 질병이나 그 밖의 사유로 3개월 이상 직무를 수행할 수 없게 된 경우
• 화학적 인자로 인한 직업성 질병자가 연간 3명 이상 발생한 경우

011
7회 출제

재해의 간접원인 중 기술적 원인에 속하지 않는 것은?

① 경험 및 훈련의 미숙
② 구조, 재료의 부적합
③ 점검, 정비, 보존 불량
④ 건물, 기계장치의 설계 불량

해설 재해발생의 간접원인

기술적 원인	• 건물·기계 등의 설계 불량 • 구조·재료의 부적합	• 생산공정의 부적당 • 점검 및 보존 불량
교육적 원인	• 안전지식 및 경험의 부족 • 경험 및 훈련의 미숙 • 유해위험 작업의 교육 불충분	• 작업방법의 교육 불충분 • 안전수칙의 오해
신체적 원인	• 육체피로	• 시각 및 청각 이상
정신적 원인	• 판단력 부족 • 스트레스	• 착오
관리적 원인	• 안전관리조직 결함 • 작업준비 불충분 • 안전수칙 미제정	• 작업지시 부적당 • 인원배치(적정배치) 부적당 • 작업기준의 불명확

012
8회 출제

재해의 통계적 원인분석 방법 중 사고의 유형, 기인물 등 분류항목을 큰 순서대로 도표화한 것은?

① 관리도
② 파레토도
③ 크로스도
④ 특성요인도

해설 통계에 의한 재해원인 분석방법

파레토도	사고의 유형, 기인물 등 분류항목을 큰 순서대로 도표화하는 방법
특성요인도	특성과 요인관계를 도표로 하여 어골상으로 세분하는 방법
크로스도	2개 이상의 문제 관계를 분석하는 데 사용하는 것으로, 데이터를 집계하고 표로 표시하여 요인별 결과 내역을 교차한 크로스 그림을 작성하여 분석하는 방법
관리도	재해 발생 건수 등의 추이를 파악하여 목표 관리를 행하는 데 필요한 월별 재해 발생수를 그래프화하여 관리선을 설정·관리하는 방법

013

시설물의 안전 및 유지관리에 관한 특별법상 다음과 같이 정의되는 용어는?

> 시설물의 물리적·기능적 결함을 발견하고 그에 대한 신속하고 적절한 조치를 하기 위하여 구조적 안전성과 결함의 원인 등을 조사·측정·평가하여 보수·보강 등의 방법을 제시하는 행위

① 성능평가   ② 정밀안전진단
③ 긴급안전점검   ④ 정기안전진단

해설

"정밀안전진단"이란 시설물의 물리적·기능적 결함을 발견하고 그에 대한 신속하고 적절한 조치를 하기 위하여 구조적 안전성과 결함의 원인 등을 조사·측정·평가하여 보수·보강 등의 방법을 제시하는 행위를 말한다.

관련개념

- "성능평가"란 시설물의 기능을 유지하기 위하여 요구되는 시설물의 구조적 안전성, 내구성, 사용성 등의 성능을 종합적으로 평가하는 것을 말한다.
- "긴급안전점검"이란 시설물의 붕괴·전도 등으로 인한 재난 또는 재해가 발생할 우려가 있는 경우에 시설물의 물리적·기능적 결함을 신속하게 발견하기 위하여 실시하는 점검을 말한다.
- ※「시설물의 안전 및 유지관리에 관한 특별법」상 '정기안전진단'의 정의는 명확하게 명시되어 있지 않다.

014

다음 중 재해조사의 목적 및 방법에 관한 설명으로 적절하지 않은 것은?

① 재해조사는 현장보존에 유의하면서 재해발생 직후에 행한다.
② 피해자 및 목격자 등 많은 사람으로부터 사고 시의 상황을 수집한다.
③ 재해조사의 1차적 목표는 재해로 인한 손실금액을 추정하는 데 있다.
④ 재해조사의 목적은 동종재해 및 유사재해의 발생을 방지하기 위함이다.

해설

재해조사의 주된 목적은 사고의 근본원인을 파악하여 동종 및 유사재해를 예방하기 위함이다.

015

사업장의 안전보건관리계획 수립 시 유의사항으로 옳은 것은?

① 사고발생 후의 수습대책에 중점을 둔다.
② 계획의 실시 중에는 변동이 없어야 한다.
③ 계획의 목표는 점진적으로 수준을 높이도록 한다.
④ 대기업의 경우 표준계획서를 작성하여 모든 사업장에 동일하게 적용시킨다.

해설 **안전보건관리계획 수립 시 유의사항**

- 사업장의 실태에 맞도록 독자적인 방법으로 수립하되, 실현가능성이 있도록 하여야 한다.
- 직장 단위로 구체적인 내용으로 작성하여야 한다.
- 계획의 목표는 점진적으로 높은 수준이 되도록 하여야 한다.

016

안전보건관리조직의 유형 중 직계(Line)형에 관한 설명으로
옳은 것은?

① 대규모의 사업장에 적합하다.

② 안전지식이나 기술축적이 용이하다.

③ 안전지시나 명령이 신속히 수행된다.

④ 독립된 안전참모 조직을 보유하고 있다.

해설 라인형(직계식) 조직의 특징

- 안전에 관한 명령, 지시 및 조치가 각 부문의 직계를 통하여 생산업무와 함께 시행되므로 철저하고 실시도 빠르다.
- 명령과 보고가 상하관계뿐이므로 간단 명료하다.
- 생산라인(Production Line)의 각급 관리감독자는 일상의 생산업무에 쫓겨 안전에 대한 전문지식이나 정보를 몸에 익힐 수 없다는 단점이 있다.
- 100명 이하의 소규모 사업장에 적합하다.

017

다음 중 하인리히(H. W. Heinrich)의 재해코스트 산정방법
에서 직접손실비와 간접손실비의 비율로 옳은 것은? (단,
비율은 "직접손실비 : 간접손실비"로 표현한다.)

① 1 : 2   ② 1 : 4

③ 1 : 8   ④ 1 : 10

해설 하인리히의 재해손실비율

- 직접손실비용 : 간접손실비용=1 : 4(1대 4의 경험법칙)
- 재해손실비용=직접비(1)+간접비(4)=직접비×5배

018

다음 중 웨버(D. A. Weaver)의 사고발생 도미노이론에서
"작전적 에러"를 찾아내기 위한 질문의 유형과 가장 거리
가 먼 것은?

① What   ② Why

③ Where   ④ Whether

해설

웨버(D. A. Weaver)는 사고발생 도미노이론에서 작전적 에러를 찾기 위해
What－Why－Whether Process를 도표화하여 제시하였다.

019

산업안전보건법령에 따른 안전보건표지의 종류 중 지시표
지에 속하는 것은?

① 화기금지   ② 보안경 착용

③ 낙하물 경고   ④ 응급구호표지

해설

'화기금지'는 금지표지, '낙하물 경고'는 경고표지, '응급구호표지'는 안내
표지에 해당한다.

관련개념 안전보건표지의 용도별 사용 예

용도	사용 예
금지	정지신호, 소화설비 및 그 장소, 유해행위의 금지
경고	화학물질 취급장소에서의 유해·위험경고 및 그 이외의 위험경고, 주의표지 또는 기계 방호물
지시	특정 행위의 지시 및 사실의 고지
안내	비상구 및 피난소, 사람 또는 차량의 통행표지

020

산업안전보건기준에 관한 규칙상 공기압축기를 가동할 때의 작업시작 전 점검사항에 해당하지 않는 것은?

① 윤활유의 상태
② 언로드밸브의 기능
③ 압력방출장치의 기능
④ 비상정지장치 기능의 이상 유무

해설

'비상정지장치 기능의 이상 유무'는 컨베이어 등을 사용하여 작업을 할 때 작업시작 전 점검사항이다.

관련개념 **공기압축기를 가동할 때 작업시작 전 점검사항**
• 공기저장 압력용기의 외관 상태
• 드레인밸브의 조작 및 배수
• 압력방출장치의 기능
• 언로드밸브의 기능
• 윤활유의 상태
• 회전부의 덮개 또는 울
• 그 밖의 연결 부위의 이상 유무

산업심리 및 교육

021

다음 중 리더십과 헤드십에 관한 설명으로 옳은 것은?

① 헤드십은 부하와의 사회적 간격이 좁다.
② 헤드십에서의 책임은 상사에 있지 않고 부하에 있다.
③ 리더십의 지휘형태는 권위주의적인 반면, 헤드십의 지휘형태는 민주적이다.
④ 권한행사 측면에서 보면 헤드십은 임명에 의하여 권한을 행사할 수 있다.

해설 **헤드십(Headship)**
• 선출된 지도자가 아니라 조직에 의해 임명된 지도자가 행하는 권한 행사이다.
• 권한의 근거는 공식적인 법과 규정에 의한다.
• 지휘의 형태는 권위적이다.
• 상사와 부하의 관계는 지배적이고 사회적 간격이 넓다.
• 책임은 부하에 있지 않고 상사에게 있다.

022

생체리듬(Biorhythm)에 대한 설명으로 옳은 것은?

① 각각의 리듬이 (−)에서의 최저점에 이르렀을 때를 위험일이라 한다.
② 감성적 리듬은 영문으로 S라 표시하며, 23일을 주기로 반복된다.
③ 육체적 리듬은 영문으로 P라 표시하며, 28일을 주기로 반복된다.
④ 지성적 리듬은 영문으로 I라 표시하며, 33일을 주기로 반복된다.

해설 **생체리듬(바이오리듬)의 분류**

육체적(신체적) 리듬 (P, Physical)	신체의 물리적인 상태를 나타내는 리듬으로, 청색 실선으로 표시하며 23일의 주기이다.
감성적 리듬 (S, Sensitivity)	기분이나 신경계통의 상태를 나타내는 리듬으로, 적색 점선으로 표시하며 28일의 주기이다.
지성적 리듬 (I, Intellectual)	기억력, 인지력, 판단력 등을 나타내는 리듬으로, 녹색 일점쇄선으로 표시하며 33일의 주기이다.

※ 위험일: 안정기(+)와 불안정기(−)의 교차점

023

2회 출제

다음 중 안전교육을 위한 시청각 교육법에 대한 설명으로 가장 적절한 것은?

① 지능, 적성, 학습속도 등 개인차를 충분히 고려할 수 있다.
② 학습자들에게 공통의 경험을 형성시켜 줄 수 있다.
③ 학습의 다양성과 능률화에 기여할 수 없다.
④ 학습자료를 시간과 장소에 제한 없이 제시할 수 있다.

해설 **시청각 교육법**
• 학습능력을 높이기 위해 시청각 매체를 적절히 활용하는 교육방법이다.
• 대규모 수업체제의 구성이 가능하다.
• 학습의 다양성과 능률화에 기여한다.
• 학습자에게 공통된 경험을 형성시킨다.

024

1회 출제

새로운 기술과 학습에서는 연습이 매우 중요하다. 연습 방법과 관련된 내용으로 틀린 것은?

① 새로운 기술을 학습하는 경우에는 일반적으로 배분연습보다 집중연습이 더 효과적이다.
② 교육훈련과정에서는 학습자료를 한꺼번에 묶어서 일괄적으로 연습하는 방법을 집중연습이라고 한다.
③ 충분한 연습으로 완전학습한 후에도 일정량 연습을 계속하는 것을 초과학습이라고 한다.
④ 기술을 배울 때는 적극적 연습과 피드백이 있어야 부적절하고 비효과적 반응을 제거할 수 있다.

해설
새로운 기술을 학습하는 경우에는 일반적으로 집중연습보다 배분연습이 더 효과적이다.
배분연습은 학습과 휴식을 적절히 배치하며 피로를 줄이고 학습의 전이를 높여주므로 새로운 기술 습득에 유리하다.

025

1회 출제

다음 중 교육지도의 원칙과 가장 거리가 먼 것은?

① 반복적인 교육을 실시한다.
② 학습자에게 동기부여를 한다.
③ 쉬운 것부터 어려운 것으로 실시한다.
④ 한 번에 여러 가지의 내용을 실시한다.

해설 **교육지도의 원칙**
• 동기부여를 위주로 한 교육이 되게 한다.
• 학습자 입장의 교육이 되게 한다.
• 오감을 통한 기능적인 이해를 돕는다.
• 쉬운 것부터 어려운 것 순으로 진행한다.
• 한 번에 한 가지씩 교육을 실시한다.
• 많이 사용하는 것에서 적게 사용하는 것 순으로 실시한다.
• 과거부터 현재, 미래의 순서로 실시한다.

026

3회 출제

직무수행평가 시 평가자가 특정 피평가자에 대해 구체적으로 잘 모름에도 불구하고 모든 부분에 대해 좋게 평가하는 오류는?

① 후광오류
② 엄격화오류
③ 중앙집중오류
④ 관대화오류

해설 **인간의 경향성(지각의 오류)**

후광효과	한 가지 특성에 기초하여 그 사람의 모든 측면을 긍정적 또는 부정적으로 판단하는 경향성
엄격화효과	피평가자의 실제 업적이나 능력을 낮게 평가하는 경향성
중앙집중효과	피평가자들을 모두 중간점수로 평가하려는 경향성
관대화효과	타인을 평가함에 있어 관대하게 평가하려는 경향성
최신효과	가장 최근의 인상으로 판단하는 경향성
단순노출효과	지속적인 만남을 통해서 호감을 갖게 되는 경향성
초두효과	첫인상을 가장 중요하게 판단하는 경향성

027

7회 출제

다음 중 정상적 상태이지만 생리적 상태가 휴식할 때에 해당하는 의식수준은?

① Phase Ⅰ   ② Phase Ⅱ
③ Phase Ⅲ   ④ Phase Ⅳ

해설 인간의 의식레벨

단계	의식수준	생리적 상태
Phase 0	무의식, 실신상태	뇌발작, 수면
Phase Ⅰ	이상, 피로 및 단조로움	피로, 단조로움, 졸음
Phase Ⅱ	정상, 이완상태	휴식 시, 정례작업 시
Phase Ⅲ	정상, 명쾌	적극 활동 시
Phase Ⅳ	과긴장	패닉, 긴급방위반응

028

2회 출제

다음 중 하버드 학파의 5단계 교수법에 해당되지 않는 것은?

① 추론한다.   ② 교시한다.
③ 연합시킨다.   ④ 총괄시킨다.

해설 하버드 학파의 5단계 교수법
- 1단계: 준비(Preparation)
- 2단계: 교시(Presentation)
- 3단계: 연합(Association)
- 4단계: 총괄(Generalization)
- 5단계: 응용(Application)

029

5회 출제

안전보건교육을 향상시키기 위한 학습지도의 원리에 해당되지 않는 것은?

① 통합의 원리   ② 자기활동의 원리
③ 개별화의 원리   ④ 동기유발의 원리

해설 학습지도의 원리

개별화	학습자의 요구와 성향, 소질에 적합한 학습의 기회를 부여한다는 원리
통합	학습자의 모든 능력을 조화롭게 발달시키는 생활중심의 통합교육을 원칙으로 한다는 원리
사회화	공동학습과 같은 협동을 통해서 학습자의 사회화를 도와주는 원리
자기활동 (자발성)	학습지도는 내적동기를 유발시켜야 효과적이라는 원리
직관	구체적 사물을 제시하거나 경험시킴으로써 학습효과를 거둘 수 있다는 원리
목적	학습자에게 학습목표가 분명히 인식되었을 경우 자발적이고 적극적인 학습을 기대할 수 있다는 원리

030

7회 출제

다음 중 산업안전심리의 5대 요소에 속하지 않는 것은?

① 감정   ② 습관
③ 동기   ④ 시간

해설 산업안전심리의 5요소

동기(Motive)	감각에 의한 자극에서 일어난 사고의 결과로서 사람의 마음을 움직이는 원동력이 된다.
기질(Temper)	감정적인 경향이나 반응과 관계되는 성격의 한 측면이다.
감정(Emotion)	어떤 행동을 할 때 생기는 주관적인 동요를 뜻한다.
습성(Habits)	일정한 생활양식으로 본능, 학습, 조건반사 등에 따라 형성된다.
습관(Custom)	성장과정을 통해 개인에게 형성된 특성 등이 무의식 중에 나타나는 규칙적인 행동이다.

031

2회 출제

인간의 착각현상 가운데 암실 내에서 하나의 광점을 보고 있으면 그 광점이 움직이는 것처럼 보이는 것을 자동운동이라 하는데, 다음 중 자동운동이 생기기 쉬운 조건이 아닌 것은?

① 광점이 작을 것
② 대상이 단순할 것
③ 광의 강도가 클 것
④ 시야의 다른 부분이 어두울 것

해설 자동운동이 생기기 쉬운 조건
- 광점이 작을수록
- 대상이 단순할수록
- 광의 강도가 약할수록
- 시야의 다른 부분이 어두울수록

032

6회 출제

다음 중 주의의 특성에 관한 설명으로 틀린 것은?

① 변동성이란 주의집중 시 주기적으로 부주의의 리듬이 존재함을 말한다.
② 방향성이란 주의는 항상 일정한 수준을 유지할 수 있으므로 장시간 고도의 주의집중이 가능함을 말한다.
③ 선택성이란 인간은 한 번에 여러 종류의 자극을 지각·수용하지 못함을 말한다.
④ 선택성이란 소수의 특정 자극에 한정해서 선택적으로 주의를 기울이는 기능을 말한다.

해설 주의(Attention)의 특징
- 선택성: 여러 종류의 자극 중 특정한 것을 선택하여 주의가 집중된다.
- 방향성: 한 지점에 주의를 집중하면 다른 곳의 주의가 약해진다.
- 변동성: 주의가 유지되지 않고 일정한 주기로 부주의하게 된다.

033

1회 출제

안전교육의 강의안 작성 시 교육할 내용을 항목별로 구분하여 핵심 요점사항만을 간결하게 정리하여 기술하는 방법은?

① 게임 방식
② 시나리오식
③ 조목열거식
④ 혼합형 방식

해설 안전교육 강의안 작성방법

조목열거식	교육할 내용을 항목별로 구분하여 핵심적인 사항만을 간결하게 정리하는 방법
시나리오식	교육할 내용을 상세히 이야기하는 방식으로, 구체적인 내용을 모두 기재하여 참고하도록 하는 방법
혼합형 방식	경우에 따라 조목열거식에 부가적인 내용을 보충하는 방법

034

1회 출제

다음 중 면접 결과에 영향을 미치는 요인들에 관한 설명으로 틀린 것은?

① 한 지원자에 대한 평가는 바로 앞의 지원자에 의해 영향을 받는다.
② 면접자는 면접 초기와 마지막에 제시된 정보에 의해 많은 영향을 받는다.
③ 지원자에 대한 부정적 정보보다 긍정적 정보가 더 중요하게 영향을 미친다.
④ 지원자의 성과 직업에 있어서 전통적 고정관념은 지원자와 면접자 간의 성의 일치 여부보다 더 많은 영향을 미친다.

해설 면접 결과에 영향을 미치는 요인
- 지원자에 대한 부정적 정보가 긍정적 정보보다 더 중요하게 영향을 미친다.
- 면접자는 면접 초기와 마지막에 제시된 정보에 의해 많은 영향을 받는다.
- 한 지원자에 대한 평가는 바로 앞의 지원자에 의해 영향을 받는다.
- 지원자의 성과 직업에 있어서 전통적 고정관념은 지원자와 면접자 간의 성의 일치 여부보다 더 많은 영향을 미친다.

035

1회 출제

안전사고와 관련하여 소질적 사고요인이 아닌 것은?

① 시각기능
② 지능
③ 작업자세
④ 성격

해설

소질적 사고요인은 개인이 타고난 특성과 관련된 요인으로, 지능, 성격, 시각기능 등이 이에 해당한다.

036

7회 출제

교육 및 훈련방법 중 다음의 특징을 갖는 방법은?

> - 다른 방법에 비해 경제적이다.
> - 교육대상 집단 내 수준차로 인해 교육의 효과가 감소할 가능성이 있다.
> - 상대적으로 피드백이 부족하다.

① 강의법
② 사례연구법
③ 세미나법
④ 감수성 훈련

해설 강의법의 특징

- 전체적인 교육내용을 제시하거나, 새로운 과업 및 작업단위의 도입단계에 유효하다.
- 짧은 시간 내에 많은 내용을 다수의 대상에게 교육시킬 수 있다.
- 교육 시간에 대한 조정이 용이하다.
- 피드백이 부족하다.
- 난해한 문제에 대하여 평이하게 설명이 가능하다.
- 교육 집단 내 수준차로 인해 교육의 효과가 감소할 수 있다.

037

1회 출제

다음 중 관계지향적 리더가 나타내는 대표적인 행동 특징으로 볼 수 없는 것은?

① 우호적이며 가까이 하기 쉽다.
② 집단구성원들을 동등하게 대한다.
③ 집단구성원들의 활동을 조정한다.
④ 어떤 결정에 대해 자세히 설명해준다.

해설

'집단구성원들의 활동을 조정하는 것'은 과업지향적 리더의 특성이다.

관련개념 관계지향적 리더십의 특징

- 부하 및 동료들과의 인간관계에 집중하며, 그 다음으로 생산(과업) 부분에 관심을 가지는 유형이다.
- 부하에 대해 우호적이며 부하들이 가까이 하기 쉽다.
- 어떤 결정에 대하여 그 내용을 자세히 설명해준다.
- 집단구성원들을 동등하게 대한다.

038

2회 출제

다음 중 데이비스(K. Davis)의 동기부여이론에서 능력(Ability)을 올바르게 표현한 것은?

① 기능(Skill)×태도(Attitude)
② 지식(Knowledge)×기능(Skill)
③ 상황(Situation)×태도(Attitude)
④ 지식(Knowledge)×상황(Situation)

해설 데이비스(K. Davis)의 동기부여이론

- 능력(Ability)=지식(Knowledge)×기능(Skill)
- 동기유발(Motivation)=상황(Situation)×태도(Attitude)
- 인간의 성과(Human Performance)=능력(Ability)×동기유발(Motivation)
- 경영의 성과=인간의 성과×물질적 성과

039

12회 출제

인간이 충족시키고자 추구하는 욕구에 있어 가장 강력한 욕구는?

① 생리적 욕구
② 안전의 욕구
③ 자아실현의 욕구
④ 애정 및 귀속의 욕구

해설 매슬로우(Maslow)의 욕구이론
- 인간의 욕구는 생리적 욕구 → 안전의 욕구 → 사회적 욕구 → 존경(인정)의 욕구 → 자아실현의 욕구 순으로 발생한다.
- 인간은 가장 기본적인 욕구에서 시작하여 상위 욕구로 올라가면서 자신의 욕구를 체계적으로 충족시킨다.

040

16회 출제

교육방법 중 OJT(On the Job Training)에 속하지 않는 교육방법은?

① 코칭
② 강의법
③ 직무순환
④ 멘토링

해설
강의법은 Off JT의 가장 대표적인 교육방법이다.

관련개념 OJT(On the Job Training)의 특징

장점	• 개개인에게 적절한 지도훈련이 가능하다. • 직장의 실정에 맞게 실제적 훈련이 가능하다. • 교육을 통한 훈련효과에 의해 상호 신뢰 및 이해도가 높아진다. • 대상자의 개인별 능력에 따라 훈련의 진도를 조정하기 쉽다. • 교육효과가 업무에 신속히 반영된다. • 훈련에 필요한 업무의 계속성이 끊어지지 않는다. • 동기부여가 쉽다.
단점	• 다수의 대상을 한 번에 통일적인 내용 및 수준으로 교육시킬 수 없다. • 전문적인 지식 및 기능을 교육하기 힘들다. • 업무와 교육이 병행되므로 훈련에만 전념할 수 없다.

인간공학 및 시스템안전공학

041

3회 출제

인체측정에 대한 설명으로 옳은 것은?

① 인체측정은 동적측정과 정적측정이 있다.
② 인체측정학은 인체의 생화학적 특징을 다룬다.
③ 자세에 따른 인체치수의 변화는 없다고 가정한다.
④ 측정항목에 무게, 둘레, 두께, 길이는 포함되지 않는다.

해설
신체의 측정은 동적(기능적)측정과 정적(구조적)측정으로 구분된다.

관련개념 인체의 측정
일반적으로 몸의 측정 치수는 구조적 치수(Structural Dimension)와 기능적 치수(Functional Dimension)로 나누어진다.
- 구조적 인체치수: 활동이 없는 고정된 자세에서 마틴(Martin)식 인체측정기 등으로 측정하는 인체치수로 정적측정에 해당한다.
- 기능적 인체치수: 공간이나 제품의 설계 시 움직이는 몸의 자세를 고려하기 위해 사용되는 인체치수로 동적측정에 해당한다.

042

4회 출제

결함수분석법에서 Path Set에 관한 설명으로 옳은 것은?

① 시스템의 약점을 표현한 것이다.
② Top 사상을 발생시키는 조합이다.
③ 시스템이 고장 나지 않도록 하는 사상의 조합이다.
④ 시스템 고장을 유발시키는 필요불가결한 기본사상들의 집합이다.

해설 패스셋(Path Set)
- 기본사상들이 모두 발생하지 않으면 정상사상(Top Event)이 발생되지 않는 조합이다.
- 시스템이 고장 나지 않도록 하는 사상이며, 시스템의 기능을 유지하는 데 필요한 최소 요인의 집합이다.

043

촉감의 일반적인 척도의 하나인 2점 문턱값(Two-point Threshold)이 감소하는 순서대로 나열된 것은?

① 손가락 → 손바닥 → 손가락 끝

② 손바닥 → 손가락 → 손가락 끝

③ 손가락 끝 → 손가락 → 손바닥

④ 손가락 끝 → 손바닥 → 손가락

해설 2점 문턱값(Two-point Threshold)

- 피부의 예민성을 측정하기 위한 지표이다.
- 피부에서 특정한 2개의 점에 자극을 가할 때 자극에 대한 감각을 2개의 점으로 느낄 수 있는 최소 간격을 의미한다.
- 문턱값은 손바닥 → 손가락 → 손가락 끝 순으로 감소한다.

044

결함수분석의 기호 중 입력사상이 어느 하나라도 발생할 경우 출력사상이 발생하는 것은?

① NOR GATE ② AND GATE

③ OR GATE ④ NAND GATE

해설 OR 게이트

입력사상 중 어느 하나라도 발생하는 경우 출력사상이 발생하는 게이트로 논리합의 관계이다.

관련개념

- NOR 게이트: OR 게이트의 결과를 부정한 게이트로, 입력사상이 어느 하나라도 발생하는 경우 출력사상이 발생하지 않는다.
- AND 게이트: 입력사상이 모두 발생하는 경우 출력사상이 발생하는 게이트로 논리곱의 관계이다.
- NAND 게이트: AND 게이트의 결과를 부정한 게이트로, 입력사상이 모두 발생하는 경우 출력사상이 발생하지 않는다.

045

FTA 결과 다음과 같은 패스셋을 구하였다. 최소 패스셋으로 옳은 것은?

$$\{X_2, X_3, X_4\}$$
$$\{X_1, X_3, X_4\}$$
$$\{X_3, X_4\}$$

① $\{X_3, X_4\}$

② $\{X_1, X_3, X_4\}$

③ $\{X_2, X_3, X_4\}$

④ $\{X_2, X_3, X_4\}$와 $\{X_3, X_4\}$

해설

패스셋은 그 속에 포함되어 있는 기본사상이 일어나지 않을 때 처음으로 정상사상이 일어나지 않는 기본사상의 집합으로 최소(미니멀) 패스셋은 패스셋 중 다른 패스셋을 포함하고 있는 것을 제외한 패스셋을 말한다. 보기의 패스셋에서 다른 패스셋을 포함하고 있는 것을 제외한 패스셋, 즉 최소 패스셋은 $\{X_3, X_4\}$이다.

046

연구 기준의 요건과 내용이 옳은 것은?

① 무오염성: 실제로 의도하는 바와 부합해야 한다.

② 적절성: 반복 시험 시 재현성이 있어야 한다.

③ 신뢰성: 측정하고자 하는 변수 이외의 다른 변수의 영향을 받아서는 안 된다.

④ 민감도: 피실험자 사이에서 볼 수 있는 예상 차이점에 비례하는 단위로 측정해야 한다.

해설 체계기준의 구비조건(연구조사의 기준척도)

실제적 요건	객관적·정량적이고, 수집 또는 연구가 쉬우며, 특수한 자료 수집기법이나 기기가 필요 없고, 돈이나 실험자의 수고가 적게 드는 것
적절성(타당성)	변수가 실제로 의도하는 바를 어느 정도 측정하는가를 결정하는 것
무오염성	측정하는 구조 외적인 변수의 영향을 받지 않는 것
신뢰성	시간이나 대표적 표본의 선정에 관계없이 변수 측정의 일관성이나 안정성이 있는 것
민감도	피검자 사이에서 볼 수 있는 예상 차이점에 비례하는 단위로 측정하는 것

047

시스템 안전분석 방법 중 예비위험분석(PHA) 단계에서 식별하는 4가지 범주에 속하지 않는 것은?

① 위기상태
② 무시가능상태
③ 파국적상태
④ 예비조치상태

해설 예비위험분석(PHA; Preliminary Hazard Analysis)
- 시스템 내의 위험요소가 어떤 위험 상태에 있는가를 평가하는 시스템 안전 프로그램에서 최초단계(시스템 구상단계)의 분석 방식(정성적)이다.
- 위험의 정도는 파국(Catastrophic), 중대(Critical), 위기-한계(Marginal), 무시가능(Negligible)의 4가지 범주로 분류할 수 있다.

048

다음은 불꽃놀이용 화학물질취급설비에 대한 정량적 평가이다. 해당 항목에 대한 위험등급이 올바르게 연결된 것은?

항목	A(10점)	B(5점)	C(2점)	D(0점)
취급물질	○	○	○	
조작		○		○
화학설비의 용량	○		○	
온도	○	○		
압력		○	○	○

① 취급물질 – Ⅰ등급, 화학설비의 용량 – Ⅰ등급
② 온도 – Ⅰ등급, 화학설비의 용량 – Ⅱ등급
③ 취급물질 – Ⅰ등급, 조작 – Ⅳ등급
④ 온도 – Ⅱ등급, 압력 – Ⅲ등급

해설 정량적 평가의 위험등급
A급은 10점, B급은 5점, C급은 2점, D급은 0점을 부여하고 합산점수를 구해 위험등급을 부여한다.

위험등급	Ⅰ	Ⅱ	Ⅲ
합산점수[점]	16 이상	11~15	10 이하

각각의 위험점수의 합계를 구해 등급표에 적용한다.
- 취급물질: 10+5+2=17점 → Ⅰ등급
- 조작: 5+0=5점 → Ⅲ등급
- 화학설비의 용량: 10+2=12점 → Ⅱ등급
- 온도: 10+5=15점 → Ⅱ등급
- 압력: 5+2+0=7점 → Ⅲ등급

049

인간-기계 시스템에서 시스템의 설계를 다음과 같이 구분할 때 제3단계인 기본설계에 해당되지 않는 것은?

1단계: 시스템의 목표와 성능 명세 결정
2단계: 시스템의 정의
3단계: 기본설계
4단계: 인터페이스 설계
5단계: 보조물 설계
6단계: 시험 및 평가

① 화면설계
② 작업설계
③ 직무분석
④ 기능할당

해설
'화면설계'는 제4단계인 인터페이스 설계에 해당된다.

관련개념 인간-기계 시스템의 설계과정

1단계	시스템의 목표와 성능 명세 결정	목적 및 존재 이유에 대한 결정
2단계	시스템의 정의	목표 달성을 위해 필요한 기능의 결정
3단계	기본설계	기능의 할당, 작업설계, 인간성능 요건 명세, 직무분석
4단계	인터페이스 설계	작업공간, 화면설계, 표시 및 조종장치
5단계	촉진물(보조물) 설계	성능보조자료, 훈련도구 등 보조물 설계
6단계	시험 및 평가	시스템 개발과 관련된 평가와 인간적인 요소 평가

050

어떤 소리가 1,000[Hz], 60[dB]인 음과 같은 높이임에도 4배 더 크게 들린다면, 이 소리의 음압수준은 얼마인가?

① 70[dB]
② 80[dB]
③ 90[dB]
④ 100[dB]

해설

기준음을 60[dB]로 했을 때 sone 값은

$sone = 2^{\frac{phon-40}{10}} = 2^{\frac{60-40}{10}} = 4[sone]$

4배 더 큰 음압수준은 16[sone]이 되어야 하므로

$16[sone] = 2^{\frac{phon-40}{10}}$ 에서 $\frac{phon-40}{10} = 4$, phon = 80

※ 1,000[Hz]에서는 음압수준[dB]과 음의 크기수준[phon] 값이 같다.

관련개념 sone 값

- 인간이 청각으로 느끼는 소리의 크기를 측정하는 척도이다.
- 1[sone]은 40[dB]의 1,000[Hz] 순음의 크기로 40[phon]의 값을 의미한다.
- phon의 값이 주어질 때 $sone = 2^{\frac{phon-40}{10}}$ 으로 구한다.

051

신호검출이론(SDT)의 판정결과 중 신호가 없었는데도 있었다고 말하는 경우는?

① 긍정(Hit)
② 누락(Miss)
③ 허위(False Alarm)
④ 부정(Correct Rejection)

해설 신호검출이론(SDT; Signal Detection Theory)

- 신호의 탐지는 관찰자의 반응편향과 민감도에 달려있다는 이론이다.
- 신호 검출 시 이를 간섭하는 소음이 있고, 신호와 소음을 식별하기 힘든 상황에 신호검출이론이 적용된다.
- 신호검출 결과
  - 긍정(Hit): 신호가 있고 반응이 있는 경우
  - 허위(False Alarm): 신호가 없는데 반응이 있는 경우
  - 누락(Miss): 신호가 있는데 반응이 없는 경우
  - 부정(Correct Rejection): 신호가 없고 반응도 없는 경우

052

어느 부품 1,000개를 100,000시간 동안 가동하였을 때 5개의 불량품이 발생하였을 경우 평균동작시간(MTTF)은?

① 1×10^6시간
② 2×10^7시간
③ 1×10^8시간
④ 2×10^9시간

해설

$MTTF = \frac{부품수 \times 가동시간}{불량품수}$

$= \frac{1,000 \times 100,000}{5} = 20,000,000 = 2 \times 10^7$시간

관련개념 MTTF(Mean Time To Failure, 평균수명)

한 번 고장이 발생할 때까지 걸리는 평균시간을 의미한다. 주로 수리가 불가능한 제품에 적용한다.

$MTTF = \frac{부품수 \times 가동시간}{불량품수(고장수)}$

053

시스템 안전분석 방법 중 HAZOP에서 "완전대체"를 의미하는 것은?

① NOT
② REVERSE
③ PART OF
④ OTHER THAN

해설 가이드워드(Guide Words)

No/Not	설계 의도의 완전한 부정
Part of	성질상의 감소
As well as	성질상의 증가
More/Less	양의 증가 혹은 감소
Other than	완전한 대체
Reverse	설계 의도의 논리적인 역

054

3회 출제

실린더 블록에 사용하는 가스켓의 수명분포는 X∼N$(10,000, 200^2)$인 정규분포를 따른다. t=9,600시간일 경우에 신뢰도(R(t))는? (단, P(Z≤1)=0.8413, P(Z≤1.5)=0.9332, P(Z≤2)=0.9772, P(Z≤3)=0.9987이다.)

① 84.13[%]
② 93.32[%]
③ 97.72[%]
④ 99.87[%]

해설

정규분포 표준화 공식에 따라 $Z = \dfrac{변수(X)-평균(\mu)}{표준편차(\sigma)}$

$$P_r(X \geq 9,600) = P_r\left(Z \geq \frac{9,600-10,000}{200}\right)$$
$$= P_r(Z \geq -2) = P_r(Z \leq 2) = 0.9772 = 97.72[\%]$$

관련개념 정규분포
- 도수분포곡선이 평균값을 중심으로 하여 좌우대칭인 종 모양을 이루는 것으로 확률변수 X는 N(평균, 표준편차^2)을 따른다.
- 구하고자 하는 값을 표준정규분포로 변환하려면 $\dfrac{확률변수-평균}{표준편차}$ 을 이용한다.

055

1회 출제

신체활동의 생리학적 측정법 중 전신의 육체적인 활동을 측정하는 데 가장 적합한 방법은?

① Flicker 측정
② 산소소비량 측정
③ 근전도(EMG) 측정
④ 피부전기반사(GSR) 측정

해설

전신의 육체적인 활동을 측정하기어 가장 적합한 방법은 산소소비량 측정이다.

관련개념
- Flicker 측정: 정신피로를 측정한다.
- 근전도(EMG) 측정: 인간의 생리적 부담 척도 중 국소적 근육활동의 척도로 적합하다.
- 피부전기반사(GSR) 측정: 외적자극 또는 감정 변화를 전기적 피부저항 값을 이용하여 측정한다.

056

8회 출제

사무실 의자나 책상에 적용할 인체 측정 자료의 설계 원칙으로 가장 적합한 것은?

① 평균치 설계
② 조절식 설계
③ 최대치 설계
④ 최소치 설계

해설 인체 측정 자료의 응용원칙

최소치수를 이용한 설계	선반의 높이, 조종장치까지의 거리, 비상벨의 위치 등
최대치수를 이용한 설계	출입문의 높이, 좌석 간의 거리, 통로의 폭, 와이어로프의 사용중량, 위험구역 울타리 등
평균치를 이용한 설계	전동차의 손잡이 높이, 안내데스크 높이, 은행의 접수대 높이, 공원의 벤치 높이, 계산대 높이 등
조절식 설계	의자의 위치 및 높이, 자동차 운전석 의자의 위치와 높이 등

057

6회 출제

가스밸브를 잠그는 것을 잊어 사고가 발생했다면 작업자는 어떤 인적오류를 범한 것인가?

① 생략오류(Omission Error)
② 시간지연오류(Timing Error)
③ 순서오류(Sequential Error)
④ 작위적오류(Commission Error)

해설 휴먼에러의 분류

실행오류 (Commission Error)	수행 중인 작업을 정확하게 수행하지 못해 발생한 에러
생략오류 (Omission Error)	필요한 작업 또는 절차를 수행하지 않는 데 기인한 에러
불필요한 수행오류 (Extraneous Error)	불필요한 작업 또는 절차를 수행함으로써 발생한 에러
순서오류 (Sequential Error)	필요한 작업 또는 절차의 순서 착오로 인한 에러
시간오류 (Timing Error)	필요한 작업 또는 절차의 수행을 지연한 데 기인한 에러(시간지연에러)

058

산업안전보건법령상 유해위험방지계획서의 제출대상 제조업은 전기 계약용량이 얼마 이상인 경우에 해당되는가? (단, 기타 예외사항은 제외한다.)

① 50[kW] ② 100[kW]
③ 200[kW] ④ 300[kW]

해설

유해위험방지계획서 제출대상 사업장의 규모는 전기 계약용량이 300[kW] 이상인 사업장이다.

059

다음 중 열 중독증(Heat Illness)의 강도를 올바르게 나열한 것은?

> ⓐ 열소모(Heat Exhaustion)
> ⓑ 열발진(Heat Rash)
> ⓒ 열경련(Heat Cramp)
> ⓓ 열사병(Heat Stroke)

① ⓒ < ⓑ < ⓐ < ⓓ ② ⓒ < ⓑ < ⓓ < ⓐ
③ ⓑ < ⓒ < ⓐ < ⓓ ④ ⓑ < ⓓ < ⓐ < ⓒ

해설 **열중독증(Heat Illness)의 강도**

열발진 < 열경련 < 열소모 < 열사병

060

암호체계의 사용 시 고려해야 할 사항과 거리가 먼 것은?

① 정보를 암호화한 자극은 검출이 가능하여야 한다.
② 다차원의 암호보다 단일 차원화된 암호가 정보전달이 촉진된다.
③ 암호를 사용할 때는 사용자가 그 뜻을 분명히 알 수 있어야 한다.
④ 모든 암호 표시는 감지장치에 의해 검출될 수 있고, 다른 암호 표시와 구별될 수 있어야 한다.

해설

암호체계 사용 시 두 가지 이상의 암호 차원을 조합하는 것이 좋다.

관련개념 **암호화(Coding)**

• 본래의 신호 정보를 새로운 형태로 변화시켜 표시하는 것이다.
• 형상, 크기, 색채, 촉감, 위치, 레벨, 조작방법 등 작업자가 기계 및 기구를 식별하기 용이하게 암호화한다.
• 암호체계 사용 시 고려사항

검출성	감지가 쉽도록 한다.
표준화	표준화되어야 한다.
부호의 의미	사용자가 그 의미를 확실하게 알 수 있어야 한다.
다차원의 암호 사용가능	두 가지 이상의 암호 차원을 조합해서 이용하면 정보전달이 촉진된다.

건설시공학

061

4회 출제

철골용접 부위의 비파괴 검사에 관한 설명으로 옳지 않은 것은?

① 방사선검사는 필름의 밀착성이 좋지 않은 건축물에서도 검출이 우수하다.
② 침투탐상검사는 액체의 모세관현상을 이용한다.
③ 초음파탐상검사는 인간의 귀로 들을 수 없는 주파수를 갖는 초음파를 사용하여 결함을 검출하는 방법이다.
④ 외관검사는 용접을 한 용접공이나 용접관리 기술자가 하는 것이 원칙이다.

해설

방사선투과검사는 필름의 밀착성이 좋아야 한다.

관련개념 비파괴 검사법의 종류

종류	특징
방사선투과검사(RT)	• 투과성 방사선을 조사하여 검사한다. • 내외부결함 검출에 효과적이다.
초음파탐상검사(UT)	• 초음파를 이용하여 검사한다. • 내부결함 검출, 위치·범위·두께 파악에 효과적이다.
자분탐상검사(MT)	• 자분(자석가루)의 응집성을 이용하여 검사한다. • 표면 및 표면직하결함 검출에 효과적이다.
와전류탐상검사(ET)	• 전기장을 이용하여 검사한다. • 표면 및 표면근처 결함 검출에 효과적이다.
침투탐상검사(PT)	• 침투액을 살포하여 검사한다. • 표면개구결함 검출에 효과적이다.

062

7회 출제

철골공사의 내화피복공법에 해당하지 않는 것은?

① 표면탄화법　② 뿜칠공법
③ 타설공법　④ 조적공법

해설

'표면탄화법'은 목재의 내화피복공법이다.

관련개념 철골의 내화피복공법의 종류

도장공법		팽창성 내화도료 도포
습식공법	타설공법	강재 주위에 콘크리트, 경량콘크리트 타설
	조적공법	콘크리트블록, 경량콘크리트블록, 돌, 벽돌 등을 쌓음
	미장공법	모르타르, 펄라이트 등으로 바름
	뿜칠공법	내화 피복재를 피복
건식공법	성형판붙임	ALC판, 석고보드, 석면시멘트판, 콘크리트판 등을 붙임
	세라믹피복	세라믹섬유블랭킷 위에 세라믹도료를 도포
합성공법		천정판, PC판 등 마감재와 동시에 피복

063

2회 출제

강관틀비계에서 주틀의 기둥관 1개당 수직하중의 한도는 얼마인가? (단, 견고한 기초 위에 설치하게 될 경우이다.)

① 16.5[kN]　② 24.5[kN]
③ 32.5[kN]　④ 38.5[kN]

해설 강관틀비계 조립 시 준수사항

• 전체 높이는 원칙적으로 40[m]를 초과할 수 없으며, 높이가 20[m]를 초과하는 경우 또는 중량작업을 하는 경우에는 내력상 중요한 틀의 높이를 2[m] 이하로 하고 주틀의 간격을 1.8[m] 이하로 하여야 한다.
• 주틀의 간격이 1.8[m]일 경우에는 주틀 사이의 하중한도를 4.0[kN]으로 하고, 주틀의 간격이 1.8[m] 이내일 경우에는 그 역비율로 하중한도를 증가할 수 있다.
• 주틀의 기둥 1개당 수직하중의 한도는 견고한 기초 위에 설치하게 될 경우에는 24.5[kN]으로 한다. 다만, 깔판이 우그러들거나 침하의 우려가 있을 때 또는 특수한 구조일 때는 규정에 따라 이 값을 낮추어야 한다.

064

고압증기양생 경량기포콘크리트(ALC)의 특징으로 거리가 먼 것은?

① 열전도율이 보통콘크리트의 $\frac{1}{10}$ 정도이다.

② 경량으로 인력에 의한 취급이 가능하다.

③ 흡수율이 매우 낮은 편이다.

④ 현장에서 절단 및 가공이 용이하다.

해설 ALC의 특징

장점	• 내화성, 단열성이 좋다. • 경량이고, 차음성이 좋다. • 시공성이 우수하다. • 친환경성이다.
단점	• 수분을 흡수하는 성질이 있다. • 중성화가 빠르다. • 방수성이 없다.

065

콘크리트 타설 시 진동기를 사용하는 가장 큰 목적은?

① 콘크리트 타설 시 용이함

② 콘크리트의 응결, 경화 촉진

③ 콘크리트의 밀실화 유지

④ 콘크리트의 재료 분리 촉진

해설

진동기의 사용 목적은 콘크리트 구조체의 공극을 없애고, 콘크리트를 밀실화하여 균질한 구조체를 시공하기 위함이다.

066

시험말뚝에 변형률계(Strain Gauge)와 가속도계(Accelero-meter)를 부착하여 말뚝항타에 의한 파형으로부터 지지력을 구하는 시험은?

① 정적재하 시험

② 동적재하 시험

③ 비비 시험

④ 인발 시험

해설 동적재하 시험

말뚝에 변형률과 충격파 전달속도를 측정할 수 있는 장치를 설치한 후에 말뚝이 타격·관입되는 과정에서 측정되는 변형과 응력파를 말뚝항타분석기로 측정한다. 측정된 데이터는 CAPWAP로 해석하고, 그 결과로부터 말뚝의 지지력, 응력분포, 압축력과 인장력, 응력파의 전달속도 등의 자료를 얻어 타격·관입 중에 발생하는 이상을 검출하는 시험이다.

관련개념

• 정적재하 시험: 말뚝의 지지력을 결정함에 있어 말뚝의 거동을 파악하는 가장 확실한 방법으로, 말뚝두부에 직접 사하중을 재하하는 방법이다.

• 비비 시험: 콘크리트의 컨시스턴시(Consistency)를 측정하는 시험이다.

• 인발 시험: 말뚝의 인발 내력을 측정하는 시험이다.

067

단순조적 블록쌓기에 관한 설명으로 옳지 않은 것은?

① 단순조적 블록쌓기의 세로줄눈은 도면 또는 공사시방서에서 정한 바가 없을 때에는 막힌 줄눈으로 한다.

② 살 두께가 작은 편을 위로 하여 쌓는다.

③ 줄눈 모르타르는 쌓은 후 줄눈누르기 및 줄눈파기를 한다.

④ 특별한 지정이 없으면 줄눈은 10[mm]가 되게 한다.

해설 단순조적 블록쌓기

• 단순조적 블록쌓기의 세로줄눈은 도면 또는 공사시방서에서 정한 바가 없을 때에는 막힌 줄눈으로 한다.

• 살 두께가 큰 편을 위로 하여 쌓는다.

• 하루의 쌓기 높이는 1.5[m](블록 7켜 정도) 이내를 표준으로 한다.

• 줄눈 모르타르는 쌓은 후 줄눈누르기 및 줄눈파기를 한다.

• 특별한 지정이 없으면 줄눈은 10[mm]가 되게 한다. 치장줄눈을 할 때에는 흙손을 사용하여 줄눈이 완전히 굳기 전에 줄눈파기를 한다.

068

네트워크 공정표의 단점이 아닌 것은?

① 다른 공정표에 비하여 작성시간이 많이 필요하다.

② 작성 및 검사에 특별한 기능이 요구된다.

③ 진척관리에 있어서 특별한 연구가 필요하다.

④ 개개의 관련작업이 도시되어 있지 않아 내용을 알기 어렵다.

해설

네트워크 공정표는 각 작업 상호 간의 관련성을 표시할 수 있으며 2개 이상의 활동이 연결되어 이루어지는 작업진행 경로를 알 수 있다.

관련개념 네트워크 공정표의 장단점

장점	단점
• 각 작업 상호 간의 관련성을 표시할 수 있다. • 공사전체의 파악이 용이하다. • 계획단계에서 공정상의 문제점을 도출할 수 있으므로 작업 전에 적절히 수정할 수 있다. • 작업수속이 과학적이며 신뢰성이 높다. • 여유있는 작업과 여유없는 작업을 구분할 수 있다.	• 네트워크기법에 대한 습득이 어렵다. • 공정계획의 작성에 많은 시간이 소요된다. • 표시상의 제약 때문에 작업의 세분화 정도에 한계가 있다. • 공정표를 수정하기가 대단히 어렵다. • 공정표가 복잡하여 경험이 적은 사람은 이용이 곤란하다.

069

주문받은 건설업자가 대상 계획의 기업, 금융, 토지조달, 설계, 시공 등을 포괄하는 도급계약방식을 무엇이라 하는가?

① 실비정산 보수가산도급

② 정액도급

③ 공동도급

④ 턴키도급

해설 도급방식

구분	특징
공동도급	규모가 클 경우 2개 이상의 회사가 임의로 결합, 연대책임으로 공사를 하고, 공사완료 후 해산하는 방식이다.
단가도급	노무단가, 재료단가 또는 노무 및 재료를 합한 단가를 체적 또는 면적단가만으로 결정하여 공사를 도급주는 방식으로 긴급공사 및 단순공사에 주로 채택된다.
분할도급	도급공사에서 분할하여 직접 전문업자에게 도급을 주는 방식이다.
실비정산 보수가산식도급	건축주, 시공자, 건축사 3자 입회 하에 공사에 필요한 실비 또는 이에 대한 보수를 미리 협의하여 정하고, 이를 시공자에게 지불하는 제도이다. 설계도와 시방서가 명확하지 않거나 설계는 명확하지만 공사비 총액을 산출하기 곤란할 때 채택된다.
일식도급	공사의 전체를 한 사람의 도급자에게 주는 방식이다.
정액도급	공사비 총액을 일정한 금액으로 정하여 계약을 체결하는 도급방식이다.
턴키도급	건축을 위해 필요한 모든 요소를 포괄적으로 계약하는 방식으로 건설업자가 금융, 토지조달, 설계, 시공, 시운전, 기계·기구 설치까지 조달해 주는 것으로 일괄수주 방식이라고도 한다.

070

ALC 블록공사 시 내력벽 쌓기에 관한 내용으로 옳지 않은 것은?

① 쌓기 모르타르는 교반기를 사용하여 배합하여, 1시간 이내에 사용해야 한다.

② 가로 및 세로줄눈의 두께는 3~5[mm] 정도로 한다.

③ 하루 쌓기높이는 1.8[m]를 표준으로 하며, 최대 2.4[m] 이내로 한다.

④ 연속되는 벽면의 일부를 나중쌓기로 할 때에는 그 부분을 층단 떼어쌓기로 한다.

> **해설** **ALC(Autoclaved Lightweight Concrete) 블록공사**
> • 건축물의 내·외벽에 사용되는 고온·고압 증기양생한 경량기포 콘크리트블록을 건축물 또는 공작물 등의 외벽, 칸막이벽 등으로 사용하는 공사이다.
> • 슬래브나 방습턱 위에 고름 모르타르를 10~20[mm] 두께로 깐 후 첫 단 블록을 올려놓고 고무망치 등을 이용하여 수평을 잡는다.
> • 쌓기 모르타르는 교반기를 사용하여 배합하며 1시간 이내에 사용하여야 한다.
> • 줄눈의 두께는 1~3[mm] 정도로 한다.
> • 블록은 각 부분이 가급적 균등한 높이로 쌓아가며 하루 쌓기높이는 1.8[m]를 표준으로 하고, 최대 2.4[m] 이내로 한다.
> • 연속되는 벽면의 일부를 트이게 하여 나중쌓기로 할 때에는 그 부분을 층단 떼어쌓기로 한다.

071

철골공사 중 현장에서 보수도장이 필요한 부위에 해당되지 않는 것은?

① 현장용접을 한 부위

② 현장접합 재료의 손상부위

③ 조립상 표면접합이 되는 면

④ 운반 또는 양중 시 생긴 손상부위

> **해설**
> 조립에 의하여 맞닿는 면은 보수도장, 녹막이칠을 하지 않는다.
>
> **관련개념** **철골공사 현장에서 보수도장이 필요한 부위**
> • 현장용접 부분
> • 현장접합 재료의 손상부분
> • 운반 또는 양중 시 손상부분

072

지하 합벽거푸집에서 측압에 대비하여 버팀대를 삼각형으로 일체화한 공법은?

① 1회용 리브라스 거푸집

② 와플 거푸집

③ 무폼타이 거푸집

④ 단열 거푸집

> **해설** **무폼타이 거푸집**
> 벽체 양면에 거푸집 설치가 곤란한 경우 한 면에만 거푸집을 설치하여, 폼타이 없이 거푸집에 작용하는 콘크리트 측압을 지지하도록 한 거푸집이다. 특히 지하 합벽거푸집에서는 버팀대를 삼각형으로 일체화하여 측압에 안정적으로 저항하도록 시공한다.
>
> **관련개념**
> • 리브라스 거푸집: 거푸집 제작 시 설치와 해체의 불편함이 없는 매립식 거푸집으로, 곡선부의 조립 등을 원활히 해결하며 콘크리트의 잉여수 배출로 인하여 높은 콘크리트 강도를 얻을 수 있어 특수한 부위의 거푸집으로 활용된다.
> • 단열 거푸집: 거푸집 설치, 해체 없이 거푸집·단열재·앵커타공 등 3가지 공정을 한 번에 해결할 수 있는 신개념 단열재이다.

073

부재별 철근의 정착위치에 관한 설명으로 옳지 않은 것은?

① 작은 보의 주근은 슬래브에 정착한다.

② 기둥의 주근은 기초에 정착한다.

③ 바닥철근은 보 또는 벽체에 정착한다.

④ 벽철근은 기둥, 보 또는 바닥판에 정착한다.

> **해설** **철근의 정착위치**
> • 기둥의 주근은 기초에 정착한다.
> • 큰 보의 주근은 기둥에 정착한다.
> • 직교하는 단부 보의 밑에 기둥이 없을 때는 보 상호 간에 정착한다.
> • 작은 보의 주근은 큰 보에 정착한다.
> • 바닥철근은 보 또는 벽체에 정착한다.
> • 지중보 철근은 기초 또는 기둥에 정착한다.
> • 벽철근은 보, 기둥, 바닥판 또는 기초에 정착한다.

074

2회 출제

다음은 표준시방서에 따른 기성말뚝 세우기 작업 시 준수사항이다. ( ) 안에 들어갈 내용으로 옳은 것은? (단, 보기 항의 D는 말뚝의 바깥지름이다.)

> 말뚝의 연직도나 경사도는 (A) 이내로 하고, 말뚝박기 후 평면상의 위치가 설계도견의 위치로부터 (B)와 100[mm] 중 큰 값 이상으로 벗어나지 않아야 한다.

① A: 1/100, B: D/4   ② A: 1/50, B: D/4
③ A: 1/100, B: D/2   ④ A: 1/50, B: D/2

해설 **말뚝 세우기**

• 말뚝은 설계도서 및 시공계획서에 따라 정확하고 안전하게 세워야 한다.
• 시공기계는 말뚝이 소정의 위치에 정확하게 설치될 수 있도록 견고한 지반 위의 정확한 위치에 설치하여야 한다.
• 말뚝을 정확하고도 안전하게 세우기 위해서는 정확한 규준틀을 설치하고 중심선 표시를 용이하게 하여야 하며, 말뚝을 세운 후 검측은 직교하는 2방향으로부터 하여야 한다.
• 말뚝의 연직도나 경사도는 $\frac{1}{50}$ 이내로 하고, 말뚝박기 후 평면상의 위치가 설계도면의 위치로부터 $\frac{D}{4}$(D는 말뚝의 바깥지름)와 100[mm] 중 큰 값 이상으로 벗어나지 않아야 한다.

075

1회 출제

제자리콘크리트말뚝지정 중 베노토 파일의 특징에 관한 설명으로 옳지 않은 것은?

① 기계가 저가이고 굴착속도가 비교적 빠르다.
② 케이싱을 지반에 압입해가면서 관 내부토사를 특수한 버킷으로 굴착 배토한다.
③ 말뚝구멍의 굴착 후에는 철근콘크리트말뚝을 제자리치기 한다.
④ 여러 지질에 안전하고 정확하게 시공할 수 있다.

해설
베노토 공법은 기계가 고가이고 대형이며, 굴착속도가 느리다.

관련개념 **베노토 공법의 특징**

• 지름 0.8~2.0[m], 심도 20~50[m] 시공이 가능하다.
• 올 케이싱 공법으로 붕괴 위험이 없다.
• 비교적 저소음, 저진동 공법으로 도심지 시공이 가능하다.
• 적용 지층이 넓다.
• 굴착 중 지지층 확인이 용이하다.
• 장비의 자중이 크고, 요동반력이나 케이싱 인발 시 큰 반력이 필요하다.
• 모래층이 두꺼운 경우 케이싱 인발이 곤란하다.
• 굴착속도가 느리다.

076

6회 출제

지하연속벽(Slurry Wall) 굴착 공사 중 공벽붕괴의 원인으로 보기 어려운 것은?

① 지하수위의 급격한 상승
② 안정액의 급격한 점도 변화
③ 물다짐하여 매립한 지반에서 시공
④ 공사 시 공법의 특성으로 발생하는 심한 진동

해설

지하연속벽 공법은 저소음, 저진동 공법으로, 심한 진동은 붕괴의 주요 원인으로 보기 어렵다.

관련개념 슬러리 월(Slurry Wall) 공법(지하연속법 공법)

굴착면을 보호하기 위해 벤토나이트 등의 안정액을 사용하여 소요단면을 사전 굴착한 후 철근망을 넣어 콘크리트를 타설함으로써 지하구조물을 연속적으로 형성하는 공법이다.

장점	단점
• 지반조건에 좌우되지 않는다.	• 기술적 시공이 요구된다.
• 저소음, 저진동이다.	• 시공비가 많이 소요된다.
• 근접건물에 영향을 주지 않는다.	• 굴착토의 처리문제가 발생한다.
• 강성이 높아 휘어지지 않는다.	• 굴착 도랑의 붕괴 및 안정액(벤토나이트)의 배수가 곤란하다.
• 소요내력을 정할 수 있다.	
• 지반보강 및 차수효과가 확실하다.	• 기계 및 부대 설비가 대형이다.
• 길이 및 깊이 등 차수조정이 자유롭다.	• 소규모 현장의 시공은 불가능하다.

077

3회 출제

웰포인트(Well Point) 공법에 관한 설명으로 옳지 않은 것은?

① 강제배수공법의 일종이다.
② 투수성이 비교적 낮은 사질실트층까지도 배수가 가능하다.
③ 흙의 안전성을 대폭 향상시킨다.
④ 인근 건축물의 침하에 영향을 주지 않는다.

해설

지하수, 공극수 배출에 의한 압밀침하가 주변 지반에 일어난다.

관련개념 웰포인트 공법

지중에 웰포인트라 불리우는 지름 5[cm], 길이 1[m] 정도의 필터가 달린 흡수기를 1~2[m] 간격으로 설치하고 펌프로 지하수를 끌어 올림으로써 지하수위를 낮추는 공법이다. 연약지반의 압밀촉진 등에 이용된다.

078

3회 출제

갱 폼(Gang Form)에 관한 설명으로 옳지 않은 것은?

① 타워크레인, 이동식 크레인 같은 양중장비가 필요하다.
② 벽과 바닥의 콘크리트 타설을 한 번에 가능하게 하기 위하여 벽체 및 슬래브거푸집을 일체로 제작한다.
③ 공사초기 제작기간이 길고 투자비가 큰 편이다.
④ 경제적인 전용횟수는 30~40회 정도이다.

해설

벽과 바닥의 콘크리트 타설이 한 번에 가능한 것은 터널 폼과 관련된 내용이다.

관련개념 갱 폼(Gang Form)

• 거푸집을 사용할 때마다 작은 부재의 조립, 분해를 반복하지 않고 대형화, 단순화하여 한 번에 설치하고 해체한다.
• 갱 폼은 주로 콘도미니엄, 병원, 사무소 같은 벽식구조 건물에 사용된다.
• 옹벽이나 외벽의 두꺼운 벽체 및 피어기초 등에 사용한다.
• 특징
  – 갱 폼은 크게 거푸집판과 보강재가 일체로 된 기본 패널, 작업을 위한 작업발판대 및 수직도 조정과 횡력을 지지하는 빗버팀대로 구성되어 있다.
  – 80~100회 정도 사용이 가능하지만 **경제적인 전용횟수는 30~40회 정도이다.**
  – **중량이 커서 타워크레인, 모빌크레인 같은 장비가 필요하다.**
  – 현장제작이 가능하다.
  – 안전성이 크다.
  – 공기단축이 가능하고, 인건비가 절약된다.
  – 가설비계공사가 필요없다.
  – 세부적인 가공이 어렵고, **제작시간이 많이 소요된다.**
  – **초기투자비가 증대된다.**

079

1회 출제

골기둥의 이음부분 면을 절삭가공기를 사용하여 마감하고 충분히 밀착시킨 이음에 해당하는 용어는?

① 밀 스케일(Mill Scale)
② 스캘럽(Scallop)
③ 스패터(Spatter)
④ 메탈 터치(Metal Touch)

[해설] 메탈 터치(Metal Touch)

큰 압축력을 받는 기둥이음부에서 이음면의 밀착을 좋게 하여 축력의 25[%]까지 이음면을 통해 직접 전달하는 이음방식이다.(메탈 터치 후 75[%]의 축력은 용접 또는 볼트에 의해 전달)

[관련개념]

- 밀 스케일 : 철이나 강철의 부식과 관련된 것으로, 금속의 열 조립이나 열처리 과정에서 생성되는 두꺼운 산화층이다.
- 스캘럽 : 용접 이음이 한 곳에 집중되거나 근접하면 용접에 의한 잔류 응력이 커지거나 용접 금속이 여러 번 용접열을 받게 되어 열화하는 경우가 있기 때문에 모재에 부채꼴 노치(Notch)를 만들어 용접선이 교차하지 않도록 설계하여야 한다. 이 부채꼴 노치를 스캘럽이라고 한다.
- 스패터 : 용접 시 튀어나온 슬래그가 굳은 현상이다.

080

1회 출제

공사의 도급계약에 명시하여야 할 사항과 가장 거리가 먼 것은? (단, 첨부서류가 아닌 계약서 상 내용을 의미한다.)

① 공사내용
② 구조설계에 따른 설계방법의 종류
③ 공사착수의 시기와 공사완성의 시기
④ 하자담보책임기간 및 담보방법

[해설] 공사도급계약의 내용

- **공사내용**
- 도급금액과 도급금액 중 임금에 해당하는 금액
- **공사착수의 시기와 공사완성의 시기**
- 공사의 중지, 계약의 해제나 천재·지변의 경우 발생하는 손해의 부담에 관한 사항
- 설계변경·물가변동 등에 기인한 도급금액 또는 공사내용의 변경에 관한 사항
- 인도를 위한 검사 및 그 시기
- 계약이행지체의 경우 위약금·지연이자의 지급 등 손해배상에 관한 사항
- **하자담보책임기간 및 담보방법**
- 분쟁발생 시 분쟁의 해결방법에 관한 사항

건설재료학

081

1회 출제

목재를 이용한 가공제품에 관한 설명으로 옳은 것은?

① 집성재는 두께 1.5~3[cm]의 널을 접착제로 섬유평행방향으로 겹쳐 붙여서 만든 제품이다.
② 합판은 3매 이상의 얇은 판을 1매마다 접착제로 섬유평행방향으로 겹쳐 붙여서 만든 제품이다.
③ 연질섬유판은 두께 50[mm], 너비 100[mm]의 긴 판에 표면을 리브로 가공하여 만든 제품이다.
④ 파티클보드는 코르크나무의 수피를 분말로 가열, 성형, 접착하여 만든 제품이다.

[해설] 집성재

두께 1.5~3[cm]의 단판을 접착한 것으로 합판과는 다르게 판의 섬유방향을 평행으로 붙인 것이다. 보나 기둥에 사용한다.

[오답해설]

② 합판은 섬유방향이 서로 직교하도록 붙여 만든다.
③ 표면을 리브로 가공하여 만든 제품은 리브 가공판이다.
④ 코르크나무의 수피로 만든 제품은 코르크판이다.

082

6회 출제

다음 미장재료 중 수경성 재료인 것은?

① 회반죽
② 회사벽
③ 석고 플라스터
④ 돌로마이트 플라스터

[해설] 미장재 분류

기경성 ┬ 진흙질 ┬ 진흙질 – 진흙(모래), 짚여물의 물반죽
│   └ 새벽 – 새벽흙, 모래, 마분여물의 물반죽
└ 석회질 ┬ 회반죽 – 소석회(모래), 여물, 해초풀 반죽
        ├ 회사벽 – 핀강회(모래), 여물의 물반죽
        └ 돌로마이트 플라스터 – 돌로마이트 석회, 모래, 여물의 물반죽

수경성 ┬ 석고질 ┬ 석고 플라스터 ┬ 순석고 플라스터
│   │   └ 배합석고 플라스터
│   └ 무수(경)석고 플라스터 – 무수석고, 모래, 여물의 물반죽
├ 시멘트질(모르타르) – 시멘트, 모래(안료, 돌가루)의 물반죽
└ 테라조 현장바름(인조석바름)

083

다음 중 고로시멘트의 특징으로 옳지 않은 것은?

① 고로시멘트는 포틀랜드시멘트 클링커에 급랭한 고로슬래그를 혼합한 것이다.

② 초기강도는 약간 낮으나 장기강도는 보통포틀랜드시멘트와 같거나 그 이상이 된다.

③ 보통포틀랜드시멘트에 비해 화학저항성이 매우 낮다.

④ 수화열이 적어 매스콘크리트에 적합하다.

해설 **고로슬래그 시멘트**

• 포틀랜드시멘트 클링커와 슬래그(Slag)에 적당량의 석고를 가하여 분말로 한 것이다.

• 보통포틀랜드시멘트보다 응결이 늦고 비중이 작다.

• 수화열이 작아서 균열발생이 적다.

• 조기강도가 낮고 화학작용에 대한 저항성, 수밀성이 크다.

• 시멘트 중의 알칼리 성분이 적어 알칼리 골재반응 억제효과가 크다.

• 해수의 작용을 받는 곳이나 하수의 수로에 적합하다.

084

부재 두께의 증가에 따른 강도저하, 용접성 확보 등에 대응하기 위해 열간압연 시 냉각조건을 조절하여 냉각속도에 의해 강도를 상승시킨 구조용 특수강재는?

① 일반구조용 압연강재

② 용접구조용 압연강재

③ TMCP 강재

④ 내후성 강재

해설 **TMCP(Thermo−Mechanical Control Process) 강재**

일반적으로 강재는 강도가 높아지고, 두께가 두꺼워지면 용접성이 떨어지고 연성도 줄어드는데, TMCP 강재는 탄소량이 적은 강재를 담금질(가속냉각법)하는 방식으로 기계적 성능이 높다. 또한 다른 강에 비해 탄소량이 적지만 항복점이 높고 용접성이 우수하다.

085

다음 제품 중 점토로 제작된 것이 아닌 것은?

① 경량벽돌

② 테라코타

③ 위생도기

④ 파키트리 패널

해설

파키트리 패널은 파키트리 보드를 4매씩 조합하여 만든 마루판 재료이다. 마루판 재료의 종류로는 플로링 보드, 플로링 블록, 파키트리 보드, 파키트리 패널, 파키트리 블록이 있다.

관련개념 **점토제품의 종류**

종류	소성온도[℃]	흡수율[%]	재료	비고
토기	790~1,000	20 이상	기와, 벽돌, 토관	최저급 원료 (전답토)
도기	1,100~1,230	10	타일, 테라코타, 위생도기	다공질로 흡수성 유약 사용 두드리면 탁음
석기	1,160~1,350	3~10	마루 타일, 클링커 타일	유약 대신 식염유 사용
자기	1,230~1,460	0~1	자기질 타일, 모자이크 타일, 위생도기	양질의 도토 또는 장석분을 원료로 함

086

플라스틱 제품 중 비닐레더(Vinyl Leather)에 관한 설명으로 옳지 않은 것은?

① 색채, 모양, 무늬 등을 자유롭게 할 수 있다.

② 면포로 된 것은 찢어지지 않고 튼튼하다.

③ 두께는 0.5~1[mm]이고 길이는 10[m]의 두루마리로 만든다.

④ 커튼, 테이블크로스, 방수막으로 사용된다.

해설 **비닐레더(Vinyl Leather)**

• 천에 비닐수지를 입혀서 만든 인조가죽이다.

• 시트보다 얇은 종이나 직물 형태의 제품으로 벽지, 천장지로 쓰인다.

• 내열성이 낮아서 연화수축되는 성질을 갖는다.

• 바탕천을 프린트하거나 엠보싱 가공에 의해 무늬를 나타낸 것도 있다.

087

알루미늄의 성질에 관한 설명으로 옳지 않은 것은?

① 비중이 철에 비해 약 1/3 정도이다.
② 황산, 인산 중에서는 침식되지만 염산 중에서는 침식되지 않는다.
③ 열, 전기의 양도체이며 반사율이 크다.
④ 부식률은 대기 중의 습도와 염분함유량, 불순물의 양과 질 등에 관계되며 0.08[mm/년] 정도이다.

해설 **알루미늄(Aluminum)**
- 알루미늄의 강도는 고온에서는 급격히 감소하지만 저온에서는 취성을 나타내지 않는다.
- 가공성이 좋아 압연, 압출, 박판, 용접이 가능하다.
- 열 및 전기전도성이 크며 화학적 성질 중 내식성은 크다.
- 대기 중에서는 쉽게 부식되지 않지만 해수 중에서는 부식된다.
- 유기산류에는 안정하여 초산에는 농도에 관계없이 거의 침식되지 않지만 무기산류인 염산, 황산, 인산, 질산 등에는 상당히 빠르게 침식된다.
- 알칼리에는 일반적으로 약한데 이는 알루미나 피막이 용해되기 때문이다.
- 건축자재(새시, 창호, 커튼월, 커튼레일, 지붕재 등), 가구, 기계, 전선, 항공기 등에 널리 사용된다.

088

목재 건조 시 생재를 수중에 일정기간 침수시키는 주된 이유는?

① 재질을 연하게 만들어 가공하기 쉽게 하기 위하여
② 목재의 내화도를 높이기 위하여
③ 강도를 크게 하기 위하여
④ 건조기간을 단축시키기 위하여

해설
목재 건조 시 생재를 수중에 일정기간 침수시키면 생목을 처음부터 대기 중에 건조하는 것에 비하여 건조시간이 단축되고 건조기간 중의 변형도 작다.

089

다음 중 방청도료에 해당되지 않는 것은?

① 광명단조합페인트
② 클리어 래커
③ 에칭프라이머
④ 징크로메이트도료

해설 **방청도료**
- 방청도료는 금속면의 보호와 금속의 부식방지를 목적으로 사용한다.
- 방청도료에는 광명단도료, 알루미늄도료, 징크로메이트도료, 합연방청도료, 방청산화도료, 규산도료, 크롬산아연, 워시(에칭)프라이머 등이 있다.

관련개념 **클리어 래커**
- 안료를 섞지 않은 초산 셀룰로오스가 주성분인 휘발성 용제이다.
- 내후성, 내수성이 다소 부족하여 외부보다는 내부용으로 사용된다.
- 목재면의 무늬를 살리기 위한 도장재료로 적당하다.

090

보통시멘트콘크리트와 비교한 폴리머시멘트콘크리트의 특징으로 옳지 않은 것은?

① 유동성이 감소하여 일정 워커빌리티를 얻는 데 필요한 물－시멘트비가 증가한다.
② 모르타르, 강재, 목재 등의 각종 재료와 잘 접착한다.
③ 방수성 및 수밀성이 우수하고 동결융해에 대한 저항성이 양호하다.
④ 휨, 인장강도 및 신장능력이 우수하다.

해설
폴리머시멘트콘크리트는 시멘트 혼합용 폴리머를 점결재로 가한 콘크리트로, 물－시멘트비가 증가하지 않는다. 이때 물－시멘트비는 30~60[%] 범위로 가능한 작게 하는 것이 바람직하다.

관련개념 **폴리머시멘트콘크리트**
- 조기에 고강도(압축강도 80~100[MPa])를 나타내 부재 단면을 작게 할 수 있어 경량화가 가능하다.
- 탄성계수는 일반시멘트콘크리트보다 약간 작으며, 크리프는 폴리머 결합재의 종류 및 양과 온도에 따라 다르나 일반시멘트콘크리트와 큰 차이는 없다.
- 수밀성과 기밀성 면에서 거의 완전한 구조이므로 흡수 및 투수에 대한 저항성과 기체의 투과에 대한 저항성이 우수하다.
- 폴리머 결합재의 높은 접착성 때문에 시멘트콘크리트, 타일, 금속, 목재, 벽돌 등 각종 건설재료와의 접착이 용이하다.
- 내약품성, 내마모성, 내충격성 및 전기절연성이 양호하다.
- 가연성인 폴리머 결합재를 함유하기 때문에 난연성 및 내구성은 불량하다.

091

실리콘(Silicon) 수지에 관한 설명으로 옳지 않은 것은?

① 실리콘 수지는 내열성, 내한성이 우수하여 $-60 \sim 260$ [℃]의 범위에서 안정하다.

② 탄성을 지니고 있고, 내후성도 우수하다.

③ 발수성이 있기 때문에 건축물, 전기 절연물 등의 방수에 쓰인다.

④ 도료로 사용할 경우 안료로서 알루미늄 분말을 혼합한 것은 내화성이 부족하다.

해설

실리콘 수지는 알루미늄과 혼합하여 내열도료로 사용된다.

관련개념 **실리콘 수지**

• 규소－산소 결합을 주체로 하는 고분자 물질이다.

• 내수성이 특히 우수하여 방수제로 사용된다.

• 내약품성, 내열성, 내연성, 내후성, 전기적 절연성이 우수하다.

• 유리섬유판, 텍스, 피혁류 등 다양한 재료와의 접착성이 뛰어나다.

092

경질우레탄폼 단열재에 관한 설명으로 옳지 않은 것은?

① 규격은 한국산업표준(KS)에 규정되어 있다.

② 공사현장에서 발포시공이 가능하다.

③ 사용시간이 경과함에 따라 부피가 팽창하는 결점이 있다.

④ 초저온 장치용 보냉제로 사용된다.

해설

경질우레탄폼 단열재는 사용기간의 경과에 따른 변형률이 매우 작다.

093

다음 각 도료에 관한 설명으로 옳지 않은 것은?

① 유성페인트: 건조시간이 길고 피막이 튼튼하고 광택이 있다.

② 수성페인트: 유성페인트에 비하여 광택이 매우 우수하고 내구성 및 내마모성이 크다.

③ 합성수지 페인트: 도막이 단단하고 내산성 및 내알칼리성이 우수하다.

④ 에나멜페인트: 건조가 빠르고, 내수성 및 내약품성이 우수하다.

해설

수성페인트는 광택과 경도가 작고, 내알칼리성이 있지만 내구성·내마모성은 유성페인트에 비해 떨어진다.

관련개념 **페인트의 종류**

종류		특성	용도
페인트	유성	내알칼리성, 내후성, 경도·내마모성 우수	옥내·외 목재, 금속, 콘크리트
	에나멜	내알칼리성, 내후성, 색상이 선명	옥내·외 목재, 금속
바니쉬	유성	투명도료, 내후성 낮음	목재 내부용
	랙(니스)	투명도료, 내후성 없음	목재 가구
	래커	투명, 내후성 내수성	목재, 금속면
수성도료	용해형	내알칼리성, 내후성 부족	모르타르면, 회반죽면
	에멀션	내알칼리성, 내후성 약간 있음	모르타르면, 회반죽면

094

2회 출제

유리의 주성분 중 가장 많이 함유되어 있는 것은?

① CaO
② SiO_2
③ Al_2O_3
④ MgO

해설

유리의 주성분은 이산화규소(SiO_2)로, 석영이나 규사가 원료로 사용된다. 두 광물은 거의 순수한 SiO_2로 이루어져 있다.

이산화규소(SiO_2)에 붕사·석호석·탄산나트륨 등을 가하여 녹기 쉽도록 하며, 강도나 내약품성을 높이기 위해 산화알루미늄·탄산바륨·탄산칼륨을 가하거나 굴절률을 높이기 위해 산화납 등을 가하기도 한다.

095

5회 출제

콘크리트용 골재의 요구성능에 관한 설명으로 옳지 않은 것은?

① 골재의 강도는 경화한 시멘트페이스트 강도보다 클 것
② 골재의 형태가 예각이며, 표면은 매끄러울 것
③ 골재의 입형이 둥글고 입도가 고를 것
④ 먼지 또는 유기불순물을 포함하지 않을 것

해설 **콘크리트용 골재의 구비조건**

· 골재의 강도는 콘크리트 중의 경화한 페이스트의 강도 이상의 것으로 한다.
· 골재는 서로 섞이지 않아야 하고 톱밥, 흙, 쓰레기 등이 섞이지 않아야 한다.
· 유해한 성분을 포함하지 않아야 한다.
· 물리적, 화학적으로 안정하고 나구성이 커야 한다.
· 단단하고 강하며 내마모성이 있어야 한다.
· 모양이 입방체 또는 구형에 가깝고 부착이 좋은 표면조직을 가져야 한다.
· 골재는 콘크리트 용적의 66~7다[%]를 차지한다.
· 골재는 입도가 좋은 것, 견고한 것, 내화성 및 내구성이 있는 것으로 한다.

096

8회 출제

양질의 도토 또는 장석분을 원료로 하며, 흡수율이 1[%] 이하로 거의 없고 소성온도가 약 1,230~1,460[℃]인 점토제품은?

① 토기
② 석기
③ 자기
④ 도기

해설 **점토제품의 종류**

종류	소성온도[℃]	흡수율[%]	재료	비고
토기	790~1,000	20 이상	기와, 벽돌, 토관	최저급 원료 (전답토)
도기	1,100~1,230	10	타일, 테라코타, 위생도기	다공질로 흡수성 유약 사용. 두드리면 탁음
석기	1,160~1,350	3~10	마루 타일, 클링커 타일	유약 대신 식염유 사용
자기	1,230~1,460	0~1	자기질 타일, 모자이크 타일, 위생도기	양질의 도토 또는 장석분을 원료로 함

097

콘크리트의 워커빌리티(Workability)에 관한 설명으로 옳지 않은 것은?

① 과도하게 비빔시간이 길면 시멘트의 수화를 촉진하여 워커빌리티가 나빠진다.

② 단위수량을 너무 증가시키면 재료분리가 생기기 쉽기 때문에 워커빌리티가 좋아진다고 볼 수 없다.

③ AE제를 혼입하면 워커빌리티가 좋아진다.

④ 깬 자갈이나 깬 모래를 사용할 경우, 잔골재율을 작게 하고 단위수량을 감소시켜 워커빌리티가 좋아진다.

해설 콘크리트 워커빌리티(작업성)에 관한 사항

• 분말도가 적절한 시멘트일수록 워커빌리티가 좋다.
• 부배합의 경우가 빈배합보다 워커빌리티가 좋다.
• 공기량을 증가시키면 워커빌리티가 좋아진다.
• 시멘트 양이 많을수록 워커빌리티가 좋아지지만 지나치게 많을 경우 점성이 떨어져 워커빌리티가 저하된다.
• 비빔을 충분히 잘하면 워커빌리티가 좋아진다.
• 둥근 강자갈을 사용하면 워커빌리티가 좋아진다.
• 비빔온도가 높을수록 워커빌리티가 저하된다.
• 깬 자갈을 사용하면 워커빌리티가 저하된다.
• 단위수량이 많아지면 워커빌리티가 저하된다.
• AE제를 혼입하면 워커빌리티가 좋아진다.

098

건축물에 사용되는 천장마감재의 요구성능으로 옳지 않은 것은?

① 내충격성   ② 내화성
③ 흡음성   ④ 차음성

해설

천장마감재는 내화성, 방음·차음성, 흡음성 등이 요구되며, 충격을 받지 않는 부위이므로 내충격성은 필요성이 가장 적다.

099

세라믹재료의 일반적인 특성에 관한 설명으로 옳지 않은 것은?

① 내열성, 화학저항성이 우수하다.

② 전·연성이 매우 뛰어나 가공이 용이하다.

③ 단단하고, 압축강도가 높다.

④ 전기절연성이 있다.

해설

세라믹재료는 세라믹을 원료로 만든 섬유로 고온에서 잘 견뎌서 공업용 가열로의 내화단열재, 철골의 내화피복재로 많이 쓰이지만 전성과 연성은 없다.

관련개념 세라믹 파이버/도자기

• 고온(1,000[℃] 이상)에서 안전성이 있다.
• 가볍고, 우수한 단열효과가 있다.(열전도율이 낮음)
• 축열량이 작다.(밀도가 작아 축적되는 열량이 작음)
• 산, 알칼리 등 화학적 안정성이 좋다.

100

한중콘크리트의 배합에 관한 설명으로 옳지 않은 것은?

① 한중콘크리트에는 일반콘크리트만을 사용하고, AE콘크리트의 사용을 금한다.

② 단위수량은 초기동해를 적게 하기 위하여 소요의 워커빌리티를 유지할 수 있는 범위 내에서 되도록 적게 정하여야 한다.

③ 물-결합재비는 원칙적으로 60[%] 이하로 하여야 한다.

④ 배합강도 및 물-결합재비는 적산온도방식에 의해 결정할 수 있다.

해설

한중콘크리트는 동해를 방지하기 위해 물의 사용량은 적게 하고, 소요 워커빌리티는 AE제 또는 AE감수제 등의 표면활성제를 사용하여 확보한다.

건설안전기술

101
11회 출제

건설현장에 설치하는 사다리식 통로의 설치기준으로 옳지 않은 것은?

① 발판과 벽과의 사이는 15[cm] 이상의 간격을 유지할 것
② 발판의 간격은 일정하게 할 것
③ 사다리의 상단은 걸쳐놓은 지점으로부터 60[cm] 이상 올라가도록 할 것
④ 사다리식 통로의 길이가 10[m] 이상인 경우에는 3[m] 이내마다 계단참을 설치할 것

해설 **사다리식 통로의 구조**

• 견고한 구조로 할 것
• 심한 손상·부식 등이 없는 재료를 사용할 것
• 발판의 간격은 일정하게 할 것
• 발판과 벽과의 사이는 15[cm] 이상의 간격을 유지할 것
• 폭은 30[cm] 이상으로 할 것
• 사다리가 넘어지거나 미끄러 지는 것을 방지하기 위한 조치를 할 것
• 사다리의 상단은 걸쳐놓은 지점으로부터 60[cm] 이상 올라가도록 할 것
• 사다리식 통로의 길이가 10[m] 이상인 경우에는 5[m] 이내마다 계단참을 설치할 것
• 사다리식 통로의 기울기는 75° 이하로 할 것. 다만, 고정식 사다리식 통로의 기울기는 90° 이하로 하고, 그 높이가 7[m] 이상인 경우에는 다음의 구분에 따른 조치를 할 것
  - 등받이울이 있어도 근로자 이동에 지장이 없는 경우: 바닥으로부터 높이가 2.5[m] 되는 지점부터 등받이울을 설치할 것
  - 등받이울이 있으면 근로자가 이동이 곤란한 경우: 한국산업표준에서 정하는 기준에 적합한 개인용 추락 방지 시스템을 설치하고 근로자로 하여금 한국산업표준에서 좋하는 기준에 적합한 전신안전대를 사용하도록 할 것
• 접이식 사다리 기둥은 사용 시 접혀지거나 펼쳐지지 않도록 철물 등을 사용하여 견고하게 조치할 것

102
1회 출제

NATM 공법 터널공사의 경우 록볼트 작업과 관련된 계측결과에 해당되지 않은 것은?

① 내공변위 측정 결과
② 천단침하 측정 결과
③ 인발시험 결과
④ 진동 측정 결과

해설

'진동 측정 결과'는 터널공사의 록볼트 작업에 따른 계측결과와 무관하다.

관련개념 **NATM 공법의 계측**

• 터널 내 육안조사
• 내공변위 측정
• 천단침하 측정
• 록볼트 인발시험
• 지표면 침하 측정
• 지중변위 측정
• 지중침하 측정
• 지중수평변위 측정
• 지하수위 측정
• 록볼트 축력 측정
• 뿜어붙이기 콘크리트 응력 측정
• 터널 내 탄성과 속도 측정
• 주변 구조물의 변형상태 조사

103

11회 출제

거푸집 및 동바리를 조립하는 경우에 준수하여야 할 사항으로 옳지 않은 것은?

① 받침목이나 깔판의 사용, 콘크리트 타설, 말뚝박기 등 동바리의 침하를 방지하기 위한 조치를 할 것
② 개구부 상부에 동바리를 설치하는 경우에는 상부하중을 견딜 수 있는 견고한 받침대를 설치할 것
③ 거푸집이 곡면인 경우에는 버팀대의 부착 등 그 거푸집의 부상(浮上)을 방지하기 위한 조치를 할 것
④ 동바리의 이음은 서로 다른 품질의 재료를 사용할 것

해설 **동바리 조립 시의 안전조치**

• 받침목이나 깔판의 사용, 콘크리트 타설, 말뚝박기 등 동바리의 침하를 방지하기 위한 조치를 할 것
• 동바리의 상하 고정 및 미끄러짐 방지 조치를 할 것
• 상부·하부의 동바리가 동일 수직선 상에 위치하도록 하여 깔판·받침목에 고정시킬 것
• 개구부 상부에 동바리를 설치하는 경우에는 상부하중을 견딜 수 있는 견고한 받침대를 설치할 것
• U헤드 등의 단판이 없는 동바리의 상단에 멍에 등을 올릴 경우에는 해당 상단에 U헤드 등의 단판을 설치하고, 멍에 등이 전도되거나 이탈되지 않도록 고정시킬 것
• 동바리의 이음은 같은 품질의 재료를 사용할 것
• 강재의 접속부 및 교차부는 볼트·클램프 등 전용철물을 사용하여 단단히 연결할 것
• 거푸집의 형상에 따른 부득이한 경우를 제외하고는 깔판이나 받침목은 2단 이상 끼우지 않도록 할 것
• 깔판이나 받침목을 이어서 사용하는 경우에는 그 깔판·받침목을 단단히 연결할 것

관련개념 **거푸집 조립 시의 안전조치**

• 거푸집을 조립하는 경우에는 거푸집이 콘크리트 하중이나 그 밖의 외력에 견딜 수 있거나, 넘어지지 않도록 견고한 구조의 긴결재, 버팀대 또는 지지대를 설치하는 등 필요한 조치를 할 것
• 거푸집이 곡면인 경우에는 버팀대의 부착 등 그 거푸집의 부상을 방지하기 위한 조치를 할 것

104

1회 출제

불도저를 이용한 작업 중 안전조치사항으로 옳지 않은 것은?

① 작업종료와 동시에 삽날을 지면에서 띄우고 주차 제동장치를 건다.
② 모든 조종간은 엔진 시동 전에 중립 위치에 놓는다.
③ 장비의 승차 및 하차 시 뛰어내리거나 오르지 말고 안전하게 잡고 오르내린다.
④ 야간작업 시 자주 장비에서 내려와 장비 주위를 살피며 점검하여야 한다.

해설

작업종료와 동시에 삽날을 지면에 두고 주차 제동장치를 거는 등 이탈방지 조치를 실시하여야 한다.

105

콘크리트 타설작업과 관련하여 준수하여야 할 사항으로 가장 거리가 먼 것은?

① 당일의 작업을 시작하기 전에 해당 작업에 관한 거푸집 및 동바리의 변형·변위 및 지반의 침하 유무 등을 점검하고 이상이 있으면 보수할 것
② 콘크리트를 타설하는 경우에는 편심이 발생하지 않도록 골고루 분산하여 타설할 것
③ 진동기의 사용은 많이 할수록 균일한 콘크리트를 얻을 수 있으므로 가급적 많이 사용할 것
④ 설계도서 상의 콘크리트 양생기간을 준수하여 거푸집 및 동바리를 해체할 것

해설

진동기를 많이 사용할수록 측압이 증가하고 재료분리 등을 가중하여 품질 결함의 원인이 되므로 적당히 사용하여야 한다.

관련개념 콘크리트 타설작업 시 준수사항

• 당일의 작업을 시작하기 전에 해당 작업에 관한 거푸집 및 동바리의 변형·변위 및 지반의 침하 유무 등을 점검하고 이상이 있으면 보수할 것
• 작업 중에는 감시자를 배치하는 등의 방법으로 거푸집 및 동바리의 변형·변위 및 침하 유무 등을 확인하여야 하며, 이상이 있으면 작업을 중지하고 근로자를 대피시킬 것
• 콘크리트 타설작업 시 거푸집 붕괴의 위험이 발생할 우려가 있으면 충분한 보강조치를 할 것
• 설계도서 상의 콘크리트 양생기간을 준수하여 거푸집 및 동바리를 해체할 것
• 콘크리트를 타설하는 경우에는 편심이 발생하지 않도록 골고루 분산하여 타설할 것

106

철골용접부의 내부결함을 검사하는 방법으로 가장 적합한 것은?

① 알칼리반응시험
② 방사선투과시험
③ 자기분말탐상시험
④ 침투탐상시험

해설 방사선투과시험

투과성 방사선을 조사하여 검사하는 것으로, 내외부결함 검출에 효과적인 비파괴 시험법이다.

관련개념

• 알칼리반응시험: 시멘트 중의 알칼리 성분과 골재의 실리카 성분이 반응하여 발생하는 균열이 구조물에 미치는 영향을 판단하는 철근콘크리트 시험법이다.
• 자기분말탐상시험: 자분(자석가루)의 응집성을 이용하여 검사하는 것으로, 표면 및 표면직하결함 검출에 효과적이다.
• 침투탐상시험: 침투액을 살포하여 검사하는 것으로, 표면개구결함 검출에 효과적이다.

107

유해위험방지계획서를 제출하려고 할 때 그 첨부서류와 가장 거리가 먼 것은?

① 공사 개요서
② 산업안전보건관리비 작성요령
③ 전체 공정표
④ 재해 발생 위험 시 연락 및 대피방법

해설 건설공사 유해위험방지계획서 제출 시 첨부서류

• 공사 개요서
• 공사현장의 주변 현황 및 주변과의 관계를 나타내는 도면(매설물 현황 포함)
• 전체 공정표
• 산업안전보건관리비 사용계획서
• 안전관리 조직표
• 재해 발생 위험 시 연락 및 대피방법

108

건설재해대책의 사면보호공법 중 식물을 생육시켜 그 뿌리로 사면의 표층토를 고정하여 빗물에 의한 침식, 동상, 이완 등을 방지하고, 녹화에 의한 경관조성을 목적으로 시공하는 것은?

① 식생공   ② 쉴드공

③ 뿜어붙이기공   ④ 블록공

해설 **식생구멍공**

식물을 생육시켜 그 뿌리로 사면의 표층토를 고정하여 빗물에 의한 침식, 동상, 이완 등을 방지하고, 녹화에 의한 경관조성을 목적으로 하는 사면보호공법이다.

관련개념 **사면보호공법의 종류**

• 뿜어붙이기공: 콘크리트나 시멘트 모르타르를 뿜어 붙인다.

• 블록공: 비탈면에 블록을 덮는다.

• 돌쌓기공: 돌의 형태를 활용하여 자립구조를 형성한다.

• 배수공: 지반의 강도에 영향을 주는 물을 제거한다.

• 표층안정공법: 약액 또는 시멘트를 지반에 그라우팅하여 교반한다.

109

비계의 높이가 2[m] 이상인 작업장소에 설치하는 작업발판의 설치기준으로 옳지 않은 것은? (단, 달비계, 달대비계 및 말비계는 제외한다.)

① 작업발판의 폭은 40[cm] 이상으로 한다.

② 작업발판재료는 뒤집히거나 떨어지지 않도록 하나 이상의 지지물에 연결하거나 고정시킨다.

③ 발판재료 간의 틈은 3[cm] 이하로 한다.

④ 작업발판의 지지물은 하중에 의하여 파괴될 우려가 없는 것을 사용한다.

해설 **작업발판의 구조(비계의 높이가 2[m] 이상인 작업장소)**

• 발판재료는 작업할 때의 하중을 견딜 수 있도록 견고한 것으로 할 것

• 작업발판의 폭은 40[cm] 이상으로 하고, 발판재료 간의 틈은 3[cm] 이하로 할 것

• 선박 및 보트 건조작업의 경우 선박블록 또는 엔진실 등의 좁은 작업공간에 작업발판을 설치하기 위하여 필요하면 작업발판의 폭을 30[cm] 이상으로 할 수 있고, 걸침비계의 경우 강관기둥 때문에 발판재료 간의 틈을 3[cm] 이하로 유지하기 곤란하면 5[cm] 이하로 할 수 있다.

• 추락의 위험이 있는 장소에는 안전난간을 설치할 것. 다만, 추락위험 방지 조치를 한 경우에는 그러하지 아니하다.

• 작업발판의 지지물은 하중에 의하여 파괴될 우려가 없는 것을 사용할 것

• 작업발판재료는 뒤집히거나 떨어지지 않도록 둘 이상의 지지물에 연결하거나 고정시킬 것

• 작업발판을 작업에 따라 이동시킬 경우에는 위험 방지에 필요한 조치를 할 것

110

표준관입시험에 관한 설명으로 옳지 않은 것은?

① N치(N-Value)는 지반을 30[cm] 굴진하는 데 필요한 타격횟수를 의미한다.

② N치가 4~10일 경우 모래의 상대밀도는 매우 단단한 편이다.

③ 63.5[kg] 무게의 추를 76[cm] 높이에서 자유낙하하여 타격하는 시험이다.

④ 사질 지반에 적용하며, 점토 지반에서는 편차가 커서 신뢰성이 떨어진다.

해설 지반 상태에 따른 표준관입시험 타격횟수

모래 지반		점토 지반	
N값	상대밀도	N값	상대밀도
0~4	매우 느슨	0~2	매우 연약
4~10	느슨	2~4	연약
10~30	보통	4~8	보통
30~50	조밀	8~15	견고
50 이상	매우 조밀	15~30	매우 견고

관련개념 표준관입시험(SPT; Standard Penetration Test)
중량 63.5[kg]의 해머를 75~76[cm] 높이에서 자유낙하시켰을 때 30[cm]를 관입시키는 데 소요되는 타격횟수(값)을 구하는 시험으로 사질토 지반에 적합하다.

111

건설공사의 산업안전보건관리비 계상 시 대상액이 구분되어 있지 않은 공사는 도급계약 또는 자체사업계획상의 총 공사금액 중 얼마를 대상액으로 하는가?

① 50[%]　　　　② 60[%]

③ 70[%]　　　　④ 80[%]

해설

대상액이 명확하지 않은 경우 도급계약 또는 자체사업계획상 책정된 총 공사금액의 10분의 7에 해당하는 금액을 대상액으로 한다.

112

지반 등의 굴착 시 위험을 방지하기 위한 연암 지반 굴착면의 기울기 기준으로 옳은 것은?

① 1 : 0.3　　　　② 1 : 0.4

③ 1 : 0.5　　　　④ 1 : 1.0

해설 굴착면의 기울기 기준

지반의 종류	기울기
모래	1 : 1.8
연암 및 풍화암	1 : 1.0
경암	1 : 0.5
그 밖의 흙	1 : 1.2

113
4회 출제

작업발판 및 통로의 끝이나 개구부로서 근로자가 추락할 위험이 있는 장소에서 난간 등의 설치가 매우 곤란하거나 작업의 필요상 임시로 난간 등을 해체하여야 하는 경우에 설치하여야 하는 것은?

① 구명구 ② 수직보호망
③ 석면포 ④ 추락방호망

해설

난간 등을 설치하는 것이 매우 곤란하거나 작업의 필요상 임시로 난간 등을 해체하여야 하는 경우 기준에 맞는 추락방호망을 설치하여야 한다.

관련개념 **추락방호망 설치기준**

- 추락방호망의 설치위치는 가능하면 작업면으로부터 가까운 지점에 설치하여야 하며, 작업면으로부터 망의 설치지점까지의 수직거리는 10[m]를 초과하지 아니할 것
- 추락방호망은 수평으로 설치하고, 망의 처짐은 짧은 변 길이의 12[%] 이상이 되도록 할 것
- 건축물 등의 바깥쪽으로 설치하는 경우 추락방호망의 내민 길이는 벽면으로부터 3[m] 이상 되도록 할 것

114
6회 출제

산업안전보건법령에 따른 양중기의 종류에 해당하지 않는 것은?

① 곤돌라 ② 리프트
③ 클램쉘 ④ 크레인

해설 **클램쉘(Clamshell)**

좁은 곳의 수직굴착, 자갈 등의 적재, 연약한 지반이나 수중굴착 등에 쓰이는 셔블계 굴착기계이다.

관련개념 **양중기의 종류**

- **크레인**(호이스트 포함)
- 이동식 크레인
- **리프트**(이삿짐운반용 리프트는 적재하중이 0.1톤 이상인 것으로 한정)
- **곤돌라**
- 승강기

115
3회 출제

화물취급작업과 관련한 위험방지를 위해 조치하여야 할 사항으로 옳지 않은 것은?

① 하역작업을 하는 장소에서 작업장 및 통로의 위험한 부분에는 안전하게 작업할 수 있는 조명을 유지할 것
② 하역작업을 하는 장소에서 부두 또는 안벽의 선을 따라 통로를 설치하는 경우에는 폭을 50[cm] 이상으로 할 것
③ 차량 등에서 화물을 내리는 작업을 하는 경우에 해당 작업에 종사하는 근로자에게 쌓여 있는 화물의 중간에서 화물을 빼내도록 하지 말 것
④ 꼬임이 끊어진 섬유로프 등을 화물운반용 또는 고정용으로 사용하지 말 것

해설 **하역작업장의 조치기준**

- 작업장 및 통로의 위험한 부분에는 안전하게 작업할 수 있는 조명을 유지할 것
- 부두 또는 안벽의 선을 따라 통로를 설치하는 경우에는 폭을 90[cm] 이상으로 할 것
- 육상에서의 통로 및 작업장소로서 다리 또는 선거 갑문을 넘는 보도 등의 위험한 부분에는 안전난간 또는 울타리 등을 설치할 것

관련개념 **섬유로프 등의 사용 금지**

사업주는 다음의 어느 하나에 해당하는 섬유로프 등을 화물운반용 또는 고정용으로 사용해서는 아니 된다.

- 꼬임이 끊어진 것
- 심하게 손상되거나 부식된 것

116
1회 출제

도심지 폭파해체공법에 관한 설명으로 옳지 않은 것은?

① 장기간 발생하는 진동, 소음이 적다.
② 해체 속도가 빠르다.
③ 주위의 구조물에 끼치는 영향이 적다.
④ 많은 분진 발생으로 민원을 발생시킬 우려가 있다.

해설 **도심지 폭파해체공법**

가능한 한 적은 양의 화약을 사용하여 건축물의 자중에 의해 무너져 내리도록 유도하는 공법으로, 주변 구조물에 끼치는 영향이 크다.

117

근로자의 추락 등의 위험을 방지하기 위한 안전난간의 설치 요건에서 상부 난간대를 120[cm] 이상 지점에 설치하는 경우 중간 난간대를 최소 몇 단 이상 균등하게 설치하여야 하는가?

① 2단
② 3단
③ 4단
④ 5단

해설 안전난간의 구조 및 설치요건

- 상부 난간대, 중간 난간대, 발끝막이판 및 난간기둥으로 구성할 것
- 상부 난간대는 바닥면·발판 또는 경사로의 표면(바닥면 등)으로부터 90[cm] 이상 지점에 설치하고, 상부 난간대를 120[cm] 이하에 설치하는 경우에는 중간 난간대는 상부 난간대와 바닥면 등의 중간에 설치하여야 하며, 120[cm] 이상 지점에 설치하는 경우에는 중간 난간대를 2단 이상으로 균등하게 설치하고 난간의 상하 간격은 60[cm] 이하가 되도록 할 것
- 발끝막이판은 바닥면 등으로부터 10[cm] 이상의 높이를 유지할 것
- 난간기둥은 상부 난간대와 중간 난간대를 견고하게 떠받칠 수 있도록 적당한 간격을 유지할 것
- 상부 난간대와 중간 난간대는 난간 길이 전체에 걸쳐 바닥면 등과 평행을 유지할 것
- 난간대는 지름 2.7[cm] 이상의 금속제 파이프나 그 이상의 강도가 있는 재료일 것
- 안전난간은 구조적으로 가장 취약한 지점에서 가장 취약한 방향으로 작용하는 100[kg] 이상의 하중에 견딜 수 있는 튼튼한 구조일 것

118

말비계를 조립하여 사용하는 경우 지주부재와 수평면의 기울기는 얼마 이하로 하여야 하는가?

① 65°
② 70°
③ 75°
④ 80°

해설 말비계 사용 시 준수사항

- 지주부재의 하단에는 미끄럼방지장치를 하고, 근로자가 양측 끝부분에 올라서서 작업하지 않도록 할 것
- 지주부재와 수평면의 기울기를 75° 이하로 하고, 지주부재와 지주부재 사이를 고정시키는 보조부재를 설치할 것
- 말비계의 높이가 2[m]를 초과하는 경우에는 작업발판의 폭을 40[cm] 이상으로 할 것

119

흙막이 지보공을 설치하였을 경우 정기적으로 점검하고 이상을 발견하면 즉시 보수하여야 하는 사항과 가장 거리가 먼 것은?

① 부재의 접속부·부착부 및 교차부의 상태
② 버팀대의 긴압(緊壓)의 정도
③ 부재의 손상·변형·부식·변위 및 탈락의 유무와 상태
④ 지표수의 흐름 상태

해설 흙막이 지보공 설치 시 정기적 점검사항

- 부재의 손상·변형·부식·변위 및 탈락의 유무와 상태
- 버팀대의 긴압의 정도
- 부재의 접속부·부착부 및 교차부의 상태
- 침하의 정도

120

흙막이 공법을 흙막이 지지방식에 의한 분류와 구조방식에 의한 분류로 나눌 때 다음 중 지지방식에 의한 분류에 해당하는 것은?

① 수평버팀대식 흙막이 공법
② H – Pile 공법
③ 지하연속벽 공법
④ Top Down Method 공법

해설 흙막이 공법의 분류

지지방식에 의한 분류	구조방식에 의한 분류
• Open-Cut 공법	• H-Pile 공법
• 자립 공법	• 널말뚝 공법
• 타이로드 공법	• 벽식 지하연속벽 공법
• 수평버팀대 공법	• 주열식 지하연속벽 공법
• 어스앵커 공법	• 역타(탑다운) 공법

2019년 1회 | 기출문제

자동 채점

산업안전관리론

001
1회 출제

보호구 안전인증 고시에 따른 안전화 종류에 해당하지 않는 것은?

① 경화안전화
② 발등안전화
③ 정전기안전화
④ 고무제안전화

해설 **안전화의 종류 및 구분**

종류	성능구분
가죽제안전화	물체의 낙하, 충격 또는 날카로운 물체에 의한 찔림 위험으로부터 발을 보호하기 위한 것
고무제안전화	물체의 낙하, 충격 또는 날카로운 물체에 의한 찔림 위험으로부터 발을 보호하고 내수성을 겸한 것
정전기안전화	물체의 낙하, 충격 또는 날카로운 물체에 의한 찔림 위험으로부터 발을 보호하고 정전기의 인체대전을 방지하기 위한 것
발등안전화	물체의 낙하, 충격 또는 날카로운 물체에 의한 찔림 위험으로부터 발 및 발등을 보호하기 위한 것
절연화	물체의 낙하, 충격 또는 날카로운 물체에 의한 찔림 위험으로부터 발을 보호하고 저압의 전기에 의한 감전을 방지하기 위한 것
절연장화	고압에 의한 감전을 방지 및 방수를 겸한 것
화학물질용안전화	물체의 낙하, 충격 또는 날카로운 물체에 의한 찔림 위험으로부터 발을 보호하고 화학물질로부터 유해위험을 방지하기 위한 것

002
7회 출제

산업안전보건법령상 안전관리자를 2인 이상 선임하여야 하는 사업에 해당하지 않는 것은?

① 공사금액이 1,000억 원인 건설업
② 상시로자가 500명인 통신업
③ 상시로자가 1,500명인 운수업
④ 상시로자가 600명인 식료품 제조업

해설 **안전관리자를 두어야 할 사업의 종류 및 규모**

사업의 종류	상시근로자 수 또는 공사금액	안전관리자의 수
토사석 광업 식료품 제조업, 음료 제조업 목재 및 나무제품 제조업(가구 제외)	50명 이상 500명 미만	1명 이상
펄프, 종이 및 종이제품 제조업 코크스, 연탄 및 석유정제품 제조업 발전업 운수 및 창고업	500명 이상	2명 이상
농업, 임업 및 어업 전기, 가스, 증기 및 공기조절 공급업 방송업	50명 이상 1,000명 미만	1명 이상
우편 및 통신업	1,000명 이상	2명 이상
건설업	50억 원 이상 800억 원 미만	1명 이상
	800억 원 이상 1,500억 원 미만	2명 이상
	1,500억 원 이상 2,200억 원 미만	3명 이상
	2,200억 원 이상 3,000억 원 미만	4명 이상

003

4회 출제

아담스(Adams)의 재해연쇄이론에서 작전적 에러(Operational Error)로 정의한 것은?

① 선천적 결함
② 불안전한 상태
③ 불안전한 행동
④ 경영자나 감독자의 힝동

해설 **아담스의 재해연쇄이론**

- 관리구조 결함 → 작전적 에러 → 전술적 에러 → 사고 → 상해
- 작전적 에러: 경영자나 감독자의 의지부족이나 행동, 목표설정 미흡 등을 의미한다.
- 전술적 에러: 관리감독자의 실수나 태만, 불안전 행동 및 불안전 상태의 방치를 의미한다.

004

9회 출제

천재지변 발생 직후 기계설비의 수리 등을 할 경우 또는 중대재해 발생 직후 등에 행하는 안전점검을 무엇이라 하는가?

① 임시점검
② 자체점검
③ 수시점검
④ 특별점검

해설 **실시시기에 따른 안전점검의 종류**

일상(수시)점검	매일 일의 시작이나 종료 시 또는 작업 중에 계속해서 실시하는 점검
정기(계획)점검	주기적으로 일정한 시설이나 물건, 기계 등에 대하여 점검하는 방법
특별점검	신설, 변경 내지는 고장수리 등을 할 경우에 행하는 부정기 점검
임시점검	이상징후 예견 시 임시로 실시하는 점검

005

2회 출제

재해사례연구를 할 때 유의해야 될 사항으로 틀린 것은?

① 과학적이어야 한다.
② 논리적인 분석이 가능해야 한다.
③ 주관적이고 정확성이 있어야 한다.
④ 신뢰성이 있는 자료수집이 있어야 한다.

해설

재해사례연구를 할 때에는 객관적인 자료에 근거하여 실시하여야 한다.

006

1회 출제

무재해운동 추진의 3대 기둥으로 볼 수 없는 것은?

① 최고경영자의 경영자세
② 노동조합의 협의체 구성
③ 직장 소집단 자주 활동의 활성화
④ 관리감독자에 의한 안전보건의 추진

해설 **무재해운동 추진의 3대 기둥**

- 최고경영자의 엄격한 안전경영자세: 사업주
- 안전관리의 라인화: 관리감독자
- 직장 내 자주 안전활동의 활발화: 근로자

007

4회 출제

건설기술 진흥법령상 안전관리계획을 수립해야 하는 건설공사에 해당하지 않는 것은?

① 15층 건축물의 리모델링
② 지하 15[m]를 굴착하는 건설공사
③ 항타 및 항발기가 사용되는 건설공사
④ 높이가 21[m]인 비계를 사용하는 건설공사

해설

건설기술 진흥법령상 높이 31[m] 이상인 비계를 사용하는 건설공사가 안전관리계획 수립 대상에 해당하므로 높이가 21[m] 이상인 비계를 사용하는 공사는 해당하지 않는다.

관련개념 건설기술 진흥법령상 안전관리계획 수립 대상 건설공사

- 시설물의 안전 및 유지관리에 관한 특별법에 따른 1종시설물 및 2종시설물의 건설공사
- 지하 10[m] 이상을 굴착하는 건설공사
- 폭발물을 사용하는 건설공사로서 20[m] 안에 시설물이 있거나 100[m] 안에 사육하는 가축이 있어 해당 건설공사로 인한 영향을 받을 것이 예상되는 건설공사
- 10층 이상 16층 미만인 건축물의 건설공사
- 10층 이상인 건축물의 리모델링 또는 해체공사
- 주택법에 따른 수직증축형 리모델링
- 건설기계관리법에 따라 등록된 천공기(높이 10[m] 이상), 항타 및 항발기, 타워크레인이 사용되는 건설공사
- 다음의 가설구조물을 사용하는 건설공사
  - 높이 31[m] 이상인 비계, 브라켓 비계
  - 작업발판 일체형 거푸집 또는 높이가 5[m] 이상인 거푸집 및 동바리
  - 터널의 지보공 또는 높이가 2[m] 이상인 흙막이 지보공
  - 동력을 이용하여 움직이는 가설구조물, 높이 10[m] 이상에서 외부작업을 하기 위하여 작업발판 및 안전시설물을 일체화하여 설치하는 가설구조물, 공사현장에서 제작하여 조립·설치하는 복합형 가설구조물
  - 그 밖에 발주자 또는 인·허가기관의 장이 필요하다고 인정하는 가설구조물

008

11회 출제

상시근로자 수가 100명인 사업장에서 1년간 6건의 재해로 인하여 10명의 부상자가 발생하였고, 이로 인한 근로손실일수는 120일, 휴업일수는 68일이었다. 이 사업장의 강도율은 약 얼마인가? (단, 1일 9시간씩 연간 290일 근무하였다.)

① 0.58 ② 0.67
③ 22.99 ④ 100

해설

$$강도율 = \frac{총\ 요양\ 근로손실일수}{연\ 근로시간\ 수} \times 1,000$$

$$= \frac{120 + 68 \times \frac{290}{365}}{100 \times (9 \times 290)} \times 1,000 = 0.67$$

※ 휴업일수가 발생한 경우 $휴업일수 \times \frac{연\ 근로일수}{365}$로 근로손실일수를 산정한다.

관련개념 강도율(SR; Severity Rate of Injury)

근로시간 합계 1,000시간당 재해로 인한 근로손실일수이다.

$$강도율 = \frac{총\ 요양\ 근로손실일수}{연\ 근로시간\ 수} \times 1,000$$

009

7회 출제

재해의 발생원인을 관리적인 면에서 분류한 것과 가장 관계가 먼 것은?

① 인적 원인 ② 기술적 원인
③ 교육적 원인 ④ 작업관리상 원인

해설

'인적 원인'은 재해발생의 직접원인에 해당하므로, 관리적인 면에서 분류되는 간접원인과는 구분된다.

관련개념 재해발생의 간접원인

기술적 원인	• 건물·기계 등의 설계 불량 • 구조·재료의 부적합	• 생산공정의 부적당 • 점검 및 보존 불량
교육적 원인	• 안전지식 및 경험의 부족 • 경험 및 훈련의 미숙 • 유해위험 작업의 교육 불충분	• 작업방법의 교육 불충분 • 안전수칙의 오해
신체적 원인	• 육체피로	• 시각 및 청각 이상
정신적 원인	• 판단력 부족 • 스트레스	• 착오
관리적 원인	• 안전관리조직 결함 • 작업준비 불충분 • 안전수칙 미제정	• 작업지시 부적당 • 인원배치(적정배치) 부적당 • 작업기준의 불명확

010

하베이(Harvey)가 제시한 '안전의 3E'에 해당하지 않는 것은?

① Education
② Enforcement
③ Economy
④ Engineering

해설 **하베이(J·H. Harvey)의 안전관리 이론**

• 안전사고를 예방하기 위해서는 3E의 조치가 균형을 이루어 안전관리에 적용되어야 한다고 주장했다.

• 3E
 – 안전교육(Education)
 – 안전기술(Engineering)
 – 안전관리(Enforcement): 강제, 관리, 규제, 감독 필요

011

안전표지 종류 중 금지표지에 대한 설명으로 옳은 것은?

① 바탕은 노란색, 기본도양은 흰색, 관련 부호 및 그림은 파란색
② 바탕은 노란색, 기본모양은 흰색, 관련 부호 및 그림은 검은색
③ 바탕은 흰색, 기본모양은 빨간색, 관련 부호 및 그림은 파란색
④ 바탕은 흰색, 기본모양은 빨간색, 관련 부호 및 그림은 검은색

해설 **안전보건표지의 종류별 색채**

분류	색채
금지표지	바탕은 흰색, 기본모형은 빨간색, 관련 부호 및 그림은 검은색
경고표지	바탕은 노란색, 기본모형, 관련 부호 및 그림은 검은색. 다만, 인화성물질 경고, 산화성물질 경고, 폭발성물질 경고, 급성독성물질 경고, 부식성물질 경고 및 발암성·변이원성·생식독성·전신독성·호흡기 과민성물질 경고의 경우 바탕은 무색, 기본모형은 빨간색 검은색도 가능)
지시표지	바탕은 파란색, 관련 그림은 흰색
안내표지	바탕은 흰색, 기본모형 및 관련 부호는 녹색 또는 바탕은 녹색, 관련 부호 및 그림은 흰색
출입금지표지	바탕은 흰색, 글자는 흑색. 다만, '○○○제조/사용/보관 중', '석면취급/해체 중', '발암물질 취급 중' 글자는 적색

012

크레인(이동식은 제외)은 사업장에 설치한 날로부터 몇 년 이내에 최초 안전검사를 실시하여야 하는가?

① 1년
② 2년
③ 3년
④ 5년

해설 **안전검사의 주기**

구분	주기
크레인(이동식 크레인 제외), 리프트(이삿짐운반용 리프트 제외), 곤돌라	• 설치가 끝난 날부터 3년 이내 최초 안전검사 실시 • 최초 안전검사 실시 이후 2년마다 실시 ※ 건설현장에 사용하는 것은 최초 설치한 날부터 6개월마다 실시
이동식 크레인, 이삿짐운반용 리프트, 고소작업대	• 자동차관리법에 따른 신규등록 이후 3년 이내 최초 안전검사 실시 • 최초 안전검사 실시 이후 2년마다 실시
프레스, 전단기, 압력용기, 국소배기장치, 원심기, 롤러기, 사출성형기, 컨베이어, 산업용 로봇	• 설치가 끝난 날부터 3년 이내 최초 안전검사 실시 • 최초 안전검사 실시 이후 2년마다 실시 ※ 공정안전보고서를 제출하여 확인을 받은 압력용기는 4년마다 실시

013

다음과 같은 재해가 발생하였을 경우 재해의 원인분석으로 옳은 것은?

> 건설현장에서 근로자가 비계에서 마감작업을 하던 중 바닥으로 떨어져 머리가 바닥에 부딪혀 사망하였다.

① 기인물: 비계, 가해물: 마감작업, 사고유형: 맞음
② 기인물: 바닥, 가해물: 비계, 사고유형: 떨어짐
③ 기인물: 비계, 가해물: 바닥, 사고유형: 맞음
④ 기인물: 비계, 가해물: 바닥, 사고유형: 떨어짐

해설

재해발생의 주 원인은 비계(기인물)이고, 직접적인 피해를 준 환경은 바닥(가해물)이다. 그리고 사고유형은 떨어짐(높이가 있는 곳에서 사람이 떨어짐)이다.

관련개념 **기인물과 가해물**

• 기인물: 재해발생의 주 원인이며 재해를 가져오게 한 근원이 되는 기계, 장치, 물질 또는 환경 등(불안전한 상태)
• 가해물: 직접 사람에게 접촉하여 피해를 주는 기계, 장치, 물질 또는 환경 등

014

다음 중 소규모 사업장에 가장 적합한 안전관리조직의 형태는?

① 라인형 조직
② 스탭형 조직
③ 라인-스탭 혼합형 조직
④ 복합형 조직

해설 **라인형(직계식) 조직의 특징**
- 안전에 관한 명령, 지시 및 조치가 각 부문의 직계를 통하여 생산업무와 함께 시행되므로 철저하고 실시도 빠르다.
- 명령과 보고가 상하관계 뿐이므로 간단 명료하다.
- 생산라인(Production Line)의 각급 관리감독자는 일상의 생산업무에 쫓겨 안전에 대한 전문지식이나 정보를 몸에 익힐 수 없다는 단점이 있다.
- 100명 이하의 소규모 사업장에 적합하다.

015

위험예지훈련 4라운드(Round) 중 목표설정 단계의 내용으로 가장 적절한 것은?

① 위험 요인을 찾아내고, 가장 위험한 것을 합의하여 결정한다.
② 가장 우수한 대책에 대하여 합의하고, 행동계획을 결정한다.
③ 브레인스토밍을 실시하여 어떤 위험이 존재하는가를 파악한다.
④ 가장 위험한 요인에 대하여 브레인스토밍 등을 통하여 대책을 세운다.

해설 **위험예지훈련 4라운드**

1라운드	현상파악	위험요인을 식별하는 단계
2라운드	본질추구	위험요인·문제점 발견 및 위험의 포인트를 결정하고 지적 확인하는 단계
3라운드	대책수립	위험요인을 극복하기 위한 대안 제시 단계
4라운드	목표설정	행동목표를 설정하는 단계

016

안전보건관리계획의 개요에 관한 설명으로 틀린 것은?

① 타 관리계획과 균형이 되어야 한다.
② 안전보건의 저해요인을 확실히 파악해야 한다.
③ 계획의 목표는 점진적으로 낮은 수준의 것으로 한다.
④ 경영층의 기본방침을 명확하게 근로자에게 나타내야 한다.

해설 **안전보건관리계획 수립 시 유의사항**
- 사업장의 실태에 맞도록 독자적인 방법으로 수립하되, 실현가능성이 있도록 하여야 한다.
- 직장 단위로 구체적인 내용으로 작성하여야 한다.
- 계획의 목표는 점진적으로 높은 수준이 되도록 하여야 한다.

017

사고예방대책의 기본원리 5단계 중 3단계의 분석·평가에 대한 내용으로 옳은 것은?

① 위험 확인
② 현장조사
③ 사고 및 활동 기록 검토
④ 기술의 개선 및 인사즈정

해설 하인리히의 재해예방 5단계(사고예방의 기본원리)

단계	진행과정	필요조치
제1단계	조직 (안전관리조직)	• 경영자의 안전목표 설정 • 안전관리자 등의 선임 • 안전관리조직(라인·스태프 등) 구성 • 안전활동 방침 및 계획수립 • 안전관리조직의 안전활동 전개
제2단계	사실의 발견 (현상파악)	• 사고 및 안전활동 기록의 검토 • 작업분석 • 안전점검, 검사 및 조사 • 사고조사 • 안전토의 및 회의 • 근로자의 건의 및 여론조사 • 관찰 및 보고서의 연구로 불안전요소 발견
제3단계	분석·평가 (원인규명)	• 사고보고서 및 현장조사 • 인즈·물적·환경조건의 분석 • 작업공정 및 작업형태의 분석 • 교육 및 훈련의 분석 • 안전수칙 및 안전기준의 분석 • 현장조사 결과의 분석 • 불안전요소의 분석
제4단계	시정책의 선정	• 기술적인 개선 • 인사(배치)조정 • 교육 및 훈련의 개선 • 안전행정의 개선 • 규정 및 수칙의 개선 • 이행독려와 통제체제 강화
제5단계	시정책의 적용	• 목표설정 • 3E(기술적, 교육적, 관리적)의 적용 • 실시결과 재평가 및 개선

018

재해손실비용에 있어 직접손실비용이 아닌 것은?

① 요양급여
② 장해급여
③ 상병보상연금
④ 생산중단손실비용

해설 직접손실비용과 간접손실비용

직접비 (법적으로 지급되는 산재보상비)		간접비 (직접비를 제외한 모든 비용)	
• 요양급여	• 휴업급여	• 인적손실	• 물적손실
• 장해급여	• 간병급여	• 생산손실	• 임금손실
• 유족급여	• 상병보상연금	• 시간손실	• 기타손실 등
• 장례비	• 직업재활급여		

019

산업안전보건법령상 지방고용노동관서의 장이 사업주에게 안전관리자나 보건관리자를 정수 이상으로 증원하게 하거나 교체하여 임명할 것을 명령할 수 있는 경우는?

① 사망재해가 연간 1건 발생한 경우
② 중대재해가 연간 1건 발생한 경우
③ 관리자가 질병의 사유로 3개월 이상 해당 직무를 수행할 수 없게 된 경우
④ 해당 사업장의 연간재해율이 같은 업종의 평균재해율의 1.5배 이상인 경우

해설 안전관리자 등의 증원·교체임명 명령 사유
• 해당 사업장의 연간재해율이 같은 업종의 평균재해율의 2배 이상인 경우
• 중대재해가 연간 2건 이상 발생한 경우
• 관리자가 질병이나 그 밖의 사유로 3개월 이상 직무를 수행할 수 없게 된 경우
• 화학적 인자로 인한 직업성 질병자가 연간 3명 이상 발생한 경우

020

8회 출제

산업안전보건법령에 따른 산업안전보건위원회의 구성에 있어 사용자위원에 해당하지 않는 자는?

① 안전관리자

② 명예산업안전감독관

③ 해당 사업의 대표자가 지명한 9인 이내의 해당 사업장 부서의 장

④ 보건관리자의 업무를 위탁한 경우 대행기관의 해당 사업장 담당자

해설 **산업안전보건위원회의 구성**

근로자 위원	• 근로자대표 • 명예산업안전감독관이 위촉되어 있는 사업장의 경우 근로자대표가 지명하는 1명 이상의 명예산업안전감독관 • 근로자대표가 지명하는 9명 이내의 해당 사업장의 근로자
사용자 위원	• 해당 사업의 대표자 • 안전관리자 1명(안전관리자의 업무를 안전관리전문기관에 위탁한 경우 그 기관의 해당 사업장 담당자) • 보건관리자 1명(보건관리자의 업무를 보건관리전문기관에 위탁한 경우 그 기관의 해당 사업장 담당자) • 산업보건의 • 해당 사업의 대표자가 지명하는 9명 이내의 해당 사업장 부서의 장

산업심리 및 교육

021

1회 출제

목표를 설정하고 그에 따르는 보상을 약속함으로써 부하를 동기화하려는 리더십은?

① 교환적 리더십   ② 변혁적 리더십

③ 참여적 리더십   ④ 지시적 리더십

해설 **교환적(거래적) 리더십(Transactional Leadership)**

• 리더와 조직 구성원 간의 거래를 통해서 수행되는 리더십이다.

• 조직원(부하)의 노력에 대한 성과를 보상하는 거래관계에 바탕을 둔 리더십이다.

• 변화보다는 안정성을 중시하는 리더가 주로 사용한다.

022

6회 출제

주의(Attention)에 대한 특성으로 가장 거리가 먼 것은?

① 고도의 주의는 장시간 지속할 수 없다.

② 주의와 반응의 목적은 대부분의 경우 서로 독립적이다.

③ 동시에 두 가지 일에 중복하여 집중하기 어렵다.

④ 여러 종류의 자극을 지각할 때 소수의 특정한 것을 선택하여 집중한다.

해설 **주의(Attention)의 특징**

• 선택성: 여러 종류의 자극 중 특정한 것을 선택하여 주의가 집중된다.

• 방향성: 한 지점에 주의를 집중하면 다른 곳의 주의가 약해진다.

• 변동성: 주의가 유지되지 않고 일정한 주기로 부주의하게 된다.

023

16회 출제

OJT(On the Job Training)의 특징에 관한 설명으로 틀린 것은?

① 다수의 근로자에게 조직적 훈련이 가능하다.

② 상호신뢰 및 이해도가 높아진다.

③ 개개인에게 적절한 지도훈련이 가능하다.

④ 직장의 실정에 맞게 실제적 훈련이 가능하다.

해설

①은 Off JT의 특징이다.

관련개념 **OJT(On the Job Training)의 특징**

장점	• 개개인에게 적절한 지도훈련이 가능하다. • 직장의 실정에 맞게 실제적 훈련이 가능하다. • 교육을 통한 훈련효과에 의해 상호 신뢰 및 이해도가 높아진다. • 대상자의 개인별 능력에 따라 훈련의 진도를 조정하기 쉽다. • 교육효과가 업무에 신속히 반영된다. • 훈련에 필요한 업무의 계속성이 끊어지지 않는다. • 동기부여가 쉽다.
단점	• 다수의 대상을 한 번에 통일적인 내용 및 수준으로 교육시킬 수 없다. • 전문적인 지식 및 기능을 교육하기 힘들다. • 업무와 교육이 병행되므로 훈련에만 전념할 수 없다.

024

다음은 각기 다른 조직형태의 특성을 설명한 것이다. 각 특징에 해당하는 조직형태를 연결한 것으로 맞는 것은?

> a. 중규모 형태의 기업에서 시장 상황에 따라 인적자원을 효과적으로 활용하기 위한 형태이다.
> b. 목적지향적이고 목적달성을 위해 기존의 조직에 비해 효율적이며 유연하게 운영될 수 있다.

① a: 위원회 조직, b: 프로젝트 조직
② a: 사업부제 조직, b: 위원회 조직
③ a: 매트릭스형 조직, b: 사업부제 조직
④ a: 매트릭스형 조직, b: 프로젝트 조직

해설 조직구조의 종류

매트릭스형 조직	• 중규모 형태의 기업에서 시장 상황에 따라 인적자원을 효율적으로 활용하는 조직형태 • 구성원 간의 협동심이 증가하나 역할갈등의 소지가 있음
프로젝트 조직	• 특정 프로젝트를 수행하기 위해서 일시적으로 구성되는 조직 • 목적지향적이며 목적달성을 위해 기존의 조직보다 유연하고 효율적으로 운영 가능
위원회 조직	• 집단토의방식을 도입한 조직형태 • 광범위한 정보를 필요로 하거나 충분한 사전이해가 있어야 하는 경우에 사용 • 시간낭비와 기동성의 약화, 책임소재가 불분명한 단점이 있음
사업부제 조직	• 제품이나 지역을 기초로 만들어진 조직 • 다국적 기업들이 일반적으로 채택하는 조직형태 • 사업부마다 역할이 중복되어 자원의 낭비가 심하고, 지나친 경쟁이 유발되어 전체적인 목표달성을 방해할 가능성이 있음
팀 조직	• 의사결정과정을 단순화하여 빠른 대응이 가능하도록 만든 조직 • 상호보완적인 기술이나 지식을 보유한 구성원이 자율권을 갖고 업무를 수행하는 조직

025

적응기제(Adjustment Mechanism) 중 도피기제에 해당하는 것은?

① 투사   ② 보상
③ 승화   ④ 고립

해설

①, ②, ③은 방어적 기제에 해당한다.

관련개념 도피적 기제(Escape Mechanism)

• 긴장이나 불안감을 해소하기 위해 비합리적인 행동으로 당면한 상황을 벗어나려는 기제이다.
• 억압, **고립**, 퇴행, 백일몽 등이 있다.

026

토의식 교육지도에서 시간이 가장 많이 소요되는 단계는?

① 도입   ② 제시
③ 적용   ④ 확인

해설 교육법의 4단계 및 시간배분(60분 기준)

교육법의 4단계	강의식	토의식
제1단계 – 도입(준비)	5분	5분
제2단계 – 제시(설명)	40분	10분
제3단계 – 적용(응용)	10분	40분
제4단계 – 확인(총괄)	5분	5분

027

어느 부서의 직원 6명의 선호관계를 분석한 결과 다음과 같은 소시오그램이 작성되었다. 이 부서의 집단응집성지수는 얼마인가? (단, 그림에서 실선은 선호관계, 점선은 거부관계를 나타낸다.)

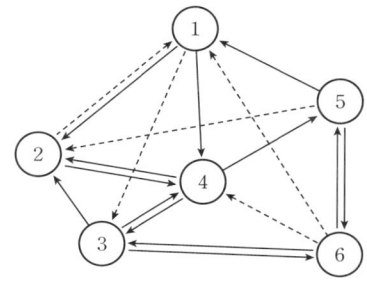

① 0.13

② 0.27

③ 0.33

④ 0.47

해설

집단응집성지수 $= \dfrac{\text{상호 선호관계의 수}}{\text{가능한 관계의 수}}$

6명의 직원이 가질 수 있는 관계의 수는 $\dfrac{6 \times 5}{2} = 15$이다.

상호 선호관계를 가지는 관계의 수는 ②-④, ③-④, ③-⑥, ⑤-⑥의 4이다.

따라서 집단응집성지수 $= \dfrac{4}{15} = 0.27$이다.

관련개념 집단응집력(Group Cohesiveness)

• 집단 구성원들의 상호간 선호 감정이 생기며, 집단의 목표 달성을 위해 업무를 효율적으로 수행하는 정도이다.

• 업무와 집단의 목표에 대한 구성원의 관심도와 열정을 나타낸다.

028

현대 조직이론에서 작업자의 수직적 직무 권한을 확대하는 방안에 해당하는 것은?

① 직무순환(Job Rotation)

② 직무분석(Job Analysis)

③ 직무확충(Job Enrichment)

④ 직무평가(Job Evaluation)

해설 직무확충(Job Enrichment)

직무확충은 관리기능 중 계획과 통제 기능을 종업원에게 위임하는 것으로 권한과 책임을 부여하는 개념이다.

관련개념 직무확충의 원리

• 종업원들에게 직무에 부가되는 자유와 권리를 부여한다.

• 완전하고 자연스러운 작업 단위를 제공한다.

• 자신의 업무에 대하여 책임감을 증대시킨다.

• 책임을 지고 일하는 동안에는 통제를 가하지 않는다.

029

어느 철강회사의 고로작업라인에 근무하는 A씨의 작업강도가 중(重)작업으로 평가되었다면 해당되는 에너지대사율(RMR)의 범위로 가장 적절한 것은?

① 0~1

② 2~4

③ 4~7

④ 7~10

해설 에너지대사율(RMR; Relative Metabolic Rate)

$\text{RMR} = \dfrac{\text{작업대사량}}{\text{기초대사량}} = \dfrac{\text{작업 시 소비에너지} - \text{안정 시 소비에너지}}{\text{기초대사 시 소비에너지}}$

작업구분	RMR	작업 종류 등
초중(超重)작업	7 이상	과격한 전신작업
중(重)작업	4~7	• 일반적인 전신작업 • 힘·동작속도가 큰 작업
중(中)작업	2~4	힘·동작속도가 작은 작업
경(輕)작업	0~2	• 사무실 작업 • 손가락이나 팔로 하는 가벼운 작업

030

4회 출제

관리감독자 훈련(TWI)에 관한 내용이 아닌 것은?

① Job Relation
② Job Method
③ Job Synergy
④ Job Instruction

해설 **TWI(Training Within Industry for Supervisor)**

- 인간관계를 개선하고 생산성을 향상시키기 위해 일선 관리감독자를 대상으로 하는 훈련이다.
- 작업지도(Job Instruction), 작업방법(개선)(Job Method), 인간관계(Job Relation), 작업안전(Job Safety)을 훈련한다.

031

6회 출제

맥그리거(Douglas McGregor)의 Y 이론에 해당되는 것은?

① 인간은 게으르다.
② 인간은 남을 잘 속인다.
③ 인간은 남에게 지배받기를 즐긴다.
④ 인간은 부지런하고 근면하며, 적극적이고 자주적이다.

해설 **맥그리거의 X, Y 이론**

X 이론	• 인간의 본성은 일을 싫어하고 무관심하며 책임을 회피한다. • 관리처방 방안으로는 경제적 보상체제 강화, 권위주의적 리더십 확립, 엄격한 관리 및 통제, 상부책임 강화 등이 필요하다.
Y 이론	• 인간의 본성은 일을 좋아하고 책임감이 강하여 자율적, 민주적으로 성과를 얻는다. • 관리처방 방안으로는 권한을 위임하고 목표에 의한 관리와 인간관계 관리방식 등이 필요하다.

032

1회 출제

학습경험 조직의 원리와 가장 거리가 먼 것은?

① 가능성의 원리
② 계속성의 원리
③ 계열성의 원리
④ 통합성의 원리

해설 **타일러(Tyler)의 학습경험 조직의 원리**

- 계속성의 원리: 경험 요소가 지속적으로 반복되도록 조직하여야 한다.
- 계열성의 원리: 경험의 수준을 점차 높여 심도 있고 폭넓은 경험이 되도록 하여야 한다.
- 통합성의 원리: 학습경험을 조화롭게 통합하여야 한다.

033

2회 출제

수업의 중간이나 마지막 단계에 행하는 것으로써 언어학습이나 문제해결 학습에 효과적인 학습법은?

① 강의법
② 실연법
③ 토의법
④ 프로그램법

해설 **실연법**

- 학습자가 이미 알고 있는 지식이나 기능을 강사의 감독 하에 직접 연습하여 적용할 수 있도록 하는 교육방법이다.
- 수업의 중간이나 마지막 단계에 행하며 언어학습이나 문제해결 학습에 효과적이다.

034

2회 출제

부주의가 발생하는 경우에 있어 자동차를 운전할 때 신호가 바뀌기 전에 신호가 바뀔 것을 예상하고 자동차를 출발시키는 행동과 관련된 것은?

① 억측판단
② 근도반응
③ 착시현상
④ 의식의 우회

해설 **억측판단**

업무수행 중 규정대로 수행하지 않아도 괜찮다고 생각하여 자기 주관대로 추측하고 행동한 결과 재해가 발생한 경우이다.

[관련개념]

- 근도반응: 완곡한 방법을 취하지 않고 충동적으로 행동하는 반응이다.
- 착시현상: 실제와는 달리 인간이 보고 싶은 내용대로 오해하는 현상이다.
- 의식의 우회: 업무수행 중 걱정, 고뇌, 욕구불만 등에 의해서 발생되는 부주의 현상이다.

035

매슬로우(Maslow)의 욕구위계를 바르게 나열한 것은?

① 안전의 욕구 – 생리적 욕구 – 사회적 욕구 – 자아실현의 욕구 – 인정받으려는 욕구
② 안전의 욕구 – 생리적 욕구 – 사회적 욕구 – 인정받으려는 욕구 – 자아실현의 욕구
③ 생리적 욕구 – 사회적 욕구 – 안전의 욕구 – 인정받으려는 욕구 – 자아실현의 욕구
④ 생리적 욕구 – 안전의 욕구 – 사회적 욕구 – 인정받으려는 욕구 – 자아실현의 욕구

> **해설** **매슬로우(Maslow)의 욕구이론**
> • 인간의 욕구는 생리적 욕구 → 안전의 욕구 → 사회적 욕구 → 존경(인정)의 욕구 → 자아실현의 욕구 순으로 발생한다.
> • 인간은 가장 기본적인 욕구에서 시작하여 상위 욕구로 올라가면서 자신의 욕구를 체계적으로 충족시킨다.

036

반복적인 재해발생자를 상황성 누발자와 소질성 누발자로 나눌 때, 상황성 누발자의 재해유발 원인에 해당하는 것은?

① 저지능인 경우
② 소심한 성격인 경우
③ 도덕성이 결여된 경우
④ 심신에 근심이 있는 경우

> **해설** **상황성 누발자의 재해유발 원인**
> • 작업이 어려운 경우
> • 기계설비에 결함이 있는 경우
> • 심신에 근심이 있는 경우
> • 환경 상 주의력의 집중이 곤란한 경우

> **관련개념** **재해빈발자 유형**

상황성 누발자	작업이 어렵거나 설비의 결함, 심신의 근심 때문에 재해가 자주 발생되는 사람
습관성 누발자	경험에 의하여 겁을 심하게 먹거나 신경과민으로 재해가 자주 발생되는 사람
소질성 누발자	개인적 잠재요인이나 개인의 특수한 성격으로 인해 재해가 자주 발생되는 사람
미숙성 누발자	기능의 부족이나 환경에 익숙하지 않아 재해가 자주 발생되는 사람

037

사회행동의 기본 형태와 내용이 잘못 연결된 것은?

① 대립 – 공격, 경쟁
② 조직 – 경쟁, 통합
③ 협력 – 조력, 분업
④ 도피 – 정신병, 자살

> **해설** **인간 사회행동의 기본 형태**
> • 도피: 정신병, 자살, 고립
> • 협력: 조력, 분업
> • 대립: 공격, 경쟁
> • 융합: 강제, 타협, 통합

038

안전보건교육의 종류별 교육요점으로 틀린 것은?

① 태도교육은 의욕을 갖게 하고 가치관 형성교육을 한다.
② 기능교육은 표준작업 방법대로 시범을 보이고 실습을 시킨다.
③ 추후지도교육은 재해발생원리 및 잠재위험을 이해시킨다.
④ 지식교육은 작업에 관련된 취약점과 이에 대응되는 작업방법을 알도록 한다.

> **해설**
> 재해발생원리 및 잠재위험에 대한 교육은 지식교육에서 실시한다.
> 추후지도교육은 OJT 형식으로 개정된 법령이나 신설 기계장치 등을 주기적으로 교육하는 것이다.

039

2회 출제

평가도구의 기본적인 기준이 아닌 것은?

① 실용도(實用度)   ② 타당도(妥當度)
③ 신뢰도(信賴度)   ④ 습숙도(習熟度)

해설 **학습평가의 기본 기준**

타당도	평가하고자 하는 것을 얼마나 충실하게 반영하였는가의 정도
신뢰도	얼마나 정확하게 평가하였는가의 정도
실용도	경비, 시간, 노력 등을 적게 들이고 목적을 달성할 수 있는가의 정도
객관도	얼마나 객관적으로 공정하게 평가하였는가의 정도

040

2회 출제

사고 경향성 이론에 관한 설명으로 틀린 것은?

① 개인의 성격보다는 특정 환경에 의해 훨씬 더 사고가 일어나기 쉽다.
② 어떠한 사람이 다른 사람보다 사고를 더 잘 일으킨다는 이론이다.
③ 사고를 많이 내는 여러 명의 특성을 측정하여 사고를 예방하는 것이다.
④ 검증하기 위한 효과적인 방법은 다른 두 시기 동안에 같은 사람의 사고기록을 비교하는 것이다.

해설

사고 경향성 이론은 주변 환경보다는 개인에게 초점을 맞춰서 사고 원인을 설명한다.

관련개념 **사고 경향성 이론**

• 어떠한 사람이 다른 사람보다 사고를 더 잘 일으킨다.
• 사고는 특정 시점에서 특정한 사람이 반복해서 일으킨다.
• 사고를 많이 내는 여러 명의 특성을 측정하여 사고를 예방할 수 있다.
• 검증하기 위한 효과적인 방법은 다른 두 시기 동안에 같은 사람의 사고기록을 비교하는 것이다.

인간공학 및 시스템안전공학

041

3회 출제

음량수준을 측정할 수 있는 3가지 척도에 해당되지 않는 것은?

① [sone]   ② 럭스
③ [phon]   ④ 인식소음수준

해설

럭스([lux])는 빛의 조도를 나타내는 단위로, 음량수준과는 관계가 없다.

관련개념 **음량수준**

• 음의 크기를 나타내는 단위: [dB]([PNdB], [PLdB]), [phon], [sone]
• 인식소음수준은 소음의 측정에 이용하는 척도로 [PNdB]와 [PLdB]로 구분한다.

042

4회 출제

FMEA의 장점이라 할 수 있는 것은?

① 분석방법에 대한 논리적 배경이 강하다.
② 물적, 인적요소 모두가 분석대상이 된다.
③ 서식이 간단하고 비교적 적은 노력으로 분석이 가능하다.
④ 두 가지 이상의 요소가 동시에 고장 나는 경우에도 분석이 용이하다.

해설 **고장형태와 영향분석법(FMEA)**

• 시스템 위험을 정성적, 귀납적으로 분석하는 기법으로, 시스템에 영향을 미치는 모든 요소의 고장을 형태별로 분석하여 그 영향을 검토하는 분석 기법이다.
• 장점
  – 양식이 간단하여 특별한 훈련 없이 비전문가도 해석이 가능하다.
  – 전체 요소의 고장을 유형별로 분석할 수 있다.
• 단점
  – 논리성이 부족하다.
  – 해석영역이 물체에 한정되어 인적 원인(Human Error) 해석이 곤란하다.
  – 동시에 2가지 이상의 요소가 고장 나는 경우 분석이 곤란하다.

043

시스템의 수명주기 단계 중 마지막 단계인 것은?

① 구상단계 ② 개발단계
③ 운전단계 ④ 생산단계

해설 시스템의 수명주기 단계

1단계 구상(Concept)	예비위험분석(PHA) 적용
2단계 정의(Definition)	• 시스템 안전성 위험분석(SSHA) 적용 • 생산물의 적합성을 검토하고 예비설계와 생산기술을 확인하는 단계
3단계 개발(Development)	• FMEA, HAZOP 등의 실시 • 설계의 수용가능성을 위한 검토 단계
4단계 생산(Production)	안전교육 등 전체교육 실시
5단계 운전(Deployment)	시스템안전프로그램에 대하여 안전점검 기준에 따라 평가

044

인체계측자료의 응용원칙 중 조절 범위에서 수용하는 통상의 범위는 얼마인가?

① 5~95[%tile] ② 20~80[%tile]
③ 30~70[%tile] ④ 40~60[%tile]

해설

조절 범위에서 수용하는 통상의 범위는 5~95[%tile]이다.

045

의도는 올바른 것이었지만, 행동이 의도한 것과는 다르게 나타나는 오류를 무엇이라 하는가?

① Slip ② Mistake
③ Lapse ④ Violation

해설 인간의 오류모형

착오(Mistake)	상황해석을 잘못하거나 목표를 잘못 이해하고 착각하여 행하는 인간의 실수로 위치, 순서, 패턴, 형상, 기억오류 등 외부적 요인에 의해 나타나는 오류
착각(Illusion)	감각적으로 물리현상을 왜곡하는 지각 오류
실수(Slip)	**의도는 올바른 것이었지만, 행동이 의도한 것과는 다르게 나타나는 오류**
건망증(Lapse)	일련의 과정에서 일부를 빠뜨리거나 기억의 실패에 의해 발생하는 오류
위반(Violation)	정해진 규칙을 알고 있음에도 의도적으로 따르지 않거나 무시한 경우에 발생하는 오류

046

FTA에서 시스템의 기능을 살리는 데 필요한 최소 요인의 집합을 무엇이라 하는가?

① Critical Set
② Minimal Gate
③ Minimal Path Set
④ Boolean Indicated Cut Set

해설 최소 패스셋(Minimal Path Set)

정상사상이 일어나지 않는(시스템의 기능을 살리는) 최소한의 패스셋을 말한다. 시스템의 신뢰성을 나타낸다.

047

산업안전보건법령에 따라 제조업 등 유해위험방지계획서 제출대상 사업의 사업주가 유해위험방지계획서를 제출하고자 할 때 첨부하여야 하는 서류에 해당하지 않는 것은? (단, 기타 고용노동부장관이 정하는 도면 및 서류 등은 제외한다.)

① 공사개요서
② 기계 · 설비의 배치도면
③ 기계 · 설비의 개요를 나타내는 서류
④ 원재료 및 제품의 취급, 제조 등의 작업방법의 개요

해설

'공사개요서'는 건설공사 유해위험방지계획서 제출 시 첨부서류에 해당한다.

관련개념 제조업 등 유해위험방지계획서 제출 시 첨부서류
• 건축물 각 층의 평면도
• 기계 · 설비의 개요를 나타내는 서류
• 기계 · 설비의 배치도면
• 원재료 및 제품의 취급, 제조 등의 작업방법의 개요
• 그 밖에 고용노동부장관이 정하는 도면 및 서류

048

동작경제의 원칙에 해당되지 않는 것은?

① 신체 사용에 관한 원칙
② 작업장 배치에 관한 원칙
③ 사용자 요구 조건에 관한 원칙
④ 공구 및 설비 디자인에 관한 원칙

해설 동작경제의 원칙

신체 사용의 원칙	• 두 손의 동작은 동시에 시작해서 동시에 끝나야 한다. • 휴식시간을 제외하고는 양손을 같이 쉬게 해서는 안 된다. • 손의 동작은 유연하고 연속적이어야 한다. • 동작이 급작스럽게 바뀌는 직선 동작은 피해야 한다. • 두 팔의 동작은 동시에 서로 반대방향으로 대칭적으로 움직이도록 한다.
작업장 배치의 원칙	• 공구, 재료 및 제어장치는 사용하기 가까운 곳에 배치해야 한다. • 공구나 재료는 작업동작이 원활하게 수행되도록 그 위치를 정해준다.
공구 및 설비 디자인의 원칙	• 서로 다른 공구의 기능을 결합하여 사용하도록 한다. • 치구나 족답장치를 이용하여 양손이 다른 일을 할 수 있도록 한다.

049

인간-기계 시스템의 설계를 6단계로 구분할 때, 첫 번째 단계에서 시행하는 것은?

① 기본설계
② 시스템의 정의
③ 인터페이스 설계
④ 시스템의 목표와 성능 명세 결정

해설 인간-기계 시스템의 설계과정

1단계	시스템의 목표와 성능 명세 결정	목적 및 존재 이유에 대한 결정
2단계	시스템의 정의	목표 달성을 위해 필요한 기능의 결정
3단계	기본설계	기능의 할당, 작업설계, 인간성능 요건 명세, 직무분석
4단계	인터페이스 설계	작업공간, 화면설계, 표시 및 조종장치
5단계	촉진물(보조물) 설계	성능보조자료, 훈련도구 등 보조물 설계
6단계	시험 및 평가	시스템 개발과 관련된 평가와 인간적인 요소 평가

050

FT도에 사용되는 다음 게이트의 명칭은?

① 부정 게이트
② 억제 게이트
③ 배타적 OR 게이트
④ 우선적 AND 게이트

해설 억제 게이트(Inhibit Gate)

한 개의 입력사상에 의해 출력이 발생하며, 출력사상이 발생되기 전에 입력사상이 특정 조건을 만족하여야 한다.

051

생명유지에 필요한 단위시간당 에너지량을 무엇이라 하는가?

① 기초대사량
② 산소소비율
③ 작업대사량
④ 에너지소비율

해설 기초대사량(BMR; Basal Metabolic Rate)
- 인간이 활동을 하지 않아도 소모되는 에너지로, 생명활동을 유지하기 위한 최소의 에너지이다.
- 뇌의 활동, 심장의 박동, 위의 소화활동 등 내장기관이 움직이는 데 필요한 에너지이다.
- 성인의 기초대사량은 1일 1,500∼1,800[kcal] 정도이다.

052

다음의 각 단계를 결함수분석법(FTA)에 의한 재해사례의 연구순서대로 나열한 것은?

> ㉠ 정상사상의 선정
> ㉡ FT도 작성 및 분석
> ㉢ 개선계획의 작성
> ㉣ 각 사상의 재해원인 규명

① ㉠ → ㉡ → ㉢ → ㉣
② ㉠ → ㉣ → ㉢ → ㉡
③ ㉠ → ㉢ → ㉡ → ㉣
④ ㉠ → ㉣ → ㉡ → ㉢

해설 결함수분석(FTA)에 의한 재해사례 연구순서

1단계	정상(Top)사상의 선정
2단계	사상마다 재해원인 및 요인 규명
3단계	FT(Fault Tree)도 작성
4단계	개선계획의 작성
5단계	개선안 실시계획

053

쾌적환경에서 추운 환경으로 변화 시 신체의 조절작용이 아닌 것은?

① 피부온도가 내려간다.
② 직장온도가 약간 내려간다.
③ 몸이 떨리고 소름이 돋는다.
④ 피부를 경유하는 혈액 순환량이 감소한다.

해설 추운 환경으로 변화 시 나타나는 신체 조절작용
- 직장의 온도가 올라간다.
- 피부의 온도가 내려간다.
- 몸이 떨리고 소름이 돋는다.
- 피부를 경유하는 혈액 순환량이 감소하고, 많은 양의 혈액이 주로 몸의 중심부를 순환한다.

054

정신적 작업 부하에 관한 생리적 척도에 해당하지 않는 것은?

① 부정맥 지수
② 근전도
③ 점멸융합주파수
④ 뇌파도

해설 생리적 척도
- 정신작업의 생리적 척도: EEG(뇌파도), 심박수, 부정맥 지수, 점멸융합주파수
- 육체작업의 생리적 척도: EMG(근전도), 맥박수, 산소소비량, 폐활량

055

인간−기계 시스템의 연구 목적으로 가장 적절한 것은?

① 정보 저장의 극대화
② 운전 시 피로의 평준화
③ 시스템의 신뢰성 극대화
④ 안전의 극대화 및 생산능률의 향상

해설 인간−기계 체계
- 인간−기계 체계의 주목적은 안전의 최대화와 능률의 극대화이다.
- 인간−기계 체계의 기본기능: 정보입력기능, 감지기능, 정보처리 및 의사결정기능, 행동기능, 정보보관기능, 출력기능 등

056

실린더 블록에 사용하는 가스켓의 수명은 평균 10,000시간이며, 표준편차는 200시 간으로 정규분포를 따른다. 사용시간이 9,600시간일 경우에 신뢰도는 약 얼마인가? (단, 표준정규분포표에서 $u_{0.8413}=1$, $u_{0.9772}=2$이다.)

① 84.13[%] ② 88.73[%]
③ 92.72[%] ④ 97.72[%]

해설

정규분포 표준화 공식에 따라 $Z = \dfrac{\text{변수}(X) - \text{평균}(\mu)}{\text{표준편차}(\sigma)}$

$P_r(X \geq 9,600) = \left(Z \geq \dfrac{9,600 - 10,000}{200} \right)$

$= P_r(Z \geq -2) = P_r(Z \leq 2) = 0.9772 = 97.72[\%]$

관련개념 정규분포

- 도수분포곡선이 평균값을 중심으로 하여 좌우대칭인 종 모양을 이루는 것으로 확률변수 X는 N(평균, 표준편차^2)을 따른다.
- 구하고자 하는 값을 표준정규분포로 변환하려면 $\dfrac{\text{확률변수} - \text{평균}}{\text{표준편차}}$ 을 이용한다.

057

점광원으로부터 0.3[m] 떨어진 구면에 비추는 광도가 5[cd]일 때, 조도는 약 몇 [lux]인가?

① 0.06 ② 16.7
③ 55.6 ④ 83.4

해설

조도 $= \dfrac{\text{광도}}{\text{거리}^2}$ 이므로 조도 $= \dfrac{5}{0.3^2} = 55.6[\text{lux}]$이다.

관련개념 조도

- 거리의 제곱에 반비례하고, 광속(광도)에 비례한다.
- 조도는 특정 지점에 도달하는 빛의 양을 말한다.
- 반사체의 반사율과는 상관없이 일정한 값을 가진다.

058

염산을 취급하는 A 업체에서는 신설 설비에 관한 안전성 평가를 실시해야 한다. 정성적 평가단계의 주요 진단 항목에 해당하는 것은?

① 공장 내의 배치
② 제조공정의 개요
③ 재평가 방법 및 계획
④ 안전·보건교육 훈련계획

해설 정성적 평가와 정량적 평가 항목

정성적 평가	설계관계 항목	입지조건, 공장 내 배치, 건조물, 소방설비 등
	운전관계 항목	원재료, 중간제품, 공정 및 공정기기, 수송, 저장 등
정량적 평가	• 수치값으로 표현 가능한 항목 대상 • 온도, 취급물질, 화학설비용량, 압력, 조작 등	

059

음압수준이 70[dB]인 경우, 1,000[Hz]에서 순음의 phon 치는?

① 50[phon] ② 70[phon]
③ 90[phon] ④ 100[phon]

해설 Phon 음량수준

- 1,000[Hz]에서 순음의 음압수준[dB]을 말한다.
- 1,000[Hz]에서 음압수준이 70[dB]이면 70[phon]이다.

060

수리가 가능한 어떤 기계의 가용도(Availability)는 0.9이고, 평균수리시간(MTTR)이 2시간일 때, 이 기계의 평균수명(MTTF)은?

① 15시간 ② 16시간
③ 17시간 ④ 18시간

해설

가용도 $= \dfrac{\text{MTTF}}{\text{MTTF} + \text{MTTR}}$ 에서 MTTF $= \dfrac{\text{가용도} \times \text{MTTR}}{1 - \text{가용도}} = \dfrac{0.9 \times 2}{1 - 0.9} = 18$시간

관련개념 설비의 가동성(Availability)

설비가 정상 작동하여 목적을 수행하는 비율을 말한다.

건설시공학

061

다음 중 철근공사의 배근순서로 옳은 것은?

① 벽 → 기둥 → 슬래브 → 보
② 슬래브 → 보 → 벽 → 기둥
③ 벽 → 기둥 → 보 → 슬래브
④ 기둥 → 벽 → 보 → 슬래브

해설 철근의 조립순서

철근조립 및 배근순서는 대체로 거푸집 조립순서에 따라 행하여진다.
기초철근 → 기둥철근 → 벽철근 → 보철근 → 바닥(슬래브)철근 → 계단철근

062

철근콘크리트부재의 피복두께를 확보하는 목적과 거리가 먼 것은?

① 철근이음 시 편의성
② 내화성 확보
③ 철근의 방청
④ 콘크리트의 유동성 확보

해설 피복두께 확보의 목적

- 철근의 부식방지를 통한 구조물의 내구성 확보(물과 이산화탄소의 침투방지)
- 골재의 유동성 확보
- 철근과 콘크리트의 부착강도 확보
- 화재 시 내화성 확보

063

철골공사에서 철골 세우기 순서가 옳게 연결된 것은?

A. 기초 볼트 위치 재점검
B. 기둥 중심선 먹매김
C. 기둥 세우기
D. 주각부 모르타르 채움
E. Base Plate의 높이 조정용 Plate 고정

① A → B → C → D → E
② B → A → E → C → D
③ B → A → C → D → E
④ E → D → B → A → C

해설 철골기둥 세우기 시공순서(주각부 모르타르 나중 채워넣는 방식의 시공순서)

㉠ 기둥 중심선 먹매김
㉡ 기초 볼트 위치 재점검
㉢ Base Plate의 높이 조정용 Liner Plate 고정
㉣ 기둥 세우기
㉤ 주각부 모르타르 채움

064

지반개량공법 중 강제압밀 또는 강제압밀탈수공법에 해당하지 않는 것은?

① 프리로딩공법
② 페이퍼드레인공법
③ 고결공법
④ 샌드드레인공법

해설

고결공법은 지반을 약액이나 여러 방법으로 굳혀 개량하는 약액주입법이다.

065

거푸집이 콘크리트 구조체의 품질에 미치는 영향과 역할이 아닌 것은?

① 콘크리트가 응결하기 까지의 형상, 치수의 확보
② 콘크리트 수화반응의 원활한 진행을 보조
③ 철근의 피복두께 확보
④ 건설 폐기물의 감소

해설 **거푸집의 역할(사용목적)**
- 콘크리트가 응결·경화하는 동안 일정한 형상과 치수유지
- 콘크리트의 경화에 필요한 수분의 누출방지
- 양생을 위한 외기의 영향방지

066

분할도급 발주 방식 중 지하철공사, 고속도로공사 및 대규모 아파트단지 등의 공사에 채용하면 가장 효과적인 것은?

① 직종별 공종별 분할도급
② 공정별 분할도급
③ 공구별 분할도급
④ 전문공종별 분할도급

해설 **분할도급공사**

종류	구분
공구별 분할도급	• 대규모 공사에서 지역별로 분리 발주하는 방식으로, 각 공구마다 일식도급 체제로 운영된다. • 도급업자간 기회균등, 시공기술 향상, 높은 성과가 기대된다. • 지하철공사, 고속도로공사 및 대규모 아파트단지공사에 채택 시 효과적이다.
공정별 분할도급	• 공사의 각 과정별로 나누어서 도급을 주는 방식으로 예산배정상 구분될 때 편리하다. • 부분·분할 발주가 가능하나 후속공사 연체의 우려가 있으며 도급자 교체가 곤란하다.
전문공종별 분할도급	• 공사 중 설비공사(전기, 설비 등)를 주체공사와 분리하여 발주하는 방식이다. • 설비업자의 자본, 기술강화 및 전문화로 능률 향상이 기대된다.
직종별 공종별 분할도급	• 직영공사에 가까운 제도로 전문직종이나 각 공종별로 분할하여 도급을 주는 방식이다. • 현장관리가 곤란하며 경비가 증대되나 건축주의 의도가 철저히 반영될 수 있다.

067

철근콘크리트에서 염해로 인한 철근부식 방지대책으로 옳지 않은 것은?

① 콘크리트 중의 염소 이온량을 적게 한다.
② 에폭시 수지 도장 철근을 사용한다.
③ 방청제 투입을 고려한다.
④ 물-시멘트비를 크게 한다.

해설
물-시멘트비를 크게 하면 수밀성 등이 작게 되고, 밀실도가 작아 염해에 의한 열화가 촉진된다.

관련개념 **철근콘크리트 공사의 염해 방지대책**

염분관리 철저		• $0.3[kg/m^3]$ 이하, 승인 시 $0.6[kg/m^3]$ 이하 • 잔골재의 경우: 절건 중량의 0.04[%] 이하 • 상수도, 물의 경우: 염화물 이온량 $0.04[kg/m^3]$ 이하
철근 부식 방지법		방청제, 도금강재, 방식성 강재
시공 관리	재료	• 시멘트: 중용열 PC • 골재: 염분함량 허용치 내 • 물: 청정수 사용 • 혼화재: 방청제 사용
	배합	• W/C 비 작게, Slump 감소 • Gmax 크게, S/A감소
	시공	• 밀실한 콘크리트 시공 • Cold Joint 방지 • 피복 두께 유지 • 콘크리트 양생 철저

068

공사 중 시방서 및 설계도서가 서로 상이할 때의 우선순위에 관한 설명으로 옳지 않은 것은?

① 설계도면과 공사시방서가 상이할 때는 설계도면을 우선한다.

② 설계도면과 내역서가 상이할 때는 설계도면을 우선한다.

③ 일반시방서와 전문시방서가 상이할 때는 전문시방서를 우선한다.

④ 설계도면과 상세도면이 상이할 때는 상세도면을 우선한다.

해설 설계도서 해석의 우선순위

설계도서·법령해석·감리자의 지시 등이 서로 일치하지 아니하는 경우에 있어 계약으로 그 적용의 우선 순위를 정하지 아니한 때에는 다음의 순서를 원칙으로 한다.

가. 공사시방서

나. 설계도면(축척에 따른 상세도면 우선)

다. 전문시방서

라. 표준시방서

마. 산출내역서

069

건축시공의 현대화 방안 중 3S System과 거리가 먼 것은?

① 작업의 표준화

② 작업의 단순화

③ 작업의 전문화

④ 작업의 기계화

해설 3S System

- 단순화(Simplification)
- 전문화(Specialization)
- 표준화(Standardization)

070

개방잠함공법(Open Caisson Method)에 관한 설명으로 옳은 것은?

① 건물외부 작업이므로 기후의 영향을 많이 받는다.

② 지하수가 많은 지반에서는 침하가 잘 되지 않는다.

③ 소음발생이 크다.

④ 실의 내부 갓 둘레 부분을 중앙 부분보다 먼저 판다.

해설 개방잠함공법(Open Caisson Method)

우물통처럼 상하부가 개방되어 자중 등에 의한 침하로 지지기반에 기초를 시공하는 공법이다.

장점	• 침하 깊이에 제한이 없다. • 필요한 기계·설비가 비교적 간단하다. • 공사비가 저렴하다. • 무진동으로 시공이 가능하다.
단점	• 큰 전석이나 장애물이 있는 경우 침하가 지연된다. • 굴착 시 히빙이나 보일링 현상의 우려가 있다. • 지하수위가 높은 지반에서는 부력을 받아 침하가 곤란하다.

071

PERT/CPM의 장점이 아닌 것은?

① 변화에 대한 신속한 대책수립이 가능하다.

② 비용과 관련된 최적안 선택이 가능하다.

③ 작업 선후 관계가 명확하고 책임소재 파악이 용이하다.

④ 주공정(Critical Path)에 의해서만 공기관리가 가능하다.

해설

주공정 외에도 공사 전체의 상호관계를 파악하여 공정관리를 합리적, 과학적으로 할 수 있다.

관련개념 네트워크 공정표의 장단점

장점	단점
• 각 작업 상호 간의 관련성을 표시할 수 있다. • 공사전체의 파악이 용이하다. • 계획단계에서 공정상의 문제점을 도출할 수 있으므로 작업 전에 적절히 수정할 수 있다. • 작업속도가 과학적이며 신뢰성이 높다. • 여유 있는 작업과 여유 없는 작업을 구분할 수 있다.	• 네트워크기법에 대한 습득이 어렵다. • 공정계획의 작성에 많은 시간이 소요된다. • 표시상의 제약 때문에 작업의 세분화 정도에 한계가 있다. • 공정표를 수정하기가 대단히 어렵다. • 공정표가 복잡하여 경험이 적은 사람은 이용이 곤란하다.

072

연질의 점토지반에서 흙막이 바깥에 있는 흙의 중량과 지표 위에 적재하중의 중량에 못 견디어 저면 흙이 붕괴되고 흙막이 바깥에 있는 흙이 안으로 밀려 볼록하게 되는 현상을 무엇이라고 하는가?

① 보일링 파괴
② 히빙 파괴
③ 파이핑 파괴
④ 언더 피닝

해설 히빙(Heaving)

굴착이 진행됨에 따라 흙막이벽 뒤쪽 흙의 중량이 굴착부 바닥의 지지력 이상이 되면 흙막이벽 근입부분의 지반 이동이 발생하여 굴착부 저면이 솟아오르는 현상이다. 이 현상이 발생하면 흙막이벽의 근입부분이 파괴되면서 흙막이벽 전체가 붕괴하는 경우가 많다.

073

프리플레이스트콘크리트의 서중 시공 시 유의사항으로 옳지 않은 것은?

① 애지데이터 안의 모르타르 저류시간을 짧게 한다.
② 수송관 주변의 온도를 높여 준다.
③ 응결을 지연시키며 유동성을 크게 한다.
④ 비빈 후 즉시 주입한다.

해설

수송관 주변의 온도를 높이면 급격한 수분손실로 유동성이 저하된다.
프리플레이스트콘크리트를 서중(더운 때)에 시공하면 주입 모르타르의 유동성이 저하하고 빠르게 팽창하여 작업이 불가능하다.

074

잡석지정의 다짐량이 5[m^3]일 때 틈막이로 넣는 자갈의 양으로 가장 적당한 것은?

① 0.5[m^3]
② 1.5[m^3]
③ 3.0[m^3]
④ 5.0[m^3]

해설

잡석지정 틈막이로 넣는 자갈의 양은 잡석다짐량의 30[%] 정도이다.
5[m^3]×30[%]=1.5[m^3]

관련개념 잡석지정 시 유의사항

• 잡석지정은 손달고, 몽둥달고 등의 기구 및 래머 등의 기계를 사용한다.
• 잡석은 세워서 깔고 충분히 다진다.
• 잡석지정은 자갈층, 굳은 사층, 견고한 롬(Loam)층 등에서는 실시하지 않는다.
• 침하를 감안하여 기초파기 바닥을 약간 높게 한다.
• 잡석지정은 가장자리에서 중앙부로 다진다.
• 사춤자갈량은 잡석다짐량의 30[%] 정도이다.

075

석공사에서 건식공법에 관한 설명으로 옳지 않은 것은?

① 하지철물의 부식문제와 내부단열재 설치문제 등이 나타날 수 있다.
② 긴결철물과 채움 모르타르로 붙여 대는 것으로 외벽공사 시 빗물이 스며들어 들뜸, 백화현상 등이 발생하지 않도록 한다.
③ 실런트(Sealant) 유성분에 의한 석재면의 오염문제는 비오염성 실런트로 대체하거나, Open Joint 공법으로 대체하기도 한다.
④ 강재트러스, 트러스지지공법 등 건식공법은 시공정밀도가 우수하고, 작업능률이 개선되며, 공기단축이 가능하다.

해설

건식공법은 일반적으로 모르타르를 사용하지 않으므로 백화현상 등이 발생하지 않는 것이 장점이다.

076

2회 출제

말뚝재하시험의 주요목적과 거리가 먼 것은?

① 말뚝길이의 결정   ② 말뚝 관입량 결정

③ 지하수위 추정   ④ 지지력 추정

해설

'지하수위 추정'은 지반조사의 주요목적에 해당하며, 말뚝재하시험의 주요목적과는 거리가 멀다.

077

9회 출제

콘크리트 타설 시 거푸집에 작용하는 측압에 관한 설명으로 옳지 않은 것은?

① 기온이 낮을수록 측압은 작아진다.

② 거푸집의 강성이 클수록 측압은 커진다.

③ 진동기를 사용하여 다질수록 측압은 커진다.

④ 조강시멘트 등을 활용하면 측압은 작아진다.

해설 콘크리트 측압이 커지는 요인

- 거푸집 부재의 단면이 큰 경우
- 거푸집의 수밀성이 큰 경우
- 거푸집의 강성이 큰 경우
- 거푸집의 표면이 평활할 경우
- 콘크리트가 묽은 경우
- 철골이나 철근량이 적은 경우
- 외기온도가 낮은 경우
- 타설속도가 빠른 경우
- 콘크리트의 다짐이 좋은 경우
- 콘크리트의 슬럼프가 큰 경우
- 콘크리트의 비중이 큰 경우
- 습도가 높은 경우
- 벽 두께가 두꺼운 경우

078

7회 출제

내화피복의 공법과 재료와의 연결이 옳지 않은 것은?

① 타설공법 – 콘크리트, 경량콘크리트

② 조적공법 – 콘크리트, 경량콘크리트블록, 돌, 벽돌

③ 미장공법 – 뿜칠플라스터, 알루미나계열 모르타르

④ 뿜칠공법 – 뿜칠암면, 습식뿜칠암면, 뿜칠모르타르

해설 철골의 내화피복공법의 종류

도장공법		팽창성 내화도료 도포
습식공법	타설공법	강재 주위에 콘크리트, 경량콘크리트 타설
	조적공법	콘크리트블록, 경량콘크리트블록, 돌, 벽돌 등을 쌓음
	미장공법	모르타르, 펄라이트 등으로 바름
	뿜칠공법	내화 피복재로 피복
건식공법	성형판붙임	ALC판, 석고보드, 석면시멘트판, 콘크리트판 등을 붙임
	세라믹피복	세라믹섬유블랭킷 위에 세라믹도료를 도포
합성공법		천정판, PC판 등 마감재와 동시에 피복

079

1회 출제

철골공사의 기초상부 고름질 방법에 해당되지 않는 것은?

① 전면바름 마무리법

② 나중 채워넣기 중심바름법

③ 나중 매입공법

④ 나중 채워넣기법

해설

'나중 매입공법'은 앵커볼트의 매입공법에 해당한다.

관련개념 기초상부 고름질 방법(기둥밑창 고르기)

- 전면바름 마무리법
- 나중 채워넣기법
- 나중 채워넣기 중심바름법
- 나중 채워넣기 십자(+)바름법

2019년 1회

080

보강 콘크리트 블록조 공사에서 원칙적으로 기초 및 테두리보에서 위층의 테두리보까지 잇지 않고 배근하는 것은?

① 세로근
② 가로근
③ 철선
④ 수평횡근

해설 **보강 블록공사**

• 벽 세로근
  – 벽의 세로근은 구부리지 않고 항상 진동 없이 설치한다.
  – 세로근은 밑창 콘크리트 뒷면에 철근을 배근하기 위한 먹매김을 하여 기초판 철근 위의 정확한 위치에 고정시켜 배근한다.
  – 세로근은 원칙적으로 기초 및 테두리보에서 위층의 테두리보까지 잇지 않고 배근하여 그 정착길이는 철근 직경(d)의 40배 이상으로 하며, 상단의 테두리보 등에 적절 연결철물로 세로근을 연결한다.
• 벽 가로근
  – 가로근은 배근 상세도에 따라 가공하되 그 단부는 180°의 갈구리로 구부려 배근한다. 철근의 피복두께는 20[mm] 이상으로 하며, 세로근과의 교차부는 모두 결속선으로 결속한다.
  – 모서리에 가로근의 단부는 수평방향으로 구부려서 세로근의 바깥쪽으로 두르고 정착길이는 공사시방서에 정한 바가 없는 한 40d 이상으로 한다.
  – 창 및 출입구 등의 모서리 부분에 가로근의 단부를 수평방향으로 정착할 여유가 없을 때에는 갈구리로 하여 단부 세로근에 걸고 결속선으로 결속한다.
  – 개구부 상하부의 가로근을 양측 벽부에 묻을 때의 정착길이는 40d 이상으로 한다.

건설재료학

081

목재의 건조특성에 관한 설명으로 옳지 않은 것은?

① 온도가 높을수록 건조속도는 빠르다.
② 풍속이 빠를수록 건조속도는 빠르다.
③ 목재의 비중이 클수록 건조속도는 빠르다.
④ 목재의 두께가 두꺼울수록 건조시간이 길어진다.

해설

목재는 비중이 클수록 건조속도가 느리다.

082

합성수지 재료에 관한 설명으로 옳지 않은 것은?

① 에폭시 수지는 접착성은 우수하나 경화 시 휘발성이 있어 용적의 감소가 매우 크다.
② 요소 수지는 무색이어서 착색이 자유롭고 내수합판의 접착제로 사용된다.
③ 폴리에스테르 수지는 전기절연성, 내열성이 우수하고 특히 내약품성이 뛰어나다.
④ 실리콘 수지는 내약품성, 내후성이 좋으며 방수피막 등에 사용된다.

해설 **에폭시 수지**

• 내수성, 내산성, 내알칼리성, 내용제성, 전기절연성이 우수하다.
• 경화 시 수축이 작고 휘발성이 거의 없으며, 피막이 단단하고 내화학성이 뛰어나다.
• 접착력과 접합성이 우수하여 금속·유리·목재·콘크리트 등의 접착제, 도료로 널리 사용된다.

관련개념 **합성수지의 종류**

요소 수지	• 목재 접합, 합판 제조 등에 사용되며 값이 싸고 접착력이 우수하다. • 집성목재, 파티클보드에 많이 사용된다. • 내수성이 부족하다.
폴리에스테르 수지	• 포화 폴리에스테르 수지와 불포화 폴리에스테르 수지가 있다. • 다가알코올(글리세린 등)과 다염기산(무수프탈레인 등)의 축합으로 만들어진다. • 내열성, 내약품성, 전기적 절연성이 우수하여 항공기 및 차량구조재, 건축창호재, 칸막이벽 등에 사용된다.
실리콘 수지	• 규소–산소 결합을 주체로 하는 고분자 물질이다. • 내수성이 특히 우수하여 방수제로 사용된다. • 내약품성, 내열성, 내연성, 내후성, 전기적 절연성이 우수하다. • 유리섬유판, 텍스, 피혁류 등 다양한 재료와의 접착성이 뛰어나다.

083

1회 출제

부재 혹은 구조물의 치수가 커서 시멘트의 수화열에 의한 온도상승 및 강하를 고려하여 설계·시공해야 하는 콘크리트를 무엇이라 하는가?

① 매스콘크리트
② 한중콘크리트
③ 고강도콘크리트
④ 수밀콘크리트

해설

콘크리트 구조물의 크기가 크면 시멘트의 수화열이 증대되어 내부와 외부의 사이에 큰 온도차가 발생하여 균열이 발생할 수 있다.
매스콘크리트(Mass Concrete)는 이러한 문제를 고려하여 설계·시공하는 콘크리트로, 보통 부재 단면이 80[cm] 이상, 하단이 구속된 벽체형식 구조물의 두께가 50[cm] 이상이거나 내부 최고온도와 외기 온도차가 25[℃] 이상으로 예상될 때 사용한다.

084

2회 출제

목재의 내연성 및 방화에 관한 설명으로 옳지 않은 것은?

① 목재의 방화는 목재 표면에 불연소성 피막을 도포 또는 형성시켜 화염의 접근을 방지하는 조치를 한다.
② 방화제로는 방화페인트, 규산나트륨 등이 있다.
③ 목재가 열이 닿으면 먼저 수분이 증발하고 160[℃] 이상이 되면 소량의 가연성 가스가 유출된다.
④ 목재는 450[℃]에서 장시간 가열하면 자연발화하게 되는데, 이 온도를 화재위험온도라고 한다.

해설

자연발화하는 온도는 자연발화온도라고 한다.

관련개념 목재의 내화성

• 100[℃] 이상: 수분이 완전증발하여 함수량의 감소로 강도는 증대하나, 무게와 용적은 줄어든다.
• 160[℃] 이상: 가열분해되어 CO, H_2, CH_4 등의 소량의 가연성 가스와 목초산, 아세톤이 유출된다.
• 270[℃] 이상: 가연성 가스의 발생이 많아진다.
• 450[℃]: 외부로부터 열원이 없어도 스스로 발화하는 온도(자연발화온도)이다.

085

2회 출제

투명도가 높으므로 유기유리라고도 불리며 무색투명하여 착색이 자유롭고 상온에서도 절단·가공이 용이한 합성 수지는?

① 폴리에틸렌 수지
② 스티롤 수지
③ 멜라민 수지
④ 아크릴 수지

해설 아크릴 수지

• 열가소성 수지로 유기질 유리라고도 한다.
• 무색투명한 판은 광선 및 자외선의 투과성이 크고, 내약품성, 전기절연성이 크며, 내충격강도는 무기재료보다 10배 정도 더 크다.
• 항공기나 자동차의 방풍유리, 조명기구, 렌즈 등에 쓰인다.

086

1회 출제

점토제품에서 SK 번호가 의미하는 바로 옳은 것은?

① 점토원료를 표시
② 소성온도를 표시
③ 점토제품의 종류를 표시
④ 점토제품 제법 순서를 표시

해설

SK 번호는 점토제품의 소성온도를 표시하는 번호의 하나로, 번호에 따라 종류와 용도가 구별된다. 이때 SK 번호가 높을수록 고온에 견디는 강도가 크다.

087

5회 출제

다음 중 역청재료의 침입도 값과 비례하는 것은?

① 역청재의 중량
② 역청재의 온도
③ 대기압
④ 역청재의 비중

해설

역청재료의 침입도는 온도에 비례한다.

관련개념 침입도

• 물질의 점조도나 경도 등을 나타내는 척도의 일종으로 어떤 물질 속에 일정한 모양의 침(바늘)이 일정온도에서, 일정시간에 관입되는 깊이이다.
• 아스팔트의 침입도는 25[℃], 100[g], 5초가 표준으로 바늘이 관입한 깊이를 0.1[mm] 단위로 표기한다.
• 스트레이트 아스팔트의 침입도는 0~300 정도이고, 블로운 아스팔트의 침입도는 0~40 정도이다.

2019년 1회

088

표면을 연마하여 고광택을 유지하도록 만든 시유타일로 대형 타일에 많이 사용되며, 천연 화강석의 색깔과 무늬가 표면에 나타나게 만들 수 있는 것은?

① 모자이크타일   ② 징크판넬
③ 논슬립타일   ④ 폴리싱타일

해설

폴리싱(Polishing)은 잘 닦아서 부드럽게 하거나 빛나게 하는 것이다.
폴리싱타일은 표면을 연마하여 광택이 나도록 만든 것으로 주로 대형 타일에 많이 사용한다.

089

다음 중 원유에서 인위적으로 만든 아스팔트에 해당하는 것은?

① 블로운 아스팔트   ② 로크 아스팔트
③ 레이크 아스팔트   ④ 아스팔타이트

해설 블로운(Blown) 아스팔트

저온 증류탑에서 뜨거운 공기(230~270[℃])를 불어넣어 산화, 탈수소, 중축합 등의 반응을 통해 인위적으로 제조한 것이다.

관련개념 천연아스팔트의 종류

암석(Rock) 아스팔트	사암이나 석회암 또는 모래 등의 틈에 침투되어 있으며, 역청질의 함유량이 5~40[%]로 산지에 따라 매우 다르다.
레이크(Lake) 아스팔트	지구 표면의 낮은 곳에 원유가 고여서 휘발성분은 증발 또는 산화하고 아스팔트 피치(Pitch)만 남아 반액체 또는 고체로 굳어져 있는 것이다.
아스팔타이트	석유질의 원유가 지층이나 암석의 갈라진 틈에 침투하여 내부에서 장시간 중합되고 축합해서 생긴 것으로 많은 역청분을 포함하고, 무기물은 5[%] 이하이며, 검고 단단한 고체로 탄력성이 풍부하여 사용하기 좋다.
사암(Sand) 아스팔트	천연아스팔트가 모래 속에 침투한 것이다.

090

강재 시편의 인장시험 시 나타나는 응력−변형률 곡선에 관한 설명으로 옳지 않은 것은?

① 하위항복점까지 가력한 후 외력을 제거하면 변형은 원상으로 회복된다.
② 인장강도점에서 응력값이 가장 크게 나타난다.
③ 냉간성형한 강재는 항복점이 명확하지 않다.
④ 상위항복점 이후에 하위항복점이 나타난다.

해설

상위 항복점까지는 외력을 가한 후 제거하면 변형이 원상으로 회복된다.(탄성범위) 이후에 소성변형이 일어나며 하위항복점이 나타난다.

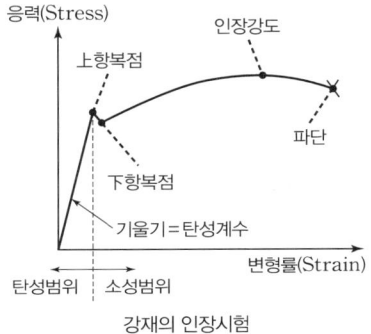

강재의 인장시험

091

유리가 불화수소에 부식하는 성질을 이용하여 5[mm] 이상 판유리면에 그림, 문자 등을 새긴 유리는?

① 스테인드유리   ② 망입유리
③ 에칭유리   ④ 내열수리

해설 에칭유리(Etching Glass)

에칭(Etching)이란 산에 의해 부식되는 것을 의미하는데, 에칭유리는 유리면에 부식액의 방호막을 붙이고 그 막을 모양에 맞게 오려낸 뒤, 불화수소와 불화암모니아를 혼합한 유리부식액 등을 발라 필요한 모양을 만든 것이다.

092

강화유리의 검사항목과 거리가 먼 것은?

① 파쇄시험
② 쇼트백시험
③ 내충격성시험
④ 촉진노출시험

해설

강화유리의 검사항목은 치수, 겉모양, 만곡, <mark>낙구충격, 파괴강도, 파편의 상태, 쇼트백 충격특성</mark> 등이다.

관련개념 **촉진노출시험**

자외선 조사와 건습반복 등 자연환경 조건을 인위적으로 가속시켜 재료의 내후성을 평가하는 시험방법이다.

093

회반죽에 여물을 넣는 가장 주된 이유는?

① 균열을 방지하기 위하여
② 점성을 높이기 위하여
③ 경화를 촉진하기 위하여
④ 내수성을 높이기 위하여

해설 **회반죽의 바름 특성**

• 소석회를 주원료로 모래, 여물, 해초풀을 혼합하여 사용한다.
• <mark>여물은 건조수축에 의한 균열을 방지하기 위해 사용한다.</mark>
• 해초풀은 점성력, 부착력을 증대한다.
• 해초풀을 끓인 다음 1일 이상 방치하게 될 때에는 표면에 소량의 석회를 뿌려서 부패를 방지하며, 사용 시에는 표층부분을 제거한 후 사용한다.

094

기성 배합 모르타르 바름에 관한 설명으로 옳지 않은 것은?

① 현장에서의 시공이 간편하다.
② 공장에서 미리 배합하므로 재료가 균질하다.
③ 접착력 강화제가 혼입되기도 한다.
④ 주로 바름 두께가 두꺼운 경우에 많이 쓰인다.

해설

기성 배합 모르타르 바름은 주로 바름 두께가 얇은 경우에 많이 사용된다.

관련개념 **모르타르 바름**

• 바름 바탕면의 요철을 조정하고, 바탕표면을 물로 축여 습기를 조정하여 초벌바름 한다.
• 바름순서는 초벌-재벌-정벌순서로 하고, 1회 바름두께는 바닥을 제외하고 6[mm]를 표준으로 여러 번 바르는 것이 좋다.

095

골재의 입도 분포를 측정하기 위한 시험으로 옳은 것은?

① 플로우시험
② 블레인시험
③ 체가름시험
④ 비카트침시험

해설 **골재의 입도**

• 골재의 입도는 골재의 크고 작은 알이 혼합되어 있는 정도이다.
• 굵은골재와 작은골재가 적당히 섞여 있는 것이 공극이 적고 우수하다.
• 같은 크기의 입자가 고르게 분포되어 있는 것은 좋지 못하다.
• <mark>골재의 입도 분포를 알기 위해 체가름시험을 한다.</mark>

체가름시험 도구

관련개념

• 플로우시험: 고유동 콘크리트의 유동성, 재료분리 저항성을 측정한다.
• 블레인시험: 시멘트의 분말도를 측정한다.
• 비카트침시험: 시멘트의 초결, 종결시험이다.

096

6회 출제

다음 미장재료 중 기경성(氣硬性)이 아닌 것은?

① 회반죽
② 경석고 플라스터
③ 회사벽
④ 돌로마이트 플라스터

해설 **미장재 분류**

```
기경성 ─ 진흙질 ┬ 진흙질 – 진흙(모래), 짚여물의 물반죽
              └ 새벽 – 새벽흙, 모래, 마분여물의 물반죽
       ─ 석회질 ┬ 회반죽 – 소석회(모래), 여물, 해초풀 반죽
              ├ 회사벽 – 핀간회(모래), 여물의 물반죽
              └ 돌로마이트 플라스터 – 돌로마이트 석회, 모래,
                                   여물의 물반죽
수경성 ─ 석고질 ┬ 석고 플라스터 ┬ 순석고 플라스터
              │              └ 배합석고 플라스터
              └ 무수(경)석고 플라스터 – 무수석고, 모래, 여물의 물반죽
       ─ 시멘트질(모르타르) – 시멘트, 모래(안료, 돌가루)의 물반죽
       ─ 테라조 현장바름(인조석바름)
```

097

3회 출제

도료 중 주로 목재면의 투명도장에 쓰이고 오일 니스에 비하여 도막이 얇으나 견고하며, 담색으로서 우아한 광택이 있고 내부용으로 쓰이는 것은?

① 클리어 래커(Clear Lacquer)
② 에나멜 래커(Enamel Lacquer)
③ 에나멜 페인트(Enamel Paint)
④ 하이 솔리드 래커(High Solid Lacquer)

해설 **래커의 특징과 종류**

래커는 셀룰로오스유도체를 기본적인 재료로 하여 여기에 수지, 가소제, 안료, 용제를 첨가한 도료이다.

클리어 래커	• 안료를 섞지 않은 초산 셀룰오스가 주성분인 휘발성 용제이다.
	• 내후성, 내수성이 다소 부족하여 외부보다는 내부용으로 사용된다.
	• 목재면의 무늬를 살리기 위한 도장재료로 적당하다.
에나멜 래커	• 불투명 도료로써 클리어 래커에 안료를 첨가한 것이다.
	• 내후성에 따라 외부용과 내부용으로 나누어진다.
하이 솔리드 래커	• 에나멜 래커의 장점과 합성 수지 에나멜의 장점을 취한 도료이다.
	• 자동차 등의 외장에 쓰인다.

098

3회 출제

목재의 신축에 관한 설명으로 옳은 것은?

① 동일 나뭇결에서 심재는 변재보다 신축이 크다.
② 섬유포화점 이상에서는 함수율의 변화에 따른 신축 변동이 크다.
③ 일반적으로 곧은결폭보다 널결폭이 신축의 정도가 크다.
④ 신축의 정도는 수종과는 상관없이 일정하다.

해설

목재는 일반적으로 곧은결보다 널결의 신축이 크다.

정목(곧은결)	판목(널결)
• 건조, 뒤틀림, 갈림, 수축과 변형이 작다. • 구조재로 쓰인다.	• 변형과 마모가 크다. • 무늬가 아름다워 장식재로 쓰인다.

관련개념 **목재의 수축**

• 생목이나 젖은 목재를 건조하면 점차 가볍게 됨과 동시에 수축한다. 반대로 건조한 목재는 물에 접하면 흡수하며 대기 중에 있을 때도 습기를 흡수하여 팽창한다.
• 수축의 정도는 활엽수가 침엽수보다 크고, 보통 비중이 큰 것일수록 세포막이 두꺼워서 건조수축이 크다.
• 수축률은 생목의 길이에 대하여 백분율로 표시하고 있으나 기건까지의 수축률은 대략 전 수축률의 $\frac{1}{2}$ 정도이다.
• 목재의 수축팽창은 어떤 목재에서도 그 함수율이 섬유포화점인 30[%] 이상의 범위에서는 증감이 없으나 그 이하로 될수록 그림과 같이 직선적으로 감소하므로 기건상태로 건조시켜 사용하면 신축이 적어진다.

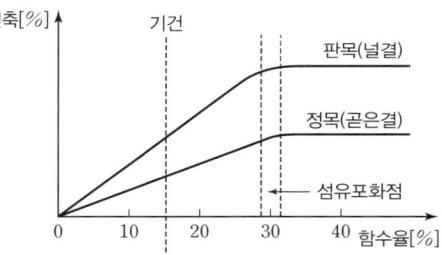

099

5회 출제

창호용 철물 중 경첩으로 유지할 수 없는 무거운 자재 여닫이문에 쓰이는 철물은?

① 도어 스톱
② 래버터리 힌지
③ 도어 체크
④ 플로어 힌지

해설 플로어 힌지

문을 설치하기 위하여 바닥에 매입하는 상자 모양의 철물로 주로 무거운 문의 개폐용으로 사용한다.

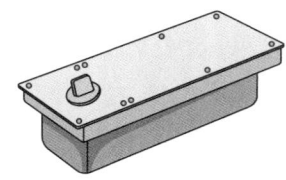

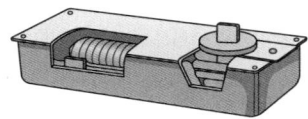

플로어 힌지

100

8회 출제

오토클레이브(Autoclave)에 포화증기 양생한 경량기포콘크리트의 특징으로 옳은 것은?

① 열전도율은 보통콘크리트와 비슷하여 단열성은 약한 편이다.
② 경량이고 다공질이어서 가공 시 톱을 사용할 수 있다.
③ 불연성 재료로 화재에 취약하다.
④ 흡음성과 차음성은 비교적 약한 편이다.

해설

경량기포콘크리트는 가공 시 톱을 사용할 수 있다.

[관련개념] ALC의 특징

장점	• 내화성, 단열성이 좋다. • 경량이고, 차음성이 좋다. • 시공성이 우수하다. • 친환경성이다.
단점	• 수분을 흡수하는 성질이 있다. • 중성화가 빠르다. • 방수성이 없다.

건설안전기술

건설안전기술

101

1회 출제

다음 중 방망에 표시해야 할 사항이 아닌 것은?

① 방망의 신축성
② 제조자명
③ 제조연월
④ 재봉치수

해설 방망의 표시사항

• 제조자명
• 제조연월
• 재봉치수
• 그물코
• 신품인 때의 방망의 강도

102

6회 출제

건축공사로서 대상액이 5억 원 이상 50억 원 미만인 경우에 산업안전보건관리비의 비율(가) 및 기초액(나)으로 옳은 것은?

① (가): 2.28[%], (나): 4,325,000원
② (가): 2.53[%], (나): 3,300,000원
③ (가): 3.05[%], (나): 2,975,000원
④ (가): 1.59[%], (나): 2,450,000원

해설 공사종류 및 규모별 산업안전보건관리비 계상기준표

구분 공사종류	대상액 5억 원 미만	대상액 5억 원 이상 50억 원 미만		대상액 50억 원 이상	보건관리자 선임 대상 건설공사
		비율	기초액		
건축공사	3.11[%]	2.28[%]	4,325,000원	2.37[%]	2.64[%]
토목공사	3.15[%]	2.53[%]	3,300,000원	2.60[%]	2.73[%]
중건설공사	3.64[%]	3.05[%]	2,975,000원	3.11[%]	3.39[%]
특수건설공사	2.07[%]	1.59[%]	2,450,000원	1.64[%]	1.78[%]

103

철골건립준비를 할 때 준수하여야 할 사항과 가장 거리가 먼 것은?

① 지상 작업장에서 건립준비 및 기계·기구를 배치할 경우에는 낙하물의 위험이 없는 평탄한 장소를 선정하여 정비하고 경사지에는 작업대나 임시발판 등을 설치하는 등 안전조치를 한 후 작업하여야 한다.
② 건립작업에 다소 지장이 있다 하더라도 수목은 제거하여서는 안 된다.
③ 사용 전에 기계·기구에 대한 정비 및 보수를 철저히 실시하여야 한다.
④ 기계에 부착된 앵커 등 고정장치와 기초구조 등을 확인하여야 한다.

해설
건립작업에 지장이 되는 수목은 제거하거나 이설하여야 한다.

104

산업안전보건법령에 따른 거푸집 및 동바리를 조립하는 경우의 준수사항으로 옳지 않은 것은?

① 개구부 상부에 동바리를 설치하는 경우에는 상부하중을 견딜 수 있는 견고한 받침대를 설치할 것
② 동바리의 이음은 같은 품질의 재료를 사용할 것
③ 강재의 접속부 및 교차부는 철선을 사용하여 단단히 연결할 것
④ 거푸집이 곡면인 경우에는 버팀대의 부착 등 그 거푸집의 부상(浮上)을 방지하기 위한 조치를 할 것

해설 **동바리 조립 시의 안전조치**
• 받침목이나 깔판의 사용, 콘크리트 타설, 말뚝박기 등 동바리의 침하를 방지하기 위한 조치를 할 것
• 동바리의 상하 고정 및 미끄러짐 방지 조치를 할 것
• 상부·하부의 동바리가 동일 수직선 상에 위치하도록 하여 깔판·받침목에 고정시킬 것
• 개구부 상부에 동바리를 설치하는 경우에는 상부하중을 견딜 수 있는 견고한 받침대를 설치할 것
• U헤드 등의 단판이 없는 동바리의 상단에 멍에 등을 올릴 경우에는 해당 상단에 U헤드 등의 단판을 설치하고, 멍에 등이 전도되거나 이탈되지 않도록 고정시킬 것
• 동바리의 이음은 같은 품질의 재료를 사용할 것
• 강재의 접속부 및 교차부는 볼트·클램프 등 전용철물을 사용하여 단단히 연결할 것
• 거푸집의 형상에 따른 부득이한 경우를 제외하고는 깔판이나 받침목은 2단 이상 끼우지 않도록 할 것
• 깔판이나 받침목을 이어서 사용하는 경우에는 그 깔판·받침목을 단단히 연결할 것

관련개념 **거푸집 조립 시의 안전조치**
• 거푸집을 조립하는 경우에는 거푸집이 콘크리트 하중이나 그 밖의 외력에 견딜 수 있거나, 넘어지지 않도록 견고한 구조의 긴결재, 버팀대 또는 지지대를 설치하는 등 필요한 조치를 할 것
• 거푸집이 곡면인 경우에는 버팀대의 부착 등 그 거푸집의 부상을 방지하기 위한 조치를 할 것

105

추락방지용 방망의 그물코의 크기가 10[cm]인 신품 매듭 방망사의 인장강도는 몇 [kg] 이상이어야 하는가?

① 80

② 110

③ 150

④ 200

해설 방망사의 인장강도[( )는 폐기기준]

그물코의 크기[cm]	방망의 종류[kg]	
	매듭없는 방망	매듭방망
10	240(150)	200(135)
5	−	110(60)

106

흙막이 지보공을 설치하였을 때 정기적으로 점검하여야 할 사항과 거리가 먼 것은?

① 경보장치의 작동상태

② 부재의 손상·변형·부식·변위 및 탈락의 유무와 상태

③ 버팀대의 긴압(緊壓)의 정도

④ 부재의 접속부·부착부 및 교차부의 상태

해설 흙막이 지보공 설치 시 정기적 점검사항
- 부재의 손상·변형·부식·변위 및 탈락의 유무와 상태
- 버팀대의 긴압의 정도
- 부재의 접속부·부착부 및 교차부의 상태
- 침하의 정도

107

강관비계 조립 시의 준수사항으로 옳지 않은 것은?

① 비계기둥에는 미끄러지거나 침하하는 것을 방지하기 위하여 밑받침철물을 사용한다.

② 지상높이 4층 이하 또는 12[m] 이하인 건축물의 해체 및 조립 등의 작업에만 사용한다.

③ 교차가새로 보강한다.

④ 외줄비계·쌍줄비계 또는 돌출비계에 대해서는 벽이음 및 버팀을 설치한다.

해설 강관비계 조립 시 준수사항
- 비계기둥에는 미끄러지거나 침하하는 것을 방지하기 위하여 밑받침철물을 사용하거나 깔판·받침목 등을 사용하여 밑둥잡이를 설치하는 등의 조치를 할 것
- 강관의 접속부 또는 교차부는 적합한 부속철물을 사용하여 접속하거나 단단히 묶을 것
- 교차가새로 보강할 것
- 외줄비계·쌍줄비계 또는 돌출비계에 대해서는 벽이음 및 버팀을 설치할 것
- 가공전로에 근접하여 비계를 설치하는 경우에는 가공전로를 이설하거나 가공전로에 절연용 방호구를 장착하는 등 가공전로와의 접촉을 방지하기 위한 조치를 할 것

108

달비계의 구조에서 달비계 작업발판의 폭은 최소 얼마 이상 이어야 하는가?

① 30[cm]

② 40[cm]

③ 50[cm]

④ 60[cm]

해설 달비계의 구조
- 작업발판은 폭을 40[cm] 이상으로 하고 틈새가 없도록 할 것
- 작업발판의 재료는 뒤집히거나 떨어지지 않도록 비계의 보 등에 연결하거나 고정시킬 것
- 비계가 흔들리거나 뒤집히는 것을 방지하기 위하여 비계의 보·작업발판 등에 버팀을 설치하는 등 필요한 조치를 할 것

109

17회 출제

건설업 중 교량건설공사의 경우 유해위험방지계획서를 제출하여야 하는 기준으로 옳은 것은?

① 최대 지간길이가 40[m] 이상인 교량건설 등 공사
② 최대 지간길이가 50[m] 이상인 교량건설 등 공사
③ 최대 지간길이가 60[m] 이상인 교량건설 등 공사
④ 최대 지간길이가 70[m] 이상인 교량건설 등 공사

해설 유해위험방지계획서 제출 대상 건설공사
- 다음의 어느 하나에 해당하는 건축물 또는 시설 등의 건설·개조 또는 해체(건설 등) 공사
  - 지상높이가 31[m] 이상인 건축물 또는 인공구조물
  - 연면적 30,000[m²] 이상인 건축물
  - 연면적 5,000[m²] 이상의 문화 및 집회시설(전시장 및 동물원·식물원 제외), 판매시설, 운수시설(고속철도의 역사 및 집배송시설 제외), 종교시설, 의료시설 중 종합병원, 숙박시설 중 관광숙박시설, 지하도상가, 냉동·냉장 창고시설
- 연면적 5,000[m²] 이상인 냉동 냉장 창고시설의 설비공사 및 단열공사
- 최대 지간길이가 50[m] 이상인 다리의 건설 등 공사
- 터널의 건설 등 공사
- 다목적댐, 발전용댐, 저수용량 2천만 톤 이상의 용수 전용 댐 및 지방상수도 전용 댐의 건설 등 공사
- 깊이 10[m] 이상인 굴착공사

110

2회 출제

승강기 강선의 과다감기를 방지하는 장치는?

① 비상정지장치
② 권과방지장치
③ 해지장치
④ 과부하방지장치

해설 권과방지장치
중량물을 인양하는 와이어로프 또는 체인 등이 과도하게 감겨서 훅 등이 지브에 부딪혀 파손·낙하되는 것을 방지하기 위해 일정한도 이상으로 중량물을 감아올리면 그 이상 감겨지지 않게 자동으로 정지하도록 하는 장치를 말한다. 크레인, 리프트, 승강기 등에 설치하여야 한다.

111

4회 출제

건설작업장에서 근로자가 상시 작업하는 장소의 작업면 조도기준으로 옳지 않은 것은? (단, 갱내 작업장과 감광재료를 취급하는 작업장의 경우는 제외한다.)

① 초정밀작업: 600[lux] 이상
② 정밀작업: 300[lux] 이상
③ 보통작업: 150[lux] 이상
④ 초정밀, 정밀, 보통작업을 제외한 기타 작업: 75[lux] 이상

해설 작업장의 조도기준
- 초정밀작업: 750[lux] 이상
- 정밀작업: 300[lux] 이상
- 보통작업: 150[lux] 이상
- 그 밖의 작업: 75[lux] 이상

112

1회 출제

중량물을 운반할 때의 바른 자세로 옳은 것은?

① 허리를 구부리고 양손으로 들어 올린다.
② 중량은 보통 체중의 60[%]가 적당하다.
③ 물건은 최대한 몸에서 멀리 떼어서 들어 올린다.
④ 길이가 긴 물건은 앞쪽을 높게 하여 운반한다.

해설 중량물 취급 시 안전작업방법
- 물건을 들어 올릴 때는 팔과 무릎을 사용하고 척추는 곧은 자세로 할 것
- 무거운 물건은 공동작업으로 실시하고 보조기구를 사용할 것
- 길이가 긴 물건은 앞쪽을 높여 운반할 것
- 화물에 최대한 접근하여 중심을 낮게 할 것
- 단독 작업은 무게를 30[kg] 이하로 하고, 장시간 작업은 작업자 체중의 40[%] 한도 내에서 취급할 것

113

1회 출제

건설현장에서 높이 5[m] 이상인 콘크리트 교량의 설치작업을 하는 경우 재해예방을 위해 준수해야 할 사항으로 옳지 않은 것은?

① 작업을 하는 구역에는 관계 근로자가 아닌 사람의 출입을 금지할 것
② 재료, 기구 또는 공구 등을 올리거나 내릴 경우에는 근로자로 하여금 크레인을 이용하도록 하고 달줄, 달포대 등의 사용을 금하도록 할 것
③ 중량물 부재를 크레인 등으로 인양하는 경우에는 부재에 인양용 고리를 견고하게 설치하고, 인양용 로프는 부재에 두 군데 이상 결속하여 인양하여야 하며, 중량물이 안전하게 거치되기 전까지는 걸이로프를 해체시키지 아니할 것
④ 자재나 부재의 낙하·전도 또는 붕괴 등에 의하여 근로자에게 위험을 미칠 우려가 있을 경우에는 출입금지구역의 설정, 자재 또는 가설시설의 좌굴(坐屈) 또는 변형 방지를 위한 보강재 부착 등의 조치를 할 것

해설

교량의 설치작업 시 재료, 기구 또는 공구 등을 올리거나 내릴 경우에는 근로자로 하여금 달줄, 달포대 등을 사용하도록 하여야 한다.

114

3회 출제

건설현장에서 근로자의 추락재해를 예방하기 위한 안전난간을 설치하는 경우 그 구성요소와 거리가 먼 것은?

① 상부 난간대
② 중간 난간대
③ 사다리
④ 발끝막이판

해설

안전난간은 상부 난간대, 중간 난간대, 발끝막이판 및 난간기둥으로 구성하여야 한다.
사다리는 작업장 내 높은 곳과 낮은 곳을 연결하는 승강설비로 추락을 예방하기 위한 안전난간과는 무관하다.

115

11회 출제

사다리식 통로 등을 설치하는 경우 고정식 사다리식 통로의 기울기는 최대 몇 도 이하로 하여야 하는가?

① 60도
② 75도
③ 80도
④ 90도

해설 **사다리식 통로의 구조**

• 견고한 구조로 할 것
• 심한 손상·부식 등이 없는 재료를 사용할 것
• 발판의 간격은 일정하게 할 것
• 발판과 벽과의 사이는 15[cm] 이상의 간격을 유지할 것
• 폭은 30[cm] 이상으로 할 것
• 사다리가 넘어지거나 미끄러지는 것을 방지하기 위한 조치를 할 것
• 사다리의 상단은 걸쳐놓은 지점으로부터 60[cm] 이상 올라가도록 할 것
• 사다리식 통로의 길이가 10[m] 이상인 경우에는 5[m] 이내마다 계단참을 설치할 것
• 사다리식 통로의 기울기는 75° 이하로 할 것. 다만, 고정식 사다리식 통로의 기울기는 90° 이하로 하고, 그 높이가 7[m] 이상인 경우에는 다음의 구분에 따른 조치를 할 것
  – 등받이울이 있어도 근로자 이동에 지장이 없는 경우: 바닥으로부터 높이가 2.5[m] 되는 지점부터 등받이울을 설치할 것
  – 등받이울이 있으면 근로자가 이동이 곤란한 경우: 한국산업표준에서 정하는 기준에 적합한 개인용 추락 방지 시스템을 설치하고 근로자로 하여금 한국산업표준에서 정하는 기준에 적합한 전신안전대를 사용하도록 할 것
• 접이식 사다리 기둥은 사용 시 접혀지거나 펼쳐지지 않도록 철물 등을 사용하여 견고하게 조치할 것

116

6회 출제

사질지반 굴착 시 굴착부와 지하수위차가 있을 때 수두차에 의하여 삼투압이 생겨 흙막이벽 근입부분을 침식하는 동시에 모래가 액상화되어 솟아오르는 현상은?

① 동상 현상
② 연화 현상
③ 보일링 현상
④ 히빙 현상

해설 **보일링(Boiling)**

사질토 지반에서 굴착저면과 흙막이 배면의 수위차로 인해 굴착저면의 흙과 물이 함께 위로 솟아오르는 현상이다.

관련개념 **보일링의 원인**

• 흙막이벽이 지지력을 상실할 때
• 지하수위가 높은 지반을 굴착할 때
• 흙막이벽의 근입장 깊이가 부족할 때
• 사질토 지반에 수위차가 있을 때

117

달비계(곤돌라의 달비계는 제외)의 최대적재하중을 정하는 경우에 사용하는 안전계수의 기준으로 옳은 것은?

① 달기 체인의 안전계수: 10 이상
② 달기 강대와 달비계의 하부 및 상부 지점의 안전계수 (목재의 경우): 2.5 이상
③ 달기 와이어로프의 안전계수: 5 이상
④ 달기 강선의 안전계수: 10 이상

해설

※「산업안전보건기준에 관한 규칙」이 개정됨에 따라 '달비계의 최대적재하중을 정하는 경우 안전계수'는 삭제되었습니다.

118

부두·안벽 등 하역작업을 하는 장소에서 부두 또는 안벽의 선을 따라 통로를 설치하는 경우에는 폭을 최소 얼마 이상으로 해야 하는가?

① 70[cm]   ② 80[cm]
③ 90[cm]   ④ 100[cm]

해설 하역작업장의 조치기준

- 작업장 및 통로의 위험한 부분에는 안전하게 작업할 수 있는 조명을 유지할 것
- 부두 또는 안벽의 선을 따라 통로를 설치하는 경우에는 폭을 90[cm] 이상으로 할 것
- 육상에서의 통로 및 작업장소로서 다리 또는 선거 갑문을 넘는 보도 등의 위험한 부분에는 안전난간 또는 울타리 등을 설치할 것

119

타워 크레인(Tower Crane)을 선정하기 위한 사전 검토사항으로서 가장 거리가 먼 것은?

① 붐의 모양   ② 인양능력
③ 작업반경   ④ 붐의 높이

해설

타워 크레인 선정을 위한 사전 검토 시 장비의 인양능력, 장비의 작업반경, 붐의 높이 등을 고려하여야 한다.

120

구축물 등이 풍압·지진 등에 의하여 전도·폭발하거나 무너지는 위험을 예방하기 위한 조치와 가장 거리가 먼 것은?

① 설계도면에 따라 시공했는지 확인
② 건설공사 시방서에 따라 시공했는지 확인
③ 건축물의 구조기준 등에 관한 규칙에 따른 구조설계도서를 준수했는지 확인
④ 보호구 및 방호장치의 성능검정 합격품을 사용했는지 확인

해설 구축물 등의 안전 유지

구축물 등이 고정하중, 적재하중, 시공·해체 작업 중 발생하는 하중, 적설, 풍압, 지진이나 진동 및 충격 등에 의하여 전도·폭발하거나 무너지는 등의 위험을 예방하기 위하여 설계도면, 시방서, 구조설계도서, 해체계획서 등 설계도서를 준수하여 필요한 조치를 하여야 한다.

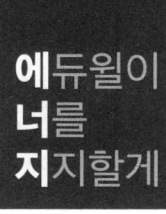

진정으로 적응성이 있고 끝까지 가는 사람은
평생에 거의 이루지 못할 것이 없다.

– 토니 라빈스(Tony Robbins)

2019년 2회 | 기출문제

자동 채점

산업안전관리론

001
1회 출제

다음 중 안전관리의 근본이념에 있어 그 목적으로 볼 수 없는 것은?

① 사용자의 수용도 향상
② 기업의 경제적 손실 예방
③ 생산성 향상 및 품질 향상
④ 사회복지의 증진

> **해설** 안전관리의 근본이념
> • 인간존중(안전제일 이념)
> • 바람직한 노사관계 형성 기여
> • 재해로 인한 손실 및 상해 예방
> • 생산성 및 품질 향상
> • 기업의 이미지 제고 및 사회 인식의 변화
> • 기업의 경제적 손실 예방(재해로 인한 재산 및 인적 손실 예방)

002
4회 출제

산업안전보건법령상 담배를 피워서는 안 될 장소에 사용되는 '금연표지'에 해당하는 것은?

① 지시표지   ② 경고표지
③ 금지표지   ④ 안내표지

> **해설**
> '금연표지'는 금지표지에 해당한다.
>
> **관련개념** 금지표지
>
> | 출입금지 | 보행금지 | 차량통행금지 | 사용금지 | 탑승금지 |
> |---|---|---|---|---|
>
>
>
> 금연   화기금지   물체이동금지
>
>

003
4회 출제

시설물의 안전 및 유지관리에 관한 특별법령에 제시된 등급별 정기안전점검의 실시시기로 옳지 않은 것은?

① A등급인 경우 반기에 1회 이상이다.
② B등급인 경우 반기에 1회 이상이다.
③ C등급인 경우 1년에 3회 이상이다.
④ D등급인 경우 1년에 3회 이상이다.

> **해설** 안전점검, 정밀안전진단 및 성능평가의 실시시기
>
> | 안전등급 | 정기안전점검 | 정밀안전점검 | | 정밀안전진단 | 성능평가 |
> |---|---|---|---|---|---|
> | | | 건축물 | 건축물 외 시설물 | | |
> | A등급 | 반기에 1회 이상 | 4년에 1회 이상 | 3년에 1회 이상 | 6년에 1회 이상 | 5년에 1회 이상 |
> | B·C등급 | | 3년에 1회 이상 | 2년에 1회 이상 | 5년에 1회 이상 | |
> | D·E등급 | 1년에 3회 이상 | 2년에 1회 이상 | 1년에 1회 이상 | 4년에 1회 이상 | |

004
1회 출제

산업안전보건법령상 내전압용 절연장갑의 성능기준에 있어 절연장갑의 등급과 최대사용전압이 옳게 연결된 것은? (단, 전압은 교류로 실효값을 의미한다.)

① 00등급: 500[V]   ② 0등급: 1,500[V]
③ 1등급: 11,250[V]   ④ 2등급: 25,500[V]

> **해설** 내전압용 절연장갑의 최대사용전압
>
> | 등급 | 최대사용전압 | |
> |---|---|---|
> | | 교류([V], 실효값) | 직류[V] |
> | 00 | 500 | 750 |
> | 0 | 1,000 | 1,500 |
> | 1 | 7,500 | 11,250 |
> | 2 | 17,000 | 25,500 |
> | 3 | 26,500 | 39,750 |
> | 4 | 36,000 | 54,000 |

005

11회 출제

근로자수가 400명, 주당 45시간씩 연간 50주를 근무하였고, 연간재해건수는 210건으로 근로손실일수가 800일이었다. 이 사업장의 강도율은 약 얼마인가? (단, 근로자의 출근율은 95[%]로 계산한다.)

① 0.42
② 0.52
③ 0.88
④ 0.94

해설

$$강도율 = \frac{총\ 요양\ 근로손실일수}{연\ 근로시간\ 수} \times 1,000$$

$$= \frac{800}{400 \times (45 \times 50) \times 0.95} \times 1,000 = 0.94$$

※ 문제에서 근로자의 출근율이 95[%]라고 했으므로 연 근로시간 수에 0.95를 곱해야 한다.

관련개념 강도율(SR; Severity Rate of Injury)

근로시간 합계 1,000시간당 재해로 인한 근로손실일수이다.

$$강도율 = \frac{총\ 요양\ 근로손실일수}{연\ 근로시간\ 수} \times 1,000$$

006

2회 출제

다음 설명에 가장 적합한 조직의 형태는?

> • 과제 중심의 조직이다.
> • 특정 과제를 수행하기 위해 필요한 자원과 재능을 여러 부서로부터 임시로 집중시켜 문제를 해결하고, 완료 후 다시 본래의 부서로 복귀하는 형태이다.
> • 시간적 유한성을 가진 일시적이고 잠정적인 조직이다.

① 스태프(Staff)형 조직
② 라인(Line)식 조직
③ 기능(Function)식 조직
④ 프로젝트(Project) 조직

해설 프로젝트 조직

• 특정 프로젝트를 수행하기 위해서 일시적으로 구성되는 조직이다.
• 목표지향적이며 목적달성을 위해 기존의 조직보다 유연하고 효율적으로 운영 가능하다.

007

8회 출제

통계적 재해원인 분석방법 중 특성과 요인관계를 도표로 하여 어골상으로 세분화한 것으로 옳은 것은?

① 관리도
② Cross도
③ 특성요인도
④ 파레토(Pareto)도

해설 통계에 의한 재해원인 분석방법

파레토도	사고의 유형, 기인물 등 분류항목을 큰 순서대로 도표화하는 방법
특성요인도	특성과 요인관계를 도표로 하여 어골상으로 세분하는 방법
크로스도	2개 이상의 문제 관계를 분석하는 데 사용하는 것으로, 데이터를 집계하고 표로 표시하여 요인별 결과 내역을 교차한 크로스 그림을 작성하여 분석하는 방법
관리도	재해 발생 건수 등의 추이를 파악하여 목표 관리를 행하는 데 필요한 월별 재해 발생수를 그래프화하여 관리선을 설정·관리하는 방법

008

6회 출제

다음 중 재해조사를 할 때의 유의사항으로 가장 적절한 것은?

① 재발방지 목적보다 책임소재 파악을 우선으로 하는 기본적 태도를 갖는다.
② 목격자 등이 증언하는 사실 이외의 추측하는 말도 신뢰성 있게 받아들인다.
③ 2차 재해예방과 위험성에 대한 보호구를 착용한다.
④ 조사자의 전문성을 고려하여 단독으로 조사하며, 사고 정황을 주관적으로 추정한다.

해설 재해조사 시 유의사항

• 사실을 수집한다.
• 목격자가 발언하는 사실 이외의 추측의 말은 참고만 한다.
• 조사는 신속히 행하고 2차 재해의 방지를 도모한다.
• 사람, 설비, 환경의 측면에서 재해요인을 도출한다.
• 제3자의 입장에서 공정하게 조사하며 조사는 2인 이상이 한다.
• 책임추궁보다 재발방지를 우선하는 기본태도를 갖는다.

009
2회 출제

산업안전보건법령상 사업주가 안전관리자를 선임한 경우, 선임한 날부터 며칠 이내에 고용노동부장관에게 증명할 수 있는 서류를 제출하여야 하는가?

① 7일   ② 14일
③ 30일   ④ 60일

해설
사업주는 안전관리자를 선임하거나 안전관리자의 업무를 안전관리전문기관에 위탁한 경우에는 선임하거나 위탁한 날부터 14일 이내에 고용노동부장관에게 그 사실을 증명할 수 있는 서류를 제출하여야 한다.

010
9회 출제

재해손실비 평가방식 중 시몬즈(Simonds) 방식에서 재해의 종류에 관한 설명으로 옳지 않은 것은?

① 무상해사고는 의료조치를 필요로 하지 않은 상해 사고를 말한다.
② 휴업상해는 영구일부노동불능 및 일시전노동불능 상해를 말한다.
③ 응급조치상해는 응급조치 또는 8시간 이상의 휴업의료조치 상해를 말한다.
④ 통원상해는 일시일부노동불능 및 의사의 통원조치를 요하는 상해를 말한다.

해설 상해의 종류

분류	내용
휴업상해	영구부분노동불능, 일시전노동불능
통원상해	일시부분노동불능, 의사의 조치를 요하는 통원상해
응급조치상해	응급조치가 필요한 상해 또는 8시간 미만의 휴업의료조치 상해
무상해사고	의료조치를 필요로 하지 않는 경미한 상해 사고

011
1회 출제

위험예지훈련에 대한 설명으로 옳지 않은 것은?

① 직장이나 작업의 상황 속 잠재 위험요인을 도출한다.
② 행동하기에 앞서 위험요소를 예측하는 것을 습관화하는 훈련이다.
③ 위험의 포인트나 중점실시 사항을 지적 확인한다.
④ 직장 내에서 최대 인원의 단위로 토의하고 생각하며 이해한다.

해설
위험예지훈련은 가급적 소수인원으로 편성하여 짧은 시간 내 위험요소를 발견, 파악한 후 해결능력을 향상시키는 훈련이다.

012
2회 출제

산업안전보건법령상 건설업의 도급인 사업주가 작업장을 순회점검 하여야 하는 주기로 올바른 것은?

① 1일에 1회 이상   ② 2일에 1회 이상
③ 3일에 1회 이상   ④ 7일에 1회 이상

해설 도급인의 작업장 순회점검 주기

사업의 종류	주기
· 건설업 · 제조업 · 토사석 광업 · 서적, 잡지 및 기타 인쇄물 출판업 · 음악 및 기타 오디오물 출판업 · 금속 및 비금속 원료 재생업	2일에 1회 이상
위의 사업을 제외한 사업	1주일에 1회 이상

013
2회 출제

산업안전보건법령상 안전보건관리규정에 포함해야 할 내용이 아닌 것은?

① 안전보건교육에 관한 사항
② 사고 조사 및 대책 수립에 관한 사항
③ 안전보건관리 조직과 그 직무에 관한 사항
④ 산업재해보상보험에 관한 사항

해설 안전보건관리규정의 포함사항
· 안전 및 보건에 관한 관리조직과 그 직무에 관한 사항
· 안전보건교육에 관한 사항
· 작업장의 안전 및 보건 관리에 관한 사항
· 사고 조사 및 대책 수립에 관한 사항
· 그 밖에 안전 및 보건에 관한 사항

014

산업안전보건법령상 공사금액이 얼마 이상인 건설업 사업장에서 산업안전보건위원회를 설치·운영하여야 하는가?

① 80억 원 ② 120억 원
③ 250억 원 ④ 700억 원

해설

건설업의 경우 **공사금액 120억 원 이상**(토목공사업의 경우 150억 원 이상)인 사업장에 산업안전보건위원회를 구성하여야 한다.

015

다음에서 설명하는 무재해운동 추진기법으로 옳은 것은?

> 작업현장에서 그때 그 장소의 상황에 즉응하여 실시하는 위험예지활동으로서 즉시즉응법이라고도 한다.

① TBM(Tool Box Meeting)
② 삼각 위험예지훈련
③ 자문자답카드 위험예지훈련
④ 터치 앤드 콜(Touch and Call)

해설

TBM	현장에서 그때그때 주어진 상황에 적용하여 실시하는 기법으로, 단시간 적응훈련이다.
삼각 위험예지훈련	쓰는 것이나 말하는 것이 미숙한 작업자를 대상으로 실시하는 기법으로, 현상파악과 위험의 포인트를 △형으로 표시하여 팀의 합의를 이끌어내는 기법이다.
자문자답 카드기법	카드에 있는 체크리스트를 큰 소리로 자문자답하면서 위험요인을 발견하고 파악하여 행동목표를 정하는 기법이다.
터치 앤 콜	위험요소에 대한 강한 인식과 더불어 사고예방을 위해 서로 피부를 맞대고 구호를 제창하는 기법으로 진한 동료애를 느끼고 안전에 동참하는 참여정신을 높일 수 있다.

016

재해의 원인 중 물적원인(불안전한 상태)에 해당하지 않는 것은?

① 보호구 미착용 ② 방호장치의 결함
③ 조명 및 환기불량 ④ 불량한 정리정돈

해설

'보호구 미착용'은 재해의 원인 중 인적원인(불안전한 행동)에 해당한다.

관련개념 재해의 직접원인

불안전한 상태	• 물건 자체의 결함 • **방호장치의 결함** • 복장·보호구의 결함 • 물건의 배치 및 작업장소 불량 • 작업환경의 결함 • 생산공정의 결함 • 경계표시·설비의 결함
불안전한 행동	• 위험장소의 접근 • 방호장치의 기능 제거 • 복장·보호구의 잘못된 사용 • 기계·기구의 잘못된 사용 • 운전 중인 기계장치의 손질 • 불안전한 속도 조작 • 위험물 취급 부주의 • 불안전 상태 방치 • 불안전한 자세 및 동작 • 감독 및 연락 불충분

017

산업안전보건법령상 양중기의 종류에 포함되지 않는 것은?

① 곤돌라 ② 호이스트
③ 컨베이어 ④ 이동식 크레인

해설 양중기의 종류
• 크레인(**호이스트** 포함)
• **이동식 크레인**
• 리프트(이삿짐운반용 리프트는 적재하중이 0.1톤 이상인 것으로 한정)
• **곤돌라**
• 승강기

018

3회 출제

산업안전보건법령상 자율안전확인대상 기계 등에 포함되지 않은 것은?

① 곤돌라
② 연삭기
③ 컨베이어
④ 자동차정비용 리프트

해설

'곤돌라'는 안전인증대상 기계 등에 해당한다.

관련개념 자율안전확인대상 기계 등

기계 또는 설비	• 연삭기 또는 연마기(휴대형 제외) • 산업용 로봇 • 혼합기 • 파쇄기 또는 분쇄기 • 식품가공용 기계(파쇄 · 절단 · 혼합 · 제면기만 해당) • 컨베이어 • 자동차정비용 리프트 • 공작기계(선반, 드릴기, 평삭 · 형삭기, 밀링만 해당) • 고정형 목재가공용 기계(둥근톱, 대패, 루타기, 띠톱, 모떼기 기계만 해당) • 인쇄기
방호 장치	• 아세틸렌 용접장치용 또는 가스집합 용접장치용 안전기 • 교류 아크용접기용 자동전격방지기 • 롤러기 급정지장치 • 연삭기 덮개 • 목재 가공용 둥근톱 반발예방장치와 날접촉예방장치 • 동력식 수동대패용 칼날접촉방지장치
보호구	• 안전모(추락 및 감전 위험방지용 안전모 제외) • 보안경(차광 및 비산물 위험방지용 보안경 제외) • 보안면(용접용 보안면 제외)

019

8회 출제

사고예방대책의 기본원리 5단계 중 제2단계의 사실의 발견에 관한 사항에 해당되지 않는 것은?

① 사고조사
② 안전회의 및 토의
③ 교육과 훈련의 분석
④ 사고 및 안전활동 기록의 검토

해설

'교육과 훈련의 분석'은 3단계인 '분석 · 평가' 단계에서 이루어진다.

관련개념 하인리히의 재해예방 5단계(사고예방의 기본원리)

단계	진행과정	필요조치
제1단계	조직 (안전관리조직)	• 경영자의 안전목표 설정 • 안전관리자 등의 선임 • 안전관리조직(라인 · 스태프 등) 구성 • 안전활동 방침 및 계획수립 • 안전관리조직의 안전활동 전개
제2단계	사실의 발견 (현상파악)	• 사고 및 안전활동 기록의 검토 • 작업분석 • 안전점검, 검사 및 조사 • 사고조사 • 안전토의 및 회의 • 근로자의 건의 및 여론조사 • 관찰 및 보고서의 연구로 불안전요소 발견
제3단계	분석 · 평가 (원인규명)	• 사고보고서 및 현장조사 • 인적 · 물적 · 환경조건의 분석 • 작업공정 및 작업형태의 분석 • 교육 및 훈련의 분석 • 안전수칙 및 안전기준의 분석 • 현장조사 결과의 분석 • 불안전요소의 분석
제4단계	시정책의 선정	• 기술적인 개선 • 인사(배치)조정 • 교육 및 훈련의 개선 • 안전행정의 개선 • 규정 및 수칙의 개선 • 이행독려와 통제체제 강화
제5단계	시정책의 적용	• 목표설정 • 3E(기술적, 교육적, 관리적)의 적용 • 실시결과 재평가 및 개선

020

3회 출제

산업안전보건법령상 안전검사대상 유해 · 위험 기계 등에 포함되지 않는 것은?

① 리프트
② 전단기
③ 압력용기
④ 밀폐형 구조 롤러기

해설 안전검사대상 유해 · 위험 기계 · 기구 · 설비
- 프레스
- **전단기**
- 크레인(정격 하중이 2톤 미만인 것은 제외)
- **리프트**
- **압력용기**
- 곤돌라
- 국소 배기장치(이동식 제외)
- 원심기(산업용만 해당)
- **롤러기(밀폐형 구조 제외)**
- 사출성형기(형 체결력 294[kN] 미만은 제외)
- 고소작업대(화물자동차 또는 특수자동차에 탑재한 고소작업대로 한정)
- 컨베이어
- 산업용 로봇

산업심리 및 교육

021

6회 출제

합리화의 유형 중 자기의 실패나 결함을 다른 대상에게 책임을 전가시키는 유형으로, 자신의 잘못에 대해 조상 탓을 하거나 축구 선수가 공을 잘못 찬 후 신발 탓을 하는 등에 해당하는 것은?

① 망상형
② 신포도형
③ 투사형
④ 달콤한 레몬형

해설 투사(Projection)
자신의 불만을 해소하기 위해 남에게 뒤집어 씌우는 행위이다.

022

4회 출제

다음 중 직무분석을 위한 자료수집 방법에 관한 설명으로 옳은 것은?

① 관찰법은 직무의 시작에서 종료까지 많은 시간이 소요되는 직무에 적용하기 쉽다.
② 면접법은 자료의 수집에 많은 시간과 노력이 들고, 수량화된 정보를 얻기가 힘들다.
③ 중요사건법은 일상적인 수행에 관한 정보를 수집하므로 해당 직무에 대한 포괄적인 정보를 얻을 수 있다.
④ 설문지법은 많은 사람들로부터 짧은 시간 내에 정보를 얻을 수 있으며, 양적인 자료보다 질적인 자료를 얻을 수 있다.

해설 직무분석(Job Analysis)의 방법

면접법	업무에 대한 이해도가 높은 작업자와의 면담을 통하여 직무를 분석하는 방법으로 자료의 수집에 많은 시간과 노력이 들고, 정량화된 정보를 얻기 힘들다.
관찰법	근로자의 작업수행 과정을 상세하게 관찰하는 방법으로 자료의 수집에 많은 시간과 노력이 들고, 정량화된 정보를 얻기가 힘들어 많은 시간이 소요되는 직무에는 적용이 곤란하다.
설문지법	많은 사람들로부터 짧은 시간 내에 정보를 얻을 수 있고, 양적인 정보를 얻을 수 있다.
중요사건법	직무행동 가운데 효과적인 행동과 비효과적인 행동을 구분하여 사례를 수집한 후 효과적인 행동패턴을 추출하는 방법이다.
일지작성법	작업수행 내역을 일정한 형식으로 기록하여 이를 분석하는 방법이다.
직무수행법	직무수행자가 직접 해당 직무를 수행하며 정보를 수집하는 방법으로 실무 기반 정보 수집에 유리하나 전문성과 긴 시간이 요구된다.

023
2회 출제

생활하고 있는 현실적인 장면에서 당면하는 여러 문제들에 대한 해결방안을 찾아내는 것으로 지식, 기능, 태도, 기술 등을 종합적으로 획득하도록 하는 학습방법으로 옳은 것은?

① 롤 플레잉(Role Playing)
② 문제법(Problem Method)
③ 버즈 세션(Buzz Session)
④ 케이스 메소드(Case Method)

해설 문제법(Problem Method)

생활하고 있는 현실에서 해결방법을 찾아내는 것으로 지식, 기능, 태도, 기술 등을 종합적으로 획득하도록 하는 학습방법이다.

024
1회 출제

집단 간의 갈등 요인으로 옳지 않은 것은?

① 욕구좌절
② 제한된 자원
③ 집단 간의 목표 차이
④ 동일한 사안을 바라보는 집단 간의 인식 차이

해설 집단 간의 갈등 요인

• 상호 의존성   • 역할 갈등   • 제한된 자원
• 집단 간의 목표 차이   • 동일한 사안을 바라보는 집단 간의 인식 차이

025
7회 출제

안전교육방법 중 수업의 도입이나 초기단계에 적용하며, 다수의 인원에 대하여 단시간에 많은 내용을 동시 교육하는 경우에 사용되는 방법으로 가장 적절한 것은?

① 시범
② 반복법
③ 토의법
④ 강의법

해설 강의법의 특징

• 전체적인 교육내용을 제시하거나, 새로운 과업 및 작업단위의 도입단계에 유효하다.
• 짧은 시간 내에 많은 내용을 다수의 대상에게 교육시킬 수 있다.
• 교육 시간에 대한 조정이 용이하다.
• 피드백이 부족하다.
• 난해한 문제에 대하여 평이하게 설명이 가능하다.
• 교육 집단 내 수준차로 인해 교육의 효과가 감소할 수 있다.

026
3회 출제

인간 부주의의 발생원인 중 외적조건에 해당하지 않는 것은?

① 작업조건 불량
② 작업순서 부적당
③ 경험 부족 및 미숙련
④ 환경조건 불량

해설 부주의 발생의 요인

내적요인	• 경험 부족 및 미숙련 • 의식의 우회 • 소질적 문제
외적요인	• 작업순서의 부자연성 • 작업 및 환경조건 불량 • 기상조건 • 작업강도

027
1회 출제

리더의 기능수행과 리더로서의 지위 획득 및 유지가 리더 개인의 성격이나 자질에 의존한다는 리더십 이론은?

① 행동이론
② 상황이론
③ 관리이론
④ 특성이론

해설 특성이론(특질접근법)

• 성공적인 리더는 확연히 다른 신체적, 성격적, 능력적 차이를 가진다는 이론이다.
• 리더의 기능수행과 리더로서의 지위 획득 및 유지가 리더 개인의 성격이나 자질에 의존한다는 이론이다.

028
1회 출제

인간의 경계(Vigilance)현상에 영향을 미치는 조건의 설명으로 가장 거리가 먼 것은?

① 작업시작 직후에는 검출률이 가장 낮다.
② 오래 지속되는 신호는 검출률이 높다.
③ 발생빈도가 높은 신호는 검출률이 높다.
④ 불규칙적인 신호에 대한 검출률이 낮다.

해설 경계(Vigilance)현상에 영향을 미치는 조건

• 작업시작 직후에는 검출률이 높다가 30분 정도 지나면 절반 이하가 된다.
• 발생빈도가 높은 신호일수록 검출률이 높다.
• 신호 강도가 강하고 오래 지속되는 신호는 검출하기 쉽다.
• 규칙적인 신호에 대한 검출률이 높다.

029

1회 출제

아담스(Adams)의 형평(공평성)이론에 대한 설명으로 틀린 것은?

① 성과(Outcome)란 급여, 지위, 인정 및 기타 부가 보상 등을 의미한다.
② 투입(Input)이란 일반적인 자격, 교육수준, 노력 등을 의미한다.
③ 작업동기는 자신의 투입대비 성과 결과만으로 비교한다.
④ 지각에 기초한 이론이므로 자기 자신을 지각하고 있는 사람을 개인(Person)이라 한다.

해설

형평이론의 작업동기는 자신과 비교 대상의 투입과 산출비의 비교를 통해서 이루어진다.

030

1회 출제

교육훈련을 통하여 기업의 차원에서 기대할 수 있는 효과로 옳지 않은 것은?

① 리더십과 의사소통기술이 향상된다.
② 작업시간이 단축되어 노동비용이 감소된다.
③ 인적자원의 관리비용이 증대되는 경향이 있다.
④ 직무만족과 직무충실화로 인하여 직무태도가 개선된다.

해설

기업 차원의 교육훈련을 통해 직무수행이 개선되어 인적자원 관리비용이 감소하는 것을 기대할 수 있다.

031

1회 출제

교재의 선택기준으로 옳지 않은 것은?

① 정적이며 보수적이어야 한다.
② 사회성과 시대성에 걸맞은 것이어야 한다.
③ 설정된 교육목적을 달성할 수 있는 것이어야 한다.
④ 교육대상에 따라 흥미, 필요, 능력 등에 적합해야 한다.

해설

교재는 동적이며, 시대적 변화에 부합하는 최신의 내용을 담은 것을 선택하여야 한다.

032

1회 출제

스텝 테스트, 슈나이더 테스트는 어떠한 방법의 피로 판정 검사인가?

① 타액검사
② 반사검사
③ 전신적 관찰
④ 심폐검사

해설

스텝 테스트와 슈나이더 테스트는 대표적인 심폐기능 테스트이다.

관련개념 심폐기능 테스트의 종류

- 스텝 테스트: 일정한 높이의 계단을 오르내린 후 회복기 중의 심박수를 이용해 심폐지구력을 판정하는 테스트이다.
- 슈나이더 테스트: 안정 시와 승강운동 후의 맥박, 혈압을 측정하는 테스트이다.

033

1회 출제

안전교육 시 강의안의 작성원칙에 해당되지 않는 것은?

① 구체적
② 논리적
③ 실용적
④ 추상적

해설 강의안의 작성원칙

- 구체적이어야 한다.
- 논리적이어야 한다.
- 실용적이어야 한다.
- 쉽게 작성되어야 한다.

034

1회 출제

심리검사 종류에 관한 설명으로 맞는 것은?

① 성격 검사: 인지능력이 직무수행을 얼마나 예측하는지 측정한다.
② 신체능력 검사: 근력, 순발력, 전반적인 신체 조정 능력, 체력 등을 측정한다.
③ 기계적성 검사: 기계를 다루는 데 있어 예민성, 색채, 시각, 청각적 예민성을 측정한다.
④ 지능 검사: 제시된 진술문에 대하여 어느 정도 동의하는지에 관해 응답하고, 이를 척도점수로 측정한다.

해설 **심리검사의 종류**
• 성격 검사: 제시된 진술문에 다하여 어느 정도 동의하는지 응답하고, 이를 척도점수로 측정한다.
• 신체능력 검사: 근력, 순발력, 전반적인 신체 조정 능력, 체력 등을 측정한다.
• 기계적성 검사: 기계적 원리를 얼마나 이해하고 있는지, 제조 및 생산 직무에 적합한지를 측정한다.
• 지능 검사: 인지능력이 직무수행을 얼마나 예측하는지 측정한다.

035

11회 출제

산업안전보건법령상 산업안전·보건 관련 교육과정별 교육시간 중 교육대상별 교육시간이 옳게 연결된 것은?

① 일용근로자의 채용 시 교육: 2시간 이상
② 일용근로자의 작업내용 변경 시 교육: 1시간 이상
③ 사무직 종사 근로자의 정기교육: 매반기 4시간 이상
④ 관리감독자의 지위에 있는 사람의 정기교육: 연간 6시간 이상

해설 **근로자 안전보건교육 교육과정별 교육시간**

교육과정	교육대상		교육시간
정기교육	사무직 종사 근로자		매반기 6시간 이상
	그 밖의 근로자	판매업무에 직접 종사하는 근로자	매반기 6시간 이상
		판매업무에 직접 종사하는 근로자 외의 근로자	매반기 12시간 이상
채용 시 교육	일용근로자 및 근로계약기간이 1주일 이하인 기간제근로자		1시간 이상
	근로계약기간이 1주일 초과 1개월 이하인 기간제근로자		4시간 이상
	그 밖의 근로자		8시간 이상
작업내용 변경 시 교육	일용근로자 및 근로계약기간이 1주일 이하인 기간제근로자		1시간 이상
	그 밖의 근로자		2시간 이상
특별교육	일용근로자 및 근로계약기간이 1주일 이하인 기간제근로자 (타워크레인 신호작업 종사자 제외)		2시간 이상
	타워크레인 신호작업에 종사하는 일용근로자 및 근로계약기간이 1주일 이하인 기간제근로자		8시간 이상
	그 밖의 근로자		16시간 이상
			단기간 또는 간헐적 작업인 경우 2시간 이상
건설업 기초안전·보건교육	건설 일용근로자		4시간 이상

관련개념 **관리감독자 안전보건교육 교육과정별 교육시간**

교육과정	교육시간
정기교육	연간 16시간 이상
채용 시 교육	8시간 이상
작업내용 변경 시 교육	2시간 이상
특별교육	16시간 이상
	단기간 또는 간헐적 작업인 경우 2시간 이상

036

3회 출제

안전교육의 3단계 중 현장실습을 통한 경험 체득과 이해를 목적으로 하는 단계는?

① 안전지식교육
② 안전기능교육
③ 안전태도교육
④ 안전의식교육

해설 **기능교육(안전교육의 제2단계)**

· 작업능력 및 기술능력을 부여하고자 실시하는 교육이다.
· 개인의 반복적 시행착오에 의해서 형성된다.
· 현장실습을 통한 경험 체득과 이해를 목적으로 한다.
· 방호장치 기능을 습득한다.

037

8회 출제

실제로는 움직임이 없으나 시각적으로 움직임이 있는 것처럼 느끼는 심리적인 현상으로 옳은 것은?

① 잔상효과
② 가현운동
③ 후광효과
④ 기하학적 착시

해설 **운동의 착각현상**

· 자동운동: 암실 내의 정지된 소광점을 응시하고 있으면 그 광점이 움직이는 것처럼 보이는 현상이다.
· 유도운동: 실제로 움직이지 않는 것이 어느 기준의 이동에 의하여 움직이는 것처럼 느껴지는 현상이다.
· 가현운동: 실제로는 움직이지 않는데 움직이는 것처럼 느껴지는 심리적인 현상이다.

038

2회 출제

조직 구성원의 태도는 조직성과와 밀접한 관계가 있다. 태도(Attitude)의 3가지 구성요소에 포함되지 않는 것은?

① 인지적 요소
② 정서적 요소
③ 행동경향 요소
④ 성격적 요소

해설 **태도의 3가지 구성요소**

· 인지적 요소
· 정서적 요소
· 행동경향 요소

039

5회 출제

작업 환경에서 물리적인 작업조건보다는 근로자의 심리적인 태도 및 감정이 직무수행에 큰 영향을 미친다는 결과를 밝혀낸 대표적인 연구로 옳은 것은?

① 호손 연구
② 플래시보 연구
③ 스키너 연구
④ 시간 – 동작연구

해설 **호손 실험(Hawthorne Experiment)**

사원들의 태도, 감독자, 비공식 집단 등 인간관계와 관련된 요소들이 생산성에 영향을 미친다는 것을 확인한 실험이다.

040

1회 출제

S-R 이론 중에서 긍정적 강화, 부정적 강화, 처벌 등이 이론의 원리에 속하며, 사람들이 바람직한 결과를 이끌어 내기 위해 단지 어떤 자극에 대해 수동적으로 반응하는 것이 아니라 환경상의 능동적인 행위를 한다는 이론으로 옳은 것은?

① 파블로브(Pavlov)의 조건반사설
② 손다이크(Thorndike)의 시행착오설
③ 스키너(Skinner)의 조작적 조건화설
④ 거스리(Guthrie)의 접근적 조건화설

해설 **스키너(Skinner)의 조작적 조건화설**

· 학습을 자극에 의한 반응으로 보는 이론이다.
· 긍정적 강화, 부정적 강화, 처벌 등이 이론의 원리에 속하며, 사람들이 바람직한 결과를 이끌어 내기 위해 단지 어떤 자극에 대해 수동적으로 반응하는 것이 아니라 환경상의 능동적인 행위를 한다고 주장한다.

인간공학 및 시스템안전공학

041
2회 출제

산업안전보건법령에 따라 유해위험방지계획서의 제출대상 사업은 해당 사업으로서 전기 계약용량이 얼마 이상인 사업을 말하는가?

① 150[kW]
② 200[kW]
③ 300[kW]
④ 500[kW]

해설

유해위험방지계획서 제출대상 사업장의 규모는 전기 계약용량이 300[kW] 이상인 사업장이다.

042
7회 출제

FT도에 사용하는 기호에서 3개의 입력현상 중 임의의 시간에 2개가 발생하면 출력이 생기는 기호의 명칭은?

① 억제 게이트
② 조합 AND 게이트
③ 배타적 OR 게이트
④ 우선적 AND 게이트

해설 조합 AND 게이트

3개의 입력현상 중 임의의 시간에 2개의 입력사상이 발생할 경우 출력사상이 발생하는 기호이다.

043
2회 출제

고장형태와 영향분석(FMEA)에서 평가요소로 틀린 것은?

① 고장발생의 빈도
② 고장의 영향 크기
③ 고장방지의 가능성
④ 기능적 고장 영향의 중요도

해설 FMEA의 고장 평점 평가요소

• 고장발생의 빈도
• 영향을 미치는 시스템의 범위
• 기능적 고장 영향의 중요도
• 고장방지의 가능성
• 신규 설계의 정도

044
3회 출제

소음방지 대책에 있어 가장 효과적인 방법은?

① 음원에 대한 대책
② 수음자에 대한 대책
③ 전파경로에 대한 대책
④ 거리감쇠와 지향성에 대한 대책

해설

가장 효과적인 소음대책은 소음원에 대한 대책이다.

관련개념 소음대책

• 소음원의 통제
• 소음의 격리
• 차폐장치 및 흡음재료 사용
• 음향처리제 사용
• 적절한 배치

045
12회 출제

다음 그림과 같이 7개의 기기로 구성된 시스템의 신뢰도는 약 얼마인가? (단, 네모 안의 숫자는 각 부품의 신뢰도이다.)

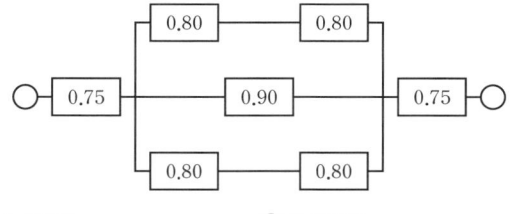

① 0.5552
② 0.5427
③ 0.6234
④ 0.9740

해설

• 병렬로 연결된 부분의 신뢰도
$= 1 - (1 - 0.8 \times 0.8) \times (1 - 0.9) \times (1 - 0.8 \times 0.8) = 0.9870$
• 직렬로 연결된 시스템 전체 신뢰도
$= 0.75 \times 0.9870 \times 0.75 = 0.5552$

046

8회 출제

화학설비에 대한 안전성 평가(Safety Assessment)에서 정량적 평가항목이 아닌 것은?

① 습도
② 온도
③ 압력
④ 용량

해설 **정성적 평가와 정량적 평가 항목**

정성적 평가	설계관계 항목	입지조건, 공장 내 배치, 건조물, 소방설비 등
	운전관계 항목	원재료, 중간제품, 공정 및 공정기기, 수송, 저장 등
정량적 평가		• 수치값으로 표현 가능한 항목 대상 • 온도, 취급물질, 화학설비용량, 압력, 조작 등

047

9회 출제

인간의 오류모형에서 "알고 있음에도 의도적으로 따르지 않거나 무시한 경우"를 무엇이라 하는가?

① 실수(Slip)
② 착오(Mistake)
③ 건망증(Lapse)
④ 위반(Violation)

해설 **인간의 오류모형**

착오(Mistake)	상황해석을 잘못하거나 목표를 잘못 이해하고 착각하여 행하는 인간의 실수로 위치, 순서, 패턴, 형상, 기억오류 등 외부적 요인에 의해 나타나는 오류
착각(Illusion)	감각적으로 물리현상을 왜곡하는 지각 오류
실수(Slip)	의도는 올바른 것이었지만, 행동이 의도한 것과는 다르게 나타나는 오류
건망증(Lapse)	일련의 과정에서 일부를 빠뜨리거나 기억의 실패에 의해 발생하는 오류
위반(Violation)	정해진 규칙을 알고 있음에도 의도적으로 따르지 않거나 무시한 경우에 발생하는 오류

048

2회 출제

아령을 사용하여 30분간 훈련한 후, 이두근의 근육 수축작용에 대한 전기적인 신호 데이터를 모았다. 이 데이터들을 이용하여 분석할 수 있는 것은 무엇인가?

① 근육의 질량과 밀도
② 근육의 활성도와 밀도
③ 근육의 피로도와 크기
④ 근육의 피로도와 활성도

해설 **근전도 검사(EMG; Electromyography)**
• 근육에 걸리는 부하를 근육에 발생한 전류값으로 측정한다.
• 인간의 생리적 부담 척도 중 국소적 근육활동의 척도로 적합하다.
• 근육의 근력, 경직상태, 피로상태, 밸런스 활성도를 체크할 수 있다.

049

3회 출제

신체 부위의 운동에 대한 설명으로 틀린 것은?

① 굴곡(Flexion)은 부위 간의 각도가 증가하는 신체의 움직임을 의미한다.
② 외전(Abduction)은 신체 중심선으로부터 이동하는 신체의 움직임을 의미한다.
③ 내전(Adduction)은 신체의 외부에서 중심선으로 이동하는 신체의 움직임을 의미한다.
④ 외선(Lateral Rotation)은 신체의 중심선으로부터 회전하는 신체의 움직임을 의미한다.

해설 **신체부위 운동 유형**

굴곡(Flexion)	신체 부위 간의 각도가 감소하는 관절동작
신전(Extension)	신체 부위 간의 각도가 증가하는 관절동작
내전(Adduction)	신체의 외부에서 중심선으로 이동하는 신체의 움직임
외전(Abduction)	신체 중심선부터 밖으로 이동하는 신체의 움직임
내선(Medial Rotation)	신체의 외부에서 중심선으로 회전하는 신체의 움직임
외선(Lateral Rotation)	신체의 중심선부터 회전하는 신체의 움직임

050

1회 출제

공정안전관리(PSM; Process Safety Management)의 적용 대상 사업장이 아닌 것은?

① 복합비료 제조업
② 농약 원제 제조업
③ 차량 등의 운송 설비업
④ 합성 수지 및 기타 플라스틱물질 제조업

해설 **공정안전보고서의 제출 대상**
- 원유 정제처리업
- 기타 석유정제물 재처리업
- 석유화학계 기초화학물질 저조업 또는 합성 수지 및 기타 플라스틱물질 제조업. 다만, 합성수지 및 기타 플라스틱물질 제조업은 인화성 가스, 인화성 액체에 해당하는 경우로 한정
- 질소 화합물, 질소·인산 및 칼리질 화학비료 제조업 중 질소질 비료 제조
- 복합비료 및 기타 화학비료 제조업 중 복합비료 제조(단순혼합 또는 배합에 의한 경우 제외)
- 화학 살균·살충제 및 농업용 약제 제조업(농약 원제 제조만 해당)
- 화약 및 불꽃제품 제조업

051

1회 출제

다음과 같은 실내 표면에서 일반적으로 추천되는 반사율의 크기를 맞게 나열한 것은?

| ㉠ 바닥 | ㉡ 천장 |
| ㉢ 가구 | ㉣ 벽 |

① ㉠<㉣<㉢<㉡
② ㉣<㉠<㉡<㉢
③ ㉠<㉢<㉣<㉡
④ ㉣<㉡<㉠<㉢

해설 **실내 표면의 추천 반사율**

천장	80~90[%]
벽	40~60[%]
가구(사무용 기기, 책상)	25~45[%]
바닥	20~40[%]

052

3회 출제

어떤 결함수를 분석하여 Minimal Cut Set을 구한 결과 다음과 같았다. 각 기본사상의 발생확률을 q_i, $i=1, 2, 3$이라 할 때 정상사상의 발생확률함수로 옳은 것은?

$$K_1 = [1, 2], K_2 = [1, 3], K_3 = [2, 3]$$

① $q_1q_2 + q_1q_2 - q_2q_3$
② $q_1q_2 + q_1q_3 - q_2q_3$
③ $q_1q_2 + q_1q_3 + q_2q_3 - q_1q_2q_3$
④ $q_1q_2 + q_1q_3 + q_2q_3 - 2q_1q_2q_3$

해설 **최소 컷셋을 대입한 FT도**

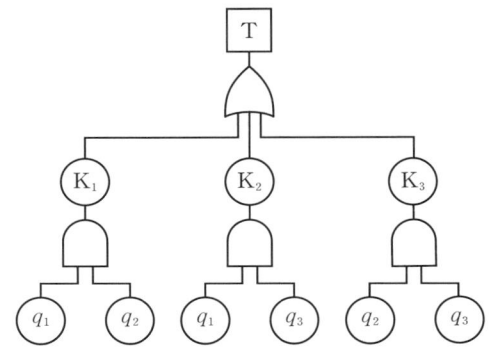

$K_1 = q_1q_2$, $K_2 = q_1q_3$, $K_3 = q_2q_3$
T는 K_1, K_2, K_3의 OR 게이트이므로
$T = 1 - (1 - P(K_1)) \times (1 - P(K_2)) \times (1 - P(K_3))$
$\quad = 1 - (1 - q_1q_2) \times (1 - q_1q_3) \times (1 - q_2q_3)$
이때 $(1 - q_1q_2) \times (1 - q_1q_3) = 1 - q_1q_3 - q_1q_2 + q_1q_2q_3$이므로
$(1 - q_1q_2) \times (1 - q_1q_3) \times (1 - q_2q_3)$
$= (1 - q_1q_3 - q_1q_2 + q_1q_2q_3) \times (1 - q_2q_3)$
$= 1 - q_2q_3 - q_1q_3 + q_1q_2q_3 - q_1q_2 + q_1q_2q_3 + q_1q_2q_3 - q_1q_2q_3$
$= 1 - q_2q_3 - q_1q_3 - q_1q_2 + 2q_1q_2q_3$
$\therefore T = 1 - (1 - q_2q_3 - q_1q_3 - q_1q_2 + 2q_1q_2q_3)$
$\quad = q_2q_3 + q_1q_3 + q_1q_2 - 2q_1q_2q_3$

053

n개의 요소를 가진 병렬 시스템에 있어 요소의 수명(MTTF)이 지수분포를 따를 경우, 이 시스템의 수명을 구하는 식으로 맞는 것은?

① $\text{MTTF} \times n$

② $\text{MTTF} \times \dfrac{1}{n}$

③ $\text{MTTF} \times \left(1 + \dfrac{1}{2} + \cdots + \dfrac{1}{n}\right)$

④ $\text{MTTF} \times \left(1 \times \dfrac{1}{2} \times \cdots \times \dfrac{1}{n}\right)$

해설 n개의 요소를 갖는 지수분포를 따르는 부품의 기대수명

· 평균수명이 t인 부품 n개를 직렬로 구성하였을 때 기대수명은 $\dfrac{t}{n}$이다.

· 평균수명이 t인 부품 n개를 **병렬로 구성**하였을 때 기대수명은 $\left(1 + \dfrac{1}{2} + \cdots + \dfrac{1}{n}\right) \times t$이다.

055

인간 전달 함수(Human Transfer Function)의 결점이 아닌 것은?

① 입력의 협소성

② 시점적 제약성

③ 정신운동의 묘사성

④ 불충분한 직무 묘사

해설 인간 전달 함수(Human Transfer Function)

· 입력과 출력의 관계를 하나 또는 그 이상의 등식으로 표현한 것을 말한다.

· 입력의 협소성, 시점의 제약성, 불충분한 직무 묘사 등의 결점을 갖는다.

056

빨강, 노랑, 파랑의 3가지 색으로 구성된 교통신호등이 있다. 신호등은 항상 3가지 색 중 하나가 켜지도록 되어 있다. 1시간 동안 조사한 결과, 파란등은 총 30분 동안, 빨간등과 노란등은 각각 총 15분 동안 켜진 것으로 나타났다. 이 신호등의 총 정보량은 몇 [bit]인가?

① 0.5

② 0.75

③ 1.0

④ 1.5

해설

· 파란등의 확률: $\dfrac{30}{60} = 0.5$

  빨간등의 확률: $\dfrac{15}{60} = 0.25$

  노란등의 확률: $\dfrac{15}{60} = 0.25$

· 파란등의 정보량: $\log_2 \dfrac{1}{0.5} = 1$

  빨간등의 정보량: $\log_2 \dfrac{1}{0.25} = 2$

  노란등의 정보량: $\log_2 \dfrac{1}{0.25} = 2$

· 신호등의 총 정보량: $0.5 \times 1 + 0.25 \times 2 + 0.25 \times 2 = 1.5$

관련개념 정보량

· 대안이 n개인 경우의 정보량: $\log_2 n = \log_2 \dfrac{1}{P(확률)}$

· 여러 대안이 발생할 경우 총 정보량: Σ(개별 확률×개별 정보량)

054

결함수분석의 기대효과와 가장 관계가 먼 것은?

① 시스템의 결함 진단

② 시간에 따른 원인 분석

③ 사고원인 규명의 간편화

④ 사고원인 분석의 정량화

해설 결함수분석법(FTA) 기대효과

· 시스템의 결함 진단

· 사고원인 규명의 간편화

· 사고원인 분석의 정량화

· 노력 시간의 절감

057

6회 출제

인간공학에 대한 설명으로 틀린 것은?

① 인간이 사용하는 물건, 설비, 환경의 설계에 적용된다.
② 인간을 작업과 기계어 맞추는 설계 철학이 바탕이 된다.
③ 인간 – 기계 시스템의 안전성과 편리성, 효율성을 높인다.
④ 인간의 생리적, 심리적인 면에서 특성이나 한계점을 고려한다.

해설

인간공학의 설계 철학은 시스템을 인간에 맞추는 것이며 인간을 시스템에 맞추는 것이 아니다.

058

2회 출제

정성적 표시장치의 설명으로 틀린 것은?

① 정성적 표시장치의 근본 자료 자체는 정량적인 것이다.
② 전력계에서와 같이 기계적 혹은 전자적으로 숫자가 표시된다.
③ 색채 부호가 부적합한 경우에는 계기판 표시 구간을 형상 부호화하여 나타낸다.
④ 연속적으로 변하는 변수의 대략적인 값이나 변화추세, 변화율 등을 알고자 할 때 사용된다.

해설

전자적으로 숫자를 표시하는 표시장치는 정량적 표시장치 중 계수형이다.

관련개념 **정성적 표시장치**

• 정성적 표시장치의 근본 자료 자체는 정량적인 것이다.
• 압력. 온도, 속도와 같이 연속적으로 변화하는 값의 추세, 변화율 등을 그래프나 곡선의 형태로 표현하는 장치이다.
• 색채 부호가 부적합한 경우에는 계기판 표시 구간을 형상 부호화하여 나타낸다.
• 색이나 형상을 암호화하여 설계할 때 사용된다.
• 복잡한 구조 그 자체를 완전한 실체로 자각하는 경향에 해당하는 형태성을 가지고 있어 이와 어긋나면 즉시 눈에 띈다.

059

2회 출제

착석식 작업대의 높이를 설계할 경우 고려해야 할 사항과 가장 관계가 먼 것은?

① 의자의 높이　　　　② 작업의 성질
③ 대퇴 여유　　　　④ 작업대의 형태

해설　**착석식 작업대의 높이를 설계할 경우 고려사항**

• 의자의 높이
• 작업대의 두께
• 작업의 성질
• 대퇴 여유

060

3회 출제

음량수준을 평가하는 척도와 관계없는 것은?

① HSI　　　　② phon
③ dB　　　　④ sone

해설

열압박지수(HSI)는 열평형을 유지하기 위해 증발해야 하는 땀의 양으로, 음량수준과는 관계가 없다.

관련개념 **음량수준**

• 음의 크기를 나타내는 단위: [dB]([PNdB], [PLdB]), [phon], [sone]
• 인식소음수준은 소음의 측정에 이용하는 척도로 [PNdB]와 [PLdB]로 구분한다.

건설시공학

061

그림과 같이 H-400×400×30×50인 형강재의 길이가 10[m]일 때 이 형강의 중량으로 가장 가까운 값은? (단, 철의 비중은 7.85[ton/m³]이다.)

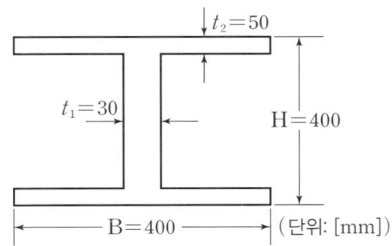

① 1[ton]
② 4[ton]
③ 8[ton]
④ 12[ton]

해설

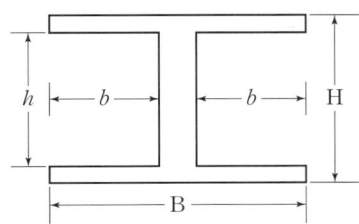

• 철골의 단면적
$$= H×B-2×(h×b)$$
$$= 400×400-2×(300×185)=49,000[mm^2]=0.049[m^2]$$
여기서, H: 웨브(Web)의 높이
B: 플랜지 너비
h: 상하 플랜지의 두께를 제외한 웨브의 높이
b: 좌측 또는 우측 플랜지와 웨브가 이루는 빈 공간의 너비

• 형강의 중량
$$= 철골의 단면적×철골의 길이×철의 단위중량$$
$$= 0.049[m^2]×10[m]×7.85[ton/m^3]=3.85[ton]$$
따라서 보기 중 가장 가까운 값인 4[ton]이 정답이다.

062

강말뚝의 특징에 관한 설명으로 옳지 않은 것은?

① 휨강성이 크고 자중이 철근콘크리트말뚝보다 가벼워 운반취급이 용이하다.
② 강재이기 때문에 균질한 재료로서 대량생산이 가능하고 재질에 대한 신뢰성이 크다.
③ 표준관입시험 N값 50 정도의 경질지반에도 사용이 가능하다.
④ 지중에서 부식되지 않으며 타 말뚝에 비하여 재료비가 저렴한 편이다.

해설 **강재말뚝**

• 길이의 조절이 용이하고, 경량이기 때문에 운반 및 취급이 간단하다.
• 상부구조와의 결합이 용이하고, 현장접합도 가능하다.
• 재료비가 고가이다.
• 부식에 의한 내구성 저하가 우려된다.
• 강한 타격에도 견디며, 다져진 중간지층의 관통도 가능하다.
• 지지력이 크고, 이음이 안전하고 강하므로 장척말뚝에 적당하다.
• 타설할 때 중심간격은 말뚝머리 지름의 2.0배 이상, 75[cm] 이상으로 한다.

063

바닥판 거푸집의 구조계산 시 고려해야 하는 연직하중에 해당하지 않는 것은?

① 굳지 않은 콘크리트 중량
② 작업하중
③ 충격하중
④ 굳지 않은 콘크리트 측압

해설

콘크리트 측압은 횡방향 하중이다.

관련개념 **거푸집 및 동바리 구조검토 시 고려하여야 할 하중**

연직하중	• 거푸집, 지보공(동바리), 콘크리트, 철근, 작업원, 타설용 기계기구, 가설설비 등의 중량 및 충격하중 • 연직하중=고정하중+작업하중 　　　　　=(콘크리트 무게+거푸집 무게) 　　　　　+(충격하중+작업하중)
횡하중	작업할 때의 진동, 충격, 시공오차 등에 기인되는 횡방향 하중 이외의 풍압, 유수압, 지진 등
콘크리트 측압	굳지 않은 콘크리트의 측압
특수하중	시공 중에 예상되는 특수한 하중(콘크리트 편심하중 등)

064

원가절감에 이용되는 기법 중 VE(Value Engineering)에서 가치를 정의하는 공식은?

① 품질/비용
② 비용/기능
③ 기능/비용
④ 비용/품질

해설 VE(Value Engineering)

기능을 높이고 비용을 절감함으로써 가치를 높이는 분석방법이다.

VE = 기능(F)/비용(C)

065

실비에 제한을 붙이고 시공자에게 제한된 금액 이내에 공사를 완성할 책임을 주는 공사방식은?

① 실비 비율 보수가산식
② 실비 정액 보수가산식
③ 실비 한정비율 보수가산식
④ 실비 준동률 보수가산식

해설 실비 한정비율 보수가산식 도급

실비에 제한을 두고 시공자에게 제한된 금액 내에서 공사를 완성할 책임을 주는 방식이다.

관련개념 보수가산 방식의 종류

• 실비 비율 보수가산식: 공사의 진척에 따라 정해진 실비와 이 실비에 미리 정한 비율을 곱한 금액을 지불하는 방식이다.
• 실비 정액 보수가산식: 실비여하를 막론하고 미리 정한 일정액의 보수만을 지불하는 방식이다.
• 실비 준동률 보수가산식: 실비에 제한을 두고, 시공자에게 제한된 금액 내에서 변환비율로 보수를 지급하는 방식이다.

066

어스앵커공법에 관한 설명 중 옳지 않은 것은?

① 인근구조물이나 지중매설물에 관계없이 시공이 가능하다.
② 앵커체가 각각의 구조체이므로 적용성이 좋다.
③ 앵커에 프리스트레스를 주기 때문에 흙막이벽의 변형을 방지하고 주변 지반의 침하를 최소한으로 억제할 수 있다.
④ 본 구조물의 바닥과 기둥의 위치에 관계없이 앵커를 설치할 수도 있다.

해설 어스앵커공법의 장단점

장점	단점
• 버팀대가 없기 때문에 대형 장비의 반입 및 작업이 가능하다. • 버팀대가 없기 때문에 굴착 및 구조물작업이 편리하다. • 공기가 단축될 수 있다. • 작업공간이 넓지 않아도 시공이 가능하다. • 지하경사지의 흙막이가 가능하다. • 지반조건에 변화가 있어도 앵커의 설계변경이 용이하다.	• 시공비가 많이 소요된다. • 인접대지에 장착해야 하는 경우, 법적·경제적인 문제가 발생할 수 있다.

067

다음 보기에서 일반적인 철근의 조립순서로 옳은 것은?

A. 계단철근	B. 기둥철근	C. 벽철근
D. 보철근	E. 바닥철근	

① A – B – C – D – E
② B – C – D – E – A
③ A – B – C – E – D
④ B – C – A – D – E

해설 철근의 조립순서

철근조립 및 배근순서는 대체로 거푸집 조립순서에 따라 행하여진다.

기초철근 → 기둥철근 → 벽철근 → 보철근 → 바닥(슬래브)철근 → 계단철근

068

깊이 7[m] 정도의 우물을 파고 이곳에 수중 모터펌프를 설치하여 지하수를 양수하는 배수공법으로 지하용수량이 많고 투수성이 큰 사질지반에 적합한 것은?

① 집수정(Sump Pit) 공법
② 깊은 우물(Deep Well) 공법
③ 웰 포인트(Well Point) 공법
④ 샌드 드레인(Sand Drain) 공법

해설 깊은 우물 공법

모래층 또는 모래가 섞인 자갈층 등의 지하수는 흙파기 저면의 토질을 약화시키고, 흙막이에 대한 토압이 증대되어 시공이 매우 어려워지므로 흙파기 할 주위에 펌프를 설치하여 배수하면서 흙을 파내는 공법이다. 투수성이 필요하기 때문에 주로 사질지반에 적합하다.

069

벽돌, 블록 등 조적공사에서 일반적으로 가장 많이 이용되는 치장줄눈 형태는?

① 평줄눈
② 볼록줄눈
③ 오목줄눈
④ 민줄눈

해설

조적공사 시 벽체를 마감할 때 모르타르로 줄눈을 만드는데, 이를 치장줄눈이라 하고 평줄눈이 가장 많이 시공된다.

070

철골작업용 장비 중 절단용 장비로 옳은 것은?

① 프릭션 프레스(Friction Press)
② 플레이트 스트레이닝 롤(Plate Straining Roll)
③ 파워 프레스(Power Press)
④ 핵 소우(Hack Saw)

해설

핵 소우(Hack Saw)는 활톱, 쇠톱과 같은 절단용 장비이다.

관련개념
- 프릭션 프레스: 형강의 변형을 바로잡는 데 사용한다.
- 플레이트 스트레이닝 롤: 강판의 변형을 바로잡는 데 사용한다.
- 파워 프레스: 형강의 변형을 바로잡는 데 사용한다.

071

다음 중 콘크리트에 AE제를 넣어주는 가장 큰 목적은?

① 압축강도 증진
② 부착강도 증진
③ 워커빌리티 증진
④ 내화성 증진

해설 AE제(공기연행제)

콘크리트 내부에 미세한 독립기포(직경 25~250[μm])를 발생시켜 콘크리트의 작업성(워커빌리티) 및 동결융해 저항성을 향상시키는 혼화제이다.

관련개념 AE제(공기연행제)의 특징
- 볼베어링 역할로 워커빌리티 개선, 단위수량 감소
  → 블리딩 및 재료분리를 줄임, 동결융해 저항성 향상
- 공기량 1[%] 증가
  → 동일 물시멘트비의 경우 압축강도 4~6[%] 감소
- 최적 공기량 3~5[%]
- 공기량 6[%] 이상이면 압축강도 급격히 저하
- 감수율 6~8[%]

072

건설현장에서 시멘트 벽돌쌓기 시공 중에 붕괴사고가 가장 많이 일어날 것으로 예상할 수 있는 경우는?

① 0.5B쌓기를 1.0B쌓기로 변경하여 쌓을 경우
② 1일 벽돌쌓기 기준 높이를 초과하여 높게 쌓을 경우
③ 습기가 있는 시멘트벽돌을 사용할 경우
④ 신축줄눈을 설치하지 않고 시공할 경우

해설

벽돌쌓기 기준 높이를 초과했을 때 붕괴사고가 가장 많이 일어난다.

073

시간이 경과함에 따라 콘크리트에 발생되는 크리프(Creep)의 증가원인으로 옳지 않은 것은?

① 단위 시멘트량이 적을 경우
② 단면의 치수가 작을 경우
③ 재하시기가 빠를 경우
④ 재령이 짧을 경우

해설 **크리프의 증가원인**

- 재령이 짧을수록
- 응력이 클수록
- 부재 단면 치수가 작을수록
- 온도가 높고, 습도가 작을수록(재하시기가 빠를수록)
- 단위 시멘트량이 많을수록
- 물−시멘트비가 클수록

관련개념 **크리프(Creep)**
응력이 일정하게 작용하여 크기의 변화가 없더라도 변형률이 시간경과에 따라 증가하는 현상을 말한다.

074

콘크리트 타설과 관련하여 거푸집 붕괴사고 방지를 위하여 우선적으로 검토·확인하여야 할 사항 중 가장 거리가 먼 것은?

① 콘크리트 측압 확인
② 조임철물 배치간격 검토
③ 콘크리트의 단기 집중타설 여부 검토
④ 콘크리트의 강도 측정

해설

콘크리트 강도는 타설 후 양생과정을 거쳐야 측정할 수 있다.

관련개념 **거푸집의 붕괴방지를 위한 조치**

- 거푸집 동바리의 구조검토
  - 조립상태, 간격, 긴결정도, 즈임철물의 간격
  - 거푸집 동바리의 간격, 수직도, 수평재, 가새 설치
  - 미검정, 미등록의 불량재 사용금지
- 측압 및 수직하중 검토
- 콘크리트 타설 시 균등 박층 타설

075

터파기용 기계장비 가운데 장비의 작업면보다 상부의 흙을 굴착하는 장비는?

① 불도저(Bull Dozer)
② 모터 그레이더(Motor Grader)
③ 클램쉘(Clamshell)
④ 파워셔블(Power Shovel)

해설

- 장비보다 높은 지면의 굴착에 적합한 기계: **파워셔블**
- 장비보다 낮은 지면의 굴착에 적합한 기계: 백호우, 클램쉘, 드래그라인, 불도저

관련개념 **굴착용 기계**

구분	굴착기계	특징	토질
셔블계	파워셔블	• 지반면보다 높은 곳의 굴착, 쇄석 옮겨쌓기, 토사의 처리 등에 널리 쓰인다. • 굴착깊이: 3[m] 정도	굳은 점토, 암석, 토사
	드래그셔블 (백호우)	• 지반면보다 낮은 곳의 굴착, 지하층 및 기초굴착, 토목공사나 수중굴착 등에 쓰인다. • 도로건설 작업 중 경사측면 굴착에 쓰인다. • 파는 힘이 강력하여 경질지반 굴착에 적합하다. • 굴착깊이: 5~8[m] 정도	자갈, 암석이 섞인 토사, 굳은 지반
	드래그라인	• 지반면보다 낮은 곳의 굴착, 연약한 지반의 깊은 곳의 굴착 등에 쓰인다. • 굴착깊이: 8[m] 정도	암석, 암석이 섞인 토사, 연약한 지반
	클램쉘	• 좁은 곳의 수직굴착, 자갈 등의 적재, 연약한 지반이나 수중굴착 등에 쓰인다. • 굴착깊이: 보통 8[m], 최대 18[m] 정도	자갈, 암석, 연약한 지반
트랙터계	불도저	• 직선 송토작업, 단단한 지반과 암석작업 등에 널리 쓰인다. 배토판은 상하로만 움직인다. • 운반거리: 최대 100[m], 적정 50~60[m]	암석, 굳은 지반

076

네트워크 공정표의 주공정(Critical Path)에 관한 설명으로 옳지 않은 것은?

① TF가 0(Zero)인 작업을 주공정작업이라 한다.

② 총 공기는 공사착수에서부터 공사완공까지의 소요시간의 합계이며, 최장시간이 소요되는 경로이다.

③ 주공정은 고정적이거나 절대적인 것이 아니고 가변적이다.

④ 주공정에 대한 공기단축은 불가능하다.

해설

네트워크 공정표는 주공정을 파악하여 공기관리 및 공기단축이 가능하다.

관련개념 네트워크 공정표의 장단점

장점	단점
• 각 작업 상호간의 관련성을 표시할 수 있다. • 공사전체의 파악이 용이하다. • 계획단계에서 공정상의 문제점을 도출할 수 있으므로 작업 전에 적절히 수정할 수 있다. • 작업수속이 과학적이며 신뢰성이 높다. • 여유있는 작업과 여유없는 작업을 구분할 수 있다.	• 네트워크기법에 대한 습득이 어렵다. • 공정계획의 작성에 많은 시간이 소요된다. • 표시상의 제약 때문에 작업의 세분화 정도에 한계가 있다. • 공정표를 수정하기가 대단히 어렵다. • 공정표가 복잡하여 경험이 적은 사람은 이용이 곤란하다.

077

다음 설명에 해당하는 공사낙찰자 선정방식은?

> 예정가격 대비 85[%] 이상 입찰자 중 가장 낮은 금액으로 입찰한 자를 선정하는 방식으로 최저가 낙찰자를 통한 덤핑의 우려를 방지할 목적을 지니고 있다.

① 부찰제   ② 최저가 낙찰제

③ 제한적 최저가 낙찰제   ④ 최적격 낙찰제

해설 낙찰자 선정방식

총액입찰	입찰서에 입찰 총액을 기재한 서류를 제출하는 입찰방법으로 낙찰된 회사는 착공계와 함께 입찰내역서를 제출한다.
내역입찰	입찰 시 입찰서와 입찰금액의 산출내역서를 함께 제출하는 입찰방법으로 발주기관에서 미리 제공한 물량내역서에 입찰자가 단가와 금액을 기재해 제출한다. 입찰서 금액과 산출내역서의 총계 금액이 일치하지 않으면 무효처리된다.
최저가 낙찰제	가장 최저가를 제시한 낙찰자를 선정하는 제도이다. 입찰 경쟁이 가능해 예산절감을 기대할 수 있지만 부실공사의 우려가 있다.
제한적 최저가 낙찰제	예정가격 이하로 입찰한 업체 사이에서 일정비율 이상 입찰한 입찰자 중 최저가격으로 입찰한 자를 낙찰자로 결정하는 방법이다.
적격심사 낙찰제	입찰에서 가장 낮은 가격으로 입찰한 업체부터 공사수행능력, 기술능력, 입찰가격을 종합심사해 일정 점수 이상을 얻으면 낙찰자로 결정하는 방법이다. 최저가 낙찰제의 폐단을 막기 위한 방법으로 시행되었다.
부찰제(제한적 평균 낙찰제)	입찰자들의 투찰금액을 평균하여 가장 근접하게 투찰한 자를 낙찰자로 선정하는 방법이다.

078
2회 출제

철근콘크리트 구조의 철근 선조립 공법의 순서로 옳은 것은?

① 시공도 작성 – 공장절단 – 가공 – 이음·조립 – 운반 – 현장부재양중 – 이음·설치
② 공장절단 – 시공도 작성 – 가공 – 이음·조립 – 이음·설치 – 운반 – 현장부재양중
③ 시공도 작성 – 가공 – 공장절단 – 운반 – 현장부재양중 – 이음·조립 –이음·설치
④ 시공도 작성 – 공장절단 – 운반 – 가공 – 이음·조립 – 현장부재양중 – 이음·설치

해설 **철근 선조립 공법 순서**

철근 시공상세도 작성 → 공장제작(절단, 가공, 이음, 조립) → 현장으로 운반 → 양중 → 이음·조립

079
7회 출제

용접불량의 일종으로 용접의 끝부분에서 용착금속이 채워지지 않고 홈처럼 오목하게 남아 있는 부분을 무엇이라 하는가?

① 언더컷
② 오버랩
③ 크레이터
④ 크랙

해설 **용접결함의 종류**

슬래그 섞임	모재와 용접봉의 피복재 심선이 변하여 생긴 회분이 용착금속 내에 섞이는 것으로 과소전류, 운봉조작 불완전 등이 발생원인이다.
언더컷(Under Cut)	모재가 녹아서 용착금속이 채워지지 않고 홈으로 남게 된 부분으로 원인은 과대전류 또는 부적당한 용접봉 사용이다.
오버랩(Overlap)	용접금속과 모재가 융합되지 않고 겹쳐지는 것으로 원인은 약한 전류이다.
블로우홀 (기공, Blow Hole)	금속이 녹아들 때 생기는 작은 틈이나 기포가 발생하는 것으로 모재에 가스(황)잔류, 아크길이 및 전류 부적당의 원인으로 발생한다.
크랙(균열, Crack)	용접 후 냉각 시에 생기는 균열을 말하며, 과대전류 및 모재불량의 원인으로 발생한다.
피트(Pit)	용접부에 생기는 녹이나 미세한 흠이다.
크레이터(Crater)	아크용접 시 끝부분이 항아리 모양으로 파이는 현상으로 과대전류 및 부적합한 운봉의 원인으로 발생한다.
용입불량	용입길이가 충분하지 않은 것으로 과소전류, 운봉속도의 부적당 등이 발생원인이다.

080
4회 출제

기초공사 중 언더피닝(Under Pinning) 공법에 해당하지 않는 것은?

① 2중 널말뚝 공법
② 전기침투공법
③ 강재말뚝공법
④ 약액주입법

해설 **언더피닝(Under Pinning) 공법**

기존 구조물의 기초하부를 보강하거나, 인접하여 구조물을 증축 또는 구축하는 경우 기존 구조물을 보호하거나 구조물 하부를 보강하여 지지력 등을 증대하는 공법으로 다음과 같은 종류가 있다.

• 2중 널말뚝 공법
• 피트 또는 웰공법
• 약액주입법
• 현장 콘크리트말뚝공법
• 강재말뚝공법
• 케이슨공법
• 말뚝 또는 웰의 압입공법

관련개념 **전기침투공법**

초연약지반의 배수공법 중 하나로 지반에 전류를 통하게 하여 흙속의 물을 배수시키는 공법이다.

건설재료학

081
2회 출제

내열성이 크고 발수성을 나타내어 방수제로 쓰이며 저온에서도 탄성이 있어 Gasket, Packing의 원료로 쓰이는 합성수지는?

① 페놀 수지　　　　② 폴리에스테르 수지
③ 실리콘 수지　　　　④ 멜라민 수지

해설 실리콘 수지
· 규소−산소 결합을 주체로 하는 고분자 물질이다.
· 내수성이 특히 우수하여 방수제로 사용된다.
· 내약품성, 내열성, 내후성, 내연성, 전기적 절연성이 우수하다.
· 유리섬유판, 텍스, 피혁류 등 다양한 재료와의 접착성이 뛰어나다.

082
2회 출제

콘크리트의 건조수축에 관한 설명으로 옳지 않은 것은?

① 시멘트의 주성분에 따라 수축량이 다르다.
② 시멘트량의 다소에 따라 일반적으로 수축량이 다르다.
③ 된비빔일수록 수축량이 크다.
④ 골재의 탄성계수가 크고 경질인 만큼 작아진다.

해설
시멘트량이 많을수록 건조수축이 크기 때문에 된비빔일수록 수축량이 적다.

관련개념 콘크리트의 건조수축에 영향을 주는 요인
· 시멘트량이 많을수록 건조수축이 크다.
· 분말도가 높을수록 건조수축이 크다.
· 단위수량이 많을수록 건조수축이 크다.
· 골재의 최대 치수가 클수록, 골재의 강성이 클수록, 골재량이 많을수록 건조수축이 작다.
· 철근량이 많을수록 건조수축이 작다.
· 온도가 높을수록 건조수축이 크다.
· 부재의 치수가 클수록 건조수축이 작다.

083
1회 출제

플라스틱 건설재료의 현장적용 시 고려사항에 관한 설명으로 옳지 않은 것은?

① 열가소성 플라스틱 재료들은 열팽창계수가 작으므로 경질판의 정착에 있어서 열에 의한 팽창 및 수축 여유는 고려하지 않아도 좋다.
② 마감부분에 사용하는 경우 표면의 흠, 얼룩변형이 생기지 않도록 하고 필요에 따라 종이, 천 등으로 보호하여 양생한다.
③ 열경화성 접착제에 경화제 및 촉진제 등을 혼입하여 사용할 경우, 심한 발열이 생기지 않도록 적정량의 배합을 한다.
④ 두께 2[mm] 이상의 열경화성 평판을 현장에서 가공할 경우, 가열가공하지 않도록 한다.

해설
플라스틱 재료를 사용할 때에는 열에 의한 팽창 및 수축을 반드시 고려하여야 한다.

관련개념 열가소성 수지와 열경화성 수지
· 열가소성 수지: 가열하면 연화 또는 융해하고, 냉각하면 경화된다.
· 열경화성 수지: 가열하면 경화되어 더 이상 가열·냉각해도 연화되거나 융해되지 않는다.

084
1회 출제

다음 목재 가공품 중 주요 용도가 나머지 셋과 다른 것은?

① 플로어링블록(Flooring Block)
② 연질섬유판(Soft Fiber Insulation Board)
③ 코르크판(Cork Board)
④ 코펜하겐 리브판(Copenhagen Rib Board)

해설 목재 가공품의 주요 용도
· 방음판: 연질섬유판, 코르크판, 코펜하겐 리브판
· 마루판: 플로어링블록

085

ALC 제품에 관한 설명으로 옳지 않은 것은?

① 보통콘크리트에 비하여 중성화의 우려가 높다.

② 열전도율은 보통콘크르트의 $\frac{1}{10}$ 정도이다.

③ 압축강도에 비해서 휨강도나 인장강도는 상당히 약하다.

④ 흡수율이 낮고 동해에 대한 저항성이 높다.

해설

ALC는 흡수율이 높아 동해에 대한 저항성이 일반 콘크리트보다 낮은 편이다.

관련개념 ALC의 특징

장점	• 내화성, 단열성이 좋다. • 경량이고, 차음성이 좋다. • 시공성이 우수하다. • 친환경성이다.
단점	• 수분을 흡수하는 성질이 있다. • 중성화가 빠르다. • 방수성이 없다.

086

시멘트의 경화시간을 지연시키는 용도로 일반적으로 사용하고 있는 지연제와 거리가 먼 것은?

① 리그닌설폰산염　　　② 옥시카르본산

③ 알루민산소다　　　　④ 인산염

해설 혼화재료 지연제

• 서중콘크리트의 발열, 콜드조인트 방지에 사용한다.

• 공기연행성이 있어 다량 사용이 불가하다.

• 초기지연제는 수일 동안 응결지연이 가능하며, 수평이음부를 없애고자 할 때 사용한다.

• 리그닌설폰산염, 옥시카르본산, 인산염 등이 있다.

관련개념 알루민산소다

지하터널, 갱도, 도수로, 저장조 등 굴착을 요구하는 토목 건축공사의 건식 숏크리트용 공법에 적합하도록 개발된 분말형 급결제의 주원료로 사용되는 제품이다.

087

부순 굵은골재에 대한 품질규정치가 KS에 정해져 있지 않은 항목은?

① 압축강도　　　　　② 절대건조밀도

③ 흡수율　　　　　　④ 안정성

해설 부순 굵은골재의 성질

구분	시험방법	규정값
절대건조밀도[g/cm³]	KS F 2503	2.5 이상
흡수율[%]	KS F 2503	3.0 이하
안정성[%]	KS F 2507	12 이하
마모율[%]	KS F 2508	40 이하
입자 모양 판정 실적률[%]	KS F 2505	55 이상

088

특수도료의 목적상 방청도료에 속하지 않는 것은?

① 알루미늄도료　　　② 징크로메이트도료

③ 형광도료　　　　　④ 에칭프라이머

해설

형광도료는 형광물질이 들어 있는 도료로, 광고, 간판, 교통 표지판 등에 많이 쓰인다.

관련개념 방청도료

• 방청도료는 금속면의 보호와 금속의 부식방지를 목적으로 사용한다.

• 방청도료에는 광명단도료, 알루미늄도료, 징크로메이트도료, 합연방청도료, 방청산화도료, 규산도료, 크롬산아연, 워시(에칭)프라이머 등이 있다.

089

건축용으로 판재지붕에 많이 사용되는 금속재료는?

① 철   ② 동

③ 주석   ④ 니켈

해설

동(Cu)은 건축재료로 지붕잇기, 홈통, 못, 철망, 온돌용 파이프 등에 사용된다.

관련개념 동(Cu)의 성질

· 가공성이 우수하고 인성이 크다.

· 열 및 전기전도성이 크다.

· 대기 중 또는 흙 속에서는 철보다 내식성이 있다.

· 알칼리에 약하므로 시멘트, 콘크리트에 접하는 경우에는 빨리 부식된다.

090

대규모 지하구조물, 댐 등 매스콘크리트의 수화열에 의한 균열발생을 억제하기 위해 벨라이트의 비율을 높인 시멘트는?

① 보통포틀랜드시멘트   ② 저열포틀랜드시멘트

③ 실리카퓸시멘트   ④ 팽창시멘트

해설 포틀랜드시멘트의 종류 및 특징

구분	종류(시멘트)	특징
1종	보통포틀랜드	· 일반적인 강도를 발현 · 중용열·조강시멘트의 중간적 성질 · 전체시멘트 생산량의 80[%] 차지
2종	중용열포틀랜드	· 수화열을 저감시키기 위해 알라이트 비율을 축소시키고 벨라이트 비율을 높임 · 댐 등 매스구조물에 사용
3종	조강포틀랜드	· 강도를 조기에 발현시키기 위해 알라이트 비율을 높이고 벨라이트 비율을 축소 · 수중공사, 긴급공사에 사용
4종	저열포틀랜드	· 수화열에 의한 균열을 억제하기 위해 벨라이트 비율을 중용열시멘트 이상으로 높임 · 대규모 구조물, 댐, 매스구조물에 사용
5종	내황산염포틀랜드	· 알루미네이트 양을 4[%] 이내로 줄임 · 해수에 대한 내구성, 우수한 내화학성, 작은 건조수축

091

콘크리트의 강도 및 내구성 증가에 가장 큰 영향을 주는 것은?

① 물과 시멘트의 배합비

② 모래와 자갈의 배합비

③ 시멘트와 자갈의 배합비

④ 시멘트와 모래의 배합비

해설 물-시멘트비

· 시멘트 중량에 대한 물의 중량비이다.

· 물-시멘트비는 콘크리트의 강도와 내구성 및 수밀성 등에 영향을 미치는 가장 중요한 요소이다.

· 물-시멘트비가 높으면 물이 많이 섞였다는 것을 의미하기 때문에 강도가 저하된다.

092

금속 중 연($鉛$)에 관한 설명으로 옳지 않은 것은?

① X선 차단효과가 큰 금속이다.

② 산, 알칼리에 침식되지 않는다.

③ 공기 중에서 탄산연($PbCO_3$) 등이 표면에 생겨 내부를 보호한다.

④ 인장강도가 극히 작은 금속이다.

해설 연(납, Pb)의 성질

· 비중이 11.34로 비교적 크다.

· 주조, 가공성 및 단조성이 풍부하다.

· 열전도율은 작으나, 온도 변화에 따른 신축이 크다.

· 알칼리에 침식된다.

· X-선실, 방사선 차단에 사용된다.

093

비닐 수지 접착제에 관한 설명으로 옳지 않은 것은?

① 용제형과 에멀션(Emulsion)형이 있다.

② 작업성이 좋다.

③ 내열성 및 내수성이 우수하다.

④ 목재 접착에 사용이 가능하다.

해설 **비닐 수지 접착제**
- 용제형과 에멀션형으로 구분할 수 있다. 그중 에멀션형은 카세인의 대용품으로 널리 쓰인다.
- 값이 싸고 작업성이 좋으며 다양한 종류를 접착할 수 있는 장점이 있어 가장 많이 사용된다.
- 목재가구 및 창호, 종이도배, 천도배, 논슬립(Non-slip) 등의 접착에 주로 사용된다.
- 내열성과 내수성이 좋지 않아 외부용으로 부적당하다.

094

기건상태에서의 목재의 함수율은 약 얼마인가?

① 5[%] 정도

② 15[%] 정도

③ 30[%] 정도

④ 45[%] 정도

해설
대기 중의 습도와 균형상태로 함수율이 15[%]가 된 상태를 기건상태라고 한다.

관련개념 **목재의 함수율과 섬유포화점의 관계**
- 세포벽 내에 수분이 포화되었을 경우(섬유포화점 30[%])의 강도는 절대건조 시의 강도의 30[%]에 불과하다.
- 함수율과 강도는 섬유포화점 이상에서는 변화가 없지만 섬유포화점 이하에서는 선형적으로 반비례한다.
- 섬유포화점 이하에 있어서 함수율이 1[%] 증가함에 따라 강도의 감소율은 압축강도 6[%], 휨강도 4[%], 전단강도 3[%], 휨 탄성계수 2[%]이다.
- 반대로 섬유포화점 이하에서 건조되면 강도는 증대되어 기건재(함수율 15[%])의 강도는 생재의 약 2배, 절건재(함수율 0[%])는 약 3배에 이른다.

095

진주석 등을 800~1,200[℃]로 가열 팽창시킨 구상입자 제품으로 단열, 흡음, 보온 목적으로 사용되는 것은?

① 암면 보온판

② 유리면 보온판

③ 카세인

④ 펄라이트 보온재

해설 **펄라이트(Perlite)**
- 진주암, 흑요석 등을 분쇄하여 입상으로 된 것을 소성팽창시킨 경골재이다.
- 보온, 방음, 결로방지 등의 목적으로 시멘트와 배합하여 콘크리트 블록류, 모르타르, 콘크리트판, 벽돌 등을 제조하는 데 사용되며 질석과 사용용도가 거의 비슷하다.

096

아스팔트 제품에 관한 설명으로 옳지 않은 것은?

① 아스팔트 프라이머 – 블로운 아스팔트를 용제에 녹인 것으로 아스팔트 방수, 아스팔트 타일의 바탕처리재로 사용된다.

② 아스팔트 유제 – 블로운 아스팔트를 용제에 녹여 석면, 광물질분말, 안정제를 가하여 혼합한 것으로 점도가 높다.

③ 아스팔트 블록 – 아스팔트 모르타르를 벽돌형으로 만든 것으로 화학공장의 내약품 바닥마감재로 이용된다.

④ 아스팔트 펠트 – 유기천연섬유 또는 석면섬유를 결합한 원지에 연질의 스트레이트 아스팔트를 침투시킨 것이다.

해설 **아스팔트 유제**
- 타르나 아스팔트의 고운 분말에 에멀션화제나 안정제를 사용하여 물에 1~5[μm] 정도의 작은 입자로 분산시켜 만든 갈색의 유제이다.
- 타르 유제보다 아스팔트 유제가 주로 간이 포장재로 사용된다.
- 유제를 뿌리면 아스팔트는 물에 녹지 않으므로 수분은 증발하고 골재의 표면에는 점착력 있는 아스팔트 피막이 형성되어 골재를 결합시킨다.

097

5회 출제

목재의 강도에 관한 설명으로 옳지 않은 것은?

① 함수율이 섬유포화점 이상에서는 함수율이 증가하더라도 강도는 일정하다.

② 함수율이 섬유포화점 이하에서는 함수율이 감소할수록 강도가 증가한다.

③ 목재의 비중과 강도는 대체로 비례한다.

④ 전단강도의 크기가 인장강도 등 다른 강도에 비하여 크다.

해설 **목재의 강도**

• 목재는 건조될수록 강도가 커지고 함수율이 클수록 강도가 작아진다.

• 섬유포화점 이하에서는 함수율 감소에 따라 강도가 커진다.

• 응력의 방향이 섬유방향에 평행일 때 목재의 강도:

인장강도＞휨강도＞압축강도＞전단강도

098

2회 출제

코너비드(Corner Bead)의 설치 위치로 옳은 것은?

① 벽의 모서리   ② 천장 달대

③ 거푸집   ④ 계단 손잡이

해설 **코너비드(Corner Bead)**

기둥이나 모서리를 보호하기 위해 밀착시켜 붙이는 철물이다.

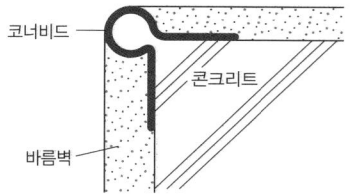

099

1회 출제

공시체(천연산 석재)를 (105±2)[℃]로 24시간 건조한 상태의 질량이 100[g], 표면건조포화상태의 질량이 110[g], 물 속에서 구한 질량이 60[g]일 때 이 공시체의 표면건조포화상태의 비중은?

① 2.2   ② 2

③ 1.8   ④ 1.7

해설

표면건조포화상태의 비중$=\dfrac{A}{B-C}=\dfrac{100}{110-60}=2$

여기서, A: 공시체를 건조로(105±2[℃]) 속에서 무게의 변화가 없을 때까지 건조했을 때의 절대건조공기 중의 중량[g]

　　　　B: 공시체를 48시간 이상 증류수나 여과수에 침수 후 표면건조포화상태의 공기 중의 중량[g]

　　　　C: 공시체의 수중 중량[g]

100

2회 출제

AE콘크리트에 관한 설명으로 옳지 않은 것은?

① 시공연도가 좋고 재료분리가 적다.

② 단위수량을 줄일 수 있다.

③ 제물치장 콘크리트 시공에 적당하다.

④ 철근에 대한 부착강도가 증가한다.

해설 **AE(Air Entrained)콘크리트**

• 시공연도가 좋아지고, 단위수량을 감소시킬 수 있으며 재료분리와 블리딩도 감소한다.

• 공기량은 3∼6[%]로 하고, 보통콘크리트는 4[%], 경량콘크리트는 6[%]가 표준이다. (허용오차는 ±0.5[%])

• 공기량 1[%] 증가에 압축강도는 3∼5[%] 정도 저하된다.

• 모래비율이 많을수록 공기량은 증가한다.

• 진동을 주고 온도가 높으면 공기량이 감소한다.

• 손비빔보다 기계비빔이 공기량 발생이 많다.

• 공기량은 잔골재의 미립분이 많을수록 증가한다.

• 공기량은 빈배합 슬럼프값(18[cm]까지)이 클수록 증가한다.

• 공기량이 증가할수록 시공연도는 개선된다.

• 비빔시간 2∼3분까지는 공기량이 증가하고, 그 이상은 감소한다.

• 표면이 매끈하여 제물치장에 효과적이다.

• 단열성, 내동해성 및 내구성은 증가하나 부착강도와 압축강도는 감소한다.

• 강재와의 부착력이 감소한다.

2019년 2회

건설안전기술

101
6회 출제

건설현장의 가설계단 및 계단참을 설치하는 경우 얼마 이상의 하중에 견딜 수 있는 강도를 가진 구조로 설치하여야 하는가?

① $200[\text{kg/m}^2]$ ② $300[\text{kg/m}^2]$
③ $400[\text{kg/m}^2]$ ④ $500[\text{kg/m}^2]$

해설 계단의 강도

사업주는 계단 및 계단참을 설치하는 경우 500[kg/m²] 이상의 하중에 견딜 수 있는 강도를 가진 구조로 설치하여야 하며, 안전율은 4 이상으로 하여야 한다.

102
3회 출제

거푸집 해체작업 시 유의사항으로 옳지 않은 것은?

① 일반적으로 수평부재의 거푸집은 연직부재의 거푸집보다 빨리 떼어낸다.
② 해체된 거푸집이나 각목 등에 박혀있는 못 또는 날카로운 돌출물은 즉시 제거하여야 한다.
③ 상하 동시 작업은 원칙적으로 금지하며 부득이한 경우에는 긴밀히 연락을 취하면서 작업을 하여야 한다.
④ 거푸집 해체작업장 주위에는 관계자를 제외하고는 출입을 금지시켜야 한다.

해설

거푸집 해체작업 시 수직부재에 비해 수평부재는 양생기간을 길게 하여 충분한 강도가 발현된 후 해체하여야 한다.

103
1회 출제

안전대의 종류는 사용구분에 따라 벨트식과 안전그네식으로 구분되는데, 이 중 안전그네식에만 적용하는 것은?

① 추락방지대, 안전블록
② 1개 걸이용, U자 걸이용
③ 1개 걸이용, 추락방지대
④ U자 걸이용, 안전블록

해설 안전대의 종류

종류	사용구분
벨트식, 안전그네식	U자 걸이용
	1개 걸이용
안전그네식	안전블록
	추락방지대

104
9회 출제

다음은 가설통로를 설치하는 경우의 준수사항이다. (   ) 안에 알맞은 숫자를 고르면?

> 건설공사에 사용하는 높이 8[m] 이상인 비계다리에는 (   )[m] 이내마다 계단참을 설치할 것

① 7   ② 6
③ 5   ④ 4

해설 가설통로의 구조

- 견고한 구조로 할 것
- 경사는 30° 이하로 할 것. 다만, 계단을 설치하거나 높이 2[m] 미만의 가설통로로서 튼튼한 손잡이를 설치한 경우에는 그러하지 아니하다.
- 경사가 15°를 초과하는 경우에는 미끄러지지 아니하는 구조로 할 것
- 추락할 위험이 있는 장소에는 안전난간을 설치할 것. 다만, 작업상 부득이한 경우에는 필요한 부분만 임시로 해체할 수 있다.
- 수직갱에 가설된 통로의 길이가 15[m] 이상인 경우에는 10[m] 이내마다 계단참을 설치할 것
- 건설공사에 사용하는 높이 8[m] 이상인 비계다리에는 7[m] 이내마다 계단참을 설치할 것

105

흙막이 가시설 공사 시 사용되는 각 계측기의 설치 목적으로 옳지 않은 것은?

① 지표침하계 – 지표면 침하량 측정
② 수위계 – 지반 내 지하수위의 변화 측정
③ 하중계 – 상부 적재하중 변화 측정
④ 지중경사계 – 지중의 수평 변위량 측정

해설 흙막이 가시설 계측기의 종류

구분	목적
지표침하계	흙막이벽 배면에 설치하여 지표면의 침하량 측정
지중경사계	흙막이벽 배면에 설치하여 인접지반의 수평 변위량 측정
하중계	스트러트 및 어스앵커에 설치하여 축하중 측정, 부재의 안정성 여부 판단
간극수압계	굴착 및 성토에 의한 간극수압의 변화 측정
변형률계	스트러트, 띠장 등에 부착하여 굴착 시 구조물의 변형률 측정
지하수위계	굴착에 따른 지하수위의 변동 측정
지중침하계	토류벽 배면에 설치하여 지층의 침하상태 파악, 보강 대상과 범위의 침하량 예측

106

차량계 하역운반기계 등에 화물을 적재하는 경우에 준수하여야 할 사항으로 옳지 않은 것은?

① 하중이 한쪽으로 치우쳐서 효율적으로 적재되도록 할 것
② 구내운반차 또는 화물자동차의 경우 화물의 붕괴 또는 낙하에 의한 위험을 방지하기 위하여 화물에 로프를 거는 등 필요한 조치를 할 것
③ 운전자의 시야를 가리지 않도록 화물을 적재할 것
④ 최대적재량을 초과하지 않도록 할 것

해설 차량계 하역운반기계 등에 화물 적재 시 준수사항
• 하중이 한쪽으로 치우치지 않도록 적재할 것
• 구내운반차 또는 화물자동차의 경우 화물의 붕괴 또는 낙하에 의한 위험을 방지하기 위하여 화물에 로프를 거는 등 필요한 조치를 할 것
• 운전자의 시야를 가리지 않도록 화물을 적재할 것
• 최대적재량을 초과하지 아니할 것

107

다음 중 유해위험방지계획서를 작성 및 제출하여야 하는 공사에 해당되지 않는 것은?

① 지상높이가 31[m]인 건축물의 건설 · 개조 또는 해체
② 최대 지간길이가 50[m]인 교량건설 등 공사
③ 깊이가 9[m]인 굴착공사
④ 터널건설 등의 공사

해설 유해위험방지계획서 제출 대상 건설공사
• 다음의 어느 하나에 해당하는 건축물 또는 시설 등의 건설 · 개조 또는 해체(건설 등) 공사
　– 지상높이가 31[m] 이상인 건축물 또는 인공구조물
　– 연면적 30,000[m²] 이상인 건축물
　– 연면적 5,000[m²] 이상의 문화 및 집회시설(전시장 및 동물원 · 식물원 제외), 판매시설, 운수시설(고속철도의 역사 및 집배송시설 제외), 종교시설, 의료시설 중 종합병원, 숙박시설 중 관광숙박시설, 지하도상가, 냉동 · 냉장 창고시설
• 연면적 5,000[m²] 이상인 냉동 · 냉장 창고시설의 설비공사 및 단열공사
• 최대 지간길이가 50[m] 이상인 다리의 건설 등 공사
• 터널의 건설 등 공사
• 다목적댐, 발전용댐, 저수용량 2천만 톤 이상의 용수 전용 댐 및 지방상수도 전용 댐의 건설 등 공사
• 깊이 10[m] 이상인 굴착공사

108

차량계 하역운반기계를 사용하는 작업을 할 때 그 기계가 넘어지거나 굴러 떨어짐으로써 근로자에게 위험을 미칠 우려가 있는 경우에 우선적으로 조치하여야 할 사항과 가장 거리가 먼 것은?

① 해당 기계에 대한 유도자 배치
② 지반의 부동침하 방지 조치
③ 갓길 붕괴 방지 조치
④ 경보장치 설치

해설

사업주는 차량계 하역운반기계 등을 사용하는 작업을 할 때에 그 기계가 넘어지거나 굴러 떨어짐으로써 근로자에게 위험을 미칠 우려가 있는 경우에는 그 기계를 유도하는 사람을 배치하고 지반의 부동침하 방지 및 갓길 붕괴를 방지하기 위한 조치를 하여야 한다.

109

그물코의 크기가 5[cm]인 매듭 방망사의 폐기 시 인장강도 기준으로 옳은 것은?

① 200[kg]
② 100[kg]
③ 60[kg]
④ 30[kg]

해설 방망사의 인장강도[( )는 폐기기준]

그물코의 크기[cm]	방망의 종류[kg]	
	매듭없는 방망	매듭방망
10	240(150)	200(135)
5	–	110(60)

110

건설업 산업안전보건관리비의 사용내역에 대하여 도급인은 공사 시작 후 몇 개월마다 1회 이상 발주자 또는 감리자의 확인을 받아야 하는가?

① 3개월
② 4개월
③ 5개월
④ 6개월

해설

도급인은 산업안전보건관리비 사용내역에 대하여 공사 시작 후 6개월마다 1회 이상 발주자 또는 감리자의 확인을 받아야 한다.

111

다음은 달비계 또는 높이 5[m] 이상의 비계를 조립·해체하거나 변경하는 작업을 하는 경우에 대한 내용이다. ( )에 알맞은 숫자는?

> 비계재료의 연결·해체작업을 하는 경우에는 폭 ( )[cm] 이상의 발판을 설치하고 근로자로 하여금 안전대를 사용하도록 하는 등 추락을 방지하기 위한 조치를 할 것

① 15
② 20
③ 25
④ 30

해설

사업주는 달비계 또는 높이 5[m] 이상의 비계를 조립·해체하거나 변경하는 작업을 하는 경우 비계재료의 연결·해체작업을 하는 경우에는 폭 20[cm] 이상의 발판을 설치하고 근로자로 하여금 안전대를 사용하도록 하는 등 추락을 방지하기 위한 조치를 하여야 한다.

112

다음은 사다리식 통로 등을 설치하는 경우의 준수사항이다.
(   ) 안에 들어갈 숫자로 옳은 것은?

> 사다리의 상단은 걸쳐놓은 지점으로부터 (   )[cm] 이상 올라가도록 할 것

① 30   ② 40
③ 50   ④ 60

해설 **사다리식 통로의 구조**

- 견고한 구조로 할 것
- 심한 손상·부식 등이 없는 재료를 사용할 것
- 발판의 간격은 일정하게 할 것
- 발판과 벽과의 사이는 15[cm] 이상의 간격을 유지할 것
- 폭은 30[cm] 이상으로 할 것
- 사다리가 넘어지거나 미끄러지는 것을 방지하기 위한 조치를 할 것
- 사다리의 상단은 걸쳐놓은 지점으로부터 60[cm] 이상 올라가도록 할 것
- 사다리식 통로의 길이가 10[m] 이상인 경우에는 5[m] 이내마다 계단참을 설치할 것
- 사다리식 통로의 기울기는 75° 이하로 할 것. 다만, 고정식 사다리식 통로의 기울기는 90° 이하로 하고, 그 높이가 7[m] 이상인 경우에는 다음의 구분에 따른 조치를 할 것
  - 등받이울이 있어도 근로자 이동에 지장이 없는 경우: 바닥으로부터 높이가 2.5[m] 되는 지점부터 등받이울을 설치할 것
  - 등받이울이 있으면 근로자가 이동이 곤란한 경우: 한국산업표준에서 정하는 기준에 적합한 개인용 추락 방지 시스템을 설치하고 근로자로 하여금 한국산업표준에서 정하는 기준에 적합한 전신안전대를 사용하도록 할 것
- 접이식 사다리 기둥은 사용 시 접혀지거나 펼쳐지지 않도록 철물 등을 사용하여 견고하게 조치할 것

113

모래 지반을 흙막이 지보공 없이 굴착하려 할 때 적합한 굴착면의 기울기 기준으로 옳은 것은?

① 1 : 1.9   ② 1 : 1.8
③ 1 : 1.5   ④ 1 : 1.2

해설 **굴착면의 기울기 기준**

지반의 종류	기울기
모래	1 : 1.8
연암 및 풍화암	1 : 1.0
경암	1 : 0.5
그 밖의 흙	1 : 1.2

114

터널 지보공을 설치한 경우에 수시로 점검하여 이상을 발견 시 즉시 보강하거나 보수해야 할 사항이 아닌 것은?

① 부재의 손상·변형·부식·변위 탈락의 유무 및 상태
② 부재의 긴압 정도
③ 부재의 접속부 및 교차부의 상태
④ 계측기 설치상태

해설 **터널 지보공의 수시 점검사항**

- 부재의 손상·변형·부식·변위 탈락의 유무 및 상태
- 부재의 긴압 정도
- 부재의 접속부 및 교차부의 상태
- 기둥침하의 유무 및 상태

115

건립 중 강풍에 의한 풍압 등 외압에 대한 내력이 설계에 고려되었는지 확인하여야 하는 철골구조물의 기준으로 옳지 않은 것은?

① 높이 20[m] 이상의 구조물
② 구조물의 폭과 높이의 비가 1 : 4 이상인 구조물
③ 이음부가 공장 제작인 구조물
④ 연면적당 철골량이 50[kg/m²] 이하인 구조물

해설 외압에 대한 내력이 설계에 고려되었는지 확인하여야 하는 철골구조물
• 높이 20[m] 이상의 구조물
• 구조물의 폭과 높이의 비가 1 : 4 이상인 구조물
• 단면구조에 현저한 차이가 있는 구조물
• 연면적당 철골량이 50[kg/m²] 이하인 구조물
• 기둥이 타이플레이트형인 구조물
• 이음부가 현장용접인 구조물

116

근로자에게 작업 중 또는 통행 시 굴러 떨어짐으로 인하여 근로자가 화상·질식 등의 위험에 처할 우려가 있는 케틀(Kettle), 호퍼(Hopper), 피트(Pit) 등이 있는 경우에 그 위험을 방지하기 위하여 최소 높이 얼마 이상의 울타리를 설치하여야 하는가?

① 80[cm] 이상   ② 85[cm] 이상
③ 90[cm] 이상   ④ 95[cm] 이상

해설 울타리의 설치
사업주는 근로자에게 작업 중 또는 통행 시 굴러 떨어짐으로 인하여 근로자가 화상·질식 등의 위험에 처할 우려가 있는 케틀(Kettle, 가열 용기), 호퍼(Hopper, 깔때기 모양의 출입구가 있는 큰 통), 피트(Pit, 구덩이) 등이 있는 경우에 그 위험을 방지하기 위하여 필요한 장소에 높이 90[cm] 이상의 울타리를 설치하여야 한다.

117

강관비계의 설치 기준으로 옳은 것은?

① 비계기둥의 간격은 띠장 방향에서는 1.5[m] 이상 1.8[m] 이하로 하고, 장선 방향에서는 2.0[m] 이하로 한다.
② 띠장 간격은 1.8[m] 이하로 설치하되, 첫 번째 띠장은 지상으로부터 2[m] 이하의 위치에 설치한다.
③ 비계기둥 간의 적재하중은 400[kg]을 초과하지 않도록 한다.
④ 비계기둥의 제일 윗부분으로부터 21[m] 되는 지점 밑부분의 비계기둥은 2개의 강관으로 묶어 세운다.

해설 강관비계의 구조
• 비계기둥의 간격은 띠장 방향에서는 1.85[m] 이하, 장선 방향에서는 1.5[m] 이하로 할 것
• 띠장 간격은 2[m] 이하로 할 것
• 비계기둥의 제일 윗부분으로부터 31[m] 되는 지점 밑부분의 비계기둥은 2개의 강관으로 묶어 세울 것
• 비계기둥 간의 적재하중은 400[kg]을 초과하지 않도록 할 것

118

터널굴착작업을 하는 때 미리 작성하여야 하는 작업계획서에 포함되어야 할 사항이 아닌 것은?

① 굴착의 방법
② 암석의 분할방법
③ 환기 또는 조명시설을 설치할 때에는 그 방법
④ 터널지보공 및 복공의 시공방법과 용수의 처리방법

해설 터널굴착작업 시 작업계획서 내용
• 굴착의 방법
• 터널지보공 및 복공의 시공방법과 용수의 처리방법
• 환기 또는 조명시설을 설치할 때에는 그 방법

119

비계(달비계, 달대비계 및 말비계는 제외함)의 높이가 2[m] 이상인 작업장소에 설치하여야 하는 작업발판의 기준으로 옳지 않은 것은?

① 작업발판의 폭은 40[cm] 이상으로 하고, 발판재료 간의 틈은 3[cm] 이하로 할 것
② 추락의 위험이 있는 장소에는 안전난간을 설치할 것
③ 작업발판의 지지물은 하중에 의하여 파괴될 우려가 없는 것을 사용할 것
④ 작업발판재료는 뒤집히거나 떨어지지 않도록 1개 이상의 지지물에 연결하거나 고정시킬 것

해설 **작업발판의 구조(비계의 높이가 2[m] 이상인 작업장소)**
• 발판재료는 작업할 때의 하중을 견딜 수 있도록 견고한 것으로 할 것
• 작업발판의 폭은 40[cm] 이상으로 하고, 발판재료 간의 틈은 3[cm] 이하로 할 것
• 선박 및 보트 건조작업의 경우 선박블록 또는 엔진실 등의 좁은 작업공간에 작업발판을 설치하기 위하여 필요하면 작업발판의 폭을 30[cm] 이상으로 할 수 있고, 걸침비계의 경우 강관기둥 때문에 발판재료 간의 틈을 3[cm] 이하로 유지하기 곤란하면 5[cm] 이하로 할 수 있다.
• 추락의 위험이 있는 장소에는 안전난간을 설치할 것. 다만, 추락위험 방지 조치를 한 경우에는 그러하지 아니하다.
• 작업발판의 지지물은 하중에 의하여 파괴될 우려가 없는 것을 사용할 것
• 작업발판재료는 뒤집히거나 떨어지지 않도록 둘 이상의 지지물에 연결하거나 고정시킬 것
• 작업발판을 작업에 따라 이동시킬 경우에는 위험 방지에 필요한 조치를 할 것

120

크레인 또는 데릭에서 붐 각도 및 작업반경별로 작용시킬 수 있는 최대하중에서 훅(Hook), 와이어로프 등 달기구의 중량을 공제한 하중은?

① 작업하중   ② 정격하중
③ 이동하중   ④ 적재하중

해설 **정격하중**
지브 혹은 붐의 경사각 및 길이 또는 지브의 위에 놓는 도르래의 위치에 따라 부하시킬 수 있는 최대하중으로부터 훅, 버킷 등 달아 올리기 기구의 중량에 상당하는 하중을 공제한 하중이다.

관련개념 **적재하중**
구조물이나 운반기계의 구조, 재료에 따라서 적재할 수 있는 최대하중이다.

산업안전관리론

001
13회 출제

다음 재해사례의 분석 내용으로 옳은 것은?

> 작업자가 벽돌을 손으로 운반하던 중 벽돌을 떨어뜨려 발등을 다쳤다.

① 사고유형: 맞음, 기인물: 벽돌, 가해물: 벽돌
② 사고유형: 부딪힘, 기인물: 손, 가해물: 벽돌
③ 사고유형: 무너짐, 기인물: 사람, 가해물: 손
④ 사고유형: 떨어짐, 기인물: 손, 가해물: 벽돌

해설

재해발생의 주 원인은 벽돌(기인물)이고, 직접적인 피해를 준 물체도 벽돌(가해물)이다. 그리고 사고유형은 맞음(날아오거나 떨어진 물체에 맞음)이다.

관련개념 **기인물과 가해물**

• 기인물: 재해발생의 주 원인이며 재해를 가져오게 한 근원이 되는 기계, 장치, 물질 또는 환경 등(불안전한 상태)
• 가해물: 직접 사람에게 접촉하여 피해를 주는 기계, 장치, 물질 또는 환경 등

002
1회 출제

산업안전보건법령상 안전보건개선계획서에 포함되어야 하는 사항이 아닌 것은?

① 시설의 개선을 위하여 필요한 사항
② 작업환경의 개선을 위하여 필요한 사항
③ 작업절차의 개선을 위하여 필요한 사항
④ 안전보건교육의 개선을 위하여 필요한 사항

해설

안전보건개선계획서에는 **시설**, 안전보건관리체제, **안전보건교육**, 산업재해예방 및 **작업환경**의 개선을 위하여 필요한 사항이 포함되어야 한다.

003
1회 출제

상해의 종류 중 스치거나 긁히는 등의 마찰력에 의하여 피부표면이 벗겨진 상해는?

① 자상
② 타박상
③ 창상
④ 찰과상

해설 **상해의 분류**

분류	세부내용
골절	뼈가 부러진 상해
동상	저온물 접촉으로 인한 상해
부종	국부의 혈액순환의 이상으로 몸이 퉁퉁 부어오르는 상해
자상(찔림)	칼날 등 날카로운 물건에 찔린 상해
타박상 (삐임)	타박·충돌·추락 등으로 피부표면보다는 피하조직 또는 근육부를 다친 상해
절단	신체부위가 절단된 상해
중독, 질식	음식·약물·가스 등에 의해 중독이나 질식한 상해
찰과상	스치거나 문질러서 피부표면이 벗겨진 상해
창상(베임)	창, 칼 등에 베인 상해
화상	화재 또는 고온물 접촉으로 인한 상해
뇌진탕	머리를 세게 맞았을 때 장해로 일어난 상해
익사	물 등 액체에 의해 질식한 상해
피부병	직업과 연관되어 발생 또는 악화되는 피부질환
청력장해	청력이 감퇴 또는 난청이 된 상태
시력장해	시력이 감퇴 또는 실명된 상해

004

5회 출제

근로자 150명이 작업하는 공장에서 50건의 재해가 발생했고, 총 근로손실일수가 120일일 때의 도수율은 약 얼마인가? (단, 하루 8시간씩 연간 300일을 근무한다.)

① 0.01 　　　　② 0.3
③ 138.9 　　　　④ 333.3

해설

$$도수율 = \frac{재해건수}{연 근로시간 수} \times 1,000,000$$

$$= \frac{50}{150 \times (8 \times 300)} \times 1,000,000 = 138.9$$

관련개념 도수율, 빈도율(FR; Frequency Rate of Injury)

연 근로시간 합계 100만 시간당 재해발생건수이다.

$$도수율 = \frac{재해건수}{연 근로시간 수} \times 1,000,000$$

005

2회 출제

산업안전보건법령상 안전관리자의 업무와 거리가 먼 것은?

① 물질안전보건자료의 게시 또는 비치에 관한 보좌 및 조언·지도
② 해당 사업장의 안전교육계획의 수립 및 안전교육 실시에 관한 보좌 및 조언·지도
③ 사업장 순회점검·지도 및 조치의 건의
④ 산업재해 발생의 원인 조사·분석 및 재발 방지를 위한 기술적 보좌 및 조언·지도

해설

'물질안전보건자료의 게시 또는 비치에 관한 보좌 및 조언·지도'는 보건관리자의 업무에 해당한다.

관련개념 안전관리자의 업무

- 산업안전보건위원회 또는 노사협의체에서 심의·의결한 업무와 해당 사업장의 안전보건관리규정 및 취업규칙에서 정한 업무
- 위험성평가에 관한 보좌 및 지도·조언
- 안전인증대상 기계 등과 자율안전확인대상 기계 등 구입 시 적격품의 선정에 관한 보좌 및 지도·조언
- 해당 사업장 안전교육계획의 수립 및 안전교육 실시에 관한 보좌 및 지도·조언
- 사업장 순회점검, 지도 및 조치 건의
- 산업재해 발생의 원인 조사·분석 및 재발 방지를 위한 기술적 보좌 및 지도·조언
- 산업재해에 관한 통계의 유지·관리·분석을 위한 보좌 및 지도·조언
- 법 또는 법에 따른 명령으로 정한 안전에 관한 사항의 이행에 관한 보좌 및 지도·조언
- 업무 수행 내용의 기록·유지
- 그 밖에 안전에 관한 사항으로서 고용노동부장관이 정하는 사항

006

시몬즈 방식으로 재해코스트를 산정할 때, 재해의 분류와 설명의 연결로 옳은 것은?

① 무상해사고 – 20달러 미만의 재산손실이 발생한 사고
② 휴업상해 – 영구전노동불능
③ 응급조치상해 – 일시전노동불능
④ 통원상해 – 일시일부노동불능

해설 상해의 종류

분류	내용
휴업상해	영구부분노동불능, 일시전노동불능
통원상해	일시부분노동불능, 의사의 조치를 요하는 통원상해
응급조치상해	응급조치가 필요한 상해 또는 8시간 미만의 휴업의료조치 상해
무상해사고	의료조치를 필요로 하지 않는 경미한 상해 사고

007

안전 및 보건에 관한 노사협의체의 구성·운영에 대한 설명으로 틀린 것은?

① 노사협의체는 근로자와 사용자가 같은 수로 구성되어야 한다.
② 노사협의체의 회의 결과는 회의록으로 작성하여 보존하여야 한다.
③ 노사협의체의 회의는 정기회의와 임시회의로 구분하되, 정기회의는 3개월마다 소집한다.
④ 노사협의체는 산업재해 예방 및 산업재해가 발생한 경우의 대피방법 등에 대하여 협의하여야 한다.

해설

노사협의체의 회의는 정기회의와 임시회의로 구분하여 개최하되, 정기회의는 2개월마다 노사협의체의 위원장이 소집하며, 임시회의는 위원장이 필요하다고 인정할 때에 소집한다.

008

각 계층의 관리감독자들이 숙련된 안전관찰을 행할 수 있도록 훈련을 실시함으로써 사고를 미연에 방지하여 안전을 확보하는 안전관찰훈련기법은?

① THP 기법　　　　② TBM 기법
③ STOP 기법　　　　④ TD-BU 기법

해설 STOP(Safety Training Observation Program) 기법
• 미국의 듀폰(Dupont)사에서 개발한 기법으로, 현장의 관리자 및 감독자에게 효율적인 안전관찰을 실시할 수 있도록 훈련하는 과정이다.
• 효과
 – 감독자의 안전책임 의식 향상
 – 분야별 안전활동 촉진
 – 근로자의 안전태도 및 안전의식 향상

009

시설물안전법령에 명시된 안전점검의 종류에 해당하는 것은?

① 일반안전점검　　　　② 특별안전점검
③ 정밀안전점검　　　　④ 임시안전점검

해설 시설물의 안전 및 유지관리에 관한 특별법령상 안전점검

정기 안전점검	시설물의 상태를 판단하고 시설물이 점검 당시의 사용요건을 만족시키고 있는지 확인할 수 있는 수준의 외관조사를 실시하는 안전점검
정밀 안전점검	시설물의 상태를 판단하고 시설물이 점검 당시의 사용요건을 만족시키고 있는지 확인하며 시설물 주요부재의 상태를 확인할 수 있는 수준의 외관조사 및 측정·시험장비를 이용한 조사를 실시하는 안전점검
긴급 안전점검	시설물의 붕괴·전도 등으로 인한 재난 또는 재해가 발생할 우려가 있는 경우에 시설물의 물리적·기능적 결함을 신속하게 발견하기 위하여 실시하는 점검

010

5회 출제

산업안전보건법령상 사업주의 책무와 가장 거리가 먼 것은?

① 쾌적한 작업환경을 조성하고 근로조건을 개선할 것
② 해당 사업장의 안전 · 보건에 관한 정보를 근로자에게 제공할 것
③ 안전 · 보건의식을 북돋우기 위한 홍보 · 교육 등 안전문화를 추진할 것
④ 관련 법과 법에 따른 명령에서 정하는 산업재해 예방을 위한 기준을 지킬 것

해설

③은 정부의 책무이다.

관련개념 사업주 등의 의무

- 산업안전보건법과 법에 따른 명령으로 정하는 산업재해 예방을 위한 기준 준수
- 근로자의 신체적 피로와 정신적 스트레스 등을 줄일 수 있는 쾌적한 작업환경의 조성 및 근로조건 개선
- 해당 사업장의 안전 및 보건에 관한 정보를 근로자에게 제공

011

1회 출제

산업안전보건법령상 AB형 안전모에 관한 설명으로 옳은 것은?

① 물체의 낙하 또는 비래에 의한 위험을 방지 또는 경감하기 위한 것
② 물체의 낙하 또는 비래 및 추락에 의한 위험을 방지 또는 경감시키기 위한 것
③ 물체의 낙하 또는 비래에 의한 위험을 방지 또는 경감하고, 머리부위 감전에 의한 위험을 방지하기 위한 것
④ 물체의 낙하 또는 비래 및 추락에 의한 위험을 방지 또는 경감하고, 머리부위 감전에 의한 위험을 방지하기 위한 것

해설 안전모의 종류

종류(기호)	사용구분
AB	물체의 낙하 또는 비래 및 추락에 의한 위험을 방지 또는 경감시키기 위한 것
AE	물체의 낙하 또는 비래에 의한 위험을 방지 또는 경감하고, 머리부위 감전에 의한 위험을 방지하기 위한 것
ABE	물체의 낙하 또는 비래 및 추락에 의한 위험을 방지 또는 경감하고, 머리부위 감전에 의한 위험을 방지하기 위한 것

012

8회 출제

재해예방의 4원칙이 아닌 것은?

① 손실우연의 원칙
② 예방가능의 원칙
③ 사고연쇄의 원칙
④ 원인계기의 원칙

해설 재해예방의 4원칙

손실우연의 원칙	사고에 의해서 생기는 상해의 종류 및 정도는 우연적이라는 원칙
예방가능의 원칙	재해는 원칙적으로 예방이 가능하다는 원칙
원인계기의 원칙 (원인연계의 원칙)	재해의 발생은 직접원인으로만 일어나는 것이 아니라 간접원인이 연계되어 일어난다는 원칙
대책선정의 원칙	원인의 정확한 분석에 의해 가장 타당한 재해예방 대책이 선정되어야 한다는 원칙

013

6회 출제

산업안전보건법령상 안전보건표지의 색채와 사용사례의 연결이 틀린 것은?

① 빨간색(7.5R 4/14) – 탑승금지
② 파란색(2.5PB 4/10) – 방진마스크착용
③ 녹색(2.5G 4/10) – 비상구
④ 노란색(5Y 6.5/12) – 인화성물질경고

해설 안전보건표지의 색도기준 및 용도

색채	색도기준	용도	사용 예
빨간색	7.5R 4/14	금지	정지신호, 소화설비 및 그 장소, 유해행위의 금지
		경고	화학물질 취급장소에서의 유해 · 위험경고
노란색	5Y 8.5/12	경고	화학물질 취급장소에서의 유해 · 위험경고 이외의 위험경고, 주의표지 또는 기계방호물
파란색	2.5PB 4/10	지시	특정 행위의 지시 및 사실의 고지
녹색	2.5G 4/10	안내	비상구 및 피난소, 사람 또는 차량의 통행표지
흰색	N9.5		파란색 또는 녹색에 대한 보조색
검은색	N0.5		문자 및 빨간색 또는 노란색에 대한 보조색

014

일상점검내용을 작업 전, 작업 중, 작업종료로 구분할 때, 작업 중 점검내용으로 거리가 먼 것은?

① 품질의 이상 유무
② 안전수칙의 준수 여부
③ 이상소음 발생 여부
④ 방호장치의 작동 여부

해설

일상점검은 작업장에서 작업자가 작업 전·중·후 시설물 및 작업행동 등에 대해 실시하는 점검으로, '방호장치의 작동 여부'는 작업 전 점검사항에 해당한다.

015

참모식 안전조직의 특징으로 옳은 것은?

① 100명 미만의 소규모 사업장에 적합하다.
② 생산부분은 안전에 대한 책임과 권한이 없다.
③ 명령과 보고가 상하관계 뿐이므로 간단명료하다.
④ 조직원 전원을 자율적으로 안전활동에 참여시킬 수 있다.

해설

①, ③은 라인형 조직, ④는 라인·스태프형 조직의 특징이다.

관련개념 | 스태프형 조직의 특징
- 근로자 100~1,000명 정도의 중규모 사업장에 적합하다.
- 스태프는 안전에 관한 계획안의 작성, 조사, 점검 결과에 의한 조언, 보고의 역할을 한다.(스스로 생산라인의 안전업무를 행할 수 없음)
- 테일러(F. W. Taylor)의 기능형(Functional) 조직에서 발전 → 분업의 원칙을 고도로 이용 → 책임과 권한을 직능적으로 분담

016

산업안전보건법령상 산업안전보건위원회의 정기회의 개최 주기로 올바른 것은?

① 1개월마다
② 분기마다
③ 반년마다
④ 1년마다

해설

산업안전보건위원회의 회의는 정기회의와 임시회의로 구분하되, 정기회의는 분기마다 산업안전보건위원회의 위원장이 소집하며, 임시회의는 위원장이 필요하다고 인정할 때에 소집한다.

017

무재해운동 기본이념의 3대 원칙이 아닌 것은?

① 무의 원칙
② 선취의 원칙
③ 합의의 원칙
④ 참가의 원칙

해설 | 무재해운동의 3원칙

무의 원칙	잠재위험요인을 사전에 발견, 파악, 제거함으로써 근원적으로 산업재해를 없애는 것(사망, 휴업재해만 없으면 된다는 소극적 사고가 아니라 불휴재해는 물론 잠재 위험요인이 없어야 한다는 적극적인 자세)
선취(해결)의 원칙	궁극적인 목표인 무재해·무질병을 실현하기 위해 모든 잠재위험 요인을 행동하기 전에 발견, 파악, 제거함으로써 재해의 발생을 사전에 예방하거나 방지하는 것
(전원)참가의 원칙	잠재적 위험요인을 제거하기 위해 노사 전원이 참가하여 각자의 입장에서 적극적으로 스스로의 책무를 수행함과 동시에 문제해결 운동을 실천하는 것

018

다음에 해당하는 법칙은?

> 어떤 공장에서 330회의 전도사고가 일어났을 때 그 가운데 300회는 무상해사고, 29회는 경상, 중상 또는 사망은 1회의 비율로 사고가 발생한다.

① 버드 법칙
② 하인리히 법칙
③ 더글라스 법칙
④ 자베타키스 법칙

해설 하인리히의 법칙(1 : 29 : 300의 법칙)

330번의 사고가 발생한다면 그 중에 중상해가 1건, 경상해가 29건, 무상해사고가 300건 발생한다는 법칙이다.

019

재해원인분석에 사용되는 통계적 원인분석 기법의 하나로, 사고의 유형이나 기인물 등의 분류항목을 큰 순서대로 도표화하는 기법은?

① 관리도
② 파레토도
③ 특성요인도
④ 크로즈분석도

해설 통계에 의한 재해원인 분석방법

파레토도	사고의 유형, 기인물 등 분류항목을 큰 순서대로 도표화하는 방법
특성요인도	특성과 요인관계를 도표로 하여 어골상으로 세분하는 방법
크로스도	2개 이상의 문제 관계를 분석하는 데 사용하는 것으로, 데이터를 집계하고 표로 표시하여 요인별 결과 내역을 교차한 크로스 그림을 작성하여 분석하는 방법
관리도	재해 발생 건수 등의 추이를 파악하여 목표 관리를 행하는 데 필요한 월별 재해 발생수를 그래프화하여 관리선을 설정·관리하는 방법

020

신규 채용 시의 근로자 안전보건교육은 몇 시간 이상 실시해야 하는가? (단, 근로계약기간이 1개월 초과인 근로자인 경우이다.)

① 3시간
② 8시간
③ 16시간
④ 24시간

해설 근로자 안전보건교육 교육과정별 교육시간

교육과정	교육대상		교육시간
정기교육	사무직 종사 근로자		매반기 6시간 이상
	그 밖의 근로자	판매업무에 직접 종사하는 근로자	매반기 6시간 이상
		판매업무에 직접 종사하는 근로자 외의 근로자	매반기 12시간 이상
채용 시 교육	일용근로자 및 근로계약기간이 1주일 이하인 기간제근로자		1시간 이상
	근로계약기간이 1주일 초과 1개월 이하인 기간제근로자		4시간 이상
	그 밖의 근로자		8시간 이상
작업내용 변경 시 교육	일용근로자 및 근로계약기간이 1주일 이하인 기간제근로자		1시간 이상
	그 밖의 근로자		2시간 이상
특별교육	일용근로자 및 근로계약기간이 1주일 이하인 기간제근로자 (타워크레인 신호작업 종사자 제외)		2시간 이상
	타워크레인 신호작업에 종사하는 일용근로자 및 근로계약기간이 1주일 이하인 기간제근로자		8시간 이상
	그 밖의 근로자		16시간 이상
			단기간 또는 간헐적 작업인 경우 2시간 이상
건설업 기초안전·보건교육	건설 일용근로자		4시간 이상

산업심리 및 교육

021

6회 출제

남의 행동이나 판단을 표본으로 하여 그것과 같거나 혹은 그것에 가까운 행동 또는 판단을 취하려는 인간관계 메커니즘으로 맞는 것은?

① Projection
② Imitation
③ Suggestion
④ Identification

해설 인간관계 메커니즘

모방 (Imitation)	남의 행동이나 판단을 표본으로 하여 그것과 같거나 그것에 가까운 행동 또는 판단을 취하려는 행위
투사 (Projection)	자신의 불만을 해소하기 위해 남에게 뒤집어 씌우는 행위
암시 (Suggestion)	다른 사람의 판단이나 행동을 무비판적으로 받아들이는 행위
동일화 (Identification)	다른 사람의 행동 양식이나 태도를 자신에게 투입하거나 다른 사람에게서 자신의 행동양식이나 태도와 비슷한 것을 발견하는 행위

022

8회 출제

인간의 착각현상 중 실제로 움직이지 않지만 어느 기준의 이동에 의하여 움직이는 것처럼 느껴지는 착각현상의 명칭으로 적합한 것은?

① 자동운동
② 잔상현상
③ 유도운동
④ 착시현상

해설 운동의 착각현상
• 자동운동: 암실 내의 정지된 소광점을 응시하고 있으면 그 광점이 움직이는 것처럼 보이는 현상이다.
• 유도운동: 실제로 움직이지 않는 것이 어느 기준의 이동에 의하여 움직이는 것처럼 느껴지는 현상이다.
• 가현운동: 실제로는 움직이지 않는데 움직이는 것처럼 느껴지는 심리적인 현상이다.

023

1회 출제

피로의 측정분류 시 감각기능검사(정신·신경기능검사)의 측정대상 항목으로 가장 적합한 것은?

① 혈압
② 심박수
③ 에너지대사율
④ 플리커

해설 플리커 테스트(Flicker Test)
• 텔레비전 화면이나 형광등의 흔들림과 같은 광도의 주기적 변화를 느끼는 현상을 이용한 생리적인 피로 검사법이다.
• 정신피로의 기준으로 사용되며 피곤할 경우 주파수의 값이 낮아진다.

024

2회 출제

동일 부서 직원 6명의 선호 관계를 분석한 결과 다음과 같은 소시오그램이 작성되었다. 이 소시오그램에서 실선은 선호관계, 점선은 거부관계를 나타낼 때, 4번 직원의 선호신분지수는 얼마인가?

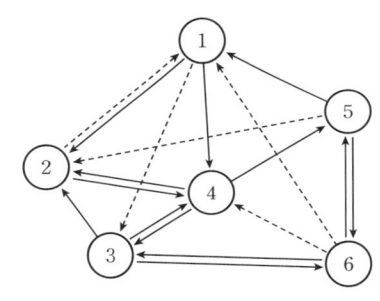

① 0.2
② 0.33
③ 0.4
④ 0.6

해설

$$선호신분지수 = \frac{선호총계}{구성원 수 - 1}$$

4번 직원의 선호총계는 3+(−1)=2이고, 전체 인원은 6명이므로

$$선호신분지수 = \frac{2}{6-1} = 0.4$$

관련개념 선호신분지수
• 구성원들의 선호도를 나타내는 지수로, 가장 높은 점수를 받은 구성원이 자연스럽게 리더가 된다.
• $선호신분지수 = \dfrac{선호총계}{구성원 수 - 1}$
• 선호총계는 선호관계를 1, 무관심을 0, 거부관계를 −1로 계산한다.

025

7회 출제

강의식 교육에 대한 설명으로 틀린 것은?

① 기능적, 태도적인 내용의 교육이 어렵다.

② 사례를 제시하고, 그 문제점에 대해서 검토하고 대책을 토의한다.

③ 수강자의 집중도나 흥미의 정도가 낮다.

④ 짧은 시간 동안 많은 내용을 전달해야 하는 경우에 적합하다.

해설

강의식 교육은 교육생에게 일방적으로 강의하는 방법이므로 문제점에 대해서 대책을 토의하기 어렵다.

관련개념 강의법의 특징

- 전체적인 교육내용을 제시하거나, 새로운 과업 및 작업단위의 도입단계에 유효하다.
- 짧은 시간 내에 많은 내용을 다수의 대상에게 교육시킬 수 있다.
- 교육 시간에 대한 조정이 용이하다.
- 피드백이 부족하다.
- 난해한 문제에 대하여 평이하게 설명이 가능하다.
- 교육 집단 내 수준차로 인해 교육의 효과가 감소할 수 있다.

026

6회 출제

상호신뢰 및 성선설에 기초하여 인간을 긍정적 측면으로 보는 이론에 해당하는 것은?

① T – 이론

② X – 이론

③ Y – 이론

④ Z – 이론

해설 맥그리거의 X, Y 이론

X 이론	• 인간의 본성은 일을 싫어하고 무관심하며 책임을 회피한다. • 관리처방 방안으로는 경제적 보상체제 강화, 권위주의적 리더십 확립, 엄격한 관리 및 통제, 상부책임 강화 등이 필요하다.
Y 이론	• 인간의 본성은 일을 좋아하고 책임감이 강하여 자율적, 민주적으로 성과를 얻는다. • 관리처방 방안으로는 권한을 위임하고 목표에 의한 관리와 인간관계 관리방식 등이 필요하다.

027

3회 출제

에빙하우스(Ebbinghaus)의 연구결과에 따른 망각률이 50[%]를 초과하게 되는 최초의 경과시간은 얼마인가?

① 30분

② 1시간

③ 1일

④ 2일

해설 에빙하우스의 망각률

- 1시간 경과: 56[%] 망각
- 24시간 경과: 67[%] 망각
- 48시간 경과: 72[%] 망각

028

1회 출제

MTP(Management Training Program) 안전교육 방법의 총 교육시간으로 가장 적합한 것은?

① 10시간

② 40시간

③ 80시간

④ 120시간

해설 MTP(Management Training Program)

- TWI보다 상위 관리자를 양성하기 위한 훈련이다.
- 10~15명을 대상으로 2시간씩 20회의 교육(총 40시간)을 진행한다.

029

3회 출제

레윈(Lewin)의 행동방정식 B=f(P·E)에서 'P'의 의미로 맞는 것은?

① 주어진 환경

② 인간의 행동

③ 주어진 직무

④ 개인적 특성

해설 레윈(Lewin, K.)의 법칙

인간의 행동은 개인과 환경의 상호 함수관계에 있다는 법칙이다.

B=f(P·E)

- B(Behavior): 인간의 행동
- f(Function): 동기부여를 포함한 함수
- P(Person): 개체(연령, 지능, 경험 등)
- E(Environment): 환경(인간관계, 작업환경 등)

2019년 4회

030

과업과 직무를 수행하는 데 요구되는 인적 자질에 의해 직무의 내용을 정의하는 절차에 해당하는 것은?

① 직무분석(Job Analysis)
② 직무평가(Job Evaluation)
③ 직무확충(Job Enrichment)
④ 직무만족(Job Satisfaction)

해설 **직무분석(Job Analysis)**

• 조직 내에서 특정한 직무에 적합한 사람을 선발하기 위해 어떤 특성이 필요한지 파악하고자 직무를 조사하는 활동이다.
• 과업과 직무를 수행하는 데 요구되는 인적 자질에 의해 직무의 내용을 정의하는 공식적 절차이다.

031

그림과 같이 수직 평행인 세로의 선들이 평행하지 않는 것으로 보이는 착시현상에 해당하는 것은?

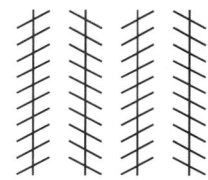

① 죌러(Zöllner)의 착시
② 쾰러(Köhler)의 착시
③ 헤링(Hering)의 착시
④ 포겐도르프(Poggendorff)의 착시

해설 **죌러(Zöllner)의 착시**

평행한 직선이 빗금에 의해 평행하지 않는 것처럼 보이는 현상이다.

관련개념 **착시의 종류**

쾰러(Köhler)의 착시	헤링(Hering)의 착시	포겐도르프(Poggendorff)의 착시
(그림)	(그림)	(그림)

032

리더십의 권한 역할 중 부하를 처벌할 수 있는 권한에 해당하는 것은?

① 위임된 권한
② 합법적 권한
③ 강압적 권한
④ 보상적 권한

해설 **리더십 권한**

• 조직이 리더에게 부여한 권한

합법적 권한	군대, 정부기관 등 합법적 권력이 가지는 권한
강압적 권한	부하의 처벌, 봉급의 인상 거부 등 강압적인 힘을 갖는 권한
보상적 권한	승진, 봉급 인상 등 역할에 대한 보상을 부여하는 권한

• 지도자 자신에 의해 자발적으로 생성되는 권한

위임된 권한	부하 직원들이 상사를 존경하여 함께 일하고자 할 때 상사에게 부여되는 권한, 혹은 지도자 자신이 자신에게 부여한 권한
전문성의 권한	전문적 지식을 가진 리더를 부하들이 스스로 따르는 것으로 지도자 자신의 능력에 의해 생성되는 권한

033

동기부여에 관한 이론 중 동기부여 요인을 중요시하는 내용이론에 해당하지 않는 것은?

① 브룸의 기대이론
② 알더퍼의 ERG 이론
③ 매슬로우의 욕구위계설
④ 허츠버그의 2요인 이론(이원론)

해설 **브룸(Vroom)의 기대이론**

개인이 기대하는 성과나 보상 간의 인과관계에 따라 동기가 부여된다는 이론이다.

034

1회 출제

굴착면의 높이가 2[m] 이상인 암석의 굴착작업에 대한 특별안전보건교육 내용에 포함되지 않는 것은? (단, 그 밖의 안전·보건관리에 필요한 사항은 제외한다.)

① 지반의 붕괴재해 예방에 관한 사항
② 보호구 및 신호방법 등에 관한 사항
③ 안전거리 및 안전기준에 관한 사항
④ 폭발물 취급 요령과 대피 요령에 관한 사항

해설

①은 굴착면의 높이가 2[m] 이상이 되는 지반 굴착작업의 특별안전보건교육 내용이다.

관련개념 굴착면의 높이가 2[m] 이상이 되는 암석의 굴착작업에 대한 특별안전보건교육 내용
· 폭발물 취급 요령과 대피 요령에 관한 사항
· 안전거리 및 안전기준에 관한 사항
· 방호물의 설치 및 기준에 관한 사항
· 보호구 및 신호방법 등에 관한 사항
· 그 밖에 안전·보건관리에 필요한 사항

035

3회 출제

집단 심리요법의 하나로 자기 해방과 타인체험을 목적으로 하는 체험활동을 통해 대인관계에서의 태도 변용이나 통찰력, 자기이해를 목표로 개발된 교육 기법에 해당하는 것은?

① 롤 플레잉(Role Playing)
② OJT(On the Job Training)
③ ST(Sensitivity Training) 훈련
④ TA(Transactional Analysis) 훈련

해설 역할연기법(Role Playing)
· 집단 심리요법으로 체험활동을 통해 대인관계에 있어서 태도, 통찰력, 자기 이해를 목표로 개발된 교육기법이다.
· 참가자에게 흥미와 체험감을 부여하고 아는 것과 행동하는 것 사이의 차이를 인식시킨다.
· 자기 태도 반성, 문제 배경 통찰, 감수성 향상, 교육 참석자의 장단점 파악의 효과가 있다.
· 높은 수준의 의사결정에 대한 훈련에는 효과가 적다.
· 목적이 명확하지 않고 다른 방법과 병행이 필요하다.
· 훈련장소확보가 어렵다.
· 관찰에 의한 학습, 실행에 의한 학습, 피드백에 의한 학습 분석과 개념화를 통한 학습 등이 역할연기법에 해당한다.

036

1회 출제

비통제적 집단행동에 해당하는 것은?

① 관습　　　　　② 유행
③ 모브　　　　　④ 제도적 행동

해설 집단행동의 분류

통제적 집단행동	· 관습　　　· 유행 · 제도적 행동
비통제적 집단행동	· 패닉　　　· 군중 · 심리적 전염　· 모브

037

2회 출제

작업지도 기법의 4단계 중 그 작업을 배우고 싶은 의욕을 갖도록 하는 단계로 맞는 것은?

① 제1단계: 학습할 준비를 시킨다.
② 제2단계: 작업을 설명한다.
③ 제3단계: 작업을 시켜 본다.
④ 제4단계: 작업에 대해 가르친 뒤 살펴본다.

해설 교육훈련 지도방법의 4단계

단계		설명
1단계	도입	· 구체적인 목표를 제시한다. · 동기유발을 통해 관심과 흥미를 가지게 하고 심신의 여유를 준다.
2단계	제시	새로운 지식이나 기능을 설명하고 이해, 납득시킨다.
3단계	적용	피교육자가 공감을 느끼게 하고, 과제를 통해 문제를 해결하게 하거나 기능을 습득시킨다.
4단계	확인	피교육자가 교육내용을 충분히 이해했는지 확인하고 평가한다.

038

1회 출제

동작실패의 원인이 되는 조건 중 작업강도와 관련이 가장 적은 것은?

① 작업량　　　　② 작업속도
③ 작업시간　　　④ 작업환경

해설 동작실패의 원인이 되는 조건

작업강도	작업량, 작업속도, 작업시간 등
환경조건	작업환경, 심리환경 등
기상조건	온도, 습도 등
피로도	신체조건, 질병, 스트레스 등

2019년 4회

039

1회 출제

작업장에서의 사고예방을 위한 조치로 틀린 것은?

① 감독자와 근로자는 특수한 기술뿐 아니라 안전에 대한 태도도 교육받아야 한다.

② 모든 사고는 사고 자료가 연구될 수 있도록 철저히 조사되고 자세히 보고되어야 한다.

③ 안전의식고취 운동에서 포스터는 긍정적인 문구보다 부정적인 문구를 사용하는 것이 더 효과적이다.

④ 안전장치는 생산을 방해해서는 안 되고, 그것이 제 위치에 있지 않으면 기계가 작동되지 않도록 설계되어야 한다.

해설

안전의식고취 운동의 포스터는 가능한 한 긍정적인 내용으로 작성되어야 한다.

040

5회 출제

직장규율, 안전규율 등을 몸에 익히기에 적합한 교육의 종류에 해당하는 것은?

① 지능교육　　　　② 기능교육
③ 태도교육　　　　④ 문제해결교육

해설 **태도교육(안전교육의 제3단계)**

• 생활지도, 작업동작지도 등을 통한 안전의 습관화를 위한 교육이다.

• 안전한 방법을 알고는 있으나 시행하지 않는 사람에게 **직장규율, 안전규율 등을 익히게 한다.**

인간공학 및 시스템안전공학

041

6회 출제

작위실수(Commission Error)의 유형이 아닌 것은?

① 선택착오　　　　② 순서착오
③ 시간착오　　　　④ 직무누락착오

해설

'직무누락착오'는 생략오류(Omission Error)인 부작위 실수에 해당한다.

관련개념 **휴먼에러의 분류**

실행오류 (Commission Error)	수행 중인 작업을 정확하게 수행하지 못해 발생한 에러
생략오류 (Omission Error)	필요한 작업 또는 절차를 수행하지 않는 데 기인한 에러
불필요한 수행오류 (Extraneous Error)	불필요한 작업 또는 절차를 수행함으로써 발생한 에러
순서오류 (Sequential Error)	필요한 작업 또는 절차의 순서 착오로 인한 에러
시간오류 (Timing Error)	필요한 작업 또는 절차의 수행을 지연한 데 기인한 에러(시간지연에러)

042
7회 출제

다음 FT도에서 각 요소의 발생확률이 요소 ①과 요소 ②는 0.2, 요소 ③은 0.25, 요소 ④는 0.3일 때, A 사상의 발생확률은 얼마인가?

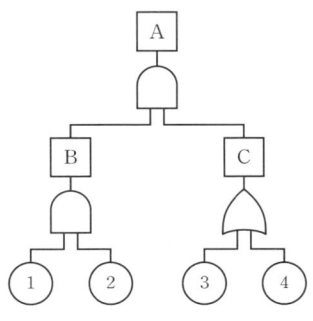

① 0.007

② 0.014

③ 0.019

④ 0.071

해설

AND 게이트는 연결된 모든 사상의 입력 발생 시 출력이 발생하고, OR 게이트는 연결된 사상 중 하나라도 입력 발생 시 출력이 발생한다.

• AND 게이트로 연결된 B의 출력이 발생할 확률=0.2×0.2=0.04
• OR 게이트로 연결된 C의 출력이 발생할 확률
  =1−(1−0.25)×(1−0.3)=0.475
• A 사상이 발생할 확률=0.04×0.475=0.019

043
2회 출제

정성적 시각표시장치에 관한 사항 중 다음에서 설명하는 특성은?

> 복잡한 구조 그 자체를 완전한 실체로 자각하는 경향이 있기 때문에, 이 구조와 어긋나는 특성은 즉시 눈에 띈다.

① 양립성

② 암호화

③ 형태성

④ 코드화

해설 **정성적 표시장치**

• 정성적 표시장치의 근본 자료 자체는 정량적인 것이다.
• 압력, 온도, 속도와 같이 연속적으로 변화하는 값의 추세, 변화율 등을 그래프나 곡선의 형태로 표현하는 장치이다.
• 색채 부호가 부적합한 경우에는 계기판 표시 구간을 형상 부호화하여 나타낸다.
• 색이나 형상을 암호화하여 설계할 때 사용된다.
• **복잡한 구조 그 자체를 완전한 실체로 자각하는 경향에 해당하는 형태성을 가지고 있어** 이와 어긋나면 즉시 눈에 띈다.

044
2회 출제

산업안전보건법령에 따라 기계·기구 및 설비의 설치·이전 등으로 인해 유해위험방지계획서를 제출하여야 하는 대상에 해당하지 않는 것은?

① 건조설비

② 공기압축기

③ 화학설비

④ 가스집합 용접장치

해설 **유해위험방지계획서 제출 대상 기계·기구 및 설비**

• 금속이나 그 밖의 광물의 용해로
• **화학설비**
• **건조설비**
• **가스집합 용접장치**
• 근로자의 건강에 상당한 장해를 일으킬 우려가 있는 물질로서 고용노동부령으로 정하는 물질의 밀폐·환기·배기를 위한 설비

045

8회 출제

인체 측정 자료에서 극단치를 적용하여야 하는 설계에 해당하지 않는 것은?

① 계산대
② 문 높이
③ 통로 폭
④ 조종장치까지의 거리

해설 인체 측정 자료의 응용원칙

최소치수를 이용한 설계	선반의 높이, 조종장치까지의 거리, 비상벨의 위치 등
최대치수를 이용한 설계	출입문의 높이, 좌석 간의 거리, 통로의 폭, 와이어로프의 사용중량, 위험구역 울타리 등
평균치를 이용한 설계	전동차의 손잡이 높이, 안내데스크 높이, 은행의 접수대 높이, 공원의 벤치 높이, 계산대 높이 등
조절식 설계	의자의 위치 및 높이, 자동차 운전석 의자의 위치와 높이 등

046

2회 출제

한 화학공장에 24개의 공정제어회로가 있다. 4,000시간의 공정 가동 중 이 회로에서 14건의 고장이 발생하였고, 고장이 발생하였을 때마다 회로는 즉시 교체되었다. 이 회로의 평균고장시간은 약 얼마인가?

① 6,857시간
② 7,571시간
③ 8,240시간
④ 9,800시간

해설

$$MTTF = \frac{부품수 \times 가동시간}{고장수} = \frac{24 \times 4,000}{14} = 6,857시간$$

관련개념 MTTF(Mean Time To Failure, 평균수명)

한 번 고장이 발생할 때까지 걸리는 평균시간을 의미한다. 주로 수리가 불가능한 제품에 적용한다.

$$MTTF = \frac{부품수 \times 가동시간}{불량품수(고장수)}$$

047

6회 출제

인간-기계 통합체계의 유형에서 수동 체계에 해당하는 것은?

① 자동차
② 공작기계
③ 컴퓨터
④ 장인과 공구

해설

수동 체계는 인간의 힘을 동력원으로 활용하여 수공구를 사용하는 시스템으로 장인과 공구는 수동 체계의 형태이다.

관련개념 인간-기계 시스템(체계)

수동 체계	자신의 신체적인 힘을 동력원으로 사용하여 작업을 통제하는 인간 사용자와 결합(수공구 또는 그 밖의 보조물 사용)
기계화 체계 (반자동 체계)	운전자가 조종장치를 사용하여 통제하며 동력은 전형적으로 기계가 제공
자동화 체계	기계가 감지, 정보처리, 의사결정 등 행동을 포함한 모든 임무를 수행하고 인간은 감시, 프로그래밍, 정비유지 등의 기능을 수행

048

1회 출제

각 기본사상의 발생확률이 증감하는 경우 정상사상의 발생확률에 어느 정도 영향을 미치는가를 반영하는 지표로서 수리적으로는 편미분계수와 같은 의미를 갖는 FTA의 중요도 지수는?

① 확률 중요도
② 구조 중요도
③ 치명 중요도
④ 비구조 중요도

해설 FTA의 중요도 지수

중요도란 기본사상의 발생이 정상사상의 발생에 어느 정도 영향을 미치는지를 정량적으로 나타낸 지표로, 재해예방대책 선정에서 우선순위를 제시한다.

확률 중요도	기본사상의 발생확률이 증감하는 경우 정상사상의 발생확률에 어느 정도 영향을 미치는가를 반영하는 지표로 편미분계수와 같은 의미를 갖는다.
치명 중요도	부품의 고장이 시스템의 고장확률에 영향을 미치는 기여도를 반영하는 지표이다.
구조 중요도	시스템 구조에 따라 발생하는 시스템 고장에 대한 영향을 평가하는 지표이다.

049
9회 출제

동작경제의 원칙 중 신체 사용에 관한 원칙에 해당하지 않는 것은?

① 손의 동작은 유연하고 연속적인 동작이어야 한다.
② 두 손의 동작은 같이 시작해서 동시에 끝나도록 한다.
③ 동작이 급작스럽게 크게 바뀌는 직선동작은 피해야 한다.
④ 공구, 재료 및 제어장치는 사용하기 용이하도록 가까운 곳에 배치한다.

해설 **동작경제의 원칙**

신체 사용의 원칙	• 두 손의 동작은 동시에 시작해서 동시에 끝나야 한다. • 휴식시간을 제외하고는 양손을 같이 쉬게 해서는 안 된다. • 손의 동작은 유연하고 연속적이어야 한다. • 동작이 급작스럽게 바뀌는 직선 동작은 피해야 한다. • 두 팔의 동작은 동시에 서로 반대방향으로 대칭적으로 움직이도록 한다.
작업장 배치의 원칙	• 공구, 재료 및 제어장치는 사용하기 가까운 곳에 배치해야 한다. • 공구나 재료는 작업동작이 원활하게 수행되도록 그 위치를 정해준다.
공구 및 설비 디자인의 원칙	• 서로 다른 공구의 기능을 결합하여 사용하도록 한다. • 지구나 족답장치를 이용하여 양손이 다른 일을 할 수 있도록 한다.

050
3회 출제

일반적으로 재해발생 간격은 지수분포를 따르며, 일정기간 내에 발생하는 재해발생 건수는 푸아송분포를 따른다고 알려져 있다. 이러한 확률변수들의 발생과정을 무엇이라고 하는가?

① Poisson 과정
② Bernoulli 과정
③ Wiener 과정
④ Binomial 과정

해설 **Poisson 과정**
• 단위시간 안에 어떤 사건이 몇 번 발생할 것인지를 표현하는 분포가 푸아송분포로 나타나는 과정이다.
• 설비의 고장과 같이 특정시간(구간)에 사건의 발생확률이 적은 경우 그 사건의 발생횟수를 측정하는 데 적합하다.

051
2회 출제

국제표준화기구(ISO)의 수직진동에 대한 피로−저감숙달경계(Fatigue−Decreased Proficiency Boundary) 표준 중 내구수준이 가장 낮은 범위로 옳은 것은?

① 1~3[Hz]
② 4~8[Hz]
③ 9~13[Hz]
④ 14~18[Hz]

해설
국제표준화기구(ISO)는 수직진동에 대한 피로−저감숙달경계 표준으로 4~8[Hz] 범위대에서 인체의 내구수준이 가장 저하되는 것으로 지정하였다.

052
1회 출제

압박이나 긴장에 대한 척도 중 생리적 긴장의 화학적 척도에 해당하는 것은?

① 혈압
② 호흡수
③ 혈액 성분
④ 심전도

해설 **생리적 긴장의 척도**
• 화학적 척도: 혈액 정보, 뇨 정보, 산소소비량 등
• 전기적 척도: 근전도(EMG), 뇌전도(EEG), 심전도(ECG) 등
• 신체적 척도: 혈압, 호흡수, 심박수, 신체 온도 등

053
1회 출제

사용조건을 정상사용조건보다 강화하여 적용함으로써 고장발생시간을 단축하고, 검사비용의 절감효과를 얻고자 하는 수명시험은?

① 중도중단시험
② 가속수명시험
③ 감속수명시험
④ 정시중단시험

해설 **가속수명시험**
• 가혹한 조건에서 짧은 시간 동안 시험한 자료로, 사용조건 하에서 수명이나 신뢰도를 추정·예측하거나 약점을 발견하기 위한 시험이다.
• 고장발생시간을 단축하고, 검사비용의 절감효과를 얻을 수 있다.

2019년 4회

054

4회 출제

다음 중 안전성 평가 단계가 순서대로 올바르게 나열된 것으로 옳은 것은?

① 정성적 평가 - 정량적 평가 - FTA에 의한 재평가 - 재해정보로부터 재평가 - 안전대책

② 정량적 평가 - 재해정보로부터의 재평가 - 관계자료의 작성 준비 - 안전대책 - FTA에 의한 재평가

③ 관계자료의 작성 준비 - 정성적 평가 - 정량적 평가 - 안전대책 - 재해정보로부터의 재평가 - FTA에 의한 재평가

④ 정량적 평가 - 재해정보로부터의 재평가 - FTA에 의한 재평가 - 관계자료의 작성 준비 - 안전대책

해설 **화학설비의 안전성 평가 6단계**

1단계	관계자료의 작성 준비
2단계	• 정성적 평가 • 설계(공장의 입지조건, 공장 내 배치)와 운전관계에 대한 평가
3단계	• 정량적 평가 • 취급물질, 용량, 온도, 압력 및 조작을 통한 위험도 평가
4단계	• 안전대책수립 • 설비대책과 관리적 대책
5단계	재해 정보에 의한 재평가
6단계	FTA에 의한 재평가

055

2회 출제

A 작업장에서 1시간 동안에 480[Btu]의 일을 하는 근로자의 대사량은 900[Btu]이고, 증발 열손실이 2,250[Btu], 복사 및 대류로부터 열이득이 각각 1,900[Btu], 80[Btu]라 할 때, 열축적[Btu]은 얼마인가?

① 100 ② 150
③ 200 ④ 250

해설 **인체의 열교환**

$S=(M-W)\pm R\pm C-E=(900-480)+1,900+80-2,250=150[Btu]$

여기서, S: 인체의 열축적 또는 열손실

M: 대사량(900[Btu])

W: 작업자가 수행한 일량(480[Btu])

R: 복사에 의한 열교환(1,900[Btu])

C: 대류에 의한 열교환(80[Btu])

E: 증발에 의한 열손실(2,250[Btu])

※ S의 부호가 (+)이면 열축적, (−)이면 열손실을 의미한다.

056

9회 출제

예비위험분석(PHA)은 어느 단계에서 수행되는가?

① 구상 및 개발단계
② 운용단계
③ 발주서 작성단계
④ 설치 또는 제조 및 시험단계

해설 **예비위험분석(PHA; Preliminary Hazard Analysis)**
시스템 내의 위험요소가 얼마나 위험상태에 있는가를 평가하는 시스템 안전 프로그램에서 최초단계(시스템 구상단계)의 분석 방식(정성적)이다.

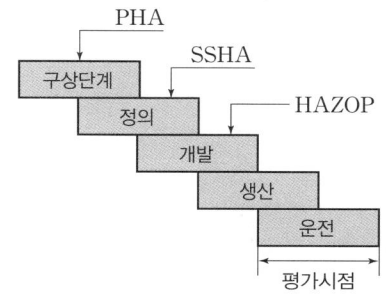

시스템 수명주기

057

산업 현장에서는 생산설비에 부착된 안전장치를 생산성을 위해 제거하고 사용하는 경우가 있다. 이와 같이 고의로 안전장치를 제거하는 경우에 대비한 예방 설계 개념으로 옳은 것은?

① Fail Safe   ② Fool Proof
③ Lock Out   ④ Tamper Proof

해설 안전설계(Safety Design) 방법

Fail Safe	기계, 기계 부품에 파손·고장이나 기능의 불량이 발생해도 안전하게 작동할 수 있는 구조와 기능
Fool Proof	작업자의 기계 오조작 또는 실수가 있어도 기계설비의 안전기능이 작동되어 재해를 방지하는 기능
Tamper Proof	안전장치를 제거하면 설비가 작동되지 않도록 하는 기능

058

FT도에 사용되는 다음 기호의 명칭으로 옳은 것은?

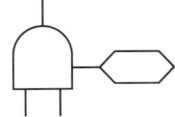

① 부정게이트   ② 수정기호
③ 위험지속기호   ④ 배타적 OR 게이트

해설 위험지속기호
입력사상이 발생하여 일정 시간이 지속된 후 출력사상이 발생하는 게이트이다.

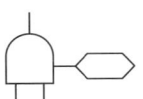

059

음의 은폐(Masking)에 대한 설명으로 옳지 않은 것은?

① 은폐음 때문에 피은폐음의 가청역치가 높아진다.
② 배경음악에 실내소음이 묻히는 것은 은폐효과의 예시이다.
③ 음의 한 성분이 다른 성분에 대한 귀의 감수성을 감소시키는 작용이다.
④ 순음에서 은폐효과가 가장 큰 것은 은폐음과 배음(Harmonic Overtone)의 주파수가 멀 때이다.

해설 은폐효과가 발생하는 경우
• 음의 한 성분이 다른 성분에 대한 귀의 감수성을 감소시킬 때
• 피은폐된 음의 가청역치가 다른 은폐음 때문에 높아질 때
• 은폐음과 배음의 주파수가 인접했을 때

관련개념 차폐효과(은폐효과)
• 음의 한 성분이 다른 성분에 대한 청각의 감수성을 감소시키는 상황을 말하며, 마스킹(Masking)이라고도 한다.
• 동시에 두 가지 음을 청취할 때 특정 음의 청취로 인해 다른 음의 청취는 방해받는 청각 현상이다.
• 사무실에서 타이핑 작업 시 타자기 소리에 대화소리가 묻히는 현상 등이 대표적이다.

060

기계 시스템은 영구적으로 사용하며, 조작자는 한 시간마다 스위치를 작동해야 되는데 인간오류확률(HEP)은 0.001이다. 2시간에서 4시간까지 인간 – 기계 시스템의 신뢰도로 옳은 것은?

① 91.5[%]   ② 96.6[%]
③ 98.7[%]   ④ 99.8[%]

해설
인간의 신뢰도 R=1−인간오류확률(HEP)=1−0.001=0.999
시간당 0.999의 신뢰도의 시스템에서 2시간 동안의 신뢰도는
$0.999 \times 0.999 = 0.998001 = 99.8[\%]$이다.

건설시공학

061

콘크리트의 압축강도를 시험하지 않을 경우 거푸집널의 해체시기로 옳은 것은? (단, 기타 조건은 아래와 같다.)

- 평균기온: 20[℃] 이상
- 보통포틀랜드시멘트 사용
- 대상: 기초, 보, 기둥 및 벽의 측면

① 2일
② 3일
③ 4일
④ 6일

해설 **콘크리트의 압축강도를 시험하지 않을 경우 거푸집널의 해체시기(기초, 보, 기둥 및 벽의 측면)**

시멘트의 종류 평균기온	조강 포틀랜드 시멘트	보통포틀랜드시멘트 고로슬래그시멘트 (1종) 포틀랜드포졸란시멘트 (1종) 플라이애시시멘트 (1종)	고로슬래그시멘트 (2종) 포틀랜드포졸란시멘트 (2종) 플라이애시시멘트 (2종)
20[℃] 이상	2일	4일	5일
20[℃] 미만 10[℃] 이상	3일	6일	8일

062

벽돌을 내쌓기 할 때 일반적으로 이용되는 벽돌쌓기 방법은?

① 마구리 쌓기
② 길이 쌓기
③ 옆세워 쌓기
④ 길이세워 쌓기

해설 **내쌓기**

벽돌을 벽면에서 부분적으로 내쌓는 방식으로 방화벽이나 마루를 설치할 목적으로 벽돌을 내밀어 쌓는 방식이다. 일반적으로 마구리쌓기로 하며 강도상, 시공상 유리하다.

관련개념 **벽돌쌓기법**

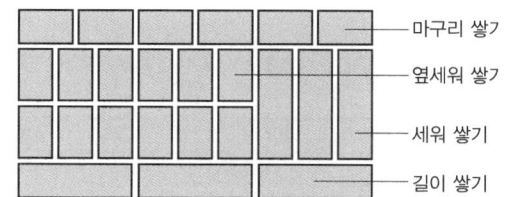

- 옆세워 쌓기: 경사, 문턱 등에 사용하는 쌓기 방식으로 마구리면이 보이도록 벽돌 벽면을 수직으로 쌓는다.
- 세워 쌓기: 기둥과 기둥 사이를 가로지르는 위치에 사용하여 시각적으로 도드라지는 쌓기 방식이다.
- 길이 쌓기: 벽돌의 긴 면이 보이도록 쌓는 가장 일반적인 쌓기 방식으로, 공간벽, 덧붙임벽, 간막이벽, 담쌓기 등에 쓰인다.
- 마구리 쌓기: 벽과 벽이 만난 두 벽을 구조적으로 결합하기 위해 90° 회전시켜 벽돌 양 끝의 마구리를 보이게 하는 쌓기 방식으로, 주로 원형 벽체쌓기에 사용되며 기초쌓기에 국부적으로 사용된다.

063

조적공사의 백화현상을 방지하기 위한 대책으로 옳지 않은 것은?

① 석회를 혼합한 줄눈 모르타르를 활용하여 바른다.
② 흡수율이 낮은 벽돌을 사용한다.
③ 쌓기용 모르타르에 파라핀 도료와 같은 혼화제를 사용한다.
④ 돌림대, 차양 등을 설치하여 빗물이 벽체에 직접 흘러 내리지 않게 한다.

해설

석회는 수분에 녹아 백화현상을 일으키므로 줄눈 모르타르에 석회를 혼합하면 오히려 백화현상이 촉진된다.

관련개념 백화현상 방지대책
• 잘 구워진(소성이 잘된) 벽돌을 사용한다.
• 빗물의 침투를 방지하기 위한 비막이, 물흘림 등을 설치한다.
• 표면에 파라핀 도료같은 발수제를 바르거나 실리콘을 뿜칠한다.

064

강관말뚝지정의 특징에 해당되지 않는 것은?

① 강한 타격에도 견디며 다져진 중간지층의 관통도 가능하다.
② 지지력이 크고 이음이 안전하고 강하므로 장척말뚝에 적당하다.
③ 상부구조와의 결합이 용이하다.
④ 길이조절이 어려우나 재료비가 저렴한 장점이 있다.

해설 강재말뚝
• **길이의 조절이 용이하고**, 경량이기 때문에 운반 및 취급이 간단하다.
• 상부구조와의 결합이 용이하고, 현장접합도 가능하다.
• **재료비가 고가이다.**
• 부식에 의한 내구성 저하가 우려된다.
• 강한 타격에도 견디며, 다져진 중간지층의 관통도 가능하다.
• 지지력이 크고, 이음이 안전하고 강하므로 장척말뚝에 적당하다.
• 타설할 때 중심간격은 말뚝머리 지름의 2.0배 이상, 75[cm] 이상으로 한다.

065

지하수위 저하공법 중 강제배수공법이 아닌 것은?

① 전기침투공법
② 웰포인트공법
③ 표면배수공법
④ 진공 Deep Well 공법

해설 배수공법의 구분
• **중력배수공법**: **표면배수공법**, 집수정공법
• **강제배수공법**: 웰포인트공법, Deep Well 공법, 전기침투공법

066

설계도와 시방서가 명확하지 않거나 설계는 명확하지만 공사비 총액을 산출하기 곤란하고 발주자가 양질의 공사를 기대할 때 채택될 수 있는 가장 타당한 방식은?

① 실비정산 보수가산식도급
② 단가도급
③ 정액도급
④ 턴키도급

해설 도급방식

구분	특징
공동도급	규모가 클 경우 2개 이상의 회사가 임의로 결합, 연대책임으로 공사를 하고, 공사완료 후 해산하는 방식이다.
단가도급	노무단가, 재료단가 또는 노무 및 재료를 합한 단가를 체적 또는 면적단가만으로 결정하여 공사를 도급주는 방식으로 긴급공사 및 단순공사에 주로 채택된다.
분할도급	도급공사에서 분할하여 직접 전문업자에게 도급을 주는 방식이다.
실비정산 보수가산식도급	건축주, 시공자, 건축사 3자 입회 하에 공사에 필요한 실비 또는 이에 대한 보수를 미리 협의하여 정하고, 이를 시공자에게 지불하는 제도이다. 설계도와 시방서가 명확하지 않거나 설계는 명확하지만 공사비 총액을 산출하기 곤란할 때 채택된다.
일식도급	공사의 전체를 한 사람의 도급자에게 주는 방식이다.
정액도급	공사비 총액을 일정한 금액으로 정하여 계약을 체결하는 도급방식이다.
턴키도급	건축을 위해 필요한 모든 요소를 포괄적으로 계약하는 방식으로 건설업자가 금융, 토지조달, 설계, 시공, 시운전, 기계·기구 설치까지 조달해 주는 것으로 일괄수주 방식이라고도 한다.

067

거푸집 공사에 적용되는 슬라이딩 폼 공법에 관한 설명으로 옳지 않은 것은?

① 형상 및 치수가 정확하며 시공오차가 적다.
② 마감작업이 동시에 진행되므로 공정이 단순화된다.
③ 1일 5~10[m] 정도 수직시공이 가능하다.
④ 일반적으로 돌출물이 있는 건축물에 많이 적용된다.

해설

슬라이딩 폼(Sliding Form)은 돌출물이 없는 균일한 형상의 건축물 공사에 적합하다.

관련개념 슬라이딩 폼(Sliding Form)

• 수평적 또는 수직적으로 반복된 구조물을 시공이음이 없이 균일한 형상으로 시공하기 위하여 거푸집을 연속적으로 이동시키면서 콘크리트를 타설하여 시공한다.
• 주로 사일로(Silo), 전단벽 건물, 유틸리티 코어 등에 사용된다.
• 특징
  – 복잡한 내·외부 비계가설이 필요없다.
  – 공기가 $\frac{1}{3}$ 정도 단축된다.
  – 구조체가 일체로 될 수 있다.
  – 요크(Yoke)로 벽거푸집을 상향 이동시킨다.
  – 거푸집 조립, 제거에 소요되는 노력이 절약된다.

068

강구조용 강재의 절단 및 개선가공에 관한 사항으로 옳지 않은 것은?

① 주요 부재의 강판 절단은 주된 응력의 방향과 압연방향을 직각으로 교차하여 절단함을 원칙으로 한다.
② 절단할 강재의 표면에 녹, 기름, 도료가 부착되어 있는 경우에는 제거 후 절단해야 한다.
③ 용접선의 교차부분 또는 한 부재를 다른 부재에 접합시킬 때 불필요한 접촉을 피하기 위하여 모퉁이따기를 할 경우에는 10[mm] 이상 둥글게 해야 한다.
④ 스캘럽 가공은 절삭가공기 또는 부속장치가 달린 수동 가스절단기를 사용한다.

해설 절단 및 개선(그루브)가공

• 주요 부재의 강판 절단은 주된 응력의 방향과 압연방향을 일치시켜 절단함을 원칙으로 하며 절단작업 착수 전 재단도를 작성하여야 한다.
• 강재의 절단은 강재의 형상, 치수를 고려하여 기계절단, 가스절단, 플라즈마절단, 레이저절단 등을 적용한다.
• 절단할 강재의 표면에 녹, 기름, 도료가 부착되어 있는 경우에는 제거 후 절단하여야 한다.
• 용접선의 교차부분 또는 한 부재를 다른 부재에 접합시킬 때 불필요한 접촉을 피하기 위하여 모퉁이따기를 할 경우에는 10[mm] 이상 둥글게 하여야 한다.
• 설계도서에서 메탈 터치가 지정되어 있는 부분은 페이싱머신 또는 로터리 플래너 등의 절삭가공기를 사용하여 부재 상호 간 충분히 밀착하도록 가공한다.
• 절단면의 정밀도가 절삭가공기의 경우와 동일하게 확보할 수 있는 기계 절단기(Cold Saw)를 이용한 경우, 절단 연단부는 그대로 두어도 좋다.
• 스캘럽 가공은 절삭가공기 또는 부속장치가 달린 수동 가스절단기를 사용한다.

069

콘크리트 타설에 관한 설명으로 옳은 것은?

① 콘크리트 타설은 바닥판 → 보 → 계단 → 벽체 → 기둥의 순서로 한다.

② 콘크리트 타설은 운반거리가 먼 곳부터 시작한다.

③ 콘크리트를 타설할 때에는 다짐이 잘 되도록 타설높이를 최대한 높게 한다.

④ 콘크리트 타설 준비 시 콘크리트가 닿았을 때 흡수할 우려가 있는 곳은 미리 건조시켜 두어야 한다.

해설 **콘크리트 타설 시 유의사항**

• 콘크리트는 먼 곳에서 가까운 곳으로 부어 넣는다.

• 낮은 곳에서 높은 곳으로 타설한다.(기초-기둥-벽-보-슬래브의 순서)

• 콘크리트는 휴식시간 없이 연속적으로 부어 넣어야 한다.

• 낙하높이는 보통 1.5[m], 최대 2[m] 이내로 한다.(낙하높이는 작게 한다.)

• 기둥, 벽은 다지면서 수평으로 부어넣고, 1시간에 2[m] 이하로 한다.

• 블리딩 현상을 방지하기 위하여 높은 벽이나 기둥의 상부에는 된비빔, 하부는 묽은비빔으로 타설한다.

• 진동기는 철근이나 거푸집에 닿지 않도록 하고, 붓기를 끝낸 콘크리트는 진동을 주지 말아야 한다.

• 보는 바닥에서 윗면까지 연속으로 부어 넣고, 양단에서 중앙으로 부어 넣는다.

070

기성콘크리트 말뚝의 특징에 관한 설명으로 옳지 않은 것은?

① 말뚝이음 부위에 대한 신뢰성이 떨어진다.

② 재료의 균질성이 부족하다.

③ 자재하중이 크므로 운반과 시공에 각별한 주의가 필요하다.

④ 시공과정상의 항타로 인하여 자재균열의 우려가 높다.

해설 **기성콘크리트 말뚝지정의 특징**

• 재료가 균일하다.

• 15[m] 이상의 장척물이 필요한 경우에는 이어서 사용한다.

• 기성콘크리트말뚝의 길이는 최대 12[m], 보통 6~10[m] 정도이다.

• 말뚝의 길이는 바깥지름의 45배 이하로 하고, 타설할 때 중심간격은 바깥지름의 2.5배 이상, 75[cm] 이상으로 한다.

• 자중이 크고 견고한 지층에 항타 시 타격력에 의해 말뚝머리, 말뚝자체를 파손시킬 염려가 있다.

• 안전한 이음시공이 곤란하다.

071

시방서의 작성원칙으로 옳지 않은 것은?

① 지정고시된 신재료 또는 신기술을 적극 활용한다.

② 공사 전반에 대한 지침을 세밀하고 간단명료하게 서술한다.

③ 공종을 세밀하게 나누고, 단위 시방의 수를 최대한 늘려 상세히 서술한다.

④ 시공자가 정확하게 시공하도록 설계자의 의도를 상세히 기술한다.

해설 **시방서 작성 시 주의사항**

• 설계도와 모순되지 않을 것

• 시공순서에 맞게 누락시키지 않고 기술할 것

• 내용이 상호 중복되지 않을 것

• 재료, 공법은 명확하게 지시할 것

• 공사범위를 명시할 것

• 오자, 오기가 없고 간결하게 기재할 것

• 실행할 수 없는 것과 필요하지 않은 것은 기입하지 않을 것

• 도면과 시방서가 상이하지 않도록 기재할 것

072

철골공사에서 용접접합의 장점과 거리가 먼 것은?

① 강재량을 절약할 수 있다.

② 소음을 방지할 수 있다.

③ 일체성 및 수밀성을 확보할 수 있다.

④ 접합부의 품질검사가 매우 간단하다.

해설 **용접접합의 장단점**

장점	단점
• 소음, 진동이 작다. • 강재가 절약된다. • 수밀성이 높고, 일체성이 확보된다. • 접합부의 강성이 크고, 응력의 전달이 확실하다.	• 용접부분의 검사가 곤란하고 비용과 시간이 소요된다. • 용접공 개인의 능력의존도가 크다. • 용접열에 의한 변형이 우려된다. • 강재의 재질상태에 따라 응력집중 현상이 크다.

073

웰포인트 공법에 관한 설명으로 옳지 않은 것은?

① 지하수위를 낮추는 공법이다.

② 1~3[m]의 간격으로 파이프를 지중에 박는다.

③ 주로 사질지반에 이용하면 유효하다.

④ 기초파기에 히빙 현상을 방지하기 위해 사용한다.

해설

웰포인트 공법은 기초 터파기 시 지하수위가 높은 사질토의 보일링, 파이핑 현상을 방지하기 위해 사용한다.

관련개념 **웰포인트 공법**

지중에 웰포인트라 불리우는 지름 5[cm], 길이 1[m] 정도의 필터가 달린 흡수기를 1~2[m] 간격으로 설치하고 펌프로 지하수를 끌어 올림으로써 지하수위를 낮추는 공법이다. 연약지반의 압밀촉진 등에 이용된다.

074

프리스트레스 하지 않는 부재의 현장치기 콘크리트의 최소 피복 두께 기준 중 가장 큰 것은?

① 수중에 치는 콘크리트

② 흙에 접하여 콘크리트를 친 후 영구히 흙에 묻혀 있는 콘크리트

③ 옥외의 공기나 흙에 직접 접하지 않는 콘크리트 중 슬래브

④ 옥외의 공기나 흙에 직접 접하지 않는 콘크리트 중 벽체

해설 **프리스트레스 하지 않는 부재의 현장치기 콘크리트의 최소 피복 두께**

	부재	철근	피복 두께
수중에서 치는 콘크리트	모든 부재	–	100[mm]
흙에 접하여 콘크리트를 친 후 영구히 흙에 묻혀 있는 콘크리트	모든 부재	–	75[mm]
흙에 접하거나 옥외의 공기에 직접 노출되는 콘크리트	모든 부재	D19 이상	50[mm]
		D16 이하	40[mm]
옥외의 공기나 흙에 직접 접하지 않는 콘크리트	슬래브, 벽체, 장선	D35 초과	40[mm]
		D35 이하	20[mm]
	보, 기둥	–	40[mm]
	쉘, 절판부재	–	20[mm]

075

품질관리(TQC)를 위한 7가지 도구 중에서 불량수, 결점수 등 셀 수 있는 데이터가 분류항목별로 어디에 집중되어 있는가를 알기 쉽도록 나타낸 그림은?

① 히스토그램

② 파레토도

③ 체크시트

④ 산포도

해설 **품질관리(TQC)의 7대 도구**

구분	내용
파레토도 (영향도)	불량품, 고장, 결점 등의 발생건수를 원인과 현상별로 분류하고, 문제의 크기 순서로 나열하여 그 크기를 막대그래프로 표기하며, 크기를 순차적으로 누적하여 절선그래프로 나타낸 것
특성요인도 (원인결과도)	결과에 대하여 원인이 어떻게 관계하고 있는지 한눈에 알아 볼 수 있도록 작성한 생선뼈 모양의 그림
히스토그램 (분포도)	무게, 강도, 길이 등과 같이 계량치의 데이터가 어떠한 분포를 나타내고 있는지를 판단하기 위하여 작성하는 기둥그래프
산점도 (분포도)	대응되는 2개의 짝으로 된 데이터를 그래프 용지 위에 점으로 나타낸 것
체크시트 (집중도)	계수치의 데이터가 분류 항목 중 어디에 집중되어 있는가를 알아보기 쉽게 표로 나타낸 것
관리도	한눈에 파악되도록 꺾은선이나 막대를 이용하여 나타낸 것
층별	집단을 구성하고 있는 데이터를 특성에 따라 부분집단으로 나누는 것

076

1회 출제

다음과 같이 정상 및 특급공기와 공비가 주어질 경우 비용구배(Cost Slope)는?

정상		특급	
공기	공비	공기	공비
20일	120,000원	15일	180,000원

① 9,000[원/일]
② 12,000[원/일]
③ 15,000[원/일]
④ 18,000[원/일]

해설

$$비용구배 = \frac{특급공비 - 정상공비}{정상공기 - 특급공기}$$

$$= \frac{180,000 - 120,000}{20 - 15} = 12,000[원/일]$$

관련개념 비용구배(Cost Slope)

작업일수 1일 단축 시 증가하는 비용을 말한다.

$$비용구배 = \frac{특급비용 - 정상비용}{정상공기 - 특급공기}$$

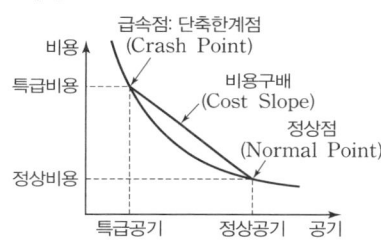

077

1회 출제

슬래브에서 4변 고정인 경우 철근배근을 가장 많이 하여야 하는 부분은?

① 단변 방향의 주간대
② 단변 방향의 주열대
③ 장변 방향의 주간대
④ 장변 방향의 주열대

해설 슬래브에서 철근배근을 많이 하는 순서

단변 주열대 > 단변 주간대 > 장변 주열대 > 장변 주간대

078

1회 출제

Top Down 공법의 특징으로 옳지 않은 것은?

① 1층 바닥 기준으로 상방향, 하방향 중 한쪽 방향으로만 공사가 가능하다.
② 공기단축이 가능하다.
③ 타 공법 대비 주변지반 및 인접건물에 미치는 영향이 작다.
④ 소음 및 진동이 적어 도심지 공사로 적합하다.

해설 Top Down 공법(역타 공법)

• 굴착공사 전 흙막이벽체와 기둥을 먼저 시공한 후, 굴착공사를 하면서 구조물을 지상에서부터 지하로 구축하는 공법으로, 시공비가 고가이나 공기가 대단히 단축된다.
• 고심도의 굴착이나 인접 건물이 밀집한 도심지, 어스앵커공법·오픈컷공법 등의 적용이 어려운 곳에서 적용된다.
• 탑다운 공법의 특징
 − 1층 바닥을 조기에 완성하여 작업장 등으로 사용할 수 있다.
 − 지하·지상을 동시에 시공하여 공기단축이 가능하다.
 − 소음, 진동 및 주변구조물 침하의 우려가 적다.
 − 전천후 시공이 가능하다.
 − 시공비가 고가이다.
 − 수직부재 이음부 처리가 곤란하다.

079

1회 출제

철재 거푸집에서 사용되는 철물로 지주를 제거하지 않고 슬래브 거푸집만 제거할 수 있도록 한 철물은?

① 와이어클리퍼(Wire Clipper)
② 캠버(Camber)
③ 드롭헤드(Drop Head)
④ 베이스플레이트(Base Plate)

해설 드롭헤드(Drop Head)

콘크리트 양생이 끝난 후 슬래브 거푸집을 해체할 때 서포트는 그대로 두고 슬래브 거푸집을 받치고 있던 패널만 아래로 떨어지도록 하는 철물이다.

080

2회 출제

콘크리트 다짐 시 진동기의 사용에 관한 설명으로 옳지 않은 것은?

① 진동다지기를 할 때에는 내부진동기를 하층의 콘크리트 속으로 0.1[m] 정도 찔러 넣는다.

② 1개소당 진동시간은 다짐할 때 시멘트풀이 표면 상부로 약간 부상하기까지가 적절하다.

③ 내부진동기는 콘크리트로부터 천천히 빼내어 구멍이 남지 않도록 한다.

④ 내부진동기는 콘크리트를 횡방향으로 이동시킬 목적으로 사용한다.

해설

진동기는 콘크리트를 이동시킬 목적으로는 사용하지 않는다.

관련개념 다짐 및 진동기 사용 시 유의사항

• 철근, 매설물과 콘크리트를 밀착시키고 기포를 방지하며 균질한 콘크리트를 만들기 위하여 다지기를 한다.

• 슬럼프 15[cm] 이하의 된비빔 콘크리트에 사용함을 원칙으로 한다.

• 1회 부어넣는 깊이는 30~60[cm]를 표준으로 하고, 진동봉의 길이는 60~80[cm] 이하로 한다.

• 진동기의 운행(삽입)간격은 60[cm] 이하로 한다.

• 진동시간은 페이스트가 윗면에 떠오를 정도의 시간인 30~40초가 적당하다.(최소: 15초, 최대: 1분)

• 진동기는 콘크리트에 구멍이 남지 않도록 서서히 꽂고 서서히 뽑는다.

• 굳기 시작한 콘크리트에는 진동기를 사용하지 않는다.

• 진동기는 수직으로 꽂고 전층에 약간 들어갈 정도로 꽂는다.

• 철근, 거푸집에는 직접 닿지 않도록 한다.

• 예비진동기는 주진동기 3대에 1대 꼴로 준비한다.

081

7회 출제

다음 중 열경화성 수지에 속하지 않는 것은?

① 멜라민 수지　　　② 요소 수지
③ 폴리에틸렌 수지　　④ 에폭시 수지

해설 열가소성 수지와 열경화성 수지의 종류

열가소성 수지	열경화성 수지
염화비닐 수지	페놀 수지
초산비닐 수지	요소 수지
ABS 수지	멜라민 수지
아크릴 수지	알키드 수지
불소 수지	우레탄 수지
폴리아미드 수지	에폭시 수지
폴리프로필렌 수지	실리콘 수지
폴리스티렌 수지	푸란 수지
폴리에틸렌 수지	불포화 폴리에스테르 수지

082

4회 출제

경질섬유판(Hard Fiber Board)에 관한 설명으로 옳은 것은?

① 밀도가 0.3[g/cm³] 정도이다.

② 소프트텍스라고도 불리며 수장판으로 사용된다.

③ 소판이나 소각재의 부산물 등을 이용하여 접착, 접합에 의해 소요 형상의 인공목재를 제조할 수 있다.

④ 펄프를 접착제로 제판하여 양면을 열압 건조시킨 것이다.

해설 경질섬유판(Hard Fiber Board)

• 펄프화한 목재 섬유(폐목재, 톱밥 등)에 접착제를 혼합하여 고온·고압으로 열압, 건조해 만든 섬유판으로 비중은 약 0.8~1.0이다.

• 벽판, 가구 뒷판, 도어 보강재, 강화마루 기판 등으로 사용된다.

오답해설

② 소프트텍스는 일종의 목 베개이다.

③ 소판이나 소각재의 부산물을 접착하여 만든 것은 파티클 보드이다.

083

3회 출제

목재의 수축팽창에 관한 설명으로 옳지 않은 것은?

① 변재는 심재보다 수축률 및 팽창률이 일반적으로 크다.

② 섬유포화점 이상의 함수상태에서는 함수율이 클수록 수축률 및 팽창률이 커진다.

③ 수종에 따라 수축률 및 팽창률에 상당한 차이가 있다.

④ 수축이 과도하거나 고르지 못하면 할렬, 비틀림 등이 생긴다.

해설 목재의 수축

• 생목이나 젖은 목재를 건조하면 점차 가볍게 됨과 동시에 수축한다. 반대로 건조한 목재는 물에 접하면 흡수하며 대기 중에 있을 때도 습기를 흡수하여 팽창한다.

• 수축의 정도는 활엽수가 침엽수보다 크고, 보통 비중이 큰 것일수록 세포막이 두꺼워서 건조수축이 크다.

• 수축률은 생목의 길이에 대하여 백분율로 표시하고 있으나 기건까지의 수축률은 대략 전 수축률의 $\frac{1}{2}$ 정도이다.

• 목재의 수축팽창은 어떤 목재에서도 그 함수율이 섬유포화점인 30[%] 이상의 범위에서는 증감이 없으나 그 이하로 될수록 그림과 같이 직선적으로 감소하므로 기건상태로 건조시켜 사용하면 신축이 적어진다.

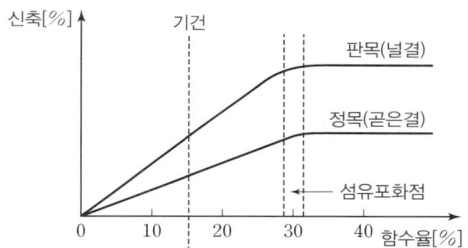

084

2회 출제

콘크리트에 사용되는 혼화재인 플라이애시에 관한 설명으로 옳지 않은 것은?

① 단위수량이 커져 블리딩 현상이 증가한다.

② 초기재령에서 콘크리트 강도를 저하시킨다.

③ 수화 초기의 발열량을 감소시킨다.

④ 콘크리트의 수밀성을 향상시킨다.

해설 플라이애시(Fly-Ash)

• 화력발전소 등의 보일러에서 부산되는 석탄재로서, 연소 폐가스 중에 포함되어 집진기에 의해 회수된 미세한 입자이다.

• 구상의 미립자로, 콘크리트 중에서 볼베어링 작용으로 워커빌리티를 개선시킨다.

• 단위수량과 블리딩 현상을 감소시킨다.

• 수화열이 작아 초기강도는 작지만 포졸란 작용에 의해 장기강도를 증가시킨다.

• 포졸란반응에 의한 콘크리트 알칼리 성분인 수산화칼슘을 감소시켜서 알칼리골재 반응을 감소시킨다.

• 포졸란반응으로 생성된 수화물(칼슘실리게이트, 칼슘알루미네이트)이 모세관 공극을 막아 물의 이동을 억제하여 수밀성이 향상된다.

085

7회 출제

점토에 관한 설명으로 옳지 않은 것은?

① 습윤상태에서 가소성이 좋다.

② 압축강도는 인장강도의 약 5배 정도이다.

③ 점토를 소성하면 용적, 비중 등의 변화가 일어나며 강도
가 현저히 증대된다.

④ 점토의 소성온도는 점토의 성분이나 제품의 종류에 상관
없이 같다.

해설

점토의 소성온도는 점토의 성분이나 종류에 따라 다르다.

관련개념 점토의 성질

• 점토의 압축강도는 인장강도의 약 5배이다.

• 점토를 소성하면 용적, 비중 등의 변화가 일어나며 강도가 증대된다.

• 세립분이 50[%] 이상으로 모래 성분이 상당히 포함되어 있다.

• 공극률은 입자의 형상, 크기에 관계한다.

• 순수한 점토일수록 비중과 강도가 크다.

• 불순물이 많은 점토일수록 비중이 작고 강도가 떨어진다.

• 주성분은 실리카(SiO_2)와 알루미나(AlO_3)이다.

• 점토의 가소성은 점토의 질, 입자의 크기, 함수량, 비비기 정도, 시간, 온
도에 영향을 많이 받는다.

• 알루미나(AlO_3)가 많은 점토는 가소성이 우수하다.

• 점토의 가소성은 입자가 작을수록 좋다.

• 물과 결합하여 가소성을 가지고, 열과 반응하여 화학적 변화를 일으킨다.

• 철산화물이 많을수록 적색을 띠고, 석회물질이 많을수록 황색을 띤다.

086

4회 출제

도막방수에 사용되지 않는 재료는?

① 염화비닐 도막재   ② 아크릴고무 도막재

③ 고무아스팔트 도막재   ④ 우레탄고무 도막재

해설 도막방수

• 콘크리트 등의 바탕면에 여러 차례 **우레탄**, **아크릴(에멀션)**, **고무아스팔
트**와 같은 방수제를 칠하여 두께가 일정한 방수막을 만들어 우수 등을
차단하는 방수공법이다.

• 롤러, 스프레이, 붓 등으로 칠할 수 있어 굴곡이 심하고 구조가 복잡한
곳에 시공 가능하다.

• 에폭시계를 제외한 대부분의 도막방수재는 신장률이 크므로 균열이 예
상되는 곳이나 조인트 등에도 많이 사용된다.

• 건물외벽, 지붕, 옥상, 스포츠경기장 바닥 등에도 많이 사용된다.

087

5회 출제

각 창호철물에 관한 설명으로 옳지 않은 것은?

① 피벗힌지(Pivot Hinge): 경첩 대신 촉을 사용하여 여
닫이문을 회전시킨다.

② 나이트래치(Night Latch): 외부에서는 열쇠, 내부에서
는 작은 손잡이를 틀어 열 수 있는 실린더장치로 된 것
이다.

③ 크레센트(Crescent): 여닫이문의 상하단에 붙여 경첩
과 같은 역할을 한다.

④ 래버터리 힌지(Lavatory Hinge): 스프링 힌지의 일종
으로 공중화장실 등에 사용된다.

해설

크레센트는 창문잠금고리로 미닫이문에 적합하다.

피벗힌지

나이트래치

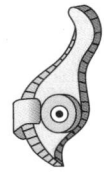
크레센트

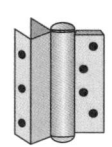
래버터리 힌지

088

집성목재의 사용에 관한 설명으로 옳지 않은 것은?

① 판재와 각재를 접착재로 결합시켜 대재(大材)를 얻을 수 있다.

② 보, 기둥 등의 구조재료로 사용할 수 없다.

③ 옹이, 균열 등의 결점을 제거하거나 분산시켜 균질의 인공목재로 사용할 수 있다.

④ 임의의 단면 형상을 갖도록 제작할 수 있어 목재 활용 면에서 경제적이다.

해설

집성목재는 보나 기둥 등에 사용할 수 있다.

관련개념 집성목재

• 집성의 의미는 나무를 잘라 서로 본드로 붙여서 커다란 목재로 만드는 것을 의미한다.

• 집성목은 나무토막을 접착제로 붙이기 때문에 원목의 단점인 수축과 팽창에 강한 장점이 있다.

• 집성의 방법으로 솔리드, 사이드 핑거, 탑 핑거 집성이 있다.

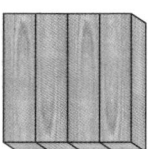 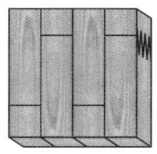 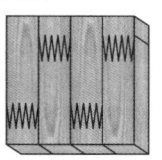

| 솔리드(solid) | 사이드(side) 핑거 | 탑(top) 핑거 |

089

다음 도료 중 방청도료에 해당하지 않는 것은?

① 광명단도료 ② 다채무늬도료

③ 알루미늄도료 ④ 징크로메이트도료

해설 방청도료

• 방청도료는 금속면의 보호와 금속의 부식방지를 목적으로 사용한다.

• 방청도료에는 광명단도료, 알루미늄도료, 징크로메이트도료, 합연방청도료, 방청산화도료, 규산도료, 크롬산아연, 워시(에칭)프라이머 등이 있다.

090

강화유리에 관한 설명으로 옳지 않은 것은?

① 유리 표면에 강한 압축응력층을 만들어 파괴강도를 증가시킨 것이다.

② 강도는 플로트 판유리에 비해 3~5배 정도이다.

③ 주로 출입문이나 계단 난간, 안전성이 요구되는 칸막이 등에 사용된다.

④ 깨어질 때는 판유리 전체가 파편으로 잘게 부서지지 않는다.

해설 강화유리

• 판유리를 720[℃]까지 가열한 후 급랭시켜 만든다.

• 압축응력이 일반유리보다 4~5배 크다.

• 유리 표면에 압축 잔류응력을 주어 유리의 파괴강도를 높인 것이다.

• 강화유리는 표면에 상처가 생기게 되면 힘의 균형이 깨지며 파괴되고(유리칼로 자를 수 없음), 파손 시 알갱이가 된다.

• 일반유리는 깨질 때 넓게 비산하지만, 강화유리는 잘게 부수어져 폭포수처럼 떨어진다.

091

수밀성, 기밀성 확보를 위하여 유리와 새시의 접합부, 패널의 접합부 등에 사용되는 재료로서 내후성이 우수하고 부착이 용이한 특징이 있으며, 형상이 H형, Y형, ㄷ형으로 나누어지는 것은?

① 유리퍼티(Glass Putty)

② 2액형 실링재(Two-Part Liquid Sealing Compound)

③ 개스킷(Gasket)

④ 아스팔트 코킹(Asphalt Caulking Materials)

해설 개스킷(Gasket)

금속이나 그 밖의 재료가 서로 접촉할 경우 접촉면에서 내부의 가스나 물 등이 밖으로 새지 않도록 끼워 넣는 패킹(Packing)으로, 고무, 비석면, 금속 등으로 구성된 부품이다.

관련개념 개스킷 재질의 요구조건

• 양호한 탄성을 가지고 복원성이 좋으며, 기계적 강도를 가지고 압축변형률이 적어야 한다.

• 내압의 변동, 열팽창, 열전도성, 화학변화 등 제반 조건에 적합하여야 한다.

• 인체 및 환경 등에 영향을 주지 않아야 한다.(석면 재질 사용 금지 등)

092

콘크리트의 탄산화에 관한 설명으로 옳지 않은 것은?

① 탄산가스의 농도, 온도, 습도 등 외부환경 조건도 탄산화 속도에 영향을 준다.

② 물−시멘트비가 클수록 탄산화의 진행속도가 빠르다.

③ 탄산화된 부분은 페놀프탈레인액을 분무해도 착색되지 않는다.

④ 일반적으로 보통콘크리트가 경량골재콘크리트보다 탄산화 속도가 빠르다.

해설

경량골재콘크리트는 내부에 공극이 많아 공기 중의 탄산가스 등이 잘 통과되어 탄산화 속도가 빠르다.

관련개념 **콘크리트의 탄산화**

- 콘크리트는 원래 알칼리성(pH12)이므로 철근의 방청효과가 있다. 그러나 철근콘크리트에서 콘크리트가 풍화하면 알칼리성을 차차 상실하여 탄산화한다.
- 탄산화에 미치는 요인은 물−시멘트비, 시멘트와 골재의 종류, 혼화재료의 유무, 환경조건 등을 들 수 있으며, 일반적으로 탄산가스의 농도가 높을수록, 온도가 높을수록 중성화 속도가 빨라지는 경향이 있다.
- 경화된 콘크리트는 표면으로부터 공기 중 탄산가스의 작용을 받아 서서히 수산화칼슘이 탄산칼슘으로 변질된다. 이 반응은 콘크리트를 산화시키고, 탄산화가 진행되어 철근 위치까지 물이나 공기를 침투시켜 철근에 녹이 생기게 하고 이로 인해 철근 부피가 팽창하여 균열이 발생하고 콘크리트가 파괴된다.

$$Ca(OH)_2 + CO_2 \rightarrow CaCO_3 + H_2O$$

093

안료를 적은 양의 물로 용해하여 수용성 교착제와 혼합한 분말상태의 도료는?

① 수성페인트   ② 바니쉬

③ 래커   ④ 에나멜페인트

해설

수성페인트는 안료를 물로 용해하여 만든 것이다.

관련개념 **페인트의 종류**

종류		특성	용도
페인트	유성	내알칼리성, 내후성, 경도·내마모성 우수	옥내·외 목재, 금속, 콘크리트
	에나멜	내알칼리성, 내후성, 색상이 선명	옥내·외 목재, 금속
바니쉬	유성	투명도료, 내후성 낮음	목재 내부용
	락(니스)	투명도료, 내후성 없음	목재 가구
	래커	투명, 내후성, 내수성	목재, 금속면
수성도료	용해형	내알칼리성, 내후성 부족	모르타르면, 회반죽면
	에멀션	내알칼리성, 내후성 약간 있음	모르타르면, 회반죽면

094

골재의 실적률에 관한 설명으로 옳지 않은 것은?

① 실적률은 골재 입형의 양부를 평가하는 지표이다.

② 부순 자갈의 실적률은 그 입형 때문에 강자갈의 실적률보다 적다.

③ 실적률 산정 시 골재의 밀도는 절대건조 상태의 밀도를 말한다.

④ 골재의 단위용적질량이 동일하면 골재의 밀도가 클수록 실적률도 크다.

해설

골재의 단위용적질량이 동일하면 골재의 밀도가 클수록 실적률은 작아진다.

관련개념 **골재의 실적률**

개념	골재의 단위용적 중 골재 사이의 공극을 제외한 골재의 실질 부분의 비율을 골재의 실적률이라고 한다.
실적률이 클 경우	• 시멘트풀의 양을 줄일 수 있어 경제적이다. • 단위 시멘트량이 적어 수화열이 적다. • 건조수축이 작고, 균열이 줄어든다. • 강도, 수밀성, 내구성, 내마모성 등이 커진다.

095

다음 중 강(鋼)의 열처리와 관계 없는 용어는?

① 불림   ② 담금질

③ 단조   ④ 뜨임

해설

단조는 금속을 두들기거나 가압하는 기계적 방법이다.

관련개념 강의 열처리 방법

강을 가열한 후 다시 냉각시키면 내부 결정의 변화에 의하여 원강과 다른 성상을 나타내게 되는데 이를 열처리라고 한다.

불림 (소준)	강을 800~1,000[℃]로 가열하여 그 온도에서 수십 분간 보존한 후에 공기 중에서 서서히 냉각하면 조직이 정상화되고 부서지기 쉬운 것이 강하게 된다.
풀림 (소둔)	불림의 경우와 같이 가열한 후 이것을 로 속에서 서서히 냉각하면 인장강도는 저하하나 균질하고 연질의 것으로 된다.
담금질 (소입)	풀림 때처럼 서서히 냉각하는 대신에 냉수, 온수 또는 기름에 적시어 급랭시키면 늘음(신율)이 감소하고, 잘 깨어지는 취성이 증가하나 강도 및 경도가 증대하여 마모가 적게 된다.
뜨임 (소태)	담금질한 강은 부서지기 쉬워서 사용에 부적당한 경우가 많다. 이것을 다시 200~600[℃]로 가열하여 수십 분 후 공기 중에서 냉각하면 취성(취도)이 현저하게 작아진다.

096

석고보드의 특성에 관한 설명으로 옳지 않은 것은?

① 흡수로 인해 강도가 현저하게 저하된다.

② 신축변형이 커서 균열의 위험이 크다.

③ 부식이 안되고 충해를 받지 않는다.

④ 단열성이 높다.

해설 석고보드

소석고를 주원료로 하여 톱밥·섬유·펄라이트 등을 혼합하고, 경우에 따라서는 발포제를 첨가하고 물로 반죽하여 두 장의 시트 사이에 부어서 판상으로 굳힌 것이다.

단열성	열전도율이 0.14[kcal/m²]로 낮고, 공기를 차단한다.
차음성	중량의 다른 자재에 비해 소음 차단효과가 우수하다.
방화성	자체 중량에 12[%]의 결정수가 함유되어 초기화재 억제효과가 있다.
방충성	바퀴벌레, 쥐, 개미 등이 싫어하는 황산칼슘이 주성분으로 해충의 서식을 막고, 곰팡이를 억제한다.
치수안정성	온도 변화에 대한 안정성이 있고 뒤틀림, 처짐, 신축변형이 없다.

097

내약품성, 내마모성이 우수하여 화학공장의 방수층을 겸한 바닥 마무리로 가장 적합한 것은?

① 에폭시 도막방수   ② 아스팔트 방수

③ 무기질 침투방수   ④ 합성고분자 방수

해설 에폭시 도막방수

- 에폭시 수지를 0.1~0.2[mm] 정도로 얇은 도막을 형성한다.
- 내약품성, 내마모성이 우수하여 화학공장이나 화학약품을 취급하는 곳의 바닥 마무리재로 사용된다.
- 고가이며 신축성이 약하고, 내구성이 떨어진다.

098

보통포틀랜드시멘트에 관한 설명으로 옳지 않은 것은?

① 시멘트의 응결시간은 분말도가 작을수록, 또 수량이 많고 온도가 낮을수록 짧아진다.

② 시멘트의 안정성 측정법으로 오토클레이브 팽창도 시험방법이 있다.

③ 시멘트의 비중은 소성온도나 성분에 따라 다르며, 동일 시멘트인 경우에 풍화한 것일수록 작아진다.

④ 시멘트의 비표면적이 너무 크면 풍화하기 쉽고 수화열에 의한 축열량이 커진다.

해설

시멘트는 온도가 높고 분말도가 클수록 응결이 빠르다.

관련개념 시멘트의 분말도

- 분말도가 클수록 비표면적이 커서 물에 접촉하는 면적이 크므로 수화작용이 빨라서 콘크리트의 초기강도가 높고 그 후의 강도의 증진도 크며 골재와의 접착력도 크므로 내구적인 콘크리트를 만드는 데 적당하다.
- 분말도가 너무 크면 풍화되기 쉽다.
- 화학성분이 같을 때 조기강도를 증진하려고 하면 분말도에 의존할 수밖에 없다.
- 분말도가 너무 큰 시멘트는 블리딩(Bleeding)이 적고, 워커빌리티가 좋으나 수축이 커질 염려가 있고, 발열량이 많아 콘크리트에 균열이 발생하기 쉬우며 수밀성, 내구성의 면에서도 좋지 못하다.

099

1회 출제

프리플레이스트콘크리트에 사용되는 골재에 관한 설명으로 옳지 않은 것은?

① 굵은골재의 최소 치수는 15[mm] 이상, 굵은골재의 최대 치수는 부재단면 최소 치수의 1/4 이하, 철근콘크리트의 경우 철근 순간격의 2/3 이하로 하여야 한다.

② 굵은골재의 최대 치수와 최소 치수와의 차이를 작게 하면 굵은골재의 실적률이 커지고 주입모르타르의 소요량이 적어진다.

③ 대규모 프리플레이스트콘크리트를 대상으로 할 경우, 굵은골재의 최소 치수를 크게 하는 것이 효과적이다.

④ 골재의 적절한 입도 분포를 위해 일반적으로 굵은골재의 최대 치수는 최소 치수의 2~4배 정도로 한다.

해설 프리플레이스트콘크리트 골재조건

• 잔골재의 조립률은 1.4~2.2 범위로 한다.
• 굵은골재의 최소 치수는 15[mm] 이상, 굵은골재의 최대 치수는 부재단면 최소 치수의 $\frac{1}{4}$ 이하, 철근콘크리트의 경우 철근 순간격의 $\frac{2}{3}$ 이하로 하여야 한다.
• 굵은골재의 최대 치수와 최소 치수의 차이를 작게 하면 굵은골재의 실적률이 작아지고 주입모르타르의 소요량이 많아지므로 적절한 입도 분포를 선정할 필요가 있으며 일반적으로 굵은골재의 최대 치수는 최소 치수의 2~4배 정도로 한다.
• 대규모 프리플레이스트콘크리트를 대상으로 할 경우, 굵은골재의 최소 치수를 크게 하는 것이 효과적이며, 40[mm] 이상이어야 한다.

100

1회 출제

콘크리트 구조물의 강도 보강용 섬유소재로 적당하지 않은 것은?

① PCP
② 유리섬유
③ 탄소섬유
④ 아라미드섬유

해설

PCP(Penta-Chloro-Phenol)는 목재의 유용성 방부제이다.

관련개념 콘크리트 보강용 섬유소재

• 유리섬유　　　　• 탄소섬유
• 아라미드섬유　　• 나일론섬유
• PVA섬유　　　　• 폴리프로필렌섬유
• 셀룰로오스섬유

건설안전기술

101

5회 출제

작업으로 인하여 물체가 떨어지거나 날아올 위험이 있는 경우 그 위험을 방지하기 위하여 필요한 조치사항으로 거리가 먼 것은?

① 낙하물 방지망의 설치
② 출입금지구역의 설정
③ 보호구의 착용
④ 작업지휘자 선정

해설

사업주는 작업으로 인하여 물체가 떨어지거나 날아올 위험이 있는 경우 낙하물 방지망, 수직보호망 또는 방호선반의 설치, 출입금지구역의 설정, 보호구의 착용 등 위험을 방지하기 위하여 필요한 조치를 하여야 한다.

102

1회 출제

공사용 가설도로를 설치하는 경우 준수해야 할 사항으로 옳지 않은 것은?

① 도로는 장비와 차량이 안전하게 운행할 수 있도록 견고하게 설치한다.

② 도로는 배수에 관계없이 평탄하게 설치한다.

③ 도로와 작업장이 접하여 있을 경우에는 울타리 등을 설치한다.

④ 차량의 속도제한 표지를 부착한다.

해설 가설도로 설치 시 준수사항

• 도로는 장비와 차량이 안전하게 운행할 수 있도록 견고하게 설치할 것
• 도로와 작업장이 접하여 있을 경우에는 울타리 등을 설치할 것
• 도로는 배수를 위하여 경사지게 설치하거나 배수시설을 설치할 것
• 차량의 속도제한 표지를 부착할 것

103

7회 출제

단관비계를 조립하는 경우 벽이음 및 버팀을 설치할 때의 수평방향 조립간격 기준으로 옳은 것은?

① 3[m]　　　　　　　　② 5[m]
③ 6[m]　　　　　　　　④ 8[m]

해설 **강관비계의 조립간격**

강관비계의 종류	조립간격[m]	
	수직방향	수평방향
단관비계	5	5
틀비계(높이 5[m] 미만인 것 제외)	6	8

104

4회 출제

콘크리트 타설작업을 하는 경우 안전대책으로 옳지 않은 것은?

① 당일의 작업을 시작하기 전에 해당 작업에 관한 거푸집 및 동바리의 변형·변위 및 지반의 침하 유무 등을 점 검하고 이상이 있으면 보수할 것
② 작업 중에는 감시자를 배치하는 등의 방법으로 거푸집 및 동바리의 변형·변위 및 침하 유무 등을 확인하여야 하며 이상이 있으면 작업을 중지하고 근로자를 대피시 킬 것
③ 설계도서 상의 콘크리트 양생기간을 준수하여 거푸집 및 동바리를 해체할 것
④ 슬래브의 경우 한쪽부터 순차적으로 콘크리트를 타설 하는 등 편심을 유발하여 빠른 시간 내 타설이 완료되 도록 할 것

해설 **콘크리트 타설작업 시 준수사항**
- 당일의 작업을 시작하기 전에 해당 작업에 관한 거푸집 및 동바리의 변 형·변위 및 지반의 침하 유무 등을 점검하고 이상이 있으면 보수할 것
- 작업 중에는 감시자를 배치하는 등의 방법으로 거푸집 및 동바리의 변 형·변위 및 침하 유무 등을 확인하여야 하며, 이상이 있으면 작업을 중 지하고 근로자를 대피시킬 것
- 콘크리트 타설작업 시 거푸집 붕괴의 위험이 발생할 우려가 있으면 충분 한 보강조치를 할 것
- 설계도서 상의 콘크리트 양생기간을 준수하여 거푸집 및 동바리를 해체 할 것
- 콘크리트를 타설하는 경우에는 편심이 발생하지 않도록 골고루 분산하여 타설할 것

105

2회 출제

토질시험 중 액체 상태의 흙이 건조되어 가면서 액성, 소성, 반고체, 고체 상태의 경계선과 관련된 시험의 명칭은?

① 아터버그 한계시험　　② 압밀시험
③ 삼축압축시험　　　　④ 투수시험

해설 **아터버그 한계시험**
함수비 변화에 따른 세립토의 액성, 소성, 반고체, 고체 상태의 경계를 관 찰하는 시험이다.

106

4회 출제

인력운반 작업에 대한 안전 준수사항으로 옳지 않은 것은?

① 보조기구를 효과적으로 사용한다.
② 긴 물건은 뒤쪽을 높이고 원통인 물건은 굴려서 운반 한다.
③ 물건을 들어 올릴 때에는 팔과 무릎을 이용하며 척추는 곧게 한다.
④ 무거운 물건은 공동작업으로 실시한다.

해설
길이가 긴 장척물을 운반할 때에는 하물 앞부분 끝을 근로자 신장보다 약 간 높게 하여 모서리, 곡선 등에 충돌하지 않도록 주의하여야 한다.

107

4회 출제

물체가 떨어지거나 날아올 위험을 방지하기 위한 낙하물 방 지망 또는 방호선반을 설치할 때 수평면과의 적정한 각도는?

① 10° ~ 20°　　　　　② 20° ~ 30°
③ 30° ~ 40°　　　　　④ 40° ~ 45°

해설 **낙하물 방지망 또는 방호선반의 설치 시 준수사항**
- 높이 10[m] 이내마다 설치하고, 내민 길이는 벽면으로부터 2[m] 이상으 로 할 것
- 수평면과의 각도는 20° 이상 30° 이하를 유지할 것

108

굴착작업을 하는 경우 근로자의 위험을 방지하기 위하여 작업장의 지형·지반 및 지층상태 등에 대하여 실시하여야 하는 사전조사 내용으로 옳지 않은 것은?

① 형상·지질 및 지층의 상태
② 균열·함수(含水)·용수 및 동결의 유무 또는 상태
③ 지상의 배수 상태
④ 매설물 등의 유무 또는 상태

해설 **굴착작업 전 사전조사 내용**
- 형상·지질 및 지층의 상태
- 균열·함수·용수 및 동결의 유무 또는 상태
- 매설물 등의 유무 또는 상태
- 지반의 지하수위 상태

109

건설업 산업안전보건관리비 중 안전시설비로 사용할 수 있는 항목에 해당하는 것은?

① 각종 비계, 작업발판, 가설계단·통로, 사다리 등
② 비계·통로·계단에 추가 설치하는 추락방지용 안전난간
③ 절토부 및 성토부 등의 토사유실 방지를 위한 설비
④ 작업장 간 상호 연락, 작업 상황 파악 등 통신수단으로 활용되는 통신시설·설비

해설
각종 비계, 토사유실 방지설비, 작업 상황 파악 등을 위한 통신시설·설비 등은 본 공사를 위한 시설로써 산업안전보건관리비로 사용할 수 없다.

관련개념 **건설업 산업안전보건관리비 계상 및 사용기준에서 규정하는 안전시설비**
- 산업재해 예방을 위한 안전난간, 추락방호망, 안전대 부착설비, 방호장치(기계·기구와 방호장치가 일체로 제작된 경우, 방호장치 부분의 가액에 한함) 등 안전시설의 구입·임대 및 설치를 위해 소요되는 비용
- 스마트 안전장비 구입·임대 비용. 다만, 계산된 총액의 10분의 2를 초과할 수 없다.
- 용접 작업 등 화재의 위험작업 시 사용하는 소화기의 구입·임대비용

110

거푸집 및 동바리를 조립하는 경우에 준수하여야 할 사항으로 옳지 않은 것은?

① 거푸집이 곡면의 경우에는 버팀대의 부착 등 그 거푸집의 부상(浮上)을 방지하기 위한 조치를 할 것
② 동바리의 이음은 같은 품질의 재료를 사용할 것
③ 동바리로 사용하는 파이프 서포트의 높이가 3.5[m]를 초과하는 경우에는 높이 2[m] 이내마다 수평연결재를 4개 방향으로 만들고 수평연결재의 변위를 방지할 것
④ 동바리로 사용하는 파이프 서포트는 3개 이상 이어서 사용하지 않도록 할 것

해설 **동바리로 사용하는 파이프 서포트 조립 시 준수사항**
- 파이프 서포트를 3개 이상 이어서 사용하지 않도록 할 것
- 파이프 서포트를 이어서 사용하는 경우에는 4개 이상의 볼트 또는 전용철물을 사용하여 이을 것
- 높이가 3.5[m]를 초과하는 경우에는 높이 2[m] 이내마다 수평연결재를 2개 방향으로 만들고 수평연결재의 변위를 방지할 것

관련개념 **동바리 조립 시의 안전조치**
- 받침목이나 깔판의 사용, 콘크리트 타설, 말뚝박기 등 동바리의 침하를 방지하기 위한 조치를 할 것
- 동바리의 상하 고정 및 미끄러짐 방지 조치를 할 것
- 상부·하부의 동바리가 동일 수직선 상에 위치하도록 하여 깔판·받침목에 고정시킬 것
- 개구부 상부에 동바리를 설치하는 경우에는 상부하중을 견딜 수 있는 견고한 받침대를 설치할 것
- U헤드 등의 단판이 없는 동바리의 상단에 멍에 등을 올릴 경우에는 해당 상단에 U헤드 등의 단판을 설치하고, 멍에 등이 전도되거나 이탈되지 않도록 고정시킬 것
- 동바리의 이음은 같은 품질의 재료를 사용할 것
- 강재의 접속부 및 교차부는 볼트·클램프 등 전용철물을 사용하여 단단히 연결할 것
- 거푸집의 형상에 따른 부득이한 경우를 제외하고는 깔판이나 받침목은 2단 이상 끼우지 않도록 할 것
- 깔판이나 받침목을 이어서 사용하는 경우에는 그 깔판·받침목을 단단히 연결할 것

111

구축물 등에 대하여 자중(自重), 적재하중, 적설, 풍압(風壓), 지진이나 진동 및 충격 등에 의하여 전도·폭발하거나 무너지는 등의 위험을 예방하기 위하여 필요한 조치로 거리가 먼 것은?

① 설계도면에 따라 시공했는지 확인

② 건설공사 시방서(示方書)에 따라 시공했는지 확인

③ 소방시설법령에 의해 소방시설을 설치했는지 확인

④ 건축물의 구조기준 등에 관한 규칙에 따른 구조설계도서를 준수했는지 확인

해설 **구축물 등의 안전 유지**

구축물 등이 고정하중, 적재하중, 시공·해체 작업 중 발생하는 하중, 적설, 풍압, 지진이나 진동 및 충격 등에 의하여 전도·폭발하거나 무너지는 등의 위험을 예방하기 위하여 **설계도면, 시방서, 구조설계도서**, 해체계획서 등 설계도서를 준수하여 필요한 조치를 하여야 한다.

112

건설작업장에서 재해예방을 위해 작업조건에 따라 근로자에게 지급하고 착용하도록 하여야 할 보호구로 옳지 않은 것은?

① 물체가 떨어지거나 날아올 위험 또는 근로자가 추락할 위험이 있는 작업: 안전모

② 높이 또는 깊이 2[m] 이상의 추락할 위험이 있는 장소에서 하는 작업: 안전대

③ 용접 시 불꽃이나 물체가 흩날릴 위험이 있는 작업: 보안경

④ 물체의 낙하·충격, 물체에의 끼임, 감전 또는 정전기의 대전에 의한 위험이 있는 작업: 안전화

해설 **산업안전보건기준에 관한 규칙 제32조(보호구의 지급 등)**

• 물체가 떨어지거나 날아올 위험 또는 근로자가 추락할 위험이 있는 작업: 안전모

• 높이 또는 깊이 2[m] 이상의 추락할 위험이 있는 장소에서 하는 작업: 안전대

• 물체의 낙하·충격, 물체에의 끼임, 감전 또는 정전기의 대전에 의한 위험이 있는 작업: 안전화

• 물체가 흩날릴 위험이 있는 작업: 보안경

• 용접 시 불꽃이나 물체가 흩날릴 위험이 있는 작업: 보안면

• 감전의 위험이 있는 작업: 절연용 보호구

• 고열에 의한 화상 등의 위험이 있는 작업: 방열복

113

차량계 건설기계 작업 시 그 기계가 넘어지거나 굴러떨어짐으로써 근로자가 위험해질 우려가 있는 경우에 필요한 조치사항으로 거리가 먼 것은?

① 변속기능의 유지

② 갓길의 붕괴 방지

③ 도로 폭의 유지

④ 지반의 부동침하 방지

해설

사업주는 차량계 건설기계를 사용하는 작업을 할 때에 그 기계가 넘어지거나 굴러떨어짐으로써 근로자가 위험해질 우려가 있는 경우에는 유도하는 사람을 배치하고 **지반의 부동침하 방지**, **갓길의 붕괴 방지** 및 **도로 폭의 유지** 등 필요한 조치를 하여야 한다.

114

갱내에 설치한 사다리식 통로에 권상장치가 설치된 경우 권상장치와 근로자의 접촉에 의한 위험이 있는 장소에 설치해야 하는 것은?

① 판자벽

② 울

③ 건널다리

④ 덮개

해설 **갱내통로 등의 위험 방지**

사업주는 갱내에 설치한 통로 또는 사다리식 통로에 권상장치가 설치된 경우 권상장치와 근로자의 접촉에 의한 위험이 있는 장소에 **판자벽**이나 그 밖에 위험 방지를 위한 격벽을 설치하여야 한다.

115

1회 출제

52[m] 높이로 강관비계를 세우려면 지상에서 몇 [m]까지 2개의 강관으로 묶어 세워야 하는가?

① 11[m] ② 16[m]
③ 21[m] ④ 26[m]

해설

강관을 사용하여 비계를 구성하는 경우 비계기둥의 제일 윗부분으로부터 31[m] 되는 지점 밑부분의 비계기둥은 2개의 강관으로 묶어 세워야 한다. 따라서 지상으로부터 52−31＝21[m] 높이까지는 2개의 강관으로 묶어 세워야 한다.

116

1회 출제

보호구 자율안전확인 고시에 따른 안전모의 시험항목에 해당되지 않는 것은?

① 전처리 ② 착용높이측정
③ 충격흡수성시험 ④ 절연시험

해설 **보호구 자율안전확인 고시상 안전모의 시험항목**

- 전처리 · 착용높이측정
- 내관통성시험 · 충격흡수성시험
- 난연성시험 · 턱끈풀림시험
- 측면변형시험

117

5회 출제

강관틀비계를 조립하여 사용하는 경우 준수해야 할 기준으로 옳지 않은 것은?

① 비계기둥의 밑둥에는 밑받침철물을 사용하여야 하며 밑받침에 고저차(高低差)가 있는 경우에는 조절형 밑받침철물을 사용하여 각각의 강관틀비계가 항상 수평 및 수직을 유지하도록 할 것
② 높이가 20[m]를 초과하거나 중량물의 적재를 수반하는 작업을 할 경우에는 주틀 간의 간격을 1.8[m] 이하로 할 것
③ 주틀 간에 교차 가새를 설치하고 최상층 및 5층 이내마다 수평재를 설치할 것
④ 수직방향으로 5[m], 수평방향으로 5[m] 이내마다 벽이음을 할 것

해설 **강관틀비계 조립·사용 시 준수사항**

- 비계기둥의 밑둥에는 밑받침철물을 사용하여야 하며 밑받침에 고저차가 있는 경우에는 조절형 밑받침철물을 사용하여 각각의 강관틀비계가 항상 수평 및 수직을 유지하도록 할 것
- 높이가 20[m]를 초과하거나 중량물의 적재를 수반하는 작업을 할 경우에는 주틀 간의 간격을 1.8[m] 이하로 할 것
- 주틀 간에 교차 가새를 설치하고 최상층 및 5층 이내마다 수평재를 설치할 것
- 수직방향으로 6[m], 수평방향으로 8[m] 이내마다 벽이음을 할 것
- 길이가 띠장 방향으로 4[m] 이하이고 높이가 10[m]를 초과하는 경우에는 10[m] 이내마다 띠장 방향으로 버팀기둥을 설치할 것

118

1회 출제

체인(Chain)의 폐기 대상이 아닌 것은?

① 균열, 흠이 있는 것
② 뒤틀림 등 변형이 현저한 것
③ 전장이 원래 길이의 5[%]를 초과하여 늘어난 것
④ 링(Ring)의 단면지름의 감소가 원래 지름의 5[%] 정도 마모된 것

해설 운반하역 표준안전 작업지침에서 규정하는 체인의 폐기기준
• 링의 단면지름의 감소가 원래 지름의 10[%]를 초과하여 마모된 것
• 균열, 흠이 있는 것
• 접합부가 이탈될 염려가 있는 것
• 전장이 원래 길이의 5[%]를 초과하여 늘어난 것
• 뒤틀림 등 변형이 현저한 것

119

4회 출제

철골작업을 할 때 악천후에는 작업을 중지하도록 하여야 하는데 그 기준으로 옳은 것은?

① 강설량이 분당 1[cm] 이상인 경우
② 강우량이 시간당 1[cm] 이상인 경우
③ 풍속이 초당 10[m] 이상인 경우
④ 기온이 28[℃] 이상인 경우

해설 철골작업 중지기준
• 풍속이 초당 10[m] 이상인 경우
• 강우량이 시간당 1[mm] 이상인 경우
• 강설량이 시간당 1[cm] 이상인 경우

120

17회 출제

유해위험방지계획서를 제출해야 될 대상 공사의 기준으로 옳은 것은?

① 최대 지간길이가 50[m] 이상인 교량 건설 등 공사
② 다목적댐, 발전용댐 및 저수용량 1천만 톤 이상의 용수 전용 댐, 지방상수도 전용 댐 등의 공사
③ 깊이가 8[m] 이상인 굴착공사
④ 연면적 3,000[m²] 이상의 냉동·냉장 창고시설의 설비 공사 및 단열공사

해설 유해위험방지계획서 제출 대상 건설공사
• 다음의 어느 하나에 해당하는 건축물 또는 시설 등의 건설·개조 또는 해체(건설 등) 공사
 – 지상높이가 31[m] 이상인 건축물 또는 인공구조물
 – 연면적 30,000[m²] 이상인 건축물
 – 연면적 5,000[m²] 이상의 문화 및 집회시설(전시장 및 동물원·식물원 제외), 판매시설, 운수시설(고속철도의 역사 및 집배송시설 제외), 종교시설, 의료시설 중 종합병원, 숙박시설 중 관광숙박시설, 지하도상가, 냉동·냉장 창고시설
• 연면적 5,000[m²] 이상인 냉동·냉장 창고시설의 설비공사 및 단열공사
• 최대 지간길이가 50[m] 이상인 다리의 건설 등 공사
• 터널의 건설 등 공사
• 다목적댐, 발전용댐, 저수용량 2천만 톤 이상의 용수 전용 댐 및 지방상수도 전용 댐의 건설 등 공사
• 깊이 10[m] 이상인 굴착공사

2026 에듀윌 건설안전기사 필기 기출문제집

7개년 기출+핵심이론+무료특강

건설 3과목 기초용어집
혜택경로 교재 내 수록

건설 3과목 기초용어 무료특강
혜택경로 에듀윌 도서몰(book.eduwill.net) ▶ 동영상강의실 ▶ '건설안전' 검색

CBT 모의고사 3회(모바일/PC)
혜택받기 교재 내 QR코드 스캔 또는 링크로 접속

고객의 꿈, 직원의 꿈, 지역사회의 꿈을 실현한다

펴낸곳 (주)에듀윌 **펴낸이** 양형남 **출판총괄** 김기철 **에듀윌 대표번호** 1600-6700
주소 서울시 구로구 디지털로 34길 55 코오롱싸이언스밸리 2차 3층
© 2025 eduwill. Created with AI assistance.
협의 없는 무단 복제는 법으로 금지되어 있습니다.

에듀윌 도서몰
book.eduwill.net

• 부가학습자료 및 정오표: 에듀윌 도서몰 > 도서자료실
• 교재 문의: 에듀윌 도서몰 > 문의하기 > 교재(내용, 출간) / 주문 및 배송